Paris
1866

Beron, Pierre

Panépistème, ou ensemble des sciences physiques et naturelles et des sciences métaphysiques et morales, devenu possible

Tome 5

PHYSIQUE CÉLESTE

CONTENANT

LE SYSTÈME DU MONDE

EXPOSÉ

D'APRÈS	ET D'APRÈS
LA DISTRIBUTION APPARENTE DES CORPS CÉLESTES	LA DISTRIBUTION RÉELLE DE CES CORPS
DÉDUITE DE LA PERSPECTIVE	DÉDUITE DE L'ASTROGONIE

PAR

PIERRE BÉRON.

PARIS
GAUTHIER-VILLARS, IMPRIMEUR-LIBRAIRE
DU BUREAU DES LONGITUDES, DE L'ÉCOLE IMPÉRIALE POLYTECHNIQUE
SUCCESSEUR DE MALLET-BACHELIER
Quai des Augustins, 55.

1866

Paris. — Imprimé par E. Thunot et Cie, rue Racine, 26.

PRÉFACE.

Le système du Monde exposé ici fait partie de la *Panépistème* contenant l'ensemble des sciences physiques et naturelles et des sciences métaphysiques et morales, car elles ont toutes pour origine : 1° le *mouvement* émané de l'Être suprême lorsqu'il divisa le fluide primitif nommé *chaos*, et 2° l'*affinité* que l'Être suprême fit résulter des deux parties inégales $M + M'$ et M des molécules comprimées inégalement pour arriver chacune à un volume égal et à une densité inégale.

Sciences physiques et naturelles. Le mouvement ainsi emmagasiné et l'affinité ainsi obtenue sont l'origine préétablie de la production des faits cosmiques. La physique générale et la physique céleste ont pour objet les manifestations différentes du mouvement que l'Être suprême a emmagasinées dans les molécules du chaos. La chimie et la physiologie ont pour objet les manifestations nombreuses des combinés provenant de l'affinité.

Sciences métaphysiques et morales. La production des animaux et de l'homme est préétablie, car leur vie a pour cause le mouvement emmagasiné et l'affinité. Il en est de même de la production des sentiments qui ont pour éléments, 1° l'électricité des nerfs de chaque organe de sensation, et 2° l'espèce de fluide qui y arrive des objets. L'homme se distingue des animaux parce qu'il engendre les sentiments composant les noms qui sont les représentants des sentiments produits par les objets. Cette création importante est mentionnée dans l'Écriture (Genèse, chap. II, 19. 20), où on lit :

« Car éternel Dieu avait formé de la Terre toutes les bêtes des « champs et tous les oiseaux des cieux ; puis il les avait fait « venir vers Adam, afin qu'il vît comment il les nommerait.

« Et Adam donna le nom à tous les animaux domestiques et « aux oiseaux des cieux et à toutes les bêtes des champs. »

De la sensation des objets et de celle de leur nom résulte le couple nommé *idée*. Par leurs deux éléments, les idées deviennent l'objet des deux sciences : 1° Dans la Métaphysique, il est traité des sentiments qui ont leur origine dans les fluides arrivant des objets cosmiques dont l'existence est préétablie. 2° Dans la Logique et la Morale, il est traité des noms des objets qui sont aussi de sentiment, mais leur origine n'est pas préétablie. C'est l'homme qui créa les noms, et non l'Être suprême, car il laissa cette action libre à Adam sans la préétablir.

Microcosme, intelligence, âme. Au moyen de la création des noms, les sentiments logiques obtiennent une existence qui correspond à celle des objets, car ils en sont les représentants. Par les objets cosmiques, chaque individu obtient les mêmes sentiments, il en emploie les mêmes représentants logiques qu'employaient ses parents, mais ces représentants obtiennent des arrangements qui sont propres à chacun. C'est dans ces arrangements que consiste la différence entre les microcosmes (mondes en miniature), les intelligences ou les âmes.

Vie éternelle de l'âme. Les éléments composant les sentiments des objets et les sentiments de leurs noms sont ceux de l'électricité et des fluides arrivant des objets aux organes de sensation. Ces éléments sont composés des molécules de chaos dans lesquelles l'Être suprême emmagasina une minime partie de son propre mouvement ; c'est donc ce mouvement qui se manifeste comme expansion des éléments composant les idées ou l'âme.

Dans leur expansion, les âmes des justes ne rencontrent aucun obstacle de la part des âmes des autres individus ; les âmes des hommes injustes et des oppresseurs éprouvent des résistances de la part de celles des individus opprimés. C'est dans de telles contrariétés que consiste leur punition.

Il n'existe qu'un Monde et autant de microcosmes qu'il y a eu d'hommes. Les faits du Monde sont préétablis ; le corps de chaque individu qui sert en quelque sorte d'appareil à la production des idées composant l'âme l'est aussi. Cette production des idées s'interrompt quand le corps se décompose. L'expansion des idées déjà existantes a commencé au moment de leur création ; elle est éternelle parce que le mouvement emmagasiné dans les molécules dont les éléments des idées sont composés est indéfini.

SYSTÈME DU MONDE

EXPOSÉ

D'APRÈS		D'APRÈS
LA DISTRIBUTION APPARENTE DES CORPS CÉLESTES	et	LA DISTRIBUTION RÉELLE DE CES CORPS
DÉDUITE DE LA PERSPECTIVE.		DÉDUITE DE L'ASTROGONIE.

Au moyen de l'application de la loi de la perspective on parvient à savoir que les étoiles et les nébuleuses se trouvent dans des espaces annulaires concentriques dont le Soleil central occupe le milieu; ainsi il fait écran à la partie de la périphérie des anneaux diamétralement opposée. On ne peut apprendre par cette voie d'observations quel a été l'état antérieur du Monde et quel il sera dans l'avenir.

C'est au moyen de la loi de l'Astrogonie que, parmi les corps du système stellaire, on en découvre à des distances différentes du Soleil central dont l'état diffère, de même que chez les hommes l'état diffère sensiblement en raison des différences d'âge.

Notre Soleil circule avec des millions d'autres dans un espace annulaire A'' (fig. 1). Des millions d'autres soleils circulent dans les trois autres espaces A', A'', A''', tandis que des nébuleuses volumineuses circulent dans les cinq espaces les plus éloignés. Ces nébuleuses rendent visibles les espaces annulaires dans lesquels elles circulent (planches I et II).

Par de nombreuses observations, W. Herschel découvrit *qu'il* s'opérait des changements dans l'état des corps célestes; il découvrit même que ces changement s'opèrent, comme dans les corps organisés, d'après un ordre de succession prévu d'avance. Le mode de la vieillesse ou l'intensité des transformations diffèrent seuls; de sorte que dans les espaces éloignés l'intensité des transformations étant faible, la vieillesse est lente, tandis que dans les espaces situés entre nous et le Soleil central l'intensité des transformations étant d'une activité supérieure, la vieillesse est rapide. Pour mieux fixer les idées, nous allons citer un exemple.

Dans certaines familles de plantes, on voit, en été, près du sol, des fruits devenus déjà secs, tandis que près du sommet de la tige on voit des boutons. 1° En remontant la tige de la plante, on voit dans un ordre chronologique tous les états où se sont trouvés les fruits. 2° En descendant la tige de la plante, on voit dans le même ordre tous les états prédestinés à être parcourus dans l'avenir par les boutons.

Pour arriver à ces deux résultats et connaître en peu de temps toute la biographie de la production du fruit, il faut : 1° observer la plante dans toute son étendue ; 2° connaître l'ordre de succession et ne pas admettre que le fruit sec a précédé, et que les boutons sont venus après. Nous trouvant dans le 4ᵉ espace A'', nous savons : 1° qu'à une époque passée, notre Soleil et les soleils de cet anneau nommés *indigènes* se sont trouvés dans l'état où sont actuellement les nébuleuses de cinq espaces A', A'', A'''... les plus éloignés, et 2° qu'à une époque postérieure notre Soleil avec les soleils indigènes se trouveront comme se trouvent actuellement les soleil *exotiques* des trois espaces A', A'', A'''.

I. DISTRIBUTION DES CORPS CÉLESTES DÉDUITE D'APRÈS LA PERSPECTIVE.

Dans la Voie lactée composée de nébuleuses, il est facile d'apercevoir la région à laquelle le Soleil central fait écran. Les vitesses séculaires de 5'', 9'', 15'' des étoiles situées entre nous et le Soleil central prouvent qu'il y a trois espaces annulaires inférieurs ; ainsi un observateur placé près de la planète Mars verrait les trois planètes, la Terre, Vénus et Mercure passer devant le Soleil avec trois vitesses différentes. Par le nombre et les densités des étoiles exotiques, on connait les limites du troisième espace annulaire A'''. Les faits se coordonnent spontanément et sont liés entre eux par la loi physique comme causes et effets pour montrer leur état réel. Ainsi l'astronomie est ici exposée comme une science physicomathématique qui ne laisse place à aucune hypothèse ni à aucune théorie. Les faits obtenus par l'observation étant tous réels, peuvent servir ici d'exemples pour rendre leur mode de production plus évident.

A. PLACE DU SOLEIL CENTRAL DANS LA VOUTE CÉLESTE.

Ce gros corps faisant écran à une partie de la periphérie de la Voie lactée est resté inaperçu jusqu'à présent malgré son aspect tout particulier. Si l'on considère la partie de la Voie lactée à l'est de Sirius, on n'y aperçoit aucun détail; en regardant plus attentivement quand le ciel est serein, on distingue au cou de la Licorne une courbe formant le sommet d'une ellipse qui va jusqu'aux deux bords de la Voie lactée. Cette courbe est la limite entre la partie des nébuleuses visibles et le corps du Soleil central qui fait écran dans une étendue de 12° de l'anneau des nébuleuses; celles-ci ne commencent à être visibles que devant la tête du grand Chien où se termine l'autre sommet de l'ellipse, indiquée comme ayant sa première moitié dans la planche I et sa seconde dans la planche II.

Dans le Soleil central, de même que dans les nébuleuses, la masse empyrée se trouve entourée d'amas de vésicules ou de météores. La dimension et l'épaisseur de ces amas sont comparables aux distances qui nous séparent des étoiles fixes. Ainsi l'aspect des nébuleuses et celui du Soleil central diffèrent peu; de sorte que cette seule différence ne serait pas suffisante pour faire connaître la place du Soleil central. Ce qui rend incontestable cette place du Soleil central, ce sont les faits suivants :

1° La partie de la Voie lactée visible en Europe, sauf celle couverte par le Soleil central, est composée de 157 nébuleuses et il y en a 18 autres tout près de ses bords. Le Soleil central fait écran à une partie de 12° de la périphérie des nébuleuses. Sur toute cette grande étendue, domine une uniformité correspondant au corps central; la teinte blanche de ce corps même diffère tant soit peu de celle des nébuleuses. En dehors de la partie à laquelle le Soleil central fait écran, domine la plus grande irrégularité, 1° des formes des nébuleuses, 2° de leurs clartés, 3° de leurs étendues. Elles ne sont pas bien en contact, mais il y a des interruptions et des vides.

2° Nulle part les bords des nébuleuses ne produisent des limites unies comparables à celles qui correspondent au Soleil central.

3° Si l'on prolonge le rayon vecteur SH (fig. 3) qui unit notre Soleil avec le milieu du Soleil central, son extrémité aboutit exactement au milieu O (fig. 2) de la branche boréale de la Voie lactée.

4° Ce n'est que dans les Hyades que l'on trouve 21 étoiles ayant des mouvements et des directions en sens différents de ceux des étoiles indigènes, et encore leurs vitesses sont-elles de trois espèces; ce qui fait voir que ces étoiles circulent autour du Soleil central dans le même sens entre elles et avec notre Soleil, mais dans trois espaces différents. C'est jusqu'aux Pléiades qu'on rencontre des étoiles ayant un pareil mouvement, et un grand nombre de ces étoiles sont télescopiques. Nulle autre part au ciel les étoiles télescopiques ne se montrent mobiles, ou s'il y en a une ou deux, leur vitesse est cent fois plus grande que celle des étoiles exotiques.

5° Nulle part au ciel les étoiles télescopiques ne sont si nombreuses et si denses que dans le voisinage du Soleil central; nulle part, au contraire, sur la Voie lactée, on ne voit si peu d'étoiles claires que celles qui se projettent dans la place occupée par le Soleil central.

Pour apercevoir le Soleil central, il ne faut qu'un ciel serein et une bonne vue. Pendant tout l'hiver, on voit en Europe Sirius et tout près de son coté à l'est le Soleil central comme s'il faisait partie de la Voie lactée. Nous donnons ci-dessous les détails qui sont en liaison directe ou indirecte avec ce corps primitif dans l'univers.

Si le lecteur est surpris qu'un objet si grandiose ait échappé jusqu'à présent aux astronomes, il n'a qu'à considérer : 1° que la nature de la Voie lactée était inconnue et qu'on n'en pouvait pas distinguer une partie comme provenant d'un corps faisant écran aux nébuleuses; 2° que la direction du mouvement orbiculaire de notre Soleil, admise par W. Herschel, conduisit Argelander à chercher le corps central à une distance de 90° de sa place véritable. Par la suite, les lecteurs de cet ouvrage en sauront sur les objets célestes mille fois plus que n'en ont su jusqu'à présent les astronomes sur l'état physique de ces objets.

B. De la composition de la Voie lactée des nébuleuses.

En dehors du Soleil central, on aperçoit la Voie lactée composée de nébuleuses nombreuses et volumineuses suffisantes pour occuper presque toute l'étendue des espaces annulaires dans lesquels elles circulent; ainsi ces espaces deviennent visibles de la même manière que dans un ciel pur, on ne voit souvent qu'une bande, qui est l'espace occupé par une ou plusieurs nuées dont les formes ont quelque ressemblance avec les nébuleuses composant la Voie lactée.

En appliquant les lois de la Perspective à la distribution apparente des parties des anneaux, les astronomes ont reconnu qu'ils sont concentriques. John Herschel reconnut que le Soleil central occupant le centre des anneaux doit faire écran à une partie de leur circonférence. Il combattit l'hypothèse de Maedler qui avait cherché un centre de gravitation dans les Pléiades.

Bien que le grand astronome fût si près de la vérité, il n'osa pas la proclamer, et cela parce que son père avait attribué le mouvement des étoiles claires au mouvement du Soleil. Personne n'a pensé que ces mouvements résultent de l'éloignement des plans de leurs orbites de celui de notre Soleil. L'ensemble des faits aurait conduit John Herschel à reconnaître pour le Soleil central la place ici déterminée s'il eût reconnu l'erreur de son père.

1° Lorsque Lambert donnait notre système planétaire comme modèle du système stellaire, on ne connaissait pas les planétoïdes qui circulent dans le 5° espace annulaire, espace dans lequel manque la planète. J'ai trouvé, de même que dans le 5° espace A' du système stellaire, qu'il n'y a pas de nébuleuses pour occuper tout l'espace et apparaître comme un anneau ; je n'y ai trouvé qu'un petit nombre de nébuleuses sporades exotiques suffisantes pour déterminer la position de l'espace annulaire A' indiqué dans les tables et nommé *galaxoïde*.

2° Dans l'espace annulaire A'' circule le plus grand nombre 8⁶ de nébuleuses occupant presque toute l'étendue de sa périphérie. L'ensemble de ces nébuleuses forme un anneau nommé *diogalaxie*.

3° On ne voit pas les nébuleuses séparées dans les trois autres espaces A''', A'''', A'' les plus éloignés; leurs bords se touchent perspectivement. Des nombres 8⁵ des nébuleuses du 7° espace annulaire A''', de celui 8⁴ du 8° espace A'''', et de celui 8³ du 9° espace A résulte un anneau nommé *chronogalaxie* moins régulier que le précédent, et c'est à cause du très-grand éloignement des trois espaces A''', A'''', A'' que sa largeur paraît inférieure dans la chronogalaxie.

C. De l'apparition de la Voie lactée d'après la Perspective.

On sait, 1° que les anneaux *diogalaxie* et *chronogalaxie* sont concentriques, et 2° que notre Soleil S (fig. 2) n'est pas sur leur plan commun, mais à 3° 1/2 du côté boréal. C'est de ces deux données, d'après les lois de la Perspective, que résultent : 1° deux hémipériphéries symétriques de la Voie lactée divisée par les prolongements des deux extrémités du rayon vecteur SH, et 2° des deux côtés du diamètre passant par le Soleil perpendiculairement au rayon vecteur résultent deux hémipériphéries asymètres.

C'est dans la figure 3 qu'est exposée l'apparition des deux anneaux d'après la Perspective, si on les observe quand il reste en dehors de leurs périphéries. Les mêmes anneaux sont représentés dans les deux planches, comme peut les voir dans la voûte céleste un observateur qui n'est ni dans leur centre ni sur leur plan commun. L'apparition perspective de la figure 3 sert à s'orienter pour connaître les parties correspondantes dans la voûte céleste.

Le rayon vecteur SH (fig. 3) sépare les deux périphéries en moitiés symétriques, dont la moitié orientale est dans la table I et la moitié occidentale dans la table II.

La perpendiculaire sur le rayon vecteur sépare les deux anneaux en deux parties inégales et asymètres, et cela parce que le Soleil n'est pas au milieu des anneaux.

Dans les deux tables, on voit des espaces vides entre les parties occupées par la Voie lactée; ces vides ont deux causes distinctes :

I. Les vides renfermés sont symétriques et ont pour cause la Perspective.

II. Les vides ouverts sont asymètres et ont pour cause le manque de nébuleuses.

1° *Vides renfermés dans la Voie lactée.*

Ces vides sont au nombre de quatre.

I. Les deux vides inégaux sont dans les prolongements du rayon vecteur SH (fig. 3) dont, 1° l'extrémité supérieure passe par le milieu de la branche *boréale*, laquelle est séparée par un grand vide en forme d'ellipse allongée, renfermé de l'autre côté par la branche *australe;* 2° l'extrémité inférieure du rayon vecteur passe également par le milieu de la branche boréale inférieure qui est invisible, parce que le Soleil central H lui fait écran. C'est donc cet écran qui occupe le milieu de l'espace vide elliptique éloigné, et par conséquent moins large d'après la Perspective.

Des deux côtés du soleil central les bords des nébuleuses se touchent et les deux anneaux paraissent unis. Il y a dans le Navire plusieurs régions dans lesquelles les bords des anneaux des nébuleuses ne se touchent pas, et nous y voyons quelques espaces vides entre les parties occupées par les nébuleuses.

II. Les deux autres vides sont égaux et symétriques; ils résultent de la Perspective appliquée, 1° aux deux anneaux concentriques, et 2° à la position du Soleil en dehors de leur plan commun. C'est dans la figure 3 qu'est exposé le mode de la production perspective des deux *anses* par l'avancement vers nous d'une partie de la branche australe de chacune de ses deux hémisphéries formant les extrémités de la branche.

Dans la figure 3 les deux anses se présentent éloignées, parce que la branche australe y est rapprochée. Dans la voûte céleste exposée sur les deux tables, on voit la branche australe éloignée; elle s'avance des deux côtés vers la branche boréale pour passer perspectivement de l'autre côté de l'anneau vers la chronogalaxie et atteindre par là un maximum d'éloignement.

Ensuite on voit des deux côtés l'anneau de la diogalaxie s'avancer symétriquement vers la chronogalaxie ; il lui fait écran et paraît ne pas s'en séparer jusqu'à une certaine distance. 1° Le contact entre les bords des nébuleuses se soutient du côté oriental jusqu'à la région cachée derrière le soleil central. 2° Du côté occidental se présente d'un côté la séparation antérieure de la diogalaxie; de l'autre côté on voit la chronogalaxie subdivisée en trois branches, et tout cela par la position des nébuleuses qui circulent sur des orbites de rayons $2^7\Delta$, $2^8\Delta$, $2^9\Delta$ dans les espaces annulaires A''', A'''', A''.

Ce manque de symétrie des deux côtés des anses résulte des formes des nébuleuses et de la position de leurs plans orbiculaires : il n'est pas un effet de la Perspective. Nulle symétrie n'existe dans la succession des nébuleuses composant les anneaux, de même qu'il n'existe pas de symétrie entre les éloignements des orbites de ces nébuleuses, ainsi qu'on le voit dans les inégalités continuelles des bords de chacun des deux anneaux. On trouve aussi ce manque de symétrie dans les longitudes de l'espace annulaire occupé par les planétoïdes.

2° *Vides ouverts indiquant le manque de nébuleuses.*

De même que les planétoïdes (admis augmentés de volume) feraient apparaître autour du Soleil un anneau composé de corps se succédant irrégulièrement, de même les nébuleuses composent des anneaux présentant : 1° un éclat supérieur aux régions où il y a des superpositions, ou 2° de grandes interruptions et des lacunes aux régions des orbites où les superpositions manquent.

Entre l'Anse occidentale et le soleil central dans le Navire, se trouve la seule région de la Voie lactée dans laquelle on ne voit de nébuleuses sur aucun des quatre espaces annulaires. Des deux côtés de cet espace se trouvent des nébuleuses formant des protubérances ou des bandes correspondant aux quatre espaces annulaires dans lesquels ces nébuleuses circulent avec des vitesses inégales. Dans des milliers de siècles, la forme des bandes changera alors la place et la forme de cet espace vide.

Entre l'Anse orientale et le Soleil central dans Persée se trouve la région correspondante à celle du vide du Navire. Les parties des espaces annulaires sont occupées par des nébuleuses dont les bords intérieurs se touchent, tandis que les bords extérieurs présentent des bras dont, 1° une branche s'avance en dehors de l'anneau en partant du derrière de la tête de Persée ; 2° une autre branche part des pieds de Persée ; 3° une troisième branche part des pieds de Céphée.

Les nébuleuses de chaque anneau sont de même nature ; dans les planches les couleurs servent à indiquer les nébuleuses circulant dans le même anneau ou dans des anneaux différents. Le Soleil central est indiqué faisant écran aux nébuleuses circulant derrière lui.

D. NOMBRE DES ÉTOILES ET LEUR DISTRIBUTION.

De même que les nébuleuses circulent dans cinq espaces annulaires correspondant aux orbites des quatre planètes extérieures et des planétoïdes, de même les étoiles circulent dans quatre espaces annulaires correspondant aux orbites des quatre planètes intérieures. Notre Soleil, avec environ 16 millions d'autres de nombre 8', circule dans le 4ᵉ espace annulaire A'' (fig. 1). Tous ces soleils sont nommés *indigènes* pour les distinguer des autres trois fois aussi nombreux qui circulent dans les trois espaces annulaires inférieur A', A'', A''', que pour cette raison on nomme *exotiques*.

L'espace A'' annulaire correspond à l'orbite de Mars de notre système planétaire, et les trois espaces inférieurs correspondent aux orbites de la Terre, de Vénus et de Mercure. De même qu'un observateur, placé sur la planète Mars, voit passer, entre lui et le Soleil, les trois planètes, avec les vitesses V pour Mercure, **V** pour Vénus, et *v* pour la Terre ; de même, nous voyons dans les Hyades des étoiles qui passent entre nous et le Soleil central avec des vitesses de 15, de 10 et de 5, terme moyen (fig. 3).

Comme les planètes, les étoiles exotiques des Hyades et des Pléiades circulent dans le même sens autour du Soleil central, notre Soleil circule aussi dans le même sens. La direction du mouvement orbiculaire de notre Soleil est perpendiculaire sur le rayon vecteur SH.

1° *Étoiles indigènes.*

Des 16 millions d'étoiles indigènes, il n'y en a que 4100 de *claires* qui sont visibles à l'œil nu ; sauf deux étoiles télescopiques qui présentent un maximum de vitesse dans leur mouvement, toutes les autres ont un mouvement de si faible vitesse qu'il est imperceptible.

La vitesse des étoiles claires correspond en général à leur clarté ; toutefois, le maximum de vitesse se rencontre parmi les étoiles de clarté faible. En prenant l'ensemble des mouvements de plusieurs étoiles mobiles, on obtient toujours un seul et même plan orbiculaire. Ce résultat, obtenu pour la première par le calcul d'Herschel, n'a pas été regardé comme un indice de la position du plan de l'orbite de notre Soleil; le susdit astronome voulut que la direction ainsi obtenue fût celle du mouvement de notre Soleil. Biot, Lindenau, Bessel protestèrent contre cette assertion, sans cependant pouvoir expliquer comment l'ensemble des mouvements des étoiles et non-seulement de celles qui sont visibles en Europe, mais encore de celles qui y sont invisibles, peut donner le même résultat.

Les astronomes précités, par oubli, n'ont pas regardé les mouvements observés comme résultats indirects de l'éloignement des plans de leur orbite de celui de notre Soleil, mais ils ont considéré ces mouvements comme directs. On a cherché un orbite pour chaque étoile mobile; l'ensemble des plans orbiculaires et des sens des directions des mouvements présenta une confusion. Au lieu d'un corps central universel, il a fallu en chercher des milliers

Je n'ai fait que constater un oubli; mais de nos jours, quand la confusion se fut dissipée, on vit le Soleil central et la symétrie universelle admise par Lambert et cherchée par lui. Il admit le Soleil central dans la nébuleuse d'Orion, que Kant déplaça à Sirius; mais c'est Maedler qui sut évaluer les dimensions telles qu'il les trouvera réalisées dans le Colosse devenu visible à tout le monde. Après avoir ainsi fait voir la charpente du système stellaire par la rectification d'une erreur due à un oubli, une question inabordable en apparence surgit; c'est celle-ci :

Question. Pourquoi les étoiles dont les orbites sont éloignés de celui de notre Soleil sont-elles claires?

Réponse. Les observations ne font connaître que l'état du Monde actuel; ses états précédents et ses états postérieurs sont soumis à des changements ayant pour cause des séries d'actions qui ne sont que l'écoulement du fluide *électre* ou d'électricité neutre indiquée par le signe ÉE, écoulement qui n'est que le résultat d'une rupture d'équilibre. Il faut donc d'abord connaître l'origine de cette rupture d'équilibre, pour en déduire l'écoulement du fluide ou l'action terminée avant des siècles, lorsque s'opéra la production des faits conservés que nous observons.

2° *Étoiles exotiques.*

Ces étoiles se présentent limitées à une élongation du Soleil central comme cela a lieu pour les planètes inférieures. Dans nulle autre partie de la voûte céleste on ne voit une telle multitude et une telle densité d'étoiles télescopiques qu'on en voit entre les élongations des étoiles exotiques. Il y a des groupes composés de milliers d'étoiles qu'Herschel a mis au nombre des nébuleuses.

Ce qui embarrassa le plus les astronomes, ce fut le mouvement des 15 étoiles des Pléiades et de 21 autres des Hyades. Par rapport au Soleil central, toutes ces étoiles circulent autour de lui avec des vitesses de 15, 9, 5, en raison des distances 2Δ, 4Δ, 8Δ. Les astronomes ne connaissaient pas la place du Soleil central; ils étaient incapables de distinguer les étoiles en indigènes et en exotiques, ce qui leur eût fait voir : 1° que le mouvement des étoiles exotiques est orbiculaire, et 2° que ce mouvement est imperceptible pour les étoiles indigènes, et cela à cause de la faible différence qui existe entre leurs vitesses orbiculaires et celle de notre Soleil.

Supposons un observateur placé sur la planétoïde *Urania*, observant les mouvements des planétoïdes depuis le soir jusqu'au matin, durée correspondant pour les étoiles à des milliers d'années. Toutes les planétoïdes des orbites voisins lui paraîtraient immobiles; il n'y aurait apparition de mouvement en chaque sens et de chaque vitesse que pour les planétoïdes circulant sur des orbites éloigués de celui d'Urania. Les mouvements des planètes intérieures se montreraient différents de ceux des planétoïdes.

3° *Nombre des étoiles.*

Si l'on compare les étoiles et les nébuleuses à certaines familles de plantes, de fruits existants, on connaît d'avance ceux qui ne paraîtront qu'après un certain espace de temps. De même, on connaît aussi, des étoiles qui existent, le nombre total de celles qui existeront dans des millions de siècles. Dans le principe, le Soleil central existait seul, composé de masse empyrée soumise aux séries successives des ruptures d'équilibre qui devaient engendrer le Monde matériel dont la venue était prévue dès la naissance de ce Soleil central.

On a trouvé que neuf jets de masse empyrée ont été expulsés du Soleil central : de ces jets, les quatre inférieurs ont été divisés et subdivisés d'après la loi de l'Astragonie, et c'est ainsi que le quatrième jet produisit 8^8 portions, chacune composée de masse empyrée peu différente de celle de notre Soleil. En admettant un nombre égal de portions produites par la subdivision de chacun des trois jets inférieurs, on obtient un nombre total de soleils de 4×8^8.

Chaque soleil reste pendant longtemps *lipoplanète* ou privé de planètes, de même que le Soleil central est resté longtemps lipohélie ou sans soleils. De 16 millions de soleils indigènes, il n'y en a que quelques milliers qui ont déjà expulsé neuf jets de masse empyrée pour former huit planètes. Les 3 × 16 millions de portions produites par les trois jets B', B'', B''' inférieurs sont devenus depuis longtemps des soleils entourés chacun de huit planètes, et ces planètes sont déjà entourées d'environ 30 satellites. Ainsi se trouve déterminé le nombre N de corps massifs circulant dans chacune des trois espaces annulaires inférieurs; le nombre total de corps massifs produits dans chacun des espaces jusqu'à présent est

$$N = (16 + 8 \times 16 + 30 \times 16) \text{ millions.}$$

Il existe un grand nombre de planétoïdes dans chaque système planétaire, et chaque corps massif produit des millions d'amas de ballons nommés *météores* qui restent et circulent sur des orbites peu éloignés de ceux des corps massifs dont ces météores ont été produits. Ainsi les météores visibles dans les nébuleuses comme des points de lumière blanche sont des amas de ballons produits par les enveloppes de vésicules gelées. Lorsqu'on ne connaissait pas la nature de la lumière blanche, on ne pouvait prouver que les milliers de points visibles dans les nébuleuses ne proviennent pas directement d'une masse empyrée, mais toujours des *vésicules dont les gros amas* sont nommés *météores*, à cause du manque d'un poids sensible dans des volumes dont le diamètre est souvent de plusieurs dizaines ou centaines de lieues. Il y en a même dont des diamètres sont beaucoup plus grands.

E. Masse du soleil central.

La quantité de masse empyrée de chacun des huits jets suffit à fournir 16 millions de portions égales à celle μ de notre soleil ou tout au plus deux ou trois fois supérieure. En supposant en général la masse empyrée des autres soleils double (2μ) de celle de notre Soleil, il en résulte que la masse *totale* de la masse *m en circulation* est environ 200 millions de fois celle μ de notre Soleil.

La masse M du Soleil central n'est pas mille fois la masse *m* expulsée, mais elle lui est un million de fois supérieure, avec la différence que dans le soleil central cette masse empyrée a une densité environ un million de fois supérieure à la densité de la masse de notre Soleil. Ainsi la masse de 16 millions de soleils de chaque jet a d'abord un volume égal à celui de 32 soleils comme le nôtre.

Après avoir ainsi évalué la grandeur réelle du Soleil central devenu visible, sa grandeur apparente est des millions de fois supérieure à celle trouvée par le calcul. Il faut cependant prendre en considération l'aspect du Soleil central qui est celui d'une nébuleuse et non celui d'une étoile. Il est prouvé que la masse de 5ᵉ jet B' a rebroussé chemin pour se déposer comme une ceinture faisant plus d'un tour autour de la zone équatoriale de l'enveloppe de glace solide et transparente. Ce sont donc les molécules de cette ceinture en équilibre rompu qui deviennent des vésicules et des amas de ballons et qui leur donnent ainsi l'aspect d'une nébuleuse, laquelle faisant écran aux autres plus éloignées, ne paraît pas en différer.

C'est Arago qui a montré la persistance du même éclat à chaque distance des nébuleuses assez volumineuses pour occuper une espace plusieurs fois supérieur à celui du champ des télescopes, ou à celui de la base du photocnôe qui a son sommet à l'œil et sa base sur l'étendue de la nébuleuse. La distance entre nous et le Soleil central est de $2^4\Delta$, et celle entre le Soleil central et les nébuleuses des anneaux éloignés est de $2^9\Delta$ 32 fois supérieure, et cependant l'éclat ne se présente pas à des degrés différents.

F. Dimensions de l'espace stellaire.

Les distances entre les planètes et notre Soleil sont dans la progression géométrique $\div\!\!\div\ 2d : 2^2d : 2^3d : \dots \cdot 2^nd$; la hauteur de l'espace annulaire dans lequel circulent les planétoïdes diffère peu de la distance $1 = 2^3d$ qui sépare la Terre du Soleil.

De même les distances entre le Soleil centrale et les neuf espaces annulaires A', A'', A'''..., sont dans la progression géométrique $\div\!\!\div\ 2\Delta : 2^2\Delta : 2^3\Delta : 2^4\Delta : \dots 2^9\Delta$; la hauteur H du 4ᵉ espace annulaire A'' a été trouvée de 27δ, δ étant une distance parcourue par la lumière en cinq ans. Cette distance est considérée comme égale à celle de $2^4\Delta$, de même que l'on trouve dans notre système planétaire. Ainsi, $4 \times 27\delta = 108\delta$ est la distance qui se trouve entre nous et le Soleil central, distance qui diffère peu de celle trouvée par la vitesse du mouvement orbiculaire de notre Soleil.

La vitesse séculaire du mouvement orbiculaire du Soleil se trouve entre 4'' et 5''; en prenant la valeur de 5'', on trouve la distance $4 \times 27\delta$ égale. Cette distance est 32 fois inférieure à celle $2^9\Delta$ des nébuleuses de l'espace annulaire A'' le plus éloigné; c'est donc $2^9\Delta = 32\delta + 4 \times 27\delta$. La lumière met 173 siècles pour arriver du Soleil central à l'orbite le plus éloigné, tandis qu'il ne faut que quatre heures pour que la lumière arrive du Soleil à la planète Neptune. Le diamètre d de notre Soleil est parcouru par la lumière en 4'' tandis qu'il faut à la lumière environ un siècle pour parcourir le diamètre du Soleil central composé de masse empyrée très-dense.

La quantité φ de molécules qui occupaient il y a 173 siècles une surface de rayon $r=4\Delta$ acquiert dans cette durée par l'expansion un volume suffisant pour occuper la surface qui a $2^{s}\Delta$ pour rayon. Pour qu'une surface $2^{s}\Delta^{2}$ fois plus grande soit occupée, il faut donc que la quantité φ de molécules augmente autant de fois en volume, de même que le volume de l'air comprimé augmente lorsqu'il s'échappe par quelque part dans l'enceinte où manque une résistance.

Telle est la donnée qui conduit à reconnaître un fluide dont l'expansion spontanée prouve qu'il est en équilibre rompu avec tendance à augmenter indéfiniment de volume. Cet état peut durer très-longtemps, mais il doit toujours avoir un commencement, parce qu'aucune espèce de rupture d'équilibre existant ne peut avoir une durée infinie; elles ont toutes un commencement.

G. Accroissement de la clarté physique et physiologique.

Du Soleil et des étoiles arrive la lumière incolore ou un mélange de lumière colorée avec la lumière incolore, comparable à celle des flammes des corps terrestres et mieux à celle de l'hydrogène.

Des nébuleuses et du Soleil central nous arrive lumière blanche, comparable à celle des nuages et des corps blancs terrestres.

1. La quantité de lumière restant invariable, il en résulte une multiplication de sensations si le corps se met en mouvement rapide. Dans notre système planétaire, les planètes circulent parallèlement avec la Terre autour du Soleil; ainsi il n'en résulte aucun accroissement de clarté. Il n'en est pas de même pour les satellites, lesquels circulent autour de leur planète comme des charbons ardents mis en mouvement rapide pour apparaître comme des bandes lumineuses.

1° Notre Soleil circule autour du Soleil central avec tous les autres, de même que la Terre circule autour de notre Soleil avec les planètes sans qu'il paraisse y avoir aucun accroissement d'éclat. 2° Les planètes lumineuses circulent autour de leur soleil entouré d'amas de vapeur, et produisent un accroissement d'éclat correspondant à celui des satellites de notre système. 3° Les satellites lumineux circulent autour de leurs planètes et produisent un accroissement d'éclat supérieur à celui que produisent les satellites de notre système.

Grandeur des étoiles. 1° Les étoiles de 1re et de 2e grandeur sont composées de satellites. 2° Les étoiles de la 3e à la 7e grandeur sont composées de planètes. 3° Les étoiles de la 7° à la 13° grand' sont des soleils lipoplanètes ou sans planètes.

II. La quantité de lumière restant la même, les ondes lumine se multiplient si, avant d'arriver à l'œil, elles éprouvent des réflex nombreuses des globules qui couvrent la surface des corps bl ou des vésicules qui flottent dans l'atmosphère, ou des amas de b lons produits par la congélation des vésicules autour des masse empyrées, comme on le voit dans les nébuleuses.

Le blanc n'est pas une couleur du spectre, de même que le bruit n'est pas une note de la gamme; c'est l'ensemble des sept couleurs qui forme le *blanc*, de même que l'ensemble des sept sons de la gamme produit le *bruit*. En multiplant les réflexions, les ondes sonores se multiplient autant que les ondes lumineuses; de sorte que nous pouvons recevoir de mêmes corps sonores ou lumineux des quantités d'ondes qui croissent jusqu'à une certaine limite au moyen des réflexions.

1° La *lumière blanche* nous fait voir qu'étant incolore dans la masse empyrée, elle a éprouvé des milliers de réflexions dans l'espace qui se présente comme un corps blanc. Nous pouvons comparer les différents degrés d'intensité de cette lumière.

2° La *lumière incolore* nous fait voir qu'elle arrive en direction rectiligne de la masse empyrée sans éprouver de réflexions pour devenir blanche, ni de réfractions pour devenir colorée et polarisée.

3° La *lumière colorée* nous fait voir qu'elle a éprouvé une réfraction qui a produit un spectre d'un champ très-vaste étendu dans l'espace. La couleur de l'étoile et l'ordre que cette couleur occupe dans le spectre solaire servent 1° à déterminer le sens de la réfraction et 2° la forme ovalaire du corps qui produit cette réfraction.

II. ORIGINE DU MOUVEMENT ET DE L'AFFINITÉ PRÉCÉDANT L'ASTROGONIE.

La perpétuité est représentée par un fluide équilibré occupant tout l'espace et se trouvant à l'état de repos, à l'état de mort; les physiciens ont nommé *éther* ce fluide, qui ne diffère pas du *chaos* de l'Écriture. Le chaos, de même que l'éther, disparut pour faire place au Monde, car il y a eu une séparation opérée par un Être suprême.

Les fluides impondérables se manifestent en un équilibre rompu par une tendance à croître en volume, sans abandonner la place occupée comme le font les corps. On sait qu'un fluide ou un corps ne se met jamais spontanément en mouvement ; il faut que le mouvement lui soit communiqué du dehors ou qu'il y soit emmagasiné et apparaisse quand manquera la résistance qui l'empêche de se produire, comme on le voit dans les ressorts et dans les gaz comprimés.

Telles sont les données propres à faire connaître les changements qu'a subis le fluide chaos; au lieu d'occuper tout l'espace, il fut doué par l'Être suprême d'une quantité indéfinie de mouvements qui le rendirent apte à parcourir tout l'espace et à occuper deux volumes égaux tenant emmagasiné tout le mouvement reçu par l'Être suprême. Pour distinguer les molécules du fluide chaos à l'état de repos et de mort de ces mêmes molécules à un état contenant le mouvement emmagasiné, je les ai nommées *électre*, mot qui représente la *vie* sous la forme d'un mouvement qui se développe de son intérieur par une expansion indéfinie de ses molécules.

Affinité. 1° Si le fluide était concentré en un seul volume, il n'y aurait au Monde qu'une expansion des ondes sans aucune rencontre; 2° s'il entrait une égale quantité de fluide dans chacun des deux volumes égaux, il y aurait des rencontres des ondes conduisant les molécules d'égale densité, et par suite ces molécules se trouvant équilibrées, il en résulterait un état de repos ou de mort.

Rien de tout cela n'arrive. Les deux volumes égaux ont contenu des masses inégales, l'un v la masse $M + M'$, et l'autre v' la masse M. Du chaos l'Être suprême fit sortir le *pycnoélectre* de la masse $M + M'$ l'*aréoélectre* de la masse M, en y emmagasinant une quantité indéfinie de *mouvement* ; de l'Unité du chaos l'Être suprême fit sortir la Trinité indéfinie, 1° sous forme de *pycnoélectre*, 2° sous forme d'*aréoélectre*, et 3° sous forme de *mouvement* y emmagasiné.

Dans les rencontres des ondes composées de molécules de même espèce et d'inégales densités, il s'opère une rupture d'équilibre qui produit l'écoulement d'une quantité de molécules de l'électre dense ε pour pénétrer dans l'espace occupé par l'électre ε' le moins dense, et engendrer un mélange $\varepsilon + \varepsilon'$ équilibré composé des deux éléments. Ni l'un ni l'autre de ces deux éléments n'a de ressemblance avec le mélange produit.

1° On indique par le mot *affinité* la rupture d'équilibre au point de contact des deux ondes.

2° On nomme *action chimique* la pénétration des molécules de l'électre dense ε dans l'espace occupé par l'électre ε' le moins dense.

3° On nomme *combiné* le mélange $\varepsilon + \varepsilon'$ équilibré composé de deux électres.

Résumé de l'emmagasinage du mouvement. Le but de

l'Action suprême se manifeste dans l'apparition de la TRINITÉ, car, 1° le mouvement est la source de la vie et 2° l'affinité est l'origine de la création où se manifeste la vie sous des millions de formes. L'inégale densité de l'électre était donc indispensable pour 1° que l'affinité se montrât, et 2° que la création du Monde fût préétabli.

I. La rupture d'équilibre nommée *force* se manifeste dans les fluides impondérables avec une tendance indéfinie à augmenter toujours leur volume par l'apparition d'un mouvement emmagasiné inépuisable, qui est la source de la *vie*.

II. Un équilibre établi se manifeste dans les *corps* qui sont le support des fluides impondérables; leur déplacement n'est qu'une manifestation d'expansion des fluides impondérables. Cette expansion étant la *vie*, l'équilibre établi représenté dans les corps est la *mort*.

III. L'espace *énastre* s'étend jusqu'aux dernières limites de la Voie lactée; il n'y a pas de corps au delà de ces limites. L'espace *universel* s'étend jusqu'aux deux électrosphères. L'espace *céleste* est indéfini, les deux électrosphères sont ses deux centres.

A. MODE DE PRODUCTION DES FLUIDES IMPONDÉRABLES.

Pour fixer les idées, soit P (fig. 4) le globle où s'est trouvé le *pycnoélectre*, et A le globe où s'est accumulé l'aréoélectre. Le Monde a commencé avec le Temps au moment où l'action suprême a été terminée, et le mouvement emmagasiné s'est manifesté simultanément dans l'expansion de l'électre provenant des deux électrosphères.

Il s'est écoulé un grand laps de temps avant que les ondes α, p se rencontrassent en Z qui est l'*espace central*. Le mélange des molécules μ de pycnoélectre ε avec les molécules homonymes μ' de l'aréolectre ε' ont produit sept couples de *périphéries* de diamètres différents. Chacune de ces périphéries a été composée de deux périphéries égales dont l'une contenait le pycnoélectre et l'autre l'aréoélectre.

L'ensemble d'électre de 7 périphéries double est l'*électricité neutre* $\bar{E}\,\bar{\bar{E}}$.

L'ensemble de pycnoélectre de 7 périphéries est l'*électricité positive* $\bar{E}$.

L'ensemble d'aréoélectre de 7 périphéries est l'*électricité négative* $\bar{\bar{E}}$.

Le mélange $\breve{E}^2\bar{E}$ de deux équivalents positifs avec un équivalent négatif est la *lumière*.

Le mélange $\breve{E}\,\bar{E}^2$ d'un équivalent positif avec deux équivalents négatifs est la *chaleur*.

A ces sept espèces de fluides corespondent : 1° les sept couleurs du spectre ; 2° les sept sons de la gamme ; 3° les sept espèces d'odeurs, et 4° les sept espèces de saveurs simples.

Fig. 4.

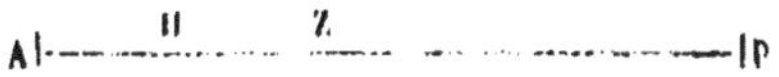

A —— Π —— Z —————— P

Le blanc n'est pas une couleur du spectre, de même que le bruit n'est pas une note de la gamme. De même que les couleurs du spectre sont produites par la lumière incolore, de même les sons de la gamme sont produits par la chaleur (*Phys.*, t. IV).

La propriété commune de tous les fluides impondérables est la tendance à augmenter de volume, car ils ont tous pour éléments primitifs le pycnoélectre et l'aréoélectre en proportions différentes. L'absence de cette tendance dans les corps prouve un état équilibré qui ne peut avoir lieu que dans un espace Π entre les deux électrosphères, espace dans lequel arrivent les ondes amenant l'électre en égale densité, pour qu'il ne se manifeste pas dans leur contact une rupture d'équilibre.

B. Mode de production de la masse empyrée du soleil central.

L'électricité neutre composant toutes les espèces de fluides impondérables se trouva en équilibre rompu dans l'espace central Z, à cause de la poussée $p + \alpha$ exercée de la part des ondes O conduisant le pycnoélectre ε, et à cause de la poussée p de la part des ondes O' d'aréoélectre ε. Il en résulta un *exode* de la masse M d'électricité neutre qui s'avança vers l'espace astral Π avec une vitesse décroissante et par conséquent d'une durée indéfinie.

Il n'y a dans l'univers que le seul espace Π dans lequel s'évanouit la rupture d'équilibre entre l'électre des ondes O et O', parce que les carrés des distances ΠP ΠA sont entre eux en raison directe des densités $\delta + \delta'$ et δ

$$\overline{\Pi P}^2 : \overline{\Pi A}^2 = \delta + \delta' : \delta.$$

L'électre venant dans l'espace astral Π des deux électrosphères A et P *est isopycne* ou d'égale densité $\delta + \frac{1}{2}\delta'$. Cet état d'électre est la cause des corps et de leur pesanteur; c'est pourquoi je l'ai nommé *barogène*. Celui-ci s'y est trouvé en double affinité : 1° par rapport aux atomes de chaleur $\theta = \ddot{E}\dot{E}'$ où entre l'électre en densité inférieure à celle de $\delta + \frac{1}{2}\delta'$, et 2° par rapport au mélange $\varphi\theta^7$ d'un atome $\varphi = \dot{E}'E$ de lumière et de 7 atomes $7\theta = 7\ddot{E}\dot{E}'$ de chaleur, où entre l'électre en densité supérieure à celle de $\delta + \frac{1}{2}\delta'$.

I. Le barogène entre comme facteur positif dans les combinés $\theta\beta = \dot{H} =$ *hydrogène*.

II. Le barogène entre comme facteur négatif dans les combinés $\varphi\beta\theta\beta^7 = O =$ *oxygène*.

III. Dans l'eau $\dot{H}O$, l'hydrogène entre comme élément électropositif et l'oxigène comme élément électronégatif.

IV. L'ensemble des éléments de l'eau et de l'électricité neutre a composé le seul corps de l'univers nommé *Archegète*, *Héliougète* ou *Soleil central*, le grand Soleil.

V. Des deux équivalents d'électricité résultent la chaleur et la lumière $3\dot{E}\ddot{E} = \dot{E}'E + \dot{E}\ddot{E}' = \varphi + \theta$.

VI. Des deux éléments oxygène et hydrogène résultent l'eau et l'air, $4O + 4H = 4HO$ est l'eau, et $4HO = O + \overline{HO}^3H = O + A2^2$ est l'air.

VII. La masse M pondérable composée des deux éléments de l'eau reste la même; la masse M' d'électricité neutre se trouve en expansion perpétuelle.

VIII. A cause des atomes $\dot{E}\dot{E}$ de chaleur et des atomes $\dot{E}'E$ de lumière composant la masse M, cette masse éprouve une poussée centrifuge de la part de l'électricité neutre en expansion. A cause de l'électre isopycne ou du barogène composant la masse M, cette masse éprouve une poussée centripète par le barogène amené par les ondes O, O'.

C. De mode de production de la pesanteur par le barogène.

Nous nommons ici *barogène* l'électre des deux électrosphères P, A amené à l'espace Π par les ondes inégales O, O' ayant pour rayons ΠP, ΠA dont les carrés ne sont en raison inverse des densités $\delta + \delta'$ et δ que pour le seul espace Π dans l'Univers.

Une quantité 𝔐 d'électre isopycne de densité $\delta + \frac{1}{2}\delta'$ s'est combinée avec une quantité θ de chaleur et avec la quantité $\varphi\theta^7$ d'un mélange de 7 atomes de chaleur et 1 atome de lumière pour en produire une quantité d'hydrogène pesant ƀ et une quantité d'oxygène pesant 8ƀ; de sorte que le soleil central s'est trouvé composé d'une masse M dans laquelle entrent la quantité ƀ d'hydrogène et la quantité 8ƀ d'oxygène, tous les deux imbibés jusqu'à saturation d'électricité neutre.

Le barogène amené des ondes O, O' étant 9ƀ + B', la masse M par son barogène 9ƀ fait écran à la quantité 9ƀ de barogène et ne livre passage qu'à l'excédant B'; *c'est ainsi que la masse M s'est trouvée* équilibrée par rapport aux deux poussées égales exercées de chaque côté de la part des quantités égales 9ƀ de barogène. Soit $9p + p'$ la poussée exercée du barogène 9ƀ + B' sur les molécules de la couche superficielle de la masse M, p' est la poussée exercée sur les mêmes molécules de la part du barogène B' émergeant; par suite les molécules de la couche superficielle de la masse M éprouvent une poussée 9P centripète de la part du barogène 9ƀ arrêté.

I. La *Pesanteur* est la poussée centripète 9ƀ exercée de la part du barogène 9ƀ sur celui β des corps.

II. Le *Poids* n'est que la partie β de barogène contenu dans chaque partie de la masse M.

III. La *Pondérabilité* est une propriété qui a pour cause l'existence d'une quantité β de barogène; le barogène β ne manque d'aucun corps et n'entre dans aucun fluide impondérable.

IV. La densité D de la masse M correspond à la poussée $9p$ exercée, non par le barogène 9ƀ + B', mais par celui 9ƀ arrêté qui est d'une quantité égale à celle du barogène 9ƀ contenu dans la masse M.

D. Mode d'expulsion des jets de masse empyrée de l'intérieur du soleil central.

Le froid de l'espace a fait geler la couche superficielle de la masse M empyrée, et le Soleil central s'est trouvé composé d'une enveloppe de glace renfermant la masse M empyrée et la protégeant contre le froid; car la quantité Θ s'éloignait de la quantité Θ + 0 qui arrivait des couches inférieures et l'excédant 0 restant produisait une élévation continuelle de température et un accroissement de la poussée répulsive R exercée contre l'enveloppe, dont le résultat ne pouvait différer de celui d'une chaudière à soupape fermée, ou de celui des volcans de cratère fermé.

Au moment où la résistance de la part de l'enveloppe a été vaincue par la répulsion R exercée par la quantité Q d'électricité neutre ou de chaleur accumulée dans la couche A superficielle de la masse M, elle s'ouvrit un cratère et 9 jets en ont été expulsés et arrêtés à des distances décroissantes d'après une progression géométrique

$$\div 2^9\Delta : 2^8\Delta : 2^7\Delta : 2^6\Delta : 2^5\Delta : 2^4\Delta : 2^3\Delta : 2^2\Delta : 2\Delta.$$

Cette progression correspond à celle provenant de la subdivision de la quantité Q d'électricité neutre accumulée dans la couche superficielle A, qui a produit l'éloignement de chaque jet.

Le 1er jet B^{ix} a été expulsé et poursuivi jusqu'à la distance $2^9\Delta$ de la quantité $\frac{1}{2}Q$ d'électricité, car l'autre moitié a repoussé la masse M du cratère vers le centre pour lui faire parcourir une distance $\frac{1}{2}d$.

Le 2e jet B^{viii} de la distance $2^8\Delta$ a été expulsé par la quantité $\frac{1}{4}Q$ d'électricité.

Le 3e jet B^{vii} de la distance $2^7\Delta$ a été expulsé par la quantité $\frac{1}{8}Q$ d'électricité.

Le 9e jet B' de la distance 2Δ a été expulsé par la quantité $\frac{1}{2^9}Q$ d'électricité neutre.

E. Du mode de production du mouvement rotatoire et du mouvement orbiculaire.

Chacun des neuf jets, après avoir parcouru les distances $2^9\Delta$ $2^8\Delta$... 2Δ, devrait rebrousser chemin s'il ne recevait une poussée tangentielle par le bord postérieur du cratère. Cette poussée s'est opérée par suite d'un mouvement rotatoire produit, 1° par le mouvement linéaire de la masse M existant déjà avec une vitesse décroissante, et 2° par la répétition des poussées $\frac{1}{2}Q$, $\frac{1}{4}Q$, $\frac{1}{8}Q$... centripètes exercées par le cratère sur le masse M au moment de l'expulsion de chaque jet.

Chacun des 9 jets, 1° se sépara de la masse M suivie des quantités d'électricité décroissantes $\frac{1}{2}Q$, $\frac{1}{4}Q$, $\frac{1}{8}Q$... en direction centrifuge; 2° en passant par le cratère, chacun des jets acquit une poussée tangentielle et en fut suivi des quantités d'électricité croissantes $\frac{1}{2}q$, $\frac{3}{4}q$, $\frac{7}{8}q$. Ainsi, 1° aux quatre jets antérieurs, la poussée centrifuge R était supérieure et la poussée R' tangentielle inférieure ; 2° aux quatre jets postérieurs, au contraire, la poussée R centrifuge était inférieure et la poussée R' tangentielle supérieure ; 3° au 5e jet, les deux poussées R, R' se trouvèrent égales.

Chacun des 8 jets étant suivi d'inégales quantités Q', q' d'électricité, s'éloigna en décrivant la branche d'une hyperbole et en perdant toujours de la poussée R centripète jusqu'au point le plus éloigné dans lequel s'opère l'équilibre entre la répulsion R et la pesanteur P; aussi il ne resta que la répulsion tangentielle R'. Le jet, en continuant d'obéir à cette répulsion, commence à obéir aussi à la pesanteur P exercée en direction centripète opposée à la direction centrifuge précédente. Ainsi ce changement de direction fait changer l'hyperbole en ellipse, qui est la courbe parcourue par tous les corps célestes, même par les comètes autour de leur corps central; de sorte que les mouvements orbiculaires sont une espèce de monuments archéologiques de la cosmogonie.

État du 4e jet. *Le jet qui rebrousse chemin ne diffère des autres* que parce qu'il a été suivi d'une égale quantité Q' d'électricité de direction centrifuge et d'électricité de direction tangentielle; de sorte qu'il s'éloigna du cratère en direction rectiligne suivant le prolongement du rayon qui passe par ce cratère. Arrêté par la pesanteur à la distance $2^5\Delta$, le jet resta dépourvu de tout mouvement; il n'eut qu'à obéir à la seule poussée centripète de la pesanteur. Il rebroussa chemin, et déjà très-allongé il se déposa comme une ceinture en faisant plus qu'un tour, 1° autour de la *zone royale* de son soleil, ou 2° autour de la zone torride de la planète.

État actuel du soleil central. Le corps central est composé, 1° d'une masse M empyrée pâteuse de millions de fois plus dense que celle contenue dans notre Soleil; 2° une enveloppe de *glace renferme cette masse* M de tous les côtés; 3° la masse *m* empyrée du 5e jet B' entoure la *zone royale* (cette masse *m* est d'une quantité suffisante pour produire 30 millions de soleils comme le nôtre); 4° une couche très-épaisse composée des amas des vésicules gelées entoure la masse du 5e jet B'.

Le diamètre apparent du Soleil central est de 12° d'une périphérie dont le rayon est parcouru par la lumière en six siècles et demi; par suite, la lumière met 130 ans pour parcourir le diamètre apparent du soleil central. Nous allons prouver que ce diamètre correspond à la nébuleuse produisant la lumière zodiacale.

Le calcul approximatif donne pour diamètre *D* de la masse *M* empyrée une longueur qui est parcourue par la lumière en un an presque, et le diamètre D de cette masse M et de la couche des météores ou des amas des vésicules est parcouru par la lumière en 130 ans. Les couches de 157 nébuleuses trouvées par Herschel dans la Voie lactée sont analogues à cette épaisseur. Chacune de ces nébuleuses est composée d'une masse empyrée dont l'étendue peut être parcourue par la lumière en quelques minutes, tandis que leur couche de vapeur n'est franchie par la lumière qu'en 65 ans, comme l'est celle du

Soleil central; car c'est leur grande distance qui les fait apparaître de dimensions inférieures à celle du Soleil central.

F. Astrogonie.

Par l'ensemble des faits célestes, W. Herschel reconnut qu'il y a d'inégales intensités des transformations des nébuleuses en étoiles; mais il ne savait pas que ces intensités résultent de la pesanteur, laquelle *est en raison inverse des carrés des distances entre* les nébuleuses et le Soleil central, dont la place lui resta inconnue. Cet astronome chercha l'origine des nébuleuses dans une matière répandue dans l'espace et réduite à une rupture d'équilibre par une cause inconnue qui la poussa à faire apparaître les corps massifs. C'est pour fixer les idées qu'en dépit de la loi physique on osa dire : 1° que la matière primitive n'a pas perdu sa chaleur dans le froid de l'espace, et 2° que l'attraction des molécules ne produisit pas des corps creux, mais des corps massifs.

Après avoir découvert l'origine des corps, on a pu coordonner les faits *nombreux de chaque* série de manière qu'avec la loi physique ils se lient entre eux comme causes et effets. Je me bornerai donc, comme physiologiste, à les exposer tels qu'ils sont actuellement, tels qu'ils ont été dans le passé, et tels qu'ils deviendront à l'avenir.

Notre Soleil et tous ceux qui circulent avec lui dans l'espace A'' (fig. 1) faisaient partie du 1° jet B'', composé de masse empyrée de densité D égale à celle de la masse M du Soleil central dont elle s'est séparée. Il n'y eut de changé que la pesanteur qui, étant P sur le Soleil central, devint p un millier de fois inférieure sur chaque jet; elle diminua davantage sur chaque portion séparée de la masse des jets, et devint p des milliers de fois inférieure. La subdivision de la masse de chaque jet s'arrêta lorsque l'équilibre s'établit entre la poussée centripète de la pesanteur p et la répulsion R centrifuge entre les molécules de la masse empyrée. La masse pâteuse fut entourée de vésicules, lesquelles persistèrent tant que ces molécules se déplacèrent. Elle nous envoya une lumière incolore qui devint blanche dans la couche de vésicules; après l'éloignement de celles-ci, une masse resta renfermée dans une enveloppe de glace qui livre passage à la lumière incolore, laquelle éprouve une réfraction dans cette enveloppe qui est de forme ovalaire dans les planètes et dans les satellites. Il n'y a que les soleils qui aient la forme presque sphérique; car la forme ovalaire qui résulte de la pesanteur des corps périphériques vers leur corps central ne peut disparaître entièrement.

Les intensités différentes des transformations remarquées par W. Herschel correspondent aux pesanteurs de chaque jet vers le Soleil central; car la masse du 1er jet B' éprouve à la distance 2Δ du côté de ce corps une résistance 2^{16} fois inférieure à celle qu'en éprouve la masse du 9e jet à la distance $2^9Δ$. La répulsion R provenant de la densité des molécules était égale dans chacun des 8 jets; il n'y avait que la *résistance R'' qui différait pour la masse de chaque jet.* Cette résistance est en raison directe avec les carrés des distances 2Δ, $2^2Δ$, $2^3Δ$... $2^9Δ$.

L'intensité des tranformations est d'autant plus grande que cette résistance R'' est plus petite. L'expulsion des 9 jets s'en est opérée avant la durée T; *en même temps* a commencé la subdivision de leur masse empyrée. Les intensités des tranformations étant en raison inverse des carrés des distances et par suite en raison inverse des durées T', T'', T''' des subdivisions des masses des jets, se terminèrent : 1° la subdivision du jet B' avant T — T'; 2° la subdivision du jet B'' avant T—T'—T''; 3° la subdivision du jet B''' avant T—T'—T''—T'''.

La subdivision du 4e jet B^{IV} se termine actuellement. Après une durée T^{V}, la subdivision d'une masse médiocre séparée du 5e jet B^{V} se terminera; après une durée $T^{V} + T^{VI}$, la subdivision de la masse empyrée du 6e jet B^{VI} se terminera aussi. Alors disparaîtront du ciel : 1° la branche australe, 2° les deux anses, et 3° une moitié du reste de la Voie lactée. A une époque plus reculée, la branche boréale et le reste de la Voie lactée disparaîtront graduellement; à la place des nébuleuses actuelles, il y aura alors des soleils contenant la masse empyrée et les météores séparés de cette masse.

G. Ages des soleils indigènes.

Les divisions et subdivisions de la masse empyrée ont commencé simultanément, et c'est à cause des activités inégales que les transformations ont avancé aux jets inférieurs et retardé aux jets supérieurs. Aux soleils, la succession des âges s'opère différemment de celle de la masse de chaque jet, car les portions superficielles se sont, dès le principe, séparées de chacun d'eux. Il en est ainsi résulté des soleils circulant sur des orbites dont les plans sont les plus approchés ou les plus éloignés de celui de la Voie lactée; ce n'est que plus tard que s'est opérée la séparation des portions produisant des soleils qui circulent sur des orbites dont les plans sont entre ceux des soleils précédents. C'est pourquoi on les a nommés *gardiens.*

Il n'y a pas activité inégale des transformations opérées à chaque soleil; si les gardiens sont maintenant plus vieux, c'est que leur masse empyrée s'est séparée depuis longtemps, ainsi que cela a lieu pour les hommes, dont les plus âgés ont commencé la série des changements physiologiques avant les plus jeunes. Les gardiens, comme les autres soleils, passent par le plan de la Voie lactée pendant leur révolution autour du Soleil central; ceux-là seuls qui se trouvent dans leur solstice apparaissent à de très-grandes distances de la Voie lactée.

Différences entre les gardiens et les soleils lipoplanètes. A cause des éloignements des plans de leurs orbites de celui de la Voie lactée et de celui de notre Soleil, les gardiens paraissent mobiles, et leur vitesse correspond à la distance du plan de leur orbite. Ceux des gardiens qui ont été produits à la même époque que notre Soleil sont maintenant entourés de planètes éteintes, de sorte que leur clarté ne diffère plus de celle des soleils lipoplanètes qui sont tous télescopiques; mais ils sont immobiles, tandis que les gardiens télescopiques ont une vitesse qui surpasse celle des gardiens clairs encore entourés de planètes ou de satellites lumineux moins âgés: 1° ceux de 1re et de 2e grandeur sont entourés de satellites lumineux, et 2° ceux de 3e à 7e grandeur sont entourés de planètes lumineuses.

1° C'est donc la vitesse des mouvements apparents qui fait connaître les gardiens, et 2° c'est leur clarté qui fait connaître leur âge. Toutes les portions de masse empyrée deviennent d'abord des soleils lipoplanètes et finissent par être, comme celle de notre Soleil, entourées de planètes éteintes, après avoir été lumineuses pendant un très-long espace de temps.

Étoiles temporaires. Les expulsions de neuf jets de chaque soleil télescopique lipoplanète s'opèrent de la même manière que s'est opérée l'expulsion de neuf gros jets du Soleil central. En pareil cas, il paraît au ciel une clarté subite dont l'éclat est à son maximum et qu'on peut comparer à celle de Sirius, de Jupiter et de Vénus même. Ce sont les neufs jets de masse empyrée pourvus du mouvement orbiculaire qui répandent cet éclat dès le moment de leur expulsion qui s'opère dans l'espace en une durée de quelques semaines.

Lorsque jadis la masse *m* empyrée des 9 jets planétaires était contenue dans l'enveloppe glaciale du soleil lipoplanète avec la masse M mille fois supérieure, il n'arrivait à nous que la lumière de ce soleil. L'éclat subit ne résulte pas d'une multiplication réelle de lumière, mais du mouvement orbiculaire d'une vitesse capable de parcourir chaque jet 6 à 10 lieues par 1″ pour apparaître comme 9 bandes ayant chacune une longueur proportionnelle à la vitesse. La masse empyrée se couvre de vésicules comme d'un nuage épais, et ainsi disparaissent les étoiles temporaires dans un espace de 15 à 17 mois.

II. Modes de production des changements de clarté des étoiles.

Toutes les étoiles claires et indigènes sont des gardiens reconnus par leur mobilité : 1° au nombre des systèmes de satellites lumineux, si elles sont de 1re à 2e grandeur, ou 2° au nombre des planètes lumineuses, si elles sont de 3e à 7e grandeur.

I. Le nombre des planètes croît par la restitution de l'équilibre dans la masse empyrée de chacun des 8 jets. L'activité de ces transformations est inégale ; elles consistent en un déplacement des molécules ayant pour cause la pesanteur vers leur soleil. Il y a aussi une inégale activité des tranformations dans la masse empyrée des jets B', B''' ... B'' expulsés du Soleil central.

L'équilibre s'établit d'abord aux molécules du jet *b'* d'où provient la planète Hermès la moins éloignée de son soleil ; elle a l'apparence d'une étoile télescopique et se distingue, 1° des soleils lipoplanètes, par son mouvement, et 2° des soleils gardiens, par les changements de son éclat et par sa couleur.

L'équilibre s'établit ensuite graduellement aux planètes les plus éloignées, et c'est ainsi que la clarté de l'étoile croît jusqu'à devenir une étoile de 3e grandeur, quand toutes les huit planètes se trouvent composées d'une masse empyrée renfermée dans une enveloppe de glace. Leur soleil est entouré des amas de vésicules produites par la masse empyrée du 5e jet *b'* qui s'est déposée comme une ceinture autour de la *zone royale*, de même que le Soleil central est recouvert de semblables amas de vésicules du 5e jet B'.

II. Les planètes produisent les satellites par l'expulsion des jets de masse empyrée. De chaque jet se forme un satellite dont le 1er acquiert une enveloppe de glace avant les autres. C'est à cause de sa grande vitesse que ce satellite a l'apparence d'une étoile de 2e à 4e grandeur. Leur forme ovalaire variée produit une quantité de lumière qui arrive, 1° de leur hémisphère élevé, 2° de leur hémisphère déprimé, ou 3° des portions différentes de chacun de ces hémisphères. La planète de ces satellites devient invisible à cause de la masse empyrée d'un des jets expulsés qui rebrousse chemin. De cette masse se forment des amas de vésicules autour de la planète ; les traces de ces jets sont restées conservées aussi bien sur la zone royale du Soleil que sur les continents intertropicaux de la Terre.

Par la multiplication des satellites de chaque système et par celle des systèmes mêmes des satellites dans chaque système de planètes, l'état croît et finit par atteindre un maximum semblable à celui de Sirius, dont la distance est 4 fois celle ? de α du Centaure qui paraît de 1re grandeur, quoique étant double elle soit composée de planètes, et non de systèmes de satellites, comme le sont les autres étoiles de 1re grandeur.

III. **Décroissement des clartés.** Pendant le refroidissement de la masse empyrée des satellites, celle de leur planète se refroidit aussi ; de sorte que d'abord le 1er satellite devient invisible dans chaque système et qu'ensuite les plus éloignés deviennent aussi graduellement invisibles. C'est ainsi que s'affaiblissent les clartés des étoiles. Sirius deviendra ce qu'est maintenant Procyon ; en s'affaiblissant graduellement, il se tranformera en étoile de 2e, 3e... 6e grandeur. Les satellites et les planètes s'éteindront, et leur soleil deviendra visible comme une étoile télescopique pareille à un soleil lipoplanète ; cependant son orbite restera le même et son mouvement apparent actuel sera conservé à jamais. Ainsi, à l'avenir, on saura pour toujours que le soleil de Sirius est un des gardiens.

IV. A cette époque reculée, des milliers d'étoiles maintenant de 7e et 6e grandeur seront de 3e, 2e et 1re grandeur ; elles seront remplacées par d'autres qui sont actuellement à l'état de nébuleuses planétaires, et ces nébuleuses seront remplacées par les jets expulsés plus tard par des soleils qui sont maintenant lipoplanètes et télescopiques.

RÉSUMÉ.

Rien pour l'intelligence de l'homme n'est plus imposant que : 1e l'aperçu de la succession des *actions physiques* qui sont la manifestation du mouvement indéfini émané de *l'Être suprême* pour être emmagasiné dans le fluide primitif équilibré, et 2e l'aperçu des *actions chimiques*, manifestation d'une TRINITÉ que l'Être suprême tira de l'UNITÉ, en divisant son mouvement en deux parties inégales M + M' et M du fluide primitif, pour produire *l'affinité* entre le *pycnoélectre* ε et *l'aréoélectre* ε'.

Cette grande vérité, transmise au Monde sous forme de dogme, a été niée par les savants, car ils ne connaissaient pas plus *l'origine du mouvement* que la *nature* de l'*affinité*. De leur côté, les dogmatistes eurent bien une sorte de conviction intellectuelle de cette grande vérité, mais ils ne purent pas faire partager aux savants cette même conviction. Nous exposons ainsi la vérité, conservée chez les dogmatistes, de manière qu'elle ne soit plus méconnue par les savants, ceux-ci ne seront pas dans l'avenir si égarés que l'ont été leurs prédécesseurs.

La *religion* et la *science* ne sont pas deux sœurs, mais bien deux branches de la même tige nées de l'Être suprême. Cet Être est la vérité, et c'est la vérité qui est la source de l'ordre et du bonheur vers lesquels se manifeste la tendance de l'intelligence de l'homme, car le corps se dissout, et l'intelligence ou l'âme produite pendant la vie temporaire reste éternellement.

PHYSIQUE CÉLESTE.

INTRODUCTION.

§ 1. Au moyen de l'application des lois physiques aux faits astronomiques, il est devenu possible d'en obtenir de nouveaux arrangements qui ont permis de relier les faits entre eux par la loi physique comme causes et effets; car c'est dans de tels arrangements que consiste leur explication, et non dans des arguments logiques puisés dans l'intelligence de l'auteur.

§ 2. Les ouvrages des astronomes ne contiennent de véritable que les descriptions des faits observés, et s'ils ne sont pas quelquefois d'accord, cela résulte des qualités des instruments et de l'état physiologique de l'observateur. Au moyen de la loi newtonienne, il devint possible de subdiviser les corps célestes en étoiles isolées correspondant au Soleil et en étoiles multiples correspondant aux planètes d'un seul et même système. Mais au lieu d'un soleil lumineux entouré de planètes obscures, il y a des planètes lumineuses et le soleil, non pas obscur, mais invisible à cause d'une couche de vapeur opaque qui l'enveloppe.

§ 3. Pendant toute sa vie, après la découverte de la loi de la gravitation, Newton chercha l'origine du mouvement orbiculaire, dont l'un des éléments, la *pesanteur*, lui était connu, mais dont l'autre, qui se réduit à un choc exercé à la masse au moment de son apparition dans l'espace, lui était inconnu. Ne pouvant aucunement parvenir au but, Newton invoqua l'action suprême pour exercer ce choc mystérieux. Laplace ne trouva pas qu'il fût de la dignité d'un physicien d'invoquer l'intervention de l'action suprême, et il admit un chaos de matières en état amorphe, animé d'un mouvement soutenu par une rupture d'équilibre, qui a dû spontanément aboutir enfin à un état d'équilibre pour se répéter en périodes éternelles.

Newton chercha un choc divergent par rapport à la gravitation qui est convergente; Laplace, pour éviter le postulat de Newton, chercha le mouvement orbiculaire dans un mouvement préexistant dans le chaos d'origine inconnue. Ainsi, en employant l'inconnu, Laplace croyait faire avancer la science, et cependant il ne donnait aux faits que des explications puisées dans cet inconnu. Ici nous allons prouver que l'hémisphère boréal de la Terre a un volume et un poids plus grands que l'hémisphère austral, et cette inégalité est la cause physique : 1° des précessions de la Terre et de la Lune; 2° de la nutation de l'axe terrestre qui se produit dans les mêmes périodes que les précessions de la Lune, et 3° des avancements du périgée et du périhélie. Laplace, en soumettant les faits observés aux calculs les plus compliqués, n'est pas parvenu à obtenir pour résultats des périodicités éternelles.

§ 4. Les physiciens modernes sont parvenus à constater l'identité des molécules d'un fluide primitif, qu'ils admettaient infini et équilibré dans l'espace infini. Les fluides impondérables et la pesanteur ont été admis comme résultats des vibrations différentes des molécules homoïdes du fluide, sans qu'on connaisse en quoi consistent ces différences.

§ 5. Aristote a reconnu que tout ce qui est dans l'intelligence se produit dans les organes des sens, de sorte que les six organes des sens sont autant de voies de communication entre les objets du monde et l'intelligence.

J'ai établi qu'à chaque organe de sens correspond un fluide : la lumière correspond aux yeux, le fluide sonore aux oreilles, l'électricité négative aux narines, l'électricité positive à la langue, la chaleur à l'épiderme et le fluide barogène aux filets des muscles.

De ces fluides la lumière incolore, la chaleur et le barogène produisent des sentiments qui ne diffèrent que par leur intensité, pour cette raison que chacun se compose d'éléments d'une seule espèce, tandis qu'il y a sept espèces de sentiments pour les couleurs, les sons, les odeurs et les saveurs, d'où il résulte que dans chacun de ces fluides entrent sept éléments; et comme les molécules primitives sont d'une seule espèce, ces différences ne peuvent résulter que de leurs densités différentes et de leur sept dimensions, et non pas des vibrations qu'on admettait.

§ 6. ORIGINE DES ORGANES DES SENS SIMPLES. Les trois fluides amenés avec les corps ont engendré les organes des sens qui occupent les points de contact : 1° la chaleur est amenée avec les corps à l'épiderme ; 2° l'électricité positive du contact est amenée avec les aliments à la langue, et 3° le barogène ou la masse des corps est amenée par ceux-ci aux filets des muscles.

§ 7. ORIGINE DES ORGANES DES SENS DOUBLES. Les trois autres fluides arrivant en ondes sur les deux moitiés du corps ont produit les organes des sens pairs : 1° les ondes de la lumière ont produit les yeux; 2° les ondes sonores de l'échogène les oreilles, et 3° les ondes de l'électricité négative les narines.

§ 8. AFFINITÉ ET MOUVEMENT. Tant que les physiologistes ignoraient que les six espèces de fluides sont la cause physique des organes des sens, ils étaient forcés de faire intervenir une action suprême qui créa les organes des sens pour correspondre aux fluides; ici est devenue superflue une intervention pareille dans la production des corps organisés, sans cependant éviter complétement une telle intervention; car les molécules du fluide primitif se manifestent en deux densités, d'où résulte pour les plus denses la tendance de pénétrer dans l'espace occupé par les moins denses, et c'est précisément cette tendance qui correspond à ce qu'on doit entendre par le mot *affinité*. De plus, pour que les molécules denses viennent en contact avec celles qui sont moins denses, elles doivent obéir à une poussée expansive provenant de leur répulsion mutuelle qui est la cause du *mouvement*.

§ 9. Aucun fait ne se produit au monde que sous les deux conditions suivantes : 1° il faut deux éléments dont chacun se compose de mêmes molécules primitives, mais de densités différentes; 2° pour qu'il y ait *affinité*, chacune des masses des molécules doit exercer une poussée répulsive pour faire *pénétrer* les molécules denses dans les moins denses. Telles sont les données qui conduisent à connaître l'intervention d'une *action suprême*, qui a séparé les molécules du fluide primitif en molécules de densité grande et en molécules de densité moins grande.

I. ACTION SUPRÊME PRODUISANT TOUS LES FAITS DU MONDE.

§ 10. Newton invoqua l'action suprême pour donner le choc à la matière qui apparait dans l'espace; Aristote et les physiologistes modernes l'invoquent pour créer les individus organisés; les dogmatistes l'invoquent dans la production de chaque fait du monde; Laplace et les autres physiciens modernes, surtout les Français, ne sachant pas pourquoi invoquer une telle action, n'en font aucune mention; pour cette raison, ils paraissaient adversaires des dogmatistes.

L'intervention d'une action suprême déduite de l'affinité et du mouvement, qui sont incontestables, est d'une nécessité absolue, parce que les molécules homoïdes ne pouvaient pas se trouver perpétuellement de densités différentes. La tendance universelle des fluides à se répandre par l'expansion pour obtenir un volume toujours plus grand ne permet pas de méconnaître une action suprême qui consiste :

1° En une division de toutes les molécules équilibrées dans l'espace infini en deux parties inégales M + M′ et M;

2° En une compression infinie de chacune de ces deux parties inégales pour obtenir un volume égal, et par suite des densités inégales qui sont la cause immédiate de l'*affinité*.

§ 11. MODE DE LA PRODUCTION DES FAITS DU MONDE PAR LES MOLÉCULES HOMOIDES. Dans l'espace infini qu'occupait le fluide primitif, les masses M + M′ et M de molécules se trouvèrent réduites en deux volumes égaux par suite d'une compression et d'un rapprochement infini, d'où il résulte que ces masses *ont une tendance infinie à augmenter* de volume et que les ondes A, B, C,..., provenant du globe de molécules denses, ont une tendance à se rencontrer avec celles de A′, B′, C′,..., provenant du globe des molécules les moins denses. Donc : 1° la rencontre entre les ondes des *molécules* a sa cause *non* pas dans une attraction entre elles, mais dans deux poussées expansives centrifuges; 2° le mélange entre les molécules des ondes rencontrées a sa cause dans leurs inégales densités.

II. APPARITION D'UNE TRINITÉ INFINIE PAR UNE UNITÉ INFINIE.

§ 12. La poussée expansive des fluides impondérables et des gaz d'une part, et les mélanges spontanés des éléments dans la production des combinés de l'autre, sont deux causes indispensables dans l'existence du monde : 1° la tendance infinie expansive des molécules primitives leur a été imposée par l'action suprême, qui les a fait se rapprocher infiniment en parcourant l'espace infini; 2° la production de tous les faits n'est que pénétration des molécules homoïdes denses dans l'espace occupé par les moins denses; ces densités inégales ont pour cause toujours l'action suprême qui divisa la quantité totale des molécules infinies, non pas en deux moitiés, mais en deux parties inégalement comprimées, pour que chacune d'elles se trouvât sous un volume égal. En faisant ainsi intervenir l'action suprême comme cause active dans la production des faits cosmiques, nous nous trouvons en accord avec les physiciens et avec les dogmatistes.

Relativement aux faits observés, nous sommes d'accord avec les physiciens : ces faits ne peuvent être produits que par l'affinité entre les éléments et par leur mouvement, produits de l'action suprême qui se manifeste comme une expansion.

Relativement au dogme que tous les faits au monde ont pour cause une action suprême, nous ne différons pas des dogmatistes.

Ce qui paraissait surpasser les limites de l'intelligence humaine était l'apparition d'une *Trinité infinie* par une *Unité infinie*. Ce grand mystère trouva ici son éclaircissement, et ainsi s'opéra l'union entre les dogmatistes et les physiciens.

Pour rendre aux faits la plus grande évidence, il faut distinguer l'infini des molécules primitives avant l'action suprême et après cette action; l'infini après cette action est contenu : 1° en molécules denses; 2° en molécules moins denses, et 3° en mouvement emmagasiné dans ces molécules, qui ont dû parcourir l'espace infini pour se trouver en une compression infinie.

L'*Unité infinie* se trouva représentée dans les molécules équilibrées, comme les physiciens modernes admettaient l'*éther* occupant l'espace infini.

La *Trinité infinie* résulta de ces molécules infinies, non plus équilibrées, mais indéfiniment rapprochées entre elles, et pour cela leur nom devint *électre*.

Avant l'action suprême il y avait *Unité infinie;* de cette action résulta *Trinité infinie*, 1° *molécules denses* ou *pycnoélectre*, 2° *molécules moins denses* ou *aréoélectre* et 3° *mouvement*.

Unité = Éther infini équilibré dans l'espace infini.

Trinité physique	=	Pycnoélectre infini en espace limité Aréoélectre infini en espace limité Mouvement infini en espace limité	=	Trinité dogmatique	=	Père. Fils. Esprit.
Affinité physique	=	Tendance du pycnoélectre à pénétrer dans l'aréoélectre.	=	Amour paternel.		

III. DISTRIBUTION DE L'ESPACE ET MODE DE LA PRODUCTION DES FLUIDES IMPONDÉRABLES ET DES CORPS.

§ 13. Dans le principe tout l'espace infini céleste se trouva vidé, car les molécules du fluide qui s'y trouvaient *équilibrées ont été infiniment comprimées pour* former deux sphères égales, dont l'une contient les molécules de densité supérieure et pour cela s'appelle *globe dense, pycnoélectrosphère* ou *pycnosphère;* l'autre contient les molécules de densité inférieure et pour cela s'appelle globe moins dense ou *aréosphère*.

Fig. 1.

Des deux sphères P et A (*fig.* 1) proviennent les molécules comme de deux sources inépuisables pour se répandre en directions divergentes pendant un temps infini dans l'espace infini. Entre ces deux sphères sont deux espaces qui se distinguent par les propriétés particulières des molécules qui y arrivent des deux sphères.

I. L'*espace central* Z se trouve à égale distance de chacune des deux sphères, et comme les ondes des molécules s'éloignent des sphères avec une égale vitesse, leur rencontre primitive s'opéra dans cet espace central Z.

II. L'*espace stellaire* Π se trouve à des distances inégales AZ − ΠZ et PZ + ΠZ des deux sphères; pour y arriver, les ondes amenant les molécules d'égale densité, il en résulte, de la part des deux sphères, des poussées égales et par suite un état d'équilibre dans cet espace Π.

§ 14. DIMENSIONS DES ESPACES. Tous les corps célestes occupent l'espace stellaire Π : cet espace quoique très-vaste est tellement éloigné des deux sphères A et P qu'il ne peut être considéré que comme un point physique. Par suite, les corps célestes sont soutenus dans l'espace stellaire par les molécules *isopycnes* ou d'égale densité, car elles se trouvent contenues aussi dans les corps et manquent des fluides impondérables.

§ 15. ORIGINE DES FLUIDES IMPONDÉRABLES. Les éléments des deux électricités ont été produits dans l'espace central Z par le mélange des molécules amenées des deux sphères avec les ondes A, B, C, ..., et A', B', C' d'inégales densités. Des éléments des deux électricités mêlées résultent les atomes qui constituent la lumière et la chaleur.

§ 16. ORIGINE DES CORPS. Les fluides produits dans l'espace central Z se trouvèrent en équilibre rompu, parce que les ondes A, B, C, ..., venant de la pycnosphère P amènent en cet espace les molécules de densité $\delta + \delta'$ supérieure à celle δ des molécules qu'amènent les ondes A', B', C' venant de l'aréosphère A. Toute la masse des fluides produite dans l'espace central Z a dû quitter cet espace et être transférée dans l'espace Π où les ondes inégales O de la pycnosphère P et o de l'aréosphère A amènent les molécules en égale densité $\delta + \frac{1}{2}\delta$.

Ces molécules isopycnes, affluant dans l'espace II, 1° ont dû se mêler avec les atomes de chaleur, car elles s'y trouvèrent en densité inférieure; de même 2° elles ont dû se mêler avec les atomes de la chaleur lumineuse, dans laquelle ces molécules se trouvèrent en densité supérieure.

Les mêmes molécules isopycnes entrèrent 1° dans les combinés avec les atomes de la chaleur obscure comme molécules denses, et 2° dans les combinés avec les atomes de la chaleur lumineuse comme molécules moins denses.

Ces deux especes de combinés sont pondérables parce qu'il y entre les molécules isopycnes qui affluent des deux sphères et y exercent des poussées convergentes qui empêchent les corps de se répandre dans l'espace céleste. Cela n'a pas lieu pour la chaleur et la lumière dans lesquelles n'entrent pas les molécules isopycnes, et elles peuvent pour cela, sans éprouver quelque résistance, se répandre dans l'espace céleste par une expansion infinie.

Pour distinguer les molécules en état isopycne qui donnent naissance aux corps et à leur pondérabilité, elles sont nommées *barogène*. Le fluide composé de ces molécules est nommé *électre;* et suivant les densités des molécules on distingue le *pycnoélectre*, l'*aréoélectre* et l'*électre isopycne* ou le *barogène*.

A. PRODUCTION DES SEPT PAIRES D'ÉLÉMENTS PRIMITIFS DANS L'ESPACE CENTRAL.

§ 17. Les ondes qui amènent l'électre des deux sphères P et A ou E et E' (*fig.* 2) sont indiquées : 1° par les arcs aoa', bib', cbc',..., pour la pycnosphère P, et 2° par les arcs $\alpha o \alpha'$, $\beta o \beta'$, $\gamma j \gamma'$,..., pour l'aréosphère A.

De la rencontre des deux ondes résulta une périphérie qui est composée des molécules amenées de chacune des deux ondes qui se mêlent à cause de leurs densités différentes.

1° De la première rencontre entre les ondes $d\nu d'$ et $\delta\nu\delta'$ résulta la périphérie qui se trouva dans le plan MN vertical sur la ligne PA qui unit les deux sphères.

2° De l'avancement de l'onde $d\nu d'$ vers b, i, ν' résultèrent les rencontres avec les ondes $\varepsilon b\varepsilon'$, $\zeta i\zeta'$, $\eta\nu'\eta$, venant de l'aréosphère A, et par suite les périphéries qui se trouvèrent dans des plans parallèles au plan MN.

3° De l'avancement de l'onde $\delta\nu\delta'$ vers j, o, r, résultèrent les rencontres avec les ondes cjc', $\beta o\beta'$, ara' venant de la pycnosphère P.

§ 18. **SEPT PAIRES D'ÉLÉMENTS PRIMITIFS.** En séparant les molécules amenées de la pycnosphère dans les sept périphéries ou dans les sept arcs inégaux d'un angle γ, on obtient sept segments a, b, c, d, e, f, g inégaux contenant chacun les molécules ε de la pycnosphère P. L'ensemble de ces segments est un équivalent d'électricité positive indiqué par le signe $\dot{E}$.

Les sept autres périphéries ou segments des grandeurs inégales entre elles, mais formant des couples avec les sept précédents, sont α, β, γ, δ, ε, ζ, η, contenant chacun les molécules ε' de l'aréosphère A. L'ensemble de ces sept segments est un équivalent d'électricité négative, indiqué par le signe $\bar{E}$.

§ 19. **ÉLECTRICITÉ NEUTRE OU IRIS.** Ce que les physiciens doivent entendre par les mots *électricité neutre* est le mélange des équivalents positifs $\dot{E}$ avec les négatifs $\bar{E}$; ici ce mélange a été nommé *iris* à cause de ses sept éléments qui donnent naissance, non-seulement aux sept couleurs, mais aussi aux sept sons, aux sept espèces d'odeurs et aux sept espèces de saveurs. En B (*fig.* 2) sont les périphéries inégales vues obliquement, et en B' elles sont vues en face.

REMARQUE. Les sons d'une octave et les étendues occupées par chacune des sept couleurs dans le spectre

Fig. 2.

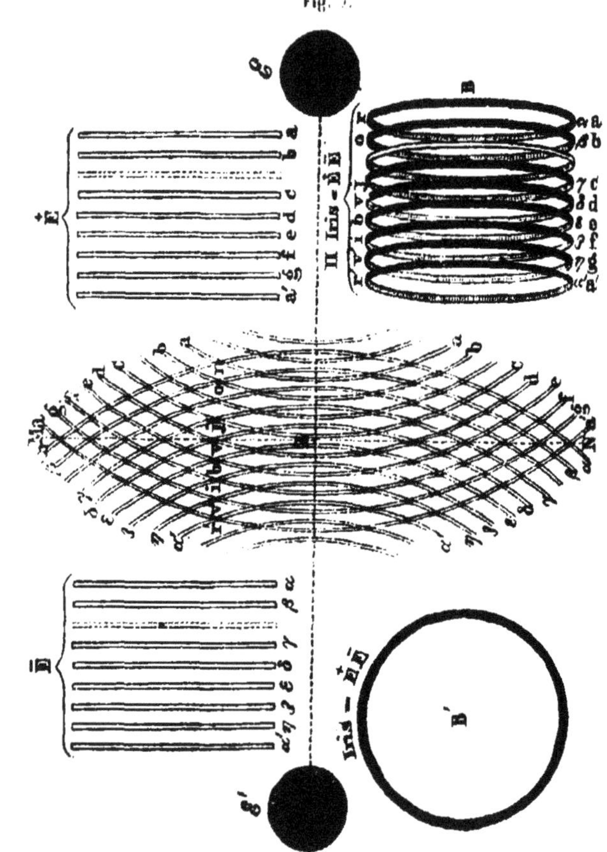

conduisent à connaître l'absence du couple qui a dû être produit entre les périphéries *j* formées des ondes $\gamma\gamma'$, $\varepsilon\varepsilon'$ et la périphérie *o* formée des ondes $\beta\beta'$, 66'.

ÉLECTRICITÉ POSITIVE. L'ensemble des équivalents positifs $\overset{+}{E}$ est le fluide *électricité positive*. Chacune de ces sept espèces d'équivalents produit dans la langue le sentiment d'une saveur qui lui correspond.

ÉLECTRICITÉ NÉGATIVE. L'ensemble des équivalents négatifs Ē est le fluide *électricité négative*. Chacune de ces sept espèces d'équivalents produit à l'organe de l'odorat une odeur qui lui correspond.

Ces deux organes n'atteignent pas le perfectionnement des organes de la vision et de l'ouïe par lesquels chacun des sentiments des couleurs et des sons peut être bien distingué.

IRIDOÉLECTRE OU ÉLECTRICITÉ NEUTRE. De l'espace central Z a dû se répandre le nouveau fluide composé d'iris ou d'électricité neutre pour faire rencontrer ses ondes, d'une part avec les ondes A, B, C,..., de la pycnosphère, et de l'autre avec les ondes A', B', C',..., de l'aréosphère. Ainsi ont été produites de nouvelles rencontres et en résultèrent de nouveaux combinés qui sont la *lumière* et la *chaleur*.

B. PRODUCTION DE LA LUMIÈRE ET DE LA CHALEUR.

§ 20. Les ondes de l'électricité neutre ĒĒ devaient l'amener de l'espace central Z comme centre en rencontre : 1° d'un côté avec les ondes de la pycnosphère P, et 2° de l'autre avec les ondes de l'aréosphère A. Il y a eu production des deux espèces de combinés : dans chacune d'elles entra l'électricité neutre ĒĒ comme facteur commun, et la différence résulta des molécules ε amenées de la pycnosphère P et des molécules ε' amenées de l'aréosphère A.

§ 21. PRODUCTION DE LA LUMIÈRE. L'électricité neutre ĒĒ, venant à rencontrer les ondes de la pycnosphère, a sollicité la combinaison des sept éléments de chaque équivalent négatif Ē avec sept autres éléments qui constituent un équivalent positif Ē. Ainsi résultèrent les atomes composés d'électricité neutre ĒĒ avec un équivalent positif $\overset{+}{E}$. Ces atomes $\overset{+}{E}\overset{-}{E}+\overset{+}{E}$ ou $\overset{+}{E}{}^2\overset{-}{E}$ constituent le fluide *lumière*.

§ 22. PRODUCTION DE LA CHALEUR. Les mêmes ondes de l'électricité neutre $\overset{+}{E}\overset{-}{E}$, venant en rencontre avec les ondes de l'aréosphère A, occasionnèrent la combinaison des sept éléments de chaque équivalent positif $\overset{+}{E}$ avec sept autres éléments qui constituèrent un équivalent négatif $\overset{-}{E}$. Ainsi résultèrent les atomes composés d'électricité neutre $\overset{+}{E}\overset{-}{E}$ dont chaque équivalent se trouva mêlé avec un équivalent négatif $\overset{-}{E}$. De ces atomes $\overset{+}{E}\overset{-}{E}+\overset{-}{E}$ ou $\overset{+}{E}\overset{-}{E}{}^2$ se compose le fluide *chaleur*.

§ 23. PRODUCTION DES SEPT COULEURS PAR LA LUMIÈRE INCOLORE. Un équivalent $\overset{+}{E}\overset{-}{E}$ d'électricité neutre est composé de sept couples dont chacun provient des deux arcs égaux contenant, l'un les molécules denses ε de la pycnosphère, et l'autre les molécules moins denses ε' de l'aréosphère. Ainsi, on a les éléments des sept couples d'équivalents dont se compose l'électricité neutre et ceux dont se composent les atomes de la lumière et les atomes de la chaleur.

1° *Équivalents de l'électricité neutre :*

$$\overset{+}{E}\overset{-}{E} = a\alpha + b\beta + c\gamma + d\delta + e\varepsilon + f\zeta + g\eta.$$

2° *Équivalents des atomes de la lumière :*

$$\overset{+}{E}\overset{+}{E}\overset{-}{E} = a\alpha a + b\beta b + c\gamma c + d\delta d + e\varepsilon e + f\zeta f + g\eta g.$$

3° *Équivalents des atomes de la chaleur :*

$$\overset{+}{E}\overset{-}{E}\overset{-}{E} = \alpha a\alpha + \beta b\beta + \gamma c\gamma + \delta d\delta + \varepsilon e\varepsilon + \zeta f\zeta + \eta g\eta.$$

4° *Les sept couleurs et leurs éléments :*

rouge $= a^2\alpha$, orangé $= b^2\beta$, jaune $= c^2\gamma$, vert $= d^2\delta$,
bleu $= e^2\varepsilon$, indigo $= f^2\zeta$, violet $= g^2\eta$.

5° *Les sept sons et leurs éléments :*

$$\text{ut}, = \alpha^2 a, \quad \text{si} = \beta^2 b, \quad \text{la} = \gamma^2 c, \quad \text{sol} = \delta^2 d, \quad \text{fa} = \varepsilon^2 e,$$
$$\text{mi} = \zeta^2 f, \quad \text{ré} = \eta^2 g.$$

Les sept couleurs du spectre se trouvent dans la lumière incolore, comme Newton l'a reconnu ; toutefois, *n* atomes de lumière incolore ne sont pas décomposés pour produire *n* atomes de chacune des sept couleurs du spectre, comme l'admet Newton ; mais il faut, pour *n* atomes d'une couleur, *n* atomes incolores, et c'est de la suppression des atomes des six couleurs que résulte la couleur complémentaire observée dans le spectre. Il faut donc détruire sept *n* d'atomes incolores pour faire apparaître dans le spectre *n* atomes de chacune des sept couleurs.

§ 24. **PRODUCTION DES SEPT SONS OU SEPT ESPÈCES D'ÉCHOGÈNE PAR LES ÉLÉMENTS DE LA CHALEUR.** L'électricité neutre composée des sept couples d'éléments est également l'origine des sept couleurs et des sept espèces d'échogène qui produisent les sept sons en octaves différentes. Les physiciens ignoraient parfaitement l'origine des fluides qui donnent naissance aux sentiments de l'ouïe. Pour obtenir une couleur, il faut supprimer le mouvement dans la lumière des six autres ; de même, pour produire un son ou une espèce d'échogène, il faut dans un atome de chaleur détruire les six autres espèces, comme cela a été exposé dans le Ve livre de la *Physique simplifiée.*

Dans le principe les couleurs et les espèces d'échogène manquèrent, parce qu'elles ont dû être produites de la manière indiquée. Dans l'espace central Z ont été précédemment produites les sept espèces de couples qui constituent les deux équivalents électriques de l'électricité neutre ÉÈ. De cette électricité et des molécules ε, amenées avec les ondes de la pycnosphère P, résultèrent les atomes É²È dont se compose la *lumière ;* de la même électricité $\overset{+}{E}E$ et des molécules ε', amenées avec les ondes de l'aréosphère A, résultèrent les atomes $\dot{E}E^2$ dont se compose la *chaleur*.

Toute la masse $\Phi\Theta$ de lumière et de chaleur a été produite dans l'espace Z par la masse d'électricité neutre $2n\dot{E}E$, dont 1° une moitié $n\dot{E}E$, combinée avec les équivalents $n\overset{+}{E}$ positifs, forma la masse de lumière $\Phi = n\ddot{E}E + n\overset{+}{E} = n\overset{+}{E}{}^2E$; et 2° l'autre moitié $n\dot{E}E$, combinée avec les équivalents $n\bar{E}$ négatifs, forma la masse de chaleur $\Theta = n\dot{E}E + n\bar{E} = n\dot{E}E^2$.

C. EXODE DE LA MASSE DE CHALEUR ET DE LUMIÈRE DE L'ESPACE CENTRAL VERS L'ESPACE STELLAIRE.

§ 25. La masse $\Phi\Theta$ de lumière et de chaleur ne pouvait pas se soutenir dans l'espace central Z où elle a été produite, car elle éprouvait des ondes A de la pycnosphère une poussée supérieure correspondant aux molécules denses ε que ces ondes amènent. Ainsi commença l'exode vers l'espace stellaire avec un maximum de vitesse correspondant au maximum de la différence $\delta' = (\delta + \delta') - \delta$ entre les densités $\delta + \delta'$ et δ des molécules ε et ε' amenées des deux sphères par leurs ondes A et A' à l'espace central Z.

§ 26. DURÉE INFINIE DE L'EXODE. Pendant l'éloignement de la masse $\Phi\Theta$ de l'espace central Z le rayon des ondes A de la pycnosphère P augmentait, et la densité $\delta + \delta'$ des molécules ε y diminuait; au contraire le rayon des ondes A' de l'aréosphère A diminuait, et la densité δ des molécules ε' y augmentait. Telle était la cause de la diminution indéfinie de la vitesse dont résulta une durée indéfinie de l'exode.

§ 27. MOLÉCULES ISOPYCNES DANS L'ESPACE STELLAIRE. Les molécules des deux électrosphères ne diffèrent que par leur densité, cette différence ne s'évanouit que dans l'espace stellaire Π, dont des distances Π A et Π P des deux sphères sont en raison inverse des densités δ et $\delta + \delta'$. Dans une surface s égale sur une onde O grande de la pycnosphère et sur une onde o moins grande arrivant en Π de l'aréosphère A se trouve égale quantité des molécules du fluide électre. A cause donc de cette égale densité il est nommé *électre isopycne* et il sera indiqué par ε^{o} par rapport de l'électre dense indiqué par le signe ε et de l'électre moins dense indiqué par le signe ε'.

Mais cet électre isopycne se mêla avec la chaleur obscure θ et avec la chaleur lumineuse $\varphi\theta'$, et ces deux combinés sont les deux éléments de l'eau qui ont un poids et sont pour cela les éléments primitifs de tous les corps. En ce cas l'électre isopycne devient cause de la pondérabilité des corps ; il est pour cela nommé *barogène* et il est indiqué par les signes β dans les corps terrestres, par le signe B dans la masse du diamètre d'un corps céleste, et par le signe B dans les ondes O et o qui l'amènent de la pycnosphère P et de l'aréosphère A.

D. PRODUCTION DU CORPS CENTRAL CONTENANT TOUTE LA MASSE PONDÉRABLE.

§ 28. L'électre isopycne dans l'espace stellaire Π a une densité $\delta + \frac{1}{2}\delta'$, 1° qui est supérieure à celle $\delta + \frac{1}{2}\delta' - \alpha$ des molécules contenues dans les atomes θ de chaleur obscure, et 2° qui est inférieure à celle $\delta + \frac{1}{2}\delta' + \alpha$ des molécules contenues dans les atomes $\varphi\theta'$ de la chaleur lumineuse. Comme donc dans l'espace central Z entra l'électricité neutre ĒĒ, 1° dans les atomes de la lumière comme un facteur contenant les molécules en densité inférieure $\delta + \delta' - \lambda$ à celle $\delta + \delta'$ des ondes A, et 2° dans les atomes de la chaleur, comme un facteur contenant les molécules de densité supérieure $\delta + \delta' - \lambda$ à celle δ des ondes A'; de même dans l'espace stellaire Π, 1° l'électre isopycne entra dans les atomes de l'*hydrogène* comme un facteur contenant les molécules de densité $\delta + \frac{1}{2}\delta'$ supérieure à celle $\delta + \frac{1}{2}\delta' - \alpha$ des molécules des atomes de la chaleur, et 2° il entra dans les atomes de l'*oxygène* comme un facteur contenant les molécules de densité $\delta + \frac{1}{2}\delta'$ inférieure à celle $\delta + \frac{1}{2}\delta' + \alpha$ des molécules des atomes $\varphi\theta'$ de la chaleur lumineuse.

HYDROGÈNE $= \vec{\mathrm{E}}\mathrm{E} + \mathrm{E} + \varepsilon^0 = \vec{\mathrm{E}}\mathrm{E}^2\varepsilon^0 = \theta\beta = \vec{\mathrm{H}} =$ élément électropositif.

OXYGÈNE $= (\vec{\mathrm{E}}\mathrm{E} + \vec{\mathrm{E}} + 7\,\vec{\mathrm{E}}\mathrm{E}^2) + 8\varepsilon^0 = \varphi\vartheta'\beta^8 = \mathrm{O} =$ élément électronégatif.

ATOME D'EAU $= \vec{\mathrm{H}}\mathrm{O} = \theta\beta + \varphi\beta\overline{\theta\beta}' = \varphi\beta\theta^8\beta^8$.

§ 29. ARCHÉGÈTE. L'ensemble de toute la masse pondérable du monde composa dans le principe un corps nommé Archégète; dans les éléments électriques de cette masse pondérable se trouva mêlée toute la quantité de chaleur lumineuse $\Phi'\Theta'$ qui n'entra pas dans les deux éléments de l'eau mêlée avec l'électre isopycne de quantité E^0 pour produire la masse pondérable composée de

$$7\Theta\mathrm{E}^0 + \Phi\mathrm{E}^0 + \Theta\mathrm{E}^0 = \mathrm{N} \times \mathrm{OH}.$$

Dans l'Archégète se trouva :

La masse pondérable en forme d'oxygène et d'hydrogène $\mathrm{N} \times \mathrm{OH}$;

La masse impondérable en forme de chaleur lumineuse $\Theta'\Phi'$.

De la masse pondérable $\mathrm{N} \times \mathrm{HO}$ il n'a rien été perdu pendant ses expulsions répétées des corps centraux dans l'espace stellaire.

De la masse impondérable de la chaleur lumineuse $\Theta'\Phi'$, il y a une consommation constante dans l'espace céleste.

IV. DE LA PESANTEUR ET DE LA PONDÉRABILITÉ DES CORPS.

§ 30. Tant qu'on ne connaissait pas la cause commune de la pesanteur et de la pondérabilité des corps, il était admis, pour lier les idées, que les molécules matérielles exercent mutuellement une attraction proportionnelle à leur quantité *qm*, *q'm*... Ici il a été prouvé que dans l'espace stellaire Π les ondes O et *o* amènent l'électre isopycne qui est contenu dans les corps. Ceux-ci ne peuvent pas s'éloigner de l'espace qu'ils occupent, à cause de la résistance que leur électre isopycne éprouve de la part des fluides qui affluent.

§ 31. REMPLACEMENT DE L'ATTRACTION PAR LA POUSSÉE DANS LES CORPS TERRESTRES. Une quantité normale B d'électre isopycne ou barogène afflue avec les ondes O et *o* des deux sphères, et il s'arrête à chaque diamètre de la Terre une quantité B égale à celle qui est contenue dans les molécules matérielles du diamètre $2R = D$; de sorte qu'il n'émerge de chaque point de la surface terrestre que la différence B — B de barogène; elle exerce sur les corps une poussée centrifuge P — P, tandis que ces mêmes corps éprouvent la poussée P centripète de la part du barogène B. L'équilibre rompu est d'un degré correspondant à la différence $P = P - (P - P)$ entre la poussée P centiprète et la poussée P — P centrifuge qui provient de celle $B = B - (B - B)$ entre le barogène B affluant vers la Terre et celui B — B qui en émerge.

Depuis la découverte de l'origine de la pesanteur et de la pondérabilité, l'hypothèse de l'attraction devint superflue, et cela a dû se faire même nécessairement, non-seulement pour la simplification des calculs, mais aussi à cause des trois états des corps qui sont le résultat, 1° des degrés produisant les répulsions expansives $R \pm r$, et 2° de la poussée centriprète invariable p, comme cela est exposé plus loin.

§ 32. PESANTEUR ENTRE LES CORPS CÉLESTES. L'attraction apparente n'a pour cause qu'une diminution de la poussée centrifuge, et c'est l'excédant p = P − (P − p) de la poussée centripète qui produit l'effet qui était considéré comme résultat d'une attraction mutuelle entre les masses. Le même principe des poussées a été établi en général pour tous les cas où on croyait précédemment qu'il existait une attraction : l'affinité, par exemple, est l'effet de la poussée de la part des molécules les plus denses ; et le rapprochement des deux corps isolés et différemment électrisés s'opère par le passage des équivalents de l'électricité neutre de l'intervalle dans les deux corps qui par suite exercent une résistance plus faible que l'air ambiant.

Tant que toute la masse pondérable était renfermée dans une seule enveloppe, le volume de celle-ci résultait d'une poussée P centripète et il n'a point changé, mais la poussée centrifuge P − p diminua après l'expulsion d'une portion M de la masse totale. Les molécules superficielles, étant soumises à la différence p = P − (P − p) des deux poussées, étaient sollicitées de s'approcher pour faire diminuer indéfiniment le volume. Les mêmes molécules, à cause de leur élément de chaleur lumineuse, éprouvaient de la part de l'écoulement centrifuge de la chaleur lumineuse une poussée centrifuge P − p. L'enveloppe solide a été produite par la congélation de la couche de vapeur opaque formée des molécules de la couche superficielle de la masse brûlante.

Le volume V du corps central ne pouvait pas indéfiniment diminuer ; il resta dans une certaine limite contenant la masse des éléments de l'eau en une densité qui était plusieurs millions de fois plus grande que celle des métaux les plus denses. Il y a donc eu, non-seulement expulsion des masses dans la production des corps périphériques, mais en même temps diminution de densité et accroissement de volume.

De même que l'attraction se trouva réduite en poussées centripètes, de même la multiplication des corps célestes, au lieu d'être le résultat d'une accumulation de la matière par l'attraction, se trouva produite par la subdivision des masses expulsées une ou plusieurs fois pour se trouver dans des corps toujours moins gros.

V. MODE DE LA PRODUCTION DES CORPS PÉRIPHÉRIQUES ET DES MOUVEMENTS ROTATOIRES ET ORBICULAIRES PAR L'EXPULSION D'UNE MASSE DU CORPS CENTRAL.

§ 33. Jusqu'ici nous avons exposé plusieurs séries des faits qui se sont produits conformément à la loi physique, et qui, par conséquent, sont véritables; cependant, il n'était pas possible de les contrôler en même temps pour rendre plus évidente leur existence. Les séries des phénomènes qui vont être exposés ne le cèdent en rien à tout ce qui a été établi par les astronomes et ne laissent plus aucun doute sur la réalité des faits, car il y a répétition des actions dont résultèrent les séries des faits connus.

DIRECTIONS DES MOUVEMENTS, VITESSES, PLANS DES ORBITES, DISTANCES ENTRE LES CORPS PÉRIPHÉRIQUES ET LEUR CORPS CENTRAL; PÉRIODICITÉS DES DÉVIATIONS, PERTURBATIONS, PÉRIODICITÉS DE L'ÉCLAT, ÉCLATS VARIABLES, APPARITION D'ÉTOILES NOUVELLES, LEUR DISPARITION, ETC. Ce ne sont pas ici des faits décrits, mais des faits produits suivant la loi physique, qui permet d'arranger chaque nébuleuse, chaque étoile et chaque comète dans un ordre mathématiquement déterminé.

De même que du Soleil a été expulsée la masse dont ont été formées les planètes, de même des soleils qui se trouvent parmi les étoiles est expulsée, à grands intervalles, une masse brûlante, qui apparaît subitement dans un point comme une étoile nouvelle avec un maximum d'éclat, et se soutient quelques semaines, puis s'affaiblit pour devenir invisible. Les étoiles nouvelles n'apparaissent pas très-rarement depuis les observations télescopiques, mais précédemment on ne remarquait que celles dont l'éclat était comparable à celui de Vénus; nous indiquerons l'origine des éclats différents.

Tous les faits optiques relatifs aux étoiles nouvelles ou aux masses brûlantes expulsées d'un soleil, qui se sont produits pour les habitants terrestres, se sont produits dans le même ordre pour les habitants des planètes de l'espace stellaire par suite de la masse brûlante expulsée du Soleil. De la masse totale M contenue dans le Soleil, celle *m* qui a été expulsée n'est guère qu'un millième; la masse totale M du Soleil n'a donc pas changé sensiblement.

A. MODE DE L'EXPULSION DE LA MASSE PLANÉTAIRE DU SOLEIL.

§ 34. La masse brûlante qui constitue le Soleil n'est pas en contact immédiat avec l'espace, elle se trouve renfermée dans une enveloppe solide de glace transparente formée par le refroidissement de la couche superficielle de la même masse. Avant de passer à l'état solide, cette couche était à l'état vaporeux; alors la lumière provenant de la masse brûlante doit éprouver une dispersion, comme cela s'opère dans les nuages. La lumière est propagée en des directions centrifuges rectilignes de la masse brûlante; mais elle n'éprouve pas cette dispersion lorsque manque l'enveloppe vaporeuse, et cela a lieu : 1° au moment de l'expulsion de la masse brûlante, et 2° après que cette enveloppe vaporeuse s'est congelée pour devenir une enveloppe de glace transparente, comme l'est celle qui renferme la masse brûlante qui constitue le Soleil.

Les *taches solaires* que nous observons sont de petites portions de masses brûlantes expulsées à travers des cratères; leur surface se couvre de vapeur opaque qui disperse les rayons, et c'est ainsi que diminue la quantité de lumière propagée dans des directions centrifuges rectilignes. C'est donc cette diminution de lumière ainsi occasionnée, qui produit les sentiments correspondants aux taches. La masse brûlante expulsée s'élève à une hauteur H en forme d'une haute pyramide ayant sa base dans le cratère, ensuite la couche superficielle se dilate au delà des bords du cratère et la forme de champignon apparaît. Enfin, toute la masse gelée est précipitée par la pesanteur et ferme le cratère en se transformant en une plaque de glace, qui livre passage aux rayons pour se propager dans des directions rectilignes centrifuges. C'est ainsi que s'éclaircit l'espace qui paraissait opaque, de même que par la disparition des nuages le ciel s'éclaircit et le Soleil apparaît. Je reviendrai sur les détails des taches solaires, ici je n'indique que leurs gros détails pour rendre plus évident le mode de l'expulsion d'une masse plus grande que celles dont résultent les taches.

Il y a une longue série de faits liés entre eux comme causes et effets par la loi physique. Les actions ont eu lieu il y a des millions de siècles; elles se reproduisent pour les autres soleils, précisément comme cela a lieu dans les séries de faits physiologiques qui ne sont pas fausses, lorsque les faits observés par les individus actuels sont considérés comme identiques à ceux qui ont eu lieu il y a des siècles et à ceux qui seront produits dans l'avenir. Il s'agit ici de prouver :

1. L'existence d'une répulsion R exercée entre les molécules de la masse M qui resta et celle *m* qui a été expulsée.

II. Comment cette répulsion R ou le mouvement emmagasiné dans la masse a été converti en mouvement de rotation de la masse M qui resta et en mouvement orbiculaire de la masse m expulsée.

III. Comment cette même répulsion R a fait se subdiviser la bande de la masse m expulsée en neuf portions dont huit restèrent dans l'espace pour former huit grosses planètes, tandis qu'une de ces portions ne resta pas dans l'espace qu'elle devait occuper.

IV. Pourquoi les cubes des distances entre les planètes et le Soleil sont comme les carrés des durées de leur révolution.

V. Pourquoi le plan équatorial du Soleil coïncide presque avec les plans orbiculaires des planètes.

VI. Pourquoi la rotation équatoriale du corps central s'opère dans le même sens que les révolutions orbiculaires des corps périphériques.

A. ORIGINE DE LA RÉPULSION EXPANSIVE DE LA MASSE BRULANTE.

§ 35. La couche superficielle de la masse brûlante étant en contact avec l'enveloppe solide de glace et avec les couches inférieures de cette masse brûlante, perd d'un côté une quantité de sa chaleur brûlante et en reçoit de l'autre. Si les deux quantités étaient égales, il n'existerait aucune répulsion, comme cela a lieu pour les chaudières faiblement chauffées. Une répulsion expansive d'une masse renfermée ne se produit dans la couche superficielle que dans le cas où la quantité inférieure $\Theta - \theta$ de chaleur s'éloigne et où arrive des couches inférieures une quantité supérieure Θ.

Le mouvement est emmagasiné dans les éléments de la chaleur composés des molécules d'électre, et il se communique avec la chaleur à la masse A de la couche superficielle de la masse brûlante. C'est donc ce mouvement qui se manifeste comme une répulsion R et qui ne cesse pas de croître; de sorte que la solidité de l'enveloppe doit nécessairement être vaincue, comme cela a lieu : 1° pour chaque chaudière renfermée et fortement chauffée; 2° pour les éruptions des volcans.

La répulsion R doit être d'un très-haut degré pour acquérir une force suffisante à briser l'enveloppe très-épaisse qui résisterait à des millions d'atmosphères. La rupture inévitable s'opère au point de l'enveloppe qui exerce la plus faible résistance. La masse *m* de la couche A superficielle se trouvant dans le cratère n'éprouve plus du dehors aucune résistance, elle cède à la répulsion R expansive; de là résultent deux poussées divergentes et égales.

1° La masse m' de la première portion acquiert une moitié $\frac{1}{2}$ R de la répulsion pour parcourir la distance $2^a\Delta$, et la massse M' qui reste acquiert l'autre moitié de répulsion $\frac{1}{2}$ R pour être repoussée du cratère K (*fig.* 3) vers le centre C du Soleil.

Fig. 3.

2° Pour l'expulsion de la masse de la deuxième portion m'', il ne reste plus que la moitié $\frac{1}{2}$ R de répulsion qui se trouvait dans la masse M'; elle a dû se subdiviser de façon que la moitié $\frac{1}{2^1}$ R s'applique à la masse m'' qui devait parcourir la distance $2^8\Delta$ moitié de la précédente, et que l'autre moitié $\frac{1}{2^1}$ R de la répulsion s'applique à la masse M″ qui reste pour parcourir le rayon r entre le cratère et le centre.

3° Dans l'expulsion de la masse m''' de la troisième portion, la répulsion a dû se subdiviser, en sorte que $\frac{1}{2^1}$ R fût appliqué à la masse m''' qui a dû parcourir la distance $2^7\Delta$, et $\frac{1}{2^1}$ R à la masse M‴ qui resta et qui a été repoussée vers le centre.

Par les neuf distances $2^9\Delta$, $2^8\Delta$,..., 2Δ, auxquelles resta arrêtée chacune des masses des neuf portions, on connut non-seulement le nombre de ces portions, mais encore le mode de leur expulsion : il ne reste plus qu'à prouver comment il s'est fait, suivant la loi physique, que les masses de huit de ces portions restèrent dans l'espace, tandis que l'une d'elles disparaissait.

B. MODE DE LA PRODUCTION DES DEUX MOUVEMENTS ROTATOIRE ET ORBICULAIRE PAR LA RÉPULSION EXPANSIVE.

§ 36. Avant l'expulsion de la masse brûlante, le Soleil avait déjà le mouvement orbiculaire qu'il a encore, mais il ne tournait pas autour de son axe et n'était pas entouré de planètes. Il existe dans les mêmes conditions des milliards de soleils parmi les étoiles, et nous apprendrons à les distinguer des planètes, car la distinction qu'on en a faite jusqu'à présent est fausse.

De l'expulsion de la masse m brûlante du Soleil, opérée par suite de l'expansion R exercée au cratère dans cette masse et dans celle M qui resta, il résulta un mouvement rotatoire ayant pour cause, 1° le mouvement orbiculaire linéaire, et 2° le mouvement centripète exercé par la répulsion $\frac{1}{2}$ R sur la masse M′, qui resta après la séparation de la masse m' de la première portion.

§ 37. PRODUCTION DU MOUVEMENT ROTATOIRE ET DE SA VITESSE CROISSANTE. Du mouvement linéaire orbiculaire invariable et de la répulsion R exercée successivement en quantités

$$\ddot{=} \frac{1}{2}R : \frac{1}{2^2}R : \frac{1}{2^3}R : \ldots : \frac{1}{2^n}R,$$

résulta le mouvement de rotation, dont l'accroissement de vitesse pendant l'expulsion des masses m', m'', m''' de chaque portion est représenté par

$$\ddot{=} \frac{1}{2}R : \frac{2^2-1}{2^2}R : \frac{2^3-1}{2^3}R : \ldots : \frac{2^n-1}{2^n}R.$$

§ 38. PRODUCTION DU MOUVEMENT ORBICULAIRE ET DE SA VITESSE CROISSANTE. Dans le principe, une quantité de masse brûlante a été expulsée alors que la rotation manquait encore, et la masse m' se sépara du cratère lorsque la rotation eut commencé. La masse μ, après avoir parcouru la distance $2^0\Delta$, a été arrêtée par la pesanteur et a été forcée de rebrousser chemin. L'autre masse m', en passant par le cratère déjà en rotation, éprouva à son bord occidental une poussée σ en direction tangentielle KA et perpendiculaire à la poussée centrifuge de direction KX.

A cause de ces deux poussées σ et p inégales et à cause de la résistance opposée par la pesanteur, la vitesse centrifuge de la poussée p a dû diminuer sans que la poussée tangentielle σ éprouvât aucun changement. La courbe déterminée par ces deux poussées est une branche d'hyperbole sa indiquée par l'équation

$$(\alpha) \qquad y = \sin\gamma - a\cos\gamma.$$

a indique le rapport entre les poussées σ et p, dont la tangentielle σ est d'abord faible dans les portions m', m'', m''', et croît pour atteindre un maximum dans la masse m^{IX} de la neuvième portion, tandis que la poussée centrifuge p s'exerça en son maximum sur la masse m' expulsée la première, et en son minimum sur la masse m^{IX} expulsée la dernière. Il y a eu un moment où les poussées σ et p, les unes croissantes et les autres décroissantes, ont été égales, et, alors qu'elles étaient verticales, le rapport a dû être $\gamma = 45°$ et $a = \pm 1$. Pour la portion de la masse m^{V} qui éprouva les deux poussées égales, l'équation (α) devient

$$(\beta) \qquad y \sin 45 \pm \cos 45, \quad y = 0, \quad \text{et} \quad y = \frac{1}{\sqrt{2}}.$$

§ 39. CHANGEMENT DU MOUVEMENT HYPERBOLIQUE EN MOUVEMENT ELLIPTIQUE. L'éloignement de la masse m de chaque portion se termine en un point S, qui est commun à la branche de l'hyperbole et à son *asymptote*, sans que pour cela la poussée σ tangentielle éprouve une perte. A la place de la poussée centrifuge p une poussée centripète $-p'$ commence à être exercée dans la masse m, en même temps que la poussée tangentielle, de sorte que le point S, dans lequel se trouvait la masse, devint l'extrémité d'un axe d'ellipse : celle-ci est indiquée par l'équation de la branche de l'hyperbole dans laquelle il faut changer le signe pour indiquer le renversement de la poussée centrifuge en poussée centripète,

$$(\gamma) \qquad y = \sin \gamma + a \cos \gamma.$$

§ 40. CAUSE DE LA DISPARITION DE LA MASSE DE LA CINQUIÈME PORTION. La masse m^{V} partit du cratère en une direction linéaire déterminée par le prolongement du rayon qui passe par le cratère et qui est indiquée par l'équation (β). Au point S d'arrêt dans la distance $\frac{1}{\sqrt{2}}$, la masse m^{V} se trouva entièrement privée de mouvement, qui était rectiligne, et ainsi elle a dû obeir à la pesanteur qui paraît l'avoir entraînée dans la masse m^{v} de la portion précédente.

C. LIAISONS ENTRE LES CORPS PÉRIPHÉRIQUES, LEUR CORPS CENTRAL ET LEUR CAUSE.

§ 41. Il était connu : 1° que le sens de la rotation de chaque corps central est le même que celui des mouvements orbiculaires de ses corps périphériques ; 2° que les distances entre les corps périphériques et leur corps central s'arrangent de façon à produire une espèce de progression géométrique ; 3° que les cubes de ces distances sont comme les carrés des durées de révolutions autour du corps central ; 4° qu'entre Mars et Jupiter manque une grosse planète.

Tous ces faits, isolés et inexplicables jusqu'à présent, se trouvent ici arrangés comme causes et effets liés entre eux par la loi physique, qui détermine le mode de leur production.

§ 42. MÊME SENS DES MOUVEMENTS ORBICULAIRES ET DE CELUI DE LA ROTATION DU CORPS CENTRAL. Le plan équatorial du corps central passe par le rayon qui aboutit au cratère ; il a été indiqué que la brisure de l'enveloppe s'opère au point le plus faible, indépendamment du plan orbiculaire. Donc l'angle Γ, formé par le plan équatorial d'un corps central avec le plan de son orbite, peut être de grandeur quelconque ; mais l'angle γ, formé par le plan équatorial d'un corps central et les plans orbiculaires de ses corps périphériques, est toujours très-petit. Ce rapprochement des plans susdits est un effet immédiat de la poussée tangentielle exercée par le bord postérieur du cratère sur la masse m de chaque portion expulsée, qui éprouvait en même temps une poussée centrifuge dans la direction du prolongement du rayon CK qui passait par le cratère.

Le sens du mouvement de la rotation détermina le sens du mouvement orbiculaire; la position du plan équatorial du corps central détermina les positions des plans orbiculaires de tous ses corps périphériques. Il suffit de connaître la position d'un plan orbiculaire ou celle du plan équatorial du corps central pour déterminer la position des plans orbiculaires de tous les autres corps, ou celle du plan équatorial du corps central du même système; la même chose a lieu pour le sens de leur mouvement.

§ 43. ORIGINE DE LA LOI DE BODE ET SA RECTIFICATION. Avant la découverte des deux dernières planètes on observa une espèce de progression géométrique dans les distances entre les six planètes, alors connues, et le Soleil. Après avoir coordonné ces distances on a obtenu une série qui ne s'éloigne pas trop des distances véritables. Cette série est la suivante pour la distance de chaque planète :

Mercure.	Vénus.	Terre.	Mars.
4	$4+3$	$4+2\times 3$	$4+2^2\times 3$

Planétoïdes.	Jupiter.	Saturne.
$4+2^3\times 3$	$4+2^4\times 3$	$4+2^5\times 3$

Après la découverte d'Uranus, sa distance du Soleil a été trouvée en correspondance exacte avec la loi, car cette distance ne diffère pas de la valeur $4+2^6\times 3$. Ainsi, la loi connue déjà avant Bode a été déclarée comme celle de la gravitation de Newton. Lorsque enfin la planète Neptune a été découverte, on resta étonné de voir que sa distance du Soleil est inférieure d'un quart à ce qu'elle aurait dû être suivant la loi de Bode.

Au lieu de chercher la cause par le moyen indiqué, nous avons découvert son origine, et les faits qui en résultent servent comme exemples et comme contrôles.

Les masses m', m'', m''',..., de chaque portion expulsée éprouvèrent chacune une répulsion décroissante suivant la progression géométrique à laquelle correspondent les distances parcourues par chaque portion.

Poussée centrifuge. . ∺ $\frac{1}{2}R : \frac{1}{2^2}R : \frac{1}{2^3}R : \ldots : \frac{1}{2^9}R$.

Distances parcourues. ∺ $2^9\Delta : 2^8\Delta : 2^7\Delta : \ldots : 2\Delta$.

MODIFICATIONS DES DISTANCES INDIQUÉES. 1° Les distances seraient dans la progression indiquée si la masse de chaque portion était la même, parce que dans la progression indiquée, en admettant des masses inégales, il faut introduire les quantités suivantes de mouvement :

Quantités de mouvements.

∺ $\Delta' \times m' : \Delta'' \times m'' : \Delta''' \times m''' : \ldots : \Delta^{IX} \times m^{IX}$.

2° La distance de la masse $\mu + m'$, expulsée la première, n'a pas été conservée, parce que la partie μ, qui n'obtint pas une poussée tangentielle pour la cause sus-indiquée, rebroussa chemin, et qu'il ne resta dans l'espace que la portion m' expulsée en second lieu, laquelle se trouva arrêtée à une distance inférieure d'un quart à celle $4 + 2^6 \times 3$ indiquée par la loi de Bode.

3° La grandeur de la masse m^{IV}, dont Jupiter a été formé, eut pour résultat une poussée convergente sur les sept autres portions, laquelle les en a rapprochées ; ainsi diminuèrent les distances entre le Soleil et les trois portions m', m'', m''' ; celles entre le Soleil et les quatre autres portions m^{VI}, m^{VII}, m^{VIII}, m^{IX}, augmentèrent au contraire. Tous ces détails se trouvent numériquement exposés dans le tableau suivant :

NOMS DES PLANÈTES.	DISTANCES PRIMITIVES.	DISTANCES ACTUELLES.	DÉPLACEMENT VERS JUPITER.
Neptune . . .	$2^3 \times 5,20 = 41,60$	30,04	12,56
Uranus	$2^2 \times 5,20 = 20,80$	19,18	1,62
Saturne. . . .	$2 \times 5,20 = 10,40$	9,54	0,86
JUPITER. . . .	5,20	»	»
Planétoïdes .	$\frac{1}{2} \times 5,20 = 2,60$	2,70	0,10
Mars	$\frac{1}{2^2} \times 5,20 = 1,30$	1,52	0,22
Terre.	$\frac{1}{2^3} \times 5,20 = 0,65$	1,00	0,34
Vénus	$\frac{1}{2^4} \times 5,20 = 0,33$	0,72	0,45
Mercure . . .	$\frac{1}{2^5} \times 5,20 = 0,17$	0,39	0,28

D. RECTIFICATION DE LA LOI DE KÉPLER.

§ 44. ORIGINE DU RAPPORT ENTRE LES CUBES DES DISTANCES ET LES CARRÉS DES DURÉES DES RÉVOLUTIONS. Le rapport découvert par Képler était considéré comme loi, lorsque la seule loi physique qui régit l'ensemble de la production des faits du monde était inconnue. On sera étonné en voyant ici que ce rapport n'est que le résultat des valeurs des aires A, a, parcourues par les rayons vecteurs; car la valeur de chacune de ces aires peut être exposée sous deux formes, et cela parce que les distances D, d, sont proportionnelles aux répulsions $\frac{1}{2^\alpha}$ R, $\frac{1}{2^n}$ R; de sorte que les poussées de la pesanteur p et P étant en raison inverse des carrés des distances, sont aussi en raison inverse des carrés des répulsions $\frac{1}{2^\alpha}$ R, $\frac{1}{2^n}$ indiquées par $\frac{R}{\tau}$, $\frac{R}{T}$.

La poussée tangentielle résulte de la somme des répulsions indiquées 1° par $\frac{2^{\alpha}-1}{2^{\alpha}}$ R et 2° par $\frac{2^{\eta}-1}{2^{\eta}}$ R, ou par $\frac{\tau-1}{\tau}$ R et $\frac{T-1}{T}$; cette même poussée est en raison inverse des distances D et d.

Soient deux corps périphériques C, c (*fig.* 4), ou deux planètes qui circulent autour du même corps central, ce qui est nécessaire pour qu'il puisse être considéré comme produit de portions de la même répulsion R. Les éléments de leur mouvement orbiculaire sont indiqués par les distances $AC = D$, $AB = L$ et $aC = d$, $ab = l$, ou par

Fig. 4.

les poussées centripètes P, p, et par les poussées tangentielles P′, p'.

Les produits $\frac{1}{2} P \times P'$, $\frac{1}{2} p \times p'$, sont les aires A, a, des triangles CAB, Cab. Chacune de ces aires peut avoir sa valeur exposée en facteurs de la répulsion R ou en facteurs des distances D, d, qui en résultent, parce que les poussées sont les suivantes.

I. Les poussées centripètes de la pesanteur sont en

raison inverse des carrés des distances :

$$P = \frac{1}{d^2}, \quad p = \frac{1}{D^2};$$

mais les distances sont proportionnelles à la répulsion par laquelle chacune a été produite. Pour cette raison les mêmes poussées sont en raison inverse des carrés des répulsions :

$$P = \frac{T^2}{R^2}, \quad p = \frac{\tau^2}{R^2}.$$

II. Les poussées tangentielles sont en raison inverse des distances :

$$P' = \frac{1}{d}, \quad p' = \frac{1}{D};$$

ces mêmes poussées sont proportionnelles aux sommes des répulsions indiquées par

$$P' = \frac{T-1}{T} R, \quad p' = \frac{\tau - 1}{\tau} R.$$

III. Les doubles valeurs des aires A et a sont

$$A = P \times P' = \frac{1}{d^2} \times \frac{1}{d} = \frac{1}{d^3};$$

$$A = P \times P' = \frac{T^2}{R^2} \times \frac{T-1}{T} R = \frac{T(T-1)}{R};$$

$$a = p \times p' = \frac{1}{D^2} \times \frac{1}{D} = \frac{1}{D^3};$$

$$a = p \times p' = \frac{\tau^2}{R^2} \times \frac{\tau - 1}{\tau} R = \frac{\tau(\tau - 1)}{R};$$

$$A : a = \frac{1}{d^3} : \frac{1}{D^3} = D^3 : d^3;$$

$$A : a = \frac{T(T-1)}{R} : \frac{\tau(\tau-1)}{R} = T^2 - T : \tau^2 - \tau;$$

$$D^3 : d^3 = T^2 - T : \tau^2 - \tau.$$

Les valeurs de T, τ, sont 2^n, $2^{n'}$; pour cette raison, les quantités T et τ sont petites par rapport à leurs carrés T^2, τ^2; il faut donc négliger ces quantités T, τ, pour obtenir le rapport qui correspond à la loi de Képler qui, pour cela, perd l'exactitude mathématique qu'on lui attribuait. Cette loi est donc en défaut.

$$\Delta^3 : \delta^3 = T^2 : \tau^2 \quad \text{ou} \quad D^3 : d^3 = T^2 : \tau^2.$$

Ce défaut de la loi de Képler est d'autant plus grand que la différence entre les quantités $\frac{T^2 - T}{\tau^2 - \tau}$ et $\frac{T^2}{\tau^2}$ est plus grande. Si la valeur de T et τ est grande, la différence $\varphi = \frac{T^2}{\tau^2} - \frac{T^2 - T}{\tau^2 - \tau}$ est petite. Telle est la cause qui fait paraître exacts les résultats des calculs appliqués aux mouvements de Jupiter et de Saturne, tandis que ces mêmes calculs, appliqués aux mouvements de la Terre ou de Vénus, donnent des résultats qui ne sont pas d'accord avec ceux obtenus par les observations.

A présent, au moyen des résultats des mouvements observés, on trouve, avec les mêmes calculs, les distances véritables Δ, δ, qui correspondent aux T', τ' des révolutions observées, et c'est ainsi que disparaît un facteur des perturbations, parce qu'il existe d'autres causes qui les produisent.

E. ORIGINE DU RAPPORT INVERSE ENTRE LES CARRÉS DES DISTANCES ET LA PESANTEUR.

§ 45. Lorsque la pesanteur était considérée comme un effet d'attraction, il était impossible de comprendre pourquoi elle était exactement en rapport inverse avec les carrés des distances. La mesure des degrés de pesanteur est la longueur $\frac{1}{2}g$ parcourue dans la première seconde par un corps pendant sa chute dans le vide. Cette longueur n'est pas exactement la même pour tous les points de la surface de la Terre; elle est plus grande aux pôles qu'à l'équateur, et elle n'est pas la même sur toute la périphérie de l'équateur, car elle correspond à la masse *m* contenue dans chaque diamètre terrestre, et non pas à toute la masse M de la Terre, comme on l'admettait autrefois.

Pour se mettre en mouvement, un corps doit se trouver en équilibre rompu, qui ne se produit que par poussées contraires et d'inégales intensités. Ainsi, un corps soulevé se trouve en équilibre rompu, non pas à cause d'une attraction provenant de l'ensemble de la masse *m* ou du barogène b contenus dans le diamètre terrestre qui passe par le corps soulevé, mais à cause d'une égale masse *m* ou d'une égale quantité de barogène b, interceptée dans celle B du barogène affluant pour pénétrer par le diamètre terrestre. Ainsi chaque corps éprouve de la part de l'espace : 1° une poussée P exercée par la masse du barogène B, qui est l'électre isopycne amené des ondes o et O des deux sphères, et 2° une poussée inférieure P — p exercée par la masse inférieure de barogène B — b émergeant de la Terre. De cette cause physique résultent plusieurs séries de faits liés entre eux comme causes et effets. Ces séries sont : 1° le rapport inverse entre les poussées de la pesanteur et les carrés des distances ; 2° le rapport entre les carrés des temps et les distances parcourues par les corps en chute, et 3° le rapport entre la pesanteur et les températures dans la production des trois états des corps.

1° Origine du rapport entre les poussées de la pesanteur et les carrés des distances.

§ 46. L'apparence d'une attraction des corps vers la Terre n'est que l'effet 1° d'une poussée P supérieure de la part de l'espace exercée sur leur masse ou sur leur barogène *b* par la masse du barogène B, et 2° d'une

3.

poussée P — p inférieure exercée du côté de la Terre par la masse de barogène B — b. Le degré de la rupture d'équilibre est indiqué par les différences des poussées correspondantes à celles des masses ou des barogènes :

$$p = P - (P - p), \quad b = B - (B - b),$$
$$m = M - (M - m).$$

La longueur $\frac{1}{2}g$ parcourue par un corps dans la première seconde de sa chute correspond à la poussée p ou au barogène b, dont l'affluence exerce une action impulsive, vu l'absence de contre-poussée égale pour l'intercepter. La cause de la poussée est donc dans la masse *m* du diamètre terrestre, tandis que l'action se manifeste dans l'influence du barogène b qui exerce la poussée p centripète. C'est donc par rapport à la masse *m* que les faits paraissent se produire directement par une attraction.

§ 47. RAPPORT INVERSE ENTRE LA PESANTEUR ET LES CARRÉS DES DISTANCES. Soient C′ (*fig.* 5) la Terre et *c*

Fig. 5.

un autre corps qui en est éloigné : celui-ci est exposé au barogène B — b qui provient de la surface A′B′ = *s* pour occuper celle A″B″ = S, ces deux surfaces étant entre elles comme les carrés des rayons C′A′, C′A″, et comme les carrés des distances C′*o*, C′*c*. Ainsi on a

$$s : S = \overline{O'A'}^2 : \overline{cA''}^2 = \overline{C'o}^2 : \overline{C'c}^2.$$

La poussée p sur la Terre est répartie sur une surface s, et dans la distance cC' elle est répartie sur une surface S; il y a donc une intensité L de poussée à chaque point de la petite surface s d'autant plus forte que cette surface est inférieure à la surface S, où est l l'intensité de la poussée sur chaque point; il en résulte

$$s : S = L : l = \overline{C'o'}^2 : \overline{C'c}^2.$$

La poussée totale sur toute la surface T de la Terre est $p \times T$; dans la distance de nR de la Terre la même poussée sera répartie sur une surface n^2 fois supérieure ou $n^2 \times T$; et c'est pour cela qu'en chaque point de cette grande surface la poussée aura une intensité l n^2 fois inférieure à celle L sur la surface T.

§ 48. **PESANTEUR DU MÊME CORPS AU CENTRE DE LA TERRE ET EN DES POINTS DIFFÉRENTS.** Soient $m'n'$ (*fig.* 6)

Fig. 6.

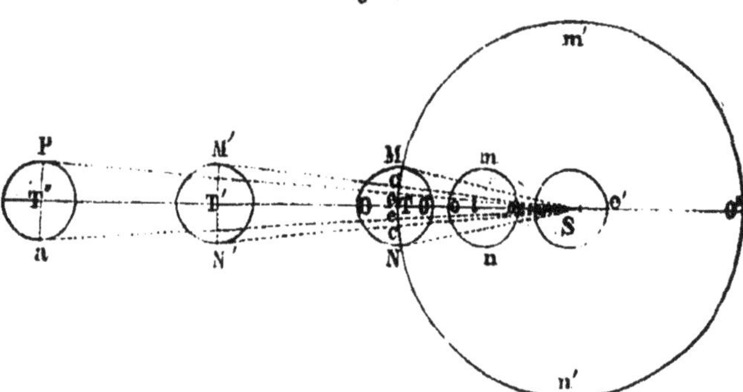

la Terre et S, t, T, T', T'' un corps situé à son centre ou en des points différents; quelle sera la pesanteur de ce corps à chacun de ces points?

1° **LE CORPS AU CENTRE.** Autrefois il paraissait difficile de reconnaître une absence de pesanteur au centre de la Terre, quoique cela résulte de l'hypothèse même de l'attraction; ici il est évident que de tous les côtés le corps éprouve la poussée indiquée par $P - \frac{1}{2}p$ qui est produite par le barogène $B - \frac{1}{2}b$; par suite, il se trouvera en équilibre parfait, et pour cela sans pesanteur; le même effet se produirait si le corps *ee'* était attiré par toute la masse ambiante.

2° LE CORPS AU MILIEU DU RAYON. Du côté O″ s'exerce la poussée $P - \frac{3}{4}p$; du côté opposé s'exerce la poussée $P - \frac{1}{4}p$; ainsi le corps *t* se trouvera en une rupture d'équilibre indiquée par la différence des poussées qu'il éprouve :

$$\left(P - \frac{1}{4}p\right) - \left(P - \frac{3}{4}p\right) = \frac{1}{2}p.$$

Ainsi l'on voit que les corps perdent de leur pesanteur en s'approchant du centre.

3° LE CORPS SUR LA SURFACE DE LA TERRE. En T s'exerce, du côté de l'espace, la poussée P, tandis que du côté du diamètre O″T la poussée n'est que $P - p$; ainsi, la pesanteur est donnée par la différence des poussées ou par celle des masses de barogène :

$$p = P - (P - p); \quad m = M - (M - m),$$
$$b = B - (B - b).$$

4° LE CORPS A LA DISTANCE DU DOUBLE RAYON. En T′ le total de la rupture d'équilibre Q occupe une surface 4T quatre fois plus grande que celle T qu'elle occupe sur la Terre; l'intensité de la pesanteur en chaque point y est donc quatre fois inférieure :

$$L : l = 4T : T.$$

Le même résultat serait obtenu si, la masse de la Terre restant la même, son diamètre était double.

5° LE CORPS A UNE DISTANCE QUELCONQUE. A une distance nR du centre terrestre S le total Q de la rupture de l'équilibre est réparti sur une surface n^2 fois plus grande que sur la Terre; par suite, l'intensité de la pesanteur est en chaque point n^2 fois supérieure sur la Terre à celle qui existe à la distance nR :

$$L : l = n^2 R^2 : R^2.$$

REMARQUE. Dans chaque corps céleste, le maximum de pesanteur est à sa surface; elle diminue quand on s'en éloigne pour s'approcher du centre; au milieu du rayon, elle est réduite à la moitié, au centre elle est nulle. En dehors du corps elle est en raison inverse des carrés des distances, et ne devient nulle qu'à une distance infinie. A une distance 60R qui est celle de la Terre à la Lune, celle-ci éprouve vers la Terre une poussée, p, 60^2 fois inférieure à celle P qu'éprouvent les corps sur la surface de la Terre. Si la masse M terrestre était contenue dans une sphère d'un rayon 60R, la pesanteur à sa surface p serait comme celle de la Lune : si, au contraire, la même masse M était contenue dans une sphère de rayon $\frac{1}{60}$R, la pesanteur à sa surface serait 60^2 fois supérieure à la pesanteur actuelle $\frac{1}{2}g$.

Si dans un diamètre D terrestre, la quantité de masse ou de barogène est actuellement B, elle serait 60^2 fois inférieure si la masse M de la Terre occupait une sphère de diamètre 60 D; au contraire, dans un diamètre 60 fois inférieur, $\frac{1}{60}$D, la quantité de barogène contenue serait 60^2B.

2° Origine du rapport entre les carrés des temps et les distances parcourues par les corps en chute.

§ 49. Au moyen des surfaces des triangles $Ca\alpha$, $Cb\beta$, $Cg\gamma$,... (*fig.* 7), nous représentons les carrés des côtés Ca, Cb, Cc... Si ces côtés expriment le nombre des unités de temps écoulées depuis le commencement de la chute, les aires des triangles latéraux exprimeront les unités des distances parcourues pendant le temps écoulé. Depuis Galilée, les physiciens ne font que répéter cette comparaison qui avait la valeur d'une explication; cependant, on disait que la vitesse croît parce que, à côté de l'attraction précédente, une autre se produit; mais on ignorait pourquoi dans la chute les corps parcourent dans chaque seconde des distances qui croissent suivant une progression arithmétique des nombres impairs :

Fig. 7.

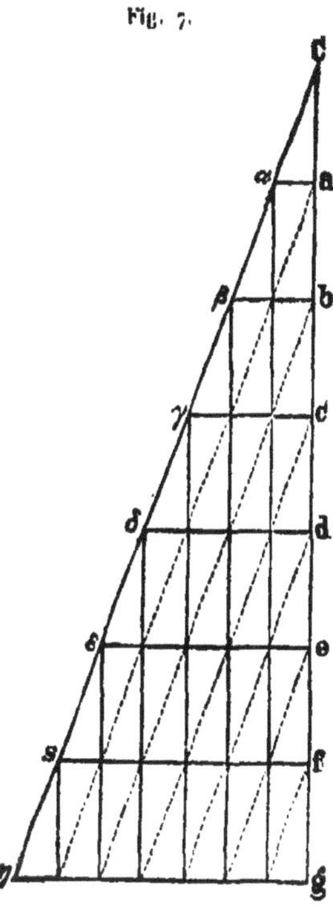

$$\div \frac{1}{2}g, \quad \frac{3}{2}g, \quad \frac{5}{2}g, \quad \frac{7}{2}g, \quad \ldots, \quad \frac{2n+1}{2}g.$$

Pour indiquer l'espace d parcouru en τ unités de temps avec une vitesse constante, on employait la formule

$$(\alpha) \qquad d = \tau g.$$

Fig. 8.

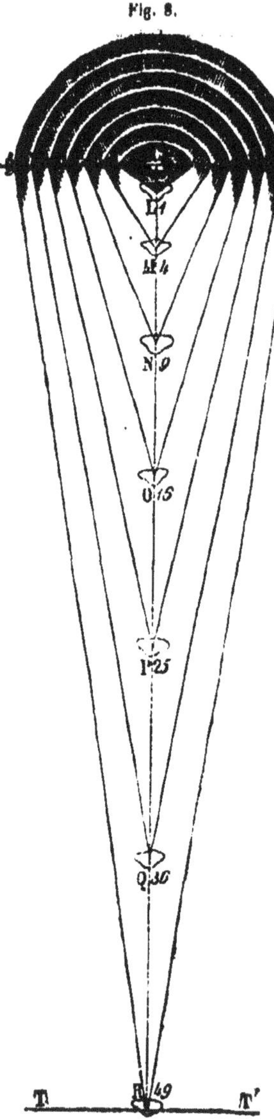

Pour indiquer l'espace e parcouru en τ unités de temps avec une vitesse croissant suivant la progression arithmétique indiquée, on employait la formule

$$(\beta) \qquad e = \frac{1}{2}\tau^2 g.$$

Comme preuves, on donnait les résultats obtenus par le calcul, lesquels correspondent exactement avec ceux obtenus par les observations.

Ici, au lieu de se limiter aux faits observés pour les exposer à l'aide de formules mathématiques, nous remontons à la cause et à l'origine des faits qui correspondent exactement aux quantités de barogène écoulé pour faire avancer le corps vers la terre, précisément comme l'eau d'un fleuve en s'écoulant fait avancer les bateaux.

Soit un corps C (*fig.* 8) à la hauteur H = CR : cette hauteur n'est pas une ligne mathématique, mais un espace de la forme d'un prisme ou d'un cylindre indiqué par le produit $H \times \Delta$ où le signe Δ représente la surface de la coupe du corps C. La quantité $\alpha\beta$ de barogène contenue dans ce corps intercepte une égale quantité du barogène B affluant vers la Terre, et c'est ainsi que dans l'espace $e = H \times \Delta$ manque la quantité de barogène $\alpha\beta \times H$, qui doit s'y écouler pour faire descendre le corps C jusqu'à la Terre. Après la chute du corps l'espace $e = H \times \Delta$ est occupé par la quantité $\alpha\beta \times H$ de barogène.

Pour que le corps parcourût les espaces

$$g \times \Delta,\quad 3g\Delta,\quad 5g\Delta,\quad 7g\Delta,\quad \ldots,\quad (2n \pm 1)g\Delta,$$

en 1 2 3 4 n unités de temps,

il faudrait qu'il s'écoulât dans ces espaces des volumes égaux de barogène

$$V,\quad 3V,\quad 5V,\quad 7V,\quad \ldots,\quad (2n \pm 1)V.$$

Pour rendre évident le mode de l'occupation des espaces $g \times \Delta$, $3g \times \Delta$, $5g \times \Delta, \ldots,$ par les volumes

Fig. 9.

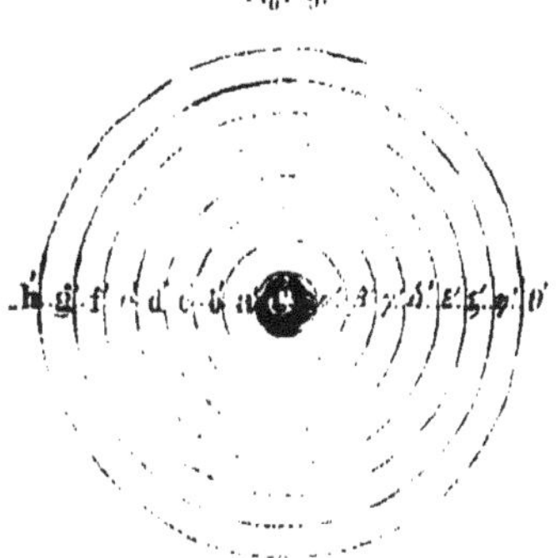

égaux V, 3 V, 5 V,. . ., de barogène, on se sert du disque $h'\theta'$ (*fig.* 9) qui est une espèce d'entonnoir destiné à conduire le barogène par l'ouverture c produite par l'éloignement du support qui soutenait le corps C.

§ 50. **MODE DE L'ÉCOULEMENT DU BAROGÈNE PENDANT LA CHUTE DES CORPS.** De même que dans la lumière et dans les sons, la vitesse est invariable dans l'écoulement du barogène; dans l'entonnoir $h'\,\theta'$ le barogène afflue en chaque unité de temps en parcourant la distance

$$r = \mathrm{C}a = ab = \ldots = \mathrm{C}'a' = a'b' \ldots$$

1° Pendant la première seconde de la chute, il s'écoule un volume V de barogène contenu dans le cylindre $\pi r^2 \times h$ et qui va occuper l'espace $\frac{1}{2}g\Delta = \mathrm{CL}$.

2° Pendant la seconde suivante, il s'écoule un volume de barogène 3 V contenu dans l'anneau $(4\pi r^2 - \pi r^2)\,h$ formé autour du cylindre central $\pi r^2 \times h$; ce barogène 3 V s'écoule pour aller occuper l'espace $\mathrm{LM} = \frac{3}{2}g\,\Delta$.

3° Pendant la troisième seconde il s'écoule un volume de barogène 5 V contenu dans l'anneau $(9\pi r^2 - 4\pi r^2)h$ qui est autour du cylindre évacué $b'\beta'$; et il va s'écouler dans l'espace $\mathrm{MN} = \frac{5}{2}g\Delta$; et ainsi de suite.

4° A la fin de la septième seconde, il s'écoule un volume 13 V de barogène contenu dans l'anneau

$$(49\pi r^2 - 36\pi r^2)\,h;$$

ces volumes de barogène vont occuper l'espace

$$\mathrm{CR} = \frac{13}{2}g\,\Delta.$$

§ 51. **CORRESPONDANCE ENTRE L'ÉCOULEMENT DIT DU BAROGÈNE ET LA FORMULE** $e = \frac{1}{2}g\tau^2$. L'espace e, parcouru par le corps en chute, est un volume $\mathrm{H} \times \Delta$, dans lequel s'écoule le volume $n\pi r^2 \times h$ de barogène de l'entonnoir $h'\theta'$. C'est donc le même volume indiqué sous trois formes : $\frac{1}{2}g\tau^2$, $H \times \Delta$, $n\pi r^2 \times h$. En prenant dans les trois cas une égale surface τ^2, r^2, Δ, les hauteurs $\frac{1}{2}g$, $n\pi \times h$ et H seront aussi égales ; par suite la quantité $\frac{1}{2}\tau^2$ indique dans la formule $e = \frac{1}{2}g\tau^2$ une surface $Ca\alpha$, $Cb\beta$,..., $Cg\gamma$ triangulaire, et g indique la hauteur des prismes dans lesquels se trouve le volume du barogène écoulé. Ici τ indique combien de fois $Ca = g$ se trouve compris dans la longueur du côté Cg (*fig.* 7) ; il indique également le même nombre de fois que la longueur $a\alpha = 1$ se trouve contenue dans la longueur du côté $g\eta$. On a donc

$$e = \tau g \times \frac{1}{2}\tau.$$

qui indique un volume et non pas une ligne ; le mot *espace* n'est pas employé pour indiquer simplement la distance, il représente encore l'espace occupé par le volume de barogène écoulé.

3° Mode de la production des trois états des corps par la pesanteur et par la chaleur.

§ 52. Dans le principe existaient la chaleur obscure et la chaleur lumineuse, et c'est dans l'espace stellaire Π que l'électre des ondes o et O des deux sphères se trouva en égale densité pour pouvoir se combiner avec la chaleur obscure et produire l'hydrogène, et avec la chaleur lumineuse et produire l'oxygène. De ces deux éléments se trouva composé le corps central nommé *Archégète ;* il contenait toute la masse de chaleur lumineuse. Ainsi, dans les éléments de l'eau entrent avec le barogène les fluides impondérables, chaleur et lumière. Tous les autres corps ne sont produits que par les changements de ces éléments, tandis que l'électre isopycne ou le barogène n'éprouve aucun changement. Les trois états des corps ne résultent même que de la quantité de chaleur qui exerce des répulsions R ou R ± r contre les éléments de chaleur contenus dans les corps mêlés avec le barogène.

L'état des corps correspond : 1° à la compression ou à la poussée P exercée sur leur barogène de la part du barogène B affluant ; 2° à la poussée P — P exercée sur le barogène des corps par le barogène B — B émergeant de la Terre, et 3° à la répulsion R ou R ± r exercée par la chaleur libre sur celle contenue dans les corps. De ces trois espèces de poussées, celle R ou R ± r seule change avec les températures.

La poussée P s'exerce également sur tous les corps contenus dans l'espace stellaire ; la poussée P — P, émergeant de chaque corps céleste, dépend de la masse M ou du barogène B contenu dans chacun de ses diamètres ; pour cette raison, cette poussée est petite pour les gros corps comme le Soleil, et grande pour les petits corps comme la Lune et les comètes. Les répulsions R et R ± r, exercées par la chaleur contre celles que contiennent les éléments des corps, ne varient pas : elles sont de la même intensité pour tous les corps célestes.

Cette répulsion R ou R ± r varie avec la densité des atomes de chaleur ou avec la température ; c'est ainsi qu'elle peut se trouver en trois rapports relativement aux poussées P et P — P. 1° La répulsion R — r est inférieure aux poussées P et P — P ; la répulsion R est inférieure à la poussée P et supérieure à la poussée P — P ; 3° la répulsion R + r est supérieure aux deux poussées P et P — P.

ÉTAT SOLIDE DE L'EAU. Les atomes de l'eau subissent un état d'immobilité dans le cas où ils éprouvent de la part de la chaleur une répulsion R — r qui est inférieure aux deux poussées P et P — P exercées sur leur barogène *b* par le barogène B affluant et par le barogène B — B émergeant de la Terre ou d'un autre corps céleste. Cette immobilité des atomes matériels constitue la conservation des formes qu'on voit dans les monuments archéologiques, dans les potamolithes ou cailloux arrondis, et dans les fossiles des périodes géologiques.

ÉTAT LIQUIDE DE L'EAU. Les atomes de l'eau s'arrangent pour former un niveau dans le cas où ils éprouvent la répulsion R de la part de la chaleur, qui surpasse la poussée P — P produite par le barogène B — B émergeant de la Terre, et elle est inférieure à la poussée P produite par le barogène B affluant. Si on détruit le niveau, il se rétablit spontanément, parce que les atomes matériels, n'obéissant plus à la poussée P — P, peuvent se répandre horizontalement, mais ils ne peuvent pas se soulever, parce qu'ils obéissent à la poussée P.

ÉTAT VAPOREUX DE L'EAU. Les atomes d'eau cèdent à la répulsion R + *r*, qui n'est pas le résultat des atomes de chaleur, mais de ses éléments Ė + 2Ė électriques, dont le positif Ė reste du côté intérieur, et les négatifs Ė passent sur la surface extérieure des atomes d'eau arrangés en forme de vésicules qui se repoussent mutuellement à cause des éléments négatifs Ė répandus sur la surface des enveloppes des vésicules; ils y sont soutenus à l'état dissimulé par les équivalents positifs Ė contenus dans les vésicules vides. Dans la production de la vapeur, la chaleur se décompose, et on dit alors qu'*elle devient latente,* comme si ces mots descriptifs contenaient l'explication du fait.

1° Si les enveloppes des vésicules comprimées se brisent, les équivalents électriques Ė + 2Ė passent de l'état d'électricité dissimulée à l'état de chaleur, et on dit alors que *la chaleur latente devient libre*, croyant que c'est en ces mots que l'explication dudit fait réside.

2° Les enveloppes liquides des vésicules se couvrent

par le refroidissement d'aspérités qui dispersent la lumière et ne la laissent pas se propager en directions rectilignes centrifuges du corps lumineux. Ainsi celui-ci devient invisible et semble une espèce de nuage dans l'espace occupé par les vésicules refroidies.

3° Si ces vésicules éprouvent un plus grand refroidissement, leur enveloppe isolée gèle, lorsqu'elles ne sont pas forcées de se condenser. C'est ainsi qu'apparaissent des ballons dont des millions, attachés les uns aux autres, forment des corps très-volumineux sans avoir un poids sensible. Ces corps possèdent le mouvement orbiculaire de leurs éléments matériels et deviennent visibles par la lumière qu'ils dispersent par leur surface bien limitée, état qui manque aux vésicules en enveloppe liquide, et c'est pour cela qu'elles paraissent alors en forme de nuages ou de nébuleuses indécomposables.

§ 53. **DIFFÉRENCE ENTRE LA VAPEUR ET LES GAZ.** Les deux éléments de l'eau, arrangés de manière à conserver à l'état d'électricité dissimulée les équivalents de la chaleur $\overset{+}{E} + 2\overset{-}{E}$, sont des *vésicules de vapeur*. Les mêmes éléments, soutenant séparément les équivalents $\overset{+}{E}$ et $\overset{-}{E}$ des deux électricités, sont des *gaz*.

En brisant les vésicules de la vapeur, on obtient : 1° l'eau de leurs enveloppes, et 2° les atomes de chaleur $n\overset{+}{E} + 2n\overset{-}{E}$, produits par les équivalents qui étaient soutenus à l'état d'électricité dissimulée.

En brûlant l'hydrogène $3n\bar{H}\overset{+}{E}$ avec l'oxygène $3n\bar{O}\overset{+}{E}$, on obtient : 1° l'eau $3nHO$; 2° la lumière $n\overset{+}{E}^2\overset{-}{E}$, et 3° la chaleur $n\overset{+}{E}\overset{-}{E}^2$. Des physiciens français, Lavoisier, Despretz et autres, avec 1 gramme d'hydrogène brûlé avec l'oxygène pour produire de la chaleur et de la lumière, obtinrent les quantités indiquées; Dulong, Silbermann, Favre, et plusieurs autres, en brûlant aussi 1 gramme d'hydrogène, obtinrent la chaleur $\frac{3}{2}n\overset{+}{E}\overset{-}{E}^2$.

Les expérimentateurs que nous venons de citer n'ignoraient pas qu'il y a à Paris des magasins où on vend le gaz pour être employé à l'éclairage ou au chauffage au moyen d'appareils propres à produire beaucoup de lumière $\frac{3}{2} n \bar{E}^2 \bar{E}$ et une chaleur insignifiante, ou beaucoup de chaleur obscure $\frac{3}{2} n \bar{E}\bar{E}^2$ et une lumière insignifiante. C'est par un oubli que lesdits expérimentateurs et plusieurs autres n'avaient pas remarqué des faits si communs. Depuis l'apparition de la *Physique simplifiée*, tous les physiciens ont reconnu la différence qui existe entre la chaleur obscure et la chaleur lumineuse. Quant à la cause physique de cette différence, plusieurs croient encore qu'elle est une hypothèse, et cela parce qu'ils n'ont pas encore bien approfondi les découvertes contenues dans l'ouvrage que nous venons de citer.

VI. SÉRIES DE FAITS DIFFÉRENTS PRODUITS PAR LA FORME OVALAIRE DES CORPS PÉRIPHÉRIQUES.

§ 54. Chaque corps périphérique est constitué par une portion de la masse expulsée du corps central. La forme de cette masse à l'état de métal brûlant demi-liquide est toujours déterminée par les deux poussées inégales P, du côté de l'espace, et P — p du côté du corps central. Cette poussée inférieure P — p a donc pour résultat un soulèvement de l'hémisphère du corps, en même temps que la poussée P du côté de l'espace produit une dépression de l'autre hémisphère. Comme ces poussées inégales ne peuvent manquer chez aucun corps périphérique, la forme ovalaire est commune à tous les corps.

La poussée P est constante, tandis que l'autre P — p est en raison inverse des carrés des distances du corps central; cela fait que l'allongement du grand diamètre vers le corps central est considérable pour les corps périphériques les moins éloignés, et minime pour ceux qui sont les plus éloignés. Cette forme éprouve dans les périodes postérieures des planètes une modification voisine de la forme sphérique, sans cependant que la première s'efface complétement.

I. Les faits produits par la forme ovalaire des planètes et des satellites lumineux sont : 1° la variation de la clarté périodique ou irrégulière, et 2° la production des couleurs.

II. Les faits produits par la même forme dans le système planétaire sont : 1° l'apparition de l'aplatissement des planètes; 2° les changements dans l'éclat, la grandeur et les couleurs des satellites et des planétoïdes; 3° la couleur jaune de la Lune, de Mars, de Jupiter et de Saturne; et 4° les perturbations des satellites et des planètes.

III. Les faits géologiques produits par la forme ovalaire de la Terre sont : 1° les inégalités des longueurs d'un degré des méridiens de la même latitude et les inégalités des longueurs d'un degré du même parallèle; 2° les inégalités des nombres des oscillations du même pendule dans l'équateur; 3° la distribution symétrique des mers et des continents.

IV. Les faits astronomiques produits par la coupe de la Terre en deux hémisphères inégaux, boréal et austral, sont : 1° la précession de la Terre et de la Lune; 2° les avancements du périgée et du périhélie; et 3° la nutation.

A. VARIATION DE L'ÉCLAT DES ÉTOILES ET PRODUCTION DES COULEURS PAR LEUR FORME OVALAIRE.

§ 55. Ces deux faits, de nature différente, mais inséparables dans les étoiles périodiques, dont la couleur est rouge, servent comme preuve mathématique de la forme ovalaire. La quantité de lumière que nous en recevons correspond à l'étendue de leur surface visible. La qualité de la lumière n'éprouve aucune modification quand elle traverse une enveloppe sphérique ; mais si cette enveloppe est ovalaire, il y a réfraction des rayons vers le sommet des corps où affluent les couleurs sombres, et du côté de l'horizon où restent les couleurs claires.

1° Production d'un état périodique ou variable par la forme ovalaire.

§ 56. ÉTOILES PÉRIODIQUES. De la surface S de l'hémisphère H soulevé provient la quantité de lumière Φ ; de la surface *s* de l'hémisphère *h* déprimé provient la quantité φ de lumière. Ces deux hémisphères sont séparés par la périphérie P de l'horizon, qui est vertical au grand diamètre Δ, dont le prolongement passe par le corps central, parce que les étoiles périodiques n'ont pas un mouvement de rotation ; elles sont sous ce rapport comme la Lune : la surface du disque de celle-ci consiste dans l'hémisphère soulevé projeté sur l'horizon.

Si la Lune était lumineuse et si un observateur se trouvait au prolongement du plan de la périphérie P, il devrait voir continuellement la moitié de chaque hémisphère et en recevoir continuellement une égale quantité de lumière. Au contraire, si l'observateur se trouvait dans les prolongements du plan orbiculaire de la Lune, il en devrait recevoir alternativement la quantité Φ de lumière lorsque la Lune est en opposition, et la quantité φ lorsque la Lune est en conjonction.

Une autre conséquence de la forme ovalaire consiste en ce que l'éclat des extrêmes ne passe pas graduellement, mais dans une durée très-courte, surtout dans les cas où les durées des périodes sont courtes, et où les amplitudes des extrêmes éclats sont grandes. Parmi les étoiles dont les clartés sont périodiques : 1° les unes correspondent par la durée de la période à celles des courtes révolutions des satellites autour de leurs planètes ; 2° les autres, au contraire, correspondent par la durée de leurs périodes à celles des révolutions des planètes peu éloignées du Soleil.

ÉTOILES DE CLARTÉS VARIABLES. Au lieu d'un seul satellite il y en a plusieurs qui circulent autour de la même planète invisible ; et au lieu d'une seule planète il en est plusieurs qui circulent autour du même soleil invisible. Pour obtenir un extrême maximum d'éclat, il faut que tous les satellites ou toutes les planètes se trouvent à la fois en opposition. Pour obtenir un extrême minimum d'éclat, il faut que tous les satellites ou toutes les planètes se trouvent à la fois en conjonction. Attendu qu'il est impossible de séparer les planètes peu éloignées de leur soleil, ou les satellites, nos instruments ne suffisent qu'à la séparation des planètes très-éloignées de leur soleil.

2° Production de la lumière colorée de la lumière incolore par la forme ovalaire des étoiles colorées.

§ 57. La lumière primitive de la masse brûlante est incolore comme l'est celle du Soleil, dont l'enveloppe de glace étant de forme sphérique ne produit aucune réfraction des rayons, tandis que les enveloppes de forme ovalaire produisent toujours, comme les prismes de la lumière incolore, sept couleurs en un certain ordre invariable ; de sorte que la disposition des couleurs du spectre est déterminée *à priori* par la position du prisme ; et par les couleurs on détermine la position du prisme ou du corps ovalaire. Les couleurs sombres éprouvent une réfraction supérieure et prennent leurs directions vers le prolongement du grand diamètre ; du côté de l'horizon les rayons de la lumière rouge restent isolés.

Pour obtenir cette lumière rouge en même temps que la lumière blanche qui est le mélange des six couleurs complémentaires avec une quantité de lumière incolore où entre le rouge, il est nécessaire qu'une quantité de rayons rouges restent séparés; ainsi, pour de telles productions du rouge, la forme ovalaire qui est nécessaire dans la production de l'éclat périodique est indispensable; car c'est alors seulement que reste visible toute la périphérie de l'horizon, ou au moins sa moitié d'où arrive la lumière rouge.

§ 58. ABSENCE DE COULEUR BLEUE AUX ÉTOILES PÉRIODIQUES. Pour que la lumière bleue qui est dans le prolongement du grand diamètre reste isolée, il faut que l'observateur se trouve dans la perpendiculaire du plan de l'orbite, et cela n'a lieu que dans le seul cas où la moitié de chaque hémisphère est continuellement visible. La condition de l'apparition de la couleur bleue coïncide donc avec celle de la disparition de la périodicité de l'éc at.

§ 59. RAPPORT ENTRE LES COULEURS DES ÉTOILES ET LEUR POSITION. Après avoir démontré la production des couleurs par la forme ovalaire et leur arrangement en rapport avec le plan de leur horizon et la direction du plan de leur orbite, sur laquelle reste le grand diamètre, il devient possible de s'assurer qu'une étoile doit paraître verte si la ligne visuelle qui unit son centre avec la Terre forme un angle de 45 degrés avec le plan de l'horizon et avec celui de son orbite; ces positions sont rares, c'est pour cela que le nombre des étoiles vertes est petit.

Les étoiles sont de trois classes : *soleils*, *planètes* et *satellites*. 1° Les soleils ont une forme ovalaire imperceptible, une dimension trop petite pour être mesurée. 2° Les planètes sont au nombre de huit dans chaque système; celles qui correspondent aux quatre planètes internes apparaissent comme une étoile de clarté variable, parce que les planètes ont une forme ovalaire, et ne tournent pas autour de leur axe. Les soleils sont incolores, les planètes sont rarement disposées pour apparaître blanches. 3° L'existence des satellites lumineux n'est établie que par les courtes durées de la périodicité de leur éclat.

B. VARIATION DES GRANDEURS ET DES CLARTÉS ET PRODUCTION DES COULEURS ET DES PERTURBATIONS PAR LA FORME OVALAIRE DES CORPS DU SYSTÈME PLANÉTAIRE.

§ 60. Ici vont être indiqués brièvement les détails de ces faits, dont il sera traité séparément dans la deuxième Partie de cet ouvrage. La rotation d'un corps ovalaire autour du diamètre de l'horizon le fait apparaître aplati quand l'observateur se trouve dans le prolongement du plan de son équateur. Mars, Jupiter et Saturne, étant ovalaires, apparaissent aplatis; Uranus est également ovalaire, mais il n'apparaît pas aplati, parce que le plan de son équateur est presque vertical à celui de la Terre, de sorte que son hémisphère soulevé reste continuellement tourné vers le Soleil et vers la Terre. Les planètes inférieures ont beaucoup perdu de leur diamètre allongé et leur aplatissement est devenu imperceptible.

Cela n'a pas eu lieu pour la Lune, les satellites et les planétoïdes, pour lesquels l'allongement du grand diamètre n'éprouva aucune diminution : c'est à cause de l'absence de rotation, qu'il n'y a pas apparition d'aplatissement. Dans la Lune il ne se manifeste non plus aucune apparition de changement de grandeur et de couleur, parce que son hémisphère visible reste toujours le même.

1° *Mode de production des couleurs des planètes, des satellites et des planétoïdes.*

§ 61. La lumière incolore du Soleil arrive de Vénus et de Mercure en son état normal; elle arrive jaune de la

Lune, de Jupiter et de Saturne; rouge de Mars, et sous couleurs variables des planétoïdes et des satellites. Tout ce qui a été dit sur la production des couleurs par les enveloppes de forme ovalaire trouve ici son application. Il faut cependant remarquer que les trois planètes colorées ne le sont pas à cause de leur forme ovalaire, mais à cause de leur atmosphère composée de deux cônes ayant leur base sur l'équateur et leur sommet dans les prolongements de l'axe. Dans la Lune, les satellites et les planétoïdes qui n'ont pas une atmosphère et qui ne tournent pas, les couleurs sont produites par leur forme ovalaire.

1° PRODUCTION DE LA COULEUR JAUNE DE LA LUNE. Le sommet de l'hémisphère soulevé et le grand diamètre qui y passe prolongé rencontrent le centre terrestre. La surface de la Lune n'est pas unie, mais couverte d'espèces de remparts composés de grosses plaques de glace superposées autour des vastes cratères dont elles couvraient la surface, comme cela va être exposé dans tous les détails. Les rayons solaires éprouvent dans les fragments de glace des réfractions vers le sommet de l'hémisphère soulevé, et les rayons des couleurs claires, qui arrivent séparément, restent du côté de l'horizon, tandis que les couleurs complémentaires mêlées entre elles et avec une grande quantité de lumière incolore forment un blanc mat. Le sentiment de ce blanc, mêlé au sentiment du jaune séparé, est la cause qui fait apparaître la Lune jaune pâle.

2° PRODUCTION DES DIFFÉRENTES COULEURS DES SATELLITES. Un observateur placé dans le prolongement du plan de l'horizon ou du disque de la Lune la verrait bleue à cause des rayons de cette couleur, qui sont isolés du côté de son sommet dans cette position; mais dans celle où se trouve la Terre sous l'angle 45 degrés, la Lune aurait dû présenter la couleur verte.

Les satellites, en circulant autour de leur planète, se trouvent dans leurs oppositions vers la Terre, comme l'est toujours la Lune; mais, éloigné de leur opposition, le plan de leur horizon passe par la Terre, et c'est ainsi que leur couleur change.

3° PRODUCTION DES COULEURS DES PLANÉTOIDES. Le plan horizontal de ces corps ovalaires ne passe jamais par la Terre; pour cette raison l'apparition de la couleur bleue est impossible.

4° PRODUCTION DE LA COULEUR ROUGE DE MARS. La lumière incolore ou blanche dispersée de la surface de la planète pénètre l'enveloppe conique aérienne pour arriver à la Terre; il y a donc réfraction des rayons vers les deux pôles, réfractions dans lesquelles se trouvent mêlées les couleurs sombres, et les couleurs claires, qui déterminent la couleur rouge, restent isolées du côté de l'équateur.

Il y a entre l'équateur et les pôles, dans chaque hémisphère, une périphérie dans laquelle arrivent les rayons de la planète verticalement à la surface de chaque aérocône, et ces rayons sont ceux qui, n'éprouvant aucune réfraction et restant incolores, font apparaître blanche la partie correspondante de l'hémisphère de la planète.

5° PRODUCTION DE LA COULEUR JAUNE DE JUPITER ET DE SATURNE. De même que la couleur rouge de Mars, la couleur jaune de ces deux planètes plus éloignées est produite par leur atmosphère composée de deux aérocônes.

2° Mode de production des grandeurs différentes des satellites et des planétoïdes.

§ 62. Dans les corps ovalaires non lumineux, il arrive du Soleil une plus grande quantité de lumière lorsqu'il leur éclaircit une plus grande surface, et cela a lieu lorsque le plan de l'horizon passe par le Soleil. Pour qu'il arrive à la Terre une quantité supérieure de lumière d'un satellite, le plan de son horizon doit également passer par la Terre. Toutefois cette quantité de lumière dépend en même temps de la position du Soleil relativement à l'inclinaison de la surface réfléchissante. Par exemple, lorsque la Terre et le Soleil, avant une conjonction, sont du côté de l'horizon, les rayons se réfléchissent en grande partie vers la planète et il n'en arrive à la Terre qu'un petit nombre. Les détails des clartés des satellites de Jupiter s'arrangent d'une manière qui permet de déterminer assez exactement la forme de chacun d'eux.

Les couleurs, les grandeurs et les clartés éprouvent dans les planétoïdes des variations qui correspondent à la grandeur de la surface visible et à la quantité de lumière réfléchie vers la Terre. La forme des planétoïdes est moins allongée que celle des satellites, mais leur surface est unie et non pas inégale comme celle de la Lune et des satellites. Le poids de tous les planétoïdes ensemble n'égale pas celui d'un satellite, tandis que leur volume est mille fois supérieur. Cet objet va être traité dans la Partie suivante, et l'origine des perturbations sera indiquée plus loin.

C. FAITS GÉOLOGIQUES PRODUITS PAR LA FORME OVALAIRE DE LA TERRE.

§ 63. La forme ovalaire de la Terre se manifeste de quatre manières différentes : 1° dans la distribution des continents et des fonds des mers; 2° dans les pentes des surfaces des continents; 3° dans les inégales longueurs d'un degré des méridiens de même latitude et dans les inégales longueurs d'un degré du même parallèle de longitude différente; 4° dans les pesanteurs différentes sur les longitudes de l'équateur.

§ 64. I. **RAPPORT ENTRE LE CENTRE DE GRAVITÉ DE LA TERRE ET LA DISTRIBUTION DES MERS ET DES CONTINENTS.** Le centre de gravité d'un corps ovalaire se trouve éloigné de son sommet et de son horizon, qui est la circonférence séparant les deux hémisphères; au contraire, il se trouve peu éloigné de l'hémisphère déprimé et de la zone qui est entre l'horizon et le sommet. A cause de la forme ovalaire de la Terre, les fonds des mers sont les parties les moins éloignées du centre de gravité, et les continents occupent les parties de la surface les plus éloignées de ce centre.

FOND DES MERS. L'océan Pacifique occupe l'hémisphère déprimé de la Terre; le bassin Caspien et les océans Indien et Atlantique occupent la zone qui sépare l'horizon du sommet de l'hémisphère soulevé. Des soulèvements volcaniques ont séparé l'océan Caspien 1° du golfe Persique de l'océan Indien, et 2° de la mer Baltique de l'océan Atlantique. De la surface de la mer Caspienne se dégage, pendant les heures chaudes des journées d'été, toute la quantité d'eau amenée par les fleuves pendant toute l'année. Cette masse énorme d'eau s'éloigne de la mer, non pas sous forme de vapeur, mais sous forme d'air conduit par des vents divergents pendant les heures chaudes du jour. C'est cette cause physique qui a rétréci la grande superficie de l'océan Caspien en celle de la mer Caspienne actuelle, et le fond ancien de l'océan, restant au-dessous du niveau des océans ambiants, se trouve uni avec l'Asie et l'Europe.

CONTINENTS ET LEUR DISTRIBUTION. Le grand diamètre de la forme ovalaire de la Terre passe par le milieu de l'océan Pacifique et par la Libye d'Afrique. Dans la circonférence ou l'horizon qui sépare les deux hémisphères se trouvent l'Amérique du Sud, l'Amérique du Nord, l'Asie et l'Australie; au milieu de l'hémisphère soulevé se trouvent l'Afrique et l'Europe.

De même que les soulèvements volcaniques séparèrent le fond de l'océan Caspien de ceux des deux océans voisins, de même les courants sous-marins séparèrent l'Australie de l'Asie et de l'Amérique. Dans un cas se trouve interrompue la continuité des fonds des trois océans de la zone intercontinentale, et dans l'autre se trouve interrompue la continuité de la périphérie continentale.

§ 65. II. RAPPORT ENTRE LES PENTES DES CONTINENTS ET LA FORME OVALAIRE DE LA TERRE. Pour passer de l'horizon dans l'hémisphère soulevé, la pente est douce comme celle qui va du sommet vers l'horizon ; au contraire, la pente qui va de l'horizon à l'hémisphère déprimé est rapide. Cette règle géométrique trouve son application sur les pentes rapides des quatre continents vers l'océan Pacifique ; toutes les pentes, au contraire, qui descendent des six continents dans les trois autres océans, sont douces.

§ 66. III. RAPPORTS ENTRE LES LONGUEURS D'UN DEGRÉ ET LA FORME OVALAIRE DE LA TERRE. Faisant le tour de la Terre par les quatre continents qui ne coïncident pas avec les méridiens, on ne trouve que des différences médiocres entre les longueurs de 1 degré de ces méridiens. Au contraire, en faisant le tour suivant le méridien qui passe par la Libye, les différences sont très-grandes entre les longueurs de 1 degré. Les plus petites longueurs sont en Libye, puis dans l'Inde et en Amérique, tandis que les plus grandes se trouvent en Italie et en Laponie, c'est-à-dire dans les régions où l'élévation de l'hémisphère soulevé est médiocre. On sait que d'abord, par le calcul fait sur les longueurs des degrés du méridien qui passe par Paris, les observateurs géographes ont été conduits à reconnaître pour la Terre une forme aplatie analogue à celle que les astronomes admettaient pour les planètes ; mais ensuite on révoqua en doute cette opinion pour la forme de la Terre, parce que nulle part les résultats calculés des longueurs des degrés avec les longueurs observées ne se trouvèrent en accord, et cela aussi bien pour les degrés des méridiens que pour ceux des parallèles.

§ 67. IV. **RAPPORT ENTRE LES LONGUEURS DU PENDULE ET LA FORME OVALAIRE DE LA TERRE.** Dans la troisième Partie de cet ouvrage nous traiterons du mode de formation de l'intérieur de la Terre, d'où il résulte que sa densité est plus grande dans la direction de son axe que dans celle de son équateur, ce qui prouve que la densité de la Terre étant égale dans le plan équatorial dont la coupe n'est pas une périphérie *c*′N*d*′ (*fig.* 10), mais un ovale *g*N*h*O,

Fig. 10.

les longueurs du pendule correspondent à celles des diamètres NO et *ef*.

Les pays qui sont autour de la Libye et autour des îles basses de l'océan Pacifique présentent un excédant de poids qui correspond à une couche de masse terrestre de 550 mètres. Au contraire, les pays d'Amérique et d'Asie qui se trouvent autour du diamètre *ef* de l'équateur présentent un déficit de poids évalué à une couche de masse terrestre de 455 mètres d'épaisseur.

De ces deux résultats on tire une preuve directe qui conduit à reconnaître que le diamètre NO de l'équateur est de 1005 mètres plus long que son diamètre *ef*. Une si petite différence serait impossible à déterminer au moyen des mesures géodésiques. Il serait encore moins possible par cette voie de prouver que, des deux hémisphères séparés par l'équateur terrestre, l'hémisphère nord est plus grand et plus pesant que l'hémisphère sud. Même au moyen du pendule on ne peut pas obtenir cette différence, car il indique la quantité *m* de masse contenue dans le diamètre terrestre qui passe par le pendule; or, chaque diamètre a une moitié située dans l'hémisphère boréal, au nord de l'équateur, et son autre moitié est située dans l'hémisphère austral, au sud de l'équateur.

La Terre se trouve en rapport différent avec le Soleil et avec la Lune, ayant un hémisphère plus pesant que l'autre. Il est donc déjà connu *à priori* que le sommet de la Terre ovalaire étant en Libye, au nord de l'équateur, dans le tropique, l'hémisphère boréal est plus pesant que l'hémisphère austral. Donc : 1° dans la chute de la Terre vers le Soleil, l'hémisphère boréal avancera, et 2° dans la chute de la Lune vers la Terre, l'hémisphère boréal de la Terre avancera vers la Lune, et celle-ci avancera vers l'hémisphère boréal de la Terre.

D. FAITS ASTRONOMIQUES PROVENANT DE LA FORME OVALAIRE DE LA TERRE.

§ 68. En circulant autour du Soleil, la Terre a son hémisphère boréal d'un côté de ce corps pendant six mois, et son hémisphère austral pendant les six autres mois. La Lune, en circulant autour de la Terre, est pendant deux semaines du côté de son hémisphère boréal, et durant deux autres du côté de son hémisphère austral. Si les deux hémisphères de la Terre étaient égaux, le parallélisme de l'axe terrestre pendant sa circulation autour du Soleil et pendant la circulation de la Lune autour de la Terre serait resté invariable. Si, au contraire, le poids d'un hémisphère est plus grand que celui de l'autre, la chute de l'hémisphère le plus pesant vers le Soleil sera accélérée, et la chute de la Lune vers cet hémisphère et en même temps la chute de celui-ci vers la Lune sera également accélérée.

D'une telle inégalité entre les deux hémisphères terrestres résultent deux séries de faits correspondant : 1° l'une au mouvement de la Terre, et 2° l'autre au mouvement de la Lune.

§ 69. I. RAPPORT ENTRE L'INÉGALITÉ DES DEUX HÉMISPHÈRES DE LA TERRE ET SON MOUVEMENT AUTOUR DU SOLEIL. Tout se réduit à une accélération de la chute de l'hémisphère le plus pesant, mais de cette accélération résultent les trois faits suivants : 1° oscillation de l'axe terrestre ; 2° déplacement du plan équatorial qui y correspond, et 3° accroissement de mouvement. Ces trois faits ont été découverts par l'observation, et ils portent les noms de *nutation*, *précession*, *avancement du périhélie*.

1° NUTATION. La chute de l'hémisphère boréal vers le Soleil est plus rapide que celle de l'hémisphère austral ; mais comme la Terre est pendant six mois d'un côté du Soleil, son axe décrit en un sens un arc de 0",55 ; durant les six autres mois la Terre se trouve dans les autres extrémités des diamètres de l'écliptique, et la chute accélérée de l'hémisphère boréal fait décrire à l'axe terrestre, dans la voûte céleste, un arc de 0",55 en sens contraire.

2° PRÉCESSION. Le produit de la chute de l'excédant π du poids de l'hémisphère boréal n'est pas anéanti ; mais il se répète tous les ans pendant la révolution de la Terre autour du Soleil. L'effet de la nutation ou le déplacement de l'axe terrestre est inséparable de celui du plan de l'équateur qui va couper l'écliptique en un point rétrograde par rapport au mouvement de la Terre autour du Soleil. Les points de rencontre de la périphérie de l'équateur avec celle de l'écliptique dans la voûte céleste sont nommés *nœuds* (1). Le Soleil et la Terre, les jours d'équinoxe, se trouvent sur la ligne qui unit les nœuds. Pour déterminer les longitudes célestes, un ancien astronome, Timocharis, employa le nœud de l'équinoxe du printemps; 150 ans après, Hipparque trouva ce nœud déplacé de 2 degrés. Ainsi, dans l'espace de 25600 ans, les nœuds, en reculant, décrivent une périphérie composée des 51200 petits arcs correspondant : 1° aux oscillations de l'axe, et 2° à la quantité de mouvement de la chute du poids π.

3° AVANCEMENT DU PÉRIHÉLIE. La quantité du mouvement de la chute de ce poids π se manifeste clairement dans la circulation de la Terre autour du Soleil, car c'est son accumulation qui fait avancer le périhélie pour déterminer sa révolution tropique en 21000 ans.

§ 70. II. RAPPORT ENTRE L'INÉGALITÉ DES DEUX HÉMISPHÈRES DE LA TERRE ET LE MOUVEMENT DE LA LUNE. La Lune, qui ne tourne pas, n'a ni axe ni équateur; elle n'éprouve qu'une accélération de chute vers l'hémisphère boréal de la Terre, accélération qui produit : 1° le déplacement rétrogade des nœuds, et 2° l'avancement du périgée. Chacun de ces déplacements décrit une périphérie composée d'un grand nombre d'arcs.

PRÉCESSION DES NŒUDS DE LA LUNE. La chute accélérée de la Lune vers l'hémisphère boréal terrestre produit un déplacement de cet hémisphère qui entraîne le plan équatorial terrestre et son axe; de sorte qu'en l'espace

---

(1) Les termes techniques et leur explication sont contenus dans la quatrième Partie de cet ouvrage.

de 18 ans 218 jours et 21 heures il s'accomplit : 1° une révolution des nœuds de l'orbite de la Lune avec l'équateur, et 2° une période de la courbe décrite dans la voûte céleste par le prolongement de l'axe terrestre; cette courbe est une ellipse dont le grand axe est 9″,23.

AVANCEMENT DU PÉRIGÉE. La quantité de mouvement produite par la chute de la Lune vers l'hémisphère boréal terrestre fait avancer le périgée de 40 degrés par an; ainsi une révolution s'accomplit en 9 ans.

VII. DE LA MESURE DE LA DENSITÉ DE LA TERRE.

§ 71. Ce sujet va être traité en détail dans la troisième Partie de cet ouvrage; j'en fait ici une courte mention pour prouver qu'il n'existe aucun fait provenant d'attraction, et que l'ensemble des faits résulte des deux poussées contraires et inégales. La mesure de la différence P entre les deux poussées P et P — P est la longueur $\frac{1}{2}g = 4^m,9044$, parcourue par les corps dans leur chute pendant la première seconde sur la surface de la Terre. Les corps parcourent cette longueur parce qu'il y a absence de barogène $b \times H$, celui-ci se trouvant intercepté par le barogène b du corps, comme l'est la lumière dans l'espace ombragé.

La durée τ, nécessaire pour qu'une longueur ou une hauteur $\frac{1}{2}g$ soit parcourue, dépend de la poussée P = P — (P — P), et cette poussée P correspond à la quantité B de barogène contenue, non pas dans toute la Terre, mais dans ses diamètres qui passent par le corps C (*fig.* 5), après s'être croisés au centre de la Terre C′, pour former les cônes BC′A et B′C′A′ ou B″C′A″.

Si la quantité de barogène B et B + λ est différente dans deux diamètres terrestres D et D′, il y aura différentes poussées P et P + λ dans les corps qui se trouvent aux extrémités de ces diamètres.

La quantité de barogène B ou B + λ peut être contenue dans chaque longueur; il n'y aura que des intensités différentes Δ et Δ + δ, car on a

$$(\alpha)\qquad B = L \times \Delta \quad \text{et} \quad B + \lambda = L(\Delta + \delta).$$

Si la densité est la même, les longueurs doivent différer pour que différentes quantités de masse ou de barogène B y soient contenues.

$$(\beta)\quad \begin{cases} B = L \times \Delta \quad \text{et} \quad B + \lambda = \Delta(L + l) \\ \text{ou } B = \Delta \times L \quad \text{et} \quad B + \lambda = \Delta' \times L'. \end{cases}$$

La même quantité de barogène B peut être contenue dans deux longueurs différentes, de deux densités différentes.

$$(\gamma)\quad \begin{cases} B = L(\Delta + \delta) = \Delta(L + l); \\ \text{d'où l'on tire } L : \Delta = (L + l) : (\Delta + \delta). \end{cases}$$

La poussée P provenant du barogène B contenu dans chaque diamètre est en raison directe, 1° avec l'intensité de la pesanteur qui a g pour mesure, et 2° avec le poids π de la masse totale M du corps; la même poussée ou l'intensité g est en raison inverse avec le volume V sous lequel est contenue la masse $M = V \times \Delta$.

$$(\delta)\qquad \Pi = Mg = g \times V \times \Delta.$$

§ 72. COMPARAISON ENTRE LES INTENSITÉS DE LA PESANTEUR ET LES MASSES. Le plomb p (*fig.* 11) détermine dans le fil qui le soutient une direction dont le prolongement atteint le zénith dans la voûte céleste z. Ce plomb, étant à côté d'une montagne M, dévie de la direction verticale et va à p' pour former un angle $p'ap = zaz' = \gamma$, qui peut être déterminé avec une grande exactitude par l'arc zz' dans la voûte céleste. Le plomb éprouve une poussée g vers la Terre et une autre g' vers la montagne; les intensités sont données par la longueur $ap'' = \cos\gamma$ et $p''p' = \sin\gamma$.

Fig. 11.

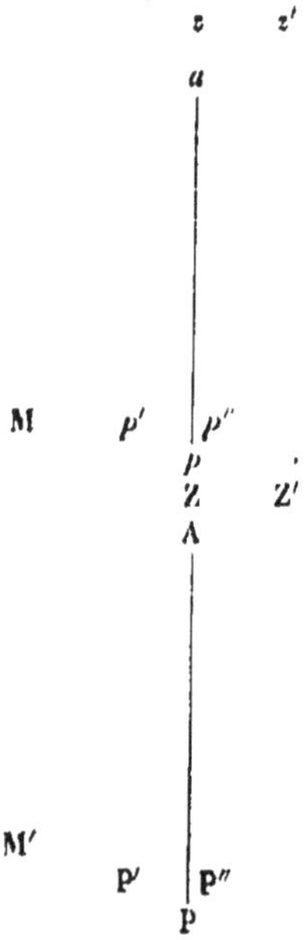

Si l'on apporte le plomb à côté d'une autre montagne M' plus épaisse, le plomb dévie davantage et il en résulte l'angle $P'AP = ZAZ' = \Gamma$. Le plomb éprouve la même poussée g vers la Terre et une autre g'' vers la montagne M'. Les intensités de ces poussées sont données par les longueurs $P''P' = \sin\Gamma$ et $p''A = \cos\Gamma$.

Le rapport entre les épaisseurs e et E des montagnes M et M' composées de masses minérales de densités égales sera celui qui existe entre les $\sin\gamma$ et $\sin\Gamma$ ou

$$(\varepsilon) \qquad e : E = \sin\gamma : \sin\Gamma.$$

On obtient des résultats analogues en employant à la place des masses des montagnes M, M' celles des corps C et c dont on connaît le poids, la forme et le volume. Au lieu d'observer la déviation du plomb vers chacun de ces corps qui sont moins grands que les montagnes, on observe les durées des oscillations du pendule horizontal suspendu à un fil mince de métal. Le même pendule termine une oscillation tout près du corps C en un espace de temps t, et tout près du petit corps c en un espace de temps T. Les carrés de ces espaces de temps sont entre eux en raison inverse des intensités g', g'' des pesanteurs et en raison directe des longueurs F, f des fléaux qui soutiennent les pendules :

$$(\zeta) \quad T^2 = \frac{f}{g'}, \quad t^2 = \frac{F}{g''}; \quad T = t, \quad \text{d'où} \quad f : F = g' : g''.$$

On obtient $T = t$ en augmentant la longueur L du fléau F du pendule qui oscille tout près du gros corps C, et c'est ainsi qu'on peut déterminer la densité de l'un de ces deux corps, connaissant sa forme et son volume V. Les intensités g', g'' de la pesanteur étant dans le rapport trouvé $f : F$, les quantités de barogène b, b' contenues dans les diamètres d, d' des deux corps C, c sont dans le même rapport. Des formules (β) on tire

$$b = L \times \Delta, \quad b' = L' \times \Delta' \quad \text{ou} \quad b = d \times \Delta, \quad b' = d' \times \Delta',$$

en indiquant par d et d' les diamètres des corps C et c qui sont connus, parce que leur forme et leurs volumes V, v' sont connus. Ainsi est déterminée la densité Δ d'un corps, celle Δ' de l'autre étant connue.

$$(\eta) \quad b : b' = g' : g'' = d \times \Delta : d' \times \Delta', \quad \Delta = \frac{g'}{g''} \times \frac{d'}{d} \times \Delta'.$$

§ 73. MESURE DE LA DENSITÉ DE LA TERRE. Les deux méthodes indiquées conduisent à des résultats concordants; des résultats pareils sont obtenus : 1° dans les cas où l'intensité de pesanteur g' d'une montagne M est comparée, non pas à celle g'' d'une autre montagne M', mais à celle g de la Terre; et 2° dans les cas où on compare l'intensité de pesanteur G' d'un corps c, non pas à celle G'' d'un autre corps C, mais à celle g de la Terre.

1° Dans la comparaison des pesanteurs g', g'' produites par les deux montagnes M, M', le rapport entre elles a été déterminé par le rapport $\sin\gamma : \sin\Gamma$; 2° dans la comparaison de la pesanteur g' de la montagne M avec celle g de la Terre, le rapport est déterminé par celui qui existe entre les $\sin\gamma$ et $\cos\gamma$ ou

$$(\zeta) \qquad g : g' = \cos\gamma : \sin\gamma.$$

1° Dans la comparaison des pesanteurs G', G'' produites par les deux corps sphériques c et C, le rapport entre elles a été déterminé par les longueurs F, f des fléaux dont les oscillations s'opèrent en un même espace de temps t. En conséquence, à la place de l'un des fléaux, on emploie un pendule dont la longueur donne des oscillations de la durée T connue. Dans la comparaison de la longueur f du fléau qui correspond à la pesanteur g' avec la longueur H du pendule qui correspond à la pesanteur g de la Terre, on détermine le rapport $g:g'$ entre les intensités des pesanteurs par le rapport $H:f$ entre les longueurs des pendules, et on a

$$(1) \qquad g:g' = H:f.$$

§ 74. LA PESANTEUR DE LA TERRE EST-ELLE LE RÉSULTAT D'UNE ATTRACTION OU D'UNE POUSSÉE? Par les résultats obtenus pour les pesanteurs des montagnes M et M′ ou pour leurs intensités g', g'', il devient évident que les longueurs des montagnes ne doivent pas être prises en considération; cela a même été démontré : 1° par Maskelyne pour le mont Shehallien, en Écosse, mont complétement isolé; et 2° par Carlini pour le mont Cenis, uni des deux côtés avec la chaîne des Alpes.

En opérant avec le fléau horizontal, non pas comme Cavendish, Reich, Bayley, à côté des masses en forme sphérique, mais à côté des masses : 1° en forme pyramidale, comme l'est le mont Shehallien; et 2° en forme prismatique, comme l'est le mont Cenis, il devient évident que la longueur n'entre pour rien dans le résultat de l'intensité de la poussée, parce que la durée de chaque oscillation ne change pas par l'allongement de la masse des deux extrémités du prisme. Ainsi, pour sauver l'hypothèse de l'attraction, il n'est aucunement possible de l'admettre provenant du centre de la Terre comme si toute la masse y était accumulée. Cette hypothèse de concentration a été admise à cause des faits qui résultent des poussées faibles P — p exercées sur les corps du barogène B — B qui émerge suivant les directions des diamètres qui se croisent dans le centre de la Terre pour y former les cônes AC'B = A'C' B' (*fig.* 5).

§ 75. DIFFÉRENCE ENTRE LE POIDS SPÉCIFIQUE ET L'INTENSITÉ DE LA PESANTEUR. Si la masse M de la Terre est contenue dans une sphère de double rayon, son poids spécifique sera huit fois inférieur, tandis que la pesanteur sur sa surface sera quatre fois inférieure. La cause en est que les molécules matérielles contenues dans le rayon R sont en ce cas en quantité huit fois inférieure, mais dans le double rayon 2R se trouve une double quantité de molécules. Par suite, ces molécules $2q$ sont d'une quantité quatre fois inférieure à celles $8q$ contenues dans un rayon R, lorsque le volume est huit fois inférieur. Ainsi, il est encore une fois prouvé que la pesanteur sur chaque partie de la surface terrestre correspond à la quantité de barogène B contenue dans les diamètres qui passent par cette partie.

VIII. ORIGINE DE LA SCINTILLATION ET VISIBILITÉ DES CORPS OBSCURS.

§ 76. Après avoir déterminé la distance d entre l'objectif et l'oculaire d'un télescope qui conduit au nerf optique le foyer d'une étoile e de la distance D exactement, si en cet état on dirige le télescope vers une autre étoile e' de distance supérieure D + D', dont le foyer tombe au delà du nerf, cette étoile e' n'est pas visible. Cependant, en tenant continuellement l'œil fixé à l'oculaire, on voit à des intervalles différents passer des éclats d'une durée imperceptible. Ce fait mille fois répété se manifeste mieux lorsque l'étoile e' présente une scintillation très-vive.

Il est évident que les éclats ainsi aperçus sont des rayons qui partent des corps passant devant le télescope dans la distance D; et comme il y manque des corps lumineux, ce sont des corps obscurs que réfléchissent les rayons des étoiles lumineuses arrivant sur leur surface. Lors donc que quelqu'un de ces rayons tombe sur l'objectif, nous apercevons pour un instant une clarté.

Après avoir arrangé le télescope pour la distance $D + D'$ de l'étoile éloignée e', les même corps obscurs, en passant entre l'étoile et l'œil, interceptent une partie φ de sa lumière normale Φ et laissent arriver à l'œil la différence $\Phi - \varphi$. La partie φ de lumière interceptée ne varie pas seulement en quantité pour produire différents degrés d'affaiblissement de la clarté normale Φ; mais encore il arrive que la lumière incolore n'est pas interceptée, mais seulement quelques-uns de ses éléments, ou quelques couleurs, et les couleurs qui sont leurs complémentaires arrivent à l'œil.

La scintillation se réduit à l'interceptation de quelques rayons venant d'une étoile lumineuse; la clarté de l'étoile peut diminuer jusqu'au degré d'une disparition totale. A cause de la forme ovalaire des étoiles obscures, les rayons éprouvent des réfractions prismatiques et arrivent à l'œil en couleurs du spectre, d'une durée imperceptible, à cause du mouvement rapide de ces corps obscurs dont l'existence est incontestable. Ces corps ainsi déterminés diffèrent par leur poids insignifiant de ceux qu'on peut découvrir par les effets de la pesanteur observés dans les corps lumineux.

IX. SUBDIVISION DES MATIÈRES DANS CET OUVRAGE.

§ 77. Sur la Terre nous connaissons la pesanteur des corps, qui est une propriété commune à tous les corps célestes; j'ai prouvé dans la *Physique* que de l'eau et de la chaleur lumineuse solaire provient l'air des mers qui se combine sur les continents pour produire les pluies, dont l'eau est transformée par les plantes en carbone ou en substances végétales. Ces substances sont transformées par les animaux en substances minérales, dont les éléments, entraînés par les courants thermo-électriques terrestres, s'arrangèrent et s'arrangent pour constituer l'ensemble des corps terrestres.

Dans le principe la Terre consistait en deux éléments d'eau : ces éléments et la chaleur solaire ont donc produit les corps terrestres. A cause de la production de ces corps, la diminution de l'eau et l'augmentation de la masse solide continuent. Ainsi, l'état actuel de la Terre n'est pas un état perpétuel, mais un état précaire, comme l'ont été tous ceux qui ont précédé, car aux pays où nous vivons, il y a quelques milliers de siècles, l'homme et les animaux actuels manquaient, et des animaux qui manquent actuellement vivaient.

Il est prouvé ici que l'étude des états des sept autres planètes conduit à reconnaître qu'à différentes époques Mercure se trouva dans l'état qu'ont actuellement les sept autres planètes, et il est parvenu à un état permanent et invariable qui résulte de la transformation de toute la masse d'eau en masse minérale. Vénus a été comme les six planètes les plus éloignées du Soleil, et elle va subir le sort de Mercure. La Terre a été aussi, à différentes époques, comme les cinq planètes supérieures, et elle va devenir comme les deux planètes inférieures.

Des systèmes des corps célestes c'est notre système planétaire que nous connaissons le mieux ; l'état actuel de ces corps est précaire et non pas perpétuel, car à différentes époques il a été ce qu'est actuellement le plus grand nombre des systèmes planétaires qui existent dans l'espace et qui diffèrent entre eux suivant leurs âges respectifs, et du nôtre en ce que les planètes sont lumineuses et leur soleil invisible.

De même que les satellites ont pour corps central une planète, les planètes ont pour corps central un soleil; de même les soleils ont pour corps central un astre, et enfin les astres ont pour corps central l'Archégète. Ainsi il y a :

1° Un seul système astral composé de milliers d'astres qui circulent dans neuf espaces annulaires autour de l'Archégète, qui est le seul corps central sans être périphérique.

2° Il y a autant de systèmes solaires qu'il y a d'astres; autour de chaque astre circulent ses soleils dans neuf espaces annulaires. L'astre autour duquel circule notre Soleil avec des milliers d'autres est invisible. Cet astre, nommé *Hélioagète* (ἥλιος, soleil; ἀγέτης, conducteur), entouré d'amas de vapeur, constitue la partie la plus vaste et la plus claire de la Voie lactée.

3° Il y a des systèmes planétaires où les planètes sont lumineuses; dans tous ces systèmes le soleil est invisible, non pas à cause de l'absence de chaleur lumineuse, mais à cause des couches épaisses de vapeurs opaques qui dispersent leur lumière dans toutes les directions. Sont visibles seulement : 1° les soleils qui n'ont pas encore expulsé une masse brûlante qui apparaît dans l'espace comme une étoile nouvelle, et 2° les soleils dont les planètes sont devenues obscures, comme celles de notre Soleil.

4° Il y a des systèmes de satellites où les satellites sont lumineux et leur planète invisible, à cause de la couche de vapeurs qui l'enveloppe, de même qu'une autre couche de vapeur opaque plus épaisse enveloppe leur soleil. Celui-ci ne devient visible que par la disparition de la couche de vapeur, car elle devient, par le refroidissement, une enveloppe solide de glace transparente. Cependant, pour un tel refroidissement, il faut un laps de temps pendant lequel se consume toute la chaleur lumineuse des planètes et de leurs satellites, comme cela a lieu pour les corps de notre système planétaire, où les satellites, par opposition à l'Archégète, forment chacun un corps périphérique, sans pouvoir devenir corps central.

Dans l'exposition des faits de ces quatre classes de corps célestes, il a fallu suivre l'ordre de leur production, qui est en même temps leur ordre chronologique.

I. La première Partie contient : 1° le seul système astral, composé de milliers d'astres qui circulent dans neuf espaces annulaires autour de l'Archégète, et 2° le système solaire, composé de milliers de soleils qui circulent dans neuf espaces annulaires autour de l'astre invisible l'*Héliougète*.

II. La deuxième Partie contient le système planétaire et le mode de production des comètes qui n'existaient pas précédemment.

III. Toutes les séries de faits qui ont été produits sur la Terre depuis l'extinction totale de sa chaleur lumineuse sont exposées dans la troisième Partie.

IV. C'est dans la quatrième Partie que j'explique les termes astronomiques employés dans l'ouvrage, de sorte que le lecteur peut les chercher chaque fois qu'il en a besoin.

La *Physique céleste* ne contient pas, comme les ouvrages astronomiques, les descriptions d'un amas amorphe de faits isolés, mais on y voit que toutes les séries de faits différents ont une commune origine, où l'infini se présente sous trois états : PYCNOÉLECTRE, ARÉOÉLECTRE, MOUVEMENT.

PREMIÈRE PARTIE.

DE LA VIE ASTRONOMIQUE DU SYSTÈME SOLAIRE ET DES SYSTÈMES PLANÉTAIRES.

§ 78. La vie astronomique commence par l'expulsion d'une bande de masse dense et brûlante par un corps central; de telles bandes, expulsées des soleils par intervalles séculaires, se présentent avec un maximum d'éclat à un point où précédemment rien n'était visible. La couche superficielle des molécules matérielles devient, en un espace de trois semaines, une couche de vapeur opaque qui disperse une quantité d'atomes de lumière, et au lieu de la lumière précédente Φ, une quantité inférieure $\Phi - \varphi$ commence à arriver à la Terre.

L'accroissement d'épaisseur de la vapeur opaque fait croître la quantité φ des atomes de lumière dispersée et diminuer celle φ' qui arrive à la Terre. L'éclat de la masse diminue graduellement jusqu'au point de ne plus être que des filets d'atomes de lumière insuffisants pour produire un sentiment, car c'est en cela que consiste la disparition de la bande brûlante. Lorsque ce mode de production du fait observé était inconnu, les astronomes se bornaient à une simple description des faits; car toutes les hypothèses émises pour donner une explication de ces faits ont été très-facilement réfutées par Arago, qui a rendu évidente la profonde ignorance des astronomes au sujet des étoiles temporaires.

Nous allons exposer que, sans que rien se perde de la masse M expulsée, c'est la quantité de sa chaleur lumineuse $\Theta\Phi$ qui diminue en se répandant dans l'espace, précisément comme cela a lieu pour une masse très-grande de métal en fusion exposée au froid. Il y a au commencement une couche de vapeur qui disperse une quantité d'atomes de lumière; il se forme ensuite une couche solide qui laisse pénétrer les atomes de chaleur lumineuse sans les disperser. La dispersion de la chaleur lumineuse a une durée proportionnelle à la masse en fusion.

§ 79. La vie astronomique des corps célestes consiste en dispersion de la chaleur lumineuse, et les faits produits pendant cette vie sont des déplacements des molécules matérielles qui ont pour cause motrice la pénétration centrifuge des atomes de chaleur par le milieu des molécules matérielles. Telle est aussi l'origine de la répulsion expansive de la part du Soleil qui produit l'expulsion des bandes de masse brûlante; mais en passant par le cratère elle subit un choc tangentiel de la part du bord postérieur du cratère qui tourne avec le corps central. Ce choc est donc croissant, et il fait que la bande expulsée se subdivise pour en produire neuf autres dont l'une rebrousse chemin, tandis que les huit autres restent dans l'espace.

Des bandes de masse brûlante résultent les séries de faits des systèmes planétaires : d'abord la couche de vapeur opaque disperse les atomes de lumière, et la masse devient invisible; plus tard, par la congélation, l'épaisseur de la vapeur opaque diminue, et les huit portions de masse brûlante commencent à paraître comme des anneaux de nuées. Ce n'est qu'au moyen du télescope gigantesque de lord Rosse qu'il est possible de distinguer dans quelques-unes des nébuleuses les huit portions de la bande primitive dont chacune devient une grosse planète. Chacune de celles-ci expulse une bande de masse brûlante qui produit les satellites; ces bandes sont trop courtes pour être visibles séparément. En pareil cas on ne voit que certaines étoiles télescopiques nouvelles qui diminuent et disparaissent, ou bien l'éclat de quelques-unes augmente pour diminuer ensuite.

La vie astronomique d'un système planétaire, qui, dans le principe, n'apparaît tout entier que comme étoile nouvelle, se termine par l'extinction totale de la chaleur lumineuse, sans que les molécules pondérables éprouvent en même temps ni diminution ni aucun changement chimique, car de pareils changements s'opèrent pendant la *vie géologique* des planètes; ils résultent des deux éléments hydrogène et oxygène des molécules matérielles et des deux espèces d'équivalents électriques, positifs É et négatifs Ė, amenés aux planètes éteintes par les rayons solaires. C'est pendant la vie géologique que chacune des planètes produit, pendant ses vingt à vingt-cinq périodes cométogéniques, autant de paires de comètes dont le périhélie reste constamment voisin de la planète, comme un monument archéologique éternel.

§ 80. Si les faits de ce genre avaient été obtenus par une coordination des faits observés et des mouvements des étoiles fixes ou des comètes, on aurait dit que je crois avoir découvert une loi analogue à celle de Copernic, ou, pour être plus juste, on aurait attribué cette découverte à Herschel, et surtout à Lambert, qui ont déjà reconnu l'existence des quatre ordres ou des quatre espèces de systèmes des corps célestes, et qui ont considéré le système planétaire comme modèle du système solaire.

Toutefois Mædler, ne voulant pas suivre aveuglément l'idée de ses prédécesseurs, coordonna les faits observés afin de s'assurer s'il en résulte une correspondance entre les mouvements des étoiles fixes et des planètes; tous les mouvements des étoiles fixes coordonnés ont paru à cet astronome conduire à y reconnaître une correspondance avec les mouvements des comètes et non pas avec ceux des planètes, et cela parce que parmi les étoiles les unes ont un mouvement direct et les autres ont un mouvement rétrograde, en circulant dans un espace en forme de meule, de même que les planètes, mais non pas les comètes.

Lambert ne chercha pas dans l'espace un corps lumineux comme l'est le Soleil dans le système planétaire; il admit le corps central en forme de nébuleuse, et considéra la nébuleuse remarquable de l'Orion comme corps central du système solaire. Après avoir coordonné les directions du mouvement des 15 étoiles des Pléiades, Mædler et les astronomes allemands, ses prédécesseurs, trouvèrent qu'elles formaient ensemble une déviation angulaire entre 142 degrés et 156 degrés en même sens; on trouva que 21 autres étoiles mobiles des Hyades avaient également de petites déviations dans la direction de leur mouvement. De ces directions Mædler a conclu que le corps central se trouve dans la direction des Pléiades, et au lieu de faire comme Albert et de considérer la masse excessive dans un seul corps, Mædler crut qu'il est indifférent pour la loi newtonienne que le centre de gravité résulte de la masse d'un seul corps, comme est le Soleil pour les planètes, ou qu'il résulte comme centre virtuel de l'ensemble d'un certain nombre de corps. Si cet astronome eût connu le mode de production du choc tangentiel, il n'aurait pas changé d'idée sur le Soleil central, surtout après s'être convaincu qu'il y a des corps lumineux qui circulent autour d'autres corps invisibles.

I. IDENTITÉ DE LA LOI PHYSIQUE ET DE LA LOI DIVINE.

§ 81. En coordonnant les directions apparentes des mouvements des planètes, Copernic prouva que la Terre et les planètes circulent autour du Soleil; Newton, coordonnant les faits découverts par Képler, prouva que les corps célestes se font mutuellement écran et éprouvent une poussée qui les sollicite à se rapprocher l'un de l'autre. En coordonnant la totalité des faits, chacun trouvera comme moi qu'il ne faut aucun effort pour mettre en mouvement les fluides impondérables qui se manifestent comme les gaz infiniment comprimés, ayant une expansion et une augmentation infinie de volume opérée par l'expansion de chacune des molécules. Le mouvement de translation se manifeste comme celui des déplacements des solides et des liquides. Le mouvement emmagasiné se manifeste comme l'expansion d'un gaz comprimé qui occupe toujours un espace plus grand sans abandonner totalement l'espace qu'il occupait d'abord. Aristote avait déjà reconnu ces deux espèces de mouvements, sans cependant découvrir en quoi consiste leur différence, et cela parce qu'à cette époque les propriétés des gaz étaient inconnues, et plus inconnues encore les propriétés des fluides impondérables dans lesquels personne ne peut méconnaître aujourd'hui l'existence d'un mouvement infini emmagasiné. En disant que la quantité de mouvement a dû être emmagasinée par une action suprême, je ne fais que dire ce que tout le monde doit dire pour exprimer un fait aussi évident.

Dans la production des faits cosmiques, il faut au moins deux éléments qui doivent venir en contact et se trouver en équilibre rompu : celui-ci se manifeste comme une tendance des molécules d'un élément à pénétrer dans l'espace occupé par les molécules homoïdes de l'autre élément. Cette rupture d'équilibre, lorsque son origine était inconnue, reçut le nom d'*affinité*, et la pénétration des molécules denses dans l'espace occupé par les molécules homoïdes moins denses était indiquée par le mot *action;* celle-ci et l'affinité étaient nommées *forces*. Ainsi chacun voit comme moi que l'action suprême a produit, à l'aide de molécules primitives de même espèce, deux globes qui, étant égaux, contiennent d'inégales masses M + M' et M de ces molécules, dont résultèrent les densités inégales $\delta + \delta'$ et δ.

Il y a au monde une vie éternelle : 1° elle consiste en manifestation du mouvement que l'action suprême emmagasina dans les molécules primitives ; 2° cette vie consiste en production des faits qui résultent de la pénétration des molécules denses dans l'espace occupé par les molécules moins denses. 1° Cette inégalité entre les densités des molécules, et 2° ce mouvement, ont pour cause l'action suprême ; tout au monde s'opère suivant cette cause considérée comme *loi physique,* qui est aussi *loi divine.*

Cette prédestination de tous les faits cosmiques par l'action suprême se propage même à la production des corps organisés des animaux et de l'homme et à la formation de leur sentiment au moyen des organes communs des sens. La différence entre l'homme et l'animal commence aux sentiments, qui, chez les animaux, restent à l'état naturel ou *alogues,* tandis que l'homme les accouple avec les sentiments correspondants à l'organe de l'ouïe ou de la vision, pour les rendre *logiques.* Chaque sentiment naturel ou alogue obtient chez l'homme, au moyen de la langue, un représentant qui est indépendant de la présence de l'objet par lequel le sentiment alogue est produit.

C'est donc la combinaison des représentants des sentiments qui devient indépendante de la prédestination provenant directement de l'action suprême. Les mêmes objets cosmiques ont les mêmes représentants logiques chez les individus de chaque nation ; ce sont donc les différences des arrangements des représentants logiques qui deviennent la source des actions qui ne sont pas en liaison directe avec la prédestination permanente ayant pour cause l'action suprême. Il sera traité en détail de cet objet dans la *Métaphysique.*

II. DE LA CAUSE INTERCEPTANT LA DÉCOUVERTE DE L'ORIGINE DE LA LOI PHYSIQUE.

§ 82. Après avoir indiqué la voie qui conduit infailliblement à l'action suprême qui déposa le mouvement infini dans deux masses inégales des molécules homoïdes contenues sous deux volumes égaux, le lecteur s'étonnera que des faits si évidents soient restés si longtemps inconnus. La réponse à cette question se trouve dans l'exposition historique du mode de l'instruction à notre époque. Il est devenu facile de se procurer les ouvrages d'un grand nombre d'auteurs. La jeunesse croit qu'il faut, avant tout, apprendre ce que les plus âgés savent; ceux-ci, de leur côté, croyant suivre la seule voie infaillible qui conduit à la vérité, imposent à la jeunesse une instruction destinée à la conduire dans la même voie. C'est ainsi que les jeunes gens sont entraînés dans les erreurs des professeurs et que leur intelligence s'obscurcit lorsqu'ils croient qu'elle s'éclaircit.

Newton trouva dans le mouvement orbiculaire des corps célestes deux éléments dont l'un, la *pesanteur*, persiste, et l'autre, le *choc tangentiel*, a été exercé par une cause qui au même instant disparut. Ce qui persiste est considéré comme une suite des faits de la prédestination indiquée; c'est pour cette raison que Newton ne s'occupa que de la cause instantanée du choc tangentiel. Au lieu donc de chercher l'action suprême dans l'origine de tous les faits cosmiques, ce grand mathématicien l'invoqua pour exercer un choc sur la matière qui apparut dans l'espace. Toutefois ici sont exposés les détails qui font reconnaître qu'un choc simple ne suffit pas, comme Newton le croyait, pour placer les planètes éloignées du Soleil à des distances qui forment une progression géométrique, et leur imprimer des vitesses dont les carrés sont en raison inverse des cubes des distances.

Au moyen des expériences, les faits physiques et les faits chimiques se multiplièrent et un grand nombre furent appliqués avec grand avantage à l'industrie; cette récompense matérielle fit qu'on subdivisa les branches desdites sciences, pour pouvoir mieux multiplier les découvertes de faits nouveaux. L'industrie fut élevée au niveau de la chimie et de la physique. Les physiologistes se donnèrent toutes les peines possibles pour relever l'agriculture au degré de la physiologie; les astronomes seuls restèrent limités aux observations des faits des corps célestes, sans y mêler de vues industrielles.

Trop occupés des calculs très-compliqués dans lesquels ils croyaient trouver les progrès de la science, les astronomes se limitaient à l'étude de la lumière; pour eux la connaissance des détails de la physique, de la chimie et de la physiologie était considérée comme nulle. Ainsi, c'est le principe de l'instruction adopté dans les Universités qui interdit à la jeunesse la coordination des faits pour arriver à connaître : 1° l'infinité de mouvement emmagasiné dans les molécules homoïdes; et 2° les densités inégales de ces fluides.

Un jour viendra où la jeunesse abolira ces institutions qui ont leur origine dans le moyen âge, alors qu'on ne cherchait à instruire qu'au moyen des débris des ouvrages des anciens. Les expériences et les observations, au lieu de se faire comme jusqu'à présent aveuglément, seront réglées par la loi physique qui régit tout ce qui se produit au monde, excepté l'intelligence de l'homme, car elle seule n'est soumise à aucune prédestination. Ce qu'on appelle *fatalité, harmonie préétablie, prédestination, providence*, trouve son application dans les faits cosmiques; les faits logiques de l'homme en sont indépendants, ils sont propres à chaque individu, ils forment des séries particulières dont il sera traité dans la *Métaphysique*.

III. DE L'UNIQUE FAMILLE DE CORPS CÉLESTES COMPOSÉE DE QUATRE GÉNÉRATIONS OU DE QUATRE ESPÈCES DE SYSTÈMES.

§ 83. 1° Les satellites circulent autour des planètes; 2° les planètes avec leurs satellites circulent autour du Soleil; 3° le Soleil et des millions d'autres avec leurs planètes et leurs satellites circulent autour de l'astre nommé Hélioagète (ἥλιος, Soleil, ἀγέτης, conducteur); 4° l'astre Hélioagète et des millions d'autres astres avec leurs soleils, leurs planètes et leurs satellites circulent autour du seul corps central l'*Archégète* (ἀρχὸς, chef, ἀγέτης, conducteur).

I. Un millième de la masse totale M contenue dans l'Archégète et renfermée dans une enveloppe solide de glace a été expulsé sous forme de bande dont la longueur atteint l'extrême limite de l'*espace stellaire*. Cette bande se divise en neuf autres, dont chacune, par la subdivision, donne naissance aux milliers d'astres dont fait partie l'Hélioagète; l'ensemble des astres constitue le seul système astral occupant l'espace stellaire en forme de meule.

II. Un millième de la masse totale M contenue dans l'Hélioagète et renfermée dans une enveloppe solide de glace a été expulsé et a formé une bande d'une longueur égale au rayon de la Voie lactée. Cette bande se divise en neuf autres, dont chacune, par la subdivision, donne naissance aux millions de soleils dont le nôtre fait partie.

III. Un millième de la masse totale M contenue dans le Soleil et renfermée dans une enveloppe solide de glace a été expulsé sous forme de bande dont la longueur était égale à la distance qui sépare Neptune du

Soleil. Cette bande a été subdivisée en neuf portions dont la cinquième rebroussa chemin et retomba au Soleil ; les huit autres formèrent huit grosses planètes.

IV. Un millième de la masse totale μ de chacune des planètes renfermées alors dans une enveloppe solide de glace a été expulsé sous forme de bande dont la longueur était égale à la distance qui sépare le satellite le plus éloigné de sa planète. Cette bande a été divisée en neuf autres, dont l'une rebroussa chemin, tandis que les huit autres formèrent huit satellites, ou s'unirent deux à deux et produisirent quatre satellites, ou encore huit bandes unies ensemble formèrent un seul satellite, comme la Lune.

§ 84. DIMINUTION GRADUELLE DE LA DENSITÉ DE LA MASSE. De cet aperçu général il résulte que si la densité δ de la masse brûlante est 1 au Soleil, elle doit être des millions de fois supérieure dans l'Hélioagète, et cette densité doit être des millions de fois inférieure à celle D de la masse de l'Archégète. De sorte que le volume v de la bande de masse brûlante expulsée est des millions de fois inférieure au volume V de l'ensemble des astres ou à celui de l'ensemble des soleils. Ce rapport se réduit beaucoup pour les densités des masses expulsées des soleils, et encore plus pour celles des masses expulsées des planètes.

I. SYSTÈME ASTRAL. Il n'existe qu'un seul système d'astres, et de l'immense quantité des astres un seul nous est connu, l'Hélioagète : de tous les autres, nous ne voyons pas même la Galaxie.

II. SYSTÈMES SOLAIRES. Autour de chaque astre se trouve actuellement ou se trouvera dans l'avenir un système solaire pareil à celui qui est autour de l'Hélioagète, dans lequel circulent des millions de soleils dont le nôtre fait partie ; il existe dans l'espace astral des millions de systèmes solaires tels que le nôtre.

III. SYSTÈMES PLANÉTAIRES. Autour de chaque soleil se trouve actuellement ou se trouvera dans l'avenir un système planétaire; des milliers de semblables systèmes sont visibles dans le système solaire.

IV. SYSTÈMES DES SATELLITES. Autour de chaque planète se trouve un système de satellites, qui sont quelquefois invisibles; mais leur existence n'en est pas pour cela moins sûre.

IV. DE LA DISTRIBUTION DES SOLEILS DANS LE SYSTÈME SOLAIRE.

§ 85. La bande de masse brûlante expulsée de l'Hélioagète avait une longueur égale au rayon de la Voie lactée; des neuf bandes qui en résultèrent l'une a dû rebrousser chemin pour retomber sur l'Hélioagète. Les molécules superficielles de la masse brûlante en se séparant devinrent un amas de vapeur par laquelle se dispersent les rayons émanés de cette masse, et c'est ainsi qu'à la place d'une masse d'un grand éclat se présente une nuée blanchâtre indiquée par le nom de *nébuleuse*. Celle-ci persiste pendant la subdivision de chaque bande en milliers de portions de diverses grosseurs m, M, M. La couche de vapeur opaque des petites portions μ, m de masse brûlante se congela, d'où résulta une enveloppe solide de glace transparente, qui laisse les rayons pénétrer et se propager en directions rectilignes, sans être dispersés davantage. Ainsi, la même masse qui paraissait précédemment une nébuleuse devient un soleil de contours bien limités. La différence entre les nébuleuses et les soleils ne résulte pas de la masse, mais de leur enveloppe : 1° à une époque elle est une couche de vapeur qui n'est pas encore congelée pour devenir solide; 2° à une autre époque l'enveloppe est solide et devient en même temps transparente.

I. Le refroidissement est favorisé : 1° par la vitesse du

mouvement orbiculaire, dont les carrés sont en raison inverse des cubes des distances. B', B'', B''', ..., B^{ix} indiquent chaque bande qui circule autour de l'Hélioagète en une masse seule ou subdivisée en portions m', m'', m''', ..., μ', μ'', μ''', ..., M', M'', M''', ..., dans un des espaces annulaires A', A'', A'''. 2° A cause de la grande vitesse v^{ix} des portions m', μ', M' de l'espace annulaire A' le refroidissement s'opéra rapidement et la couche de vapeur opaque gela; elle devint une enveloppe solide de glace transparente et les nuées disparurent; la chaleur lumineuse fut même toute dispersée et les soleils s', μ', S' devinrent invisibles.

II. Le refroidissement des masses m'', μ'', M'' s'opère moins rapidement dans l'espace A''; toutefois, à cause de la longue durée, les enveloppes de vapeur opaque gelèrent, de sorte qu'il ne resta des soleils lumineux que ceux qui contiennent une grosse portion M'' de masse.

III. Même dans l'espace annulaire A''' la vapeur opaque se congela autour des portions m''', μ''', M''', ainsi qu'on le reconnaît par l'absence totale de nébuleuses entre le Soleil et l'Hélioagète. La seule nébuleuse visible est celle de l'Hélioagète, qui est d'une grosseur excessive; elle est très-lumineuse, même à la très-grande distance qui la sépare de nous, malgré le gros amas de vapeur.

A. DISTRIBUTION DES SOLEILS DANS LE QUATRIÈME ESPACE ANNULAIRE DU SYSTÈME PLANÉTAIRE.

§ 86. La vapeur opaque se congela autour des portions μ^{iv}, m^{iv} médiocres de masse brûlante; des soleils qui en résultèrent le nôtre fait partie; il expulsa une bande de masse brûlante qui produisit les planètes; chacune de celles-ci expulsa une bande de masse brûlante qui forma les satellites; toute la chaleur lumineuse des planètes et des satellites a été consumée. Après le refroidissement parfait, chacune des quatre planètes intérieures produisit environ 40 paires de comètes jumelles en parcourant autant de périodes cométogéniques. Les soleils σ^{IV} pareils au nôtre n'apparaissent que comme des étoiles télescopiques. La vapeur opaque des portions M^{IV} supérieures de la masse brûlante se congela également, et il en résulta des enveloppes solides de glace; c'est ainsi que les rayons de cette masse se propagent en direction rectiligne et la font apparaître, non plus comme nébuleuse, mais comme soleil s^{IV} d'un éclat supérieur à celui des soleils σ^{IV}, et cela non-seulement à cause de leur grosseur plus considérable, mais aussi à cause de la grande densité de chaleur lumineuse. Ces soleils paraissent comme des étoiles à peine visibles à l'œil nu. La différence entre les soleils σ^{IV} qui se trouvent déjà arrivés à l'âge de vieillesse, et les soleils s^{IV} d'un âge moins avancé, consiste en ce que ceux-ci, n'ayant pas encore expulsé une bande de masse brûlante, ne tournent pas autour de leur axe, comme le font les soleils σ^{IV} avancés en âge.

Les masses M^{IV}, M^{IV} des grosses portions restent entourées de vapeur opaque, et paraissent comme des nébuleuses amorphes; leur forme n'a aucune régularité, parce que telle était précédemment la forme de la masse M^{IV} lorsqu'elle se sépara par la subdivision de la bande B^{IV}. La vapeur produite pendant des milliers de siècles forme de gros amas qui restent permanents; leur nombre s'élève jusqu'à 20000; ces amas sont éclairés par la masse brûlante et paraissent comme des globules séparés; pour cette raison, on a appelé *nébuleuses globulaires* l'ensemble de la masse brûlante et des amas de vapeur.

Dans ces nébuleuses globulaires des portions inférieures m^{IV} des masses M^{IV} se produisirent des soleils qui se revêtirent, par la congélation de leur vapeur, d'une enveloppe solide de glace transparente. Après la formation de ces enveloppes solides de la couche inférieure de vapeur autour de toutes les autres portions de masse brûlante, des amas de vapeur restèrent séparés en forme de gros ballons de glace mince, vides au milieu, possédant toujours leur mouvement orbiculaire, et éprouvant mille perturbations de la part des soleils ambiants : ce genre de corps volumineux, sans poids perceptible, sont les *pagosphères*. Ces pagosphères ou amas de vapeur autour des nébuleuses globulaires sont visibles tant qu'elles se trouvent autour de la masse brûlante, mais lorsqu'elles s'en séparent elles cessent d'être visibles. Leur existence n'est constatée que par leur passage entre les soleils et la Terre; ils interceptent une partie de leur lumière, et en reproduisent par la réfraction toutes les couleurs, sans aucun ordre analogue à celui des couleurs du spectre. Le nombre de corps de ce genre est plusieurs millions de fois plus grand que celui des soleils et des planètes; ils sont connus sous le nom de *planétoïdes* dans le système planétaire. Les étoiles filantes, les pluies d'étoiles et les bolides appartiennent au même genre. Pour désigner ce genre de corps, j'ai employé le mot de *pagosphère* (πάγος, glace), qui signifie une surface sphérique composée de glace. Nous verrons dans l'explication des aérolithes que le bruit et la nuée observés dans l'atmosphère résultent de pagosphères qui crèvent en s'avançant vers la Terre; elles obtiennent par le frottement une lumière électrique. (*Phys.*, t. III, p. 927.)

B. DISTRIBUTION DES SYSTÈMES PLANÉTAIRES DANS LE SYSTÈME SOLAIRE.

§ 87. L'expulsion d'une bande de masse brûlante hors d'un soleil fait subitement apparaître au ciel un éclat qui provient des atomes de lumière émis de toute la surface de la bande. Des molécules superficielles séparées et graduellement refroidies pendant un espace de trois semaines commencent à produire une couche de vapeur opaque qui disperse une partie φ' de lumière et ne laisse arriver à la Terre que la différence $\varphi - \varphi'$. L'épaisseur de la couche de vapeur opaque croît et, en raison directe, la quantité $\varphi - \varphi'$ de lumière propagée décroît. La bande devient invisible lorsque la quantité $\varphi - \varphi'$ de lumière n'est plus suffisante pour produire une sensation sur l'œil, et cela arrive en un espace de quelques semaines à dix-sept mois.

La bande de masse brûlante expulsée, de même que la masse mille fois supérieure du soleil, reste enveloppée dans la vapeur opaque pendant des milliers de siècles. La masse brûlante de la bande se subdivise en neuf autres bandes qui circulent toutes autour du soleil et se présentent comme une nébuleuse composée au moins de deux anneaux nuageux. Avec le télescope de lord Rosse on distingue dans ces nébuleuses les huit bandes inclinées en forme de spirale qui indiquent leurs séparations respectives.

Dans les bandes de masse brûlante expulsées avant celles qui ont actuellement la forme de nébuleuses, s'il se trouve une enveloppe solide de la portion m la moins éloignée du Soleil qui circule avec le plus de vitesse, elle est une planète correspondante à Mercure, mais sans rotation; elle circule autour de son soleil comme un satellite autour de sa planète; elle ne s'en distingue que par la différence de sa durée de révolution; celle-ci peut être déterminée par les périodes des éclats qui résultent de la forme ovalaire de la planète.

Dans les bandes de masse brûlante expulsées à une époque plus reculée se trouvent deux planètes qui sont inséparables, vues au télescope; mais les périodes d'éclats différents nous font connaître que l'une correspond à Mercure et l'autre à Vénus. S'il y a déjà trois planètes, il devient plus difficile de distinguer les trois périodes de l'éclat. Dans le cas où les quatre planètes intérieures ont revêtu une enveloppe de glace, toutes quatre paraissent comme une seule étoile. Cependant, au lieu d'une clarté constante comme l'est celle des soleils, nous y distinguons des variations que nous ne pouvons pas diviser en quatre périodes, et c'est pour cela que les astronomes disaient qu'il existe des *étoiles de clarté variable*.

Dans les bandes de masse brûlante expulsées de leur soleil à des époques plus reculées, se trouvent aussi des planètes extérieures, une, deux ou toutes les quatre, qui, étant séparées par des intervalles jusqu'à deux fois supérieurs à ceux des planètes de notre système, peuvent être vues séparément avec les télescopes; leur nombre ne surpasse pas celui de quatre; les astronomes croyaient que l'ensemble formé par les quatre planètes internes et le soleil constituent une étoile centrale autour de laquelle circulent les autres dont le nombre ne surpasse jamais celui de quatre.

Sirius, Arcturus, Véga de la Lyre, etc., ne sont pas des soleils, mais des systèmes de planètes lumineuses; le diamètre angulaire de Véga est de 0",36, et celui d'Arcturus de 0",2.

La planète qui devint la première visible comme étoile périodique est celle qui, avant les autres, expulsa une bande de masse brûlante qui produisit un système de satellites; de ceux-ci c'est le moins éloigné de la planète qui eut le premier une pagosphère autour de sa masse brûlante. A cause de la forme ovalaire qu'il a en circulant autour de sa planète, ce satellite, 1° étant en conjonction supérieure, répand la lumière $\varphi + \varphi'$ correspondante à l'hémisphère soulevé; 2° étant en conjonction inférieure, il répand une quantité φ de lumière correspondante à l'hémisphère déprimé.

Les courtes durées des périodes d'éclat font reconnaître que la masse brûlante se trouve dans un satellite et non pas dans une planète.

Les nouvelles étoiles, les nébuleuses planétaires, les étoiles à périodes simples, les étoiles à périodes doubles, triples ou quadruples, les étoiles à clarté variable, les étoiles à périodes courtes et tout près d'une autre à périodes invariables, les étoiles quadruples autour d'une autre centrale, sont toutes des systèmes planétaires d'âges différents. Elles circulent autour de l'Hélioagète, dans l'espace annulaire A^{IV} du système solaire qui a la forme de meule, et qui est limité par la Voie lactée. Pour cette raison, nous les trouvons entre nous et la Galaxie; la déviation des étoiles en dehors de la meule, du côté où sont les Pléiades, résulte de la position du Soleil qui est plus éloigné de cette base boréale de la meule que de sa base australe.

V. DISTINCTIONS DES AGES DES CORPS DU SYSTÈME SOLAIRE.

§ 88. La naissance des corps d'un système quelconque date de l'expulsion d'une bande de masse brûlante qui n'est que le millième de la masse qui reste dans le corps central. Les satellites, les planètes, les soleils, les astres d'un même système vinrent dans l'espace sous la forme d'une bande de masse brûlante. Ainsi les âges des corps d'un même système céleste ne doivent pas être comparés à ceux des oiseaux ou des poissons d'une même couvée, mais plutôt aux familles des plantes, dans lesquelles une seule semence produit successivement des fleurs et des fruits dont les uns mûrissent lorsque les autres fleurissent.

La vie astronomique des corps consiste en séparation de la chaleur lumineuse de la masse brûlante, pendant que celle-ci exécute un mouvement orbiculaire d'une vitesse qui diffère dans chacune des bandes B', B'', B''', ..., provenant de la division de la bande principale B. La température de la masse brûlante expulsée est égale, dans toute son étendue, le froid de l'espace ambiant est partout le même; mais la différence entre les vitesses orbiculaires V et v fait qu'il sort des portions douées d'une vitesse orbiculaire supérieure V une quantité de chaleur $\Theta + \Theta'$ plus grande que celle Θ qui sort des portions égales circulant avec une vitesse inférieure v.

De la subdivision de chacune des bandes B', B'', B''', ..., B^{IX}, produites par la bande principale B, expulsée de l'Hélioagète, résultèrent des portions contenant des masses de diverses grosseurs, μ, m, M, M, qui circulent dans un même espace annulaire avec une égale vitesse orbiculaire. Comme, en pareil cas, les masses sont entre elles dans le rapport des cubes des rayons, tandis que les éloignements de la chaleur sont entre eux dans le rapport des surfaces ou des carrés des rayons, il en résulte que les parties inférieures μ, m se refroidissent plus rapidement que les parties supérieures M, M.

I. Il y a des refroidissements des portions de masse brûlante qui proviennent de la vitesse orbiculaire v^{IX}, v^{VIII}, v^{VII},..., v', dont les carrés sont en raison inverse des cubes des distances.

II. Il y a des refroidissements des portions de masse brûlante qui proviennent des dimensions de ces portions μ, m, M, M dont les carrés des rayons correspondant aux surfaces et aux refroidissements sont en rapport direct avec les cubes de ces mêmes rayons correspondant aux masses.

A. AGES DES PORTIONS DE MASSE BRULANTE DU SYSTÈME SOLAIRE.

§ 89. De chacune des neuf bandes B', B'', B''',..., B^{IX} résultèrent, par la subdivision, des portions contenant des masses de diverses grosseurs. Par suite de la vitesse orbiculaire des bandes B', B'', B''' qui surpasse celle des bandes éloignées B^{IX}, B^{VIII}, B^{VII}, la subdivision des bandes inférieures avança, et celle des bandes supérieures se trouva en retard. Chacune des bandes B', B'', B''' a été divisée et subdivisée en portions extrêmes μ', m', M', M'; μ'', m'', M'', M''; μ''', m''', M''', M'''.

Quelques-unes des parties de la bande B^{IV} se subdivisèrent pour former les portions extrêmes μ^{IV}, m^{IV}, M^{IV}; d'autres parties M n'atteignirent pas ce dernier degré de subdivision. Certaines parties de masse brûlante seront subdivisées dans l'avenir; actuellement elles se présentent sous forme de nébuleuses globulaires de toutes les formes; les étoiles qui s'y trouvent sont des soleils produits par les portions m^{IV} ou M^{IV}.

La masse de la bande B^{V} ne resta pas dans l'espace annulaire A^{V}, car elle dut rebrousser chemin à cause de l'absence de mouvement orbiculaire; il n'y resta que des millions de pagosphères ou *hélioïdes*, visibles par les rayons qui, passant par leur enveloppe, se croisent au foyer, en sorte que celui-ci devient visible.

Le refroidissement de la bande B^{VI}, divisée en portions m^{VI}, M^{VI}, M^{VI} est lent, à cause de sa vitesse orbiculaire qui est médiocre. Toutes les portions sont enveloppées de couches de vapeur et de pagosphères comme le sont les nébuleuses globulaires de l'espace A^{IV}; mais à cause de la grande distance qui nous sépare de l'espace A^{VI}, ces nébuleuses sont indécomposables; elles paraissent comme des nuées de forme irrégulière.

Les trois autres bandes B^{VII}, B^{VIII}, B^{IX} se trouvent divisées en un petit nombre de gros morceaux tous entourés d'amas de vapeur; elles apparaissent comme des nébuleuses de dimensions inégales à celles des masses M^{VI}, M^{VI} de l'espace annulaire A^{VI}, et égales à celles des masses M^{IV} et M^{IV} de l'espace A^{IV}, à cause des distances très-différentes qui existent entre elles et le Soleil.

Après avoir démontré non-seulement les deux causes du refroidissement des portions μ, m, M, M de masse brûlante, mais aussi, 1° les rapports inverses entre les carrés des rayons de leurs orbites et les cubes de ces rayons, et 2° les rapports directs entre les carrés des rayons des masses et leurs cubes, il reste à faire voir que, dans chacun des quatre espaces annulaires A′, A″, A‴, A^{IV}, se trouvent des soleils de masses différentes et du même âge. 1° Ceux de l'espace A′ contiennent une masse M′; 2° ceux de l'espace A″ une masse M''; 3° ceux de l'espace A‴ une masse m'''; enfin 4° ceux de l'espace A^{IV} une masse médiocre μ^{IV}.

Dans les quatre espaces annulaires extérieurs A^{VI}, A^{VII}, A^{VIII}, A^{IX}, les portions μ les plus médiocres sont encore enveloppées dans une couche de vapeur opaque, et cela à cause de leur médiocre vitesse orbiculaire. Des soleils de l'espace annulaire A^{IV}, 1° ceux σ^{IV} contenant des portions médiocres μ^{IV} de masse brûlante sont entourés de planètes éteintes comme l'est le Soleil de notre système planétaire; 2° les soleils s^{IV} contenant des portions m^{IV} de masse brûlante sont entourés de planètes lumineuses et paraissent comme des étoiles de première, deuxième, troisième et quatrième grandeur : ces grandeurs sont en raison inverse des distances qui les séparent de nous; 3° les soleils S^{IV}, contenant des portions M^{IV} de masse brûlante, se présentent comme des étoiles de septième ou sixième grandeur. Quelques-uns sont télescopiques et se trouvent dans les nébuleuses globulaires; tels sont aussi les soleils σ^{IV}; mais ils ne sont pas dans les nébuleuses pareilles, ils ont isolés. Parmi ces soleils, tous ceux qui expulsent une bande de masse brûlante deviennent invisibles, et cela à cause de la vapeur opaque qui les enveloppe; pour que la couche inférieure de la vapeur gèle, il faut des milliers de siècles; la bande de masse brûlante se présente subdivisée en anneaux de vapeur opaque, connue sous le nom de *nébuleuse planétaire*. 4° Les portions M^{IV} de masse brûlante se trouvent entourées de gros amas de vapeur; elles forment les nébuleuses globulaires, dont il existe des milliers dans l'espace annulaire A^{IV}.

B. AGES DES CORPS DES QUATRE ANNEAUX EXTÉRIEURS FORMANT LA VOIE LACTÉE.

§ 90. Toutes les parties de la masse brûlante des bandes B^{VI}, B^{VII}, B^{VIII}, B^{IX} se trouvent entourées d'amas de vapeur dans les espaces annulaires A^{VI}, A^{VII}, A^{VIII}, A^{IX} séparés de l'Hélioagète par les distances $2^6\Delta$, $2^7\Delta$, $2^8\Delta$, $2^9\Delta$. La distance entre l'anneau A^{IV}, où est le Soleil, et l'anneau A^{VI}, est $2^6\Delta - 2^4\Delta = 3\Delta \times 2^4 = 48\Delta$. La distance entre le même anneau A^{IV} et celui A^{V}, où est l'étoile Alcyon, est $2^4\Delta - 2^3\Delta = 8\Delta$.

Soient VH (*fig.* 12) la projection de la Voie lactée; S le

Fig. 12.

Soleil (*fig.* 12) dans l'espace annulaire A^{IV}; A^{V} l'Alcyon dans son espace annulaire, et A^{VI} l'espace annulaire dans lequel circulent les nébuleuses globulaires contenant les portions de masse brûlante de la bande B^{VI}. Les parallaxes de A^{VI} et de A^{V} sont entre elles en raison inverse des distances SA^{VI} et SA^{V}; il en résulte

$$SA^{VI}A^{IV} : SA^{V}A^{IV} = 8 : 48 \quad \text{ou} \quad = 3^\circ\tfrac{1}{2} : 21^\circ.$$

L'angle $3\frac{1}{2}$ degrés est la déviation perspective de l'anneau composé des portions de la bande B^VI de masse brûlante par rapport à l'anneau de rayon 2' Δ composé des portions de la bande B^VII de masse brûlante entourée de vapeur.

L'angle 21 degrés est également la déviation de l'espace annulaire A''' dans lequel circulent l'étoile Alcyon et les autres produites par des portions de la bande B'''; cet angle SA'''A^IV ne peut être six fois celui SA^VI A^IV de la déviation de l'anneau A^VI que dans le cas où la distance est A^IV A^VI = 6 A^IV A'''.

Les plans des quatre espaces annulaires se coupent sous de petits angles, comme le font les plans orbiculaires des planètes. Si le Soleil se trouvait dans une orbite parallèle aux plans des quatre espaces annulaires A^VI, A^VII, A^VIII, A^IX, dans lesquels circulent les nébuleuses, la Galaxie paraîtrait sans arc de séparation et serait, comme elle l'est actuellement, plus lumineuse du côté le moins éloigné du Soleil et moins lumineuse du côté opposé. Le Soleil se trouve plus éloigné de la base de l'espace en forme de meule qui donne, comme une fenêtre, dans l'hémisphère boréal, et il est moins éloigné de l'autre base qui donne dans l'hémisphère austral.

Une partie moins éloignée de l'espace annulaire A^VI est celle qui paraît, comme un arc α de 120 degrés, se séparer dans le Cygne de l'anneau de la Galaxie, dont la partie correspondante à l'arc est également moins éloignée du Soleil que la partie diamétralement opposée. En considérant les nébuleuses symétriquement distribuées dans chacun des quatre espaces annulaires, leur clarté doit être plus forte du côté le moins éloigné. C'est le diamètre unissant le Cygne avec le Navire qui sépare les régions de la Galaxie les plus rapprochées du Soleil de celles qui en sont le plus éloignées. Au milieu de ce diamètre se projette l'Hélioagète, de sorte qu'au Soleil se produit l'angle γ dès la rencontre des lignes dont l'une vient de l'Hélioagète et l'autre de l'Alcyon. Il en résulte que le corps central se trouve dans le voisinage de la nébuleuse exceptionnelle de l'Orion, mais non pas dans la nébuleuse même, comme Lambert l'admettait.

Cette nébuleuse, si grande qu'elle soit, même en admettant la densité de sa masse brûlante comme mille fois supérieure à celle du Soleil, est très-loin de correspondre au colosse que Mædler trouva par le calcul, dans lequel doit être renfermée une masse M mille fois plus grande que le total de la masse $\mathfrak{M}$ contenue non-seulement dans les étoiles ε', ε'', ε''', ε^{IV}, ε^{IV}, mais aussi dans celles qui sont devenues obscures, dans celles qui sont invisibles à cause de leur très-grande distance, dans les nébuleuses planétaires, dans les nébuleuses globulaires et dans toutes les nébuleuses dont est formée la Voie lactée. Le colosse trouvé par le calcul de Mædler est, suivant la loi physique, un résultat analogue à celui qu'obtint Le Verrier pour l'existence de la planète Neptune. La différence ne consiste qu'en ce que ce dernier astronome ne voyait pas la planète, tandis que Mædler se trouva ébloui de la grosseur du colosse qui occupe avec le plus grand éclat la plus grande largeur de la Galaxie; car sur ce colosse se projette la constellation entière de la Licorne, qui est composée d'étoiles solaires ε^{IV} reconnaissables par leur immobilité, car les étoiles mobiles qui s'y trouvent sont des espaces annulaires A', A'', A'''. La masse M contenue dans ce colosse doit être très-dense, pour que la masse totale $\mathfrak{M}$ du système solaire y soit contenue mille fois; la masse m du Soleil est également très-dense, puisqu'elle est sept cent fois plus grande que le total μ de la masse de tous les corps du système planétaire.

Les faits employés par Mædler pour prouver que les vitesses des étoiles mobiles contenues dans les Pléiades et les Hyades sont le réflexe de la vitesse du mouvement orbiculaire du Soleil, et que le sens de son mouvement est contraire au sens du mouvement apparent des étoiles, trouvèrent ici un arrangement correspondant aux autres faits nombreux dont il résulte qu'en effet c'est la nébuleuse immense de l'astérisme de la Licorne qui contient la masse énorme de l'Hélioagète. Des vitesses apparentes des étoiles mobiles des Pléiades on tire la différence $v - \nu$ entre leur vitesse réelle v et celle ν du Soleil, qui a pu être déterminée par le calcul de la manière suivante. Le sens du mouvement du Soleil trouvé par Mædler est véritable, mais sa vitesse n'est pas même la moitié de celle (5″, 7) trouvée par cet astronome.

VI. VITESSE SÉCULAIRE DU SOLEIL.

§ 91. Dans le système planétaire, la vitesse apparente des planètes inférieures est la différence $V - \nu$ ou $v - \nu$ entre les vitesses V ou v de Mercure ou de Vénus, et celle ν de la Terre. Si un observateur se trouvait dans Mars, il observerait trois espèces de vitesse, de même que cela a lieu pour les étoiles ε', ε'', ε''' qui circulent dans trois espaces annulaires entre l'Hélioagète et le Soleil. Les rayons de ces espaces A', A'', A''' sont en progression géométrique $\div\, 2\Delta : 2^2\Delta : 2^3\Delta$. Le rayon de l'espace orbiculaire A^{IV} est $2^4\Delta$, qui peut être considéré comme l'orbite solaire.

Suivant la loi de Képler, les carrés des vitesses des corps périphériques sont en raison inverse des cubes des distances qui les séparent du corps central. Faisant la comparaison entre les vitesses des 36 étoiles mobiles des Pléiades et des Hyades, je les ai coordonnées en trois classes : 1° ν est la vitesse apparente des étoiles qui circulent dans l'espace annulaire A'''; 2° v est la vitesse des étoiles de l'espace annulaire A'', et 3° V est la vitesse apparente des étoiles de l'espace A'.

En admettant pour le Soleil la vitesse χ, la vitesse réelle sera : 1° $\nu + \chi$ pour les étoiles ε''' de l'espace A''', $v + \chi$ pour les étoiles ε'' de l'espace A'', et $V + \chi$ sera la vitesse réelle des étoiles ε' de l'espace annulaire A'. Les carrés des vitesses χ et $\nu + \chi$ sont entre eux en raison inverse des cubes des distances $2^4\Delta$ et $2^3\Delta$.

$$\chi^2 : (\nu + \chi)^2 = (2^3\Delta)^3 : (2^4\Delta)^3 = 1 : 8; \quad \chi = \frac{\nu(1 \pm 2\sqrt{2})}{7}.$$

De même, les carrés des vitesses χ et $v + \chi$ sont entre eux en raison inverse des cubes des distances $2^4\Delta$ et $2^2\Delta$, d'où résulte la valeur $\chi = \frac{v(1 \pm 8)}{63} = \frac{1}{7} v$.

Les carrés des vitesses χ et $V + \chi$ sont entre eux en raison inverse des cubes des distances $2^4\Delta$ et 2Δ, d'où résulte la valeur $\chi = \frac{1 \pm 16\sqrt{2}}{8^3 - 1} V$.

En coordonnant ces trois valeurs de la vitesse orbiculaire du Soleil avec les vitesses trouvées des étoiles, non-seulement des Pléiades et des Hyades, mais aussi des étoiles plus éloignées qui vont jusqu'au delà d'Orion, j'ai été conduit à reconnaître que la vitesse réelle séculaire du Soleil diffère peu de 2 secondes. 1° La vitesse moyenne ν apparente des étoiles de l'espace annulaire A''' est par siècle 4 secondes environ; 2° la vitesse v des étoiles de l'espace A'' est de 14 secondes par siècle; et 3° la vitesse séculaire apparente des étoiles de l'espace A', qui correspond à l'orbite de Mercure du système planétaire, est de 43 secondes.

VII. DU SYSTÈME PLANÉTAIRE COMME MODÈLE DU SYSTÈME SOLAIRE.

§ 92. Avant Mædler les astronomes, Herschel, Lambert et autres, considéraient le système planétaire comme modèle du système solaire, sans cependant approfondir les détails de ces deux systèmes qui se correspondent mutuellement. Le corps central correspondant au Soleil était admis dans la nébuleuse exceptionnelle d'Orion. Mædler coordonna les directions des étoiles mobiles contenues dans les Pléiades, et de celles contenues dans les Hyades et dans toutes les autres régions, comme elles se trouvent indiquées dans les trois tableaux suivants. En négligeant les autres directions de la voûte céleste, ce dernier astronome ne trouva pas probable l'existence d'une masse énorme dans une nébuleuse pareille à celle des Pléiades ou à celle d'Orion, et comme il lui sembla que dans le système solaire il n'existait nulle part un corps colossal correspondant au Soleil du système planétaire, il crut qu'il était indifférent, pour la loi newtonienne, que la masse fût contenue dans un seul corps, ou que le centre de gravité fût un centre virtuel composé de la masse de plusieurs corps. Certaines étoiles de densité considérable et au nombre de 500 environ se trouvent dans plusieurs régions, mais on distingue mieux celles qui sont dans la direction des Pléiades, parmi lesquelles il n'y a que 15 étoiles mobiles, dont le mouvement est dirigé vers l'espace suivant une déviation angulaire oscillant entre 140 degrés et 196 degrés, et cet espace se trouve dans le Lion.

Partant d'une hypothèse parfaitement contraire, les astronomes qui précédèrent Mædler furent conduits à des résultats parfaitement divergents. Au lieu de considérer les vitesses séculaires observées v, v, V comme les différences entre les vitesses réelles v', v', V' et celle χ du Soleil, cet astronome admit la moyenne 5",82 des vitesses des quinze étoiles observées, comme réflexe de la vitesse séculaire du Soleil.

§ 93. CORRESPONDANCE ENTRE LES DÉTAILS DU SYSTÈME SOLAIRE ET CEUX DU SYSTÈME PLANÉTAIRE. I. Au centre du système planétaire se trouve le Soleil, et au centre du système solaire se trouve l'Hélioagète, occupant la constellation de la Licorne presque entière. Celui-ci est composé d'une masse brûlante M mille fois plus considérable que celle *m* du total des corps composant le système solaire; mais à cause de sa grande densité, qui est plusieurs milliers de fois supérieure à celle du Soleil, son volume, au lieu d'être plusieurs millions de fois plus grand que celui de l'ensemble de tous les corps, en diffère peu. La masse *m* brûlante du Soleil est renfermée dans une enveloppe solide de glace transparente, tandis que la masse M brûlante de l'Hélioagète, qui est mille fois plus considérable que toute la masse des corps composant le système solaire, se trouve entourée d'amas de vapeur qui la font apparaître comme une nébuleuse. Il sera prouvé plus loin que tous les soleils sont entourés de vapeur pendant la durée de l'état lumineux de leurs planètes; ainsi le Soleil fut une nébuleuse très-petite, pendant tout l'espace de temps que la Terre et les autres planètes étaient lumineuses. Il en fut de même de la Terre, qui était entourée de vapeur opaque pendant que la Lune était lumineuse. L'Hélioagète restera entouré de vapeur encore pendant des millions de siècles, et il deviendra un astre lumineux par la congélation de la couche de vapeur qui lui formera une enveloppe solide de glace transparente. A cette époque très-reculée, tous les soleils seront éteints comme le sont actuellement les planètes de notre système.

II. Autour du Soleil circulent dans neuf espaces annulaires: 1° les huit grosses planètes avec leurs satellites, et 2° les planétoïdes; celles-ci séparent les quatre planètes inférieures et leurs orbites des quatre planètes extérieures et de leurs orbites. Dans le système solaire circulent également, dans neuf espaces annulaires, des millions de soleils, d'hélioïdes et de nébuleuses, car ce qui a lieu pour les planétoïdes circulant en grand nombre autour du Soleil dans un seul espace annulaire, a également lieu dans le système solaire pour les neuf espaces A′, A″, . . ., A^{IX} annulaires.

III. La Terre circule autour du Soleil dans le troisième espace annulaire; le Soleil circule autour de l'Hélioagète dans le quatrième espace annulaire A^{IV}. Entre la Terre et le Soleil circulent deux grosses planètes, tandis qu'entre le Soleil et l'Hélioagète circulent dans trois espaces annulaires A′, A″, A‴ des milliers de soleils visibles et invisibles.

C'est au moyen des vitesses v, v, V des étoiles ε‴, ε″, ε′ des espaces annulaires A‴, A″, A′ qu'il devint possible de reconnaître que le Soleil est dans le quatrième espace annulaire A^{IV}, de même qu'un observateur trouvera pour Mars trois vitesses différentes correspondantes aux trois planètes inférieures.

IV. Avec le Soleil circulent, dans le même espace annulaire A^{IV}, des milliers d'étoiles ε^{IV}, E^{IV}, et de nébuleuses planétaires ou globulaires. Ainsi ces corps nous paraissent ce que paraîtraient les planétoïdes à un observateur placé sur l'une d'elles : une planétoïde quelconque aurait, comme par exemple Phocæa, un nombre n d'autres planétoïdes entre elle et le Soleil, et un nombre supérieur $n + n'$ de planétoïdes plus éloignées du Soleil qu'elle-même. Le nombre n des planétoïdes correspond aux étoiles indiquées par le signe ε^{IV}, et le nombre $n + n'$ correspond aux étoiles indiquées par le signe E^{IV}.

V. De même que le plan de l'orbite de Phocæa est incliné sur celui de l'écliptique, de même le plan de l'orbite du Soleil se trouve incliné sur celui de la Galaxie; c'est pour cette raison que les étoiles ε‴ des Pléiades de l'espace annulaire A‴, de rayon $2^3\,\Delta$, vues obliquement du Soleil à la distance 8Δ, se projettent au delà de la Galaxie dans une distance angulaire de 21 degrés, tandis que l'arc $\alpha = 120$ degrés du sixième anneau A^{VI}, de rayon a° Δ et à la distance de 48 Δ du Soleil, se projette au delà de la Galaxie à une distance angulaire de 3 ½ degrés. De même que l'orbite du Soleil est inclinée sur le plan de la Galaxie, de même cette orbite se trouve inclinée sur celles de presque tous les autres soleils. L'angle *i* de l'inclinaison du plan orbiculaire du Soleil sur ceux des autres soleils peut beaucoup varier, cependant cet angle *i* ne peut dépasser certaines limites; c'est ainsi que parmi les planétoïdes l'orbite seule de Pallas atteint un éloignement angulaire de 36 degrés.

VI. Les vitesses apparentes ν, v, V des étoiles ε''', ε'', ε' correspondent à celles de la Terre, de Vénus et de Mercure observées de Mars, car ces étoiles se meuvent dans le même sens que le Soleil. Il résulta une grande confusion de l'hypothèse des astronomes allemands : que les mouvements des quinze étoiles ε''' mobiles des Pléiades sont le réflexe du mouvement du Soleil en sens contraire. C'est cette hypothèse qui a conduit à croire que le système solaire ressemble à celui des comètes et non pas à celui des planètes.

VII. Dans le système planétaire, les planètes ne se présentent nulle part aussi fréquemment que dans l'espace qui sépare la Terre et le Soleil; de même, dans le système solaire, les étoiles ε''', ε'', ε' des trois espaces inférieurs ne se rencontrent que dans l'intervalle qui sépare le Soleil et l'Hélioagète occupant la Licorne.

VIII. Excepté les étoiles ε''', ε'', ε' des trois espaces inférieurs, toutes les étoiles ε^{IV} circulent avec le Soleil dans le quatrième espace annulaire A^{IV}. Cependant leur mouvement apparent ne doit pas être comparé à celui des étoiles ε''', ε'', ε', mais à celui des planétoïdes. En admettant l'observateur placé sur l'une de ces planétoïdes, cet observateur verra les unes douées d'un mouvement direct, les autres d'un mouvement rétrogade; la vitesse des unes sera à peine perceptible, et celle des autres sera considérable. Tous ces détails se retrouvent dans les étoiles, pour l'observateur placé sur la Terre, comme il est exposé et expliqué plus bas.

IX. Un plan *h* qui passe par la planétoïde de l'observateur perpendiculairement au rayon vecteur est nommé *horizon planétaire*. Cet horizon ne coupe que les orbites des planétoïdes qui sont plus éloignées du Soleil que celle de l'observateur. Au-dessus de l'horizon *h* seront les parties les moins grandes des orbites, et au-dessous seront les plus grandes parties. En faisant également passer par le Soleil un plan H perpendiculairement sur le rayon vecteur, on aura l'*horizon solaire* H, qui coupe les orbites des étoiles ε^{IV} de l'anneau A^{IV} qui ont un rayon plus grand que celui de l'orbite du Soleil. Au-dessous de cet horizon se trouveront : 1° les trois espaces annulaires A''', A'', A' avec leurs étoiles mobiles ε''', ε'', ε'; 2° les orbites des étoiles ε^{IV} de l'espace A^{IV} qui sont moins éloignées de l'Hélioagète que le Soleil ; 3° les parties des orbites des étoiles ε^{IV} qui sont moins éloignées de l'Hélioagète que le Soleil.

VIII. DES MOUVEMENTS APPARENTS DES ÉTOILES, DIRECTS ET RÉTROGRADES, ET DE LEUR VITESSE.

§ 94. Lorsqu'on ne connaissait pas la région du corps central du système solaire, et la grande quantité des corps qui circulent dans chacun des neuf espaces annulaires correspondants aux orbites planétaires, les astronomes se bornaient à observer les mouvements des étoiles tels qu'ils apparaissent. Ils n'ignoraient pas que les mouvements apparents des planètes et des planétoïdes diffèrent des mouvements réels, qu'on pourrait exactement déterminer : 1° au moyen de leur apparition, et 2° au moyen de la position de chaque planète ou planétoïde par rapport à la Terre et au Soleil.

Pour opérer de la même manière avec les mouvements

apparents des étoiles, afin de déterminer leur mouvement réel, il fallait connaître la position de chaque étoile, non-seulement par rapport au Soleil, mais encore par rapport à l'astre central autour duquel les étoiles et les nébuleuses circulent, comme font tous les corps périphériques autour de leur corps central.

Nous avons dit comment les Pléiades et l'arc α de l'espace annulaire A^{VI}, qui se trouvent dans le plan de la Galaxie, se présentent en perspective projetés en dehors à des distances angulaires de $3\frac{1}{2}$ degrés et de $6 \times 3\frac{1}{2}$ degrés qui sont en raison inverse des distances réelles $2^6\Delta$ et $2^3\Delta$ de l'Hélioagète ou des distances 8Δ et 48Δ du Soleil. La ligne qui unit le milieu de l'arc α avec le Soleil est donc un diamètre de la Galaxie qui passe par l'Hélioagète ; la distance entre celui-ci et le Soleil est $2^4\Delta$, tandis que le rayon de la Galaxie est $2^9\Delta$. Le Soleil est donc éloigné de $2^9\Delta - 2^4\Delta$ du côté de la Galaxie qui passe par Ophiuchus, et du côté opposé, qui passe par la Licorne, il est éloigné de $2^9\Delta + 2^4\Delta$; il y a donc entre les deux distances une différence de $2^5\Delta$.

Il a été prouvé que la Galaxie est l'ensemble des portions de masse brûlante entourées d'amas de vapeur qui circulent dans les quatre espaces annulaires extérieurs A^{VI}, A^{VII}, A^{VIII}, A^{IX} ; d'où il résulte que la demi-circonférence de la Galaxie doit avoir un éclat décroissant en partant d'Ophiuchus et atteindre son minimum dans le point opposé de la constellation de la Licorne. Le minimum d'éclat de la Galaxie qui occupe toute la longueur du Navire et celle du Cocher fit reconnaître que c'est la masse brûlante du corps central et les amas de vapeur ambiants qui occupent toute l'étendue de la région de la Galaxie sur laquelle se projettent les étoiles de la constellation entière de la Licorne. La diminution subite de l'éclat commence aux points des limites de l'astre qui sont dans le Navire, de même que du côté de l'autre limite qui est entre la Licorne et le Cocher. L'éclat de la Galaxie subit des diminutions non pas graduelles, mais bien tranchées, des deux côtés des limites de l'Hélioagète.

Pour bien connaître la position perspective des Pléiades ε''', des Hyades ε'' et des étoiles ε' de l'anneau A', il faut admettre : 1° une multitude d'étoiles circulant autour du Soleil dans les orbites de la Terre, de Vénus et de Mercure, et 2° l'observateur placé dans l'un des deux points de l'orbite de Mars les plus éloignés de l'écliptique. Les étoiles e''' qui circulent dans l'orbite terrestre paraîtront sur un plan presque perpendiculaire à l'écliptique, et, au lieu d'apparaître allant de l'ouest à l'est, elles paraîtront avoir un mouvement de nord-est vers sud-ouest. Les étoiles e'', e' paraîtront également projetées; cependant cela n'empêche pas que la vitesse V des étoiles e' paraît supérieure, puis celle v des étoiles e'', et la vitesse inférieure v se trouvera dans les étoiles e'''.

Les Pléiades séparées de l'Hélioagète par la distance $2^3\Delta$ se trouvent projetées plus loin de la Licorne que les Hyades séparées de l'Hélioagète par la distance $2^2\Delta$. La vitesse moyenne des quatorze étoiles mobiles des Pléiades est 5",5, et celle des douze étoiles ε'' des Hyades est 12 secondes. En avançant jusqu'au delà d'Orion, on rencontre les étoiles ε' d'une vitesse de 36 secondes environ, précisément comme cela aurait dû avoir lieu si l'observation se faisait dans le système planétaire de la manière indiquée.

En admettant dans l'orbite de Mars une multitude d'étoiles, comme cela a lieu pour l'espace A^{IV} dans lequel circule le Soleil avec les étoiles ε^{IV} inférieures et d'autres E^{IV} supérieures, il arrivera que quelques-unes de ces étoiles posséderont un mouvement apparent de vitesse et de direction autres que celles du Soleil; je dis un mouvement apparent, non parce que le mouvement manque aux autres étoiles, mais parce que son apparition est un effet de l'inclinaison i des orbites des étoiles pareilles

sur l'orbite du Soleil. Les mouvements apparents des étoiles correspondent exactement à ceux des planétoïdes, en admettant l'observateur sur l'une d'elles.

Dans les tableaux suivants nous donnons les vitesses des quinze étoiles mobiles ε''' des Pléiades, des vingt et une étoiles ε'' des Hyades, et dans le troisième tableau nous indiquons le nombre des étoiles mobiles de la voûte céleste et leurs vitesses. Mais la direction du corps central n'étant pas connue des astronomes, au lieu de prendre pour rayon vecteur celui qui passe par la Licorne, Mædler l'admit dans les Pléiades, et il obtint ainsi des résultats qui n'offrent aucune symétrie apparente.

§ 95. PARTAGE DE LA VOUTE CÉLESTE EN 18 RÉGIONS. En admettant comme rayon vecteur la ligne qui unit le Soleil et les Pléiades, Mædler fait passer (*fig.* 13) un plan *mn* par

Fig. 13.

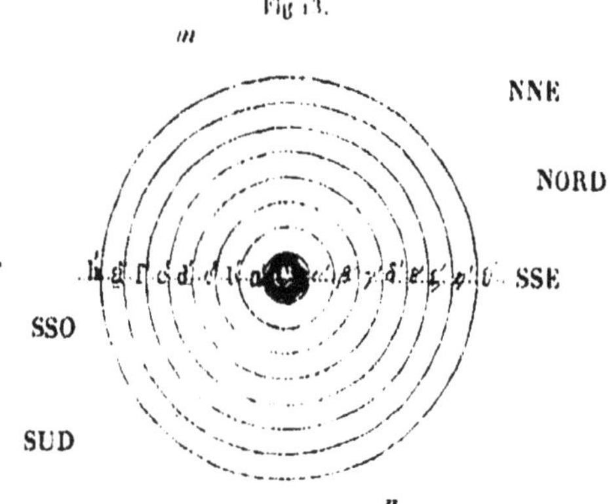

le Soleil perpendiculairement à ce rayon; la voûte céleste se trouve ainsi divisée par le plan H, nommé *horizon du système solaire*, en un *hémisphère inférieur* où sont les Pléiades, et en un *hémisphère supérieur* où est l'arc α de la Galaxie, qui se sépare du grand anneau à une distance angulaire de 120 degrés.

Pour diviser l'espace de chaque hémisphère, on tire

du centre de l'horizon dix-huit rayons à des distances angulaires de 10 degrés, et on décrit dix-huit cônes ayant pour axe commun la ligne qui passe par le Soleil et les Pléiades, et non par le rayon vecteur réel qui passe par le Soleil et le milieu de la masse la plus lumineuse de la Galaxie. Chacun des deux hémisphères projetés sur l'horizon se trouve subdivisé en huit anneaux autour d'un cercle central C ayant pour diamètre $2r = a'a'$.

En admettant en C les Pléiades, les Hyades seront en a' et les étoiles ε' de l'anneau A' entre a' et b'; l'Hélioagète est en c'. Ainsi, sur la perpendiculaire qui passe par ce point c' sur le plan de la figure, se trouvent : 1° les étoiles ε''' des Pléiades projetées en C; 2° les étoiles ε'' des Hyades projetées en a'; 3° les étoiles ε' projetées en a' et b'. L'espace qui se trouve placé entre Orion, la Licorne et le Grand-Chien est occupé par l'Hélioagète, au centre de la Galaxie.

En Europe, une calotte de la voûte céleste reste toujours au-dessus de l'horizon, et une autre calotte égale autour du pôle austral reste invisible; c'est pour cette raison que les étoiles de la calotte invisible n'entrent pas dans le partage de l'espace des deux hémisphères.

Le lecteur doit se rappeler la cause qui accélère les changements des jours et des nuits un mois avant ou après chacun des équinoxes; cette cause est un maximum de vitesse q dans les changements des distances réelles δ entre les plans des deux orbites. Remarquons qu'en général la rencontre des plans orbiculaires des étoiles avec celui du Soleil s'opère dans le rayon vecteur qui passe : 1° par C verticalement sur la figure, et 2° par les nœuds ☊. 1° Dans les distances de 30 degrés de ces nœuds, les changements des distances réelles δ entre les plans des étoiles et celui du Soleil acquièrent un maximum q; 2° un semblable maximum illusoire q' apparaît à 30 degrés des deux côtés de l'horizon H.

TABLEAU DES ÉTOILES MOBILES DANS LES PLÉIADES ET LES HYADES OBSERVÉES PAR BRADLEY.

Étoiles mobiles des Pléiades et leur vitesse séculaire.

NOMS DES ÉTOILES.	VITESSES.	NOMS DES ÉTOILES.	VITESSES.
Astérope *l*	3",9	Astérope.........	5",7
Mérope *p*.........	4,5	Atlas............	5,9
Taygète..........	4,6	Taureau (26).....	6,1
Alcyon...........	4,7	Alcyon (522).....	6,4
Électre..........	4,9	Céléno	7,2
Maïa.............	4,9	Pléione..........	7,5
Mérope...........	5,5	(523)............	9,9
Électre *m*........	5,6		

Étoiles mobiles des Hyades et leur vitesse séculaire.

NOMS DES ÉTOILES.	VITESSES.	NOMS DES ÉTOILES.	VITESSES.
63 du Taureau ...	3",0	71 du Taureau ...	9",9
84 » ...	3,2	7¹ » ...	10,5
υ^2 » ...	3,2	θ^2 » ...	11,0
θ^1 » ...	3,3	δ^2 » ...	11,4
75 » ...	4,3	δ^1 » ...	12,6
70 » ..	5,2	76 » ...	13,0
85 » ...	5,6	ρ » ...	13,0
o^1 » ...	6,1	81 » ...	13,9
83 » ...	6,5	δ^3 » ...	15,0
80 » ...	8,4	79 » ...	15,0
89 » ...	9,9		

Toutes ces étoiles entrent dans l'espace de l'hémisphère inférieur éloigné de 30 degrés de l'axe; l'espace correspondant de l'hémisphère supérieur n'a pas d'étoiles correspondantes.

TABLEAU DE LA DISTRIBUTION DES ÉTOILES MOBILES ET DE LEUR VITESSE OBSERVÉES ET VÉRIFIÉES PAR M. MÆDLER.

Régions des distances angulaires égales de l'horizon.

RÉGIONS INCOMPLÈTES.									
RÉGIONS DE L'HÉMISPHÈRE INFÉRIEUR.					RÉGIONS DE L'HÉMISPHÈRE SUPÉRIEUR.				
Distances angulaires.	Étoiles mobiles.	Vitesses v moyennes.	Vitesses V maxima.	$\frac{nv - V}{n - 1}$	Distances angulaires.	Étoiles mobiles.	Vitesses v moyennes.	Vitesses V maxima.	$\frac{nv - V}{n - 1}$
90° à 80°	277	10″,89	527″,8	9″,2	90° à 80°	218	9″,71	73″,8	9″,42
80 à 70	246	10,95	192,5	10,20	80 à 70	221	9,56	78,9	9,60
70 à 60	273	10,03	113,3	9,23	70 à 60	163	11,71	117,4	11,06
RÉGIONS COMPLÈTES.									
60 à 50	275	11,97	208,8	11,25	60 à 50	163	12,51	118,0	11,92
50 à 40	269	10,41	383,3	8,64	50 à 40	123	12,07	225,7	10,32
40 à 30	264	9,79	409,1	8,35	40 à 30	92	10,01	131,6	8,67
30 à 20	189	9,78	119,9	9,20	30 à 20	87	13,33	113,2	12,17
20 à 10	100	8,20	53,6	7,74	20 à 10	58	9,16	59,8	8,27
10 à 0	45	7,71	25,3	7,30	10 à 0	44	7,30	72,0	3,94

A. DE LA DISTRIBUTION DES ÉTOILES MOBILES ET DE LEURS VITESSES.

§ 96. Dans les trois tableaux se trouvent exposées avec la plus grande exactitude les vitesses perceptibles des étoiles. J'ai prouvé : 1° que les étoiles 1re des Pléiades sont nombreuses à cause de leur âge moins avancé; 2° que leur vitesse est médiocre à cause de leur distance 2°Δ de l'Hélioagète, et 3° qu'elles sont éloignées du plan de la Galaxie, parce qu'elles sont vues du Soleil obliquement. De même il a été prouvé que les Hyades ne sont pas moins nombreuses, mais qu'elles sont moins lumineuses que les Pléiades, parce que celles-ci contiennent un certain nombre des étoiles ε''' de l'espace annulaire A''', comme le fait voir leur vitesse moyenne, qui est de 5'',5, tandis que celle des Hyades est 12'',5.

§ 97. DÉTAILS DES VITESSES ET DES DIRECTIONS DES PLÉIADES. En séparant la seule étoile de vitesse séculaire 9'',9, qui n'est pas une des étoiles ε''' de l'espace annulaire A''', on a 5'',5 pour la moyenne des vitesses des quatorze autres étoiles dont les plans des orbites se projettent en perspective sur un plan H' presque parallèle à celui de l'horizon H. Les arcs A réels parcourus dans l'orbite se projettent sur l'horizon H' et apparaissent moins grands.

Les étoiles ε''' paraissent dirigées vers le Lion, précisément comme le sont les arcs *a* qui résultent de la projection des arcs réels A. La densité exceptionnelle des étoiles dans les Pléiades résulte : 1° de leur âge, et 2° du rétrécissement des arcs A qui deviennent *a* projetés sur l'horizon H'.

§ 98. DÉTAILS DES VITESSES ET DES DIRECTIONS DES HYADES. Le mélange des étoiles ε''' de l'anneau A''' avec celles ε'' de l'anneau A'' devient évident si l'on considère : 1° les vitesses entre 6'',5 et 3 secondes, qui appartiennent aux étoiles ε''', et 2° les vitesses entre 8'',4 et 15 secondes, qui appartiennent aux étoiles ε''. Dans les étoiles des Pléiades il n'en est qu'une seule de vitesse 9'',9, tandis qu'il y en a douze de vitesse entre 8'',4 et 15 secondes dans les Hyades; les neuf autres étoiles des Hyades avec les quatorze précédentes des Pléiades sont des étoiles ε''' du troisième espace A'''. Les étoiles de l'espace annulaire A'' étant d'un âge plus avancé que celles de l'espace A''', les moins grosses sont devenues invisibles. Telle est la cause de la densité moindre des étoiles dans les Hyades que dans les Pléiades. Il a été prouvé que l'avancement en âge a pour cause la vitesse supérieure du mouvement orbiculaire.

§ 99. DÉTAILS DES VITESSES ET DU NOMBRE DES ÉTOILES MOBILES DE L'HÉMISPHÈRE INFÉRIEUR. Dans la direction des

Pléiades il n'entre que des étoiles ε''' de l'espace annulaire A''' et des étoiles solaires ε^{iv} de l'espace A^{iv}. Parmi celles-ci se trouvent celles qui ont un mouvement direct et celles qui ont un mouvement rétrograde; des centaines et des milliers d'autres paraissent immobiles; au contraire, les étoiles ε''' ont un mouvement dirigé vers le Lion et une vitesse moyenne de 5",5. Dans les Pléiades il existe plus de 500 étoiles ε^{iv} immobiles.

1° *Région entre 0 et 10 degrés.* Dans les 45 étoiles mobiles entrent : 1° celles ε''' qui occupent l'extrémité supérieure de l'espace annulaire A'''; elles ont une vitesse séculaire moyenne apparente de 5",5, et 2° celles ε^{iv} qui circulent dans l'espace A^{iv} dans des orbites plus ou moins inclinées sur celle du Soleil, pour former avec lui un angle *i*. C'est de la grandeur de cet angle que dépend la vitesse apparente des étoiles, et il est suffisamment grand, car un angle très-petit fait paraître l'étoile immobile; la grandeur de cet angle est limitée, comme l'est celle des inclinaisons des orbites des planètes et des planétoïdes, qui s'élève pour Pallas jusqu'à 36 degrés. Les centaines d'étoiles qui paraissent immobiles circulent autour de l'Hélioagète avec une vitesse peu différente de celle du Soleil et dans des orbites dont le plan est peu incliné sur celui de l'orbite solaire.

2° *Région entre 10 et 20 degrés.* La somme des longueurs des deux arcs $a'b'$ et $\alpha'\beta'$ diffère peu du diamètre $a'\alpha'$ du cercle central, et cependant le nombre des étoiles mobiles devient plus que double, et cela parce qu'il y entre des étoiles ε''' et ε'' en quantités considérables, lesquelles manquent dans l'espace égal de la région correspondante de l'hémisphère supérieur, dans lequel ne se trouvent que 58 étoiles mobiles qui sont toutes e^{iv} de l'espace annulaire A^{iv}.

3° *Région entre 20 et 30 degrés.* Le nombre des étoiles mobiles devient presque double, parce qu'il y entre les étoiles ε''', ε'', ε' des trois espaces annulaires A''', A'', A', et de plus une quantité q des étoiles solaires ε^{iv}; cette quantité correspond à celle q' des étoiles ε^{iv} de l'espace correspondant de l'hémisphère supérieur, lesquelles ne sont qu'au nombre de 87. Les nombres 189 et 87 ne correspondent pas aux étoiles de mouvement provenant d'une cause commune, parce qu'en pareil cas les nombres des étoiles mobiles seraient proportionnels aux espaces et aux vitesses, tandis qu'ici c'est le contraire qui a lieu : la vitesse moyenne des 87 étoiles est 13'',33, et celle des 189 étoiles n'est que de 9'',78.

4° *Région entre* 30 *et* 40 *degrés*. Le nombre des étoiles mobiles atteint presque un maximum limité par l'horizon H. Le nombre 92 des étoiles mobiles de l'espace correspondant de l'hémisphère supérieur fait voir que la différence 264 — 92 résulte d'étoiles ε''', ε'', ε' qui circulent entre le Soleil et l'Hélioagète dans la direction du Lion, et ces étoiles manquent du côté supérieur de l'horizon.

5° *Région entre* 40 *et* 90 *degrés*. Dans ces distances angulaires il n'entre plus d'étoiles ε''', ε'', ε' des espaces inférieurs, mais il s'y trouve au-dessous de l'horizon H des quantités d'étoiles ε^{iv} qui circulent dans des orbites de rayon supérieur à celui de l'orbite du Soleil; de sorte qu'il y a un excédant d'étoiles au-dessous de cet horizon H, ce qui y fait augmenter le nombre des étoiles mobiles sans subir d'influence remarquable des régions incomplètes où la position de l'horizon H est verticale sur la ligne qui va du Soleil aux Pléiades, au lieu de l'être sur la ligne qui va du Soleil vers l'Hélioagète.

§ 100. VITESSES MOYENNES DES ÉTOILES DES DEUX COTÉS DE L'HORIZON. Les vitesses moyennes sont obtenues par la formule $\frac{nv - \text{v}}{n - 1}$ des vitesses moyennes les moins exactes.

Dans les distances de 30 et 60 degrés des deux côtés de l'horizon se trouvent d'une part les maxima de vitesse 11",25 et 9",20, et de l'autre 11",92 et 12",17. Ces quatre maxima de vitesse ne doivent pas être considérés comme un fait accidentel; leur origine se trouve dans la cause qui produit l'apparition du mouvement d'un petit nombre d'étoiles, tandis que des milliers d'autres paraissent immobiles sans qu'il soit possible d'attribuer cette différence à celle des distances, car le plus souvent les étoiles de première, deuxième, troisième grandeur sont immobiles, et les étoiles télescopiques sont mobiles. (*Voir* p. 115.)

Ces quatre maxima de vitesse moyenne ne correspondent pas aux maxima des Sporades 527",8 et 409",1 du dessous de l'horizon, et de 225",7 du dessus de ce même horizon, mais aux angles 30 et 60 degrés.

B. DU MODE D'APPARITION DU MOUVEMENT DIRECT ET DU MOUVEMENT RÉTROGRADE DES ÉTOILES SOLAIRES.

§ 101. Pour qu'un mouvement des étoiles solaires ε^{IV} et E^{IV} qui circulent avec le Soleil dans l'espace annulaire A^{IV} apparaisse, il faut que les plans de leur orbite forment un angle i avec celui de l'orbite solaire; la vitesse du mouvement apparent correspond : 1° à la grandeur de l'angle i, et 2° aux distances angulaires ou à l'arc $s☊$ (*fig.* 14) qui sépare le Soleil du nœud, et à l'arc $e☊$ qui sépare l'étoile du même nœud.

§ 102. APPARITION DU MOUVEMENT DES ÉTOILES. Les angles visuels des étoiles ont un côté qui est le prolongement de l'orbite solaire, qui est une direction invariable; l'autre côté de l'angle visuel Γ est le rayon qui arrive de l'étoile observée. Si l'angle Γ augmente du côté où le Soleil s'avance pour devenir $\Gamma+\gamma$, nous disons que l'étoile a un mouvement direct, parce qu'il paraît s'éloigner en avant du Soleil; si au contraire l'angle croît et devient $\Gamma+\gamma'$

du côté où le Soleil s'éloigne, nous disons que l'étoile a un mouvement rétrograde, parce que ce mouvement paraît avoir lieu en arrière du Soleil et s'en éloigner.

Dans l'un et dans l'autre cas la vitesse du mouvement est déterminée par l'angle γ et γ', parce que tous les mouvements des étoiles ne sont qu'angulaires. Si les étoiles terminent leur révolution autour de l'Hélioagète en un espace de temps plus court que le Soleil, elles paraissent avancer sur le Soleil comme le font les étoiles ε''', ε'', ε' des trois espaces annulaires. Si les étoiles terminent leur révolution en un espace de temps plus long que le Soleil, elles paraîtraient reculer, comme cela a lieu pour les planètes supérieures quand elles sont en opposition. Dans les espaces annulaires A^{VI}, A^{VII} supérieurs, il n'existe pas de semblables étoiles, ou, s'il y a des étoiles de mouvement direct ou rétrograde, ce mouvement a son origine : 1° dans l'angle i d'inclinaison des orbites des étoiles mobiles sur celle du Soleil, et 2° dans leur position par rapport au nœud ☊.

§ 103. APPARITION DU MOUVEMENT DIRECT. Les étoiles solaires ε^{IV} et E^{IV} de l'espace A^{IV} terminent leur révolution en des espaces de temps peu différents l'un de l'autre, comme cela a lieu pour les planétoïdes; si donc l'angle i d'inclinaison des orbites est petit, comme cela est le cas pour des milliers d'étoiles, elles paraissent toujours sous le même angle visuel Γ, et pour cela elles sont considérées comme immobiles. Mais si l'angle d'inclinaison i est grand, et si l'étoile observée e (*fig.* 14) s'éloigne du nœud ☊ vers lequel s'avance le Soleil s, ou si celui-ci s'en éloigne lorsque l'étoile s'avance, l'angle visuel Γ change en devant et devient $\Gamma+\gamma$ ou $\Gamma-\gamma'$. Soit le Soleil en s et l'étoile en e, avançant dans leurs orbites s☊ et ☊e qui se coupent en ☊ sous un angle i assez grand. L'angle visuel de l'étoile est $\Gamma =$ ☊se. En un espace de temps le Soleil parcourt dans son orbite l'arc ss', et l'étoile e

parcourt un arc presque égal ee' dans la sienne. L'angle visuel de l'étoile e' est devenu, en s', $\Omega s'e' = \Omega se + eoe'$. Pour que les triangles eoe' et oss' soient égaux, il ne suffit pas que l'angle o et les côtés ee', ss' soient égaux, il faut encore qu'ils aient un autre côté égal, et cela n'a

Fig. 15. Fig. 14.

lieu que dans le cas où les distances Ωs et $\Omega e'$ sont égales.

L'angle visuel croît et devient $\Gamma + \gamma$; cependant l'accroissement γ qui s'est opéré en un espace de temps T, pendant lequel le Soleil et l'étoile parcoururent les arcs égaux ss' et ee', n'est pas une quantité q constante, car celle-ci diminue lorsque les distances $s\Omega$ et $e'\Omega$, qui séparent le nœud Ω du Soleil et de l'étoile, deviennent beaucoup plus grandes que 30 degrés; au contraire elle atteint un maximum dans le cas où les distances Ωs et $\Omega e'$, dont l'une est l'éloignement précédent Ωs du Soleil, et l'autre $\Omega e'$ est l'éloignement final des étoiles, sont de 30 degrés. Dans les mouvements observés du nœud Ω un second maximum de vitesse qui n'est pas réel apparait à la distance de 60 degrés (§ 95).

Au lieu de s'avancer vers le nœud, le Soleil peut s'en

éloigner lorsque l'étoile e (*fig.* 15) s'avance; en ce cas l'angle visuel diminue et devient $\Gamma-\gamma$ ou ☊$se-o=$☊$s'e'$. En admettant la distance ss' parcourue par le Soleil et celle ee' parcourue par l'étoile, celle-ci paraît s'avancer vers le nœud dont le Soleil s'éloigne. La quantité q acquiert, comme dans le cas précédent, un maximum dans les distances de 30 degrés du nœud ☊$s=$☊e'. Sans avoir cherché à atteindre ce but, les quatre maxima des vitesses moyennes indiquées dans le tableau de la page 108 se trouvèrent dans les quatre distances de 60 degrés et de 30 degrés au-dessus et au-dessous de l'horizon solaire H. L'étoile arrivée en e' paraît dans la direction se'', parce que le déplacement du Soleil reste imperceptible dans les observations des mouvements des étoiles.

§ 104. APPARITION DU MOUVEMENT RÉTROGRADE DES ÉTOILES SOLAIRES. Les étoiles solaires s'' et s''' qui circulent avec le Soleil dans l'espace annulaire A^{IV} ont une vitesse peu différente de celle du Soleil, de même que les vitesses des planétoïdes entre elles. Il n'y a donc apparition de mouvement que pour les étoiles dont l'orbite coupe celle du Soleil pour former un angle d'inclinaison i. Le Soleil et l'étoile, au lieu de se trouver l'un d'un côté du nœud et l'autre de l'autre, peuvent se trouver tous les deux de l'un ou de l'autre côté.

En cas pareils, le Soleil, s'avançant de s (*fig.* 16) vers le nœud, l'étoile e s'avance avec une égale vitesse; le Soleil parcourt l'arc ss' égal à celui ee' parcouru par l'étoile. L'angle visuel précédent ☊$se=\Gamma$ devient, après un espace de temps supérieur, $\Gamma+\gamma=$☊$s'e'$. En admettant le Soleil immobile en s, l'étoile nous paraît s'être déplacée de e à e'' dans la direction se'' parallèle à $s'e'$. A cause de l'accroissement de l'angle visuel précédent ☊se, qui devient ☊$se+ese''$, l'étoile paraît avoir éprouvé un déplacement rétrograde de e en e''.

Au lieu de s'avancer vers le nœud ☊, le Soleil et l'étoile peuvent s'en éloigner en parcourant des distances égales ss' et ee' (*fig.* 17) en un même espace de temps. L'angle visuel est ☊se dans l'observation précédente; après un espace de temps il devient ☊$s'e'$ égal à ☊se''. L'étoile, en se déplaçant de e vers e', paraît se déplacer de e vers e'' et parcourir la distance ee''' parallèle à l'or-

Fig. 17. Fig. 16.

bite solaire ☊s. Les déplacements apparents sont indiqués par le *sinus* de l'angle d'inclinaison i de l'orbite de l'étoile.

IX. LIAISON PHYSIOLOGIQUE ENTRE LA NATURE DES SENSATIONS, CELLE DE LA LUMIÈRE ET LES CORPS VISIBLES.

§ 105. Nous n'acquérons la connaissance des corps célestes qu'au moyen de la lumière qui est incolore, venant du Soleil, de Vénus et de quelques autres étoiles; elle est colorée, venant de la Lune, des planètes ou des étoiles. La pénétration des filets d'atomes de lumière dans le nerf fait sentir leur direction; pour y pénétrer, il faut que les filets précédents, qui sont contenus dans le nerf à l'état stationnaire, en soient repoussés. Pour ce déplacement des atomes stationnaires dans le nerf, il faut un certain degré de poussée de la part des atomes arrivant, et par suite de la part des atomes Φ accumulés dans les corps lumineux. Les atomes de lumière sont de même nature, il n'y a que leurs densités qui diffèrent.

Des corps partent des atomes de lumière φ incolores ou colorés, en des directions rectilignes centrifuges; par suite une poussée P qu'ils éprouvent de la part des autres Φ qui y restent. Les atomes de la lumière colorée se propagent en ondes dont la longueur diffère pour chaque couleur; une telle longueur λ est plus courte que l'épaisseur l de la rétine, et celle-ci est inférieure à la longueur 2λ des deux ondes. Le nerf non paralysé est parcouru par l'électricité, qui se mêle avec les atomes de lumière φ contenus dans la longueur λ d'une seule onde, et ce mélange $E\varphi$ d'électricité E de nerf et des atomes de lumière φ de l'onde λ est ce qu'on doit entendre par le mot *sensation;* la sensation a une existence réelle et a pour éléments des fluides impondérables possédant la propriété d'augmenter de volume par l'expansion.

§ 106. COULEUR DES ÉTOILES. La longueur λ des ondes de chaque couleur diffère; pour cette raison leurs sensations diffèrent, car chacune de celles-ci ne contient qu'une seule onde dont la longueur peut être une des sept λ', λ'', λ''',..., λ^{VII}. Dans la lumière incolore il n'existe pas d'ondes d'une certaine longueur déterminée, car elles y entrent toutes les sept. La lumière ne devient colorée que par la suppression de quelques-uns de ses éléments; ces suppressions sont produites par les corps célestes de forme ovalaire aussi bien que par le prisme. Ainsi nous sommes en état de connaître la forme ovalaire des étoiles, et par cette forme et par l'ordre des couleurs produites par le prisme dans le spectre, il nous suffit de la couleur d'une étoile pour en déduire la position du plan de son orbite.

Il y a, d'une part, une liaison réelle entre les sensations des couleurs des corps célestes et leur forme ovalaire;

de l'autre part, il y a une liaison entre les couleurs du spectre ; ainsi nous pouvons déterminer la position de l'orbite par la couleur de l'étoile, parce que sur son plan se trouve le grand diamètre de l'étoile de forme ovalaire qui n'a pas encore acquis un mouvement rotatoire, car ce mouvement fait disparaître les sensations des couleurs.

§ 107. MOUVEMENTS DES CORPS CÉLESTES. Nous ne sentons que la direction suivant laquelle pénètre dans le nerf le filet des atomes de lumière conduisant, par leur direction, au corps observé. Pour nous convaincre que l'étoile se déplace, nous mettons un tuyau dans la même direction, et nous nous apercevons que l'étoile n'est pas visible à travers comme précédemment. Les mouvements et leurs vitesses ne sont donc que des résultats d'observation basée sur les sentiments de la direction, car leur direction est déterminée au moyen de celle du tuyau, et leur vitesse résulte du rapport γ : T entre l'angle γ que le tuyau décrit et le temps T écoulé depuis l'observation précédente.

108. INTENSITÉ DE LA LUMIÈRE. Pour quitter le nerf, les atomes de lumière stationnaires doivent éprouver un certain degré de poussée p exercée sur eux par une masse d'atomes pareils accumulés dans le corps lumineux. Cette masse M peut occuper une grande surface S ayant une petite densité δ ; elle peut aussi occuper une petite surface ayant une grande densité $\delta + \delta'$. Pour comparer les intensités l et L de la lumière des deux étoiles e et E, on fait diminuer l'intensité L pour en prendre la moitié ou le quart, qui est égal à l'intensité l de l'étoile e.

De pareilles comparaisons, faites entre les intensités des planétoïdes, ont servi à en déterminer les grosseurs relatives, parce que ces corps, étant tous de minces ballons de glace vides au milieu et de forme ovalaire, dispersent des quantités de lumière solaire proportionnelles à leur grosseur. Ces comparaisons entre les intensités de lumière ont été souvent employées pour déterminer les grosseurs des étoiles, sans cependant parvenir au même résultat, parce que les planétoïdes se trouvent à des distances de la Terre peu différentes, tandis que les distances entre le Soleil et les étoiles varient beaucoup. Mais les physiciens ne purent comprendre comment il se fait que les atomes de lumière puissent se soutenir en propagation centrifuge avec une vitesse invariable pendant des milliers de siècles, et posséder encore une poussée suffisante pour déplacer les filets des atomes stationnaires dans le nerf.

§ 109. Excepté la clarté supérieure de l'Hélioagète, celle des nébuleuses planétaires et des nébuleuses globulaires ne diffère pas autant que l'Hélioagète ne diffère des nébuleuses de la Voie lactée. Les grandes différences entre les distances qui nous séparent des nébuleuses pareilles sont en raison inverse des grandes étendues occupées par chaque genre de ces nébuleuses; de sorte que l'intensité de la lumière ou la poussée exercée sur les filets des atomes de lumière gagne dans les masses ce qu'elle perd dans les distances. Pour que l'Hélioagète soit plus lumineux que les nébuleuses qui forment la Voie lactée, il faut qu'il en soit moins éloigné et que sa masse brûlante soit plus considérable.

X. LUMIÈRE NATURELLE ET LUMIÈRE POLARISÉE OU APLATIE.

110. L'expansion des atomes de lumière s'opère suivant la même loi que celle des gaz comprimés : la différence ne consiste que dans les degrés de compression ; la plus forte compression possible des gaz, quand même on l'admettrait exercée par des milliers d'atmosphères, est plusieurs millions de fois inférieure à celle des atomes de lumière. Si le gaz est conduit par l'intervalle λ entre deux plaques parallèles, il en sort en forme de lame qui est le prolongement de l'intervalle λ des plaques p, p'.

En plaçant dans ce prolongement un autre couple de plaques p, p', la lame l aérienne y pénétrera pour aller se propager plus loin. Pour intercepter cette propagation d'air, il suffit de faire tourner les plaques p, p' de façon à les faire devenir verticales par rapport aux précédentes.

Tous ces faits subsistent également pour les atomes de la lumière qu'on laisse passer par les intervalles λ formés entre les couches parallèles des molécules des cristaux. Ceux-ci ont une structure composée : 1° des couches c, c, c,... horizontales; 2° des couches c, c, c,... méridionales, et 3° des couches C, C, C,..., équatoriales. Si la lumière est verticale après avoir traversé le cristal x, ses atomes se propagent suivant le plan du méridien et suivant celui du parallèle; ils ont perdu l'expansion horizontale, et ils continuent de se propager à travers un second cristal x' parallèle au précédent. Si on tourne ce cristal x' du sud vers le nord pour rendre verticales les couches horizontales en restant toujours dans la direction méridionale, les $\frac{1}{2}\varphi$ atomes de lumière seront interceptés par les couches c, c, c, ..., et les autres $\frac{1}{2}\varphi$ passent comme précédemment par les intervalles des couches méridionales c, c, c,....

Pour savoir donc si les atomes de lumière qui arrivent d'un corps céleste possèdent leur expansion dans toutes les directions, nous les faisons passer par un cristal x' que nous tournons pour voir s'il y a une diminution de clarté, laquelle indiquerait qu'il y a dans la lumière un certain nombre d'atomes privés du pouvoir expansif en une certaine direction qui est reconnue au moyen du cristal. En évaluant le degré de diminution de la clarté, nous connaissons le rapport $q : q'$ existant entre la quantité $q\varphi$ d'atomes de lumière à l'état naturel et la quantité $q'\varphi^0$ d'atomes de lumière aplatis, qu'on disait polarisés lorsqu'on ignorait en quoi consiste cet état de lumière. Cet aplatissement des atomes de lumière résulte de la réflexion de la lumière, car alors l'expansion transversale est interceptée, et il ne reste que celle qui a lieu suivant le plan de réflexion; il résulte aussi de la réfraction un aplatissement des atomes de lumière; mais en ce cas l'expansion verticale à celle qui résulte de la réflexion est interceptée. Si la lumière arrive verticalement sur les corps opaques ou sur les corps transparents, ses atomes n'éprouvent aucun aplatissement, ils restent en un état qui ne diffère pas de celui qu'ils avaient précédemment; mais cela n'a pas lieu si le corps transparent est un cristal, car alors ont lieu les effets indiqués.

Les atomes de lumière émanés de la flamme des combustibles n'éprouvent aucun aplatissement, car leur expansion s'opère également dans toutes les directions. Les métaux incandescents, au contraire, répandent des atomes de lumière contenant une quantité d'atomes aplatis dans le même sens que ceux qui ont éprouvé une réfraction, ce qui prouve qu'il y a réfraction dans des directions divergentes, car cet aplatissement manque aux atomes émis dans une direction verticale.

111. Au lieu d'envisager les faits dans leur état réel et de les coordonner comme causes et effets liés entre eux par la loi physique, les physiciens, qui ignoraient en quoi consiste la polarisation de la lumière, ont admis que les flammes des combustibles émettent la lumière à l'état naturel, et que les corps solides incandescents l'émettent mêlée d'une quantité $q\varphi$ à l'état naturel et d'une autre $q'\varphi^{o}$ aplatie. Arago a cru avoir découvert dans cette propriété de la lumière que le Soleil était entouré d'une photosphère, parce que, s'il était un métal solide incandescent, sa lumière serait aplatie et elle ne serait pas toute à l'état naturel comme elle est réellement.

Du temps d'Arago on ignorait que le Soleil n'est ni

un métal incandescent, ni entouré d'une photosphère, et qu'il consiste en une enveloppe de glace transparente qui sépare le froid de l'espace de la masse dense et brûlante. La lumière transmise verticalement en direction centrifuge n'éprouve aucune réfraction, et par suite il ne s'y produit aucun aplatissement comme on peut s'en assurer à l'aide de masses brûlantes renfermées dans des ballons sphériques.

La lumière réfléchie de la Lune, des planètes et des comètes paraît aplatie, celle des étoiles ne l'est pas; cet état de lumière sert à prouver : 1° que parmi les corps célestes, les uns réfléchissent la lumière incidente, comme font les planètes et les comètes; 2° que les autres la laissent pénétrer, comme cela a lieu pour les amas de vapeur des nébuleuses, et 3° qu'il est d'autres corps qui contiennent une masse brûlante dense renfermée dans une enveloppe solide de glace transparente; de ces soleils émane la lumière à l'état naturel, sans éprouver aucun aplatissement. J'ai traité en détail de la polarisation de la lumière dans la *Physique simplifiée*.

XI. ILLUSIONS D'OPTIQUE PRODUITES PAR LES FORMES DES CORPS CÉLESTES.

§ 112. Sur la Terre nous pouvons, suivant la loi de la perspective, produire plusieurs espèces d'apparences illusoires, et cela quelquefois par un mouvement rapide des corps, d'autres fois par quelques modifications dans leur forme, mais le plus souvent, et à un degré supérieur, les illusions résultent de la forme et des mouvements des corps. Des apparences analogues se trouvent produites par la Lune, certaines planètes et certains satellites, et ce résultat est dû à leur forme ovalaire; alors donc que cette forme de ces corps était inconnue, on n'était pas en état de s'apercevoir du mode de production de leurs apparences illusoires.

§ 113. **ILLUSIONS PRODUITES PAR LA FORME OVALAIRE SANS MOUVEMENT.** Le grand diamètre de la Lune reste 1° toujours dirigé vers le centre terrestre, et 2° sur le plan de son orbite, de même que les grands diamètres des satellites, qui circulent autour de leur planète comme le fait la Lune autour de la Terre; il en résulte que la seule portion sur la Lune qui soit visible de la Terre est son hémisphère soulevé projeté sur son disque. A cause des aspérités de sa surface, pendant sa révolution autour de la Terre, les sommets de ces aspérités apparaissent avant leur pied. Lorsque les astronomes ignoraient la forme ovalaire de la Lune, ils lui attribuaient une forme sphérique et en déduisaient l'existence sur elle d'une grande quantité de montagnes d'une hauteur dix fois plus considérable qu'elle n'est en réalité; les hauteurs trouvées par les astronomes allemands sont dix fois plus grandes que celles trouvées par Herschel. Les satellites les moins éloignés de leur planète ont l'hémisphère antérieur beaucoup plus élevé que les satellites du même système les plus éloignés; ainsi l'angle Γ du sommet croît avec les distances qui séparent les satellites de leur planète, et chez ces satellites la pente qui unit la base au sommet diminue. Lors donc que deux satellites sont en quadrature, il y a différentes quantités de lumière réfléchies vers la Terre, d'où résulte pour les uns un éclat supérieur et pour les autres une disparition totale; ce dernier cas a lieu pour la lune de Vénus, qui devient invisible à cause de sa position en même temps qu'à cause de l'angle Γ de son sommet.

§ 114. **ILLUSIONS PRODUITES PAR LA FORME OVALAIRE AVEC LE MOUVEMENT ROTATOIRE.** Lorsque l'axe de la rotation forme un angle presque égal à 90 degrés avec le grand diamètre, nous trouvons presque la même longueur micrométrique pour l'axe dans chaque observation, tandis que la différence des longueurs micrométriques du diamètre équatorial trouvées dans chaque observation est grande. Contre toute raison, les astronomes attribuaient ces différences aux erreurs micrométriques, et c'est ainsi qu'ils considéraient la moyenne comme la valeur la moins éloignée de la valeur véritable, sans s'apercevoir que de cette manière ils s'éloignaient précisément des longueurs réelles du grand et du petit diamètre du corps ovalaire. L'aplatissement apparent manque à Uranus, dont l'axe de rotation est presque perpendiculaire au grand diamètre de la planète de forme ovalaire ; et c'est ainsi que nous voyons son hémisphère soulevé ; il manque d'aplatissement, précisément comme cela a lieu pour la Lune.

§ 115. PRODUCTION DES ANNEAUX OPTIQUES DE SATURNE. Cette planète ne diffère des autres que par son âge qui est plus avancé que celui des deux planètes Uranus et Neptune et moins avancé que celui de cinq autres planètes ; chacune de celles-ci, à des époques différentes, se trouva à l'âge actuel de Saturne, et par suite chacune de ces planètes produisait alors l'apparence illusoire des anneaux. Cette apparence résulte d'un sillon creusé obliquement dans une masse de glace de forme ovalaire, et dont le fond se trouve dans l'équateur et l'extrémité supérieure de chacun des deux versants jusqu'à la latitude de 40 degrés. Herschel trouva, à l'aide des mesures micrométriques, le diamètre du fond du sillon plus grand que l'axe de la planète et plus petit que ses diamètres qui passent par les tropiques ; les astronomes actuels n'ont pas voulu se ranger à l'opinion d'Herschel, à cause du sillon.

La Terre se trouve pendant quatorze ans au nord du plan équatorial de Saturne ; pendant cet espace de temps elle reçoit les rayons réfléchis du versant austral *eie* (*fig.* 18), sur lequel se projette la calotte boréale *eic'* de la planète, de façon à rester éloignée en perspective de la partie visible $b' ib''$ de la calotte australe. Si la Terre est au sud du plan équatorial de Saturne, c'est la calotte australe

Fig. 18.

qui se projette sur une petite partie du versant boréal dont la lumière est réfléchie vers la Terre. Cette réflexion s'évanouit dans la position de la Terre et du Soleil sur le plan équatorial de Saturne. Tous les phénomènes, sans aucune exception, observés dans les anneaux de Saturne, ainsi que leurs dimensions apparentes, se sont trouvés arrangés de manière à être liés entre eux par la loi de la perspective comme causes et effets, comme cela sera exposé dans la description particulière de cette planète extraordinaire. Enfin, pour éloigner toute objection, j'ai fait construire un modèle de Saturne qui, étant mis en rotation, présentait un anneau optique du côté opposé, lorsque le corps était éclairé suivant le plan équatorial, de quelque côté que fussent les spectateurs.

Saturne, par ses anneaux illusoires, servait de base à mille hypothèses sur l'état précédent des autres planètes. Ici ce ne sont pas les anneaux mais le sillon dont ils résultent qui sert de monument archéologique de l'âge auquel se trouvèrent à des époques différentes la Terre et les quatre autres planètes. Les archéologues qui s'occupent des monuments du genre humain cherchent par leur arrangement chronologique à déterminer les époques historiques qui correspondent à ces monuments. L'astronome n'est qu'un archéologue qui recueille les monuments de la vie des corps célestes, qu'il arrange en ordre chronologique, et c'est ainsi qu'il devient en état de composer la biographie de chacun de ces corps et ensuite l'histoire du monde. Les historiens du genre humain n'expliquent pas tous de la même manière les monuments à demi détruits, ou les inscriptions souvent mal conservées ou mal écrites, à l'aide de symboles inconnus; de telles divergences n'existent pas chez les historiens du monde, parce que leurs monuments historiques se trouvent tous bien conservés, et que chacun d'eux n'est susceptible que d'une seule explication.

C'est l'attribut de l'astronome d'exposer dans une série comme sur un tableau tous les états par lesquels a passé la Terre pendant chacune de ses quarante périodes cométogéniques, depuis qu'elle se trouve dans sa vie géologique. Ensuite il faut remonter à l'époque correspondante à celle de Saturne qui est entouré d'un sillon, comme l'était autrefois la Terre. Les états successifs de la vie astronomique des planètes et de la Terre sont indiqués dans cet ouvrage, qui contient l'histoire du monde.

XII. SUBDIVISION DES MATIÈRES DE LA PREMIÈRE PARTIE.

§ 116. La Terre et les sept autres grosses planètes ont été lumineuses comme le sont actuellement des milliers d'autres. La différence ne provient pas de ce que la masse de certains systèmes a été produite avant celle des autres, mais de ce qu'une grande masse a produit en se subdivisant des portions de grosseur très-différente. Les soleils qui ont été produits par de petites portions de masse brûlante s'éteignirent, car ils avaient perdu depuis longtemps leur chaleur lumineuse, sans pour cela cesser de circuler comme dès le commencement dans l'espace. Il y a des soleils dont les planètes seulement ont consumé leur chaleur lumineuse, et ils brillent comme le nôtre, entourés de planètes éteintes.

D'autres soleils, produits par des portions de masse *m* plus considérables, sont encore lumineux, et entourés d'amas de vapeur qui les rendent invisibles; nous ne voyons que leurs planètes qui n'ont pas encore perdu leur chaleur lumineuse. Tous les soleils qui contiennent des portions considérables de masse ꞥ sont lumineux et paraissent comme des étoiles tant qu'ils n'ont pas encore expulsé une bande de masse brûlante, car la couche superficielle de celle-ci devient un amas de vapeur opaque qui disperse les filets des atomes de lumière et rend ainsi invisible la masse brûlante ꞥ du Soleil, en même temps que la bande de masse brûlante expulsée de son intérieur, pour circuler autour de lui.

Les masses M brûlantes des plus grosses portions se trouvent entourées de gros amas de vapeurs dont les superficies étant gelées font se croiser dans leur milieu les rayons de la masse centrale, lesquels se propagent dans des directions rectilignes centrifuges et rendent visible séparément chacun des ballons de glace comme un point lumineux. Parmi ces amas de vapeurs nous citerons les *nébuleuses globulaires* : elles sont toutes amorphes; ainsi elles apparaissent, comme les nuages, sous toute espèce de forme.

Suivant la chaleur lumineuse contenue actuellement dans la masse de chacun des corps du système solaire, ou suivant celle qui en a été consumée par le refroidissement, ces corps se distinguent : 1° en corps dont la masse M est brûlante et brillante à cause de la quantité ΘΦ de chaleur lumineuse qui y est entrée pour opérer un mélange MΘΦ, et 2° en corps dont la masse μ n'est plus ni brûlante ni brillante, et cela à cause de la consommation de chaleur lumineuse. Plusieurs soleils composés des portions μ des masses inférieures arrivèrent à cet état en un espace de temps plus court que celui qui est nécessaire pour les plus grosses portions *m*, ꞥ, M.

§ 117. VIE ASTRONOMIQUE DES CORPS CÉLESTES. Tous les changements de la masse brûlante qui s'opèrent autour d'elle par l'éloignement de sa chaleur lumineuse constituent leur *vie astronomique*.

§ 118. VIE GÉOLOGIQUE DES CORPS CÉLESTES. Tous les changements de la masse refroidie qui s'opèrent autour d'elle à cause des mélanges de ses deux éléments, l'hydrogène et l'oxygène, avec les deux espèces d'équivalents électriques Ė et Ė émanés du Soleil par les rayons de sa chaleur lumineuse, constituent la *vie géologique* de la Terre et des planètes; c'est pendant cette longue vie que chaque planète produit des quarantaines de couples de *comètes*.

§ 119. AGE DES CORPS CÉLESTES. Les séries de faits dont se compose la vie astronomique des soleils, des planètes et des satellites diffèrent entre elles; mais les faits de chacune de ces séries se succèdent suivant un ordre invariable, de même que cela a lieu pour les corps organisés; comme dans ceux-ci on nomme *vie* chez les corps célestes la production successive et inaltérable des séries de faits. Le mot *âge* sert à indiquer certains états ou époques de la vie qui se succèdent dans le même ordre chronologique, sans être séparés les uns des autres par d'égales durées de temps; mais ces intervalles d'un âge à l'autre sont toujours en rapport direct avec la durée de la vie totale.

Les faits des séries biologiques des corps organisés, comme ceux des corps célestes, se produisent en une succession invariable parce qu'ils suivent la loi physique, de sorte que par la connaissance de la série des faits l'âge de chaque corps céleste est facilement déterminé, comme cela se fait pour les corps organisés de chaque genre.

Les astronomes disaient qu'en composant la biographie des corps célestes ils font comme les naturalistes :

ceux-ci parcourent une forêt où se trouvent des milliers d'arbres de tout âge, et en un court espace de temps ils composent la biographie des arbres séculaires. Toutefois les résultats des astronomes ne sont pas concordants comme le sont ceux des naturalistes; ceux-ci sont bien certains que les arbres ont été d'abord petits, et que ce n'est que dans leur vieillesse qu'ils acquièrent leur plus gros volume. Les astronomes suivaient une voie diamétralement opposée; ils croyaient que des corps primitifs de gros volume s'étaient formés les corps célestes d'un volume inférieur; ils aboutissaient donc à des résultats analogues à ceux auxquels arriverait un naturaliste qui admettrait que la masse des gros arbres se condense pendant leur vie de façon qu'ils deviennent petits dans leur vieillesse.

De même que les physiciens, les astronomes, qui voyaient une tendance de rapprochement entre les molécules matérielles, n'ont pas cherché à s'assurer si elle est le résultat d'une rupture d'équilibre produite par la résistance qu'exerce le barogène β contenu dans les corps contre le barogène B affluant, de sorte que les deux corps se faisant écran mutuellement, font de ce côté diminuer la poussée qui, étant P de tous les autres côtés, est devenue $P - p$ du côté de l'autre corps C, lequel éprouve de tous les côtés la poussée P, excepté du côté où est le corps C′, d'où arrive la poussée $P - p'$ (§ 45).

§ 120. BIOGRAPHIE DES SOLEILS. Les âges de la vie astronomique des soleils ne correspondent pas, comme celui des corps organisés, à l'espace de temps écoulé depuis leur naissance, mais aux quantités de masses μ, m, M, M dont chaque soleil se compose; parce que l'avancement vers la fin de la vie s'opère par le refroidissement qui est proportionnel aux surfaces et aux carrés des rayons, tandis que les masses sont proportionnelles aux volumes et aux cubes de ces rayons des globes.

L'absence de chaleur lumineuse dans les planètes fait reconnaître que le Soleil est déjà très-avancé dans sa vie, et de là il résulte que la portion μ de sa masse est petite par rapport aux portions m et n des soleils qui ont des planètes lumineuses, ou de ceux qui n'ont pas encore expulsé une bande de masse brûlante, et que la portion μ de la masse du Soleil est encore plus petite par rapport aux masses M très-grosses qui se trouvent entourées d'amas de vapeur et apparaissent comme des nébuleuses globulaires à qui il faut des millions de siècles pour devenir des soleils sans rotation et un aussi long temps pour devenir des soleils entourés de planètes obscures.

§ 121. BIOGRAPHIE ASTRONOMIQUE DES SYSTÈMES PLANÉTAIRES. I. *Étoiles nouvelles.* Une bande de masse dense brûlante expulsée d'un soleil donne naissance à un système planétaire. Chaque siècle à peu près voit une naissance pareille. La bande de masse brûlante expulsée par le Soleil avait une longueur égale à la distance qui le sépare de Neptune; les longueurs des bandes expulsées par les soleils actuels sont des dizaines de fois plus grandes, parce que leur masse m l'est aussi par rapport à celle μ de notre Soleil. Ce sont ces bandes brûlantes qui se présentent dans l'espace subitement avec un maximum d'éclat. Au moyen, 1° de sa grandeur apparente, comparable quelquefois à celle de Vénus, et 2° de sa longueur réelle, cinq à dix fois celle qui existe entre le Soleil et Neptune, parcourue par la lumière en vingt heures environ, on obtient approximativement la distance de la nouvelle étoile; la distance entre Neptune et le Soleil est parcourue en quatre heures par la lumière.

II. *Nébuleuses planétaires.* La couche superficielle de la bande brûlante produit une couche de vapeur opaque qui disperse les rayons et fait que la masse brûlante devient invisible. La bande se divise en neuf portions de telles longueurs qui forment une progression géométrique $\div\!\div 2\Delta : 2^2\Delta, 2^3\Delta, \ldots, 2^n\Delta$. Les carrés des vitesses orbiculaires de chacune de ces portions sont entre eux en raison inverse des cubes des distances. Le seul télescope gigantesque de lord Rosse nous permet de voir ces détails des portions produites par la subdivision de la bande totale, tandis que telles nébuleuses planétaires paraissent comme des anneaux de vapeur avec les autres télescopes.

III. *Étoiles périodiques planétaires.* A cause de la vitesse orbiculaire de la portion m', la couche superficielle se congèle pour devenir une enveloppe de glace transparente de forme ovalaire. Si donc le plan orbiculaire de cette planète passe par la Terre, elle a un grand éclat, étant en conjonction supérieure, car nous recevons la lumière de son hémisphère soulevé; dans sa conjonction inférieure la lumière vient de son hémisphère déprimé, c'est pourquoi l'éclat est alors inférieur. C'est par la durée des périodes de l'éclat que nous savons qu'une planète est peu éloignée de son soleil invisible étant enveloppé dans un amas de vapeur.

IV. *Étoiles périodiques satellites.* Les courtes durées des périodes de l'éclat nous font connaître que l'étoile est un satellite qui circule autour d'une planète invisible, tandis que celle-ci circule également autour d'un soleil invisible; telle est la cause qui fait varier les périodes des étoiles à courte durée.

V. *Étoiles de clartés variables.* Lorsque la portion m' de masse brûlante est devenue une planète d'éclat périodique sans satellite et sans mouvement rotatoire, et la masse m'' aussi, il n'apparaît pas séparément une autre planète, mais les rayons de ces deux planètes arrivent ensemble à nos yeux et produisent un éclat composé des deux périodes que nous pouvons même quelquefois distinguer. Au lieu de deux planètes, s'il y en a plusieurs, les unes sont en conjonction supérieure, et les autres en conjonction inférieure; il leur arrive rarement d'être toutes en conjonction supérieure ou inférieure, d'où résultent les maxima des amplitudes de l'éclat et l'apparence de grandes variations de clarté.

VI. *Grandeur des étoiles.* Les étoiles multiples sont des systèmes planétaires dont les cinq intérieurs ne peuvent, au moyen des télescopes actuels, jamais être distingués; pour cette raison elles sont considérées, ainsi que leur soleil invisible, comme étoiles centrales; quant aux autres planètes extérieures, il est possible de les séparer toutes ou quelques-unes d'elles, et cela seulement dans les cas où leur distance de leur soleil est très-grande, comme cela résulte des longues durées de révolution de ces étoiles. De même que la bande de la masse brûlante apparaît comme une étoile de première grandeur, de même, des millions de siècles après, les huit grosses planètes, quoique très-éloignées l'une de l'autre, apparaissent comme une seule étoile. Herschel trouva pour le diamètre angulaire de Véga de la Lyre 0",36, et pour celui d'Arcturus 0",2; Goldschmidt a vu Sirius composé de sept étoiles.

En admettant que la lumière arrive de ces étoiles à la Terre en trente ans, les valeurs trouvées par Herschel font voir que leur grandeur apparente ne correspond pas à un éclat exceptionnel d'une grande masse brûlante, mais plutôt à l'angle formé par des rayons qui arrivent des planètes extérieures, mêlés : 1° avec ceux des planètes du milieu; et 2° avec ceux du Soleil enveloppés dans un amas de vapeur. Les astronomes modernes, conduits par l'hypothèse que les étoiles résultent de l'accumulation des molécules matérielles dispersées dans l'espace, ont contesté les résultats d'Herschel, surtout Arago, qui chercha des arguments logiques pour réfuter des faits obtenus par des observations directes; c'est à l'avenir qu'il est réservé de s'occuper plus sérieusement des longueurs des diamètres des étoiles.

§ 122. DISTRIBUTION DES CORPS CÉLESTES. Le système planétaire est un modèle du système solaire; les mouvements des étoiles sont tous dans le même sens que celui du Soleil, comme les mouvements des planètes sont dans le même sens que celui de la Terre. L'espace dans lequel circulent les étoiles est de la forme d'une meule, comme l'espace dans lequel circulent les planètes. Les deux bases de la meule forment comme deux grandes fenêtres dans l'espace où Herschel croyait voir circuler les astres avec leur Galaxie, comme des nébuleuses arrondies irrésolubles.

Dans les directions des deux prolongements de l'axe de la meule, il ne se trouve qu'un petit nombre d'étoiles qui occupent sa largeur. En s'éloignant de cet axe ou des pôles de la Galaxie, les quantités d'étoiles se multiplient inégalement, et cela parce que le Soleil se trouve plus près de la fenêtre de l'hémisphère de l'équinoxe d'automne que de celle qui donne dans l'autre hémisphère de l'espace. Excepté le petit nombre des étoiles ε', ε'', ε''' des espaces annulaires A', A'', A''', toutes les autres ε^{iv} et ε^{v} sont dans l'espace A^{iv} où elles circulent avec le Soleil. Dans l'espace A^{v} circulent des millions d'hélioïdes qui sont des pagosphères ou ballons de glace vides au centre, produits par la congélation des amas de vapeur séparés de leur masse brûlantes; ces hélioïdes correspondent aux planétoïdes.

Des millions de pagosphères ou de ballons comme ceux dont nous venons de parler se séparent également des masses brûlantes qui produisent les soleils, les planètes et les satellites; ces pagosphères vides circulent : 1° avec les soleils autour de l'Hélioagète; 2° avec les planètes autour du Soleil et avec la Lune autour de la Terre. 1° Celles qui circulent avec le Soleil apparaissent comme des *étoiles filantes*; 2° celles qui circulent autour du Soleil avec la Terre apparaissent comme des points noirs sur le Soleil; 3° celles qui circulent avec la Lune autour de la Terre sont les *bolides*; et 4° celles qui circulent avec Vénus produisent la lumière zodiacale.

§ 123. SCINTILLATION DES ÉTOILES. Elle consiste en une diminution de l'éclat normal et en production instantanée de toutes les couleurs; ces faits sont produits par des myriades de ballons de glace qui interceptent ou réfléchissent la lumière des étoiles. Ces ballons deviennent visibles de la manière suivante : on dirige deux lunettes d'égale force vers une même étoile pour en obtenir l'image dans le nerf optique; en laissant une lunette dans sa position, on raccourcit la distance de l'oculaire de l'autre, de façon que l'étoile ne soit plus visible. Les masses globulaires ou les ballons qui passent à une distance inférieure à celle dans laquelle se trouve l'étoile réfléchissent la lumière, et deviennent instantanément visibles dans la lunette montée pour des corps qui se trouvent beaucoup moins éloignés que l'étoile scintillante.

PREMIÈRE SECTION.

DE LA VIE ASTRONOMIQUE DES PLANÈTES LUMINEUSES.

§ 124. DIFFÉRENCES ENTRE NOTRE SYSTÈME PLANÉTAIRE ET CEUX DES PLANÈTES LUMINEUSES. 1° La Terre et les sept autres planètes sont obscures, et le Soleil seul est lumineux; dans les étoiles doubles, tous les corps du système sont lumineux. 2° Les révolutions des sept planètes ont des durées qui varient entre 88 et 60000 jours, tandis que dans les planètes lumineuses la révolution la plus courte se termine en 36 ans, et que les plus longues durent quatre ou six siècles. 3° Au lieu de huit grosses planètes, on n'en trouve plus que trois lumineuses. 4° Au lieu d'une grande différence de clarté entre l'étoile centrale et l'étoile périphérique, on ne rencontre que des différences médiocres; parfois les deux étoiles sont de même grandeur. 5° L'éclat du couple est supérieur à celui de la somme de ses deux éléments. 6° Le plus souvent l'étoile centrale est colorée, tandis que dans le Soleil la lumière est incolore.

§ 125. IDENTITÉ DES DURÉES DES PÉRIODES D'ÉCLAT ET DE CELLES DES RÉVOLUTIONS. De chaque point de la surface des corps lumineux émerge une égale quantité de filets d'atomes de lumière; si la forme est ovalaire, il y a émission des rayons Φ de l'hémisphère soulevé H et des rayons φ de l'hémisphère déprimé *h*. Dans les cas où le plan orbiculaire du corps ovalaire passe par la Terre ou dans son voisinage, ce corps se trouvera, dans chaque demi-durée $\frac{1}{2}$T de sa révolution, alternativement en conjonction supérieure et en conjonction inférieure. Les rayons Φ de l'hémisphère soulevé arrivent à la Terre lorsque le corps ovalaire est en conjonction supérieure, et, après la demi-période écoulée, c'est de la conjonction inférieure qu'arrivera la lumière φ émergeant de l'hémisphère déprimé *h*, parce que le corps reste avec le grand diamètre dirigé continuellement vers son corps central. Aucune des étoiles périodiques et des étoiles colorées ne tourne autour de son axe, elles n'ont que le mouvement orbiculaire.

La durée des périodes d'éclat détermine celle de la révolution d'un corps périphérique visible autour de son corps central invisible, car de tels mouvements des corps lumineux autour des corps invisibles, précédemment douteux, ont été constatés par des observations directes ; la cause qui rend invisible le corps central est néanmoins restée inconnue.

Dans les cas où la distance entre la Terre et le plan orbiculaire du corps ovalaire est de 90 degrés, nous recevons continuellement la quantité constante $\frac{1}{2}(\Phi + \varphi)$ de lumière de la moitié $\frac{1}{2}(H + h)$ de chacun de ses deux hémisphères. A de telles distances des plans des orbites des corps ovalaires, il n'est pas possible de déterminer la durée de la révolution au moyen de l'éclat, car l'amplitude est nulle. Avec la diminution de la distance 90 degrés, les amplitudes des éclats croissent et les durées des périodes deviennent plus faciles à déterminer.

§ 126. DISPARITION DES PÉRIODES D'ÉCLAT ET APPARITION DES VARIATIONS DE CLARTÉ. Autour d'une planète peuvent circuler : 1° le premier satellite *s* seul ; 2° le premier satellite avec le second *s* ; 3° le premier avec le second et le troisième S, et ainsi de suite. De même, autour d'un soleil peuvent circuler : 1° la planète *p* correspondant à

Mercure seule; 2° cette planète avec celle P correspondant à Vénus; 3° ces deux planètes avec celle P correspondant à la Terre, et ainsi de suite.

Les périodes des éclats qui résultent des deux satellites ou des deux planètes ne sont pas en apparence aussi régulières que celles qui résultent d'un seul corps; les périodes apparaissent moins régulières lorsqu'elles résultent des trois corps. Dans les cas pareils, il est possible encore de les distinguer si les amplitudes des éclats sont considérables, et il faut pour cela que la distance entre la Terre et les plans de leurs orbites soit peu considérable; si les corps périphériques sont au nombre de quatre, les périodes d'éclat sont en même nombre, leurs durées correspondent à celles de leurs révolutions; ainsi, au lieu de quatre périodes distinctes, nous n'apercevons que des accroissements et des décroissements d'éclat; il n'est cependant pas impossible de les arranger de façon à faire apparaître la durée de chacune des quatre périodes qui se succèdent dans une seule et même étoile composée de quatre autres, mais pour cela il faut que le plan orbiculaire passe par la Terre et que l'observateur sache qu'il y a quatre planètes.

§ 127. NOMS DES PLANÈTES LUMINEUSES DES SYSTÈMES CÉLESTES. Chacun de ces systèmes, après avoir éprouvé une série de changements, deviendra comme le nôtre, qui, à des époques différentes, passa successivement par tous les états dans lesquels se trouvent actuellement les planètes lumineuses. Dans le principe, chaque système planétaire parut dans l'espace sous la forme d'une bande de masse brûlante contenant dans ses molécules matérielles les deux éléments du mouvement orbiculaire à des intensités croissant de l'extrémité supérieure vers l'extrémité inférieure.

Cette cause physique fait avancer l'extrémité inférieure et produit une spirale qui se divise en neuf autres spirales inférieures, dont la cinquième se précipite sur la surface de l'enveloppe solide de son soleil; les huit autres, souvent perceptibles avec le grand télescope de lord Rosse, s'arrondissent l'une après l'autre et prennent la forme ovalaire. La première planète qui devient visible dans chaque système est la moins éloignée de son soleil.

Pour distinguer nos planètes les plus vieilles et celles qui sont éteintes des planètes jeunes et lumineuses, j'ai donné à celles-ci les noms que portaient autrefois nos planètes; je les nomme *Hermès*, *Aphrodite*, *Gée*, *Arès*, *Zeus*, *Chronos*, *Ouranos*, *Poseidon*.

Quoique les huit planètes soient produites dans chaque système par la bande de masse brûlante expulsée de l'intérieur du Soleil, sa subdivision dépend de l'intensité croissante du mouvement orbiculaire. La portion inférieure m' de la bande reste entourée d'amas de vapeur pendant le long intervalle de temps qu'exige la transformation de la bande en corps arrondi de forme ovalaire, changement qui résulte des faits suivants.

§ 128. ORIGINE DE LA FORME OVALAIRE DES CORPS CÉLESTES. Dans chaque système, le corps central intercepte, au moyen du barogène B de chacun de ses diamètres, une égale quantité du barogène B affluant de l'espace, et c'est en cela que consiste le fait qu'on indique par ces mots : *Le corps central fait écran à ses corps périphériques.* Chacune des portions m', m'', m''', ..., m^{ix} de masse brûlante pâteuse éprouve du côté de l'espace une poussée P exercée par le barogène affluant B; mais, du côté du corps central qui intercepte la quantité B de barogène, il existe une poussée inférieure : 1° elle est P — P, pour la masse m' la moins éloignée; et 2° elle est P — P + p, pour les masses les plus éloignées (§ 45).

L'hémisphère H se soulève du côté du corps central qui en éprouve une poussée P — P, et l'hémisphère h

devient déprimé du côté de l'espace qui éprouve la poussée P. De la bande de masse expulsée possédant un mouvement orbiculaire à vitesse croissante proviennent neuf autres bandes dont l'une s'éloigne; chacune des huit autres, devenues arrondies, produit une planète. La couche superficielle doit geler et devenir un corps solide de glace transparente, pour livrer un passage rectiligne aux filets des atomes de lumière; car c'est ainsi que le corps devient visible, de même que dans l'atmosphère la nuée doit disparaître pour que le Soleil apparaisse.

I. NAISSANCE DES CORPS PÉRIPHÉRIQUES DE LEUR CORPS CENTRAL.

§ 129. Après la découverte de la loi de la gravitation, Newton fut conduit à étudier cette question; de même que la chute d'une pomme donna naissance à l'idée de la gravitation, c'est l'explosion d'une chaudière qui a dû donner naissance à l'idée de l'expulsion d'une bande de masse brûlante, idée à laquelle se lia immédiatement le récit fait par Tycho-Brahé de l'apparition subite d'une étoile de première grandeur, et celui de Wollaston, qui vit sur le Soleil des plaques rejetées dans des directions divergentes et glissant comme le feraient des plaques de glace sur la surface d'un étang. Au point du Soleil d'où les plaques ont été rejetées, Wollaston vit peu après apparaître une tache.

Ces faits, coordonnés pour être liés entre eux par la loi physique comme cause et effets, s'arrangèrent de manière à produire la rotation du corps central et le mouvement orbiculaire des corps périphériques. Une fois convaincus de la réalité de cette série de faits, il ne resta plus à l'auteur qu'à chercher à y rattacher d'autres faits qui paraissaient isolés.

§ 130. MODE DE PRODUCTION DE LA VAPEUR ET DES PA-

GOSPHÈRES. Après avoir brillé comme Jupiter et même comme Vénus, trois semaines, l'étoile nouvelle commença à s'affaiblir, et sa clarté diminua jusqu'à devenir parfaitement invisible en un espace de temps de 17 mois. L'espace clair dans lequel s'opérèrent les glissements de plaques en des directions divergentes s'obscurcit et Wollaston y vit une tache.

C'est ainsi que se présentèrent les idées des deux séries de faits physiques correspondantes et en proportions propres à faire servir l'une de modèle à l'autre. Dans les deux cas il y a eu expulsion des bandes de masse brûlante de l'intérieur d'un soleil; cette masse est renfermée dans une enveloppe solide transparente. Cette enveloppe a sa surface extérieure en contact avec l'espace où le froid est de — 160 degrés, et sa surface intérieure en contact avec la couche superficielle A de la masse pâteuse brûlante; cette couche A de masse subit un abaissement de température par suite de la consommation rapide de sa chaleur.

Si la couche superficielle A de la masse brûlante perd en chaque moment à travers l'enveloppe solide une quantité Θ de chaleur, et si en même temps elle en reçoit des couches inférieures une quantité supérieure $\Theta + 6$, il y aura élévation de température dans la couche A de la masse, et par suite augmentation de répulsion expansive contre l'enveloppe solide, précisément comme dans une chaudière ayant sa soupape fermée et fortement chauffée.

Dans les deux cas, l'explosion devient inévitable, le cratère s'ouvre au point le plus faible de l'enveloppe, la longueur de la bande de masse expulsée correspond à l'épaisseur et à la solidité de l'enveloppe, parce qu'elle a dû être vaincue par une répulsion expansive d'un degré supérieur.

La bande B expulsée dans l'espace et observée par

Tycho-Brahé avait une longueur comparable à la distance qui sépare Neptune du Soleil, et la bande *b* que Wollaston a vue est comparable à celles qui résultent des éruptions volcaniques.

Dans tous les cas pareils, où la masse brûlante se trouve dans un espace froid, les molécules de la couche superficielle produisent une couche de vapeur qui, étant très-chaude, est transparente, et ensuite, grâce au froid, la vapeur devient opaque. Les rayons, qui avant se propageaient dans des directions centrifuges rectilignes, commencent à être dispersés par la couche de vapeur qu'ils doivent traverser. Au lieu de la quantité Φ de ces rayons, qui arrivait précédemment à la Terre, il n'en arrive plus, après la dispersion de la partie Φ', que la quantité $\Phi - \Phi' = \varphi$, qui diminue en raison de l'augmentation d'épaisseur de la couche de vapeur opaque.

Le fait observé par Wollaston ne diffère pas de ceux qui sont produits par les nuages s'interposant entre le Soleil et l'observateur. Tant que leur vapeur est transparente, le Soleil est visible et l'espace que la vapeur occupe reste invisible. Dès que celle-ci devient opaque, l'espace qu'elle occupe apparaît et le Soleil disparaît.

La vapeur, au lieu d'être transparente dans l'atmosphère, l'était autour de la masse brûlante expulsée par le Soleil. C'est ainsi que l'on peut voir les plaques rejetées du point où le cratère s'ouvre, tant que la vapeur est brûlante et transparente; dès qu'elle se refroidit pour devenir opaque, l'espace que la vapeur occupe devient visible et le cratère disparaît. Autour de l'espace occupé par la vapeur opaque, la clarté du Soleil reste telle qu'elle était auparavant, tandis qu'il y a dans la tache une production de chaleur $\Theta + 2\theta$ supérieure à la précédente Θ; il résulte de là, dans le voisinage des taches, un décroissement de température comparativement à celle des taches, comme le P. Secchi l'a prouvé (*Phys.*, t. III, p. 736).

1° Par l'observation directe, on connaît la chaleur supérieure des taches solaires, et 2° grâce à la transformation de la vapeur et de la couche superficielle de la masse en couche de glace, on sait qu'il y a un refroidissement. Dès que la couche de glace transparente ainsi produite renferme le cratère, la dispersion des rayons cesse dans le point où était le cratère; celui-ci devient visible, précisément comme le Soleil apparaît après la condensation de la vapeur des nuages qui se précipite sur la Terre sous forme de grêle ou de neige.

Dans la bande de masse brûlante expulsée de son soleil se répète toute la série des faits physiques qui se produisent autour des petites bandes expulsées du Soleil; il n'existe de différence qu'entre les effets mécaniques communiqués aux molécules matérielles d'intensités croissantes par le bord postérieur du cratère.

La vapeur brûlante resta transparente trois semaines; ensuite, à cause du froid, elle commença à devenir opaque : alors elle dispersait les rayons Φ' et laissait se propager dans des directions rectilignes centrifuges le reste $\Phi - \Phi' = \varphi$. Ce reste de la clarté de l'étoile diminua graduellement, indiquant que l'épaisseur de la couche de vapeur opaque augmentait. Tycho-Brahé, Képler et les observateurs chinois cessaient de voir les étoiles nouvelles lorsque la quantité φ des rayons n'était plus suffisante pour produire une sensation optique.

II. NÉBULEUSES PLANÉTAIRES.

§ 131. Les astronomes savaient bien que les étoiles temporaires ne viennent pas du néant et qu'elles ne vont pas non plus au néant; ils savaient également qu'il y a des nébuleuses arrondies à un et à plusieurs anneaux; il leur était cependant impossible de trouver une liaison physique entre ces corps, qui leur paraissaient d'autant plus hétérogènes qu'ils se trouvaient plus fortement imbus du préjugé de l'existence, au sein des molécules matérielles, de la propriété de s'attirer mutuellement l'une l'autre. L'hypothèse d'une force attractive leur a tellement obscurci l'intelligence, grâce à l'étude des ouvrages de leurs prédécesseurs, que pour les délivrer de cette erreur il est nécessaire de leur montrer comment s'opère, suivant la loi physique, la production de tous les détails de chaque phénomène qu'ils connaissent déjà par l'observation.

Les séries des changements qui se succèdent dans un ordre invariable pendant la durée de la vie de chaque corps se trouve préétablie dans la rupture d'équilibre qui maintient dans des changements continuels les molécules matérielles. Chez les plantes et les animaux, l'équilibre rompu ne se rétablit pas pendant la réception des nouvelles molécules et l'éloignement d'une partie de celles qui ont été neutralisées. Dans les corps organisés, la rupture d'équilibre entraîne les molécules ambiantes qui sont en contact; ce fait se produit aussi chez les corps célestes, dans lesquels les molécules matérielles se maintiennent en équilibre rompu, quoique ayant deux origines très-différentes : 1° l'écoulement centrifuge de la chaleur, et 2° l'intensité croissante des deux éléments du mouvement orbiculaire des molécules de la bande de masse brûlante.

Grâce aux observations de Wollaston, on reconnut que la masse brûlante expulsée du Soleil produit la vapeur qui fait apparaître la tache, et celle-ci produit la couche de glace transparente qui fait apparaître l'espace du cratère et disparaître la tache. Dans l'avenir, les étoiles temporaires n'échapperont plus au télescope de lord Rosse, elles seront aperçues comme de minces filets à peine perceptibles, sans être comparables à ceux qu'Herschel observa comme des cirres dans $20^h 49^m 20^s$ ascension droite, 31°3′ déclinaison.

Si les molécules matérielles de la bande de masse brûlante se trouvaient en équilibre entre elles, celles de la couche superficielle seraient gelées et produiraient une couche de glace en forme de prisme, analogue à celle qui renferme les cratères ouverts sur l'enveloppe solide du Soleil. Mais, à cause de la vitesse plus grande du mouvement orbiculaire dans l'extrémité inférieure de la bande, celle-ci avance sans que la distance qui la sépare de son soleil change, car cet avancement s'opère par l'allongement de la bande qui prend la forme d'une spirale.

Ainsi, de nouvelles molécules brûlantes arrivent à la surface qui croît, et en même temps la masse de vapeur s'accroît aussi. Cet état se maintient jusqu'à l'époque de la rupture de la bande B en huit points, d'où résultent neuf bandes spirales plus courtes; de ces bandes, la cinquième s'éloigne, et le vide qu'elle laisse sépare les quatre bandes spirales intérieures des quatre bandes extérieures; cet espace intermédiaire se voit dans les nébuleuses au moyen du télescope de lord Rosse.

§ 132. ÉPOQUE DE LA SÉPARATION DES PAGOSPHÈRES DE LEUR BANDE SPIRALE. Les molécules matérielles de chaque bande spirale isolée des autres éprouvent, par l'effet de la pesanteur, une poussée inégale de laquelle résulte une rupture d'équilibre qui sollicite ces molécules à s'arranger de manière à faire disparaître cette rupture d'équilibre. Les molécules doivent s'arranger pour prendre la forme arrondie ovalaire dont la surface *s* est des milliers de fois inférieure à celle S de la bande spirale.

La couche de vapeur qui couvrait cette surface S s'en sépare lorsque celle-ci diminue pour devenir *s*, sans pour cela perdre en rien son mouvement orbiculaire.

Ainsi, à l'exception des planètes qui résultent de la masse accumulée en forme ovalaire, c'est dans la même orbite que circulent tous les amas de vapeur gelée, dont le volume est évalué : 1° à l'aide de la longueur l précédente de la bande spirale, longueur qui surpasse l'intervalle existant entre les planètes voisines, et 2° de l'épaisseur e de la couche de vapeur qui entourait la bande de masse brûlante. Cette couche, pour être visible avec le télescope de lord Rosse, doit avoir un diamètre de plus d'un million de lieues.

Cette espèce de corps célestes très-volumineux, mais de poids imperceptible, était inconnue aux astronomes; c'est pour cette raison qu'ils ne pouvaient aucunement se rendre compte de la nature des pluies d'étoiles, des bolides, des étoiles filantes et des planétoïdes. Les bolides éclatent fréquemment à d'assez petites distances de la Terre pour que le bruit de leur fracture soit perçu et que l'on puisse apercevoir la vapeur opaque engendrée par l'enveloppe mince de glace du ballon volumineux d'un diamètre de plus de 1000 mètres.

Les étoiles filantes et les pluies d'étoiles, qui sont des corps obscurs, apparaissent cependant pendant la nuit à des distances dépassant les limites de l'atmosphère; personne ne pouvait comprendre l'origine de cette lumière tellement vive, qu'elle fait apparaître ces corps comme des étoiles de première grandeur. Quoique ce sujet soit traité dans la partie suivante de l'ouvrage, je me hâte d'indiquer aux lecteurs la concentration des rayons des étoiles arrivant aux pagosphères ovalaires volumineuses, qui font que ces rayons se croisent en un point de leur grand diamètre, d'où ils arrivent aux yeux des observateurs, précisément comme cela a lieu pour les rayons arrivant des étoiles au miroir du télescope de lord Rosse, lesquels rayons se dispersent après s'être croisés dans le foyer du miroir.

La bande de masse brûlante, après s'être montrée comme étoile temporaire, se couvre de vapeur qui la rend invisible. Après avoir pris la forme spirale et avoir été subdivisée en neuf bandes, au lieu d'une bande on en voit huit dans le télescope de lord Rosse, les quatre intérieures séparées des quatre extérieures par l'espace qui était resté vide. La forme de ces nébuleuses est celle de meules de rayon égal à la longueur 1 de la bande de masse brûlante et d'épaisseur égale à celle de la couche de vapeur produite autour de la bande de masse brûlante. Dans les télescopes puissants, le nombre des anneaux ne dépasse jamais cinq : 1° au centre est la vapeur qui entoure le Soleil ; 2° les quatre bandes intérieures en peuvent rarement être séparées et apparaître comme premier anneau ; 3° ensuite les quatre bandes extérieures apparaissent comme quatre anneaux formés chacun d'amas de vapeur.

III. DE L'ÉGALE DURÉE DES PÉRIODES D'ÉCLAT ET DE CELLES DES RÉVOLUTIONS.

§ 133. Pour que les périodes d'éclat d'un corps lumineux se produisent, il faut que sa forme soit ovalaire et que le plan de son orbite passe par la Terre ou dans son voisinage. Un pareil corps, se trouvant en conjonction supérieure et ne tournant pas sur son axe comme les satellites, envoie à la Terre la plus grande quantité de lumière de son hémisphère soulevé H, et cette lumière produit un maximum d'éclat. Après une demi-révolution, le corps se trouve en conjonction inférieure ; il envoie alors à la Terre la petite quantite de lumière de son hémisphère déprimé *h*, et il en résulte un minimum d'éclat.

Après avoir ainsi établi l'identité des durées des périodes d'éclat et de celles des révolutions, il est facile de se convaincre que les courtes périodes sont produites par les satellites inférieurs, et les moins courtes par les planètes inférieures; mais ce qui rend incontestable l'existence des systèmes de planètes et de satellites lumineux, c'est le cas où deux ou trois de ces corps réunis font apparaître des périodes d'éclat doubles ou triples, car, dans les cas où ces corps sont au nombre de plus de trois, les périodes ne peuvent plus être distinguées, et les étoiles composées d'un si grand nombre de corps ont une clarté variable. En voici quelques exemples.

§ 134. I. ÉTOILES DE PÉRIODES SIMPLES, SATELLITES OU PLANÈTES. Pour que l'éclat d'une périodicité simple se produise, il faut qu'il émane d'un seul satellite ou d'une seule planète; mais pour qu'il se produise seul, il faut que le satellite soit le moins éloigné de sa planète ou que la planète soit la moins éloignée de son soleil. Par suite, la durée de la période d'éclat doit correspondre à celle de la révolution du satellite inférieur ou à celle de la révolution de Mercure.

1° *Un seul satellite β de Persée.* Soit *sn* (*fig.* 19) la

Fig. 19.

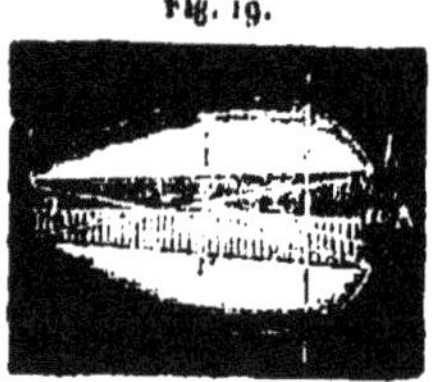

forme ovalaire de ce premier satellite, qui circule autour de sa planète ayant son grand diamètre AR toujours dirigé vers le centre de celle-ci et circulant sur une orbite dont le plan prolongé passe par la Terre : 1° quand le satellite est en conjonction supérieure, il renvoie vers la Terre la quantité Φ de lumière provenant de la surface *hbch'*, d'où résulte un éclat qui fait apparaître l'étoile de 2e grandeur; 2° dans la conjonction inférieure, le même satellite renvoie vers la Terre la lumière φ provenant de la surface *hb'a'e'h'*, d'où résulte l'éclat de 4ᵉ grandeur; 3° la 3ᵉ grandeur résulte de la lumière $\frac{1}{2}(\Phi + \varphi)$.

Pour passer de l'une de ces grandeurs à l'autre, il ne faut que 4 heures : telle est la durée de chacune des deux répétitions de la 3ᵉ grandeur; celle de la 4ᵉ grandeur n'est que de 18 minutes; par suite, en déduisant ces 8 heures 18 minutes de la durée totale (68 heures 49 minutes) de la période, on obtient pour la 2ᵉ grandeur une durée de 60 heures 31 minutes.

A l'aide du rapport $60^h31^m : 8^h18^m$ existant entre ces durées, et qui est *environ* 7 : 1, *on reconnaît que l'horizon hh'*, qui sépare les deux hémisphères, coupe le grand diamètre A'R en deux parties qui sont entre elles dans le rapport de 7 : 1.

La distance entre ce satellite et la Terre diminue, car la lumière emploie moins de temps pour arriver à la Terre, et c'est ainsi que les périodes d'éclat vont en diminuant de trois quarts de seconde. Pour cela, il faut qu'il se produise en chaque 68 heures 49 minutes un rapprochement de $77000 \times \frac{3}{4}$ lieues, que parcourt la planète d'Algol en avançant vers la Terre. Lorsqu'on aura déterminé de cette manière la durée de la révolution de cette planète, il sera facile de savoir à laquelle des planètes de notre système elle correspond.

2° *Hermès seul*, R *de la Vierge*. 1° Les périodes simples d'éclat prouvent que l'étoile est simple; 2° la durée de ces périodes, 145 jours 17 heures 23 minutes, égale à celle de la révolution de l'étoile, fait voir que c'est un Hermès seul, et qu'il n'existe entre son soleil et lui aucune autre planète inférieure. Quand cette planète est en conjonction supérieure, elle est de 6ᵉ grandeur, et devient de 11ᵉ grandeur dans sa conjonction inférieure; elle a donc une forme ovalaire très-prolongée.

§ 135. II. PÉRIODES DOUBLES DES ÉCLATS. C'est après le corps le moins éloigné du corps central qu'apparaît le deuxième; nous en apporterons ici des preuves mathématiques.

1° *Deux satellites*, 1ᵉʳ *et* 2ᵉ, *η de l'Aigle*. Ici, comme dans le système de Jupiter, le premier satellite *s* termine deux révolutions presque en même temps que le second **s** en termine une. La durée de 7 jours 4 heures 13 minutes 42 secondes prouve que l'étoile est un second satellite qui ne peut exister sans le premier; celui-ci se manifeste dans la double période d'éclat, car il y a pendant chaque période deux maxima égaux et deux minima inégaux; l'un de ceux-ci est de 4ᵉ-5ᵉ grandeur, et il se distingue très-facilement, mais l'autre, de 3ᵉ-4ᵉ grandeur, ne diffère pas des deux maxima. Ces éclats sont produits de la manière suivante.

1° Les deux maxima égaux ont lieu lorsque l'un des satellites est dans l'une des quadratures et l'autre dans l'autre; 2° le minimum de 4ᵉ-5ᵉ grandeur est produit par la conjonction inférieure du second satellite **s** et par la conjonction supérieure du premier *s*; 3° l'autre minimum est produit par la conjonction supérieure du second satellite **s** et la conjonction inférieure du premier *s*.

En divisant la période en quatre parties, il faut compter 80 heures pour l'éclat de 3ᵉ-4ᵉ grandeur et 31 heures pour la durée de 4ᵉ-5ᵉ grandeur et pour chacun des deux passages d'une grandeur à l'autre, comme cela a été expliqué ci-dessus.

2° *Hermès et Aphrodite, o de la Baleine*. Au moyen de la loi découverte, il a été reconnu, par la durée de 331ʲ,34 des périodes d'éclat, que l'étoile est une Aphrodite, et que cette étoile ne pouvant exister sans Hermès, les périodes d'éclat doivent avoir une périodicité que j'ai trouvée dans les rapports égaux entre les durées de révolution de Vénus avec Aphrodite et de Mercure avec Hermès, 244 : 331,34 = 88 : x = 119,25, ce qui donna la durée de la révolution d'Hermès. Il a été reconnu ainsi qu'il y a une répétition des éclats après l'écoulement de la période de 331j,34 × 88 fois. J'ai été étonné de voir qu'Argelander, grâce à une persévérance toute particulière, est parvenu à découvrir cette même périodicité.

Les minima produits par la conjonction inférieure des deux planètes à la fois vont jusqu'à la 11e grandeur; les maxima sont produits par plusieurs positions des deux planètes; ils varient entre la 4e et la 2e grandeur. Les éclats sont supérieurs lorsque Hermès et Aphrodite se trouvent entre les deux quadratures et la conjonction supérieure.

§ 136. III. PÉRIODES TRIPLES DES ÉCLATS. Par les plus longues durées des périodes des éclats, on a reconnu que les satellites ou les planètes circulent à des distances supérieures autour de leur corps central; il est donc de nécessité absolue qu'il existe d'autres corps à des distances inférieures.

1° *Trois satellites de Zeus, β de la Lyre.* De la durée de 12j,9064, il résulte que l'étoile est un troisième satellite de Zeus, qui doit être accompagné par les deux satellites inférieurs; de là on conclut à une périodicité double, à cause des durées T, 2T, 4T des périodes d'éclat et de révolution observées chez les trois satellites de Jupiter. Dans chaque période il y a, comme dans η de l'Aigle, deux maxima égaux de 3e à 4e grandeur et deux minima inégaux, l'un, le mieux prononcé, de 4e à 5e grandeur, et l'autre de 4e à 3e grandeur, différant peu des maxima de 3e à 4e grandeur.

1° Les deux maxima égaux se produisent, comme dans η de l'Aigle, lorsque le deuxième satellite *s* est en conjonction supérieure, et le troisième S en une des deux quadratures; 2° le minimum de 4ᵉ à 5ᵉ grandeur se produit lorsque le troisième satellite S est en conjonction inférieure, le deuxième s en conjonction supérieure et le premier s dans une des deux quadratures; 3° l'autre minimum de 4ᵉ à 3ᵉ grandeur est produit lorsque le troisième satellite est en conjonction supérieure, le deuxième en conjonction inférieure et le premier en l'une des quadratures.

2° *Chronos, Zeus et quatre planètes intérieures, η d'Argo.* C'est la durée (T = 66 ans) des périodes des éclats qui nous a fait reconnaître que l'étoile est un Chronos, ayant avec elle Zeus et les quatre planètes intérieures; Zeus termine sa révolution en 25 ans. Les planètes intérieures Arès, Gée, Aphrodite et Hermès terminent leur révolution dans le même rapport; toutes ont une durée environ deux fois et demie plus longue que celle des planètes Mars, Terre, Vénus, Mercure.

Les éclats varient entre la 4ᵉ grandeur et celle de Canopus; en 1843 l'étoile était comme Sirius; les minima se produisent lorsque quelques planètes sont en conjonction inférieure, et les maxima lorsque Chronos est en conjonction supérieure, Zeus dans une quadrature et un certain nombre de planètes dans l'autre.

IV. CLASSIFICATION DES ÉTOILES SUIVANT LES GRANDEURS, LES NÉBULEUSES ET LES INTERVALLES.

§ 137. Au moyen des étoiles composées d'un certain nombre de satellites ou des planètes de forme ovalaire, on connut la cause physique des changements de leur éclat et de leur grandeur, dont les astronomes savaient déjà l'existence. A l'aide de puissants télescopes, plusieurs étoiles ont été résolues en deux éléments, et même plus, sans qu'on puisse en conclure pour cela que les étoiles dont on ne peut distinguer les éléments avec ces télescopes soient simples. De là résulta, suivant les intervalles, la classification des étoiles : 1° en étoiles isolées, et 2° en étoiles doubles; celles-ci se distinguent en couples solaires invariables dont les éléments ne changent pas de position, et en couples planétaires dont les éléments sont variables, l'une des étoiles circulant autour de l'autre.

COUPLES SOLAIRES ET COUPLES PLANÉTAIRES. Il n'existe pas de limite physique pour l'intervalle qui sépare les éléments immobiles des couples, tandis que cet intervalle ne dépasse jamais 32 secondes dans les éléments mobiles. C'est ainsi que les astronomes ont reconnu l'existence de systèmes planétaires, sans cependant découvrir en quoi consiste leur différence physique sous le rapport de leur état lumineux, de leur nombre et des durées de leurs révolutions. Encore moins connaissaient-ils la cause de l'immobilité des éléments des autres couples, malgré les intervalles souvent très-petits qui les séparent. Et cela vient de ce qu'on ignorait l'arrangement de ces deux classes de couples avec les deux classes de nébuleuses, les nébuleuses planétaires et les nébuleuses solifères.

I. NÉBULEUSES PLANÉTAIRES ET COUPLES D'ÉTOILES MOBILES. Chaque anneau de ces nébuleuses est aperçu avec le télescope de lord Rosse comme une bande en forme de spirale dont la vapeur est éclairée par la masse centrale brûlante qui s'accumule pour acquérir la forme ovalaire et devenir une planète. Il a été prouvé que de telles planètes sont irrésolubles au moyen des télescopes, tandis que leur éclat périodique rendit évident non-seulement le nombre des planètes qui composent une étoile variable, mais aussi le nombre des satellites qui composent des étoiles moins résolubles. La distance Γ entre Poseidon et son soleil ne peut surpasser certaines limites, parce que les masses x des soleils sont également limitées ; pour la limite de cette distance angulaire Γ, Struve trouva 32 secondes.

II. NÉBULEUSES SOLIFÈRES ET COUPLES D'ÉTOILES IMMOBILES. La forme de ces nébuleuses est parfaitement irrégulière; elles n'ont pas un seul noyau central comme les nébuleuses planétaires, elles en ont souvent deux et plus; il y a même des étoiles qui, dans l'avenir, se trouveront à très-petite distance de celles qui naîtront des noyaux visibles. Le passage de ceux-ci à l'état d'étoile débarrassée des amas de vapeur ambiante devient évident dans les *nébuleuses cométaires;* les éléments du couple s'unissent souvent pour former, des deux moitiés inégales, une ellipse aux sommets de laquelle se voient les étoiles qui deviendront un couple immobile après l'éloignement de ces amas de vapeur ambiante.

Les portions p, p', p'' de masse brûlante qui apparaissent comme des noyaux dans les nébuleuses solifères, formaient précédemment une portion supérieure P où leurs molécules se trouvaient en équilibre rompu qui occasionna leur séparation, sans pour cela que leur mouvement orbiculaire autour de l'Hélioagète fût modifié : telle est la cause physique de la différence des couples solaires et des couples planétaires.

V. RECTIFICATION DES ERREURS DES ASTRONOMES SUR L'APPLICATION DE LA LOI DE KÉPLER.

§ 138. Après avoir établi que dans les couples d'étoiles mobiles, l'une c circule autour de l'autre E centrale à une distance angulaire Γ, et termine sa révolution en une certaine durée T de temps, les astronomes ont reconnu que les mouvements orbiculaires s'opèrent suivant la loi newtonienne, et ils ont cru que par le rapport $\gamma^3 : T^2 = m : 1$, il serait possible de connaître la masse m de l'étoile centrale E, au moyen de la proportion

$$\gamma : 1 = \Gamma : D,$$

en indiquant par γ la parallaxe, par D la distance réelle entre les deux étoiles, et par 1 la distance δ entre la Terre et le Soleil :

$$(\alpha) \quad \begin{cases} D^3 = mT^2, \quad D = \Gamma : \gamma, \quad mT^2 = \Gamma^3 : \gamma^3, \\ \gamma\sqrt[3]{m} = \Gamma : \sqrt[3]{T^2}. \end{cases}$$

Dans le rapport $m : 1$, on introduit comme unité la masse solaire, et dans le rapport $\gamma : 1$, c'est la distance δ entre la Terre et le Soleil qu'on prend comme unité. La valeur de $\gamma\sqrt[3]{m}$, trouvée par le calcul, ne pouvait pas être contrôlée par des résultats obtenus à l'aide d'observations directes.

APPLICATION DE LA LOI DE KÉPLER DANS LA RÉSOLUTION DU PROBLÈME SUIVANT.

PROBLÈME. Étant données la durée de la révolution T d'une étoile e, et sa distance angulaire Γ de l'étoile centrale E, trouver sa parallaxe γ.

Tant que les astronomes ignorèrent que l'étoile centrale E est composée d'un soleil et de toutes les planètes qui la séparent de la planète périphérique, ils ne purent savoir à quelle planète de notre système correspond la planète observée; depuis la découverte de l'existence des planètes Hermès, Aphrodite, Gée, Arès, formant des étoiles de clarté variable et irrésolubles, il devint possible de résoudre ce grand problème et d'en obtenir des résultats conformes à ceux qui ont pu être obtenus par des observations très-pénibles, et par suite peu nombreux et moins exacts.

Le rapport $d^3 : T^2 = 1$ indique qu'une seule et même quantité q du fluide barogène (§ 44) se trouve dans deux vases dont l'un de forme cubique a pour côté d, et l'autre de forme rectangulaire a l'unité pour hauteur et la base carrée de côté t. Une autre quantité Q du même fluide se trouve également contenue dans deux vases pareils aux précédents, mais ayant l'un et l'autre des dimensions D^3 et T^2 correspondantes au rapport $Q : q$ qui existe entre les quantités du fluide. Connaissant donc dans un système planétaire, au moyen de l'observation : 1° la distance angulaire Γ entre les deux étoiles, nommée ici *antiparallaxe*, et 2° la durée T de la révolution de l'étoile *e*, on constate qu'il existe un rapport $D^3 : T^2$, et que la distance réelle D est proportionnelle à celle d de la planète correspondante de notre système, car les quantités q, Q du fluide restent dans les deux systèmes en rapport avec les cubes des distances correspondantes D, d existant entre les planètes homonymes et leur soleil.

C'est au moyen des durées de la révolution de Saturne = 29 ans 6 mois, de celle d'Uranus = 84 ans, de celle de Neptune = 167 ans, et de celles des étoiles qui se trouvent entre 36 ans et 6 siècles, que l'on reconnut que parmi les étoiles périphériques *e* il n'existe qu'un Zeus; elles ne sont que : 1° Chronos des durées de périodes entre 52 et 105 ans; 2° Ouranos des durées de révolution entre 133 et 167 ans; et 3° Poseidons des durées qui ne vont pas jusqu'à 6 siècles et plus.

Au moyen de l'égalité des rapports $t^2 : d^3 = T^2 : D^3$, on trouve la distance réelle D; et au moyen de l'égalité des rapports $D : 1 = \Gamma : \gamma$, on trouve la parallaxe γ :

$$(\beta) \quad t^2 : d^3 = T^2 : D^3, \quad D : 1 = \Gamma : \gamma, \quad \gamma = \frac{\Gamma}{D} = \frac{\Gamma}{d\sqrt[3]{T^2 : t^2}}.$$

Jusqu'à présent, on connaît la parallaxe d'une dizaine d'étoiles seulement, tandis qu'il y en a déjà des centaines de couples dont la durée de révolution est connue, et c'est ainsi qu'il fut possible d'établir des mesures ouranodésiques pour évaluer les dimensions de l'espace stellaire E dans lequel se trouvent les systèmes solaires, les soleils isolés et les systèmes planétaires qui circulent avec les nébuleuses homonymes autour de l'Hélioagète, allant du côté de Sirius et Procyon vers le Cygne, l'Ophiuchus et le Navire; dans le même sens tourne l'Hélioagète, dont le plan équatorial divise la Galaxie en deux moitiés, la partie gauche du côté de la Vierge où est le Soleil, et la droite du côté des Poissons.

VI. DISTANCES ENTRE LA TERRE ET LES ÉTOILES DANS LES TROIS DIMENSIONS DE L'ESPACE STELLAIRE.

§ 139. Dès qu'il fut possible de connaître à quelle distance de la Terre se trouvent les étoiles des couples planétaires, je voulus savoir quelles sont les distances des étoiles dans chacune des trois dimensions de l'espace stellaire E qui est $\frac{1}{12}$ environ de l'espace annulaire A^{IV}, parce qu'une trentaine seulement de degrés de cet anneau sont visibles; c'est en ce sens que l'on considère la *longueur* de l'espace stellaire comme allant du Cygne vers le Centaure.

C'est dans le rayon vecteur qu'est prise la *profondeur h* qui va du Soleil vers l'Hélioagète, lequel occupe la plus grande partie de la Licorne. Dans la surface elliptique occupée par cet astre il y a une absence totale d'étoiles de 1re, 2e et 3e grandeur. La *hauteur* H de l'espace stellaire est prise dans le prolongement du rayon vecteur vers Ophiuchus, au point qui correspond à la moitié de l'arc α qui se sépare de la Galaxie.

La *largeur l* est vers la Vierge, et la largeur L, la plus grande, est vers le côté opposé, dans les Poissons, attendu que le Soleil n'est pas au milieu de la Galaxie, où passe le prolongement du plan équatorial de l'Hélioagète; celui-ci tourne sur son axe dans le même sens que s'opère la circulation du Soleil autour de lui, lorsqu'il vient du côté de Sirius pour passer par le Cygne, Ophiuchus, et aller vers le Navire. La largeur de l'espace stellaire est divisée par le plan équatorial en deux moitiés, la droite du côté des Poissons et la gauche du côté de la Vierge.

PROFONDEUR ET HAUTEUR DE L'ESPACE STELLAIRE. 1° Du côté de la profondeur h sont les étoiles planétaires, Sirius d'un côté de l'Hélioagète, et Procyon avec Castor de l'autre; la différence des distances de Sirius et de Procyon est petite, car 1° les durées de leur révolution sont de 49,245 et de 50,056 ans, et 2° leurs antiparallaxes sont de 2",5 et de 2",6. La parallaxe trouvée par la formule (β) est $\gamma = 0'',187$, laquelle diffère de 0",043 de celle 0",230 trouvée par Henderson.

De la durée de la révolution de 50 ans qui donne la parallaxe $\gamma = 0'',187$ en considérant la planète comme un Chronos, il résulte qu'entre celui-ci et son soleil doivent se trouver Zeus, Arès, Gée, Aphrodite et Mercure; je ne trouvais pas d'exemple empirique indiquant l'existence de semblables combinaisons des étoiles planétaires, lorsque Goldschmidt, dans ces dernières années, annonça avoir vu dans Sirius les sept corps, et cela sans rien savoir de ce que j'avais découvert dans les étoiles périodiques; car, en cas pareil, j'aurais cru qu'il avait été guidé par l'idée que j'ai exposée précédemment, quand il croyait avoir distingué les sept corps arrangés sur une ligne, cas extrêmement rare dans les positions des planètes. Il résulte de là que les plans orbiculaires des planètes sont presque perpendiculaires au rayon vecteur, comme l'est l'écliptique, et c'est de cette position rare des orbites des planètes que résulte la grandeur exceptionnelle de cette étoile, malgré son éloignement quatre fois plus grand que celui de α de Centaure.

L'étoile α de Castor a une antiparallaxe de 5",692 et termine sa révolution en 519 ans, d'où résulte la parallaxe $\gamma = 0'',0868$, laquelle donne une distance double de celle de Sirius, dont la parallaxe est 0",187.

2° Du côté de la hauteur π, dans le prolongement du rayon vecteur, se trouvent les trois étoiles planétaires t, p, λ d'Ophiuchus; leurs durées de révolution, de 87, 92, 96 ans, peu supérieures à celle de 84 ans d'Uranus, prouvent que les trois planètes peuvent être Chronos ou Ouranos. De leur durée de révolution et de leurs antiparallaxes $\Gamma = 0'',818$, $\Gamma' = 4'',5$, $\Gamma'' = 0'',847$, on a déduit : 1° les distances réelles $D = 19,7$, $D' = 20,4$, $D'' = 21$, qui séparent les planètes Chronos de leur soleil, et 2° les parallaxes

$$\gamma = 0'',0416, \quad \gamma' = 0'',2206, \quad \gamma'' = 0'',0434.$$

Sirius est dans la moitié de la distance de α Gémeaux, et l'étoile p d'Ophiuchus est dans une distance qui est le quart de celle des deux autres étoiles t et λ.

II. LARGEUR DE L'ESPACE STELLAIRE. Le Soleil est du côté gauche par rapport au milieu de la Galaxie, où est l'étoile γ de la Vierge dont la durée de révolution est de 169 ans 178 jours, et son antiparallaxe est $\Gamma = 3'',863$. La planète est un Ouranos, parce que la durée de la révolution de Neptune est de 167 ans. La formule (β) donne $D = 31,55$ pour distance entre la planète et son soleil, et pour parallaxe $\gamma = 0'',1261$.

Du côté droit de la Galaxie, dans la largeur de l'espace stellaire, se trouve l'étoile n° 3210 du Catalogue de Bradley, de 359°36′39″ ascension droite, et de 57°36′ de déclinaison; sa durée de révolution de 146 ans 303 jours et son antiparallaxe $\Gamma = 0'',998$ prouvent : 1° que la planète Ouranos se trouve à une distance $D = 33,4$ de son soleil, et 2° que sa parallaxe est

$$\gamma = 0'',0258,$$

quatre fois inférieure à celle 0″,1261 de γ de la Vierge; par suite, elle donne une distance du Soleil quatre fois plus grande que celle de γ de la Vierge.

III. LONGUEUR DE L'ESPACE STELLAIRE. Dans son mouvement orbiculaire, le Soleil s'éloigne du Taureau et du Cygne et avance vers le Centaure et le Navire ; ainsi la longueur se divise : 1° en *antérieure* vers le Centaure, et 2° en *postérieure* vers le Cygne. C'est dans la partie antérieure de la longueur que se trouve l'*étoile* α *du Centaure* qui donne la plus grande parallaxe $\gamma = 0'',855$, et par suite la plus petite distance. Sa durée de révolution de 77 ans et son antiparallaxe $\Gamma = 15'',5$ prouvent que la planète Chronos est dans la distance D = 18 de son soleil, et que sa parallaxe $\gamma = 0'',855$ diffère de $0'',0568$ de celle $0'',9128$ qui a été trouvée par les observations directes.

Dans la partie postérieure de la longueur de l'espace stellaire se trouvent les *étoiles* 61 et δ *du Cygne*. L'étoile 61 du Cygne termine sa révolution autour de son soleil en 514 ans ; elle est donc un Poseidon ; son antiparallaxe $\Gamma = 15'',841$ donne : 1° la distance D = 63,47 entre cette planète et son soleil, et 2° la parallaxe

$$\gamma = \frac{15'',841}{63,47} = 0'',2496,$$

qui diffère peu de celle 0,24662 trouvée par les calculs, et beaucoup de celle 0,364 trouvée par les observations.

De la durée de révolution de 179 ans de l'étoile δ du Cygne et de son antiparallaxe $\Gamma = 1'',811$, on déduit la distance réelle D = 33,12 entre la planète Ouranos et son soleil, et sa parallaxe $\gamma = 0'',0576$.

DISTANCES DES ÉTOILES DANS LES TROIS DIMENSIONS DE L'ESPACE STELLAIRE. Pour mesurer les distances existant entre les planètes d'un même système, on prend celle δ entre la Terre et le Soleil pour unité ; pour mesurer les distances entre les soleils isolés ou entre les systèmes planétaires et le nôtre, on prend pour unité la distance D que parcourt la lumière en un an. Dans les calculs rapportés ici, on ne prend pour unité des distances que la **parallaxe γ qui est en raison inverse des distances** réelles Δ, et en même temps en rapport direct avec la distance $\delta = 1$; on a $\Delta = \frac{206265}{q} \times \delta$; or, comme $\delta = 1$ et $\gamma = \frac{1''}{q}$, on a $\Delta = 206265\, q$. En indiquant la distance 206265δ par D, les distances stellaires sont $\Delta = q$D. Par exemple, par rapport à l'espace stellaire E, 1° dans sa profondeur *h* se trouvent Sirius et Procyon, à la distance $\frac{10000}{1870}$ D, et α de Castor à la distance $\frac{10000}{868}$ D; et l'étoile *p* d'Ophiuchus est à la distance $\frac{10000}{2206}$ D, et les étoiles *t* et λ aux distances $\frac{10000}{415}$ D et $\frac{10000}{518}$ D sont dans la *hauteur* H.

2° La *largeur* *l* du côté de la Vierge est $\frac{10000}{1277}$ D, et de l'autre côté elle est $L = \frac{10000}{2258}$ D.

3° La *longueur* du côté du Centaure est $\frac{10000}{8550}$ D, et du côté du Cygne $\frac{10000}{2496}$ D et $\frac{10000}{546}$ D.

VII. DU MODE DE PRODUCTION DE LA LUMIÈRE ZODIACALE, DES BOLIDES ET DES ÉTOILES FILANTES PAR LES ÉLÉMENTS DES NÉBULEUSES.

§ 140. L'existence de la matière dont les nébuleuses sont composées est incontestable; mais on ignorait : 1° l'origine de cette matière; 2° le mode de leur production; 3° les directions de leur mouvement, et 4° les positions des plans de leurs orbites. L'existence des corps qui se manifestent comme bolides, étoiles filantes, pluies d'étoiles, et qui se trouvent parfois interposés entre la Terre et le Soleil, est également incontestable.

A l'exception des aérolithes, qui arrivent à la Terre, les bolides se transforment en nuages à des distances souvent si médiocres qu'on entend le bruit produit par la fracture de leur enveloppe, fracture qui permet à l'air de pénétrer dans l'espace vide. Parmi les étoiles filantes, les unes atteignent l'atmosphère comme les bolides, les autres ne s'en approchent que de quelques centaines de lieues.

Au moyen de la loi physique et des observations qui se trouvent exposées en détail dans cet ouvrage, je démontre que la masse des corps périphériques de chaque système a son origine dans leur corps central, lequel expulsa une bande de masse brûlante dont les molécules se trouvèrent en équilibre rompu : 1° par la répulsion centrifuge R qui est à son maximum au commencement de l'expulsion et à son minimum à la fin de cette expulsion; 2° par la poussée de choc tangentiel qui commence par un minimum et finit par un maximum; 3° par la poussée centripète de la pesanteur, qui est en raison inverse des carrés des distances; 4° par la répulsion de la chaleur qui fait augmenter le volume de la masse expulsée et diminuer son poids spécifique.

Les mouvements des molécules produites par cette quadruple rupture d'équilibre étaient attribués aux tourbillons, au chaos, à une harmonie préétablie ou à une action suprême, lorsque la cause physique des faits observés était inconnue.

Je trouvai que les molécules de la couche superficielle de la masse brûlante s'en séparent et se disposent de façon à produire des vésicules ayant une enveloppe très-mince et un volume plusieurs millions de fois supérieur à celui de la masse dense et pâteuse expulsée du corps central. A cause des déplacements continuels des molécules de cette masse, il y a une production continuelle de vésicules qui chassent les précédentes jusqu'aux distances où la température est suffisamment basse pour leur faire geler leurs enveloppes et convertir les vésicules en ballons, lesquels, réunis par millions, deviennent un globe volumineux, vide, sans poids sensible, possédant le même mouvement orbiculaire que celui de la masse pâteuse qui reste pour composer le corps massif; tels sont tous les météores qui sont ici nommés *pagosphères* (πάγος, glace).

I. Les pagosphères produites par les molécules de la masse M restée dans l'intérieur du Soleil circulent avec celui-ci autour de l'Hélioagète, dans des orbites qui ne dévient pas trop de celle du Soleil; elles sont nommées *héliopagosphères*. Le plan de l'écliptique est incliné de 79 degrés sur celui de l'orbite solaire; il perce l'ensemble des plans des orbites des pagosphères en deux nœuds. La Terre arrive vers le 9 août au nœud ascendant ☊ et vers le 12 novembre au nœud descendant ☋, lorsque augmente le nombre des pagosphères visibles à l'état d'étoiles filantes.

II. Les pagosphères produites par les molécules de la masse *m* restée dans chacune des huit planètes circulent avec la planète autour du Soleil dans des plans qui dévient peu de celui de l'orbite de la planète; elles apparaissent comme des globules noirs passant sur le disque du Soleil.

III. Les pagosphères produites par les molécules de la masse *m* restée dans la Lune circulent avec celle-ci autour de la Terre dans des orbites dont les plans dévient peu de celui de l'orbite de la Lune; elles apparaissent dans l'atmosphère comme des bolides.

Connaissant d'une part la structure et les positions des pagosphères solaires, planétaires et lunaires, et de l'autre les directions des rayons solaires ou stellaires, il est facile de connaître toute la série des faits optiques qui en résultent. Connaissant d'autre part la série des faits qui résultent du frottement des pagosphères qui pénètrent dans l'atmosphère, il est facile de connaître toute la série des faits physiques produits par l'électricité développée à la surface des pagosphères. Enfin, connaissant la direction du mouvement orbiculaire du Soleil et celle de ses pagosphères, on obtient un contrôle : 1° de l'identité de l'origine du mouvement orbiculaire du Soleil et des héliopagosphères, et 2° de la position des pagosphères situées autour de l'orbite de Vénus et qui réfléchissent la lumière du Soleil pendant les équinoxes; cette lumière est nommée *zodiacale*.

A. MODE DE PRODUCTION DE LA LUMIÈRE ZODIACALE PAR LES PAGOSPHÈRES DE VÉNUS.

§ 141. Quelques semaines avant et après l'équinoxe du printemps, il apparaît souvent à l'ouest une pyramide lumineuse dont le sommet s'élève jusqu'à 57 ou 58 degrés de distance du Soleil. Pendant l'équinoxe d'automne, c'est à l'est, avant le lever du Soleil, qu'apparaît quelquefois une pareille pyramide lumineuse. Combinant les directions des rayons qui arrivent à la Terre de la pyramide lumineuse avec la direction de ceux qui, venant du Soleil, les rencontrent, D. Cassini constata l'existence, dans le plan de l'orbite de Vénus, de corps qui, recevant les rayons solaires, les réfléchissent vers la Terre; cet astronome a cru que des corps imperceptibles se détachent de l'équateur solaire.

En 1843, Arago trouva, le 9 mars, à 8 heures du soir, que le sommet de la pyramide lumineuse s'étendait jusqu'aux Pléiades; le 27 mars, il observa un déplacement à gauche de ces étoiles, c'est-à-dire du nord vers le sud, sans aller plus loin, en suivant l'hypothèse de Cassini pour découvrir que ce déplacement du sommet de la pyramide correspond à l'accroissement de la distance existant entre la Terre et le nœud ascendant. Ce manque d'attention peut être attribué aux observations de Humboldt, qui paraissaient être en désaccord avec l'hypothèse de Cassini et celle de Laplace. Dans les régions tropicales de l'Amérique du Sud, Humboldt observa des intermittences d'intensité brusques et rapides, des ondulations qui traversaient la pyramide lumineuse, faits qui ne permettent pas d'admettre comme corps réfléchissants une masse formant un anneau uni autour de l'orbite de Vénus.

En substituant à la nébuleuse imaginaire une multitude de pagosphères circulant avec la planète Vénus autour du Soleil, ayant des rayons différents $R \pm r$ allant jusqu'à une distance angulaire de 10 degrés au delà de son orbite de rayon R, on obtient le mode de production de toute la série des faits, sans excepter même la couleur rouge. Les pluies d'étoiles résultent de telles pagosphères, de même que la lumière zodiacale; les unes sont visibles par la lumière stellaire concentrée comme dans les lentilles ou les miroirs, et les autres réfléchissent la lumière solaire comme des miroirs mobiles. Il y a donc lumière zodiacale lorsqu'il y a des pagosphères pour réfléchir les rayons solaires; c'est par les réfractions que ces rayons éprouvent dans les pagosphères ovalaires que la couleur rouge est produite; les intermittences des pagosphères correspondent à celles de la lumière.

B. DES BOLIDES ET DE LA DIFFÉRENCE DE LEUR LUMIÈRE ÉLECTRIQUE AVEC CELLE DES PILES.

§ 142. Les bolides sont des pagosphères comme les étoiles filantes et les pluies d'étoiles, comme celles qui produisent la lumière zodiacale ou qui obscurcissent parfois le Soleil. Les bolides se présentent avec une série de faits électriques qui résultent du frottement de leur surface contre l'air, frottement qui a également lieu pour la surface des aérolithes. La lumière répandue par les bolides et les aérolithes est une lumière électrique, comparable non pas à celle des piles, mais à celle des machines, car celle-ci peut se propager comme la lumière des lampes, tandis que la lumière de l'arc voltaïque diminue rapidement pour devenir insensible à des distances même médiocres.

Ce fait paraissait inexplicable à ceux qui ignoraient que chaque atome de lumière est produit par des équivalents électriques qui proviennent des deux pôles; depuis cette découverte, il devint évident qu'à cause de la résistance exercée contre les équivalents électriques par l'air, et à cause de l'absence de cette résistance dans le pôle opposé, ces équivalents s'y écoulent et la lumière disparaît. Dans l'électricité des machines, les équivalents électriques doivent se répandre hors des conducteurs par la répulsion expansive et produire une lumière dont l'intensité se soutient et se propage au loin. A l'exception de cette lumière superficielle, il se produit dans les bolides des séries de faits électriques qui manquent aux aérolithes; ces séries de faits correspondent à la structure et aux éléments des pagosphères qui manquent aux aérolithes.

§ 143. DU MODE DE PRODUCTION DES FAITS ÉLECTRIQUES DANS LES PAGOSPHÈRES PAR L'AIR. J'admets que le lecteur connaît un certain nombre de faits par ses propres observations ou par la description qu'il en a lue, et je me borne à exposer le mode de production de ces faits suivant la loi physique, ce que chacun aurait fait si l'on savait que les météores observés sont des corps volumineux sans poids sensible, parce qu'ils ne sont que des amas de petits ballons ayant une enveloppe mince produite par la congélation des vésicules de vapeur. En coordonnant les séries des faits observés dans les bolides, chacun est conduit à reconnaître : 1° que les éléments matériels dont ils sont composés ne diffèrent pas de ceux de l'eau; 2° qu'un gros volume et l'absence de pesanteur ne peuvent coexister qu'au moyen d'un espace vide au milieu; 3° qu'un bruit dans l'atmosphère ne peut être produit que par la pénétration de l'air dans cet espace vide; 4° que la fracture des enveloppes de glace des ballons est un effet des répulsions exercées par l'électricité développée dans la surface des amas de ballons; 5° que la chaleur électrique transforme les enveloppes de glace en un nuage qui se manifeste dans l'espace où disparaît la pagosphère; 6° que dans les aérolithes la lumière et la chaleur électrique sont également produites, mais que la température ne peut pas s'élever jusqu'au degré nécessaire pour les transformer en vapeur.

§ 144. La série des phénomènes observés dépend aussi bien de la distance D parcourue dans l'atmosphère que de la distance *d* entre la Terre et l'espace où les bolides observés disparaissent.

I. Si la pagosphère est d'un diamètre de plus de 1000 mètres, la destruction de sa surface par la vaporisation commence lorsqu'elle a parcouru une certaine distance D dans l'atmosphère. Il y a production de vapeur qui semble une traînée de nuée en forme de triangle isocèle ayant sa base dans le bolide. Les petits ballons détachés, portant dans leur enveloppe l'électricité, paraissent comme des étincelles qui s'éteignent en descendant vers la Terre. Il faut qu'ils se soient assez rapprochés de la Terre pour qu'on entende le bruit qu'ils produisent et qui est parfois une détonation. Enfin, si la pagosphère est très-volumineuse, elle peut atteindre même le sol et répandre l'odeur que produisent les fortes décharges d'électricité des machines.

II. Habituellement, les diamètres des pagosphères sont de plusieurs centaines de mètres; elles se vaporisent après avoir acquis une quantité d'électricité par le frottement de l'air de la couche supérieure de l'atmosphère.

En pareils cas, le bolide disparaît sans qu'on puisse s'apercevoir si cette disparition est un effet de l'évaporation ou de l'éloignement. Il faut donc entendre le bruit ou voir la nuée pour être convaincu que la pagosphère a été transformée en vapeur qui s'est dispersée dans l'air comme celle des nuées.

§ 145. BOLIDES AÉROLITHOPHORES. Très-fréquemment les aérolithes sont accompagnés de grosses pagosphères qui produisent les mêmes phénomènes que les bolides isolés. Cette union de corps de structure très-différente (parce que les molécules des bolides ont été expulsées de la Terre à une époque très-reculée et très-éloignée de celle de l'expulsion des aérolithes), et divers faits de ce genre, servent de monument cosmologique des états dans lesquels se trouva la Terre il y a des millions de siècles, et dans lesquels se trouvent actuellement les planètes des autres systèmes. 1° La bande *b* de masse brûlante expulsée de la Terre a produit les pagosphères qui circulent avec la Lune autour de la Terre; 2° des millions d'années plus tard, au moment de la séparation de chaque couple de comètes, des milliers de violentes éruptions volcaniques se produisirent sur la Terre. Les masses minérales expulsées éprouvèrent un choc tangentiel du bord postérieur ou occidental des cratères, choc qui les empêcha de rebrousser chemin en obéissant à la pesanteur qui les arrêta à des distances de milliers de lieues.

Une quarantaine de couples de comètes se séparèrent de la Terre, et il se produisit autant d'expulsions de masses minérales de l'intérieur de milliers de volcans. Dans leur circulation autour de la Terre, ces masses et les *sélénopagosphères* (σελήνη, lune) se heurtent, et de la quantité de leurs mouvements orbiculaires résulte un mouvement diagonal qui provoque parfois la chute des deux corps vers la Terre. Comme il a été déjà dit, il arrive que la pagosphère se vaporise à une grande hauteur sans que ce fait soit remarqué; en cas pareils, l'aérolithe tombe seul sur la Terre. Dans les cas seulement où la pagosphère est très-grosse, on observe les détails des bolides en même temps que la chute des aérolithes. Ce sont donc les pagosphères qui occasionnent les chutes des aérolithes, mais le contraire n'a pas lieu, parce qu'il y a des rencontres entre les pagosphères lunaires et celles qui circulent avec le Soleil autour de l'Hélioagète, et ce sont ces rencontres qui occasionnent la chute des pagosphères qui apparaissent comme de gros bolides sans être accompagnées d'aérolithes.

Pour me rendre compte du poids des aérolithes arrivés à la Terre, j'ai évité toute erreur en me bornant à un minimum : on peut bien admettre qu'il est trouvé par chaque siècle 1 kilogramme de masse d'aérolithe; vu que les endroits pareils ne forment pas $\frac{1}{10000}$ de la surface totale de la Terre, où peuvent également tomber des aérolithes inaperçus, il faut admettre au moins 1000 kilogrammes par siècle. Ces chutes d'aérolithes ne peuvent pas être d'une durée infinie, parce que la Terre ne serait alors composée que de la matière des aérolithes. Dans la deuxième Partie de cet ouvrage, je discute en détail le mode de production des comètes et des expulsions des masses minérales de milliers de volcans très-violents qui sont l'origine des aérolithes. (*Phys.*, t. III.)

C. MODE DE PROJECTION DES PAGOSPHÈRES SUR LE DISQUE SOLAIRE.

§ 146. Les aérolithes et les bolides, étant des corps obscurs, devraient fréquemment éclipser le Soleil s'ils avaient le volume de la Lune; mais leur diamètre est des milliers de fois moindre. C'est pour cette raison que, projetés sur le disque solaire, les pagosphères et les aérolithes sont imperceptibles, de même que les petits points noirs projetés sur une surface blanche. Dans les cas où les aérolithes et les bolides se trouvent à peu de distance de la Terre et en masses considérables, ils deviennent visibles sur le disque solaire. Par exemple, le 17 juin 1777, vers midi, Messier vit un nombre prodigieux de globules noirs passer sur le Soleil pendant vingt minutes. Humboldt attribue à une telle interposition des pagosphères l'obscurcissement du Soleil qui eut lieu en 1547, vers l'époque de la bataille de Mühlberg et qui dura trois jours. Chladni et Schnurrer attribuèrent également aux passages des masses météoriques devant le disque du Soleil les phénomènes analogues des années 1090 et 1208, dont le premier dura pendant trois heures et le second pendant six heures.

De la quantité des aérolithes précipités sur la Terre, il résulte qu'il doit y en avoir une multitude qui circulent autour de la Terre à des distances considérables, qui les rendent invisibles à cause de leurs dimensions médiocres, de même que les pagosphères. Après avoir ainsi établi que les pagosphères sont des corps obscurs comme les aérolithes, il reste à indiquer comment elles deviennent visibles la nuit, car il est absurde de croire à l'existence de l'électricité dans le vide, comme l'a fait Poisson, alors que la nature de l'électricité était peu connue; de plus, il est absurde d'attribuer les étoiles filantes et les pluies d'étoiles aux aérolithes qui ne deviennent visibles que dans l'atmosphère au moyen de la lumière électrique, et qui restent invisibles la nuit, se trouvant en dehors de l'atmosphère. L'absence de poids sensible chez les bolides et les étoiles filantes est une preuve directe de la différence qui existe entre leur structure et celle des aérolithes.

D. DE L'ORIGINE DE LA LUMIÈRE ET DU MOUVEMENT DES ÉTOILES FILANTES ET DES PLUIES D'ÉTOILES.

§ 147. LUMIÈRE DES ÉTOILES FILANTES. En indiquant le mode de production de la lumière et de la chaleur électrique, les physiciens crurent avoir expliqué tous les météores; mais on acquit la certitude de la grande hauteur à laquelle se manifestent les étoiles filantes, lesquelles s'éloignent sans même se rapprocher de l'atmosphère. Ne sachant que faire, les astronomes laissent de côté l'explication des étoiles filantes, croyant qu'il faut encore un certain nombre de faits nouveaux dont on puisse déduire la cause physique de ce phénomène, à laquelle nous sommes arrivé par une autre voie inconnue jusqu'à présent.

En dehors de l'atmosphère toute trace d'électricité manque, et cependant les météores, sans être lumineux, sont imperceptibles le jour et apparaissent la nuit comme des étoiles de 1re grandeur, de même que les étoiles télescopiques, qui atteignent également la 1re grandeur lorsqu'elles sont observées dans des miroirs de télescopes à grand diamètre. Faisant la comparaison entre les effets de ces miroirs et ceux qui doivent être produits par les pagosphères de forme ovalaire, j'ai trouvé qu'il y a concentration de la lumière stellaire dans un point de son grand diamètre, d'où elle se propage comme d'un foyer et fait apparaître le point occupé par le corps pendant la courte durée du passage de l'axe de la pagosphère par les yeux de l'observateur; on parvient ainsi à connaître également le sens du mouvement; quant à la vitesse, elle est déterminée en même temps que la distance des pagosphères, laquelle s'élève à plusieurs centaines de lieues.

Pour diviser les pagosphères en bolides et étoiles filantes ou pluies d'étoiles, il ne reste que la distance entre elles et le sol : les pagosphères sont *bolides* dans les cas où elles traversent l'atmosphère pour être réduites en vapeur au moyen de la chaleur électrique; quant à la lumière qu'elles répandent, elle est mêlée d'une lumière électrique et d'une lumière stellaire, comme l'est celle des pagosphères qui n'arrivent pas jusqu'à l'atmosphère, et qui passent sans éprouver aucun changement dans leur état précédent; c'est en cela que consiste la différence entre l'apparition des *étoiles filantes* et des bolides.

§ 148. POSITION ET MOUVEMENT APPARENT DES ÉTOILES FILANTES. Tous les corps massifs célestes, soleils, planètes et satellites, sont produits par des bandes de masse brûlante, pâteuse et dense, expulsées de leur corps central. Les molécules détachées de la couche superficielle forment des masses de vapeur qui gèlent et se séparent en gros morceaux ne possédant pas un poids sensible. Ces amas de vapeur gelée, nommés *pagosphères*, accompagnent les corps périphériques dans leur révolution autour du corps central; de telles pagosphères, constatées dans la planète Vénus et autour de la Terre, se trouvent également dans le voisinage du Soleil, qu'elles accompagnent dans sa circulation autour de l'Hélioagète dans des orbites : 1° dont les plans sont peu éloignés de celui de l'orbite solaire, et 2° de rayon $R \pm r$ peu différent de celui R de l'orbite solaire. Celles des pagosphères qui ont le rayon $R - r$ sont les *intérieures*, indiquées par Π, et celles de rayon $R + r$ sont les *extérieures*, π.

La Terre, en circulant autour du Soleil dans un plan qui fait un angle de 79 degrés avec celui de l'orbite du Soleil, passe du 9 au 12 août par le voisinage des orbites des pagosphères extérieures π et se trouve en opposition par rapport à l'Hélioagète. Dans un espace de trois mois environ, la Terre parcourt 90 degrés de son orbite et arrive au nœud ☋ des pagosphères intérieures Π, où elle se trouve en conjonction. Elle emploie neuf mois environ pour parcourir le reste de son orbite et arriver au nœud ☊ ascendant, en passant fréquemment par des nœuds pareils, mais moins denses, dont résultent les apparitions sporades des étoiles filantes.

Il faut distinguer, 1° l'apparition des faits planétaires qui sont les deux dates du passage de la Terre par les nœuds ☊ et ☋, et 2° l'apparition des faits cosmiques qui sont les points apparents de l'émanation : 1° des étoiles filantes qui paraissent provenir de Persée, et 2° des pluies d'étoiles qui semblent provenir du Lion. Ces deux points de la voûte céleste sont éloignés l'un de l'autre d'environ 90 degrés, distance correspondante au temps de trois mois qui sépare les deux dates de l'apparition : 1° des étoiles filantes, lesquelles proviennent de Persée en quantité plus considérable, et 2° des pluies d'étoiles provenant du Lion.

Attendu que le Soleil n'avance par siècle que de 2 secondes environ dans son orbite, nous considérons comme immobiles dans la voûte céleste les points de projection des deux nœuds ☊ et ☋, par lesquels la Terre passe à deux dates qui dépendent de sa révolution autour du Soleil, laquelle est invariable. L'apparition des étoiles filantes répétée toutes les nuits fait reconnaître que la Terre ne cesse jamais de rencontrer des nœuds ☊ de pagosphères qui ne sont pas infinies, mais innombrables. C'est à cause de leur inclinaison sur l'orbite solaire de chaque grandeur que le nombre des étoiles filantes observées diffère pour chaque année, de même que diffèrent en certaines années les apparitions des pluies d'étoiles dans les passages de la Terre par le nœud descendant ☋, et de même encore que diffèrent pour chaque année les apparitions de la lumière zodiacale.

§ 149. L'apparition habituelle des pluies d'étoiles le 12 novembre nous apprend que les pagosphères inférieures ne forment pas un anneau fermé, mais qu'un grand nombre de ces pagosphères, des millions réunies ensemble, forment des espèces de nuages séparés par des intervalles inégaux. Dans les cas où la Terre passe par les nœuds ☋ pendant ces intervalles vides, il n'apparaît rien d'extraordinaire; les pluies d'étoiles se présentent seulement dans les années où il arrive que la Terre passe par ce nœud en même temps que les nuages des pagosphères passent à toutes les distances de la Terre. Les apparitions suivantes peuvent servir d'exemples de semblables nuages.

En 1799, le 12 novembre, surtout depuis 2 heures jusqu'à 4 heures du matin, on a vu dans l'hémisphère nord des milliards d'étoiles filantes sillonner le ciel. A Cumana, Humboldt et Bonplan virent à l'orient, sur une bande large de 60 degrés et montant environ jusqu'à 50 degrés, comme un brillant feu d'artifice tiré à une hauteur immense; de gros bolides, ayant parfois un diamètre apparent égal à une fois et une fois et quart celui de la Lune, puis des étoiles filantes en nombre infini, dont la direction était régulièrement celle du nord au sud, traversaient incessamment un ciel d'une grande pureté, où étaient tracées de nombreuses bandes lumineuses. Le même phénomène fut aperçu au Brésil, au Labrador, au Groënland, en Allemagne et à la Guyane française.

En 1832, le 12 novembre, M. Le Verrier a vu en Orient une pluie d'étoiles; elles se mouvaient généralement du nord-est au sud-ouest; la direction de leur mouvement formait avec l'horizon un angle d'environ 30 degrés.

En 1833, du 12 au 13 novembre, on aperçut en Amérique des pagosphères semblables à des fusées, provenant d'un point unique et se portant dans toutes les directions. Elles faisaient ordinairement explosion avant de disparaître et laissaient sur leur passage des traînées lumineuses rectilignes; plusieurs d'entre elles parurent comme Jupiter et Vénus; vers 6 heures, le point de radiation était vers γ du Lion et il y resta jusqu'à 7 heures, quoique la constellation fût déplacée de 15 degrés vers l'ouest. L'observateur de Boston assimilait les pagosphères, au moment du maximum, à la moitié du nombre des flocons qu'on aperçoit dans l'air pendant une averse ordinaire de neige.

De ces détails de faits observés, on doit conclure que plusieurs pagosphères solaires pénètrent et éclatent dans l'atmosphère; mais le plus grand nombre passent sans toucher l'atmosphère à des distances évaluées plus grandes que dix fois l'épaisseur de l'atmosphère, de sorte que l'espace où a lieu la rencontre entre l'air et les pagosphères étant 1, l'espace dans lequel cette rencontre n'a pas lieu est 1000.

L'ensemble des dates où se font les deux multiplications des étoiles filantes et de la constance des points de leur émanation dans la voûte céleste prouve que les pagosphères circulent avec le Soleil autour de son corps central, dans des orbites dont la déviation est différente de la sienne. Les bruits entendus et les lignes lumineuses, d'abord rectilignes, puis sinueuses comme un serpent, démontrent l'introduction des pagosphères dans l'atmosphère; le bruit est l'effet de l'introduction de l'air dans les espaces vides, et des milliers de petits ballons détachés et à surface électrisée produisent les bandes ou les traînées lumineuses qui deviennent sinueuses par le déplacement des petits ballons portés par l'air.

VIII. ORDRE CHRONOLOGIQUE DE LA MULTIPLICATION DES CORPS CÉLESTES PAR LA SUBDIVISION DE LA MASSE.

§ 150. Dans le principe, toute la masse des corps du système solaire était contenue dans leur corps central, l'*Hélioagète*, renfermée dans une enveloppe solide de glace transparente, comme l'est actuellement une semblable masse brûlante renfermée dans une enveloppe solide de glace dont sont composés le Soleil et tous les corps lumineux. C'est dans le mouvement orbiculaire des corps périphériques autour de leur corps central que je trouvai la preuve physique que la masse des corps périphériques a dû nécessairement s'être trouvée précédemment dans la masse du corps central, et c'est par une expulsion d'une petite portion de la masse centrale que tous les corps périphériques ont été produits et continuent à être produits.

Les molécules de la masse brûlante de la bande expulsée de l'Hélioagète se trouvèrent soumises à des ruptures d'équilibre telles, qu'elles durent se subdiviser en neuf bandes de longueur Δ, 2Δ, $2^2\Delta$, ..., $2^8\Delta$, se trouvant séparées du corps central par les doubles distances 2Δ, $2^2\Delta$, ..., $2^9\Delta$. De ces neuf bandes, la cinquième B^{V} a dû rebrousser chemin et se déposer sous la forme d'un gros anneau autour de l'équateur de l'Hélioagète, par suite d'absence de mouvement orbiculaire.

La masse des trois bandes inférieures B', B'', B''' a été subdivisée et a produit des systèmes planétaires; la masse de la quatrième bande B^{IV}, par sa subdivision, a produit des portions μ, m, M, M de masse brûlante de diverses grandeurs; les molécules des petites portions μ acquirent précédemment un équilibre stable; la masse brûlante se trouva renfermée dans une enveloppe solide de glace qui la sépara des amas de pagosphères. C'est ainsi que furent formés les soleils isolés des nébuleuses globulaires ou résolubles, composées d'amas de pagosphères; chacune de celles-ci apparaît comme un point lumineux, dont on voit des milliers de même grandeur colorés par la lumière qu'ils concentrent, laquelle ensuite se propage comme d'un foyer.

Les étoiles nouvelles sont des bandes de masse brûlante expulsées des soleils; les molécules de ces masses se trouvent en équilibre rompu qui leur fait acquérir un arrangement qui finit par produire un système planétaire, dont le soleil est invisible, étant recouvert d'amas de vapeur qui résultent des molécules de la masse m^{v} de la cinquième bande b^{v} qui avait rebroussé chemin. Grâce au télescope de lord Rosse, on peut voir tous ces détails dans les nébuleuses planétaires.

GALAXIE. Les quatre bandes extérieures B^{VI}, B^{VII}, B^{VIII}, B^{IX} ont été subdivisées en grosses portions dont les molécules sont encore en équilibre rompu; pour cette raison, les masses brûlantes se trouvent entourées de pagosphères, et à cause de la grande distance paraissent comme des nébuleuses irrésolubles. Elles circulent dans quatre espaces annulaires, et, projetées sur la voûte céleste, nous les voyons comme des espèces de nuées très-irrégulièrement dispersées dans un espace limité en largeurs variables.

Les portions de la bande B^{VI} les moins éloignées de l'Hélioagète et du Soleil sont moins grosses et plus nombreuses; cette différence se manifeste dans l'arc $\alpha = 120$ degrés, composé de nébuleuses de cette bande B^{VI} qui, vue obliquement, se sépare de l'anneau produit par les nébuleuses des trois bandes supérieures. Dans toute son étendue, l'arc α ne présente pas les interruptions, lesquelles sont fréquentes dans l'anneau principal.

CHAPITRE PREMIER.

DU MODE DE LA PRODUCTION DES PLANÈTES ET DES MOUVEMENTS PAR LEUR SOLEIL.

§ 151. Nous allons démontrer que les gaz que développent les substances explosives exercent, par suite de l'accroissement en volume de leurs molécules, une poussée centrifuge, égale à la poussée en arrière. Pour cela on suspend deux canons de calibre égal, mais dont les bouches sont en direction divergente, et si on les observe au moment de leur décharge simultanée, on voit qu'ils restent immobiles. Il est ainsi démontré empiriquement que les molécules des gaz possèdent, dans les substances explosives, un volume inférieur de plusieurs millions de fois à celui qui se produit dans l'explosion. Pour faire cesser la résistance qui empêche son expansion, il ne faut qu'une élévation de température en un seul point.

Des explosions des chaudières il résulte également une poussée divergente qui se manifeste dans l'expansion des molécules de vapeur dont le volume ne commence à croître que dès le moment où la résistance se trouve surmontée. Une chaudière volumineuse reste habituellement immobile pendant le départ de la vapeur. Le recul est pour ainsi dire insensible, parce que les quantités de mouvement sont égales, celle $\mu \times \Delta$ de la masse μ expulsée parcourant la distance Δ et celle $M \times \delta$ de la masse M de la chaudière parcourant la distance δ, qui représente son recul.

Les soleils sont, dans le principe, de grosses portions de

masse brûlante expulsée de l'Hélioagèle, ainsi que cela se trouvera exposé dans la section suivante. Par leur contact avec le froid de l'espace, les molécules superficielles affectent la forme **vésiculaire de vapeur**, les minces enveloppes gelées deviennent de petits ballons, et de leur accumulation résultent des corps volumineux sans poids sensible, et qui ne perdent rien de leur mouvement.

La couche pâteuse superficielle gèle plus tard et devient une enveloppe solide renfermant une masse brûlante dont la température est plus élevée vers le centre, parce que le refroidissement ne s'opère que par la surface. Cette enveloppe solide ralentit le refroidissement en faisant diminuer la consommation de la chaleur de la couche A superficielle de la masse pâteuse. Il en résulte ainsi une élévation de température de la multiplication des molécules du fluide *électre* composant la chaleur.

De même que la multiplication des molécules d'air introduites dans un récipient produit une poussée contre la paroi, de même la multiplication des molécules d'électre obtenue de l'élévation de la température exerce une poussée croissante contre la paroi de la chaudière ou contre l'enveloppe solide des soleils, et en même temps contre la masse M renfermée dans cette enveloppe.

Les gaz ou la vapeur, soumis à une pression de centaines d'atmosphères, ne s'échappent pas instantanément par l'orifice ouvert ni par un écoulement continuel, mais par des sortes de rafales ou *diastoles* successives. C'est ainsi qu'il se produit des jets successifs isochrones et d'intensité décroissante suivant une progression géométrique correspondant aux subdivisions des quantités des molécules d'électre. Au premier moment de l'explosion les molécules d'électre q se divisent en deux moitiés, dont $\frac{1}{2}q$ s'éloigne avec la masse m^{Ix} du premier jet, tandis que $\frac{1}{2}q$ de molécules se trouvent repoussées vers la masse M qui reste. Après une unité de temps il s'opère une deuxième diastole dans les molécules $\frac{1}{4}q$ de la masse M, lesquelles se subdivisent encore : $\frac{1}{4}q$ de ces dernières s'éloigne avec une autre portion m^{VIII} de masse du deuxième jet, tandis que le reste $\frac{1}{4}q$ des molécules sont de nouveau repoussées vers la masse M, et ainsi de suite.

Ces ruptures d'équilibre et cette série de poussées divergentes se conservent dans leurs effets comme des monuments archéologiques éternels, tandis que les actions ou les expulsions successives d'un nombre de portions de masses, lesquelles faisaient précédemment partie de la masse M du corps central, sont de courte durée. Ces monuments sont : les mouvements, 1° orbiculaires des masses rejetées, et 2° rotatoires de la masse M restée dans le corps central.

I. DU MÉCANISME DE LA PRODUCTION DES PLANÈTES PAR LES SOLEILS.

§ 152. Trois séries de faits se sont conservées comme monuments archéologiques : ces faits prouvent : 1° que la masse m des planètes de chaque système faisait autrefois partie de la masse **m** de leur soleil, et 2° que la masse μ des satellites de chaque système faisait autrefois partie de la masse m de leur planète. Avant l'époque de l'expulsion de la masse μ de la Lune, cette masse faisait partie de celle m de la Terre, qui alors était une planète lumineuse composée de masse pâteuse brûlante renfermée dans une enveloppe solide; elle circulait autour du Soleil sans tourner autour de son axe et sans avoir encore de satellite.

Les trois séries de faits conservées dans les liaisons des corps périphériques avec leur corps central peuvent être résumées dans trois monuments éternels portant les inscriptions suivantes :

I. Tous les corps périphériques, sans excepter même les aérolithes, circulent autour de leur corps central dans des orbites dont le plan s'éloigne peu du plan équatorial de leur corps central.

II. Dans le même sens s'opèrent les mouvements orbiculaires des corps périphériques et le mouvement rotatoire du corps central.

III. La masse M du corps central est environ mille fois supérieure à la masse de ses corps périphériques.

De pareils monuments archéologiques se rencontrent également dans les séries de faits composant les lois de Képler et de Bode. Tant que resta inconnu le mode de la production des corps périphériques par leur corps central, personne ne put déchiffrer les inscriptions des monuments éternels. Il a fallu qu'eût lieu d'abord la découverte de la loi physique pour que l'on parvînt à constater les séries des actions qui ont dû se passer pendant la production des faits conservés. C'est donc au moyen de cette loi et des séries des faits conservés qu'il nous est devenu possible de disposer ces faits en un ordre tel qu'ils puissent être reliés entre eux comme causes et effets, en mettant en évidence les actions qui ont eu lieu dans la production des faits. Ainsi ont été résolus les problèmes suivants :

I. Comment s'opère la séparation d'un nombre de jets des petites portions de masse, de façon qu'il en résulte un mouvement rotatoire de la masse M du corps central et un mouvement orbiculaire des masses expulsées?

II. Pourquoi les orbites des corps périphériques s'éloignent-elles peu du plan équatorial du corps central?

III. Pourquoi le sens des mouvements des corps périphériques ne diffère-t-il jamais de celui de la rotation du corps central?

IV. Pourquoi les distances entre des corps périphériques et leur corps central suivent-elles presque la loi de Bode, et pourquoi le dernier corps seul n'obéit-il pas à cette loi?

V. Pourquoi les aires parcourues par le rayon vecteur en chaque unité de temps sont-elles égales?

VI. Pourquoi les cubes des distances sont-ils entre eux comme les carrés des temps de révolution?

VII. Pourquoi les orbites ont-ils la forme d'une ellipse?

VIII. Est-il possible de démontrer directement l'existence de productions de systèmes planétaires par expulsion de jets de masse brûlante séparée d'une grande masse M qui reste dans le soleil des planètes?

Jusqu'à présent on n'eût pu proposer de pareils problèmes parce qu'on savait bien l'impossibilité de leur résolution. Des trois facteurs, 1° la loi physique, 2° les actions, 3° les faits, ces derniers seuls étaient connus, et l'on n'avait aucune idée des deux autres. C'est pourquoi les physiciens avaient arbitrairement admis un facteur hypothétique auquel ils donnaient le nom de *force* et dont ils déduisaient l'autre facteur, c'est-à-dire l'action. Tous les volumineux ouvrages des savants contiennent des descriptions exactes des faits incontestables, mais diffèrent quant à l'explication du mode de leur production : ils avaient tous à opérer sur la résolution d'équations à deux inconnues. Chaque auteur avait la même liberté de donner à l'une des deux inconnues telle valeur qui lui paraissait la moins fausse. Depuis la découverte de la loi physique, chaque auteur, connaissant cette loi invariable et les faits, est conduit à une seule série d'actions, qui ont dû précéder l'apparition des faits conservés comme le sont ceux des problèmes indiqués ci-dessus.

A. MODE DE LA PRODUCTION DU MOUVEMENT ROTATOIRE DU CORPS CENTRAL PAR LA PRODUCTION DES CORPS PÉRIPHÉRIQUES.

§ 153. Une expulsion ne peut s'opérer que d'une masse renfermée dans une enveloppe solide ; tous les soleils sont composés, comme le nôtre, d'une masse pâteuse brûlante renfermée dans une enveloppe solide. En principe, cette enveloppe manque, parce que chaque portion de masse brûlante périphérique doit se séparer de la masse brûlante de son corps central. Nous avons indiqué déjà comment se forment d'abord des vésicules de vapeur dont les enveloppes gèlent pour devenir des ballons qui, en s'accumulant, deviennent de gros corps sans poids sensible : ces amas de ballons sont les *météores*.

Formation de l'enveloppe. Tant que la couche superficielle reste en contact avec le froid de l'espace, elle perd, en refroidissant, une quantité de chaleur $\Theta + \theta$ supérieure à celle Θ, laquelle arrive des couches inférieures; de ce refroidissement continuel résulte inévitablement la congélation de la couche superficielle qui se convertit en une enveloppe solide pour séparer la couche brûlante A du froid de l'espace.

Élévation de la température au-dessous de l'enveloppe. Le froid de l'espace surpasse celui de l'enveloppe solide; ainsi, la couche superficielle A de la masse brûlante commence à perdre une quantité inférieure $\Theta - \theta$ de chaleur vers l'enveloppe, sans pour cela cesser de recevoir la quantité primitive de chaleur Θ des couches inférieures. Ainsi, l'enveloppe devient une cause directe d'élévation de température de la couche superficielle A de la masse brûlante, et cela à cause de l'excédant θ de chaleur arrivant des couches inférieures.

Les molécules d'électre, qui constituent la chaleur, s'amassent et exercent une poussée analogue à celle qu'exercent les molécules des gaz ou de vapeur comprimée. La paroi des récipients de l'enveloppe éprouve une poussée expansive, laquelle a pour résultat nécessaire la production d'une brisure au point le moins solide de cette paroi. Pour les trois espèces de fluides indiqués, l'accroissement de la poussée contre la paroi correspond à celui de la quantité des molécules renfermées.

§ 154. **Mode de l'expulsion de la masse des corps périphériques de celle du corps central.** La partie la moins solide de l'enveloppe se brise, et alors rien ne s'oppose plus à l'expansion des molécules du fluide électre répandu avec la chaleur dans les molécules matérielles, telles que gaz, vapeur ou masse pâteuse brûlante. Le volume total V de l'électre se divise en deux moitiés, qui se répandront, 1° l'une $\frac{1}{2}$ V dans la portion *m* de la masse, laquelle n'éprouve plus de résistance de la part de l'enveloppe, au lieu où se trouve l'ouverture qui sert de cratère, et 2° l'autre moitié de volume $\frac{1}{2}$ V se répand dans la masse M mille fois supérieure qui reste dans l'enveloppe.

Le volume $\frac{1}{2}$ V des molécules $\frac{1}{2}\varepsilon$ d'électre augmente et vient occuper toute la colonne D de l'espace parcouru par la masse *m*; cette augmentation de volume a pour valeur le produit $D \times m$, lequel indique en même temps la *quantité de mouvement*; c'est donc l'expansion du volume de l'électre qui correspond à la quantité de mouvement.

L'autre moitié de volume $\frac{1}{2}$ V des molécules $\frac{1}{2}$ V_ε de l'électre se répand dans la masse M en partant du cratère et se rendant avec la masse vers le centre pour parcourir le rayon $\frac{1}{2}d$. Le volume $\frac{1}{2}$ V éprouve dans la masse M une augmentation égale au volume de la masse *m*; cette augmentation de volume a pour valeur $\frac{1}{2}d \times M$; ce produit indique en même temps la quantité de mouvement. Le même volume $\frac{1}{2}$ V devient $D \times m = \frac{1}{2}d \times M$. Nous savons déjà par les observations que les distances parcourues D et $\frac{1}{2}d$ sont en raison inverse des masses *m* et M; cependant il était impossible de se rendre compte de la cause de ce fait, qui était considéré comme une loi.

Après la séparation de la quantité $\frac{1}{2}\varepsilon$ d'électre avec la masse *m*, il reste l'autre moitié dont le volume $\frac{1}{2}$ V peut se subdiviser à cause du manque de résistance dans le cratère. Le volume $\frac{1}{4}$ V de l'électre $\frac{1}{4}\varepsilon$ entraîne du cratère une portion m^{viii} de masse ou un jet, en lui faisant parcourir une distance $\frac{1}{2}$ D opérée par un accroissement du volume $\frac{1}{4}$ V d'électre, accroissement exprimé par le produit $\frac{1}{2}D \times m$, lequel indique en même temps la quantité de mouvement.

L'autre moitié de volume $\frac{1}{4}$ V se répandant dans la masse M la fait s'éloigner du cratère d'une distance $\frac{1}{4}d$, de sorte que l'augmentation du volume est $\frac{1}{4}d \times M = \frac{1}{2} D \times m'''$, laquelle est en même temps la quantité de mouvement.

L'expulsion des portions des corps périphériques s'opère par des jets répétés à intervalles égaux et décroissants suivant la progression géométrique $\div\!\div\ 2^9 : 2^8 : 2^7 \ldots$ Les distances parcourues par les masses de chaque jet décroissent également suivant la même progression géométrique (§ 43).

§ 155. **Mode de la production du mouvement rotatoire du corps central.** La masse M du corps central ne possède qu'un mouvement orbiculaire lorsqu'elle éprouve de la part du cratère une poussée centripète ; c'est le volume $\frac{1}{2}$ V de l'électre $\frac{1}{2}\varepsilon$, lequel dévie en avant avec le mouvement orbiculaire, au lieu d'aller du cratère au centre, comme cela a lieu pour les chaudières fixes. Ainsi, le volume $\frac{1}{2}$ V en croissant va du cratère vers la périphérie produite par la rencontre du plan orbiculaire avec l'enveloppe. Si le cratère est en un point de cette périphérie, il n'y a point de perte de la poussée p venant du côté du cratère ; autrement cette poussée p diminue et se trouve en raison inverse des distances angulaires Γ entre le cratère et le plan orbiculaire.

Dans le cas où le cratère se trouve dans un point de l'orbite, le plan équatorial coïncide avec le plan orbiculaire ; mais dans le cas où le cratère est à une distance Γ de l'orbite, le plan équatorial passe par la diagonale pour produire avec le plan orbiculaire un angle d'inclinaison $i = \Gamma - \gamma$ qui est inférieur à la distance angulaire Γ.

§ 156. **Mode d'accroissement de la vitesse du mouvement rotatoire.** Le mouvement rotatoire résulte d'une rupture d'équilibre opérée par la propagation du volume $\frac{1}{2}$ V de l'électre $\frac{1}{2}\varepsilon$ du côté du cratère, vers le centre, pendant que les molécules de la masse M avancent vers l'orbite à cause de la propagation du volume B du fluide *électre isopycne*, nommé pour cela *barogène* (§ 27). Chaque soleil circule autour de l'hélioagète, car celui-ci fait écran à tous, et c'est l'affluence du barogène qui entretient le mouvement orbiculaire, comme cela se trouvera éclairci plus tard. En flottant dans le barogène pendant l'expulsion des jets successifs de masses, la masse M qui reste reçoit une poussée centripète qui fait croître la vitesse de la rotation, laquelle atteint son maximum au moment de l'expulsion de la masse m' du dernier jet.

D'une part, on sait que dans chaque jet de masse se subdivise l'électre de la masse M centrale, laquelle est repoussée du cratère vers le centre; d'autre part, on sait également que la rotation résulte de cette poussée centripète et de la poussée exercée sur la masse par l'affluence du barogène. Chaque jet de masse répété exerce une nouvelle poussée centripète, et fait ainsi croître graduellement la vitesse de la rotation.

1° Dans le premier jet, c'est la quantité $\frac{1}{2}\varepsilon$ d'électre qui exerce la poussée centripète et produit une rotation dont la vitesse $\frac{1}{2}V$ correspond à la quantité $\frac{1}{2}\varepsilon$ d'électre. Cette quantité même indique donc la vitesse de la rotation à la fin du premier jet.

2° La vitesse acquise de la poussée de l'électre $\frac{1}{2}\varepsilon$ persiste et elle croît pendant l'expulsion de la masse m^{viii} du deuxième jet opérée par la poussée centripète exercée par la quantité $\frac{1}{4}\varepsilon$ d'électre. Ainsi, à la fin du deuxième jet, le sommet par la vitesse rotatoire de la masse M centrale est indiquée par le sommet $\frac{1}{2}\varepsilon + \frac{1}{4}\varepsilon = \frac{2^2-1}{2^2}\varepsilon$ des deux quantités d'électre écoulé en direction centripète dans la masse M.

3° Dans l'expulsion de la masse m^{vii} du troisième jet, c'est la quantité $\frac{1}{8}\varepsilon$ d'électre qui se propage du cratère vers le centre en exerçant sur la masse M une poussée centripète, laquelle s'unit, comme les précédentes, avec la poussée orbiculaire de l'affluence du barogène, et c'est ainsi que croît la vitesse de la rotation, laquelle correspond à la somme $\frac{1}{2}\varepsilon + \frac{1}{4}\varepsilon + \frac{1}{8}\varepsilon = \frac{2^3-1}{2^3}\varepsilon$ d'électre des trois poussées centripètes.

4° Le nombre des jets ne s'élève pas pour les soleils au-dessus de neuf, car pour la masse m' du dernier jet il ne reste que la quantité $\frac{1}{2^9}\varepsilon$ d'électre, laquelle n'est plus suffisante pour expulser d'autres masses. La vitesse de rotation croissante de la manière indiquée en chaque jet consécutif reste perpétuellement au degré où elle s'est trouvée à la fin de l'expulsion. Nous allons faire voir plus loin comment ces détails ont été découverts.

B. Mode de la production du mouvement orbiculaire des corps périphériques par le mouvement rotatoire du corps central.

§ 157. Chaque jet d'une masse m se sépare de la masse centrale avec une quantité q d'électre dont le volume croît en direction centrifuge; c'est donc cet électre qui, par son expansion, fait éloigner les portions m^{IX}, m^{VIII}, m^{VII}... de masse. Dans le principe, avant que la rotation du Soleil fût établie, la moitié de la masse m^{IX} pénétra le cratère sans en éprouver de trouble à sa poussée centrifuge. Ce n'est qu'après l'établissement de la rotation que chaque molécule de l'autre moitié de la masse du premier jet éprouva un choc ou une poussée de la part du bord postérieur du cratère. Cette poussée est *tangentielle* parce qu'elle est perpendiculaire au rayon qui passe par le cratère.

1° Dans le premier jet, la masse m^{IX} est entraînée dans la direction centrifuge par la quantité $\frac{1}{2}\varepsilon$ d'électre qui la fait parcourir la distance $2^9\Delta$ qui est la plus grande. De cette masse m^{IX} la première moitié α pénètre le cractère avant le commencement de la rotation, et après que celle-ci est établie, pénètre alors l'autre moitié $\frac{1}{2}m^{IX}$, laquelle reçoit un choc tangentiel de la part du bord postérieur du cratère.

De cette sorte le premier jet est composé de la somme $\alpha + \frac{1}{2} m^{IX}$ de masse dont la moitié α passe par le cratère sans qu'il fût occasionné de dérangement dans son mouvement centrifuge, tandis que la moitié postérieure $\frac{1}{2} m^{IX}$, conservant sa poussée centrifuge, reçut de plus une autre poussée tangentielle dont le degré correspond à la vitesse de rotation, laquelle est indiquée par la quantité $\frac{1}{2}\varepsilon$ d'électre qui l'a produite.

Ces détails de la masse m^{IX} du premier jet sont obtenus ici par la seule loi physique; on en trouve cependant les traces: 1° dans certaines nébuleuses planétaires où la moitié α de la première portion se trouve inclinée sur l'autre moitié $\frac{1}{2} m^{IX}$, et 2° dans la distance entre la planète Neptune et le Soleil, laquelle est de 30 au lieu de 40, comme elle devait être d'après la loi de Bode.

2° La masse m^{VIII} du deuxième jet est éloignée à la distance $2^8\Delta$ par la quantité $\frac{1}{4}\varepsilon$ d'électre; en passant par le cratère ses molécules éprouvent un choc tangentiel correspondant à la vitesse rotatoire produite par $\frac{1}{2}\varepsilon + \frac{1}{4}\varepsilon$ des quantités d'électre propagées du cratère en direction centripète.

3° Les masses m^{VII}, m^{VI}, m^{V}... de tous les jets suivants se trouvent séparées de la masse centrale par les quantités décroissantes d'électre $\frac{1}{2^3}\varepsilon$, $\frac{1}{2^4}\varepsilon$, $\frac{1}{2^5}\varepsilon$..., $\frac{1}{2^9}\varepsilon$, lesquelles les font parcourir les distances décroissantes $2^7\Delta$, $2^6\Delta$, $2^5\Delta$..., 2Δ.

Chacune de ces masses, en passant par le cratère, éprouve une poussée tangentielle π de son bord postérieur; la valeur de ces poussées est indiquée par des sommes des quantités d'électre écoulées en direction centripète de la part du cratère.

Tableau des quantités de mouvements orbiculaires des masses des planètes expulsées de la masse de leurs Soleils.

Masses.	Noms des planètes.	Poussées centripètes.	Poussées tangentielles.
m^{ix}	Poseidon.	$\frac{1}{2^{18}\Delta^2}$	$\frac{1}{2}\pi$
m^{viii}	Ouranos.	$\frac{1}{2^{16}\Delta^2}$	$\frac{2^2-1}{2^2}\pi$
m^{vii}	Chronos.	$\frac{1}{2^{14}\Delta^2}$	$\frac{2^3-1}{2^3}\pi$
m^{vi}	Zevs.	$\frac{1}{2^{12}\Delta^2}$	$\frac{2^4-1}{2^4}\pi$
m^{v}	Lipoplanète.	$\frac{1}{2^{10}\Delta^2}$	$\frac{2^5-1}{2^5}\pi$
m^{iv}	Arès.	$\frac{1}{2^{8}\Delta^2}$	$\frac{2^6-1}{2^6}\pi$
m'''	Gée.	$\frac{1}{2^{6}\Delta^2}$	$\frac{2^7-1}{2^7}\pi$
m''	Aphrodite.	$\frac{1}{2^{4}\Delta^2}$	$\frac{2^8-1}{2^8}\pi$
m'	Hermès.	$\frac{1}{2^{2}\Delta^2}$	$\frac{2^9-1}{2^9}\pi$

§ 158. **Éloignement des masses expulsées de la masse centrale.** La voie parcourue par les masses expulsées est une courbe ou une ligne droite.

I. Elle est une courbe d'hyperbole pour les masses qui reçoivent une poussée centrifuge *inégale*, 1° de la part de l'électre en expansion, et 2° de la part du bord du cratère une poussée π tangentielle.

II. La voie est rectiligne en deux cas : 1° pour la moitié π de la masse du premier jet, laquelle ne reçoit aucune poussée tangentielle, et 2° pour la masse m^v du seul jet, laquelle reçoit une poussée tangentielle π égale à la poussée centrifuge; ainsi une *lipoplanète* ne peut pas manquer dans l'espace de chaque système.

Les masses des quatre jets précédents s'éloignent de leur soleil par une poussée centrifuge supérieure à la poussée tangentielle; au contraire les masses des quatre jets postérieurs s'éloignent, 1° par une pousse[illegible] médiocre et 2° par une poussée tangentielle supérieure. Il y a donc un jet intermédiaire dont la masse possède à un degré égal les deux poussées ; elle est donc, pour cette raison, forcée de s'éloigner en suivant une ligne diagonale formant un angle de 45° avec le prolongement du rayon qui passe par le cratère et avec la tangente du corps central qui passe également par le cratère et reste sur le plan de son équateur.

§ 159. **État des masses planétaires au point de l'arrêt.** L'éloignement des masses expulsées est entretenu par la poussée provenant de l'augmentation du volume de la quantité *q* d'électre; le volume de chaque molécule d'électre croît indéfiniment, cependant les masses éprouvent en même temps la poussée centripète par le barogène affluent vers le Soleil (§ 47). Un arrêt est inévitable parce que la poussée de l'expansion de l'électre diminue avec l'augmentation du volume de l'espace qui a pour base la masse expulsée et pour hauteur la distance parcourue.

La masse *m* expulsée fait écran à cet espace $D \times m$ lequel est connu sous le nom de *quantité de mouvement*, et c'est ce même espace qui correspond au rayon vecteur des orbites des corps périphériques. C'est donc la poussée du côté de l'expansion de l'électre qui, par un décroissement continu, devient égale à la poussée **p** centripète qu'exerce le barogène B affluant sur celui β contenu dans la masse *m* mêlée avec une quantité d'électre. 1° Par son électre la masse *m* éprouve la poussée centrifuge; 2° par son barogène elle éprouve la poussée **p** centripète. 1° Le poids des corps résulte de la quantité de leur barogène; 2° tandis que leurs qualités ont pour cause les différents combinés de l'électre, lequel est mêlé avec le barogène dans les corps, l'électre seul, sans le barogène, compose la chaleur, la lumière et les deux électricités (§§ 20-27).

Au point de l'arrêt se trouvent les masses possédant leur

poussée tangentielle π, laquelle ne manque que, 1° dans la moitié α de la masse du premier jet; 2° la masse m' se trouve également privée de poussée tangentielle au point de l'arrêt, car elle se trouve interceptée en même temps que la poussée centrifuge.

§ 160. **Deux éléments du mouvement orbiculaire.** Au moment de l'arrêt chacune des masses se trouve avoir la quantité de poussée π^{IX}, π^{VIII}, π^{VII}... qu'elle a reçue de la part du bord postérieur du cratère en direction perpendiculaire au rayon et sur le plan de rotation de ce mouvement. La poussée centripète **p** produite par l'affluence du barogène est perpendiculaire à la poussée tangentielle π. De même que les masses éprouvent dans le cratère une poussée tangentielle perpendiculaire à la poussée centrifuge, de même ces masses, au point de l'arrêt, se trouvent posséder la poussée tangentielle π, et elles doivent éprouver en direction perpendiculaire la poussée **p** centripète.

L'expansion du volume de l'électre fait que la masse de chaque jet s'éloigne de la masse centrale M; cette expansion disparaît au point de l'arrêt, et il reste la poussée tangentielle π qui est un effet du barogène, de sorte que les deux éléments du mouvement au point de l'arrêt deviennent homonymes et perpendiculaires, tandis que, pour arriver à ce point de l'arrêt, les masses sont sollicitées par l'électre d'une part et par le barogène de l'autre. La quantité de mouvement pour chaque masse est le produit $D \times m$, lequel indique un volume V ayant pour base la masse m et pour hauteur la distance D.

La quantité de mouvement $m \times D$ est le produit de la masse m par la distance parcourue en ligne droite; dans les cas où la masse circule autour d'un corps central, l'aire **a**, parcourue par le rayon vecteur, indique la quantité de mouvement. Au lieu donc de multiplier la masse m par la longueur linéaire parcourue, il faut en ces cas la multiplier par une surface **a**, de sorte que c'est le produit invariable

$\mathbf{a}\times m$ qui indique la quantité constante de mouvement des corps périphériques.

Les facteurs produisant les mouvements orbiculaires sont au nombre de deux : 1° la poussée centripète $\mathbf{p}=\frac{1}{D^2}$, et 2° la poussée tangentielle π, laquelle est $\frac{1}{2}\Pi$ pour la masse m'' expulsée la première et Π pour la masse m' expulsée la dernière. Cet accroissement n'est pas exactement en raison inverse des distances, comme cela est admis dans la loi de Képler, où il est égal à $\frac{1}{D}$; de sorte que la rupture de l'équilibre produite des deux poussées $\mathbf{p}$ et π fait que l'aire $\mathbf{a}$ est parcourue par le rayon vecteur, et c'est cette aire qui est précisément indiquée par le produit $\frac{1}{D^2}\times\frac{1}{D}=\mathbf{a}$.

Si une autre masse se trouve à une distance inférieure d, elle éprouve les poussées $\mathbf{p}$ et π d'intensité supérieure, et cela fait décrire au rayon vecteur une aire $\mathbf{a}=\frac{1}{d^2}\times\frac{1}{d}$ correspondante. Ainsi résulte le rapport

$$\mathbf{a} : a = \frac{1}{D^3} : \frac{1}{d^3} = s : S = \pi r^2 : \pi R^2 = r^2 : R^2 = d^3 : D^3.$$

Ces surfaces sont en raison directe avec les aires r^2, R^2, qui peuvent indiquer : 1° les espaces de temps nécessaires pour que les aires soient parcourues par le rayon vecteur, ou 2° les unités des espaces et des quantités de mouvements parcourues par le rayon vecteur en une unité de temps.

II. LOIS DE KÉPLER ET LOI DE BODE.

§ 161. Ces lois servent ici comme de monuments archéologiques indiquant le mode décrit de la production des corps périphériques par leur corps central. Depuis que l'on a découvert que dans les étoiles doubles il y en a une centrale et une ou plusieurs périphériques, les astronomes y ont reconnu l'existence des liaisons entre les corps périphériques avec leur corps central pareilles à celles existant entre les planètes et le Soleil : la différence ne consiste qu'en ce que nos planètes sont obscures, tandis que les planètes des systèmes éloignés sont lumineuses.

Si tous les soleils avaient déjà expulsé une masse de leur intérieur, il ne serait pas possible de trouver de preuve directe de ce que je viens d'exposer sur le mode de la production des corps périphériques par leur corps central. Heureusement qu'il n'en est pas ainsi : ce qui se passa il y a des millions de siècles pour notre Soleil dans l'expulsion de neuf jets de masse, ne cessa pas d'avoir lieu plus tard pour les autres soleils à toutes les époques, comme cela résulte des planètes qui n'ont pas encore perdu leur lumière comme l'ont fait les nôtres depuis longtemps.

Depuis vingt siècles il y a eu apparition d'une quinzaine d'étoiles nouvelles, lesquelles ne sont que des expulsions de masses brûlantes de l'intérieur des soleils invisibles. Ces grands événements séculaires servent à montrer à l'homme ce qui s'opéra dans le Soleil et depuis dans les autres soleils, et ce qui s'opérera à l'avenir dans les soleils qui n'ont pas encore expulsé une masse brûlante, et cela à cause de leur âge encore peu avancé.

A. LOI DE BODE OU DE TITIUS ET SA RECTIFICATION.

§ 162. Dans l'exposition (§ 43) des distances entre les planètes et le Soleil, on remarque les traces d'une progression géométrique, qu'on ne saurait considérer comme un fait accidentel. Cette loi possède sa valeur aussi bien actuellement qu'avant la découverte de Neptune. Si cette planète se trouve d'un quart moins éloignée du Soleil que ne l'indique la loi de Bode, la cause en est que Neptune est composé d'une masse dont la moitié environ éprouve la poussée tangentielle, tandis que l'autre moitié n'en éprouve pas, circonstance qui ne s'est pas reproduite pour les masses émises dans les jets suivants.

Le défaut apparent d'exactitude de la loi de Bode sert précisément à prouver ici les détails de l'expulsion de la masse du premier jet, détails qui vont servir à faire connaître dans certaines nébuleuses leurs correspondants. Les distances entre les planètes et le Soleil, obtenues suivant la loi de Képler, ne correspondent pas exactement avec celles indiquées dans la loi de Bode. Ce défaut d'exactitude prouve encore d'autres espèces de détails opérés également par la loi physique ; ces détails sont les suivants :

§ 163. **Modification des distances entre les planètes et le Soleil.** La masse **m** totale des planètes n'est que $\frac{1}{770}$ de la masse M centrale du Soleil ; de cette masse **m** une partie $\frac{1}{3}$**m** est contenue dans les sept autres planètes, et deux parties $\frac{2}{3}$ **m** environ sont contenues dans Jupiter seul. De même que les planètes éprouvent une poussée vers le Soleil, de même les masses dont elles ont été produites ont éprouvé des poussées convergentes vers la double masse contenue dans Jupiter. Quant aux distances primitives formant une progression géométrique, au lieu de rester conservées, elles changèrent. Les trois planètes Neptune, Uranus, Saturne, en s'approchant de Jupiter, s'approchèrent aussi du Soleil, et c'est ainsi que diminuèrent les distances $2^9\Delta$, $2^8\Delta$, $2^7\Delta$:

I. La distance primitive $2^7\Delta$ devient la distance actuelle de Saturne

$$2 \times 5,20 - 0,86.$$

II. La distance $2^8\Delta = 2^2 \times 5,20$ devient la distance actuelle d'Uranus

$$2^2 \times 5,20 - 0,86 - 0,76.$$

III. La distance $2^9\Delta = 2^3 \times 5,20$ devient la distance actuelle de Neptune

$$2^3 \times 5,20 - 0,86 - 0,76 - 11,84.$$

Les quatre planètes entre Jupiter et le Soleil, en s'approchant de la grosse planète, s'éloignèrent du Soleil, et c'est ainsi qu'une augmentation dut s'affecter des distances primitives et faire apparaître les distances actuelles, qui sont :

Pour Mars. . . . . $1,52 = \frac{1}{2^1} \times 5,30 - 0,22,$

Pour la Terre. . . . . $1,00 = \frac{1}{2^3} \times 5,20 - 0,34,$

Pour Vénus. . . . . $0,72 = \frac{1}{2^4} \times 5,20 - 0,45,$

Pour Mercure. . . . . $0,39 = \frac{1}{2^5} \times 5,20 - 0,28.$

Époque de ces déplacements convergents des masses planétaires. La durée T nécessaire pour parcourir la distance entre un soleil et la planète la plus éloignée est plus longue que celle T — T' qui représente l'expulsion des masses de tous les neuf jets, comme cela se déduit de la courte durée du grand éclat des étoiles nouvelles. C'est donc pendant l'éloignement de la masse centrale que les masses m^{IX}, m^{VIII}, m^{VII} ... m'', m' éprouvent un rapprochement vers la masse la plus grosse, laquelle n'est jamais ni la première ni la dernière, mais une des intermédiaires, comme cela va être démontré dans les systèmes des satellites, dans lesquels se trouvent de pareils déplacements convergents vers le satellite le plus gros.

En partant de Jupiter, les déplacements des planètes croissent en directions convergentes : ils sont respectivement :

Pour Saturne, Uranus et Neptune, de. . . . . . 0,86 ; 1,62 ; 12,56,
Et pour Mars, la Terre et Vénus, de. . . . . . . 0,22 ; 0,34 ; 0,45.

Le faible déplacement de Mercure, qui n'est que de 0,28, indique que sa masse a été expulsée lorsque les déplacements des précédentes ont été déjà terminés ; ces détails se trouvent indiqués également dans le volume suivant de cet ouvrage.

B. LOIS DE KÉPLER.

§ 164. Pour rendre cet objet plus évident, j'expose ici : 1° le mode de la découverte de ces lois ; 2° leur usage dans les calculs de la gravitation ; 3° leur exposition en formules mathématiques telles qu'elles se trouvent dans les ouvrages des astronomes et 4° leur origine physique.

Parmi les planètes, c'est Mars qui se prête le mieux à déterminer : 1° les longueurs des arcs qu'il parcourt dans son orbite ; 2° les aires que parcourt son rayon vecteur, et 3° la courbe de son orbite. Tant qu'est restée inconnue la cause physique de ce genre de série de faits, ils étaient considérés comme autant de lois établies directement par le Créateur, et l'observation était la seule voie pour parvenir à leur connaissance.

Première loi. En combinant les distances réelles et les distances angulaires entre Mars et le Soleil, Képler établit que la courbe fermée de l'orbite n'est pas une périphérie, mais une ellipse.

Deuxième loi. Faisant la comparaison entre, 1° les distances angulaires parcourues par Mars en chaque unité de temps, telles qu'elles paraîtraient à un observateur placé sur le Soleil, et 2° les distances réelles entre Mars et le Soleil, Képler trouva que le rayon vecteur parcourt des aires égales en chaque unité de temps.

Troisième loi. Il a été aussi établi par les observations que les carrés des temps de révolution des deux planètes sont entre eux comme les cubes des distances qui séparent ces planètes du Soleil.

Gravitation. Ces lois étaient connues ainsi que l'accélération des corps terrestres dans leur chute lorsque Newton parvint à considérer les planètes, par rapport au Soleil, comme le sont les corps terrestres dans leur chute par rapport à la Terre ; il établit qu'au moment de l'apparition des masses planétaires dans l'espace chacune d'elles reçut une poussée tangentielle dans la direction de son orbite; car, sans une poussée pareille, la précipitation des planètes sur le Soleil eût été inévitable. Ignorant l'origine de cette poussée, Newton l'attribua à une action suprême, sans cependant qu'il résulte de là que la gravitation ait dû être attribuée également à la même action suprême; la seule différence entre ces deux poussées se réduit à prouver qu'il y a eu des actions d'une courte durée, dont les effets sont restés conservés. Newton attribuait la gravitation également à une poussée que le choc tangentiel et non pas à un effet d'attraction, comme le croient les astronomes et les physiciens de nos jours, qui n'ont pas compris jusqu'à présent que cette hypothèse était une barrière qui s'opposait à ce qu'ils fissent le moindre progrès. Au lieu de reconnaître la multiplication des corps célestes par une subdivision de la masse, les astronomes modernes, égarés par leur hypothèse favorite d'une attraction universelle, n'ont pu rien expliquer de tout ce qu'ils observent; il leur faut donc apprendre ici ce qu'ils eussent dû savoir depuis longtemps, sans le préjugé de l'existence d'une force attractive.

§ 165. **Exposition des lois de Képler en formules mathématiques.** Pour appliquer les lois de Képler aux calculs astronomiques, il a fallu les exposer en formules mathématiques; cette exposition est assez compliquée pour obtenir l'équation d'une ellipse représentant les orbites des corps périphériques; je montre plus bas l'origine directe de la production de cette courbe par deux poussées exercées sur chaque masse périphérique.

Rapport entre les carrés des temps de révolution et des cubes des distances. Soit C (fig. 20) le Soleil, en a' une planète p, et en A une autre P; leurs distances du Soleil $CA = R$ et $Ca' = r$. La planète p est sollicitée par la pesanteur à parcourir en une unité de temps la distance aa' pendant que la planète **p** doit parcourir dans le même temps la distance Ad. Les distances $a'a$, Ad sont les sinus verses des arcs $a'b$, Ad; ces arcs sont la route que doivent parcourir les planètes en obéissant à la pesanteur en même temps qu'à la poussée tangentielle par les longueurs ab et de.

Fig. 20.

Arrivées en b et en e, si les planètes se trouvent à la même distance du Soleil, elles décrivent une périphérie, et alors le sinus verse est proportionnel au carré de son arc. La loi de la gravitation, de même que la trigonométrie, fait connaître que ces sinus verses sont en rapport inverse des carrés des distances; ces rapports sont exposés mathématiquement de la manière suivante :

$$(\alpha) \qquad \frac{Ad}{R} : \frac{a'a}{r} = \frac{\overline{Ae}^2}{R^2} : \frac{\overline{a'b}^2}{r^2} \text{ ou } Ad : a'a = \frac{\overline{Ae}^2}{R} : \frac{\overline{a'a}^2}{r}.$$

Connaissant par la gravitation que $Ad : a'a = r^2 : R^2$, on combine ce rapport avec celui obtenu par la voie de la trigonométrie (α), et il en résulte :

$$r^2 : R^2 = \frac{\overline{Ae}^2}{R} : \frac{\overline{a'a}^2}{r}; \; r \times \overline{a'a}^2 = R \times \overline{Ae}^2; \; \overline{Ae}^2 = \overline{a'a}^2 \times \frac{r}{R}.$$

L'orbite de la planète p est la périphérie $2\pi r$ et celle de la planète P est $2\pi R$; en divisant ces orbites par les arcs $a'b$ et Ae, on obtient les nombres τ, T indiquant les unités des temps nécessaires pour que chaque orbite soit parcouru par sa planète ; on a ainsi :

$$(\beta) \qquad \tau : T = \frac{r}{a'b} : \frac{R}{Ae}.$$

Le carré de cette proportion (β) est

$$\tau^2 : T^2 = \frac{r^2}{\overline{a'b}^2} : \frac{R^2}{\overline{Ac}^2}.$$

En y remplaçant $\overline{Ac}^2$ par sa valeur trouvée, on obtient

$$\tau^2 : T^2 = \frac{r^2}{\overline{a'b}^2} : \frac{R^2}{r \times \overline{ab}^2},$$

et enfin

$$(\gamma) \qquad \tau^2 : T^2 = r^3 : R^3.$$

De cette manière se trouve relié le rapport de la gravitation exposé en lignes géométriques avec ceux qui résultent des rapports trigonométriques sans qu'il y ait entre eux aucunes relations des faits physiques. La poussée de la pesanteur est introduite exactement en rapport inverse avec les carrés des distances, tandis que pour la poussée tangentielle il est introduit une valeur qui n'est pas exactement la véritable, car les planètes circulent dans des courbes elliptiques et non périphériques.

La durée de la révolution de la Terre peut être déterminée avec la plus grande exactitude, tandis que sa distance du Soleil, déterminée par les observations, présente une erreur de $\frac{1}{100}$. En prenant l'an T comme unité de temps et la distance r entre la Terre et le Soleil comme unité de distance, l'équation (γ) devient

$$(\delta) \qquad R^3 : 1 = T^2 : 1; \; R = \sqrt[3]{T^2}.$$

Ainsi, au moyen de la durée de la révolution de chaque corps périphérique, peut être déterminée la distance qui le sépare de son corps central.

Vitesse des corps périphériques. Soient α, a les arcs parcourus par les planètes P et p en une unité de temps, on a donc

$$\alpha = \frac{2R\pi}{T} \quad \text{et} \quad a = \frac{2r\pi}{\tau},$$

et l'on a

$$\alpha : a = \frac{R}{T} : \frac{r}{\tau} \quad \text{et} \quad \alpha^2 : a^2 = \frac{R^2}{T^2} : \frac{r^2}{\tau^2},$$

et à cause de $\tau^2 : T^2 = r^3 : R^3$ (γ) on a

$$\alpha^2 : a^2 = r : R \quad \text{et} \quad \alpha : a = \sqrt{r} : \sqrt{R}.$$

Ce rapport est également obtenu ci-dessus (α), car par le mot *vitesse* est entendu l'espace parcouru en une unité de temps. En remplaçant les distances r, R par leur valeur $\sqrt[3]{\tau^2}$, $\sqrt[3]{T^2}$, on obtient

$$(\varepsilon) \qquad \alpha : a = \sqrt[3]{\tau} : \sqrt[3]{T}.$$

Ces résultats sont obtenus en admettant la forme périphérique comme orbites; pour obtenir les vitesses réelles des planètes dans des orbites de forme elliptique, on emploie la méthode suivante.

Soient r le rayon vecteur, a le demi grand axe de l'orbite, τ la durée de la révolution et k une constante qui est la même pour tous les corps périphériques circulant autour du même corps central, car elle correspond à la masse M de ce corps. La constante k indique des secondes du temps et elle est $k = 2,044$ pour le système planétaire; on met

$$\mu = \frac{4k^2a^3}{T^2}$$

et indiquant par s l'arc parcouru en une unité de temps par la planète, on a

$$(\zeta) \qquad s = \sqrt{\mu\left(\frac{2}{r} - \frac{1}{a}\right)}.$$

Par la durée τ (δ) est déterminée la valeur du rayon vecteur r et par suite la vitesse s.

§ 166. **Égalité des aires parcourues par le rayon vecteur.** Tant que Newton et ses successeurs ignorèrent l'origine de la poussée tangentielle, il fut impossible de se rendre raison de la liaison qui existe : 1° entre l'accroissement des arcs parcourus et le décroissement de la longueur du rayon vecteur, de sorte que les aires restent invariables pendant l'avancement des planètes de leur aphélie vers leur périhélie, et 2° entre le décroissement des arcs parcourus et l'accroissement de la longueur du rayon vecteur pendant l'éloignement des planètes de leur périhélie. Avant d'exposer le mode de la production de cette série de faits par l'écoulement du barogène, j'indiquerai la description envisagée par les astronomes plutôt comme une sorte d'explication.

Fig. 21.

Soit une masse m arrivée de S″ (fig. 21) à A, et tendant vers la direction Ab perpendiculaire à AS, cette masse étant sollicitée par une poussée π tangentielle de valeur inconnue. La masse m est en même temps sollicitée par une pesanteur de valeur $\mathbf{p} = \frac{1}{AS^2}$ vers **S** pour parcourir l'espace $a'a$ en une unité de temps. Dans les cas où cet espace $a'a$ est inférieur à l'intervalle Sb — SB, la masse m se trouvera en **B** moins éloignée de **S** qu'en **A**.

La poussée tangentielle π sollicite la masse m de B vers M tandis que la pesanteur **p** la fait se rapprocher du Soleil **S**.

et elle arrive ainsi en **C**. L'arc parcouru **BC** est plus grand que le précédent AB, et la distance SC est moindre que la précédente SB : la pesanteur est donc devenue plus grande. Quant à la poussée tangentielle π inconnue on la remplace par la longueur des arcs parcourus AB, BC, CD en disant que *c'est la vitesse qui sollicite la poussée tangentielle*.

Le mot *vitesse*, dans ce cas, ne représente plus l'espace parcouru des formules (ι) (ζ); car au lieu de cet espace résultant de la poussée, le même mot est maintenant employé pour montrer que l'espace parcouru indique la poussée qui a fait parcourir cet espace à la masse m ; il est cependant vrai que cette poussée est proportionnelle à l'espace parcouru. Telle est la raison qui fait employer aux astronomes le mot *vitesse* à la place de poussée tangentielle; de cette sorte il leur devint possible d'éviter l'emploi du mot *poussée* qui compromettrait leur système basé sur l'*attraction*, hypothèse qu'ils cherchent à maintenir et à défendre à tout prix.

L'angle Γ est formé des directions des deux poussées π et **p** exercées sur la masse m : 1° cet angle est de 90° en A ; 2° ensuite il diminue et devient SBM, SCg, SDg..., pour atteindre en g un minimum $\Gamma = 90° - \gamma'$; 3° il s'accroît ensuite et devient $\Gamma = 90°$ au sommet L de l'ellipse; 4° en avançant au delà de ce sommet, la masse m éprouve les deux poussées formant un angle obtus $90° + \gamma' = \Gamma$, lequel atteint un maximum en R, le milieu de l'hémi-ellipse ARL; 5° au delà de ce point, l'angle Γ diminue, et en A il devient de 90°.

Les astronomes ont encore exposé l'égalité des aires de la manière suivante : soit la masse périphérique m' en A (fig. 22) sollicitée par la poussée π tangentielle vers B, et par la pesanteur **p** vers n dans la direction du Soleil **s** ; elle doit parcourir la diagonale AB'. La distance étant petite, les arcs coïncident avec leurs cordes et sont égales les surfaces des triangles ABS, AB'S, dont le premier ABS serait parcouru par le rayon vecteur sans l'influence de la pesanteur, et le second AB'S, au contraire, est parcouru sous cette influence de la pesanteur. En B' la poussée tangentielle est devenue AB', au lieu de AB qu'elle était en A; la masse m' est sollicitée par la poussée $\pi = AB'$ vers C : mais à cause de la pesanteur **p** elle parcourt la diagonale B'C' du parallélogramme B'CC'm; de sorte que les triangles B'CS, B'C'S ont ici une égale superficie comme les deux précédents. Si l'on considère que chacune des aires de ces triangles est parcourue en une unité de temps, le nombre τ indiquant la somme des unités de temps devra indiquer en même temps la somme des aires ou la surface S de l'orbite.

Fig. 22

La grandeur de la superficie des aires a deux facteurs : 1° la longueur du rayon vecteur r, et 2° la longueur λ de l'arc α parcouru par la masse m en une unité de temps. Pour que le produit $\lambda \times r$ reste invariable, il faut augmenter l'un des facteurs et diminuer proportionnellement l'autre. A étant l'aire, on peut avoir

$$A = \lambda \times r = a \times \lambda \times \frac{r}{a} = \frac{\lambda}{a} \times a \times r.$$

Il a été dit que l'angle Γ formé des directions des deux poussées est de 90° en A et L, aux points de l'aphélie et du périhélie; en tous les autres points de l'orbite l'angle Γ est de 90° ± γ aigu ou obtus; en tous ces points l'une des poussées **p** peut rester dans la direction du rayon vecteur tandis que la poussée tangentielle prendra une direction normale sans que change la diagonale AD (fig. 23) du parallélogramme ACBD d'angle A aigu transformé en rectangle AOO'D; des poussées précédentes il reste la direction de AO', et il ne se déplace que celle de la poussée AC qui affecte la direction AO.

Fig. 23.

Dans le parallélogramme ABDC, $A = \Gamma$ est l'angle du croisement des deux poussées : 1° π dirigée de A vers C, et 2° **p** dirigée de A vers B où est le corps central. La normale Cc abaissée de l'extrémité C de AC sur AB a pour valeur $AC \sin\Gamma = Cc$; et c'est $AC \cos\Gamma = Ac$ qui indique la direction du rayon vecteur AB ou AO'. En indiquant par π la poussée tangentielle AC, on peut opérer de la même manière pour un autre point de l'orbite et on obtiendra la proportion

$$\pi \sin\Gamma : \pi' \sin\Gamma' = r' : r; \quad r \times \pi \sin\Gamma = r' \times \pi' \sin\Gamma' = \text{constante}.$$

La réalité des lois de Képler est basée sur les résultats obtenus par les observations, car tous les faits du monde résultent des écoulements de l'électre indiqué par le mot *actions*, lesquelles ont une durée limitée, tandis que les faits produits se conservent. Au moyen des observations des faits : 1° il est possible de connaître les actions dont ils résultèrent si la loi physique de l'écoulement de l'électre est connue; ou 2° il est possible, connaissant les actions, de déduire la loi physique; enfin 3° connaissant la loi physique et les actions, on sera alors en état de déterminer *à priori* les faits qui en doivent résulter.

§ 167. **Conditions de la production des orbites elliptiques**. Les calculs mathématiques conduisent aux résultats indiquant les conditions voulues pour qu'une orbite affecte la forme d'une périphérie, une ellipse, une parabole ou une hyperbole. Ces conditions sont les suivantes, g indiquant la vitesse et q le rayon :

1° **Cercle**, dans le cas où $g^2 \times q = 1$, ou $1 = \frac{1}{g^2 q}$;

2° **Ellipse**, dans le cas où $g^2 \times q$ plus grand que 1 et plus petit que 2, ou $1 = \frac{1}{(1+\alpha) g^2 q}$;

3° **Parabole**, dans le cas où $g^2 \times q = 2$, ou $1 = \frac{1}{2 g^2 q}$;

4° **Hyperbole**, dans le cas où $g^2 \times q$ plus grand que 2, ou $1 = \frac{1}{(2+\alpha) g^2 q}$.

C. DE L'UNIQUE ORIGINE DES LOIS DE KÉPLER.

§ 168. C'est après la découverte de la gravitation des planètes que Newton a été conduit à appliquer les lois de Képler aux calculs des mouvements des corps périphériques; de même, c'est après la découverte de l'origine et de la nature de ces mouvements, qui ne sont plus des mots abstraits, mais je veux exposer que les déplacements des corps célestes, comme ceux des corps terrestres, ne sont que des effets physiques de l'expansion et de l'accroissement en volume du fluide barogène affluant vers l'espace II (§ 13) des deux électrosphères A et P (fig. 1).

Le *mouvement* est l'augmentation de volume du barogène ou de l'électre, et la *quantité de mouvement* est le volume de l'espace indiquant la quantité ou le volume v du barogène qui s'écoula dans cet espace exprimé par le produit $m \times e$;

m est la masse qui correspond au barogène β contenu dans le corps; le déplacement de chaque masse résulte de l'occupation de la place par un volume de barogène β répété autant de fois qu'est l'espace e parcouru par la masse.

La réforme fondamentale des mouvements des corps célestes et de leurs calculs consiste en ce qu'au lieu de considérer les déplacements des corps comme des lignes géométriques, ces lignes sont ici de longs prismes ou cylindres indiquant les quantités de mouvements ou volumes d'expansion du barogène. La chute des corps terrestres est l'effet de la seule direction centripète de l'expansion du barogène; les mouvements orbiculaires des corps célestes sont issűs des expansions pareilles du barogène en sens centripète et en sens tangentiel pour former un angle Γ en se croisant dans la masse m du corps ou dans son barogène β.

Ce barogène β, obéissant aux deux sens d'expansion du barogène affluant en volumes v et v' et leur cédant la place, fait résulter une quantité de mouvement qui indique l'espace susceptible d'occuper un volume $V = v + v'$ égal à celui qui occuperait la somme des deux volumes, lesquels étaient nommés *facteurs ou composants des parallélogrammes des forces*, sans que personne sût en quoi consiste la nature de ces faits observés, et l'on était encore bien moins en état de se rendre compte de la correspondance entre les résultats obtenus par les calculs et ceux donnés par les observations.

§ 169. **Composition des forces.** La nature des forces était un mystère et leur composition un mystère plus grand encore; cependant Newton prouva que les mouvements orbiculaires des planètes et des satellites sont l'effet de deux forces composées. Ici la rupture de l'équilibre dans le fluide barogène est ce qu'on doit entendre par le mot *force*, et le mot *action* correspond à l'écoulement de ce fluide. Dans la masse des corps célestes se croisent deux sens d'expansions; l'une, indiquée par la longueur λ parcourue, est la quantité

de mouvement $m \times \lambda$: 1° m est la masse ou le barogène β du corps exprimée en surface de sa coupe c; 2° le produit $m \times \lambda$ est un cylindre de volume $V = v + v'$, dans lequel entre la somme $v + v'$ de volumes de barogènes des deux expansions croisées dans la masse m.

Soit en A (fig. 23) la masse m sollicitée, 1° par l'expansion centripète **p** de barogène qui tend vers O' en une unité de temps, et 2° par l'expansion tangentielle π du barogène qui tend de A à O', et qui, après être arrivé à O par la poussée **p**, va ensuite en D en faisant la même longueur de route $AO = O'D$. Si les deux expansions de barogène s'opèrent simultanément sur la masse m, elle arrivera également en D; mais en ce cas, elle mettra pour cela une seule unité de temps, et les deux volumes $v + v'$ se trouveront dans l'espace $m \times AD$ qui est la quantité de mouvement, laquelle est égale à la somme $m \times AO + m \times OD = v + v'$. Dans la figure 24, l'arc ei indique la courbe d'hyperbole décrite par chaque jet pendant son éloignement du corps central (§ 35).

Fig. 24.

En prenant, dans la figure 23, m comme hauteur et les carrés $\overline{AD}^2 = AO^2 + OD^2$ comme bases des prismes rectangulaires, on obtient un résultat correspondant à celui des compositions des forces. Si donc on connaît la correspondance des sommes des volumes des expansions du barogène, on obtient la quantité de mouvement des corps célestes en volumes. Ces quantités de mouvement sont les lois de Képler, lesquelles me servent à démontrer ici la nature du mouvement.

1° *Du mode de la production de la forme elliptique des orbites.*

§ 170. Dans la construction graphique des ellipses, on prend la longueur du grand axe AL (fig. 21) et l'on fixe l'extrémité L en S et l'extrémité A en S', à une distance SS', laquelle a le centre O dans son milieu; $SO = e = \sqrt{a^2 - b^2}$ est l'*excentricité*. La longueur du grand axe étant un fil, on le tend avec une aiguille, laquelle décrit la courbe $AgLR$ qui est une ellipse; si les deux extrémités du fil sont en un seul point O, l'excentricité devient nulle et la courbe devient une périphérie.

Soit γ l'angle formé dans l'aiguille des deux lignes allant aux points S et S' qui sont les deux foyers séparés l'un de l'autre par l'intervalle constant SS'. On a donc un triangle dont l'un des côtés est constant et la somme des longueurs des deux autres $v + v' = 2a$, en donnant la valeur de l'un de ces deux côtés, on détermine l'autre, et c'est en cela que consiste l'équation suivante de l'ellipse décrite de la manière indiquée :

$$(a) \qquad v \cos\gamma + v' \sin\gamma = X.$$

1° Au sommet A, $\gamma = 0$ et $v = X = SA$.

2° Au point C correspondant au foyer S', $v \cos\gamma = y = S'C$; et $v' \sin\gamma = 2e = CS \sin S'CS$.

3° En g le milieu de l'hémiellipse AgL est $v \cos\frac{1}{2}\gamma = b$, qui est le demi petit axe; $v \sin\frac{1}{2}\gamma = e = gS \sin\frac{1}{2} S'gS$.

4° A l'autre sommet L, $\gamma = 180°$, lequel donne $v' \sin 0 = 0$ et $v \cos 180° = -SL = -X$.

§ 171. **Mode de la production des orbites elliptiques par les deux poussées.** Dans le parallélogramme AODO' (fig. 23) $\overline{AD}^2 = \overline{AO}^2 + \overline{OD}^2 = \overline{Ai}^2 + 2Ai \times iD + iD^2$, toutes ces surfaces sont les bases des prismes d'égale hauteur h, et c'est ainsi qu'il y est indiqué la somme $v + v'$ des volumes $\overline{AO}^2 \times h + \overline{OD}^2 \times h = \overline{AD}^2 \times h$. C'est le point i qui indique que le volume $v = \overline{AO}^2 \times h$ est égal à celui $Ai \times AD \times h$, et $v' = \overline{OD}^2 \times h = iD \times AD \times h$. Dans la construction graphique de l'ellipse, après avoir placé les extrémités A, D en E, E', on fait varier les distances entre i et les deux foyers qui ne peuvent jamais être atteintes à la fois par la pointe i de l'aiguille. Il y a donc toujours affluence des deux volumes $v + v' = V$ de barogène dans les deux parties de la diagonale; cependant, en ce cas, les déplacements de la pointe i de l'aiguille résultent de la différence des poussées $v - v'$ indiquée par les deux volumes.

De même que la masse m en A (fig. 21) parcourt la diagonale AB, et que celle en A (fig. 23) parcourt la diagonale AD, de même cette masse, se trouvant en n, décrit l'arc n en séparant la longueur $AD = 2a$ en deux parties, l'une $nE = q$, et l'autre $AD - nE = 2a - q$. En ce cas, le point n ou le déplacement de la masse correspond à la différence $v - v'$ entre les deux volumes des expansions de barogène; car c'est en cette différence $v - v'$ entre les deux poussées **p**, π que consiste la production de la forme elliptique des orbites.

§ 172. **Rapport entre les angles Γ et γ.** Le sommet n de l'angle γ indique, par la différence $v - v'$ de ses deux côtés, la différence $v - v'$ entre les volumes v et v' des deux expansions de barogène : l'angle Γ résulte du croisement des directions des deux expansions du bagène.

1° Au sommet A (fig. 21) de l'ellipse, 1° $\Gamma = 90°$ est en un sens, et 2° en L est $\Gamma = 90°$ en sens contraire ; on a donc $\gamma = 0 = \Gamma - 90°$.

2° En g, le milieu de l'hémiellipse, $\Gamma = 90° - \frac{1}{2}\gamma$, parce qu'en ce point l'expansion tangentielle du barogène est en direction parallèle au grand axe.

3° Aux foyers correspond $\Gamma = 90° - \gamma$, $v \sin \gamma = 2e$.

4° Les tangentes de chaque point de l'ellipse forment l'angle Γ avec le rayon vecteur et l'angle Γ' avec la ligne qui va au foyer vide, nous nommons ici cette ligne *paravecteur*; on a donc $\gamma = 180° - \Gamma - \Gamma'$.

5° En L, est $\Gamma = -90°$, $\Gamma' = 90°$ et $\gamma = 0$.

2° *De la cause de l'égalité des aires parcourues par le rayon vecteur en une unité de temps.*

§ 173. Les aires sont limitées du côté de l'espace : 1° par l'arc parcouru en une unité de temps dont la longueur λ est variable, et 2° par le rayon vecteur r dont la longueur est également variable ; il n'y a de constant que la somme $v + v'$ des volumes indiquant l'espace constant occupé en chaque unité par l'expansion de la quantité $Q = q + q'$ de barogène. Dans les parallélogrammes, de même que dans les orbites, les masses parcourent des diagonales dont les carrés sont la somme des carrés des deux poussées nommées *deux forces composantes*. La poussée centripète est $\mathrm{p} = \frac{1}{r^2}$, et la poussée tangentielle en A (fig. 21) est $\pi = \frac{1}{r}$. Le carré λ^2 de la longueur AB est un espace $\lambda^2 \times h$ ayant pour base la surface carrée λ^2 et pour hauteur h. Cette surface λ^2 est égale à la somme des surfaces $\overline{a'a}^2 + \overline{aB}^2 = \frac{1}{r^4} + \frac{1}{r^2} = \lambda^2$, dont on obtient

$$(\beta) \qquad r^4\lambda^2 = 1 + r^2 \text{ ou } r^4\lambda^2 - r^2 = 1 \text{ et } r^4\lambda^2 = 1 ;\ r^2\lambda = 1.$$

Erreur de cette loi. Le produit $r \times r\lambda$ constant est un espace de forme prismatique dont la base varie ainsi que la hauteur sans que change en rien le volume $v = v + v' = \frac{1}{r^4} \times \frac{1}{r^4}$, cependant pour obtenir ce produit constant, admis dans la deuxième loi de Képler, il faut nécessairement introduire une erreur en négligeant la quantité r^2. Les effets de cette erreur sont insignifiants dans les calculs astronomiques où la valeur du rayon r est considérable, mais il n'en est plus de même pour les calculs où la valeur de r est petite.

Pour Saturne et Jupiter r est $2^7\Delta$, $2^6\Delta$ et la différence est $r^2(r^2 - 1) = 2^{14}\Delta^2(2^{14}\Delta^2 - 1)$ ou $2^{12}\Delta^2(2^{12}\Delta - 1)$; pour la Terre, Vénus, Mercure, cette différence est $2^6\Delta^2(2^6\Delta^2 - 1)$, $2^4\Delta^2(2^4\Delta^2 - 1)$, $2^2\Delta^2(2^2\Delta^2 - 1)$. En admettant $2^3\Delta = 1$, il devient $2^6\Delta^2(2^6\Delta^2 - 1) = 0$ et $2^4\Delta^2(2^4\Delta^2 - 1) = -a$. En appliquant les mêmes formules aux calculs des mouvements des planètes, Laplace obtint pour Jupiter et Saturne des résultats correspondant à ceux obtenus par les observations, tandis que les différences sont énormes entre les résultats des calculs et des observations lorsque les formules sont appliquées aux calculs des mouvements de la Terre ou des planètes inférieures; Laplace en ignorait la cause.

3° *De l'origine du rapport entre les carrés des temps de révolution et les cubes des distances.*

§ 174. Il entre, 1° dans la périphérie $2\pi r$, un nombre n égal de fois la longueur λ de l'arc parcouru en une unité de temps par la planète, et 2° dans la surface πr^2 l'aire a parcourue en même temps par le rayon vecteur; il en résulte $n = \frac{2\pi r}{\lambda}$, $n = \frac{\pi r^2}{a}$ et

$$(\gamma) \qquad n\lambda = 2\pi r \text{ et } na = \pi r^2; \quad n'\lambda' = 2\pi R \text{ et } n'a' = \pi R^2.$$

En remplaçant les longueurs λ, λ' par la valeur $\lambda = \frac{1}{r^4}$ et $\lambda' = \frac{1}{R^4}$ on obtient

$$\frac{n}{r^2} = 2\pi r,\ \frac{n'}{R^2} = 2\pi R \text{ et } n = 2\pi r^3,\ n' = 2\pi R^3;\ n : n' = r^3 : R^3,$$

$$n = \frac{\pi r^3}{a},\ n' = \frac{\pi R^3}{a'},\ n : n' = \frac{r^3}{a} = \frac{R^3}{a'},\ n : n' = a'r^3 : aR^3,$$

$$(8)\qquad r^3 : R^3 = a'r^3 : aR^3.$$

En admettant comme unité l'aire **a** parcourue par le rayon vecteur r de la planète p, de même que l'aire inégale **a'** parcourue par le rayon vecteur R d'une autre planète p, les produits $a'r^2$ et aR^2 expriment des espaces de formes prismatiques ayant pour bases les surfaces ra', aR et pour hauteurs r et R. Ces mêmes hauteurs r, R sont dans les espaces cubiques r^3, R^3 ; il en résulte que les surfaces $a'r$ et aR sont égales aux carrés r^2, R^2; de sorte que les volumes **v**, V ont les doubles mesures r^3, R^3 de forme cubique, et $r^2 \times a$, $R^2 \times a'$ de forme prismatique où entrent les carrés des rayons vecteurs et les aires **a'**, **a**. Les produits $a' \times r^2$ et $a \times R^2$ sont invariables lorsqu'on emploie les rayons r, R comme hauteur ou lorsque les bases sont carrées r^2 et R^2, tandis que les hauteurs sont indiquées par les quantités **a'**, **a** proportionnelles aux durées des révolutions.

Erreur de cette loi. Dans le calcul entre la valeur constante $r^2\lambda = 1$ et non pas la valeur véritable $r^4\lambda = 1 + r^2$; l'erreur est petite lorsqu'est grande la distance entre les planètes et le Soleil, et elle est considérable lorsqu'est petite ladite distance. Dans un cas les résultats des calculs correspondent à ceux des observations, et dans l'autre ils en diffèrent, et d'autant plus que la distance est moindre.

D. De la correspondance entre les résultats des calculs astronomiques et les résultats des observations.

§ 175. Chaque fois que les astronomes parviennent à obtenir par les calculs des résultats conformes à ceux obtenus par les observations, ils proclament la découverte d'une loi. En discutant ici les lois de Képler et de Bode, j'ai démontré l'existence de l'expansion spontanée du fluide barogène dont les volumes sont mesurés en espaces de formes géométriques, comme cela a lieu pour les volumes des liquides. De sorte que les expressions géométriques découlent des expansions du fluide barogène dont les volumes sont mesurés en espaces de formes géométriques.

I. **Le carré de l'hypoténuse égale à la somme des carrés des deux normales.** Ce rapport est déduit dans la Géométrie par des axiomes, tandis que dans l'Astronomie et la Barostatique il est un effet physique, parce que la somme $v + v'$ des volumes des deux quantités de barogène $q + q'$ doit être un volume **v** occupant un espace égal à ceux qui étaient occupés par lui précédemment.

II. **Liaison entre les sinus verses et le carré de leur arc.** Le carré λ^2 d'un arc Ae (fig. 20) ou de sa corde est égal à la somme des carrés $\overline{Ad}^2 + \overline{de}^2$; le sinus verse étant $Ad = y$ il est $\overline{de}^2 = y \times 2AC = 2ry$, on en obtient

$$\lambda^2 = y^2 + 2ry, \text{ et } y = -r \pm \sqrt{r^2 + \lambda^2}.$$

III. **Liaison entre les ellipses des orbites et les deux poussées.** J'ai indiqué (§ 167) que la forme des courbes ne peut être une ellipse que sous la condition que le produit $g^2 \times q$ sera plus grand que l'unité et moindre que 2. Ce résultat mathématique est un fait incontestable, sans cependant que l'on en connaisse la cause, qui se présente ici spontanément.

La poussée centripète **p** de la pesanteur étant en raison inverse des carrés des distances, est indiquée par $\mathbf{p} = \frac{1}{d^2}$; quant à la poussée tangentielle π, sa valeur commence par $\frac{1}{2}\pi = \frac{1}{2}\varepsilon$, et croissant pendant les expulsions des jets de masse, elle s'approche de l'unité sans cependant l'atteindre, car elle devient $\pi = \frac{2^v - 1}{2^v} = \frac{1}{\delta}$.

Le produit $\pi \times \mathbf{p}$ des deux poussées correspond à celui

$\frac{1}{g^2 q}$ des calculs astronomiques, car $p = \frac{1}{d^2} = \frac{1}{g^2}$ et $\pi = \frac{1}{\delta} = \frac{1}{q}$. Pour que ce produit soit entre 1 et 2, π est plus grand que $\frac{1}{2}$ et plus petit que 1 ; c'est précisément la valeur qui a été trouvée (§ 167). On a donc

$$\pi \times P = \frac{1}{g^2 q} \quad \text{ou} \quad \frac{1}{d^2} \times \frac{1}{\delta};$$

c'est le même produit indiqué par des lettres différentes.

Dans le deuxième volume je traiterai en détail cet objet auquel j'attache une très-haute importance. Si j'en fais ici mention, c'est pour mettre le lecteur à même de connaître la simplification des observations ainsi que des calculs, simplification à laquelle on arrive lorsqu'on suit le mode de la production des mouvements par l'expansion du volume de barogène.

CHAPITRE II.

DE LA PRODUCTION DES ÉTOILES NOUVELLES.

§ 176. A des intervalles séculaires très-inégaux, il s'est montré dans le ciel presque subitement des corps doués d'un certain éclat, et qui ont disparu graduellement dans l'espace de quelques mois; on a nommé ces corps, 1° *étoiles nouvelles*, par rapport à leur apparition, et 2° *étoiles temporaires*, par rapport à leur disparition. Avant l'apparition de l'étoile nouvelle de 1572 observée par Tycho, les faits pareils étaient reçus comme des fables. En 1604, apparaît une autre étoile nouvelle qu'observèrent plusieurs individus qui avaient vu celle de 1572.

Édouard Biot a trouvé dans la collection de Ma-tuan-lin qu'en l'année 134 avant J.-C., les Chinois observaient une étoile nouvelle dans la constellation du Scorpion : ce fait se trouva concorder avec un récit de Pline, qui raconte qu'une étoile nouvelle, qui se montra du temps d'Hipparque, donna à ce grand astronome la première idée d'exécuter un dénombrement (*) ou un catalogue des étoiles qui, de son temps, étaient visibles dans le firmament : cela eut lieu six ans après l'apparition de l'étoile nommée.

Nous allons exposer ici tout l'ensemble des faits historiques tels qu'ils se trouvent dans les ouvrages des astronomes, et c'est de leurs arrangements entre eux, avec les nébuleuses

(*) En langue thrace, un astronome s'appelle *svezdobrovetce* (*svezdo*, étoile; *brovetce*, numérateur), celui qui fait le dénombrement des étoiles.
Le mot *svezdo* renversé devient *odsevs* (*od*, de; *Zevs*, Jupiter).

planétaires et avec les mouvements orbiculaires des planètes, que résultera le mode de leur production et leur disposition dans la voie lactée ou tout près d'elle.

Toutes les circonstances furent favorables à l'observation des deux dernières étoiles nouvelles. Celle de 1572 fut, pendant toute sa durée, observée par Tycho, et l'autre, de 1604, le fut par Brunowckius, à Prague, Képler et plusieurs autres qui avaient vu celle de 1572. Tous les systèmes, échafaudés par les astronomes pour expliquer l'origine des étoiles nouvelles, ont été aisément renversés par Arago, qui a mis dans tout son jour la profonde ignorance des astronomes dans toutes les questions qui touchent à la constitution physique de l'univers.

Pour fixer les idées et mettre le lecteur à même de connaître les séries de faits qui se succèdent dans chacune des étoiles nouvelles, nous répéterons ici, avant d'entrer dans aucun détail, la description des deux étoiles de 1572 et 1604.

I. PARALLÉLISME DES SÉRIES DES FAITS DES ÉTOILES NOUVELLES.

§ 177. Les détails relatifs aux étoiles précédentes temporaires n'ont pas été conservés; quelques-uns des astronomes modernes observèrent en 1848 une étoile nouvelle de cinquième grandeur qui diminua jusqu'à la deuxième grandeur; une autre de sixième grandeur apparut en 1850, et devint bientôt invisible. Cassini et Maraldi observèrent environ vingt étoiles pareilles; mais ils ne les ont pas considérées comme pareilles à celles qui se présentent subitement de première grandeur.

I. **Étoile nouvelle de** 1572. C'est Humboldt qui publia la description de cette étoile faite par Tycho, qui s'exprime en ces termes (*Cosmos*, t. III.) :

« Lorsque je quittai l'Allemagne pour retourner dans les

îles danoises, je m'arrêtai dans l'ancien cloître, admirablement situé, d'Herritzwaldt, appartenant à mon oncle Stenon Bille, et j'y pris l'habitude de rester dans mon laboratoire de chimie jusqu'à la nuit tombante. Un soir que je considérais, comme à l'ordinaire, la voûte céleste, dont l'aspect m'est si familier, je vis avec un étonnement indicible, près du zénith, dans Cassiopée, une étoile radieuse d'une grandeur extraordinaire. Frappé de surprise, je ne savais si je devais en croire mes yeux : pour me convaincre qu'il n'y avait point d'illusion, et pour recueillir le témoignage d'autres personnes, je fis sortir les ouvriers occupés dans mon laboratoire et je leur demandai, ainsi qu'à tous les passants, s'ils voyaient comme moi l'étoile qui venait d'apparaître tout à coup : j'appris plus tard qu'en Allemagne des voituriers et d'autres gens du peuple avaient prévenu les astronomes d'une grande apparition dans le ciel : ce qui a fourni l'occasion de renouveler les railleries accoutumées contre les hommes de science.

« L'étoile nouvelle était dépourvue de queue : aucune nébuleuse ne l'entourait ; elle ressemblait de tous points aux autres étoiles ; cependant elle scintillait encore plus que les étoiles de première grandeur. Son éclat surpassait celui de Sirius, de la Lyre et de Jupiter. On ne pouvait la comparer qu'à celui de Vénus, quand elle est le plus près possible de la Terre. Des personnes pourvues d'une bonne vue pouvaient distinguer cette étoile pendant le jour, même en plein midi, quand le ciel était pur. La nuit, par un ciel couvert, lorsque toutes les autres étoiles étaient voilées, l'étoile nouvelle resta plusieurs fois visible à travers des nuages assez épais. Les distances de cette étoile à d'autres étoiles de Cassiopée, que je mesurai l'année suivante avec le plus grand soin, m'ont convaincu de sa complète immobilité. A partir du mois de décembre 1572, son éclat commença à diminuer ; elle était alors égale à Jupiter. En janvier, elle devint moins brillante que Jupiter. Voici les résultats de mes comparaisons : en février et mars, égalité des étoiles de premier ordre; en avril et mai, éclat des étoiles de deuxième grandeur; en juillet et août, de troisième; en octobre et novembre, de quatrième grandeur. Vers le mois de novembre, l'étoile nouvelle ne surpassait pas la onzième étoile située dans le bas du dossier du trône de Cassiopée. Le passage de la cinquième grandeur à la sixième grandeur eut lieu de décembre 1573 à février 1574. Le mois suivant, l'étoile nouvelle disparut sans laisser de traces visibles à simple vue, après avoir brillé dix-sept mois. »

Dans les premiers temps de l'apparition de cette étoile, lorsqu'elle égalait en éclat Vénus et Jupiter, elle resta blanche pendant deux mois; elle passa ensuite au jaune, puis au rouge. Pendant l'hiver de 1573, Tycho la compare à Mars, puis il la trouve presque semblable à l'étoile de l'épaule droite d'Orion (Beteigeuze ou α d'Orion). Il lui trouvait surtout de l'analogie avec la couleur rouge d'Aldebaran. Au printemps de 1573, principalement vers le mois de mai, la couleur blanchâtre reparut; elle resta en janvier 1574 de cinquième grandeur et blanche, mais d'une blancheur moins pure; elle scintillait avec une vivacité extraordinaire pour sa grandeur; enfin, elle conserva les mêmes apparences jusqu'à sa disparition totale en mars 1574.

II. **Étoile nouvelle de 1604.** Les détails recueillis par plusieurs observateurs sont les suivants :

Le 10 octobre, J. Brunowickius, à Prague, la voit un instant et l'annonce à Képler.

Le même jour, Magini et Rœslin l'aperçoivent.

Le 13, Fabricius de Frise et Juste Bynge commencent à l'observer.

Le 14, Maestlin l'aperçoit.

Le 17, les nuages s'étant dissipés, Képler l'observe.

Dès le jour de son apparition, elle était blanche; elle surpassait les étoiles de première grandeur et aussi Saturne, Mars et Jupiter. Plusieurs la comparaient à Vénus, mais

Képler regardait Vénus comme ayant un éclat plus intense. Ceux qui avaient vu l'étoile de 1572 trouvaient que la nouvelle la surpassait en éclat.

Elle ne parut éprouver aucun affaiblissement dans la seconde moitié du mois d'octobre.

Le 9 novembre, la lumière crépusculaire, qui effaçait Jupiter, n'empêchait pas de voir l'étoile.

Le 16 novembre, Képler l'aperçut pour la dernière fois; mais à Turin, lorsqu'elle reparut à l'orient, à la fin de décembre et au commencement de janvier, sa lumière s'était affaiblie; elle surpassait certainement Antarès, mais elle n'égalait pas Arcturus.

Le 20 mars 1605, plus petite en apparence que Saturne, elle surpassait notablement les étoiles de troisième grandeur d'Ophiuchus.

Le 12 et le 14 août, elle est égale à l'étoile de quatrième grandeur de la jambe.

Le 13 septembre, on la trouve plus petite que l'étoile de la jambe.

Le 8 octobre, elle est visible encore, mais difficilement, à cause de sa lumière crépusculaire.

En mars 1606, elle est devenue entièrement invisible.

La disparition complète de l'étoile nouvelle de 1604 eut lieu entre le milieu d'octobre et le milieu de mars 1606; ainsi, cette étoile persista environ quinze mois.

III. Série de faits identiques dans les deux étoiles nouvelles. Tant qu'on ignora l'origine des étoiles nouvelles, il fut impossible d'exposer les faits observés dans un ordre qui permît de les relier entre eux comme causes et effets. Je veux d'abord rendre évident que les étoiles nouvelles sont des corps célestes de même genre, et peuvent apparaître en toute direction dans le ciel, cependant plus fréquemment autour de la Galaxie, et surtout dans le Scorpion et Ophiuchus.

1° L'éclat apparaît presque subitement à son maximum,

2° il se soutient environ un mois et commence à diminuer graduellement ; 3° l'étoile du 11 novembre 1572 était, quatre mois après, de première grandeur : de même l'étoile du 20 octobre 1604 était, quatre mois après, également de première grandeur, entre Antarès et Arcturus. 4° Les observateurs non astronomes peuvent distinguer les étoiles nouvelles tant qu'elles sont de première grandeur ; ils les confondent ensuite avec les autres ; de sorte qu'habituellement les historiens disent que les nouvelles étoiles ont duré quatre mois, tandis que Tycho et Képler les ont observées pendant dix-sept et quinze mois jusqu'à la sixième grandeur. 5° La vive scintillation dura depuis l'apparition de chacune des étoiles jusqu'à leur disparition. 6° Les étoiles étaient incolores pendant les deux premiers mois. Deux mois après leur apparition, ces étoiles prirent la couleur jaune et rouge : Képler aperçut le 16 novembre l'étoile pour la dernière fois, lorsqu'elle était encore incolore : Arago attribue les couleurs apparentes dont Képler parle aux vapeurs de l'horizon. En effet, trente-six jours après son apparition, l'étoile de 1572 était encore blanche. Mais Arago est allé trop loin quand il a voulu prouver qu'il y a eu manque de production de couleurs pendant les quatre mois environ, alors que Képler ne la voyait pas. 7° Sept mois après son apparition, l'étoile de 1572 redevint blanchâtre ; c'est presque en cet état qu'était réduite l'étoile de 1604 lorsque Képler l'aperçut le 20 mars 1605 ; cependant les couleurs dont il parle étaient encore visibles ; car il ne faudrait pas croire que Képler ignorât l'influence des vapeurs sur l'apparition des couleurs au Soleil et aux étoiles.

II. DU MODE DE LA PRODUCTION DES ÉTOILES NOUVELLES.

§ 178. Arago exposa les hypothèses inventées par les astronomes pour expliquer l'origine des étoiles nouvelles ;

après avoir ensuite avoué sa propre ignorance sous ce rapport, il prouve avec la plus grande évidence que ceux qui cherchent l'explication des faits dans de pareilles hypothèses sont plus ignorants encore. Parmi les astronomes de nos jours, John Herschel attribue l'apparition des étoiles nouvelles à des corps imparfaitement diaphanes, comparables aux nuages et analogues à la substance des nébuleuses. Les couleurs doivent également résulter de l'interposition de pareils nuages cosmiques. L'existence des corps imparfaitement diaphanes ne peut pas être contestée ; cependant il ne nous semble pas qu'il en doive absolument résulter que ces corps produisent sur les étoiles nouvelles un effet analogue à celui que produisent les nuages de l'atmosphère par rapport au Soleil. C'est pour cela que j'ai exposé l'identité des séries des faits pour rendre évident qu'ils résultent des étoiles elles-mêmes et non pas d'interpositions accidentelles des corps opaques extérieurs. Quelques astronomes ont cherché à ramener les nouvelles étoiles dans la catégorie des étoiles périodiques, et cela pour réduire deux faits inconnus à un seul.

Au lieu de chercher des hypothèses, comme cela se faisait précédemment pour l'explication de faits observés, ces faits se présentent ici comme résultats des causes déjà connues; de sorte qu'il faudrait même les chercher si leur apparition venait à manquer. Guidé par les liaisons existant entre les corps périphériques et leur corps central, j'ai exposé dans le chapitre précédent les détails du mode de la production des corps périphériques par les jets de masses expulsées de leur corps central. Cependant de cette exposition de la série des faits suivant la loi physique, il ne résulte pas que ce mode de production des corps périphériques doive exister même actuellement dans les corps célestes, comme cela a eu lieu pour le Soleil à une époque très-reculée.

Sans rien dire de plus à ce sujet, après avoir, 1° exposé

le mode de la production du mouvement des corps périphériques de leur corps central, et 2° reproduit les descriptions des détails de l'apparition des deux étoiles nouvelles, chaque lecteur pourra constater lui-même l'identité des séries de faits observés et de faits reconnus : 1° du mode de la production des mouvements orbiculaires des corps périphériques, et 2° du mode de la production du mouvement rotatoire de leur corps central. Les astronomes savaient bien que les étoiles nouvelles ne viennent pas du néant pour y retourner ensuite, mais ils ignoraient aussi bien le mode de leur apparition que le mode de leur disparition.

L'opinion que nous voulons faire prévaloir ici est basée sur la loi physique, parce qu'avant d'être expulsée la masse **m** fait partie de la masse M renfermée dans une enveloppe épaisse de glace, absolument comme la masse brûlante et pâteuse qui constitue le Soleil, est aussi renfermée dans une enveloppe de glace. Tant que la solidité de l'enveloppe peut résister à la répulsion expansive, la masse M tout entière reste renfermée dans son enveloppe; l'éruption ne se montre qu'au moment où la résistance est vaincue au point le plus faible de l'enveloppe. Les faits suivants, constatés dans l'apparition des deux dernières étoiles nouvelles, ne laissent aucun doute sur le mode de leur production.

§ 179. I. **Apparition subite.** La masse M brûlante répand une quantité de lumière dont une grande partie est dispersée de son enveloppe, de sorte qu'habituellement ces soleils ne sont que des étoiles télescopiques imperceptibles à l'œil nu. Au moment de l'éruption, la masse du premier jet est expulsée, et ensuite celle des jets suivants. La lumière émise de ces masses se répand en directions centrifuges rectilignes sans éprouver aucune dispersion de l'enveloppe, comme cela a lieu pour la lumière de la masse M centrale.

La masse du premier jet parcourt une distance analogue à celle qui sépare Neptune du Soleil; les masses des jets suivants parcourent des distances analogues à celles qui séparent les autres planètes du Soleil. La durée de quatre semaines du maximum de l'éclat correspond à celle de l'expulsion des neuf jets de masse brûlante. Si la lumière parcourt en quatre heures la distance entre Neptune et le Soleil, ce n'est pas trop d'une durée de quatre semaines pour qu'une distance analogue soit parcourue par le jet de la masse expulsée la première avec le maximum de l'électre $\frac{1}{9}$s.

La lumière émise des neuf jets arrive en rayons inséparables à l'œil nu et l'espace planétaire paraît occupé par une étoile comparable à Vénus ou à Jupiter, qui apparaissent sous des angles visuels compris entre 30 et 60 secondes, de même que cela a lieu pour les intervalles qui séparent plusieurs des étoiles doubles. Dans l'avenir il y aura apparition d'étoiles nouvelles et il sera possible de distinguer séparément un ou plusieurs des jets les plus éloignés, surtout s'il arrive qu'on ne soit pas dans la direction de la ligne visuelle, qui passe par chacun des jets les plus éloignés et par leur soleil.

§ 180. II. **Grandeur des étoiles.** La grandeur des planètes correspond aux angles visuels, et cela a lieu également pour la même planète se trouvant à des distances différentes, et pour des planètes différentes, toutes éclairées par le Soleil. La grandeur apparente des planétoïdes, ou leur éclat, a été même employée pour déterminer leurs grandeurs relatives. Toutes ces comparaisons entre les grandeurs apparentes s'opèrent entre les éclats produits de la lumière solaire réfléchie par des corps obscurs.

Les jets de masses brûlantes, de même que le Soleil, répandent une lumière qui leur est propre; cette masse restant la même, la lumière qui arrive jusqu'à nous diminue, non pas par la formation d'une enveloppe solide de glace autour de la masse de chaque jet, comme cela a lieu pour le Soleil, mais par l'effet d'une couche de vapeur qui est produite par les molécules de la couche superficielle. Tant que la vapeur est transparente il n'y a aucun changement de l'éclat; c'est lorsqu'elle est devenue opaque que la vapeur disperse une quantité de lumière proportionnelle à son épaisseur, et c'est ainsi que le degré de l'éclat se trouve en raison inverse de l'épaisseur de la couche de vapeur opaque, laquelle continue de croître graduellement et fait diminuer la clarté en même proportion.

Ce n'est pas la dimension des étoiles nouvelles qui est la cause physique de la diminution de leur éclat, car leur grandeur persiste, mais c'est l'épaisseur de la couche de vapeur opaque qui croît. Il n'est donc pas indifférent de comparer les éclats des corps obscurs éclairés du Soleil et de comparer les éclats des corps lumineux composés tous de masse brûlante pâteuse; car, 1° la lumière qui en provient peut se répandre sans éprouver aucune dispersion, et c'est même en cet état qu'elle possède son maximum d'intensité; 2° elle diminue beaucoup quand elle doit traverser une enveloppe solide de glace; 3° et les corps composés de masse brûlante deviennent tout à fait invisibles dès que leur masse se trouve entourée d'une couche épaisse de vapeur opaque.

Lorsque les observations s'opéraient à l'œil nu, on distinguait les étoiles suivant leur éclat, lequel était attribué à des grandeurs réelles analogues; on croyait en effet qu'elles se trouvaient à égale distance de la Terre. Les expressions numériques des grandeurs et des dimensions des corps n'avancent pas comme les grandeurs des nombres ou de leurs sommes, mais en partant de la grandeur prise comme unité et comme maximum, toutes les autres sont inférieures; la moitié est une grandeur de un deuxième, le quart est une grandeur de un quatrième; enfin par abréviation on est arrivé à distinguer les étoiles d'éclat inférieur par les plus hauts nombres.

§ 181. III. **Apparition et disparition des couleurs dans les étoiles nouvelles.** La cause des couleurs indiquée par Képler a été attribuée par Arago aux vapeurs de l'horizon; en admettant que Képler ne fût pas en état de faire cette distinction, Arago n'aurait pas tout à fait tort, car il ne lui fallait que transférer la vapeur de l'horizon dans la couche produite des molécules superficielles de la masse brûlante. Quant à l'effet optique, il est tout à fait égal, soit que la lumière incolore produise les couleurs de la vapeur dans l'horizon, ou que ce soit celle existant dans la couche qui entoure la masse brûlante. Il ne reste donc qu'à indiquer le mode de la production des couleurs claires du spectre par la couche de vapeurs et non pas des couleurs sombres; Tycho et Képler n'ont d'ailleurs parlé que des couleurs claires.

Soit un cylindre de verre rempli de vapeur opaque et ayant dans son axe un filet de lumière électrique; celle-ci éprouve des réfractions et se manifeste en rouge à la surface du cylindre si la vapeur est dense : la couleur est jaune si la vapeur est moins dense. Les rayons sombres éprouvent des réfractions plus fortes et leur mélange empêche l'apparition d'une teinte distincte; il n'y a donc que les rayons de réfractions inférieures qui restent isolés aux extrémités, ces rayons sont ainsi la cause physique des couleurs claires observées également dans les rayons de l'horizon et dans les couches de vapeur qui entourent les masses brûlantes.

Dans le principe la lumière des étoiles nouvelles est incolore, elle se maintient en cet état tant que la couche de vapeur est transparente; dès qu'elle commence à devenir opaque, l'éclat s'affaiblit proportionnellement, mais la couleur n'est pas encore sensible, car pour sa production il faut une couche de vapeur plus épaisse. La couleur dure environ quatre mois, car en cet espace de temps l'épaisseur de la couche de vapeur acquiert un degré tel que les couleurs claires des rayons réfractés ne se trouvent plus en dehors de la couche de vapeur, mais dans son intérieur, et n'en sortent que mêlées avec les rayons des couleurs sombres.

C'est donc le mélange des rayons clairs avec les rayons sombres qui rend aux étoiles nouvelles de cinquième grandeur la couleur blanche qu'elles avaient dès leur apparition; cependant Tycho ne manqua pas de remarquer que la blancheur produite du mélange des couleurs du spectre était moins pure que celle de la lumière primitive.

§ 182. IV. **Scintillation permanente des étoiles nouvelles.** Si John Herschel ne put trouver l'explication des couleurs jaunes et rouges par l'interposition des corps imparfaitement diaphanes, cela n'empêche pas de reconnaître l'existence de ces corps, car les enveloppes des vésicules de la vapeur refroidie gèlent et forment de petits ballons doués du même mouvement orbiculaire que les soleils et leurs planètes. Ce sont des amas des pareils ballons ainsi produits qui forment les corps imparfaitement diaphanes que le même astronome trouva dans l'espace, sans en connaître l'origine.

Au lieu de faire provenir les couleurs claires des étoiles nouvelles par l'interposition de ces météores nommés ici *pagosphères*, je trouve qu'ils sont la cause de la scintillation. La lumière serait arrivée de chaque étoile sans rien éprouver si tout l'espace entre la Terre et les étoiles était vide; on trouve dans les étoiles scintillantes : 1° un certain éclat comme maximum; de même 2° une couleur ou un manque de couleur constant. 1° En partant de l'éclat maximum, chaque étoile éprouve toutes les diminutions possibles et quelquefois même jusqu'à disparition totale; 2° de même avec la couleur propre apparaissent pour un instant toutes les couleurs du spectre et non pas seulement les couleurs claires observées dans les étoiles nouvelles.

1° Pour que l'éclat diminue ou même soit totalement intercepté, il faut nécessairement l'interposition des corps opaques.

2° Pour que les couleurs du spectre se produisent, il faut que les corps interposés soient imparfaitement diaphanes;

car ces corps peuvent produire des réfractions des rayons analogues à celles des prismes dont résultent les couleurs.

3° Pour la production d'une scintillation très-vive il faut très-fréquente interposition de corps opaques et de corps hémi-diaphanes entre les étoiles et la Terre. De pareilles interpositions sont proportionnelles aux distances qui séparent chaque étoile de la Terre. Ainsi la scintillation vive des étoiles nouvelles de 1572 et 1604 est une preuve directe de leur très-grande distance de la Terre.

La scintillation manque pour le Soleil et la Lune; elle est à peine perceptible pour Mars lorsqu'elle est en opposition, ou pour Vénus lorsqu'elle est en conjonction inférieure; elle croît pour chaque planète avec sa distance de la Terre et du zénith de l'observateur. C'est donc dans la scintillation que se présente une série de preuves directes de l'existence dans l'espace des corps opaques et des corps hémi-diaphanes, existence qui est vérifiée aussi par des observations particulières.

§ 183. IV. **Disposition locale des étoiles nouvelles**. Les étoiles de grandeur supérieure sont toutes des systèmes de planètes lumineuses, tandis que les soleils dont proviennent les jets de masse brûlante sont des étoiles télescopiques, qui deviennent tout à fait invisibles après l'expulsion d'une partie de leur masse; car chaque jet se trouve en un court espace de temps entouré, 1° d'une couche épaisse de vapeur opaque, et puis, 2° des amas de pagosphères qui dispersent les rayons en provenant, et réduisent les masses brûlantes expulsées en un état tel qu'elles deviennent invisibles en même temps que le soleil dont elles ont été produites.

Malgré l'assurance donnée par les astronomes que les étoiles nouvelles ne viennent pas du néant et qu'elles n'y retournent pas, on a acquis la certitude qu'il n'y a actuellement aucune étoile télescopique aux deux points où apparurent les deux dernières étoiles nouvelles. C'est ici qu'on trouvera la cause de cette disparition de la masse m expulsée, ainsi que celle de la disparition de la masse M qui resta dans le Soleil, qui étant auparavant une étoile télescopique, était inconnue aux astronomes des siècles précédents, et est devenue entièrement invisible à cause de la production de ses planètes.

Lorsque dans l'avenir paraîtra une étoile nouvelle, les astronomes verront qu'à sa disparition l'étoile télescopique précédente deviendra invisible; mais cela ne sera possible que dans le seul cas où l'on aura déjà marqué d'avance et avec soin la place de chaque étoile. Jusqu'à présent, les astronomes s'occupaient de déterminer la place des étoiles jusqu'à la dixième grandeur; cependant nous allons faire voir qu'il y a des soleils de grandeurs inférieures, de sorte que dans le cas où les étoiles nouvelles des siècles futurs seraient produites d'un soleil non indiqué dans les catalogues, on restera dans le même état d'ignorance où étaient Tycho et Képler, par rapport aux étoiles nouvelles qu'ils observèrent. Au contraire, voyant qu'avec la disparition de l'étoile nouvelle disparaît aussi l'étoile télescopique précédente, on obtiendra un fait *à priori* déterminé. Aussi accordons-nous une importance capitale aux travaux actuels d'Argelander et d'autres astronomes qui, comme Hipparque, s'occupent du dénombrement des étoiles télescopiques.

III. DÉTAILS HISTORIQUES DES ÉTOILES NOUVELLES.

§ 184. Un grand nombre d'étoiles nouvelles ont été observées par les Chinois; Humboldt en a aussi étudié quelques autres qu'il rencontra dans les ouvrages des historiens. Aucune étoile n'a été observée dans ses détails, ainsi que l'ont fait Tycho, et après lui Képler. Toutefois, des constellations indiquées, il résulte que les étoiles observées ont été des étoiles nouvelles possédant tous les caractères des deux dernières :

Nos	Époques.	Constellations.	Nos	Époques.	Constellations.
1	134 av. J.-C.	Scorpion.	12	1230	Ophiuchus.
2	123 ap. J.-C.	Ophiuchus.	13	1264	Céphée et Cassiopée.
3	173	Centaure.	14	1572	Cassiopée.
4	369	?	15	1578	?
5	386	Sagittaire.	16	1584	Scorpion.
6	380	Aigle.	17	1600	Cygne.
7	393	Scorpion.	18	1604	Ophiuchus.
8	827	Scorpion.	19	1609	.....
9	945	Céphée et Cassiopée.	20	1670	Renard.
10	1012	Bélier.	21	1848	Ophiuchus.
11	1203	Scorpion.	22	1850	Orion.

Remarques historiques. Les détails des étoiles nouvelles sont très-peu étendus chez les historiens ainsi que chez les Chinois; toutefois, ils sont suffisants pour qu'on puisse reconnaître qu'en effet il s'agissait bien d'étoiles nouvelles; celles qui ne l'étaient pas peuvent en être distinguées aisément :

1° L'étoile du temps d'Hipparque sert à prouver que son apparition a été subite comme celle de toutes les autres. Son observation par les Chinois ne peut cependant servir de règle pour toutes les autres étoiles nouvelles, à moins que l'on n'ait, du reste, quelque inexactitude dans les dates chronologiques, comme cela paraîtra plus bas.

2° Comme l'étoile précédente, de même celle-ci est indiquée dans la collection de Man-Tuan-Lin; elle se trouva entre les deux étoiles α d'Hercule et α d'Ophiuchus

3° Dans la même collection, comme les suivantes mentionnées au 4°, 5° et 7°, se trouve indiqué qu'elle apparut le 10 décembre 173 entre les étoiles α et β du Centaure. Elle disparut après huit mois après avoir eu successivement cinq couleurs.

4° Il est indiqué dans ladite collection qu'une étoile nouvelle brilla de mars jusqu'en août.

5° Il y est également indiqué que l'étoile nouvelle était entre λ et φ d'Ophiuchus; elle brilla depuis avril jusqu'à juin.

6° Cuspianus observa cette étoile nouvelle qui brillait tout près de α de l'Aigle, avec une clarté égale à celle de Vénus ; elle ne resta visible que trois semaines.

7° C'est dans la collection mentionnée qu'il est indiqué que l'étoile nouvelle se trouva dans la queue du Scorpion.

8° Les astronomes arabes Haly et Ben-Mohamed-Albumazar ont observé l'étoile nouvelle pendant quatre mois. Ils disent que son éclat était égal à celui qui résulte de la Lune en quadrature.

9° Cyprian Léovitius, auteur du XVIe siècle, en parle suivant une chronique manuscrite.

10° Hépidannus dit que son éclat éblouissait les yeux; cette étoile nouvelle était tantôt plus grande, tantôt plus petite; elle devenait même invisible; elle a été visible depuis mai jusqu'en août.

11° Les observateurs chinois disent que l'étoile nouvelle était semblable à Saturne, blanc bleuâtre.

12° C'est dans la collection des Chinois qu'il est indiqué qu'au milieu de décembre 1230 apparut l'étoile, et qu'à la fin de mars elle a été dissoute.

13° Cette étoile nouvelle, comme celle citée au 9°, est indiquée par Léovitius dans le même manuscrit. Les trois étoiles de 945, 1264, 1572, séparées par des intervalles de 308 et 310 ans, ont fait croire à Tycho et à quelques autres que ce n'est qu'une étoile périodique, quoiqu'on ignore si les deux étoiles précédentes étaient au même endroit où se trouva l'étoile de 1572.

14° Cette étoile qu'observa Tycho était, dans Cassiopée, de 3°20′ ascension droite, et de 62°55′ déclinaison. En ce même endroit, Rümker observa plusieurs fois, en l'an 1840, une étoile télescopique.

15° et 16°. Ces étoiles nouvelles ont été observées par

les Chinois : la première avait un éclat supérieur à l'autre.

17° L'étoile nouvelle a été remarquée par Gl. Janson, deux ans après Képler, et la trouva de troisième grandeur; elle diminua depuis 1619 et disparut l'an 1621; elle apparut de nouveau, suivant Cassini, en 1655, avec la troisième grandeur. En novembre de la même année 1655, Hével l'observa; elle était plus faible et variable. Depuis 1677, elle persiste avec la sixième grandeur. Il n'est mentionné nulle part qu'avant l'observation de Képler, l'étoile ait eu une grandeur supérieure.

18° Jean Brunowski l'a vue le 10 octobre 1604, mais Herditius assurait l'avoir vue le 27 septembre. Son éclat était inférieur à celui de Vénus, mais supérieur à celui de Saturne et de Jupiter. Sa scintillation était très-grande, sans être visible pendant le jour. Képler dit qu'elle était blanche le premier mois. Au mois de janvier 1605, elle était plus faible qu'Arcturus et plus lumineuse qu'Antarès, et à la fin de mars 1605, elle était de troisième grandeur, et disparut entièrement entre février et mars 1606. Les Chinois font mention d'une étoile nouvelle, pour laquelle cependant quelques détails diffèrent.

19° Cette étoile nouvelle a été observée par les chinois dans l'hémisphère austral; sa grandeur était considérable.

20° Anthelme remarqua cette étoile le 20 juin 1670 dans la tête du Renard; elle avait la 3e grandeur; le 10 août elle avait la 5e grandeur; après trois mois elle devint invisible; le 17 mars 1671 elle apparut ayant la 4e grandeur. Cassini la trouva très-variable. En janvier 1672 l'étoile était invisible, ce n'est qu'au 29 mars 1672 qu'elle a été vue pour la dernière fois comme étoile de 6e grandeur.

21° Cette étoile de 5e grandeur a été remarquée par Russel Hind le 28 avril 1848; elle était rougeâtre jaune; dans l'automne de 1850 elle avait la 11e grandeur, actuellement elle est à peine visible. Environ vingt étoiles semblables ont été observées par Cassini et Maraldi, sans cependant bien indiquer leur endroit.

22° A Bonne, Schmidt remarqua en janvier 1850 une étoile de 6° grandeur très-rouge dans la partie australe d'Orion; cette même étoile, observée aussi par Hind, devint invisible en décembre de la même année 1850, sans être revue désormais.

§ 185. **Observations sur les descriptions indiquées.** Tant qu'on ignorait en quoi consiste la différence entre les étoiles nouvelles et les étoiles variables, il était impossible de distinguer les unes des autres. J'exposai ici les détails des deux dernières étoiles nouvelles de 1572 et de 1604, détails qui ne pouvaient manquer pour aucune des étoiles nouvelles précédentes, mais à l'époque de leur apparition il manquait des observateurs comme Tycho et Képler. Sans ces observateurs les historiens nous auraient conservé certaines notices comparables à celles conservées par les historiens précédents, dont aucun n'indique pour toute étoile nouvelle une durée qui aille au delà de huit mois; toutes les étoiles nouvelles sont indiquées comme étant d'une courte durée, parce qu'on les perdait de vue lorsque le Soleil se trouvait entre elles et la Terre. Deux ou trois mois après on ne les chercha plus en Orient, et même en les cherchant d'une grandeur, comme elles disparurent en Occident on ne les retrouvait pas.

L'étoile nouvelle observée par Hipparque doit avoir apparu en hiver pour qu'elle fût visible en même temps à l'observateur grec et aux Chinois; en été les étoiles nouvelles peuvent être visibles dans l'extrémité orientale de l'Asie le soir et être invisibles en Europe. Lorsqu'après un ou deux mois elles sont devenues faibles, on ne les remarquait pas le matin en Orient. L'étoile nouvelle observée par Cuspianus dans l'Aigle, le matin en Orient, était invisible aux Chinois; lorsque ceux-ci purent l'apercevoir elle était devenue faible.

De Bagdad pouvait être visible une étoile nouvelle d'une grande latitude, laquelle restait invisible en Chine et en Europe.

L'étoile nouvelle de 1012 observée par l'abbé Hépidannus à Saint-Galin, dans le Bélier, depuis mai jusqu'en août, a dû être visible le matin en Europe lorsqu'elle était invisible en Chine. Les changements d'éclat, sa disparition en quatre mois, de même que l'endroit qu'elle occupait loin de la Galaxie, sont des faits qui manquent aux étoiles nouvelles. On n'est pas entièrement certain de l'existence du manuscrit sur lequel sont basées les descriptions des deux étoiles nouvelles indiquées par Léovitius et dont les Chinois ne font aucune mention.

Deux étoiles nouvelles sont indiquées dans la collection des Chinois, l'une pour l'an 1578 et l'autre pour l'an 1584; la dernière était dans le Scorpion, le lieu occupé par l'autre n'est pas indiqué. Les Chinois ne font pas mention des deux étoiles de 1572 et de 1602; Tycho ni aucun autre astronome ne font mention d'une étoile nouvelle en 1578, pas plus que d'une étoile nouvelle en 1584. Jamais en un espace de temps de 32 ans il n'y a eu apparition de quatre étoiles nouvelles. Telles sont les raisons qui font croire que les Chinois manquent d'exactitude dans leurs dates, et que l'étoile de 1578 est la même que celle de 1572 observée par Tycho, tandis que l'étoile de 1584 placée dans le Scorpion ne diffère pas de celle de 1604 qui était dans Ophiuchus.

L'étoile de 1600 n'est pas une étoile nouvelle ni une étoile périodique mais une étoile variable; de même que l'étoile de 1670 observée par Authelm, ainsi que plusieurs autres étoiles mentionnées par Cassini et Maraldi. Telle est également l'étoile de 1848.

L'étoile de 1850 diffère de toutes les étoiles mentionnées; elle ressemble aux étoiles nouvelles par sa courte durée, mais elle en diffère : 1° par sa grandeur, 2° par sa position, 3° par sa couleur et 4° par sa disparition très-rapide. Dans cette étoile se présente un exemple d'expulsion d'une masse brûlante, non pas d'un soleil mais d'une planète. Les jets de masse brûlante expulsés d'une planète affectent une longueur l, laquelle doit être autant de fois inférieure à la longueur L occupée par les jets expulsés d'un soleil que l'est la distance d entre Saturne et son satellite le plus éloigné par rapport de la distance D entre le Soleil et Neptune.

§ 186. **Deux espèces d'étoiles nouvelles.** Il y a donc : 1° des étoiles nouvelles possédant des masses planétaires expulsées d'un soleil, et 2° des étoiles nouvelles possédant des masses des satellites expulsées des planètes. Chaque étoile nouvelle produite d'un soleil devient un système de huit planètes : chaque planète produit une étoile nouvelle, laquelle devient un système de satellites. Il y a une grande différence entre la grandeur et la durée de ces étoiles nouvelles; il en résulte que des apparitions des étoiles nouvelles de satellites sont bien plus rares que celles des étoiles nouvelles planétaires. Depuis les observations télescopiques, il ne s'est montré qu'un seul exemple d'étoiles nouvelles de satellites, dans l'avenir on en trouvera d'autres qui feront disparaître leur planète, de même que les étoiles nouvelles planétaires font disparaître leur soleil.

IV. DISTRIBUTION DES ÉTOILES NOUVELLES.

§ 187. Toutes les étoiles nouvelles se trouvèrent dans la Galaxie ou tout près d'elle; le centre de cet anneau est occupé par l'Hélioagète sur lequel se projette la plus grande partie de l'astérisme Licorne. L'orbite du Soleil est inclinée sur le plan de la Galaxie pour former un angle de trois degrés et demi environ; les deux plans se coupent; dans Persée le nœud ☊ est ascendant et dans Centaure le nœud ☋

est descendant : la ligne ☊☋ est la coupe perspective du plan de l'orbite solaire avec celui de la Galaxie.

Peu loin du nœud ascendant ☊ commence la séparation de l'arc α de la Galaxie que nous indiquerons par le mot *antigalaxie;* son extrémité du côté de Persée est indiquée par le signe ☊′ et son autre extrémité par le signe ☋′. Le milieu de cet arc est indiqué par A^{IV} (fig. 25) et par V est indiqué le point de la Galaxie correspondant au point A^{IV} de l'arc ☊′α☋′ (planches I et II).

Fig. 25.

Parmi les étoiles nouvelles : 1° une moitié se trouva dans la direction SV vers le Scorpion et Ophiuchus, cette direction est la hauteur **H** de l'espace stellaire ; 2° trois étoiles nouvelles ont été autour du nœud ascendant ☊ ; 3° une était autour du nœud descendant, et 4° deux étoiles nouvelles étaient dans la direction de l'arc α de l'*antigalaxie.* De sorte que dans la profondeur *h* de l'espace stellaire entre le soleil S et l'Hélioagète H il ne s'est trouvé aucune étoile nouvelle.

Cette distribution des étoiles nouvelles prouve les directions des régions où se trouve le plus grand nombre de soleils qui n'ont pas encore expulsé des masses planétaires. En cet état ces soleils sont des étoiles télescopiques; pour devenir des étoiles visibles de grandeurs supérieures, il faut que les soleils télescopiques soient entourés d'un nombre de planètes lumineuses, lesquelles paraissent comme une seule étoile ayant pour diamètre la distance qui les sépare ou le diamètre du système planétaire.

V. DES NÉBULEUSES PLANÉTAIRES PRODUITES PAR LES ÉTOILES NOUVELLES.

§ 188. Après l'apparition subite de l'éclat des étoiles nouvelles, cet éclat diminua graduellement jusqu'au point de devenir imperceptible. Tant que resta inconnue l'origine des éclats de ce genre, on ignora aussi leur état après leur disparition. C'est pour la première fois que l'on trouve ici que les étoiles nouvelles sont des jets de masses brûlantes expulsées de la masse M centrale d'un soleil renfermée dans une enveloppe solide de glace.

En venant en contact avec le froid de l'espace, les molécules superficielles se séparent de la masse pâteuse des jets et deviennent de la vapeur composée de vésicules d'abord transparentes et devenant ensuite opaques par le refroidissement; il se produit le même effet autour de chaque masse brûlante pâteuse placée dans un espace vide où le froid est très-intense, car celui de l'espace céleste est évalué à 160 degrés au-dessous de zéro.

Les couches épaisses de vapeur opaque sont donc la cause immédiate de la disparition des jets de masse brûlante. La lumière doit traverser les couches de vapeur épaisse pour arriver à l'espace vide; en passant par les millions d'enveloppes vésiculaires, les rayons de la lumière se dispersent en toute direction, de sorte que ceux qui émergent en direction centrifuge restent trop faibles pour produire une sensation; telle est la cause physique de la disparition des masses brûlantes planétaires. Ainsi, les astronomes se trouvèrent satisfaits, sachant bien que les étoiles nouvelles ne viennent pas plus du néant qu'elles n'y retournent; mais ils ignoraient également l'état de leur masse avant leur apparition et celui de cette même masse après la disparition des étoiles.

La masse des jets expulsés de leur soleil ne peut plus rebrousser chemin pour revenir au Soleil, à cause du choc tangentiel exercé sur elle de la part du bord postérieur du cratère. La masse **m** contenue dans l'enveloppe solide avec la masse M possédait avec celle-ci le seul mouvement orbiculaire du Soleil, et l'électre ε des atomes de chaleur exerçait une poussée expansive contre cette masse brûlante pâteuse et l'enveloppe solide. Cet électre avec les atomes de chaleur se trouva dans la masse dès le commencement; vu que le refroidissement ne s'opère que par la surface en contact avec le froid de l'espace, il y a une inégalité de température, car elle est basse dans la couche superficielle A de la masse pâteuse et très-élevée dans les couches inférieures.

L'échauffement de la masse de la couche A a lieu spontanément; il y a une élévation de température analogue à celle des chaudières et des volcans renfermés, de sorte que l'explosion est inévitable. La cause de cette explosion est une subdivision de l'électre ε en deux moitiés, dont 1° l'une $\frac{1}{2}\varepsilon$ se répand du cratère en direction centripète vers la masse M qui reste, et 2° l'autre $\frac{1}{2}\varepsilon$ acquiert une expansion de volume qui chasse le premier jet de masse m^{IX} brûlante et lui fait parcourir la distance $2^{9}\Delta$ la plus grande avant d'être arrêté par la résistance continuelle qu'exerce le fluide barogène affluant vers la masse centrale M et produisant ainsi l'effet de la pesanteur.

De la poussée centripète opérée sur la masse M et de celle du mouvement orbiculaire résulte le mouvement rotatoire, qui n'est que l'effet d'une rupture d'équilibre dans la propagation du barogène, car il y a une affluence de ce fluide plus grande du côté de l'espace où a été le cratère que du côté diamétralement opposé. Cette rotation devient la cause immédiate du choc tangentiel exercé en degrés croissants sur les molécules de la masse de chaque jet consécutif.

§ 189. **État de la masse expulsée composant l'étoile nouvelle.** A cause de la subdivision consécutive de la quantité d'électre ε en $\frac{1}{2}\varepsilon$, $\frac{1}{2^{2}}\varepsilon$, $\frac{1}{2^{3}}\varepsilon$, $\frac{1}{2^{4}}\varepsilon$ ..... $\frac{1}{2^{9}}\varepsilon$ qui doit être expulsé à chaque jet des masses m^{IX}, m^{VIII}, m^{VII}... m', ces masses ont dû parcourir des distances proportionnelles aux quantités de l'électre qui les faisaient s'éloigner de leur masse centrale M. Ainsi, chaque jet de masse a été arrêté aux distances $2^{9}\Delta$, $2^{8}\Delta$, $2^{7}\Delta$ ..... 2Δ. Ne pouvant plus rebrousser chemin à cause du choc tangentiel, ces masses restèrent dans l'espace et circulent autour de leur masse centrale dont elles ont été séparées.

La masse de chaque jet produit continuellement des vésicules de vapeur, l'épaisseur des couches croît par la répulsion et l'éloignement des couches de vésicules formées précédemment; ces vésicules, en se refroidissant, gèlent sans perdre pour cela rien de leur mouvement orbiculaire et restent sous forme de ballons sans poids sensible : tels sont les corps cosmiques connus sous le nom de *météores*.

Des neuf jets de masse, 1° l'un, qui n'est ni le premier ni le dernier, doit rebrousser chemin et retomber sur l'enveloppe de la masse centrale; 2° la moitié supérieure de la masse m'^{I} du premier jet passe par le cratère avant le commencement de la rotation et par suite sans éprouver le choc tangentiel nécessaire pour son mouvement orbiculaire. Dans la suite nous indiquerons les traces de cette partie de la masse m'^{I} expulsée la première et celles de la masse m^{V} qui rebrousse chemin pour retomber sur son soleil.

VI. ÉTOILES NOUVELLES OU NAISSANCE DE SYSTÈMES PLANÉTAIRES.

§ 190. De la masse de chaque jet expulsé se forme une planète; de l'ensemble des jets résulte un système planétaire; les masses de chaque jet diffèrent, 1° par leurs quantités, 2° par les distances qui les séparent de la masse centrale, et 3° par la vitesse de leur mouvement orbiculaire; mais il n'y a aucune différence entre les éléments primitifs qui constituent la masse centrale M et la masse de chaque jet.

Les molécules de chaque masse éprouvent de la pesanteur ou du fluide barogène des poussées qui les sollicitent à prendre un arrangement dont résulte une forme ovalaire, car c'est sous cette forme seulement qu'elles peuvent se trouver entre elles en un état d'équilibre. Pour qu'une pareille forme ovalaire résulte de la masse amorphe de chaque jet, il faut que chaque molécule, obéissant à la poussée du barogène, prenne un mouvement extrêmement lent et inégal à chaque jet de masse, à cause de l'inégale pesanteur qui est en raison inverse des carrés des distances.

Pendant les déplacements des molécules superficielles, la congélation de la couche superficielle est impossible, ces molécules prennent la forme de vésicules de vapeur, qui repoussent continuellement leurs précédentes de la surface de la masse brûlante. Les enveloppes gelées des vésicules produisent des amas de petits ballons, dont des millions ensemble restent et circulent avec chaque jet de masse autour de la masse centrale M.

Pendant la longue durée des déplacements indiqués des molécules de la masse brûlante pour obtenir une forme ovalaire, se maintient et la production des vésicules de vapeur et la séparation des amas de millions de ballons. Chacun de ces amas devient un corps volumineux sans poids sensible; les corps de cette espèce ont été nommés *pagosphères* par rapport à l'enveloppe mince de la glace, et *cénosphères* (κενός, vide) par rapport à l'espace vide contenu dans ces corps. Les pagosphères deviennent visibles dans l'atmosphère ou en dehors de celle-ci ; on leur donnait le nom insignifiant de *météore*, parce que les astronomes ne pouvaient pas se rendre compte de ce genre de masses volumineuses qui possèdent un volume considérable et qui, cependant, n'exercent aucune action qui puisse indiquer leur poids.

Le jet de chaque masse, en se conservant dans son orbite, produit avec les vésicules de vapeurs des millions d'amas de ballons ou des millions de météores volumineux qui circulent dans la même orbite. Dans le principe, l'espace du prolongement du plan équatorial du corps central est occupé par neuf jets de masse, ensuite l'orbite de chaque jet devient une longue traînée composée de millions de météores ou pagosphères.

CHAPITRE III.

DES OPINIONS DES ASTRONOMES SUR LES NÉBULEUSES ET DES ORDRES DE COSMOGONIES.

§ 191. Les faits fournis par les expériences restent toujours les mêmes, tandis que les faits célestes diffèrent quand on les observe à l'œil nu, dans des télescopes faibles ou dans des télescopes puissants. Dans la physique et la chimie c'est la multiplication des faits qui occasionne les changements des systèmes et des théories chez les auteurs anciens; dans l'astronomie les faits eux-mêmes changent avec la puissance des instruments, de sorte qu'il devient impossible de soutenir certaines théories basées sur des faits entièrement différents de ceux que l'on observe à l'œil nu ou dans de faibles télescopes.

Habituellement j'évite de fatiguer le lecteur en répétant les théories et les opinions erronées des auteurs, je fais pourtant ici exception par rapport aux nébuleuses et aux cosmogonies, lesquelles constituent la plus importante partie de la physique céleste et qui jusqu'à présent étaient en partie ou mal connues ou même souvent totalement inconnues, de sorte qu'égarés par un égoïsme scientifique excessif, les savants déclarèrent enveloppés d'un épais voile les faits à la connaissance desquels ils ne pouvaient parvenir par la voie qu'ils suivaient, en prenant pour guides l'attraction et ses effets, voie qui est précisément la seule qui les entraînait dans une direction diamétralement opposée à celle qu'ils auraient dû suivre.

Tant qu'on persista à s'appuyer sur cette malencontreuse attraction, on vit s'obscurcir davantage l'horizon de la science, et l'on alla en tâtonnant dans toutes les directions, sauf dans celle qui conduit à la vérité dont on ne faisait que s'éloigner de plus en plus. Les vieux naturalistes regretteront d'avoir sacrifié leur vie à des travaux inutiles; les jeunes se féliciteront d'être venus au monde alors que la science était déjà éclaircie par la dispersion du brouillard qui obscurcissait l'intelligence et ne permettait aucune espèce de progrès, si ce n'est pour le grossier matérialisme concentré dans l'industrie.

§ 192. **Classification des opinions sur la production des corps célestes et des corps organisés.** Dans la Genèse monodynamique de l'Écriture, on trouve exposé dans les plus grands détails le mode de la production des faits dans leur ordre chronologique, lequel ne diffère en rien de celui de la *Genèse* triadique exposée en cet ouvrage; car c'est d'elle que découle la loi physique. Nous ferons voir plus loin en quoi diffèrent ces deux genèses également véritables.

Toutes les cosmogonies des naturalistes ont été composées par des faits cosmiques connus des auteurs de l'époque pendant laquelle les faits se sont classés dans leur esprit suivant des lois logiques qui n'ont pas l'ombre d'existence; pour cette raison toutes les cosmogonies logiques n'ont eu qu'une durée éphémère. La Genèse de l'Écriture, que les matérialistes affectent souvent de mépriser, a duré et durera toujours, tandis que les ouvrages de ces naturalistes ont déjà disparu avec leurs auteurs.

Les ouvrages de ce genre sont, chez les Français, ceux de Buffon et de Laplace; c'est d'après l'opinion d'Herschel sur l'existence d'une matière primitive nébuleuse dispersée dans l'espace que Laplace composa la formation de notre système planétaire.

Herschel, plus circonspect que Laplace et guidé par les

séries des faits, reconnut l'existence de quelques changements dans les nébuleuses; cependant il n'a pas réussi à les classer suivant un ordre physique, car ignorant l'origine du mouvement et de l'affinité, il voulait parvenir au but n'ayant pour guide que l'attraction. Le fils d'Herschel, non moins circonspect que son père, chercha à parvenir au but en évitant d'avoir recours à l'attraction; il déclara le Monde terminé par la réduction de la matière primitive en un état équilibre. Les éléments des corps et des mouvements restent les mêmes et ne sont conçus qu'à des périodicités éternelles. Au lieu de résoudre le nœud, John Herschel le coupa; Lamont et d'autres Allemands approuvèrent cette opinion, sans se préoccuper de rechercher le mode de production des faits qui avaient eu lieu il y a des millions d'années ou de siècles.

Quoique deux ou plusieurs opinions soient soutenues sur le même objet, chacune d'elles n'en est pas moins fausse; car tôt ou tard la vérité se fait jour et les erreurs se dissipent lorsque celui qui connaît la vérité les expose à son flambeau. La source principale des erreurs qui ont cours aujourd'hui est l'hypothèse de l'attraction; une autre source se trouve encore dans l'hypothèse de l'existence d'une matière nébuleuse répandue dans l'espace infini, et c'est précisément ces deux hypothèses qui servent de base à tous les ouvrages qui ont la cosmogonie pour objet.

I. DES DIVERSES OPINIONS SUR LA FORME DES NÉBULEUSES ET SUR LEURS ÉLÉMENTS.

§ 193. Les faits obtenus par les observations des nébuleuses circulaires ont été arrangés par Herschel d'une manière telle que, pour lui et pour tous les autres, il en résulte une preuve géométrique, 1° de la forme sphérique de cette classe de nébuleuses, et 2° de l'existence réelle d'une force attractive dans la matière. Arago, après avoir approuvé ces faits comme des vérités incontestables, est même allé plus loin; Herschel hésita à admettre l'existence d'une forme sphérique des *étoiles nébuleuses*, tandis qu'Arago chercha des preuves optiques pour établir également chez ces étoiles la forme sphérique ; cependant ces preuves ont été contestées par John Herschel.

De cette polémique résulta une explication de tous les détails connus des faits, auxquels nous allons donner ici un arrangement propre à rendre évidents les éléments des nébuleuses et leur forme qui effecte celle d'une meule et non pas d'une sphère, comme elle paraît être suivant l'exposition suivante.

§ 194. I. **Preuve de la forme sphérique des nébuleuses circulaires suivant Herschel**. « Les nébuleuses circulaires résolubles ne sont pas planes ; leur forme réelle doit être sphérique. Plaçons très-loin une nébuleuse sphérique, dans laquelle les étoiles soient également condensées au centre, au bord, partout, l'œil démentira cette composition. Menons un rayon qui traverse la sphère près du bord, l'espace compris entre le point d'entrée et le point de sortie sera fort court; le rayon côtoiera donc très-peu d'étoiles. A mesure que ce rayon visuel se rapprochera du centre, sa partie comprise dans la sphère deviendra plus longue, et le nombre des étoiles qu'il rencontrera ira en augmentant. Le maximum s'observera au centre même. »

L'augmentation graduelle de l'intensité du bord au centre que présente toute nébuleuse en apparence circulaire peut aussi être considérée comme la preuve manifeste de la forme sphérique du groupe stellaire : telle est la preuve donnée par Herschel de la structure physique des nébuleuses.

§ 195. II. **Preuve de l'existence d'une attraction entre les éléments des nébuleuses.** « Il a été dit déjà que les parties des rayons visuels qui sont comprises dans une sphère vont en augmentant de grandeur en allant du bord au centre. Si la sphère est remplie d'étoiles également espacées, les longueurs de ces parties des rayons visuels seront proportionnelles aux nombres des étoiles que les rayons côtoieront ; elles donneront la mesure de l'intensité lumineuse de toute la région de la nébuleuse depuis le bord jusqu'au centre. Qu'on mène des lignes à peu près parallèles à travers une sphère, près du bord, ces lignes varieront de longueur avec rapidité ; près du centre, au contraire, elles varieront très-peu. La nébuleuse doit varier très-rapidement sur le bord et à peine vers le centre. C'est l'inverse qu'on observe ; ainsi, on ne doit pas supposer que les étoiles existaient dans toutes les parties de la sphère à un état d'égale concentration. L'augmentation rapide de l'intensité vers le centre, la présence à ce centre même d'une sorte de noyau lumineux prouvent que les étoiles sont plus condensées là et à l'entour que partout ailleurs.

« Un pareil résultat est important à la fois par sa nature et par sa généralité. On doit le considérer comme l'indice manifeste de l'existence d'une force de condensation dirigée de toutes les parties vers le centre de groupe globulaire. »

Telle est la preuve géométrique que donne Herschel sur l'existence d'une attraction dans les molécules de la matière primitive accumulées premièrement pour produire les étoiles élémentaires, dont des millions, accumulées en un seul et même espace, forment des sphères de grandeur telle que leur rayon est comparable à celui de l'orbite de Neptune.

§ 196. **Rapport entre les nébuleuses et l'espace vide ambiant.** Dans l'espace autour des nébuleuses, les étoiles manquent habituellement, ou du moins y sont fort rares ; ainsi, pendant ses observations, toutes les fois que, pendant un peu de temps, aucune étoile n'était venue, par le mouvement du ciel, s'établir dans le champ de son télescope, Herschel reconnaissait que les nébuleuses allaient apparaître.

Il y a dans le Scorpion un espace de quatre degrés de

large, dans lequel on n'aperçoit pas d'étoiles ; sur le bord occidental du trou obscur existe la nébuleuse qu'Herschel considère comme un des amas d'étoiles les plus riches et les plus condensés que le firmament puisse offrir aux méditations des astronomes.

§ 197. **Quantité d'étoiles d'une seule nébuleuse.** Chaque point lumineux était dans les nébuleuses considéré par Herschel et par les autres astronomes comme une étoile comparable aux étoiles isolées : Herschel et les mêmes astronomes ont compté 20,000 étoiles dans un espace d'une superficie apparente égale au dixième du disque lunaire. En admettant la formule sphérique, il doit, sur toute sa surface, y avoir au moins 40,000 étoiles, et dans tout l'espace sphérique, on en a trouvé environ 2 millions 1/2, et cela sans admettre une condensation vers le centre, comme l'existence de celle-ci a été démontrée ci-dessus ; en pareil cas, elle augmenterait encore le nombre prodigieux d'étoiles qui n'occupe dans la voûte céleste qu'un espace de 10 minutes de diamètre. On a trouvé jusqu'à présent 2,500 nébuleuses et même davantage, outre celles qui constituent la Galaxie.

§ 198. **Opinions des astronomes basées sur les faits exposés.** En rapprochant les faits précédents des observations qui montrent les étoiles très-condensées vers le centre des nébuleuses sphériques, des conjectures auxquelles ont été conduits les astronomes par l'état des nébuleuses irrégulières, état considéré comme transitoire, Herschel se trouva disposé à admettre que les nébuleuses se sont produites quelquefois par le travail incessant d'un grand nombre de siècles aux dépens des étoiles dispersées, qui, primitivement, occupaient les régions environnantes.

Après avoir adopté complétement et sans réserve l'opinion d'Herschel sur le mode de la production des nébuleuses globulaires, Arago va plus loin. Cet astronome, s'appuyant sur l'hypothèse d'un travail incessant de l'attraction, dit « que les coordinations dynamiques, propres à assurer la conservation indéfinie d'une semblable fourmilière d'étoiles, ne semblent pas faciles à imaginer : 1° Suppose-t-on le système en repos, les étoiles tomberont à la longue les unes sur les autres ; 2° lui donne-t-on un mouvement de rotation autour d'un seul axe, des chocs deviendront inévitables. »

Arago dit qu'il n'est pas prouvé *à priori* que les systèmes globulaires d'étoiles doivent se conserver indéfiniment dans l'état où nous les voyons aujourd'hui : opinion diamétralement opposée à celle de John Herschel suivie par Lamont et d'autres astronomes.

A. RÉFUTATION DES OPINIONS DES ASTRONOMES SUR LA NATURE DES NÉBULEUSES ET SUR LEUR FORME SPHÉRIQUE.

§ 199. L'arrangement indiqué des faits observés ne permet pas en apparence de douter de l'existence d'une force d'attraction. Vu que les faits sont incontestables, pour prouver qu'il n'existe nulle part une force d'attraction, il n'est permis de le faire ressortir qu'au moyen d'un arrangement différent de mêmes faits. Cependant on a vu que tous les astronomes ne sont pas d'accord sur l'état actuel des nébuleuses globulaires; quant aux étoiles nébuleuses, Arago n'était pas de la même opinion qu'Herschel. De plus, les conjectures d'Herschel sur les faits connus par lui changèrent depuis que ces faits ont dû céder la place à d'autres nouvellement découverts par son fils et devenus visibles dans le télescope de lord Ross; faits que j'expose plus bas.

Depuis la découverte des bandes spirales dans l'intérieur des nébuleuses, les astronomes modernes durent se montrer plus circonspects. En effet, malgré tout leur respect pour l'attraction, leur vieille idole, ils ne pouvaient plus donner aux nouveaux faits le même arrangement qu'avait imaginé Herschel en faisant ressortir les effets de l'attraction, laquelle paraissait également démontrée, 1° par la concentration indiquée des étoiles vers le centre des nébuleuses, et 2° par l'espace vide existant autour des nébuleuses.

Au lieu de me laisser conduire comme les autres par les faits, je suis en même temps la loi physique, suivant laquelle s'opère la production des faits en un ordre chronologique invariable, de même que cela a lieu dans la succession constante des séries de faits pour chaque espèce des corps organisés. Dans la *Physique simplifiée*, j'exposai tous les détails de la production des faits de chaque espèce : l'astronomie est devenue une branche de la physique ; elle n'est qu'une physique céleste.

Ce n'est pas dans cet ouvrage qu'apparaît pour la première fois le mode de la production des corps célestes par la séparation des jets de masses brûlantes du corps central, d'où résultent ces corps périphériques. Buffon exposa un mode pareil de production des planètes par des jets de masses brûlantes détachées de celle du Soleil. Cependant Buffon, ainsi que tous les autres naturalistes, ignorait la constitution physique du Soleil ; aussi lui fut-il impossible de parvenir à connaître le mode de la séparation des jets de masses du corps central, d'où sont ensuite produits ces corps périphériques.

Les astronomes et les naturalistes ignoraient de même complétement l'état physique des corps nommés *météores* ; encore moins savaient-ils que c'est de pareils météores que sont composées toutes les nébuleuses résolubles ou irrésolubles, circulaires, elliptiques, linéaires, irrégulières, isolées ou composant la Galaxie. L'origine de ces météores se trouve dans les jets de masse brûlante expulsés de celle du corps central. Des molécules de la couche superficielle de ces jets donnent spontanément naissance à des vésicules de vapeur, dont les enveloppes gèlent, puis se convertissent en ballons ; des millions de ces ballons, attachés les uns aux autres, forment les météores constituant les nébuleuses, lesquelles sont résolubles lorsque les amas de ballons sont de grandes dimensions. Pour qu'ils acquièrent de pareilles dimensions, il faut un très-long espace de temps. On peut donc, d'après cela, distinguer dans les nébuleuses diverses périodes ou âges correspondant aux dimensions des points lumineux qui les constituent; il faut cependant se garder de confondre avec celles-ci les nébuleuses très-éloignées de la Galaxie, composées des plus gros météores, et cependant irrésolubles à cause de leur très-grande distance.

§ 200. **La forme des nébuleuses rondes affecte celle d'une meule et non pas celle d'une sphère.** De même qu'Herschel prouva géométriquement que les nébuleuses circulaires ont la forme de sphère, et que les étoiles sont très-denses vers le centre de la sphère, de même je prouve, suivant la loi physique, que la forme de ces mêmes nébuleuses est celle d'une meule. L'accroissement rapide de la clarté vers le centre ne résulte pas d'une concentration des étoiles, mais des prolongements concentriques des bandes spirales invisibles dans le télescope d'Herschel; avant l'apparition de ces bandes dans le grand télescope, l'opinion d'Herschel était insoutenable. Arago était trop esclave des préjugés de la force d'attraction pour l'abandonner en s'éloignant de l'opinion d'Herschel; toutefois, le fils de ce dernier, John Herschel, montra plus d'indépendance, et en présence du changement qui s'était opéré dans l'aspect des faits, il ne balança pas à abandonner une opinion que son père n'aurait certes pas adopté, s'il eût eu à sa disposition le télescope de lord Ross.

Après avoir prouvé que les volumes des météores des nébuleuses grossissent continuellement, rien de plus évident que la manière dont est produit, 1° l'aspect des nébuleuses irrésolubles de 5, 4, 3, 2 anneaux ou même d'un seul; 2° l'aspect des nébuleuses sans anneaux résolubles en des millions de points lumineux, lesquels indiquent le nombre des météores qui ne sont pas des étoiles occupant antérieurement l'espace vide ambiant. Un pareil nombre d'étoiles d'égale grandeur et de même couleur n'existe nulle part au ciel; l'espace ambiant a été toujours vide comme il l'est autour de toutes les étoiles doubles, lesquelles autrefois étaient des nébuleuses. De même, au bout de millions d'années, les nébuleuses actuelles deviendront des étoiles doubles, lorsque les étoiles doubles actuelles perdront leur lumière et seront réduites à l'état de planètes éteintes comme celles de notre système. Les météores composant actuellement les nébuleuses ne seront pas perdus ; ils continueront à circuler autour de leur soleil accompagnés des planètes, et lorsque celles-ci deviendront comme celles de notre système et comme la Terre, les météores y paraîtront comme des bolides, des étoiles filantes et des pluies d'étoiles.

En laissant à part les nébuleuses irrégulières, considérées par Herschel comme un état transitoire d'où doit résulter celui des nébuleuses sphériques, dont je m'occuperai dans la section suivante, je prouve que toutes les nébuleuses planétaires ont la forme de meule : 1° vues de face, elles sont circulaires; 2° vues obliquement, elles ont la forme d'ellipses, et 3° vues de profil, elles sont de forme linéaire.

B. Étoiles nébuleuses d'Herschel.

§ 201. Il y a des étoiles entourées de nébulosité tout à fait circulaires; Herschel n'en découvrit que quatre. Pour expliquer ce fait, il n'y avait que deux cas connus de cet astronome : 1° l'existence d'étoiles entourées d'une matière gazeuse en forme d'une atmosphère, ou 2° si cette matière est répandue dans l'espace entre l'étoile et la Terre.

Une étoile nébuleuse découverte le 6 janvier 1785 est entourée jusqu'à la distance de deux minutes d'une nébulosité qui s'affaiblit graduellement en s'éloignant du centre;

Herschel croyait que de tels cas devaient se rencontrer fréquemment, parce que la matière nébuleuse ne peut pas se trouver dans des étendues ainsi limitées.

Une autre étoile de huitième grandeur, découverte en 1790, se trouva également au centre d'une atmosphère laiteuse exactement circulaire de trois minutes de diamètre, d'une lumière uniforme et extrêmement faible. Deux autres étoiles semblables à la précédente ont été découvertes l'an 1787.

Certainement personne n'admettra l'existence séparée des quatre étoiles et des quatre nébuleuses rondes, lesquelles se projettent exactement au centre des nébuleuses; il ne reste qu'à savoir si la matière nébuleuse est entre l'étoile et la Terre, ou si elle fait partie de l'étoile elle-même; en ce dernier cas, il reste à savoir si la matière nébuleuse se trouva précédemment dans l'espace ambiant pour être attirée de là par l'étoile, ou si, au contraire, elle n'est qu'un produit de la masse brillante. Ni Herschel ni aucun autre ne connaissait l'existence des météores produisant, 1° l'apparition des points lumineux lorsque leur volume est gros, ou 2° celle d'une matière nébuleuse ou laiteuse lorsque leur volume est médiocre. On ne savait pas davantage que des myriades de météores pareils circulent autour de chaque soleil, et que d'autres pareils encore accompagnent les soleils en circulant avec eux autour de l'Hélioagète. Telle est la raison véritable par laquelle l'origine des étoiles nébuleuses resta inconnue.

Le rayon de la nébulosité étant de 150 secondes, il en résulte que l'étendue de l'atmosphère en question doit être plus grande que la limite d'un système planétaire. Herschel s'est demandé s'il est possible qu'une atmosphère aussi grande soit visible à une aussi longue distance par une partie de lumière réfléchie venant de l'étoile centrale.

Aujourd'hui, à une telle question on ne donnerait aucune réponse, parce que l'existence des étoiles nébuleuses ne conduit pas à l'existence d'une atmosphère. Matière nébuleuse, gazeuse, laiteuse, tout cela n'existe nulle part ; mais ce sont les météores qui sont la cause physique du grand nombre de faits qui se présentent sous tant d'aspects différents ; car de ces météores les uns sont très-gros, les autres le sont moins. Au foyer des gros se concentre une grande quantité de rayons ; dans les moins gros, il s'en concentre des quantités moindres : ce qui fait que des météores résultent à la fois, et les nébuleuses résolubles et les nébuleuses irrésolubles.

Les météores persistent dans tous les systèmes planétaires circulant autour de l'Hélioagète avec leur soleil ou autour des soleils avec leurs planètes ; ce sont ces amas de météores qui font apparaître les étoiles nébuleuses, dans le cas où ils se trouvent circulant dans l'orbite d'un soleil, par laquelle doivent passer les rayons d'une étoile pour arriver à la Terre. La scintillation des étoiles est également l'effet de ces météores (§ 76). Il y a même des exemples que des étoiles autrefois nébuleuses ne le sont plus.

Herschel n'admettait pas cette idée qu'il serait possible que la lumière réfléchie d'une atmosphère fût suffisante pour faire apparaître l'état observé chez les étoiles nébuleuses. Arago soutenait que parmi les nébuleuses à lumière presque uniforme plusieurs deviendraient des étoiles nébuleuses si nous en étions plus près.

C. Étoiles nébuleuses et étoiles vues a travers une nébulosité.

§ 202. En mars 1774, Herschel aperçut au nord de la nébuleuse d'Orion et de chaque côté deux autres étoiles plus petites, également entourées de nébulosités circulaires ou d'auréoles.

Dans le mois de décembre 1810, les nébulosités des deux petites étoiles n'étaient plus visibles. Le 19 janvier 1811, on n'en apercevait aucune trace, même avec le plus puissant télescope; quant à la nébulosité de l'étoile principale, elle était visible, mais avait éprouvé un très-grand affaiblissement. Lacaille voyait cinq petites étoiles au milieu d'une nébulosité dans la constellation d'Argo. Dunlop, en 1825, avec de bien meilleurs instruments, n'en apercevait point de traces.

En comparant ses observations des années 1780 et 1783 à celles de 1811, Herschel trouva que la nébuleuse d'Orion avait sensiblement changé de forme et d'étendue; Mairan était arrivé au même résultat en faisant la comparaison entre la forme de la nébuleuse et s'appuyant de l'autorité de Godin et Fouchy. Plusieurs astronomes croyaient avoir aperçu des variations dans la nébuleuse de ν d'Andromède.

Lamont a pu apercevoir assez bien certaines limites entre les parties les plus lumineuses et les parties les moins lumineuses de la nébuleuse d'Orion.

Huygens dit : « Les astronomes ont compté dans l'Épée « d'Orion trois étoiles très-voisines l'une de l'autre. Lors« qu'en 1656 j'observai, par hasard, celle de ces étoiles qui « occupe le centre du groupe, au lieu d'une j'en découvris « douze, résultat que, d'ailleurs, il n'est pas rare d'obtenir « avec les télescopes. De ces étoiles, il y en avait trois qui, « comme la première, se touchaient presque, et quatre au« tres qui semblaient briller à travers un nuage, de telle « façon que l'espace qui les environnait paraissait beaucoup « plus lumineux que le reste du ciel, qui était entièrement « noir. »

Tant que persistait une auréole autour d'une étoile, elle était considérée comme une étoile nébuleuse; mais s'il arrivait que cette auréole disparût et que l'étoile restât seule, on disait qu'il y avait eu passage d'une matière cosmique entre l'étoile et la Terre. Dunlop constata la disparition des auréoles de cinq petites étoiles, lesquelles étaient entourées d'auréoles lorsque Lacaille les observa.

Herschel n'hésita point à reconnaître l'existence d'une espèce de brouillard en mouvement dans l'espace, lequel, venant s'interposer entre la Terre et l'étoile, fait, par la réfraction de la lumière, apparaître une auréole ayant dans son centre l'étoile dont le mouvement orbiculaire n'est pas parrallèle à celui du brouillard, celui-ci ayant été remplacé par une matière cosmique, de nature inconnue et douée d'un mouvement; car un pareil mouvement manque dans la nébuleuse d'Orion, laquelle reste en rapport invariable avec les étoiles. C'est dans cette nébuleuse que Lamont aperçut plusieurs parties séparées les unes des autres.

La matière ainsi découverte ne brille pas d'une lumière propre, puisque, à une certaine distance des étoiles, on n'en voit aucune trace. Elle manque de cette diaphanéité extrême que possède l'espace céleste. Il ne reste plus qu'à indiquer comment il se fait qu'une auréole apparaisse par les rayons qui arrivent parallèlement à la matière et qui en sortent comme s'ils provenaient de millions de points lumineux, possédant chacun une clarté inférieure à celle de l'étoile, cette clarté décroissant en même temps du centre vers la périphérie.

Dire que la matière cosmique réfléchit les rayons comme le fait le brouillard, c'est faire une comparaison et non donner une explication. Autour du Soleil et de la Lune, il se produit en certains cas des auréoles, et en certains autres cas des halos; les étoiles nébuleuses ont une auréole et non pas un halo (*Phys.*, t. II, p. 665-674). Les points lumineux dont l'ensemble compose l'auréole ne résultent pas d'autant de plans de réflexion composés des couches de molécules de brouillard ou de matière cosmique.

Le brouillard est composé, non pas de gouttelettes, mais de vésicules dont les enveloppes, à une température élevée, ont une superficie unie, tandis qu'à une température basse la vapeur devient opaque, parce que cette superficie se couvre d'aspérités et que les rayons deviennent dispersés;

le Soleil n'obtient pas une auréole, mais il disparaît. La vapeur gèle à une température inférieure et les vésicules se transforment en ballons, dont des millions composent ensemble les météores.

Dans l'espace circulent les météores avec les soleils autour de l'Hélioagète ; chaque soleil a, dans son orbite, des traînées de météores d'une longueur de plusieurs millions de lieues. Tels sont les météores qui passent à une petite distance de la Terre en août et en novembre, et qui paraissent comme des étoiles filantes ; si leur nombre augmente, nous disons qu'il y a des pluies d'étoiles. Les auréoles résultent des rayons réfractés dans les météores qui sont tous de forme ovalaire ayant l'hémisphère soulevé, non pas vers l'Hélioagète, mais vers leur soleil.

Ainsi donc, pour qu'une auréole se produise, les conditions suivantes sont exigées : 1° Il faut interposition des météores entre l'étoile et la Terre ; 2° les sommets de ces météores doivent être dirigés vers le centre de l'étoile ; 3° pour que les météores de cette interposition disparaissent, il ne faut pas qu'ils aient un mouvement parallèle avec celui de l'étoile ; au contraire, pour que les étoiles nébuleuses persistent, il faut qu'il y ait parallélisme entre les mouvements des météores et l'étoile, laquelle n'est pas leur soleil.

Herschel admettait que la matière cosmique disparut de l'espace entre nous et les deux étoiles d'Orion, par un mouvement de concentration de ses molécules, qui formèrent une étoile, laquelle, bien qu'elle ne se voie pas, n'en doit pas moins, avec des milliers d'autres, servir d'éléments pour former un amas d'étoiles dont l'ensemble sera une nébuleuse globulaire *dc* (fig. 30). Herschel négligea tous les détails d'une production telle des nébuleuses, parce que pour obtenir un nombre suffisant d'étoiles contenues dans une nébuleuse médiocre, il fallait qu'il se rencontrât plus fréquemment une matière cosmique, surtout si elle était même en très-médiocre quantité; elle devrait être perceptible, étant interposée entre la Terre et une étoile visible à l'œil nu.

Ce sont précisément les étoiles visibles à l'œil nu qui ne sont jamais des étoiles nébuleuses; on infère de là que ce ne sont que des soleils lipoplanètes, et c'est entre eux et la Terre que viennent s'interposer les météores pour leur donner l'aspect d'étoiles nébuleuses. Lorsque était encore inconnu le mode de la production des auréoles par les météores, Arago croyait qu'il est possible que les auréoles s'effacent par suite du grand éclat de la lumière des étoiles visibles à l'œil nu, concentrée dans la lunette : il faut attribuer cette objection à un oubli de la part d'Arago; car, en pareil cas, il n'est pas besoin de lunette pour observer les étoiles, on n'observera que les auréoles.

Si le cas indiqué de la production des étoiles nébuleuses est véritable, il doit se rencontrer dans l'avenir des cas qui feront voir que certaines étoiles télescopiques ont acquis une auréole qu'elles n'avaient point antérieurement. C'est encore un indice de la grande importance qu'il y a de bien connaître et de bien indiquer chaque étoile; de sorte que quand dans l'avenir seront découvertes des nouvelles étoiles nébuleuses, on sera en état de juger si elles l'ont été toujours ou si elles ne le sont que depuis peu. Un indice de cas pareil est le suivant :

En 1656, Huygens plaçait l'étoile d'Orion complétement en dehors de sa nébuleuse. En 1731, Mairan aperçut un cercle régulier de clarté autour de l'étoile dite *d*; il dit que cette clarté serait toute semblable à celle que produirait l'atmosphère de notre Soleil, si elle devenait assez dense et assez étendue pour être visible avec des lunettes à une pareille distance. Cette comparaison suffit à prouver que la clarté répandue autour de l'étoile n'était pas tellement faible qu'elle ne fût pas aperçue par Huygens, si, toutefois, elle existait lorsqu'il observait l'étoile *d* d'Orion.

D. Dissentiment entre Arago et John Herschel sur la visibilité des nébuleuses.

§ 203. Ces deux astronomes étaient d'accord sur ce point qu'une étoile visible à une distance d devient invisible à une plus grande distance D. Au lieu d'une seule étoile, s'il y en a une grande quantité occupant un espace d'un diamètre de 10 minutes, à une distance d chaque étoile sera visible séparément; à une plus grande distance, chaque étoile ne sera plus visible séparément, mais dans cet espace, il y aura une lueur dans le champ du télescope, qu'on admet comme inférieur à l'étendue de la nébuleuse. De même que la Galaxie, étant composée de nébuleuses de très-grandes étendues, leur clarté est presque égale, quoique leurs distances soient très-différentes. J'ai prouvé (§ 90) que les nébuleuses de l'arc A^{VI} (fig. 25) de la Galaxie est à une distance $(2^{5}-2^{1})\Delta$, tandis que les nébuleuses, dans la direction V, sont à une distance $(2^{4}-2^{1})\Delta$ de nous, $2^{1}\Delta$ étant la distance entre le Soleil S et l'hélioagète H. Malgré cette grande différence entre les distances, la clarté de l'arc ne paraît pas sensiblement supérieure à celle de l'anneau de la Galaxie, qui se trouve cependant à une distance presque double.

Personne ne conteste ce fait qu'explique Arago, en prouvant que sous le même angle visuel γ l'œil reçoit une égale quantité de rayons de l'arc A^{VI} et de l'anneau de la Galaxie V; ces rayons partent d'une surface s de l'arc A^{VI} et d'une surface $2^{6}s$ de l'anneau V de la Galaxie. Pour que l'espace occupé par une nébuleuse devienne visible, il ne faut qu'une superficie suffisante pour produire un angle visuel de la grandeur γ. Herschel était tenté de considérer les nébuleuses circulaires irrésolubles aperçues dans les directions des pôles de la Galaxie comme étant des Galaxies d'autres astres analogues à l'Hélioagète : cette hypothèse était basée sur le résultat dont Arago donnait l'explication.

Il résulte des expériences de Maedler que le Soleil se trouve entre l'Hélioagète H et l'arc A" de la Galaxie, et cependant il en chercha une preuve dans la clarté plus grande, dans la partie de cet anneau la moins éloignée, que dans la partie diamétralement opposée. Toutefois, l'inégalité de la clarté des différentes parties de la Galaxie ne concorde pas avec l'hypothèse de Maedler. A. Humboldt trouva la plus grande clarté de la Galaxie dans la constellation de la Licorne, précisément dans la région qui, étant diamétralement opposée au milieu de l'arc ☊'α☋' (planche I) de la Galaxie, serait la partie de la Galaxie la plus éloignée.

Herschel, s'appuyant sur les résultats obtenus dans son télescope, admit deux classes ou deux genres de nébuleuses : 1° les unes composées d'étoiles et pour cela même résolubles; 2° les autres composées de matière laiteuse, et pour cela irrésolubles. Arago admettait également deux genres de nébuleuses ; il allait même plus loin qu'Herschel : il croyait à une destruction des millions d'étoiles composant les nébuleuses résolubles pour en obtenir des nébuleuses irrésolubles composées d'une matière laiteuse. Les philosophes brahmanes, outre les quatre éléments terrestres, en admettaient un cinquième, l'*akaseh* (*), dont les étoiles sont formées.

Après avoir établi que dans les grandes distances les étoiles deviennent invisibles, et que les nébuleuses globulaires ou résolubles prennent l'aspect des nébuleuses irrésolubles, il s'agit de savoir si, en ces deux cas, l'œil reçoit sous l'angle γ une égale quantité de rayons. Sans aller plus loin, chacun conçoit que pour saisir les détails des nébuleuses, il faut recevoir des rayons particuliers de chacune

(*) En langue thrace, le mot *kaccha* signifie pâte. Le nom Brachmane est composé de *brach* (prononcé *vrah*), et *man* (*vrach*, coryphée; *man*, homme, coryphée homme). Ces deux mots se composent différemment dans les noms mongols ou mangols (*man*, homme; *gol* un) et Braha-pati (*vrah*, coryphée; *uspati*, seigneur); ainsi est appelé Jupiter par les Indiens.

des étoiles qui composent la nébuleuse; ce sont donc ces rayons qui rendent visibles les bandes spirales dans le télescope de lord Ross, et qui cessent de pénétrer distinctement dans le nerf sans confondre leur direction avec celles des autres rayons, lorsque l'objet se trouve à une plus grande distance.

II. DE QUATRE ORDRES DE COSMOGONIES.

§ 204. I. Une exposition du mode de la production du monde est contenue dans la Genèse; cependant là c'est le Créateur tout-puissant qui fait apparaître les faits séparément l'un de l'autre sans qu'aucune liaison soit indiquée entre eux comme causes et effets. C'est pour cela que les naturalistes de tous les temps ont toujours considéré la Genèse comme un récit dépourvu de tout caractère scientifique, en même temps que les faits qui y sont exposés ne paraissaient pas être d'accord avec la loi physique.

II. De la combinaison logique des faits connus à chaque époque ont été composées des cosmogonies, destinées à disparaître devant d'autres également produites par de nouvelles combinaisons logiques des faits découverts inconnus aux auteurs des cosmogonies précédentes; de sorte qu'il paraissait que l'homme ne dût jamais parvenir à composer une cosmogonie véritable; car la série des faits cosmiques est inépuisable et indéfinie.

III. Au lieu de suivre la méthode des naturalistes et de composer une cosmogonie tirée de la combinaison de faits connus qui ont un certain rapport, c'est l'ensemble de faits de tout genre des sciences physiques et naturelles et des sciences métaphysiques et morales qui m'a fait découvrir que, dans chaque production de faits, sont indispensables, 1° le mouvement, et 2° l'affinité. Au lieu de combiner les faits d'un genre pour obtenir l'ensemble d'une science, j'obtins l'ensemble des sciences au moyen du mouvement et de l'affinité ; celle-ci n'est que la rupture d'équilibre présentée au point de contact entre les équivalents positifs Ē ayant pour éléments le *pycnoélectre*, et les équivalents négatifs Ē ayant pour éléments l'*aréoélectre* (§ 57).

En partant de ce mode de la production des faits obtenus par les observations, il me devint possible de reconnaître et de déterminer l'action qui devait intervenir entre l'affinité ou l'expansion du volume des molécules de l'électre et le fait qui en résulta. En procédant de cette manière, je disposai les faits de façon qu'ils fussent liés entre eux comme causes et effets. La série ainsi obtenue se trouva tout à fait d'accord avec celle de la Genèse, comme cela ressort du parallèle suivant.

A. Genèse monodynamique.

§ 205. Le récit de faits a la forme historique sans l'intervention d'aucune explication scientifique ; ce n'est que l'ordre de ces faits qui correspond à celui qui résulterait d'une série composée de ces faits pour être liés entre eux par la loi physique comme causes et effets. Tant qu'était inconnue cette loi, on ne savait pas distinguer les objets indiqués par des termes vulgaires et non pas par des termes scientifiques. Il est ici devenu facile d'attribuer à chaque terme la signification, parce qu'est déjà connu le mode de la production des faits, et qu'il ne s'agit que de les contrôler pour vérifier à la fois les faits contenus dans la Genèse et ceux contenus dans la Physique simplifiée et dans l'introduction de cet ouvrage, obtenus par la loi physique.

Des faits et de leur production a été déduite l'existence de pycnoélectre, d'aréoélectre et de mouvement emmagasiné en quantité indéfinie. Pour obtenir une seule origine, de même qu'est admis un état équilibré du fluide primitif répandu dans l'espace infini, précisément comme les physiciens actuels admettent le fluide nommé *éther*, il est un fluide analogue : le chaos de l'Écriture.

Pour paraître la trinité, de laquelle découle l'ensemble de la production des faits, il a dû intervenir une action suprême limitée à la division de toute la masse de fluide répandu dans l'espace, pour qu'il en résultât deux quantités inégales, lesquelles ayant été réduites en volumes égaux ont dû se trouver possédant les molécules du fluide en densités inégales (§ 10). L'action suprême se termine en laissant les deux volumes beaucoup éloignés l'un de l'autre : ce fait est indiqué par les termes suivants (chap. Ier) :

« Dieu créa au commencement les cieux et la Terre. »

Lorsque l'action suprême opéra cette division du fluide et comprima indéfiniment ses molécules pour leur faire occuper deux volumes égaux, la lumière manquait; le mot *esprit* est employé pour indiquer le mouvement expansif des ondes de pycnoélectre et d'aréoélectre partant des deux électrosphères ε, ε' (fig. 2, § 19) pour se rencontrer en Z.

I. En Z est l'espace central où s'opéra la rencontre et où furent produites la lumière et la chaleur composées des équivalents, dans lesquels entrent les segments des ondes en sept longueurs différentes, dont résultent les sept couleurs, les sept sons, les sept espèces d'odeurs et les sept espèces de saveurs; telle est l'origine de l'usage de considérer le sept comme un nombre sacré. Le premier jour se termina par la production des combinés dans l'espace central Z.

II. Après qu'eut été terminé, pendant le premier jour, la production de la lumière dans l'espace central Z s'opéra dans l'espace stellaire Π (fig. 1, § 13) l'exaérose de l'eau indiquée par le terme *expansion* : voici la traduction exacte du texte hébreu :

« Et dixit Deus : Sit expansio in medio aquarum et sit
« dividens inter aquas et aquas. Et fecit Deus expansionem
« et dividit inter aquas quæ subter expansionem et inter
« aquas quæ super expansione. Et fuit ita. Et vocavit
« Deus expansionem cœlos. »

Nous avons vu (*Phys.*, t. II, p. 732) que la lumière provoque la séparation d'un atome d'oxygène de quatre atomes d'eau ; le reste est un atome double d'azote qui, mêlé à l'atome d'oxygène, produit le mélange qui est l'air ou l'eau exaérosée sous un volume mille fois plus grand que celui occupé précédemment. C'est pour cela qu'il s'élève au-dessus de l'eau pour occuper l'espace du côté du ciel. Ce fut donc pendant le deuxième jour que s'opéra l'exaérose de l'eau par la lumière qui avait été produite le jour précédent. Les mots *firmamentum*, *στερέωμα*, cieux, indiquent ici l'atmosphère.

III. Le troisième jour indique un laps de temps pendant lequel, à cause de l'exaérose de l'eau, le niveau baissa et le sec parut : ce sec est le continent, les amas des eaux sont les mers. A cause de l'existence d'une atmosphère, le froid de l'espace ne pénétrait plus jusqu'à la surface de la terre, et c'est ainsi que la production des plantes s'opéra (*Phys.*, t. I, p. 629; t. IV, p. 858).

IV. Pendant un autre laps de temps, exprimé par le quatrième jour, eut lieu l'accroissement de l'épaisseur de l'atmosphère, dont résultèrent les changements de saisons et des climats, faits d'une nécessité absolue pour la production des vertébrés, car les animaux invertébrés existaient déjà avec les plantes (*Phys.*, t. IV, p. 318).

V. La production des vertébrés commença par les poissons et les oiseaux : il n'est pas fait mention des quadrupèdes : ainsi se termina le cinquième jour (*Phys.*, t. IV, p. 841).

VI. Les animaux mammifères de la terre et les animaux domestiques ont été produits après les poissons et les oiseaux. L'homme n'a d'autre ressemblance avec Dieu que le langage ; c'est donc au moyen du langage que l'homme se distingue des animaux et ressemble au Créateur ; ce langage lui était nécessaire pour fonder sa domination sur les poissons de la mer, sur les oiseaux des cieux, sur les animaux domestiques, et enfin sur toute la terre. L'homme était destiné à se nourrir de substances végétales, c'est-à-dire de diverses herbes et des fruits des arbres ; c'est pour cette raison que l'homme est, 1° bipède, pour recueillir les herbes, et 2° bimane, pour monter sur les arbres et s'en approprier les fruits.

Chap. II. Il est très-important de répéter ici les détails des objets dont la production est indiquée dans le chapitre précédent.

« I. Dieu fit toutes les plantes des *champs* avant qu'il y en « eût dans la terre, et toutes les herbes des champs avant « qu'elles eussent poussé. Car l'éternel Dieu ne faisait point « pleuvoir sur la terre, et il n'y avait point d'homme pour « cultiver la terre. Et aucune vapeur ne montait de la terre « qui arrosât toute la surface de la terre (*Phys.*, t. III, « p. 8, 700). »

Le lecteur trouvera dans la *physique* pourquoi la pluie manquait, et quels sont les champs où la végétation se trouva en vigueur avant l'apparition des pluies; ces champs sont le *Phytostrome* (t. IV, p. 875), qui est une couche épaisse de restes de plantes aquatiques. Il y végétait des herbes et des arbrisseaux dont se nourrissaient les insectes, les reptiles, les quadrumanes et les oiseaux : l'humidité provenait de l'eau de la mer.

II. Détails de la création d'Ève. Un naturaliste n'aurait point hésité à dire que, comme Adam, Ève a été également créée, tandis qu'il est dit :

« Et l'éternel Dieu fit tomber un profond sommeil sur « Adam, et il s'endormit, et Dieu prit une de ses côtes et il « resserra la chair à la place.

« Et l'éternel Dieu forma une femme de la côte, qu'il « avait prise d'Adam, et la fit venir vers Adam.

« Alors Adam dit : « A cette fois, celle-ci est l'os de mes « os et la chair de ma chair.

« C'est pourquoi l'homme laissera son père et sa mère et il se joindra à sa femme et ils seront une même chair. »

Dans la *Physique*, t. IV, p. 879, est indiqué que lorsque

Adam fut en âge de puberté, l'expermatose lui arrivait durant son sommeil; de son sperme fut donc produite Ève au moyen d'un animal auxiliaire, lequel absorba la semence. Côte est donc ici pour la verge d'Adam, et son rapprochement avec Ève est annoncé dès qu'il l'a vue. Les détails du premier accouplement sont exposés d'une manière très-naturelle en faisant la comparaison de la verge d'Adam avec un serpent, comme elle paraissait aux yeux d'Ève; car, pendant que les autres parties d'Adam restaient en un état invariable, sa verge changeait de grandeur et de forme. Ces détails deviennent clairs par la précaution que le couple prit, afin de se préserver à l'avenir contre la tentation produite par l'aspect des parties génitales.

CHAP. III. Le serpent était un des animaux des champs (phytostrome, où vivaient les reptiles et les quadrumanes avant l'apparition des pluies) : or les animaux ne parlent pas; mais pour indiquer ce qui se passait dans l'esprit d'Ève à l'aspect de la verge d'Adam, c'est cette verge personnifiée qui produit la tentation d'Ève. C'est la saveur du fruit qui est employée pour indiquer le sentiment agréable que produit, pendant le coït, la rencontre des courants électriques venant, les positifs de l'homme avec le sperme, pour se neutraliser avec les négatifs venant de la femme. Dès que ce fluide s'éloigne, l'homme et la femme arrivent en un état entièrement différent : cet état est annoncé de la manière suivante :

« Et les yeux de tous deux furent ouverts, et ils connu-« rent qu'ils étaient nus, et ils cousirent ensemble des « feuilles de figuiers, et ils s'en firent des ceintures. »

Il n'est plus question du serpent : on aurait dû s'attendre à ce qu'Adam et Ève commenceraient contre les serpents une guerre d'extermination : mais cela n'a pas lieu : le Créateur seul dit au serpent :

« Parce que tu as fait cela, tu seras maudit entre tous les « animaux et entre toutes les bêtes des champs : tu mar-

« cheras sur ton ventre et tu mangeras la poussière tous les « jours de ta vie.

« Et je mettrai l'inimitié entre toi et la femme, entre ta « postérité et la postérité de la femme ; cette postérité t'écra- « sera la tête, et tu la blesseras au talon. »

Tous ces détails ne servent qu'à éloigner l'attention du lecteur du fait accompli ; car, de même que les autres reptiles, le serpent marchait déjà précédemment sur le ventre. Il n'y a à remarquer que l'indication d'une différence entre tous les animaux et entre toutes les bêtes des champs (*Phys.*, t. IV, p. 854).

La conception d'Ève, produite du sperme d'Adam, a eu lieu lorsque Adam avait l'âge de puberté : pour être en état d'éprouver la tentation, Ève devait être aussi déjà arrivée à cet âge ; alors l'âge d'Adam était mûr : ce rapport naturel existe entre l'homme et la femme qui se connaissent pour la première fois.

Chap. iv. Lorsque manquaient les pluies, Adam trouvait sa nourriture dans l'Éden arrosé des fleuves ; car, pour que lui et ses descendants puissent vivre sur les continents, les pluies n'y devaient plus manquer : elles apparurent plus tard.

Chap. v. La postérité d'Adam, déjà nombreuse, indique l'état de prospérité du genre humain répandu déjà sur les continents où il trouvait en abondance sa nourriture végétale : les pluies arrosaient alors les continents.

Chap. vi, vii, viii. Déluge. Or il arriva que quand les hommes eurent commencé à se multiplier sur la terre et qu'ils eurent engendré des filles,

Les fils de Dieu voyant que les filles des hommes étaient belles, en prirent pour leurs femmes de toutes celles qu'ils choisirent.

Et l'Eternel dit : Mon esprit ne contestera point à toujours avec les hommes, car aussi ne sont-ils que chair ; leurs jours seront donc de six-vingts ans. Cela prouve qu'en effet

« la vie était avant le déluge environ dix fois plus longue.

« En ce temps-là il y avait des *géants* sur la terre, et cela « après que les fils de Dieu se furent joints avec les filles « des hommes et qu'elles leur eurent donné des enfants : ce « sont ces puissants hommes qui, de tout temps, ont été des « gens de renom.

« Et l'Éternel voyant que la malice des hommes était « très-grande sur la terre et que toute l'imagination des « pensées de leur cœur n'était que mal en tout temps. Il se « repentit d'avoir fait l'homme sur la terre, et il en eut un « grand déplaisir dans son cœur.

« Et l'Éternel dit : J'exterminerai de dessus la terre les « hommes jusqu'au bétail, jusqu'à tout ce qui rampe, même « jusqu'aux oiseaux des cieux, car je me repens de les avoir « faits.

« Mais Noé trouva grâce devant l'Éternel. »

Ensuite est indiquée à Noé la construction d'une arche pour y entrer lui et sa famille, et y introduire une paire de chaque espèce d'animaux. Aucune mention n'est faite des plantes : on voit ainsi qu'après le déluge, la production primitive des plantes n'a pas été interrompue, tandis qu'une telle production primitive ou spontanée a dû être interceptée pour les animaux.

Chap. vii. « En l'an six cents de la vie de Noé, au second « mois, au dix-septième jour du mois, en ce jour-là toutes « les fontaines du grand abîme furent rompues et les bondes « des cieux furent ouvertes.

« Et le déluge se répandit pendant quarante jours sur la « terre.

« Et toute chair qui se mouvait sur la terre expira, tant « des oiseaux que du bétail, des bêtes et de tous les reptiles « qui se traînent sur la terre, et tous les hommes.

« Et les eaux se maintinrent sur la terre pendant cent « cinquante jours. »

Chap. viii. « Et Dieu fit passer un vent sur la terre et les

« eaux s'arrêtèrent. Car les sources de l'abîme et les bondes « des cieux avaient été fermées. »

Les détails exposés ici ont un rapport avec les déluges précédents, comme cela devient évident d'après le niveau des eaux ; car toutes les plus hautes montagnes qui étaient sous les cieux furent couvertes ; les eaux s'élevèrent de quinze coudées plus haut qu'elles.

Les eaux se retiraient de plus en plus de dessus la terre ; c'est dans la *Phys.*, t. IV, p. 89, 761, 849, qu'il est prouvé que c'est par l'exaérose que les eaux se retiraient de la surface de la terre après chaque déluge ; et ensuite deux aérocônes se détachaient de la terre pour devenir deux *comètes*, dont les orbites ont leur périhélie entre la Terre et Vénus. Le dernier déluge du temps de Noé a eu également pour cause la séparation des deux aérocônes ; la pression des deux aérocônes polaires exercée sur les mers des deux hémisphères faisait élever leur niveau dans les régions équatoriales, où se trouvait le grand abîme. Cela est prouvé par la direction du mouvement de l'arche qui, des régions de l'Euphrate, où était Noé, s'avança vers la montagne d'Ararat, poussée par les eaux venant du sud, du côté équatorial.

Chap. ix. « Dieu parla ainsi à Noé et à ses fils qui étaient « avec lui, disant :

« Quant à moi, voici que j'établis mon alliance avec vous « et avec votre postérité après vous ;

« Et avec tout animal vivant qui est avec vous, tant des « oiseaux que des animaux domestiques et de toutes les « bêtes de la terre, qui sont avec vous, et toutes celles qui « sont sorties de l'arche, jusqu'à toutes les bêtes de la « terre.

« J'établis donc mon alliance avec vous et nulle chair ne « sera plus exterminée par les eaux du déluge, et il n'y « aura plus de déluge pour détruire la terre.

« Je mettrai mon arc dans la nuée, et il sera pour signe de « l'alliance que j'ai faite avec vous.

« L'arc donc sera dans la nuée, et je le regarderai, afin « qu'il me souvienne de l'alliance perpétuelle qui est entre « Dieu et tout animal vivant. »

Les pluies commencèrent après la création de l'homme; elles n'ont plus été interrompues après le déluge; il n'en avait pas été ainsi pour les déluges précédents; alors les eaux se retiraient de la terre par l'exaérose, et de gros aérocônes se produisant rendaient inévitable un nouveau déluge. C'est donc au moyen de l'*exhydatose* de l'air ou de sa transformation en eau que, après le déluge, se trouva empêchée l'accumulation de l'air dans les régions polaires, et que, par suite, devint impossible le retour d'un nouveau déluge. Le vent qui passe indique la séparation des aérocônes.

L'arc-en-ciel résulte, non pas des vésicules de vapeur qui se présentent sous forme de nuages, mais des gouttelettes d'eau qui résultent des enveloppes de vésicules (*Phys.*, t. II, p. 658, 663); ce sont donc les pluies indiquées par l'arc-en-ciel, lequel devait être le véritable signe de l'alliance.

Et afin de ne pas confondre la matière avec l'intelligence, celle-ci ne périssant jamais, il est dit que c'est la chair qui est détruite.

B. Cosmogonies logiques.

§ 205. C'est au moyen des organes des sens que les images de chaque objet du monde peuvent être rassemblées, et c'est le langage qui leur fournit les représentants. Les objets du monde, de même que leurs images, subsistent d'une manière permanente; il n'y a que leurs dispositions qui peuvent varier, et cela au moyen des paroles qui n'ont au monde aucune existence propre : seulement, à chaque objet réel est donné un représentant pour le rendre logique. Il n'y a donc aucune liaison physique entre 1° le mode de la production des faits par l'expansion du fluide électré opéré par l'accroissement du volume de ses molécules et 2° la production des représentants logiques de ces faits.

Possédant dans son intelligence les images des objets cosmiques à l'état logique, l'homme les combine suivant les lois logiques basées sur des objets connus, objets qui sont toujours limités, et par suite il n'en peut jamais résulter une loi logique invariable. Pour composer une cosmogonie, les auteurs n'employaient que des combinaisons logiques des représentants des faits et des objets. La loi logique étant basée sur le nombre des images de faits, elle change aussi avec celui-ci; c'est ainsi que chaque découverte des objets fait changer les arrangements logiques opérés sur un nombre moindre de faits.

Pour faire augmenter le nombre de faits, il faut un grand nombre d'expérimentateurs et d'observateurs; ainsi donc, pour obtenir par les combinaisons, non pas une loi logique, mais la seule loi physique, qui est en même temps logique, il faut se borner à étudier les faits et les objets de l'ensemble des sciences découvertes depuis tous les siècles par des milliers d'individus. Ainsi chacun restera convaincu que, dans la production de chaque fait, il ne faut que mouvement et affinité : 1° le *mouvement* se trouve dans les accroissements indéfinis des molécules de l'électre; 2° l'*affinité* se trouve dans l'inégale densité de ces molécules d'électre : 1° des molécules plus denses sont composées les équivalentes de l'électricité positive, et 2° des molécules les moins denses sont composés les équivalents de l'électricité négative (§ 19).

Chaque expansion des molécules ne s'opère pas par une cause qui exerce sur elles une poussée, mais elle commence spontanément dès qu'il s'opère l'éloignement de la résistance qui empêchait l'expansion. Le lecteur, connaissant ce qu'ignoraient les auteurs des cosmogonies, jugera facilement qu'il leur était absolument impossible de parvenir au but qu'ils se proposaient. Comme exemples, je cite ici les expositions du système du monde faites par Buffon et par Laplace ; car, étant les plus récentes, elles sont considérées comme ayant le plus d'autorité.

1° *Système de Buffon.*

§ 206. Tous les naturalistes ont reconnu qu'il y a eu une cause commune qui produisit en même temps, 1° le rapprochement des orbites des planètes du plan équatorial du Soleil, et 2° le même sens de la direction des mouvements orbiculaires des planètes et du mouvement de rotation du Soleil. Ces faits, classés dans l'esprit de Buffon, lui ont fait connaître que la masse des planètes faisait autrefois partie de celle du Soleil. La difficulté se réduit à connaître la cause et le mode de la séparation des jets de masse brûlante de celle du Soleil ; de plus, il fallait encore prouver comment il s'est fait que les masses qui ont été séparées du Soleil n'y pouvaient plus retourner, question que Newton ne put résoudre ; il fit intervenir l'action suprême pour exercer le choc tangentiel, et il se trouva par suite à l'abri de toute objection.

Voulant aller plus loin que Newton, Buffon admit que le choc a été exercé par la masse d'une comète précipitée sur le Soleil. C'est par un pur oubli que Buffon, pour apprécier cette hypothèse, n'a pas rapporté comme exemple les étoiles nouvelles, dont l'apparition subite rend évidente l'identité des faits, et pour Laplace, cette comparaison serait très-instructive ; vu que la constitution physique du Soleil était inconnue, il était facile à Laplace de réfuter le système de Buffon par l'inconséquence qui se présente dans le sens de la direction de la rotation des planètes et surtout d'Uranus, et celle du mouvement orbiculaire des satellites autour des planètes. Buffon de son côté n'osait pas faire intervenir de nouvelles comètes pour faire séparer de la masse de chaque planète celle de ses satellites.

Le choc qu'exercerait une comète est insignifiant à cause

de son poids extrêmement petit par rapport à son volume; de l'autre part, un choc pareil ne produirait que le détachement ou le déplacement d'une partie insignifiante de la masse du Soleil, partie dont la grandeur est des millions de fois supérieure à celle de la comète. En admettant même, comme Buffon le faisait, une telle séparation des jets de masse brûlante, Laplace prouva qu'il fallait que l'excentricité des planètes fût analogue à celle des comètes, et cependant Laplace ignorait la cause physique de la grande excentricité des orbites des comètes.

2° Hypothèse de Laplace sur la formation de notre système planétaire.

§ 207. Après avoir facilement réfuté en partie le système de Buffon, Laplace, guidé par les découvertes des nébuleuses faites par Herschel, se proposa de faire ressortir le Soleil en même temps que les planètes et les satellites de la matière primitive contenue dans une nébuleuse, ayant pour rayon la distance qui sépare Neptune du Soleil; mais à cette époque Neptune n'étant pas connu, Laplace devait admettre pour rayon de la nébuleuse la distance entre Uranus et le Soleil. Ayant pour données la matière primitive et l'état final du système planétaire, Laplace, ainsi que Buffon, entreprit de résoudre le grand problème, se croyant en état de relier les deux extrémités par une série d'actions que ce mathématicien déduisait des calculs basés sur les mouvements observés, car il ignorait que les actions résultent de l'expansion spontanée des volumes des molécules de l'électre, expansion qui apparaît par l'éloignement de l'obstacle qui l'empêche; de plus, la matière des nébuleuses n'est qu'un amas de météores tout à fait inconnus à Herschel et à Laplace.

Il a donc fallu que Laplace employât une série d'hypothèses pour parvenir aux faits connus, en partant, par exemple, d'une matière hypothétique précédemment répandue dans l'espace, et puis accumulée par l'attraction en un espace inférieur entourée d'un vide des millions de fois plus grand que celui occupé par la nébuleuse. L'espace vide autour de notre système planétaire est cependant trouvé d'une trop grande étendue par rapport à celui qui sépare les systèmes des planètes lumineuses.

Pour composer notre système planétaire, Laplace admit la série des hypothèses suivantes dont il ignore l'origine.

1° La matière de la nébuleuse, accumulée par l'attraction, se trouva en un mouvement de rotation autour d'un axe; la cause d'une telle rotation est inconnue.

2° Le froid de l'espace est évalué à 160 degrés, et cependant la matière nébuleuse ne se refroidit pas, se trouvant précédemment dans cet espace, mais elle resta brûlante comme elle est dans le Soleil et comme elle est admise dans les nébuleuses; la cause de cette persistance de la chaleur est inconnue.

3° Le refroidissement de la matière nébuleuse gazeuse produit une condensation des molécules des couches superficielles; il en résulte une masse solide; cette masse ne reste pas en place comme une enveloppe solide séparant le froid de l'espace des couches inférieures brûlantes, mais en gros morceaux solides, elle doit traverser tout l'espace entre Neptune et le Soleil pour aller se placer à son centre et faire ainsi résulter un noyau destiné à servir de centre de gravitation. Cette précipitation des masses solidifiées doit, suivant Laplace, s'être opérée d'après la même loi physique qui fait tomber les gouttes d'eau résultant de la condensation de la vapeur contenue dans l'atmosphère. Quant à expliquer pourquoi les masses solidifiées par le froid, n'ont plus été réduites en vapeur et comment elles ont été sollicitées vers le centre de la nébuleuse, voilà ce qu'ignorait Laplace.

4° Des masses ainsi sollicitées de la surface au centre, 1° n'obéissent uniquement qu'à l'attraction de celles des deux pôles de la nébuleuse : la vitesse de leur chute augmente proportionnellement avec les carrés de temps écoulés; 2° toutes les autres molécules de la masse avaient un mouvement périphérique dont les rayons augmentaient des deux pôles vers l'équateur; par suite, chacune de ces molécules parcourait en une unité de temps des arcs dont les longueurs étaient proportionnelles aux rayons ou aux distances de l'axe. En se rapprochant du centre et par suite de l'axe, chaque molécule devait terminer une périphérie de longueur égale à celle de l'arc qui était parcouru en un même espace de temps. Suivant la loi de Képler, jamais la pesanteur ne peut faire précipiter les corps périphériques sur le corps central : quant à savoir comment s'opéra la précipitation admise par Laplace, la cause lui en est inconnue, ou, pour mieux dire, c'est par oubli que Laplace a introduit des hypothèses contradictoires entre elles et avec la loi de Képler.

Après avoir obtenu la formation du Soleil au moyen de la série des hypothèses indiquées, Laplace en introduit une autre série pour faire ressortir neuf anneaux du petit reste de la nébuleuse. Dans cette nouvelle série de faits entrent comme causes physiques deux forces, l'une résultant de l'attraction et l'autre centrifuge; Laplace ignorait cependant en quoi consiste une force.

Après la subdivision du reste de la matière en neuf anneaux concentriques, au moyen de ces deux forces, commença le refroidissement des molécules superficielles de chaque masse annulaire; les masses condensées, en se précipitant au milieu de l'épaisseur de chaque anneau, ont rompu l'équilibre; ainsi, au moyen de la force d'attraction. la matière s'accumula en grande partie en un seul espace, de façon que de chaque anneau résultât une planète.

Du petit reste de matière subsistant dans chaque anneau planétaire ont dû se former huit anneaux concentriques. Comme exemple de la production de tels anneaux, Laplace cite les anneaux de Saturne, qui se sont conservés sans se transformer en satellites : la cause de ce fait a été attribuée à un équilibre où se sont exceptionnellement trouvées les molécules matérielles de ces anneaux. En composant son système planétaire, Laplace croyait voir, dans les anneaux conservés de Saturne, une preuve directe de l'existence d'autres anneaux pareils autour des planètes aussi bien qu'autour du Soleil.

Sans doute, Laplace se fût abstenu d'établir un pareil système s'il eût vécu à notre époque, et eût pu voir, dans le télescope de lord Ross, que, parmi les nébuleuses irrésolubles d'Herschel, plusieurs se présentent composées de huit bandes spirales dont les quatre intérieures séparées par un espace vide des quatre extérieures. Il y a, en effet, un rapport entre le nombre de planètes et celui de ces bandes : cependant les bandes se présentent sous forme spirale et non pas sous forme circulaire.

Laplace serait plus étonné encore lorsqu'il se verrait forcé de reconnaître l'illusion optique produite par le sillon équatorial de Saturne, et qui fait apparaître les anneaux dont la réalité paraissait incontestable.

Si, basé sur les faits actuellement connus, quelqu'un entreprenait la composition d'une cosmogonie par l'introduction d'hypothèses logiques, on peut être sûr qu'au bout de peu de temps, par suite de la découverte de faits nouveaux, cet ouvrage serait réfuté par quelque nouvel auteur qui composerait à son tour une cosmogonie dont les défauts seraient bientôt mis en lumière.

Aujourd'hui les hypothèses, les théories ou les systèmes n'ont aucune valeur réelle : ce ne sont que des espèces de fables ayant quelque rapport avec les faits cosmiques. Plusieurs auteurs se bornent à rapporter les opinions des autres, et quand ils ont eu la chance de découvrir un fait, ils cherchent, à force d'hypothèses, à en exagérer l'importance, et à lui donner, avant tout, un but d'utilité industrielle.

C. Genèse triadique.

§ 208. De même que les faits de la Genèse monodynamique trouvèrent tous leur signification réelle, car, ainsi que tous les faits cosmiques, ils ont pour origine commune le *mouvement* indéfini emmagasiné dans le *pycnoélectre* indéfini et l'*aréoélectre* indéfini (§ 12), de même les faits du nouveau Testament trouvent leur signification réelle pour la même raison, à savoir qu'ils ont pour origine la trinité qui s'y manifeste avec tous ses attributs.

Dans le récit de faits de la Genèse, c'est le Créateur tout-puissant qui crée tout. Ce n'est qu'à Abraham seul qu'une Trinité se présente, encore cela n'indique-t-il point la différence entre les trois personnes, mais seulement leur identité caractérisée par l'attribut d'infinité qui leur est commun.

Si nous considérons que les faits du nouveau Testament ont été reproduits suivant les faits contenus dans la Genèse, ceux-ci ayant servi de modèle, nous verrons clairement que ce qui a été commencé dans l'ancien Testament s'est trouvé complété dans le nouveau.

Des rayons solaires et des éléments matériels fut conçu Adam, qui fut engendré dans un animal auxiliaire neutre, sans parties génitales. Ainsi, Adam et avec lui tous les hommes sont nommés dans la Genèse fils de Dieu, à cause de cette origine céleste qui leur est attribuée.

Dès l'apparition même de la Genèse, on sentit qu'il y manquait quelque chose : les prophètes vinrent rapporter des faits incompréhensibles : quelques personnes voyaient une signification dans la parole de ces prophètes, mais en général ils étaient méprisés, et l'on y remarquait même des absurdités par rapport à la conception; car personne ne comprenait qu'elle indiquât celle d'Adam, et que Jésus-Christ est descendu du ciel au moyen d'Adam et de sa conception des rayons célestes.

Chacun comprenait la mission d'Adam, tous ignoraient celle de Jésus-Christ. De même que dans la Genèse le récit des faits est incompréhensible, de même dans l'Évangile, si l'homme ne pouvait pas se rendre compte des faits exposés en raisonnant d'une manière logique, encore moins pouvait-il les comprendre en raisonnant suivant la loi naturelle; car croire aux dogmes, c'est vouloir se tromper sciemment soi-même, et cependant il y a dans ces dogmes quelque chose de réel qui fait que toutes les classes dans la vie sociale les ont conservés.

La naissance de Jésus-Christ eut lieu sans que le monde en eût connaissance; jusqu'à l'âge de trente ans, il passe une vie obscure, sans que rien de sa part fasse pressentir sa mission. Arrivé à cet âge, il va alors se faire baptiser dans les eaux du Jourdain.

Luc, chap. III, 21. « Or comme tout le peuple se faisait « baptiser, Jésus fut aussi baptisé : et pendant qu'il priait, « le ciel s'ouvrit.

« Et le Saint-Esprit descendit sur lui sous une forme cor- « porelle comme une colombe (*), et une voix du ciel qui « dit : *Tu es mon fils bien-aimé, en qui j'ai mis toute mon « affection.* »

Jean, chap. I, 17. « Car la loi a été donnée par Moïse, « mais la grâce et la vérité sont venues par Jésus-Christ.

« Jean rendit encore ce témoignage et dit : J'ai vu l'Esprit « descendu du ciel comme une colombe, et il s'est arrêté sur « lui.

« Pour moi, je ne le connais pas; mais celui qui m'a en- « voyé baptiser dans l'eau m'avait dit : Celui sur qui tu

(*) En langue thrace, le pigeon s'appelle *holoub*, nom qui ne diffère pas du grec δλυμπος, parce que chez les Grecs le *b* est indiqué par les lettres μπ. En lisant le mot *holoub* de droite à gauche, on a *boulo*, qui signifie *voile*; de sorte que le même mot indique *pigeon*, *montugne*, et voile de sommet de montagne ou nuée.

Du mot Thrace dérive le mot θρησκεία, *religion*. Les mystères d'Éleusine ont été apportés de la Thrace en Grèce.

« verras l'Esprit descendre et s'arrêter, c'est lui qui baptisera « dans le Saint-Esprit. »

L'ensemble de tous ces détails, par rapport à Jésus-Christ, se réduit à la manifestation d'une Trinité indéfinie sous trois personnes différentes. Cette grande vérité, qui jusqu'à présent s'était perpétuée sous la forme d'un dogme, trouve pour la première fois ici sa signification réelle.

Tous les faits matériels ou intellectuels découlent de la Trinité, et celle-ci n'apparut sur la terre que dans le baptême de Jésus-Christ : tout le reste de l'Évangile peut être considéré comme un accessoire.

Il y a une incontestable ressemblance entre les faits de la série suivante, transférés de la Genèse dans l'Évangile par les prophètes.

I. La conception d'Adam s'opère dans la terre par les rayons solaires.

Le dogme attribue à Jésus-Christ une conception céleste.

II. Adam est engendré dans un animal auxiliaire neutre.

Jésus-Christ est engendré d'une manière qui n'est pas habituelle.

III. Ève est engendrée dans un animal auxiliaire.

Le nouveau dogme de l'Église catholique reconnaît l'immaculée Conception.

IV. A l'âge de trente ans environ, Adam se livre au premier acte tendant à la reproduction du genre humain.

Au même âge, chez Jésus-Christ, a lieu l'acte du baptême.

V. Sans la reproduction, l'existence du genre humain fût restée impossible.

Sans l'apparition de la Trinité sous trois personnes, le genre humain fût resté pour toujours plongé dans les ténèbres.

VI. Ève était de quinze ans environ plus jeune qu'Adam lorsqu'eut lieu leur premier rapprochement.

La Vierge était de quinze ans environ plus âgée lorsque

eurent lieu l'acte du baptême et l'apparition de la Trinité.

VII. Adam termina sa vie en mangeant son pain à la sueur de son front.

Jésus-Christ termina la sienne en endurant sur la croix des souffrances.

D. GENÈSE DE LA PAROLE, DE L'INTELLIGENCE OU DE L'AME IMMORTELLE INDIQUÉE DANS L'ÉVANGILE.

§ 209. Cet objet sera traité en détail dans la Métaphysique; je me borne ici à faire voir comment se trouvent à la fois indiqués dans le nouveau Testament et l'origine de l'intelligence et celle de son éternité. Il est fait mention de ces deux objets dans la *Physique*, Origine du langage, t. IV, p. 285, 760; Ame, t. III, p. 67; t. IV, p. 634.

Il a été prouvé que la différence entre l'homme et l'animal ne résulte que de la parole et du langage, qui manque chez les animaux, dont les organes des sens ne diffèrent pas de ceux de l'homme; le résultat des sens des animaux ne diffère pas de ceux d'un miroir dans lequel persistent les images tant que les objets sont présents, et d'où elles disparaissent avec l'éloignement de ces mêmes objets.

Chez l'homme, chaque image des objets, pareille à celle des animaux, obtient un représentant acoustique qui est une *parole* (dérivé de parabole, παραβολή; παρὰ, à côté; βάλλειν, placer, ou accouplement). Dans l'absence des objets, ce sont les paroles, c'est-à-dire leurs représentants, qui les remplacent; de sorte qu'au moyen de ces représentants, il se trouve créé un monde intellectuel, un *microcosme*, lequel manque chez les animaux. Ce microcosme est composé des éléments des fluides arrivant des objets par les organes des sens et se combinant avec les équivalents électriques des nerfs pour devenir des combinés desentiments animaux; c'est donc de l'accouplement de ces sentiments animaux avec d'autres acoustiques, leurs représentants, que proviennent les couples logiques, les *paraboles* ou les *paroles*, dont est peuplé le microcosme, qui est l'intelligence ou l'âme ; ce même microcosme est l'individu, lequel ne change pas à cause de l'interruption de la production de nouveaux sentiments, interruption qui s'opère chez toute créature vivante. Les organes des sens se détruisent sans que pour cela le microcosme éprouve aucun changement, mais il reste conservé en l'état où il était au moment de la fin de la vie.

Je cite ici les passages qui dévoilent l'origine commune de la *parole* et de l'*âme*, et ceux dont on peut connaître qu'il n'y a qu'un seul monde et que l'individu après la mort est le même qu'avant la mort ; il ne disparaît que l'appareil de création des sentiments logiques.

I. Évangile selon saint Jean. « La *parole* était au commencement ; la *parole* était avec Dieu, et cette *parole* « était Dieu.

« Elle était au commencement avec Dieu.

« Toutes les choses ont été faites par elle, et rien de ce « qui a été fait n'a été fait sans elle. C'est en elle qu'était la « vie, et la vie était la lumière des hommes.

« Et la lumière luit dans les ténèbres, et les ténèbres ne « l'ont point reçue. »

Les ténèbres étant ici en contraste avec la lumière, qui est la parole ou la langue, ce qu'on comprend indique l'état du manque de lumière ou de parole et de langue : tel est l'état des animaux, lesquels restent pendant la durée de leur vie en seul et même état ; c'est pour cela qu'après leur mort il ne reste rien, car même pendant la vie animale rien n'est créé.

Cet exemple conduit à connaître l'origine de l'opinion des matérialistes, qui raisonnaient pour l'homme comme s'il était à l'état des animaux, et ainsi déduisaient une disparition totale après la mort : 1° du corps qui éprouve une décomposition incontestable, et 2° de l'âme, laquelle n'ayant chez les animaux aucune existence pendant la vie, n'existe plus après la mort. Les matérialistes ignoraient que tel n'est pas le cas chez l'homme qui, pendant la vie, créa son âme, laquelle doit persister après la mort, parce qu'elle n'est que l'ensemble des sentiments logiques, lesquels sont incorruptibles.

II. Matthieu, chap. xxviii, 16. « Mais les onze disciples « s'en allèrent en Galilée, sur la montagne où Jésus leur « avait ordonné d'aller.

« Et quand ils le virent, ils l'adorèrent, même ceux qui « avaient douté.

« Et Jésus s'approchant leur parla et leur dit : Toute « puissance m'est donnée dans le ciel et sur la terre.

« Allez donc et instruisez toutes les nations, les baptisant « au nom du *Père*, du *Fils* et du *Saint-Esprit.*

« Et leur apprenant de garder tout ce que je vous ai com« mandé : et voici, je suis toujours avec vous jusqu'à la « fin du monde. »

Après la mort reste l'intelligence ou l'âme telle qu'elle se trouva en conservant l'ensemble des sentiments logiques. L'ignorance de l'état expansif de ces sentiments rendait jusqu'à présent inconcevables les récits historiques des faits opérés dans l'intelligence des disciples, qui se mettait à l'unisson avec celle de Jésus-Christ. On admettait l'âme limitée en un espace comme le sont les corps. On ignorait que les sentiments logiques dont l'âme se compose sont soumis à une expansion indéfinie en conservant leur forme. Cet état est devenu parfaitement évident dans les dernières paroles de Jésus-Christ, disant : « Je suis toujours avec vous « jusqu'à la fin du monde. »

Adam donna des noms aux animaux : c'est une marque qu'il y avait chez lui parole et intelligence. Cependant, malgré la longue durée de sa vie, les sentiments logiques se réduisirent à très-peu de chose; au moment de sa fin, l'état animal d'Adam est clairement indiqué dans les paroles du Créateur disant à Adam : « *Tu es poussière et tu retourneras en poussière.* »

Il n'y a donc que dans le nouveau Testament que se manifeste une *Trinité* sous trois personnes douées d'attributs différents, en même temps que chacune d'elles est infinie.

On y reconnaît aussi comme évidente la conservation éternelle de l'intégrité de l'intelligence ou de l'âme dans le même état où elle se trouve pour chaque individu à la fin de sa vie temporelle, laquelle ne sert qu'à la production d'une âme éternelle.

ÉTOILE DES MAGES.

§ 210. MATTHIEU (CHAP. II). « Jésus étant né à Bethléem, « ville de Judée, au temps du roi Hérode, des mages « d'Orient arrivèrent à Jérusalem.

« Et ils dirent : Où est le roi des Juifs qui est né? Car « nous avons vu son étoile en Orient et nous sommes venus « l'adorer. »

Parmi les étoiles nouvelles connues (§ 177), il n'en est aucune qui coïncide avec l'époque de la naissance de Jésus; cependant on n'ignorait pas l'apparition d'étoiles pareilles. L'étoile des mages indique bien une étoile différente des autres; étoile indiquant la naissance d'un système planétaire.

Dans le nouveau Testament, il est établi que c'est par Jésus que la Trinité devint connue au monde, de même que l'immortalité de l'âme.

Une étoile nouvelle contient la partie matérielle à la fois et la partie immatérielle du système planétaire. Depuis l'époque de la production dans notre système planétaire, sous forme d'une étoile nouvelle jusqu'à la production de l'homme, les changements ont été bornés à la seule partie matérielle.

Ce n'est qu'au moyen des organes des sens que devint possible la production des combinés des éléments immatériels; cependant, à l'état alogue, ces sentiments ne sont qu'une espèce d'images de photographie des objets cosmiques, qui ne peuvent pas éprouver entre eux le moindre changement.

Il n'y a que la parole qui sert comme une espèce de vie intellectuelle; car c'est elle qui donne aux sentiments des arrangements qui n'existent pas parmi les objets cosmiques : c'est dans de pareils arrangements que consiste la naissance de l'âme.

En Adam, l'homme est représenté comme poussière; c'est en Jésus que l'homme, au moyen de la parole, est représenté en son état intellectuel; car il n'y est pas poussière pour retourner dans la poussière, comme cela a été dit pour Adam.

Il est prouvé dans le nouveau Testament qu'au moyen de la parole avec des éléments immatériels, chacun se crée une intelligence, un microcosme, une âme incorruptible et éternelle.

La naissance de notre système planétaire se presenta sous forme d'étoile nouvelle; la naissance de l'âme, au moyen de la parole et de la connaissance de la Trinité, se présenta à la Terre par Jésus.

Les expansions d'électre des productions de ces deux grands faits se mettent à l'unisson avec l'expansion de même électre de l'intelligence de l'homme en extase, lui font prononcer, sans qu'il en ait conscience, des paroles qui expriment une vérité à laquelle l'homme peut parvenir au moyen de la découverte de la loi physique.

Sans les faits exposés dans l'ancien et le nouveau Testament de la manière indiquée, je n'aurais pu faire le contrôle, qui rend les faits plus évidents et prouve que les dogmes de l'homme commun ont aussi bien une réalité que les faits obtenus au moyen de la connaissance de la loi physique.

Quant au nombre de ceux qui connaîtront la vérité au moyen de la loi physique, il sera toujours très-restreint, et le plus grand nombre n'en aura connaissance qu'enveloppée dans des dogmes.

CHAPITRE IV.

DES NÉBULEUSES PLANÉTAIRES EN FORME DE MEULE.

§ 211. Les nébuleuses, en forme de meule et de toute autre forme, sont composées *toutes*, sans exception, de météores. Ces météores sont de gros amas de petits ballons produits de la congélation de vésicules de vapeur qui résultent des molécules de la couche superficielle de la masse brillante des jets expulsés d'un soleil, lorsqu'il y a eu apparition d'étoile nouvelle.

Fig. 26.

Les masses brûlantes ainsi expulsées sont donc l'origine des éléments matériels des météores, lesquels conservent éternellement leur mouvement orbiculaire, qui est le même que celui des planètes. C'est dans le grand télescope qu'il est possible de voir les détails véritables des nébuleuses; car

Fig. 27. Fig. 28.

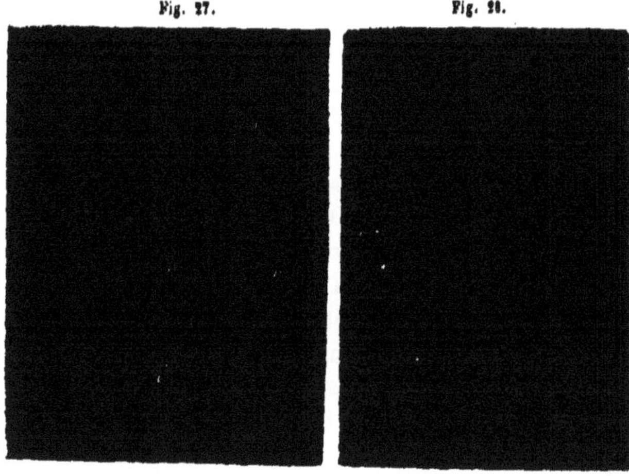

la même nébuleuse se présente, 1° dans les télescopes faibles comme unie et de forme circulaire, telle que N (fig. 26); 2° elle se voit dans les télescopes puissants avec un arc *feg* qu'on croyait être deux bras *ef* et *eg*, qui excèdent de beaucoup le contour *feg* de la masse totale; 3° dans le grand télescope, on peut distinguer les huit traînées de météores entourant les huit bandes de masses brûlantes: on y voit que ce qu'on attribuait aux deux bras est une traînée *e'f'* (fig. 27) avec un noyau *e'* à l'extrémité, noyau qui manque dans la nébuleuse O (fig. 28).

Fig. 29.

L'arc *gef* (fig. 26) ou les bras *ef*, *eg* se présentent dans les télescopes habituels, lorsque les nébuleuses sont vues presque en face; mais si les moules des nébuleuses sont vues obliquement sous la direction *fg* (fig. 26), on aperçoit le noyau *c* (fig. 29) périphérique, noyau qui devient visible dans le grand télescope lorsque même les meules sont vues en face. L'absence d'un deuxième noyau dans la nébuleuse O (fig. 28) prouve que l'état de nébuleuses à bras ou à deux noyaux, loin d'être permanent, est, au contraire, transitoire et propre aux nébuleuses annulaires ; plus tard, les nébuleuses (fig. 29) perdent les bras ou le deuxième noyau *c*, et restent à un seul noyau et sous forme de meule complète O (fig. 28) ou O (fig. 30).

Origine des bras et mode de leur disparition. Après avoir obtenu, au moyen de grands télescopes, la preuve directe de l'identité des bras et du deuxième noyau, lesquels apparaissent dans les télescopes habituels, il devint évident que ces bras sont un arc de forme de la bande de la masse $\frac{1}{2}m^{IX}$ expulsée la première avec le maximum de poussée centrifuge, masse qui a dû parcourir la distance 2'Δ. Il a été prouvé (§ 162) que cette masse $\frac{1}{2}m^{IX}$ passa par le cratère sans en recevoir de choc tangentiel, tandis que cela a eu lieu pour la masse $\frac{1}{2}m^{IX}$ du même jet expulsée, lorsque la rotation avait commencé et acquérait une vitesse de plus en plus grande.

Les deux moitiés du jet de la masse m^{IX} restant unies, l'une d'elles, savoir l'inférieure $\frac{1}{2}m^{IX}$, avance dans son orbite, tandis que l'autre, $\frac{1}{2}m^{IX}$, éprouve, de la part de la première, une traction dans la direction de l'orbite, et 2° d'autre part, une poussée centripète exercée de la pesanteur qui y est très-faible à cause de la très-grande distance. C'est donc la moitié supérieure $\frac{1}{2}m^{IX}$ de la masse qui reste en dehors du contour de l'orbite, et en se pliant devient un grand arc *gef* (fig. 26), lequel, 1° vu en face, a l'apparence d'un ou de deux bras, et 2° vu obliquement sous la direction *f'g'* (fig. 29), apparaît comme un noyau *c*.

Disparition des bras ou du deuxième noyau. Les molécules matérielles se trouvent en équilibre rompu dans toute autre forme, excepté la forme ovalaire ; il y a donc déplacement de molécules durant tout l'espace de temps T, pendant lequel les jets de masse conservent une forme différente de la forme ovalaire : cet espace T de temps est le même que celui de la durée de l'état nébuleux de chaque système planétaire. La disparition des bras ou du deuxième noyau est donc comme dans la nébuleuse O (fig. 28) un indice que la masse m^{IX} est déjà accumulée en un corps; que de cette durée T la plus grande partie, soit $T - t$, s'est écoulée, et qu'il ne reste encore plus que le temps t pour que l'état nébuleux disparaisse et qu'il se montre un système composé de planètes lumineuses, comme le sont toutes les étoiles doubles.

Fig. 30.

Espèces de nébuleuses. 1° Il y a des différences entre les nébuleuses d'âges différents ; 2° il y a aussi des différences dans l'aspect qu'offre la même nébuleuse vue dans des instruments de puissances différentes ; 3° meules vues de face se présentent sous la forme circulaire ; vues obliquement, elles sont en forme d'ellipse, et vues de profil, paraissent comme des filets minces de nuées.

Nébuleuses annulaires et nébuleuses unies. Parmi les nébuleuses O (fig. 30) vues unies dans les autres télescopes, plusieurs se présentent avec des anneaux *a*, *b*, *c*, *d* dans le grand télescope; mais plusieurs autres continuent à se montrer unies, même dans le grand télescope. De sorte que la même nébuleuse se voit, 1° unie N (fig. 26) dans les télescopes faibles, tandis qu'elle est vue annulaire et à deux bras dans les télescopes puissants; dans le grand télescope, on voit que parmi les nébuleuses apparues unies, les unes se résolvent en anneaux et les autres sont sans anneaux, mais résolubles en points lumineux.

§ 212. **Classification des nébuleuses suivant leur âge.** La durée T est un laps de temps qui commence où la masse brûlante apparaît comme une étoile nouvelle et qui fuit à l'époque où apparaît une étoile double à la place qu'occupait la nébuleuse résoluble et sans anneaux. Pour qu'il se forme un système de planètes lumineuses, il faut que les jets ou les bandes de masse brûlante s'arrondissent et prennent chacune la forme ovalaire dans laquelle s'opère l'établissement de l'équilibre. Entre ces deux époques, les jets de masse brûlante se trouvent successivement entourés de météores de couches de plus en plus épaisses; la forme allongée de la masse disparaît graduellement, tandis que se dessine la forme ovalaire; le grand arc qui excède disparaît également, tandis que les dimensions des météores croissent continuellement : c'est de ces dimensions des météores que dépendent plusieurs séries de faits que nous allons énumérer.

I. **Nébuleuses invisibles.** Les jets de masse brûlante apparue comme étoile nouvelle se couvrent d'une épaisse couche de vapeur opaque qui les rend invisibles, de même que les nuages épais rendent invisibles le Soleil et obscurcissent la Terre en plein jour. C'est en un pareil état d'opacité que la vapeur se trouve autour de la masse brûlante dont elle disperse les rayons, et n'en laisse arriver à l'œil qu'une quantité trop faible pour produire un sentiment. Cet état a une durée T qui représente un grand nombre de siècles; parce que, depuis trois siècles, rien ne s'est encore montré aux points où ont été les étoiles nouvelles de 1572 et de 1604; on ne pourra fixer la durée T que plus tard, lorsqu'on parviendra à apercevoir deux nébuleuses aux points où étaient les deux dernières étoiles nouvelles.

II. **Nébuleuses annulaires.** Pour que l'espace occupé par les jets de masse brûlante devienne visible, il faut des météores de forme ovalaire et de dimension suffisante pour concentrer dans leur foyer une grande quantité de rayons dispersés par la vapeur opaque des couches inférieures. A cause de leur forme ovalaire, les météores se trouvent comme de grosses lentilles biconvexes ayant une très-forte convexité du côté de la masse brûlante, et une convexité moindre du côté d'où ces rayons émergent pour passer dans l'espace vide et arriver à l'œil.

Les trois intervalles entre les traînées sont médiocres dans les quatre orbites intérieures; pour cette raison, ils restent inaperçus dans les télescopes, et l'on n'y distingue que cinq intervalles : 1° quatre entre les orbites extérieures et 2° l'intervalle entre Hermès et son soleil; ainsi, dans les télescopes habituels, le nombre des anneaux ne surpasse jamais celui de cinq. Le nombre diminue parallèlement à cause de l'accroissement des dimensions des météores, qui font diminuer les intervalles au point qu'ils deviennent inaperçus, et que reparaît l'état observé dans les nébuleuses unies.

1° *Nébuleuses pentédactyles* (δακτύλιος, anneau). Ce sont celles dont les météores ont une faible dimension et qui, pour cela, sont imperceptibles; les nébuleuses pareilles sont irrésolubles; telle est, par exemple, celle de ν d'Andromède, laquelle est une meule annulaire vue obliquement.

2° *Nébuleuses tétradactyles.* C'est l'intervalle autour du soleil qui disparaît avant les quatre extérieures, et la nébuleuse apparaît avec quatre anneaux.

3° *Nébuleuses tridactyles.* L'intervalle *lipoplanète* (λείπω, manquer) entre Arès et Zeus disparaît, et la nébuleuse apparaît avec trois anneaux.

4° *Nébuleuses didactyles.* Plus tard disparaît l'intervalle supérieur entre Zeus et Chronos, et il reste deux anneaux.

5° *Nébuleuses monodactyles.* L'intervalle entre Chronos et Ouranos disparaît, et il ne reste qu'un seul intervalle, le plus vaste, entre Ouranos et Poseidon.

III. **Nébuleuses circulaires à un ou à deux noyaux.** Il a été indiqué ci-dessus que le deuxième noyau disparaît comme disparaissent les bras, et c'est ainsi que les nébuleuses cessent d'être *poseidoniennes.*

IV. **Nébuleuses elliptiques et nébuleuses perforées.** Les meules unies et non poseidoniennes, vues de face, ont la forme circulaire, et, vues obliquement, la forme d'ellipse. Les meules monodactyles qui sont poseidioniennes, vues de face, font apparaître un disque entouré d'un anneau et avec des bras; mais vues sous différentes obliquités croissantes, elles présentent : I, un noyau elliptique entouré d'un anneau elliptique ; II, entre le noyau et le bord de l'anneau qui le suit, on voit : 1° un trou noir qui est un espace vide; 2° ce trou prend la forme d'une hémiellipse ; 3° l'espace vide prend la forme d'une ligne ; III, une plus grande obliquité fait se projeter le bord du noyau sur l'anneau elliptique, dont les deux sommets rappellent les deux anses observées dans Saturne (fig. 32, 33 et 34).

I. DÉTAILS PERSPECTIFS DE NÉBULEUSES.

§ 213. Le nombre des nébuleuses observées dans le grand télescope est assez faible, car le mouvement de cet instrument est très-limité. Cependant même ce petit nombre suffit pour faire voir que les nébuleuses ne sont pas telles qu'elles se montrent dans les autres télescopes. Après avoir établi une comparaison entre les apparitions de quelques nébuleuses connues, il devint possible d'en déduire l'état réel des autres nébuleuses. Tant que restèrent inconnus les détails qui devinrent visibles dans le grand télescope, il était impossible de trouver d'exemple qui pût montrer, avec une pleine évidence, tout ce qui a été dit sur l'origine des lois de Képler et sur la cause des étoiles nouvelles. En se bornant aux faits tels qu'ils apparaissent dans le grand télescope, les astronomes actuels distinguent trois classes de nébuleuses :

I. Nébuleuses de forme circulaire et partout d'égale clarté.

II. Nébuleuses de forme ronde avec un ou deux noyaux.

III. Nébuleuses de forme allongée, qui n'est pas la forme circulaire.

De ce que je viens d'indiquer, on peut voir en quoi consiste l'état physique des nébuleuses de chacune de ces classes.

I. Les meules composées de gros météores, vues en face, se présentent sous forme circulaire ; ces gros météores sont donc la cause physique qui fait que les nébuleuses sont à la fois résolubles et unies ; la forme circulaire facilite l'apparition des foyers des météores comme petits points.

II. Les meules poseidoniennes sont composées de météores moins gros ; ces meules, vues de face ou un peu obliquement, se présentent dans le grand télescope sous forme arrondie avec deux noyaux ; dans le télescope habituel, on croit quelquefois en voir trois.

III. Les meules, vues obliquement, présentent des aspects dont les uns correspondent à l'obliquité, et les autres à l'état réel des détails. Pour s'en faire une idée, il suffit d'admettre une nébuleuse poseidonienne O (fig. 26) vue sous différentes obliquités : 1° les unes, sous la direction transversale *gf* ; 2° les autres, sous la direction longitudinale *eh'*, et 3° sous toute autre direction intermédiaire *de'*, *hg*.

A. NÉBULEUSES CIRCULAIRES D'ÉGALE CLARTÉ.

§ 214. Les nébuleuses qui paraissent unies dans les autres télescopes ne le sont pas toutes dans le grand ; les unes continuent à s'y montrer telles, mais il y en a une autre, comme O (fig. 30), qui, vue unie et résoluble dans les autres télescopes, paraît dans le grand télescope se résoudre en points lumineux formant des anneaux séparés par des intervalles. C'est la nébuleuse (854) (*) qui se résout en anneaux de forme ellipsoïdale, d'où l'on peut conclure que la meule est vue obliquement. Les gros météores concentrent une si grande quantité de lumière, qu'elle suffit pour rendre visible leur foyer, même quand l'atmosphère est un peu nuageuse. Dans la nébuleuse (1529), les foyers des météores sont visibles durant le crépuscule. Dans la nébuleuse (1833), les foyers des météores se montrent assez dispersés et séparés les uns des autres.

Les autres télescopes font voir dans plusieurs nébuleuses une clarté supérieure vers le centre. En observant dans le grand télescope, on put se convaincre que cette clarté ne résulte pas d'une lumière plus intense de chaque point, mais d'une densité plus grande de ces points vers le centre.

Nous avons rapporté (§ 194) l'observation géométrique faite par Herschel sur les nébuleuses circulaires de clarté croissante vers le centre, clarté attribuée par lui, non pas à la grandeur ou à la lumière supérieure des points visibles, mais à la forme sphérique de la nébuleuse composée d'étoiles sphériques condensées par l'attraction au centre sphérique de cette nébuleuse, et non pas au centre superficiel de son disque. Dans le grand télescope, chacun a vu que les points lumineux de la surface sont plus denses au centre du disque qu'à sa périphérie.

Si Herschel eut vécu au temps d'Arago, lorsque, dans le

(*) Ces chiffres entre parenthèses représentent les nombres affectés aux nébuleuses contenues dans le catalogue d'Herschel de 1833.

grand télescope, les points lumineux se montrèrent plus denses vers le centre du disque que vers sa périphérie, il aurait bien fallu qu'il renonçât à attribuer à l'attraction la production d'une forme sphérique; car alors les points lumineux auraient apparu plus denses dans la périphérie qu'autour du centre. Mais Arago, ainsi qu'Herschel, étaient trop imbus du préjugé de l'attraction pour faire un raisonnement conforme aux nouveaux faits observés dans le grand télescope. Un grand nombre de vieux astronomes ont, comme Arago, l'idée de l'attraction tellement enracinée, qu'il leur est impossible d'en concevoir l'absurdité. Parmi la jeunesse, ce préjugé est loin d'être aussi vivace : qu'elle sache seulement que, sous ce point de vue, ses maîtres sont dans l'erreur, et tout en conservant pour eux tout le respect que méritent leurs importants travaux, elle ne doit pas se laisser égarer en s'éloignant du mode de la production des faits suivant la loi physique.

Les nébuleuses circulaires n'ont pas la forme d'une sphère, mais celle d'une meule composée de huit anneaux de météores occupant les espaces orbiculaires de huit grosses planètes séparées de leur soleil par les distances 2Δ, $2^2\Delta$, $2^3\Delta$, $2^4\Delta$, $2^6\Delta$, $2^7\Delta$, $2^8\Delta$, $2^9\Delta$. De sorte que les petits intervalles sont $2^2\Delta - 2\Delta$, $2^3\Delta - 2^2\Delta$, $2^4\Delta - 2^3\Delta$, dans lesquels se voient les points lumineux denses, et les intervalles sont $2^8\Delta - 2^7\Delta$; $2^9\Delta - 2^8\Delta$, où se voient les points les moins denses, sans être pourtant d'une clarté moindre. Une sphère de points lumineux ou d'étoiles, comme Herschel l'admettait, paraîtrait sous la forme d'un disque ayant dans la périphérie les points denses, et au centre les points moins denses.

B. DES NÉBULEUSES RONDES POSEIDONIENNES ET ANNULAIRES.

§ 215. Le contour de ces nébuleuses contient l'arc de la bande poseidonienne, dont résultent divers aspects; les météores ont des dimensions inférieures à celles des météores des nébuleuses de la classe précédente; ils font donc apparaître un noyau central ou excentrique dans les autres télescopes, tandis que ces météores ou leurs foyers deviennent visibles dans le grand télescope. A la place du noyau apparaît un grand nombre de points lumineux, dont la clarté est supérieure à celle d'autres points plus éloignés et moins denses produits de l'arc poseidonien.

Cette différence entre la clarté des points lumineux correspond aux quantités de rayons concentrés dans le foyer de chaque météore, qui ne sont pas de dimensions différentes, mais qui sont séparés entre eux par des intervalles inégaux, intervalles correspondant à ceux qui séparent les huit espaces orbiculaires, et c'est surtout la bande poseidonienne, ce qui en fait un cas exceptionnel : telle est la nébuleuse (1456).

D'autres nébuleuses circulaires ont au centre un amas de points plus lumineux que les périphériques, vers lesquelles s'étendent des veines de clarté supérieure; veines correspondant aux bras de la bande poseidonienne : telles sont les nébuleuses (706), (248), (805). Un éclat plus grand caractérise les nébuleuses de (1663), (1558), (1916).

Les meules, vues un peu obliquement, conservent leur apparence circulaire, mais il y a un effet perspectif qui se manifeste par un aspect excentrique du noyau, lequel se présente comme tout près du bord du disque, du côté de l'observateur, et éloigné du bord de l'autre côté. Les meules étant en telles positions obliques, les points lumineux n'apparaissent pas symétriquement distribués et leur éclat supérieur n'apparaît pas au centre. La bande poseidonienne fait apparaître un ou quelquefois deux noyaux périphériques. La nébuleuse (1622) en η de la Grande Ourse a été vue par Messier comme une nébuleuse unie N (fig. 26); W. Herschel la vit comme entourée d'une auréole; John Herschel vit l'arc *feg* qu'il attribua à deux bras *fs* et *gs*. Cet arc se trouve sur un anneau *ghf* séparé par un intervalle du noyau *bb'*.

Pour se convaincre que l'arc *gef* est la moitié $\frac{1}{2}$ m^{IX} de la masse poseidonienne extérieure, on se sert du rapport entre la distance $2'\Delta = eO$, la distance $sO = \frac{3}{4} eO$ et la distance $gO = 2''\Delta$. Telle nébuleuse, vue dans le grand télescope, se présente sous la forme de O (fig. 27), d'où il devient évident que les bras apparents de J. Herschel ne sont en effet que la masse $\frac{1}{2}$ m^{IX} de Poseidon, qui se plie pour aller s'unir avec l'autre moitié. Telle nébuleuse est (1602) du Chien de chasse; elle n'obtient l'apparence indiquée dans la figure 27 que sous un grossissement de 560. L'amas *é'* de points lumineux se présente comme un noyau périphérique, tandis que le central persiste en la place où il est vu dans les télescopes habituels.

C'est au moyen du grand télescope qu'on peut distinguer les nébuleuses unies comme celle N (fig. 26) en poseidoniennes O (fig. 27) et en nébuleuses de meule parfaite comme l'est O (fig. 28), où la masse $\frac{1}{2}$ m^{IX} n'est plus séparée de la bande poseidonienne, mais où elle se trouve déjà unie avec la moitié inférieure. Il a été indiqué dans la nébuleuse O (fig. 26) que dans la grande distance O*e*, presque égale à $2''\Delta$, est la moitié $\frac{1}{2}$ m^{IX} de la masse, et dans la distance O*f* qui est le rayon de l'anneau est l'orbite de la masse $\frac{1}{2}$ m^{IX} la moins éloignée. La nébuleuse O (fig. 28) est celle de l'aile de la Vierge.

Les bandes en forme de spirale observées dans les deux nébuleuses O' et O (fig. 27, 28) indiquent que les huit anneaux de météores occupant les huit espaces orbiculaires ne sont pas vus exactement en face, mais un peu obliquement. Cependant il existe en même temps pour les météores de chaque traînée un arrangement tel qu'ils ne sont pas à la même distance du soleil. De même que les planétoïdes, ainsi les météores de chaque espace orbiculaire se trouvent à la distance $2''\Delta \pm x$ de leur soleil.

Dans cette classe sont comprises : 1° les nébuleuses annulaires, 2° les nébuleuses à un ou deux bras, et les nébuleuses à deux ou trois noyaux ; car pour s'unir les deux moitiés de la masse m^{IX} poseidonienne exigent un espace de temps T — τ beaucoup plus long que celui t qui doit s'écouler ensuite pour la disparition de la nébuleuse unie et l'apparition des planètes lumineuses.

1° *Nébuleuses annulaires.*

§ 216. Pour que les nébuleuses soient unies, il ne faut pas que soient visibles les intervalles qui séparent les anneaux composés de météores dont sont composées les nébuleuses unies et en même temps résolubles. Pour être visibles, les intervalles doivent avoir une largeur L qui peut être obtenue : 1° dans les grands intervalles $2^9\Delta - 2^8\Delta = 2^8\Delta$ par des météores de dimensions considérables D ; 2° dans les intervalles intermédiaires de $2^6\Delta - 2^4\Delta = 3 \times 2^4\Delta$ la largeur L est obtenue par des météores de dimensions inférieures d ; 3° dans le petit intervalle 2Δ entre Hermès et le soleil, la largeur L d'intervalle ne peut être obtenue qu'au moyen de météores de très-médiocre dimension δ.

Les dimensions δ, d, D des météores sont donc en rapport inverse avec les nombres des anneaux et en rapport direct avec le nombre des nébuleuses résolubles. Ces dimensions δ, d, D des météores font croître les grosseurs *ab*, *cd*..., (fig. 26) des anneaux, l'intervalle *cb* qui les sépare diminue, et il en résulte de l'ensemble un système planétaire composé des anneaux de météores en forme de meule dont, 1° le rayon *oe* est égal à la distance $2^9\Delta$ de la masse m^{IX} la plus éloignée, et 2° l'épaisseur est produite par les projections des épaisseurs des neuf anneaux. Cet ensemble des anneaux de météores en forme de meule est donc ce qu'on doit entendre par les mots *nébuleuses planétaires*, lesquelles résultent des jets de masse brûlante qui forment les étoiles nouvelles.

Par des observations directes, John Herschel trouva 2306 nébuleuses dont 184 annulaires :

2	nébuleuses	à 5	anneaux,
1	*id.*	à 4	*id.*
10	*id.*	à 3	*id.*
25	*id.*	à 2	*id.*
146	*id.*	à 1	*id.*

Ces nombres de nébuleuses ne sont pas réels mais relatifs, et selon la puissance p du télescope du même observateur, et encore avec la puissance physiologique π de son organe visuel. Toutes ces nébuleuses disparaissent dans les instruments faibles, tandis que dans le grand télescope un grand nombre de nébuleuses 2306 — 184 se présentent annulaires. Cependant les rapports indiqués sont conservés, de sorte qu'on doit obtenir dans le grand télescope :

$2n$	nébuleuses	à 5	anneaux,
n	*id.*	à 4	*id.*
$10n$	*id.*	à 3	*id.*
$25n$	*id.*	à 2	*id.*
$146n$	*id.*	à 1	*id.*

La durée de l'état d'une nébuleuse annulaire est proportionnelle aux nombres 2, 1, 10, 25, 146.

2T	représente la durée	de l'état pentédactyle,
T	*id.*	de l'état tétradactyle,
10T	*id.*	de l'état tridactyle,
25T	*id.*	de l'état didactyle,
146T	*id.*	de l'état monodactyle.

Le nombre des nébuleuses non annulaires observées dans le grand télescope restera $2306 - 184n$; la durée de 2306T diminuera pour devenir $(2306 - 184n)$**T**.

Entre les quatre orbites extérieures la largeur devient invisible lorsqu'en diminuant elle devient L ; les intervalles primitifs entre ces orbites sont :

$(2^6 - 2^4)\Delta = 3 \times 2^4\Delta$ entre Arès et Zeus,
$(2^7 - 2^6)\Delta = 2^6\Delta$ entre Zeus et Chronos,
$(2^8 - 2^7)\Delta = 2^7\Delta$ entre Chronos et Ouranos,
$(2^9 - 2^8)\Delta = 2^8\Delta$ entre Ouranos et Poseidon.

Les espaces qui doivent disparaître sont :

$$3 \times 2^4\Delta - L;\ 2^6\Delta - L;\ 2^7\Delta - L;\ 2^8\Delta - L.$$

Pour que les dimensions des météores augmentent assez pour faire diminuer les intervalles entre les orbites jusqu'au point où reste la largeur L, il faut les durées indiquées T, 10T, 25T, 146T. Ainsi l'on a :

$$3 \times 2^4\Delta - L = T;\ 2^6\Delta - L = 10T;\ 2^7\Delta - L = 25T;\ 2^8\Delta - L = 146T$$

$$T = \frac{16}{9},\ T = \frac{10}{3},\ T = \frac{208}{145}.$$

Ces trois valeurs de T indiquent qu'il y a des nébuleuses annulaires imperceptibles à cause de l'obliquité du plan de la meule. En cherchant ces résultats non pas divergents, j'ai voulu initier le lecteur à toutes les investigations auxquelles je me livre pour contrôler les faits obtenus par les observations avec les résultats obtenus par le calcul basé sur le mode de la production des faits au moyen de la loi physique, loi qui ne souffre pas l'emploi des hypothèses et qui préserve l'observateur de toute erreur.

2° *Nébuleuses poseidoniennes à bras ou à noyaux périphériques.*

§ 217. Grâce au grand télescope, il devint visible que le noyau périphérique *e'* (fig. 27) se présente dans les télescopes habituels sous deux aspects différents : 1° dans quelques nébuleuses poseidoniennes on le voit comme un ou deux noyaux périphériques, et 2° dans les autres il est vu comme un arc; cependant cet arc était considéré comme deux bras qui se touchent ou comme un seul bras lorsqu'il ne touche l'anneau qu'en un seul point.

Ces deux aspects ne sont qu'un effet de la perspective : 1° les nébuleuses poseidoniennes O (fig. 26) paraissent avec un ou deux bras lorsque la meule est vue de face ; 2° mais lorsqu'elles sont vues obliquement, elles présentent un grand nombre d'aspects lesquels se distinguent en deux classes : 1° suivant l'obliquité de la meule, et 2° suivant la position de l'observateur qui peut être dans les prolongements des lignes *eh'*, *gf* ou dans une position intermédiaire quelconque.

1° Supposons l'observateur dans la direction transversale *gf*, il verra séparément le noyau O' (fig. 27) qui correspond à O (fig. 26), et séparément le noyau *e'* (fig. 27) qui correspond à l'arc *feg* (fig. 26).

2° Si l'observateur étant dans le prolongement de la dimension longitudinale *eh'*, se trouve du côté de *e*, il verra se projeter l'arc *feg* sur le noyau O ; si, au contraire, l'observateur est du côté de *h'*, il verra se projeter le noyau O sur le milieu de l'arc en *e*. C'est en semblables positions qu'apparaissent dans les télescopes habituels en *f* et en *g* deux noyaux latéraux *o* et *c* (fig. 31).

3° Que l'observateur se trouve enfin dans une position par laquelle passent les prolongements des lignes entre celle *eh* longitudinale et celle *fg* transversale, les aspects de la meule éprouveront des changements correspondant à la perspective, en admettant en tous les cas une certaine obliquité médiocre de la meule.

Après avoir fait voir que l'apparence observée chez les nébuleuses est produite suivant la loi de la perspective des positions des meules poseidoniennes et de l'observateur, je rapporterai comme exemple un certain nombre de nébuleuses.

§ 218. I. **Nébuleuses poseidoniennes à bras vues sous une faible obliquité.** Je laisse au lecteur à déterminer, suivant la loi de la perspective, la position de la meule et de l'arc par la forme apparente des nébuleuses ; car ces formes, obtenues dans les télescopes de John Herschel, diffèrent de celles qui vont être vues dans le grand télescope. Toutefois, le lecteur n'y rencontrera aucune forme qui ne trouve son explication dans l'arc *gef* de la meule annulaire.

Nébuleuse (1920). La clarté est inégale ; il y a du côté boréal une partie plus claire, mais qui n'est pas nettement séparée ; Lamont n'y a pas aperçu de points lumineux.

Nébuleuse (2047). La clarté est inégale, mais ne peut être mesurée.

Nébuleuse (2241). La clarté est plus grande à la périphérie qu'au centre ; cependant du côté boréal la clarté périphérique est inférieure (il y manque l'arc). Il pouvait y avoir eu un déplacement de la nébuleuse de 6″ en 50 ans.

Nébuleuse (854). La forme est allongée ; la nébuleuse possède un noyau et un arc ou deux bras de 12″ de longueur chacun ; le diamètre de la meule est de 28″ ; elle est irrésoluble.

Nébuleuse (2037). Du côté du sud plus lumineuse ; il y a au bord un noyau ; elle est résoluble.

Nébuleuse (2098). L'anneau périphérique est, du côté du nord, plus large et plus clair que du côté du sud ; dans l'intérieur se montre un filet nébuleux qui passe par le milieu. Tout près du bord du sud passe un filet mince nébuleux parallèle à la périphérie ; en s'étendant, il forme un arc de 45 degrés. Le grand axe, de 24″,5, va de l'est à l'ouest ; le petit axe, de 18″,3, va du nord au sud. C'est donc ainsi que l'arc, étant au nord, se projette pour produire le filet nébuleux qui passe au delà du bord du sud, tandis que le filet qui se voit au milieu de la nébuleuse est la projection du bord boréal de l'anneau.

Nébuleuse (2060). La meule annulaire, vue obliquement, se présente sous forme d'ellipse, divisée par le petit axe en deux parties égales ; le grand axe passe par le noyau et par l'anneau sans diviser l'ellipse en deux moitiés égales.

Fig. 31.

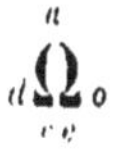

a
d Ω o
c e

Nébuleuse (2008). La forme de l'oméga (fig. 31) résulte de la courbure dudit arc *ce* ; à l'une de ses extrémités *o* est le noyau central. En *a* au milieu de l'arc, et du côté opposé *ce* paraissent deux noyaux ; l'extrémité *d* s'amincit et disparaît. Cette forme singulière résulte d'une nébuleuse dont l'arc poseidonien est vu obliquement. Toutefois, ces détails peuvent se présenter différemment dans le grand télescope.

§ 219. II. **Nébuleuses poseidoniennes à deux noyaux.** On a fait voir, dans la nébuleuse (2098), l'apparition de tous les détails de la meule et de l'arc lorsque l'observateur est dans la direction longitudinale du côté de l'arc; ici, l'apparition du noyau central reste la même lorsque l'observateur est dans la direction transversale de l'un ou de l'autre côté de l'arc; mais c'est 1° un noyau périphérique *c* (fig. 29) qui apparaît aux deux nœuds *g*, *f* entre l'arc *e* (fig. 26) et 2° le noyau central *c'*. Il arrive rarement que ces nœuds se projettent assez loin l'un de l'autre pour qu'ils se montrent chacun séparément comme deux noyaux isolés des deux côtés du noyau central, comme figure 31.

Nébuleuse (1202). La dimension de 3′ de la meule est très-grande; elle indique une projection diagonale; au milieu paraît un noyau, et un autre apparaît dans la périphérie : il en résulte ainsi la forme d'une poire, ayant le noyau faible du côté de la queue.

Nébuleuse (604). Comme la précédente, le faible noyau, à peine perceptible, est presque en dehors de la périphérie.

Nébuleuse (1146). On y aperçoit deux noyaux faibles et égaux périphériques qui s'unissent avec l'anneau nébulaire. Ces deux rayons correspondent aux deux nœuds de l'arc. Le diamètre de la meule est de 50″.

Nébuleuse (444). Les deux noyaux sont égaux; de leur forme allongée, on peut juger que ces deux nœuds coïncident pour produire le noyau périphérique éloigné de 30″ du noyau central. Cette distance correspond à celle qui, à l'avenir, séparera le soleil de son Poseidon.

Nébuleuse (2197). Les deux noyaux se voient séparés par un espace sombre; le noyau de sud est un peu plus faible, mais d'égale grandeur que le noyau central.

Nébuleuse (1408). Ce sont deux nébuleuses de grandeurs et de clartés différentes, la plus faible, de forme ovale, sans apparence de noyau ; l'autre, plus claire, ronde, possède un noyau ; les deux sont en communication par un filet de nuée. Le diamètre de la plus grande nébuleuse est de 90″. La distance de 3′ 30″ entre les deux nébuleuses indique qu'elles ne font pas partie d'un même système, et le filet de nuée est un bras de la nébuleuse la moins éloignée.

§ 220. III. **Résumé.** Les nébuleuses planétaires de la deuxième classe se distinguent de celles de la première par l'arc ou le bras poseidonien, dont la courbure et la longueur diminuent graduellement pendant un espace de temps très-long ; car cette longue durée est la cause du grand nombre de nébuleuses à bras et à deux ou à trois noyaux.

1° Les détails des nébuleuses ; 2° le mode de la production du mouvement orbiculaire des corps périphériques par la rotation du corps central, et 3° l'impossibilité d'appliquer la loi de Bode à la distance entre Neptune et le Soleil, sont des faits en apparence de nature très-différente, et cependant ils résultent d'une origine commune. A moins d'être guidé par la loi physique, qui conduit tout naturellement aux faits, il est absolument impossible que l'on y parvienne au moyen des raisonnements logiques.

Nébuleuses colorées. W. Herschel a reconnu chez les étoiles nébuleuses l'existence de nuées non lumineuses, qui deviennent visibles à la lumière des étoiles, de même que les nuages deviennent visibles dans l'atmosphère par la lumière du Soleil, de la Lune ou des étoiles. Dunlop observa un groupe de points lumineux bleuâtres occupant 3 minutes 1/2 de diamètre ; il observa aussi un amas confus d'une matière rayonnante comme celle des nébuleuses irrésolubles, mais dont la teinte est bleuâtre. Ces faits prouvent, 1° que ces milliers de points bleuâtres ne sont pas autant d'étoiles à lumière propre et d'égale grandeur ; 2° de même qu'il n'existe pas une matière bleue de nébulosité, mais que les dimensions des météores sont dans un cas plus grandes que dans l'autre, ou que les dimensions des météores étant égales, les gros apparents sont moins éloignés que les moins gros de la Terre.

C. DU MODE DE LA PRODUCTION DE LA FORME D'ELLIPSE ET DE LA FORME PERFORÉE DONT LES NÉBULEUSES OFFRENT PARFOIS L'APPARENCE.

§ 221. Entre les nébuleuses de cette classe et celles des deux classes précédentes, la différence est plutôt apparente que réelle; car cette différence correspond perspectivement aux distances angulaires Γ produites par l'éloignement de l'axe A de la meule du rayon visuel R dirigé au centre de cette meule. 1° L'angle Γ est de 0° dans le cas exceptionnel où l'axe A de la meule coïncide avec le rayon visuel R : en ce cas, la meule étant vue de face a la forme circulaire. La surface S est occupée par un nombre N de météores, séparés entre eux par l'intervalle λ; 2° Cet angle Γ devient de 90° également dans le cas exceptionnel où le rayon visuel R est perpendiculaire à l'axe A de la meule; ainsi la nébuleuse est vue de profil sous forme d'un filet de nuée de surface *s* occupée par un nombre *n* de météores de forme ovalaire, comme le sont ceux qui occupent la surface circulaire S. Entre ces deux positions extrêmes de la meule sont comprises celles observées dans les nébuleuses dont l'apparence se trouve dans les rapports $S : s = \lambda : \lambda'$ avec les dimensions de la meule et avec la grandeur des intervalles qui séparent les météores les uns des autres.

Si la nébuleuse annulaire O (fig. 26) est vue obliquement, la dimension transversale qui est son diamètre reste invariable; elle est le grand axe $2a$ de l'ellipse dont le petit axe $2b$ est toujours $2 \cos \Gamma$. La surface S de la meule diminue dans la forme d'ellipse, tandis que persiste le nombre N de météores, lesquels deviennent séparés par des intervalles λ' indiqués dans la proportion $S : s = \lambda : \lambda'$.

Il est bien établi dans le grand télescope que les nébuleuses elliptiques sont moins facilement résolubles que les nébuleuses circulaires; on n'a pas même manqué de reconnaître pour cause de ce fait une position particulière de l'objet, et cependant on s'est arrêté là, car, étant guidé ou plutôt égaré par l'hypothèse d'une attraction entre les molécules, il était impossible qu'on parvînt à reconnaître la forme de meule commune à toutes les nébuleuses planétaires, et la forme d'ellipse provenant de celle du cercle comme cause physique de la diminution des intervalles λ entre les météores, pour devenir λ', d'où résulte l'état irrésoluble des nébuleuses.

Les meules étant vues obliquement ont des angles Γ compris entre 0° et 90°, les intervalles λ sont en raison inverse avec l'angle Γ; leur diminution λ' rend irrésolubles les nébuleuses même dans le grand télescope.

Les nébuleuses circulaires d'un âge avancé sont résolubles et unies; de semblables meules en forme d'ellipse sont d'autant moins résolubles que l'ellipse est plus allongée. On ne distingue aucune trace d'anneaux ni sous leur forme circulaire ni sous leur forme ellipsoïdale.

1° De l'apparition des nébuleuses à un anneau vues obliquement.

228. Les nébuleuses annulaires sous la forme circulaire 1° sont irrésolubles lorsque le nombre des anneaux est de deux, trois ou quatre; 2° elles sont difficilement résolubles si elles n'ont qu'un seul anneau. Vues obliquement, on peut, suivant la loi de la Perspective, 1° connaissant l'angle Γ déterminer tous les degrés de rapprochement entre le bord de l'anneau et celui du noyau, ou 2° connaissant les degrés de rapprochement entre lesdits bords on peut déterminer l'angle Γ. Dans le grand nombre de nébuleuses se rencontrent des positions indiquant toutes les grandeurs de l'angle Γ. Un arrangement des nébuleuses

elliptiques correspondant aux grandeurs des obliquités sert encore une fois à rendre évident, que leur forme réelle est celle d'une meule unie ou d'une meule composée d'un disque entouré d'un ou de plusieurs anneaux.

Considérons d'abord l'anneau BD (fig. 32) autour du disque AC observé sous trois obliquités Γ, $\Gamma+\gamma$, $\Gamma+\gamma+\gamma'$; dont 1° l'angle Γ fait paraître le bord S (fig. 33) de l'anneau rapproché du bord du disque sans cependant le toucher; l'anneau et le disque prennent, sous cette obliquité, la forme d'une ellipse où le centre O du disque ne coïncide pas avec celui de l'ellipse *bd* (2); 2° l'angle $\Gamma+\gamma$ fait paraître le bord *s'* de l'anneau en contact avec le bord du disque *a'c'* (3), contact qui s'opère du côté de l'observateur;

Fig. 32.

Fig. 33. Fig. 34.

3° l'angle $\Gamma+\gamma+\gamma'$ fait paraître l'autre bord *r'''* (6, fig. 34) du disque en contact avec le bord $\beta'''r'''$, *d''* de l'anneau, de sorte qu'on obtient une forme comparable à celle de Saturne.

Bond, astronome de Cambridge, est parvenu à distinguer dans plusieurs nébuleuses trois états produits par les obliquités $\Gamma+\gamma$, $\Gamma+\gamma+\alpha$, $\Gamma+\gamma+2\alpha$. 1° Sous l'obliquité $\Gamma+\gamma$ se représente un trou noir; 2° sous l'obliquité $\Gamma+\gamma+\alpha$, est visible un espace *obscur en forme de courbe*, et 3° sous l'obliquité $\Gamma+\gamma+2\alpha$, l'espace est sombre et en forme de ligne. Bond, jusqu'aujourd'hui, ignorait la portée de sa propre découverte, au moyen de laquelle chacun peut se convaincre que les nébuleuses planétaires observées sont des meules composées d'un anneau autour d'un grand disque comme l'est *fgh* (fig. 26) autour du disque *bb'*; ce disque est produit par l'ensemble de sept anneaux dans les sept orbites, et l'anneau *fg* se trouve dans l'orbite de Poséidon.

§ 229 I. **Apparition d'un trou noir excentrique.** Dans le cas où l'appareil est observé sous une obliquité $\Gamma+\gamma$ qui fait se projeter le bord *s'* (3, fig. 34) de l'anneau sur le bord du disque du côté de l'observateur, l'espace entre le disque O et le bord *r'* de l'anneau reste vide. Cet espace est donc ce qui apparaît comme un trou noir.

Lorsque pour la première fois Herschel découvrit dans la chevelure de Bérénice la nébuleuse perforée (1486), il fut d'abord quelque peu étonné en rencontrant un fait en contradiction avec toutes les hypothèses qu'il avait admises en se basant sur l'existence d'une attraction centripète. La nébuleuse paraissait comme N (fig. 26); elle est allongée, avec un noyau *a'c'* (3, fig. 34) aussi allongé; ce noyau se voit d'un côté entouré d'un espace noir en forme d'hémiellipse *b'r'd'*. Lorsque Herschel montra cette nébuleuse singulière à Bagden, celui-ci y trouva une ressemblance avec un œil noir (vu obliquement).

Herschel admettait la force attractive, cependant il voyait très-fréquemment un grand nombre de faits démentir cette hypothèse; aussi se montra-t-il très-réservé dans sa *Cosmo-*

genie. **Laplace ignorant la cause de ces réserves d'Herschel,** se lança à son tour dans le champ d'hypothèses à la fois incompatibles avec les faits obtenus par les observations, tels que les nébuleuses perforées, et avec les lois connues de la Physique, telles que celle de la fusion des corps solides et de la solidification des liquides et des vapeurs.

Bond trouva également les nébuleuses (464), (2241), avec un trou excentrique, comme on le voit dans la nébuleuse (1486).

§ 230. II. **Apparition d'un espace courbe obscur dans les nébuleuses.** Aucun des astronomes avant Bond n'a approfondi les détails des espaces vides, non plus que leur forme et leurs différents degrés d'obscurité. Pour que la courbure $a''r''c''$ (4, fig. 33) se manifeste, il faut que l'inclinaison ou l'obliquité augmente un peu et devienne $\Gamma+\gamma+\alpha$. A cause du rétrécissement de l'espace vide, sa forme se présente comme une courbe, et obscure, mais non pas noire comme les précédentes. Bond observa cet état dans les nébuleuses (264), (451), (406), (731), (854), (875), (1225).

231. III. **Apparition d'une ligne courbe dans les nébuleuses.** Bond vit dans les nébuleuses (882), (1041), (1149), (1509) une ligne sombre, qu'on obtient dans l'appareil en faisant augmenter l'obliquité qui devient alors $\Gamma+\gamma+2\alpha$; le bord du disque $a'''c'''$ s'approche du bord r''' de l'anneau sans le toucher ; il y reste un espace de séparation $a'''r'''e'''$ qui se présente comme une ligne sombre mais non tout à fait noire.

232. IV. **Apparition de la forme propre à Saturne.** En faisant dans l'appareil augmenter davantage l'obliquité jusqu'à l'angle $\Gamma+\gamma+\gamma'$, le bord du disque $a^{IV}c^{IV}$ (6, fig. 34) touche le bord de l'anneau r^{IV} et l'espace sombre se divise pour faire apparaître les deux anses b^{IV}, d^{IV}, forme qui se présente dans la nébuleuse (2058).

§ 233. V. **Détermination de l'angle de l'obliquité.** La longueur DB (fig. 32) du diamètre de l'anneau se maintient invariable sous toutes les obliquités; elle est le grand axe $2a$ des ellipses bd, $b'd'$, $b''d''$,.... Il n'y a que le petit axe qui devient $2b = 2 \cos \Gamma$, $2 \cos (\Gamma + \gamma)$, $2 \cos (\Gamma + \gamma + \gamma')$. Dans la nebuleuse perforée située entre β et γ de la Lyre, le rapport entre les deux axes de l'ellipse est $100 : 42 = a : b$. Ce rapport est produit par une obliquité de 47° environ; cet angle est donc formé de l'axe A de la meule et du rayon visuel R.

La nébuleuse (218) entre β de Persée et γ d'Andromède est une ellipse tellement allongée que le grand axe est environ dix fois plus long que le petit; son espace intérieur est obscur et non noir.

La nébuleuse (2023) au sud de la Lyre est peu allongée et de forme ellipsoïdale; John Herschel remarqua que son intérieur n'est pas tout à fait obscur; il y a une faible clarté. Il est même possible d'y voir des petits points lumineux, et cela à cause de la faible obliquité.

La nebuleuse (859) a le noyau en forme d'ellipse moins allongée que celle de l'anneau extérieur. Cette irrégularité résulte de l'arc poseidonien, et non pas d'une forme de lentille, comme on a été tenté de l'admettre pour certaines nébuleuses.

2° De l'apparition des nébuleuses à plusieurs anneaux.

§ 234. Parmi les nébuleuses à plusieurs anneaux vues obliquement, la plus connue est celle de ν d'Andromède observée pour la première fois par Simon Marius en 1612; cet astronome comparait sa lumière à celle d'une chandelle vue à travers une feuille de corne, comparaison qui est assez exacte.

Le noyau O (fig. 35) a un diamètre de 7″; Stoney trouva que la nébuleuse d'Andromède est accompagnée d'une autre plus faible, mais décomposable, tandis que le noyau se voit composé de plusieurs filets plus clairs séparés par des intervalles moins clairs et trop nombreux pour être désignés. Ce noyau elliptique ainsi composé provient de la position oblique sous laquelle est vue la meule composée de quatre anneaux dont l'extérieur *d* occupe l'orbite de Poseidon, et les trois autres *c*, *b*, *a* occupent les orbites d'Ouranos, de Chronos et de Zeus. La distance O*c* est presque la moitié de la distance ON.

Fig. 35.

Dans les plus puissants télescopes la nébuleuse se maintient irrésoluble malgré sa clarté bien supérieure à celle de la nébuleuse résoluble découverte par Stoney. Cet état irrésoluble de la nébuleuse provient de deux causes qui se rencontrent rarement dans une même nébuleuse.

1° Pour que les intervalles L qui séparent les traînées *d*, *c*, *b*, *a* des météores soient visibles, il ne faut pas que ces traînées soient très-volumineuses, et cela exige que les météores aient un médiocre volume. Il en résulte que les intervalles λ entre les points lumineux des foyers ne peuvent pas être assez grands pour que ces points puissent être séparés dans les télescopes. Lorsque plus tard les météores augmenteront de volume, on verra augmenter également les intervalles λ entre leurs foyers, ainsi que les quantités de rayons de chaque foyer; au contraire, les intervalles L entre les traînées des météores diminueront jusqu'à devenir invisibles, précisément parce que les foyers sont devenus visibles.

La quantité totale Φ de rayons provenant de la masse brûlante n'éprouve aucun changement à cause du volume des météores; elle est distribuée d'abord dans $N+N'$ foyers des météores, et ensuite la même lumière Φ est divisée dans N ou même dans n foyers séparés entre eux par les grands intervalles $\lambda+\lambda$ ou l. La clarté restant la même, la nébuleuse, qui était d'abord annulaire et irrésoluble, devient plus tard unie et résoluble.

2° Pour que la nébuleuse MN se montre tellement allongée, il faut que l'obliquité soit grande; le grand axe étant presque le double du petit, l'obliquité doit être de 60° environ; la surface de l'ellipse est donc presque la moitié de la surface réelle **S** de la meule. Les $N+N'$ points de foyer séparés dans la surface **S** par les intervalles λ se présentent dans la surface s séparés par les intervalles $\lambda-\lambda'$.

Ce sont donc ces deux causes physiques qui rendent irrésoluble, non-seulement la nébuleuse ν d'Andromède qui est une meule de plusieurs anneaux, mais sont de même irrésolubles presque toutes les autres nébuleuses étroites et allongées, et, par exemple, celles ci-dessus indiquées (218), (1486), (2060) et toutes les meules qui, vues presque de profil dans les environs de l'ascension de 20^h, parurent comme des cirres dans le télescope d'Herschel. La nébuleuse (2088) au sud de ϵ du Cygne est un mince filet de nuée; sa courbure indique l'existence d'un arc poseidonien.

3° *Dimensions des nébuleuses planétaires.*

§ 235. J'ai annoncé que les meules de nébuleuses, après un laps de temps, deviendront des étoiles multiples qui sont des systèmes des planètes lumineuses. La différence réelle entre ces deux états consiste en ce que les molécules de la masse brûlante pâteuse sont en équilibre rompu, état qui ne permet pas de geler aux molécules de la couche superficielle pour devenir une enveloppe solide; mais durant cet état de rupture d'équilibre il y a un déplacement continuel des molécules dont une partie venant à la surface prend la forme de vésicules de vapour, lesquelles gèlent et deviennent les éléments des météores.

Dans les étoiles doubles Herschel et Struve se sont bornés à admettre une distance de 32″ entre les éléments de chaque couple, distance qui correspond à celle de 2°Δ entre Poseidon et son soleil. Le diamètre de l'orbite de Poseidon 2'°Δ est celui des meules composées de la même masse brûlante de huit jets que les systèmes des étoiles planétaires; la différence se réduit, 1° aux formes de ces masses, et 2° à leurs enveloppes.

La masse brûlante est 1° en forme de longues bandes dans les huit orbites des grosses planètes, 2° tandis que les molécules de la même masse étant réduites en équilibre par la pesanteur, la forme devient ovalaire.

La masse brûlante en forme de bande est entourée de météores de forme ovalaire ayant les sommets dirigés vers la masse. Les rayons provenant de celle-ci, après avoir éprouvé des dispersions de la vapeur opaque, arrivent aux météores où ils éprouvent des réfractions convergentes pour aller se croiser en un point, le *foyer*. C'est donc de tels foyers que les rayons émergent des nébuleuses.

Lorsque l'équilibre des molécules devient établi, se congèle alors la couche superficielle de la masse pâteuse; l'enveloppe solide de glace transparente sépare les traînées de météores de la masse brûlante. Cette enveloppe livre passage aux rayons qui s'en propagent en directions divergentes rectilignes.

Les météores disparaissent parce que les rayons n'arrivent

plus à leurs sommets pour se concentrer au foyer en partie et pour en arriver à l'œil; ces météores ainsi disparus restent et circulent comme précédemment autour de leur soleil avec la masse brûlante.

Sous ce rapport il n'y a pas de différence réelle entre les diamètres des meules et ceux des orbites poseidoniennes des étoiles multiples; mais cela n'est plus le cas par rapport aux différences optiques. Les rayons arrivent à l'œil directement de la masse brûlante des planètes lumineuses, tandis que dans les nébuleuses ces rayons Φ se subdivisent en N portions pour se croiser dans N foyers et arriver de là à l'œil en faisant apparaître N objets lumineux d'égale grandeur et de même couleur que celle de la lumière qui arrive aux météores.

Les nébuleuses circulaires ont leur contour déterminé par les rayons qui émergent des foyers des météores extrêmes, dont l'anneau ne peut avoir un diamètre plus grand que $2^{to}\Delta$. Dans les cas où la longueur apparente des meules est supérieure à 1′ ou à 3′, elle doit être attribuée aux divergences des rayons croisés dans des foyers dont l'ensemble fait une hémi-périphérie ayant à l'extrémité un bras poseidonien.

La nébuleuse de ν d'Andromède est d'une longueur apparente de 2° 1/2 et d'une largeur de plus de 1°, tandis que le diamètre de son noyau n'est que de 7″. Cette nébuleuse étant annulaire, doit avoir des bras ou arc poseidonien; ce sont donc les foyers de ses météores qui excèdent et font apparaître dans les nébuleuses une grandeur supérieure à celle qui existe réellement, laquelle est observée entre les éléments des couples des étoiles doubles.

II. DE LA DISTRIBUTION DES NÉBULEUSES PLANÉTAIRES DANS LA VOUTE CÉLESTE.

§ 230. Toutes les nébuleuses sont composées de masse brûlante entourée d'amas de météores : 1° Il y a des nébuleuses dont la masse deviendra un ou plusieurs soleils ; et pour cela les nébuleuses pareilles sont nommées *solifères;* il en est traité dans la section suivante. 2° Il y a des nébuleuses dont la masse brûlante est composée d'un soleil et de huit jets, dont chacun deviendra une planète ; ces nébuleuses sont *planétaires;* elles ont *toutes* la forme de meule, tandis que la forme des nébuleuses solifères est globulaire et irrégulière. Les météores sont gros dans les nébuleuses solifères qui, pour cela, sont toutes résolubles dans les télescopes ; les météores sont, au contraire, moins gros dans les nébuleuses planétaires, lesquelles sont moins résolubles, même dans les plus puissants télescopes.

Vers les directions de deux prolongements de l'axe de la Galaxie se voient les nébuleuses planétaires les plus denses, et il y a absence presque totale de nébuleuses solifères. Au contraire, dans les directions des *nébulostices* (*), les nébuleuses solifères sont très-fréquentes et les planétaires très-rares. Il y a donc des nébuleuses planétaires dans la direction de la Vierge et d'Andromède, et des nébuleuses solifères dans la direction d'Orion, mais à un degré bien supérieur dans la hauteur H de l'espace stellaire, là où se rencontrent les astérismes de l'Écu de Sobieski, du Sagittaire et du Scorpion.

Cette différence entre la distribution des nébuleuses hétéronymes est réelle pour les nébuleuses solifères, et elle n'est

(*) Ce mot, formé comme le mot *solstice*, indique les regions dans l'espace stellaire où chaque soleil et par suite chaque nébuleuse atteint un maximum d'éloignement, non du plan de la Galaxie, mais de celui du Soleil. Ainsi les nébulostices sont éloignées de 90° des nœuds ☊ et ☋ de la rencontre de leur orbite avec celle du Soleil.

qu'apparente pour les planétaires, parce que les nébuleuses solifères étant de forme globulaire se présentent de mêmes dimensions, étant vues sous toute obliquité, de sorte qu'il y en a en effet dans la direction d'Orion et davantage dans celle du Scorpion. Au contraire, la forme de meule fait que les nébuleuses planétaires sont seulement visibles sous des obliquités peu grandes; elles deviennent invisibles lorsqu'elles apparaissent comme des amas de cirres dans l'ascension d'environ 20 heures.

La raréfaction des nébuleuses planétaires dans les directions des *nébulostices* indique donc que les plans de meules sont peu inclinés sur celui de l'orbite du Soleil, ainsi que le sont les plans des orbites des soleils. En général, les plans de meules ou ceux de l'équateur des soleils sont donc peu éloignés du plan de la Galaxie et de celui de l'orbite du Soleil. Cela prouve la rareté des cas où le plan équatorial d'un soleil, lequel coïncide avec celui de la meule, s'éloigne de 79° de celui de son orbite, comme cela a lieu pour le plan équatorial de notre Soleil, qui coïncide presque avec l'écliptique et coupe le plan de l'orbite solaire pour former un angle de 79°.

Il devient connu par là que pour que l'obliquité diminue et que les meules deviennent visibles, elles doivent se trouver dans les directions des deux prolongements de l'axe de l'orbite solaire qui est la dimension de la largeur $l+1$ de l'espace stellaire. De cette observation il résulte : 1° que si les plans de meules coïncidaient avec les plans des orbites de leurs soleils, et 2° que si les plans des orbites des soleils coïncidaient avec le plan de l'orbite de notre Soleil, toutes les meules se seraient présentées de profil et resteraient toutes invisibles. Si au contraire les plans des orbites des soleils coïncidaient avec celui de l'orbite de notre Soleil, et si les plans des meules tombaient sur eux perpendiculairement, toutes les nébuleuses planétaires seraient vues de face et qu'aucune ne resterait invisible.

§ 237. Liaison entre les nébuleuses planétaires et les étoiles doubles. Il y a longtemps les nébuleuses actuelles étaient invisibles, les étoiles doubles étaient alors des nébuleuses; après un autre laps de temps écoulé, deviendront visibles les nébuleuses actuellement invisibles; les nébuleuses actuelles seront des étoiles doubles, et les étoiles doubles actuelles deviendront des planètes obscures comme sont celles de notre système; notre Soleil sera alors obscurci.

De même que se présentent les positions des plans des nébuleuses planétaires, de même se présentent aussi celles des plans orbiculaires des étoiles doubles. Pour être facilement aperçues, les meules doivent se trouver dans les directions verticales à l'axe de l'orbite du Soleil; cette même position est la moins favorable pour apercevoir séparément les planètes lumineuses, car les intervalles qui les séparent sont en cette position les plus petits possibles. Ces intervalles croissent dans les positions obliques et atteignent un maximum avant de devenir $\Gamma = 90°$ en indiquant par Γ l'obliquité.

De cette cause de la perspective résultent des distributions correspondantes des nébuleuses et des étoiles doubles, distributions apparentes et non réelles obtenues par les observations qui sont rapportées ici comme exemples et qui servent à rendre plus évident le mode de la succession des états par lesquels doit passer chaque système planétaire, dont la masse **m** planétaire était dans le principe contenue avec la masse M dans l'enveloppe solide du soleil de chaque système. En cet état primitif les soleils ne sont pas entourés de planètes; aussi sont-ils nommés *lipoplanètes* quand ils sont en cet état. Selon les changements des états de la masse **m** expulsée est obtenue une longue série de changements opérés en ordre chronologique et pendant de longues durées liées entre elles en un ordre invariable, de même que s'opèrent les changements successifs chez les corps organisés de courte durée.

§ 238. **Succession chronologique des états des systèmes planétaires.** Dans le principe les soleils proviennent des nébuleuses solifères à l'état de soleils *lipoplanètes*.

I. Chacun des soleils reste à l'état de lipoplanète un espace de temps T ; cet état se termine à une époque indiquée par l'expulsion d'un nombre de jets de masse brûlante, expulsion qui se manifeste dans la voûte céleste par l'apparition d'une étoile nouvelle qui dure environ un an. Ces étoiles nouvelles sont le seul guide conduisant à pas sûrs aux détails de la Cosmogonie (§ 208).

II. La masse brûlante de chaque jet produit des vésicules de vapeur qui devient opaque, et, en dispersant les rayons, obscurcit cette masse, de même que les nuages épais obscurcissent le Soleil. Les vésicules produites précédemment éprouvent une répulsion de celles produites ensuite. Cette production continuelle de vésicules par les molécules de la surface de la masse brûlante n'éprouve point d'interruption ; l'épaisseur des couches de vapeur s'accroît, et lorsque la température des couches superficielles s'affaisse suffisamment, les enveloppes des vésicules gèlent et deviennent de petits ballons dont des millions groupés ensemble forment des amas nommés *météores*, d'un volume énorme et sans poids sensible. Pour que l'espace occupé par les météores devienne perceptible, il faut que leur volume acquière une dimension *d*. Donc, depuis l'époque de l'apparition de l'étoile nouvelle jusqu'à celle de l'apparition au même point d'une nébuleuse, il faut qu'il s'écoule un laps de temps **T**.

III. L'état du système n'éprouva en l'époque de son apparition aucun changement réel, car la production des vésicules persiste, le volume des météores croît, les intervalles croissent entre leurs foyers qui apparaissent comme des points lumineux lorsque les intervalles λ sont devenus assez grands. Les météores allant en grossissant, on voit se combler les intervalles L entre les traînées qu'ils forment. C'est ainsi que disparaissent successivement les anneaux et que les nébuleuses deviennent unies et résolubles si elles sont vues de face. La production de vésicules de vapeur ne se termine qu'à l'époque de l'établissement d'un équilibre complet entre les molécules de la masse pâteuse de chaque jet. A cette époque la forme de la masse est ovalaire, et la couche superficielle se congelant devient une enveloppe solide de glace transparente. Les météores, en continuant leur mouvement orbiculaire, restent séparés et ils s'éloignent de cette enveloppe. Cette enveloppe glaciale livre passage aux rayons; c'est ainsi que devient visible la masse brûlante en forme de planètes. La durée de l'établissement de l'équilibre entre les molécules est $T' = T + T'$.

IV. Dans le principe les planètes sont *lipodoryphores* ou sans satellite; elles persistent en cet état un espace de temps et produisent des expulsions de jets de masse brûlante, lesquels apparaissent dans la voûte céleste comme des étoiles de 6ᵉ grandeur et disparaissent en 8 à 11 mois, de sorte qu'on n'en connaît jusqu'à présent que deux. Il faut qu'après ces expulsions il s'écoule encore un espace de temps pour que toute la chaleur lumineuse de la masse brûlante se répande et que les planètes soient réduites à l'état obscur. C'est donc avec l'obscurcissement des planètes que se termine la période, laquelle commence avec la production d'une enveloppe solide de glace. L'intervalle entre ces deux époques est le laps de temps T''.

V. Dans les planètes obscurcies, les deux éléments de l'eau se combinent avec les deux espèces d'équivalents électriques amenés du Soleil. Par les éléments pondérables combinés avec les éléments impondérables, se produisent les substances végétales, et de ces substances, par la fermentation, sont produites les substances minérales, lesquelles restent éternellement. La chaleur lumineuse du Soleil se consomme de telle manière en un laps de temps T''; enfin il resta à son tour entièrement obscurci.

Depuis l'époque où un soleil provient d'une nébuleuse solifère jusqu'à celle où ce soleil restera à l'état obscurci, il faut qu'il s'écoule la somme des laps de temps $T + T' + T'' + T'''$. En admettant N pour le nombre des soleils lipoplanètes, N' pour le nombre des nébuleuses planétaires visibles et invisibles, N'' pour le nombre des étoiles doubles et N''' pour le nombre de soleils entourés de planètes obscures, et en sachant que presque dans chaque siècle il y a production d'un système planétaire, nous connaissons par là que pour que les nombres N, N', N'', N''' restent invariables, il faut : 1° que chaque nouveau soleil reste à l'état de lipoplanète jusqu'à l'époque où il expulsera une masse brûlante, mais pour que son tour arrive il faudra N siècles; 2° de même, c'est après N' siècles que viendra pour le système planétaire produit en 1604 le tour de devenir une étoile double; 3° pour passer de cet état à celui des planètes obscures, il faut qu'il s'écoule N'' siècles; enfin 4° pour s'obscurcir, les soleils des planètes obscures demandent encore N''' siècles.

De ce nombre nous ne connaissons que quelques parties plus ou moins grandes :

1° Des soleils lipoplanètes 120000, non compris ceux de dixième grandeur ou les plus faibles;

2° Des meules de nébuleuses 2306, non compris les invisibles;

3° Des étoiles doubles 3110, non compris les étoiles indécomposables;

4° Le nombre N'' de systèmes planétaires est inconnu comme dans le nôtre celui des planètes obscures.

Il est fait mention ici de la distribution des soleils parce que ce sont eux qui produisent les étoiles nouvelles et par suite tous les systèmes planétaires; dans la section suivante nous traiterons des soleils lipoplanètes. Ici est exposée la liaison entre la distribution des nébuleuses et des étoiles doubles, et ensuite la liaison entre les étoiles nouvelles et les durées de chaque état d'un système solaire.

A. De la liaison entre les distributions des nébuleuses et des étoiles doubles.

§ 239. Dans le tableau suivant sont exposés les nombres des nébuleuses planétaires et des étoiles doubles obtenues par les observations jusqu'à 1833. Ces nombres ne sont pas limités, mais ils croissent en raison du nombre plus grand des observateurs et du perfectionnement des instruments.

Tableau des distributions des nébuleuses planétaires et des étoiles doubles.

Heures.	Nébuleuses.	Étoiles doubles.	Heures.	Nébuleuses.	Étoiles doubles.
1	89	93	13	441	122
2	109	126	14	214	83
3	89	136	15	153	116
4	24	144	16	42	109
5	36	148	17	32	124
6	32	209	18	18	164
7	56	171	19	34	179
8	55	161	20	37	175
9	72	128	21	38	130
10	110	94	22	45	103
11	153	102	23	60	116
12	271	101	24	98	86
	1096	1613		1210	1497

Considérant que les étoiles doubles étaient autrefois des nébuleuses, et que les nébuleuses actuelles deviendront dans l'avenir des étoiles doubles, il résulte de là que s'il y a quelque différence entre les distributions des nébuleuses et des étoiles doubles, cette différence peut résulter, 1° des nombres inégaux des soleils dans la profondeur h de l'espace stellaire et dans sa hauteur H, et 2° des positions des plans des meules; ces positions restant les mêmes, lorsque les plans orbiculaires sont vus de face, elles favorisent bien l'apparition des meules et favorisent peu celle des planètes ; 3° s'ils sont vus obliquement, l'apparition des meules est peu favorisée ; c'est le contraire pour celle des planètes composant les étoiles doubles.

1° Rapport entre les nombres des nébuleuses et des étoiles doubles, de la profondeur et de la hauteur de l'espace stellaire.

§ 240. Dans les ascensions des 0^h à 12^h le nombre 1613 d'étoiles doubles est supérieur à celui 1497 d'étoiles doubles des ascensions entre 13^h et 24^h : il y a, au contraire, un plus grand nombre de nébuleuses, soit 1210, entre 13^h et 24^h que 1096 entre 0^h et 12^h. Ces différences ne résultent pas des causes d'origine de la Perspective, mais elles sont réelles, de même que sont réelles les différences entre les régions des apparitions des étoiles nouvelles.

Les étoiles *e*, autrefois nouvelles et devenues actuellement étoiles doubles, occupèrent relativement à notre Soleil presque la même position qu'elles occupent actuellement : de même les étoiles nouvelles *e'* produites un laps de temps T' plus tard occupèrent les mêmes positions qu'elles occupent actuellement ; elles se montreront comme nébuleuses dans les régions où ont été les 15 étoiles nouvelles qui apparurent depuis Hipparque.

Connaissant que les soleils lipoplanètes sont la cause des étoiles nouvelles actuelles, de celles parues un laps de temps T' auparavant et de celles antérieures à un laps de temps $T' + T''$, il en résulte que les différences entre les étoiles nouvelles d'époques différentes correspondent à celles des soleils lipoplanètes. Avant la somme $T' + T''$ des laps de temps, lorsque apparurent les étoiles nouvelles devenues actuellement étoiles doubles, il y avait, du côté de la profondeur *h* de l'espace stellaire, une quantité $Q + q$ de soleils lipoplanètes supérieure à celle Q des soleils de la hauteur H de cet espace.

Avant le laps de temps, T″, lorsque apparurent les étoiles nouvelles devenues actuellement nébuleuses planétaires, il y avait, du côté de la hauteur H de l'espace stellaire, une quantité Q′+q′ de soleils lipoplanètes supérieure à celle Q′ des soleils de la profondeur *h* de cet espace.

Actuellement la quantité Q″+q′+q″ de soleils lipoplanètes dans la hauteur H″ de l'espace stellaire est beaucoup plus grande que celle Q″ des soleils de la profondeur *h*. Cela est rendu connu par les quinze étoiles nouvelles dont huit ont été dans la hauteur H vers les astérismes du Cancer et d'Ophiuchus.

Ces liaisons entre les quantités des soleils lipoplanètes et les étoiles nouvelles d'époques différentes devinrent un moyen de connaître les changements qu'ont subis les soleils lipoplanètes de l'espace stellaire avant le laps de temps T″ et T′+T″ qui comprennent des millions d'années. Cet ordre de changements sert à résoudre les trois grands problèmes de la Cosmogonie.

Premier problème. Pourquoi le nombre 1613 d'étoiles doubles de la profondeur *h* de l'espace stellaire est-il plus grand que le nombre de 1497 des étoiles semblables de sa hauteur H?

Réponse. Avant la somme T″+T′ de laps de temps, lorsque les étoiles doubles actuelles étaient des étoiles nouvelles, il y avait dans la profondeur *h* de l'espace stellaire la quantité Q+q′ de soleils lipoplanètes, et dans sa hauteur H il y avait la quantité moindre Q; ces quantités étaient entre elles presque dans le rapport de 1613 : 1497.

Deuxième problème. Pourquoi le nombre 1210 des nébuleuses de la hauteur H de l'espace stellaire est-il plus grand que le nombre 1096 des nébuleuses de la profondeur *h*?

Réponse. Avant le laps de temps T″, lorsque les nébuleuses planétaires actuelles étaient des étoiles nouvelles, il y avait dans la hauteur H de l'espace stellaire la quantité $Q'+q'$ de soleils lipoplanètes, et dans sa profondeur h il y en avait la quantité moindre Q' : ces quantités étaient entre elles presque dans le rapport de 1210 : 1096.

Troisième problème. Pourquoi des quinze étoiles apparues depuis vingt siècles, huit ont-elles été dans la hauteur H de l'espace stellaire aux astérismes du Scorpion et d'Ophiuchus et les sept autres à des distances différentes de ces astérismes ?

Réponse. Les soleils lipoplanètes diminuent dans la profondeur h de l'espace stellaire, car le nombre des nébuleuses solifères y est diminué, de sorte que les soleils q devenus invisibles ne sont pas remplacés en même temps par d'égales quantités de soleils provenant des nébuleuses solifères; celles-ci éprouvèrent une diminution réelle tant dans la profondeur h que dans la hauteur H; cependant leur diminution s'opère en rapport inverse des carrés des distances entre elles et l'Hélioagète.

2° Rapports entre les nombres des nébuleuses et les étoiles doubles de mêmes ascensions.

§ 241. Aux ascensions de 5 à 7 heures et de 12 à 14 sont indiquées dans le tableau les nombres 148, 205, 171 et les nombres 101, 122, 83 d'étoiles doubles, dont les sommes 528 et 306 sont presque dans le rapport de 2:1.

Aux mêmes ascensions sont les nombres 36, 52, 56 et 271, 441, 214 de nébuleuses planétaires, dont les sommes 124 et 926 sont presque dans le rapport de 1:8.

Aux deux autres quadrants des 18, 19, 20 heures et de 23, 24, 1 heure sont indiqués dans le tableau les nombres 154, 179, 175 et les nombres 116, 36, 93 d'étoiles doubles, dont les sommes 508 et 295 sont presque dans le rapport 2:1.

Aux mêmes ascensions sont les nombres 18, 34, 37 et les nombres peu déplacés 98, 89, 109 de nébuleuses planétaires dont les sommes 89 et 596 sont presque dans le rapport de 1:6.

Faisant la comparaison entre les nébuleuses planétaires des ascensions de 9, 10, 11, 12, 13, 14 heures, et des 16, 17, 18, 19, 20, 21, on a les nombres qui donnent les sommes de 1261 et 159 nombres, lesquels sont presque dans le rapport de 8:1.

Les nébuleuses solifères ou celles qui sont considérées comme des amas d'étoiles sont peu nombreuses et manquent entièrement dans les ascensions des 9, 10, 11, 12, 13, 14 heures; au contraire, elles sont nombreuses dans les ascensions de 16, 17, 18, 19, 20, 21 heures.

Entre ces trois genres d'objets, 1° étoiles doubles, 2° nébuleuses planétaires en forme de meule, et 3° nébuleuses solifères en forme globulaire, ces dernières seules ont le même aspect en toute position; c'est pour cette raison qu'elles sont réellement rares dans les ascensions indiquées, et nombreuses au contraire dans le quadrant suivant d'ascension.

Pour les nébuleuses planétaires on a trouvé le nombre 1096 dans les ascensions entre 0^h et 12^h, et le nombre 1210 entre l'ascension de 13 et 24 heures, d'où l'on a reconnu qu'il y a dans les deux quadrants moins de nébuleuses que dans les deux autres.

La différence apparente et non pas réelle des meules de nébuleuses n'existe que dans les extrémités de chaque quadrant. Dans les ascensions de 17, 18, 19 heures, les nombres des nébuleuses donnent la somme de 84; dans les autres extrémités de ces deux quadrants, d'un côté est la somme de 829 nébuleuses, et de l'autre côté est la somme de 296. En prenant la moyenne $\frac{1}{6}$ (829 + 296) des deux maxima, on trouve approximativement le nombre 154 de nébuleuses contenues dans l'ascension de l'étendue de

15°, cependant la moyenne $\frac{1}{2}$ (441 + 109) = 275 est plus exacte; de sorte que la quantité totale des nébuleuses planétaires n'est pas inférieure à 225 × 24 = 6000.

Telle est également la différence qui se présente en rapport inverse dans la distribution des étoiles doubles. Il y a dans les deux quadrants, une quantité 1613 supérieure à celle de 1497 dans les deux autres quadrants : il y a cependant deux maxima de 209 et 179 aux rencontres opposées des quadrants, et ce sont les minima 93 et 87 qui se trouvent aux autres extrémités du même quadrant. Donc la même cause de la Perspective facilite sous un point de vue l'apparition des meules et rend peu visibles les étoiles doubles; sous un autre point de vue de 90° de distance, est facilitée l'apparition des étoiles doubles, et sont rendues presque invisibles les meules des nébuleuses. Il faut donc compter pour chaque heure d'ascension la moyenne de $\frac{1}{2}$ (209 + 179) = 194, et la somme des étoiles doubles n'est pas inférieure au produit 194 × 24 = 4656.

B. De la durée des systèmes planétaires a l'état d'étoile double.

§ 242. Pour déterminer la durée de la vie des habitants d'une ville dont le nombre N est supposé constant, il faut savoir le nombre n des décès annuels, nombre qui ne diffère pas de celui n' des naissances par lequel doit être divisé le nombre N; si l'on a, par exemple, N = 30000 et n = 1000, l'équation $\frac{30000}{1000} = 30$ indique la durée de la vie de chaque individu. Parmi trente habitants il y a par an un décès et une naissance.

En laissant à part les nébuleuses invisibles, dont le nombre peut être comparable à celui de 6000 trouvé pour les nébuleuses planétaires visibles, nous admettrons comme un maximum ce nombre de 6000. D'après les 15 étoiles nouvelles qui se sont produites dans l'espace de vingt siècles, on a pu voir que 15 nébuleuses invisibles doivent devenir visibles et que 15 nébuleuses visibles sont devenues des étoiles nouvelles; de même 15 étoiles nouvelles se sont obscurcies. Il y a chaque 125 ans une naissance de système solaire et disparition d'une étoile double.

Le système solaire produit le dernier est celui de 1604: il restera à l'état de nébuleuse planétaire tous les temps pendant lesquels les nébuleuses 6600 visibles et celles x invisibles deviendront des étoiles doubles. Pour que ce système planétaire né en 1604 devienne à son tour une étoile double, il faut que toutes les nébuleuses actuelles passent avant lui à l'état d'étoiles doubles, et en même temps, il faut qu'il se produise un égal nombre de nouveaux systèmes planétaires en forme d'étoiles nouvelles, soit 15 en nombre par vingt siècles. En laissant à part le nombre x des nébuleuses invisibles, il résulte que l'étoile nouvelle de 1604 deviendra une étoile double en un espace de temps qui ne peut pas être inférieur à $6600 \times 125 = 825000$ ans.

Les planètes de ces systèmes planétaires ne verront venir leur tour de s'éteindre que lorsque seront éteintes toutes les étoiles doubles actuelles et celles qui résulteront successivement des nébuleuses planétaires actuelles. La durée de l'état planétaire comme étoile double est indiquée dans le produit de $4656 \times 125 = 582000$ ans.

J'ai trouvé dans les étoiles à éclat périodique la preuve incontestable que, parmi les étoiles visibles à l'œil nu, il n'en existe aucune qui serait un soleil lipoplanète; chacune de ces étoiles est un système planétaire composé de huit grosses planètes outre les satellites. De même est très-grand le nombre des étoiles télescopiques qui sont également des systèmes solaires et non pas des soleils lipoplanètes. Le nombre véritable des systèmes à l'état de planètes lumineuses est de beaucoup supérieur à celui de 4656. Il en résulte que chaque système de planètes lumineuses persiste en cet état durant un grand nombre de millions d'années ou même plus d'un million de siècles.

Il résulte de cette longue durée depuis l'expulsion de la masse des planètes d'un soleil lipoplanète jusqu'à l'obscurcissement des planètes, lorsque le Soleil resta dégagé des météores, que l'intensité Φ de lumière des soleils lipoplanètes doit se trouver réduite à un affaiblissement qui est des millions de fois inférieur. C'est donc à des distances qui sont des millions de fois inférieures que doivent se trouver les soleils pareils au nôtre pour être aperçus comme étoiles télescopiques. En admettant que la distance entre nous et les soleils lipoplanètes soit un million de fois celle entre Neptune et le Soleil, il en résulte que les soleils d'une clarté φ pareille à celle du nôtre doivent devenir invisibles à une distance égalant une centaine de fois celle de Neptune.

J'ai indiqué le moyen de déterminer la distance D de la Terre de plusieurs étoiles doubles (§ 139) et en même temps les distances *d* qui les séparent entre elles ; il en résultera que la distance D entre le Soleil et l'étoile la moins éloignée est beaucoup trop grande par rapport aux distances *d* qui séparent plusieurs étoiles l'une de l'autre. Les astronomes ne pouvaient pas se rendre compte de ce cas exceptionnel de distance entre le Soleil et les étoiles. Ils ignoraient que les étoiles les plus lumineuses sont des systèmes planétaires, ils ignoraient également que l'intensité φ de lumière du Soleil est des millions de fois plus faible que celle Φ 1° des soleils lipoplanètes télescopiques, 2° des planètes lipodoryphores, et 3° des doryphores qui possèdent les plus longues photosténies.

CHAPITRE V.

DE LA FORME OVALAIRE DES ÉTOILES PRODUISANT LEUR COULEUR ET LES ÉCLATS PÉRIODIQUES.

§ 245. Les corps célestes affectent tous, sans aucune exception, la forme ovalaire; l'aplatissement ne se montre que chez les planètes dont le plan équatorial prolongé passe dans le voisinage de la Terre; cette forme se présente dans chaque corps ovalaire mis en rotation et observé du côté du prolongement du plan de rotation. Si le corps tournant est observé du côté des deux prolongements de l'axe, il cesse d'affecter une forme d'aplatissement, il apparaît sphérique. Parmi les planètes il n'y a qu'Uranus qui n'affecte aucun aplatissement, et il est la seule planète qui tourne autour d'un axe dont le prolongement passe par le voisinage de la Terre.

L'aplatissement manque aux corps qui ne tournent pas autour d'un axe; la Lune n'a aucun aplatissement; son disque est une périphérie parfaite qui sépare son hémisphère soulevé quatre à six fois supérieur à son hémisphère déprimé invisible. Dans le volume suivant de cet ouvrage, je prouve que cette forme ovalaire de la Lune est fidèlement obtenue dans les photographies des montagnes d'inégale latitude. L'axe de la Lune dirigé vers la Terre est environ cinq fois son diamètre apparent; la hauteur de ses montagnes n'atteint que quelques centaines de mètres. La Lune est un globe de glace épais, vide au milieu, et pour cela 1° d'un volume environ quatre à cinq fois supérieur à celui qu'on lui attribue et 2° d'un poids spécifique inférieur à celui de l'eau.

J'ai prouvé qu'autrefois cette masse était brûlante et que c'est par le refroidissement qu'elle a été réduite à l'état actuel. Parmi les corps solides, c'est la glace qui affecte la plus grande contraction. Une longueur de 1000 kilomètres de glace à zéro perd 374 mètres à — 6° (*Physique*, t. III, p. 623). Le froid de l'espace étant de 160°, la contraction de la glace est de $\frac{160}{6} \times 375$ pour 1000 kilomètres; c'est environ une contraction de 10 mètres par kilomètre.

Telle a été la contraction qu'éprouva le volume de glace de la Lune en s'abaissant du point de congélation à la température de l'espace. La diminution latérale du volume s'est conservée dans les crevasses dont la largeur ne dépasse pas 1600 mètres; ces crevasses, nommées *reinules*, m'ont servi de thermomètres indiquant les changements de température de la glace. Ainsi donc, connaissant leur nature et leur rapport avec les contours des montagnes, je prouve directement dans les photographies de la Lune sa forme ovalaire.

De même je prouve que les satellites affectent tous la forme ovalaire dont résultent tous les aspects des clartés et des couleurs observés. Les planétoïdes ne sont pas des corps massifs comme les planètes et les satellites, mais ce sont de gros météores vides et sans poids sensible. Leur forme ovalaire est perceptible dans les changements d'éclat observés lorsqu'ils sont en quadrature.

De même que les planètes et les satellites éteints de notre système, les planètes et les satellites lumineux des autres systèmes affectent la forme ovalaire, forme indépendante de la température de la masse contenue dans l'enveloppe de glace. A une époque cette masse est brûlante, et ses rayons se répandent en émergeant de chaque point de la surface S de l'hémisphère H soulevé et de chaque point de l'hémisphère *h* déprimé. A une époque postérieure, la même masse se trouve refroidie et éteinte en conservant la forme ovalaire précédente. C'est en cet état que se trouve actuellement cette masse dans la Lune et les satellites.

I. Cette forme ovalaire devient : 1° la cause des inégales quantités d'atomes de lumière φ émergeant de l'hémisphère soulevé et des atomes φ' émergeant de l'hémisphère déprimé ; 2° la cause de la réfraction des rayons et de la production des couleurs.

II. Au moyen des durées des périodes des éclats, j'ai obtenu celle de la révolution des corps lumineux, planètes et satellites.

III. Au moyen des durées de révolutions, j'ai constaté que les corps lumineux sont des satellites ou des planètes.

IV. Au moyen de ces durées et des éclats, j'ai reconnu quand le satellite ou la planète est seul, ou quand ils sont plusieurs vus comme une seule étoile irrésoluble.

V. Dans les cas où le corps est seul, j'ai reconnu que s'il est un satellite, il est toujours le premier, et que s'il est une planète, elle est toujours Hermès.

VI. Dans les étoiles dont les éclats ne se succèdent pas régulièrement, et dont il n'y a que les durées des périodes qui persistent, j'ai reconnu qu'il y a deux satellites, le premier et le deuxième, ou deux planètes, Hermès et Aphrodite. En cas pareils les durées des périodes correspondent à celle de la révolution du deuxième satellite ou à celle de la révolution d'Aphrodite.

VII. En combinant les périodes d'éclats de toutes les étoiles cherchées, j'ai reconnu : 1° qu'en chaque système de satellites, c'est le premier qui devient visible avant les autres, et 2° qu'en chaque système de planètes, c'est Hermès qui apparaît avant les autres planètes.

VIII. En comparant cet ordre de l'apparition des corps périphériques de chaque système avec les durées nécessaires pour que l'équilibre s'établisse entre les molécules de la masse pâteuse et brûlante, je trouvai que la pesanteur, étant en raison inverse des carrés des distances, fait s'établir l'équilibre d'abord aux masses les moins éloignées du corps central.

IX. Dès que cet équilibre est établi, la couche superficielle de masse pâteuse se congèle et devient une enveloppe solide de glace transparente, qui livre passage aux rayons, lesquels arrivent à l'œil pour faire apparaître l'étoile.

X. Ainsi donc la durée T de l'établissement de l'équilibre entre les molécules de masse brûlante des planètes et des satellites est en rapport inverse de la pesanteur P de cette masse vers le corps central.

XI. Dans chaque système planétaire, c'est le jet de masse brûlante expulsé le dernier qui obtient avant tous les autres un établissement d'équilibre. Par son enveloppe solide et transparente, c'est elle qui devient visible la première; de même que dans un système des satellites, c'est le moins éloigné de sa planète qui devient visible le premier.

XII. Je prouve dans notre système l'existence d'une inégalité d'âges entre les planètes; la Terre a passé, jusqu'à présent, à des époques de plus en plus reculées, par tous les états auquels sont actuellement Mars, Jupiter, Saturne, Uranus et Neptune, et dans l'avenir elle se trouvera, après n siècles, comme l'est à présent Vénus, et après $n + n'$ siècles, la Terre sera dans un état pareil à l'état actuel de Mercure, alors l'état actuel de la Terre sera à Mars et à Jupiter.

§ 256. **Changements opérés dans les planètes lumineuses.** Dans le principe, toutes les planètes ne possèdent que le mouvement orbiculaire; elles circulent autour de leur soleil ayant le sommet dirigé vers le centre de ce soleil, de même que la Lune circule autour de la Terre ayant toujours dirigé vers elle son hémisphère soulevée. Pendant la durée de cet état lumineux, il y a un accroissement de température des molécules de la masse de la couche superficielle A qui est en contact avec l'enveloppe solide de glace. Cet accroissement de température est un effet physique de l'excédant 2θ d'atomes de chaleur entre ceux $\Theta - \theta$ qui s'éloignent de la couche A et ceux de $\Theta + \theta$ qui y arrivent des couches inférieures. Lorsque la température de la couche A s'élève à un degré tel qu'elle peut briser l'enveloppe au point le plus faible, il s'opère une expulsion d'un nombre de jets de masse brûlante, dont chacun devient un satellite.

Jusqu'à cette expulsion, les planètes sont *lipodoryphores* ou privées de satellites ; c'est à ce moment qu'elles obtiennent des corps périphériques, et que s'établit leur mouvement de rotation, chacune devenant un corps central.

§ 247. **Changements opérés dans les planètes et leurs satellites.** Les satellites obtiennent une enveloppe solide de même que les planètes ; il y a élévation de température de la masse de la couche superficielle A. L'enveloppe étant moins solide que celle des planètes, se brise aux points faibles lorsque la répulsion expansive n'est pas encore arrivée à un degré suffisant pour exercer sur la masse une poussée centrifuge capable de produire une contre-répulsion assez grande pour faire résulter un mouvement de rotation. Ainsi les masses expulsées, ne recevant aucun choc tangentiel, rebroussent chemin et retombent sur la surface de l'enveloppe des satellites en y formant des montagnes circulaires de glace et des remparts comme le sont ceux de la Lune.

Le refroidissement de la masse brûlante avance continuellement, et en un espace de temps comprenant des milliers de siècles, le froid de l'espace parvient à pénétrer et se répandre dans la masse qui se convertit toute en glace; ainsi se termine la longue période astronomique des systèmes planétaires. Les planètes parcourent ensuite une autre période géologique à cause de leur mouvement de rotation ; cette période manque chez les satellites.

I. MODE DE LA PRODUCTION DES COULEURS DES ÉTOILES.

§ 248. La lumière est incolore dans la masse brûlante; en cet état, elle ne se répand directement dans l'espace que pendant les trois premiers mois des étoiles nouvelles; car cette masse se recouvre de météores, et puis devient renfermée dans une enveloppe, de sorte que ses rayons n'arrivent plus directement; ainsi, 1° dans leur émergence des nébuleuses, ils se croisent d'abord dans les foyers des météores, et 2° dans les planètes, ils émergent en traversant l'épaisseur de leur enveloppe glaciale, de forme ovalaire.

Les nébuleuses sont vues incolores par les rayons partant des foyers des météores; le Soleil est incolore à cause de sa rotation autour de son axe, de même que les planètes lumineuses dont les rayons de sept couleurs se mêlent. Pour qu'une étoile soit colorée, il ne suffit pas qu'elle ait la forme ovalaire, mais en même temps elle ne doit pas tourner autour de son axe, ou s'il y a un satellite, il ne doit pas terminer sa révolution en moins de trois jours; car du mélange des rayons des couleurs du spectre est reproduit le blanc dont ces couleurs ont été obtenues.

Fig. 36.

Soit EO (fig. 36) l'enveloppe glaciale d'une masse brûlante dont les rayons pénètrent obliquement l'épaisseur $n'm'$, ac de la glace en y éprouvant des réfractions convergentes de toute la surface hEh' vers le prolongement de l'axe oe; les rayons v de couleurs sombres ou les rayons bleus s'approchent davantage de cet axe, tandis que les rayons r

rouges ou ceux de couleurs claires restent isolés du côté extérieur du disque *hh'* de l'étoile et sont sentis comme isolés, lorsque l'étoile est observée d'un point des prolongements de l'axe *oe*.

Si la surface *hOh'* de l'hémisphère déprimé était sphérique, les rayons en émergeraient sans éprouver aucune réfraction, mais la dépression surpassant cette courbure sphérique dans la région axiale O, la réfraction s'y opère en sens inverse; sans cependant l'être dans toute son étendue de *f'*, *t*. Connaissant par la physique la disposition des sept couleurs du spectre, et en même temps l'ordre de leur succession, 1° est déterminée l'espèce des rayons colorés lorsqu'on connaît l'angle Γ formé au centre *c* de l'étoile par l'axe A de son orbite et par le rayon visuel R; 2° est déterminé l'angle Γ ou la position de l'axe A lorsque sont connues les espèces des rayons colorés qui arrivent d'une étoile.

La question sur les couleurs des étoiles se réduit aux problèmes suivants, qui ont trouvé ici leur solution, solution vérifiée au moyen des périodicités des éclats, car celles-ci sont également l'effet de la forme ovalaire des étoiles colorées.

Premier problème. A quelle distance est l'axe *eo* des étoiles de couleur rouge?

Réponse. Dans le cas où l'intensité de cette couleur atteint à son plus haut degré, on connaît que l'axe *oe* passe tout près de l'observateur, de sorte que 1° l'ensemble des rayons des couleurs entre *v* et *v'* produit sur le nerf optique le sentiment du blanc, en même temps que 2° les rayons du rouge *r* et *r* arrivant séparés produisent le sentiment du rouge. Il y a donc à la fois sentiment de blanc et sentiment de rouge, et non pas sentiment d'un mélange préalable des rayons du rouge avec ceux des autres couleurs, dont résulterait le blanc.

En s'éloignant des prolongements *oe* de l'axe du corps ovalaire, l'observateur commence à recevoir les rayons du rouge isolé en quantités successivement décroissantes ; le rouge de l'étoile se présente de plus en plus lavé. Cet affaiblissement de la teinte rouge fait connaître que l'angle Γ, qui était de 90°, décroît, et l'axe de l'étoile *oe* passe loin de l'observateur.

Deuxième problème. A quelle distance est l'axe *oe* des étoiles de couleur bleue ?

Réponse. Dans le cas où la teinte de l'étoile est violette ou pourpre, l'angle Γ est $= 0°$; l'observateur se trouve en un point du prolongement de l'axe A de l'orbite ou dans un des diamètres *hh'* de l'horizon séparant les deux hémisphères. L'ensemble de toutes les autres espèces de rayons produit sur le nerf un sentiment du blanc, tandis que les rayons du violet et du pourpre, arrivant séparément, produisent le sentiment de ces couleurs. Ce sont donc ces sentiments qui effacent celui du blanc, car le blanc n'est que le sentiment du manque de couleur.

Ces teintes paraissent lavées sous les angles Γ; dès que cet angle devient $\Gamma = 90° - \gamma - \gamma'$, apparaît le bleu, qui disparaît à son tour devant l'accroissement continu de cet angle devenu $\Gamma = 90° - \gamma$.

Les sentiments des couleurs des deux extrémités du spectre se rapprochent, car le violet n'est pas un sentiment opposé du rouge, mais est précisément celui qui s'en approche plus que toute autre couleur ; sa cause physiologique est prouvée dans la *Phys.*, t. II, p. 444, 55, 587.

Troisième problème. A quelle distance sont les axes des orbites des étoiles de couleur jaune, verte ou orangée ?

Réponse. En s'éloignant un peu plus de l'axe *oe* de l'étoile, après le rouge de $90° - \gamma$, apparaît l'orangée, qui se soutient jusqu'à $90° - \gamma - \gamma'$, et alors apparaît le jaune, qui persiste jusqu'à $90° - \gamma - \gamma' - \gamma''$. D'autre part, en s'éloignant un peu plus de l'horizon *hh'* jusqu'à ce que l'angle devienne $\gamma + \gamma' + \gamma''$, apparaît le vert : c'est donc entre les angles $\gamma + \gamma' + \gamma''$ et $\gamma + \gamma'$ que le bleu se présente.

§ 249. **Résumé**. Les couleurs des étoiles deviennent un moyen de connaître la position de leur plan orbiculaire : 1° le prolongement de ce plan doit passer par la Terre si l'étoile est rouge ; 2° ce plan est éloigné de 90° de la Terre si l'étoile est de couleur violette ; 3° les plans qui passent sous des angles intermédiaires sont des étoiles de couleur jaune. Les petites quantités d'étoiles de couleur verte ou bleue, et surtout celle des étoiles de couleur orangée, correspondent aux espaces qu'occupent ces teintes dans le spectre solaire.

Les nombres des étoiles de chaque couleur sont en rapport direct avec les grandeurs des angles Γ, $\Gamma + \alpha$, $\Gamma + \alpha + \alpha'$ et 90°, $90° - \gamma$, $90° - \gamma'$, $90° - \gamma - \gamma' - \gamma''$. Les couleurs claires du spectre sont les plus fréquentes dans les étoiles ; cette supériorité des étoiles pareilles correspond, comme il a été dit, aux étendues angulaires qu'occupe chaque espèce de rayons colorés du spectre.

Si je ne possédais que cet arrangement de faits observés comme preuve de l'origine des couleurs des étoiles, il serait possible qu'on révoquât en doute la correspondance réelle, malgré toute la liaison des faits entre eux par la loi physique comme cause et effets. En dehors des preuves indiquées comme basées sur les couleurs provenant de la forme ovalaire, il existe encore la série de faits des éclats périodiques, faits qui s'arrangent de manière à ne permettre à personne de rien objecter ou de douter de la réalité de la forme ovalaire des étoiles. Enfin, pour avoir des éclats périodiques, les étoiles doivent avoir à la fois la couleur rouge et la forme ovalaire.

Ces liaisons entre la couleur rouge et la périodicité des éclats occupent depuis un siècle l'intelligence de tous les astronomes. Arago a en quelque sorte pressenti qu'il y a des mines très-riches à exploiter dans l'avenir. Cependant il ne croyait pas que dans ces mines fût contenue toute la Cosmogonie; mais pour les trouver, il a dû se décider à changer de voie et à en prendre une diamétralement opposée. Il a fallu renoncer à l'existence d'une force d'attraction dont résultent les corps de forme sphérique et reconnaître la véritable origine de la pesanteur, qui conduit, suivant la loi physique, à la production de la forme ovalaire commune à tous les corps célestes; l'aplatissement apparent qu'offrent les planètes n'est que l'effet d'une illusion d'optique.

II. DE L'INFLUENCE DE LA VITESSE SUR LA GRANDEUR APPARENTE DES ÉTOILES.

§ 250. Dans l'observation de la Lune, du Soleil et des planètes, ces astres présentent leur forme naturelle, tandis qu'on sait bien que lorsqu'on voyage sur un chemin de fer avec une grande vitesse, les objets éloignés peuvent être aperçus séparément et distinctement, tandis que les objets voisins semblent confondus et présentent l'aspect d'une longue bande; ce phénomène devient plus évident dans les trains qu'on recontre durant la nuit où les lampes paraissent comme des bandes de lumière, de même que les flammes des becs des stations traversées.

Parmi les corps du système planétaire, les mouvements sont parallèles, et ainsi en résultent des vitesses apparentes médiocres entre les planètes, de même qu'entre la Terre, la Lune et le Soleil; mais cela n'est pas de même pour les satellites qui circulent autour de leur planète avec une vitesse beaucoup plus grande. Leur forme apparente est celle d'un disque, cependant cela n'est pas une preuve d'un manque de grossissement obtenu au moyen de la grande vitesse, parce qu'à une pareille distance même la forme d'une petite bande paraîtrait circulaire.

Les satellites de Saturne, d'Uranus, de Neptune sont trop

petits pour être vus par la seule lumière réfléchie; telle fut la cause qui porta Herschel à leur attribuer une lumière propre, laquelle manque dans la Lune. Il est prouvé ici que sans la grande vitesse de circulation des satellites obscurs, il serait impossible de les apercevoir. Un semblable accroissement de vitesse est aussi le partage des comètes dans leur périhélie.

Si un observateur se trouvait placé dans un autre système planétaire circulant autour de son soleil en une orbite qui n'est pas parallèle à celle de la Terre, il verrait les planètes circuler avec une vitesse proportionnelle à celle qui apparaît actuellement pour les satellites, et les satellites lui paraîtraient doués d'un mouvement de vitesse plus grand que le mouvement actuel observé de la Terre. Telle est la relation des planètes et des satellites lumineux des systèmes qui se présentent en forme d'étoiles multiples ou en forme d'étoiles simples.

A. GRANDEUR DES ÉTOILES SIMPLES, PLANÈTES OU SATELLITES.

Au moyen des durées des périodes des éclats d'un grand nombre d'étoiles, il devient possible de connaître que ces durées correspondent à celles de révolutions des planètes ou des satellites. Mais les grandeurs optiques ne sont pas d'accord avec les grandeurs réelles, car Algol est de 2°,5 à 4° grandeur accomplissant sa révolution en 3 jours, et R de la Vierge est une étoile télescopique accomplissant sa révolution en 146 jours. La courte période d'Algol indique que l'étoile est un satellite, lequel ne peut exister sans sa planète, ni celle-ci sans son soleil. Ainsi la présence dans un système visible d'un seul satellite est un objet qui fait connaître que les satellites étant lumineux et dégagés de météores, leur planète est entourée de météores de même que leur soleil.

La grandeur apparente des satellites ne correspond pas

à leur dimension, mais à leur vitesse. Des deux étoiles de périodes de 3 jours, la 4ᵉ grandeur ne résulte pas de leur dimension, mais de la vitesse de leur mouvement, car elle est la somme $v + \mathbf{v} + V$ de la vitesse v du Soleil, de celle $\mathbf{v}$ de la planète et de celle V du satellite. Ces soleils circulent dans le même sens que le nôtre autour de l'Hélioagète; pour cette raison s'évanouit la vitesse v, et l'agrandissement des éclats ne s'opère qu'au moyen de la vitesse $\mathbf{v}$ des planètes et de la vitesse $\mathbf{v} + V$ des satellites.

Une planète seule ne peut être qu'Hermès et un satellite seul ne peut être que le premier; l'éclat supérieur apparent du satellite ne résulte pas de sa dimension réelle, mais de sa vitesse supérieure à celle d'une planète Hermès, dont l'éclat est faible parce que sa dimension est insuffisante pour restituer ce qui se perd de la vitesse $\mathbf{v}$ inférieure.

Prenant comme base les durées des périodes des éclats comme durées des révolutions, on trouve pour les étoiles de périodes de 3 jours environ des éclats supérieurs à ceux des étoiles de 5 à 10 mois. Les courtes périodes ne peuvent pas être attribuées aux corps de grandes dimensions, par suite les grands éclats correspondent aux vitesses et non pas aux dimensions.

B. GRANDEUR DES ÉCLATS DES ÉTOILES DIPLANÈTES OU DIDORYPHORES.

§ 251. Il y a des étoiles composées de deux planètes, Aphrodite et Hermès, ou de deux satellites, le premier et le deuxième. Les durées des périodes de leurs éclats entre 10 et 20 mois font connaître que ces durées indiquent la révolution d'Aphrodite, et les durées de 5 à 7 jours correspondent à celles de la révolution du deuxième doryphore. Pour ne pas confondre ces espèces d'étoiles avec les étoiles doubles connues, elles sont nommées *étoiles diplanètes* et *étoiles didoryphores*.

Les étoiles diplanètes obtiennent un éclat correspondant

aux quantités **q**, **q**′ des rayons et aux bandes **b**, **b**′ lumineuses nommées *phototénie* (ταινία, bande). 1° Dans les cas où nous recevons les rayons **q** + **q**′ de l'étendue **b** + **b**′, l'éclat est en son maximum; 2° il se réduit en un minimum absolu dans le cas où nous recevons les rayons *q*, *q*′ des deux corps, et cela à une époque où les phototénies sont superposées pour se présenter les deux comme une seule, l'éclat atteint ainsi son minimum absolu.

Le maximum absolu d'éclat résulte de **q** + **q**′ + **b** + **b**′.

Le minimum absolu d'éclat résulte de *q* + *q*′ + **b**.

Le maximum absolu des amplitudes est **q** + **q**′ + **b** + **b**′ — (*q* + *q*′ + **b**).

Diplanètes. En cas où passent à de petites distances de la Terre les prolongements des orbites des planètes, les différences sont grandes entre les quantités **q**, *q* ou **q**′, *q*′ des rayons, mais les longueurs des phototénies **b**, **b**′ des diplanètes sont inférieures à celles B, B′ des didoryphores. Les diplanètes et les monoplanètes étant à égales distances, nous en obtenons des maxima d'éclat indiqués par **q** + **q**′ + **b** + **b**′ et par **q** + **b**′; une étoile diplanète se présente en 5°, 4°, 3°, 2° grandeur et en état télescopique, tandis que les monoplanètes restent constamment à l'état télescopique.

Dans leur minimum d'éclat *q* + *q*′ + **b**, les diplanètes deviennent invisibles comme les monoplanètes qui se présentent par les rayons *q* et la phototénie **b**, de sorte qu'est de petite influence la lumière *q*′.

Didoryphores. Les quantités **q**, **q**′ des rayons des didoryphores sont inférieures à celles Q, Q′ des diplanètes, mais ils ont les phototénies B, B′ supérieures à celles **b**, **b**′ des diplanètes. Les maxima d'éclat de 5°, 4°, 3° grandeur résultent de la somme **q** + **q**′ + B + B′, les minima d'éclat de 7°, 6°, 5°, 4° grandeur résultent de la somme *q*″ + *q*‴ + B. La quantité *q*″ + *q*‴ de rayons est inférieure à celle *q* + *q*′ des diplanètes, mais la longueur B de la phototénie est supérieure à celle **B** de l'étoile diplanète. C'est donc cette différence entre les phototénies qui fait que l'éclat se soutient à un degré supérieur tant aux monodoryphores qu'aux didoryphores.

Polyplanètes et polydoryphores. Les éclats varient par les quantités des rayons, surtout par les phototénies qui ne peuvent plus se superposer toutes. Dans les cas où est inférieur le nombre des satellites ou des planètes, sont perceptibles 1° les variations d'éclats, aux polyplanètes et 2° ces variations avec la périodicité aux polydoryphores; toutes les périodes pareilles ont l'amplitude très-médiocre.

Sirius est une étoile polydoryphore et monoplanète de même que plusieurs autres étoiles visibles à l'œil nu; les autres sont polydoryphores, par exemple α d'Orion qui est une étoile dont l'éclat varie entre 1re et 1,5 grandeur; la durée de 196 jours environ de sa période indique qu'elle est un polydoryphore, car si elle était une monoplanète, elle serait télescopique et à périodes d'éclats régulières.

Étoiles télescopiques. Outre les points lumineux des météores qu'Herschel appela étoiles, les vraies étoiles télescopiques sont : 1° des soleils lipoplanètes, 2° des monoplanètes toujours télescopiques, des diplanètes périodiques ou polyplanètes éloignées, 3° des monodoryphores périodiques éloignés, des didoryphores périodiques éloignés et polydoryphores variables éloignés, mais ils sont inconnus.

III. — DE LA FORME OVALAIRE PRODUISANT LES PÉRIODES DES ÉCLATS PAR LA RÉVOLUTION DES CORPS PÉRIPHÉRIQUES.

§ 252. Chaque point de l'enveloppe glaciale livre passage à q atomes de lumière qui se propagent en directions centrifuges divergentes. Si les corps lumineux étaient des sphères, la quantité de rayons dirigée en chaque côté serait égale; dans le cas où cette forme est remplacée par la forme ovalaire AB (fig. 37), la quantité de rayons n'est égale que dans les prolongements du plan de l'horizon hh' (fig. 37) séparant l'hémisphère déprimé hAh' de l'hémisphère soulevé hBh'; car l'observateur N se trouvant dans ce plan, reçoit de l'hémisphère déprimé h la quantité $\frac{1}{2}q\varphi$ d'atomes de lumière, tandis que de l'hémisphère soulevé H, il en reçoit la quantité $\frac{1}{2}Q\varphi$.

Fig. 37.

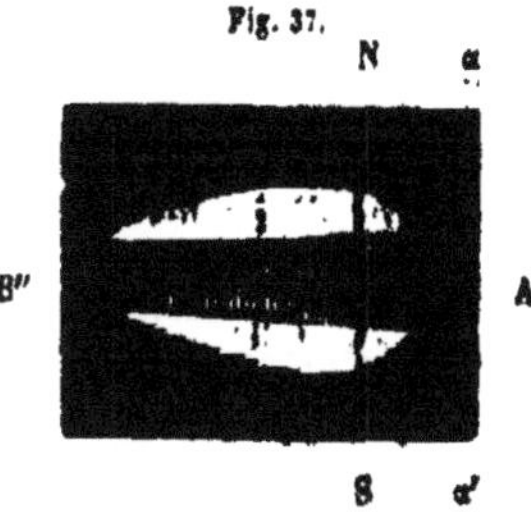

En ces deux cas, il n'y a pas différence d'éclats, mais les rayons provenant d'une sphère n'éprouvent aucune réfraction et restent incolores, tandis que ceux qui proviennent d'une enveloppe de forme ovalaire éprouvent des réfractions qui font apparaître les couleurs du spectre solaire, faisant en même temps venir ensemble toutes les autres espèces de rayons colorés en en isolant les rayons du violet u (fig. 35) qui sont du côté des prolongements eo de l'axe.

Dans les cas où l'observateur se trouve en e ou en o des prolongements de l'axe $o\varepsilon$, étant en e, il recevra de l'hémisphère soulevé H les rayons $Q\varphi$, et étant en o, il en recevra la quantité $q\varphi$ de l'hémisphère déprimé h. En admettant le corps AB (fig. 37) en repos et l'observateur circulant autour de lui comme cela a lieu pour le Soleil et la Terre, il n'y aura pas changement d'éclat si l'observateur est dans le voisinage des prolongements SN du plan hh' de l'horizon. Mais si l'observateur se trouve dans un des plans qui passent par l'axe A'B de l'enveloppe ovalaire en circulant autour de cette enveloppe, il recevra par des intervalles égaux, 1° en B″ de l'hémisphère H la quantité $Q\varphi$, et 2° en A″ de l'hémisphère h la quantité $q\varphi$ de lumière.

Entre les deux éclats extrêmes, produits des quantités $Q\varphi$ et $q\varphi$ de lumière, l'observateur recevra toutes les quantités intermédiaires. En admettant la forme sphérique et la clarté diminuant de l'un de ses pôles B jusqu'à l'autre A, on doit avoir une diminution d'éclat de degré égal en chaque unité de temps; une telle égalité de changements des degrés des éclats ne doit pas avoir lieu dans les cas où est ovalaire l'enveloppe du corps lumineux. Il manque, en effet, une égalité pareille de changements des degrés d'éclats chez toutes les étoiles périodiques; de plus, elles ont en même temps la couleur rouge.

De la forme ovalaire résultent donc trois séries de faits de nature différente : 1° périodes d'éclats; 2° couleur rouge; 3° inégalité des durées des successions des degrés des éclats. Ce sont donc ces trois séries de faits qui font connaître, 1° qu'en effet, la forme des étoiles périodiques est ovalaire, et 2° que les durées des périodes des éclats ne sont que le résultat des durées de révolution des étoiles autour de leur corps central invisible.

Fig. 38.

Soit une étoile périodique O (fig. 38) de couleur rouge terminant sa période d'éclat en une durée T : 1° cette étoile passe en une courte durée α du grand éclat au faible, de même que du petit au grand; 2° la durée de l'éclat faible est inférieure à celle de l'éclat le plus grand. Tous ces faits des observations sont d'accord, sous tous les rapports, avec les faits qui seraient produits d'une étoile de forme ovalaire, forme qui est la seule qui peut résulter d'un arrangement des molécules pour se trouver en équilibre par rapport à la pesanteur. Lesdits faits obtenus directement par les observations et ceux obtenus par la loi physique forment la série suivante :

I. La Terre T étant dans la direction CT, le plan SS'S''' de l'orbite de l'étoile prolongé doit se trouver dans cette direction.

II. L'étoile, de forme ovalaire, circule autour de son corps central C, ayant le sommet *e* de l'hémisphère soulevé, toujours dirigé vers ce corps C ; de même que la Lune a le centre de son disque toujours du côté de la Terre.

III. L'étoile étant en S se trouve en conjonction supérieure avec la face de l'hémisphère soulevé **h** ou *aeb* dirigé vers la Terre, laquelle en reçoit la quantité $Q\varphi$ d'atomes de lumière, et l'étoile est vue avec son maximum d'éclat.

IV. L'étoile étant en S'' est en conjonction inférieure ; il en arrive à la Terre la quantité $q\varphi$ d'atomes de lumière émergeant de l'hémisphère déprimé *h* ou S'' ; à ce moment, l'étoile est vue avec son minimum d'éclat.

V. Si l'étoile est seule, la durée du temps T pour passer du maximum d'éclat $Q\varphi$ au minimum $q\varphi$ est égale à la durée T' que met l'étoile pour passer de ce minimum d'éclat au maximum.

VI. Ces deux durées égales T et T' correspondent aux deux parties égales de l'orbite qui séparent les deux points de conjonction S et S''.

VII. De chaque période, 1° est plus longue la durée $T+\alpha$ de l'éclat supérieur $Q\varphi$, et 2° est moins longue la durée $T-\alpha$ de l'éclat inférieur $q\varphi$.

VIII. L'étoile passe à l'éclat inférieur en se trouvant entre la quadrature S‴ et la conjonction inférieure S″; sa diminution ne commence qu'à la distance de S″D ou S″C. En une durée α' très-courte pendant laquelle l'étoile parcourt la partie CB de son orbite, l'éclat diminue rapidement pour passer à son minimum; de même l'accroissement de l'éclat s'opère lorsque l'étoile parcourt la partie C′B′ de son orbite: 1° la partie courte BS″B′ de l'orbite est donc parcourue pendant la durée T $-\alpha$; courte lorsque l'éclat de l'étoile est faible; 2° la partie B′SB supérieure de l'orbite est parcourue pendant la durée T$+\alpha$, longue lorsque l'éclat de l'étoile est grand; 3° les parties CB et C′B′ de l'orbite sont parcourues en de courts espaces de temps α' lorsque l'éclat est intermédiaire.

IX. Pour que l'étoile soit à éclats périodiques, il faut que le prolongement du plan de son orbite passe par la Terre; dans cette position du plan, les rayons du rouge occupent toute la périphérie du disque lorsque l'étoile est en conjonction supérieure S ou inférieure S″. L'étoile étant dans les quadratures S′, S‴, son disque a la forme ovale, les rayons rouges isolés n'arrivent que des deux extrémités transversales de l'horizon, tandis que des deux extrémités *e* et *o* de son axe arrivent les rayons violets. Les sentiments de ces rayons et ceux du rouge diffèrent peu. Entre les quadratures et les points S, S″ de conjonction, les rayons du rouge sont sentis séparément; c'est ainsi que la teinte du rouge persiste pendant toute la durée de la révolution (*Phys.*, t. II, p. 444, 587, 551).

X. Après avoir ainsi établi l'égalité de durée entre les périodes des éclats et les révolutions orbiculaires, il devint possible de reconnaître, 1° que les étoiles à périodes d'environ trois jours sont un seul satellite qui n'est que le premier, et 2° que les étoiles à périodes entre cinq et dix mois sont une seule planète qui est Hermès.

XI. Lorsque, dans un système planétaire, il se trouve une planète, Hermès, cela prouve qu'après *n* siècles, Aphrodite deviendra visible, et que successivement apparaîtront les autres planètes. Cela résulte de ce qu'il y a des étoiles à éclats périodiques composées de deux planètes, dont l'une correspond à Hermès et l'autre à Aphrodite.

XII. De même l'existence d'un seul satellite dans un système planétaire prouve que la planète du satellite se trouve entourée de météores, de même que les autres planètes du même système qui deviennent invisibles.

Après avoir réalisé tous les détails observés dans les étoiles simples d'Hermès ou premiers satellites, j'ai fait de même pour les détails observés dans les étoiles composées d'Hermès et d'Aphrodite ou dans les étoiles composées de deux ou de trois satellites. Ce qu'on obtient avec trois satellites ne peut pas être obtenu avec trois planètes, parce que les durées de révolution des trois satellites de Jupiter sont presque T, 2T, 4T, tandis que cela n'a pas lieu pour les durées de révolution des planètes Mercure (88 jours), Vénus (224 jours), Terre (un an).

Les étoiles à éclats périodiques, 1° sont planètes ou satellites; 2° elles sont simples, contenant un Hermès ou un premier satellite; 3° elles sont *diplanètes*, composées des deux planètes Hermès et Aphrodite ou didoryphores composées de deux satellites; 4° elles sont *polyplanètes*, composées de trois ou plusieurs planètes, ou elles sont *polydoryphores*, composées de trois ou plusieurs satellites.

IV. DES ÉCLATS PÉRIODIQUES DES ÉTOILES SIMPLES MONOPLANÈTES OU MONODORYPHORES.

§ 253. Les soleils lipoplanètes sont des étoiles simples et de forme ovalaire, mais les plans de leurs orbites sont presque parallèles avec celui de notre Soleil ou ils se rencontrent et se coupent sous des angles médiocres, de sorte qu'il n'y a presque aucun soleil parmi les étoiles à éclats variables ou de couleur rouge.

Parmi les étoiles monoplanètes ou monodoryphores circulant sur des orbites dont les plans prolongés passent loin de la Terre, aucune n'est de couleur rouge ou à éclat variable. Le nombre est très-médiocre des étoiles dont le plan orbiculaire prolongé passe par le voisinage de la Terre, qui est nécessaire pour apparaître de couleur rouge et avec éclats variables; sans une telle position du plan de leur orbite les étoiles ne sont ni rouges ni variables.

Périodes des éclats des monoplanètes et des monodoryphores. Une étoile AB (fig. 37) de forme ovalaire circulant autour de son corps central **C** (fig. 38) emploie une égale durée pour passer de l'une de ses conjonctions **S** ou **S''** à l'autre. O étant dans sa conjonction inférieure S'', nous en recevons la médiocre quantité q de rayons de son hémisphère h déprimé et l'étoile est vue sous son minimum d'éclat. Après l'écoulement de la moitié $\frac{1}{2}$ T de la durée de sa révolution, l'étoile arrive en sa conjonction supérieure S; à cette époque arrive à la Terre la grande quantité **q** de rayons qui émergent de son hémisphère **h** soulevé, et ce sont eux qui font apparaître l'étoile sous son maximum d'éclat.

Lorsque l'étoile avance vers sa conjonction supérieure **S**, l'accroissement de l'éclat n'est pas régulier, car il y a un sursaut à l'époque où l'étoile étant en B' est passée en D', de sorte qu'est très-courte la durée du passage de l'éclat médiocre φ. Lorsque l'étoile s'éloigne de sa conjonction supérieure **S**, la diminution de l'éclat s'opère en sens inverse suivant l'ordre successif indiqué dans son accroissement. Ainsi chaque période d'éclats se divise en deux parties égales d'après les durées et d'après les intensités des éclats $\frac{1}{2}(\varphi + \Phi)$.

I. **Différence entre les périodes des éclats des étoiles monoplanètes et des étoiles monodoryphores.** La forme ovalaire étant l'effet de la pesanteur, est d'autant plus prononcée chez les planètes que chez les doryphores, que la masse **M** des soleils surpasse celle m des planètes. Ainsi, donc la surface s de l'hémisphère déprimé étant $hAh' = h$ d'une planète, la surface **S** de son hémisphère soulevé $hBh' =$ **h** est **S** $= (\lambda + \lambda')\, s$. Si s' est la surface de l'hémisphère h' déprimé d'un doryphore, la surface de son hémisphère soulevé est **s** $= \lambda s'$. On a donc le rapport

$$(\lambda + \lambda')s : s = \lambda s' : \mathbf{s} \quad \text{et} \quad \mathbf{h} : h' = s : s',$$

qui sert à connaître la différence entre les quantités des rayons Q, q qui émergent des surfaces **S**, s des deux hémisphères H, h de la planète et les rayons **q**, **q**$'$ qui émergent des surfaces **s**, s' des deux hémisphères **h**, h' du doryphore. Il en résulte une différence entre les amplitudes **a**, a des éclats extrêmes de la planète et du doryphore. Les durées **t**, t des périodes dépendent des distances **d**, d entre les corps périphériques et leur corps central.

1° **Différence entre les amplitudes des éclats de l'étoile monoplanète et des étoiles monodoryphores**. Q étant la quantité de rayons émergeant de la surface $S = (\lambda + \lambda')s$ de l'hémisphère soulevé H, q est celle des rayons émergeant de la surface s de l'hémisphère déprimé h. Ainsi la différence $Q - q$ entre les rayons ou celle $S - s = \lambda s - s$ entre les surfaces est la valeur de l'amplitude **a** des éclats extrêmes Φ et φ d'une étoile monoplanète périodique.

De même **q** étant la quantité des rayons émergeant de la surface **s** $= \lambda s'$ de l'hémisphère **h**, q' est celle des rayons émergeant de la surface s' de l'hémisphère déprimé h'. L'amplitude a entre les éclats extrêmes Φ' et φ' est représentée chez les étoiles monodoryphores par la différence **s** $- s' = \lambda s' - s'$ ou par celle de **q** $- q'$.

Faisant à présent la comparaison entre les valeurs des amplitudes

$$\mathbf{a} = Q - q = S - s = \lambda s - s; \quad a = \mathbf{q} - q' = \mathbf{s} - s' = \lambda s' - s',$$

nous trouvons l'amplitude **a** $= \lambda s - s$ beaucoup supérieure à celle $a = \lambda s' - s'$. Connaissant donc par la régularité des périodes qu'une étoile est simple, on connait d'après amplitude invariable, si elle est une planète ou une doryphore sans avoir besoin des durées des périodes.

2° **Différence entre les durées des périodes des éclats des étoiles monoplanètes et des étoiles monodoryphores.** La durée de la révolution d'un premier satellite est environ d'un jour dans le système complet de Saturne, et de deux jours dans les systèmes demi-complets de Jupiter et d'Uranus. Les étoiles monodoryphores terminant la période simple en une durée de trois jours sont monodoryphores; aussi leur amplitude est-elle médiocre.

Mercure termine sa révolution presque en quatre-vingt-huit jours; les étoiles monoplanètes ont les durées des périodes supérieures à 88, presque jusqu'à trois fois 88 jours environ; connaissant donc que les éclats se répètent en chaque période suivant le même ordre, on sait que l'étoile est simple; pour être une monoplanète il faut que sa période soit entre $88 + \alpha$ et 3×88 jours.

II. **Mode de la production de l'éclat par deux facteurs, les rayons et les phototénies.** Il a été indiqué que, 1° les soleils lipoplanètes n'envoient à l'œil que les quantités de rayons Q qui émergent de leur enveloppe glaciale de surface S; 2° les planètes lipodoryphores envoient à l'œil les rayons **q** émergeant d'une surface **s** inférieure à celle S des soleils de leur enveloppe, mais à cause de leur mouvement orbiculaire les rayons produisent un sentiment analogue à celui que produirait une bande $l \times \mathbf{d}$ lumineuse ayant pour largeur **d** ou le diamètre de la planète, et pour longueur l où l'espace de l'orbite parcourt en 1″; 3° les doryphores envoient à l'œil les rayons q émergeant de la surface s de leur enveloppe, mais à cause de la grande vitesse de leur mouvement orbiculaire les rayons q produisent un sentiment analogue à celui qui résulterait de l'étendue de la surface s répétée autant de fois qu'est la longueur **L** parcourue par le doryphore en 1″.

Les éclats des planètes ont pour valeur $\varphi = d \times l = s \times l$; et les doryphores ont pour éclats $\Phi = d \times L = s \times L$. Les périodes des éclats n'ont pour cause que les variations des étendues des surfaces s; s dont émergent les rayons, et reste invariable le facteur l ou L qui indique l'espace parcouru. 1° En ce facteur invariable L, l'éclat Φ des doryphores excède, de sorte que la variation des éclats s'opère dans le facteur le plus faible, et il en résulte une amplitude médiocre. 2° Au contraire est considérable le facteur variable s de l'éclat dans les planètes, tandis que reste médiocre le facteur l invariable; cela fait augmenter l'amplitude a' entre les éclats extrêmes.

Ainsi l'accroissement des amplitudes est favorisé par deux causes dans les planètes à éclats périodiques, tandis que c'est la diminution des amplitudes, qui, chez les doryphores, est également favorisée par deux causes.

Rapport entre les quantités des planètes et des doryphores à éclats variables. Le nombre connu des étoiles variables ne contient qu'une quantité médiocre de doryphores, dont aucun n'est presque invisible à l'œil nu, tandis que les étoiles monoplanètes sont toutes télescopiques. Lorsque l'amplitude est grande, il est facile de découvrir les étoiles variables dans le cas même où elles sont toujours télescopiques, tandis qu'il est difficile de découvrir des étoiles variables télescopiques d'amplitude médiocre. Malgré cette différence optique, il y a en réalité une moindre quantité d'étoiles doryphores que d'étoiles planètes.

Cette différence entre les quantités de ces deux classes d'étoiles résulte de ce qu'est beaucoup plus longue la durée T de l'état lipodoryphore des planètes lumineuses que celle t de l'état lumineux des doryphores. De sorte que N, n étant les nombres des étoiles planétaires et des étoiles doryphoriques, les durées T, t sont en rapport direct

$$N : n = T : t$$

De même que le grand nombre N de soleils lipoplanètes indique la longue durée T de cet état, l'époque de son commencement est l'apparition d'une étoile télescopique en une nébuleuse solifère, et l'époque de sa fin est l'apparition d'une étoile nouvelle par la disparition du soleil télescopique. Sauf 1° les soleils télescopiques lipoplanètes, 2° les planètes de toute grandeur, et 3° les doryphores visibles à l'œil nu, il n'existe au ciel aucune autre classe d'étoiles ; cela a lieu de même pour les corps dont se compose notre système planétaire, excepté les météores nombreux de poids imperceptible qui accompagnent les corps massifs.

A. Étoiles monoplanètes à éclats périodiques.

§ 254. Une étoile monoplanète ne peut être qu'Hermès ; après qu'on a reconnu que la répétition des périodes est régulière, que la durée $\frac{1}{2}t$ de l'accroissement de son l'éclat est égale à celle $\frac{1}{2}t$ de son décroissement, la durée de la période est entre $88 + \alpha$ et 3×88 jours pour une étoile monoplanète, ou de 3 jours environ pour une étoile monodoryphore.

Tableau des étoiles Hermès à éclats périodiques.

HERMÈS.	ASCENSION.	DÉCLINAISON.	PÉRIODES.	GRANDEUR.
T des Poissons.	0h 25m 17s	13° 49,3	143j ±	9,7 à 11
R du Bélier.	2 8 42	24 20,8	186	8 12<
U des Gémeaux.	7 47 23	22 20,6	92	9 13
S de l'Hydre.	8 46 41	3 33,8	256	8,5 13,5
S du Lion.	11 4 7	9 9,8	102	9 13<
T de la Grande-Ourse.	12 30 20	60 12,7	260-270	6,7 13<
R de la Vierge.	12 31 54	7 42,7	146	6,5 0
S de la Grande-Ourse.	12 38 14	61 48,3	222,0	7,6 12
U de la Vierge.	12 44 30	0 15,7	212	7,5 12<
V de la Vierge.	13 21 7	− 2 31,1	252	7 ?
R de la Girafe.	14 28 26	84 25,3	265	7 13
R du Bouvier.	14 31 27	27 18,4	190	8 12
S d'Ophiuchus.	16 26 46	−16 53,3	220,3	9,3 13,5<
T d'Hercule.	18 4 10	31 0,1	160	7,9 13<
T de l'Aigle.	20 5 30	15 14,9	124 ±	8,0 11,3
T du Verseau.	20 30 54	− 5 40,9	197	7,8 ?
R du Renard.	20 58 36	23 18,3	147	8 13,5<

Observations. Les étoiles périodiques monoplanètes sont télescopiques; la diminution de l'amplitude de quelques-unes indique que le prolongement du plan de leur orbite ne passe pas très-près de la Terre. Les éclats des maxima diminuent à cause de cet éloignement des plans orbiculaires; sans un pareil éloignement des plans, la différence serait médiocre entre ces éclats des Hermès; on connaît ainsi que les étoiles pareilles se trouvent à des distances de la Terre peu différentes.

Distribution des Hermès. Parmi les étoiles monoplanètes en petit nombre indiquées dans le tableau, cinq seulement sont dans l'hémisphère inférieur du ciel du côté de l'Hélioagète, où est la profondeur h de l'espace stellaire; toutes les autres, en nombre presque double, sont dans les ascensions entre 12^h et 20^h. Cette distribution d'Hermès correspond à celle des nébuleuses planétaires en forme de meule (§ 239).

§ 255. **Rapport entre la distribution des Hermès et des nébuleuses.** Chaque système planétaire a sa naissance marquée par une expulsion de neuf jets de masse brûlante de l'intérieur de l'enveloppe glaciale d'un soleil, expulsion qui se présente subitement sous forme d'étoile nouvelle.

La masse pâteuse de chaque jet ne peut recevoir une enveloppe solide de glace qu'après l'établissement d'un équilibre entre les molécules matérielles obéissant à la pesanteur; cette pesanteur est en raison inverse des distances entre le soleil et chacun des jets.

Il est donc nécessaire que l'équilibre s'établisse d'abord entre les molécules du jet le moins éloigné du soleil, d'où résulte la planète Hermès. A cette époque, la masse des sept autres jets n'est plus en forme des bandes longues entourées de météores formant des traînées telles qu'on le voit dans le grand télescope (fig. 27, 28). Les masses, devenues de forme arrondie, laissent les météores circuler comme précédemment sans les éclairer de leur intérieur pour faire apparaître les points lumineux dans les foyers de ces météores qui sont de forme ovalaire.

Chaque jet reste entouré dans une couche de vapeur opaque qui rend invisible la masse brûlante, de même que les nuées épaisses obscurcissent le Soleil. Chacune des étoiles monoplanètes est donc un système planétaire, dont le soleil est entouré de météores et de vapeur opaque, de même que les masses des sept autres jets, lesquels restent invisibles. Nous recevons une grande quantité de rayons de la masse brûlante renfermée dans une enveloppe solide de glace transparente; ces rayons ne sont plus interceptés ni de couche de vapeur opaque, ni de couche de météores; ils arrivent à l'œil au moyen d'une expansion indéfinie propagée en direction centrifuge.

Les surfaces sphériques d'atome n de lumière émergent à tout instant de l'enveloppe glaciale ayant pour rayon celui r de l'enveloppe. Les atomes n en s'éloignant croissent en volume par l'expansion de leur électre, et lorsque après des dizaines d'années ils arrivent à notre œil, ils occupent une surface sphérique ayant pour rayon la distance $n \times \delta$ qui nous sépare de l'étoile.

Telle est la preuve physique de la nature de l'électre composé d'une infinité de molécules, lesquelles occupaient précédemment l'espace indéfini, et subirent par l'action suprême une compression indéfinie pour occuper un espace indéfiniment petit. L'expansion des atomes de lumière n'est donc qu'une manifestation de l'action suprême, laquelle emmagasina dans les molécules le mouvement contenant leur expansion indéfinie observée dans la lumière.

§ 256. **Étoile Hermès R de la Vierge.** Les détails observés dans une étoile monoplanète ne diffèrent de ceux observés dans toutes les autres qu'en intensités de la teinte rouge et en amplitudes, car ces deux genres de faits ont pour cause la distance angulaire Γ entre la Terre et le prolongement du plan de l'orbite de chacune des étoiles Hermès.

La durée de 145 jours 17 heures 23 minutes des périodes des éclats ne diffère pas de celle de la révolution d'Hermès autour de son soleil. r étant la distance entre Mercure et le Soleil et t la durée de sa révolution autour du Soleil, R la distance entre la planète R de la Vierge et T la durée de sa révolution, la valeur de R est exposée dans la formule

$$R = r \times \sqrt[3]{\frac{T^2}{t^2}} = 0,387 \sqrt{\frac{145^2,8}{88^2}} = 1,000.$$

Au moyen des durées T de révolution des Hermès, il est prouvé qu'il y a des différences entre les distances R qui les séparent de leur soleil ; ces distances sont toutes supérieures à celle r qui sépare Mercure du Soleil, sans cependant aller trop au delà du triple. Les détails suivants montrent avec évidence que l'étoile est seule et qu'il n'y a qu'une seule source de rayons.

1° La durée $\frac{1}{2}$ T que met R de la Vierge pour monter de son plus faible éclat à son maximum est toujours égale à celle $\frac{1}{2}$ T qu'il lui faut pour descendre au minimum d'éclat.

2° Les éclats extrêmes, l'un atteignant la 6°,5 grandeur, et l'autre allant jusqu'à disparition totale, se répètent exactement à chaque période ; de sorte qu'il n'y a jamais changement de l'amplitude A.

3° A cause de la disparition, il n'est pas possible d'évaluer jusqu'à quel degré les amplitudes croissent, parce que la différence des éclats extrêmes représente celle existant entre les surfaces $S - s$, dont S est la surface de l'hémisphère soulevé, et s celle de l'hemisphère déprimé. Toutefois, il est possible d'indiquer en quantités de surface les faibles grandeurs comprises entre la 6° et la 14°.

4° Si la teinte rouge des Hermès est faible, l'amplitude est médiocre, et les étoiles monoplanètes qui ne disparaissent pas dans leur minimum d'éclat sont entièrement pareilles; en pareil cas, l'éloignement du plan orbiculaire de l'étoile est considérable, et cela devra être pris en considération lorsqu'on exposera les grandeurs en étendues des surfaces visibles.

B. ÉTOILES MONODORYPHORES A ÉCLATS PÉRIODIQUES.

§ 257. Parmi les étoiles à éclats périodiques on n'en connaît que deux dont la durée des périodes est de trois jours environ et toutes les deux restent continuellement visibles à l'œil nu. Ces étoiles sont :

NOMS DES ÉTOILES.	ASCENSION.	DÉCLINAISON.	PÉRIODE.	GRANDEUR.
β de Persée ou Algol.	2^h 50^m 41^s	40° 27′,2	2j,86727	2,5 à 4
λ du Taureau.	3 53 35	12 7 ,2	3 ,952	4 à 4,5

La plus grande amplitude entre les grandeurs 2,5 et 4 indique que dans le voisinage de la Terre passe le prolongement du plan de l'orbite d'Algol, et cependant la teinte rouge y manque, tandis qu'elle existe à λ du Taureau dont l'amplitude est inférieure mais la durée de révolution supérieure. Dans les détails d'Algol sont représentés ceux de toutes les étoiles monodoryphores qui pourront être découvertes dans l'avenir. Cependant leur nombre ν sera toujours le dixième environ du nombre N des étoiles monoplanètes, et cela parce que la durée t des monodoryphores est dix fois environ inférieure à celle T des étoiles monoplanètes.

§ 258. **Détails d'Algol.** Les éclats se succèdent d'une manière permanente et invariable; les éclats extrêmes ne varient point et l'amplitude persiste, de même que tous les détails qui existent pour les étoiles monoplanètes. Il n'y a que la durée t des périodes qui croît pour devenir $t+\kappa$ et décroît ensuite pour revenir à sa limite précédente t. Ces accroissements et décroissements des durées s'opèrent en une durée T, laquelle correspond à celle de la circulation de la planète invisible autour de laquelle circule le doryphore visible. Tous les détails observés, sans aucune exception, trouvent ici leur explication d'après laquelle chacun pourra rendre justice aux utiles travaux des savants qui ont exposé si fidèlement les détails observés avec une persévérance admirable; ces travaux, qui n'avaient pu être jusqu'à présent soumis au contrôle, n'avaient pas été appréciés selon leur mérite.

Il y a deux séries différentes de faits : 1° l'une d'elles a son origine dans les mouvements du doryphore autour de sa planète, et 2° l'autre a son origine dans l'état physiologique de l'œil auquel arrivent les atomes de lumière pour se combiner avec les équivalents de l'électricité du nerf et produire des combinés photo-électriques qui sont les sentiments. Depuis l'arrivée des atomes de lumière au nerf jusqu'à la termination de leur combinaison avec les équivalents de l'électricité, il s'écoule une durée de trois quarts de seconde, comme cela est établi pour les expériences exposées dans la *Phys.*, t. II, p. 533.

Parmi les corps célestes, 1° les soleils lipoplanètes sont presque immobiles pour nous, 2° les planètes lumineuses sont vues avec leur mouvement orbiculaire et les satellites sont vus avec ce mouvement des planètes multiplié par celui du mouvement orbiculaire des satellites. Lorsqu'il arrive à l'œil une quantité **q** de rayons émergeant d'une surface S invariable de l'enveloppe, il n'y a aucun changement d'éclats. Les corps célestes étant *tous* de forme ovalaire, il n'est possible de recevoir constamment la même quantité de rayons que par les soleils et par les planètes ou leurs satellites dont l'axe de l'orbite passe par la Terre. Quand une surface lumineuse s, de diamètre **d** égal à celui d'une planète, est en repos, elle paraît de sa grandeur naturelle, mais si elle est en mouvement elle paraît avec une étendue ayant pour largeur **d** et pour longueur celle l environ que parcourt le corps en 1″, durée nécessaire pour la combinaison des atomes de lumière avec les équivalents de l'électricité et la production du combiné photo-électrique qui est le sentiment.

I. **Des éclats variables d'Algol.** Le diamètre d d'un satellite est 4 à 10 fois inférieur à celui de sa planète, tandis que la longueur **L** parcourue en 1″ par un satellite d'une planète est toujours plusieurs fois supérieure à celle l parcourue par une autre planète. Les rayons q émergeant de la surface $s \pm \alpha$ d'Algol occupent une bande de surface $(s \pm \alpha)\mathbf{L}$; d'un Hermès comme R de la Vierge émergent les rayons **q** de la surface supérieure $\mathbf{s} \pm \alpha'$, mais ils occupent une phototénie de surface $(\mathbf{s} \pm \alpha')l$ de longueur inférieure.

1° Les maxima de 6°,5 grandeur correspondent au produit des rayons **q** par la phototénie $(\mathbf{s} + \alpha')l$ qui est $\mathbf{q}(\mathbf{s} + \alpha')l$ de R de la Vierge, 2° les maxima de 2°,5 grandeur d'Algol sont le produit $q(s + \alpha)\mathbf{L}$ des rayons q par la phototénie $(s + \alpha)\mathbf{L}$. Les minima $\mathbf{q}(\mathbf{s} - \alpha)l$ de R de la Vierge résultent du produit des rayons **q** par la phototénie $(\mathbf{s} - \alpha)l$, et ceux d'Algol correspondent au produit $q'(s - \alpha')\mathbf{L}$ de la phototénie $(s - \alpha)$L par les rayons q'. L'amplitude **a** entre la 6° et la 14° grandeur a pour valeur la différence $\mathbf{q}(\mathbf{s} + \alpha')l - \mathbf{q}(\mathbf{s} - \alpha')l = 2\alpha' l\mathbf{q}$, tandis que celle a entre la 2°,5 et la 4° grandeur a pour valeur la différence $q(s + \alpha)\mathbf{L} - q(s - \alpha)\mathbf{L} = 2\alpha\mathbf{L}q$; on trouve ainsi $\mathbf{a} : a = \alpha' l\mathbf{q} : \alpha\mathbf{L}q$.

On acquiert ainsi la preuve que les amplitudes correspondent aux différences $\mathbf{q}(\mathbf{s} + \alpha') - (\mathbf{s} - \alpha')\mathbf{q} = 2\alpha'\mathbf{q}$ et $(s + \alpha)q - (s - \alpha)q = 2\alpha q$ des produits des rayons provenant des surfaces de l'enveloppe; elles sont grandes chez les monoplanètes parce que leur hémisphère **H** soulevé est d'une surface 10 à 20 fois plus grande que celle de l'hémisphère h déprimé; tandis que la surface $s + \alpha$ de l'hémisphère soulevé des satellites n'est que 4 à 6 fois supérieure à celle $s - \alpha$ de l'hémisphère déprimé. Ce rapport entre les deux hémisphères des satellites s'est conservé invariable chez les satellites de notre système planétaire ; le rapport obtenu pour les durées des éclats de ces satellites ne paraît pas être différent de celui des éclats des doryphores.

II. **Durées des différents éclats.** La durée de la période est subdivisée, suivant les éclats, de la manière suivante :

18 minutes, durée du minimum d'éclat ;

4 heures, durée du passage du minimum au grand éclat ;

$2^j\ 12^h\ 3^m\ 58^s$, durée du grand éclat ;

4 heures, durée du passage du grand éclat à son minimum.

Le rapport entre la somme $8^h\ 18^m$ et 60^h correspond à celui entre les surfaces $s+\alpha$ et $s-\alpha$, de sorte qu'on a approximativement

$$60:8=\Phi:\varphi=(s+\alpha)L:(s-\alpha)L.$$

Le rapport 60 : 8 n'est pas celui entre le soulèvement des deux hémisphères **H**, h', mais il exprime le rapport entre leurs carrés, lesquels correspondent aux surfaces **s**, s' et aux quantités des rayons **q**, q'.

III. **Variation des durées des périodes.** Il résulte des observations et des calculs d'Argelander, de Heis et de Schmidt, que la durée de la période d'Algol est actuellement de trois quarts de seconde moins longue qu'il y a quatre-vingts ans, et que cette diminution n'est pas uniformément progressive. Au moyen de cette diminution des durées des périodes sont directement démontrés les déplacements de la planète d'Algol, laquelle entraîne Algol avec elle en approchant de sa conjonction inférieure ; en même temps la planète et son satellite s'approchent de la Terre : ce rapprochement est donc la cause de la diminution de l'espace que doit parcourir la lumière pour arriver à la Terre.

Si, il y a quatre-vingts ans, la durée des périodes était

de trois quarts de seconde plus grande, la planète parcourait pendant 2'864 un espace dans une direction dont le rapport avec la Terre est inconnu. Depuis cette époque la planète en parcourant son orbite s'approche de la Terre. Pour que la durée de chaque période devienne inférieure de trois quarts de seconde, il faut en cet espace de temps que la planète s'approche de la Terre de 57,000 lieues ; soit 640 lieues par heure, ou 700 mètres par seconde en ligne droite vers la Terre, mais le mouvement réel s'opère avec une vitesse supérieure dans l'orbite. Ainsi la diminution non uniforme des périodes sert à déterminer quelles parties de son orbite parcourt la planète invisible, et plus tard on arrivera à déterminer la durée de sa révolution, et l'on connaîtra par suite le nom de la planète invisible. Les 700 mètres parcourus par seconde diffèrent peu de ceux que la Terre parcourt par seconde dans son orbite.

La vitesse des satellites étant beaucoup supérieure à celle de sa planète, la longueur de sa bande lumineuse B est proportionnelle à sa vitesse. Ainsi ont pu se trouver liés comme causes et effets tous les détails observés pour Algol.

IV. Parmi les étoiles à éclats périodiques Algol termine sa période en une durée plus courte que toutes les autres, et Algol est la seule étoile chez laquelle manque la couleur rouge. Les astronomes n'ont pas manqué d'y reconnaître une liaison physique ; cependant ils se sont arrêtés au moment même où ils étaient dans la voie qui les conduisait à la cause véritable et commune de ces deux faits. La courte durée des périodes était déjà reconnue comme correspondante à celle de la révolution de l'étoile ; pour expliquer la disparition de la couleur rouge, à cause de cette courte durée il n'est autre moyen que d'admettre le mélange des rayons du rouge avec les six autres espèces de rayons complémentaires, lesquels ne doivent pas manquer.

L'explication commencée par les astronomes est donc ici

terminée en employant des faits qui ne leur étaient pas inconnus, faits qui sont en liaison directe avec l'origine non-seulement de la couleur rouge, mais de même avec l'origine commune de sept couleurs du spectre produites de la lumière incolore de la masse brûlante pendant son passage à travers l'enveloppe de glace de forme ovalaire; forme qui peut être considérée comme un assemblage des prismes annulaires. (*Phys.*, Arc-en-ciel, t. II, p. 658.)

Si les rayons des couleurs complémentaires du rouge manquaient, il serait absolument impossible que le rouge d'Algol se perdît, à cause de la vitesse supérieure de son mouvement orbiculaire; ce rouge persiste dans toutes les étoiles périodiques, et ne manquerait pas non plus chez Algol si sa révolution était moins rapide.

V. DES ÉTOILES A ÉCLATS PÉRIODIQUES COMPOSÉES DE DEUX PLANÈTES OU DE DEUX A QUATRE DORYPHORES.

§ 259. Tout ce que j'expose ici en arrangeant les faits obtenus par les observations, chacun le ferait en suivant la règle découverte. Dans les ouvrages futurs sur la physique céleste, les auteurs seront dispensés de répéter les séries de faits obtenus des étoiles variables simples ou étoiles contenant deux ou plusieurs planètes ou satellites. Pour des lecteurs non astronomes il est superflu d'exposer les détails et même de les répéter dans chacune de leurs modifications. Mais ce sont les astronomes actuels, qui pressentent et craignent un changement total, non pas dans les faits qui sont tous véritables, mais dans leurs arrangements imposés par la loi physique et par la loi physiologique, lois qui ne sont pas subordonnées à des raisonnements, mais qui, au contraire, commandent aux raisonnements.

Après avoir exposé tous les détails des accroissements et des décroissements des éclats qui résultent de la forme ovalaire d'une planète ou d'un doryphore qui circule autour de son corps central sans avoir de rotation autour de son axe (*), rien n'est plus simple que de trouver quelques étoiles où sont deux planètes, et d'autres où il y a deux, trois ou quatre satellites. Les étoiles à deux planètes circuleront comme circulent Mercure et Vénus; les étoiles à deux, trois ou quatre satellites circuleront comme les deux, les trois ou les quatre satellites de Jupiter, d'Uranus ou les quatre satellites inférieurs de Saturne.

La physique céleste embrasse tous les faits obtenus par les observations et détermine leur arrangement; le nombre des faits est indéfini; ils ont servi à découvrir la loi de leur production, il en manque plusieurs, et d'autres sont trop nombreux. Cet état résulte de ce que les observateurs n'avaient aucun point pour s'orienter, ils ne faisaient qu'enregistrer tous les faits observés. Les variations des éclats produits de deux planètes ou de deux satellites présentent des détails nombreux, lesquels correspondent aux circulations connues; de sorte qu'on parvient facilement à prédire toutes les anomalies d'éclats que peut présenter une étoile variable, et cela avec une exactitude mathématique. Argelander en a déjà fait l'essai, mais il n'a pas bien réussi, parce qu'il ignorait que *o* de la Baleine est une diplanète.

A. Étoiles hermaphrodites a éclats périodiques.

§ 260. Dans ces étoiles l'observation détermine 1° la durée des périodes, et 2° le mode de la succession des éclats, laquelle diffère en chaque période.

Pour déterminer la durée on ne part pas d'une certaine grandeur de l'étoile, mais toujours de l'époque *e* de la *trope*

(*) Plusieurs ont prétendu prouver que les satellites ont une rotation, et que leur mouvement n'offre aucune différence physique avec celui des planètes; mais tous leurs raisonnements ne sont que de purs sophismes, et certes ce n'est pas cela qui contribuera à faire avancer la science.

ascendante ou de celle *e'* de la *trope descendante*. Si l'étoile reste visible à l'époque où s'opère la trope ascendante, on obtient une durée totale jusqu'à la trope homonyme suivante; car l'intervalle n'est pas égal entre les époques *e*, *e'* des deux tropes, ce n'est pas l'époque *e* de la trope ascendante qui varie, mais c'est toujours l'époque *e'* de la trope descendante; de sorte que deux tropes descendantes ne sont presque jamais, dans les étoiles hermaphrodites, séparées par d'égales durées. Si donc l'étoile devient invisible à l'époque *e* de sa trope ascendante on est forcé de déterminer la durée des périodes par la trope de l'époque inconstante *e*, en ces cas on prend la moyenne d'un grand nombre des durées observées; jusqu'ici toutes les observations se bornaient à déterminer plus ou moins exactement les durées des périodes.

Pour les successions des éclats, on ne peut tenir compte de celles de chaque période qui diffèrent toujours habituellement ; on observe les durées de chaque degré d'accroissement jusqu'à l'époque de la trope du décroissement, et l'on fait la comparaison des durées des accroissements avec celles des décroissements en prenant pour point de départ les grandeurs égales d'éclats.

Par un miracle de persévérance, Argelander est parvenu à établir que les variations des éclats de l'étoile *o* de la Baleine se répètent après quatre-vingt-huit périodes ou environ tous les 82 ans. Si ce même astronome s'était rappelé que les positions entre Vénus et Mercure se répètent également après quatre-vingt-huit révolutions de Vénus, il n'aurait pas manqué de reconnaître d'abord pour cause des durées des périodes celle de la révolution d'une Aphrodite lumineuse, et pour cause des variations des éclats l'existence d'un Hermès, mais pour cela il eût fallu qu'Argelander pût se dépouiller du préjugé qui lui faisait admettre une forme sphérique ou un aplatissement, et reconnaît comme forme générale la forme ovalaire. La découverte d'Argelander fera époque dans la physique céleste, car grâce à elle, aucun astronome n'aurait plus de raison pour s'attacher aux hypothèses admises provisoirement pour expliquer non pas l'ensemble des faits comme cela s'opère ici, mais seulement quelques faits particuliers, et encore très-imparfaitement.

Mode de la production des éclats observés. Argelander a dû comparer les variations des éclats séculaires de *o* de la Baleine, pour en déduire la répétition après l'écoulement de chaque 88 périodes; ici, il n'est pas nécessaire d'être guidé par les faits que fournissent les observations, car étant connu que les durées des périodes sont celles des révolutions des planètes homonymes à celles de Mercure et de Vénus de notre système, sachant approximativement la durée T de la période d'Aphrodite, on en tire le nom de la planète; si elle est une Aphrodite, son Hermès ne peut pas manquer; si T est la durée de la période des éclats, T est aussi la durée de la révolution d'Aphrodite, et celle de son Hermès est $T' = \frac{88}{224} T$.

Les deux planètes sont lumineuses et de forme ovalaire, sans tourner autour de leur axe, sans être de même que le sont les planètes leurs homonymes de notre système. Suivant la loi physiologique, à cause de leur unique mouvement orbiculaire, nous ne recevons pas les rayons seulement du disque des planètes, mais d'une longueur *l* qu'elles parcourent en 1″. Il y a donc une phototénie optique *α* du disque d'Aphrodite, et une autre *ε* du disque d'Hermès; de sorte qu'au lieu de deux disques, ce sont deux bandes lumineuses qui composent l'étoile.

Soit O (fig. 37) une Aphrodite et *o* un Hermès qui circulent autour de leur soleil C dans le sens des flèches. Pour terminer leur révolution; il faut pour Aphrodite la durée de 224 T, et pour Hermès celle de 88 T (*). Les planètes étant

(*) Je néglige ici les fractions connues, lesquelles doivent entrer dans le calcul lorsqu'on en veut obtenir des résultats correspondants à ceux obtenus par les observations.

dans leur conjonction supérieure S, il en arrive à la Terre les rayons QS de la phototénie α et les rayon Q'S de la phototénie ϵ; étant en conjonction inférieure S'', il arrive à la Terre les quantités de rayons q de la phototénie α' et q' de la phototénie ϵ'. Chacune de ces deux positions simultanées des deux planètes ne revient qu'après 88 révolutions d'Aphrodite.

Dans notre système, les positions de Vénus et de Mercure sont mesurées par des distances angulaires; dans les systèmes de planètes lumineuses, ces positions doivent être déterminées par les quantités de rayons correspondant aux phototénies α, ϵ, α', ϵ'. D'Aphrodite il arrive à la quantité Q ou q de rayons en chaque époque de deux tropes; d'Hermès il arrive la quantité Q' ou q' de rayon aux époques e, e' de chacune des deux tropes; les éclats varient à cause du manque de coïncidence des époques des tropes d'une planète avec celle des tropes de l'autre.

L'œil reçoit de l'étoile la somme de rayons $(q + Q) + (q' + Q')$; les quantités variables Q', Q sont nulles aux époques de la conjonction inférieure et deviennent $Q' = Q - q$, $Q' = Q - q'$ à l'époque de la conjonction supérieure. Dans les observations des périodes d'Aphrodite, il ne peut être habituellement obtenu qu'à l'époque de la trope descendante, car les étoiles sont rarement visibles en quelques-unes de leurs tropes ascendantes.

Pour obtenir une trope d'éclat de la somme $(q + Q') + (q' + Q')$, il y a une infinité de moyens; il n'y a que l'éclat du minimum absolu $q + q'$ ou celui du maximum absolu $Q + Q'$ qui sont obtenus d'un seul moyen. Le minimum absolu résulte de la coïncidence des deux phototénies α' et ϵ' dans la conjonction inférieure S'', tandis que pour le maximum il faut que les deux phototénies α et ϵ soient séparées par un intervalle, pour ainsi dire, imperceptible, et en même temps la somme des rayons doit être $Q + Q'$. Il faut donc que les deux planètes soient à la fois dans le voisinage de la conjonction supérieure S pour qu'il en résulte un maximum d'éclat absolu.

Telle est la cause physique des durées inégales qui séparent les maxima d'éclat ou les époques des tropes descendantes consécutives. Dans l'avenir, après avoir exposé, dans les positions de Vénus et de Mercure, celles d'Aphrodite et d'Hermès de *o* de la Baleine, pour prédire toutes les variations d'éclats, les astronomes détermineront les positions des deux planètes composant toutes les autres étoiles hermaphrodites contenues dans le tableau suivant :

Tableau des étoiles hermaphrodite et des périodes de leur éclat.

ÉTOILES HERMAPHRODITES.	ASCENSION.	DÉCLINAISON.	PÉRIODES.	GRANDEUR.
O de la Baleine. . . .	2^h 12^m 10^s	− 3° 33′,0	331j,336	2 à 12 <
R des Poissons.	1 23 56	+ 2 12 ,1	343	7 13
R du Taureau.	4 21 11	9 52 ,4	327	8 13,5 <
S du Taureau.	4 22 5	9 39 ,4	375	10 13 <
R d'Orion.	4 48 7	7 56 ,0	378	9 12,5 <
R des Gémeaux. . . .	6 50 32	22 54 ,2	370	7,0 11
R du petit Chien. . . .	7 1 32	10 13 ,2	367 ±	6,8 12
S du petit Chien. . . .	7 25 39	8 35 ,8	335	8,5 11
S des Gémeaux. . . .	7 35 14	23 45 ,7	294,07	9,2 13,5 <
T des Gémeaux. . . .	7 41 29	24 3 ,6	284,64	9,5 13,5
R du Cancer.	8 9 29	12 5 ,2	357	6 10 <
U du Cancer.	8 28 19	19 21 ,0	306	9 13,5 <
T de l'Hydre.	8 49 20	− 8 32 ,9	292 ou 320	6,5 10,5
T du Cancer.	8 49 25	+ 20 20 ,8	455 ±	9,5 12
R du Lion.	9 40 36	12 1 ,9	312,57	5 11,5
R de la Grande Ourse.	10 35 25	69 27 ,5	301,9	7 13
R de la Chevelure. . .	11 57 34	19 30 ,7	[illegible] ±	8 13 <
T de la Vierge.	12 7 56	− 5 18 ,3	337	8 13 <
R (U) de l'Hydre. . . .	13 22 36	− 22 36 ,4	449,5	4 10 < (¹)
S de la Vierge.	13 26 13	− 6 31 ,1	380,11	6 11
S du Serpent.	15 15 35	+ 14 46 ,8	359	8 10 <
R de la Couronne. . .	15 43 13	28 33 ,4	350	6.2 13 <
R du Serpent.	15 44 43	15 32 ,1	352	6,5 10 <
R d'Hercule.	16 0 4	18 43 ,3	310	8,5 13.5
R de la Balance. . . .	15 46 13	− 15 50 ,8	722	9 13.5 <
R du Scorpion.	16 9 54	− 22 38 ,6	648	9 14 <
S du Scorpion.	16 9 55	− 22 34 ,6	364	9 13 <
S d'Hercule.	16 45 59	+ 15 9 ,9	305	7,5 12,5
R d'Ophiuchus.	17 0 18	− 15 54 ,9	304,6	8 13,5 <
T du Serpent.	18 22 28	+ 6 12 ,3	310	10,5 14 <
R de l'Aigle.	19 0 7	8 1 ,9	351,5	6,5 ?
R du Sagittaire. . . .	19 9 3	− 19 32 ,0	405	8 13 <
R du Cygne.	19 33 20	+ 49 54 ,5	416,72	8 14 <

(1) Le signe < indique que la diminution de l'éclat avance plus loin.

Suite du tableau des étoiles hermaphrodites.

ÉTOILES HERMAPHRODITES.	ASCENSION.	DÉCLINAISON.	PÉRIODE.	GRANDEUR.
χ du Cygne.	19h 45m 13s	32° 34′,5	400,06	5 à 13 <
S du Cygne.	20 2 46	57 30 ,7	324	9 13 <
R du Delphin.	20 37 6	16 37 ,1	284	8 11
U du Capricorne. . . .	20 40 56	-15 25 ,8	420	11 13,5 <
T du Capricorne. . . .	21 14 46	-15 42 ,5	274	9 14 <
S de Céphée.	21 36 43	+78 2 ,7	470	8 11,12
R de Pégase.	23 0 7	9 49 ,1	378	8,5 13,5 <
R du Verseau.	23 37 46	-15 59 ,7	351 ou 388,5	7 10 <
R de Cassiopée. . . .	23 51 49	+50 39 ,6	431,81	6 14 <

Observation sur les éclats des étoiles hermaphrodites. Dans ce tableau sont contenues celles des étoiles variables dont la durée de la période est inférieure à deux ans et supérieure à 274 jours, périodes correspondant aux durées de révolution des planètes Aphrodites, lesquelles sont toutes séparées de leur soleil par une distance plus grande que celle qui sépare Vénus du Soleil. La disparition de ces étoiles diplanètes ne résulte pas d'un plus grand éloignement, mais de la somme $q+q'$ des rayons émergeant de leur hémisphère déprimé.

Les amplitudes sont grandes, mais variables; la plus grande est celle de o de la Baleine, dont la teinte rouge surpasse en intensité celle de toutes les autres étoiles du tableau. Ces deux faits, de nature différente, résultent ensemble du prolongement du plan de l'orbite de l'étoile qui passe sur la Terre ou dans son voisinage, cas tout particulier, dont résultent les éclats de 2e à 4e grandeur pendant les époques de la trope descendante, éclats qui font croître l'amplitude pour surpasser celles de toutes les autres étoiles qui deviennent invisibles dans leur minimum.

S'il y a un grand éloignement entre les plans orbiculaires des planètes lumineuses et la Terre, l'amplitude est petite, à cause de la diminution de la somme $Q+Q'$ de rayons et à cause de l'augmentation de la petite somme $q+q'$. En prenant en considération tous ces détails, on trouvera que toutes les étoiles du tableau se trouvent séparées de la Terre par des distances linéaires 2δ peu différentes entre elles : ces étoiles occupent une même strate dans l'espace.

Dans l'hémisphère céleste inférieur comprenant l'espace entre 0^h et 12^h sont 17 étoiles hermaphrodites, et dans l'autre hémisphère, il y en a 26; de même que les étoiles nouvelles, les nébuleuses planétaires et les étoiles Hermès, ainsi que les hermaphrodites, sont en quantité supérieure du côté de la hauteur de l'espace stellaire. Comme exemple des règles exposées, nous donnerons les séries de faits suivants :

1. *Description du mode de la production des éclats de χ du Cygne.*

En 1687, Kirch découvrit cette étoile et l'on ne cessa pas de l'observer ; les durées de ses périodes, comptées à partir de l'époque e' de la trope descendante, diffèrent quelquefois jusqu'à 40 jours. T étant la durée véritable de la période, $T \pm \mu$ représente les durées que fournit l'observation entre deux maxima consécutifs.

Pour les périodes observées, Kirch trouva la durée de $406^j,06 = T + \mu$, et en 1864, Schmidt trouva à Athènes la durée de $416^j,5 = T \pm \mu$.

A son maximum ou dans sa trope descendante, l'étoile atteint rarement la 5ᵉ ou la 4ᵉ grandeur ; habituellement, elle est plus faible à cette époque ; il arrive même que la trope a lieu à la 6ᵉ grandeur. Les tropes de 4ᵉ grandeur s'opèrent dans les cas où Aphrodite et Hermès se trouvent dans le voisinage de la conjonction supérieure ; en cas pareils, 1° Aphrodite peut se trouver comprise encore en son avancement vers la conjonction S lorsque Hermès l'a déjà dépassée, ou 2° Hermès peut avancer vers le point S et Aphrodite en être au delà. Dans un cas, la durée observée est environ de 406, et dans l'autre, elle est environ de 416.

Les tropes de 6e grandeur arrivent lorsque les deux planètes sont en conjonctions hétéronymes, de sorte qu'il arrive à l'œil la somme $Q + q'$ de rayons; en cas pareils, la quantité q' des rayons est insignifiante, et la grandeur observée est un effet direct des rayons Q de l'hémisphère soulevé d'Aphrodite. On connaît par là la supériorité de dimension d'Aphrodite sur celle d'Hermès, parce que, parmi les 17 Hermès, il n'en est aucun visible à l'œil nu à l'époque de sa trope descendante.

En combinant les résultats d'un certain nombre d'observations, Olbers trouva qu'il faut 39 jours pour que l'étoile de 9e grandeur monte à la trope descendante, et 73 jours pour redescendre, après la trope, à la même 9e grandeur. Dans d'autres cas, c'est le contraire qui arrive.

Pour que la durée $d - \delta$ antécédente de la trope soit courte, celle-ci doit avoir lieu avant l'arrivée d'Aphrodite à la conjonction S; pour que la durée $d + \delta$ antécédente soit longue, il faut qu'Aphrodite soit au delà de la conjonction à l'époque de la trope. Si la durée antécédente est $d - \delta$, l'étoile obtient une grandeur par la phototénie d'Hermès avançant vers le point S de la conjonction. Il faut donc $\frac{79 - 39}{2} = 10$ jours à Aphrodite pour arriver à ce point S, et il lui faut ensuite 49 jours pour s'en éloigner et acquérir la 9e grandeur. Pendant les 79 jours, Hermès parcourt presque les trois quarts de son orbite.

En 1861, Heis observa pour cette étoile une durée T des accroissements de l'éclat jusqu'à la trope descendante, et $\frac{4}{7}$T pour la durée du décroissement. Il est étonnant que, devant des faits si nombreux, les astronomes ne soient pas parvenus à reconnaître l'existence de deux étoiles dans chaque étoile variable des périodes irrégulières par rapport à la succession des éclats.

Pour que la durée soit après la trope moins grande qu'auparavant, il faut qu'Aphrodite se trouve au delà de la conjonction S en M lorsque Hermès est en cette conjonction. La superposition des phototénies affaiblit l'éclat; après cette superposition, la somme $Q + q$ des rayons diminue; ainsi la 9ᵉ grandeur est atteinte après la trope en une durée T inférieure à celle $T + T'$ écoulée précédemment pour monter de la 9ᵉ grandeur à la trope; les cas pareils sont rares.

2° Du mode de la production des éclats périodiques de o de la Baleine.

Il n'y a au ciel aucune étoile qui attire autant l'attention des astronomes depuis plus de deux siècles comme le fait *o* de la Baleine nommée aussi *Mira ceti*. La dernière observation faite à Athènes par Schmidt donna pour minimum une grandeur comparable à celle de la petite étoile voisine invariable de 10ᵉ grandeur. C'est un cas rare que l'étoile reste visible pendant toute sa période; il apparaît ainsi une diminution d'amplitude; car, pour que l'étoile reste visible lorsque Aphrodite est en conjonction inférieure, il faut qu'elle ait son Hermès dans le voisinage de sa conjonction supérieure; tels sont les cas exceptionnels qui serviront à connaître les positions des deux planètes, pour prédire dans l'avenir les éclats qui doivent apparaître.

Cette étoile fut découverte par David Fabricius en 1596, le 13 avril, mais il ne put plus la retrouver ensuite. Il est vrai qu'alors on n'avait pas encore d'exemple d'étoiles à éclats périodiques, et il crut que l'étoile avait disparu réellement.

C'est en 1638 que Holwarda, à Franeker, revit l'étoile et remarqua les variations d'éclat; la durée des périodes a été obtenue avec une exactitude qui ne se rencontre pas chez les étoiles périodiques découvertes pendant le siècle actuel. Pour saisir tous les détails de l'étoile, j'expose ici les faits obtenus par les observations de Bouillard et d'Herschel; car, très-exacts et nombreux, ils trouvent tous ici leur explication prouvée au moyen de leur production.

Bouillard reconnut :

1° Que l'étoile se maintient dans la plus grande clarté pendant 15 jours;

2° Qu'après la disparition de l'étoile, le moment où elle commence à atteindre la 6ᵉ grandeur, est celui de sa plus rapide variation d'intensité;

3° Que l'étoile n'arrive pas aux mêmes grandeurs dans toutes ses périodes, qu'elle va quelquefois jusqu'à la 2ᵉ grandeur et que le plus souvent elle s'arrête à la 3ᵉ;

4° Que, dans certaines années, on a vu l'étoile pendant trois mois consécutifs, et dans d'autres années pendant plus de quatre mois.

5° Que le temps de la période ascendante de la lumière n'est pas toujours égal au temps de la période descendante; que l'étoile emploie à aller de la 6ᵉ grandeur à son maximum d'intensité tantôt plus et tantôt moins de temps que pour revenir, en s'affaiblissant, de ce maximum à la 6ᵉ grandeur.

Ce curieux phénomène excita l'attention d'Herschel qui obtint les résultats suivants indiqués avec la plus grande exactitude pour les éclats extrêmes des maxima, des minima et des durées des éclats.

a. Maxima.

En octobre 1779 l'étoile atteignit presque la première grandeur (elle surpassait α du Bélier et n'était que de peu inférieure à Aldebaran).

En 1780 l'étoile ne s'éleva pas au-dessus de la 3ᵉ grandeur (son intensité égalait celle de δ de la Baleine).

En 1781, éclat un peu inférieur à celui de 1780 (restée toujours plus faible que δ de la Baleine).

En 1782, dans son maximum, l'étoile monta jusqu'à la 2ᵉ grandeur (aussi brillante que δ de la Baleine).

En 1783, pas tout à fait de 3ᵉ grandeur (moins brillante que δ de la Baleine).

En 1789, de 3ᵉ à 2ᵉ grandeur (un tant soit peu plus vive que α du Bélier).

En 1790, de 2ᵉ à 3ᵉ grandeur (presque égale à α de la Baleine).

b. Minima.

Le 20 octobre 1777, invisible.

En 1783, invisible même avec un télescope qui montrait les étoiles de 10ᵉ grandeur.

En 1784 il l'observa à une époque où elle ne surpassait pas la 8ᵉ grandeur.

c. Durée des éclats.

En 1779, un mois entier.

En 1782, plus de vingt jours.

d. Durée de la période.

Il résulte du tableau précédent que l'étoile ne revient pas toujours au même éclat ; ainsi il était impossible de fixer une époque de départ entre deux ou plusieurs périodes consécutives, par exemple, entre 1779 et 1782. La question resta insoluble pour les astronomes jusqu'à Argelander; cet astronome présenta les périodes sous un jour entièrement nouveau; il montra que la durée de la période est de 331 jours 15 heures 7 minutes, mais que cette durée est assujettie à une variation embrassant 88 de ses périodes. Cette variation aurait pour effet de faire augmenter ou de diminuer alternativement de 25 jours les retours successifs de l'étoile au maximum d'éclat, lequel n'est pas le même pour chaque période.

e. Durée de l'éclat ascendant et de l'éclat descendant.

Habituellement l'étoile, devenue visible à l'œil nu, lorsqu'elle atteint la 6ᵉ grandeur, met 40 jours pour monter à son maximum, tandis qu'elle met 66 jours pour descendre à la 6e grandeur. Mais en 1840 elle a mis 61 jours pour monter de la 6e grandeur au maximum et 50 jours pour descendre à la 6e grandeur. Ni les observations d'Argelander ne correspondent exactement par rapport aux nombres des jours, ni ses éphémérides des successions des éclats.

§ 205. **Mode de la production des faits observés.** Connaissant 1° les facteurs Q, **Q**, q, q' qui indiquent les quantités de lumière émergeant des hémisphères **H**, **H**$'$, h, h' et 2° les phototénies B, **b**; si l'on attribue à Aphrodite une position dans son orbite qui correspond à son âge, partant de son minimum, il est facile d'admettre pour Hermès une position dans son orbite pour correspondre à l'éclat observé, car la position d'Hermès doit correspondre aux durées des éclats observées.

I. **Explication des faits observés par Bouillard.** 1° La durée du maximum de l'éclat varie avec la somme des facteurs $(Q + \mathbf{Q}) - \alpha + (B + \mathbf{B}) - \beta$.

2° L'étoile reste visible à l'œil nu trois à quatre mois, soit environ le tiers de la durée de sa période ; il faut donc qu'elle passe au delà de la quadrature S$'$ et qu'elle soit vers N à l'époque de son apparition. Cette position de la phototénie est la plus favorable pour en rendre visible, chaque jour consécutif, une longueur supérieure en même temps que croît la quantité $Q - \alpha'$ des rayons.

3° Aphrodite étant en sa conjonction supérieure, nous en recevons les rayons Q de la phototénie B ; mais les rayons $\mathbf{Q} - \alpha'$ d'Hermès et de sa phototénie $\mathbf{b} - \beta'$ varient à un tel degré qu'ils sont la cause que l'étoile se montre entre les 2e et 4e grandeurs.

4° L'étoile arrive à la 6e grandeur dans les environs des quadratures S$'$, S$'''$, lorsque Hermès se trouve en chaque point de son orbite.

5° Le même sens de mouvements d'Aphrodite et d'Hermès est la cause physique qui fait que plus fréquemment la durée d, pour passer de la 6e grandeur au maximum, est moins grande que celle $d + d'$ pour passer du maximum à la 6e grandeur. Pendant l'éloignement d'Aphrodite de la conjonction S, ses rayons Q — α diminuent ainsi que sa phototénie B — β; cas qui, en même temps, arrive rarement pour Hermès; pour cette raison l'éclat persiste plus longtemps après l'époque e' de la trope descendante que pendant l'avancement d'Aphrodite vers sa conjonction S, et puis vers la quadrature S‴. L'éclat atteint son maximum un instant avant d'arriver à la conjonction S, et cela à cause d'Hermès qui doit passer toujours deux fois de S′ par S‴ à S″ pendant qu'Aphrodite y passe une seule fois.

§ 266. **Explication des faits observés par Herschel.** 1° *Maxima*. Pour que le maximum particulier d'éclat de 1779 se produisît, il a fallu qu'il arrivât à la Terre les rayons Q + **Q** des phototénies B + **b**′, et cela lorsque Aphrodite était vers sa conjonction et qu'Hermès y avançait.

L'an 1780, Hermès devait occuper une position de 196° en avant de la conjonction S ou de 16° en avant de la conjonction S″, lorsque Aphrodite s'approchait de la conjonction supérieure S.

L'an 1781 Hermès était de 32° plus éloigné d'Aphrodite que l'an 1779; cette position fait venir de son hémisphère soulevé **H** la quantité **Q** — α′ de lumière supérieure à celle q' de 1780, mais la longueur de la phototénie était en 1781 moins grande qu'en 1780.

L'an 1782, Hermès avançait vers la quadrature S′ en s'approchant de la phototénie d'Aphrodite qu'il atteignit même, et c'est ainsi que la 2e grandeur apparut.

L'an 1783 Hermès se trouva de 64° plus éloigné d'Aphrodite qu'en 1779, tandis qu'en 1781 il n'en était éloigné que de 32°.

L'an 1790, Hermès a dû se trouver de 180° + 11 × 16° au delà de la conjonction S où se trouva Aphrodite en 1779 et en 1790. Le calcul donne 4° de différence entre les positions des deux époques; l'éclat de l'étoile était en 1790 égale à α du Bélier, et en 1779 elle lui a été supérieure.

2° *Minima.* En 1777 l'étoile devint invisible; tandis qu'en 1783 elle ne surpassa pas la 8ᵉ grandeur sans cependant que fût indiqué l'éclat précédent ou postérieur. Faisant la comparaison avec les minima arrivés en 1780, 1781, 1782, 1783, Hermès doit s'être trouvé en avant de 16°, 32°, 48°, 64°, plus 4 × 90 ou de 360° + 160°. De sorte que lorsque Aphrodite était en conjonction inférieure, Hermès était en conjonction supérieure, précisément la seule position qui ne fasse pas trop diminuer l'éclat.

3° *Durées des éclats.* Lorsque l'éclat est supérieur, il a une durée longue d'un mois; cette durée est presque de 20 jours lorsque l'éclat est inférieur.

Herschel trouva en 1783 l'étoile visible à l'époque de sa trope ascendante; en 1864, Schmidt la vit à Athènes de 10ᵉ grandeur; à cette époque de la trope, l'intervalle de 80 ans entre ces deux minima visibles ne diffère pas du produit qui résulte de 88 fois la durée de 331ʲ 15ʰ. Je trouve que le ciel d'Athènes, exploré par Schmidt, fournira en peu de temps les éléments qui serviront à déterminer les positions des planètes Hermès et Aphrodite dans toutes les étoiles périodiques hermaphrodites ou diplanètes.

3° *Périodes des éclats de la diplanète R du Lièvre.*

§ 267. Pour passer de la 10ᵉ grandeur au maximum (environ de 7ᵉ grandeur), il faut moins de temps que pour descendre à la même 10ᵉ grandeur; pour arriver au maximum, en passant successivement par la 9ᵉ et la 8ᵉ grandeur, l'éclat met 3ʲ, 13ʲ, 23ʲ; pour descendre du maximum à la 8ᵉ grandeur, l'éclat met 27ʲ; pour passer de la 8ᵉ à la 9ᵉ grandeur, l'éclat met 11ʲ, et pour arriver de la 9ᵉ à la 10ᵉ grandeur, l'éclat met 4ʲ. Ensuite, durant 65, l'étoile devient invisible.

De la durée de la période de 280 jours, il résulte qu'il n'y a pas une très-grande différence entre cette Aphrodite et Vénus : d'après les variations des durées indiquées, on connaît que l'étoile n'est pas un Hermès seul. Les faibles maxima d'éclat correspondent à la médiocre durée de la révolution; durée presque égale à celle de 284 jours de R du Dauphin, dont le maximum d'éclat est presque égal. Cette comparaison fait connaître que les éclats faibles sont réels et qu'ils ne sont pas l'effet d'un éloignement supérieur.

Faisant de même la comparaison entre les diplanètes *o* de la Baleine de 331 jours et χ du Cygne de 406 jours de périodes : toutes deux ont quelquefois un maximum de 4e grandeur, mais de cet éclat connu *o* de la Baleine s'élève à la 2e grandeur, tandis que χ du Cygne s'affaiblit jusqu'à la 6e grandeur. En ce cas aussi, il ne faut pas attribuer l'affaiblissement de l'éclat de la diplanète χ du Cygne à une plus grande distance Δ entre la Terre et χ du Cygne que celle $\Delta - d$ entre la Terre et *o* de la Baleine, car il devient évident, d'après la couleur rouge intense de *o* de la Baleine, que le plan de son orbite prolongé passe presque par la Terre, tandis que la teinte rouge de χ du Cygne étant faible prouve que le plan de son orbite passe loin de la Terre. Ainsi, c'est dans la différence des intensités de la teinte rouge que consiste la preuve de la différence entre les éclats qu'obtiennent les deux étoiles dans leur maximum.

B. ÉTOILES A ÉCLATS PÉRIODIQUES COMPOSÉES DE DEUX OU DE TROIS SATELLITES.

§ 268. Ce qui résulte dans les variations des éclats des diplanètes se produit dans les didoryphores et tridoryphores; la cause en est la symétrie entre les durées T, 2T, 4T des satellites 1er, 2e, 3e de Jupiter, symétrie qui existe aussi entre les durées des révolutions des trois doryphores de Zeus. Après avoir découvert, 1° dans les durées des périodes des éclats des étoiles les durées de leur révolution, et 2° dans les grandeurs des éclats les deux composants, rayons et phototénies, mon occupation se bornera à l'exposition d'un nombre de faits qui en ont quelques rapports, faits qui, obtenus par les observations, sont tous véritables, et d'autant plus qu'ils se sont présentés spontanément sans avoir été cherchés par les observateurs.

§ 269. **Différences entre les diplanètes et les didoryphores de Zeus périodiques.** La périodicité des éclats a toujours son origine, 1° dans la forme ovalaire des corps lumineux, et 2° dans la position des plans de leur orbite par rapport à la Terre. Les différences consistent seulement, 1° dans les durées des périodes ; 2° dans les degrés des éclats ; 3° dans les amplitudes ; 4° dans les durées des intervalles pour passer du minimum d'éclat au maximum et réciproquement ; 5° enfin dans les variations des degrés des éclats extrêmes :

1° De même que les durées des périodes des Aphrodites sont presque entre $\frac{3}{4}\times 224$ et 3×224 jours, 224 jours étant la durée de la révolution de Vénus, de même les durées des périodes des didoryphores sont entre $\frac{3}{4}\times(3^j 13^h)$ et $3(3^j 13^h)$, $3^j 13^h$ étant la durée de la révolution du 2ᵉ satellite de Jupiter.

2° Les composants des éclats sont toujours, 1° les quantités Q, Q' de rayons et les phototénies $\mathbf{b}$, $\mathbf{b}'$ des diplanètes, ou 2° les quantités $\mathbf{q}+\mathbf{q}'$ des rayons et les phototénies B, B' des satellites, de sorte qu'il y a production d'éclat chez les didoryphores supérieurs à ceux des diplanètes ; éclats indiquant la supériorité des phototénies B, B' des satellites sur les quantités des rayons Q, Q' des planètes lumineuses.

3° Les amplitudes ne dépendent pas des phototénies, mais des quantités des rayons, lesquelles sont proportionnelles aux hémisphères H, H', h, h' d'Aphrodite et d'Hermès et aux hémisphères $\mathbf{h}$, $\mathbf{h}'$, h'', h''' des deux doryphores. Les amplitudes des diplanètes sont les différences $(Q+Q')-(q+q')$ et les amplitudes des didoryphores sont les différences $\mathbf{q}+\mathbf{q}'-(q''+q''')$ des rayons. Les éclats extrêmes sont donc beaucoup plus éloignés entre eux chez les diplanètes que chez les didoryphores.

4° Dans les diplanètes, Aphrodite achève une seule révolution, pendant que dans le même temps Hermès parcourt deux fois son orbite, plus 196°, tandis que le deuxième doryphore termine une révolution en même temps que le premier en termine deux; il y a donc régularité des périodes des didoryphores, de même que pour les monoplanètes et les monodoryphores.

5° Aphrodite étant en conjonction, Hermès se trouve en différents points de son orbite en chaque période consécutive, tandis que chez les doryphores une anomalie pareille n'existe pas; car le deuxième satellite étant en conjonction, le premier occupe en chaque période en ce moment le point de son orbite qu'il occupait à cette époque dans la période précédente, et qu'il va occuper encore dans les périodes postérieures.

§ 270. **Différences entre les éclats des périodes des didoryphores et des tridoryphores**. Le 3° satellite termine une seule révolution dans le même laps de temps que le 2° en termine deux et le 1er quatre. Il y a deux périodes d'éclat en chaque révolution du 3° doryphore; l'une de ces périodes, qui est réelle, correspond aux deux doryphores inférieurs, et l'autre correspond au 3° doryphore. Les amplitudes des tridoryphores sont médiocres, de même que celles des didoryphores. Les phototénies multipliées ne produisent pas un accroissement d'éclats, parce que la vitesse du 3° doryphore est inférieure. Dans les tridoryphores, il n'y a qu'une petite diminution des amplitudes. Plus bas, nous prouverons que les polydoryphores ont un éclat supérieur et des amplitudes inférieures à celles des didoryphores. On peut prendre comme exemple les descriptions suivantes de quelques étoiles périodiques didoryphores de Zeus de périodes d'une semaine environ, et des étoiles tridoryphores également de Zeus, de périodes de deux semaines à dix jours.

Tableau des didoryphores et des tridoryphores périodiques.

NOMS DES ÉTOILES.	ASCENSION.	DÉCLINAISON.	PÉRIODES.	GRANDEUR.
ζ des Gémeaux....	6h 50m 21s	20° 45′ ,0	10j,16	3,8 à 4,5
S du Cancer......	8 30 11	19 30 ,1	11j,484 ou 9,48	8 10,5
η de l'Aigle......	19 45 51	0 40 ,4	7j,1763	3,6 4,4
δ de Céphée......	23 24 28	57 45 ,0	5j,3664	3,7 4,8
β de la Lyre......	18 45 15	33 13 ,7	12j,906	3,5 4,5

Observations. Dans ce tableau se distinguent, 1° S du Cancer par sa faible grandeur et par son amplitude supérieure; 2° δ de Céphée à la fois par son éclat inférieur et par son amplitude supérieure. Les trois autres étoiles ont l'éclat supérieur et les amplitudes inférieures. Ces indices et les détails des successions des éclats suffisent pour faire connaître que les deux étoiles sont les doryphores de Chronos, tandis que les trois autres sont doryphores de Zeus. Comme exemples on se servira des détails suivants :

1° *Détails de la succession des éclats du didoryphore η de l'Aigle.*

§ 271. Cette étoile termine sa période en 7 jours 4 heures 13 minutes 30 secondes; cette durée est déterminée en partant de l'époque de la trope ascendante e opérée au moment du passage du doryphore O (fig. 37) par le point S″ de sa conjonction inférieure, lorsque son éclat est à son minimum d'où résulte la grandeur 4,4. Étant connu que le premier doryphore termine deux révolutions en même temps que le deuxième en termine une, il résulte de là qu'il occupe toujours la même position lorsque le deuxième est en conjonction inférieure, de même que lorsque celui-ci est en conjonction supérieure en S et que l'éclat à cette époque e′ est à son maximum. Pendant que le 1er doryphore parcourt sa demi-orbite, le deuxième doit parcourir le quart de la sienne; pour déterminer la position du premier doryphore, on emploie les successions des durées de chacun des éclats, 1° φ pour la position du deuxième doryphore en S″; 2° $\varphi+\alpha$ pour la quadrature S′; 3° $\varphi+\alpha'$ pour la conjonction en S, et 4° $\varphi+\alpha''$ pour la quadrature S‴.

La durée du passage de l'étoile de l'éclat φ à l'éclat $\varphi+\alpha$ est de 31 heures, de même que celle du passage de l'éclat $\varphi+\alpha$ à celui de $\varphi+\alpha'$, de même aussi que celle du passage de cet éclat à celui de $\varphi+\alpha''$, tandis que pour passer de cet éclat $\varphi+\alpha''$ à celui de φ, l'étoile met 80 heures.

Explication par les positions du premier doryphore. 1° Le deuxième doryphore étant pendant les 31 heures dans la partie BB′ de son orbite autour de sa conjonction S″ inférieure, le premier est dans la quadrature S‴, et en 31 heures il arrive à l'autre quadrature S′ après avoir coïncidé avec le deuxième durant un espace de temps très-court; l'éclat de φ est alors faible.

2° Pendant que le deuxième doryphore est autour de la quadrature S′, le premier est on sa conjonction S, et alors l'éclat est $\varphi+\alpha$.

3° Pendant que le deuxième doryphore est en sa conjonction S supérieure, le premier est dans la conjonction inférieure S″ et l'éclat est alors $\varphi+\alpha'$.

4° Pendant que le deuxième doryphore se trouve dans sa quadrature S‴, le premier est autour de la conjonction supérieure; l'éclat est alors $\varphi+\alpha''$.

Faisant la comparaison entre les durées des trois éclats φ, $\varphi+\alpha$, $\varphi+\alpha'$ et celle de l'éclat $\varphi+\alpha''$, on trouve que l'éclat $\varphi+\alpha''$ de 80 heures est exactement la durée nécessaire pour que le deuxième doryphore passe de la conjonction supérieure S aux environs D de la conjonction inférieure S″, en cet espace de temps le premier doryphore parcourt 270° de son orbite et arrive en sa quadrature S‴.

La somme de 92 heures des durées des trois éclats φ, $\varphi+\alpha$, $\varphi+\alpha'$ correspond à la longueur de l'arc de l'orbite DS″S′S,

Cette explication servira d'exemple au lecteur pour déterminer les positions des doryphores par les durées des éclats, de même le cas suivant servira également d'exemple pour déterminer les positions des doryphores par la succession des éclats. En combinant les durées et les degrés des éclats dans leur succession, on parvient à déterminer avec la plus grande exactitude les positions des doryphores.

2° Des périodes des éclats du tridoryphore de Zeus, β de la Lyre.

§ 272. Les périodes des éclats de cette étoile peuvent servir de base pour étudier toutes les variations d'éclats réguliers et irréguliers. Avant de discuter les détails de la succession de ces éclats, je préviens le lecteur que l'étoile est un tridoryphore de Zeus. Pendant la durée de 12j 21h 45m le 3e doryphore achève une révolution, le 2e deux, et le 1er quatre, de même qu'en 7j 3h 42m 33s le 3e satellite de Jupiter achève une révolution, le 2e deux et le 1er quatre.

Argelander découvrit deux maxima et deux minima en chaque période. Dans les deux maxima l'étoile est de 3e à 4e grandeur, mais dans les minima elle est inégale. Dans l'un des minima l'étoile est de 4e à 5e grandeur ; dans l'autre son éclat est celui d'une étoile de 4e à 3e grandeur.

Trois jours après le minimum principal de 4e à 5e grandeur apparaît le premier maximum de 3e à 4e grandeur; trois jours et demi après arrive le deuxième minimum de 4e à 3e grandeur, le deuxième maximum de 3e à 4e grandeur suit trois jours après le précédent minimum.

Le même astronome trouva que la période a eu une augmentation lente depuis l'époque de sa découverte en 1784 jusqu'à l'année 1840, et qu'à partir de cette dernière époque elle paraît avoir éprouvé une légère diminution.

§ 273. **Explication des faits observés.** Les trois satellites de Jupiter ne coïncident jamais; le mouvement angulaire moyen du 1er, plus le double du 3e, est le triple de celui du 2°. En admettant le même rapport entre les mouvements des doryphores de β de la Lyre, dont la planète Zeus est invisible, il ne faut pas attribuer le minimum de 4° à 5° grandeur à une coïncidence des trois doryphores dans la conjonction inférieure S″ (fig. 37).

1° Ce minimum résulte presque de la coïncidence du 3° et du 2° doryphore dans la conjonction inférieure S″, lorsque le 1ᵉʳ est dans les environs de la conjonction supérieure S de 180° plus loin.

2° Pour arriver à sa conjonction supérieure S, le 3° satellite met six jours et demi, alors les 1ᵉʳ s'y trouve aussi; mais le 2° est à ce moment en sa conjonction inférieure en S″. Ce 2° doryphore est donc la cause du deuxième minimum de 4° à 3° grandeur.

3° Trois jours après le minimum de 4° à 5° grandeur, le 3° satellite s'approche de la quadrature S′, le 2° est en S et le 1ᵉʳ y est aussi ; il y a donc un maximum de 3° à 4° grandeur produit trois jours après l'époque du minimum de 4° à 5° grandeur, parce que l'hémisphère soulevé **H** apparaît avant que le 3° doryphore arrive à la quadrature S′ ; pour cette raison celui-ci met 3 jours 1/2 pour arriver à la conjonction S.

4° Le deuxième maximum a lieu lorsque le 3° doryphore se trouve aux environs de la quadrature S‴; les deux autres satellites sont alors presque dans la conjonction S supérieure.

§ 274. **Cause de la périodicité des durées des périodes.** De même que les durées des périodes d'Algol, de même celles de β de la Lyre sont soumises à une autre périodicité, cas qui n'existe que parmi les doryphores qui sont des étoiles à courtes périodes. Une telle périodicité serait même exigée ici après avoir établi que les étoiles pareilles ne sont que les satellites lumineux de planètes couvertes de météores et pour cela invisibles. Ces planètes, en circulant autour de leur soleil, entraînent avec elles leurs satellites; depuis l'époque *e* du minimum d'éclat jusqu'à celle e' du minimum de la période suivante, la planète parcourt en 13 jours un arc α de son orbite dont le plan prolongé passe presque par la Terre.

C'est la longueur de la corde c de l'arc α que les atomes de lumière φ doivent parcourir avant d'arriver au point P, dont sont partis les rayons φ' à l'époque e du minimum précédent. Pour que la corde c soit parcourue par la lumière, il faut un espace de temps t; si les rayons φ' de l'époque e ont mis le temps T pour parcourir la distance D, les rayons φ de l'époque e' doivent mettre la somme de temps $T+t$ pour parcourir la somme de la distance $D+c$. Si la longueur c était connue, on trouverait la durée t; au contraire, cette durée étant trouvée par les observations, on détermine la longueur c.

En admettant une augmentation de 1' de la durée des périodes, il faut que la planète parcoure en 13 jours un arc dont la corde c projetée est d'une longueur de 75,000 lieues. De pareilles périodicités dans les durées des périodes ne peuvent pas avoir lieu pour planètes lumineuses, car elles emploient toujours la même durée T pour terminer leur révolution autour de leur soleil, lequel se déplace dans l'espace, mais ce déplacement s'opère dans le même sens que celui de notre Soleil; la différence de leurs vitesses est trop petite pour être sentie. Il y a chez les planètes des périodicités, mais ce sont des périodicités concernant les éclats qui se répètent après 88 périodes d'Aphrodite et non pas des périodicités des durées des périodes, comme cela a lieu pour les périodes de toutes les étoiles doryphores lumineuses qui circulent autour de leur planète invisible.

3° Tétradoryphore de Chronos, δ de Céphée.

§ 275. Les durées des révolutions des satellites de Saturne ne sont pas liées entre elles par des rapports de t, $2t$, $4t$ comme le sont celles des révolutions de trois satellites de

Jupiter. La durée de 5 jours environ de la période de δ de Céphée ne peut faire connaître si cette étoile est un didoryphore de Zeus ou un tétradoryphore de Chronos; pour cela il faut employer les détails de périodes qui sont les suivantes :

En 1784, Goodricke trouva la durée de. . . .	5^j	8^h	49^m	55^s
En 1817, Westphal trouva la durée de.	5	8	41	17
Vers 1840, Argelander trouva la durée de. . .	5	8	47	39,5
Donc, en 33 ans, on trouve une diminution de. . . .		8	38	
Puis un accroissement de.		6	12,5	

Les variations des éclats en montant et en descendant s'opèrent en durées différentes et variables.

Goodricke trouva que l'étoile met 14 heures 1/2 pour monter de 4ᵉ grandeur au maximum et 42 heures pour descendre à la 4ᵉ grandeur.

Westphal trouva 16 heures pour monter et 24 heures 1/2 pour descendre.

Argelander trouva que l'étoile met 38^h 5^m pour monter, mais son abaissement n'est pas constant, car d'abord il est rapide, puis cet abaissement reste 12 heures imperceptible, et enfin l'abaissement de l'éclat est rapide.

§ 276. **Explication des faits observés.** Suivant la durée des périodes l'étoile peut être un didoryphore d'un Zeus ou un tétradoryphore d'un Chronos. Il n'y a que les anomalies entre les élévations des éclats et leur abaissement qui prouvent que l'étoile n'est pas un didoryphore de Zeus, elle n'est non plus un didoryphore d'Ouranos; il résulte de là qu'elle ne peut être qu'un tétradoryphore de Chronos composé de Dione, Téthys, Encelade et Mimas.

Les durées des périodes sont déterminées par celle de la révolution de Dione, les anomalies des éclats résultent du manque d'exactitude des rapports entre les durées de révolutions.

Soit la durée de la révolution de Mimas.	$m = 0^j$	22^h	36^m	$17^s,06$
Id. d'Encelade. . . .	$e = 1$	8	52	57 ,80
Id. de Téthys.	$t = 1$	21	13	32 ,96
Id. de Dione.	$d = 2$	17	44	51
on a.	$m + t = 2$	19	49	50 ,02
	$2e = 2$	17	45	55 ,60

La double durée de la révolution d'Encelade est donc presque égale à la durée de Dione, et la somme $m + t$ diffère peu des durées de révolutions de Mimas et de Téthys.

En considérant les durées des périodes des éclats comme résultat des révolutions de Dione et d'Encelade, de la différence de 1 minute et $4^s,6$ résulte, pour les 70 révolutions d'un an, une différence de presque autant de minutes, de sorte qu'il faut environ un siècle pour recommencer la même série des positions entre Dione et Encelade.

Par rapport à la durée de la période de Dione avec la somme $m + f = 2^j\ 19^h\ 49^m\ 50^s,02$ des durées des révolutions de Mimas et de Téthys, la différence est de $2^h\ 5^m\ 59^s,02$, différence qui produit une périodicité propre d'une durée d'un an environ.

Les durées différentes et variables entre les accroissements des éclats et leurs décroissements ne sont d'accord qu'en cela que la durée t des accroissements des éclats est presque toujours moindre que celle $t + t'$ de leur décroissement. Toutes les trois observations indiquées offrent des résultats véritables, c'est même par leur désaccord que leur exactitude se manifeste le mieux. Je laisse aux lecteurs et aux observateurs le soin de combiner les résultats obtenus en degrés d'éclats pour en déterminer les positions des quatre doryphores composant l'étoile δ de Céphée, je me borne à indiquer qu'à η de l'Aigle $\varphi + \alpha''$ est la durée de l'éclat précédant l'éclat φ minimum de 80 heures et chacun des autres de 31 heures; ici, suivant Argelander, l'accroissement est de $38^h\ 5^m$ et le décroît de $90^h\ 42^m$; les quatre doryphores sont la cause de la différence observée.

VI. DES ÉTOILES POLYPLANÈTES ET POLYDORYPHORES A ÉCLATS PÉRIODIQUES.

§ 277. Lorsque la séparation de la planète extérieure est possible, les astronomes disent que l'étoile est *double*, et dans les cas où ils parviennent à séparer deux planètes, Poseidon et Chronos (parce qu'Ouranos est petit), ils disent que l'étoile est *triple;* Goldschmidt vit Sirius composé de sept étoiles. C'est par un oubli que les astronomes persistent encore à croire à une différence réelle entre les étoiles variables de périodes anomales et les étoiles doubles; car les éclats varient dans les deux étoiles d'un grand nombre de couples, et il ne faut qu'une longue durée pour déterminer les périodes des éclats et s'assurer qu'il n'existe aucune différence entre les durées de ces périodes et celles de révolutions des planètes qui apparaissent comme étoiles périphériques et en même temps variables.

Les étoiles polydoryphores ne seront jamais séparées en leurs doryphores; elles seront reconnues par les courtes durées de leurs périodes, durées qui vont jusqu'à 196 jours, comme pour α d'Orion. Ces étoiles sont visibles à l'œil nu et se distinguent des autres, 1° par la médiocre amplitude des extrêmes éclats, et 2° par la courte durée de leurs périodes; cette durée varie suivant que les périodes résultent dans le même système, tantôt des quatre satellites inférieurs, tantôt du huitième ou d'un autre. Ces variations des durées sont faciles à distinguer des variations inférieures à 1' provenant de la durée que met la lumière pour parcourir les cordes des arcs que trace la planète invisible pendant chaque révolution de son doryphore.

A. ÉTOILES POLYPLANÈTES A ÉCLAT PÉRIODIQUE.

§ 278. Les durées de périodes inférieures à deux ans indiquent que l'étoile est une diplanète composée d'Hermès et d'Aphrodite; pour cette raison, elles sont télescopiques pendant la plus grande durée de leur période; le plus grand nombre est invisible à l'œil nu; l'amplitude est considérable entre leurs extrêmes éclats. C'est le contraire qui a lieu pour les étoiles contenues dans le tableau suivant, étoiles dont les durées de périodes sont au-dessus de deux ans; elles sont continuellement visibles à l'œil nu, et leurs amplitudes sont médiocres.

Tableau des étoiles polyplanètes à éclats périodiques.

NOMS DES ÉTOILES.	ASCENSION.	DÉCLINAISON.	PÉRIODES.	GRANDEUR.
η d'Argo.	10ʰ 40ᵐ 4ˢ	— 58° 59',1	66 ans.	1 à 4
α de la Grande Ourse. . .	10 55 42	+ 62 27 ,1	plusieurs années.	1,5 2
η de la Grande Ourse. . .	13 42 24	49 57 ,8	*id.*	1,5 2
β de la Petite Ourse. . . .	14 51 6	74 40 ,5	2 ou 3 ans.	2 2,5
κ de la Couronne Australe.	18 24 25	— 38 50 ,2	plusieurs années.	3 6
χ du Cygne.	19 51 26	+ 31 41 ,3	*id.*	4,5 5,5
μ de Céphée.	21 39 31	58 11 ,1	5 ou 6 ans.	4 6

Remarque. Toutes les étoiles, sans exception, des périodes des durées supérieures à deux ans sont visibles à l'œil nu et ont une amplitude médiocre qui varie d'un à trois degrés, sans dépasser cette dernière limite. Sous ces deux rapports, elles ressemblent aux étoiles monodoryphores ou polydoryphores, et ne s'en distinguent que par les durées des périodes. Les étoiles polyplanètes se distinguent des diplanètes par les grandeurs et par les amplitudes. L'étoile R de la Balance a une période de 722 jours; elle n'est pas une triplanète, parce que ces extrêmes grandeurs sont de 9 à 13,5; elle disparaît même quelquefois. Une étoile polyplanète peut être télescopique, mais elle ne peut jamais avoir une aussi grande amplitude. De même que l'étoile R du Scorpion, dont la période a une durée de 648 jours, n'est pas une triplanète, mais un hermaphrodite, car ses extrêmes éclats sont de 9ᵉ grandeur jusqu'à disparition.

Pour rendre plus évident le mode de la production des éclats, j'exposerai la description de variations de l'étoile polyplanète η d'Argo.

1° Étoile polyplanète η d'Argo.

§ 279. De la longueur de la durée des périodes, il résulte que cette étoile est une hexaplanète : la durée de la période correspond à celle de la circulation de Chronos. L'étoile a été observée en 1677 par Halley et à différentes époques jusqu'aujourd'hui.

En 1677, Halley la vit de 4e grandeur.

En 1751, Lacaille la vit de 2e grandeur.

De 1811 à 1815, Burchell la vit de 4e grandeur.

De 1822 à 1826, Fallous et Brisbane la virent de 2 grandeur.

En février 1827, Burchell la vit de 1re grandeur et égale à α de la Croix.

Le 29 février 1828, Burchell la vit de 1,5 grandeur.

De 1829 à 1833, Johnson la vit de 2e grandeur.

De 1832 à 1833, Taylor la vit de 2e grandeur.

De 1834 à 1837, John Herschel la vit de 1re grandeur, quoique inférieure à Canopus.

Le 2 janvier 1838, John Herschel la vit de 1re grandeur et égale à α de la Croix.

Le 19 mars 1842, Maclear la vit inférieure à α de la Croix et plus faible que les étoiles de la 1re grandeur.

En avril 1843, Maclear la vit d'un éclat supérieur à celui des étoiles de 1re grandeur, et presque égale à Sirius.

Les 11-14 avril 1843, Maclear la vit d'un éclat supérieur à celui des étoiles de 1re grandeur et égale à Canopus.

En 1850, Gilliss la vit de la même grandeur, égale à Canopus.

En 1838, l'étoile atteignit son maximum vers le 2 janvier. Bientôt elle s'affaiblit et devint inférieure à Arcturus, tout en restant encore vers le milieu d'avril 1838 plus brillante qu'Aldebaran. Elle continua à décroître jusqu'en mars 1843, sans tomber cependant au-dessous de la 1re grandeur. Puis elle augmenta de nouveau en avril 1843 et avec une rapidité telle, que, d'après les observations de Mackay à Calcutta et de celles de Maclear au Cap, η d'Argo surpassait Canopus et devint presque égale à Sirius. L'étoile conserva cet éclat jusqu'en février 1850.

§ 280. **Explication des faits exposés.** Pour toutes les étoiles à éclats périodiques, c'est l'époque des minima qui sert de point de départ; car cette époque *e* est séparée par une égale durée T de l'époque de la trope ascendante précédente et de l'époque de la trope postérieure, tandis que l'époque *e'* de la trope descendante n'est pas dans la moitié $\frac{1}{2}$T de la durée de la période, mais elle est éloignée de l'époque *e* par un intervalle de $\frac{1}{2}$T ± *t*. En prenant 1677 et 1811 comme deux époques *e*, non pas consécutives de minima, mais comme séparées par deux periodes de 134 ans, il en résulte une durée de 67 ans de périodes. En déduisant la moitié 33 1/2 de 1843, on trouve l'époque 1810 comme époque du minimum.

D'après la durée de 67 ans de la période des éclats, on trouve celle de la révolution de la planète la plus éloignée de son soleil; révolution qui ne s'accorde ni avec celle d'un Zeus ni avec celle d'un Ouranos, mais qui prouve que la planète est un Chronos. Ainsi η d'Argo est une hexaplanète, parce qu'il ne peut pas s'établir d'équilibre entre les molécules matérielles d'un jet de masse brûlante, sans que soient d'abord équilibrées les molécules de tous les jets les moins éloignés; de l'autre part, l'existence des planètes inférieures se manifeste dans les variations des éclats, lesquels cesseront de paraître irréguliers lorsqu'on connaîtra les positions de toutes les six planètes.

Cette connaissance de l'existence de six planètes dans l'étoile η d'Argo sert comme point de départ pour obtenir chaque éclat observé par un arrangement des positions des cinq autres planètes pendant l'époque *e*, lorsque Chronos est en conjonction inférieure S″ (fig. 37), et pendant l'époque *e* lorsque Chronos est dans les environs de sa conjonction supérieure S.

En 1751, 24 ans depuis 1677 s'étaient écoulés, époque postérieure de 8 ans au minimum qui a dû être en 1740. De même en 1822, η d'Argo était éloignée d'environ 8 ans de son minimum; elle avait à ces deux époques la 2ᵉ grandeur. Tout porte cependant à penser qu'entre 1765 et 1770 l'étoile n'atteignit pas la grandeur de 1843 à 1850, car une telle grandeur ne serait pas, pendant des années entières, restée inaperçue pour tant de voyageurs et d'astronomes de l'hémisphère austral.

2° *Du mode de la production des périodes d'éclat des polyplanètes.*

§ 281. Il a été déjà indiqué que les minima des éclats sont produits à des époques *e* séparées d'égales durées T, lesquelles sont la durée d'une période. Jusqu'à présent on ne connaissait pas d'autre étoile comparable à η d'Argo : cette étoile, avant 1827, ne différait pas, par sa grandeur et par son amplitude, des autres polyplanètes; il ne faut donc pas croire qu'il n'y aura pas, dans l'avenir, apparition d'accroissement d'éclats extraordinaires comme il y a des décroissements dans les étoiles devenues invisibles; j'en expose plus bas un nombre considérable.

Pour se rendre compte des longs intervalles qui séparent les époques de l'apparition d'éclats extraordinaires, il faut se rappeler qu'il est nécessaire que de 5 à 8 planètes qui composent l'étoile, 3 ou 4 soient à la fois en conjonction supérieure S. Au contraire, pour que l'éclat s'affaiblisse jusqu'à disparition, il faut que ces mêmes planètes soient à la fois en conjonction inférieure. Il faut de plus que le prolongement du plan de leur orbite passe par la Terre ou dans son voisinage.

Nous avons fait voir que les positions entre Mercure et Vénus se répètent à des intervalles de 224×88 jours ou quatre-vingt-huit fois la période 224 de Vénus. Une telle répétition des positions entre lesdites planètes et la Terre ne s'opère que par intervalles de 365 ×224 ×88 jours qui font 200 siècles environ. De sorte que jamais l'homme, disons plus, le genre humain, ne verra la répétition des périodes des éclats de η d'Argo.

Parmi les étoiles diplanètes ou hermaphrodites ne deviennent visibles à l'œil nu que celles de la teinte rouge la plus prononcée, car ce sont elles qui, étant en conjonction supérieure, renvoient vers la Terre les rayons de toute la surface de leur hémisphère soulevé. La teinte rouge de η d'Argo prouve que la position du plan de son orbite, par rapport à la Terre, ne diffère pas de celle du plan de l'orbite de *o* de la Baleine. La grande amplitude de *o* de la Baleine et sa période de 331 jours prouvent la différence qui le distingue de η d'Argo et de toutes les autres polyplanètes à périodes au-dessus des deux ans.

§ 282. **Mode de la production des grandeurs des étoiles.** Les grandeurs des étoiles polyplanètes diffèrent peu de celles des étoiles monodoryphores, elles sont inférieures aux polydoryphores. Les composantes des éclats sont toujours les rayons et les phototénies; celles-ci ont une longueur $\mathbf{L}$ supérieure dans les satellites dont, la surface s étant inférieure à celle $\mathbf{S}$ des planètes, émergent les rayons q. La longueur l des phototénies des planètes est inférieure à celle $\mathbf{L}$ des phototénies des satellites, et la quantité $\mathbf{q}$ de rayons est supérieure à celle q des satellites.

Pour obtenir la même grandeur de deux étoiles télescopiques, il faut égalité dans les produits.

$$\mathbf{q}\times\mathbf{d}\times l = q\times d\times\mathbf{L},$$

d est le diamètre de l'ensemble des planètes, et $\mathbf{d} \times l$ est la surface de la phototénie φ; d est le diamètre de l'ensemble des doryphores, et $d \times \mathbf{L}$ est la surface de la phototénie Φ.

1° De l'état télescopique des Hermès, 2° de leur disparition, et 3° de la disparition des étoiles hermaphrodites, il devient évident que la surface $\mathbf{s}'$ des hémisphères déprimés des planètes n'est pas inférieure à celle s' des doryphores, mais que ce sont leurs phototénies inférieures, lesquelles ne suffisent pas à produire une sensation. De la surface s' de l'hémisphère déprimé des satellites émerge une quantité q' inférieure de rayons, mais leurs phototénies φ sont grandes.

Une diminution des rayons paraît se manifester dans les Hermès des étoiles hermaphrodites qui deviennent le plus souvent invisibles, même dans le cas où leur Hermès n'est pas en conjonction inférieure. Les cas particuliers où les étoiles pareilles ne disparaissent pas résultent toujours de la position d'Hermès en sa conjonction supérieure. En combinant les faits observés, je trouve que les météores de l'orbite d'Aphrodite affaiblissent un peu l'éclat d'Hermès.

B. Des périodes des éclats des étoiles polydoryphores.

§ 283. Les durées des périodes supérieures à deux semaines indiquent que l'étoile est un polydoryphore, mais ces étoiles peuvent avoir une durée de période égale ou même supérieure à celle d'un Hermès. En cas pareils il est facile de distinguer une étoile simple, un Hermès, d'une étoile multiple comme le sont les polydoryphores. Les étoiles Hermès sont télescopiques et à périodes régulières comme le sont celles des monodoryphores, tandis que les étoiles multiples ont les périodes des éclats qui ne se répètent pas en ordre égal, et leurs amplitudes sont toujours médiocres.

Tableau des étoiles polydoryphores à éclats périodiques.

NOMS DES ÉTOILES.	ASCENSION.	DÉCLINAISON.	PÉRIODES.	GRANDEURS.
α de Cassiopée.	0^h 33^m 9^s	55° 49' ,4	79^j ,1	2 à 2,5
ζ de Persée.	2 56 50	38 20 ,1	33	4
α d'Orion.	5 48 8	7 22 ,8	196	1 1,6
α de l'Hydre.	9 21 11	— 8 5 ,6	55	2,5 3
30 d'Hercule.	16 24 22	+ 42 9 ,6	100	5 6
α d'Hercule.	17 8 42	14 32 ,2	88 ,5	3,1 3,9
R de l'Écu.	18 40 1	14 53 ,2	88	6,5 8,5
13 de la Lyre.	18 51 22	47 46 ,7	46	4,2 4,6
R du Sagittaire. . . .	20 8 7	16 19 ,8	70 ,88	8,3 10,3
β du Pégase.	22 52 27	22 22 ,6	31^j,5 ou 43^j,4	2 2,5

Remarques. Dans toutes les étoiles polydoryphores les amplitudes sont petites ; elles sont visibles à l'œil nu excepté celle de R du Sagittaire, laquelle peut être à une distance un peu plus grande où ses rayons passent par des météores, car si l'affaiblissement provenait d'un éloignement du prolongement du plan de son orbite, l'amplitude serait moindre.

La plus courte durée, de 30 jours environ, indique que l'étoile est un tétradoryphore de Zeus. La plus longue durée, de 196 jours, indique que l'étoile est un octadoryphore de Chronos. Les étoiles de première grandeur sont presque toutes des polydoryphores telles que Sirius, Procyon, l'Épi, etc., comme il est prouvé plus bas.

1° *Des périodes des éclats du polydoryphore de α d'Hercule.*

§ 284. Les amplitudes de cette étoile rouge sont médiocres ; la durée pour monter du minimum au maximum est de 22 jours, celle pour descendre du maximum au minimum est de 39 jours. Tel était ce polydoryphore à l'époque où Herschel l'observait. Vers 1855 la durée de la période était de 94^j 21^h, presque $\frac{3}{2}$ de celle du temps d'Herschel.

L'amplitude médiocre et la grandeur de 3,1 à 3,9 ne permettent pas de douter que cette étoile ne soit un polydoryphore composé au moins de six satellites. Les changements apparents des durées des périodes des éclats prouvent directement qu'ils résultent de ceux des positions de plus gros satellites. Pour que la période soit de 61 jours, les éclats ont dû se produire du 6e satellite Titan; en ce cas le maximum de 22 jours se produit après le minimum lorsque Rhea est au delà de la quadrature S′ (fig. 37), tandis que le 7e doryphore, Hypérion, est en conjonction supérieure S. Pour parcourir l'arc NSS‴B, Titan met 39 jours et Hypérion se trouve à cette époque autour de la conjonction inférieure S″.

La période de durée de 94j 21h résulte de celle de la révolution d'Hypérion qui a une durée de $21,2 \times t$, tandis que la durée de la révolution de Titan est de $16t$. Ainsi la durée des périodes devint en 1855 $\frac{4}{5}$ de celle du temps d'Herschel. Actuellement, 10 ans après 1855, la durée des périodes d'α d'Hercule n'est plus de 94j 21h mais d'environ 88 jours. Pour monter du minimum au maximum l'étoile met actuellement 52 jours, et il lui en faut 43 pour descendre du maximum au minimum.

2° Des périodes des éclats de l'étoile polydoryphore R de l'Écu.

§ 285. Les minima, de même que les maxima, sont très-inconstants ; les amplitudes surpassent un degré et deviennent même de deux degrés ; d'autres fois elles disparaissent presque entièrement, parce que souvent elles persistent pendant toute la durée de la période en conservant la même grandeur. En 1859, Auwers obtint les résultats suivants :

Minimum (mai 28).	6e,5 grandeur.
Maximum (juin 21).	5e,3
Minimum (juillet 30).	7e
Maximum (septembre 6).	5e,1

Le 19 septembre l'étoile était de 5e,8 grandeur : cette

grandeur resta stationnaire presque pendant toute la durée de la période; car à peine aperçut-on une diminution vers le milieu d'octobre et une trace d'accroissement vers le 8 novembre. Cet état persista jusqu'au commencement de décembre; c'est du 8 au 7 de ce mois que l'éclat diminua rapidement.

Pigot trouva de 19 jours la durée pour monter du minimum au maximum; elle est de 42 jours pour descendre du maximum au minimum. Le rapport de 19 : 42 entre ces nombres de jours diffère peu de celui de 22 : 39 trouvé par Herschel pour le polydoryphore α d'Hercule.

Environ soixante ans après Pigot, Argelander trouva que l'étoile mettait 34 jours 9 heures pour monter et 26 jours pour descendre. Ce rapport inverse de 34 : 26 diffère peu de celui de 52 : 43 qu'on trouve actuellement pour α d'Hercule.

Ces comparaisons servent à rendre évident que les deux étoiles sont composées d'un nombre égal de doryphores. Pour que la durée de la période change et devienne $\frac{3}{2}$ T, il faut que, dans un cas, les périodes du systèm de Chronos produites par Titan aient une durée d'environ $4 \times 15,9$ jours, et, dans l'autre cas, que les périodes soient produites d'Hypérion ayant une durée d'environ $4 \times 21,2$. La cause de ces changements et celle du cas stationnaire indiqué ci-dessus consistent dans les positions des quatre autres doryphores.

3° Des périodes des éclats de α de l'Hydre.

§ 286. La petite amplitude de 2°,5 à 3° grandeur et la courte période ne permettent pas de douter que l'étoile ne soit un polydoryphore. La durée de la période, peu constante, est environ $3\frac{1}{2} \times 16\frac{2}{3}$ jours; car sa grandeur indique que le polydoryphore est un système complet de Zeus. Les changements des périodes et des amplitudes des polydoryphores de Chronos manquent dans ceux de Zeus, et existent dans les systèmes complets des doryphores de Chronos, ainsi que dans ses hexadoryphores. Dans tous les cas où le système est complet, 1° la durée de la période est de deux à trois fois celle de Japhet, 2° l'éclat est de première ou de deuxième grandeur, et 3° l'amplitude est très-petite, tel est le polydoryphore α d'Orion.

VII. DU RAPPORT ENTRE LES DURÉES DES PÉRIODES ET DES GRANDEURS DES ÉTOILES.

§ 287. Nous connaissons par les observations les durées exactes ou approximatives des éclats, de même que les grandeurs variables ; il s'agit de prouver au moyen de ces données que tous les faits observés, sans aucune exception, trouvent leur explication dans les systèmes composés de planètes et dans ceux composés de doryphores lumineux de forme ovalaire dont le nombre va de un à huit.

Des centaines d'astronomes qui sont occupés à l'observation des étoiles variables, aucun n'hésitera plus à reconnaître la découverte de la cause physique des changements des éclats; ils apprendront avec satisfaction, en même temps le fait physiologique résultant des mouvements des planètes et de ceux des doryphores dont la vitesse surpasse de beaucoup celle de planètes. De plus, ils prendront en considération l'inégale vitessse des corps périphériques du même système.

Il faut de plus remarquer la position du prolongement des plans des orbites par rapport à la Terre; car si ces plans passent par la Terre ou dans son voisinage, la longueur de la périphérie se réduit à celle du diamètre de l'orbite; au contraire, si le prolongement des plans passe loin de la Terre, la vitesse de l'étoile fait apparaître une phototénie considérable. Soient les étoiles :

I. PLANÈTES.

Hermès seuls.
Hermès et Aphrodite.
Hermès, Aphrodite, Gée.
Hermès, Aphrodite, Gée, Arès = Endoplanètes.
Endoplanètes et Zeus.
Endoplanètes, Zeus et Chronos.
Endoplanètes, Zeus, Chronos et Ouronos.
Endoplanètes, Zeus, Chronos, Ouranos et Poseidon.

II. DORYPHORES

de Zeus Ouranos.	de Chronos.
Monodoryphores 1er.	Mimas.
Didoryphores 1er et 2e.	Mimas et Enceladus.
Tridoryphores 1er, 2e et 3e.	Mimas, Enceladus, Téthys.
Tétradoryphores 1er, 2e, 3e, 4e.	Mimas, Enceladus, Téthys et Dione.
	Endodoryphores et Rhea.
	Endodoryphores, Rhea et Titan.
	Endodoryphores, Titan et Hypérion.
	Endodoryphores et Ectodoryphores.

En admettant ces étoiles à une égale distance d de la Terre, 1° tous les Hermès seront télescopiques, 2° les hermaphrodites seront également télescopiques, car pour devenir visibles à l'œil nu pour quelques jours, il faut que le prolongement du plan de leur orbite passe par la Terre ; 3° sont visibles à l'œil nu toutes les étoiles polyplanètes et toutes celles qui sont monodoryphores, didoryphores ou polydoryphores.

§ 288. **Étoiles doubles.** Pour séparer deux planètes l'une de l'autre 1° lorsqu'elles se trouvent au minimum de distance δ' de la Terre, il faut qu'elles soient éloignées l'une de l'autre au moins autant que la Terre est éloignée du Soleil; 2° à une distance de $a \times \delta'$; il faut que les deux planètes soient séparées par un intervalle a fois plus grand que celui qui est entre la Terre et le Soleil. De telles distances n'existent, 1° qu'entre Zeus et Chronos, 2° entre Zeus et Ouranos, 3° entre Ouranos et Poseidon, et 4° entre Poseidon, Chronos et Zeus.

Parmi les planètes de chaque système, c'est, 1° Hermès qui se dégage le premier des météores, 2° puis Aphrodite après la durée 2^sT, 3° après la durée de 2^sT Gée se dégage à son tour de ses météores... ; enfin, après la durée de 2^sT Poseidon se dégage aussi et devient visible. On peut séparer en systèmes à peu près pareils seulement Chronos, Ouranos et Poseidon, et obtenir étoiles doubles, triples, quadruples. Une telle étoile, avant l'apparition de Poseidon, ne pourrait être que triple, et avant l'apparition d'Ouranos elle ne pourrait paraître que double.

§ 289. **Remplacement des étoiles multiples par les doryphores.** Les doryphores des quatre endoplanètes sont imperceptibles; ceux qui sont connus et visibles, comme Algol, sont les doryphores des planètes extérieures; toutes les planètes deviennent invisibles à cause des météores produits par l'expulsion, 1° de quatre jets de masse brûlante de Zeus ou d'Ouranos, et 2° des huit jets expulsés de Chronos. Les endoplanètes et Zeus de Sirius, Procyon, l'Épi, etc., sont invisibles à cause des météores.

Ainsi parmi les étoiles vues à l'œil nu, il y en a une sur dix environ qui peut être séparée pour apparaître double ou telle dont l'étoile centrale est un Zeus et quatre endoplanètes. Il n'existe donc aucune différence physique entre les corps des systèmes planétaires. Ce sont les puissants instruments qui font apparaître séparément quelques-unes des planètes extérieures, et ce sont les météores qui interceptent l'apparition des planètes, qui ont expulsé des jets de masse brûlante pour en obtenir des doryphores.

VIII. — DE LA DISTRIBUTION DES ÉTOILES A ÉCLATS PÉRIODIQUES ET DE LEUR LIAISON AVEC LES NÉBULEUSES ET LES ÉTOILES DOUBLES.

§ 290. Les jets de masse brûlante expulsés d'un soleil ne se perdent jamais; ils sont soumis à deux séries de changements : 1° leurs molécules matérielles sont forcées, par la pesanteur, de subir des déplacements qui ne se terminent qu'à une époque éloignée, lorsque chaque molécule se trouve en un équilibre parfait par rapport à toutes les autres, équilibre qui ne peut être obtenu que sous une forme ovalaire; et cela a lieu à des époques différentes pour la masse brûlante de chacun des jets, parce que la pesanteur P étant en raison inverse des carrés des distances $2^2\Delta$, $2^4\Delta$...$2^{16}\Delta$ entre la masse de chaque jet et celle M de leur soleil; si pour la masse m^{ix} de Poseidon, la pesanteur est 2^2P, elle est :

Pour la masse	m'	d'Hermès.	$2^{16}P$
—	m''	d'Aphrodite.	$2^{14}P$
—	m'''	de Gée.	$2^{12}P$
—	m^{iv}	d'Arès.	$2^{10}P$
—	m^{vi}	de Zeus.	$2^8 P$
—	m^{vii}	de Chronos.	$2^6 P$
—	m^{viii}	d'Ouranos.	$2^4 P$
—	m^{ix}	de Poseidon.	$2^2 P$

Les époques de l'établissement de l'équilibre étant donc pour chaque planète h, a, g, a', z, c, o, p, elles sont aussi celles de la production d'une enveloppe solide de glace et par suite de l'apparition successive de chacune des huit planètes. La plus grande pesanteur $2^{16}P^2(2^2-1)$ produit le plus court intervalle T″ qui sépare les époques h et a entre l'apparition d'Hermès et d'Aphrodite, et la plus petite pesanteur 2^2P^2 (2^2-1) produit le plus long intervalle T^{ix} qui sépare les époques o et p de l'apparition d'Ouranos et de Poseidon. Pour qu'un système passe de l'état monoplanète à celui de diplanète, il ne faut qu'un intervalle T″ qui est en raison inverse de la différence $2^{16}P^2$ (2^2-1) des pesanteurs; au contraire, pour que ce système passe de l'état heptaplanète à celui d'octaplanète, il faut une durée T^{ix} qui est en raison directe avec la différence $2^{16}P^2$ (2^2-1) et en raison inverse avec la différence $2^2P^2(2^2-1)=2^2P$.

Né de ces inégalités des durées entre les époques *h*, *a*, *g*, *a'*..., le nombre des systèmes à deux planètes est grand, et il diminue graduellement suivant les degrés de la pesanteur pour arriver à un minimum dans les planètes Ouranos et Poseidon; par exemple parmi les 123 étoiles à éclats périodiques du tableau suivant on en a trouvé 43 du système diplanète composées seulement d'Hermès et d'Aphrodite. Le nombre 17 des Hermès seuls joint à celui de 43 des Aphrodites, donne la somme de 60 qui représente presque la moitié de la quantité totale de 123 étoiles périodiques. En déduisant de 73 étoiles périodiques les 15 qui sont des doryphores, il ne reste que 38 étoiles polyplanètes périodiques.

Ainsi que les nombres 60 et 38 se trouvaient représentés, 1° les rapports entre les durées des périodes des éclats représentant par leur forme ovalaire les durées égales des révolutions des planètes et des satellites, et 2° les rapports entre les degrés de la pesanteur produisant cette forme, car elle est en raison inverse des carrés des distances. Pour que Géo devienne visible après la planète Aphrodite, il lui faut quatre fois plus de temps que celui nécessaire pour qu'Aphrodite devienne visible après l'apparition d'Hermès; aussi le nombre (17) des diplanètes est-il plus grand que le nombre (17) des étoiles Hermès.

L'apparition d'Hermès a lieu à la même époque que la disparition de la nébuleuse planétaire du même espace; c'est avec l'apparition d'Ouranos et de Poseidon que se complètent les systèmes planétaires qui envoient à la Terre les rayons émergents des huit grosses planètes, et occuperaient huit phototénies si, pendant cette durée, les endoplanètes n'expulsaient pas de jets de masse brûlante, dont résultent des météores qui obscurcissent tout l'espace entre Zeus et le Soleil.

Les étoiles doubles ne sont que des systèmes planétaires, comme le sont les étoiles à éclats périodiques. Nous ne possédons que des instruments qui rendent visibles séparément les étoiles séparées par un espace angulaire d'environ 1''. La production des sentiments résulte, 1° de la quantité q de rayons d'une étoile, 2° de la quantité $q + q'$ des rayons de l'autre étoile, 3° de la pureté de l'atmosphère, 4° de l'état électrique du nerf, et 5° du perfectionnement de l'instrument.

Goldschmidt est celui qui, parmi les observateurs, a découvert le plus grand nombre de planétoïdes entre 1856 et 1858; car sur 14 planétoïdes lui seul en découvrit sept en un court espace de temps, et les sept autres ont été découvertes par un grand nombre d'autres observateurs. Cet avantage exceptionnel ne peut être attribué ni aux dimensions ni à la structure spéciale de ses instruments, pas plus qu'à un état particulier de l'atmosphère du lieu où il a fait ses observations: ce n'est que la densité supérieure de l'électricité dont est doué son organe visuel qui facilite chez lui la production prompte des sentiments. Après tant de preuves d'une supériorité de l'organe de la vue, peut-on hésiter à croire que cet observateur a été le seul qui aperçût dans l'étoile Sirius sept étoiles distinctes? Les météores qui s'y trouvent n'éteignent pas les planètes; ils font diminuer l'éclat et augmenter le volume, comme ils le font aux nébuleuses à un ou plusieurs noyaux.

S'il y avait plusieurs individus doués d'un tel organe, nous aurions su par eux que, sauf les étoiles monodoryphores, toutes les étoiles visibles à l'œil nu sont composées de 2, 3, 4, 5, 6, 7 ou 8 planètes parmi lesquelles se distingue le soleil sous le plus faible éclat. Parmi les étoiles télescopiques il n'y a de simple que les soleils lipoplanètes et les étoiles d'Hermès; car on ne connaît pas de monodoryphores ou de polydoryphores télescopiques.

Les planètes persistent longtemps dans l'état de lipodoryphores; elle disparaissent pour ne plus devenir visibles depuis l'expulsion d'un nombre de jets de masse brûlante.

Au moment d'une telle expulsion apparaît une étoile nouvelle de sixième grandeur qui devient télescopique et ne persiste pas un an entier; elle devient invisible, elle et la planète qui la produisit, de même que disparurent les soleils qui expulsèrent les jets de masse brûlante en 1572 et en 1604, lorsque se montrèrent les deux dernières étoiles nouvelles.

Dans l'espace où il y a eu expulsion des jets d'une planète, il ne se montrera pas à l'avenir de nébuleuse, puis des doryphores, mais on apercevra l'apparition d'une étoile nouvelle dans un espace parfaitement vide, et cela parce que les météores des nébuleuses des systèmes de doryphores ont des dimensions trop faibles pour être en état de concentrer autant de rayons qu'il en faut pour produire des sentiments optiques.

Tant que les satellites se maintiennent à l'état lumineux, leurs planètes de même que leurs soleils sont invisibles, à cause des amas de météores qui les entourent. Lorsque les satellites s'obscurcissent, leurs planètes se trouvent également obscurcies; c'est à cette époque que leur soleil se dégage des météores qui l'entouraient; cela a toujours lieu au moyen de l'établissement d'un équilibre entre les molécules m^v du jet de la masse brûlante qui rebroussa chemin et retomba sur l'enveloppe solide du soleil. Ainsi depuis l'époque d'apparition d'une étoile nouvelle, chaque soleil reste invisible jusqu'à l'époque de la disparition de ses planètes et de ses doryphores.

Pour mettre en lumière la distribution des étoiles périodiques dans la voûte céleste, nous avons inséré leur nombre connu jusqu'à présent dans le tableau suivant, rédigé d'après celui de F. Chambers publié dans le *Journal d'Astronomie d'Altona* en 1864.

Pour rendre évidente la liaison des étoiles périodiques avec les étoiles doubles, j'expose un nombre d'étoiles doubles suffisant pour faire connaître à chacun que chacune des deux étoiles des couples est une planète lumineuse de forme ovalaire lipodoryphore et pour cela sans mouvement de rotation. Il a été déjà démontré que les variations des étoiles ne peuvent se manifester à un haut degré qu'autant que passe par la Terre le prolongement du plan de leur orbite. Avec leurs orbites, en pareilles positions, les étoiles ont une teinte rouge intense, mais quand lesdits plans s'éloignent de la Terre et que les variations des degrés des éclats diminuent, la teinte rouge devient moins intense ; elle passe au jaune. Les autres teintes du vert et du bleu n'apparaissent que lorsque les plans des orbites des planètes passent tellement loin de la Terre que la variation des éclats devient imperceptible.

A. DISTRIBUTION DES ÉTOILES A ÉCLATS PÉRIODIQUES DANS LA VOUTE CÉLESTE.

§ 291. Dans le tableau suivant sont contenues les étoiles variables connues jusqu'à présent : leur nombre croît rapidement par les découvertes fréquentes de nouvelles étoiles, de même que croît le nombre des planétoïdes. En ce tableau sont indiqués les noms des étoiles correspondant à leur état physique.

Tableau des étoiles connues à éclats périodiques.

Nos	NOMS DES ÉTOILES.	ASCENSIONS.	DÉCLINAISONS.	PÉRIODES.	GRANDEURS.		ESPÈCES.
				jours.	de	à	
1	R d'Andromède. . . .	0^h 17^m 0^s	47° 51′	?	6	?	Inconnue.
2	T des Poissons. . . .	0 25 17	13 49	143 ±	9,7	11	Hermès.
3	α de Cassiopée. . . .	0 23 9	54 49	79,1	2	2,5	Polydoryphore.
4	U des Poissons. . . .	0 37 34	6 35	?	9	12	Inconnue.
5	S de Cassiopée. . . .	1 10 9	71 54	?	?	13 <	Inconnue.
6	S des Poissons. . . .	1 10 46	8 14	306 ±	9	13	Hermaphrodite.
7	R des Poissons. . . .	1 23 56	2 12	343	7	9,5	Hermaphrodite.
8	Y des Poissons. . . .	1 47 29	8 45	?	6	9	Inconnue.
9	R du Bélier. . . .	2 8 42	24 20	186	8	12 <	Hermès.
10	O de la Balance. . . .	2 12 29	— 3 38	331,330	2	12 <	Hermaphrodite.
11	ζ de Persée. . . .	2 56 50	+38 20	33	4	?	Polydoryphore.
12	β de Persée. . . .	2 59 41	40 27	2,86727	2,5	4	Doryphore.
13	R de Persée. . . .	3 21 47	35 18	?	9	13 <	Hermaphrodite.
14	λ du Taureau. . . .	3 53 35	12 7	3,952	4	4,5	Doryphore.
15	U du Taureau. . . .	4 14 15	19 30	?	9	10,4	Polydoryphore.

	NOMS DES ÉTOILES.	ASCENSIONS.			DÉCLINAISONS.		PÉRIODES.	GRANDEURS.		ESPÈCES.
		h.	m.	s.			jours.	de	à	
16	T du Taureau.	4	14	25	19°	13′	?	9,7	13,3 <	Hermaphrodite.
17	R du Taureau.	4	21	11	9	52	327	8	13,5 <	Hermaphrodite.
18	S du Taureau.	4	22	5	9	39	375	10	13 <	Hermaphrodite.
19	R d'Orion.	4	48	7	7	56	378	9	12,5 <	Hermaphrodite.
20	ε du Cocher.	4	53	38	43	37	350 ±	3,5	4,5	Hermaphrodite.
21	R du Lièvre.	4	53	14	−15	1	?	7	?	Inconnue.
22	R du Cocher.	5	6	48	+53	26	?	?	?	Inconnue.
23	α d'Orion.	5	48	8	7	22	196 ±	1	1,2	Polydoryphore.
24	α d'Argo.	6	21	4	−52	37	?	?	?	Inconnue.
25	R de la Licorne. . . .	6	32	4	+ 8	52	?	10	13	Hermès.
26	ζ des Gémeaux. . . .	6	56	24	20	45	10,16	3,8	4,5	Polydoryphore.
27	R des Gémeaux. . . .	6	59	32	22	54	370	7,3	11	Hermaphrodite.
28	R du Petit Chien. . . .	7	1	32	10	13	367 ±	8	10	Hermaphrodite.
29	S du Petit Chien. . . .	7	25	39	8	35	335	8,5	11 <	Hermaphrodite.
30	S des Gémeaux. . . .	7	35	14	23	45	294,07	9,2	13,5 <	Hermaphrodite.
31	T des Gémeaux. . . .	7	41	29	24	4	288,64	9,5	13,5	Hermaphrodite.
32	U des Gémeaux. . . .	7	47	23	22	21	97	9	13,5 <	Hermès.
33	R du Cancer.	8	9	29	12	5	357	6	10 <	Hermaphrodite.
34	U du Cancer.	8	28	19	19	21	306	9	13,5 <	Hermaphrodite.
35	S du Cancer.	8	36	11	19	30	9,48	8	10,5	Polydoryphore.
36	S de l'Hydre.	8	46	47	»		256	8,5	13,5	Hermaphrodite.
37	T de l'Hydre.	8	49	20	»		292 ou 326±	0,5	10,5	Hermaphrodite.
38	T du Cancer.	8	49	25	»		455 ±	9,5	12	Hermaphrodite.
39	α de l'Hydre.	9	21	11	»		55	2,5	3	Polydoryphore.
40	R du Lion.	9	4	34	»		312,57	5	11,5	Hermaphrodite.
41	R de la Grande Ourse.	10	35	25	69	27	301,9	7	13	Hermaphrodite.
42	η d'Argo.	10	41	1	−58	59	66 ans	1	4	Polyplanète.
43	α de la Grande Ourse.	10	55	42	+62	27	des années	1,5	2	Polyplanète.
44	S du Lion.	11	4	7	9	10	192	4	13	Hermès.
45	R de la Chevelure. . .	11	57	34	19	31	1 an ±	8	13	Hermaphrodite.
46	T de la Vierge.	12	7	56	− 5	18	337	8	13	Hermaphrodite.
47	21 de la Vierge.	12	27	4	− 8	44	?	5,5	?	Inconnue.
48	T de la Grande Ourse.	12	30	29	+16	13	269	6,7	13	Hermaphrod. ?
49	R de la Vierge.	12	31	54	7	43	146	6,5	11	Hermès.
50	S de la Grande Ourse.	12	38	14	61	48	222,6	7,5	12	Hermès.
51	U de la Vierge.	12	44	30	6	16	212	7,5	12 <	Hermès.
52	V de la Vierge.	13	21	7	− 2	31	252	7	?	Hermès.
53	R (ψ) de l'Hydre. . . .	13	22	36	−22	36	449,5	4	10 <	Hermaphrodite.
54	W de la Vierge.	13	23	39	− 8	56	?	8,5	?	Inconnue.
55	S de la Vierge.	13	26	13	− 6	31	380,11	6	11	Hermaphrodite.
56	η de la Grande Ourse.	13	42	24	+49	53	des années	1,5	2	Polyplanète.
57	X de la Vierge.	13	47	39	11	48	?	?	8,5	Inconnue.
58	T du Bouvier.	14	7	59	19	40	»	? 9,7	14 <	Hermès.
59	S du Bouvier.	14	18	21	54	25	»	? 8	12	Hermès.
60	R de la Girafe.	14	28	20	84	25	»	265 7	13	Hermès.
61	R du Bouvier.	14	31	27	27	18	196	8	12	Hermès.
62	U du Bouvier.	14	34	48	28	1	?	9,5	13	Hermès.
63	S de la Balance. . . .	14	45	11	−11	47	?	8	9,5	Polyplanète?
64	T de la Balance. . . .	14	49	33	− 3	49	?	8,5	10	Polyplanète?
65	β de la Petite Ourse. .	14	52	6	+74	40	2 ou 3 ans	2	2,5	Triplanète.

Nos	NOMS DES ÉTOILES.	ASCENSIONS.			INCLINAISONS.		PÉRIODES.	GRANDEURS.		ESPÈCES.
		h.	m.	s.			jours.	de	à	
66	S du Serpent.	15	15	35	14°	47′	359	8	10 <	Hermaphrodite.
67	S de la Couronne. . .	15	16	6	31	51	?	6,5	?	Inconnue.
68	R de la Couronne. . .	15	43	13	28	33	350	6,2	13 <	Hermaphrodite.
69	R du Serpent.	15	44	43	15	32	352	6,5	10 <	Hermaphrodite.
70	R de la Balance. . . .	15	46	13	−15	51	722	9	13 <	Hermaphrodite.
71	R d'Hercule.	16	0	4	+18	43	310	8,5	13,5	Hermaphrodite.
72	T du Scorpion.	16	9	17	−22	39	?	7	13 <	Hermaphrod.!
73	R du Scorpion.	16	9	54	−22	37	648	9	14 <	Hermaphrodite.
74	S du Scorpion.	16	9	55	−22	37	364	9	13 <	Hermaphrodite.
75	U du Scorpion.	16	14	59	−17	34	?	9,5	13,5	Hermaphrodite.
76	U d'Hercule.	16	20	3	+19	11	?	7	13	Hermaphrodite.
77	30 d'Hercule.	16	24	22	42	10	106	5	6	Polydoryphore.
78	T d'Ophiuchus.	16	26	18	−15	52	?	10,5	13	Inconnue.
79	S d'Ophiuchus.	16	26	46	−16	53	229,3	9,5	13,5 <	Hermès.
80	S d'Hercule.	16	45	59	+15	10	305	7,5	12,5	Hermaphrodite.
81	Nova d'Hind 1848. . .	16	52	13	−12	42	?	4,5	13,5 <	Hermaphrodite.
82	R d'Ophiuchus.	17	0	18	−15	55	304,6	8	13,5 <	Hermaphrodite.
83	α d'Hercule.	17	8	42	+14	32	88,5	3,1	3,9	Polydoryphore.
84	T d'Hercule.	18	4	10	31	0	160	7,9	13 <	Hermès.
85	T du Serpent.	18	22	28	6	12	310	10,5	14 <	Hermaphrodite.
86	K de la Couronne australe.	18	24	25	−38	50	des années	3	6	Polyplanète.
87	R de l'Ecu.	18	40	32	−5	49	71,75	5	9	Polydoryphore.
88	β de la Lyre.	18	45	15	+33	13	12,906	3,5	4,5	Tridoryphore.
89	13 de la Lyre.	18	51	22	47	47	46	4,2	4,6	Polydoryphore.
90	R de l'Aigle.	19	0	7	8	2	351,5	6,5	?	Hermaphrodite.
91	T du Sagittaire. . . .	19	8	43	−17	11	?	8,5	12 <	Hermaphrod.!
92	R du Sagittaire. . . .	19	9	3	−19	32	465	8	13 <	Hermaphrodite.
93	S du Sagittaire. . . .	19	11	49	−19	15	?	10,5	?	Inconnue.
94	R du Cygne.	19	33	20	+49	54	416,72	8	14	Hermaphrodite.
95	11 du Renard.	19	42	15	26	59	?		?	Inconnue.
96	Étoile du Renard. . . .	19	43	3	26	57	?	7	10	Hermaphrod.!
97	η de l'Aigle.	19	45	51	0	40	7,1763	3,6	4,4	Didoryphore.
98	χ du Cygne.	19	45	33	32	34	406,06	5	13 <	Hermaphrodite.
99	η du Cygne.	19	51	26	34	44	des années	4,5	5,5	Polyplanète.
100	S du Cygne.	20	2	46	57	37	324	9	13 <	Hermaphrodite.
101	T de l'Aigle.	20	5	39	15	15	124 ±	8,9	11,3	Hermès.
102	R du Capricorne. . . .	20	4	11	14	41	?	9,5	13,5	Hermès?
103	R du Sagittaire. . . .	20	8	7	16	20	70,88	8,3	10,3	Polydoryphore.
104	S de l'Aigle.	20	8	39	8	42	?	9	12 <	Hermès?
105	34 du Cygne.	20	12	59	37	39	18 ans ±	3	6 <	Polyplanète.
106	24 de Céphée.	20	24	48	88	43	23 ans ±	5	11	Chronos.
107	R du Dauphin.	20	37	6	16	37	284	8	11	Hermaphrodite.
108	S du Dauphin.	20	39	19	15	56	?	8,6	12	Hermaphrod.!
109	T du Verseau.	20	39	54	−5	50	197	7,8	6	Hermès.
110	U du Capricorne. . . .	20	40	56	−15	16	420	11	13,5 <	Hermaphrodite.
111	R du Renard.	20	58	36	+23	18	147	8	13,5 <	Hermès.
112	T du Capricorne. . . .	21	16	40	−15	42	274	9	14 <	Hermaphrodite.
113	S de Céphée.	21	36	43	+78	3	420	8,9	11,12	Hermaphrodite.
114	μ de Céphée.	21	39	31	58	11	5 ou 6 ans	4	6	Ares.
115	S du Pégase.	22	15	39	7	22	?	8,5	13,5 <	Hermès.

Nos	NOMS DES ÉTOILES.	ASCENSIONS.			INCLINAISONS.		PÉRIODES.	GRANDEURS.		ESPÈCES.
		h.	m.	s.			jours.	de	à	
116	Étoile du Verseau. . .	22	21	31	−10°	39′	?	8	?	Inconnue.
117	δ de Céphée.	22	24	20	+57	45	5,3664	3,7	4,8	Polydoryphore.
118	S du Verseau.	22	50	8	−21	2	?	8	11 <	Hermès?
119	β du Pégase.	22	57	27	+27	23	31,5 ou 43,4	2	2,5	Polydoryphore.
120	R du Pégase.	23	0	7	9	49	378	8,5	13,5	Hermaphrodite.
121	T de Céphée.	23	14	43	15	20	?	8,2	8,8	Polydoryph.?
122	R du Verseau.	23	37	46	−16		354 ou 388	7	10 <	Hermaphrodite.
123	R du Capricorne. . . .	23	51	49	+50	40	434,81	6	14 <	Hermaphrodite

§ 292. Sauf les étoiles dont les durées des périodes sont encore inconnues, toutes les autres sont des planètes ou des doryphores simples ou composés des nombres suivants :

NOMS DES ÉTOILES.	PÉRIODES.		GRANDEURS.		AMPLITUDES entre *les grandeurs.*		QUANTITÉS.
Planètes.							
	de	à	de	à			
Hermès.	96j	3× 88j	7	0	6	0	22
Hermaphrodites.	250j	3×224j	2	0	2	0	53
Polyplanètes.	2ans	3×105ans	2	6	4	$n + 0,5$	11
Doryphores.							
Monodoryphores.	3j		2,5	5	n	$n + 1,5$	2
Didoryphores.	6j		3	5	n	$n + 1$	2
Tridoryphores.	5j	14j	3	5	n	$n + 1$	2
Polydoryphores.	30j	196j	1	5	n	$n + 0,5$	8

§ 293. Toutes les étoiles sont des systèmes de planètes lumineuses, et pour qu'elles soient à éclats périodiques, il ne suffit pas que l'étoile périphérique soit rouge, il faut encore que leurs rayons ne pénètrent pas dans le nerf avec les rayons colorés des autres planètes, dont est composée l'étoile centrale. Les quantités des rayons de chacune des deux étoiles correspondent aux étendues des surfaces dont ils émergent ; ces surfaces sont grandes lorsque les planètes sont entre leur conjonction supérieure et les quadratures ;

elles sont moins grandes lorsque les planètes sont entre leur conjonction inférieure et les quadratures. Si nous avions le moyen de mesurer les quantités des rayons de chaque étoile, on ne trouverait aucun couple composé d'étoiles à éclat constant; il n'est possible de percevoir les changements des éclats que dans les cas où ils s'opèrent sur une grande échelle; de même que pour sentir les détails des nébuleuses ou la duplicité des étoiles, il faut employer des instruments très-puissants.

Jusqu'à présent s'est maintenu faible le nombre d'étoiles doubles, dans lesquelles on sait que les éclats varient tant dans l'étoile centrale que dans l'étoile périphérique. Il faut donc se contenter actuellement de la preuve basée sur ce petit nombre d'étoiles doubles variables. Ces découvertes ne datent que du commencement de ce siècle; de même que croît le nombre des étoiles à éclats périodiques, de même croît celui des étoiles doubles à éclats variables. Je donne ici pour exemples quelques-unes de celles découvertes par Struve; dans le chapitre suivant, nous en exposerons plusieurs découvertes après cette époque.

D. Étoiles doubles d'éléments d'éclats variables.

§ 594. *ε du Bélier*. Harding trouva l'étoile de 4e grandeur; Piazzi et Bode de 5e; Struve trouva que cette étoile, de même que l'étoile périphérique, variait de grandeur entre la 4e,5 et la 6e,5, jusqu'à la 7e grandeur; plus tard, Maedler la trouva le plus souvent de 5e grandeur. Ainsi donc l'amplitude entre la 4e,5 et la 7e grandeur est incontestable; plus tard, sera déterminée la durée de la période, et ainsi sera connu le nom de la planète. De même on parviendra à séparer l'étoile périphérique de η d'Argo, qui est Chronos de l'étoile centrale, composée elle-même de Zeus, Arès, Gée, Aphrodite, Hermès et le soleil recouvert des météores.

191 *de la Vierge*. Les deux étoiles sont à éclats variables, de sorte qu'à certaines époques elles sont de même grandeur, et qu'à certaines autres, il y a une différence de 0°,5 grandeur, différence qui résulte tantôt de la supériorité de l'étoile périphérique, et tantôt de celle de l'étoile centrale. L'explication, jusqu'à présent problématique, est devenue ici un résultat physique et même général.

3 *du Bouvier*. C'est l'étoile centrale qui varie entre la 3° et la 4° grandeur. Ce n'est qu'après l'apparition de cet ouvrage qu'on s'occupera d'établir la variation inévitable de l'étoile périphérique; cela n'empêche pas cependant qu'elle ne soit déjà découverte, comme on l'a fait pour d'autres étoiles, sans avoir connaissance de la cause physique de ces variations.

1 *de la Couronne*. En 1828, Struve trouva les deux étoiles égales et de 6° grandeur; 5 ans après, elles étaient devenues de 5°,5 et 6°,5 grandeur.

17 *du Cancer*. Struve observa les variations suivantes :

	Étoile centrale.	Étoile périphérique.
1821 février 12.	6°	8°
— — 14.	6,5	8
— mars 18.	8	9
1823 janvier 19.	8	9,5
1827 avril »	6,5	7
1832 » »	6,5	7,5

Ces détails, comme tous les autres, démontrent l'évidence de tout ce que je viens d'établir sur la nature des étoiles doubles et des autres étoiles. On voit que l'étoile centrale est tout à fait indépendante de l'étoile périphérique, tant pour les variations des éclats que pour les variations des couleurs : on y remarquera la série de faits suivants :

1° L'étoile centrale est habituellement d'un éclat supérieur, parce qu'elle est composée de plusieurs planètes;

elle ne devient inférieure à l'étoile sphérique que lorsque celle-ci est en conjonction supérieure.

2° L'étoile périphérique est inférieure, parce qu'elle n'est pas composée.

3° Les durées des périodes d'éclats, ne différant pas de celles des révolutions, sont au-dessus d'un demi-siècle et au-dessous de six siècles ; la périodicité d'éclats de l'étoile centrale est composée des périodes des éclats de chacune des planètes dont elle est composée.

4° Les amplitudes des éclats extrêmes de l'étoile centrale sont habituellement moins grandes que celles de l'étoile périphérique.

44 *du Bouvier.* Herschel trouva l'étoile centrale du sud plus grande. En 1819, cette étoile était du côté du nord de son étoile périphérique et avait un éclat qui surpassait de 1re,5 à 2e grandeur celui de l'étoile périphérique ; cette supériorité, en 1822, diminua jusqu'à 1 et 0,5. Argelander, en 1830, trouva les deux étoiles égales.

L'égalité des éclats des deux étoiles n'est que le résultat d'un maximum d'éclat de l'étoile périphérique au moment où l'étoile centrale est à son minimum d'éclat. Il arrive même en pareil cas que l'éclat de l'étoile centrale est inférieur à celui de l'étoile périphérique, comme cela aurait lieu pour 17 du Cancer à un moment où l'étoile centrale est de 8e grandeur et la périphérique de 7e grandeur ; ce cas se rencontre souvent chez les étoiles séparées par des intervalles de 1″ à 2″ ou à 4″ ; il est très-rare chez les étoiles séparées par des intervalles plus grands.

π du Bélier. Cette étoile double observée par Struve présenta les variations suivantes :

	Étoile centrale.	Étoile périphérique.
Novembre 1829.	4e	9e grandeur.
Février 1831.	4,5	9
Octobre 1832.	5	7,5
Novembre 1832.	6	8
Décembre 1834.	5	8,5

Des durées aussi courtes ne peuvent servir à déterminer la période de l'étoile centrale et encore moins celle de l'étoile périphérique, à cause de sa longue durée ; car, à une autre époque, les éclats se présentent sous d'autres rapports. En considérant pour l'étoile centrale la 6e grandeur comme minimum, et pour la périphérique 7e,5 comme maximum d'éclat, il en résulte qu'il n'y aura jamais égalité d'éclat entre les deux étoiles.

Il faut prendre en considération les amplitudes A, **a**, *a*, α, 1° entre les résultats hétéronymes extrêmes des deux éléments du couple, et 2° entre les éclats homonymes extrêmes. On a ainsi :

Pour π du Bélier :

1° $A = 9 - 4$; 2° $\mathbf{a} = 9 - 6$; 3° $a = 7{,}5 - 4$; et 4° $\alpha = 7{,}5 - 6$.

Pour 17 du Cancer :

1° $A = 9 - 4$; 2° $\mathbf{a} = 9{,}5 - 8$; 3° $a = 7 - 6$; et 4° $\alpha = 7 - 8$.

Pour que les variations des éclats des éléments des étoiles doubles soient mieux aperçues, il faut que le prolongement des plans de leur orbite passe dans le voisinage de la Terre : ce cas particulier ne s'applique qu'à une quantité restreinte de plans orbiculaires : c'est pour cela que le nombre d'étoiles doubles variables n'est pas très-grand. C'est dans l'avenir que l'on saura que les étoiles doubles de grandeurs variables sont fréquentes dans les régions où sont rares les nébuleuses planétaires.

Après avoir ainsi établi l'existence d'étoiles d'éclats des périodes de chaque durée, dont les extrêmes éclats se rendent à une époque visibles à l'œil nu à leur maximum et invisibles dans les plus puissants télescopes à leur minimum, il s'ensuit qu'il faut nécessairement qu'il se rencontre, 1° des étoiles dont l'éclat, autrefois faible, est actuellement devenu supérieur, et 2° d'autres étoiles qui avaient précédemment un éclat suffisant pour les rendre visibles à l'œil nu, et qui se sont affaiblies jusqu'à devenir télescopiques et même disparaître entièrement.

1° Des accroissements de l'intensité de l'éclat de quelques étoiles.

§ 595. Sauf les étoiles nouvelles dont l'intensité, qui surpasse celle de toutes les autres étoiles, peut être comparable à celle de Vénus, parmi les étoiles périodiques, on ne connaît que η d'Argo, dont l'intensité soit comparable à celle de Sirius. Ainsi, c'est dans l'éclat de cette étoile que se trouve la limite des éclats des étoiles fixes, limite qui prouve encore une fois, 1° d'une part, qu'autour du Soleil il n'existe aucun système de planètes lumineuses à une distance inférieure à celle δ qui sépare la Terre de α du Centaure ; 2° d'autre part, qu'est limitée la grandeur des étoiles dans les distances entre les planètes lumineuses et leur soleil couvert des météores, et pour cela invisible.

Si la distance entre la Terre et les autres systèmes de planètes lumineuses augmente, leur éclat ira en diminuant pour les distances de 2δ, 3δ, 4δ.

Cause de l'accroissement d'éclat. Donnons d'abord comme exemples quelques faits bien établis qui sont les suivants :

4 du Petit-Chien est devenu plus lumineux.

10 du Petit-Chien est également plus lumineux à présent qu'autrefois.

14 d'Orion était plus faible que 6 ; à présent, c'est 6 d'Orion qui est la plus faible.

18 et 15 d'Orion sont devenues plus faibles, de même que 112 du Taureau et 70 d'Orion.

22 d'Orion a peu augmenté, mais 50 d'Orion considérablement.

β des Gémeaux, β de la Baleine, ζ du Sagittaire étaient considérées par Herschel comme des étoiles à éclat croissant.

31 du Dragon est vu par Flamsteed de 7e grandeur, et par Herschel de 4e.

34 du Lynx est vu par Flamsteed de 7e grandeur, et par Herschel de 5e.

De tels changements d'éclats des étoiles ont existé à toutes les époques, comme cela résulte des exemples suivants :

Il y a près de ζ de la Grande-Ourse une étoile actuellement très-visible appelée par les Arabes Saidak, c'est-à-dire *épreuve*, parce qu'ils s'en servaient pour éprouver la perte de la vue. On admet qu'elle a augmenté, en se fondant sur cette circonstance singulière.

Il n'y a que deux moyens de faire augmenter l'éclat de chaque étoile : 1° si, après une durée d'accroissement de l'éclat, il se présente un état stationnaire, puis un décroissement, on saura que l'éclat résulte de la forme ovalaire des planètes lumineuses, dont la révolution peut s'élever jusqu'à six siècles; 2° si après avoir attendu plusieurs siècles, l'étoile persiste à conserver son éclat, on reconnaîtra là l'apparition d'une nouvelle planète qui était dans l'origine recouverte des météores dont elle s'est dégagée et dont les rayons arrivent à l'œil en même temps que ceux qui en venaient précédemment.

On a constaté en vingt siècles la production de 15 étoiles nouvelles; les huit jets de masse brûlante de chaque étoile pareille doivent devenir huit planètes lumineuses. Si dans un espace de vingt siècles il y a production de 15 étoiles nouvelles, il doit, dans un égal espace de temps, y avoir production de $15 \times 8 = 120$ planètes lumineuses, soit environ cinq par siècle, d'où résulte accroissement d'éclat.

Tant que dans les étoiles doubles la centrale seule était visible, chacune d'elles avait une clarté inférieure à celle qu'elle obtient après l'apparition de l'étoile périphérique, et l'éclat ainsi obtenu persiste ; cependant il se produit des variations d'éclats et de couleurs provenant de la forme ovalaire.

2° Du décroissement de l'éclat des étoiles affaiblies ou disparues.

§ 596. Nous avons établi d'une manière irréfutable, 1° l'affaiblissement de l'éclat de plusieurs étoiles, et 2° la disparition totale de plusieurs autres, comme cela devient évident dans les exemples suivants :

I. **Étoiles à éclat décroissant.** L'an 276 avant notre ère, Ératosthène disait en parlant des étoiles du Scorpion :

« Elles sont précédées par la plus belle de toutes, l'étoile de la Serre Boréale. » Or maintenant la Serre Boréale est moins brillante que la Serre Australe et surtout qu'Antarès ; mais cette différence a pu être produite par l'accroissement des autres étoiles.

α de la Grande Ourse. Du temps de Flamsteed l'étoile était de première à deuxième grandeur : elle est actuellement plus faible.

Flamsteed marquait les deux premières de l'Hydre femelle comme de quatrième grandeur ; Herschel ne les trouvait plus que de huitième à neuvième grandeur.

β du Lion. Du temps de Bayer, elle était marquée comme de deuxième grandeur, maintenant on la marquerait de troisième au plus.

α du Dragon est marquée par Bayer comme de deuxième grandeur ; maintenant on la marquerait de troisième au plus.

Hipparque en critiquant Aratus disait : « L'étoile du pied de devant du Bélier est belle et remarquable. « Actuellement cette étoile est de quatrième grandeur.

II. **Étoiles devenues invisibles.** On disait que la septième des Pléiades disparût à l'époque de la prise de Troie. Hevelius parle de cinq étoiles qui disparurent de son temps. Herschel trouvait le nombre des étoiles devenues invisibles fort considérable ; mais cette opinion était basée sur l'Atlas de Flamsteed; lorsqu'ensuite il compara cet Atlas avec le Catalogue britannique il reconnut ses erreurs. Le 10 octobre 1781, cet astronome trouva comme étoile rouge la 55 du col d'Hercule, qui était dans le Catalogue de Flamsteed comme une étoile de cinquième grandeur; le 11 avril 1782, six mois après, il l'aperçut de nouveau; le 24 mars 1791, il n'en restait plus aucune trace.

Étoile d'Orion (4^h 52^m 47^s et — 10° 2′ 9″). Schmidt vit à Bonne, en janvier 1850, une étoile rouge de 6ᵉ grandeur visible à l'œil nu au point indiqué; peu après Hind vit cette étoile. Un an après, en décembre 1850 et en janvier 1851, l'étoile n'était plus visible pas même dans les plus puissants instruments.

Explication. De même qu'il y a deux causes d'accroissement de l'éclat, de même il y en a deux aussi dont l'une produit le décroissement de l'éclat et même l'invisibilité temporaire et dont l'autre produit une invisibilité qui dure des centaines de siècles. Je laisserai ici de côté les changements périodiques des éclats réguliers ou irréguliers et je ne m'attacherai qu'à rendre évident le mode de la production de l'accroissement permanent des étoiles ou de la disparition de quelques étoiles.

I. **Accroissement de l'éclat.** Parmi les étoiles à éclat périodique; 1° Les étoiles monoplanètes Hermès sont toutes télescopiques; 2° tandis que parmi les étoiles diplanètes ou hermaphrodites, plusieurs sont visibles pour quelque temps à l'œil nu; enfin 3° un grand nombre des étoiles polyplanètes restent toujours visibles à l'œil nu.

L'accroissement des étoiles monoplanètes ne pouvait pas être observé dans les Hermès et même dans les hermaphrodites qui restent peu de temps visibles à l'œil nu. Un accroissement réel incontestable qui a eu lieu est celui de l'étoile voisine de la Grande Ourse. L'étoile était antérieurement composée de 3 ou de 4 planètes et actuellement elle est composée d'une planète de plus. C'est cette addition de rayons nouveaux, qui a fait augmenter l'éclat de l'étoile. Si l'éclat d'Antarès était plus faible au temps d'Eratosthène, son éclat actuel résulte de l'addition d'une planète qui se dégagea des météores qui l'entouraient il y a vingt siècles.

Ce n'est que très-lentement qu'a lieu ce dégagement des planètes de leurs météores, après qu'elles ont reçu une enveloppe solide de glace transparente. En vingt siècles il y a eu 15 étoiles nouvelles; dans le même espace de temps il y a eu addition de rayons de 120 planètes nouvelles aux rayons des planètes dégagées préalablement de leurs météores. Herschel mentionne, le 26 février 1796, que l'éclat augmentant graduellement aux étoiles β des Gémeaux, β de la Baleine, ζ du Sagittaire; il n'en est plus fait mention depuis lors. Cependant cela n'empêche pas qu'il n'y ait eu accroissement réel, qui ne s'est interrompu que par suite d'un amas de météores qui disparurent d'autour de quelqu'une de ces planètes, et les rayons de celles-ci restèrent constamment ajoutés aux rayons des planètes précédentes pour rendre lesdites étoiles plus lumineuses ainsi que l'est devenu celle observée chez les Arabes.

S'il n'existait pas de pareils accroissements d'éclat, on manquerait d'exemples du mode de la disparition des nébuleuses planétaires, qui ne s'anéantissent pas, mais il s'opère un établissement d'équilibre parmi les molécules de masse brûlante de chaque jet. D'après cette cause physique la masse de chaque jet prend une enveloppe solide, se sépare des météores; ceux-ci deviennent invisibles, car les rayons de la masse brûlante ne les éclairent plus; ces rayons arrivent directement à l'œil après avoir traversé l'enveloppe solide de glace transparente.

II. **Mode de la disparition totale des étoiles.** Comme exemple de disparition incontestable des étoiles e cite : 1° celle qu'observa Herschel le 10 octobre 1781 et le 14 avril 1782, et 2° celle observée par Schmidt et par Hind en janvier 1850. Herschel admettait l'étoile rouge de cinquième grandeur comme déjà connue de Flamsteed, tandis que Schmidt, Hind et les autres astronomes savaient bien qu'il n'existait antérieurement aucune étoile visible au point où apparut l'étoile rouge qui devint invisible en quelques mois. En admettant que Schmidt ne vit pas l'étoile le même jour qu'elle se manifesta, sa durée totale ne pouvait être que d'un an environ. La disparition rapide de l'étoile rouge observée par Herschel prouve suffisamment qu'elle ne différait pas de celle de 1850, laquelle était également rouge et visible à l'œil nu.

Lorsque était encore inconnue l'existence d'étoiles périodiques et l'existence d'étoiles nouvelles de sixième et même de cinquième grandeur différentes des étoiles nouvelles de grandeur de Vénus, il était impossible de se rendre compte de l'espèce des étoiles disparues. Ce n'est qu'au moyen de l'étoile de 1850 qu'est prouvée l'identité de l'espèce de cette étoile et de celle de 1781 observée par Herschel.

Ce qui est moins incontestable c'est qu'Herschel ait vu disparaître l'étoile 55 d'Hercule placée sur le col de la figure ayant cinquième grandeur, cas qui n'exclut pas celui de l'étoile de 1850, car au point indiqué il pouvait avoir existé une étoile invisible et faible.

De même que les deux étoiles de 1572 et de 1604, les deux étoiles de 1781 et de 1850 sont des étoiles nouvelles ; 1° les deux précédentes sont des jets de masse brûlante pâteuse expulsés des soleils. 2° Les deux postérieures sont des jets de masse brûlante expulsés des planètes. La vapeur opaque produite en un an des molécules superficielles de la masse brûlante intercepte la propagation rectiligne des rayons, de même que les nuages épais interceptent les rayons du Soleil, et c'est ainsi que disparaissent non-seulement les jets de masse brûlante mais en même temps le soleil ou la planète dont les jets sont expulsés.

En admettant l'existence réelle de l'étoile 55 d'Hercule et un manque d'observation le 10 octobre 1781 et le 11 avril 1782 Herschel faisant l'observation du 24 mars 1781 aurait dû déclarer la disparition de l'étoile indiquée dans le Catalogue de Flamsteed, de même que lui et plusieurs autres astronomes se convainquirent suffisamment que plusieurs étoiles bien connues sont devenues invisibles. Ce sont les observations du 10 octobre 1791 et du 11 avril 1782 qui prouvent le mode de la disparition, ou mieux ces faits d'observation s'arrangent ici avec ceux dont est composée la longue série de la Cosmogonie, où tous les faits sont liés entre eux par la loi physique de sorte que les précédents sont les causes et les postérieurs les effets.

Résumé. I. Les soleils lipoplanètes expulsent neuf jets de masse brûlante, sur lesquels huit deviennent huit planètes, et un rebrousse chemin et rend invisible le soleil.

II. Les planètes lipodoryphores expulsent un nombre de jets de masse brûlante dont l'un rebrousse chemin pour tomber sur l'enveloppe de la planète et la rendre invisible; les autres deviennent des doryphores lumineux.

IX. — DES HYPOTHÈSES DES ASTRONOMES SUR LES ÉCLATS PÉRIODIQUES DES ÉTOILES.

§ 597. Pour initier les lecteurs à l'état primitif de la physique céleste, j'expose en abrégé les hypothèses logiques inventées pour expliquer en gros détails les faits obtenus par les observations d'étoiles à éclats périodiques.

I. Dans une monographie publiée en 1667, Boulliaud fait de *o* de la Baleine un globe doué d'un mouvement de rotation régulier et continuel autour de l'un des diamètres; le globe est obscur sur la plus grande partie de sa surface et lumineux dans le reste. Le même astronome croyait qu'il suffisait de satisfaire à toutes les conditions des phases connues alors sans faire aucune mention du mode de la production de la couleur rouge. Les faits qui résultent de la forme ovalaire ont donc été attribués à des parties de surface obscure à d'autres de surface lumineuse; la durée de la révolution de la planète autour de son soleil a été attribuée à celle d'un tour qu'il ferait autour de son axe. Pour faire résulter dans chaque période des successions différentes des éclats, Bouillaud devait admettre des changements continuels de successions des diamètres qui servent d'axe; et cela parce qu'il ignorait que *o* de la Baleine est composée d'Aphrodite et d'Hermès.

II. Pour éviter la longue durée des jours et les changements des axes, d'autres astronomes ont supposé immobile l'étoile douée des corps périphériques obscurs comme cela a lieu dans notre système. L'interposition de corps obscurs entre la Terre et le corps lumineux produit donc tous les changements irréguliers des éclats observés.

Pour rendre compte de tous les faits observés, il faut admettre qu'il n'y a autour de l'étoile lumineuse que deux planètes obscures, dont l'extérieure termine 88 révolutions en un temps T et dont l'intérieur en termine 224. Ainsi on est conduit à reconnaître par les durées des périodes des éclats, celles des révolutions des planètes, comme cela est établi ici sur une échelle plus étendue, en comprenant en même temps le mode de la production de la couleur rouge.

III. Maupertius croyait qu'il y a des étoiles très-aplaties ou semblables à des meules, et qui, circulant autour de leur corps central, se présentent à nous tantôt par leur tranche et tantôt par leur large surface.

Cette hypothèse rend compte des passages presque subits, d'un éclat extrême à l'autre; il faut cependant admettre la rotation non pas autour de l'axe de la meule mais autour de l'un de ses diamètres qui est presque perpendiculaire au rayon visuel. Au lieu d'un mouvement de rotation durant de très-longs jours, on peut admettre que le corps lumineux circule autour d'un corps invisible. Dans cette hypothèse il faut admettre comme dans la précédente, deux planètes lumineuses, pour se rendre compte de toutes les anomalies des éclats observés dans *o* de la Baleine.

IV. Hind voulut donner à la fois l'explication du mode de la production d'une périodicité des éclats et de la couleur rouge; cet astronome admet des brouillards circulant en densités différentes autour des corps lumineux.

L'existence des corps obscurs dans l'espace est incontestable; cependant il n'en résulte pas que ces corps soient un brouillard, et même, en concédant ce point, les couleurs ne résultent pas dans l'atmosphère des brouillards, mais toujours des réfractions des rayons dans leur passage oblique par la couche de l'atmosphère. Plusieurs étoiles doubles ont des couleurs tout à fait différentes. Les amas de brouillard qui circulent autour de *o* de la Baleine doivent être au nombre de deux, dont l'un doit terminer 88 circulations dans le même espace de temps que l'autre en termine 224.

V. Maedler ignorait que le mouvement des étoiles fixes résultât de l'angle *i* de l'inclinaison du plan de leur orbite sur celui de l'orbite du Soleil (§ 101); pour cette raison, il admettait l'existence d'étoiles avançant vers le Soleil. En partant d'une telle hypothèse, il trouve que l'étoile du maximum de vitesse mettra 14000 ans pour s'approcher autant qu'il est nécessaire pour obtenir un éclat double de celui qu'elle possède actuellement. Au contraire, l'éclat serait réduit à la moitié si l'étoile s'éloignait du Soleil.

Chacune de ces hypothèses a été déduite dans l'intelligence des auteurs par les combinaisons du nombre des faits qui leur étaient connus; aucune d'elles n'exclut les autres, car aucune n'est le résultat de la loi physique, laquelle régit le mode de la production des faits.

I. Il y a des périodes de durées invariables et d'autres de durées variables : 1° les durées invariables des périodes résultent de la révolution de trois jours environ du premier doryphore d'un système de satellites, ou de la révolution de quatre à dix mois d'une planète Hermès ; 2° Les durées variables des périodes résultent de la révolution des deux ou trois satellites de Zeus qui se termine en une ou deux semaines, ou elles résultent de la révolution de dix à vingt mois d'une Aphrodite qui est toujours accompagnée d'un Hermès ; 3° si l'étoile est un polydoryphore ou une polyplanète, les durées des périodes ne sont pas bien déterminées : on n'y observe que des changements d'éclats en apparence irréguliers.

II. Dans les périodes des durées invariables, les amplitudes sont médiocres chez les monodoryphores, et grandes chez les didoryphores de Zeus les monoplanètes et les diplanètes ; elles diminuent avec la multiplication du nombre des satellites ou des planètes dont l'étoile est composée. En cas pareil, la durée des périodes des polydoryphores croît et s'élève presqu'à sept mois : de même la durée des périodes des polyplanètes croît et s'élève à cinq siècles environ.

III. Il y a périodicité des durées des périodes des monodoryphores, périodicité qui correspond à la révolution de la planète invisible. Il y a périodicité des successions des degrés des éclats des hermaphrodites, périodicité qui correspond aux positions d'Hermès et d'Aprhodite ; sa durée T est le produit de la durée t de la période d'Aphrodite 88 fois ou $T = 88\,t$.

§ 598. **Question.** Comment se fait-il que les nombreux faits nouveaux contenus dans cet ouvrage soient restés inconnus aux astronomes ?

Réponse. Cela vient de ce que, pour être vraiment un astronome, on devrait s'occuper uniquement à faire des observations et chercher à découvrir des faits nouveaux qui restent acquis à la science, tandis que ceux qui voulaient découvrir à toute force quelques liaisons entre ces faits, n'employaient que des combinaisons différentes des faits connus. Les résultats ainsi obtenus étaient bientôt démentis par des découvertes nouvelles. On savait que les faits cosmiques suivent une loi indépendante de l'intelligence de l'homme et de ses raisonnements logiques; cependant on ignorait la voie qui conduit à la découverte de cette loi, voie qui est également conforme aux raisonnements logiques; mais pour parvenir à des raisonnements pareils, il eût fallu préalablement connaître la loi physique.

Si les astronomes, les physiciens, les chimistes, les naturalistes étaient bien imbus de cette vérité, que la seule loi physique régit la production de tous les faits cosmiques, rien ne serait plus raisonnable que de s'occuper à connaître toutes les séries de faits et de chercher à en déduire le mode commun de leur production. Si l'on n'a pas procédé ainsi jusqu'à présent, la cause doit en être attribuée aux règlements prescrits pour l'instruction de la jeunesse, dont l'intelligence ne pouvait que se mouler sur celle de leurs maîtres.

Depuis l'invention des télescopes, les objets célestes se multiplièrent tellement qu'il devint impossible d'embrasser l'observation de toutes les espèces. Parmi les astronomes, les uns croyaient le nombre des faits découverts insuffisants pour en déduire la loi de leur production; les autres croyaient qu'en ramenant les faits observés à des formules mathématiques et connaissant les résultats obtenus par l'observation, il suffit de soumettre ces formules à des combinaisons qui conduisent à des résultats de calculs conformes à ceux obtenus par les observations. Telle est la voie qu'a suivie Laplace; sa *Mécanique céleste* n'est composée que de faits déjà connus : ce mathématicien présente ces faits en formules algébriques, et les combine de manière à donner par le calcul un résultat déjà connu par l'observation, et alors le lecteur croit de bonne foi avoir découvert le mode physique de la production des faits.

C'est dans la *Physique céleste* qu'est indiquée la seule loi physique, et le lecteur comme l'auteur arrive à son insu à des résultats dont ni lui ni personne n'avaient la moindre idée : tout est devenu facile à concevoir; l'homme est maintenant en état d'apprendre l'ensemble des sciences qui constitue une seule science, la *Panépistème*. Au moyen de la *Mécanique céleste*, les astronomes n'ajoutent rien au fait de connaissances réelles à celles qu'ils possédaient, tandis qu'ici rien ne reste inexplicable, et chacun, en peu de temps, est initié aux dernières limites physiques de la science.

De même qu'il a fallu qu'on connût les parties du langage et qu'on en tirât la *loi logique* qui régit les liaisons des huit parties ou espèces de mots qui forment la grammaire; de même, il a fallu que l'on connût un grand nombre des faits de chaque science pour en pouvoir découvrir la *loi physique* qui régit les liaisons de toutes les espèces de faits cosmiques et d'où résulte la Panépistème.

De nos jours, l'astronome s'étonne en voyant que le physicien, conduit par une loi inconnue jusqu'à présent, donne aux faits enregistrés un arrangement tel, que les premiers sont les causes et les suivants les effets. C'est ainsi que Copernic a pu, au moyen d'une loi fort simple, disposer et classer le grand nombre de faits restants enregistrés depuis les premiers astronomes.

CHAPITRE VI.

ÉTOILES DOUBLES OU SYSTÈMES DES PLANÈTES LUMINEUSES.

§ 298. Il y a dans la voûte céleste des couples d'étoiles qui se distinguent, 1° par leur grande proximité et 2° par leur isolément des autres étoiles ambiantes. Parmi les astronomes c'est Herschel qui s'en occupa le premier, et en découvrit environ cinq cents. Si d'abord les astronomes y avaient fait peu d'attention, la cause en doit être attribuée à ce que l'isolement des couples n'est ni universel dans toute la voûte céleste, ni bien déterminé.

Il y a au ciel une région dont l'étendue occupe les constellations d'Orion, du Taureau et de la Licorne, cette région se distingue de toutes les autres par la grande proximité des étoiles, proximité qui surpasse fréquemment celle des étoiles de la Galaxie et ne diffère pas de celle qui sépare les éléments des couples. Dans l'étendue occupée par les Pléiades, Maedler compta plus de cinq cents étoiles.

Cette région de la voûte céleste est nommée ici *pycnoastérisme* (πυκνός, *dense*) ou constellation composée d'étoiles d'une densité supérieure. Cette densité des étoiles est donc un obstacle qui ne permet pas de distinguer les éléments réels des couples, cela a lieu cependant aussi pour les autres parties de la voûte céleste. Telle me paraît être la cause pour laquelle les astronomes antérieurs à Herschel n'ont pas considéré la proximité des étoiles comme l'indice d'un état particulier. Du reste, pas plus qu'Herschel, les astronomes de nos jours n'ont considéré comme un état particulier la proximité exceptionnelle des étoiles du pycnoastérisme. Lorsqu'en 1778 Mayer, de Mannheim, publia une observation de quatre-vingts étoiles très-rapprochées, il n'éveilla pas l'attention des astronomes.

La liaison physique entre les éléments des couples se manifeste par une circulation de l'étoile *périphérique* autour de l'étoile *centrale;* celle-ci est considérée comme *soleil* et l'autre, qui circule, comme un satellite ou comme une planète lumineuse. Ainsi *étoile double*, *étoile multiple* et *système de planètes lumineuses* sont devenus synonymes. Il serait difficile de s'apercevoir de telles circulations si, précédemment, Herschel n'avait pas distingué les couples et déterminé les positions des deux éléments, de même qu'avant lui l'avait fait Mayer, de Mannheim.

Herschel ne manqua pas de s'occuper des étoiles du pycnoastérisme, mais la vie est trop courte pour qu'un homme puisse remarquer les mouvements tout particuliers de ces étoiles, mouvements qui diffèrent de ceux des étoiles périphériques et de ceux des étoiles de l'espace stellaire.

Dans l'étendue du pycnoastérisme existent plusieurs étoiles au nombre de quatre, six ou même davantage qui, sans éprouver de changement dans leur position mutuelle, se trouvent déplacées toutes à la fois. Herschel ne vécut pas assez pour expliquer en quoi consiste cette particularité des étoiles du pycnoastérisme, car de pareils cas ne se rencontrent pas en dehors de cette région. Maedler et quelques autres ont voulu y découvrir les traces d'un système circulant autour d'un corps plus gros visible ou invisible. Le même astronome n'est pas allé plus loin, et n'est pas arrivé à connaître que les éléments ne peuvent rester entre eux en même position que dans le seul cas où ils circulent tous presque avec égale vistesse autour du corps central, en même temps que d'autres circulent autour du même corps avec une vitesse différente, de même que Maedler l'a établi lui-même pour un grand nombre d'étoiles des Pléiades et des Hyades.

L'existence des corps centraux invisibles, autour desquels circulent des corps lumineux, est connue de Maedler et des autres astronomes actuels; cette grande découverte est due à Bessel. De même que Sirius, Procyon, l'Épi circulent chacun autour d'un corps invisible, de même les étoiles du pycnoastérisme circulent autour d'un gros corps invisible, de sorte que Maedler n'a plus besoin de chercher ce corps dans l'ensemble des centaines d'étoiles de la région des Pléiades. Je ne saurais trop m'attacher à mettre le lecteur en garde contre l'erreur de Maedler qui rassembla, il est vrai, les matériaux tendant à prouver l'existence d'un corps central invisible, et qui cependant ne put les arranger de façon à en déduire la place que ce corps occupe. Ce grand astronome acheva la découverte commencée par Bessel, mais, par un oubli inconcevable, il s'arrêta à moitié de la voie qui l'eût conduit à la découverte du seul corps central du système solaire.

Après avoir exposé les classifications des étoiles doubles d'Herschel et de Struve, je vais exposer la seule classification naturelle comprenant l'ensemble de tous les systèmes planétaires.

I. Systèmes planétaires composés de deux et jamais de trois ou quatre éléments visibles.

II. Systèmes doryphoriques d'un seul élément visible.

I. CLASSIFICATION DES ÉTOILES DOUBLES PAR HERSCHEL ET PAR STRUVE.

§ 299. Après avoir observé un grand nombre de couples d'étoiles très-rapprochées et isolées, Herschel s'aperçut que, même dans des limites très-restreintes, leur nombre n'est pas proportionnel aux aires des cercles décrits autour de l'étoile la plus grande avec des rayons de 4″, 8″, 16″, 32″; au contraire, les nombres des couples se trouvent en rapport inverse avec les aires de ces cercles; de sorte qu'il a cru qu'il convenait de se borner à une distance de 32″, quoique la limite imposée par les couples eux-mêmes ne surpasse pas la limite 6″, comme cela va être démontré.

Soit K (fig. 39) l'étoile centrale qui est habituellement plus lumineuse que la périphérique. Herschel décrit quatre cercles concentriques avec les rayons KA = 4″, Km = 8″, KZ = 16″, KC = 32″. Par rapport donc aux intervalles entre les deux éléments ou à leur distance angulaire Γ, il distingua les couples en quatre classes, et cela parce qu'une subdivision analogue paraît présentée par les couples eux-mêmes. Herschel ne remarqua pas qu'il opère suivant la loi de Bode en prenant les distances en une progression géométrique $\div 4 : 2 \times 4 : 2^2 \times 4 : 2^3 \times 4$. Les aires forment la progression composée des carrés de ces termes $\div 4^2 : 2^2 \times 4^2 : 2^4 \times 4^2 : 2^6 \times 4^2$; il ne péchait que par trop d'exagération dans les distances angulaires.

Fig. 39.

Les étoiles des quatre classes occupent les aires, 1° $4^2 \pi r^2$; 2° $2^2 \times 4^2 - 4^2 \pi r^2 = 3 \times 4^2 \pi r^2$; 3° $2^4 \times 4^2 \pi r^2 - 2^2 \times 4^2 \pi r^2 = 12 \times 4^2 \pi r^2$; 4° $2^6 \times 4^2 \pi r^2 - 2^4 \times 4^2 \pi r^2 = 48 \times 4^2 \pi r^2$. Ces aires sont : 1° le cercle AaA', 2° l'anneau $AmA'm'$, 3° l'anneau $mZm'Z'$ et 4° l'anneau $ZCZ'H'$.

Le catalogue d'Herschel contient 445 étoiles doubles, celui de Struve en contient 2640 et celui de l'observatoire Dorpat en contenait 3057 en 1850. Dans le tableau suivant sont contenus les nombres des étoiles doubles de chaque classe et les aires dans lesquelles ces étoiles se trouvent. Pour faire mieux ressortir la diminution rapide des couples des distances angulaires supérieures, j'indique le nombre des étoiles de chaque classe occupant une superficie égale à celle du cercle $AaA' = 4^2\pi r^2 = 16a$ prise pour unité, de sorte que toutes les étoiles doubles obtiennent une classification, non pas suivant les distances angulaires, mais suivant les surfaces dans lesquelles elles se trouvent. Ainsi l'on peut réduire à une seule la classification d'Herschel en quatre classes et celle de Struve en huit classes d'étoiles doubles, de sorte que se montre bien l'exagération des limites dans les nombres des étoiles doubles contenues dans l'unité des superficies.

Comparaison des étoiles de chaque classe avec la superficie occupée.

CLASSES d'Herschel	CLASSES de Struve.	Distances angulaires.	AIRES des classes.	Étoiles d'Herschel.	Étoiles de Struve.	RAPPORT entre les étoiles et les aires d'Herschel.	RAPPORT entre les étoiles et les aires de Struve.
I	I II III	1″ 2 4	$4^2\pi r^2$	97	91 314 535	$\frac{97}{1} = 97$	$\frac{940}{1} = 940$
II	IV	8	$3 \times 4^2\pi r^2$	102	582	$\frac{102}{3} = 34$	$\frac{582}{3} = 194$
III	V VI	12 16	$12 \times 4^2\pi r^2$	114	352 231	$\frac{114}{12} = 9$	$\frac{583}{12} = 49$
IV	VII VIII	24 32	$48 \times 4^2\pi r^2$	132	535	$\frac{132}{48} = 3$	$\frac{535}{48} = 11$
	Somme.			445	2640		

§ 300. **Observations.** Dans une superficie de $4^2\pi r^2$ ou $r = 4''$ il ne se trouve pas des quantités égales d'étoiles doubles de chaque classe. Les couples optiques étant en rapport direct avec les superficies, il suffit d'en admettre 20 dans chaque aire de $4^2\pi r^2$ pour rendre évidente la disparition des étoiles doubles des classes supérieures.

La proximité des éléments ε, ε' croît avec l'éloignement des couples de la Terre; de même croît la proximité des étoiles ambiantes e, e, e; une distance angulaire entre ι, ι' de 16″ dans l'éloignement de δ devient de 1″ dans un éloignement de 16δ, et une distance angulaire entre les étoiles ambiantes e, e, e..., de 8′ dans l'éloignement de δ devient de 30″ dans l'éloignement de 16δ et de 20″ dans l'éloignement extrême de 24δ; en indiquant par δ la distance qui sépare la Terre de l'étoile α du Centaure la moins éloignée de la Terre. Parmi les étoiles doubles qui ont presque terminé une révolution autour de leur étoile centrale, il ne s'en trouve aucune à une distance de la Terre dépassant 24δ. J'exposerai plusieurs autres faits qui ne permettent pas de considérer comme étoiles doubles toutes celles appartenant aux classes supérieures; laissant à part α du Centaure, on ne connaît aucun couple à mouvement orbiculaire constaté ayant une distance angulaire de 8″, tandis que leur nombre croît rapidement avec la diminution de cette distance; 61 du Cygne est douteuse.

Pour composer son catalogue de 2540 étoiles doubles, Struve observa et mesura 120000 étoiles; si l'on augmente le nombre des étoiles doubles jusqu'à 3057, il vient un couple entre 40 étoiles ou même un entre 100 ou 200, en déduisant une quantité q pour les trop grandes distances angulaires et une autre q' pour les étoiles optiques. Ni Struve ni aucun des autres astronomes n'ont fait la comparaison entre l'isolement des étoiles doubles et celui des nébuleuses planétaires indiqué par Herschel. Ce grand astronome en a fait usage; comme il n'admettait pour les nébuleuses qu'un état de transition, il a été conduit à reconnaître que les systèmes planétaires présentés comme étoiles doubles ne sont qu'un résultat des nébuleuses planétaires, et cependant il méconnut la forme de meule.

Non-seulement ledit isolement est commun aux nébuleuses et aux couples, mais encore leurs dimensions, en considérant le diamètre des nébuleuses comme le diamètre des orbites. Herschel, dont l'esprit n'était pas préoccupé d'hypothèses ou de préjugés, ne devait pas être entraîné par eux, lorsque les faits observés ne s'arrangeaient pas d'une manière conforme; au contraire, il se hâtait d'annoncer même les faits absurdes en apparence, mais non pas moins réels pour cela. Herschel vit le diamètre équatorial de Saturne supérieur à son axe et inférieur au diamètre qui passe par les tropiques de ses deux hémisphères.

§ 301. **Rapport entre les nombres des couples des quatre classes et leurs distances de la Terre.** Pour fixer les idées, admettons pour unité de mesure de l'espace céleste la distance δ qui sépare la Terre de l'étoile la moins éloignée; telle est α du Centaure qui est double; la centrale est de 1re grandeur et la périphérique de 4e; elle est séparée de la centrale par un intervalle ou distance angulaire de 15″,5. Toutes les autres étoiles se trouvent à des distances supérieures 2δ, 3δ, 4δ..., $n\delta$; occupons-nous des étoiles doubles : α du Centaure étant de la 3e classe d'Herschel serait de la 2e à une distance de 2δ, et elle serait de la 1re classe si elle était à la distance de 4δ. Pour se montrer comme étoile double de 1re classe de Struve, α du Centaure devrait se trouver à une distance de 16δ.

Admettons un égal nombre de couples pour chacune des quatre classes distribuées dans des strates des distances de la Terre de 2δ, 4δ, 8δ, 16δ, 32δ; nous verrons à la distance de 2δ les couples dont les éléments sont séparés par les intervalles de 4″, 8″, 16″, 32″, de même que paraîtraient les quatre planètes extérieures, chacune d'elles se trouvant seule en un système planétaire avec son soleil invisible et les endoplanètes inséparables et paraissant comme une étoile centrale. A un pareil éloignement de 2δ, les deux éléments de α du Centaure paraîtraient séparés par un intervalle de 8″. En considérant les planètes Chronos séparées par de tels intervalles angulaires, les planètes Ouranos seront séparées par des intervalles de 16″, et Poseidon par des intervalles de 32″. Admettons pour l'espace vide ambiant 10′ ou 640″.

1° A une distance de 4δ de la Terre se trouvant une strate s'' composée de systèmes de planètes comme ceux de la strate s', tous les quatre intervalles se réduisent à la moitié, les planètes Poseidon paraîtront comme Ouranos, celles-ci comme planètes Chronos, lesquelles apparaîtront sous un intervalle angulaire de 4″.

2° A une distance de 8δ de la Terre dans la strate s''', les planètes Poseidon seront séparées de leur étoile centrale par l'intervalle de 4″, les planètes Ouranos par l'intervalle de 2″, et les planètes Chronos par l'intervalle de 1″, lequel manquait dans les deux strates précédentes; cet intervalle angulaire est presque la limite de séparation, car les deux éléments se présentent comme un petit disque au grossissement de 400 à 500.

3° A une distance de 16δ les planètes Poseidon paraissent séparées de leur étoile centrale par l'intervalle de 2″, et les planètes Ouranos par l'intervalle de 1″; la séparation des Chronos devient impossible.

4° A une distance de 32δ les planètes Poseidon paraissent séparées de leur étoile centrale par l'intervalle de 1″; les étoiles ambiantes au delà de l'espace vide se présenteront en un intervalle de 16″ à 20″, pour ne pas différer des Poseidon et des Chronos de la strate s'.

La condition requise pour que les étoiles ambiantes autour de l'espace vide des couples se confondent entre elles, consiste donc en ce que ces étoiles doivent se trouver à une distance de 32δ. Si dans la voûte céleste il existe quelque région qui contienne une multitude d'étoiles trop rapprochées pour qu'on en puisse distinguer les couples, dans cette même direction existent en même temps des étoiles dont les strates sont séparées de la Terre par des distances de 3δ, 4δ, 8δ... contenant des étoiles de systèmes planétaires. Si, au contraire, il se trouve dans la voûte céleste des régions dans lesquelles les intervalles des planètes Poseidon diminuent jusqu'à 3″ ou 4″, cela prouve qu'en ces directions il n'existe pas d'étoiles au delà des strates s^{v} ou s^{v} séparées de la Terre par la distance de 24δ.

A cette strate s^{v} se trouvent des étoiles ambiantes séparées par des intervalles $\frac{600''}{24} = 25''$, et d'autres séparées par des intervalles allant jusqu'à 16″. Si l'observateur n'est orienté que par les intervalles, il n'est pas en état de connaître si les couples sont physiques ou s'ils sont optiques, moins par projection optique que par l'éloignement de la Terre. En cas pareil, il faut, pour s'orienter, prendre en considération les degrés des clartés des éléments, car ces degrés sont en raison inverse des carrés des distances.

A la distance δ de α du Centaure, l'étoile centrale est de première grandeur, et la périphérique de quatrième ; aux distances supérieures de la Terre, les éclats des éléments décroissent, de sorte qu'il devient évident que deux éléments, très-faibles pour composer un couple, ne doivent jamais être séparées par un intervalle supérieur à 1″ ou à 2″. Des couples pareils doivent être d'autant plus rares qu'ils ne résultent que des planètes Poseidon.

§ 302. **Origine de l'accroissement du nombre des étoiles des classes inférieures.** 1° Si la strate s' de distance δ et de système de planètes était occupée seulement, l'intervalle serait de 64 pour les planètes Poseidon, de 32″ pour les Ouranos, de 16″ pour les Chronos, de 8″ pour les Zeus ; mais il n'en est pas ainsi, parce qu'à cette distance δ manque une strate pareille de systèmes de planètes comparables à celui de α du Centaure.

2° Dans la strate s'' de distance 2δ, il n'existe pas non plus de systèmes planétaires ; car 0″,919 étant la parallaxe de α du Centaure, il n'existe aucune étoile dont la parallaxe soit 0″,459.

3° Les systèmes planétaires n'existent que dans la strate s''' de distance 4δ, dans laquelle les planètes Poseidon sont séparées de leur étoile centrale par l'intervalle de 16″, Ouranos par 8″, Chronos par 4″.

4° Dans la strate 8′′ de distance 8∂, les intervalles des planètes Poseidon se réduisent à 8″, ceux des Ouranos à 4″.

C'est de cette manière que croît le nombre des couples dont les éléments sont séparés par des intervalles compris entre 1″ et 4″ ; ce nombre compose la première classe suivant Herschel, ou les trois précédentes suivant Struve. Il n'y a pas de liaison physique entre les grandeurs des intertervalles et les noms des planètes; cette liaison ne se présente que dans la durée de leur révolution.

§ 303. **Durées de révolution des étoiles périphériques**. Parmi les étoiles périphériques, les unes ont déjà terminé plus d'une révolution, d'autres plus de la moitié et d'autres un arc plus ou moins suffisant pour qu'on puisse obtenir par le calcul la durée de la révolution. Au moyen de la durée T de la révolution et de l'intervalle Γ qui sépare les deux éléments des couples, les astronomes, en admettant la loi newtonienne, obtinrent l'équation

$$(\alpha) \qquad R^3 = M \times T^2,$$

en indiquant par R le rayon de l'orbite de l'étoile périphérique et par M la masse de son soleil. Du rapport entre les rayons R, r de l'orbite de l'étoile et de la Terre, et leurs arcs Γ, γ résulte l'équation

$$\gamma : \Gamma = r : R;$$

r étant égal à 1, on a

$$(\beta) \qquad R = \frac{\Gamma}{\gamma}.$$

R est le rayon de l'orbite de l'étoile et γ sa parallaxe; par la substitution de la valeur de R, on obtient

$$(\gamma) \qquad \frac{\Gamma^3}{\gamma^3} = MT^2,$$

M étant égal à 1, on a

$$(\delta) \qquad \gamma = \frac{\Gamma}{\sqrt[3]{T^2}}.$$

Faisant la comparaison entre les valeurs des parallaxes ainsi obtenues et celles qui résultent des observations, Bessel, Struve, Rumker, etc., n'ont pas trouvé de très-grandes différences. Toutefois, cela n'a pas été admis par les autres astronomes; car, suivant la formule indiquée, on trouve la masse M de tous les soleils égale à celle de notre Soleil. Cela, du reste, a été considéré comme une simple conjecture, car le calcul indiqué n'est basé ni sur des faits établis par les observations, ni sur quelque loi connue.

II. DU MODE DE L'APPLICATION DES CALCULS SUR LES DURÉES DE RÉVOLUTION DES ÉTOILES PÉRIPHÉRIQUES.

§ 304. Il n'y a presque point de désaccord entre les résultats des calculs sur les durées de révolution des étoiles qui ont parcouru au moins un quart de leur orbite depuis l'époque où elles ont été observées. Au contraire, parmi le grand nombre de calculateurs, il n'y en a pas deux qui aient obtenu le même résultat en introduisant dans leur calcul des points différents de l'orbite de l'étoile périphérique. Ces désaccords ne résultent ni des calculs ni d'un manque d'exactitude dans les observations; leur origine se trouve dans l'hypothèse *que l'étoile centrale n'étant pas décomposable au moyen des instruments que nous possédons est admise comme étoile simple comparable au Soleil*. En ce cas, les astronomes agissaient comme les chimistes qui admettent plus de soixante corps soi-disant simples pour la seule raison qu'ils ne savent pas comment faire pour se persuader que les corps étant le reste de la séparation d'un élément, ce reste est indécomposable, précisément parce qu'il n'est pas un corps produit par la combinaison.

Thile n'a pu obtenir une courbe fermée d'un nombre de points relevés des positions de l'étoile périphérique ζ de la Baleine; ces points ont été choisis parmi ceux où l'étoile se trouva entre 1830 et 1842.

De même en introduisant dans le calcul différents points de l'orbite de l'étoile périphérique de Castor, différents calculateurs obtinrent les résultats suivants très-divergeants, comme on peut le voir :

1831. Herschel, 252 ans de révolution.

1836. Maedler, 232 ans.

1845. Hind, 632 ans.

1860. Maedler, 520 ans.

1862. Thile, 996.

Pour la durée de la révolution de l'étoile périphérique de δ du Cygne, les calculateurs obtinrent également des résultats discordants pour la durée T et pour le rayon a de l'orbite :

1856. Hind trouva T = 178 ans 256 jours, et $a = 1'',811$.

1865. Behrmann trouva T = 280 ans, et $a = 3'',165$.

Struve trouva $a = 3'',229$.

Bischop trouva $a = 3,290$.

Maedler trouva $a = 2,792$.

Fletcher trouva $a = 4,005$.

Woottesley trouva $a = 3,005$.

Secchi trouva $a = 3,734$.

A. De la circulation des planètes lumineuses

§ 305. **Méthode des observations.** L'objet étant très-important, je persiste à prouver ici qu'il n'y aurait aucune erreur dans les observations, au cas où le milieu de l'étoile centrale resterait immobile comme on l'a admis. Pour mesurer les arcs parcourus par l'étoile périphérique, on emploie deux fils très-fins qui se croisent au foyer R d'une lunette. L'un de ces fils H'H (fig. 39) est fixe et parallèle à l'horizon ; l'autre K*e* est mobile. Pour faire l'observation, on dirige le foyer de la lunette au centre K de l'étoile centrale, et l'on fait tourner le fil K*e* pour qu'il passe par le centre de l'étoile périphérique. Jamais personne n'a soupçonné dans ce genre d'observations d'autre manque d'exactitude que ceux auxquels sont sujettes toutes les observations pareilles; jamais non plus personne n'a soupçonné quelque erreur dans les calculs, et cependant aucun des résultats obtenus ne présente une continuation des points par lesquels l'étoile doit passer.

En présence de pareilles divergences dans les résultats des calculs, les ignorants ont trouvé plaisant de tourner en ridicule les astronomes et leurs observations; ils verront ici que ces désaccords mêmes sont le plus sûr indice de la probité scientifique qu'apportent dans leurs travaux les vrais amis de la science : en effet, c'est précisément ces résultats divergents qui conduisent à en reconnaître l'origine commune.

306. **Erreurs provenant des angles de position.** Avant la découverte des télescopes, chaque étoile était considérée comme un corps isolé et lumineux comparable au Soleil; au moyen des premiers télescopes faibles encore, on vit qu'un grand nombre d'étoiles sont composées de deux ou de plusieurs, et que d'autres sont simples; un grand nombre de ces dernières, examinées avec des télescopes plus puissants, se montrèrent comme étoiles composées habituellement de deux, rarement de trois, plus rarement de quatre.

Depuis la découverte de la circulation des étoiles périphériques, on acquit la certitude que la séparation devient impossible lorsque la distance est environ de 1″ dans le cas où les éléments sont des étoiles presque égales, distance qui croît et devient d'autant plus grande qu'est aussi plus grande l'inégalité des éclats des deux éléments, comme, par exemple, celles de σ de la Couronne 5,0 et 6.1; lorsque la distance entre elles devient de 1″,4, l'œil ne peut plus les voir séparées : elles apparaissent en contact sans laisser d'intervalles entre elles.

Pour être à l'abri de toute objection, j'admettrai que

les étoiles sont pour l'œil inséparables à une distance de 0",9, distance qui serait la parallaxe σ de la Couronne, si elle était l'étoile la moins éloignée de la Terre; mais sa parallaxe étant évaluée à 0",068, il en résulte que σ de la Couronne est 14 fois plus éloignée de la Terre que α du Centaure, et par suite, que l'intervalle entre les deux éléments de σ de la Couronne est supérieure à celui qui sépare Saturne du Soleil; car dans l'éloignement de δ, c'est la parallaxe 0",9 qui correspond à la distance $r = 1$ entre la Terre et le Soleil.

De même que les deux éléments à une telle distance entre eux paraissent comme une étoile simple inséparable, de même restent pour toujours inséparables les étoiles centrales des couples composés des quatre endoplanètes et de Zeus, lorsque l'étoile périphérique est un Chronos; aux couples les plus éloignés, Chronos est inséparable des cinq autres planètes, et l'étoile périphérique est la planète Ouranos. Aux couples d'extrême éloignement, Ouranos même se présente comme inséparable des six autres planètes, et Poseidon est l'étoile périphérique; mais si un système pareil se trouvait en un éloignement moins grand, il serait possible de séparer à la fois Poseidon et Ouranos, ou Ouranos et Chronos, et c'est ainsi que l'étoile paraîtrait triple. Dans les cas où les systèmes sont complétés et l'éloignement de la Terre pas très-grand, il deviendrait possible de séparer les trois planètes les plus éloignées de l'étoile centrale qui est toujours inséparable, étant composée de Zeus et de quatre endoplanètes; dans ces cas, un système planétaire complet paraîtrait comme une étoile quadruple.

Rien n'est plus évident que l'existence d'étoiles composées de plusieurs éléments, et cependant inséparables au moyen des instruments actuels; j'ai prouvé que les étoiles variables sont composées de deux ou plusieurs, lorsque les éclats ne se répètent pas régulièrement dans le même ordre. On sait que dans un grand nombre d'étoiles doubles les éclats varient très-irrégulièrement (§ 278); cependant toutes ces preuves paraissaient insuffisantes pour convaincre chacun des obsevateurs de l'existence d'étoiles nombreuses composées de 2, 3, 4, 5, 6 et même de 7 et 8 étoiles, planètes ou doryphores.

Rien n'est plus embarrassant que d'être forcé de prouver par des observations l'existence d'étoiles composées et cependant inséparables; heureusement qu'en ce cas la preuve se trouve précisément dans les résultats des observations de ceux qui nient l'existence d'étoiles composées et inséparables, et, s'attachant à cette hypothèse, considèrent dans les étoiles doubles la centrale comme un corps simple, comparable au Soleil, corps simple dont on a même cru avoir trouvé la masse.

Chacun des observateurs qui lira ces lignes reconnaîtra volontiers qu'il était dans l'erreur en considérant l'étoile centrale comme un soleil; qu'au contraire, ces étoiles sont composées au moins de cinq planètes Zeus et les quatre planètes intérieures. Au milieu du disque, il n'y a pas un centre immobile K, autour duquel circule l'étoile périphérique, mais ce milieu *m* (fig. 39) est un point placé toujours entre Zeus et les endoplanètes.

§ 307. **Rectification des erreurs des observations.** Soit A*a*A′ l'espace occupé par les quatre endoplanètes lumineuses qui circulent avec la planète Z Zeus autour du soleil K invisible; de même la planète Chronos C circule autour de ce soleil dans le sens de la flèche. Il a été dit que l'angle de position *p* est produit dans la lunette par le croisement de deux fils fins, dont la projection s'opère sur le disque de l'étoile double indiquée, 1° la centrale par l'espace comprenant l'ensemble de Z et AA′ et 2° la périphérique par le point C occupé par Chronos.

En regardant l'étoile l'observateur cherche à placer le point K de croisement des fils précisément au milieu *m* du disque de l'étoile centrale; ce milieu *m* se trouve toujours entre le point occupé par Zeus et l'espace occupé par les quatre endoplanètes. Zeus étant en Z, le milieu du disque est en *m*; lorsque après une demi-révolution Zeus est en Z′, le milieu du disque se trouve en *m*′. Après une révolution de Zeus, le milieu *m* décrit une périphérie autour du centre K.

Pour déterminer l'angle de position on conserve pour le fil HH′ une position parallèle à l'horizon et on le déplace en haut jusqu'à *nn* et en bas jusqu'à *n*′*n*′ pour occuper le milieu *m*, *m*′, *m*″, *a* du disque par le point *p* du croisement des fils. Le fil mobile *m*C, *m*C‴, *m*C′ donne les angles des positions C*m*C‴, C*m*C′..., et en même temps le sens de la direction du mouvement orbiculaire.

Si les durées T, T′ de révolution de Zeus et de Chronos étaient égales, le milieu *m* du disque décrirait pendant le même temps une révolution autour du soleil K et les croisements de l'angle de positions seraient réguliers; mais la durée de la révolution de Zeus est 4332 α et celle de Chronos 10759 α; de sorte qu'il faut 4332 révolutions de Chronos pour que le même ordre se reproduise dans les positions des deux planètes. Ainsi il devient évident que, dans chaque système planétaire, la position relative change chaque jour entre deux ou plusieurs planètes, de même que changent les positions des satellites de chaque système.

Pour fixer les idées, admettons en conjonction les planètes Jupiter Z et Saturne C qui terminent leur révolution en 4332 jours et en 10,759 jours. Si un observateur placé dans une étoile pouvait voir le Soleil et les planètes, il connaîtrait la durée de la révolution par celle que les planètes mettent à parcourir un arc de 10° ou de 20°. Mais en admettant les planètes lumineuses et que le Soleil ait une clarté imperceptible, Zeus et les endoplanètes paraîtraient de loin comme le disque d'une seule étoile dont le milieu *m* occuperait précisément un point qui sépare l'espace lumineux A*a*A′ des quatre endoplanètes de l'espace Z également lumineux occupé par Zeus qui circule.

2166 jours après l'époque de ladite conjonction, Zeus aura parcouru la moitié de son orbite pour se trouver en Z′; de même le milieu m du disque se trouvera en m' et Chronos sera en c. Lorsque Zeus terminera une révolution, Chronos se trouvera en C″, ayant parcouru un arc de $143° = \frac{4332}{10789} \times 360°$.

Faisant la comparaison entre les résultats des deux observations séparées de 2166 et de 4332 jours, on trouvera que Chronos a parcouru un arc de l'angle $CmC' = CKb$; angle qui ne diffère pas de l'angle véritable de la position. Mais si la deuxième observation se fait 2166 jours après l'époque de la conjonction, lorsque Zeus est en Z′ et le milieu du disque en m', la planète Chronos étant en c, l'angle de position sera $Cmc = CKd$ qui est inférieur à la moitié de l'angle CKb.

Lorsque après 4332 + 2166 jours de l'époque de la conjonction Zeus se trouvera de nouveau en Z′, Chronos en 6498 jours parcourra 214° et se trouvera en c'; point qui, étant comparé avec celui d où Chronos était avant 4332 jours, donne un angle de position qui n'est pas de 143°, mais supérieur à 180°. Cette accélération ainsi que les retardements ont été attribués aux inclinaisons différentes des plans des étoiles périphériques sur le plan de l'équateur terrestre. De sorte que les changements des vitesses servaient dans les calculs à déterminer les positions de plans des orbites. Malgré toutes ces précautions, jamais, depuis le commencement du siècle, deux astronomes n'obtinrent le même résultat des calculs dans lesquels entrent deux ou plusieures positions différentes de la même étoile périphérique. Telle est la preuve de la composition de l'étoile centrale de tous les couples par les quatre endoplanètes et par une, deux ou même trois des planètes extérieures.

De même que la vitesse du mouvement orbiculaire, de même l'intervalle I′ entre les deux éléments de chaque couple éprouve des changements très-anomaux. En admettant le plan de l'orbite différemment incliné sur celui de l'équateur terrestre, il résulte qu'il ne faut pas que l'intervalle ou la diistance angulaire reste constant entre les deux éléments. Cependant chaque fois qu'on a introduit dans le calcul les diisances Γ observées en différentes époques et en même temps l'angle p de position correspondant à chacune des distances, les résultats obtenus se sont trouvés différents.

L'excentricité des orbites des planètes est très-petite; elle est admise comme considérable dans les orbites des étoiles périphériques, car on est forcé de faire ainsi pour faire passer les orbites par les points obtenus des observations. En variant donc, 1° l'inclinaison i des orbites sur l'équateur terrestre et l'excentricité e, il est toujours possible d'obtenir une courbe qui passe par trois ou quatre points observés; mais la courbe ainsi obtenue ne passe pas par les points dans lesquels se trouva l'étoile à d'autres époques, points qui, introduits dans les calculs, donnent une autre orbite pour l'étoile.

I. Admettons, 1° que l'axe de l'orbite de l'étoile périphérique C passe par la Terre, et 2° que l'excentricité ne diffère pas de celle d'une des quatres planètes extérieures; en ce cas l'intervalle Γ entre les éléments du couple serait invariable par rapport au centre K du Soleil et doit varier par rapport au milieu m du disque composé : 1° de Zeus qui circule et 2° des quatre endoplanètes qui occupent l'espace AaA'.

Distances angulaires. 1° Lorsque Zeus Z est en conjonction avec Chronos C, on a pour intervalle $\Gamma = ZC = mC - Zm$; cette valeur est le minimum absolu des intervalles ou des distances angulaires observées.

2° Lorsque Zeus est en Z' et Chronos en c, l'intervalle apparent est $m'a + ac = mC + m'a$, valeur beaucoup supérieure à la précédente.

3° Dans toutes les autres positions de Zeus et de Chronos les intervalles seront entre les limites extrêmes ZC et mZC.

Vitesses. De même que la longueur de l'intervalle Γ, de même la vitesse V apparente se trouvera limitée entre un maximum et entre un minimum absolu.

1° Lorsque, après l'époque de la conjonction, partent suivant les flèches Chronos, Zeus et le milieu *m* du disque, la vitesse réelle est indiquée par l'arc C*c* de l'angle CK*c* et la vitesse apparente est l'angle C*m*'*c* = CK*d* qui est inférieur ; tel est le minimum de vitesse.

2° La valeur du maximum de la vitesse est obtenue dans le cas où Zeus Z' est en opposition avec Chronos C. Pendant que Zeus parcourt son demi orbite Z'Z''Z, Chronos parcourt comme précisément l'arc C*c*, mais en sens contraire par rapport à Zeus. La vitesse réelle égale à la précédente est indiquée par l'angle CK*c* et la vitesse apparente supérieure est indiquée par l'angle C*md*''.

Dans une seule et même durée T, l'étoile périphérique se présente parcourant avec un minimum de vitesse l'arc C*d* de l'angle CK*d*, ou parcourant en une autre époque l'arc C*d* + 2*dc* = C*d*'' avec un maximum de vitesse.

3° Dans toutes les autres positions où les deux planètes ne sont ni en conjonction ni en opposition, les vitesses apparentes varient entre les deux limites extrêmes indiquées.

II. Admettons que le prolongement du plan de l'orbite de l'étoile périphérique passe par la Terre, de manière que Chronos apparaisse oscillant de l'est à l'ouest et de l'ouest à l'est. De même que dans le cas précédent il y aura, en ce cas, un maximum absolu des intervalles et des vitesses et un minimum absolu des intervalles et des vitesses ; entre ces limites se trouveront tous les intervalles Γ et toutes les vitesses observées.

Distances angulaires. Chronos et Zeus avec le milieu *m* du disque paraîtront ayant un mouvement rectiligne ; il y aura variations des intervalles ou des distances angulaires.

1° Les deux planètes étant admises en conjonction, Zeus se trouvera en Z' après avoir parcouru la moitié de son orbite en même temps que Chronos paraîtra en *n*, car K*n* = cos CK*c*. L'intervalle Γ était ZC à l'époque de la conjonction et est devenu K*n* lorsque Zeus est arrivé à Z'; il y a donc peu de différence entre ZC et K*n*, ainsi Chronos paraît avoir parcouru la distance ZC — K*n*.

2° Pendant l'égale durée T que Zeus emploie pour revenir en Z, Chronos avance et arrive à *n'*, car K*n'* = cos CK*c*, il paraît à une grande distance angulaire *mn'* de l'étoile centrale, distance qui est attribuée à une vitesse double de la précédente; de sorte qu'en chaque position de plan orbiculaire de la planète lumineuse se présentent les mêmes irrégularités des distances angulaires et des vitesses.

B. Doryphores indiquant le mouvement orbiculaire des planètes invisibles.

§ 308. J'ai prouvé que les clartés des étoiles et leur grandeur ne résultent pas, comme on le croyait, simplement des quantités des rayons provenant des soleils, des planètes ou des doryphores, de manière à être en raison inverse des carrés des distances, mais que les vitesses des mouvements orbiculaires sont la cause immédiate qui fait apparaître les satellites avec la plus grande clarté, et les soleils aves la plus petite; Sirius, par exemple, était considéré comme un des principaux soleils, et cependant les astronomes savent actuellement qu'il n'est qu'une étoile périphérique qui circule autour d'un corps invisible, en terminant sa révolution dans une durée d'environ cinquante ans, durée inférieure à celle d'Uranus et pas tout à fait double de celle de Saturne.

Les étoiles doryphores ne sont pas composées d'éléments séparables, comme le sont quelques-uns des systèmes des planètes; les polydoryphores se distinguent des soleils lipoplanètes par leur mouvement orbiculaire, mouvement qui ne manque pas chez les soleils qui circulent autour de l'Héllogèle ; mais les doryphores s'en distinguent en ce qu'ils circulent autour d'un soleil invisible, étant amenés par leur planète qui est également invisible.

Après avoir démontré que α du Centaure est la seule étoile double de première grandeur, et cela à cause de son moindre éloignement de la Terre, il en résulte que Syrius, Procyon, l'Épi, ne peuvent pas être des soleils, parce qu'ils circulent autour d'un autre corps comme les planètes; ces étoiles ne peuvent être non plus des planètes, parce qu'étant à des distances supérieures à celle δ de α du Centaure, il fallait qu'elles fussent beaucoup plus faibles; de plus, ils s'en distinguent en ce qu'ils circulent autour d'un corps invisible.

Ces faits ne se présentent pas comme faits nouveaux et isolés, car ils s'arrangent spontanément avec tous les phénomènes produits par les étoiles nouvelles, leur disparition, leur apparition postérieures comme nébuleuses en forme de meule; l'apparition successive des planètes en commençant par Hermès et finissant avec l'apparition de Poseidon, époque à laquelle les systèmes planétaires deviennent complets, sans que pour cela leur éclat augmente beaucoup.

Le soleil de chaque système planétaire est entouré de météores qui le rendent invisible lorsque les planètes expulsent des jets de masse brûlante; il apparaît pendant moins d'un an une étoile nouvelle de 6e grandeur qui disparaît, et avec elle disparaît l'étoile qui l'a produite, étoile qui était un système planétaire entier. De sorte que la disparition des planètes d'un système entier s'opère également comme celle des soleils.

Longtemps après, les jets de masse brûlante expulsés commencent à apparaître sous forme de doryphores, en commençant toujours par le premier et finissant avec l'apparition du dernier, afin de compléter les divers systèmes qui ne sont pas composés, comme les systèmes planétaires, d'égal nombre de satellites : dans les systèmes de Jupiter et d'Uranus il y en a quatre; dans celui de Saturne, huit;

nombre égal à celui des planètes ; le nombre des satellites de Neptune est inconnu.

De même qu'il n'y a aucun système de planètes lumineuses moins éloigné que α du Centaure, de même il n'existe aucun système de doryphores lumineux moins éloigné de la Terre que cette étoile. La clarté supérieure des doryphores, par rapport à celle des planètes, ne résulte donc ni d'une quantité supérieure de rayons qui en proviennent ni d'un moindre éloignement. De chaque satellite provient une quantité q de lumière inférieure à celle Q qui provient d'une planète, mais c'est sa vitesse V supérieure qui fait que la petite quantité de lumière s'étale en une grande bande, laquelle apparaît comme une flamme sous forme d'une phototénie.

Il eût été impossible de s'assurer de ce fait par le moyen seul des expériences exposées dans la *Physique* (t. II, p. 533), si les astronomes n'avaient obtenu des preuves directes qui rendent également évidentes la circulation des satellites lumineuses autour d'une planète invisible, et la circulation de cette planète invisible autour d'un soleil aussi invisible.

C'est au moyen des courtes durées des périodes des éclats qu'on a pu reconnaître l'existence des doryphores lumineux, de forme ovalaire, circulant autour d'une planète invisible. Cette invisibilité de la planète a été attribuée à une cause de même nature que celle qui, dans les systèmes planétaires, rend invisible leur soleil. Dans les cas où les doryphores sont au nombre de deux à trois, il devient possible de constater, dans les durées de leur révolution, le même rapport que celui qui existe entre les durées de révolutions des satellites de Jupiter et de Saturne.

Nous avons établi l'existence de systèmes de doryphores des planètes extérieures, et, d'après les durées des périodes des éclats de ces doryphores, nous avons découvert le nom même de la planète malgré son invisibilité. Dans le cas où, dans un seul et même système planétaire, se trouvaient deux ou trois systèmes doryphoriques, chacun d'eux pouvant se présenter comme une planète, on aurait cru observer une étoile double ou triple. Comme étoile centrale serait, par exemple, le système B (fig. 36) doryphorique de Zeus, et comme étoile périphérique serait C le système doryphorique de Chronos; ou, celui-ci étant l'étoile centrale, le système doryphorique d'Ouranos paraîtrait comme étoile périphérique.

Parmi les étoiles dont la durée de la révolution a été trouvée par les observations et par le calcul sont γ de la Vierge et p d'Ophiucus, dont l'une offre un éclat de 3ᵉ grandeur aux deux éléments, et l'autre présenta de 1818 jusqu'à 1823 une direction de son mouvement, qui n'était pas dans le même sens que les directions précédentes et postérieures. 1° Au lieu de considérer γ de la Vierge comme composée d'un Ouranos et d'un étoile centrale formée de six planètes lumineuses, elle se présente ici comme une étoile composée de deux systèmes de doryphores, l'un de Zeus et l'autre de Chronos, et 2° p d'Ophiucus n'a pas une durée de révolution qui l'empêche d'être une planète Ouranos et non pas Chronos, comme le sont τ et λ d'Ophiucus.

Les détails exposés pour l'Algol s'arrangent d'une manière toute particulière, par rapport aux variations des durées de ses périodes, de façon à rendre évidente sa circulation autour d'une planète invisible, laquelle circule elle-même autour d'un soleil également invisible. Dans l'avenir, on trouvera directement l'orbite de la planète invisible au moyen de son doryphore; de cette durée de révolution de la planète, on déduira la longueur du rayon R de l'orbite, la parallaxe γ d'Algol et sa distance de la Terre. C'est alors qu'on déterminera la grandeur de la clarté des phototénies obtenue par un seul doryphore dans un éloignement connu.

Au moyen des variations des durées des périodes des éclats d'Algol, combinées avec ses déplacements, sera contrôlée la longueur du rayon R de l'orbite de la planète invisible. Si le plan orbiculaire de la planète passe par la Terre pour être parallèle à celui de l'équateur terrestre, ou lui être perpendiculaire, il ne s'ensuit pas que la même position doive se trouver pour le plan orbiculaire de la planète d'Algol. Pour cette raison, les observations prouvent que le mouvement d'Algol a une direction oblique par rapport à l'équateur terrestre.

L'étoile α d'Orion, étant un polydoryphore, paraît, d'après la longue durée de révolution des éclats, être un système de Chronos ou même de Poseidon. Pour en faire la distinction, il faudra dans l'avenir déterminer la durée de la révolution de sa planète. Les observations pareilles sont d'une durée qui embrasse toute celle de la révolution de la planète, tandis que dans les étoiles doubles on cherche, au moyen d'un petit arc, à déterminer la longueur de l'orbite entier. Toutefois, les calculs ne conduisent à des résultats identiques que dans la condition qu'on y introduit les mêmes points observés; car si l'on y introduit des points réels, mais différents, les calculs ne donnent plus les mêmes résultats. Il est ainsi évident qu'aucun des calculs ne donne la continuité d'une seule et même courbe pour l'orbite de l'étoile mobile.

III. DE TROIS CLASSES DE SYSTÈMES PLANÉTAIRES DÉCOUVERTES DANS LES ÉTOILES DOUBLES.

§ 309. Dans le principe, le mouvement orbiculaire d'une étoile autour de l'autre était inconnu; pour cette raison il n'y avait que l'intervalle Γ séparant les deux éléments l'un de l'autre qui pût servir de base à une classification. Depuis la découverte des durées de révolution, les astronomes se sont occupés d'introduire les lois de Képler dans les calculs des mouvements des planètes lumineuses. Bessel, Struve,

Rumker, en opérant séparément, ont été conduits à la découverte de la parallaxe γ des étoiles au moyen, 1° de la durée T de la révolution de l'étoile périphérique et 2° de l'intervalle Γ qui est le rayon R de l'orbite de cette étoile et qui est un arc d'un angle Γ obtenu par les observations.

J'ai trouvé dans les étoiles doubles de révolutions connues que : 1° les unes ont pour étoile périphérique Chronos; 2° les autres ont pour étoile périphérique Ouranos, et 3° d'autres ont pour étoile périphérique Poseidon. Dans les étoiles triples il aurait un Ouranos et un Chronos pour étoiles périphériques, et dans les étoiles quadruples, les étoiles périphériques seraient à la fois les trois planètes Chronos, Ouranos et Poseidon. Dans l'étoile centrale sont contenus Zeus et les quatre endoplanètes. Mais les systèmes planétaires étant très-éloignés, Chronos devient inséparable; dans des éloignements plus grands Ouranos devient aussi inséparable; en pareil cas l'étoile centrale est composée de six ou même de sept planètes, et la distance angulaire qui sépare Poseidon est très-petite; il n'y a pas d'étoiles triples ou quadruples.

Au lieu de suivre les classifications d'Herschel et de Struve, qu'on a dû adopter dans le principe, j'introduis une classification basée sur les durées de révolutions des étoiles périphériques, durées qui s'arrangent avec celles des révolutions de Saturne, Uranus et Neptune de notre système, dans le même rapport qui a été découvert entre les durées des périodes des éclats et celles de révolution d'Hermès, d'Aphrodite et des doryphores, et entre les durées de révolution de Mercure, de Vénus et des satellites, sans que ces durées éprouvent aucune modification par les différentes distances de la Terre.

I. *Première classe.* Étoiles doubles ayant pour étoile périphérique un Chronos terminant sa révolution en une durée plus longue que celle de 30 ans de Saturne, et moins longue qu'un siècle allant un peu au delà de trois fois la durée de 30 ans.

II. *Deuxième classe.* **Étoiles doubles ou triples ayant pour étoile périphérique un Ouranos terminant sa révolution en une durée supérieure à 84 ans (celle de la révolution d'Uranus) et s'élevant jusqu'au triple $3 \times 84 = 252$ ans.**

III. *Troisième classe.* Étoiles doubles, jamais triples ou quadruples ayant pour étoile extérieure périphérique un Poseidon terminant sa révolution en une durée plus longue que celle de 165 ans de Neptune et s'élevant jusqu'à environ le triple $165 \times 3 = 495$ ans.

§ 310. **Parallélisme entre cette classification et les classifications précédentes.** Les intervalles ou les distances angulaires entre les deux éléments des couples ne sont pas un indice naturel, parce que leurs grandeurs sont en rapport inverse avec les distances qui séparent les étoiles de la Terre, tandis que cela n'est pas le cas avec les durées de révolution, durées qui restent les mêmes dans tous les éloignements de la Terre.

Au moyen de l'équation

$$(\alpha) \qquad \mathbf{T}^2 : \mathrm{T}^2 = \mathbf{r}^3 : \mathrm{R}^3; \quad \mathrm{R} = \mathbf{r}\sqrt[3]{\frac{\mathrm{T}^2}{\mathbf{T}^2}},$$

basée sur la loi de Képler, on trouve le rayon R de l'orbite de la planète dont on connaît le nom par la durée T de sa révolution, durée qui est proportionnelle à celle $\mathbf{T}$ de la planète homonyme de notre système :

1° Pour les étoiles périphériques de durée de 35 à 95 ans de révolution on a $\mathbf{T} = 29,4$ et $\mathbf{r} = 9,54$;

2° Pour les étoiles périphériques de durée de révolution d'un à deux siècles, on a $\mathbf{T} = 84$ et $\mathbf{r} = 19,18$;

3° Pour les durées des révolutions des étoiles périphériques entre deux et cinq siècles on introduit dans l'équation (α) la durée $\mathbf{T} = 165$ et la longueur $\mathbf{r} = 30,03$.

§ 311. **Rapport entre la parallaxe et l'intervalle** Γ. 1° Au moyen de l'équation (α) est obtenue la longueur du rayon R de l'orbite de l'étoile périphérique ; 2° au moyen de l'observation est obtenu l'angle Γ formé dans l'œil par les rayons visuels allant aux deux extrémités du rayon R. Il en résulte un triangle *isocèle* dont on connaît l'angle Γ du sommet et les deux autres chacun à $\frac{1}{2}$ (180° — Γ), de même que la base R, et l'on en obtient la distance D de l'étoile

$$(\beta) \qquad D = R \times \frac{\sin(90^\circ - \frac{1}{2}\Gamma)}{\sin(180^\circ - \Gamma)}.$$

Pour trouver la parallaxe γ on prend sur la longueur du rayon R une longueur r égale à celle qui sépare le Terre du Soleil, et l'on trouve l'arc γ que doit sous-tendre la longueur γ dans un éloignement D de la Terre

$$(\gamma) \quad R : r = \Gamma : \gamma; \quad r = 1 \quad \text{donne} \quad \gamma = \frac{\Gamma}{R} = \Gamma \sqrt[3]{\frac{\mathbf{t}^2}{T^2}} \times \frac{1}{\mathbf{r}^3}.$$

Dans le système planétaire, tous les mouvements orbiculaires s'opèrent suivant la loi newtonienne basée dans l'équation (α) dérivant de la loi de Képler, de sorte que la durée t de 1 an, qui est la révolution de la Terre, et son éloignement r du Soleil, sont liés par la loi de Képler avec les durées $\mathbf{t}$ de révolution des autres planètes et les autres distances $\mathbf{r}$ qui les séparent du Soleil; ainsi on a

$$(\delta) \quad t^2 : \mathbf{t}^2 = r^3 : \mathbf{r}^3; \quad t = 1 \quad \text{et} \quad r = 1 \quad \text{donnent} \quad \mathbf{r}^3 = \mathbf{t}^2.$$

En substituant cette valeur de $\mathbf{r}$ dans la formule (γ), on obtient pour la parallaxe la valeur

$$(\varepsilon) \qquad \gamma = \Gamma \times \frac{1}{\sqrt[3]{T^2}}.$$

J'ai prouvé (§ 325) comment, suivant les lois de Képler, les cubes des rayons des orbites des corps périphériques sont en rapport direct avec la pesanteur qui est déterminée par la masse M du corps central. R étant donc le rayon de l'orbite d'une planète lumineuse et $\mathbf{r}$ le rayon de l'orbite de la pla-

nète homonyme de notre système, et M étant la masse du Soleil invisible et **m** celle de notre Soleil, or a l'équation

$$(\zeta)\quad \mathbf{r}^3 : R^3 = \mathbf{m} : M; \quad \mathbf{m} = 1 \quad \text{donne} \quad M = \frac{R^3}{\mathbf{r}^3} = \frac{T^2}{\mathbf{t}^2}.$$

§ 312. **Parallélisme entre les calculs indiqués et ceux des astronomes.** La valeur de la parallaxe de la formule (ι) est connue depuis longtemps : Bessel, Struve, Rumber et autres l'ont obtenue, indépendamment les uns des autres; cependant, au lieu de contrôler le résultat des observations avec ceux du calcul, comme cela s'opère ici, ils ont cherché à s'assurer de la réalité de cette valeur au moyen des résultats douteux donnés par les observations. Comme nulle part il ne se présente de désaccord considérable entre les valeurs des parallaxes obtenues par les observations et celles que donne la formule (ι), on a été obligé d'y reconnaître une liaison réelle.

Si les mêmes astronomes avaient procédé de la manière indiquée ici pour arriver à la valeur de la parallaxe des étoiles dont est connue la durée T de révolution, ils eussent alors reconnu que les planètes lumineuses périphériques ont leurs homonymes dans les planètes de notre système. Le lecteur s'étonnera de voir qu'il a fallu que les astronomes s'égarassent deux fois pour arriver à la voie qui conduit aux résultats réels, résultats obtenus ici suivant la voie directe. Ainsi, faisant la comparaison entre le procédé simple suivant la voie directe et les deux erreurs dans lesquelles sont tombés les précédents calculateurs, on connaîtra pourquoi est demeuré inconnu l'état véritable des étoiles doubles, et en même temps on sera en état de juger de la peine qu'on a dû se donner pour trouver la voie véritable, tout en s'égarant deux fois.

Habituellement on obtient, suivant les règles mathématiques, des résultats véritables, lorsque toutes les conditions des problèmes sont fidèlement introduites dans les termes des équations; s'il manque une telle introduction des termes, on obtient des résultats discordants; pour obtenir en cas pareils un résultat qui s'accorde avec les faits observés, il faut faire une seconde erreur; tel est le cas dont il s'agit ici.

1° *Première erreur.* Dans l'équation (ζ) est introduite l'égalité des rapports entre les pesanteurs **p**, p nommées masses et indiquées par **m**, M et entre les cubes des distances **r**, R; à la place d'une telle équation les astronomes ont introduit

$$(\eta) \qquad R^3 = Mt^2, \quad \text{en admettant} \quad \mathbf{r} = 1.$$

Suivant l'équation (α), on trouve la valeur du rayon R qu'on restitue à l'équation (γ), et l'on trouve ainsi le résultat

$$(\theta) \qquad \sqrt[3]{M} = \frac{r}{\sqrt[3]{T^2}}.$$

2° *Deuxième erreur.* Pour arriver de ce résultat à celui indiqué dans la formule (ϵ), il a fallu admettre la masse $M = 1$.

En opérant ainsi contre la loi physique, les astronomes ne savaient ni comment ni pourquoi le résultat du calcul n'est pas en désaccord avec ceux des observations, comme cela se verrait dans les étoiles d'égale parallaxe, indiquée sous les deux formules, s'il en existait véritablement de triples

$$(\iota) \quad \gamma = \frac{r}{\sqrt[3]{T^2}} = \frac{g}{\sqrt[3]{\mathbf{T}^2}}; \ r^3 \times \mathbf{T}^2 = g^3 T^2 \text{ et } r^3 : T^2 = g^3 : \mathbf{T}^2 \text{ ou } \mathbf{r}^3 : R^3 = \mathbf{T}^2 : T^2.$$

Ainsi donc, sans s'éloigner de la valeur de la parallaxe, se trouverait déterminée la valeur de l'intervalle g qui sépare l'étoile la plus éloignée de l'étoile centrale, et en même temps se présenterait la loi de Képler reliant leurs durées de révolution avec les rayons de leurs orbites. On peut prendre, par exemple, 1° ζ du Cancer, et 2° ξ de la Balance, dont Dembowski observa les détails suivants :

I. ζ *du Cancer.* 1° La distance Γ entre l'étoile centrale A et l'étoile du milieu B ne surpasse pas 1″ ; dans le tableau, elle est marquée, 0″,892 pour ζ du Cancer.

2° La distance $\frac{A+B}{2}$ — C est l'intervalle g qui sépare l'étoile extérieure C ; la valeur de cet intervalle varie entre 5″,47 et 5″,19.

De la durée de révolution de 58 ans il résulte que l'étoile B est un Chronos, et de l'intervalle 5″,3 de l'étoile C, il résulte qu'elle serait une planète Poseidon, dont la révolution T doit avoir avec l'intervalle g un rapport indiqué dans l'équation (ι), mais tel rapport manque.

II. ξ *de la Balance.* Dans le tableau, l'intervalle r = 1″,289. Dembowski *trouva cet intervalle imperceptible* et l'intervalle g = 7″,02 et = 7″,26. En considérant comme un Ouranos l'étoile B, le rapport g : Γ = 7 : 1,3 est trop grand ; au contraire, ce rapport s'arrange bien pour un Saturne dans la distance indiquée, mais il faut considérer A—B = 1,3 comme correspondant à la distance 5 entre Saturne et Jupiter, et la distance $\frac{A+B}{2}$ — C = 7″ comme correspondante à celle 20 entre Saturne et Neptune pour en obtenir 4 × 1,3 = 5″,2, qui diffère beaucoup de 7″ ; il devient connu par là que la distance angulaire moyenne obtenue par l'observation ne conduit pas à une égalité de parallaxes en même temps qu'à un rapport entre les durées T, **T** de révolution correspondante au rapport des durées 164 : 30 de révolutions de Neptune et de Saturne. L'absence d'étoiles triples et quadruples sera prouvée plus loin avec tous ses détails.

Tableau des trois classes d'étoiles doubles.

NOMS DES ÉTOILES.	GRANDEURS A.	GRANDEURS B.	RÉVOLUTION.	INTERVALLE Γ.	RAYON R.	PARALLAXE γ.	ÉLOIGNEMENT δ.
			1re CLASSE. — **Chronos.**				
			ans	″		″	
ξ d'Hercule.	3,0	6,5	36,35	1,254	10,22	0,114	7,494
ξ du Cancer.	5,0	5,7	58,27	0,892	15,16	0,0594	12,74
ξ de la Grande Ourse.	4,0	4,9	61,30	2,295	15,65	0,1476	5,80
η de la Couronne. . . .	5,2	5,7	67,32	1,201	16,57	0,0726	11 81
α du Centaure.	1,0	4,0	77 00	15,5	18 12	0,856	1,00
T d'Ophiucus.	5,0	5,7	87,00	0,818	19,06	0,0416	20,50
P d'Ophiucus.	4,1	6,1	92,00	4,500	20,41	0,2014	3,878
λ d'Ophiucus.	4,0	6,1	95,9	0,847	20,98	0 0404	21,23
ξ de la Balance. . . .	4,9	5,2	105,5	1,289	22,34	0,058	14,82
			2e CLASSE. — Ouranos.				
			ans	″		″	
ω du Lion.	6,2	7,0	133,4	0.954	26,09	0,037	23,39
3210 de Brandley. . .	6,9	8,0	146,9	0,998	27 84	0,036	24,08
ξ du Bouvier.	4,7	6,6	160,7	5,591	29,53	0,204	4,251
γ de la Vierge.	3,0	3,0	169,7	3,863	30.65	0,120	0,785
			182,1	»	31,73	0,111	7,674
δ du Cygne.	0,3	7,9	178,7	1,811	32,12	0,57	14,98
			3e CLASSE. — **Poseidons.**				
			ans	″		″	
σ de la Couronne. . .	5,0	6,1	420	3,9	56,14	0,064	12,60
			478	»	»	0,068	13,41
XV 74 de Piazzi. . . .	6,7	7,3	158,7	3,080	»	0,0518	16,52
			252	»	»	»	5,820
α des Gémeaux. . . .	2,7	3,7	232	»	»	»	
Castor.			632	6,30	»	0,0835	12,[illegible]0
			520	»	»		9,670
			996	»	»	»	15

IV. RAPPORT INVERSE ENTRE LES ÉCLATS DES PLANÈTES ET LEURS ÉLOIGNEMENTS.

§ 313. De toutes les étoiles doubles, il n'y a de première grandeur que α du Centaure, la seule qui est la moins éloignée de la Terre; si toutes les autres étoiles doubles se trouvaient à une pareille distance δ, elles auraient des grandeurs correspondantes à leurs dimensions lorsque la comparaison se fait entre les planètes homonymes ; car sont plus grosses entre elles celles dont la durée T de révolution est plus longue et plus grande la distance R qui les sépare de leur soleil. Dans les cas où la comparaison a lieu entre les durées des planètes hétéronymes, il n'y a pas correspondance entre les grandeurs des clartés et les longueurs des durées de révolution lorsque leur éloignement de la Terre ne diffère pas.

Ainsi donc, pour que les clartés des planètes soient égales, il faut que les trois conditions suivantes soient remplies : 1° étant homonymes, elles doivent être d'égales dimensions, et cela se connaît d'après les égales durées de leur révolution ; 2° les étoiles doivent être à égales distances de la Terre, et cela se connaît par leurs parallaxes, qui ne doivent pas différer ; 3° les prolongements des plans de leur orbite doivent se trouver à égale distance de la Terre, et chacune des planètes doit occuper dans son orbite le même point relativement à la Terre pour avoir une égale étendue de surface ovalaire visible à son observateur. Sachant que jamais ces conditions ne sont remplies, on n'a plus qu'à s'assurer approximativement de l'existence d'un rapport entre la diminution des éclats d'une part, et de l'autre, l'augmentation des distances et la diminution des durées de révolution, lorsque les planètes sont homonymes, parce que c'est ainsi qu'est obtenue encore une fois la preuve de l'existence de trois classes d'étoiles doubles.

Trois unités de longueur pour mesurer les distances entre les corps célestes. I. Pour les distances entre les corps du système planétaire est employée comme unité la distance r qui sépare la Terre du Soleil.

II. Pour les distances des corps de l'espace stellaire est employée ici comme unité celle δ qui sépare la Terre de l'étoile α du Centaure la moins éloignée.

III. Pour les distances qui séparent les corps du système

solaire entre eux sert ici comme unité la distance 2Δ qui sépare l'Hélioagète de ses corps périphériques les moins éloignés de lui.

4. RAPPORT INVERSE ENTRE LES DEGRÉS DES ÉTOILES ET LES ÉLOIGNEMENTS DES CHRONOS.

§ 314. Les distances qui séparent la Terre des huit planètes lumineuses Chronos croissent dans l'ordre suivant, comme on le voit dans le tableau, et leurs éclats correspondants y sont indiqués :

Éloignements.	1	3,88	5,8	7,5	12,7	15	20,6	21,14
Grandeurs. . .	1 4	4 6	4 5	3 6,5	5 5,7	5 5,7	5 5,7	4 6

Il ne se présente pas de diminution des éclats correspondant aux accroissements des éloignements ; car cela doit avoir lieu dans ce cas où ne sont pas égales les dimensions, lesquelles sont en rapport direct avec les durées de révolution et avec les degrés des éclats. Il faut donc faire la comparaison, non pas entre les éloignements et les éclats, mais entre les éloignements et les produits des éclats multipliés par les durées T de révolution ou par les rayons R des orbites :

1	3,88	5,8	7,5	12,7	15	20,6	21,14
77(1 4)	92(4 6)	61(4 5)	36(3 6,5)	59(5 5,7)	67(5 5,7)	87(5 5,7)	96(4 6)

Sauf *p* d'Ophiuchus, les sept autres ont les degrés des éclats en rapport inverse des durées de révolution. On sait qu'à cause de la forme ovalaire, les éclats varient de 1, de 2 et même quelquefois de 3 degrés ; toutefois, rien n'empêche de considérer *p* d'Ophiuchus comme une planète Ouranos ayant une durée peu supérieure à celle de 84 ans d'Uranus et par suite une grandeur médiocre. Les observations postérieures, pareilles à celles qui ont eu lieu de 1818 à 1823, prouveront certaines traces de Chronos qui est inséparable, parce que, du côté d'Ouranos, l'intervalle est $\frac{1}{4} \times 4,5$, tandis que du côté de Zeus cet intervalle n'est que $\frac{1}{2} \times 4,5$.

B. Rapports inverses entre les degrés des éclats et les éloignements des Ouranos.

§ 315. Faisant d'abord la comparaison entre les éloignements des étoiles et les degrés des éclats de leurs éléments, nous avons

Éloignements.	4,521	6,785	7,674	14,82	14,98	23,39	24,08
Grandeurs. . .	4,7 6,6	3 3		4,9 5,2	2 3	6,2 7	6,9 8

Comme dans les éclats de Chronos, de même dans ceux d'Ouranos, il ne se présente pas un rapport inverse entre les éloignements des étoiles et les degrés des clartés. J'y introduis les longueurs des durées de révolution pour prendre en considération les dimensions des planètes qui sont en rapport direct.

4,521	6,785	14,82	14,98	24.08	23,39
160(4,7 6,6)	170(3 3)	105(4.9 5,2)	179(3 7,9)	147(6.9 8)	133(6,2 7)

Les grandeurs 3 de γ de la Vierge et de δ du Cygne se trouvent à des distances doubles de l'une de l'autre; mais des longues durées de leur révolution résulte une supériorité pour leurs dimensions.

En considérant comme un Ouranos l'étoile p d'Ophiuchus, la durée de 92 ans de sa révolution prouve une dimension médiocre, de sorte que dans l'éloignement médiocre de 3,88, cette étoile possède une grandeur qui lui correspond. γ de la Vierge se trouve à un éloignement presque double de celui de p d'Ophiucus, mais la durée de sa révolution est presque double de celle de p d'Ophiuchus.

C. Rapports inverses entre les degrés des éclats et les éloignements des Poseidons.

§ 316. Les durées de révolutions des Poseidons sont obtenues par des calculs basés sur un nombre de points de leur orbite. Nous avons dévoilé (§ 306) la cause des grandes divergences entre les résultats des calculs basés sur différents points de l'orbite. Après avoir établi ici un certain rapport entre les grandeurs des étoiles, leur parallaxe et les durées de leur révolution, il devient possible de connaître laquelle de plusieurs durées trouvée pour Castor par le calcul s'approche davantage de la véritable.

Éloignements........	5,820		12,60		16,52	
Grandeurs...........	2,7	3,7	5	6	6,7	7,3

En admettant comme égales les distances de σ de la Couronne et de Castor, la différence entre les durées de 178 et 632 ne donne pas pour les dimensions des différences correspondantes à la grandeur de Castor. Tandis qu'en considérant la planète, non pas comme Poseidon, mais comme Ouranos, on obtient de sa durée de révolution de 252 ans une dimension considérable, laquelle s'accorde avec l'éloignement de 5,82, de même qu'avec les grandeurs 2,7, 3,7 des deux éléments.

L'étoile extérieure C de ξ de la Balance, dans la distance angulaire de 7″ ou de 7″,26 de son étoile centrale, est à une distance de la Terre de 15δ environ. Si l'étoile était comme α du Centaure dans l'éloignement de δ, la distance angulaire serait de 7″,27$\times$15, environ de 2′, et le diamètre de l'orbite de Poseidon de 4. Cet exemple sert à prouver que les diamètres des meules des nébuleuses planétaires ne sont pas exagérés dans les cas où ils sont de 4′, et cela sans prendre en considération le prolongement provenant de l'arc du bras poseidonien, lorsque leur éloignement de la Terre ne surpasse pas celui de α du Centaure, qui est cependant un cas extrêmement rare.

De l'autre part, cet exemple sert à prouver encore une fois que, sauf α du Centaure, il n'existe aucun système planétaire ayant ses éléments séparés par une distance angulaire de plus de 8″; par suite, le nombre Q des systèmes planétaires diminue beaucoup par la soustraction de la quantité **q** des couples dont les éléments sont séparés par une distance angulaire supérieure à 8″; au contraire, le nombre de systèmes planétaires croît davantage par l'addition à la différence Q—**q** la quantité *q* de systèmes dont les éléments sont séparés par des distances angulaires imperceptibles étant inférieures à 1″; le nombre des étoiles doubles est Q—**q**+*q*.

D. Des limites de l'éloignement des étoiles doubles de la Terre.

§ 317. Connaissant les distances réelles entre les planètes de notre système et le Soleil de même que la distance δ entre la Terre et α du Centaure dont l'étoile périphérique termine sa révolution en 77 ans, il en résulte qu'elle est un Chronos; mais nous savons que si en cet éloignement la planète Poseidon de ce système était visible, elle serait séparée de Chronos par un intervalle de $4 \times 15'',5 = 62''$. A une distance de 12δ pareille à celle de ζ du Cancer et à une distance de 15δ comme celle de ξ de la Balance, cet intervalle de 62″ serait réduit à 5″ ou à 4″, comme on l'a trouvé pour C de ζ du Cancer, dont l'étoile B termine sa révolution en 58 ans.

L'étoile C de ξ de la Balance est à une distance de 15δ, le rayon g de son orbite est supérieur à celui de l'orbite de C de ζ du Cancer, comme cela résulte de la supériorité de la durée de révolution de l'étoile B qui est de 105 ans, si l'on considère l'étoile périphérique comme Chronos et non pas comme Ouranos. Cependant cette durée de 105 ans ne doit pas être considérée comme la véritable; elle peut être trouvée peu différente de celles de p ou de λ d'Ophiuchus.

Au delà de l'éloignement de 15δ deviennent imperceptibles les planètes Chronos; les étoiles doubles ne peuvent avoir un intervalle supérieur à 7″ ni une durée de révolution inférieure à un siècle et demi lorsque l'étoile périphérique est un Ouranos; la limite de ces étoiles doubles est l'éloignement de 243 environ, l'intervalle Γ est réduit à 5″ pour les planètes Poseidon.

Au delà de l'éloignement de 243 il n'existe plus que des étoiles doubles dont la périphérique est un Poseidon d'une durée de révolution de trois à cinq siècles et d'un intervalle angulaire de 4″ à 1″; l'éclat est faible chez ces couples, qui ne sont guère reconnaissables que par leur isolement des étoiles avoisinantes; cependant celles-ci restent séparées, non pas par le même espace vide de 5′ à 10′, mais par un espace qui n'est que quelques dizaines de fois la distance angulaire de 1″ ou 4″, ainsi se conserve toujours le rapport ε : Γ entre ε qui est la distance des étoiles voisines et Γ qui est la distance angulaire entre les éléments des systèmes planétaires.

Les durées de révolution étant en raison inverse des rayons des orbites, Struve ne manqua pas de remarquer que les vitesses de mouvements orbiculaires sont grandes dans les couples dont les éléments sont séparés par de petites distances angulaires. Le même astronome s'en servit pour prouver que les distances inférieures entre les éléments des couples sont réelles et qu'elles ne sont pas optiques et provenant simplement d'éloignements plus grands. Dans les mouvements orbiculaires des deux étoiles périphériques on trouve une preuve directe de l'inégalité des vitesses des mouvements orbiculaires. Ainsi résulte une différence réelle entre les étoiles doubles d'égal éloignement de la Terre, dont les éléments se trouvent séparés par des distances angulaires de Γ, 2Γ, 4Γ, car les durées de périodes sont T, 2^2T, 2^3T et les vitesses des mouvements orbiculaires 8υ, 4υ, υ.

Dans les étoiles triples, Chronos au milieu serait toujours plus gros qu'Ouranos ou Poseidon, lesquels sont l'étoile extérieure. Telles sont les preuves directes qui ne permettent pas de se borner simplement aux intervalles inférieurs à 32″

pour déclarer que deux étoiles sont les éléments d'un système planétaire. On en acquiert chaque jour la certitude par les observations des couples de Struve dont le nombre diminue, car on parvient à reconnaître comme optiques les couples d'intervalles supérieurs ; au contraire, on découvre continuellement de nouvelles étoiles doubles par la séparation de plusieurs qui paraissaient simples.

Les astronomes ne pouvaient que tomber dans une grosse inconséquence en considérant : 1° comme réelle la valeur (ε) de la parallaxe; 2° la circulation des planètes opérée suivant les lois de Képler; 3° les durées de révolutions évaluées à des dizaines de siècles, et 4° la masse des couples toujours égale à celle du Soleil. Maedler voulant joindre un certain nombre de faits nouveaux à ceux déjà existants, n'a pas réussi à atteindre le but qu'il se proposait; cependant les matériaux rassemblés par ce grand astronome n'ont rien perdu pour cela de leur valeur, comme nous le verrons dans la troisième section. Il ne s'agit ici que des durées de révolutions des étoiles périphériques qui ne surpassent pas cinq siècles, de même que des intervalles angulaires entre les éléments des couples ne surpassant pas 8″.

V. — DES ÉTOILES PÉRIPHÉRIQUES COMPOSÉES D'UN OU DE PLUSIEURS DORYPHORES.

§ 318. Il ne suffit pas qu'il y ait un petit intervalle entre deux étoiles pour qu'on les déclare comme éléments d'un même système planétaire; pour cela il faut absolument un mouvement orbiculaire d'une étoile autour de l'autre, mouvement qui ne se rencontre que parmi les étoiles peu éloignées entre elles. Deux étoiles étant du même système planétaire, elles sont toujours très-rapprochées, tandis que les étoiles rapprochées ne sont pas toujours du même système. Il faut donc un mouvement périphérique pour déclarer une étoile comme étant l'élément d'un système planétaire, et cela a lieu également dans les cas où est visible l'étoile centrale et dans celui où elle est invisible.

Sans qu'il existe donc de différence physique, il faut distinguer les systèmes planétaires : 1° en systèmes où est visible l'étoile centrale et connu sous le nom *d'étoiles doubles*, et 2° en systèmes où est invisible l'étoile centrale et que nous nommerons *systèmes doryphoriques*, parce que l'étoile périphérique est composée des doryphores lumineux. Ces doryphores correspondent en nombre aux satellites des planètes de notre système.

Les doryphores forment une étoile inséparable en ses éléments ; tous ces éléments ensemble sont soutenus par leur planète invisible, laquelle circulant autour de son soleil également invisible mène avec elle ses doryphores qui se présentent comme une étoile simple. Il y a trois classes d'étoiles doryphoriques qui se distinguent par le nombre des doryphores : 1° les étoiles monodoryphores qui n'ont qu'un seul doryphore; 2° les didoryphores ou tridoryphores, c'est-à-dire les étoiles composées de deux ou de trois satellites; 3° les étoiles polydoryphores ou composées de plusieurs satellites dont le nombre s'élève jusqu'à quatre au Zeus et Ouranos et jusqu'à huit à Chronos et peut-être à Poseidon.

Les éclats de ces étoiles dépendent : 1° du nombre des doryphores et 2° de leur éloignement; parmi les étoiles doubles il n'y a de 1re grandeur que α du Centaure; toutes les autres étoiles de 1re grandeur sont polydoryphores, qui circulent autour d'un soleil invisible; ces polydoryphores ne sont pas moins éloignés de la Terre que les étoiles doubles.

A. Mouvement orbiculaire des polydoryphores.

§ 319. Depuis la découverte de la circulation des étoiles périphériques autour de leur étoile centrale de plusieurs couples, les astronomes ont, tous sans exception, reconnu l'étoile centrale, habituellement plus lumineuse, comme un soleil, et l'étoile périphérique qui est rarement égale à la centrale a été comparée à une planète ou à un satellite de notre système qui circule autour du Soleil; la différence consistant en ce que l'étoile périphérique est lumineuse ou obscure, n'a rien à faire avec la pesanteur qui résulte de la matière et, par suite, elle est tout à fait indépendante de la température de la matière.

Telle était l'opinion des astronomes lorsque Bessel anonça avoir découvert dans Sirius et Procyon des traces indubitables d'un mouvement périphérique autour d'un corps invisible dont l'existence cependant n'est pas pour cela moins véritable que l'existence d'une étoile centrale visible autour de laquelle circule une étoile également visible. De même qu'il y a des planètes lumineuses et des planètes obscures, de même il y a des soleils obscurs autour desquels circulent des planètes lumineuses.

Si avant Bessel on eût connu le mode indiqué ici de la disparition de chaque corps central à cause de la production des corps périphériques, tous les astronomes auraient applaudi à la découverte de ce grand astronome, car ils y auraient trouvé un exemple ou une preuve. Il arriva que ces découvertes s'opérèrent en ordre inverse et par des voies très-différentes.

La découverte de Bessel vit s'élever contre elle tous les astronomes du temps les plus célèbres, et leur opinion prévalut parce que la mort ravit Bessel à la science avant qu'il eût eu le temps d'achever ses observations; toutefois elles ont été continuées par ses successeurs, parmi lesquels se distinguèrent Peters, rédacteur du *Journal astronomique* d'Altona, Maedler, Chubert, Peirce, en Europe et en Amérique.

En 1850 et 1851 les journaux publièrent presque simultanément des résultats identiques sur le mouvement orbiculaire de trois étoiles, toutes trois de première grandeur, Sirius (1), Procyon et l'Épi ou α de la Vierge. En présence d'un résultat aussi éclatant, ne s'éleva aucun adversaire, pas même parmi ceux qui avaient combattu le plus vivement la découverte annoncée par Bessel. C'est ainsi que les astronomes ont été conduits à reconnaître, au moyen des effets de la pesanteur, l'existence des corps invisibles, et ont pu même indiquer le point qu'ils occupent. Le Verrier et Adams, dans le mouvement d'Uranus, découvrirent la planète invisible Neptune; quatre ans après, Peters et les mêmes astronomes découvrirent dans les mouvements des trois étoiles de 1re grandeur l'existence d'un corps central. Galle, de Berlin, vit la planète Neptune dans la longitude héliocentrique de 326° 32', Le Verrier l'avait trouvée par le calcul de 327° 24'. Neptune est visible pour tout le monde, tandis que les détails du système planétaire de Sirius n'ont pu être aperçus jusqu'à présent que par *l'oxyderque* observateur Goldschmidt.

Cette année-ci même, en 1865, pendant la composition de cet article, Enguelemann, de Leipzig, vient d'annoncer que des étoiles des clartés supérieures se voient dans son télescope aux grossissements de 432 comme des disques d'un diamètre considérable. Le diamètre du disque de γ d'Andromède est de 0",9 lorsque l'étoile est observée sous un grossissement de 432 pendant le crépuscule clair. Les étoiles de 3e et 4e grandeur, sous le même grossissement, ont un disque de 0",7 à 1".

En octobre 1781, Herschel trouva le diamètre du disque de Véga de la Lyre de 0",36 et le diamètre du disque d'Arcturus de 0",2. Au lieu de chercher à s'en assurer par ses observations propres ou par celles des oxyderques observateurs, Arago, égaré par l'hypothèse vulgaire que chaque étoile inséparable est un seul corps comparable au Soleil,

(1) Le nom *sirius* a pour radical *s ri*, lequel, renversé, devient *iris*.

cherche à prouver que les résultats obtenus par les observations d'Herschel sont absurdes ; car le diamètre réel de Véga serait au moins de 14 millions de lieues et celui d'Arcturus de 8 millions de lieues. Pour mettre plus en relief aux yeux de ses lecteurs l'erreur d'Herschel, Arago rapporte qu'avant la découverte des lunettes

Képler attribuait à Sirius un disque du diamètre de..... 240″
Tycho, de plus de.. 120″
Albategnius, de.. 45″

Après la découverte des télescopes

Gassendi donnait à Sirius un disque de.................. 10″
Cassini, de.. 5″

Arago n'admettant dans les étoiles qu'un seul corps, pouvait combattre avec avantage toute apparition de diamètre de disque aux étoiles; pour reconnaître son erreur, Arago n'avait qu'à admettre une étoile double de 1″ d'intervalle dans un éloignement double, et cette étoile cesserait d'être vue double sans pour cela cesser d'avoir un disque de diamètre de 0″,5.

De la découverte du mouvement orbiculaire de trois étoiles de 1re grandeur surgit cette question : Est-ce par un hasard tout particulier que Bessel a dirigé ses observations vers les seules étoiles qui circulent autour d'un corps invisible, ou y en a-t-il plusieurs autres? En ce dernier cas il s'agit de savoir à quoi il faut attribuer la propriété qu'ont les corps lumineux de circuler autour des corps invisibles. Avant de répondre à ces questions, je discuterai les résultats obtenus sur les mouvements orbiculaires par deux voies tout à fait différentes.

Dans les étoiles doubles, pour se convaincre de l'existence d'un mouvement orbiculaire, il faut qu'un arc considérable de l'orbite soit parcouru.

Dans les autres étoiles l'existence du mouvement orbiculaire se manifeste : 1° dans les époques accélérées $T-\alpha$

ou retardées T + α des passages de l'étoile par le méridien; 2° dans les éloignements ou les rapprochements alternatifs de l'équateur ou dans les accroissements et les décroissements de la déclinaison; 3° dans les changements simultanés des ascensions droites et des déclinaisons. Dans l'un et dans l'autre cas, la durée exacte de la révolution est obtenue lorsque le corps a achevé une révolution entière, parce qu'au moyen des calculs basés sur différents points par lesquels a passé le corps, on a obtenu toujours des résultats divergents.

Engelmann discuta tous les détails des calculs et des observations des angles de positions des étoiles périphériques; après avoir combiné les erreurs habituelles provenant des observations, il n'oublia pas de prouver l'existence d'une cause qui fait que les résultats des observations ne sont pas tels qu'on les admet en les introduisant dans les calculs. Une telle découverte, quoique négative, n'a pas une valeur moindre que les découvertes directes dont plusieurs sont accidentelles, tandis que la découverte d'Engelmann est une des plus difficiles; son importance cependant resterait inconnue sans la découverte de l'origine réelle des erreurs.

§ 320. Pour obtenir la durée de la révolution de Procyon, Maedler coordonna les époques de son passage en employant comme unité du temps un millième de la seconde, et il chercha dans leurs inégalités, 1° la preuve d'un mouvement orbiculaire, ou 2° celle des erreurs fortuites. Le signe négatif — indique les époques accélérées, et le signe positif + les époques retardées. Dans la 3ᵉ colonne sont indiquées les erreurs qu'on doit attribuer aux observateurs lorsqu'on ne veut pas reconnaître le mouvement orbiculaire, et dans la 4ᵉ colonne sont indiquées les erreurs inévitables, lorsqu'on admet pour l'étoile un mouvement orbiculaire.

NOMS DES OBSERVATEURS.	ÉPOQUES.	ABSENCE de mouvement orbiculaire.	EXISTENCE de mouvement orbiculaire.
Bradley.	1757	— 2	0
Maskelyne.	1767	— 83	— 10
Piazzi.	1805	+ 27	+ 18
Bessel.	1814	— 17	— 11
Pont.	1825	— 64	+ 20
Bessel.	1825	— 4	— 14
Struve.	1825	— 20	+ 2
Argelander.	1828	— 17	+ 20
Peters.	1830	+ 27	— 4
Airy.	1830,5	+ 24	+ 5
Pond.	1832	+ 62	— 13
Busch.	1835	+ 104	— 3
Airy.	1838,5	+ 189	+ 3
Peters.	1839,5	+ 222	— 9
Bessel et Busch.	1843	+ 327	— 27
Airy.	1844,5	+ 233	+ 27
Bourn.	1847,5	+ 189	+ 2
Busch et Wichmann.	1848,0	+ 190	— 21

§ 321. **Remarques.** Depuis l'observation d'Argelander en 1828, le sens du mouvement orbiculaire change; le retard atteignit son maximum de 0",00327 en 1843, 12,5 ans après les observations de 1830, 5 de Péters et d'Airy. A cette époque, l'étoile avait parcouru le quart de son orbite. L'accroissement des retards et leur décroissement régulier ne permettent pas de les attribuer à des erreurs systématiques de tant d'observateurs différents. Au contraire, on voit dans la 4e colonne les erreurs en forme irrégulière et des limites habituelles.

§ 322. **Position du plan orbiculaire de l'étoile par rapport à l'équateur terrestre.** Sont exceptionnelles : 1° la coïncidence de l'équateur avec le plan de l'orbite de l'étoile ; 2° leurs positions verticales ; 3° habituellement le plan de l'équateur coupe le plan de l'orbite de l'étoile pour former un angle *i* d'inclinaison de toute grandeur, grandeur qui ne peut être obtenue directement par les observations que d'une manière approximative. Les valeurs des vitesses *v* qui en sont obtenues par le calcul, ne pouvant être contrôlées, étaient admises comme véritables, de même que la valeur de l'angle i. Ici est prouvée l'identité de la cause physique des mouvements orbiculaires des planètes de notre système et des planètes lumineuses, et par suite l'excentricité de leurs orbites est imperceptible.

Connaissant par l'observation la durée de la révolution, on cherche à obtenir, au moyen du calcul, le même résultat auquel, 1° on parvient directement, par un calcul contenant la valeur véritable de l'angle i et celle de l'excentricité e, ou 2° on y parvient au moyen des deux valeurs fausses de la vitesse v ou de l'angle i et de l'excentricité. En prouvant ici que les excentricités admises dans les calculs sont trop grandes, il s'ensuit que les angles i ne sont pas les véritables, tels qu'ils sont indiqués dans les résultats suivants :

	SIRIUS.	PROCYON.	L'ÉPI.
Passage par l'abscisse inférieure.	1702,819	1791,431	
Mouvement moyen annuel.	7°,3108	7°,1865	
Durée de la révolution.	49,245 ans	50,096 ans	44 ans
Excentricité.	0,5624	0,7904	
Rayon de l'orbite projeté dans l'équateur. . .	2'',55	2'',56	0'',96

§ 323. **Discussion des résultats obtenus par les observations.** Les durées des révolutions, de même que les grandeurs angulaires des rayons des orbites, sont véritables, parce qu'elles résultent de l'observation. De l'équation $t^2 : r^3 = T^2 : R^3$ résulte la longueur réelle du rayon R en unités de la longueur r qui indique la distance entre la Terre et le Soleil ; t est l'unité du temps de durée d'un an. Connaissant dans le triangle isocèle l'angle Γ du sommet, on en connaît les deux autres égaux de $90° - \frac{1}{2}\Gamma$; de même connaissant la longueur de la base R, on détermine les deux autres côtés qui sont l'éloignement de l'étoile de la Terre ; cet éloignement est

$$A = R \times \frac{\sin(90° - \frac{1}{2}\Gamma)}{\sin 180° - \Gamma} \text{ ; et la parallaxe } \gamma = \frac{\Gamma}{\sqrt[3]{T^2}}.$$

La parallaxe de Sirius, obtenue de la formule, est $\gamma = 0{,}1858$; Henderson trouva, au moyen de l'observation, la parallaxe différente de 0",23 à 0",15. En admettant pour α du Centaure l'éloignement de δ, celui de Sirius est presque quatre fois supérieur. De la durée de la révolution de Sirius résulte, 1° qu'il est un Chronos analogue à celui de ξ de la Grande-Ourse, et 2° que son éloignement diffère. La distance entre la Terre et Sirius est supérieure à l'éloignement de *p* d'Ophiuchus, et cependant Sirius, Procyon, l'Épi, sont de 1re grandeur, tandis que les deux étoiles doubles ici nommées sont d'une clarté proportionnellement très-faible, et cette différence ne peut être attribuée qu'à l'absence d'une étoile centrale visible, autour de laquelle circulent les étoiles de 1re grandeur; du manque d'une étoile centrale, au lieu d'un affaiblissement, résulte l'état de 1re grandeur.

§ 324. **Éclats des étoiles de première et de deuxième grandeur.** Dans les étoiles doubles, les éléments n'atteignent pas des éclats comparables à ceux des étoiles de 1re ou de 2e grandeur; des durées de leur révolution on induit que l'étoile periphérique est un Chronos, un Ouranos ou un Poseidon, et que l'étoile centrale est composée de 5, 6 ou de 7 planètes. Lorsqu'il est possible de séparer les deux plus éloignées, l'étoile centrale est composée de 6 ou de 5, et lorsqu'il est possible de séparer les trois planètes extérieures, l'étoile se présenterait comme quadruple, ayant toujours pour étoile centrale l'ensemble de cinq planètes; malgré ce nombre d'éléments, les étoiles ainsi composées n'obtiennent pas la 1re grandeur, et ce faible éclat est général pour toutes les étoiles doubles.

Nombre des étoiles doubles. De toutes les étoiles doubles, la centrale persiste seule, durant des milliers de siècles, à être composée d'une, de deux, de trois, de quatre ou de cinq planètes lumineuses, avant l'apparition successive des trois planètes les plus éloignées, séparables dans les étoiles doubles. C'est donc à cause de la très-longue durée des étoiles centrales isolées qu'il y en a un très-grand nombre qui sont de chaque degré. L'éclat de ces étoiles centrales, sans étoiles périphériques visibles, se montre à tout degré; il est faible en quelques étoiles et variable jusqu'à sa disparition; il croît jusqu'à atteindre, quoique rarement, la 2e grandeur, et cela pour peu de temps. Il est ainsi prouvé que les étoiles de 1re grandeur se distinguent des étoiles doubles, 1° par leur clarté, et 2° par leur mouvement orbiculaire autour d'une étoile centrale invisible. Ces deux faits, de nature différente, n'ont pas une même origine : 1° l'éclat a une cause physiologique, et 2° l'absence d'une étoile centrale résulte d'une cause physique.

§ 325. I. **Mode d'accroissement de l'éclat par celui de la vitesse des corps lumineux.** En faisant, comme font les enfants, tourner rapidement un charbon allumé, on voit une flamme affectant la forme d'un anneau. Si le charbon en tournant décrit, non pas une périphérie, mais une hélice, on voit s'élargir l'anneau de la flamme : sur cette propriété physiologique de l'œil est basée la construction de l'appareil nommé *magalophote* (*Phys.*, t. II, p. 540), qui doit servir comme phare.

Au moyen des observations, on reconnut la circulation de quelques étoiles autour d'autres visibles ou invisibles; cependant on n'avait pas pris en considération le cas particulier où les trois étoiles, circulant autour de corps invisibles, sont toutes de 1re grandeur, tandis que les étoiles qui circulent autour d'une étoile visible s'élèvent rarement à un éclat de 3e grandeur. La cause de cette différence des éclats ne pouvant être découverte ni par des observations ni par les calculs, a été considérée, ainsi que plusieurs autres faits, comme étant d'une nature qui dépassait l'intelligence humaine, tandis qu'ici il devient évident que l'éclat des étoiles de 1re grandeur n'est qu'un effet physiologique.

§ 326. II. **Disparition de l'étoile centrale.** Après avoir établi (§ 282), 1° l'accroissement des éclats des doryphores proportionnellement à leur vitesse orbiculaire, et 2° après avoir prouvé le mode de la disparition de chaque corps central qui obtient des corps périphériques au moyen d'une expulsion des jets de masse brûlante, lesquels deviennent des corps périphériques, on reconnut, 1° que dans les étoiles doubles les étoiles périphériques sont des planètes simples, et 2° que les étoiles isolées sont des polydoryphores. Goldschmid ne vit pas les doryphores dont est composé Sirius, mais les six planètes et leur soleil entourés de météores, lesquels dispersent les rayons et n'en laissent arriver à l'œil qu'une quantité trop médiocre pour produire des sentiments isolés.

Le corps central est invisible dans les planètes aussi bien que dans les doryphores, car l'étoile centrale des étoiles doubles est combinée de cinq planètes trop rapprochées les unes des autres pour être aperçues séparées. Il ne devient possible d'opérer cette séparation qu'au moyen du très-grand intervalle qui sépare les quatre endoplanètes de Chronos dans le cas très-rare où cette planète est en opposition avec Zeus.

Dans les systèmes des polydoryphores la séparation des doryphores éloignés des endodoryphores est impossible, de sorte qu'il est également impossible qu'il y apparaisse des étoiles doubles dont l'extérieur circule autour de l'intérieur avec une vitesse analogue à celle des satellites.

Dans les étoiles doubles la centrale reste en place soutenue par la masse M de son soleil; dans les étoiles isolées d'éclats supérieurs sont invisibles à la fois les planètes et leur soleil, et tout cela parce qu'est visible l'ensemble des doryphores amenés avec leur planète invisible qui circule autour de son soleil également invisible. La durée de la révolution des doryphores est imperceptible, et l'on observe la durée de la révolution de la planète qui amène le système de ses doryphores. C'est au moyen de la durée T de la révolution qu'on connaît le nom de la planète. Les durées de 44 à 50 ans obtenues par l'observation pour les révolutions de Sirius, Procyon, l'Épi, prouvent que les planètes invisibles sont des Chronos.

C'est dans l'avenir qu'on trouvera que α d'Orion, qui est un polydoryphore, circule avec sa planète invisible autour de son soleil également invisible, le nom de la planète sera déterminé par la durée de sa révolution. Au moyen des périodes des éclats de 196 jours, on connaît que le polydoryphore est du système de Chronos, dont la durée de la révolution est environ d'un siècle; pour cette raison la durée de la révolution de cette étoile polydoryphore est restée inconnue, de même que celle de plusieurs autres semblables.

Les changements des éclats ainsi que ceux des teintes ont leur cause dans la forme ovalaire : Sirius, qui est incolore actuellement, ne l'a pas toujours été, car sa couleur rouge d'autrefois était la cause qui le faisait comparer par les anciens à un charbon brûlant.

B. Mouvement orbiculaire des planètes des monodoryphores.

§ 327. De même que les polydoryphores, les monodoryphores sont amenés par leur planète invisible autour de leur soleil invisible. Celui des monodoryphores que l'on connaît le mieux est Algol, à cause de son amplitude entre les grandeurs 2, 5 et 4; λ du Taureau a également une période des éclats d'une durée très-courte, mais son amplitude est entre les grandeurs de 4 et 4,5, et c'est pour cela que la durée des périodes ne peut être aussi exactement évaluée comme celle des périodes d'Algol.

Dans la description des étoiles d'éclats périodiques (§ 258), il a été prouvé que les changements des durées des périodes des éclats résultent des cordes des arcs parcourus par la planète invisible pendant chaque révolution des doryphores autour d'elle-même. Par les décroissements des durées des périodes des éclats d'Algol, on voit : 1° que le prolongement du plan de l'orbite de sa planète est incliné sur le plan de l'équateur de la Terre, et 2° que cette planète s'avance vers la Terre en parcourant son orbite autour de son soleil invisible comme l'est la planète.

Si l'axe de l'orbite de la planète et celui de l'orbite d'Algol passaient par la Terre, il manquerait à la fois et la périodicité des éclats et l'inégalité des durées de leurs périodes. Dans cette position de l'orbite de la planète on perçoit aisément l'inégalité $T \pm \alpha$ des durées entre les passages consécutifs par le méridien, inégalités analogues à celles observées dans les trois étoiles polydoryphores Sirius, Procyon, l'Épi.

Dans le cas le plus favorable aux apparitions des périodes des éclats, il est presque impossible de percevoir l'inégalité $T \pm \alpha$ des durées entre les passages consécutifs par le méridien. Dans l'avenir on observera les déclinaisons variables d'Algol pour en tirer la durée de la révolution de sa planète. Faisant la comparaison des déclinaisons d'Algol à différentes époques indiquées par les observateurs, on y voit les déplacements :

ÉPOQUES.	ASCENSIONS.	DÉCLINAISONS.	OBSERVATEURS.
1840.	44° 20′	40° 20′	Argelander.
1850.	44 26 23″,4	40 22 25″,61	Maedler.
1860.	2h 59m 4s	40 24 8	Maedler.
1861.	2 59 4	40 27 2	F. Chambers.

L'étoile Algol présente deux séries différentes de faits : 1° celle des successions des éclats entre chacune des tropes, et 2° celle des variations des durées des périodes. La première série de faits résulte de la circulation du doryphore autour de sa planète, et l'autre de la circulation de cette planète autour de son soleil.

§ 328. I. **Détails de la circulation d'Algol.** Je prouvais : 1° que les amplitudes entre les extrêmes éclats correspondent aux différences S — *s* entre les surfaces S des hémisphères **h** soulevés et celles *s* de l'hémisphère *h* déprimé ; 2° que les éclats résultent des phototénies ; 3° que la forme ovalaire se manifeste : 1° dans les périodes des éclats, 2° dans les rapides passages d'un éclat extrême à l'autre, 3° dans les teintes rouges et 4° dans l'absence presque totale de cette teinte chez Algol à cause de sa très-courte durée de révolution.

§ 329. II. **Détails de la circulation de la planète d'Algol autour de son soleil.** Le prolongement du plan de l'orbite d'Algol est dans le voisinage de la Terre pour les raisons indiquées, mais la position du plan de l'orbite de la planète invisible n'est pas exactement la même ; il en résulte des faits observés de nature différente et cependant correspondants : 1° changements des durées des périodes ; 2° changements des déclinaisons, et 3° diminution des durées des périodes avec cet accroissement de la déclinaison.

Soit O (fig. 40) la planète invisible d'Algol qui circule autour de son soleil C également invisible dans une orbite dont le plan prolongé passe par le voisinage de la Terre T, en coupant sous l'angle i le plan de l'équateur terrestre. 1° La planète étant en conjonction supérieure en S, δ est la déclinaison de l'étoile Algol et t la durée de ses périodes ; la lumière parcourt le diamètre $d = SS''$ de l'orbite de l'étoile en un espace de temps de n secondes, et la distance $D = S''T$ en n' ans ; 2° la planète étant en conjonction inférieure en S'', la lumière ne parcourt que la distance D en n' ans.

Soit $2nt$ la durée de la révolution de la planète et nt la durée pour passer de la conjonction supérieure S à l'inférieure S'', pendant cette durée Algol achève n révolutions autour de sa planète et les n durées de ses révolutions éprouvent au total un raccourcissement de n secondes, sans cependant que ces n secondes soient partagées à 1'' pour chaque période, car les arcs SM, MS‴ étant égaux, il n'y a pas égalité entre les différences $St - Mt$ et $Mt - S'''t$ des distances que parcourent les atomes de lumière pour arriver à la Terre. 1° Si la planète parcourt l'arc SN pendant qu'Algol achève une révolution, la lumière parcourait dans le commencement de la période la distance ST et à la fin la distance MT; il y a eu raccourcissement de chemin de ST — MT et de durée de $1'' - \alpha$; 2° pendant la période suivante, dans le commencement, la lumière parcourt la distance NT et à la fin elle parcourt la distance S‴T; il y a également un raccourcissement de chemin de MT — S‴T, mais seulement de $1'' + \alpha$ quant à la durée, qui correspond à la diminution supérieure du chemin; il faut dans l'un des cas déduire la quantité $1'' - \alpha$ de la durée t de la période, et dans l'autre cas il faut en déduire $1'' + \alpha$.

Fig. 40.

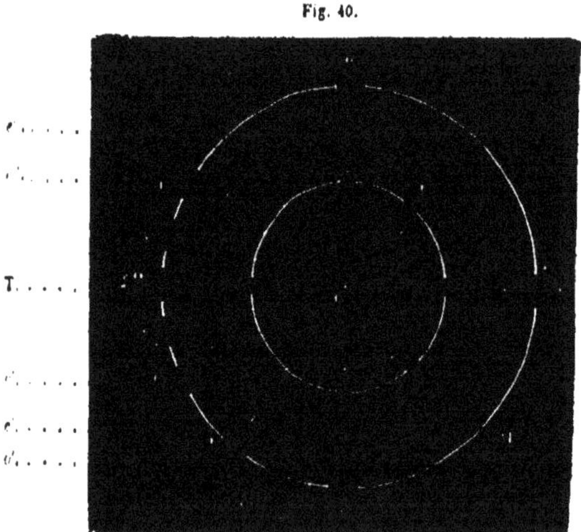

Le plan de l'orbite SS'S″ étant médiocrement incliné sur le plan TS de l'équateur terrestre, il y aura un accroissement de déclinaison correspondant non pas aux durées égales mais aux nombres des périodes d'Algol, nombre qui croît rapidement par les raccourcissements des chemins aux époques où la planète parcourt l'arc MS'''D; ce sont précisément ces raccourcissements de chemins pour la lumière qui se présentent comme accroissements rapides de la déclinaison. Actuellement le raccourcissement des périodes d'Algol est grand comparativement à celui du commencement du siècle; il en résulte clairement que la planète d'Algol se trouve actuellement vers la quadrature S''' de son orbite. La durée de la révolution de la planète est supérieure à un siècle; par suite elle n'est ni Zeus ni Chronos, mais Ouranos, car la vitesse orbiculaire n'est pas très-faible comme l'est celle des Poseidons.

Les astronomes marquaient Algol comme une étoile variable ayant un mouvement séculaire de 0'',6, tandis que d'autres étoiles de 8ᵉ grandeur ont un mouvement séculaire de 420'', et qu'une autre de 2ᵉ grandeur a un mouvement séculaire de 201''. Toutefois, depuis la découverte du mouvement orbiculaire de Sirius, Procyon, l'Épi, on a reconnu que des mouvements apparents des étoiles, les uns, les moins rapides, résultent d'une révolution orbiculaire des planètes, les autres, rapides ou lents, ne résultent pas des révolutions des planètes, mais des déplacements des soleils; déplacements opérés suivant un ordre de sens des directions et de vitesses entièrement différent, comme cela est exposé dans la troisième section.

En rapprochant ici les raccourcissements, 1° des durées de périodes d'Algol, 2° les variations de ses éclats et 3° les accroissements de sa déclinaison, je mets le lecteur à même de se convaincre, 1° d'après ces données, et 2° d'après celles qui ont servi à déterminer la révolution des trois étoiles de 1ʳᵉ grandeur, que toutes ces étoiles sont des doryphores, circulant autour d'une planète invisible qui circule autour d'un soleil également invisible; de sorte qu'il ne s'agit plus, comme depuis Bessel, de l'existence d'un corps invisible, autour duquel circule un corps visible;

mais je prouve qu'Algol, étant un doryphore, circule autour de sa planète en terminant sa révolution en trois jours environ ; je prouve de plus, au moyen du raccourcissement des périodes d'Algol, que l'avancement de sa planète vers la Terre en est la cause ; car, par la diminution de la distance, se raccourcit le chemin que fait la lumière pour arriver à la Terre en partant du moment de chaque commencement de période.

Actuellement, l'attention de tous les astronomes est dirigée vers les étoiles variables, car ils devinent là l'existence d'une mine très-riche à exploiter ; j'ai voulu prouver non-seulement son existence, mais en même temps le mode de son exploitation. Avant tout, il faut que tous les astronomes, même les plus avancés en âge, et par conséquent les plus enracinés dans leurs opinions, se décident à reconnaître dans tous les corps célestes, sans excepter ni les météores ni les comètes, la forme ovalaire comme une forme universelle.

Une fois ce brouillard de préjugés dissipé, un vaste horizon s'ouvre ; on voit la liaison de la production en même temps de la teinte rouge et des variations des éclats.

Les durées des périodes croissantes servent à évaluer les distances que parcourt la planète invisible en s'éloignant de la Terre, entraînant avec elle soit un doryphore unique, soit plusieurs. Si les durées des périodes décroissent, nous en recevrons, pour ainsi dire, comme des dépêches télégraphiques, qui nous avertissent de l'avancement de la planète vers la Terre; dépêches expédiées, non pas de la planète elle-même, mais de son satellite.

Les polydoryphores expédient également, du point de l'orbite de leur planète, des atomes de lumière $q-\alpha$ de quantité minime, au moment de l'époque de la trope ascendante; mais α étant très-médiocre par rapport à q, nous ne pouvons pas bien saisir cet instant ; la difficulté croît avec les longueurs des durées des périodes et avec la diminution de leur amplitude. Afin de faire disparaître toute différence apparente entre les changements des durées que mettent les atomes de lumière pour arriver de chaque doryphore, on peut se servir de la méthode de Bessel dans les observations d'Algol et des autres monodoryphores.

Nouvelle preuve de la forme ovalaire des étoiles. Pour que les étoiles paraissent invariables comme Sirius et Procyon, il faut que l'axe de leur orbite passe dans le voisinage de la Terre, de façon à avoir leur plan peu incliné sur l'équateur terrestre; dans cette position de l'orbite, la planète parcourt une longueur l de l'Ouest à l'Est ou de l'Est à l'Ouest, longueur qui est égale au diamètre de son orbite; elle parcourt également une longueur inférieure l du Nord au Sud et du Sud au Nord, longueur qui dépend de l'angle i de l'inclinaison. Bessel et ses successeurs trouvent plus prononcées les deux longueurs l parcourues dans l'ascension droite que celles parcourues dans la déclinaison.

Faisant les mêmes observations pour Algol, il a été prouvé que sa déclinaison varie plus que l'ascension; car en ce cas on voit dirigé vers la Terre le grand axe, non pas de l'orbite circulaire réel, mais de l'orbite elliptique apparent cette position est indispensable pour la production des éclats variables et en même temps périodiques.

VI. COMPARAISON DU NOMBRE DES ÉTOILES VISIBLES A L'OEIL NU AVEC LE NOMBRE DES ÉTOILES DOUBLES.

§ 330. Toutes les étoiles de 1re et de 2e grandeur, sauf α du Centaure, sont polydoryphores, et celles de 3e, 4e, 5e, 6e grandeur, sont polyplanètes, avec un très-petit nombre de doryphores et de polydoryphores.

Les polyplanètes proviennent des nébuleuses planétaires en forme de meule, mais non pas toutes les huit à la fois; toujours leur apparition commence par la planète la moins éloignée de son soleil, qui est Hermès; les autres apparaissent successivement à des intervalles séculaires, et font ainsi apparaître chez plusieurs étoiles un accroissement d'éclat (§§ 595 et 596). La cause physique de ces intervalles est l'inégale pesanteur de chaque planète vers son soleil, pesanteur qui est en raison inverse des carrés des distances, à laquelle sont soumises les molécules de chaque jet de masse pâteuse brûlante. Ces molécules, étant dans le principe contenues dans un corps sous forme d'une longue bande, se déplacent par la pesanteur pour prendre un équilibre qui n'est obtenu que sous la forme ovalaire.

Pendant les déplacements des molécules qui durent des siècles, il s'opère une production de météores; car la quantité de chaleur Θ qui arrive des couches inférieures à la surface de la masse brûlante est inférieure à celle $\Theta + \theta$ qui s'en éloigne. Dès que, entre les molécules, il s'établit un équilibre sous la forme ovalaire, la production des météores cesse et l'abaissement de température s'opère rapidement dans les molécules de la couche superficielle devenues immobiles; il en résulte une enveloppe solide de glace transparente qui livre passage aux rayons provenant de la masse brûlante, comme cela a lieu aussi pour notre Soleil; car ce sont ces rayons qui parcourent l'espace en directions centrifuges rectilignes pour arriver à l'œil.

Les distances planétaires étant, suivant la loi de Bode, ou en une progression géométrique $∺ 2\Delta : 2^2\Delta : 2^3\Delta \ldots 2^9\Delta$, les pesanteurs sont en raison inverse $∺ \frac{1}{2}p : \frac{1}{2^2}p : \frac{1}{2^3}p \ldots \frac{1}{2^9}p$; c'est pour cette raison que sont également inverses des pesanteurs les durées $2T : 2^2T : 2^3T \ldots 2^9T$ nécessaires pour l'établissement de l'équilibre des molécules de la masse brûlante de chaque jet.

Soit h, a, g, a', z, c, o, p les époques de l'établissement de l'équilibre des molécules de chaque jet et de son apparition comme planète lumineuse. La première entre ces époques est toujours celle *h* de l'apparition d'Hermès; les apparitions des autres planètes suivent à des intervalles des époques indiquées dans les rapports suivants :

1° De l'époque *h* à celle *a*, durée..... $2T = 2^2T - 2T$;
2° De l'époque *a* à celle *g*, durée..... $2^2T = 2^3T - 2^2T$;
3° De l'époque *g* à celle *a'*, durée..... $2^3T = 2^4T - 2^3T$;
4° De l'époque *a'* à celle *z*, durée..... $2^4T = 2^5T - 2^4T$;
5° De l'époque *z* à celle *c*, durée..... $2^5T = 2^6T - 2^5T$;
6° De l'époque *c* à celle *o*, durée..... $2^6T = 2^7T - 2^6T$;
7° De l'époque *o* à celle *p*, durée..... $2^7T = 2^8T - 2^7T$.

Cette cause physique fait que, dans l'ensemble de systèmes planétaires, les nombres des planètes sont en raison inverse des durées $2T$, 2^2T, 2^3T ..... 2^8T qui séparent les époques. Il y a donc des systèmes planétaires de nombres suivants, composés de 2, 3, 4, 5, 6, 7, 8 planètes; tous ces systèmes sont des étoiles de 2ᵉ, 4ᵉ, 5ᵉ, 6ᵉ grandeurs; il n'y a de télescopiques que les planètes Hermès et les Hermaphrodites :

1° 2^8n étoiles composées d'Hermès et Aphrodite;
2° 2^7n .... d'Hermès, Aphrodite et Gée;
3° 2^6n .... d'Hermès, Aphrodite, Gée et Arès;
4° 4^4n .... de 4 endoplanètes et Zeus;
5° 2^3n .... des endoplanètes, Zeus et Chronos;
6° 2^2n .... des endoplanètes, Zeus, Chronos et Ouranos;
7° $2\,n$ .... de 4 endoplanètes et de 4 ectoplanètes.

Connaissant par les durées de révolution des étoiles périphériques des étoiles doubles qu'elles sont Chronos, Ouranos ou Poseidon, il devint évident que les étoiles centrales sont composées de Zeus et des quatre endoplanètes.

La somme $(2+2^2+2^3)n = 14n$ indique la quantité des étoiles doubles.

La somme $(2^4+2^6+2^7+2^8)n = 464n$ indique la quantité des étoiles de 3ᵉ, 4ᵉ, 5ᵉ, 6ᵉ grandeur, parmi lesquelles doivent être introduites les $14n$, et il en résulte la somme de $478n$ étoiles de 3ᵉ, 4ᵉ, 5ᵉ, 6ᵉ grandeur, dont $14n$ peuvent être séparées pour en faire apparaître $8n$ comme doubles, $4n$ comme triples et $2n$ comme quadruples.

Pour trouver la valeur de n, il faut comparer, 1° d'une part, le nombre des étoiles doubles avec celui de $14n$, et 2° d'autre part, le nombre des étoiles visibles à l'œil nu à celui de $478n$.

Dans l'hémisphère boréal, il y a 2342 étoiles visibles à l'œil nu ; en admettant un égal nombre d'étoiles pareilles dans l'hémisphère austral, il en résulte la somme de 4684. Les étoiles de 1re et 2e grandeur sont au nombre de 9+34 dans l'hémisphère boréal ; en en admettant autant dans l'hémisphère austral, il faut déduire la somme 96 de celle de $4684 - 96 = 4588$, parce que les étoiles de 1re et 2e grandeur sont polydoryphores. Ainsi l'on a :

$$478n = 4588, \quad n = 9,6, \quad 14 \times 9,6 = 133,4.$$

Parmi les étoiles doubles dont les durées de révolution sont connues, il y en a 9 qui ont un Chronos pour étoile périphérique, 5 qui ont un Ouranos, et 2 qui ont un Poseidon. Il y a donc un rapport correspondant à celui trouvé par le calcul, le nombre total de 134 étoiles doubles trouvé par le calcul ne diffère que très-peu du nombre véritable. Les milliers d'étoiles voisines considérées comme des planètes de même système ne le sont pas. Les 500 couples ont des déplacements bien prouvés et très-réels ; cependant les astronomes, après avoir appris la cause de ces déplacements apparents, cesseront de les considérer comme un indice de liaison physique entre les étoiles voisines.

Les 134 étoiles sont composées ainsi :

$2n$ = 19 de 8 planètes dont l'extérieure est Poseidon.
2^2n = 38 de 7 planètes dont l'extérieure est Ouranos.
2^3n = 76 de 6 planètes dont l'extérieure est Chronos.

On en connaît seulement :

9 ayant Chronos comme étoile périphérique,
5 ayant Ouranos comme étoile périphérique,
2 ayant Poseidon comme étoile périphérique.

Sont inconnues les étoiles doubles, parmi lesquelles

17 ont Poseidon pour étoile périphérique,
32 ont Ouranos pour étoile périphérique,
67 ont Chronos pour étoile périphérique.

Après avoir démontré par les parallaxes les distances qui séparent de la Terre les étoiles visibles à l'œil nu, il devient évident que les distances angulaires entre les éléments des couples sont inférieures à 6″, à 4″, et en plus grand nombre inférieures à 1″; par suite, parmi les 500 couples considérés actuellement comme étoiles doubles véritables, il s'en trouvera une quantité médiocre de couples physiques, car il y en a beaucoup dont la distance angulaire est à peine perceptible.

VII. COMPARAISON DES COULEURS ET DES GRANDEURS VARIABLES ENTRE LES ÉTOILES VOISINES.

§ 331. En se basant sur les distances angulaires entre les étoiles, 1° quelques observateurs y trouvèrent des indices de liaison entre les étoiles, indices qui se manifestent dans certains déplacements des éléments, 2° les autres ont cru y voir des indices de liaison physique dans les changements de couleur et des grandeurs des éléments, même lorsque aucun déplacement n'est encore visible.

Quant à la cause des déplacements apparents, elle a été ci-dessus bien démontrée; occupons-nous ici de prouver que dans chaque système planétaire qui est vu comme étoile simple, sont également indispensables la variation des couleurs et celle des éclats; parce que les planètes lumineuses de forme ovalaire ne tournent pas autour de leur axe comme les planètes obscures de notre système, mais circulent autour de leur soleil ayant leur hémisphère soulevé regardant vers le soleil, de même que l'hémisphère soulevé de la Lune se soutient regardant vers la Terre.

Tout ce qui a été dit pour les étoiles d'éclats périodiques et pour le mode de la production des couleurs s'applique à chaque étoile vue à l'œil nu. Les changements pareils ne peuvent donc être considérés en général comme une preuve que les étoiles voisines sont les éléments d'un seul et même système composé toujours : 1° d'une étoile centrale contenant Zeus et quatre endoplanètes, et 2° d'une étoile périphérique simple, Chronos, Ouranos ou Poséidon. Les éléments des couples pareils sont liés entre eux par les propriétés suivantes :

1° *Étoile centrale.* Étant composée de cinq planètes qui circulent autour de leur soleil, l'étoile centrale éprouve des variations de clartés provenant : 1° des positions des planètes en conjonctions supérieures qui fait croître la clarté, et 2° de leur position en conjonctions inférieures qui fait décroître la clarté.

Les couleurs résultent des positions des plans orbiculaires des planètes et de la position de chaque planète dans son orbite, de sorte qu'il est impossible d'obtenir un certain ordre dans la succession des couleurs, de même que cela a lieu pour la succession des clartés.

2° *Étoile périphérique.* Cette étoile étant toujours simple et terminant sa révolution en une longue durée, on n'y remarque en quelques années aucun changement, ni de clarté ni de couleur. Si l'étoile périphérique est un Chronos, il faut qu'il soit en conjonction supérieure pour avoir une clarté Φ supérieure et en conjonction inférieure pour avoir une clarté φ inférieure.

L'amplitude $a = \Phi - \varphi$ entre ces deux clartés n'est pas égale chez toutes les étoiles périphériques; elle est grande lorsque le prolongement du plan de leur orbite passe dans le voisinage de la Terre, et elle est imperceptible lorsqu'il passe à une grande distance de la Terre.

3° *Rapports entre les grandeurs des deux éléments.* L'étoile centrale étant composée de cinq planètes est d'une clarté supérieure à celle de l'étoile périphérique; le rapport entre les grandeurs varie : 1° avec les éloignements en raison inverse, 2° avec les positions des planètes dans leur orbite sans suivre aucun ordre, 3° parmi les étoiles de révolutions connues, sauf la moins éloignée (α du Centaure), les grandeurs des éléments des autres ne diffèrent que d'environ un degré, la centrale est toujours la plus grande, et 4° toutes sont visibles à l'œil nu.

Les distances angulaires Γ extrêmes sont 15″,5 de α du Centaure (distance δ de la Terre) et 16″ de 61 du Cygne (distance $2\frac{1}{2}\delta$); toutes les autres distances angulaires entre les éléments sont inférieures à 8″ et vont au-dessous de 1″; elles peuvent alors être difficilement observées.

Le manque de liaisons physiques entre les étoiles voisines considérées par les astronomes comme éléments d'un couple devient évident même par les rapports des grandeurs et des variations de ces étoiles. Je rapporte ici comme exemples quelques résultats obtenus par Dembowski et annoncés dans le *Journal astronomique d'Altona*.

NOMS DES ÉTOILES.		ÉTOILES CENTRALES.		ÉTOILES PÉRIPHÉRIQUES.	
		Grandeur.	Couleur.	Grandeur.	Couleur.
1° η de Cassiopée. . . .	1854	3°,4	Jaune clair.	7°,6	Rouge-violet.
	1856	3°,0	*Id.*	7°,0	Violet.
	1858	3°,0	*Id.*	7°,0	Rose pourpre.
2° α des Poissons. . . .	1851	4°,2	Blanc.	6°,0	Blanc cendré.
	1858	4°,2	Blanc-vert.	6°,0	Vert cendré.
3° 1853 Anonyme. . . .	1853	7°,6	Achromate.	8°,0	Bleu-rouge.
	1856	7°,6	*Id.*	8°,1	Rougeâtre.
	1858	7°,5	*Id.*	7°,9	Jaune-rouge.
4° ξ de la Grande-Ourse.	1854	4°,1	Jaune clair.	4°,6	Jaune foncé.
	1856	4°,0	*Id.*	4°,3	Cendré clair.
	1858	4°,0	Bleu-jaune.	4°,3	Cendré olive.
5° η ou 937 de la Couronne	1856	5°,8	Jaune clair.	8°,0	Jaune clair.
	1858	5°,6	*Id.*	6°,0	*Id.*
6° 3060 Anonyme. . . .	1854	9°,8	Bleu-rouge.	8°,8	Douteuse.
	1856	6°,4	Jaune clair.	7°,8	Jaune.
	1858	6°,7	*Id.*	7°,7	Jaune olive.
7° δ d'Hercule.	1854	3°,0	Bleu.	9°,2	Azur.
	1856	3°,0	*Id.*	8°,3	*Id.*
	1858	3°,0	*Id.*	8°,2	*Id.*
8° 35 de la Chevelure. .	1856	5°,3	Jaune.	8°,3	Olive.
	1858	5°,1	*Id.*	8°,0	*Id.*
L'extérieur de ce couple.	1856	»	»	9°,5	Azur.
	1858	»	»	9°,7	*Id.*

Observation. Les changements des grandeurs et des couleurs des étoiles voisines n'indiquent pas une liaison physique pour les raisons suivantes :

I. *η de Cassiopée* n'est pas une étoile double parce que : 1° la distance angulaire étant 9″,48, l'étoile n'indique aucune trace de parallaxe analogue à celle de 61 du Cygne ; 2° la différence est trop grande entre les grandeurs 3 et 7 de l'étoile centrale et de l'étoile périphérique ; 3° le changement est trop rapide dans l'étoile périphérique, puisqu'il a lieu en deux ans entre la 7°,6 et la 7° grandeur ; 4° les couleurs rouge-violet, violet, rose-pourpre ne se succèdent pas dans cet ordre et aussi rapidement dans une étoile dont la durée de révolution est de plusieurs siècles.

II. *α des Poissons* ne présente aucun indice contre l'existence d'une liaison physique entre les deux éléments car : 1° la distance angulaire est de 3″,544 ; 2° la différence n'est pas même de deux degrés entre les *grandeurs* 4,2 *et* 6,0 ; 3° il n'y a pas eu de changements perceptibles de grandeurs dans un espace de quatre ans ; 4° ce ne sont que les couleurs qui présentent beaucoup de changement, sans cependant exclure la possibilité d'une liaison réelle entre les deux étoiles.

III. *Les anonymes* 1853 *et* 3060 sont trop faibles pour être doubles ; leurs changements sont trop rapides pour la courte durée de l'observation ; elles sont optiques.

IV. *ξ de la Grande-Ourse* et *η de la Couronne* sont des couples véritables.

V. *δ d'Hercule*, de même que η de Cassiopée, n'est pas un couple réel car : 1° la distance angulaire de 20″ est trop grande ; 2° est aussi trop grande la différence entre les grandeurs 3,0 et 8,3 ; 3° la variation de l'étoile périphérique est trop rapide ; 4° la centrale ne peut pas être bleue et la périphérique azur. Par des observations directes Engelmann prouva qu'en effet cette étoile est optique ; il n'y existe aucun déplacement réel, et cela malgré tous les résultats obtenus par Herschel, South, John Herschel, W. Struve, O. Struve, Maedler, Secchi, Dembowski; ici on arrive au même résultat par une voie très-courte, directe.

VI. 35 *de la Chevelure* présente une différence trop grande entre la centrale et les deux périphériques.

VIII. PARALLÉLISME ENTRE LES DISTANCES ANGULAIRES DES ÉTOILES ET LEUR PARALLAXE.

§ 332. Dans l'hémisphère austral 0″,9 ou 0″,856 est la plus grande parallaxe que présente α du Centaure; dans l'hémisphère boréal les observations ont donné, pour 61 du Cygne, la parallaxe de 0″,3483; la distance angulaire de α du Centaure est de 15″,5 et celle de 61 du Cygne de 16″. Les éléments de 61 du Cygne ont les grandeurs 5,3 et 5,9, tandis que ceux de α du Centaure sont 1 et 4.

Faisant de même la comparaison entre 61 du Cygne et Castor, nous y trouvons les grandeurs 2,7 et 3,7 qui diffèrent d'un degré comme celles de 61 du Cygne. La durée de la révolution de l'étoile périphérique de 61 du Cygne est inconnue; il en est de même pour celle de l'étoile périphérique de Castor, cette durée avec la parallaxe sont connues pour α du Centaure; on connaît en même temps la liaison entre la parallaxe γ, la distance angulaire Γ et la durée de révolution T, liaison qui est représentée dans la formule suivante :

$$(\alpha) \qquad \gamma^3 \times T^2 = \Gamma^3.$$

I. Pour α du Centaure sont connues par l'observation : 1° la durée T = 77 ans, 2° la distance angulaire Γ = 15″5, 3° la parallaxe 0″,919 est donnée par l'observation, tandis que la formule (α) donne 0″,856.

II. Pour 61 du Cygne sont connues : 1° la distance angulaire Γ = 16″, et 2° la parallaxe 0″,3483; au moyen de la formule (α) on trouve 311,5 ans pour durée de la révolution de l'étoile périphérique, d'où il devient clair que cette étoile de 5,9 grandeur est un Poseidon et l'étoile centrale de 5,3 grandeur est composée de sept planètes. La petite différence entre les clartés de l'ensemble de sept grosses planètes et la seule huitième, résulte de ce qu'il y a des nébuleuses doryphoriques de plusieurs planètes. De telles nébuleuses ne sont pas encore produites dans les endoplanètes de l'étoile centrale de α du Centaure; pour cette raison est-elle de 1re grandeur, son éloignement médiocre de la Terre a aussi une influence directe. En introduisant dans la formule (α) 514,8 ans pour durée de la révolution de l'étoile périphérique, comme l'admettaient les astronomes, on est conduit à une parallaxe de 0″,2468.

Ce que les astronomes ont de mieux à faire maintenant, c'est : 1° de reconnaître la réalité de l'origine des erreurs introduites dans les calculs provenant des angles de positions, ou 2° de renoncer aux exactitudes de leurs observations des parallaxes. C'est la même fausse position où se trouvent les chimistes depuis la découverte du mode de la production du nouveau corps appelé *Thalium* (*Physique*, t. III, p. 932).

En poursuivant l'investigation par le rapport de 29,4 : 164,4 ans entre les durées de 29,4 ans de la révolution de Saturne et celle de 164,4 de la révolution de Neptune, je trouve la durée de 431 ans de la révolution de Poseidon de α du Centaure, lequel n'est pas encore visible.

$$(3) \qquad 29,4 : 164,4 = 77 : \chi = 431,1 \text{ ans.}$$

De cette durée de la révolution de Poseidon de α du Centaure, durée supérieure à celle de 311,5 ans de Poseidon de 61 du Cygne, on connaît que le soleil de α du Centaure est aussi plus gros que celui de 61 du Cygne.

III. Les éléments de Castor sont séparés par une distance angulaire $\Gamma = 6'',3$; leurs grandeurs sont 2,7 et 3,7; la parallaxe n'est pas connue; tout ce que l'on en sait, c'est qu'elle est inférieure à celle de 61 du Cygne. Quant à la durée de la révolution, il est bien connu qu'elle n'est pas inférieure à un siècle, d'où il résulte que la planète périphérique n'étant pas un Chronos doit être un Ouranos ou un Poseidon. Je prouve par la grandeur de 3,7 que l'étoile périphérique, à une distance supérieure à celle de 61 du Cygne, doit être une grosse planète Ouranos terminant sa révolution en une durée d'environ 3×84 ans, durée qui a été trouvée par John Herschel. En introduisant donc dans la formule (α) pour T la valeur de 252, on trouve pour Castor la parallaxe $\gamma = 0{,}158$, d'où l'on conclut que Castor a un éloignement de la Terre presque double de celui de 61 du Cygne.

IV. L'étoile polaire était considérée par les astronomes comme étant double; ici, elle est trouvée optique pour les causes suivantes : 1° il y a une trop grande différence entre les grandeurs 2 et 9; 2° il y a une trop grande distance angulaire (18″) entre les deux éléments; une étoile périphérique doit être très-éloignée pour obtenir la 9° grandeur; mais pour cette même raison, la distance angulaire Γ doit être très-petite et non pas de 18″.

1° De même que pour 61 du Cygne, on connaît aussi la parallaxe $\gamma = 0{,}076$ de l'étoile polaire; au moyen donc de la formule (α), on trouve la durée T de la révolution de son étoile périphérique :

$$T^2 = \left(\frac{18}{0{,}076}\right)^3, \quad T = 3645 \text{ ans.}$$

2° En admettant que la planète périphérique soit un Poseidon comme l'est celle de 61 du Cygne terminant sa révolution comme lui en 311 ans; de cette durée et de la parallaxe $\gamma = 0'',076$ est obtenue, pour la distance angulaire, une valeur de

$$\Gamma^3 = 311^2 \times 0^3{,}076, \quad \Gamma \times 3'',509.$$

3° Les deux éléments de 61 du Cygne étant dans la distance $2\frac{1}{2}$ 5 de la Terre et de grandeurs 5,3 et 5,9, les deux éléments de l'étoile polaire ne peuvent pas être dans la distance de 125 et de grandeurs 2 et 9.

V. Les étoiles suivantes, considérées par Fr. Kaiser comme doubles et observées par lui, sont séparées par de trop grandes distances angulaires pour appartenir à un même système planétaire, ayant toutes une parallaxe inférieure à celle de 0'',3483 de 61 du Cygne. En même temps, les grandeurs des couples sont trop faibles pour que ce soit des étoiles composées de cinq planètes, ou elles diffèrent trop pour être celles des élements d'une étoile double (*Journal astronomique d'Altona*, n° 1519).

NOMS DES ÉTOILES.	GRANDEUR des éléments.		DISTANCES.
Anonyme 80.	7,0 et	8,2	18''
Anonyme 86.	8,2	8,7	12
Anonyme 125.	7,8	10,3	18,5
100 des Poissons.	6,9	8,0	15,1
Anonyme 447.	8,0	8,5	23,7
Anonyme 1321.	7,7	9,2	26,1
0 du Dragon.	7,0	7,0	19,7
Anonyme 2708.	4,6	7,6	30,2
Anonyme 1841.	7,3	8,1	12
ζ de Pégase.	4,1	10,2	28,5
ζ d'Hercule.	3,0	8,1	21

§ 333. **Absence d'étoiles triples.** Parmi ces étoiles, celle B du milieu a une durée de révolution T qui n'est pas très-longue, et pour cela bien connue; est inconnue la durée T de révolution de l'étoile C la plus éloignée de l'étoile centrale A, mais étant connue la durée de la révolution de l'étoile B, on trouve sa parallaxe qui ne diffère pas de celle de l'étoile C; de sorte que la formule α donne la durée T de révolution de cette étoile C qui ne peut être qu'un Ouranos ou un Poseidon.

1° ξ *du Cancer*. 1° La durée de révolution de l'étoile B est de 58,95 ans; 2° la moyenne de la distance angulaire l' entre les étoiles A et B est 0'',892, et 3° la moyenne de la distance angulaire Γ entre l'étoile C et la centrale A est 5″,1. Or la formule (α) donne

$$\gamma^3 \times 58^3{,}99 = 5^3{,}1\ ;\quad \gamma = 0{,}0381\ ;\quad T^2 = \left(\frac{5{,}1}{0{,}0381}\right)^3\ ;\ T = 1328 \text{ ans.}$$

2° *ξ de la Balance.* 1° On considère comme étant de 105,19 ans la durée T de la révolution de l'étoile B; 2° la distance moyenne entre celle-ci et la centrale A est de 1″,289, et 3° la distance moyenne entre la centrale A et la périphérique C est Γ′ = 6″,5 ; or la formule (α) donne la durée T :

$$\gamma^3 \times 105^3{,}19 = 1^3{,}289;\ \gamma = 0'',2085;\ T^2 = \left(\frac{6{,}5}{0{,}2085}\right)^3,\ T = 119 \text{ ans.}$$

3° *12 du Lynx.* Au moyen des calculs basés sur les observations des positions, on a évalué la durée de la révolution de l'étoile B à 645,49 ans, celle de l'étoile C à 8381 ans ; les parallaxes qui en sont résultées sont 0″,02141 et 0″,02074.

4° *Résumé.* En restant conséquent et en considérant comme réels les rapports contenus dans la formule (α), les valeurs de 1328, de 119, de 8381 ans de révolution de l'étoile extérieure prouvent que ces étoiles sont perspectives; la durée admise de 649 ans pour la révolution de l'étoile moyenne du Lynx prouve qu'elle est optique, de sorte que toutes les trois étoiles de 12 du Lynx sont optiques. On voit ainsi qu'il y a entre ces deux planètes absence complète de séparation qui puisse faire apparaître un système comme étoile triple, et est encore moins possible la séparation des trois planètes extérieures pour faire apparaître une étoile quadruple. Ce sont les disparitions des planètes par l'expulsion de jets de masse brûlante qui empêchent l'apparition des planètes Ouranos et Poseidon.

Tant qu'était inconnue l'origine des erreurs dont l'existence a été prouvée par Engelmann, il serait impossible de se baser seulement aux rapports contenus dans la formule (α) et réfuter tous les résultats basés sur les angles de position. Étant maintenant bien établi qu'aucune des étoiles visibles à l'œil nu n'est pas simple, mais composée d'un soleil invisible et de 1, 2, 3, 4, 5 et même 6 planètes lumineuses, le mode de la production des erreurs correspondantes devint évident. On ne doit pas considérer ces résultats comme une opinion nouvelle, ils ne sont que la rectification des erreurs; pour cette raison, je n'emploie pas des arguments pour les soutenir, mais je persiste de rendre plus évident l'ordre de la succession de faits et la liaison entre eux par la loi physique. Les observations donnent toutes des résultats réels; le mérite des observateurs consiste en exactitudes d'observations, exactitudes qui ne peuvent être vérifiées que plus ou moins par les concordances entre les résultats de plusieurs observateurs.

Lorsqu'il y a discordances ou divergences entre les résultats, il manque le moyen d'obtenir un contrôle par la voie des observations; un tel contrôle ne se trouve que dans le mode de la production des faits suivant la loi physique, loi dont on connaissait l'existence et même plusieurs espèces de faits qui en résultent autour de nous; tandis qu'on ignorait parfaitement le mode de la production des faits célestes, et que manquait par suite le contrôle de l'exactitude de faits concordants observés, encore moins existait un contrôle pour les résultats divergents et discordants obtenus par les calculs basés sur les résultats obtenus par les observations des angles de position.

IX. DES DEGRÉS DES CLARTÉS DES ÉTOILES.

§ 334. I. Herschel chercha les rapports des clartés de six grandeurs d'étoiles visibles à l'œil nu, en admettant successivement pour unité la clarté d'Arcturus, de la Chèvre ou de Sirius. Soit *a* la clarté d'Arcturus, *c* celle de la Chèvre et *s* la clarté de Sirius; on aurait :

2e grandeur. . . . . . = 1/[illegible] *a* pour α d'Andromède, la Polaire, γ de la Grande-Ourse, δ de Cassiopée,
= 1/[illegible] *c* pour β du Taureau, β du Cocher,
= 1/[illegible] *s* pour β du Taureau.
4e grandeur. . . . . . = 1/16 *a* pour μ de Pégase,
= 1/16 *c* pour ζ du Taureau, ι du Cocher,
= 1/[illegible] *s* pour ι du Cocher.
5e et 6e grandeur. . . = 1/[illegible] *a* pour *q* de Pégase,
= 1/[illegible] *c* pour *c* de Persée, H des Gémeaux,
= 1/[illegible] *s* pour H des Gémeaux.
6e grandeur. . . . . . = 1/[illegible] *c* pour *d* des Gémeaux,
= 1/[illegible] *s* pour *g* des Gémeaux,
= 1/[illegible] *s* suivant John Herschel.

II. *Résultats obtenus par Laugier :*

Sirius	1000	γ d'Orion	199
Véga	617	ε d'Orion	83
α de l'Aigle	450	γ de l'Aigle	80
Procyon	445	η d'Orion	70
Rigel	439	γ du Cygne	56
α de la Vierge	310	β de l'Aigle	34
α d'Orion	411	ζ du Cygne	31
Aldebaran	220		

III. *Résultats obtenus par Steinhel sur les quantités d'atomes de lumière contenus dans les étoiles visibles à l'œil nu de six grandeurs :*

6e grandeur	10	3e grandeur	227
5e	28	2e	642
4e	80	1re	1819

IV. *Résultats de Seidel suivant la méthode de Steinhel :*

Sirius	513	L'Épi	49
Rigel	130	Athaïr	40
Véga	100	Aldebaran	36
Arcturus	84	Dénébola	35
La Chèvre	83	Régulus	34
Procyon	71	Pollux	30

V. *Résultats de John Herschel.* Les observations de cet astronome ont été faites sur toute l'étendue de la voûte céleste. Pour rendre faciles les comparaisons avec les résultats précédents, je réduis la clarté de Sirius à 1000 et proportionnellement celle des autres étoiles.

A. Étoiles de 1re à 1,5 grandeur.

Sirius	1000	α d'Orion	80
η d'Argo	variable	α d'Éridan, Achernar	73
α d'Argo, Canopus	276	Aldebaran	73
α du Centaure	135	β du Centaure	70
Arcturus	104	α de la Croix	67
Rigel	97	α du Scorpion, Antarès	65
Chèvre	80	α de l'Aigle, Athaïr	60
Procyon	80	α de la Vierge, l'Épi	59

B. Étoiles de 2 à 2,5 grandeur.

α des Poissons, Fomalhaut	51	α du Triangle austral	36
β de la Croix	50	ε du Sagittaire	36
β des Gémeaux, Pollux	50	β du Taureau	35
α du Lion, Régulus	50	L'Étoile polaire	35
α de la Grue	48	δ du Scorpion	34
γ de la Croix	42	α de l'Hydre	34
ε d'Orion	41	δ du Grand-Chien	34
ε du Grand-Chien	41	α du Paon	33
λ du Scorpion	40	γ du Lion	33
α du Cygne	40	β de la Grue	33
α des Gémeaux, Castor	40	α du Bélier	33
ε de la Grande-Ourse variable	40	α du Sagittaire	33
α de la Grande-Ourse	40	δ d'Argo	33
ζ d'Orion	40	ζ de l'Ourse Mizar	32
β d'Argo	40	β d'Andromède	31
α de Persée, Algenib	39	β de la Balance	31
γ d'Argo	39	λ d'Argo	30
η de l'Ourse, Benatnach variable	37	β du Cocher	30
γ d'Orion	37	γ d'Andromède	30

C. Étoiles de 3 à 3,5 grandeur.

Les quantités de lumière diminuent graduellement de 40 jusqu'à 30. Cet affaiblissement de clarté a été observé sur 132 étoiles, nombre qui est inférieur à celui de toutes les étoiles de 3 à 3,5 grandeur.

En considérant α du Centaure comme une étoile habituellement de 1re grandeur, β des Gémeaux représente alors la 2e grandeur et κ d'Orion la 3e. Ces grandeurs sont représentées par les nombres 135, 50 et 30. En les multipliant par 4, on obtient les produits 520, 200, 120; cependant on n'admet dans l'échelle des six grandeurs que les rapports suivants :

1re grandeur	500	4e grandeur	51
2e	172	5e	34
3e	86	6e	24
Sirius	4165	Aldebaran	444
Canopus	2041	L'Épi	312
Arcturus	718		

D. ÉTOILES DE 1re GRANDEUR.

1° *Au nord de l'Équateur.*

1. Véga = α de la Lyre.
2. La Chèvre = α du Cocher.
3. Arcturus = α du Bouvier.
4. Aldebaran = α du Bélier.
5. Betelgense = α d'Orion.
6. Athair = α de l'Aigle.
7. Denèbe = α du Cygne.
8. Procyon = α du Petit-Chien.

On y compte aussi Algenib = α de Persée; Sirah = α d'Andromède; Dénébola = β du Lion; Deneb est considéré de 2e grandeur.

2° *Au sud de l'Équateur.*

1. Sirius ou α du Grand-Chien.
2. Rigel = α d'Orion.
3. L'Épi = α de la Vierge.
4. Antarès = α du Scorpion.
5. Fomalhaut = α du Poisson austral.
6. Canopus = α d'Argo.
7. Achernar = α d'Éridan.
8. α du Centaure.
9. α de la Croix australe.

Alphard = α du Serpent était de 1re grandeur; actuellement il est à peine de la 2e; au contraire α de l'Aigle actuellement de 1re grandeur était de 2e il y a quelques siècles.

Suivant Argelander, l'hémisphère boréal présente :

9	étoiles de 1re grandeur.	
34	—	de 2e
96	—	de 3e
214	étoiles de 4e grandeur.	
550	—	de 5e
1439	—	de 6e

En tout 2342 et presque autant se trouvent encore dans l'hémisphère austral; ainsi le nombre des étoiles visibles à l'œil nu ne s'élève pas au delà de 4684.

Suivant le calcul indiqué ci-dessus (§ 330), on a trouvé le rapport 976 : 14 entre les étoiles polyplanètes $976n$ qui ne sont pas séparables de manière à apparaître doubles, et $14n$ qui peuvent être séparées et se présenter comme doubles. Ce même rapport doit exister parmi les étoiles visibles à l'œil nu, qui sont toutes des polyplanètes et polydoryphores; ainsi on obtient pour les étoiles doubles le nombre 66 de la proportion

$$990 : 14 = 4681 : \chi = 66.$$

Ce nombre, 50 fois inférieur à celui reconnu par les astronomes pour les étoiles doubles, au lieu d'être trop petit est au contraire trop grand, parce qu'il contient les étoiles qui circulent autour d'un corps invisible, et autour de ces corps invisibles circulent plusieurs étoiles surtout celles de 1re et 2e grandeur.

Tant qu'on considérait la proximité entre deux étoiles comme l'indice d'une liaison physique, quelques astronomes pouvaient hésiter, mais depuis qu'on a constaté l'existence des déplacements entre plus de 500 couples dans un espace de temps d'un demi-siècle, tous les astronomes ont reconnu qu'il y a des couples dont les éléments sont séparés par des distances angulaires qui surpassent celles de 32″ admises par Herschel et Struve comme limite extrême.

Sans contester les déplacements obtenus par Struve, pas même ceux qui indiquent qu'un quart des étoiles périphériques sont plus grosses que leurs étoiles centrales, nous démontrons ici que ces déplacements font connaître l'existence des deux éléments dans l'étoile considérée comme centrale. De sorte que, par ce moyen indirect, il devient possible de démontrer l'origine commune : 1° des variations des éclats et des déplacements du milieu m du disque, milieu qui décrit des révolutions autour du soleil invisible. Les durées T de ces révolutions du milieu vont donc servir à reconnaître la durée T égale de la révolution de la planète périphérique qui est habituellement un Zeus terminant sa révolution en 12 à 30 ans environ; des étoiles pareilles vont être constatées dans toutes celles où un déplacement a été observé, et ainsi dans plusieurs centaines. Du reste cela résulte même directement de ce qu'on ne suit plus l'hypothèse vulgaire : 1° que les étoiles doivent être considérées comme simples jusqu'à l'époque du perfectionnement des instruments; 2° que nous ne devons pas croire l'oxyderque Goldschmidt qui a vu les sept planètes de Sirius, pour la seule raison que nos yeux ne voient pas si bien que les siens; 3° enfin personne parmi les astronomes ne méconnaîtra l'origine des erreurs qui se manifestent dans les résultats des calculs sur les durées de révolutions des étoiles périphériques.

X. RAPPORT ENTRE L'ÉTAT PHYSIQUE DES ÉTOILES ET LEUR CLARTÉ.

§ 335. Dans le principe, les astronomes admettaient les étoiles à une distance égale de la Terre et de clartés différentes, sans savoir si ces différences résultent d'une inégalité de clartés des corps égaux, comme paraissent le Soleil et la Lune, ou si elles doivent être attribuées aux inégales étendues des surfaces d'égale intensité de lumière. Ce dernier état a été reconnu depuis la découverte de la circulation de quelques étoiles périphériques autour d'autres centrales. La distance étant donc égale, il a été reconnu que l'étoile centrale, considérée comme un soleil, est plus grosse et pour cela plus lumineuse que l'étoile périphérique considérée comme un satellite et non pas comme une seule planète, parce que l'étoile périphérique étant admise comme un seul corps était comparée à la Lune.

Depuis la découverte de la parallaxe de quelques étoiles, on a reconnu que les étoiles sont à différentes distances de la Terre, leur clarté réelle a été considérée en raison inverse des carrés des distances. En admettant pour chaque étoile un seul corps, il est résulté que la quantité de lumière qui arrive à l'œil est mesurée par la surface *s* de la base du cône qui a le sommet au nerf et la base au disque de l'étoile. La hauteur de ces photocônes a été déterminée par la parallaxe de l'étoile. Arago ne rencontra aucune objection de personne, après avoir exposé géométriquement le rapport inverse entre les clartés des étoiles et les carrés de leurs distances, mais il ne pouvait y avoir accord entre Arago et John Herschel lorsqu'il s'agit des étoiles nébuleuses; la cause en est exposée dans la section suivante.

Il ne s'agit pas ici de raisonnements logiques exposés, mais de l'hypothèse que chaque étoile inséparable dans nos instruments est admise en réalité comme telle. J'ai profité des résultats discordants des calculs basés sur les angles de position obtenus par les observations et j'ai prouvé que les étoiles ne sont séparables que parce que nos instruments sont encore trop imparfaits. L'oxyderque Goldschmidt vit sept corps composant Sirius; j'ai exposé tous les détails des périodes des éclats : 1° au moyen de la circulation des planètes autour de leur soleil invisible, et 2° au moyen de la circulation des satellites autour de leur planète invisible de même que leur soleil.

Depuis la découverte de la circulation des trois étoiles de première grandeur autour des corps invisibles, il a été démontré : 1° par la durée de chaque révolution, et 2° par la distance angulaire des oscillations que Sirius, Procyon et l'Épi sont des polydoryphores qui circulent autour de leur planète invisible, laquelle entraîne avec elle son système de doryphores en circulant autour de son soleil invisible.

Après avoir ainsi reconnu l'état physique en un nombre d'étoiles visibles à l'œil nu, il devint possible de remonter jusqu'à la cause physiologique de l'accroissement des éclats proportionnellement aux vitesses des corps lumineux. C'est dans Algol que cette découverte a été faite. 1° La courte

durée des périodes des éclats a fait connaître la durée égale de ses révolutions qui prouve que l'étoile est un satellite; 2° les raccourcissements des durées des périodes ont prouvé le rapprochement de la planète d'Algol vers la Terre en circulant autour de son soleil invisible; c'est dans l'avenir que sera déterminée la durée de la révolution de cette planète invisible; on connaîtra alors son nom, le rayon de son orbite et sa parallaxe.

XI. OBSERVATIONS SUR LES NOMBRES DES ÉTOILES DE CHAQUE GRANDEUR.

§ 336. Les nombres des étoiles de toute grandeur se présentent sous un rapport inverse avec les clartés; malgré les divergences plus ou moins grandes des résultats indiqués, il reste bien établi que le nombre des étoiles de chaque classe croît avec la diminution des clartés; au moyen des observations il est impossible de découvrir la cause de ces rapports, lesquels sont cependant une preuve directe du mode de la production des systèmes des planètes lumineuses.

§ 337. I. **Étoiles polyplanètes.** J'ai prouvé ci-dessus qu'il y a $2^x n$ étoiles hermaphrodites presque toutes télescopiques et variables qui n'entrent pas dans le nombre des étoiles (4684) visibles à l'œil nu. Ce nombre se décompose ainsi :

$2^7 n$ triplanètes. . . . . de 6e grandeur = 1439; $128n$ = 1439; n = 11
$2^6 n$ tétraplanètes. . . . de 5e grandeur = 550; $64n$ = 550; n = 9
$2^4 n$ pentéplanètes . . . de 4e grandeur = 214; $16n$ = 214; n = 13
$2^3 n$ polyplanètes. . . . de 3e grandeur = 96; $8n$ = 96; n = 12

Les étoiles de 1re et 2e grandeur donneraient :

$$2^2 n = 34, \quad n = 8\tfrac{1}{2},$$
$$2n = 8, \quad n = 4,$$

valeurs tout à fait divergentes, tandis qu'en prenant la

moyenne $\frac{9+13}{2}=11$ on obtient 11 pour la valeur de *n* correspondant à la cause physique des étoiles dont les clartés correspondent exactement aux nombres des planètes composant les étoiles visibles à l'œil nu. Arriver aux résultats véritables en suivant une loi universelle, cela n'est point surprenant, mais trouver aux résultats obtenus par les observations une exactitude poussée à un tel degré, cela fait voir que le mérite des observateurs ne pouvait jamais être plus dignement apprécié qu'au moyen de cette espèce de contrôle. De leur côté, les observateurs auront la satisfaction d'avoir véritablement contribué aux progrès de la science.

Les étoiles dont la parallaxe est trouvée par la durée de leur révolution se trouvent éloignées de la Terre par des distances qui varient entre δ et 21δ. Les observations donnent la parallaxe approximative de quelques étoiles. Par la durée de 49 ans de révolution de Sirius et par le rayon de son orbite de 2″,55, j'ai trouvé la parallaxe 0″,1898 ; on a trouvé, au moyen des observations, deux valeurs, l'une plus grande de 0″,23, et l'autre plus petite de 0″,15. Ainsi, au moyen de ce contrôle, on est parvenu à s'assurer de la réalité des parallaxes obtenues par les observations, comme le sont les suivantes :

α de la Lyre, Véga.	0″,207 à 0″,26 à 0″,57
61 du Cygne.	0 ,35
La Chèvre.	0 ,046
ι de la Grande-Ourse.	0 ,133
α du Bouvier	0 ,127
L'étoile polaire.	0 ,106
Arcturus.	0 ,127
Alcyon.	0 ,05685

La distance δ est celle qui sépare la Terre de α du Centaure, la moins éloignée, ayant pour parallaxe observée 0″,919 et pour parallaxe calculée 0″,8552, indiquant une distance de 9 millions de lieues, laquelle n'est franchie par la lumière qu'en 4 ans environ, quoiqu'elle parcoure 75,000 lieues par seconde.

Des rapports entre les nombres des étoiles de 6ᵉ, 5ᵉ, 4ᵉ, 3ᵉ grandeur obtenus par le calcul et par les observations, il résulte qu'en chaque strate de distances différentes se trouvent des étoiles de 6ᵉ grandeur des nombres $n+n'+n'''$ triplanètes, $n+n'+n''$ tétraplanètes de 6ᵉ grandeur, $n+n'$ pentaplanètes de 4ᵉ grandeur, n polyplanètes de 3ᵉ grandeur. Cela est également établi au moyen des durées de révolutions.

§338. II. **Étoiles polydoryphores**. De même que les étoiles visibles à l'œil nu ont une grandeur qui correspond au nombre des planètes lumineuses qui y sont contenues, de même les clartés des étoiles de 1ʳᵉ et 2ᵉ grandeur correspondent aux nombres des doryphores devenus visibles. Il devient connu, par les durées de révolution de Sirius et de Procyon, que ces étoiles sont des polydoryphores amenés par les planètes Chronos qui circulent chacune autour de leur soleil invisible. J. Herschel trouva que la clarté de Sirius est 12 fois celle de Procyon ; il est prouvé d'autre part que les deux étoiles sont des polydoryphores, comme l'est α d'Orion, de grandeur variable indiquant que le prolongement du plan des orbites passe dans le voisinage de la Terre. Le manque d'éclat périodique de Sirius conduit à connaître que le rayon visuel est presque perpendiculaire au plan orbiculaire des doryphores ; en cet état, c'est presque le système doryphorique de Procyon, et cependant son éclat est 12 fois inférieur à celui de Sirius. Il devient connu par là qu'il y a autour de Procyon seulement trois ou quatre doryphores visibles, les 4 ou 5 autres étant entourés encore des météores, tandis que Sirius est composé du nombre total de huit doryphores lumineux, dont résulte un éclat 12 fois supérieur à celui de Procyon.

Sirius avait, il y a vingt siècles, un doryphore de moins qu'actuellement ; il avait alors des rayons rouges, mais ils disparurent par leur mélange avec les rayons du nouveau doryphore. De même on peut attribuer ce changement de la couleur à la disparition d'un doryphore inférieur par la consommation de sa chaleur lumineuse; pour connaître lequel de ces deux cas a eu lieu, il eût fallu savoir le rapport entre les clartés de Sirius et Procyon, il y a vingt siècles. Ce que j'expose ici sert à prouver de quelle importance est la connaissance des rapports entre les clartés des étoiles.

RÉSUMÉ.

§ 339. De tout ce qu'il a été dit sur les étoiles doubles résulte que la proximité des éléments est indispensable; toutefois, l'indice de la liaison physique des élémentsne consiste pas en cette seule proximité. Depuis la découverte de la circulation des étoiles de 1re grandeur autour d'étoiles invisibles, l'existence d'une liaison physique, non plus entre deux étoiles voisines, mais entre une étoile visible et une autre étoile voisine, mais invisible, est devenue évidente. Ainsi devient impropre la nomination d'*étoiles doubles* pour indiquer la révolution de l'une autour de l'autre.

Il a été démontré, 1° que les étoiles de 1re et 2e grandeur sont en général composées de satellites lumineux; elles sont des *polydoryphores;* 2° que les étoiles de 3e, 4e, 5e et 6e grandeur sont en général des *polyplanètes*, et 3° que les étoiles télescopiques de 7e, 8e, 9e et 10e grandeur sont des soleils sans planètes.

I. Les différentes clartés des étoiles de 1re et 2e grandeur sont, 1° en raison inverse des distances, et 2° en raison directe du nombre des doryphores devenus visibles en chaque système. La clarté de Sirius résulte, 1° de son éloignement médiocre de 3 à 4δ, et 2° du grand nombre (8) de doryphores du système de Chronos; les autres étoiles polydoryphores étant à égale distance sont composées d'un nombre moindre de doryphores, ou bien elles sont à des distances supérieures si elles sont composées de huit doryphores; du reste, cette distance est connue par leurs petites parallaxes.

II. Les différentes clartés des étoiles de 3e, 4e, 5e et 6e grandeur sont également, 1° en raison inverse des distances, et 2° en raison directe du nombre des planètes devenues visibles en chaque système planétaire. La 1re grandeur de α Centaure résulte de son petit éloignement de la Terre; chez d'autres étoiles doubles plus éloignées, l'étoile centrale est de 3e, 4e ou de 5e grandeur, et l'étoile périphérique est plus faible.

Le cas exceptionnel de γ de la Vierge, où les deux étoiles sont de 3e grandeur, indique ou qu'il n'y a aucune liaison physique, ou que les deux étoiles sont deux systèmes des doryphores; mais à cause du manque d'exemple de deux polydoryphores dans un même système planétaire et à cause de la distance angulaire de 4″ environ, il paraît que le couple est optique; alors le mouvement observé n'est qu'apparent.

III. Les étoiles télescopiques de 7e, 8e, 9e et 10e grandeur sont des soleils : les différences entre les clartés sont, 1° en raison inverse, non pas des distances, mais des carrés des distances, et 2° en raison directe des surfaces. En chaque étoile visible à l'œil nu est contenu un soleil invisible; chacun des soleils, actuellement étoile télescopique, produira des planètes lumineuses, et il y sera invisible à cause des météores qui se produisent autour de lui, tandis que ses planètes lumineuses, après avoir apparues comme étoiles nouvelles, deviendront étoiles visibles à l'œil nu.

IV. Les étoiles télescopiques 11e, 12e, 13e et 14e grandeur sont habituellement considérées comme les éléments qui composent les nébuleuses résolubles. Il est facile de distinguer ces étoiles des précédentes, car il n'y a pas de distinction de grandeur, de clarté ni de couleur; elles sont toutes comme les abeilles d'un essaim, c'est-à-dire de même grandeur, de même clarté, de même couleur et séparées les unes des autres par d'égales distances angulaires.

Ces étoiles ne sont pas composées, comme toutes les autres, d'une masse brûlante renfermée dans une enveloppe solide de glace transparente, mais elles sont composées de ballons de vésicules gelées, dont des millions réunis forment de gros météores, obtenant par la pesanteur vers la masse brûlante la forme ovalaire et ayant le sommet dirigé vers cette masse. Les rayons provenant de la masse brûlante éprouvent dans les météores des réfractions pour aller se croiser en un point, d'où ils se dispersent et arrivent à l'œil pour faire apparaître un point lumineux en chaque foyer. L'égalité des météores ovalaires devient donc la cause physique de l'égalité de la grandeur, de la clarté et de la couleur des points lumineux de nombre indéfini et de dimensions illimitées.

On ne connaissait pas cette classe de corps célestes dont le nombre est incommensurable et dépasse infiniment celui des corps massifs; je prouve dans la section suivante comment la lumière obtient dans les météores une multiplication analogue à celle qu'elle obtient dans les doryphores pour faire apparaître les étoiles nébuleuses.

V. Les points lumineux des nébuleuses résolubles ont un éclat inférieur à celui des étoiles *indigènes* qui circulent ensemble avec le Soleil dans le 4e espace annulaire, mais ce n'est plus le cas par rapport aux étoiles *exotiques* qui circulent dans les trois espaces annulaires inférieurs; car, à cause de la distance supérieure, 1° sont de 7e, 8e et 9e grandeur les étoiles exotiques qui correspondent aux étoiles indigènes de 3e, 4e, 5e et 6e grandeur, et 2° sont de 10e, 11e, 12e et 13e grandeur les étoiles exotiques qui correspondent aux étoiles de 7e, 8e et 9e grandeur des étoiles indigènes. Par suite deviennent imperceptibles dans les nébuleuses exotiques les points lumineux qui sont aperçus dans les nébuleuses indigènes de 10e, 11e, 12e et 13e grandeur jusqu'à disparition totale dans les cas où les nébuleuses indigènes sont très-éloignées, ou les dimensions des météores médiocres, comme cela se présente dans les nébuleuses annulaires irrésolubles et faibles. Les nébuleuses exotiques étant irrésolubles ne sont pas faibles.

DEUXIÈME SECTION.

SYSTÈME SOLAIRE EXPOSÉ DANS LE SYSTÈME PLANÉTAIRE ET NÉBULEUSES SOLIFÈRES.

§ 340. Dans la comparaison du système solaire avec le système planétaire, il faut considérer séparément les espaces dans lesquels s'opèrent les mouvements orbiculaires invariables, et séparément aussi les états des molécules 1° de chacun des corps qui circulent dans le même espace annulaire, et 2° de chacun des corps qui circulent dans différents espaces annulaires. On nomme *indigènes* les corps qui circulent avec notre Soleil dans le 4° espace annulaire, et *exotiques* les corps qui circulent dans un quelconque des huit autres espaces annulaires.

Par rapport 1° aux espaces orbiculaires, 2° à leur nombre, 3° aux positions de leurs plans, et 4° aux longueurs de leurs rayons, le système planétaire représente en petit les détails plus étendus du système solaire en prenant pour échelle environ 1.000.000.000, car s'il faut à la lumière quatre heures pour parcourir le rayon $2^{9}d$ de l'orbite de Neptune, il lui faudrait plus de mille siècles pour parcourir le rayon $2^{9}\Delta$ de l'orbite des corps les plus éloignés du corps central nommé Hélioagète (ἥλιος, soleil; ἀγέτης, conducteur).

I. Par rapport à l'état des molécules des corps qui circulent dans chacun des neuf espaces orbiculaires, il n'y a de comparables avec les planètes que les corps du système solaire qui circulent dans les trois espaces inférieurs comparables avec les orbites de Mercure, de Vénus et de la

Terre, car dans ces corps les molécules ont été réduites en équilibre par rapport à la pesanteur; ils ont reçu une enveloppe solide et sont devenus, comme le Soleil, composés de masse brûlante renfermée dans une enveloppe de glace solide transparente et maintenus dans cet état, malgré la chaleur intérieure, par le froid de 160 degrés de l'espace. Cette enveloppe livre passage aux rayons de la chaleur lumineuse, de même que les grosses lentilles de glace qui servent en hiver à fondre les métaux sans qu'elles-mêmes soient fondues ni sensiblement échauffées.

II. Dans les cinq espaces annulaires supérieurs correspondants aux orbites des planétoïdes, de Jupiter, de Saturne, d'Uranus et de Neptune circulent des portions de masse brûlante composées toutes de molécules se trouvant encore en équilibre rompu par rapport à la pesanteur; pour cette raison il leur manque une enveloppe solide; au contraire il se produit continuellement de grosses vessies de vapeur des molécules superficielles qui repoussent les précédentes jusqu'à des distances assez froides pour qu'elles gèlent et deviennent de gros ballons d'enveloppe mince et de poids imperceptible, de millions de pareils ballons composent des corps nommés *météores*, lesquels entourent les portions de masse brûlante qui circulent dans les cinq espaces orbiculaires supérieurs et se présentent sous forme de nébuleuses dont se compose la Voie lactée.

III. Dans le 4e espace annulaire correspondant à l'orbite de Mars circule le Soleil avec un nombre médiocre de nébuleuses solifères et avec plus d'un demi-million d'étoiles composées, comme le Soleil, d'une masse brûlante renfermée dans une enveloppe de glace. C'est dans un tel état que seront nécessairement réduites toutes les portions de masse pareille contenues dans les nébuleuses, car dans le principe les molécules de toutes les portions étaient en équilibre rompu, et chacune d'elles étant entourée de météores se présentait à l'état de nébuleuses, comme le sont celles dont les molécules se trouvent encore en équilibre rompu.

Connaissant en gros, d'après le système planétaire, l'état des corps composant le système solaire, de même que leur distribution apparente suivant la loi de la perspective basée sur la distribution réelle, le lecteur trouvera au ciel tous les détails sur l'état des corps comme étoiles et comme nébuleuses et sur leur distribution suivant les règles mathématiques de la perspective. Nous exposerons d'abord la nomenclature des corps et de leurs orbites.

§ 341. **Orbites des corps du système solaire**. Pour éviter d'une part la création de nouveaux termes et pour conserver d'autre part la correspondance entre le système planétaire et le système solaire, j'ai composé le mot *trochée* (τροχιά, orbite) avec les noms des planètes pour indiquer, non pas une périphérie linéaire, mais un espace annulaire dans lequel circulent 1° des centaines de mille de corps à l'état de nébuleuses ou à l'état d'étoiles, et 2° un nombre de météores des millions de fois plus grand encore.

Les corps qui sont déjà à l'état d'étoiles sont des soleils ou *hélies* (ἥλιος) et ceux qui sont encore à l'état de nébuleuses sont des nuées ou *néphélies* (νεφέλη). Les noms de ces corps correspondent à ceux de leur espace annulaire ou de leur orbite.

1° *Hermohélies :* étoiles de l'*hermotrochée* A' (fig. 41).

2° *Aphroditohélies :* étoiles de l'*aphroditotrochée* A''.

3° *Géohélies :* étoiles de la *géotrochée* A'''.

4° { *Aréohélies :* étoiles de l'*aréotrochée* A^{IV}.
{ *Aréonéphélies* : nébuleuses de l'aréotrochée.

5° *Néphéloïdes* : nébuleuses de la *trochéoïde* A^{V}.

6° *Dionéphélies :* nébuleuses de la *diotrochée* A^{VI}.

7° *Chrononéphélies* : nébuleuses de la *chronotrochée* A^{VII}.

8° *Ouranonéphélies :* nébuleuses de l'*ouranotrochée* A^{VIII}.

9° *Poseidononéphélies* : nébuleuses de la *poseidonotrochée* A^{IX}.

Corps indigènes. Tous les corps aréohélies et aréonéphélies, de même que les aréométéores, sont *indigènes*, parce qu'ils circulent avec notre Soleil et avec son cortége dans l'aréotrochée A^{IV}.

Fig. 41.

Corps exotiques. Tous les corps qui circulent dans les huit autres espaces annulaires sont *exotiques*. Toutes les étoiles exotiques circulent dans les trois trochées *inférieures* A', A'', A''' et sont contenues dans l'espace limité gSg'. Toutes les nébuleuses exotiques circulent dans les cinq trochées *supérieures* A^{V}, A^{VI}, A^{VII}, A^{VIII}, A^{IX}. Leur ensemble forme cinq anneaux parallèles et sont visibles comme un grand anneau (la Voie lactée).

§ 342. **Distances du corps central.** Nous avons vu que les rayons des orbites des planètes ont des longueurs formant une progression géométrique; il en est de même pour les rayons des neuf trochées du système solaire :

$$\therefore 2\Delta : 2^2\Delta : 2^3\Delta : 2^4\Delta : 2^5\Delta : 2^6\Delta : 2^7\Delta : 2^8\Delta : 2^9\Delta.$$

§ 343. **Mouvement orbiculaire**. De même que dans le système planétaire toutes les planètes et les planétoïdes circulent autour du Soleil suivant le même sens de mouvement réel et non pas des mouvements apparents; de même, dans le système solaire, les hélies et les néphélies de toutes les neuf trochées circulent autour du soleil central en suivant le même sens de mouvement réel indiqué par les flèches et non pas les mouvements apparents.

Connaissant la distribution des étoiles et des nébuleuses dans le système solaire, de même que la loi de la perspective, on peut : 1° déterminer l'aspect sous lequel les corps doivent se présenter, étant donnée la position de l'observateur, ou 2° déterminer la position de l'observateur, étant donné l'aspect des corps. C'est dans ce dernier état que nous nous trouvons par rapport aux corps célestes; leur aspect ne permet pas de douter que nous ne soyons en dehors du plan des cinq anneaux de nébuleuses, lesquelles, vues de quelque point de leur plan, coïncideraient et paraîtraient n'en former qu'un seul; pour se montrer séparés, les anneaux doivent être observés d'un point situé en dehors de leur plan. Il est ainsi reconnu que le Soleil parcourt une orbite dont le plan est incliné sur celui de la Galaxie, de même que l'écliptique est inclinée sur l'équateur, non pas terrestre, mais sur l'équateur du Soleil.

I. SYSTÈME DU MONDE EXPOSÉ DANS LES DÉTAILS DE TROIS GALAXIES.

§ 344. Les cinq trochées supérieures se présentent comme des anneaux lumineux composés de nébuleuses qui y circulent; les intervalles entre eux sont les différences de leurs rayons : $2^9\Delta - 2^8\Delta = 2^8\Delta$, $2^8\Delta - 2^7\Delta = 2^7\Delta$, $2^7\Delta - 2^6\Delta = 2^6\Delta$, $2^6\Delta - 2^5\Delta = 2^5\Delta$, $2^5\Delta - 2^4\Delta = 2^4\Delta$.

Les distances entre chacun de ces anneaux et le Soleil dont l'orbite a pour rayon $2^4\Delta$ sont $2^9\Delta - 2^4\Delta = 31 \times 2^4\Delta$, $2^8\Delta - 2^4\Delta = 15 \times 2^4\Delta$, $2^7\Delta - 2^4\Delta = 7 \times 2^4\Delta$, $2^6\Delta - 2^4\Delta = 3 \times 2^4\Delta$, $2^5\Delta - 2^4\Delta = 2^4\Delta$.

I. Les grandes distances $31 \times 2^4\Delta$, $15 \times 2^4\Delta$ et $7 \times 2^4\Delta$ des trois anneaux de nébuleuses font que les deux précédents se projettent perspectivement sur le bord du sud de l'anneau le plus éloigné, de sorte qu'il apparaît comme un seul anneau composé des nébuleuses de trois anneaux. Le bord boréal (du côté du Soleil) n'est composé que de poseidononéphélies; le bord austral est composé seulement de chrononéphélies. Cet anneau contenant les nébuleuses de trois trochées est la *première galaxie* ou la *chronogalaxie*, parce qu'elle se présente dans la chronotrochée $A^{VII} = CC'C''$.

II. La distance inférieure $3 \times 2^4\Delta$ de l'anneau composé des dionéphélies fait qu'il ne se projette pas sur le bord austral de la chronogalaxie, mais loin d'elle, de sorte que cet anneau des nébuleuses de la diotrochée se présente séparément; il est nommé *deuxième galaxie simple* ou *diogalaxie*.

III. La plus faible distance, $2^4\Delta$, sépare le Soleil de l'anneau dans lequel circule 1° un très-grand nombre de gros météores nommés *hélioïdes* correspondants aux planétoïdes, et 2° un nombre très-médiocre de nébuleuses et insuffisant pour faire apparaître un anneau; l'ensemble de ces nébuleuses est nommé *troisième galaxie incomplète* ou *galaxoïde*.

IV. Le soleil central étant entouré des météores se présente comme une nébuleuse projetée sur la Galaxie. Cette nébuleuse ne se reconnaît et ne se distingue de toutes les autres que par sa dimension *nn'* où nous voyons 1° les bords bien unis, 2° un manque total d'interruption, 3° un éclat égal dans toute son étendue, éclat qui permet même de distinguer les limites entre cette nébuleuse et celles dont est composée la Voie lactée.

Jusqu'ici le lecteur a pu croire que je ne fais que suivre l'hypothèse de Lampert qui admet le système planétaire comme un modèle en miniature du système solaire; je vais maintenant démontrer la réalité de cette ressemblance : je prouvai la cause qui empêche qu'on voie séparément les trois anneaux de nébuleuses les plus éloignés. Le lecteur se contentera ainsi d'envisager, pour le moment, le système planétaire en l'état comme il était connu avant Herschel, lorsqu'il y avait sept planètes circulant dans sept orbites se correspondant de la manière suivante :

1° Chronogalaxie pour l'orbite de Saturne;

2° Diogalaxie pour l'orbite de Jupiter;

3° Galaxoïde pour l'espace annulaire des orbites des planétoïdes.

Les corps de quatre autres espaces annulaires ne contribuent point à la production de la Voie lactée. Les nébuleuses manquent dans les trois espaces annulaires inférieurs, et les indigènes sont planétaires ou solifères de dimensions limitées jusqu'à 10′, 15′, rarement supérieures, et habituellement faibles par rapport aux nébuleuses exotiques.

A. Apparition perspective de la Chronogalaxie et de la Diogalaxie.

§ 345. H étant l'*Hélioagète* ou le *soleil central*, la figure 41 présente l'aspect du système solaire vu de face, tandis qu'en H′ il est présenté vu de profil; H′O est le plan équatorial de l'Hélioagète qui coïncide avec le plan de la Galaxie; en dehors de ce plan se voit le Soleil S′.

Galaxie apparente. C'est l'anneau H*b*C*b*′ ayant S pour centre qui apparaît suivant la loi de la Perspective comme Voie lactée; le rayon de cet anneau est la distance 2⁴Δ entre le Soleil S et l'Hélioagète H, lequel occupe l'arc *nn*′ de cet anneau : en dehors de cet arc la Voie lactée est composée des trois Galaxies ou de nébuleuses qui circulent dans la chronotrochée, dans la diotrochée et dans les trochées des néphéloïdes.

1° Dans la moitié supérieure *s*C*s*′ de la Voie lactée se

voient les nébuleuses néphéloïdes, les dionéphélies et les chrononéphélies qui sont au-dessus de l'*horizon cosmique* AA' passant par le Soleil et étant vertical au plan de la Galaxie.

2° Dans la moitié inférieure *sHs'* de la Voie lactée se voit au milieu l'Hélioagète : 1° dans le premier quart *ns* se voient les nébuleuses des trois galaxies contenues dans l'espace LFA, et 2° dans l'autre quart *n's'* se voient les nébuleuses qui circulent dans les trois mêmes espaces annulaires, sans que pour cela elles soient de même nombre, de même étendue ou de même éclat.

Ainsi la Voie lactée se distingue en deux *hémigalaxies*, la supérieure *sCs'* et l'inférieure *sHs'* entièrement asymétriques entre elles à cause des différents détails dont chacune est composée.

Un plan CC' passant par le Soleil et perpendiculaire à l'horizon AA' divise la Voie lactée en deux moitiés symétriques par rapport aux trois galaxies, mais contenant différents nombres de nébuleuses; ces deux hémigalaxies sont *transversales*, la postérieure, par rapport aux flèches, est du côté *Csn*, et l'antérieure du côté *Cs'n'*.

Pour rendre plus évident le mode de la production de la Voie lactée apparente, je laisse à part la galaxoïde imperceptible à l'œil nu et j'expose les détails provenant de la chronogalaxie et de la diogalaxie suivant la loi de la Perspective.

1° *Apparition des détails de la Voie lactée produite par deux anneaux de nébuleuses.*

La Voie lactée est composée des détails suivants exposés fidèlement par le grand naturaliste A. Humboldt. Nous allons en donner ici la relation textuelle; nous serons de cette manière à l'abri de tout soupçon d'erreur ou d'infidélité.

§ 346. **Aspect de la Galaxie exposé par Humboldt.** « En suivant l'ordre de l'ascension droite et les constellations indiquées dans les planches I et II, la Galaxie passe entre γ et ϵ de Cassiopée, envoie au sud un rameau qui se perd près des Pléiades et des Hyades. Elle traverse, faible encore et peu brillante, les Chevreaux dans la main du Cocher, les pieds des Gémeaux, les cornes du Taureau, coupe l'écliptique vers le point solsticial d'été, couvre la massue d'Orion et traverse l'équateur vers le cou de la Licorne. A partir de ce point son éclat augmente notablement. A l'arrière du Navire, elle émet un rameau vers le sud jusqu'à γ d'Argo où ce rameau disparaît brusquement. La branche principale continue jusqu'à 33° de déclinaison australe; là elle s'étend en éventail sur 20° de large, puis elle s'interrompt encore et laisse un large espace vide, suivant la ligne qui joint γ et λ d'Argo. Elle reprend ensuite non la même largeur, mais elle va en se rétrécissant vers les pieds de derrière du Centaure. Dans la Croix du Sud, où elle est à son minimum de largeur, elle n'a plus que 3° à 4°. Un peu plus loin elle s'étend de nouveau et se transforme en une masse plus brillante, où β du Centaure, α et β de la Croix se trouvent compris, ainsi qu'un espace obscur en forme de poire nommé Sac-de-Charbon. C'est vers cette région remarquable que la Galaxie se rapproche le plus du pôle austral.

« Elle se divise près de α du Centaure, et sa bifurcation se maintient jusque dans la constellation du Cygne. D'abord en partant de α du Centaure, on voit un rameau étroit se diriger au nord et se perdre vers le Loup. Puis une division se montre dans le Compas, près de γ de la Règle. Le rameau septentrional présente des formes irrégulières jusque vers les pieds d'Ophiucus; là il s'évanouit tout à fait. Le rameau méridional devient alors la branche principale, traverse l'Autel et la queue du Scorpion, en se dirigeant vers l'arc du Sagittaire, et coupe l'écliptique par 276° de longitude. On le reconnaît plus loin courant à travers l'Aigle, la Flèche et le Renard jusqu'au Cygne, mais sous une forme accidentée interrompue çà et là. En cet endroit commence une région entièrement irrégulière; on y voit, entre ε, α et γ du Cygne, une large place obscure que John Herschel compare au Sac-de-Charbon de la Croix-du-Sud, et qui forme une espèce de centre d'où divergent trois courants partiels.

« Le plus brillant est facile à suivre si l'on remonte par delà β du Cygne vers l'Aigle, mais il ne se réunit point avec le rameau mentionné plus haut, lequel s'étend jusqu'au pied d'Ophiucus. Une autre partie de la Galaxie s'étend en outre à partir de la tête de Céphée, c'est-à-dire près de Cassiopée, point de départ de toute cette description, et se dirige vers la Petite-Ourse ou le pôle nord.»

2° Arrangement des détails décrits suivant la loi de la Perspective.

§ 347. En conservant tous les détails, je leur donnerai un arrangement propre à faire ressortir le mode de leur production suivant la loi de la Perspective. Au lieu de dire qu'il y a deux bifurcations, l'une près de α du Centaure et l'autre dans le Cygne, je dis que l'anneau des dionéphélies ou la diogalaxie se présente séparé de l'anneau de chronéphélies ou la chronogalaxie par un maximum λ d'intervalle dans la direction qui passe par le milieu entre les deux bifurcations, milieu qui se trouve dans la constellation du Serpent et qui détermine exactement les distances réelles $7 \times 2^4\Delta$ et $3 \times 2^4\Delta$ qui séparent le Soleil S' du point O de l'anneau A^{VII}, qui est la chronogalaxie, et du point Z''' de l'anneau A^{VI}, qui est la diogalaxie. Pour obtenir dans le système planétaire de pareilles positions, il faut admettre en conjonction Mars, Jupiter et Saturne, et considérer l'observateur comme placé sur Mars, un peu en dehors du plan commun des orbites des deux autres planètes : c'est ainsi qu'on trouvera dans l'apparition des deux orbites tous les détails observés dans la Voie lactée provenant de l'appari-

tion des différentes parties des deux anneaux de nébuleuses.

En regardant de S' on voit en O la chronogalaxie, en Z''' la diogalaxie séparées par l'intervalle OZ''' qui est occupé par l'astérisme du Serpent. En s'éloignant à l'est ou à l'ouest du Serpent, les distances croissent : SC devient SE, et SZ Se ; mais, proportionnellement aux accroissements des distances, diminue perspectivement l'angle γ de l'intervalle λ ou $OZ''' = \sin\gamma$ pour devenir $\lambda - \lambda' = \sin\gamma - \gamma'$ dans la direction SE ou SE' passant par les astérismes du Renard et du Sagittaire; de sorte qu'on a pour l'intervalle la valeur

$$(\alpha)\quad \sin\gamma = \lambda - \lambda' = \frac{3 \times 2'\Delta + d}{7 \times 2'\Delta + d};\ d = 0 \text{ donne } \lambda' = 0,\ \lambda = \frac{3}{7} = \sin\gamma.$$

Dans la direction horizontale AA', la valeur de l'intervalle diminue tellement que les bords des deux anneaux viennent perspectivement en contact; on a

$$(\beta)\qquad \lambda - \lambda' - \lambda'' = \sin(\gamma - \gamma' - \gamma'').$$

Les deux points de contact dans les astérismes du Centaure et du Cygne sont indiqués par le mot *bifurcation;* cette expression devient impropre ici, parce que les points indiquent un contact qui est le point du commencement d'un croisement perspectif des deux anneaux des nébuleuses ou des deux galaxies. Pour que les deux galaxies coïncident perspectivement, il devient $\lambda = \lambda' + \lambda''$ et $\gamma = \gamma' + \gamma''$; pour cette raison sont nommés *croisements* les deux points connus sous le nom impropre de *bifurcation*. Ces points se présentent perspectivement au-dessous de l'horizon AA' en *sb s'b'*.

En continuant de s'éloigner de cet horizon, $\lambda' + \lambda''$ devient plus grand que λ, et $\gamma' + \gamma''$ plus grand que γ; le $\sin\gamma - \Gamma$ devient négatif, de même que la différence $\lambda - l$. Ainsi la diogalaxie, qui était au sud de la chronogalaxie, passe au nord, et cet avancement croît tant que diminue le rapport (β) entre les distances SB et Sb, rapport qui atteint un minimum au-dessus de l'horizon réel cosmique PP′ qui est parallèle à l'horizon apparent AA′ et passe par le centre de l'Hélioagète H.

Ce rapport SB : Sb négatif correspond au maximum de la différence $\lambda - l$ de l'intervalle indiqué par le maximum $\gamma - \Gamma$ de la différence de l'angle. La direction SB indique le point de la limite où s'opère la trope de la déviation boréale de la diogalaxie.

Dans les directions SO, SO′ s'opèrent les croisements inférieurs des deux galaxies, et c'est au delà de ces croisements que la diogalaxie passe de nouveau du côté du sud de la chronogalaxie en s'éloignant de celle-ci en raison inverse des distances SZ et SC′ ou $7 \times 2^4\Delta$ et $2^4\Delta + 2^7\Delta$.

La distance CZ ne diffère pas de la distance C′Z′ en réalité, mais perspectivement elles ont pour valeur :

$$(\gamma) \quad \lambda = CZ = CS \sin\gamma; \quad \lambda''' = Z'C' = SC' \sin\gamma'''; \quad SC \sin\gamma = SC' \sin\gamma''';$$
$$SC : SC' = \sin\gamma''' : \sin\gamma.$$

L'intervalle λ''' entre les deux galaxies à l'est et à l'ouest de l'Hélioagète est donc inférieur à celui λ qui les sépare dans l'astérisme du Serpent. Une régularité mathématique est constatée dans toutes les dispositions apparentes de la diogalaxie. Celle-ci étant, comme la chronogalaxie, composée de milliers de nébuleuses sans aucune symétrie entre elles, sous ce rapport les largeurs, les bords et les éclats diffèrent dans chacune des deux galaxies. Ces différences ne manquent que dans toute l'étendue de la partie de l'astérisme de la Licorne dans laquelle se trouve l'Hélioagète.

Anses de la Galaxie. On avait nommé *sacs de charbon* les deux demi-cercles que décrit perspectivement la diogalaxie au nord de la chronogalaxie; ces nominations me parurent trop vulgaires pour être conservées, tandis que le nom d'*anse* déjà en usage pour les anneaux de Saturne exprime exactement le contour de chaçun des deux espaces renfermés entre les deux galaxies.

La partie australe des deux anses est le prolongement de la chronogalaxie; tout le reste ou les deux fonds des sacs et leurs parois boréales sont produits perspectivement par la diogalaxie. C'est John Herschel qui remarqua la symétrie existant entre les deux sacs de charbon : cependant un pareil indice isolé ne permettait pas à ce grand observateur d'avancer dans la découverte des détails ici exposés.

Forme aplatie de l'Hélioagète. Humboldt vit bien qu'à partir du cou de la Licorne l'éclat augmente notablement, et cependant Maedler voulait y trouver la région de la Galaxie la plus éloignée; cet astronome fut fort surpris de voir que c'est précisément cette région qui est la moins éloignée de nous. Maedler prétendait d'abord que cette région est une partie de la Galaxie pas aussi claire, mais il abandonna bientôt cette opinion, diamétralement opposée à la description indiquée par Humboldt. Je m'étonne comment les adversaires de Maedler et les partisans d'Humboldt n'ont pu reconnaître dans le cou de la Licorne l'une des extrémités de l'Hélioagète que je vois si bien arrondie lorsque l'état de l'atmosphère le permet. La forme aplatie de l'Hélioagète est indiquée en H'.

Il a été dit que les météores qui entourent toutes les nébuleuses sont de gros ballons, des vessies à enveloppe gelée, produits des molécules de la masse brûlante. Il a été dit de même que, pour que les neuf grosses bandes de masse brûlante soient expulsées, l'Hélioagète devait avoir contenu toute la masse de ces bandes dans son enveloppe de glace, enveloppe qu'il n'aurait pu obtenir si antérieurement ses molécules ne se fussent trouvées réduites en équilibre.

De même il a été démontré qu'à cause de l'absence de mouvement orbiculaire la masse de la 5ᵉ bande ou du 5ᵉ jet rebroussa chemin et retomba non pas dans le cratère d'où elle avait été expulsée, mais qu'elle entoura comme d'une longue ceinture une ou plusieurs fois toute l'enveloppe glaciale autour de sa région équatoriale. De sorte que d'une même cause, c'est-à-dire de l'absence de mouvement orbiculaire, résultent deux faits de natures différentes.

1° Dans le 5e espace annulaire il y a absence d'un anneau de nébuleuses comparables aux dionéphélies et aux chrononéphélies; cette absence de nébuleuses fit connaître que la masse brûlante de la 5e bande n'y resta pas pour être subdivisée en milliers de portions et pour devenir autant de nébuleuses.

2° Dans l'Hélioagète les météores qui dispersent ses rayons sont continuellement remplacés par d'autres nouveaux résultant des molécules de masses brûlantes qui se trouvent en équilibre détruit par rapport à la pesanteur.

3° Aux deux faits précédents vient s'en combiner un troisième, c'est-à-dire l'apparition H' d'un aplatissement qui résulte de la grosse ceinture équatoriale de masse brûlante et de la plus grosse couche de météores qui entourent la ceinture composée de masse brûlante.

Après avoir ainsi prouvé la cause de l'absence d'un anneau de nébuleuses dans le 5e espace annulaire A^{V}, il ne reste qu'à chercher s'il n'y a pas quelques portions extrêmes de la masse brûlante de la bande B^{V} dans laquelle le mouvement orbiculaire ne manqua pas, et qui, étant restées, se trouvent dans un état pareil à celui où se trouvent les portions circulant dans les espaces annulaires voisins A^{VI} et A^{VII}. De pareilles portions de masse brûlante doivent être à l'état de nébuleuses, lesquelles seront nommées *néphéloïdes* pour correspondre au nom de *planétoïdes*.

B. Apparition perspective de la Diogalaxie et de la Galaxoïde.

§ 348. De même que la Diogalaxie se présente perspectivement du côté du Sud par rapport à la Chronogalaxie, de même la Galaxoïde se présenterait du côté du Sud par rapport à la Diogalaxie, s'il existait le nombre total des portions de masses brûlantes séparées de celles de la bande B^v. Il a été prouvé (§ 35) que la cinquième bande rebroussa chemin à cause du manque de mouvement orbiculaire. Grâce à la position des deux Galaxies ci-dessus nommées, il m'est devenu possible de déterminer la position dans laquelle serait vue la Galaxoïde si elle ne manquait pas.

En cherchant du côté du Sud de la Diogalaxie, j'ai trouvé: 1° la Grande-Nuée de Magellan; 2° la Petite-Nuée de Magellan; 3° la nébuleuse d'Orion; 4° la nébuleuse d'Andromède; 5° la nébuleuse du Sagittaire, et 6° celle de η d'Argo.

1° Chacune de ces six nébuleuses ne diffère en rien de celles dont sont composées les deux autres Galaxies; 2° toutes sont composées d'un nombre de nébuleuses inférieures irrésolubles; 3° leur éclat ne diffère pas de celui de la Voie lactée; 4° leur forme n'indique nulle symétrie vers quelque point central; 5° leur étendue surpasse celle des autres nébuleuses; 6° leurs bords sont irréguliers; 7° enfin ces six nébuleuses sont toutes du côté du Sud de la Diogalaxie.

De même qu'il y a dans la Chronogalaxie deux anses composées perspectivement de la Diogalaxie, de même il y a dans la Diogalaxie deux anses composées de la Galaxoïde; c'est à l'avenir qu'est réservée leur découverte, au moyen de quelques nébuleuses exotiques qui s'y trouveront.

II. SUBDIVISION DE LA MASSE BRULANTE DANS CHACUN DES ESPACES ANNULAIRES.

§ 349. Les corps qui circulent dans chacun des neuf espaces annulaires sont des portions de la masse brûlante contenue dans une bande B', B''... B^{IX} pour chacun des espaces annulaires A', A'', A'''... A^{IX}; les corps dont la masse résulta de la même bande sont nommés *homogènes*. Dans le 4° espace annulaire A^{IV} circulent avec le Soleil tous les corps dont la masse faisait, dans le principe, partie de la masse brûlante contenue dans la bande B^{IV}; tous ces corps sont nommés *indigènes*.

Mode de la subdivision de chaque masse en huit portions. Il y a une notable différence entre le mode de subdivision d'une masse brûlante d'une densité excessive, et le mode de production des jets par l'expulsion de la masse de l'intérieur d'une enveloppe solide dans laquelle s'ouvre un cratère; toutefois, dans les deux cas, la poussée expansive a son origine dans les molécules d'électre composant les atomes de chaleur. Le volume de ces molécules comprimées présente une expansion qui ne diffère en rien de celle de l'air comprimé dans un fusil à vent. Chaque fois que cesse la résistance, il y a une explosion, explosion qui ne consiste qu'en un accroissement instantané du volume des molécules d'air; car ce sont ces molécules dont le volume se trouve subitement augmenté qui chassent la balle. Chaque période de subdivision est composée de trois durées qui séparent les trois époques pendant lesquelles s'opèrent trois séries d'allongements ou d'expansions.

Premier allongement. L'allongement, dans une masse brûlante, est toujours occasionné, 1° par une diminution de la résistance, de sorte que cette diminution détermine le sens de la séparation des deux portions; 2° la poussée répulsive est également déterminée d'après la forme de la masse; elle est supérieure suivant la longueur, lorsque la masse compose un corps allongé.

Soit ρ le rayon vecteur HB^{IV} (fig. 42) de la masse B^{IV}, la poussée répulsive éprouve, dans l'intérieur de la bande, une résistance inférieure dans le sens de la direction du rayon ρ ou $B^{IV}H$; pour cette raison, des deux portions qui en résultent l'une (A) s'est abaissée de la distance α et l'autre (C) resta en place sans s'élever; leurs rayons vecteurs sont devenus HA, HC ou $\rho-\alpha$, $\rho+\beta$. Ces distances sont limitées à cause du syndesme σ ou filet de masse visqueuse brûlante, lequel produit un amortissement de la poussée répulsive exercée par l'expansion du volume des molécules de l'électre.

A la fin de l'allongement, la masse B^{IV} se trouva divisée en deux A, C unies entre elles par un gros filet de la même masse visqueuse nommée *syndesme*, et indiqué par le signe σ. Les molécules du filet ou du syndesme σ étant en équilibre rompu par rapport à la pesanteur, elles se sont trouvées sollicitées vers les deux portions A C en direction divergente; de sorte que la masse s'amincit au milieu, et il se forma une rupture du syndesme dont une moitié resta, comme un appendice, attaché de haut en bas à la portion A, et l'autre de bas en haut à la masse C. Cette rupture a été en même temps sollicitée par la traction produite de la manière suivante.

Le mouvement orbiculaire de la masse B^{IV} de rayon ρ s'étant conservé dans ses deux moitiés A, C de rayons $\rho-\alpha$ et ρ, l'ascension droite **a** de la masse B^{IV} ne changea pas, elle resta, 1° **a** pour la masse C, et devint 2° $\mathbf{a}+a$ pour la masse A; cet éloignement entre les masses AC sollicita la rupture du syndesme σ.

Deuxième allongement. La poussée répulsive sollicita la production d'un allongement dans chacune des masses A, C, de la même manière que cela a été indiqué pour la formation du premier allongement. Le sens de la séparation ne pouvait être le même que celui de la précédente, à cause des traînées du syndesme σ; la résistance inférieure se trouva dans le sens du mouvement orbiculaire restant sur le plan de l'orbite. De la portion A résultèrent les portions K, L, et de l'autre C les portions M, N; chaque couple étant lié par un syndesme σ, il resta les mêmes rayons $\rho-\alpha$, ρ et les mêmes vitesses orbiculaires, de sorte que les syndesmes σ', σ' n'éprouvèrent aucune traction de la part des portions en contact, et que leurs molécules, obéissant à la pesanteur, ont été sollicitées vers les deux masses voisines K, L ou M, N en directions divergentes.

Troisième allongement. Les masses KL, MN éprouvaient des résistances des côtés des appendices des syndesmes σ, σ'; pour cette raison, un allongement dans le même sens que les deux précédentes devint impossible; il ne resta que le sens de la direction perpendiculaire au plan de l'orbite où la résistance était inférieure. De la masse K résultèrent les deux moitiés P, Q; de la masse L ont été produites R, S. De même dans la distance ρ des masses M, N ont été produites les quatre portions Σ, T, Υ, X. Chacun des quatre couples se trouva uni par un syndesme σ'' perpendiculaire au plan de l'orbite principal qui est le prolongement du plan de l'équateur du soleil central.

Tous ces huit corps, conservant leurs deux rayons $\rho-\alpha$, ρ, se déplacèrent du plan de l'orbite principale, et ils se trouvèrent dans des orbites dont les plans s'inclinent pour former entre eux un angle de 2γ, angle qui est divisé par le plan équatorial en deux moitiés γ et γ'. Ces huit corps se trouvent sur les angles des deux orthogones qui sont perpendiculaires sur le plan équatorial, sans pour cela être parallèles; l'ascension de l'orthogone O de l'orbite de rayon ρ est a et celle de l'orthogone inférieur O' est **a**. Le rayon $\rho-\alpha$ de l'orbite de l'orthogone O' forme avec le rayon ρ un angle $\Gamma = \mathbf{a} - a$.

Fig. 42.

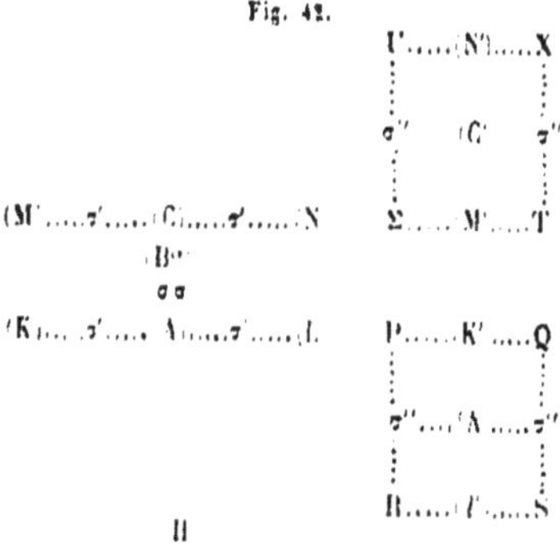

Dans la figure 41 la Galaxie est représentée vue de face.

de même ici HB^{IV} (fig. 42) indique le rayon vecteur HS, B^{IV} est la bande de la masse brûlante du 4e espace annulaire A^{IV} (fig. 41). La première période de la subdivision de la masse B^{IV} est subdivisée en trois durées T, T′, T″ écoulées entre les époques e, e', e'', pendant lesquelles s'opérèrent, 1° l'allongement en (B^{IV}), 2° les deux allongements en (A), (C), et 3° les quatre allongements en (K′), (L′), (M′), (N′).

Il y a eu en trois époques sept allongements, et une seule masse B^{IV}, par trois séries de subdivisions opérées en trois époques, se trouva divisée en huit portions, disposées de manière à former deux orthogones O, O′ ou PQRS et ΣTYX, ayant chacun le plan vertical au plan EE′FF′ (fig. 41) de la Galaxie.

Étant donné d'une part ce mode de subdivision d'une masse brûlante en huit portions composant deux orthogones dont le plan est vertical au plan de l'orbite de la masse subdivisée; étant d'autre part donné le nombre N des portions indiquées par celui N des étoiles, il devient possible de déterminer approximativement le nombre n de périodes qui ont dû s'écouler pour produire le nombre N d'étoiles; on a

$$8^n = N, \quad n \times \log 8 = \log N, \quad n = \frac{\log N}{\log 8}.$$

1° Les orbites des huit portions de la 1re période forment entre eux l'angle 2γ; 2° ceux des portions de la 2e période forment deux autres séries d'angles $2\gamma \pm 2\gamma'$; 3° les orbites des portions de la 3e période forment entre eux quatre séries d'angles $2\gamma + 2\gamma' \pm 2\gamma''$ et $2\gamma - 2\gamma' \pm 2\gamma''$. Il y a donc un léger éloignement des orbites des portions du plan de la Galaxie et il y a rapprochement rapide des autres orbites vers ce plan de la Galaxie; cela fait augmenter rapidement le nombre des étoiles en partant des deux pôles de la Galaxie et avançant vers elle.

CHAPITRE PREMIER.

ASTRONOMIE ET SA LIAISON AVEC L'ASTROGONIE.

---

§ 350. Le mot *astronomie* (ἀστήρ, étoile, et νέμειν, distribuer) indique une science contenant l'ensemble des règles des distributions des étoiles. Pour fixer les places des étoiles il faut connaître: 1° l'inclinaison du plan de leur orbite sur celui du prolongement du plan de l'équateur de l'Hélioagète qui coïncide avec le plan de la Chronogalaxie; 2° la longueur du rayon de l'orbite; 3° la longitude. Il n'est possible de parvenir à ces connaissances qu'au moyen de l'Astrogonie indiquant le mode de la production des portions de masse brûlante des étoiles produites par la subdivision de la masse totale composant le seul corps B^{IV} de l'espace annulaire A^{IV}. L'Astrogonie étant inconnue, l'Astronomie ou la distribution des étoiles l'était par conséquent aussi. Les connaissances obtenues des observations se réduisent en dénombrements des étoiles, de sorte que les individus qui prétendent acquérir des connaissances par cette voie n'ont pas l'attribut indiqué par le nom qu'ils se sont donné (§ 176).

Pour remonter à l'origine de la distribution des étoiles, il est nécessaire d'établir le mode de la subdivision de la masse du jet B^{IV} arrivée à l'espace annulaire après avoir été expulsée de l'intérieur de l'Hélioagète composé de la même masse. Le jet B^{IV}, de même que les huit autres, circulaient autour de leur corps central comme circulent les planètes autour du Soleil et les satellites autour de leur planète centrale. La différence ne consiste qu'en ce que les jets des soleils et des planètes restent conservés, tandis que les gros jets expulsés de l'Hélioagète ont éprouvé des subdivisions d'où sont résultées des millions de portions qui ne sont ni égales entre elles, ni pourtant très-différentes, et ce sont ces portions de masse brûlante dont la couche pâteuse superficielle gela et devint une enveloppe de glace renfermant la masse brûlante. C'est le froid de l'espace de 160 degrés qui ne permet pas la fusion de la glace; la chaleur qui arrive à l'enveloppe se répand rapidement dans l'espace froid à cause de la faible résistance qu'elle y rencontre.

Les divisions et les subdivisions de la masse principale B^{IV} ont été produites par deux genres de rupture d'équilibre : l'interruption de la rupture d'équilibre d'un genre devenait la cause physique de la rupture d'équilibre de l'autre genre. Cette succession spontanée de causes motrices eut lieu comme par la loi physique, les effets correspondants ne manquent pas; ces effets sont rapportés comme exemples et non pas comme preuves, car l'existence des deux genres de rupture d'équilibre résulte de la loi physique.

1. MODE DE LA SUCCESSION DES DEUX GENRES DE RUPTURE D'ÉQUILIBRE.

§ 351. On connaît la loi de la pesanteur et les directions des translations des molécules matérielles qui se trouvent en équilibre rompu. On connaît également l'existence d'un autre genre de rupture d'équilibre qui ne se manifeste que dans les cas où est produite une diminution de résistance ou une augmentation des poussées; les ressorts, les gaz, la vapeur comprimés sont en équilibre rompu : cependant l'apparition de ses actions persiste tant que la résistance est vaincue, car elles s'interrompent par une diminution de la poussée répulsive ou par une augmentation de résistance.

Rupture d'équilibre de ressort de la masse du jet B^{iv}. La masse de neuf jets expulsés de l'Hélioagète n'est qu'un millième ou un dix-millième de la masse contenue dans ce corps central. Les molécules étant exposées à la pesanteur de ce corps avaient une densité des millions de fois supérieure à celle qui correspondait à la pesanteur de la masse d'un jet B^{iv}. Les atomes de la chaleur sont composés de molécules d'électre indéfiniment comprimées, de sorte que l'expansion de leur volume se manifeste chaque fois qu'il est possible que la résistance soit vaincue, de même que se manifeste l'expansion du volume des molécules de la vapeur dès que se trouve vaincue la résistance du piston.

Si la masse du jet B^{iv} eût été à l'état solide, il se serait produit un nombre de fragments qui auraient été lancés en directions divergentes et indéfiniment éloignés les uns des autres. Si la masse dite eût été à l'état liquide ou à l'état gazeux, ses molécules auraient été repoussées en directions divergentes et tellement éloignées les unes des autres qu'il en serait résulté pour elles une densité indéfiniment médiocre.

Jusqu'ici les faits observés ont prouvé que la masse brûlante est pâteuse : ici elle se présente à la fois pâteuse et visqueuse, car en éprouvant la poussée répulsive elle ne cède que très-lentement, pour obtenir un allongement dans la direction où s'est exercée la plus faible résistance. L'allongement n'est pas d'une durée indéfinie, il s'affaiblit à cause de la diminution de la poussée et à cause de l'accroissement de la résistance causée par l'état visqueux. L'interruption de l'allongement arrive au moment de l'apparition d'un équilibre entre la poussée expansive et la résistance de la masse par suite de son état visqueux.

Rupture de l'équilibre par rapport à la pesanteur. Pour être réduite en équilibre par rapport à la poussée de ressort, la masse principale B^{IV} a dû se trouver étendue pour former un long filet ayant à ses extrémités deux grosses portions. Ce genre d'équilibre par rapport aux ressorts est la rupture d'équilibre par rapport à la pesanteur, car les molécules dont est composé le filet ont été sollicitées en directions divergentes, les unes vers la masse d'une extrémité et les autres vers la masse de l'autre extrémité.

Il en résulte d'abord un amincissement au milieu des filets jusqu'au degré où apparaît une rupture, et les deux moitiés du filet se présentent comme deux appendices des deux masses séparées. Ces appendices se raccourcissent et leurs molécules transférées aux deux masses font croître leur poussée expansive, laquelle parvient ainsi à vaincre la résistance la plus faible pour faire commencer un allongement dans ce sens.

Répétitions alternatives des deux genres de rupture d'équilibre. Ce qui a été dit sur la subdivision de la masse principale B^{IV} en deux autres A et B trouve son application à la subdivision de chacune de ces masses en deux autres K, I et M, N, parce que l'allongement de chaque portion est la cause physique de la rupture de l'équilibre barostatique; la pesanteur ne fait pas s'éloigner les deux portions l'une de l'autre comme le fait la poussée répulsive, elle interrompt cet éloignement et soutient l'avancement des masses du filet en directions divergentes pour les faire se séparer et aller s'accumuler aux deux portions et y faire augmenter la poussée répulsive jusqu'au degré où apparaît un nouvel allongement.

État final. Cette succession alternative entre les deux genres de rupture d'équilibre ne va pas jusqu'à l'indéfini, parce que dans les petites portions la poussée répulsive s'affaiblit et la résistance augmente : cet état ne se présente qu'aux portions de masse devenues médiocres sans pour cela être égales. Il a été prouvé dans les durées de révolutions de planètes lumineuses que les masses de leurs soleils sont inégales et qu'elles sont deux ou même trois fois plus grandes que la masse de notre Soleil.

J'aurais terminé ici l'exposition du mode de la subdivision de la masse principale, si je ne tenais à prouver la cause de la différence entre les nombres des corps périphériques de l'Hélioagète et ceux des solides et des planètes. Mais il s'agit de connaître en même temps la distribution des étoiles ou l'*astronomie*, et pour y parvenir il faut exposer d'abord l'*astrogonie* contenant la règle de la subdivision de la masse principale, règle résultant des apparitions alternatives des deux genres de rupture d'équilibre.

II. DES SEPT PÉRIODES DE L'ASTROGONIE.

§ 352. Les deux genres de rupture d'équilibre se sont répétés alternativement dans les portions décroissantes jusqu'à l'apparition de portions de masses pareilles à celle dont est composé le Soleil, et d'autres deux ou trois fois supérieures. En suivant les deux genres de rupture d'équilibre, on est conduit à connaître que d'une masse résultent huit portions symétriquement disposées; ensuite chacune des portions de 1er ordre se subdivise en huit autres de 2e ordre et ainsi de suite jusqu'à la production des portions de 7e ordre, comme cela résulte du calcul que le nombre N d'étoiles et de nébuleuses indigènes doit être égal au nombre 8^{n} de portions produites par la subdivision de la masse principale B^{IV}.

La masse principale B^{IV} s'allongea d'abord dans le sens de son rayon vecteur ρ, suivant lequel la poussée répulsive éprouvait le minimum de résistance, parce qu'elle coïncidait avec la poussée provenant de la pesanteur. Une résistance inférieure se présentait aussi dans le sens du mouvement orbiculaire, tandis que dans les deux directions latérales la résistance ne différait point.

Ce mode de subdivision de la masse principale est parfaitement conforme avec la distribution des étoiles dont, 1° les plans des orbites sont de différentes inclinaisons sur le plan de la chronolaxie avec lequel coïncide le prolongement du plan équatorial de l'Hélioagète; 2° les longueurs des rayons des orbites diffèrent aussi, et 3° de même diffèrent les longitudes.

1° La *profondeur* ou *hauteur* dans l'espace stellaire est considérée dans la direction du rayon vecteur.

2° La *longueur antérieure* est considérée dans le sens du mouvement orbiculaire, et la *longueur postérieure* est considérée en sens des directions divergentes.

3° La *largeur à droite* est du côté sud de l'hémisphère de la voûte céleste, et la *largeur à gauche* est du côté du pôle nord.

En chaque période de l'astrogonie se produisent trois filets en sens perpendiculaire l'un de l'autre toujours par la poussée répulsive; pendant l'interruption des allongements, c'est la pesanteur qui fait passer les molécules des filets aux portions en communication. Ces états de la masse indigène en subdivision ne manquent pas actuellement, c'est à une époque postérieure qu'ils n'existeront plus. 1° Il y a un nombre de nébuleuses arrondies, unies au moyen d'un filet; 2° d'autres nébuleuses ont la forme d'une bande; 3° les *astéronéphélies* sont les corps composés d'une nébuleuse ayant, symétriquement placée, une seule étoile ou deux ou quatre. Les actions qui ont eu lieu dans les siècles précédents produisirent donc des effets qui leur correspondent. Ces actions ne manquent pas actuellement; leurs effets seront de même nature que ceux qui se présentent comme effets des actions précédentes.

1° La masse principale s'allongea *verticalement*, et il en résulta le syndesme σ et deux portions à ses extrémités. 2° Les deux portions sont B (fig. 43) qui resta en place et A qui descendit : elles s'allongèrent ensuite dans le sens du mouvement orbiculaire ou *longitudinalement*, et il en résulta deux syndesmes σ' et quatre portions B', C, A', D. 3° Les quatre portions s'allongèrent transversalement, et il en résulta IK de B, MN de C, PQ de A et ST de D.

Fig. 43.

(B) IK (C) MN

(A) PQ (D) ST

Ces huits portions étaient sur deux plans; elles avaient leurs orbites inclinés l'un sur l'autre pour former l'angle 2γ divisé en deux moitiés par le plan de la chronogalaxie.

Les huit portions étaient en quatre orbites ayant deux rayons ρ, qui est le rayon de la masse principale, et R, qui est de longueur $\rho - h$, en indiquant par h la hauteur dont descendit la portion A.

Les huit corps étaient en quatre longitudes 0° pour les portions K I produites de B, l pour M N produites de C, I pour P Q produites de A', et L pour S T produites de D.

A. Première période de l'astrogonie.

§ 353. Pendant la durée de cette période ont eu lieu : 1° l'allongement vertical dont la longueur h est la *hauteur*; 2° l'allongement longitudinal dont la longueur λ est la longitude; 3° l'allongement transversal dont la longueur γ est l'inclinaison.

Pour fixer les idées il faut savoir que la hauteur h correspond à la distance de 18δ qui sépare dans Ophiucus les deux étoiles supérieures τ, λ de l'étoile inférieure p; δ est la distance qui sépare la Terre de α du Centaure, distance que la lumière ne franchit qu'en cinq ans; par suite le premier allongement $\alpha = 18\delta$ serait parcouru par la lumière en 90 ans. Pour en évaluer la durée, il faut se rappeler que la lumière parcourt 75.000 lieues par seconde, et l'allongement par seconde ne pouvait être que de quelques mètres et même moins.

Les molécules de la masse principale parcouraient l'orbite do rayon ρ faisant n mètres seconde qui donnent Γ pour distance angulaire; les mêmes molécules transférées en A se trouvèrent faire n mètres par seconde en parcourant un orbite de rayon $\rho - h$ dont résulte une distance angulaire $\Gamma + \varepsilon$. Ainsi la masse A abaissée obtint une longitude supérieure de ε; de sorte que les quatre portions inférieures P, Q, S, T se trouvèrent sur les angles d'un orthogone, de même que les quatre portions supérieures I, K, M, N se trouvèrent sur les angles d'un autre orthogone d'égales dimensions, mais de longitude inférieure : ils étaient tous les deux perpendiculaires sur le même plan. Ces deux orthogones en égale longitude formeraient les deux bases d'un parallélipipède possédant les huit portions produites en ses huits sommets.

En suivant la loi physique produisant alternativement deux genres de rupture d'équilibre, je veux exposer les détails de production des faits qui ont dû précéder et dont est résulté l'état actuel des corps indigènes, étoiles et nébuleuses, et en même temps leur distribution pour se trouver perspectivement pour nous dans toute la voûte céleste en densités décroissantes du plan de la Voie lactée vers ses pôles et en densités inégales dans les différentes longitudes.

1° Allongement vertical.

§ 354. La poussée répulsive s'exerçait par l'expansion du volume des molécules de l'électre qui compose les atomes de la chaleur (§ 23); la résistance de la part de la masse était inférieure du côté de l'Hélioagète qui fait écran à ses corps périphériques en interceptant une partie du barogène (§ 47). L'allongement s'opérait lentement à cause de l'état pâteux et visqueux de la masse qui exerçait une résistance croissante avec la longueur du filet σ, tandis que la poussée répulsive s'affaiblissait et qu'il en résultait un équilibre des ressorts dont, 1° l'un était la poussée provenant de l'expansion du volume des molécules de l'électre, et 2° l'autre l'état visqueux de la masse : il a fallu pour tel équilibre qu'il se produisit un allongement de 183 environ.

La poussée exercée par la pesanteur n'était pas interceptée par l'allongement, mais elle était vaincue par la poussée expansive; dès que celle-ci devint interrompue, resta isolée la poussée de la pesanteur exercée sur la masse du syndesme σ dont une partie a été amenée vers la portion A abaissée de la hauteur *h*, et une autre partie a été amenée vers la plus grosse portion B qui resta en place. La masse du syndesme σ, sollicitée vers les deux portions en directions divergentes, s'amincit au milieu où s'opéra sa séparation; ses deux moitiés devinrent deux appendices, l'un de bas en haut se tenant de la portion B et l'autre de haut en bas se tenant de la portion A.

Les rétrécissements des masses des deux appendices faisaient croître la masse des deux portions A et B; ces additions de masses y occasionnaient l'accroissement des poussées répulsives. Vers la portion inférieure A, l'avancement de la masse avait lieu plus rapidement; cependant elle ne montait pas très-lentement vers la portion B, car elle resta plus grosse que l'autre A. Ces rétrécissements ne se terminèrent que lorsque toute la masse des deux appendices fut transférée dans les deux portions.

Il y a eu une durée τ depuis l'époque E dans laquelle s'opéra l'expulsion des neuf gros jets de masse brûlante séparée de celle qui resta dans l'Helioagète; à la même époque commença l'allongement de chacun des neuf jets, mais il n'avançait pas également, car la poussée expansive était partout de même degré, tandis que la résistance était en raison directe avec les carrés des distances. 1° Dans les trois espaces annulaires inférieurs A′, A″, A‴ (fig. 41) sont terminées depuis longtemps les subdivisions des jets B′, B″, B‴. 2° Dans les cinq espaces annulaires supérieurs A^v, A^{vi}, A^{vii}, A^{viii}, A^{ix} les subdivisions persistent encore. 3° Dans le

4° espace annulaire A^{IV} sont terminées les subdivisions de la masse de la portion inférieure A, et il n'existe actuellement que quelques-unes des subdivisions des dernières portions provenant de la masse de la portion B' supérieure qui est la plus grosse.

Depuis l'époque E, lorsque commença l'allongement vertical de la masse B^{IV}, il s'écoula la durée τ jusqu'à l'époque **e** lorsque cet allongement a été intercepté. Depuis cette époque **e** il s'écoula la durée τ' jusqu'à l'époque *e* de la rupture du syndesme α. Depuis cette époque *e*, il s'écoula la durée τ'' jusqu'à l'époque *e'*, lorsque commença l'allongement longitudinal des deux portions B' et A' (fig. 44).

Fig. 44.

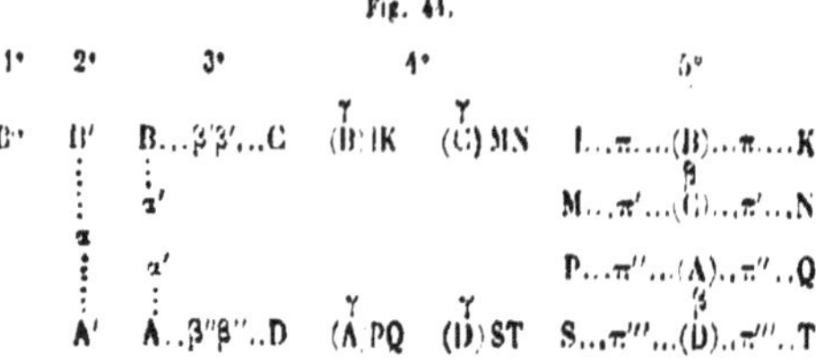

2° *Allongement longitudinal.*

§ 355. Il n'y avait pas encore disparition complète des appendices $\alpha'B\alpha'A$ des masses B', A', lorsque leur poussée répulsive parvint à vaincre la plus faible résistance exercée du côté vers lequel s'avançaient les masses A', B' par leur mouvement orbiculaire produit par le choc tangentiel (§ 35).

Depuis l'époque *e'* du commencement des allongements des masses B' et A' jusqu'à celle *e''*, où ils ont été arrêtés, s'écoula la durée τ et ont été produits les syndesmes β; 2° depuis l'interruption de l'allongement jusqu'à l'époque *e'''* de la rupture des filets ou des syndesmes β, β, s'écoula la durée τ'; 3° depuis l'apparition des quatre appendices $\beta'C$, $\beta'B$ aux masses C, B, et $\beta''A$. $\beta''D$ aux masses A, D, jusqu'à l'époque e^{IV} s'écoula la durée τ''.

Ce rétrécissement des masses des syndesmes β, β s'opéra dans des espaces de temps τ''' qui étaient en raison inverse des masses B, C, A, D, parce que, en ce cas, il n'y a pas d'inégalité de pesanteur comme cela a lieu dans l'allongement vertical α et dans les masses des appendices α'B, α'A.

Les plans des orbites de ces quatre masses coïncidaient : deux de ces orbites avaient pour rayon ρ, et les deux autres $\rho - \alpha$, de sorte qu'un orbite était contenu dans l'autre.

3° *Allongement transversal.*

§ 356. Il y avait encore des restes des appendices β'Bα'B, β'Cα'C, β'Aα'A, β'Dα'D dans les quatre masses, lorsque la poussée répulsive se trouva capable de vaincre les résistances exercées à un degré inférieur dans les deux sens perpendiculaires au plan des orbites. L'allongement latéral commença à une époque E'' très-éloignée des deux précédentes E', E. Chacune des quatre masses B, C, A, D s'allongea en direction parallèle, car tous les quatre syndesmes π, π', π'', π''' étaient perpendiculaires au plan de la Galaxie.

Depuis l'époque E'' jusqu'à l'époque e s'opéra l'allongement des quatre masses B, C, A, D en directions divergentes. Chacune de ces quatre masses, après avoir été allongée, se trouva contenue dans un syndesme π, π', π'', π''' et dans deux portions dans lesquelles aboutissaient les syndesmes. Le syndesme π, partant du point occupé par la masse B, s'allongea ayant à ses extrémités deux masses I, K ; de même les trois autres syndesmes π', π'', π''' avaient à leurs extrémités les portions M, N produites de L ; P, Q produites de la masse A, et S, T provenues de la masse D.

4° *Disposition des huit portions à la fin de la première période.*

§ 357. De chacune des deux masses B', A' circulant dans le même plan orbiculaire, circulant dans deux orbites de rayons ρ, $\rho-\alpha$ résultèrent huit portions, dont quatre I, K, M, N contenues dans quatre angles de l'orthogone supérieur O dont le plan était perpendiculaire à celui de la Galaxie, tandis que les quatre autres P, Q, S, T étaient contenus dans les angles de l'orthogone *inférieur* O'.

Chacune de ces huit portions avait trois appendices : un latéral, un longitudinal et un vertical. Ce sont ces dernières qui ont été produites les premières; pour leur rétrécissement opéré par la pesanteur, il a fallu une durée plus longue que celle τ écoulée pendant l'allongement de la masse B^{IV} pour qu'il en résultât le syndesme de longueur α.

L'allongement longitudinal des syndesmes β, unissant les masses BC et AD, était d'une longueur inférieure à celle de α; enfin l'allongement transversal π devait être encore inférieur. Telle a été la distribution des corps indigènes ou telle a été l'astronomie à la fin de la première période de l'astrogonie.

B. Deuxième période de l'astrogonie.

§ 358. Les deux genres de rupture d'équilibre de la première période ne manquèrent pas après la subdivision de la masse principale B^{IV} en huit autres moins grandes. De même que la durée τ de la subdivision de la masse B^{IV} était double de celle des deux subdivisions des masses B' A' et quadruple de celle des masses B, C, A, D, de même elle a été huit fois plus longue que la durée τ' de la subdivision de chacune des huit portions existantes au commencement de la deuxième période.

Les allongements de directions verticale α', longitudinale β', et transversale π' étaient dans la deuxième période inférieurs à ceux α, β, π de la première. Le plan de l'orthogone supérieur O conserva le rayon ρ de son orbite de même que l'orthogone inférieur O'; de l'allongement vertical des quatre portions de chacun des deux orthogones résultèrent seize portions sur quatre orthogones parallèles, dont deux avaient pour rayon ceux ρ, $\rho - \alpha$ des deux orbites précédents, et dont les deux autres se trouvèrent sur des orbites de rayons $\rho - \alpha'$, $\rho - \alpha - \alpha'$. Ainsi la hauteur de l'espace stellaire devint de α' dans les deux basses et celle de l'espace vide diminua et devint de $\alpha - \alpha'$. A cette époque **e**, il y avait : 1° quatre corps K, **k**, P, **p** (fig. 45) en chacune des quatre arêtes du parallélipipède composé des huit portions produites pendant la première période.

Fig. 45.

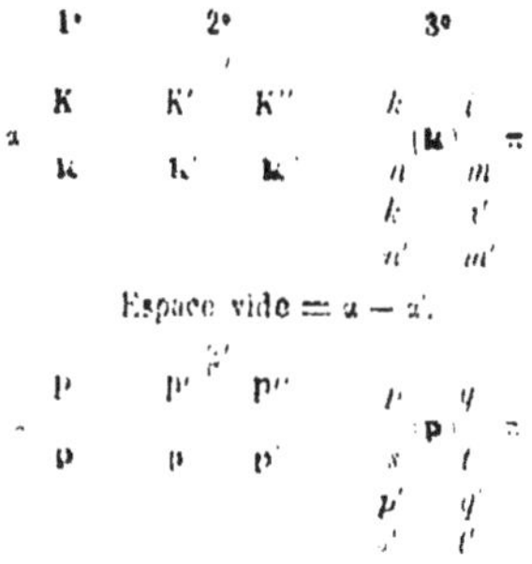

Espace vide = $\alpha - \alpha'$.

Depuis l'époque **e** jusqu'à l'époque *e* s'opéra le rétrécissement des allongements ou des syndesmes α' qui ont été rompus et restèrent comme appendices aux seize portions produites. En chacune de ces portions la poussée répulsive augmenta et devint capable de produire un allongement β' longitudinal qui était inférieur à l'allongement β correspondant de la première période.

2° En chacune des quatre arêtes du parallélipipède principal il se trouvèrent, après la durée τ' de l'époque *e*, huit portions, K', **k**'', K'', **k**', P', P'', **p**', **p**''. Ces corps restèrent séparés après les rétrécissements des masses formant les syndesmes β', dont les moitiés devinrent des appendices.

3° Après une durée T', la plus grande partie de la masse des appendices s'accumula dans les 32 portions des quatre arêtes et la poussée répulsive augmenta suffisamment pour produire les allongements transversaux de longueur π'. Ainsi résultèrent autour de chacune des quatre arêtes quatre orthogones parallèles *ikmn*, *i'k'm'n'*, *pqst*. *p'q's't'*. Des deux orthogones supérieurs considérés comme deux bases, résulta un parallélipipède Π', et des deux inférieurs résulta également un autre parallélipipède, de sorte qu'aux sommets des huit parallélipipèdes pareils se trouvèrent 64 portions à la fin de la deuxième période de l'astrogonie.

Tous ces corps circulaient sur quatre orbites formant entre eux les angles $2\gamma + 2\gamma'$ et $2\gamma - 2\gamma'$ et avec le plan de la Galaxie les angles $\gamma + \gamma$, $\gamma - \gamma'$ de chaque côté. Les rayons de ces orbites étaient ρ, $\rho - \alpha'$, $\rho - \alpha$, $\rho - \alpha - \alpha'$. Les longitudes étaient en raison inverse des longueurs de ces quatre rayons.

A la fin de la deuxième période un observateur placé dans l'Hélioagète aurait observé une bande de quatre séries parallèles composées chacune de seize corps et séparées par les distances angulaires $2\gamma + 2\gamma'$, $2\gamma - 2\gamma'$; regardant la bande de profil, il en aurait vu quatre ayant pour rayons ρ, $\rho - \alpha'$, $\rho - \alpha$, $\rho - \alpha - \alpha'$. Ainsi 2^2 était le nombre des rayons et celui des plans et 4^2 le nombre des portions ayant une égale inclinaison. Sans que ces 4^2 portions soient les mêmes que les précédentes, il y en avait une masse égale qui circulait sur des orbites d'égal rayon.

C. PÉRIODES POSTÉRIEURES DE L'ASTROGONIE.

§ 359. Il y avait alternativement apparition de faits ayant pour cause l'un ou l'autre genre de rupture d'équilibre; le résultat n'était que la multiplication du nombre des portions, lesquelles se trouvaient arrangées symétriquement des deux côtés du plan de la Galaxie, de sorte que, 1° celles du même orbite avaient des longitudes différentes et une égale vitesse; 2° celles qui avaient d'inégales vitesses et pouvaient avoir d'égales longitudes circulaient sur des orbites de rayons inégaux; ainsi il en résultait impossibilité d'une rencontre entre deux portions.

Les portions supérieures de distance ρ éprouvaient de la poussée répulsive une rupture d'équilibre qui ne différait pas de celle des portions inférieures de distances $\rho - \alpha$, $\rho - \alpha - \alpha'$, $\rho - \alpha - \alpha' - \alpha''$, tandis que la pesanteur non pas locale, mais celle du système d'Hélioagète, est inférieure aux portions supérieures et supérieure aux portions inférieures. Cette cause favorisait davantage les allongements verticaux des portions inférieures pour faire les raccourcissements des durées des périodes, tandis qu'aux portions supérieures cette espèce d'allongement était moins favorisée et il en résulta un retard. Les durées des périodes correspondantes étaient plus longues aux portions les plus éloignées que celles des portions les moins éloignées de l'Hélioagète.

Pour que se produisît l'état actuel de la subdivision de la masse en autant de portions qu'il y en a dans le nombre N des corps indigènes, il a fallu qu'il y eût d'abord un certain nombre de périodes astrogoniques pendant chacune desquelles chacune des portions se subdivisait, 1° verticalement pour en former deux; 2° chacune de celles-ci se subdivisait longitudinalement pour en former deux, qui à leur tour en formaient quatre; 3° chacune de ces quatre portions se divisait transversalement pour en former deux et enfin huit en tout.

La masse restait la même, car chacune des huit portions était huit fois inférieure à celle dont elles résultèrent. Pour que la subdivision ultérieure s'arrêtât, il fallut que la masse des portions diminuât au point que la poussée répulsive devînt insuffisante pour produire un allongement quelconque. Un état pareil des portions était même inévitable, car la poussée répulsive éprouvait un affaiblissement suivant les cubes des diamètres de la masse, tandis que l'affaiblissement de la résistance s'opérait suivant les surfaces ou suivant les carrés des diamètres.

D. Apparition des soleils nébuleux.

§ 360. Arrivés à cet état d'indivisibilité, les portions obéissant à la pesanteur seule, reçurent un arrangement des molécules qui rétablit un équilibre barostatique universel.

D'après cet arrangement, l'ensemble des molécules a dû conserver la forme ovalaire sous laquelle les déplacements des molécules se sont trouvés interceptés. Ainsi cessa la production des vessies et des ballons composant les météores, car le refroidissement se limita aux molécules composant la couche superficielle de la masse pâteuse, laquelle gela dans le froid de 160° et devint une enveloppe solide qui sépara la masse brûlante de la couche ambiante de météores, lesquels possédant leur mouvement orbiculaire s'éloignaient lentement de l'enveloppe de glace transparente.

Les rayons de la masse brûlante, 1° font apparaître une nébuleuse lorsqu'ils arrivent à nous, après avoir traversé une couche de météores; 2° ils font apparaître une étoile lorsqu'ils arrivent après avoir traversé l'enveloppe de glace transparente; 3° enfin, ils font apparaître un reste de nébuleuse comme une auréole autour d'une étoile, et cet état ne dure qu'autant qu'il est nécessaire pour que les météores s'éloignent de l'enveloppe glaciale de façon à ne plus être entre nous et l'étoile.

Il ne manque pas d'exemples où plusieurs étoiles qui étaient précédemment entourées d'une auréole en sont actuellement privées et ne diffèrent plus en rien des autres étoiles. Au contraire, parmi les étoiles précédentes, il n'en existe aucune qui se soit postérieurement montrée entourée d'une auréole pareille. Cet aspect caractérise également les étoiles nébuleuses; cependant elles sont d'une nature tout à fait différente, comme il est exposé dans les chapitre suivant. Les soleils nébuleux ont été observés par Herschel dans l'astérisme d'Orion et par Lacaille dans l'Argo.

E. Nombre des périodes de l'astrogonie et leurs durées.

§ 361. L'astrogonie commença à l'époque E, lorsque la masse du jet B^{IV}, expulsée de l'Hélioagète, arriva au 4ᵉ espace annulaire A^{IV} (fig. 41). Pour être réduite à l'état actuel, la masse B^{IV} a dû subir plusieurs subdivisions opérées à cause des deux genres de ruptures d'équilibre se succédant alternativement. Pendant la durée de chaque période, chaque portion se subdivisait en huit distribuées de manière à se trouver aux huit sommets d'un espace en forme de parallélipipède. Ainsi à la fin de chaque période le nombre des portions était un des termes de la progression géométrique

$$\div\div 8 : 8^2 : 8^3 : 8^4 : 8^5 : 8^6 : 8^7.$$

Nous nous trouvons actuellement vers la fin de la dernière période; la terminaison de cette dernière période est également d'une longue durée, car elle commença à l'époque E' où apparut dans l'espace annulaire A^{IV} le premier soleil, et elle n'est pas encore terminée pendant toute la durée τ de l'apparition de tous les autres soleils : la preuve en est dans l'existence d'un nombre de nébuleuses solifères. Cette dernière période se terminera à une époque E″ qui arrivera après une durée τ' inférieure à celle τ écoulée depuis l'époque E'.

Admettant comme durée de la dernière période un nombre q de siècles égal à la somme $\tau + \tau'$ des durées entre les époques E' et E″, il s'ensuit que les durées des périodes précédentes étaient beaucoup plus longues lorsque les subdivisions avaient lieu sur des masses d'autant plus grosses que le nombre des périodes était inférieur; l'accroissement des durées des périodes précédentes se présente donc en progression géométrique

$$\div\div q : 8q : 8^2q : 8^3q : 8^4q : 8^5q : 8^6q,$$

q siècles étant la durée depuis le commencement de l'apparition des soleils indigènes, la durée de la première période de l'astrogonie a été 8^6 fois plus longue; c'est pendant cette durée que la masse principale B^{IV} éprouva un allongement d'une longueur α parcourue par la lumière en 160 ans et évaluée plus bas à 183.

Le nombre entier φ de périodes de l'astrogonie est déterminé d'après le nombre N des étoiles, lequel, pour avoir la valeur $N=8^\varphi$, doit être $N = 262100$ provenant de $\varphi=6$ ou $N=2097000$ correspondant à $\varphi=7$, car on a

$$N=8^\varphi, \quad \log N=\varphi \log 8, \quad \varphi=\frac{\log N}{\log 8}.$$

Le nombre des étoiles de 7e, 8e et 9e grandeur dépasse un demi-million; il en résulte qu'il doit circuler dans l'espace annulaire A^{IV} un nombre de soleils avec leurs nébuleuses plus grand de trois quarts. La grande rareté résulte de ce que parmi ces soleils ceux qui sont dans la partie $bM''b'$ (fig. 41) de l'espace annulaire A^{IV} sont moins éloignées, et que ceux qui circulent dans le reste $bmqm'b'$ de cet espace sont au contraire plus éloignés. Dans ces grandes distances apparaissent les soleils plus denses et de grandeurs faibles, 10e, 11e, 12e, 13e, jusqu'à disparition totale.

Parmi les étoiles observées de 7e, 8e et 9e grandeur, les astronomes comptaient les exotiques contenues dans l'espace angulaire pSp'; de sorte qu'en dehors de cet espace se présente des deux côtés une raréfaction subite à la fois dans l'espace angulaire $p'Ss'$ et dans celui pSs de l'autre côté. Après avoir déduit le nombre N'' d'étoiles exotiques du nombre N' des étoiles de 7e, 8e et 9e grandeur, la différence $N'-N''$ indiquera le nombre des étoiles de la partie $bM'b'$ de l'espace annulaire A^{IV}, partie qui n'est que le quart de l'anneau : dans ses autres trois quarts se trouvent les trois quarts des soleils de 10e, 11e, 12e et 13e grandeur, et les soleils invisibles.

La masse de notre Soleil étant μ, celle des autres soleils a été trouvée 2μ et même 3μ, pour éviter toute exagération; je trouve que le jet principal B^{iv} ne pouvait pas avoir une masse inférieure à $8^7\mu$, sans cependant qu'il en résulte que le volume du corps B^{iv} lui fût proportionnel, car la densité de la masse était, à l'époque E de son expulsion de l'Hélioagète, des millions de fois supérieure à la densité actuelle de la masse brûlante des soleils et des nébuleuses indigènes. Par suite le volume de la masse des 8^7 portions n'était pas trop différent de celui des portions de la masse dont résultèrent les soleils actuels; cet accroissement de volume est le résultat de la poussée répulsive.

III. — DE LA DISTRIBUTION DES ÉTOILES ET DES NÉBULEUSES INDIGÈNES.

§ 302. Les deux genres de rupture d'équilibre ne dépendent pas du mouvement orbiculaire : en considérant les subdivisions indiquées comme s'opérant sur une masse en repos, on aurait trouvé les dernières 8^7 portions de la masse μ arrangées de manière à se trouver en 8^6 parallélipipèdes π^{vi}; de sorte que ces 8^6 portions de 8μ formeraient un corps C^{vi} au commencement de la septième période de l'astrogonie.

En remontant, nous trouvons 8^5 parallélipipèdes π^{v} au commencement de la sixième période, alors que le nombre des corps c^{v} était de 8^5. Ainsi nous arrivons à la fin de la première période, 1° lorsque des 8 portions de la masse B^{ri} quatre étaient distribuées aux quatre angles des deux orthogones O, O′ parallèles circulant, le supérieur O sur un orbite de rayon ρ et l'inférieur O′ sur un orbite de rayon $\rho - \alpha$; 2° lorsque ces huit portions se trouvaient distribuées sur deux orthogones **o** à droite et **o**′ à gauche, dont les plans étaient inclinés pour former l'angle γ des deux côtés du plan de la Galaxie, et 3° lorsque des huit mêmes portions quatre étaient dans deux orthogones, l'un *o* antérieur et l'autre *o*′ postérieur; ce dernier se trouvant sur la longitude λ ou $\frac{1}{\rho}$, et l'antérieur sur la longitude λ' ou $\frac{1}{\rho-\alpha}$, parce que, en parcourant d'égales distances linéaires, les distances angulaires sont en raison inverse des longueurs des rayons.

Sur les six faces du parallélipipède, 1° les deux faces O, O' étaient ses bases circulant sur deux orbites de rayons ρ, $\rho-\alpha$; 2° les deux faces latérales **o, o'** circulaient sur des orbites dont les plans formaient avec la Galaxie les angles γ, $-\gamma$; 3° des deux faces, l'une o antérieure avait $\lambda+\lambda$ pour longitude, et l'autre o' postérieure avait la longitude λ. En suivant la loi de l'astrogonie, nous parvenons à déterminer tous les points auxquels ont dû se trouver précédemment les 8^7 portions de masse μ, 2μ, 3μ avant d'arriver aux points qu'elles occupent actuellement. L'astronomie ou la distribution actuelle des soleils et des nébuleuses est un effet direct de l'astrogonie. Il faut donc exposer la distribution réelle et puis l'apparition perspective avant d'en chercher les exemples dans les faits obtenus par les observations.

A. Limites des longueurs des rayons des orbites des soleils indigènes.

§ 363. La distance ρ entre l'Hélioagète et le corps principal B^{IV} n'éprouva aucun accroissement, de sorte qu'il n'y a pas de corps indigènes circulant dans des orbites de rayon plus grand que ρ.

1° A la fin de la 1re période, il n'y avait pas de corps circulant sur des orbites de rayon inférieur à $\rho-\alpha$.

2° A la fin de la 2e période de l'astrogonie, les 8^2 portions étaient partagées sur 2^2 bases de parallélipipèdes à 4^2 portions sur chaque base. Les quatre orbites de ces bases avaient pour rayons :

$$\rho,\ \rho-\alpha',\ \rho-\alpha,\ \rho-\alpha'-\alpha'.$$

3° A la fin de la 3e période, 2^3 était le nombre des bases,

4^3 le nombre des portions distribuées sur chaque base, et les 2^3 orbites des bases avaient pour rayons :

$$\rho,\ \rho-\alpha'\pm\alpha'',\ \rho-\alpha,\ \rho-\alpha\pm\alpha'\pm\alpha''.$$

4° A la fin de la 4ᵉ période, 2^4 était le nombre des bases, sur chacune d'elles il y avait 4^4 portions; les orbites de 2^4 bases avaient pour rayons les longueurs :

$$\rho,\ \rho+\alpha'\pm\alpha''\pm\alpha'''\pm\alpha''\pm\alpha',\ \rho-\alpha,\ \rho-\alpha\pm\alpha'\pm\alpha''\pm\alpha'''.$$

5° A la fin de la 5ᵉ période, 2^5 était les bases, 4^5 le nombre des positions sur chaque base; les orbites de celles-ci avaient les rayons :

$$\rho,\ \rho-\alpha'\pm\alpha''\pm\alpha'''\pm\alpha''\pm\alpha',\ \rho-\alpha,\ \rho-\alpha\pm\alpha'\pm\alpha''\pm\alpha'''\pm\alpha''.$$

6° A la fin de la 6ᵉ période, 2^6 était les bases, 4^6 le nombre des portions de chaque base; les orbites des 2^6 bases avaient pour rayons les longueurs :

$$\rho,\ \rho-\alpha'\pm\alpha''\pm\alpha'''\pm\alpha''\pm\alpha',\ \rho-\alpha,\ \rho-\alpha\pm\alpha'\pm\alpha''\pm\alpha'''\pm\alpha''\pm\alpha'.$$

7° A la fin de la 7ᵉ période, 2^7 était les bases, dont chacune avait 4^7 portions; les orbites des bases avaient pour rayons les longueurs :

$$\rho,\ \rho-\alpha'\pm\alpha''\pm\alpha'''\pm\alpha''\pm\alpha'\pm\alpha''\ \ \rho-\alpha,\ \rho-\alpha\pm\alpha'\pm\alpha''\pm\alpha'''\pm\alpha''\pm\alpha'\pm\alpha''.$$

§ 364. **Séparation de l'espace stellaire en deux anneaux.** Le très-grand allongement α de la masse principale B^{iv} fit tellement s'éloigner les deux portions A′, B′ qu'il n'a plus été possible aux prolongements des portions inférieures de s'étendre à de si grandes distances. La hauteur H de l'espace vide avait pour valeur la différence entre les rayons ρ et $\rho-\alpha$ des deux portions à la fin de la 1ʳᵉ période astrogonique.

$$(a)\qquad H=\rho-(\rho-\alpha)=\alpha.$$

Cette différence diminue; à la fin de la 2e période astrogonique elle était :

$$(\beta) \qquad H'=\rho-\alpha'-(\rho-\alpha)=\alpha-\alpha'.$$

En diminuant pendant chaque période, à la fin de la 7e période la hauteur H″ de l'espace vide obtint pour valeur le minimum de la différence :

$$(\gamma) \quad H''=\rho-\alpha'-\alpha''-\alpha'''-\alpha^{\text{IV}}-\alpha^{\text{V}}-\alpha^{\text{VI}}-(\rho-\alpha)=\alpha'-\alpha''-\alpha''' \\ \alpha^{\text{IV}}-\alpha^{\text{V}}-\alpha^{\text{VI}}.$$

Au-dessus de cet espace se trouve un espace annulaire stellaire, le *supérieur* S; au-dessous de l'espace vide est l'autre espace stellaire, l'*inférieur* S′.

§ 365. **Séparation de chacun des deux espaces stellaires en deux autres.** De même que l'allongement α de la masse principale B^{IV} devint la cause de la hauteur H″ de l'espace vide V central, de même les allongements α' des masses B′, A′ produisirent deux espaces vides v, v', chacun de hauteur h. Ces deux espaces ont séparé en deux parties **s**, **s′** l'espace stellaire S supérieur, et en deux autres *s*, *s′* l'espace stellaire S′ inférieur. Comme exemple de tels anneaux vides de hauteurs H″, h, on peut voir les distances entre les soleils qui ont la même longitude que le Soleil et qui pour cela se trouvent presque sur le même rayon vecteur.

Il y a entre les deux étoiles d'Ophiuchus λ, τ et p d'Ophiuchus une distance de $22\delta-4\delta=18\delta$ qui correspond à la hauteur H″ (β); il y a entre p d'Ophiucus et Sirius une distance de 8δ qui correspond à la hauteur h dont la valeur est :

$$(\delta) \qquad h=\rho-(\rho-\alpha'+\alpha''+\alpha'''+{}^{\text{IV}}+\alpha^{\text{V}}+\alpha^{\text{VI}}=\alpha'-\alpha''-\alpha''' \\ -\alpha^{\text{IV}}-\alpha^{\text{V}}-\alpha^{\text{VI}}.$$

D'après la loi physique indiquant que la poussée répulsive s'affaiblit suivant les cubes des diamètres **d**, *d*, tandis que les résistances décroissent suivant les surfaces indiquées par les carrés des diamètres, il résulte que les allongements de α, α' sont entre eux dans le rapport de $\sqrt[3]{d^2} : \sqrt[3]{d'^2}$. Si l'on a $18\delta = H''$ et $h = 8\delta$, il résulte des formules (γ), (δ)

$$18\delta = \alpha - \alpha' - \alpha'' - \alpha''' - \alpha'' - \alpha' - \alpha'',$$
$$8\delta = \alpha' - \alpha'' - \alpha'' - \alpha'' - \alpha' - \alpha'',$$

L'allongement de α' a donc dû être d'environ 12δ, et celui de α au moins de 18δ. De pareilles subdivisions des espaces stellaires se rencontrent aussi dans chacune des cinq subdivisions postérieures, mais sont inférieures les hauteurs de ces espaces vides; cette hauteur h' est l'espace entre Sirius et Castor. Ces exemples rendent assez évidente l'investigation basée sur l'astrogonie pour que le lecteur ne soit pas porté à croire que les longues séries de faits sont des hypothèses tirées de raisonnements logiques.

Des résultats de l'astrogonie, conformes à ceux des observations, il devint connu que le Soleil se trouve dans la limite inférieure de l'espace stellaire s, qui se trouve au-dessous du grand espace vide de hauteur H'' et au-dessus de l'espace vide de hauteur h.

B. Limites des éloignements des plans orbiculaires des soleils.

§ 366. Les portions A′, B′ avec leur syndesme σ de longueur α restèrent dans le plan orbiculaire de la masse B″; les portions A, D, B, C produites par l'allongement longitudinal des portions A′, B′ restèrent aussi dans le même plan. L'éloignement du plan principal s'opéra par l'allongement transversal des quatre portions A, D, B, C, qui en produisirent huit : quatre I, M, P, S à droite, et quatre autres K, N, Q, T à gauche du plan de la Galaxie, lequel divisa en deux moitiés l'angle 2γ formé entre les deux orbites.

A la fin de la 2ᵉ période, 2^3 était les plans orbiculaires, qui formaient entre eux les angles $2\gamma \pm 2\gamma'$; il y avait de chaque côté de la Galaxie deux plans : l'inclinaison de l'un était de $\gamma + \gamma'$ et celle de l'autre de $\gamma - \gamma'$.

A la fin de la 3° période, 2^3 était les plans orbiculaires formant entre eux les quatre angles $2\gamma \pm 2\gamma' \pm 2\gamma''$.

Les plans orbiculaires étaient 2^4 à la fin de la 4° période de l'astrogonie; ils formaient entre eux les huit angles $2\gamma \pm 2\gamma' \pm 2\gamma'' \pm 2\gamma'''$.

A la fin de la 5° période, 2^5 était les plans orbiculaires qui formaient entre eux les seize angles $2\gamma \pm 2\gamma' \pm 2\gamma'' \pm 2\gamma''' \pm 2\gamma^{\text{IV}}$.

A la fin de la 6° période, 2^6 était les plans orbiculaires inclinés pour former 32 angles $2\gamma \pm 2\gamma' \pm 2\gamma'' \pm 2\gamma''' \pm 2\gamma^{\text{IV}} \pm 2\gamma^{\text{V}}$.

Enfin les plans des orbites s'élevèrent à 2^7; ils forment actuellement 64 angles qui sont $2\gamma \pm 2\gamma' \pm 2\gamma'' \pm 2\gamma''' \pm 2\gamma^{\text{IV}} \pm 2\gamma^{\text{V}} \pm 2\gamma^{\text{VI}}$. Le plan de la Galaxie passe par le milieu de ces angles et en fait résulter 128 angles à 64 de chaque côté.

De même qu'il y a 64 couples d'orbites pour toutes les étoiles et les nébuleuses indigènes, de même il y a 64 longueurs différentes pour tous les rayons de ces 64 couples d'orbites ; pour les 128 orbites les rayons sont 128, mais leurs longueurs différentes ne sont que de 64 en nombre.

Un observateur d'Hélioagète verrait un intervalle vide sur le plan de la Galaxie dont la largeur L serait

$$(\varepsilon) \qquad L = 2(\gamma - \gamma' - \gamma'' - \gamma''' - \gamma^{\text{IV}} - \gamma^{\text{V}} - \gamma^{\text{VI}}).$$

De chaque côté de cet anneau vide, ce même observateur verrait deux anneaux stellaires, puis deux autres anneaux vides de largeur l inférieure, et ensuite deux autres anneaux stellaires de densité décroissante et se terminant des deux côtés dans les distances $\gamma + \gamma' + \gamma'' + \gamma''' + \gamma^{\text{IV}} + \gamma^{\text{V}} + \gamma^{\text{VI}}$ du plan de la Galaxie. Au delà il n'y aurait aucun corps, pas même des météores.

Connaissant 1° cette distribution réelle des soleils indigènes, et 2° leur distribution apparente, on détermine la position du Soleil par rapport à la Galaxie.

Lorsqu'on connaît, 1° la distribution réelle, 2° la distribution apparente, et 3° la position du Soleil, on contrôle les résultats des observations avec ceux qui résulteraient perspectivement de la distribution réelle des corps; ces résultats sont exposés plus bas.

C. Des astrozones.

§ 367. Sans les inégales vitesses angulaires du mouvement orbiculaire, une seule partie de l'anneau stellaire serait occupée par les portions produites. La vitesse linéaire de m mètres par seconde de la masse principale B^{IV} resta réservée dans toutes ses portions, desquelles il ne subsista que deux systèmes, l'un à droite, l'autre à gauche de la Galaxie, conservant le rayon orbiculaire ρ de la masse principale B^{IV}. De même les plans orbiculaires de 64 systèmes ont 64 inclinaisons d'un côté de la Galaxie et autant de l'autre. Ces systèmes à 128×128 soleils sont donc les seuls qui restèrent dans la même longitude, où serait la masse principale, si elle n'eût éprouvé les subdivisions indiquées. En chacun des systèmes est contenu le nombre 4^7 de portions; en déduisant le nombre $2^7 \times 2^7$ de notre total $2^7 \times 4^7$, la différence indique les 127 systèmes à 4^7 portions qui circulent dans des orbites de rayons R de longueur inférieure à celle du rayon ρ. Ainsi les vitesses angulaires des soleils sont :

$$(5) \qquad v = \frac{m}{\rho}, \quad \mathbf{v} = \frac{m}{R}, \quad V = \frac{m}{\rho - \alpha - \alpha' \ldots - \alpha^{n}} = \frac{m}{r}.$$

Les longitudes sont en raison inverse des rayons des orbites des soleils; pour que par des soleils fût occupé tout l'espace annulaire A^{IV}, il a fallu qu'il s'écoulât une durée τ pendant laquelle les soleils à rayons ρ parcoururent l'arc A avec la vitesse v, et les rayons $r=\rho-\alpha-\alpha'-\ldots-\alpha^{vi}$ parcoururent avec la vitesse V l'arc A et encore une périphérie ou 360°.

En cette époque e un observateur placé sur l'Hélioagète verrait un anneau stellaire ou une *astrozone* composée de 64 couples de systèmes, chacun de ces couples composé de 2×4^7 soleils à 64 distances différentes, symétriquement disposés de l'un et de l'autre côté de la Galaxie. En une autre durée τ' à l'époque e' les soleils de rayon ρ auront avancé de l'arc 2A, ceux du rayon r parcourront l'arc 2A et deux périphéries. Il y aura une égalité des distances des longitudes entre les soleils des orbites de rayons r, ρ, dans les deux époques e, e', mais cela n'aura pas lieu pour les systèmes des soleils circulant sur des orbites de rayons de longueurs entre ρ et r, avec des vitesses **v** angulaires entre v et V.

Actuellement l'espace annulaire A'' est occupé par le même nombre de 64 couples de systèmes; chacun d'eux avec ses 4^7 soleils occupe une étendue invariable en longitude et en latitude : ces 4^7 soleils sont sur 64 couples d'orbites également inclinées de l'un et de l'autre côté de la Galaxie. sans cependant qu'il y ait coïncidence entre leurs nœuds. Pour un observateur placé sur l'Hélioagète, les bords de l'astrozone seraient irréguliers et accidentés; il verrait en cette astrozone des soleils en densités supérieures en quelques parties, et en quelques autres parties il en verrait très-peu suivant les superpositions perspectives des systèmes solaires et suivant les distances qui les séparent de leurs *nœuds ascendants ou descendants.*

L'observateur terrestre voit cette double irrégularité des longitudes et des latitudes des systèmes, 1° d'un des bords de l'astrozone, et 2° dans les densités des soleils des différentes parties de cette astrozone. La différence se réduit à ce que l'observateur de l'Hélioagète voit les espaces vides polaires qui sont invisibles de la Terre. Par ces pôles T, T'' passe l'horizon du monde OHD' (fig. 41); ils sont à gauche et à droite de l'Hélioagète H'. En regardant de S' vers ces régions nous ne les voyons pas à cause des bords de l'astrozone qui fait écran à ces régions polaires de l'un et de l'autre côté. Il n'y a que diminution irrégulière de densités des étoiles dans ces deux directions.

Les subdivisions opérées il y a des millions de siècles sur la masse B^{IV} s'opèrent actuellement sur les masses B^{V}, B^{VI}, B^{VII}, B^{VIII}, B^{IX} des espaces annulaires supérieurs; de leur ensemble résultent des *néphélozones* dont les bords sont irréguliers, il y a manque de continuité et même de fréquents espaces vides entre les portions de la masse lumineuse. De ces néphélozones éloignées sont visibles de la Terre les espaces polaires vides.

IV. HÉLIOAGÈTE OU ARCHÉGÈTE, LE SEUL CORPS CENTRAL DU MONDE.

§ 368. Dans le principe la masse entière ne composait qu'un seul corps nommé Archégète (§ 29). Dans cette masse existait déjà la poussée expansive sollicitant la raréfaction des molécules matérielles, mais celles-ci éprouvaient en même temps la poussée centripète exercée de la part du barogène qui est l'électre en égale densité. L'équilibre s'établit dans les molécules, alors le froid de l'espace pénétra dans la couche superficielle de la masse pâteuse qui gela et devint une enveloppe solide renfermant la masse brûlante. La pesanteur à la surface de l'Hélioagète est des millions de fois supérieure à celle des soleils; cela rendit la densité de sa masse des millions de fois supérieure. Ce seul corps composait en cette époque le Monde; sous ce rapport il a été nommé *Archégète*.

De l'intérieur de ce corps central a été expulsé un millième ou un dix-millième de sa masse en forme de neuf gros jets; l'Hélioagète obtint un mouvement de rotation et les neuf jets un mouvement orbiculaire dans le même sens. La masse resta dans ces jets la même que celle de l'intérieur de l'Hélioagète; il n'y eut de modification que dans son rapport avec la poussée convergente provenant du barogène. La pesanteur locale sur la surface de chaque jet était des millions de fois inférieure à celle sur la surface de l'Hélioagète tandis que la poussée répulsive n'éprouva dans les jets aucun changement; elle se trouva comme elle était lorsque la poussée centripète de la pesanteur était des millions de fois supérieure.

Il y a donc eu rupture d'équilibre dans la masse de chaque jet; la poussée répulsive fit éprouver aux molécules de la masse pâteuse et visqueuse une répulsion comme précédemment, mais il y eut diminution dans la poussée centripète ou la pesanteur locale. Les molécules ont dû nécessairement céder à la poussée répulsive en s'allongeant vers la direction d'où s'exerçait la poussée extérieure à un degré inférieur. L'Hélioagète faisant écran au barogène à ces corps périphériques, est la cause d'une poussée inférieure de ce barogène du côté du corps central.

La subdivision de la masse des gros jets en des millions de portions fait connaître que l'Hélioagète n'est pas un corps périphérique d'un autre corps central plus gros nommé Archégète. La masse composant précédemment un seul corps a nécessairement un maximum de densité, une partie de la même masse rejetée dans l'espace a dû obtenir une densité inférieure par l'augmentation de son volume. Tant qu'une masse est seule dans l'univers la compression ou la poussée centripète du barogène est égale de tous les côtés et le corps prend la forme sphérique; mais si la masse est un jet expulsé d'un corps central, la pression de sa part est inférieure et l'allongement de la masse des jets vers leur corps central est inévitable; c'est de tels allongegements de la masse qu'est composée l'Astrogonie.

Avant l'exposition de l'Astrogonie, il a été admis dans l'introduction de cet ouvrage (§ 83) que l'Hélioagète est un corps périphérique d'un autre corps plus gros nommé Archégète ; Lambert croyait que les nébuleuses planétaires, nombreuses dans les régions polaires de la Galaxie, sont autant d'autres Galaxies comme la nôtre : cette hypothèse conduit à l'existence d'un autre corps central des millions de fois plus gros que l'Hélioagète.

Depuis qu'il a été établi que les nébuleuses planétaires font partie des corps indigènes, et 2° que les gros jets de masse brûlante ne peuvent pas se maintenir en leur état mais doivent nécessairement éprouver une série de divisions et de subdivisions les générations des corps célestes ne peuvent rester au nombre de quatre que lorsque l'on compte séparément l'expulsion de neuf jets de l'Hélioagète et séparément l'astrogonie qui est la production des millions de portions par la subdivision de chacun des neuf jets.

§ 369. **Résumé.** En dehors de l'espace PP'P'' (fig. 41) limité par la Galaxie, il n'en existe dans l'espace céleste aucun qui puisse lui être comparé, car les molécules denses du pycnoélectre ϵ (fig. 2) composent des surfaces sphériques en forme d'ondes, la densité de l'électre composant ces surfaces diminue avec l'accroissement des rayons des sphères qui deviennent $\epsilon Z + Z\gamma$ pour que les molécules de l'électre prennent une densité $\delta - \alpha$. De même les molécules les moins denses de l'aéroélectre ϵ' composent des surfaces sphériques qui en partent sous forme d'ondes; leur densité diminue avec l'accroissement des rayons des ondes sphériques; ces rayons doivent être de longueur $\epsilon' Z - Z\gamma$ pour que les molécules de l'aéroélectre prennent la densité $\delta - \alpha$, comme celles des pycnoélectre dont les ondes ont pour rayon $\epsilon Z + Z\gamma$.

L'espace γ correspond à celui π (fig. 1) occupé par l'Hélioagète et ses corps périphériques.

Voilà donc deux preuves, la pesanteur et l'astrogonie, qui ne permettent pas d'admettre qu'il y ait quelque autre part dans l'espace céleste, un autre monde matériel ou physique comparable à celui de l'Héliosgète avec ses corps périphériques limités dans la Galaxie.

V. MONDE MÉTAPHYSIQUE (1).

§ 370. Dans le monde physique l'espace et le temps sont limités à leurs deux extrémités : 1° La fin de l'action suprême est l'époque du commencement; à l'époque *e'* actuelle est la fin du temps. 2° Les deux espaces *ε*, *ε'* (fig. 2) des électrosphères sont les extrémités de l'espace; la distance qui les sépare est limitée, de même que l'est l'espace énastre; en dehors des deux électrosphères l'espace est illimité, de même qu'est illimité le temps en dehors des deux époques *e*, *e'*.

Les faits physiques ne vont pas au delà des limites de l'espace énastre, c'est au delà de ces limites qu'il faut cherche les faits composant la métaphysique. Après avoir découver un nombre de faits au moyen des observations, Aristote reconnut dans leur production certaines règles qui régissent ces productions, règles qui n'étaient pas dans les limites des faits physiques découverts au moyen de l'observation. Ainsi Aristote, comme chacun des observateurs anciens e modernes, pressentit l'existence d'un mouvement emmagasiné pareil à celui des ressorts qui se manifeste dans la production de faits cosmiques. Cependant ni Aristote, ni aucun autre n'a pu parvenir à la découverte de la cause physique opérant la combinaison des deux corps pour en produire un troisième entièrement différent de chacun de ces éléments; encore moins pouvait-on découvrir les combinaisons qui ont lieu dans les deux fluides impondérables pour en produire un troisième.

---

(1) Le mot *métaphysique* est composé de μετὰ, préposition, et φυσικὰ, faits physiques; mais chez Aristote μετὰ ne signifiait pas *après*, comme le croient les hellénistes actuels : μετὰ correspond à la préposition *trans* et signifie au delà; μεθόριον, au delà des limites; μεταφυσικά, au delà des faits physiques.

Les physiciens et les naturalistes modernes imitèrent Aristote dans la découverte de faits nouveaux devenus très-nombreux ; ils ne manquèrent pas de tenter mille moyens pour remonter au delà des limites de ces faits. A l'époque d'Aristote manquaient les connaissances des faits découverts au moyen des télescopes, de même manquaient les connaissances des faits chimiques ; il était donc impossible alors de composer un ouvrage contenant le mode de la production des corps célestes et le mode de la production des corps terrestres.

Pour y parvenir il a fallu renoncer à la recherche de faits nouveaux ; j'ai étudié ceux découverts par les autres, et au lieu d'une seule science j'ai eu le temps d'étudier les faits de l'ensemble des sciences, lesquels se présentèrent à moi sous un aspect tel que j'ai pu y découvrir plusieurs liaisons indiquant une origine commune comme cause primitive.

Au lieu donc de me borner à la description des faits tels qu'ils apparaissent dans les observations ou dans les expériences, j'expose le mode de leur production. Chaque fait observé et décrit n'exige pas la connaissance d'autres faits également observés et décrits ; de même que le sont les descriptions des accidents. Ici tous les faits célestes s'arrangent de manière à former une longue série dans laquelle ils sont liés entre eux par la loi physique, de sorte que les précédents sont les causes des postérieurs. Il faut donc pour cet ouvrage une étude toute particulière et différente de celle que l'on apporte aux ouvrages composés des descriptions des faits et de quelques hypothèses logiques inventées pour donner une apparence d'explication, laquelle au fond n'est qu'une différente description.

CHAPITRE II.

MODE DE LA SUBDIVISION DE LA MASSE EMPYRÉE EN PORTIONS CONTENUES DANS LES ÉTOILES ET DANS LES NÉBULEUSES.

§ 371. Les nébuleuses solifères s'arrangent avec les soleils vus comme étoiles télescopiques de 7e, 8e et 9e grandeur en un ordre d'où il résulte 1° que les soleils actuels, de même que le nôtre, composés de la même masse empyrée, étaient antérieurement à un laps de temps T à l'état de nébuleuses, et 2° que les portions de masse empyrée contenues dans les nébuleuses solifères actuelles deviendront des étoiles télescopiques après un laps de temps T. L'état de nébuleuse n'est donc qu'un état de transition, transition opérée avec une lenteur excessive et qui donne à la durée de l'état de nébuleuse plusieurs millions de siècles de durée.

Pendant toute cette longue période, les molécules des portions de masse empyrée subissent un déplacement continuel, parce qu'elles se trouvent en équilibre détruit. Ce déplacement des molécules et l'état de nébuleuse sont deux faits inséparables, car les déplacements sont la cause de la production des vessies et des météores qui, répandus autour de la masse empyrée ou brûlante, la font apparaître comme nébuleuse.

Les déplacements des molécules sont à leur tour un effet du manque d'équilibre entre elles par rapport à la pesanteur, car les unes éprouvent de celle-ci d'un côté une poussée plus forte que de l'autre; étant donc forcées de s'arranger pour en recevoir une égale poussée de tous les côtés, elles se déplacent et ainsi réduisent de nouveau en équilibre rompu toutes les autres molécules.

La durée de l'état de la rupture d'équilibre ne serait pas longue si ces molécules étaient à l'état gazeux ou à l'état liquide; elle serait instantanée si les molécules étaient à l'état solide : mais les molécules étant à l'état demi-solide, pâteux ou visqueux, elles ne sont pas immobiles; leur déplacement s'opère avec une lenteur excessive, et il en résulte la nécessité d'une durée de millions de siècles, durée très-longue, mais définitive, qui se termine avec l'établissement de l'équilibre.

La masse empyrée dont sont formées toutes les portions *homogènes* composait dans le principe un seul gros jet, et c'est par divisions et subdivisions de la masse M que résultèrent plusieurs millions de portions inégales et cependant pas trop différentes les unes des autres. La cause de ces divisions et subdivisions n'est ni permanente ni instantanée, comme l'est l'explosion de l'électre qui produit l'expulsion des neuf jets.

Les molécules d'électre contenu dans les éléments des atomes de chaleur sont sous un volume excessivement comprimé; l'expansion de ces molécules et l'augmentation indéfinie de leur volume est ce qu'on doit entendre par les mots *poussée expansive*. Les molécules d'électre, en croissant en volume, repoussent en directions divergentes la masse empyrée, sans cependant pouvoir séparer tout à fait ces portions l'une de l'autre, à cause de son état très-visqueux d'où résulte un gros filet d'union, un *syndesme*, lequel a ses extrémités aux deux portions de la masse.

Connaissant d'une part cette cause temporaire des divisions et des subdivisions de la masse pâteuse et visqueuse en milliers de portions jumelles unies par des syndesmes, et connaissant d'autre part la production d'une enveloppe solide de glace et l'apparition de l'état d'étoile par la restitution de l'équilibre entre les molécules, je suis parvenu à arranger tous les aspects sous lesquels se présentent les nébuleuses solifères seules ou avec les étoiles, en positions asymétriques ou en positions symétriques.

Le grand nombre d'aspects différents, loin de produire aucune confusion, sert au contraire à répandre la plus grande clarté sur le mode de leur production, de sorte que dans les détails des nébuleuses solifères j'ai trouvé les monuments archéologiques pour composer l'histoire du Monde ou la Biographie de chacun des corps célestes dont le nombre n s'élève à environ dix millions de portions de masse brûlante, tandis que le nombre N de météores est des millions de fois plus grand que le nombre n. La production de météores a lieu maintenant dans toutes les nébuleuses indigènes ou exotiques et dans toutes celles qui constituent la voie lactée dont résultera un autre nombre n d'étoiles.

I. NÉBULEUSES SIMPLES OU JUMELLES.

§ 372. Conformément au mode de subdivision des portions de la masse visqueuse et à la production des filets d'union de la même masse, ces molécules arrivent en équilibre détruit par rapport à la pesanteur locale, car les unes sont sollicitées vers la portion m (fig. 48) et les autres vers l'autre portion q de masse empyrée auxquelles aboutissent les deux extrémités du syndesme. Les déplacements des molécules du syndesme et des portions sont la cause de la production des vessies, dont les enveloppes minces prennent la forme ovalaire et gèlent pour devenir des gros ballons dont des millions réunis composent les météores répandus autour de la masse

Fig. 48.

brûlante. Les foyers des ballons ovalaires font apparaître des points lumineux, et c'est leur ensemble qui se présente comme une nébuleuse en forme d'ellipse *abde* (fig. 48). Lorsqu'une nébuleuse solifère présente une telle forme, on sait qu'il y a plus qu'une seule portion de masse brûlante, sans en connaître le nombre.

Dans les cas où une telle nébuleuse a vers la Terre l'un ou l'autre de ses sommets *a*, *b*, elle a l'aspect d'une nébuleuse ronde *m*, *n*; sous cette même apparence de rondeur se présentent les nébuleuses réellement rondes ayant un seul noyau de masse brûlante; de sorte qu'il est impossible de connaître si une nébuleuse de forme arrondie a un seul noyau ou plusieurs. La nébuleuse *c'* (fig. 49) vue de *h'* ou *e'*, se présente ronde, et vue de *e' g'* apparaît elliptique. Si la masse du syndesme est déjà transférée aux portions *e'*, *e* et que l'équilibre ait commencé à s'y établir, 1° on verra de *e'* ou *h'* en densité supérieure des points lumineux présentée comme un noyau au milieu d'une nébuleuse ronde; 2° de *g'* ou *f* on verra deux noyaux dans une nébuleuse elliptique.

Fig. 49.

§ 373. Dans les cas où a été déjà entraînée toute la masse de l'appendice des portions *m*, *q* de la masse sans que l'équilibre soit encore établi; le corps se présente comme une nébuleuse *n* (fig. 48) arrondie et isolée. Dans les cas où le syndesme est aminci, mais pas encore rompu, sa masse étant entourée de météores, se présente sous forme d'un filet d'union entre les deux portions *m*, *q*. Tous les astronomes ont reconnu en ces filets assez nombreux un indice, un monument astrogonique indiquant qu'à une époque antérieure, les masses composant les deux nébuleuses *m q*

n'étaient pas séparées; ici se vérifie cette explication; il est prouvé que les deux portions de masse brûlante étaient réunies et formaient une seule portion **p**; malgré cet indice aucun des astronomes n'a eu l'idée de l'employer pour réfuter l'hypothèse de l'attraction.

La poussée centrifuge ou répulsive était exercée contre les molécules matérielles de la part de l'accroissement du volume des molécules comprimées de l'électre; les mêmes molécules matérielles éprouvaient une résistance double, 1° de leur propre état visqueux, et 2° de la part du barogène se manifestant comme poussée de pesanteur. L'allongement de la masse s'opéra dans le sens où était exercé le minimum de résistance. L'allongement ne pouvait pas être indéfini, parce que la poussée répulsive s'affaiblit, la résistance croît également de la part de l'état visqueux et de la part de la pesanteur. Il n'existait aucun astronome qui fût porté à croire que la nébuleuse isolée *n* pousserait, pour ainsi dire, des bras pour aller s'unir avec la nébuleuse voisine *q*, et faire ainsi apparaître un filet.

La longueur réelle des filets est présentée seulement dans celles des nébuleuses dont la direction est perpendiculaire au rayon visuel; la longueur apparente de tous les autres filets est inférieure à la longueur réelle. De toutes les longueurs des filets les plus longues doivent être considérées comme réelles ou comme s'en éloignant le moins; les moins longs des filets sont vus obliquement. Il n'existe pas de filets d'une longueur qui surpasse 30′; les longueurs réelles peuvent toujours être supérieures. Pour fixer les idées de ces longueurs en évitant toute exagération, je leur attribue une parallaxe de 0″,22 pour avoir une distance 4∂; à cette distance la longueur angulaire du filet étant 30′ sa longueur réelle est :

$$L = \frac{30 \times 60}{0,22} r = 8172 r,$$

en indiquant par r la distance entre la Terre et le Soleil;

cette longueur doit cependant être considérée comme inférieure à la longueur réelle, parce qu'il n'est pas prouvé, 1° que le rayon visuel soit perpendiculaire sur la direction du filet, et 2° que la parallaxe de la nébuleuse n'est pas beaucoup inférieure à celle de 0″,22 jusqu'à 0″,01.

§ 374. Les nébuleuses solifères sont composées, comme les planétaires, de masse brûlante en équilibre détruit entourée de météores. I. Ces deux classes de corps diffèrent par la forme, 1° les nébuleuses planétaires sont en forme de meule avec bras poseidonien, ou sans cet appendice; 2° les nébuleuses solifères ont la forme d'une ellipse de révolution ou d'un gros cylindre arrondi aux deux extrémités, ou la forme de deux nébuleuses unies par un filet. II. Ces corps diffèrent par l'aspect : 1° les nébuleuses planétaires sont en général faibles et irrésolubles dans les puissants télescopes, et à peine résolubles dans le grand télescope ; 2° les nébuleuses solifères sont résolubles dans les puissants télescopes et encore mieux dans le grand; 3° celles-ci présentent une densité supérieure de points lumineux dans la région de la superficie où est la plus grande élévation de la masse brûlante.

Ainsi les formes des corps des deux classes correspondent à celle de la masse brûlante contenue dans l'intérieur des météores, 1° les volumes des météores ont dans les nébuleuses solifères des dimensions beaucoup supérieures à celles des météores des nébuleuses planétaires; de même la densité des rayons est, dans la masse brûlante des nébuleuses solifères, plus grande que dans celle des nébuleuses planétaires.

Les nébuleuses planétaires se présentent suivant leur position en forme de cercle, d'ellipse ou de filet mince; les nébuleuses solifères se présentent d'après leur position en forme d'ellipse, de cercle ou d'une bande à extrémités arrondies ou se terminant en deux nébuleuses rondes m, q (fig. 48). Tous ces détails sont observés dans des nébuleuses différentes; c'est par l'arrangement des aspects observés qu'a été découverte la forme véritable de ces deux classes de corps.

C'est au milieu que se trouve la densité supérieure des points lumineux aussi bien dans les nébuleuses planétaires que dans les nébuleuses solifères, mais étant produites les unes des traînées des jets des orbites planétaires et les autres de l'élévation de la surface, à cause de celle de la masse brûlante, il en résulte la différence suivante : 1° dans les nébuleuses planétaires, les points lumineux superficiels ont une densité croissant rapidement vers le centre et lentement aux bords; au contraire 2° dans les nébuleuses solifères c'est vers les bords que l'accroissement s'opère rapidement pour faire apparaître le milieu d'une clarté uniforme.

II. ASTRONÉPHÉLIES SIMPLES ET LEURS DÉTAILS.

§ 375. Il y a des corps qui présentent à la fois l'état de nébuleuse et celui d'étoile; ces corps sont une autre série de monuments, lesquels ne permettent pas de douter de l'origine commune des nébuleuses et des étoiles. Herschel et tous les autres astronomes qui n'admettent pas un état invariable du Monde, voient dans les nébuleuses la même masse que celle des étoiles, mais sous deux états différents: sans savoir en quoi diffère la masse dans les nébuleuses et dans les étoiles. Ici cette différence se présente comme un effet d'un équilibre établi précédemment dans l'une des deux portions de la masse brûlante. Par exemple, dans la nébuleuse C′ c (fig. 49) l'équilibre s'étant établi précédemment dans la portion *c* la moins grande, elle obtient une enveloppe de glace, qui sépare la masse brûlante des météores. Après que ces météores se furent éloignés par leur mouvement propre orbiculaire, la masse *c* se présente sous la forme d'une étoile à l'extrémité d'une nébuleuse.

A cette époque, 1° un observateur placé dans la direction *c'f*, *c'g'* verrait une étoile *c* à l'extrémité d'une nébuleuse *c'*, comme l'est l'étoile *a* (fig. 50) à l'extrémité d'une nébuleuse allongée se présentant comme queue d'une comète; 2° si l'observateur se trouvait placé dans le prolongement de *c' h'* (fig. 49), il verrait une nébuleuse ronde d'égale clarté au milieu, comme l'est N (fig. 26); 3° mais s'il était dans le prolongement de *c' e'*, il verrait l'étoile *c* dans le milieu d'une nébuleuse, comme l'est *a* (fig. 50) au milieu de la nébuleuse *de*.

Fig. 50.

1° Les astronomes, bornés aux descriptions de faits tels qu'ils se présentent, disaient qu'il y a des étoiles ayant une nébuleuse comme un appendice qui les fait apparaître comme comètes; pour cette raison ils les appelèrent *étoiles cométaires*; 2° ils disaient qu'il y a des nébuleuses à éclats uniformes; et 3° ces astronomes disaient aussi qu'il y a des étoiles entourées de nébuleuses, et les appelèrent *étoiles nébuleuses*. Herschel resta d'abord dans ces limites; il tenta d'y découvrir les traces d'une production des corps célestes au moyen de l'accumulation de la matière par une force innée d'attraction, mais ayant trouvé tous les faits obtenus par l'observation en contradiction, il s'abstint, et renonça à toute composition d'une cosmogonie.

§ 376. Si les astronomes coordonnaient les nombreux faits célestes, ils seraient amenés à reconnaître que : I. Les corps en forme de meule, en positions différentes, se présentent sous la forme de cercle, d'ellipse ou de filet. II. Les corps en forme de cônes, en positions différentes, se présentent sous la forme de triangle, de cercle ou d'ellipse. III. Si les corps pareils ont une étoile à l'extrémité, cette étoile sera, 1° au sommet du cône de la nébuleuse ou 2° en son milieu, sans jamais en occuper le centre, parce que pour se montrer là, il faudrait que le prolongement de l'axe du cône passât par la Terre. IV. Les corps en forme d'ellipse de révolution paraissent sous la forme d'ellipse d'allongement différent et rarement sous la forme circulaire.

Au lieu de rester bornés aux faits obtenus par les obserservations, quelques astronomes, entre autres John Herschel, Lamont et leurs partisans considèrent l'existence du Monde comme une répétition continuelle de faits qui ont déjà existé, et c'est ainsi, d'après eux, que les connaissances de l'homme sont restées bornées à l'étude des successions des faits de chaque période, tels que les positions des planètes et des satellites pendant leur mouvement orbiculaire. Ces astronomes, s'arrêtant au point où ils se trouvent sans faire aucun progrès, sont restés à l'abri de toute erreur; ils réduisirent les connaissances des astronomes modernes à celles obtenues des observations des étoiles fixes; de même que Ptolémée réduisit l'astronomie des anciens à la connaissance des mouvements des planètes.

D'autres astronomes, partisans d'Arago, de Maedler et de quelques autres parmi les Allemands, trouvèrent, comme le fit Herschel, qu'il y a au Monde une production réelle de nouveaux corps au moyen d'une matière préexistante. Pour parvenir à ce résultat, ils ont cru qu'il suffirait du mouvement provenant d'une force nommée attraction de nature inconnue innée dans la matière; la preuve de l'existence d'une attraction est celle de l'existence d'une pesanteur. On ignorait tout à fait l'existence d'une poussée répulsive analogue à celle des ressorts, poussée ayant sa cause dans l'accroissement du volume des molécules de l'électro, molécules qui ont éprouvé une compression et pour cela ont une tendance à obtenir, par l'expansion, un volume supérieur chaque fois qu'il y a eu une diminution de résistance.

Privés des connaissances de ce genre, ces astronomes et leurs partisans ont dépassé les limites de l'observation, d'une part, et, de l'autre part, ils ont oublié de coordonner l'aspect des corps pour en déduire leur véritable forme. Malgré tant de formes différentes observées dans les nébuleuses, ces astronomes n'ont pas cessé de chercher dans la forme sphérique l'accumulation de la matière, et ils ont cru l'avoir trouvée dans les étoiles nébuleuses *a de* (fig. 50). Encore s'ils s'étaient bornés à donner une explication quelconque des faits tels que l'observation les leur avait donnés, il n'y aurait pas d'inconvénient, mais ils n'ont pas craint d'altérer les résultats de l'observation pour les adapter à leur théorie, et soutenir, au moyen de ces faits, la malencontreuse hypothèse de l'attraction. Ils ont ainsi obtenu le double résultat de faire taxer d'infidélité les observateurs et de rendre les lecteurs méfiants à l'endroit des résultats même fidèlement exposés. La série de faits rapportés ici ne permettra pas que l'on persiste dans cette fausse voie ; il faudra bien que ces astronomes reconnaissent leur erreur ; leurs hypothèses sont démenties par tous ceux qui regardent attentivement le ciel et par tous ceux qui l'observeront après nous.

Du même genre de corps *abde* (fig. 50), les astronomes en faisaient quatre d'après les positions dans lesquelles ils se présentent ; ils les distinguaient, 1° en nébuleuses circulaires **N** (fig. 36) ; ou 2° nébuleuses elliptiques *a b* (fig. 48) résolubles lorsque la nébuleuse est vers la Terre pour faire écran à l'étoile ; 3° *étoiles cométaires* lorsque l'étoile est dans l'extrémité de la nébuleuse ; et 4° *étoiles nébuleuses*, lorsque l'étoile se projette dans l'intérieur de la nébuleuse, sans être exactement au centre. Même après avoir fait mention de cette position de l'étoile, Arago a prouvé que, suivant la loi de la probabilité, il est impossible de croire qu'il y ait projection d'une étoile dans l'intérieur d'une nébuleuse; il en déduit que l'étoile et la nébuleuse composent un seul et même corps, de même que dans les étoiles cométaires l'étoile et la nébuleuse sont parties intégrantes d'un seul corps. Il ne restait plus qu'à dire que l'étoile cométaire, vue du prolongement de son axe, paraîtrait comme étoile nébuleuse. Ce n'est pas à une ignorance d'Arago qu'il faut attribuer cela, c'est à un simple oubli; car, en pareil cas, cet astronome aurait renoncé de se lancer dans une série d'hypothèses inconséquentes et en contradiction avec les faits observés.

L'étoile n'occupe jamais exactement le centre de la nébuleuse; Arago l'admet au centre d'une nébuleuse de 5′ de diamètre. L'éclat de l'étoile ne diffère point de celui des étoiles cométaires, et cependant Arago allait jusqu'à considérer la nébuleuse comme une atmosphère éclairée par l'étoile, et quoique celle-ci se trouvât au milieu d'une atmosphère aussi épaisse, elle ne perdait rien de son éclat. Pour obtenir l'identité entre les étoiles nébuleuses et les nébuleuses circulaires, Arago voulut démontrer qu'il suffit pour cela d'un éloignement supérieur de ces corps. John Herschel qualifia de paradoxe cette explication, et il s'éleva entre eux une polémique sur un fait qui n'existe pas; car chacun sait qu'une étoile cométaire, vue du côté de la base, paraîtrait comme une nébuleuse en forme d'ellipse ou de cercle, et, vue du côté du sommet, paraîtrait comme une étoile nébuleuse sans avoir besoin d'une atmosphère ni des hypothèses qui occasionnèrent cette vaine discussion.

J'ai profité de ce dissentiment entre les grands astronomes du siècle pour mettre le lecteur à même de connaître jusqu'à quel point tous les astronomes, sans aucune exception, sont préoccupés de l'idée des anciens qui croyaient que le Monde est créé pour l'homme et que chaque corps céleste est disposé de manière qu'il se montre à l'homme ous une forme telle qu'il n'en doive résulter aucune erreur d'optique ou de perspective. Les astronomes ne sont pas à ce point ignorants, mais ce sont leurs préjugés qui les guident à leur insu, dans des raisonnements qui ne correspondent pas à leurs connaissances réelles. Il ne s'en est trouvé jusqu'à présent aucun qui ayant lu le contenu de ce texte, n'ait pas aussitôt avoué son oubli.

III. ASTRONÉPHÉLIES JUMELLES ET LEURS DÉTAILS.

§ 377. Dans les néphélies jumelles et dans les astronéphélies, il y a deux portions p, p' de masse brûlante (fig. 51) qui résultent, 1° d'un allongement vertical de la portion R, et 2° de l'allongement longitudinal de **p** dans le sens du mouvement orbiculaire. Tant que les molécules de toute la masse sont en équilibre rompu par rapport à la pesanteur, il y a production de météores autour des deux portions et même autour du filet de masse brûlante qui les unit; 2° si les molécules des deux portions ont été réduites depuis longtemps en équilibre, elles ont reçu une enveloppe de glace et se voient comme étoiles; 3° en cas que l'équilibre ait été rétabli dans l'une des portions, toujours dans la plus petite, elle se présente comme étoile, tandis que l'autre portion, la plus grosse, continue encore à être entourée de météores dont la production est entretenue par les déplacements continuels des molécules. Il y a donc dans un cas apparition de nébuleuse jumelle, et dans l'autre apparition d'astronéphélie simple.

Les portions p, p', produites par l'allongement longitudinal de (**p**), s'allongent ensuite transversalement et il en résulte un corps composé des quatre portions l, m, n, q (fig. 51), liées par deux filets transversaux $\lambda\lambda'$, $\mu\mu'$, lesquels à leur tour sont liés par un autre filet longitudinal. 1° De la portion (P) allongée résulte le filet σ et les deux portions p, p' ; 2° de la portion p allongée transversalement résultent les filets λ, λ', et les portions l, m ; 3° de la portion p' allongée comme la précédente résultent les syndesmes μ, μ', et les portions n, q.

Fig. 51.

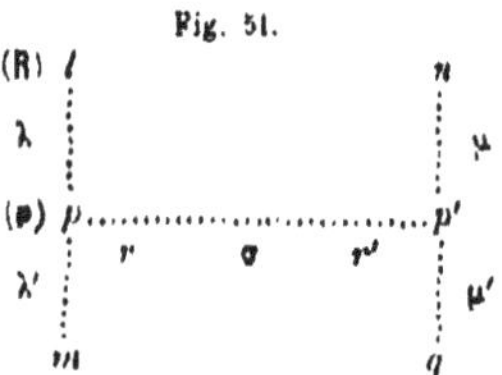

De même que dans les cas de l'existence de deux portions p, p', de même dans ceux de l'existence de quatre : 1° les molécules de la masse empyrée peuvent être encore en équilibre rompu et y avoir en même temps production de météores qui se présentent sous forme de nébuleuse ; 2° ces molécules peuvent se trouver déjà réduites en équilibre établi et se présenter sous forme d'étoiles, ou 3° l'équilibre peut se trouver établi en quelques-unes des portions et manquer dans les autres. A cause des deux couples ml, nq de portions et des étoiles qui en sont résultées, ces corps ont été nommés *astronéphélies jumelles*, pour les distinguer des astronéphélies simples.

Connaissant les masses l, m, n, q composant les corps de ce genre, on connaît aussi leurs aspects provenant de leurs positions par rapport à la Terre. Si l'équilibre entre les molécules n'est pas encore rétabli, le corps reste entouré de météores et se présente comme une nébuleuse solifère sans que l'on connaisse le nombre des portions de la masse brûlante. Les corps de ce genre se présentent comme des astronéphélies dans les cas où les molécules se trouvent déjà en équilibre dans les quatre portions l, m, n, q, qui présentent l'aspect de quatre étoiles, ce que ne sont pas encore celles qui composent le filet σ et ses quatre appendices λp, $\lambda' p$, $\mu p'$, $\mu' p'$. Il y a donc un amas de météores autour de ces parties de masse brûlante, et ils y font apparaître une nébuleuse. L'ensemble de la nébuleuse et des étoiles compose un corps d'astronéphélie jumelle.

Le nombre des corps pareils étant considérable, il y en a au ciel dans toute position; grâce aux couples d'étoiles tous les astronomes reconnaissent leur origine commune et leur homogénéité qui se manifeste par une disposition symétrique des couples d'étoiles : ce qui ne laisse subsister de doute pour personne. Toutefois, personne ne s'est encore décidé à coordonner les nombreuses positions pour en déduire la forme réelle ici indiquée.

I. En regardant de face le corps pp', on verra sa longueur véritable et les deux couples d'étoiles lm et nq; ces étoiles paraissent en dehors de la nébuleuse à cause de son rétrécissement de p vers r et de p' vers r', rétrécissement produit chez les molécules des appendices des filets λ', λ, μ', μ.

Fig. 52.

II. Dans le cas où une astronéphélie est vue de profil de p ou p', elle se présente comme une étoile nébuleuse ade (fig. 50), mais il y a dans son milieu un couple d'étoiles mn (fig. 52) et non pas une seule a (fig. 50).

III. Entre les deux positions indiquées il y en a une infinité d'autres obliques dont résultent des aspects correspondants. 1° Pour qu'un seul couple d'étoiles soit visible, comme dans le cas précédent, il faut que l'autre soit caché derrière la nébuleuse. 2° Pour que le couple caché devienne visible, il faut que la couche de météores qui le couvrent soit mince, et cela n'est possible que dans une position peu oblique.

Soit γ l'angle formé par la rencontre du rayon visuel avec l'axe pp' de la nébuleuse (fig. 51); cet axe, passant par la Terre, coïncide avec le rayon visuel, et l'on a $\gamma=0$; si ce rayon est perpendiculaire à l'axe, l'angle $\gamma=90°$;

entre ces deux valeurs de γ se trouvent celles qui correspondent aux positions intermédiaires.

Fig. 53.

1° $\gamma = 45°$ fait apparaître les deux couples dans l'intérieur de la nébuleuse *abcd* (fig. 53) également éloignées du centre *c* et non pas toujours à égales distances des sommets *a*, *b*, comme *r r'* (fig. 54).

Fig. 54.

2° $\gamma = 10°$ à $20°$ fait apparaître la nébuleuse C peu allongée, et les deux étoiles *ab* (fig. 54) symétriquement placées par rapport au centre *c*.

3° $\gamma = 60°$ à $70°$ fait apparaître les deux couples d'étoiles aux deux sommets de l'ellipse des étoiles en *s*, *s'*.

Avec un accroissement supérieur de l'angle γ, les deux couples d'étoiles se montrent en dehors de la nébuleuse en *t*, *t'*; un décroissement de l'angle γ fait avancer les deux couples d'étoiles vers l'intérieur de la nébuleuse en *r*, *r'*.

IV. DISTRIBUTION DES NÉBULEUSES SOLIFÈRES RÉELLE ET APPARENTE.

§ 378. Connaissant la position du Soleil S' (fig. 41) en dehors du plan de la Galaxie et la distribution réelle des portions de la masse empyrée d'après la règle de l'Astrogonie, il devient possible de déterminer la distribution réelle de ces portions. Ce n'est pas d'après l'Astrogonie qu'est déterminé l'état des molécules contenues dans les portions, c'est au moyen des observations que nous connaissons 1° dans les étoiles l'existence d'une masse composée de molécules équilibrées, et 2° dans les nébuleuses l'existence d'une masse composée de molécules en équilibre détruit.

Sachant par les parallaxes des τ, λ, p d'Ophiuchus, et par celles de Sirius et de Procyon, que le Soleil est dans une astrozone inférieure, il en résulte qu'il y a dans la direction d'Ophiuchus un plus grand nombre de portions de masse brûlante que dans la direction de l'Hélioagète. Les orbites des portions dont sont composées les astrozones s'éloignent du plan de la Galaxie jusqu'à une distance angulaire A de l'un et de l'autre côté. En regardant de S' vers T'' (fig. 41) parallèlement à l'axe H'P' de l'Hélioagète, nous voyons une partie des bords d'une ou de plusieurs astrozones supérieures et non pas les bords des astrozones inférieures.

En avançant avec le télescope de la direction S'T'' vers S'O', il y a un espace angulaire d'environ 60° où l'on ne rencontre que les étoiles peu nombreuses des bords extrêmes des astrozones supérieures; dans toute l'étendue perspective de ces bords il ne se voit ni nébuleuses solifères ni astronéphélies, ni étoiles cométaires, ni étoiles nébuleuses. On connaît par là qu'aux bords des astrozones il ne se trouve pas de portions de masse brûlante composées de molécules en équilibre rompu. Connaissant que la durée de l'établissement de l'équilibre est moins longue pour les masses les moins abondantes, nous découvrons un décroissement des portions composant les étoiles contenues dans les bords des astrozones.

En s'éloignant davantage de la direction O' vers l'Hélioagète H', les nébuleuses solifères commencent à apparaître ensemble avec les étoiles cométaires, avec les étoiles nébuleuses et avec les astronéphélies dans l'ascension de $8^h 4^m 53^s$.

Ainsi, l'on commence à rencontrer les nébuleuses solifères

à la distance angulaire O'S'H' et on les trouve au delà de l'Hélioagète H' partout à la distance angulaire H'S'T sans qu'il se fasse remarquer de disparition analogue à celle de l'espace angulaire T''S'O'. Cela résulte de ce que les bords des astrozones inférieures s'élèvent perspectivement du côté de T, de même que s'y élèvent les bords des astrozones supérieures de ce côté.

En avançant de T'' et de T (directions qui passent par les longitudes des extrémités supérieures des deux anses) pour arriver au plan de la Galaxie S'O, les nébuleuses solifères se multiplient et atteignent leur maximum autour de ce plan. Ce maximum est projeté perspectivement dans l'ascension de 19^h. Du côté de l'Hélioagète dans l'ascension de 5^h, correspondante à celle de 19^h, il y a également un accroissement médiocre de nébuleuses solifères. Ces nébuleuses sont contenues dans l'une ou dans les deux astrozones inférieures, tandis que le grand nombre de l'ascension de 19^h est contenu dans trois ou quatre astrozones.

§ 379. **Parallélisme de la distribution des nébuleuses planétaires et des nébuleuses solifères.** Dans la direction S'T'' où manquent les nébuleuses solifères se voit le plus grand nombre, 441, de nébuleuses planétaires; au contraire, c'est dans l'ascension de 17^h, 18^h, que le nombre de ces nébuleuses est réduit à 32 et 18. Si les nébuleuses planétaires avaient une forme globulaire comme les nébuleuses solifères, cette distribution observée serait réelle comme l'est celle des nébuleuses solaires; c'est donc à cause de la forme de meule des nébuleuses planétaires que se présente le rapport de 441 : 25 de nébuleuse indiquant que parmi 18 nébuleuses il en est une qui a son plan vertical au plan de la Galaxie et qu'il y en a 17 qui ont le plan moins incliné ou même parallèle à celui de la Galaxie.

Pour que les nébuleuses planétaires apparaissent circulaires, il faut que le plan des meules ou celui des orbites planétaires coïncide avec le plan orbiculaire de leur soleil.

C'est ce plan des orbites planétaires qui peut se trouver dans toutes les distances du plan de la Galaxie avec lequel coïncide le prolongement du plan équatorial de l'Hélioagète dont s'éloignent peu les plans des orbites des soleils.

Le plan équatorial de notre Soleil s'éloigne de 84° du plan de son orbite et un peu moins de celui de la Galaxie. Le rapport de 441 : 25 prouve qu'en général les plans des meules des nébuleuses planétaires sont peu inclinés sur la Galaxie, plusieurs même lui sont presque parallèles.

Ne connaissant pas la loi physique de la production des corps célestes, chacun des astronomes coordonnait un nombre de faits et cherchait dans des raisonnements logiques des hypothèses pour en donner une explication. Après avoir prouvé que le plus grand nombre de nébuleuses devinrent résolubles dans le grand télescope des astronomes modernes, plusieurs revinrent à l'idée primitive d'Herschel qu'il y a une homogénéité parmi les nébuleuses, et que leur différence ne résulte que des distances qui nous séparent d'elles. En partant de cette hypothèse reconnue par Robinson et par un grand nombre d'autres astronomes, voici comment Maedler chercha à expliquer la distribution indiquée des nébuleuses.

Cet astronome admet, comme Herschel, un grand nombre de systèmes comparables à celui des corps contenus dans l'anneau de la Galaxie; ces systèmes très-éloignés ne sont visibles que dans les régions où la Galaxie ne fait pas écran; ces régions sont dans la direction de ses pôles. En admettant pour ces nébuleuses une forme de meule pareille à celle de la Galaxie, Maedler trouva que les nébuleuses observées dans la région indiquée correspondent à cette forme, car vue de face elles ont la forme circulaire et vues obliquement elles se présentent sous forme d'ellipse.

Étant en réalité comparables suivant la forme de meule à la Galaxie pour l'être aussi par rapport à la dimension de la Galaxie, elles doivent être à une très-grande distance pour apparaître d'un diamètre angulaire de 1′ à 2′. Les nébuleuses résolubles, souvent de dimensions supérieures, sont considérées comme des corps du système de la Galaxie et, par suite, placées à des distances des millions de fois inférieures à celles des nébuleuses circulaires ou elliptiques admises comme *exotiques* par rapport aux corps de la Galaxie. Dans l'introduction de cet ouvrage, j'ai admis quatre générations des corps célestes conformément à l'hypothèse commune, hypothèse qui se trouva totalement réfutée dans l'exposition de l'Astrogonie.

§ 380. **Manque des Galaxies exotiques.** A une distance où le diamètre angulaire de la Galaxie ne doit être que de quelques minutes, il est impossible qu'elle soit visible, car pour obtenir un corps visible à telle distance, il faut admettre qu'il est entièrement lumineux et ayant un diamètre comparable à celui de la Galaxie. Il y a un nombre considérable de nébuleuses pareilles à celles considérées comme des Galaxies exotiques qui ne sont pas en dehors de la Galaxie. Enfin dans le grand télescope un grand nombre de ces nébuleuses se présentèrent résolubles; dans d'autres ont été découvertes des traînées spirales; John Herschel découvrit un ou plusieurs anneaux dans un grand nombre de nébuleuses irrésolubles.

Ce qui reste incontestable dans l'hypothèse exposée est la forme de meule admise dans les nébuleuses faibles : c'est le seul cas où les astronomes aient pris en considération l'état réel et l'état apparent. Après avoir prouvé que les nébuleuses faibles irrésolubles ne sont pas des Galaxies, les adversaires de Maedler sont allés au delà de ce qui leur était permis; ils n'ont pas voulu y reconnaître la forme de meule.

Ce qu'il fallait faire, c'était de rejeter ce qui était faux et de profiter de ce qui était réel ; mais, souvent, après être parvenu à découvrir par où pèche son adversaire, on cherche à le réfuter, et souvent aussi, on commet soi-même de nouvelles erreurs qui engendrent de nouvelles discussions. Maedler, pour sa part, en conservant la forme de meule aux nébuleuses faibles, et après avoir vu qu'elles ne sont pas des Galaxies exotiques, pour les faire différer des nébuleuses résolubles, aurait dû y reconnaître une différence réelle qui conduit à la découverte de l'origine commune de la masse empyrée composant 1° à une époque antérieure les nébuleuses solifères, et 2° à une époque postérieure les systèmes planétaires; mais il lui manquait une série de connaissances provenant de la loi physique, et c'est à cela qu'il faut attribuer l'arrêt et l'absence de tout progrès réel qu'a subi la science.

CHAPITRE III.

CLASSIFICATION DES NÉBULEUSES.

§ 381. Ne possédant que les résultats obtenus par les observations, les astronomes ne pouvaient avancer que parallèlement avec les perfectionnements de leurs instruments. Depuis la découverte de la loi de pesanteur par Newton et des lois de Képler, on reconnut l'existence d'une autre voie conduisant aux découvertes de nouveaux faits que l'on ne peut pas obtenir directement par les observations. Pour expliquer l'origine du mouvement orbiculaire, Newton, manquant des connaissances de la physique céleste, a dû invoquer l'action suprême.

Les astronomes modernes, au lieu d'appliquer toute leur attention à la recherche de la cause physique du mouvement de rotation des corps célestes et à celle de leur mouvement orbiculaire, et d'y reconnaître une liaison physique, s'efforcèrent, même contre les raisonnements logiques, de se prouver à eux-mêmes qu'il y a identité entre le mouvement orbiculaire et le mouvement de rotation ; ils ont voulu à toute force croire que la Lune de même que la Terre a un mouvement de rotation ; ils remplacèrent la physique par la dialectique, parce qu'il leur était impossible de découvrir ce que Newton lui-même avait cherché en vain.

Il a fallu que Képler existât pour que Newton parût ensuite ; de même il a fallu que les découvertes célestes d'Herschel, des astronomes modernes et surtout celles obtenues dans le télescope de lord Ross préexistassent, pour donner naissance à la Physique céleste dans laquelle les faits découverts s'arrangent d'une manière qui rend évident le mode de leur production. Les matériaux accumulés ont servi à la composition d'une science basée sur la loi physique; ainsi, d'une part, ces matériaux étant connus, je les expose d'abord en cet état; et d'autre part l'Astrogonie étant déjà exposée, je ne ferai que disposer les matériaux de façon qu'il en résulte un ensemble dans lequel chaque corps céleste est une partie intégrante. L'Astrogonie résulta de faits découverts par Herschel et lord Ross, de même que la loi de la gravitation résulta des lois de Képler.

Les points lumineux découverts dans les nébuleuses résolubles, reçurent d'Herschel le nom impropre d'*étoile*, et cela parce que les étoiles se présentent comme points lumineux. Avant de donner cette nomination aux points lumineux, Herschel négligea de prendre en considération la différence qui existe entre les amas composés d'étoiles réelles et ceux des points constituant les nébuleuses résolubles, ce sont les astronomes actuels qui ont rectifié la dénomination donné par Herschel; ils nommèrent *individus cosmiques* les points lumineux pour les distinguer des étoiles réelles. Cette distinction, quoique purement nominale, aurait évité à Herschel bien des erreurs s'il eût voulu la faire, car il est facile de faire comprendre au lecteur que les individus cosmiques sont des *météores* ou des corps non pas massifs comme les étoiles, mais composés de gros ballons dont les enveloppes sont celles des vessies de vapeur de forme ovalaire qui gelèrent en conservant cette forme.

En coordonnant l'aspect des individus cosmiques et les résultats des rayons traversant lesdits météores d'après la loi d'optique, chacun reste convaincu que ces corps de si gros volume ne sont pas massifs ni lumineux par eux-mêmes. Une nébuleuse se trouvant dans la plus petite distance possible de la Terre et n'ayant pour diamètre que 1′, serait d'une grandeur égale au système solaire. Ce corps étant massif, exercerait des effets de pesanteur correspondants. Mais il y a des nébuleuses de diamètre de 15′, de 30′ et même de 2° et davantage; ces nébuleuses étant massives, elles ne manqueraient pas de faire paraître les effets de la pesanteur, même à la distance où ces corps se trouvent.

D'autre part il est incontestable qu'il existe des météores qui se manifestent comme planétoïdes, bolides, étoiles filantes ou comètes de grand volume sans poids sensible : ce sont ces corps qui sont les *individus cosmiques*. Cette dénomination est ici tout à fait impropre, parce que ces corps qui circulent dans l'espace ont leur origine dans la masse empyrée pâteuse et visqueuse dont ils conservent le mouvement orbiculaire; éloignés de la masse brûlante, les météores deviennent des individus comme les étoiles; ils n'y existaient pas avant d'être produits des molécules de la masse brûlante ou empyrée.

I. CLASSIFICATION DES NÉBULEUSES PAR HERSCHEL.

§ 382. Pour fixer les idées, j'indiquerai d'abord les états des nébuleuses qui ont servi de base à leur classification. Le nombre de nébuleuses avant Herschel n'était que d'une centaine; il s'éleva à 2500 dans le catalogue de cet infatigable observateur; actuellement, en y comprenant les nébuleuses de l'hémisphère austral, le nombre des nébuleuses s'élève à 6000; cependant John Herschel rendit le nombre trop fort en y comprenant environ 400 nébuleuses exotiques composant les deux nuées de Magellan; de même les étoiles voisines sont considérées par le même astronome comme étant des nébuleuses réelles. Ici le nombre est indifférent, je veux indiquer d'abord la classification basée sur l'aspect des nébuleuses pour en faire ressortir la classification basée sur l'état physique de ces corps.

Herschel distingua et divisa les nébuleuses découvertes en huit classes :

I.	288 nébuleuses lumineuses,
II.	907 nébuleuses faibles,
III.	978 nébuleuses très-faibles,
IV.	78 nébuleuses planétaires,
V.	52 nébuleuses très-grandes,
VI.	42 amas d'étoiles très-denses,
VII.	67 amas d'étoiles denses,
VIII.	88 amas d'étoiles dispersées.

Les faits ainsi exposés sont incontestables, leur nombre augmenta ; plusieurs détails ont été découverts surtout au moyen du grand télescope et cependant la science n'a pas fait de progrès. Tout changea depuis la découverte de la loi physique et de l'état réel de ces corps mystérieux jusqu'à présent. Avant d'entrer dans les détails, je veux indiquer la cause qui produit les aspects qui servirent de base à la classification indiquée.

Première classe. Les 288 nébuleuses brillantes ne sont pas toutes indigènes; quelques-unes font partie de la Galaxoïde et sont exotiques et irrésolubles ; elles se rencontrent exclusivement dans l'hémisphère du Sud, jusqu'à une certaine distance limitée du bord austral de la Diogalaxie.

Deuxième et troisième classe. Les 1885 nébuleuses faibles et plus faibles irrésolubles sont, de même que le plus grand nombre de la première classe, solifères et planétaires ; elles ne se présentent pas de forme circulaire parce que, 1° le plus grand nombre des planétaires conserve encore comme bras ou gros arc l'appendice posséidonienne, et que 2° le plus grand nombre des solifères se voient allongées. Leur faiblesse provient de ce que les portions de masse brûlante sont entourées de météores formant des couches d'épaisseur différente.

Quatrième classe. Le nombre de ces nébuleuses circulaires n'est que de 78. Ce nombre est environ 25 fois inférieur à la somme de 1885 des nombres des deux classes précédentes; ce rapport montre clairement qu'il est rare que la position des meules leur permettra d'avoir le prolongement de leur axe à une très-petite distance de la Terre.

Quant à la forme réelle des autres nébuleuses, les astronomes s'abstinrent de se prononcer en prenant leur aspect pour base; tandis qu'ils reconnurent avec pleine certitude dans les nébuleuses planétaires la forme sphérique sans que personne y soupçonnât la moindre erreur; toutefois l'éclat se présente dans les unes avec intensité égale dans toute la surface au centre et au bord, et dans les autres il y a un accroissement rapide d'éclat autour du centre et non pas autour du bord.

Cette égale clarté sur une superficie du diamètre de 10″ jusqu'à 160″ donne une étendue sept fois plus grande au moins que le diamètre de l'orbite de Neptune. Au lieu de reconnaître en ces faits un corps en forme de meule comparable à un système planétaire et non pas à une planète et de renoncer à la forme sphérique, les astronomes cherchèrent à conserver cette forme à tout prix. Longtemps Herschel hésita à reconnaître l'existence de corps de dimensions tellement prodigieuses; il avait nommé *étoiles* les points lumineux : après avoir commis cette erreur, il fut amené, en voulant la corriger, à en commettre une seconde.

Pour unir la forme sphérique avec l'égalité de clarté observée sur toute la surface, il a fallu admettre que la lumière ne provient pas de toute la profondeur de la sphère, que le rayonnement est purement superficiel, que la matière arrivée à une certaine densité cesse d'être diaphane, car sans cela l'intensité de l'éclat augmenterait avec le nombre des particules matérielles et rayonnantes contenues dans la direction de chaque rayon visuel. Ainsi il devint évident qu'il faut une série d'hypothèses peu admissibles, et l'on ne s'aperçut point qu'une erreur ne peut être rectifiée que par une ou plusieurs autres.

John Herschel, en observant la plus remarquable nébuleuse N (fig. 26), tout près de β de la Grande-Ourse, vit la lumière de ce globe parfaitement la même dans toute son étendue de 100″ de diamètre; sur les bords on remarquait toutefois un très-léger affaiblissement. Cette apparence diffère de celle qu'on observerait dans un globe résultant d'une agglomération uniforme d'étoiles, ou dans un pareil globe formé d'une matière lumineuse. Il est évident que dans ces deux cas l'éclat irait en augmentant du bord jusqu'au centre. Donc, pour relier l'égalité d'éclat de toute la superficie, qui est un fait incontestable, avec la forme du corps, Herschel devait considérer le corps sous la forme de meule, et il ne fût pas tombé dans l'erreur; mais en négligeant ce soin, il commit une erreur en admettant la forme sphérique, et pour cette erreur il a fallu en commettre une deuxième : il a dit que la nébuleuse en question est un globe creux, cependant il ne manqua pas de dire que le corps pouvait être un disque plat circulaire, perpendiculaire au rayon visuel partant de la Terre. En ce dernier cas il suffisait de donner au disque une certaine épaisseur pour arriver à la forme véritable de meule.

Arago tomba dans la première erreur en admettant la forme sphérique pour les nébuleuses planétaires; et dans la seconde, à propos des étoiles nébuleuses *a* et *ade* (fig. 50), en admettant, de même qu'Herschel, l'étoile au centre d'une atmosphère de rayon plusieurs fois plus grand que la distance entre le Soleil et Neptune. Herschel hésita à admettre que la lumière qui traverse directement l'atmosphère fait apparaître l'étoile et que c'est la lumière réfléchie qui fait apparaître l'atmosphère. Il est prouvé ici que l'étoile est vue par sa lumière sans pénétrer par aucune atmosphère; c'est la clarté de la nébuleuse qui s'affaiblit graduellement en s'éloignant du centre, tandis que dans les nébuleuses planétaires la clarté est égale. C'est ainsi qu'Arago chercha à prouver la deuxième erreur, pour en faire ressortir une forme sphérique et une diminution graduelle de l'éclat du centre vers le bord.

Nous exposerons ici, suivant Arago, un fait d'optique

qui a une certaine importance dans les observations astronomiques. Un photocône ayant le sommet au nerf optique et la base toujours en dedans des bords d'un corps lumineux produit un sentiment d'éclat qui ne dépend pas de la distance. Lorsque Arago exposa ce résultat en termes généraux, il ne souleva aucune objection; à cette époque on ignorait que la nébuleuse d'Orion est à une distance presque de moitié moins grande que la Diogalaxie et que celle-ci est à une distance presque de moitié moins grande que la Chronogalaxie, et cependant il n'y a pas une très-grande différence entre leur clarté : c'est pourquoi on manquait d'exemples pour vérifier sa théorie, cependant très-véritable.

De l'autre part Arago n'ignorait pas que l'effet des télescopes est comparable à celui de l'approchement des corps et de l'augmentation de la quantité de lumière; celle-ci ne contribue pas à la distinction des détails, au contraire elle lui est nuisible. A une distance comparable à celle de la Chronogalaxie, Sirius même disparaîtrait, et en même temps les plus denses amas d'étoiles comparables à celui des Pléiades.

Je dis qu'Arago, de même qu'Herschel père et fils, ayant admis dans les nébuleuses planétaires la forme sphérique, commit la première erreur, et, par suite, tous les trois devaient nécessairement en commettre une deuxième. Arago préféra voir dans les étoiles nébuleuses une égale clarté partout; mais pour y faire disparaître l'étoile et en faire une nébuleuse sans étoile, il s'engagea dans une série de faits qui ont été exposés ci-dessus séparément pour les nébuleuses et séparément pour les étoiles. Au lieu de rester dans les nébuleuses éclairées de leur propre masse brûlante, Arago attribua le même effet à une lumière réfléchie, car il ignorait que la lumière des nébuleuses n'arrive à nous qu'après avoir subi un accroissement aux foyers des météores.

Pour éviter les discussions, il faut éviter les erreurs :

1° les nébuleuses planétaires sont en forme de meule et quelques-unes sont composées de traînées de masse brûlante l, l' (fig. 27 et 28); 2° Arago a raison en disant que les photocônes conduisent une quantité égale de lumière, mais il eût dû rester conséquent en comparant les corps entre eux et non pas avec des atmosphères éclairées; 3° John Herschel se trompe en considérant les nébuleuses planétaires comme des globes creux : la forme de disque est leur forme véritable en donnant au disque une certaine épaisseur, et en certains cas il y faut distinguer l'accroissement de l'éclat provenant des intervalles différents des orbites.

Cinquième classe. Les 52 nébuleuses sont très-grandes comparativement aux nébuleuses planétaires des quatre classes précédentes d'étendue limitée à 1′ ou 2′; quelques-unes de ces nébuleuses ont un diamètre médiocre, et il y en a d'autres de très-grande étendue; leur caractère commun est d'être toutes irrésolubles et de n'avoir aucune régularité. Certaines taches se terminent nettement, brusquement, vivement d'un côté, tandis que sur le côté opposé elles se fondent dans la lumière du ciel par une dégradation insensible. Il y en a qui projettent au loin de très-longs bras; il en existe dans l'intérieur desquelles s'observent de grands espaces obscurs. Toutes les figures fantastiques qu'affectent les nuages emportés, tourmentés par des vents violents et souvent contraires se trouvent dans certaines régions du firmament.

Les nébuleuses irrésolubles à formes arrondies diffèrent par leur dimension médiocre, et sont toujours des couples qui communiquent au moyen d'un filet mince de nébulosité.

Sixième classe. Le nombre de 42 amas d'étoiles très-denses est le plus faible parmi ceux des sept autres classes; cependant ce nombre a été multiplié dans le grand télescope dans lequel ont été décomposées plusieurs des nébuleuses faibles et des nébuleuses planétaires.

Septième et huitième classes. Quantités d'étoiles

réelles plus ou moins voisines ont été comptées parmi les nébuleuses.

§ 383. **Résumé.** Les nébuleuses de médiocres dimensions de 1re, 2e et 3e classe ne sont pas de nature différente de celles des trois classes suivantes de 4e, 5e et 6e.

1° Les nébuleuses de la 1re classe étant de dimensions inférieures ne diffèrent pas de celles de la 5e classe également lumineuses et distribuées de manière à former une Galaxie propre du côté austral par rapport à la Diogalaxie possédant des anses comme en possède celle-ci.

2° Parmi les nébuleuses de la 2e et 3e classe plusieurs sont solifères, de même que celles de la 6e classe; parmi elles doivent être comprises les étoiles nébuleuses, les étoiles cométaires et les couples d'étoiles symétriquement disposées.

3° Parmi les nébuleuses planétaires plusieurs sont résolubles dans le grand télescope, comme l'est celle située près de ω du Centaure (fig. 30); car les anneaux devenus visibles dans son intérieur ne permettent pas de douter qu'il y a un système planétaire. Cette nébuleuse n'étant pas résoluble dans le télescope d'Herschel, cet astronome crut devoir la considérer comme une Galaxie composant un autre système solaire comparable au système de l'Hélioagète, et cela parce qu'une telle nébuleuse serait tout à fait irrésoluble.

Les nébuleuses sont toutes, sans aucune exception, composées d'individus cosmiques; ces individus sont des météores volumineux sans pesanteur sensible, de forme ovalaire avec le sommet du côté de la masse brûlante. Les ballons servent comme de grosses lentilles, non pas massives, mais non pourtant entièrement vides, lesquelles font se croiser les rayons dans leurs foyers; ce sont donc ces foyers qui sont les points lumineux, les individus cosmiques : car les météores ne sont pas lumineux, comme Herschel même l'a reconnu dans les étoiles d'Orion, lesquelles se présentaient autrefois comme des étoiles nébuleuses et qui, depuis 1811, se presentent sans trace de nébulosité.

Dans le chapitre suivant est exposé le mode de la multiplication apparente de la lumière, laquelle provenant directement d'une masse brûlante renfermée dans une enveloppe solide la fait apparaître comme une étoile de 9ᵉ ou de 8ᵉ grandeur; et dans les cas où la même quantité de lumière n'arrive à l'œil qu'après avoir traversé une couche de météores, elle fait apparaître des centaines et des milliers d'étoiles de 11ᵉ et de 12ᵉ grandeur.

II. CLASSIFICATION NATURELLE DES NÉBULEUSES SOLIFÈRES.

§ 384. Après avoir établi que les individus cosmiques composant les nébuleuses sont des corps volumineux sans poids sensible et non pas des étoiles massives, on cessa de considérer comme nébuleuses réelles les étoiles voisines qui se rencontrent 1° dans l'angle gSg' (fig. 41) autour de l'Hélioagète, et 2° dans les régions polaires T, T'' de la Galaxie. La masse brûlante composant les nébuleuses solifères ne diffère de celle des nébuleuses planétaires que par la quantité et par le mode de la disposition. Ainsi donc l'état de résolubilité ou d'irrésolubilité dépend pour les nébuleuses de la quantité de la masse brûlante et de la disposition des météores répandus autour d'elles pour faire passer par la Terre une quantité de rayons venant du foyer des météores.

Dans l'Astrogonie il a été indiqué que la masse B'' expulsée de l'intérieur de l'Hélioagète avait une densité correspondante à la pesanteur sur la surface de ce corps central. Sur le jet B^{IV} expulsé la pesanteur locale était des millions de fois inférieure; les molécules matérielles éprouvaient le même degré de poussée répulsive lorsque la masse était dans l'intérieur de l'Hélioagète que lorsqu'elle a été transférée dans l'espace annulaire A'', il n'y eut de changement que dans la pesanteur locale agissant comme poussée centripète, poussée beaucoup inférieure à celle exercée en direction centrifuge produisant l'accroissement du volume des molécules comprimées de l'électre.

Allongement vertical. La masse brûlante pâteuse et visqueuse commença à obéir à la poussée répulsive; son allongement primitif s'opéra vers l'Hélicagète, car de ce côté la résistance était moindre. Cet allongement ne cessa que lorsque l'état visqueux de la longue bande croissante parvint à exercer une résistance supérieure à la poussée expansive; ainsi se termina l'allongement vertical.

Allongement longitudinal. La masse du filet de communication ou du syndesme se trouva transférée de la pesanteur vers la masse de ses deux extrémités, dans laquelle augmenta la poussée expansive et commença un allongement suivant le sens du mouvement orbiculaire.

Allongement transversal. Après que fut terminé l'allongement longitudinal de même que le vertical, la poussée répulsive augmentait dans les deux masses des extrémités du filet; en ce cas il se présentait une égalité de faible résistance en direction verticale au plan orbiculaire sur lequel ont été opérés les deux allongements précédents.

§ 385. **Effets de ces trois espèces d'allongements.** 1° Une portion P de masse brûlante se sépare en deux **p**, **p′** par l'allongement vertical; **p** est la portion supérieure et **p′** la portion inférieure inégale à la supérieure. Les portions *p*, *p′* (fig. 51) et le filet *r* sont composés de molécules en équilibre détruit, lesquelles sont soutenues par la pesanteur en déplacement, et il en résulte une production continuelle de météores autour de la masse brûlante. Étant vu perpendiculairement au filet, le corps se présente comme deux nébuleuses unies par une mince nébulosité; les corps de forme semblable sont nommés ici *nébuleuses jumelles m, q* (fig. 48).

2° Chacune des portions **p**, **p′**, après avoir obtenu une quantité de masse du côté du filet, commence à s'allonger longitudinalement pour former deux portions *p*, *p′* (fig. 51) de sorte que chacune des portions **p**, **p**′ isolée se présente comme une nébuleuse jumelle.

3° Les allongements transversaux des deux portions *p*, *p*′, scindées pour en former quatre *a*, *b*, *c*, *d*, font apparaître deux filets perpendiculaires sur le filet précédent longitudinal. A cause de la rupture universelle d'équilibre, il y a partout déplacement des molécules, d'où résulte production de météores. Étant vue de face, ce corps se présente sous forme d'une *nébuleuse elliptique*.

Production des astronéphélles. Ces nébuleuses sont composées de mêmes portions de masse empyrée que les nébuleuses jumelles et les nébuleuses elliptiques.

I. Tant que les molécules de ces masses sont partout en équilibre détruit, il y a production de météores qui recouvrent la masse brûlante.

II. Après l'établissement de l'équilibre dans toute l'étendue de la masse brûlante, la couche superficielle gèle autour de chacune des deux ou des quatre portions et il se présente quatre étoiles voisines circulant ensemble autour de l'Hélioagète sans avoir conservé la moindre trace de leur liaison : 1° de l'époque *e* précédente lorsque les deux nébuleuses de portions *p*, *p*′ se présentaient comme jumelles ou les quatre portions *a*, *b*, *c*, *d* se présentaient comme une nébuleuse elliptique, et 2° de l'époque *e*′ postérieure lorsque l'équilibre était établi dans l'une des portions de la masse des nébuleuses jumelles et qu'il ne l'était pas dans l'autre portion ; ou lorsque l'équilibre était établi dans les quatre portions transversales des nébuleuses elliptiques et qu'il manquait encore dans la masse du filet longitudinal.

III. C'est donc à cette époque *e*′ postérieure que les corps se trouvent composés d'une portion de masse équilibrée qui se présente en forme d'une étoile, et d'une portion de masse non encore réduite à l'état d'équilibre; c'est pour cela qu'elle se présente sous forme d'une nébuleuse. A une époque précédente e ce même corps était une nébuleuse jumelle, et il est devenu à une autre époque e' une *astronéphélie simple*.

Dans les nébuleuses elliptiques à quatre portions transversales l'équilibre s'établit d'abord dans chacune des portions qui deviennent quatre étoiles symétriquement placées à gauche et à droite du filet longitudinal dont la masse n'a pas eu le temps d'être transférée dans ses deux extrémités des portions p, p' avant leur allongement pour produire les quatre portions transversales a, b, c, d. Ces corps composés de quatre étoiles et d'une nébuleuse sont nommés *astronéphélies jumelles*.

Grandeur des étoiles des astronéphélies. Les étoiles cométaires, les étoiles nébuleuses et les couples d'étoiles symétriquement disposées par rapport aux nébuleuses sont de 7ᵉ, 8ᵉ ou 9ᵉ grandeur : aucune d'elles n'est variable; ces étoiles diffèrent des points lumineux composant les nébuleuses résolubles, car ceux-ci paraissent être à fort peu près de la même grandeur. James Dunlop observa de Paramatta en Australie, par $11^h\ 29^m\ 20^s$, et par $29°\ 16'$ de distance polaire australe, une nébuleuse résoluble de $10'$ de diamètre dans laquelle trois étoiles rouges et une jaune brillaient avec ce genre particulier de lumière au milieu d'une multitude de points lumineux tous de couleur blanche. Le même astronome vit, par $18^h\ 49^m\ 5^s$ et par $53°\ 10'$ de distance polaire, une nébuleuse de $3'\ \frac{1}{2}$ de diamètre composée tout entière de points lumineux de couleur bleuâtre. J'ai prouvé que la couleur des étoiles est produite par la forme ovalaire de leur enveloppe; habituellement les points lumineux sont incolores; ils ne se présentent colorés que dans le seul cas où la masse brûlante étant réduite en équilibre, a pris la forme ovalaire. Ainsi, il est devenu évident que, dans les cas pareils, les rayons doivent passer d'abord par l'enveloppe solide et puis par la couche des météores. L'éloignement de ceux-ci s'opère postérieurement par leur mouvement orbiculaire, et c'est alors que disparaît toute trace de leur existence primitive.

§ 386. **Multiplication des rayons par les météores.** La quantité de rayons des étoiles des nébuleuses les fait apparaître de 7e à 9e grandeur, dans le cas où l'étoile est encore entourée de météores; c'est la même quantité de rayons qui fait paraître des centaines et des milliers de points occupant un espace plusieurs fois plus grand que celui du système planétaire. En cas pareils il s'opère une subdivision de chaque filet d'atomes de lumière en des millions d'autres, devenus non pas des millions de fois moins épais, mais en conservant la même épaisseur, ce sont les volumes des filets qui deviennent des millions de fois plus grands par l'accroissement du volume des molécules d'électre comprimées.

En recevant au nerf optique la même quantité d'atomes de lumière dans l'état où leur électre obtint un volume des millions de fois plus grand, il y est produit une sensation correspondante à une quantité de lumière supérieure à celle composée du même nombre d'atomes dont le volume des molécules d'électre n'éprouva pas une expansion; ces notions sont nécessaires pour l'explication des faits suivants.

Les nébuleuses solifères se distinguent d'après l'état d'équilibre ou de non-équilibre d'une partie des molécules de la masse empyrée, pour apparaître comme nébuleuses ou comme astronéphélies.

A. Nébuleuses solifères simples ou jumelles.

§ 387. Lorsque l'ensemble des météores d'une masse présente une continuité de forme quelconque nous disons que la nébuleuse est *simple*, sans entendre par là que le corps ne peut pas être une nébuleuse jumelle vue de profil ou une astronéphélie simple vue du côté de sa base l'étoile restant invisible. Ainsi dans le nombre N de nébuleuses simples sont compris : 1° les corps composés des masses encore en allongements verticaux, longitudinaux ou transversaux, 2° les corps composés de masse dans laquelle n'existent plus d'allongements et dont l'une des portions se trouve déjà composée de molécules où est établi l'équilibre, tandis que dans l'autre portion les molécules se trouvent encore en rupture d'équilibre.

1° *Nébuleuses solifères simples.*

§ 388. Les nébuleuses solifères habituellement résolubles se présentent sous une grande variété de formes. Il en existe qui, à la fois très-allongées et très-étroites, pourraient presque être prises pour de simples lignes lumineuses, droites ou serpentantes; d'autres ouvertes en forme d'éventail. Ici les contours n'ont aucune régularité. Dans les nébuleuses la forme plane n'est qu'apparente; les circulaires entre elles sont des sphères et non pas des disques ni des meules, comme le sont les nébuleuses planétaires. Nous avons exposé § 149, la preuve géométrique d'Herschel, qui déduisit cette forme de l'accroissement de l'éclat du bord vers le centre. Cet accroissement d'éclat s'opère dans les sphères rapidement au bord et lentement au centre; au contraire il s'opère dans les meules lentement au bord et rapidement au centre, à cause de la diminution des intervalles qui séparent les traînées des jets de masse brûlante circulant dans les orbites planétaires; dans le grand télescope, les points lumineux se présentent égaux en grandeur et en clarté, mais d'une densité supérieure vers le centre, correspondant aux intervalles inférieurs des orbites planétaires. Tels sont les faits qui devaient servir comme preuve de l'existence d'une attraction innée chez les molécules matérielles : les nébuleuses pareilles sont planétaires, et il n'y a nulle part trace de quelque fait provenant d'une attraction.

Les détails des nébuleuses solifères observés dans le grand télescope correspondent, 1° à une ou plusieurs portions de masse brûlante, et 2° à leurs appendices; là où on n'apercevait dans les puissants télescopes qu'un ou plusieurs noyaux de forme d'étoiles plus claires, on distingue dans le grand télescope un amas de points plus lumineux entourés d'autres moins denses et moins lumineux. Les appendices se voient comme des bras ou veines de directions divergentes. Si Herschel eût eu à sa disposition l'instrument de lord Ross il aurait différemment coordonné les faits indiqués; il aurait renoncé à attribuer les faits ainsi distingués à une force d'attraction; sous ce rapport Arago désapprouvait à tort la conduite de John Herschel, qui sut éviter les erreurs où son père était tombé.

2° Nébuleuses solifères jumelles.

§ 389. J'ai indiqué que la portion de masse brûlante en obéissant à la poussée expansive s'allonge, se divise en deux, puis chacune de celles-ci se divise en deux autres unies d'abord par un filet, lequel se rompt et donne naissance aux deux appendices; l'existence de ces détails est incontestable; il ne reste donc qu'à arranger et à rapporter, comme exemples, quelques-uns des faits de ce genre.

(1968). . . . . 16h 35m 37s, + 36° 47'.

Le diamètre de l'espace qu'occupe la nébuleuse est de 7' à 8'; le nombre de points lumineux visibles surpasse 6,000 : ces points peuvent être bien distingués jusqu'au milieu. Les appendices divergents de masse brûlante apparaissent comme des filets à peine perceptibles; on les distingue mieux vers le sud-est. En coordonnant les points lumineux on en déduit la forme de globe, d'où il résulte que la portion de masse brûlante, après avoir éprouvé un allongement triple vertical, longitudinal et transversal, se trouve à l'état isolé et possédant encore des restes des trois appendices dont le dernier produit, qui pour cela est le moins rétréci, est dirigé vers le sud-est, les deux autres sont courts. Les 6,000 points lumineux, sont de 10e à 12e grandeur; tous les autres sont plus faibles. Si la poussée répulsive est devenue déjà assez faible, pour ne plus vaincre la résistance même après l'accumulation de la masse des trois appendices, l'équilibre va bientôt s'établir parmi ses molécules et il y aura production d'une enveloppe solide qui fera apparaître la masse brûlante comme une étoile de 8e ou 9e grandeur d'un diamètre angulaire imperceptible et pour cela inférieur à 0′,1. Si au contraire la poussée, augmentée par la translation de la masse, dompte la résistance, il y aura un allongement en un sens perpendiculaire à l'appendice dirigé vers le sud-est, et de la même masse résulteront 2, 4 ou 8 étoiles à une époque assez éloignée, lorsque disparaîtra la nébuleuse actuelle.

(2128). . . . . $21^h\ 30^m\ 41^s$, — $23°\ 55'\ 26''$.

L'espace occupé par la nébuleuse est irrégulièrement rond; son diamètre est de 5′; les points lumineux sont denses au milieu et dans la direction des deux appendices de la masse centrale. L'appendice du côté du Nord prolongé passe par le milieu de la masse; dans cet appendice se présentent 3 à 4 points lumineux de 10e grandeur et un grand nombre de points faibles; cet appendice est le postérieur, le moins rétréci. L'appendice précédent déjà raccourci est perpendiculaire et dirigé à l'est ou au nord-est; son prolongement passe au nord du centre de la masse; cet appendice doit être le reste du filet vertical, le précédent étant un reste du filet ou du syndesme longitudinal.

Dans l'avenir, les deux appendices actuels se raccourciront; leur masse sera accumulée dans la masse centrale, la poussée répulsive augmentera et elle produira un allongement transversal en directions divergentes perpendiculaires sur le plan qui passe par les deux appendices actuels. Si la poussée répulsive est déjà affaiblie, il s'y établira l'équilibre et une étoile apparaîtra.

(2125). . . . . $21^h\ 24^m\ 40^s$, $-1^\circ\ 34'$.

L'ensemble des points lumineux se présente comme un amas de grains brillants de sable de plusieurs milles, dont quelques-uns se voient dispersés au bord. L'ensemble des points lumineux fait connaître qu'ils sont parties intégrantes d'un seul corps sphérique, faisant augmenter la densité des points d'une manière qui indique simplement cette forme, car l'accroissement de la densité est rapide au bord et insensible au milieu. De sorte qu'il est facile de connaître que la nébuleuse est solifère et non pas planétaire.

(2015). . . . . $18^h\ 26^m\ 4^s$, $-20^\circ\ 1'$.

Des points lumineux il résulte que la masse centrale a un appendice vers le sud-ouest, de sorte que les points lumineux les plus denses sont du côté du nord-est; il y est possible d'y distinguer les points lumineux. Des points moins gros et plus faibles composent la couche inférieure; des points plus gros se voient dans la surface de cette couche. L'appendice unique indique la fin d'un allongement vertical dans la direction du sud-ouest au nord-est. Si la poussée répulsive est encore considérable, il y aura allongement longitudinal, puis allongement transversal; l'unique portion actuelle en produira quatre qui donneront naissance à quatre étoiles de 8e et 9e grandeur.

(2031). . . . . $19^h\ 0^m\ 17^s$, $+4^\circ\ 25'$.

La forme de la nébuleuse est allongée; la densité supérieure des points lumineux n'est pas au milieu mais vers le nord-est et l'appendice vient du sud-ouest; les points lumineux peuvent être aisément distingués. Le seul appendice indique la direction de l'allongement vertical terminé, sans qu'il y ait quelque indice qui fasse connaître s'il y aura quelqu'un des changements qui doivent avoir lieu dans l'avenir. La région de la densité supérieure des points indique la partie du corps la plus élevée

(1929). . . . . 15ʰ 29ᵐ 9ˢ, + 6° 33′.

La dimension de la nébuleuse n'est que de 2′, d'où il résulte un éloignement considérable ou une masse allongée qui se présente de profil. De l'une ou de l'autre de ces deux causes il résulte que les points lumineux se présentent avec une extrême densité. Le manque de détails provenant des appendices fait connaître que la masse brûlante éprouve un allongement qui, prolongé, passe par le voisinage de la Terre. La petitesse des points n'est pas réelle, elle ne résulte pas d'une très-grande distance de la nébuleuse ou d'une petite portion de masse brûlante, mais simplement de la position indiquée de la masse brûlante allongée et présentant à l'observateur terrestre une sorte de précipice allant du sommet vers les bords.

(1813). . . . . 14ʰ 20ᵐ 40ˢ, — 5° 12′.

Le diamètre de la nébuleuse n'est que de 80″: les points lumineux sont très-denses comme dans la nébuleuse précédente; cependant plusieurs points sont séparables. Aucun détail n'est visible; à une distance de 90″ se voit une étoile de 7ᵉ grandeur, laquelle se présente comme étoile nébuleuse. La masse de la nébuleuse composée encore des molécules en équilibre détruit, formait autrefois un tout avec la masse de ladite étoile et faisait partie intégrante d'une portion supérieure.

(1916). . . . . 15ʰ 9ᵐ 56ˢ, + 2° 44′.

Cette nébuleuse est très-brillante, il y a dans son voisinage peu d'étoiles; sa forme est arrondie sans être circulaire; son diamètre est de 12′. La forme sphéroïde de la masse brûlante fait, par son soulèvement, apparaître l'ensemble des points lumineux du milieu comme une boule de neige. C'est dans les parties extérieures de la nébuleuse éloignées de la région centrale, qu'on distingue environ 300 points lumineux de grandeurs différentes, dispersés, et sans aucune symétrie.

La dimension de 12' et l'absence de forme circulaire résultent d'une position oblique de la bande produite par l'allongement de la masse; c'est le grand soulèvement de cette masse qui donne aux points lumineux du milieu l'apparence d'une boule de neige. De la subdivision de cette masse résulteront dans l'avenir 4 ou 8 portions qui deviendront autant d'étoiles ou de soleils de 7ᵉ, 8ᵉ ou 9ᵉ grandeur.

(1746). . . . . 13ʰ 57ᵐ 48ˢ, + 29° 21'.

Cette nébuleuse est brillante, de 7' à 8' de diamètre; les points lumineux les plus clairs sont de 10ᵉ grandeur; les autres plus faibles et de tout degré. Il y a une légère densité vers le milieu sans qu'on y remarque de noyau. L'absence de noyau et d'un arrondissement prouvent que la masse brûlante est allongée et qu'elle est vue obliquement.

(1663). . . . . 13ʰ 34ᵐ 12ˢ, + 29° 14'.

Dans un espace du diamètre de 2' à 2' ½ peuvent être distingués plus de 1000 points lumineux; vers le milieu se trouvent des points tellement denses qu'il n'est plus possible de les voir séparés; il y a des bras divergents composés de points lumineux denses; ils s'étendent au delà des limites de 2' ou de 2' ½. Les points lumineux sont de 10ᵉ à 12ᵉ grandeur. L'éclat de l'ensemble des points est d'une telle intensité que John Herschel l'apercevait même lorsque le ciel était assez couvert pour rendre invisible à l'œil nu Arcturus, qui se trouve dans le voisinage de la nébuleuse. Un ciel un peu couvert favorise la distinction des points lumineux.

Explication. Il résulte de la petite longueur du diamètre que la bande de masse brûlante est vue presque de profil. Cette masse s'élève comme une protubérance au milieu, et la grande densité des points lumineux résulte de ce que toute la quantité qui occupe réellement la surface sphéroconique se projette sur la surface de la base de ce cône qui est d'une étendue environ cinq ou six fois moindre.

Ce qu'on nomme bras excédants au delà des limites de la nébuleuse sont des appendices produites par les syndesmes amincis et coupés dans leur milieu ou vers les extrémités. Les molécules de ces appendices étant toujours en équilibre rompu produisent des météores et par suite des points lumineux distribués sur leur surface cylindrique ou conique pour être de là projetés perspectivement sur une surface plane et paraître ainsi d'une densité supérieure.

La grande clarté des points lumineux résulte toujours d'une distance moins grande; il se produit ainsi un manque de points lumineux plus faibles que ceux de 12° grandeur, sans cependant pour cela qu'il s'en présente de 9° grandeur qui soient comparables aux étoiles réelles, dont la grandeur s'affaiblit habituellement jusqu'à disparition complète.

(1558). . . . . 13ʰ 4ᵐ 34, + 19° 5′.

Cette nébuleuse est composée au milieu d'une masse d'une clarté presque uniforme; la multitude des faibles points lumineux est innombrable, les plus grands d'entre eux sont de 10° ou 11° degré. Le diamètre de la masse est d'environ 5′; il y a aussi des appendices de longueur médiocre; la forme du corps est irrégulièrement arrondie, il y a en dehors de la nébuleuse des étoiles réelles dispersées.

(1559). . . . . 13ʰ 8ᵐ, + 18° 34′.

Cette nébuleuse n'est séparée de la précédente que par 1°, elle aussi est plus faible, et cependant également composée d'un très-grand nombre de points lumineux; elle est irrégulièrement arrondie, et la densité des points lumineux n'est pas très-prononcée, de sorte qu'il est possible d'y distinguer les points lumineux dont l'éclat est faible; il n'y en a que 4 à 8 de 11° ou 12° grandeur. Le manque de grande condensation au milieu de la nébuleuse prouve que la partie de la masse brûlante tournée vers la Terre n'est pas très-soulevée; cet état correspond également au grand diamètre de la nébuleuse qui est de 10′. La distance de 1° qui les sépare de la nébuleuse précédente résulte d'une illusion d'optique, comme cela devient évident même par le faible éclat de ses points lumineux. La nébuleuse (1558) est de 5′ de diamètre, malgré la distance inférieure qui la sépare de la Terre, parce qu'elle est vue obliquement; son prolongement passe dans le voisinage de la Terre, tandis que celui de la nébuleuse (1569) passe à une distance considérable.

Ainsi je suis parvenu à prouver que les allongements des portions de masse brûlante s'opèrent verticalement ce qui est le sens du rayon recteur venant de l'Hélioagète; 2° longitudinalement suivant les plans parallèles à celui de la Galaxie, et 3° transversalement, ou en directions perpendiculaires sur le plan de la Galaxie.

(357). . . . . 5ʰ 24ᵐ 10ˢ, $+21°$ 53′.

La forme est presque celle d'une ellipse; son grand axe, dirigé du nord-est au sud-ouest, est de 4′, et le petit de 3′; on peut à peine percevoir la densité des points lumineux vers le milieu, ces points ne sont pas séparables, cependant John Herschel était persuadé que la nébuleuse est résoluble.

De la longueur médiocre, on conclut que le corps est vu très-obliquement, parce que l'épaisseur réelle de la bande étant égale au petit axe de 3′, sa longueur est plusieurs fois plus grande.

(269). . . . . 5h 41m 10s, + 2° 30′.

On distingue environ 500 points lumineux de 10e à 12e grandeur dans une étendue de 20′ de diamètre; il y a des appendices convergents, il n'apparaît vers le milieu aucune densité supérieure de points lumineux.

La très-grande étendue, le manque de densité des points lumineux et des appendices servent à faire connaître que le corps est composé d'un nombre supérieur de portions de masse brûlante. Il ne faut pas oublier que la masse brûlante accumulée pour former une ou plusieurs étoiles, n'occuperait pas même un espace d'un diamètre de 0″,01 et que l'éclat de l'étoile ne surpasserait pas celui des étoiles de 7e grandeur.

J'insiste à dessein, afin de mettre le lecteur en état de comprendre que ce sont les molécules comprimées de l'électre dont l'expansion indéfinie se présente occupant un espace des milliers de fois plus grand que l'espace de notre système solaire, et cela tant qu'il y a des météores de forme ovalaire arrangés, disposés avec le sommet dirigé vers la masse centrale. C'est l'expansion des molécules de même électre, qui se manifeste dans la masse brûlante comme une poussée expansive pour la faire s'allonger dans la direction où elle rencontre la résistance la plus faible. Dès que les lecteurs parviendront à comprendre le mouvement emmagasiné dans les molécules de l'électre, leur intelligence saisira aussitôt toute la grandeur de l'action suprême.

3° *Nébuleuses jumelles.*

§ 390. Il existe entre deux nébuleuses rondes bien distinctes, bien circonscrites, un très-mince filet de nébulosité qui rattache leurs circonférences, tels sont les corps nommés ici *nébuleuses jumelles*. Il a été prouvé que c'est de l'allongement d'une portion **p** de masse brûlante que résultent deux portions p, p' et un filet de cette masse visqueuse qui unit ces portions. Toutes les molécules matérielles étant en équilibre rompu, il y a production de météores dans toute la surface de la masse brûlante : ce sont donc ces météores répandus autour de la masse brûlante qui produisent les nébuleuses jumelles (§ 366).

(1905). . . . . 15ʰ 0ᵐ 0ˢ, 20° 12′.

On voit deux nébuleuses allongées et dont la direction est en ligne droite ; leurs parties de points lumineux peu denses sont séparées par une distance de 2′ ; on ne distingue pas s'il y a quelque intervalle de séparation ou s'il y a un filet *qn* (fig. 48) qui unit les deux nébuleuses.

Le petit intervalle prouve que le prolongement des deux bandes de masse brûlante ne passe pas loin de la Terre ; elles se voient courtes parce qu'elles ont une position oblique par rapport au rayon visuel. Le manque d'appendices prouve que, s'il en a, ils sont invisibles à cause de leur raccourcissement

(1358). . . . . 12ʰ 25ᵐ 55ˢ, 12° 11′.

Des deux nébuleuses allongées, celle du nord est la moins grande ; chacune d'elle possède vers le milieu les points lumineux en densité supérieure. Perspectivement les deux allongements ne paraissent pas parallèles ; ils sont cependant unis par un gros filet.

(936). . . . . 11ʰ 31ᵐ 24ˢ, + 16° 17′.

Des deux nébuleuses, la plus grande est allongée ; les points lumineux sont denses vers le milieu. La nébuleuse est séparée d'une autre éloignée de 2′ environ, mais le prolongement du grand axe de la première nébuleuse passe exactement par la moins grande qui est un peu plus lumineuse.

(1414). . . . . 12ʰ 35ᵐ 40ˢ, + 33° 6′.

Les deux corps allongés forment perspectivement un angle d'environ 120°; la nébuleuse du sud est un peu plus longue et plus claire que celle du nord. On distingue bien que les parties composées de points lumineux plus denses ont un allongement correspondant à celui de la masse entière de forme cylindrique.

Tel est l'aspect d'une portion qui s'allonge comme l'est ici celle du sud ayant un appendice qui se présente comme venant du nord et rencontrant la bande précédente. Ce qui est à remarquer, c'est que dans les cas précédents où nous voyons les bandes en ligne droite ou presque parallèles perspectivement, il y a un filet de communication, ou bien ce filet peut manquer, tandis que dans les cas où les directions perspectives s'approchent de la perpendiculaire, l'union ne manque jamais. Nous savons déjà qu'en pareil cas, l'une des portions, toujours la plus grande, étant en allongement, l'autre, la moins grande, en est un appendice.

(1397). . . . . 12h 33m 54s, + 33° 30′.

C'est une bande de 15′ de longueur et seulement de 1′ de largeur; dans le prolongement de son extrémité du nord, à une distance de 2′, se voit une nébuleuse arrondie de 60″ de diamètre. Dans la grande bande une densité de points lumineux est à peine perceptible, tandis qu'une telle densité est visible dans la petite nébuleuse. Entre la petite nébuleuse et l'extrémité de la longue se voit une étoile.

(1357). . . . . 12h 27m 53s, + 26° 55′.

C'est une bande comme la précédente de 15′ de longueur, ayant au milieu une densité prononcée de points lumineux et d'une largeur supérieure à celle de 30″ de ses deux moitiés. Tout près de cette bande et tout à fait parallèle, on en voit une autre bien limitée mais moins longue. En élevant une perpendiculaire sur le milieu de la grande bande où est le noyau, cette perpendiculaire, après avoir coupé la bande la plus courte, passe par une étoile de 9ᵉ grandeur; entre cette étoile et la bande voisine la distance est de 2'.

Explication. La longueur de 15' de *ab* (fig. 53) indique que les deux bandes *ab*, *cd* n'ont pas une position très-oblique. Pour apparaître parallèles, les deux bandes doivent être transversales et être presque perpendiculaires au plan de la Galaxie **p***p*', et cela non pas perspectivement mais réellement; la position des bandes coupe le méridien presque diagonalement, et ainsi résulte un angle compris entre 45° et 90° à la rencontre des bandes avec le plan de la Galaxie. La plus grosse portion de masse brûlante longitudinale postérieure compose la bande longue *ab*, et c'est la portion antérieure de masse brûlante qui compose la bande la plus faible *cd*.

Fig. 53.

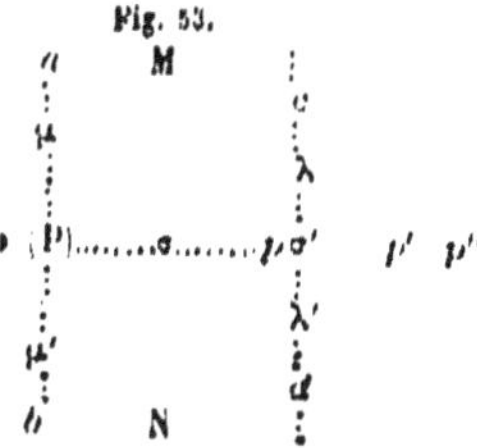

La portion de masse brûlante qui constitue l'étoile se sépara de l'extrémité antérieure de la bande longitudinale, et cela parce que l'allongement transversal commença dans la région σ' de l'union de la portion de masse avec celle de l'appendice. Soit la portion P de la masse allongée suivant un plan **p***p*' voisin de celui de la Galaxie qui en produira deux, l'une *p* antérieure et plus petite, et l'autre **p** postérieure et plus grande, et une masse σ unissant les deux portions. De cette masse σ transférée dans la partie antérieure de la portion *p* commença l'allongement transversal de la partie σ' et resta en dehors une partie *p*' de la portion *p*, laquelle a servi à la production de l'étoile de 9ᵉ grandeur.

Dans la nébuleuse 1397 se trouvent séparées de la bande **p***p*'' deux portions, la plus grosse *p*'',qui a encore ses molécules en équilibre détruit, et la moins grosse p' dont les molécules ont été ramenées à l'équilibre, ce dont il est résulté une enveloppe solide et ainsi une étoile.

(1252). . . . . 12h 17m 22s, + 34° 29'.

Ce sont deux nébuleuses en contact qui ont au milieu les points lumineux en densité supérieure ; la distance qui les sépare est de 2', les deux nébuleuses ensemble ont un diamètre de 3'.

De cette faible dimension il résulte que les deux bandes prolongées passent par le voisinage de la Terre et sont ainsi vues presque de profil.

B. Astronéphélies triangulaires, rondes ou allongées.

§ 391. 1° Les masses de deux portions d'un allongement vertical ou longitudinal étant inégales, l'équilibre s'établit d'abord dans la moins grande qui devient une étoile, et la portion la plus grande persiste à l'état de nébuleuse.

2° Dans le cas des quatre portions a, b, c, d (fig. 53) produites par l'allongement transversal des deux portions inégales **p**, p, il arrive que l'équilibre s'établira dans les deux portions c, d qui deviennent deux étoiles, tandis que l'état de rupture d'équilibre persiste dans les deux autres portions a, b qui se présentent sous forme de nébuleuse voisine des deux étoiles.

3° Un reste considérable de l'appendice vertical étant uni au syndesme longitudinal pendant l'allongement transversal des deux portions extrêmes, ces derniers allongements se terminent et l'équilibre s'établit dans les quatre portions a, b, c, d, tandis que la masse des appendices reste au milieu **p**, p entre les quatre étoiles qui forment deux couples ab et cd symétriquement distribués par rapport à la nébuleuse. La symétrie persiste en chaque position du corps, de sorte qu'il est impossible de méconnaître la forme réelle du corps, et par les aspects différents chacun détermine sa position pour être vu 1° de profil du côté *ab* ou *cd*; 2° de face du côté M ou N, ou 3° obliquement entre ces quatre positions.

Quoique les trois genres des corps aient la même origine et soient composés de la même masse, comme on ne peut les approcher, il est nécessaire d'arranger les aspects suivant lesquels ils se présentent pour en faire ressortir les trois formes réelles nommées :

1° *Astronéphélies simples* composées d'une étoile et d'une nébuleuse;

2° *Astronéphélies doubles* composées de deux étoiles et d'une nébuleuse;

3° *Astronéphélies jumelles* composées d'une nébuleuse et de deux couples d'étoiles.

1° *Astronéphélies simples*

§ 392. Le corps est composé de deux portions de masse empyrée comme dans les nébuleuses jumelles ; l'équilibre a été rétabli parmi les molécules de la portion la moins grosse qui obtint une enveloppe solide et se voit comme une étoile; l'autre portion, la plus grosse, est encore composée de masse brûlante dont les molécules ne sont pas en équilibre, et c'est leur déplacement qui soutient la production des météores dont la masse totale reste entourée. Un corps pareil se présente sous les quatre aspects suivants dans ses positions différentes :

1° Comme *étoile cométaire* où se voit une étoile à l'extrémité d'une nuée (fig. 50).

2° Comme *étoile nébuleuse* où se voit une étoile au milieu d'une nuée *a* (fig. 50).

3° Comme *nébuleuse ronde* d'égale clarté dans toute son étendue *n* (fig. 48).

4° Comme *nébuleuse elliptique* d'égale clarté *ab* (fig. 48).

I. **Étoiles cométaires.** On a ainsi nommé ces corps à cause de leur aspect, car ce n'est que le manque de mouvement et de parallaxe qui fait connaître la différence réelle. Comme exemples peuvent servir les corps suivants.

(399). . . . . 6h 29m 53s, + 8° 53'.

L'étoile est faible mais la nébuleuse assez claire; il en résulte que du côté de la Terre est la nébuleuse et qu'elle fait écran à l'étoile par une partie de son bord.

(537). . . . . 8h 46m 53s, + 54° 25'.

De même que la précédente, l'étoile est faible et la nébuleuse claire; la position oblique se connaît par la petite longueur de la nébuleuse dont le sommet forme un angle de 90° du côté de l'étoile.

(1362). . . . 12h 28m 28s, + 15° 12'.

L'étoile est assez claire et c'est la nébuleuse qui est faible ayant presque la forme d'une ellipse. Ainsi cet aspect fait voir que l'étoile est du côté de la Terre et que la nébuleuse allongée, vue obliquement, se présente sous la forme d'une ellipse.

(1509). . . . . 12h 52m 2s, + 3° 25'.

Ce corps a le même aspect que le précédent, mais il est de dimensions inférieures; ces corps sont assez nombreux, les suivants en font partie :

(536). . . . . 8h 45m 50s, — 2° 25'.
(1148). . . . . 12h 7m 15s, + 14° 6'.
(1499). . . . . 12h 50m 57s, + 35° 47'.
(2206). . . . . 22h 56m 26s, + 11° 24'.
(2236). . . . . 23h 13m 58s, + 39° 54'.

II. **Étoiles nébuleuses.** Lorsqu'on observe l'étoile, on ne trouve aucune différence entre elle et les autres; de même lorsqu'on observe la nébuleuse, on ne trouve aucune différence entre elle et les autres. Il est impossible de méconnaître ces deux faits, de même qu'on ne les méconnait pas dans les étoiles cométaires : c'est par oubli que les astronomes n'ont pas reconnu dans les deux cas la même forme des corps en deux positions différentes. De même que les étoiles cométaires, de même les étoiles nébuleuses sont assez fréquentes, parce que 1° pour l'aspect des premières il faut que le prolongement de l'axe du corps passe loin de la Terre, et 2° pour l'aspect des étoiles nébuleuses, il faut que ce prolongement passe dans le voisinage de la Terre.

Les étoiles vues au sommet des nébuleuses de forme riangulaire ne diffèrent pas de grandeur avec celles observées dans le milieu des nébuleuses. Derham, en 1733, dit pour la grande nébuleuse d'Orion qu'elle est plus loin de la Terre que les étoiles qu'on y remarque et qui sont de différentes grandeurs. Ici les étoiles sont de 8ᵉ à 9ᵉ grandeur, et tout autour d'elles est une nébuleuse. Pour ne pas s'éloigner du résultat obtenu directement de l'observation, Herschel et les astronomes qui l'imitèrent ont commis une erreur en considérant l'étoile comme entourée d'une matière réfléchissant la lumière d'une épaisseur énorme sans être nuisible à l'éclat de l'étoile. On voulait cependant à tout prix s'ouvrir une voie conduisant à la Cosmogonie, et l'on cherchait cette voie toujours dans l'attraction; on a même dit que l'étoile est au centre de la nébuleuse, tandis qu'elle n'y est pas.

(212). . . . $2^h\ 10^m\ 1^s$, $+\ 56°\ 21'$.

C'est un amas brillant de points lumineux ; son diamètre est de 15′; vers le milieu se montre une densité supérieure de points lumineux, cette densité disparaît vers les bords; au milieu de la partie la plus dense se voit une étoile rougeâtre.

La densité supérieure de points lumineux indique la région où la partie de la masse brûlante est la plus élevée; entre les limites de la masse brûlante et celles de la nébuleuse l'espace est occupé par des météores : pour cette raison les points lumineux se présentent toujours moins denses vers les bords, surtout lorsqu'il y a un allongement très-grand. L'espace occupé par la nébuleuse est des millions de fois supérieur à celui occupé par la masse brûlante qui y est contenue. J'ai déjà prouvé qu'il y a expansion du volume des molécules de l'électre composant les atomes de la lumière, et c'est ainsi qu'est éclairci l'espace énorme occupé par les météores; dès que ceux-ci s'éloignent, il apparaît une étoile et l'espace ambiant s'obscurcit

III. **Nébuleuses circulaires ou elliptiques.** Sous cette même forme se présentent les nébuleuses planétaires. Pour distinguer celles-ci des nébuleuses solifères, il ne suffit pas toujours d'employer les instruments les plus puissants; c'est seulement au moyen du grand télescope qu'il est possible de distinguer 1° si les densités du milieu de la nébuleuse résultent des points lumineux égaux mais séparés par des intervalles plus petits au milieu qu'au bord, ou 2° si les points lumineux du milieu ont une clarté supérieure à ceux du bord.

Dans le premier cas on reconnaît que la nébuleuse est composée de traînées de masse brûlante circulant dans les orbites planétaires séparées au milieu par des intervalles plus petits qu'au bord.

Dans le cas où les points sont plus lumineux au milieu qu'au bord, on saura qu'il s'y trouve la portion de la masse lumineuse, et s'il y en a deux on voit deux groupes de points qui sont d'éclat supérieur. Les nébuleuses indigènes sont toutes résolubles dans le grand télescope, de sorte que rien n'est moins réel que la distinction d'Herschel en nébuleuses résolubles et en nébuleuses irrésolubles, lorsqu'elles ne sont pas exotiques, car il n'y a que celles-ci qui sont absolument irrésolubles.

La nébuleuse fait écran à l'étoile qui reste invisible, cependant s'il y a sous la même position une nébuleuse jumelle, l'aspect ne diffère pas; il suffit qu'on puisse les distinguer des nébuleuses planétaires. Cependant le diamètre des nébuleuses planétaires dépasse rarement 1′, et il n'atteint jamais 2′, même lorsqu'on prend en considération le bras poseidonien. C'est par un oubli de ces limites de longueurs de diamètre que j'ai considéré comme nébuleuses planétaires quelques-unes de celles considérées comme telles par les astronomes, tandis qu'en réalité elles sont solifères.

2° *Astronéphélies doubles.*

§ 393. De même que les simples, les astronéphélies doubles présentent quatre aspects correspondant à quatre positions différentes des corps homoïdes. Pour éviter la confusion, on ne dit pas étoile double, mais *couple d'étoiles cométaires* ou *nébuleuses*. Dans les cas où la nébuleuse fait écran aux étoiles, elle est ronde ou elliptique, sans laisser soupçonner l'existence ou la non-existence des étoiles.

I. **Couple d'étoiles cométaires.** Les astronomes ne savaient pas comment faire pour unir ces deux genres d'étoiles cométaires.

(415). . . . . 6h 45m 10s, + 18° 14′.

C'est une superficie en forme de triangle isocèle ayant l'angle du sommet aigu et dirigé vers l'Est; ses deux côtés sont assez bien limités, mais la base du côté de l'Ouest n'est pas bien limitée. Toute la superficie est composée de points lumineux présentant au milieu dans la direction du corps du cône, une densité supérieure. On voit deux étoiles réelles au sommet de l'espace triangulaire dans lequel se trouvent environ 300 étoiles de 11e à 13e grandeur sur une étendue de 6′ de diamètre.

Ces détails font connaître que le corps de la nébuleuse a la forme d'un cône d'une longueur considérable, ayant la direction d'Est à Ouest sans être perpendiculaire au rayon visuel; celui-ci fait un angle de 90° — α du côté de l'Est où est l'étoile, et un angle de $90° + \alpha$ du côté de l'Ouest où est la base indéterminée du triangle : c'est donc une partie du corps rendue invisible par la partie postérieure de la nébuleuse. Si dans cette partie il se trouve un autre couple, ou s'il manque encore, cela reste ignoré.

(375). . . . . $5^h\ 56^m\ 59^s$, $+24°\ 6'$.

L'ensemble de points lumineux occupe un espace presque triangulaire ; les points lumineux très-petits ont une densité supérieure au milieu dans la direction de la hauteur du cône où ils apparaissent presque comme une nuée.

La forme triangulaire et la densité supérieure des points lumineux conduisent à connaître que la forme du corps ne diffère pas de celle du précédent, mais que, à cause de la base dirigée vers la Terre, reste invisible le sommet où est une étoile ou un couple d'étoiles auxquelles fait écran la base du cône.

(496). . . . . $8^h\ 5^m\ 19^s$, $-5°\ 17'$.

C'est un ensemble brillant de points lumineux composé d'un nombre incalculable de petits points lumineux ; ceux qui se laissent distinguer sont de 9e à 12e grandeur, le diamètre est de 15′ sans être bien limité ; il y a des appendices qui s'étendent en directions divergentes. Le nombre des points lumineux les plus clairs est d'environ 100 ; il y a un couple d'étoiles au milieu des points lumineux les plus denses.

Ce corps très-long fait presque un angle droit avec l'angle visuel. De ces allongements transversaux deux seulement sont visibles ; à leurs extrémités sont les deux étoiles qui se voient parmi les points lumineux. C'est dans cette seule nébuleuse que parmi les points lumineux, il s'en trouve quelques-uns, qui à cause de leur position paraissent comme ayant la 9e grandeur.

$13^h\ 47^m\ 33^s$, $-39°\ 8'$.

Ce corps, placé dans le Centaure, est de 2′ de diamètre et en forme d'ellipse, près du centre de laquelle John Herschel observa deux étoiles légèrement inégales de 9ᵉ à 10ᵉ grandeur et distantes l'une de l'autre de 2″. Soit C (fig. 54) la nébuleuse, *a* et *b* sont les deux étoiles symétriquement placées par rapport au centre de l'ellipse.

Les deux étoiles *a b* indiquent, par leur position symétrique en rapport avec le centre de la nébuleuse, qu'elles font avec la nébuleuse partie intégrante d'un corps. Ses petites dimensions de 2′ et de 2″ prouvent qu'il est vu de profil. Les deux étoiles résultèrent des allongements transversaux visibles de la Terre; l'état des deux autres allongements ne doit pas différer beaucoup de celui des allongements visibles, la légère différence entre les deux étoiles indique qu'il y a peu de différence entre les deux portions transversales provenant de l'allongement latéral de la portion longitudinale.

(2236). . . . . $23^h\ 13^m\ 58^s$, $+36°\ 56'$.

C'est au Nord qu'on voit l'étoile la plus faible, et au Sud l'étoile la plus claire ; il y a un filet de nuée de 2′ ½ de longueur et de 20″ de largeur qui unit les deux étoiles. Ainsi on voit que toute la masse du filet ne s'accumule pas dans deux portions produites par l'allongement, mais que la pesanteur entraîne une quantité des molécules vers le milieu du filet.

(1499). . . . . $12^h\ 50^m\ 57^s$, $+35°\ 47'$.

Ce corps ne diffère pas du précédent.

3° *Astronéphélies jumelles à deux couples.*

§ 394. Des deux portions longitudinales allongées transversalement résultent deux syndesmes $\lambda\lambda'$ $\mu\mu'$ (fig. 53), et quatre portions *a*, *b*, *c*, *d*. De la masse brûlante, dont les molécules sont réduites en équilibre dans les portions *a*, *b*,

c, d, résultèrent quatre étoiles, mais les molécules se trouvant encore en équilibre détruit dans la masse des syndesmes du milieu, elles se déplacent et donnent naissance aux météores qui restent autour de cette masse et font apparaître l'espace comme occupé par une nuée ou de multitude de points lumineux.

Nous voyons fréquemment au ciel des corps composés d'une nébuleuse au milieu, et de quatre corps symétriquement disposés autour d'elle observée en chaque position. Ce genre de faits resta problématique, car par aucun moyen les corps ainsi disposés ne peuvent être arrangés pour être le résultat d'une attraction, et les astronomes ignoraient entièrement l'existence d'une poussée répulsive ayant son origine dans la densité de la masse brûlante pâteuse et visqueuse, nommée pour cela *Empyrée* (ἐν, en dedans, πῦρ, feu). Les corps suivants servent comme exemples.

18ʰ 7ᵐ 2ˢ, — 19° 56′.

Dans le Sagittaire se voit une nébuleuse elliptique dont le grand axe est d'environ 50″. Sur ce grand axe, entre les foyers et les sommets de l'ellipse, se trouvent symétriquement placés deux couples d'étoiles composés chacun de deux étoiles de 10ᵉ grandeur.

Il a été prouvé qu'il faut une position assez oblique du grand axe, pour faire apparaître les étoiles dans l'intérieur de la nébuleuse, sans cependant qu'elles soient trop éloignées des sommets de l'ellipse; car en cas pareil un seul des deux couples devient invisible. Dans tous les cas les étoiles réelles indigènes n'apparaissent pas assez faibles pour être considérées de 10ᵉ grandeur; ici cette grandeur exceptionnelle doit être attribuée, au moins pour l'un des couples, à une couche de météores qui se trouve nécessairement lui faire écran ou à un petit reste de météores qui ne seront pas encore éloignés.

18ʰ 25ᵐ, + 84° 53′.

Struve trouva cette nébuleuse au-dessus de δ de la Petite-Ourse; elle a la forme d'une ellipse, à chaque sommet de laquelle existe un couple composé de deux étoiles d'inégale grandeur.

Il est évident que ce corps ne diffère réellement du précédent que par l'obliquité inférieure du grand axe de l'ellipse qui fait apparaître les deux couples d'étoiles aux deux sommets de l'ellipse, de même que cela devient plus évident dans les apparitions des corps suivants :

(536). . . . . 8ʰ 45ᵐ 50ˢ, — 2° 25′.

La nébuleuse se présente sous la forme d'une ellipse, et ses axes sont dans le rapport de 3 : 1; en prolongeant des deux côtés le grand axe d'une longueur de 1, on atteint deux couples d'étoiles *t*, *t′* (fig. 54); de sorte que ceux-ci sont séparés par une distance de 5.

4° *Astéronéphélies longitudinales doubles.*

Un tel corps se trouve dans la région suivante :

(2205). . . . . 22ʰ 56ᵐ 26ˢ, + 11° 24′.

Une étoile claire se voit à l'extrémité Sud d'un filet mince de nuée et une autre étoile moins claire est tout près de l'autre extrémité du filet; c'est vers le milieu de ce filet que se voient deux autres étoiles faibles. Lorsque dans l'avenir disparaîtra le filet en produisant deux couples ou quatre autres étoiles, disparaîtra aussi toute trace de connexion, de même que disparurent les traces pareilles de toutes les étoiles.

La position rectiligne des quatre étoiles et du filet sert comme preuve directe d'un allongement de la masse qui compose le filet et les quatre étoiles, masse qui, à une époque précédente, composa un seul corps. Dans l'exposition de l'Astrogonie j'ai considéré les séparations de la masse des filets opérées dans leur milieu pour en résulter deux appendices. Dans les cas particuliers se présentent des séparations aux extrémités des filets, et les masses des filets deviennent subdivisées par la pesanteur, de sorte, que comme dans ce corps, il résulte d'une même bande deux couples et deux filets.

III. DISCUSSION DES OPINIONS DES ASTRONOMES SUR L'ÉTAT PHYSIQUE DES NÉBULEUSES.

§ 395. Avant Herschel on ne connaissait qu'une centaine de nébuleuses; les astronomes se bornaient à les décrire sans qu'il vînt à l'idée de personne d'y chercher quelques indices des changements cosmogéniques des corps célestes. Après être parvenu, au moyen de son puissant télescope, à découvrir 2500 nébuleuses ayant toutes quelque différence entre elles, Herschel conçut l'idée de ne pas attribuer ces différences aux différentes distances comme il le croyait d'abord, mais, admettant une continuité et une succession de changements, il considéra l'ensemble des nébuleuses comme les apparences extérieures des arbres d'une forêt, apparences correspondant à l'âge différent de chaque individu.

Cette heureuse idée d'Herschel est comparable à celle de Newton; elle lui est même supérieure, parce que, sans les lois de Képler, la réalisation des lois de la pesanteur serait impossible, tandis qu'Herschel lui-même découvrit les 2500 nébuleuses auxquelles il reconnut des âges différents, des individus d'une seule et même famille, de même que les individus composant une forêt représentent les membres d'une famille de chaque âge. Newton parvint à appliquer les lois de la pesanteur aux mouvements existants des corps du système planétaire. Herschel ne réussit pas à arranger les nébuleuses en un ordre correspondant à leur âge.

Parmi les astronomes postérieurs, Arago, Struve, Maedler et d'autres, suivant l'idée d'Herschel sans changer rien à ses connaissances de la physique céleste, ne réalisèrent aucun progrès; au contraire, en voulant pénétrer dans l'explication de quelques détails, ils ont dû introduire des hypothèses qui donnèrent naissance à un système diamétralement opposé. John Herschel, Lamont et d'autres, loin de reconnaître aux nébuleuses des âges différents qui aboutissent à l'état d'étoiles réelles, conçurent l'idée que l'état actuel du monde doit être considéré comme un état permanent qui est résulté de changements précédents, lesquels ayant été réduits en un certain équilibre, produisirent un état des périodicités des durées trop longues pour être observées.

Cette hypothèse, conforme à celle des physiciens et des chimistes, interrompit toute espérance de progrès physiques dans les faits ayant rapport aux corps célestes; une Physique céleste serait pour eux une chimère, les astronomes sont devenus de simples calculateurs; cherchant à exposer en formules mathématiques très-compliquées les faits obtenus par l'observation; on n'avait qu'à imiter Laplace, sans penser à remplacer la Mécanique céleste par une Physique céleste.

Le fardeau qu'Herschel avait assumé sur lui était trop lourd et dépassait assurément la durée de la vie et l'intelligence humaines. Le même individu qui s'occupe de la découverte d'une série de faits doit nécessairement rester ignorant par rapport à un grand nombre de faits découverts par les autres observateurs, faits qui paraissent d'abord ne pas être de sa compétence. D'une autre part un auteur postérieur a l'avantage de connaître l'origine des divergences des opinions différentes.

Avant d'exposer les détails j'indique l'ordre chronologique de la succession des âges pour arriver au dernier échelon conduisant aux étoiles proprement dites. Herschel admettait la matière primitive comme formant la surface d'un vaste globe dans l'intérieur duquel se trouve le Soleil avec le système planétaire. Une telle distribution de matière gazeuse est même indispensable suivant la loi de la gravitation. Sans la Terre la partie de l'atmosphère la plus dense serait dans sa surface, il en résulterait un corps creux pareil à ceux qui composent les queues des comètes.

On doit reconnaître une très-haute importance à l'idée d'Herschel que les actions dont résultèrent les nébuleuses commencèrent à la même époque, de sorte que les différences entre les états actuels des nébuleuses résultent des intensités différentes des actions et non pas des durées différentes; ainsi par le mot d'*âge* il ne faut pas entendre différentes durées écoulées depuis la naissance des corps à des époques différentes, mais cette naissance étant de la même époque, les avancements auront lieu avec des activités différentes. Voici comment Arago expose cette idée.

« L'inégale rapidité de transformations conduit à une « conséquence importante. En partant de cette base, il est « évident que les nébuleuses, fussent-elles toutes du même « âge, doivent, dans leur ensemble, offrir diverses formes : « 1° vers telle région, les siècles auront à peine amené une « accumulation visible de la matière phosphorescente au- « tour de quelques centres d'attraction; 2° vers telle autre « région, grâce à un mouvement de concentration plus pré- « cipité, nous trouverons déjà des groupes de nébuleuses « à noyaux; 3° des étoiles nébuleuses s'offriront enfin çà et « là; 4° ce sont elles qui, comme dernier échelon, con- « duisent aux étoiles proprement dites. »

Avant d'indiquer les détails exposés par Herschel dans la production des nébuleuses, je profiterai de l'occasion pour faire le parallélisme entre les faits décrits et le mode de leur production suivant la loi physique.

§ 396. I. **La rapidité des transformations commencées en même époque est inégale.** L'époque E du commencement commun des transformations, est celle de l'expulsion des neuf jets de masse brûlante de l'intérieur du corps central, qui se voit dans l'astérisme de la Licorne uni par les deux extrémités perspectivement avec la Voie lactée. Les neuf jets s'arrêtèrent à des distances telles qu'il y a entre elles des longueurs exprimées dans la progression géométrique de même que la loi de Bode :

$$\because 2\Delta : 2^2\Delta : 2^3\Delta : 2^4\Delta : 2^5\Delta : 2^6\Delta : 2^7\Delta : 2^8\Delta : 2^9\Delta.$$

Les transformations dépendantes de la pesanteur s'opérèrent et s'opèrent avec rapidité en raison directe de la pesanteur centrale, pesanteur qui est en raison inverse des carrés des distances. Connaissant la région qu'occupe le corps central, on détermine 1° où se trouveront les corps qui éprouvèrent une transformation lente et encore à peine perceptible ; 2° où sont les corps à l'état d'étoiles parfaites et 3° où doivent se trouver les corps à l'état intermédiaire.

J'ai montré que les neuf jets de masse brûlante expulsés de l'Hélioagète H (fig. 41), s'arrêtèrent pour circuler dans neuf espaces annulaires, 1° De la masse brûlante du jet B^{IV} subdivisée en millions de portions résultèrent les étoiles et les nébuleuses indigènes de l'espace annulaire A^{IV}. La rapidité des transformations opérée dans les corps circulants avec le Soleil est inférieure à celle opérée dans les corps qui circulent entre le Soleil et le corps central, et elle est supérieure à celle opérée dans les corps qui circulent autour du même corps à des distances plus grandes que le Soleil. Tous les faits de ce genre s'opérèrent par la pesanteur, de même qu'Herschel les avait exposés en y reconnaissant l'existence d'inégales rapidités de transformation, sans en connaître l'origine physique.

Herschel, Arago et leurs partisans s'abstinrent d'aborder l'explication des étoiles cométaires, des étoiles d'un ou de deux couples symétriquement disposés autour d'une nébuleuse, de même l'état des nébuleuses communiquant par un filet est resté par eux inexplicable. Cette série de faits a pour cause la poussée centrifuge répulsive exercée de la part des molécules comprimées de la masse empyrée laquelle étant dans l'Hélioagète éprouvait une poussée de la part de la pesanteur des millions de fois supérieure à celle qu'elle commença à éprouver depuis son éloignement de ce corps central. Sa densité était égale à celle de la masse de l'Hélioagète, mais sa rupture d'équilibre a été produite par la diminution de la poussée de la pesanteur locale qui se trouva diminuée et devint des millions de fois inférieure à celle dans la surface de l'Hélioagète.

Herschel pouvait coordonner les faits observés pour en faire ressortir cette cause motrice sur laquelle se trouve basée l'Astrogonie; n'ayant pas réussi à faire cette découverte, il s'abstint d'inventer des hypothèses, sachant qu'elles ne conduisent à aucun progrès. Il a déjà rendu un grand service en faisant connaître, 1° l'identité de la matière primitive, 2° l'inégalité des âges, provenant non pas des inégales époques du commencement de leur existence, mais de l'inégale rapidité des transformations; Herschel prouva que l'état actuel de chaque nébuleuse a été précédé d'un état qui existe chez les nébuleuses où la rapidité des transformations est inférieure, état qui doit être suivi d'un autre existant déjà chez les nébuleuses où la rapidité des transformations est supérieure. L'étude de l'état physique des corps célestes a ainsi été réduit au degré de l'étude des sciences naturelles. Pour ceux qui ignorent cette vérité, l'astronomie n'est qu'un registre de descriptions de faits observés et ensuite exprimés en formules mathématiques pour obtenir la forme de faits périodiques. Herschel était un naturaliste; ses adversaires ne sont que des calculateurs.

§ 397. II. **Les vraies nébuleuses sont grandes et composées de parties faibles et de parties brillantes.** Herschel ne manqua pas de reconnaître dans ces nébuleuses la plus faible rapidité des transformations, et par suite l'état précédent des autres nébuleuses. Il est établi ici que la rapidité des transformations telle que l'admettait Herschel n'est que la pesanteur, qui agit en raison inverse des carrés des distances du corps central ; il en résulte que les vraies nébuleuses sont à de plus grandes distances de ce corps et que les autres sont à des distances inférieures ; celles-ci sont nommées ici *indigènes* et les autres *exotiques*.

Ces nébuleuses exotiques de nombre inconnu composent la 5ᵉ classe des nébuleuses qui ne se distinguent des autres que, 1° par leur grande étendue, 2° par leur contour tout irrégulier, et 3° par leurs détails qui ne présentent aucun arrangement indiquant la moindre trace de connexion et de formation d'un ensemble. La nébuleuse *abcd* (fig. 55) d'Orion sert à donner une idée de l'état des *vraies nébuleuses* qui sont exotiques parce qu'elles sont plus éloignées du corps central que les nébuleuses indigènes.

Fig. 55.

L'éloignement supérieur étant ainsi établi on reconnut la grande étendue des nébuleuses exotiques qui sont toutes irrésolubles ; mais ignorant l'origine véritable de la masse empyrée et la poussée répulsive, Herschel attribua à une condensation supérieure de la matière primitive les plus lumineuses, et à une plus faible condensation les parties les moins claires, de même qu'on considère les plus sombres parties des nuages de l'atmosphère comme composées de vapeur plus dense, tandis que leurs parties moins sombres sont attribuées à une densité inférieure de vapeur.

Arago, suivant le principe admis par Herschel, coordonna les faits connus pour en faire ressortir une succession de faits dont la série commence par l'état observé des nébuleuses exotiques et se termine à l'état des étoiles. Ne connaissant pas l'existence de la poussée répulsive provenant de la densité de la masse empyrée, Arago de même qu'Herschel laissa à part les étoiles cométaires, les astronéphélies à un ou deux couples, et exposa une espèce de cosmogonie en termes très-peu limités, que je rapporte, pour mieux fixer les idées sur l'état dans lequel se trouvait jusqu'à présent la physique céleste : Arago, observateur céleste médiocre, étudia la physique céleste mieux que les autres qui s'occupent exclusivement des observations des corps célestes.

Les phénomènes que doit amener l'existence des divers centres d'attraction répandus sur toute l'étendue d'une seule et vaste nébuleuse résultent, suivant Arago, de faits observés dont l'existence est incontestable. Mais ces mêmes faits résultent également d'une masse d'une très-grande densité expulsée du corps central, de manière à s'en trouver à une grande distance et à obtenir de la pesanteur locale une poussée centripète des millions de fois inférieure. Arago chercha l'explication des faits dans leur existence même, parce qu'il ignorait l'origine des divers centres d'attraction qu'il admettait. Il devient facile de prouver ce qu'ignoraient les astronomes, lorsqu'on est arrivé à savoir que la division et la subdivision d'une seule portion de masse empyrée en des millions d'autres est produite par la double rupture d'équilibre exposée dans l'Astrogonie.

Les faits attribués aux divers centres d'attraction résultent de la très-grande densité de la masse empyrée et ce sont ces résultats de la poussée répulsive qui deviennent la cause de la rupture de l'équilibre barostatique, et c'est ainsi que celle-ci produit les déplacements des molécules des filets ou des syndesmes vers chacune des deux portions auxquelles ils se trouvent attachés. Si la séparation de la matière primitive s'opérait d'après l'existence des divers centres d'attraction, la séparation de cette matière aurait dû apparaître au dehors et non pas au milieu de deux ou plusieurs centres. Arago rapporte l'existence des filets entre deux nébuleuses arrondies comme preuve que la masse ne se subdivise pas comme nous le pensons, mais de manière à faire résulter un filet. En nous imposant l'existence du fait, il ne prétendait pas prouver le mode de sa production, mais seulement la conséquence de ces faits. Ce sont les phénomènes suivants, qui, d'après Arago, doivent se développer des divers centres d'attraction.

« I. Çà et là la disparition de la lueur phosphorescente ; « la naissance de la solution de continuité, de déchirures « dans le rideau lumineux primitif, résultat nécessaire « du mouvement de la matière vers les centres attractifs.

« II. L'agrandissement des déchirures, c'est-à-dire la « transformation d'une nébuleuse unique en plusieurs né- « buleuses distinctes, peu distinctes, peu distantes les unes « des autres et liées quelquefois par des filets de nébulo- « sité très-déliés.

« III. L'arrondissement du contour extérieur des nébu- « leuses séparées ; une augmentation plus ou moins ra- « pide de leur intensité en allant de la circonférence au « centre.

« IV. La formation à ce centre d'un noyau très-appa- « rent, soit par les dimensions, soit par l'éclat.

« V. Le passage de chaque noyau à l'état stellaire avec « la persistance d'une légère nébulosité environnante.

« VI. Enfin la précipitation de cette dernière nébulosité, « et, pour résultat définitif, d'autant d'étoiles qu'il y « avait, dans la nébuleuse originaire, de centres d'attrac- « tion distincts. »

Les faits coordonnés par Arago ne comprennent pas tous ceux qui existent : il y en a qui restèrent inexplicables ; tels sont les étoiles cométaires, les couples simples ou doubles d'étoiles symétriquement disposés par rapport à la nébuleuse. Ce sont précisément ces astronéphélies qui montrent le contraire de ce qu'Herschel cherchait dans l'attraction. La succession indiquée des états de nébuleuse avant l'apparition des étoiles admet des faits inconséquents.

I. On admet comme état primitif un rideau composé de la matière primitive et apparente comme lueur phosphorescente. L'ensemble de ce rideau est l'enveloppe d'un grand globe creux vidé par la condensation de la matière dans la production des étoiles, du Soleil et de la Terre. Les déchirures du rideau conduisent à faire connaître le manque de matière phosphorescente au delà de ces espaces vidés par l'éloignement de la matière vers les centres attractifs.

Les mêmes faits trouvèrent dans l'Astrogonie leur explication dans les allongements de la masse empyrée de grosses portions pour en résulter d'autres moins grosses et plus nombreuses. Il est ici prouvé que la masse primitive n'est pas un rideau lumineux, dont les limites se présentent dans les espaces vides et noirs ; elle est amenée en forme de neuf gros jets expulsés du corps central ; la poussée répulsive provenant de la grande densité de cette masse, fait par une expansion augmenter son volume, des allongements opérés dans les directions dont la résistance est inférieure ; donc sont restés vides les espaces qui n'ont pas été occupés par les portions de la masse contenue dans le jet local.

II. La transformation d'une nébuleuse unique en plusieurs autres, est une conséquence desdits allongements ; il est inconcevable et même contradictoire d'admettre une multiplication de centres attractifs au milieu d'une masse homogène. Jusqu'à présent la poussée répulsive était inconnue; aussi les astronomes n'ont-ils pas ouvertement combattu le principe des centres attractifs. Il suffit que John Herschel et d'autres aient désapprouvé cette hypothèse incompatible, sans nier les faits; il suffit d'être exempt de préjugés pour reconnaître qu'une masse gazeuse n'est jamais sollicitée vers deux et encore moins vers plusieurs centres pour s'y accumuler. Ces hypothèses fausses ne servent qu'à en contrebalancer une autre également fausse. La subdivision d'une masse s'opère par poussées répulsives, et si Herschel vivait il aurait avoué son erreur déjà reconnue du reste par son fils.

III. La forme dominante des nébuleuses est celle provenant des allongements d'une masse empyrée pâteuse et visqueuse; les nébuleuses n'ont pas une forme sphérique qui n'apparaît qu'aux dernières portions dont résultent les soleils. Une matière gazeuse étant soumise à la pesanteur ne peut obtenir que la forme d'un globe creux; il est physiquement impossible qu'il se produise une accumulation centrale telle que Laplace l'admettait, et si Arago le suivit, ce fut pour parvenir, par cette deuxième erreur, à corriger la première consistant dans l'hypothèse que la masse des corps était dispersée dans l'espace.

IV. En admettant un passage de chaque noyau à l'état stellaire et une persistance d'une légère nébulosité environnante, Herschel et ses successeurs arrêtèrent toute explication des étoiles cométaires et des couples simples ou doubles d'étoiles. Telles sont les preuves directes qui se présentent chaque fois à ceux qui, s'étant une fois égarés, trouvent des obstacles à leur avancement ultérieur.

V. Au centre de la nébuleuse apparaît un noyau composé de la masse empyrée centrale à l'état de ne plus pouvoir vaincre la résistance extérieure, pour s'allonger; elle prend la forme ovalaire pour mettre toutes ses molécules en équilibre par rapport à la pesanteur locale et à la pesanteur du système solaire.

VI. Herschel nomma *étoiles* des centaines et des milliers de points lumineux : ces étoiles ont dû résulter de nébuleuses vraies considérées comme irrésolubles, car des 2500 nébuleuses, 198 seulement étaient résolubles dans le télescope d'Herschel ; c'est dans le grand télescope que l'on a vu que, sauf le petit nombre de nébuleuses exotiques, toutes les autres sont résolubles ; les points lumineux ont été nommés non plus étoiles, mais *individus cosmiques*, parce qu'il devint évident qu'ils ne sont pas de la même nature que les étoiles. Herschel admettait que les nébuleuses se sont quelquefois formées par le travail incessant d'un grand nombre de siècles aux dépens des étoiles dispersées qui primitivement occupaient les régions environnantes restées vides.

De même que les autres auteurs des sciences physiques et naturelles, de même, apr s avoir représenté de la manière indiquée comme véritable le mode de la transformation de la matière primitive en étoiles, Arago avoue que ce qu'il ignorait se borne aux durées qui ont dû s'écouler pour que la production des faits eût lieu. Les lecteurs jeunes et peu expérimentés qui lisent de pareils ouvrages croient sincèrement à ce qui reste encore inconnu sans rien soupçonner de la réalité de ce qui est exposé comme un fait établi, et ce qu'ils ne comprennent pas, ils l'attribuent à leur défaut de connaissances, sans soupçonner que les auteurs n'en possèdent souvent pas plus qu'eux.

§ 398. **Différence entre les soleils et les systèmes planétaires.** Il est établi ici que les étoiles cométaires, les couples simples ou doubles d'étoiles des astronéphélies sont des soleils de même que les étoiles nébuleuses. Après l'éloignement des individus cosmiques qui sont les météores, les soleils restent comme étoiles simples, sans éprouver de changement de grandeur ou de clarté ; elles sont toutes de 7e, 8e et 9e grandeur. On trouva se vérifier la remarque contenue dans le catalogue de Lacaille : après avoir vu que le nombre des nébuleuses se fut multiplié, Herschel se persuada de l'absence de nébulosité dans toute étoile visible à l'œil nu. Ne pouvant trouver la cause de ce fait, Arago hésita d'abord à y croire, puis enfin, l'admettant comme réel, il commit une erreur dans son explication en disant que la nébulosité disparaît par l'éclat des étoiles visibles à l'œil nu. Cette erreur d'Arago est prouvée par un résultat numérique entre les étoiles visibles à l'œil nu et les étoiles de 7e grandeur, résultat obtenu par Struve dans le dénombrement des étoiles de différentes grandeurs.

Struve trouva que jusqu'à la 6e grandeur inclusivement le nombre d'étoiles de chaque classe est environ le triple des étoiles appartenant à la classe précédente. Cet accroissement des nombres se soutient seulement pour les étoiles jusqu'à la 6e grandeur ; car il y a plus de 300,000 étoiles de 7e grandeur, tandis que la progression géométrique suivante ne donne pas même la moitié :

$$∺\ 18 : 18 \times 3 : 18 \times 3^2 : 18 \times 3^3 : 18 \times 3^4 : 18 \times 3^5 : 18 \times 3^6.$$

Faisant la comparaison de l'accroissement subit du nombre des étoiles de 7e grandeur avec l'absence de nébulosité chez les étoiles visibles à l'œil nu, Arago eût dû y voir un indice de différence physique entre les étoiles visibles à l'œil nu et celles qui se voient dans les nébulosités de 7e, 8e et 9e grandeur. C'est dans la section précédente (§ 330) que j'ai exposé la cause physique de l'accroissement indiqué des nombres des étoiles visibles à l'œil nu ; ici je profite de l'occasion pour prouver la cause de la multiplication subite des étoiles de 7e grandeur par rapport à celle de la 6e.

J'ai prouvé que c'est le mouvement des corps lumineux

ou éclairés qui fait croître l'éclat proportionnellement avec sa vitesse; 1° les soleils se présentent comme étoiles télescopiques; 2° les systèmes des planètes lumineuses comme étoiles de 3°, 4°, 5° et 6° grandeur, et 3° les systèmes de satellites lumineux comme étoiles de 1re et 2° grandeurs. Dans les nébuleuses est contenue la même quantité de masse empyrée que dans les étoiles qui en résultent et cependant la disparition de millions de points lumineux ne produit qu'une étoile de 8° ou 9° grandeur, sans que, dans ce cas, la vitesse du mouvement change. Ce genre de faits fut resté inexplicable, si la découverte de la nature de la lumière eût manqué.

CHAPITRE IV.

DÉCOMPOSITION DE LA VOIE LACTÉE EN CINQ GALAXIES DE CINQ PÉRIODES ASTROGONIQUES.

§ 399. Dans l'explication du mode de la production de l'état des étoiles par le précédent état de nébuleuse de la matière empyrée, j'ai, pour fixer les idées, exposé le système d'Herschel qui avait découvert cette succession, sans cependant pouvoir exposer les détails, car, pour y arriver, il fallait être conduit par la loi physique indiquant 1° le mode de l'expulsion des jets de masse empyrée de celle contenue dans un corps central, et 2° le mode de la subdivision de chaque jet en des millions de portions d'où devaient en résulter un grand nombre d'autres assez faibles et comparables à celles contenues dans notre Soleil. Pendant toute la durée de la subdivision de la masse empyrée les molécules sont en équilibre rompu, et pour cela à l'état de nébuleuse. L'équilibre ne se rétablit que dans les masses μ pareilles à celle du Soleil ou deux à trois fois plus grandes. Il faut donc renoncer aux hypothèses de l'existence d'étoiles de grosseurs prodigieuses; il n'y a que le seul corps central qui ait une grosseur pareille; la masse contenue dans ce corps est des milliers de fois supérieure à la somme des portions composant les corps du système composé des soleils.

Dans les explications qu'ont données les astronomes modernes du mode de la distribution des corps de ce système solaire pour circuler suivant la loi newtonienne, nous distinguerons spécialement celle de Maedler. Pour fixer donc les idées, j'expose le système de cet astronome, car en rectifiant ses erreurs, le lecteur me suivra plus facilement.

I. Nous connaissons 1° le système planétaire où les planètes et les planétoïdes circulent autour du corps central, le Soleil ; 2° de même les satellites circulent autour de leur planète; 3° de même, dans les étoiles doubles, circulent également autour de leur soleil les planètes lumineuses ; 4 de même Sirius, Procyon, l'Épi circulent autour d'un corps dont l'existence est reconnue malgré son invisibilité. Si quelque part, dans l'espace céleste, on voyait un corps lumineux comparable au Soleil, il serait depuis longtemps reconnu comme corps central. A défaut d'un corps pareil il ne reste qu'à chercher 1° par les mouvements des étoiles, 2° par leur distribution autour de la Voie lactée, si quelque part dans l'espace ne se trouvent pas les traces de l'existence d'un gros corps invisible, analogue à ceux autour desquels circulent Sirius, Procyon, l'Épi.

Bessel et après lui les autres astronomes reconnurent pour chacune des étoiles ci-dessus nommées l'existence d'un corps central; Maedler l'a reconnue de même; au lieu donc de faire de même pour le corps central du système solaire, cet astronome admit que, pour un système de corps célestes, un corps central n'est pas indispensable, et qu'il pourrait être remplacé par un centre virtuel de la gravitation d'un grand nombre d'étoiles denses contenues dans les Pléiades ; Argelander n'y trouva pas un nombre d'étoiles exceptionnel.

Si Maedler eût su que la masse contenue dans les corps périphériques d'un système, faisait d'abord partie intégrante de la masse du corps central, il aurait renoncé dès le commencement à l'hypothèse indiquée; cependant l'existence de grand nombre d'étoiles dans les Pléiades ne cesse pas pour cela d'être véritable; ce même nombre servira à prouver qu'une partie de celles-ci sont indigènes et paraissent immobiles à cause de leur vitesse orbiculaire égale à celle du Soleil; les étoiles qui sont considérées par Maedler comme indiquant le mouvement du Soleil, telles qu'Alcyon, sont les étoiles mobiles. Toutefois en principe Maedler n'a pas tort, car l'existence d'un corps central étant reconnue, la loi newtonienne serait vérifiée ; pour cette raison les conséquences que cet astronome en a tirées ne perdent rien de leur valeur.

II. De même que les planètes et les planétoïdes circulent autour du Soleil dans neuf espaces orbiculaires, de même les corps du système solaire circulent dans plusieurs espaces annulaires. Un observateur placé dans le corps central ne verrait qu'un seul anneau formant un grand cercle et divisant la voûte céleste en deux hémisphères égaux.

Au lieu d'un seul anneau il y a 1° un arc de 120° ; 2° deux anses (sacs de charbon), 3° séparation des anneaux dans le Navire. On a reconnu par là que nous ne nous trouvons ni dans le corps central, ni dans quelque point des deux prolongements de son axe, mais loin de cet axe et du côté boréal du plan des anneaux concentriques dont deux sont visibles sans que l'on connaisse le nombre total des anneaux composant l'anneau extérieur le plus éloigné.

Il ne reste plus, en suivant les règles de la perspective, qu'à rendre évident pour chacun qu'en effet tous les détails observés 1° l'arc nommé *paragalaxie* ; 2° les deux sacs de charbon nommés ici *anses*, 3° les séparations qui se voient dans le Navire, sont autant de témoins ou monuments prouvant non-seulement le parallélisme des deux anneaux, et ladite position du Soleil, mais en même temps prouvant la position du corps central occupant le centre des anneaux. Soit HJ (fig. 55) le rayon de l'orbite de Jupiter, HO celui de l'orbite de Saturne, T est l'orbite de Mars incliné sur les deux précédents ; un observateur se trouvant sur cet orbite verra les deux extrémités *j*, *i* du diamètre de l'orbite de Jupiter éloignées du plan Oo de l'orbite de Saturne. L'éloignement sera plus grand du côté OJ ou OZ‴ (fig. 41), le moins distant, que du côté opposé o, i' le plus éloigné; il y aura de plus deux anses Z'''R'' et ZO''' (fig. 56) formées perspectivement par le prolongement d'une partie de l'orbite de Jupiter vers le côté de l'observateur en dépassant l'orbite de Saturne.

Si Maedler avait exposé de cette manière le parallélisme des deux anneaux, les autres astronomes auraient reconnu leur position véritable, de l'autre part Maedler même aurait corrigé son erreur; il aurait renoncé aux hypothèses, car il eût été conduit à trouver l'espace occupé par le corps central qui n'est pas invisible, comme le sont ceux des trois étoiles nommées de 1re grandeur.

I. PARALLÉLISME ENTRE LE SYSTÈME PLANÉTAIRE ET LE SYSTÈME SOLAIRE.

§ 400. La loi newtonienne trouve son application complète à la fois dans le système solaire et dans le système planétaire.

I. Au Soleil correspond l'Hélioagète qui occupe le centre des anneaux orbiculaires et perspectivement se projette snr eux au point diamétralement opposé; de même que le Soleil se projette sur l'écliptique au point diamétralement opposé à celui sur lequel se projetterait la Terre pour un observateur placé sur le Soleil.

II. Aux neuf espaces planétaires correspondent, dans le système solaire, neuf espaces annulaires dans lesquels circulent les corps périphériques de l'Hélioagète.

III. Dans le système planétaire la Terre occupe le 3e espace orbiculaire; tandis que dans le système solaire le Soleil se trouve avec des millions d'autres dans le 4e espace annulaire.

IV. Dans le système planétaire Mercure et Venus ne présentent aucun changement physique, de même dans le système solaire sont des étoiles d'état invariables qui circulent dans trois espaces annulaires inférieurs contenus dans l'espace angulaire pSp' (fig. 41) l'Hélioagète H occupe le milieu de cet espace, que sépare CC' en deux moitiés.

V. Dans les planètes supérieures les moins éloignées, on observe des changements physiques notamment dans Saturne, dans Jupiter et mieux visibles encore dans Mars; il y a également des changements dans les corps périphériques qui circulent autour de l'Hélioagète dans cinq espaces annulaires supérieurs concentriques. Sont cependant de nature différente les changements opérés dans les planètes, et ceux opérés à la masse empyrée composant les portions de chaque espace annulaire supérieur. Ces changements ne consistent qu'en déplacements des molécules de la masse empyrée, dont résulte la production de météores qui l'entourent et font apparaître les espaces annulaires comme des anneaux lumineux concentriques.

VI. Dans le système planétaire un seul espace orbiculaire est occupé par un grand nombre de planétoïdes; chacun des huit autres n'est occupé que par une seule planète; dans chaque espace annulaire du système solaire circulent des millions d'étoiles ou portions de masse empyrée en forme de nébuleuses et qui deviendront autant d'étoiles, car pour arriver à l'état d'étoiles, il faut que les molécules de la masse empyrée se trouvent d'abord à l'état d'équilibre.

VII. Dans le système planétaire de chaque espace orbiculaire est seul visible le point occupé par la planète, au contraire le grand nombre de nébuleuses circulant dans le même espace annulaire sous différentes longitudes, rendent visibles les espaces annulaires.

VIII. De même que les plans des orbites planétaires dévient peu des prolongements du plan équatorial du Soleil, et sont pour cela presque concentriques, de même les plans des anneaux concentriques dévient peu des prolongements du plan équatorial de l'Hélioagète.

IX. Un observateur du soleil verrait se superposer les neuf espaces orbiculaires d'où résulterait un grand cercle divisant la voûte céleste en deux hémisphères égaux; de même un observateur de l'Hélioagète verrait se superposer les anneaux stellaires sur les anneaux des nébuleuses, d'où résulterait un composé d'étoiles parsemées sur un fond de nébuleuses formant un grand cercle divisant la voûte céleste en deux hémisphères égaux.

X. Placé sur un point des deux prolongements de l'axe solaire, un observateur verrait de face les neuf espaces orbiculaires, de même placé sur un point des deux prolongements de l'axe de l'Hélioagète, un observateur verrait de face les neuf espaces annulaires A′, A″, A‴... (fig. 41).

XI. Dans le système planétaire la Terre circule sur le 3ᵉ orbite; dans le système solaire elle circule avec le Soleil dans le 4ᵉ espace annulaire A^{IV}; donc pour obtenir une comparaison complète entre les faits de la perspective, j'admets dans le système planétaire qu'après l'orbite de la Terre suit l'espace annulaire des orbites des planétoïdes et puis l'orbite de Jupiter, et enfin l'orbite de Saturne. C'est ainsi que devient évident le mode de la séparation des anneaux et de la production des anses. Ici sont indiquées les oppositions, les quadratures et les conjonctions des trois planètes Saturne O, Jupiter J et Mars ou planétoïde M (fig. 56), dont les orbites correspondent aux espaces annulaires A^{VII}, A^{VI}, A^{V} du système solaire.

Fig. 56.

1° Les trois planètes O, J, M, étant en conjonction, J apparaît à un observateur sur la Terre en j' et M en M′.

2° Étant en opposition i apparaît en i' et m en m'.

3° Étant en quadrature, il y a superposition des $\mu Z p$ et de $\mu' Z' p'$.

4° Au delà des quadratures se voit Saturne en R ou en R′ et Jupiter en Z‴ ou Z″ à la gauche de Saturne R et non plus à sa droite; Z‴ est à la droite de R. Cela n'a lieu que dans les arcs ZᵛR″ et Z‴R au-dessous des quadratures pp'.

5° En avançant vers l'opposition o, on rencontre en p'' R″ Zᵛ une nouvelle superposition perspective pour l'observateur terrestre. C'est ainsi qu'il voit de nouveau Jupiter et Mars à droite de Saturne, comme cela se présente entre le point O de la conjonction et la quadrature p′.

Dans le système solaire la Terre se trouve en S′ (fig. 41) dans le 4° espace annulaire; le 7° espace annulaire A^{VII} est occupé par des nébuleuses dont l'ensemble forme un anneau; de même il se forme un anneau dans le 6° espace annulaire. Dans le 5° espace annulaire circule un nombre médiocre de nébuleuses, aussi cet espace n'est-il pas désigné au ciel comme un anneau lumineux; cependant cela n'empêche pas de connaître quelle serait la position perspective de cet anneau s'il existait. Connaissant donc cette position de l'espace annulaire, j'ai trouvé six nébuleuses entièrement différentes des nébuleuses indigènes et toutes du côté austral par rapport à l'anneau A^{VI} qui est également du côté austral par rapport à l'anneau A^{VII} le moins éloigné de nous perspectivement. Cet anneau A^{VIII} divise la voûte céleste en deux hémisphères inégaux, dont le boréal étant 9, l'austral est 8.

II. DES INDICES PHYSIQUES ET DES INDICES DYNAMIQUES DU CORPS CENTRAL.

§ 401. Dans les systèmes des satellites la planète centrale se distingue par son volume et par son éclat. De chaque planète le Soleil se voit projeté au point opposé de l'orbite planétaire. Dans le système solaire manque un corps d'un éclat particulier, cependant cela ne suffit pas pour prouver l'absence d'un corps volumineux, d'éclat médiocre, surtout depuis que Bessel et ses successeurs prouvèrent que Sirius, Procyon et l'Épi circulent autour de corps invisibles.

Connaissant que le corps central doit occuper le centre des anneaux concentriques pour se projeter perspectivement au point opposé le plus éloigné; pour trouver cette direction conformément avec les astronomes, nous nous orientons de la région où se voit le plus grand intervalle OZ‴ entre la Galaxie et la Paragalaxie; cet intervalle est dans le Serpent austral. Diamétralement à l'opposé est la constellation de la Licorne. Guidé par les propriétés physiques et les propriétés dynamiques de chaque corps central, nous n'avons qu'à chercher ces propriétés dans un corps qui doit occuper un espace de ladite constellation.

A. INDICES PHYSIQUES DU CORPS CENTRAL DU SYSTÈME SOLAIRE.

§ 402. Entre le cou de la Licorne et la tête du Grand-Chien, la Voie lactée présente les différences suivantes comparativement avec chaque autre partie de cet anneau :

1° Un éclat subit se présente ayant la forme d'un sommet d'ellipse de teinte moins blanchâtre que celle des parties voisines de la Voie lactée.

2° Toute la Voie lactée est composée de nébuleuses très-étendues; Herschel en distingua 157 groupes circonscrits qu'il inséra dans le catalogue des nébuleuses; il n'y a que la grande étendue occupant le milieu de la Licorne où manque tout groupe pareil; au contraire il y a une uniformité d'éclat.

3° Nulle part les bords de la Galaxie ou de la Paragalaxie ne se voient unis; au contraire, dans toute l'étendue qu'occupe la Licorne, les bords se voient unis et la largeur considérable sans aucun rétrécissement ni aucune trace de subdivision.

Le corps central nommé *Hélioagète* se trouve diamétralement opposé au Serpent austral où est la plus grande largeur de la *tranche supérieure de la voûte céleste*, séparant la Galaxie de la Paragalaxie. Suivant la loi de la perspective ce corps, occupant le centre des anneaux concentriques, ne peut paraître en aucun autre point de l'espace.

Différences physiques entre le Soleil et l'Hélioagète. 1° La forme du Soleil est sphérique, tandis que celle de l'Hélioagète est très-aplatie; sa longueur est presque double de sa largeur; 2° la clarté du Soleil est grande et celle de l'Hélioagète est médiocre; 3° en décrivant une périphérie avec un rayon ayant pour longueur la distance entre la Terre et le Soleil, celui-ci occupe 30′; en décrivant une périphérie ayant pour longueur la distance entre la Terre et l'Hélioagète, celui-ci occupe environ 20 degrés, distance 40 à 50 fois supérieure, malgré la grande différence entre les éloignements r et $2^r\Delta$. Ces faits proviennent de différences physiques correspondantes.

1° Le Soleil a une enveloppe solide sphérique; c'est une étoile correspondant à celles de 7°, 8°, et 9° grandeur dont le diamètre a une longueur imperceptible, de même que le deviendrait celui du Soleil à une distance plusieurs millions de fois plus grande lorsque sa parallaxe serait 0″,2 et son diamètre doit sous-tendre un arc de 0″,0018. L'Hélioagète a également une enveloppe solide, mais il y a autour de sa région équatoriale une grosse ceinture de masse empyrée du 5° jet B^v, et c'est cette masse à l'état d'équilibre rompu qui produit les météores entourant la ceinture et formant une couche des millions de fois plus épaisse que le diamètre réel de l'enveloppe solide de l'Hélioagète. Sans ces météores qui donnent à la masse empyrée l'aspect d'une nébuleuse, la grandeur de l'Hélioagète ne serait pas très-différente de celle du Soleil observé de la planète Mars.

2° Si le Soleil était entouré des millions de météores qui se présentent quelquefois en forme de pluie d'étoiles, son volume serait des millions de fois plus grand et son éclat médiocre; c'est en cet état que se voient les nébuleuses solifères; leurs météores se sépareront plus tard et circuleront avec eux autour de l'Hélioagète, de même que circulent avec notre Soleil les météores produits de sa masse empyrée il y a des millions d'années.

3° Placé sur le corps central H (fig. 41), un observateur verrait en chaque direction de la Voie lactée une quantité d'étoiles pas très-inégale, de même que du Soleil on verrait les planétoïdes également parsemées dans leur espace orbiculaire. Pour un observateur terrestre cette symétrie manquera. Le plan perpendiculaire sur le rayon vecteur de la Terre est l'horizon qui divise en deux hémisphères le globe optique ayant la Terre pour centre et pour rayon la distance entre la Terre et le Soleil. Dans l'un de ces hémisphères sera contenu un arc de $180° - \alpha$ et dans l'autre un arc de $180° + \alpha$ de l'espace orbiculaire des planétoïdes. La quantité $q - B$ de celles-ci paraîtra dans l'arc $180° - \alpha$, et la quantité $q + B$ dans l'arc $180° + \alpha$.

Herschel savait bien que le Soleil n'est pas le corps central du système solaire, il trouva que son télescope embrasse en chaque direction différentes quantités d'étoiles; il en déduisit l'existence d'éloignements, différents entre la Terre et les différentes limites extérieures de l'espace occupé par les étoiles; il trouva par les nombres différents d'étoiles qu'il y a d'un côté cent fois plus d'étendue dans une direction que dans l'autre, car c'est l'illusion d'optique qui nous fait voir les corps sur une surface sphérique de la voûte céleste dont nous occupons le centre.

Les nombres d'étoiles diffèrent et ne présentent pas un accroissement proportionnel, lorsque les instruments faibles sont remplacés par d'autres plus puissants : tels ont été les résultats qui, au lieu de servir à mieux connaître les faits réels, produisirent l'effet contraire. On n'est pas parvenu à coordonner tous ces faits pour connaître que nous sommes en S, et la Voie lactée nous paraît dans l'anneau $HbCb'$. La partie la plus éloignée de la Voie lactée se voit à côté des deux extrémités n, n' de l'Hélioagète, lesquelles se projettent en LL′, malgré l'énorme différence entre les distances Sn et SL ou Sn′ et SL′ ; c'est à peine si l'on perçoit la supériorité d'éclat de l'Hélioagète, de même que reste presque imperceptible la différence entre l'éclat de la Voie lactée et celui de sa branche. Grâce à l'explication donnée par Arago, le manque d'inégalité d'éclat analogue à celle des distances ne peut avoir aucune valeur, car l'œil reçoit la lumière à un *photocône* dont la base croît proportionnellement avec les carrés des distances, de sorte que la lumière reste invariable au sommet de ce photocône lorsque sa base est à H ou à L. Maedler n'a pas compris cette explication.

B. Indices dynamiques du corps central du système solaire.

§ 403. Le corps central de chaque système fait, par son barogène, écran à ses corps périphériques en interceptant la propagation d'une quantité de barogène affluant des deux électrosphères (§ 32). Il en résulte une rupture d'équilibre qui est en raison inverse des carrés des distances. De cette rupture d'équilibre résultent 1° les vitesses angulaires des mouvements orbiculaires; 2° les vitesses des déplacements linéaires des molécules de la masse empyrée vers le corps central, et 3° les vitesses des déplacements de ces molécules vers le centre de chaque corps périphérique. Les faits qui en résultent servent d'indices de l'existence du corps central, lequel se trouve au centre de la Voie lactée.

De pareils indices se trouvent encore 1° dans les vitesses des étoiles qui circulent dans des orbites entre le Soleil S (fig. 41) et l'Hélioagète H; 2° dans l'accumulation des corps autour du plan de la Voie lactée, et 3° dans la distribution des nébuleuses solifères.

Vitesses des étoiles inférieures indiquant l'existence du corps central. De même que dans le système planétaire l'élongation de Mercure est de 29°, celle de Vénus de 48°, de même, dans le système solaire : 1° l'élongation des étoiles ε' circulant dans le 1er espace annulaire A', est d'environ 25°; 2° l'élongation des étoiles ε'' circulant dans le 2e espace annulaire A'' est d'environ 30°; et 3° l'élongation des étoiles ε''' circulant dans le 3e espace annulaire A''' est d'environ 45°.

De même que les espaces annulaires A^{VI}, A^{V} et leurs nébuleuses se voient du côté austral de l'espace annulaire A^{VII} qui est la chronogalaxie, de même les étoiles circulant dans les anneaux A' A'' A''' se voient du côté austral de cette chronogalaxie. 1° Vers la tête du Taureau est l'espace annulaire A' et le peu d'étoiles qui y circulent; 2° vers les Hyades est l'espace annulaire A'' dans lequel circulent les étoiles ε'' avec une vitesse **v** inférieure à celle V des étoiles ε' et supérieure à celle v des étoiles ε'''; 3° vers les Pléiades est l'espace annulaire A''' dans lequel circulent les étoiles ε'''.

Comparaison entre les vitesses réelles des planètes inférieures et les vitesses apparentes des étoiles inférieures. Mercure termine sa révolution en 88 jours, Vénus termine la sienne en 224 jours et la Terre en 365 jours. Les vitesses angulaires sont :

$$(\alpha)\quad V=\frac{360}{86},\ \mathbf{v}=\frac{360}{224},\ v=\frac{360}{365};\ \text{environ } V=4,1,\ \mathbf{v}=1,6,\ v=1.$$

Au moyen des observations directes on a trouvé dans les Hyades 21 étoiles mobiles (§ 95) parmi lesquelles 4 ont une vitesse séculaire de $V'=3,2$; 6 une vitesse de $\mathbf{v}'=6''$, et les 11 autres une vitesse de $11'',4=v$; ces vitesses diffèrent peu entre elles de celles (α) des planètes.

$$(\beta)\qquad V'=\frac{11,4}{3,2}=3,6,\quad \mathbf{v}'=\frac{6,1}{3,2}=1,9,\quad v'=1.$$

Comparaison entre les directions réelles et les directions apparentes des mouvements des planètes et des étoiles inférieures. La direction des mouvements orbiculaires est perpendiculaire sur le rayon vecteur restant sur le plan orbiculaire.

I. Dans le cas où la Terre se trouve dans le prolongement

de ce plan, et encore dans le prolongement du rayon vecteur : *a*. Le mouvement apparent est la différence $d = D - D'$ entre 1° les distances parcourues par la Terre et la planète ou 2° par le Soleil et les étoiles. *b*. La direction est la véritable 1° si la vitesse de la planète est supérieure à celle de la Terre ou 2° si la vitesse des étoiles ε', ε'', ε''' l'est à celle du Soleil.

II. Dans les cas 1° où la vitesse μ de la Terre est inférieure par rapport à celle V de la planète, et 2° où la vitesse μ' du Soleil par rapport à celle V' de l'étoile, mais les plans des orbites se coupent pour former un angle γ, la planète paraîtra s'éloigner de l'écliptique, ou l'étoile paraîtra s'éloigner de l'orbite solaire pour former un angle λ. Les étoiles mobiles des Pléiades se présentent avec un mouvement sous une direction peu éloignée du plan de la Voie lactée, de même que les 21 étoiles mobiles des Hyades. Les vitesses étant de 1 ; 1,9 ; 3,6, les directions sont dans le *même* sens; tandis que pour les étoiles indigènes les directions sont en tout sens et les vitesses de tout degré. Ces mouvements apparents correspondent à ceux des planètes qui se voient allant tantôt de l'Ouest à l'Est et tantôt en sens contraire; le mode de leur production est expliqué § 103 et suivants.

Accumulation des étoiles et des nébuleuses autour de la Voie lactée. De même que dans le système planétaire les planètes et les planétoïdes se voient accumulés des deux côtés de l'écliptique, de même dans le système solaire les étoiles et les nébuleuses se voient accumulées des deux côtés du prolongement du plan équatorial du soleil central qui occupe le centre H (fig. 41) des neuf espaces annulaires. 1° Dans les trois espaces annulaires inférieurs circulent seulement des étoiles; 2° dans les cinq espaces annulaires manquent les étoiles et circulent seulement des nébuleuses; 3° dans le 4° espace annulaire A^{IV} circule le Soleil avec des millions d'étoiles et avec des nébuleuses qui sont tous des corps *indigènes* par rapport à ceux qui circulent dans les huit autres espaces annulaires qui sont nommés *exotiques*, étoiles ou nébuleuses.

Parmi les nébuleuses indigènes, ce sont les solifères où les amas de points lumineux dont la masse empyrée doit devenir des soleils, car les planétaires en forme de meule deviendront des systèmes planétaires qui paraîtront comme étoiles visibles à l'œil nu. Ces nébuleuses planétaires existent en toute direction, mais il n'y a de visibles que celles qui se présentent de face ou obliquement. Les nébuleuses solifères sont massives et de formes allongées et croisées; leur visibilité ne dépend pas de leur position.

Distribution des nébuleuses. De même que les nébuleuses solifères manquent dans les trois espaces annulaires inférieurs, de même elles manquent dans le 4ᵉ espace annulaire entre le Soleil et l'Hélioagète; ces nébuleuses sont très-nombreuses dans le prolongement du rayon vecteur vers le Serpent austral. Le rapport entre l'état d'étoiles ou des nébuleuses avec les degrés de la pesanteur se présente de deux manières :

I. 1° La pesanteur est supérieure aux corps qui circulent dans les trois espaces annulaires inférieurs, où manquent les nébuleuses, et où il n'existe que des étoiles ayant dans leur mouvement orbiculaire trois vitesses différentes supérieures à celles du Soleil et à celle des étoiles indigènes. La pesanteur est inférieure chez les corps qui circulent dans les cinq espaces annulaires supérieurs, où manquent les étoiles et où ne circulent que des nébuleuses visibles comme deux anneaux lumineux et encore comme nébuleuses exotiques; ces dernières occupent un 3ᵉ espace annulaire (*voir* tables I, II).

II. Dans le 4ᵉ espace annulaire, 1° la pesanteur est supérieure chez les corps de rayons orbiculaires $\rho-\alpha$ inférieurs à celui ρ de l'orbite solaire; parmi les corps circulant sur de tels orbites manquent les nébuleuses solifères; il n'y a que des astronéphélies et toutes les portions de masse empyrée se trouvent à l'état d'étoiles; 2° la pesanteur est inférieure chez les corps de rayons $\rho + \beta$ supérieurs à celui ρ de l'orbite solaire; c'est parmi les portions ayant de pareils rayons $\rho + \beta$ orbiculaires qu'il en existe encore plusieurs qui se trouvent à l'état de nébuleuses et ne sont pas encore réduites à l'état d'étoiles.

Pour coordonner ainsi les faits observés, il a fallu en même temps connaître leur existence et de plus la loi physique qui régit leur production; ces faits une fois exposés dans leur ordre physique, ceux qui connaissaient les faits par les observations ou par leurs descriptions, sont amenés à connaître le mode de leur production par les déplacements des molécules de la masse empyrée, déplacements opérés suivant la loi physique, 1° de la pesanteur vers le corps central, et 2° de la pesanteur locale. Ces deux pesanteurs exercent sur les molécules deux poussées centripètes, lorsque ces molécules d'une densité excessive présentent entre elles une tendance à l'expansion et manifestent une poussée répulsive sollicitant une dilatation de la masse empyrée pâteuse et visqueuse.

Rapport entre les étoiles et les nébuleuses avec le corps central. Au moyen des observations des étoiles et des nébuleuses, Herschel conçut l'idée que c'est la même masse qui est d'abord à l'état de nébuleuse, puis à l'état d'étoile; Herschel connaissait l'existence de la pesanteur comme propriété inséparable des corps; il ignorait 1° que la masse empyrée n'était pas dans le principe répandue, comme il l'admettait, dans l'espace, mais qu'elle était renfermée dans une enveloppe solide de glace du seul corps central; Herschel ignorait également que la masse empyrée des gros jets expulsés du corps central avait une densité correspondant à la pesanteur P sur la surface de ce corps, pesanteur qui est des millions de fois supérieure à celle p qu'éprouvaient les molécules sur la surface de chacun des neuf gros jets expulsés. Par suite on a jusqu'à présent ignoré entièrement 1° que le travail qui a lieu dans les nébuleuses n'est pas une condensation mais au contraire, une dilatation, 2° on ignorait que les gros volumes de nébuleuses sont des météores composés de ballons vides produits en forme de vésicules de vapeur par les molécules de la masse empyrée.

Herschel reconnut l'existence d'une rapidité inégale des transformations des nébuleuses en étoiles, de sorte que chaque corps se trouve d'un âge différent non pas à cause d'une plus longue durée depuis sa naissance, mais à cause d'une plus grande rapidité des transformations opérées dans les arrangements des molécules.

Conformément à l'idée d'Herschel il est prouvé ici qu'à une seule et même époque ont été expulsés les neuf jets de masse empyrée, et que c'est l'inégale rapidité de transformations qui occasionna les avancements différents par suite desquels des corps les uns sont à l'état d'étoiles, d'autres au dernier échelon qui se manifeste chez les étoiles nébuleuses, d'autres enfin sont des nébuleuses à noyau visible, et les plus faibles transformations se manifestent chez les nébuleuses vraies. Herschel attribuait l'inégale rapidité des transformations aux différents degrés de pesanteur; il ne lui manqua que d'opérer l'arrangement de ces rapidités pour faire ressortir leur rapport avec les distances *d* qui séparent le corps central des étoiles et les distances supérieures D qui séparent ce même corps des nébuleuses.

Du temps d'Herschel était inconnue l'existence de corps lumineux circulant autour d'un corps invisible; pour cette raison ce grand observateur n'a pas fixé son attention sur la constellation de la Licorne, car il n'eût pas manqué d'y reconnaître les indices qui ne permettent pas de confondre cette partie toute particulière avec les nébuleuses dont est composée la Voie lactée.

Depuis que Bessel et ses successeurs ont découvert que Sirius, Procyon et l'Épi circulent autour des corps invisibles, les astronomes conçurent l'idée qu'un tel corps central invisible ne peut pas manquer dans l'espace; pour cette raison ils combattirent l'hypothèse de Maedler, regardant comme absurde de considérer l'ensemble d'un grand nombre des corps comme un centre virtuel de la pesanteur. John Herschel coordonnant les faits n'hésita pas à reconnaître qu'un corps central, pas un centre virtuel, doit être dans le plan de la Voie lactée; Alcyon est dans ce plan sans que Maedler même l'ait su; et cependant un centre virtuel de la pesanteur ne s'y trouve pas.

L'inégale rapidité des transformations s'arrange bien avec les inégalités des distances entre les corps périphériques et leur corps central, mais la cause des différents centres d'attractions restait problématique; Herschel se bornait à exposer l'existence d'un grand nombre des corps composés tous d'une même matière primitive. Il ignorait que cette matière, d'une densité excessive dans le corps central, a dû éprouver une dilatation quand elle s'en est trouvée éloignée. La poussée répulsive est donc la cause qui force d'abord la masse de chaque jet à s'allonger dans la direction du corps central dont la poussée de la pesanteur est inférieure. C'est dans l'Astrogonie qu'a été exposé le mode de la subdivision de la masse empyrée des neuf jets expulsés de l'Hélioagète. La poussée répulsive étant égale dans tous les neuf jets, de même que la pesanteur locale, l'inégale rapidité des transformations se réduit à l'inégalité de la pesanteur vers l'Hélioagète, qui est en raison inverse des carrés des distances.

III. DES CINQ PÉRIODES ASTROGONIQUES DES NÉBULEUSES COMPOSANT LA VOIE LACTÉE.

§ 404. Aucun objet n'a autant excité l'attention de l'homme que la Voie lactée ou la Galaxie; ce serait perdre son temps que d'enregistrer les opinions vagues et différentes des anciens et des modernes. Pour le lecteur il suffit de connaître l'aspect sous lequel se présente cet anneau lumineux et ses détails.

Détails de la Voie lactée et leur comparaison. Herschel distingue 157 groupes circonscrits, et 18 autres situés sur les limites de la zone lumineuse. Ces groupes empêchent de croire que la Voie lactée soit une masse gazeuse uniforme; leur apparence fit naître toute sorte de fables. Pour les Grecs, ces groupes sont les gouttes de lait que Hercule enfant laissa tomber du sein de Junon; 2° pour les Thraces, ce sont des gerbes de paille tombées du char qui peut-être porta l'approvisionnement des chevaux de Phaéton; cette dernière fable était inconnue au monde savant.

Aristote dit que la Voie lactée est un météore lumineux situé dans la moyenne région, idée très-juste.

Démocrite attribua la Voie lactée à de grandes multitudes d'étoiles trop pressées pour être vues séparées à cause de leur très-grand éloignement.

Cette dernière opinion prédomina jusqu'à présent parmi les astronomes modernes; pour faire résulter les 175 groupes composant la Voie lactée il a fallu admettre qu'il y a dans l'espace des systèmes stellaires composés d'un grand nombre de systèmes de planètes lumineuses, et cependant notre Soleil n'entre pas dans la composition d'un système pareil, parce que de trop grandes distances le séparent des étoiles ambiantes pour croire qu'il fait partie d'un groupe quelconque.

En coordonnant la direction du mouvement du Soleil avec l'anneau de la Voie lactée, et avec sa branche, les astronomes modernes, Herschel, Lambert, Arago, Maedler, etc., reconnurent, surtout le dernier, 1° que les étoiles circulent dans deux ou plusieurs espaces annulaires concentriques; 2° que la branche australe de la Voie lactée résulte de ce que le Soleil n'est pas dans le plan commun de deux ou plusieurs anneaux stellaires concentriques, mais en dehors.

Lorsqu'il s'agit de faits fournis par les observations, tout le monde est d'accord; mais il en est autrement lorsqu'il s'agit d'arranger ces faits de manière à les faire concorder avec l'apparition de l'ensemble des objets observés, comme dans le cas présent, où les astronomes reconnaissent d'un commun accord : 1° que les anneaux lumineux sont concentriques ; 2° que le Soleil n'est pas dans le plan des anneaux mais du côté du pôle boréal ; 3° que l'étendue de la voûte céleste est divisée en deux hémisphères inégaux dont l'un étant 9 l'autre est 8 ; et 4° que la branche australe séparée de la Voie lactée résulte de la position indiquée du Soleil.

Je n'ai rien à objecter à tout ce que les astronomes ont exposé ; je ne fais que compléter leur exposition ignorant si quelque savant n'a pas donné déjà ce supplément. De même que la branche séparée résulte de la position du Soleil en dehors du plan des anneaux concentriques parallèles, de même il en résulte 1° les deux *Anses* connues sous le nom vulgaire de *sacs de charbon*, et 2° la branche peu nettement séparée qui se voit dans le Navire (planches I, II). Ces faits résultent de règles géométriques qui ne sont pas inconnues : c'est pourquoi personne n'a hésité à convenir de son oubli dans l'explication de l'apparence des Anses, dont la symétrie frappa John Herschel, et cependant ce grand astronome s'arrêta à cette observation.

Le nombre des espaces annulaires pouvait être supérieur à celui des deux ; cependant on manquait d'indices prouvant le nombre véritable. Les astronomes n'admettaient pas comme Aristote, que la Voie lactée fût composée de météores, mais, suivant l'opinion de Démocrite, ils croyaient qu'elle provient des espaces annulaires dans lesquels circulent des millions d'étoiles. Herschel changea d'avis et admit l'une et l'autre de ces deux opinions. Du reste on pouvait indifféremment admettre chacune des deux hypothèses en se bornant aux faits observés.

Tout changea ici où du système planétaire par comparaison il a été prouvé 1° qu'il y a trois espaces annulaires inférieurs dans lesquels circulent les étoiles ϵ' avec la vitesse $V = 3,6$; les étoiles ϵ'' avec la vitesse $v' = 1,9$ et les étoiles ϵ'''

avec la vitesse $v'=1$; 2° que notre Soleil avec des millions d'autres et avec un faible nombre de nébuleuses, circulent dans le 4° espace annulaire, et 3° qu'il y a cinq espaces annulaires séparés, dans lesquels circulent des amas composés non pas d'étoiles mais de nébuleuses. Connaissant que dans le système planétaire il y a neuf espaces orbiculaires, dont le 5° se distingue par le manque d'une grosse planète, on en déduit que dans le système stellaire les deux anneaux lumineux ne sont pas le 5° et le 6° espace annulaire, mais le 6° seul, et le 7° avec les 8° et 9°.

Pour connaître s'il y a dans le 5° espace annulaire des nébuleuses correspondantes aux planétoïdes, j'ai cherché dans cet espace, car sa position est du côté austral des nébuleuses du 6° espace annulaire, de même que celui-ci est du côté austral du 7° espace annulaire, et j'ai trouvé six nébuleuses toutes du côté austral de la Voie lactée. Les nébuleuses du 8° et du 9° espace annulaire se trouvèrent superposées dans le bord boréal du 7° espace annulaire.

Les rayons des espaces annulaires servirent à déterminer les degrés de rapidité de transformation, car ces degrés étant en rapport direct avec la pesanteur de même que celle-ci, de même ils sont en raison inverse des carrés des distances, et celles-ci sont entre elles comme les termes de la progression géométrique.

$$\div 2\Delta : 2^2\Delta : 2^3\Delta : 2^4\Delta : 2^5\Delta : 2^6\Delta : 2^7\Delta : 2^8\Delta : 2^9\Delta.$$

De même qu'Herschel l'a reconnu les transformations de l'état de la masse empyrée, arrivée à l'espace commencèrent simultanément à une époque E et avancèrent inégalement à cause de l'inégale rapidité qui correspond aux degrés de la pesanteur, et celle-ci est en raison inverse des carrés des distances. Herschel reconnut dans les étoiles l'existence d'une grande rapidité, des degrés supérieurs de pesanteur et par suite des distances inférieures entre ces étoiles et le corps central; il reconnut en même temps dans les nébuleuses vraies, l'existence d'une faible rapidité des transformations, une faible pesanteur et par suite de grandes distances entre elles et le corps central.

J'expose d'abord 1° que les étoiles circulent dans les trois espaces annulaires inférieurs des rayons 2Δ, $2^2\Delta$, $2^3\Delta$; 2° que les nébuleuses circulent dans les cinq espaces annulaires supérieurs de rayons $2^5\Delta$, $2^6\Delta$, $2^7\Delta$, $2^8\Delta$, $2^9\Delta$; 3° que dans le 4° espace annulaire de rayon $2^4\Delta$ circule notre Soleil avec des millions d'autres et avec un faible nombre de nébuleuses solifères.

Après avoir ainsi exposé la charpente A^{IX} A^{VIII}... A^{IV} A^{III} A^{II} A^{I} H (fig. 41) du système solaire et après avoir prouvé que c'est la pesanteur qui est cause de la rapidité des transformations, il ne me reste plus qu'à rapporter, comme exemples, un nombre de faits pour rendre plus évident le mode de leur production. Nous savons, 1° qu'à une époque E, le corps central H expulsa neuf gros jets de masse empyrée dont chacun se trouva à des distances 2Δ, $2^2\Delta$,... $2^9\Delta$; 2° nous savons aussi qu'à chacune de ces distances la pesanteur est en raison inverse des carrés des distances, et 3° qu'est d'égale intensité la poussée répulsive provenant de la densité des molécules de la masse empyrée de chacun des neuf jets expulsés à la fois du corps central.

A. DES FAITS PHYSIQUES PRODUITS DE LA PESANTEUR SUR LA MASSE EMPYRÉE DANS LE QUATRIÈME ESPACE ANNULAIRE.

§ 405. A une époque reculée E, il n'y avait dans cet espace annulaire A^{IV} (fig. 41) que le seul jet B^{IV} de masse empyrée, actuellement il y a deux millions d'étoiles et un nombre médiocre de nébuleuses solifères, lesquelles doivent disparaître pour ne laisser à leur place que les étoiles de 7°, 8° et 9° grandeur qui en proviendront, car il est évident que les astronéphélies composées actuellement d'une nébuleuse et d'une étoile, étaient, à une époque précédente *e*, des nébuleuses vraies, et qu'elles seront à une époque postérieure e' des étoiles de 7ᵉ, 8ᵉ et 9ᵉ grandeur. Les nébuleuses vraies solifères actuelles deviendront des astronéphélies, puis des étoiles, ainsi qu'Herschel a reconnu cet ordre de succession des états physiques des corps; de sorte qu'on est conduit à connaître qu'à une époque plus reculée manquaient les étoiles et notre Soleil; alors leur masse empyrée était entourée de météores; Herschel n'ignorait pas que les météores sont produits de la même masse empyrée, qu'ils ne sont pas lumineux, qu'ils sont des vésicules de même que le brouillard, tous ces faits furent découverts par Herschel à l'aide d'observations différentes; il lui a été impossible de connaître par cette voie la grande densité de la masse empyrée dont résulte la subdivision de la masse, et c'est en cela précisément que les adversaires d'Herschel trouvèrent son système en défaut.

Au lieu d'admettre un grand nombre de centres d'attraction d'origine inconnue, si Herschel eût imité Newton et invoqué l'action suprême pour subdiviser la masse primitive en millions de portions au moyen de la pesanteur dont la rapidité est en raison inverse des carrés des distances, son système fût resté à l'abri de toute objection, car les faits sont incontestables.

Après avoir indiqué que du corps central ont été expulsés neuf jets de masse brûlante, et qu'il se trouve actuellement environ deux millions d'étoiles dans le 4ᵉ espace annulaire A^{IV}, il résulte que les transformations de la masse consistent en ses subdivisions qui, d'une seule portion en ont produit des millions d'autres contenant chacune une masse comme celle du Soleil ou 2 à 3 fois supérieure, on a reconnu de là qu'il n'y a pas de grandes différences entre les portions de masse contenues dans chacun des soleils, car dans les systèmes de planètes lumineuses on a trouvé toutes les durées de révolution des planètes ou des satellites 2 ou 3 fois supérieures à celle des corps homonymes du système planétaire.

Les résultats provenant de la poussée répulsive des molécules correspondent, 1° à leur grande densité primitive, laquelle diminua jusqu'à ce degré de dilatation, telle qu'elle ne pouvait plus vaincre la poussée centripète provenant de la pesanteur locale de la masse empyrée pâteuse et visqueuse, et 2° à ces portions qui, sans être égales, ne diffèrent pas beaucoup les unes des autres. De sorte que deviennent vaines les hypothèses de l'existence de systèmes intermédiaires entre celui de notre système planétaire et celui du système solaire. Si entre ces deux systèmes l'échelle est des millions de fois plus grande que celle entre les systèmes des satellites et le système planétaire, cela résulte de la très-grande densité de la masse empyrée des neuf jets expulsés de l'Helioagète, laquelle produisit la subdivision de chacun de ces jets en millions d'autres jusqu'à ce qu'il en résultât un équilibre entre la poussée répulsive et la compression de la pesanteur exercée toutes les deux en sens opposé sur les molécules de la masse empyrée des soleils.

Les neuf jets expulsés des soleils sont composés de masse empyrée qui a subi déjà sa dilatation nécessaire, et se trouvant alors dans l'espace, les molécules éprouvent de la pesanteur, une compression supérieure à celle de la poussée répulsive centrifuge; ainsi se trouve arrêtée toute subdivision des jets correspondant à celles qui ont eu lieu pour les gros jets expulsés de l'Hélioagète. Si dans l'avenir ce corps central projette une nouvelle expulsion de jets pareils aux précédents, la masse empyrée de chacun de ces jets sera subdivisée en millions d'autres, de même qu'ont été subdivisés les neuf jets de la première expulsion. Dans de telles expulsions le total de la masse ne change point : son volume seul augmente; 1° l'Hélioagète ne devient pas moins grand, et 2° par la dilatation et la subdivision la masse expulsée obtient un volume des millions de fois plus grand.

L'inégale rapidité des transformations n'est que l'inégale pesanteur des corps périphériques vers leur corps central, car elle est en raison inverse des carrés des distances. Dans l'espace annulaire A^{IV} circule le Soleil sur un orbite de rayon ρ. Des corps indigènes; 1° les *inférieures* circulent sur des orbites de rayons inférieurs $\rho-\alpha$, et 2° les supérieurs circulent sur des orbites de rayons supérieurs $\rho+\beta$. $\left(\frac{1}{\rho-\alpha}\right)^2$ est la rapidité de transformations des corps inférieurs, et $\left(\frac{1}{\rho+\beta}\right)^2$ est celle des corps supérieurs. Il en résulte qu'il faut que les nébuleuses solifères manquent parmi les corps inférieurs, car les portions de masse empyrée étant soumises à une rapidité supérieure de transformation parvinrent à l'état d'étoiles; de pareilles nébuleuses solifères, si elles existent, doivent circuler sur des orbites de rayons $\rho+\beta$.

Il y a manque de nébuleuses solifères dans l'espace de 45° entre les ascensions de 8^h à 12^h, au contraire il y en a une grande quantité dans les ascensions de 18^h à 20^h. Les nébuleuses planétaires ne manquent nulle part, seulement leur nombre est de 441 dans l'ascension de 13^h, et de 18 dans l'ascension de 18^h.

Depuis l'époque E de l'expulsion des neuf jets, est presque terminée la subdivision du 4° jet B^{IV} dont la masse empyrée se divisa et se subdivisa pour produire autant de portions qu'il y a actuellement d'étoiles et de nébuleuses indigènes. La subdivision s'opéra suivant la loi physique indiquée dans l'Astrogonie, d'où devint connue la distribution des plans orbiculaires, de façon qu'ils soient en égal nombre et à égales distances de l'un et de l'autre côté du prolongement du plan équatorial de l'Hélioagète. En partant donc de ce plan pour avancer vers ses pôles, les quantités réelles des étoiles sont égales; tandis que ne le sont pas les quantités apparentes. 1° Étant en S' (fig. 58), nous voyons se projeter vers l'hémisphère austral toutes les étoiles dont les orbites sont moins éloignées du plan équatorial que l'orbite de notre Soleil. 2° Étant en S nous voyons les étoiles indigènes dans l'espace PCP′ et dans l'espace PHP′ nous voyons les étoiles indigènes mêlées avec les étoiles exotiques des trois espaces annulaires inférieurs A′, A″, A‴. Les nébuleuses exotiques des cinq espaces annulaires supérieurs sont visibles en toute direction autour du Soleil S et autour de l'Hélioagète H.

B. DES FAITS PHYSIQUES PRODUITS PAR LA PESANTEUR SUR LA MASSE EMPYRÉE DES TROIS ESPACES ANNULAIRES INFÉRIEURS.

§ 406. $2^4\Delta$ étant le rayon du 4° espace annulaire A^{IV}, $2^3\Delta$, $2^2\Delta$, 2Δ sont les rayons des trois espaces annulaires inférieurs A‴, A″, A′; par suite, la pesanteur qui correspond à la rapidité des transformations y est supérieure. Après avoir constaté le manque de nébuleuses solifères dans les corps indigènes de rayon $\rho-\alpha$ inférieur à celui ρ de l'orbite du Soleil, il n'y a plus de doute que de telles nébuleuses doivent à plus forte raison manquer dans les espaces annulaires de rayons beaucoup plus petits et par suite de pesanteur supérieure.

Par les étoiles immobiles et les étoiles de trois vitesses différentes observées dans les Hyades (§ 94), on a reconnu que parmi ces étoiles 1° les immobiles ε^{IV} sont indigènes et circulent sur des orbites de rayons $\rho-\alpha$ peu différents de celui ρ de l'orbite solaire et ayant pour cela une vitesse orbiculaire presque égale à celle du Soleil, d'où résulte un état immobile apparent; 2° les étoiles ε''' de petite vitesse v circulent dans l'espace annulaire A‴ de rayon $2^3\Delta$; 3° les étoiles ε'' de vitesses médiocres $\mathbf{v}$ circulent dans l'espace annulaire A″ de rayon $2^2\Delta$; et 4° les étoiles ε' de grande vitesse V circulent dans le premier espace annulaire A′ de plus petit rayon 2Δ. La série de faits suivante servira d'exemple.

Soit S (fig. 57) le Soleil du côté boréal du plan HV de la Voie lactée dans lequel se trouvent les plans des neuf espaces annulaires et le prolongement du plan équatorial de l'Hélioagète; l'étoile Alcyon se voit dans la direction SA''' formant avec le plan HV un angle de 21°, le mouvement d'Alcyon a une petite vitesse séculaire $V = 4'',7$, d'où il résulte qu'elle circule dans le 3ᵉ espace annulaire A''' de rayon $2^3\Delta$, qui n'est que la moitié du rayon $2^4\Delta$, lequel égale presque celui de l'orbite solaire. La distance SA^{VI} est la différence $2^6\Delta - 2^4\Delta = 48\Delta$, et la distance $SA''' = 2^4\Delta - 2^3\Delta = 8\Delta$; il en résulte

Fig. 57.

$$48\Delta : 8\Delta = 21^\circ : 3^\circ\tfrac{1}{2} = VSA''',$$

tel est l'angle qui indique l'éloignement de la branche de la Voie lactée; cette valeur de l'angle obtenue par le calcul ne diffère pas de celle obtenue de l'observation. De même donc que par rapport à l'espace annulaire A^{VI} ou HV, apparaît du côté austral l'espace annulaire A^{V} supérieur, de même, par rapport à ce plan HV, apparaît de ce côté austral l'espace annulaire A''' et encore les deux autres espaces annulaires A'', A'. Dans l'espace annulaire supérieur A^{V} ne circulent que des nébuleuses, tandis que dans les espaces annulaires inférieurs circulent des étoiles.

La distance de 21° entre le plan de la Voie lactée HV et Alcyon, et celle 3°½ entre ce même plan et la branche de la Voie lactée sont en raison inverse des distances SA''' et SA^{VI}; les éloignements perspectifs des étoiles des deux espaces annulaires inférieurs A'', A', sont inférieurs à 21°, parce que les étoiles ε''' du 3ᵉ espace annulaire s'éloignent de l'Hélioagète H (fig. 58) jusqu'à l'élongation de 45°, de sorte que du côté austral les étoiles ε''' exotiques vont jusqu'à 21°, et sur le plan de la Voie lactée ces étoiles exotiques vont jusqu'à l'élongation de 45°, comme cela devient clair par les grandes densités d'étoiles qui vont jusqu'à ces limites des deux côtés sur le plan de la Voie lactée. Les élongations correspondent aux rayons $2^3\Delta$, $2^2\Delta$, 2Δ; elles sont réelles et ne dépendent pas de la position du Soleil; pour cette raison elles sont égales des deux côtés Hg, Hg' de l'Hélioagète. Au contraire, les déplacements des plans vers l'hémisphère austral résultent de la position du Soleil du côté boréal du plan de la Voie lactée.

Fig. 58.

Changements des étoiles en systèmes de planètes lumineuses. Des nébuleuses solifères proviennent les Soleils dont les indigènes du côté supérieur sont de 7ᵉ, 8ᵉ et 9ᵉ grandeur, ceux du côté inférieur et les exotiques sont plus faibles à cause de la distance. A partir du moment de l'apparition de chaque soleil s'écoule un laps T de temps, et il devient alors capable d'expulser neuf jets de masse brûlante qui se présentent dans l'espace comme étoiles nouvelles.

Les molécules de masse empyrée des neuf jets sont en équilibre détruit 1° par rapport à la pesanteur locale entre elles, et 2° par rapport à leur soleil. Il en résulte des déplacements de molécules et d'inégales intensités de transformations; de même que cela a lieu pour les molécules de la masse empyrée des jets expulsés de l'Hélioagète. Il en résulte une production de vessies de vapeur; leurs enveloppes gèlent et deviennent de gros ballons dont des millions réunis produisent des météores qui dispersent les rayons de la masse empyrée et font disparaître les étoiles nouvelles; de sorte qu'on n'aperçoit plus rien dans le point où les étoiles nouvelles étaient apparues.

Après un grand nombre de siècles, les dimensions des météores se sont suffisamment accrues pour qu'ils deviennent perceptibles dans les télescopes puissants, et c'est ainsi qu'apparaît une nébuleuse planétaire au point occupé précédemment par un soleil, et puis par une étoile nouvelle. Cet état de nébuleuse persiste un grand nombre de siècles pendant lesquels s'établit l'équilibre des molécules en commençant par celles du jet le moins éloigné, d'où résulte une planète lumineuse Hermès. Plus tard, l'équilibre s'établit dans les molécules du 2° jet, et il en résulte une 2° planète lumineuse Aphrodite, et c'est ainsi qu'en une durée très-longue l'équilibre des molécules s'établit dans les jets les plus éloignés, d'où résultent les planètes lumineuses Ouranos et Poseidon.

L'espace occupé successivement par 1° les nébuleuses solifères, 2° les soleils, 3° les étoiles nouvelles, 4° les corps invisibles, 5° les étoiles périodiques, est à cette époque occupé par un système complet de planètes lumineuses, et ce système se présente non plus comme étoiles télescopiques mais comme étoiles de 3°, 4°, 5° et 6° grandeur, visibles à l'œil nu.

§ 407. **Changements des systèmes de planètes lumineuses en systèmes de doryphores.** La planète Hermès se trouve déjà assez avancée en âge lorsque deviennent visibles les planètes Chronos, Ouranos; pour cette raison elle expulse d'abord une masse brûlante; ensuite, Hermès expulse la planète Aphrodite, la planète Gée et les autres. Dans ces différents cas se montre une étoile nouvelle rouge de 6e grandeur, qui, en moins d'un an, devient invisible même dans les plus puissants télescopes.

La masse empyrée expulsée des planètes lumineuses est composée de molécules réduites en équilibre détruit, d'où résultent leur déplacement et la production de météores, qui dispersent les rayons et rendent le corps invisible pour un laps de temps considérable.

Parmi les jets expulsés des planètes lumineuses, il en est toujours un auquel manquent les éléments du mouvement orbiculaire; il rebrousse alors chemin, et affectant la forme d'une bande très-longue, il tombe sur la partie équatoriale de la planète en faisant autour d'elle comme une ceinture à plusieurs tours. Les molécules de la masse empyrée de ce jet produisent donc les météores qui rendent invisibles les planètes; de même que le soleil de tels systèmes de planètes lumineuses est entouré de météores qui le rendent aussi invisible; de même que l'Hélioagète est entouré de météores qui le font apparaître comme une grande nébuleuse.

L'équilibre s'établit dans les molécules des jets expulsés des planètes, et ainsi apparaissent les doryphores lumineux comme étoiles de 1re ou 2e grandeur.

§ 408. **Grandeurs des étoiles des quatre espaces annulaires.** Il a été indiqué (§ 334) qu'il y a 18 étoiles de 1re grandeur et de de 2e grandeur, parmi deux millions d'étoiles télescopiques indigènes, et qu'il y a 2,300 étoiles de 3e, 4e, 5e et 6e grandeur. Dans les trois espaces annulaires inférieurs, les nombres des étoiles ne diffèrent pas trop; elles forment la somme de six millions, mais les grandeurs diffèrent.

I. Dans le premier espace annulaire A′ tous les soleils produisirent des planètes, et toutes les planètes produisirent des satellites; ces planètes et ces satellites se trouvent éteints, pour la plupart, et sont dans un état comparable à celui de notre système planétaire; il y a un petit nombre d'étoiles de 1re grandeur réelle, mais elles apparaissent télescopiques.

II. Dans le deuxième espace annulaire A'' tous les soleils produisirent des planètes, toutes les planètes produisirent des satellites; une grande quantité de planètes et de satellites sont éteints; il y a un grand nombre d'étoiles de 1re et de 2e grandeur réelle, mais elles apparaissent télescopiques.

III. Dans la troisième espèce annulaire A''' tous les soleils produisirent des planètes, et les planètes produisirent des satellites; il s'en trouve un grand nombre de 6e, 5e, 4e, 3e, 2e et 1re grandeur; celles de 1re grandeur réelles sont seules visibles à l'œil nu; l'étoile Alcyon du 3e espace A''' est comparable à Sirius du 4e espace annulaire AIV.

C. Des faits physiques produits par la pesanteur sur la masse empyrée de cinq espaces annulaires supérieurs.

§ 409. L'inégale rapidité des transformations correspond à la pesanteur des corps périphériques vers leur corps central l'Hélioagète, pesanteur qui est inégale chez les corps qui sont à d'inégales distances de leur corps central; Herschel découvrit le fait, et ici est établie la correspondance entre ces faits et la pesanteur dont Newton découvrit la liaison avec les distances entre les corps périphériques et leur corps central.

Les transformations consistent en subdivisions de la masse empyrée de chacun des neuf jets en portions inférieures de cette masse, laquelle étant d'une très-grande densité se dilate et s'allonge dans la direction d'où les molécules éprouvent la plus faible résistance. Ces directions sont au nombre de deux : 1° celle vers le corps central, et 2° celle dans le sens du mouvement orbiculaire. Leurs inégales rapidités correspondent 1° aux degrés de la pesanteur qui sont en raison inverse des carrés de distances, et 2° aux degrés des vitesses de mouvements orbiculaires.

I. La plus faible rapidité de transformation est dans la masse empyrée du jet B^{IX} à la plus grande distance $2^9\Delta$ du corps central, car c'est là que la pesanteur vers le corps central est la plus faible; une semblable différence n'existe pas pour la pesanteur locale, car elle correspond à la quantité des molécules matérielles de chaque jet. Depuis l'époque E de l'expulsion des neuf gros jets de l'Hélioagète, la masse du jet B^{IX} n'éprouva qu'un petit nombre de subdivisions et il n'en résulta qu'un nombre de portions correspondant à celles de la 2° période de l'Astrogonie lorsque les portions sont encore très-grosses et au nombre de 8^2.

II. Dans le 8° espace annulaire A^{VIII} de rayon $2^8\Delta$, le degré de rapidité de transformation est plus élevé parce que la pesanteur l'est aussi; de la masse empyrée du jet B^{VIII} a été produit un nombre de 8^3 portions moins grosses que celles de l'espace A^{IX}; elles correspondent par leur nombre à la 3° période de l'Astrogonie.

III. La masse empyrée B^{VII} du 7° espace annulaire A^{VII} se trouve subdivisée en 8^4 portions, nombre qui correspond à celui produit pendant que chaque jet se trouve dans sa 4° période astrogonique.

IV. Dans le 6° espace annulaire A^{VI} de rayon $2^6\Delta$, le nombre des portions produites par la subdivision de la masse empyrée du 6° jet B^{VI} est de 8^5; le nombre de portions correspond à celui qui est obtenu lorsqu'un jet se trouve dans sa 5° période astrogonique.

V. Dans le 5° espace annulaire A^V de rayon $2^5\Delta$ le nombre des portions de masse empyrée serait 8^6 s'il y restait celle du jet B^V; mais à cause du manque d'éléments de mouvement orbiculaire, la masse centrale de ce jet B^V dut rebrousser chemin, et il ne resta dans l'espace annulaire A^V, qu'une masse empyrée de petite quantité b^V séparée des extrémités de la bande B^v dans laquelle ne se trouvèrent pas les éléments de mouvement orbiculaire.

Distances entre le Soleil et les cinq espaces annulaires supérieurs. Connaissant les distances entre chaque espace annulaire et l'Hélioagète, la distance entre le Soleil et chacun des autres espaces annulaires se trouve déterminée ; ici sont indiquées les cinq distances entre le Soleil et les espaces annulaires supérieurs.

$$(2^5-2^4)\,\Delta=2^4\,\Delta;\ (12^6-2^4)\,\Delta=3\times 2^4\,\Delta;\ (2^7-2^4)\,\Delta=7\times 2^4\,\Delta;$$
$$(2^8-2^4)\,\Delta=15\times 2^4\Delta;\ (2^9-2^4)\,\Delta=31\times 2^4\,\Delta.$$

Aspects des nébuleuses circulant dans les cinq espaces annulaires. Dans chacun des cinq espaces annulaires se voient les nébuleuses qui y circulent, 1° lorsque le nombre de ces nébuleuses est grand tout l'espace annulaire devient visible; 2° lorsque le bord austral des nébuleuses d'un espace annulaire supérieur se touche avec le bord boréal des nébuleuses d'un espace annulaire inférieur, apparaissent en un seul anneau les nébuleuses qui circulent dans les trois espaces annulaires supérieurs; 3° Lorsqu'est petit le nombre de nébuleuses circulant dans un espace annulaire peu éloigné de nous, ces nébuleuses unies entre elles indiquent les régions par lesquelles passe l'espace annulaire dans lequel ces nébuleuses circulent.

Après avoir ainsi exposé 1° les nombres de portions de masse empyrée dans chacun des cinq espaces annulaires, il ne reste qu'à rapporter un nombre de faits comme exemples afin de rendre plus évident et plus facile à saisir par le lecteur le mode de la production de ces faits.

1° Des nébuleuses de la 6° période astrogonique circulant dans le 5° espace annulaire.

§ 410. Dans la 5° classe Herschel compte les nébuleuses qui se distinguent des autres 1° par une étendue supérieure à celles de toutes les autres nébuleuses; 2° par le manque de continuité uniforme et symétrique; 3° par des limites nettes, brusques, vives d'un côté et graduelles, insensibles du côté opposé; 4° par le manque d'un assemblage des détails pour former un corps d'une certaine forme; 5° par la présence, au milieu des parties lumineuses, d'autres moins lumineuses ou même tout-à-fait obscures; 6° par l'irrésolubilité complète en points lumineux dans les télescopes puissants, même dans le grand télescope de lord Ross.

Plusieurs de ces nébuleuses étaient connues avant Herschel; à cause de leurs grandes étendues les astronomes croyaient ces corps moins éloignés que les nébuleuses de dimension inférieure et plus faible; l'état d'irrésolubilité a été attribué au manque de points lumineux, manque qui a été lui-même attribué à une matière gazeuse. Ni Herschel ni aucun autre savant n'imagina que ces nébuleuses ont une étendue des milliers de fois supérieure à celle des nébuleuses indigènes et que leur distance **D** est des milliers de fois supérieure à celle **d** des nébuleuses indigènes; encore moins pensa-t-on que ces nébuleuses circulent dans un espace annulaire A^{V} concentrique avec celui A^{IV} dans lequel circulent les nébuleuses indigènes.

Parmi les nébuleuses pareilles se distinguent surtout les six suivantes :

1° Le grand nuage de Magellan;

2° Le petit nuage de Magellan;

3° La grande nébuleuse d'Orion;

4° La grande nébuleuse d'Andromède;

5° La grande nébuleuse entre la tête et l'arc du Sagittaire;

6° La grande nébuleuse de η d'Argo.

Connaissant le mode de la distribution des étoiles et des nébuleuses dans les neuf espaces annulaires concentriques, connaissant également, d'après la loi de la perspective, la position de l'espace annulaire A^{V}, je reconnus que les six nébuleuses, ci-dessus nommées, se trouvent placées toutes du côté austral du bord de la Voie lactée, car elles circulent dans le 5ᵉ espace annulaire A^{V} placé entre le 4ᵉ A^{IV} et le 6ᵉ A^{VI}. Dans le 4ᵉ circule le Soleil avec les corps indigènes étoiles et nébuleuses; dans le 6ᵉ circulent les nébuleuses nombreuses 8^{5} qui occupent toute la périphérie de l'espace annulaire A^{VI}, et se voient comme un anneau lumineux qui est la Voie lactée. Telle est la preuve que les six nébuleuses dont il est question circulent dans le 5ᵉ espace annulaire A^{V}.

C'est des détails de ces nébuleuses que résulte la faible rapidité des transformations correspondant à la distance $2^{5}\Delta$ entre ces nébuleuses et l'Hélioagète, distance double à celle $2^{4}\Delta$ entre le Soleil et le corps central; par suite la rapidité des transformations est 4 fois inférieure chez les nébuleuses qui circulent dans le 5ᵉ espace annulaire A^{V}. Ces nébuleuses se trouvent actuellement subdivisées en portions analogues à celles de l'espace annulaire A^{IV} lorsqu'elles étaient à leur 6ᵉ période astrogonique. Pour connaître donc l'état des corps indigènes il y a des millions d'années, il faut exposer l'état actuel des nébuleuses du 6ᵉ espace annulaire.

I. **Grand nuage de Magellan.** Cette néphélie couvre 42 degrés carrés de la voûte céleste; par un beau clair de lune le nuage perd une partie considérable de son éclat. John Herschel trouva ce nuage composé de 291 nébuleuses irrésolubles, sur lesquelles se projettent 582 étoiles et 46 amas de points lumineux. Cet astronome ignorait que ces 46 amas de points lumineux de même que les 582 étoiles sont indigènes et se projettent sur une nébuleuse des milliers de fois plus étendue et composée de 291 nébuleuses irrésolubles, disposées entre elles, sans présenter aucun ensemble commun car elles affectent toutes des formes irrégulières.

J. Herschel se borna à une fidèle description de ces corps comme ils se présentent et s'abstint d'en tirer aucune conjecture; Arago qui n'avait pas observé les nuages, supposa à une distance presque égale les étoiles, les nébuleuses résolubles et les nébuleuses irrésolubles, et crut avoir trouvé que les deux nuages de Magellan offrent aux yeux de l'observateur une sorte de miniature du ciel étoilé, où l'on découvre des constellations, des amas stellaires (nébuleuses solifères) et la matière nébuleuse à ses différents états de condensation, qui précèdent toujours l'état d'étoiles. Sous ce rapport Arago et Herschel le père reconnurent bien l'ordre de la succession des états des nébuleuses irrésolubles des nébuleuses résolubles et des étoiles : cet ordre est exposé ici dans tous ses détails.

Lacaille s'exprime avec la plus grande clarté par rapport aux nébuleuses exotiques; il dit : « Il n'est pas cer« tain que la blancheur de ces nuages soit causée, comme « on le croit communément, par des amas de petites étoiles « plus serrées que dans les autres parties du ciel; car, « avec quelque attention que j'ai considérée les extrémités « les mieux terminées, soit de la Voie lactée, soit des « Nuées de Magellan, je n'y ai rien aperçu, avec la lunette « de 14 pieds, qu'une blancheur dans le fond du ciel, sans « y voir plus d'étoiles qu'ailleurs, où le fond était ob« scur. »

Cette exposition très-fidèle de faits observés d'une part, et la connaissance de l'inégalité des distances de l'autre, suffisent pour rendre compte en même temps de la grande étendue et de l'état irrésoluble des nébuleuses exotiques.

La pleine certitude résulte de la distribution de toutes les six nébuleuses autour du bord austral de l'anneau de la Voie lactée.

Parmi les étoiles indigènes les plus éloignées sont de 21δ ayant pour parallaxe $0'',1$; cette distance est beaucoup inférieure à celle Δ : il y a $2^4\Delta$ distances pareilles entre le Soleil et les nébuleuses exotiques; l'étendue de 42 degrés carrés paraîtrait donc, à une distance de 21δ, des milliers de fois plus grande ; à une distance pareille, la nébuleuse serait résoluble comme le sont les autres nébuleuses solifères.

II. **Petit nuage de Magellan.** Cette nébuleuse couvre 10 degrés carrés de la voûte céleste : par un beau clair de lune, elle disparaît entièrement. John Herschel y a compté 200 étoiles, 37 nébuleuses irrésolubles et 7 amas de points lumineux qui sont des nébuleuses solifères. L'étendue de ce Nuage atteint presque le quart de celle du Grand ; il n'existe donc aucun rapport entre les étendues et le nombre des étoiles ou des nébuleuses. De même qu'en toute autre partie à égale distance de la Voie lactée, on trouvera des différences entre les densités des étoiles et des nébuleuses indigènes. Il n'existe donc aucune liaison physique entre les distributions des corps indigènes et celles des corps exotiques.

III. **Grande nébuleuse d'Orion.** Cette nébuleuse est fréquemment observée par les astronomes. Huygens en essaya le premier la description : ne sachant comment s'exprimer, il dit : « On dirait que la voûte céleste s'étant « entr'ouverte dans cette partie laisse voir par delà des « régions plus lumineuses. »

Parmi les astronomes modernes, John Herschel s'exprime ainsi : « Dans toutes les nébuleuses (résolubles), « l'observateur remarque (quel que soit le grossissement) « des éléments stellaires, ou du moins il croit sentir qu'on « les apercevrait, si la vision était plus nette ; la nébu- « leuse d'Orion produit une sensation toute différente ; elle « ne fait naître aucune idée d'étoile. » Telles sont toutes les nébuleuses exotiques.

La nébuleuse *a*, *b*, *c* (fig. 55) est floconneuse avec des appendices de longueurs différentes ; Lamont put apercevoir même des espaces vides entre ses appendices et le corps ; celui-ci est aussi semé d'espaces moins clairs ou moins noirs. Tout prouve qu'il y a une subdivision de la masse empyrée en un grand nombre de portions, mais non pas sur un seul et même plan. La face tournée vers la Terre se voit nettement limitée, tandis que la face postérieure présente des dégradations d'éclat.

La distance entre le Soleil S (fig. 58) et la nébuleuse q'' d'Orion est la somme $(2^4 + 2^5)\Delta$, $2^4\Delta$ est la distance SH entre le Soleil et l'Hélioagète et $2^5\Delta$ est la distance Hq''. Ce sont donc les étoiles indigènes et les étoiles exotiques qui se projettent sur la nébuleuse très-éloignée, son étendue serait des milliers de fois supérieure si elle était une nébuleuse indigène.

IV. **Grande nébuleuse du Sagittaire.** De même que la nébuleuse de l'Épée d'Orion (fig. 55), celle-ci semble aussi formée de quatre masses distinctes, dont l'une se divise à son tour en trois parties. Ces détails servent à rendre évidents les prolongements de la masse empyrée : dont tous les transversaux sont perpendiculaires aux prolongements opérés suivant la direction du plan de la Voie lactée. Les prolongements verticaux étant dans le plan de la Voie lactée sont imperceptibles; ils sont vus de profil; de leurs deux extrémités très-éloignées l'une de l'autre partent deux allongements longitudinaux, parallèles suivant l'anneau de la Voie lactée; tandis que perpendiculairement au plan de cet anneau des deux mêmes extrémités partent les quatre allongements transversaux (*Voir* Section III).

Ces détails ont pu être distingués dans cette nébuleuse, parce que quoique étant à une égale distance $2^5\Delta$ de l'Hélioagète que les cinq autres, cette nébuleuse exotique est la seule qui soit à la distance de $2^4\Delta$ du Soleil ; les cinq autres sont plus éloignées, et à la plus grande distance de $2^5\Delta + 2^5\Delta$ est la nébuleuse de l'Épée d'Orion.

V. **Grande nébuleuse η d'Argo.** Cette nébuleuse couvre sur la voûte céleste plus des 4 septièmes d'un degré carré; elle est partagée en plusieurs masses irrégulières qui jettent une lumière inégale. On y distingue une espèce de vide de forme ovale, sur lequel se trouve répandue une lumière très-faible; ce grand vide sert à prouver directement que les astronomes modernes ont raison de ne pas suivre l'hypothèse d'attraction imprimée par W. Herschel et ses partisans.

La nébuleuse du Sagittaire est vue de face dans la direction SA'C (fig. 58), de même que la nébuleuse d'Orion est vue dans la direction SnL, tandis que la nébuleuse η d'Argo est vue obliquement entre les directions SF et SD à une distance d'environ $2^5\Delta$. Les détails des nébuleuses vues de face ne diffèrent pas suivant la forme autant que leur aspect diffère à cause de leurs distances, car la nébuleuse d'Orion est de $2^5\Delta$ plus loin que celle du Sagittaire. L'aspect de la nébuleuse η d'Argo diffère de celui des deux précédentes, à cause de sa position oblique et non pas à cause de sa distance.

Fig. 59.

VI. **Nébuleuse de ν d'Andromède.** La longueur MN (fig. 59) de cette nébuleuse est de 2° $\frac{1}{2}$ et sa largeur de plus de 1°. Simon Marius l'observa en 1612; il compara sa lumière à celle d'une chandelle vue à travers une feuille de corne, comparaison très-exacte. A cause de sa forme et de son petit noyau, cette nébuleuse a été comptée parm les nébuleuses planétaires (§ 234). Stoney y découvrit une nébuleuse faible résoluble de même que John Herschel découvrit des nébuleuses résolubles sur les Nuages de Magellan.

Les dimensions réelles de cette nébuleuse ne permettent pas de croire qu'elle soit indigène; dans les puissants télescopes elle se présente aussi irrésoluble que les cinq précédentes. Il y a parmi les parties claires d'autres moins claires ou même obscures, mais elles sont trop fines pour être bien déterminées et dessinées. Cette nébuleuse se distingue des nébuleuses indigènes par ses dimensions, et des autres nébuleuses exotiques par sa forme de fuseau.

Origine optique de la forme. La nébuleuse de η d'Andromède est vue dans la direction S*pf* (fig. 58), direction correspondant exactement à celle S*f'* sur laquelle est le Petit Nuage. Les deux nébuleuses sont également éloignées du bord austral de la Voie lactée et en même temps elles se trouvent en égales positions par rapport aux deux Anses (sacs de charbon).

De même que ces Anses sont un résultat d'optique des nébuleuses du 6ᵉ espace annulaire, de même la nébuleuse d'Andromède résulte des nébuleuses du 5ᵉ espace annulaire, précisément dans la région qui est trouvée, 1° par la position concentrique des espaces annulaires et 2° par la différence $2^5\Delta$ entre les distances $2^6\Delta$ de l'espace annulaire A^{IV} et $2^5\Delta$ de l'espace annulaire A^{V}. Il suffit de serrer un peu les deux extrémités des Anses pour faire ressortir la forme de fuseau que présente la nébuleuse de η d'Andromède.

En considérant la forme réelle qui résulte des nébuleuses du 5ᵉ espace annulaire et des détails obtenus par l'observation à l'état confus, il sera possible dans l'avenir d'arranger les faits réels avec les faits apparents pour obtenir des détails plus exacts, sans cependant que l'on rencontre jamais aucun fait qui ne soit d'accord avec ceux exposés jusqu'ici, faits puisés d'ailleurs dans la loi physique et non pas dans les raisonnements de l'auteur.

2° Des nébuleuses de la 5° période astrogonique circulant dans le 6° espace annulaire.

§ 411. Le 6° jet B^{IV} de masse empyrée se subdivise dans le 6° espace annulaire A^{II} de rayon $2^6\Delta$. Les transformations s'opèrent à cette distance avec une rapidité proportionnelle à la pesanteur qui est en raison inverse des carrés des distances. Par suite les durées des transformations sont proportionnelles avec les carrés des distances. 1° Soit $t=(2^4\Delta)^2$ la durée des sept périodes astrogoniques des corps indigènes; 2° on a $\mathbf{t}=(2^5\Delta)^2$ pour la durée des sept périodes astrogoniques du 5° espace annulaire provenant de la subdivision de la masse empyrée séparée du 5° jet; 3° et $T=(2^6\Delta)^2$ pour la durée des sept périodes astrogoniques pendant lesquelles s'opère la subdivision de la masse empyrée du 6° jet B^{VI}, d'où doit résulter, à la fin de chaque période un nombre de portions 8 fois égal au nombre qui existait au commencement de chacune des périodes astrogoniques.

I. La durée $t=(2^4\Delta)^2$ s'étant écoulée, les portions indigènes de masse empyrée ont passé presque toutes le dernier échelon de leurs transformations et ont atteint l'état d'étoiles, il n'y en a plus qu'un petit nombre encore à l'état de nébuleuses solifères. Le nombre total de portions est 8^7, car la subdivision de la masse empyrée B^{IV} s'opéra en 7 périodes astrogoniques dont la somme des durées est la durée totale $t=t'+t''+t'''+t^{IV}+t^{V}+t^{IV}+t^{VII}$.

II. De la durée $\mathbf{t}=(1^5\Delta)^2$ se sont écoulées les six périodes astrogoniques $\mathbf{t}'+\mathbf{t}''+\mathbf{t}'''+\mathbf{t}^{IV}+\mathbf{t}^{V}+\mathbf{t}^{VI}=\mathbf{s}$, et actuellement s'opèrent les subdivisions de portions dont le nombre serait de 8^6 si ne manquait pas dans le 5° espace annulaire la masse du 5° jet B^{V}.

III. De la durée $T=(2^6\Delta)^2$ se sont écoulées les cinq périodes astrogoniques $T' + T'' + T''' + T^{IV} + T^{V} = \tau$; actuellement se trouvent dans le 6ᵉ espace A^{VI} annulaire 8^5 grosses portions de masse empyrée qui sont résultées de la subdivision de la masse du jet B^{VI} pendant la somme s' des durées de cinq périodes, somme qui ne diffère pas de celle s et de la durée t, parce que tous les neuf jets de masse empyrée ont été expulsés à une même époque : la différence de l'état actuel des portions de cette masse est résultée de l'inégale rapidité des subdivisions des jets B^{IV}, B^{V}, B^{VI}, lesquels sont à des distances $2^4\Delta$, $2^5\Delta$, $2^6\Delta$ de l'Hélioagète.

Distribution des 8^5 nébuleuses. A la fin des sept périodes astrogoniques il y aura dans le 6ᵉ espace annulaire 8^7 portions de masse empyrée, nombre qui ne diffèrera pas de celui des portions composant les corps indigènes. La durée T des sept périodes astrogoniques est proportionnelle au carré $(2^6\Delta)^2$; ainsi l'on a

$$T : \tau = (2^6\Delta)^2 : (2^4\Delta)^2 = 2^4 : 1.$$

Pour cette raison 8^7 étant le nombre des portions dans l'espace annulaire A^{IV}, ce nombre est 8^5 dans l'espace annulaire A^{VI}. Les portions circulent sur 2^4 couples d'orbites à 2^4 de chaque côté du plan de l'anneau ; 2^4 sont les rayons différents, et par suite les 8^5 nébuleuses sont en 2^4 longitudes différentes sans être tellement distribuées que l'une d'elles commence exactement à la limite où se termine l'autre. Herschel observa dans toute la Voie lactée 157 groupes circonscrits et 18 autres situés sur les limites de la zone lumineuse. En comprenant, 1° le nombre des nébuleuses auxquelles fait écran l'Hélioagète, et 2° le nombre de celles qui restaient invisibles pour cet astronome, la somme s'élèvera à 400 environ, nombre près de 76 fois moindre que celui de $8^5 = 32768$. Cependant ces nébuleuses se projettent les unes sur les autres parce qu'elles ne se trouvent qu'en 2^4 longitudes différentes.

Les inclinaisons des couples des orbites sont égales, de

sorte qu'un observateur de l'Hélioagète verrait les nébuleuses 1° symétriquement arrangées des deux côtés du plan de l'anneau, 2° les inégales inclinaisons des nébuleuses en rendant les bords extérieurs accidentés, car après des nébuleuses de grande inclinaison Γ suivent parfois d'autres d'une faible inclinaison. La largeur de l'anneau est de 15°, et au delà, dans les régions où les inclinaisons des nébuleuses ou des groupes sont grandes, elle est de 5° et moindre encore dans les régions où les inclinaisons sont médiocres.

Tous les 157 groupes, sans aucune exception, se trouvent arrangés de manière à avoir leur longueur dans la direction de la Voie lactée; les limites de séparation sont perpendiculaires au plan de l'anneau, de sorte qu'on ne peut pas douter que les groupes ne circulent dans des orbites d'inclinaisons différentes, composés chacun de portions dont la clarté n'est pas égale dans toute leur étendue.

Faits d'optique. Les surfaces planes également éclairées se présentent à l'observateur en leur état naturel; mais les corps massifs non sphériques, allongés et ayant plusieurs bras ou appendices se présentent d'éclats différents, éclats déterminés par la quantité de rayons qui arrive à l'œil de chaque partie plus ou moins soulevée, afin qu'il arrive par le même volume de photocône les quantités φ, $q\varphi$, $q'\varphi$, $Q\varphi$ de rayons. En voyant certaines taches se terminer nettement, brusquement, vivement d'un côté et se fondre du côté opposé dans la lumière du ciel par une dégradation insensible, nous sommes restés convaincus que le côté bien terminé est l'extrémité de la bande lumineuse vue de face; cette bande allongée obliquement présente, vers son côté opposé, une dégradation insensible d'éclat qui va se fondre dans la lumière du ciel.

Ce fait d'optique se trouve assez bien prononcé aux bords des deux anneaux de la Voie lactée. Placés du côté boréal de la Voie lactée, nous voyons de face les extrémités boréales des nébuleuses et obliquement leurs extrémités opposées. Il y a donc plus de superpositions au bord boréal et plus de dégradations au bord austral. Arago distingua entre le Sagittaire et Persée 18 régions parfaitement caractérisées par l'éclat spécial de leur lumière. Ces détails rendront plus évidente la disposition indiquée des nébuleuses, de même que les faits d'optique qui en résultent. Nul détail quelconque ne se présente sans être d'accord avec tous les précédents, et cela ne peut pas être différemment, parce qu'ici il n'y a pas d'hypothèses, et que le mode de la production des faits suivant la loi physique est seul exposé.

Diogalaxie. Lorsque était encore inconnu le mode de la composition de la Voie lactée, on disait qu'elle a une branche de 120°; les astronomes modernes, en coordonnant la position de cette branche avec la position du Soleil, ne manquèrent pas de reconnaître l'existence des deux anneaux lumineux concentriques. Maedler, guidé par ce fait et par la loi newtonienne, admit que tous les corps circulant dans les espaces annulaires, deux ou plusieurs, doivent être des corps périphériques d'un corps central, qui doit être au centre des anneaux concentriques. D'abord il admit un tel corps, c'est-à-dire un soleil central; ensuite ne pouvant réaliser l'existence d'un tel corps, il a cru qu'il est indifférent pour la loi newtonienne que la masse soit contenue dans un seul corps ou dans une quantité quelconque des corps différents.

Cette erreur commise, Maedler s'engagea dans une série d'autres qui ont été combattues par les astronomes; John Herschel disait que le centre de la gravitation devant être au centre des anneaux, Maedler a tort de le placer en dehors de ce centre dans les Pléiades. Maedler, pour repousser cette objection, rapportait les directions de plusieurs étoiles des Pléiades et des Hyades, d'où résulte que les mouvements réels s'opèrent autour d'un point tout près de l'étoile Alcyone des Pléiades. Les hypothèses de Maedler persistèrent tant que l'on ignora qu'il existe en effet un corps central occupant précisément le centre des anneaux concentriques dont le nombre réel était inconnu ; cependant on savait qu'il n'était pas inférieur à deux.

Je n'ai fait qu'appliquer la loi de la perspective à ses deux anneaux concentriques, et il en est résulté avec évidence la position du soleil central qui y a été trouvé occupant en effet le centre des anneaux concentriques ; l'anneau intérieur nommé Diogalaxie étant vu du Soleil se projette du côté austral de l'anneau extérieur nommé *Chronogalaxie;* les deux anses seules (Sacs-de-charbon) passent perspectivement du côté boréal de la Chronogalaxie (*Voir* tables I, II).

L'espace qui sépare les deux anneaux a la forme de la surface d'une *tranche de sphère ;* le milieu de cette *tranche supérieure* où est le maximum de la largeur de $3^{\circ}\frac{1}{2}$, est dans le Serpent austral ; l'une de ses extrémités est au Cygne, là où commence l'*Anse orientale*, et l'autre au Centaure, au point où commence l'*Anse occidentale.* Au delà des deux Anses commence la *Tranche inférieure* dont la largeur est de $2^{\circ}\frac{1}{10} = 126'$; cette valeur est déterminée par les distances $(2^6 - 2^4)\Delta = 48\Delta = SA^{VI}$ et $(2^6 + 2^4)\Delta = 80\Delta = Sz'$ (fig. 58), d'où l'on a :

$$80 : 48 = 3\tfrac{1}{2} : \chi = \tfrac{6}{10} \times 3\tfrac{1}{2} = 2^{\circ}\,6'.$$

De même que le Serpent austral occupe le milieu de la Tranche supérieure, de même l'Hélioagète occupe le milieu de la Tranche inférieure. Entre l'Hélioagète et l'Anse orientale de Céphée, le bord austral de la Chronogalaxie touche au bord boréal de la Diogalaxie ; un tel contact manque dans la région du Navire où les deux galaxies se voient séparées.

3° Des nébuleuses de la 4e période astrogonique circulant dans le 7e espace annulaire.

§ 412. Le 7e jet B^{VII} de masse empyrée se subdivise dans le 7e espace annulaire A^{VII} de rayon $2^7\Delta$ et de pesanteur ou de rapidité en raison inverse du carré de ce rayon. La durée s'' totale des sept périodes astrogoniques est en raison inverse de la pesanteur et en raison directe du carré de la distance $2^7\Delta$, ainsi on a $s'' = (2^7\Delta)^2$.

$\tau = (2^4\Delta)^2$ étant la durée totale des sept périodes astrogoniques dans le 4° espace annulaire A^{IV}, le rapport entre cette durée et la précédente est :

$$s'' : \tau = 2^{14}\Delta^2 : 2^8\Delta^2 = 2^6 : 1.$$

De la durée s'' se sont écoulées 4 périodes astrogoniques dont la somme des durées est :

$$s'' = T' + T'' + T''' + T^{IV} = s' = s = \tau$$

La masse empyrée B^{IV} dans l'espace annulaire A^{IV} à sa septième période astrogonique étant donc réduite en 8^7 portions, la masse empyrée B^{VII} est dans l'espace annulaire A^{VII} à sa 4° période astrogonique; elle est actuellement réduite en 8^4 portions, qui circulent dans 2^3 couples d'orbite à 2^3 de chaque côté du plan de l'anneau. 2^3 sont les rayons des 8^4 portions qui se trouvent dans 2^3 longitudes ayant chacune une grande longueur.

Chronogalaxie. Les 8^4 portions de masse brûlante circulent dans l'espace annulaire A^{VII} de rayon $2^7\Delta$; 1° le point de cet espace le moins éloigné du Soleil est à une distance de $HA^{VII} - HA^{IV} = 2^7\Delta - 2^4\Delta = 7 \times 2^4\Delta$; et 2° le point le plus éloigné est à une distance $SH + HA^{VII} = (2^4 + 2^7)$, $\Delta = 9 \times 2^4\Delta$.

Du côté du bord austral de la Chronogalaxie 1° nous voyons la *Tranche supérieure* la plus large de la voûte céleste limitée par un arc de 120° de la Diogalaxie; 2° nous voyons quelques parties de la *Tranche inférieure* la moins large de la voûte céleste limitée également par un arc de la Diogalaxie; au milieu de cette Tranche se projette l'Hélioagète, de sorte qu'il fait écran aux arcs LL' de la Chronogalaxie et de la Diogalaxie pour les rendre invisibles (fig. 58).

Du côté du bord boréal de la Chronogalaxie se voient les deux Anses formées perspectivement des deux arcs de la Diogalaxie. Ces deux Anses séparent la Tranche supérieure de la voûte céleste la moins longue et la plus large de la Tranche inférieure la plus longue et la moins large. Aucune partie de cette tranche n'apparaît entre l'Hélioagète et l'Anse orientale de Céphée, parce que le bord boréal de la Chronogalaxie s'étend jusqu'au bord boréal de la Diogalaxie. C'est par un oubli que Maedler n'a pas fait usage de ses connaissances de la Perspective pour exposer ces détails, car il savait que les deux anneaux sont concentriques et que le Soleil n'est pas dans leur plan, mais du côté boréal.

Pour peu que l'on ait quelques notions de géométrie, il est impossible de ne pas connaître le mode de la production des faits optiques exposés ici et indiqués dans les tables I, II.

8° Des nébuleuses de la 8e période astrogonique circulant dans le 8e espace annulaire.

Le 8e jet B^{VIII} de masse empyrée se subdivise dans le 8e espace annulaire A^{VIII} de rayon $2^8\Delta$ avec une rapidité qui est en raison directe avec la pesanteur et en raison inverse avec le carré de la distance $2^8\Delta$. La durée δ des sept périodes astrogoniques est proportionnelle au carré $(2^8\Delta)^2$. Le rapport entre cette durée et celle t est :

$$\delta : \tau = (2^8\Delta)^2 : (2^4\Delta)^2 = 2^8 : 1.$$

De la durée δ s'écoulèrent celles $\delta' + \delta'' + \delta''' = \varepsilon'''$ des trois périodes astrogoniques et la masse empyrée B^{VIII} se trouve actuellement subdivisée en 8^3 grosses portions qui circulent sur 2^2 couples d'orbites ayant 2^3 rayons différents, et par suite 2^3 longitudes différentes. Les 8^3 nébuleuses, quoique chacune de longueur excessive, n'occupent que certaines parties de l'espace annulaire A^{VIII}; elles sont séparées par de grands espaces vides irrégulièrement distribués.

Les nébuleuses les moins éloignées sont dans la distance $HA^{VIII} — HA^{IV} = 2^8\Delta — 2^4\Delta = 15 \times 2^4\Delta$; les nébuleuses les plus éloignées sont dans la distance $HA^{IV} + HA^{VIII} = 2^8\Delta + 2^4\Delta = 17 \times 2^4\Delta$. L'ensemble de ces nébuleuses nommé *Ouranogalaxie* ne se voit pas séparé par une tranche de voûte céleste de la Chronogalaxie; la largeur de cette tranche serait :

$$SA^{VIII} : SA^{III} = (2^9 — 2^4)\Delta : 2^4\Delta = 21^\circ : \chi = \frac{1}{30} \times 21^\circ = 42'.$$

La largeur de 21° indique la tranche de la voûte céleste entre l'espace annulaire A^{III} et la Diogalaxie; dans cet espace A^{III} se trouve l'étoile Alcyone des Pléiades.

5° Des nébuleuses de la 2° période astrogonique circulant dans le 9° espace annulaire.

§ 413. Le jet B^{IX} de masse empyrée le plus éloigné de l'Hélioagète se subdivise avec la plus faible rapidité; pour cette raison la durée *d* des sept périodes astrogoniques est la plus longue; elle est en raison directe avec le carré du rayon $2^9\Delta$ (ou $\frac{2}{1} \times 2^8\Delta$) de l'espace annulaire A^{IX}. Le rapport entre cette durée *d* et celle *t* est :

$$d : \tau = (2^9\Delta)^2 : (2^4\Delta)^2 = 2^{10} : 1.$$

De la durée *d* s'écoulèrent celles des deux périodes astrogoniques $d' + d'' = s^{IV} = t$, pendant lesquelles ont été produites 8^2 très-grosses portions qui circulent sur quatre orbites dont deux sont d'un côté du plan de l'espace annulaire, et les deux autres de son autre côté, ces orbites ont deux rayons différents et les 8^2 portions n'occupent que deux longitudes : il y a donc des intervalles vides très-étendus dans cet espace annulaire qui se distingue des huit inférieurs en ce qu'il y a eu un appendice poseidonien au jet B^{IX} de masse brûlante.

De même que nous avons trouvé cet appendice aux jets

composant les nébuleuses planétaires, de même on doit attribuer à un tel appendice l'aspect anormal que présente la Voie lactée dans le milieu du Navire, car elle s'étend en éventail sur plus de 20° de large, puis elle s'interrompt et laisse un large espace vide, après lequel se voient quatre séries de nébuleuses affluant pour s'unir avant l'Anse occidentale de la Mouche; en cette région la largeur de l'anneau n'est que de 3 à 4°, largeur 5 à 6 fois inférieure à celle de la partie peu éloignée du milieu du Navire.

Les faits obtenus par les observations s'arrangent pour servir comme exemples des résultats qui proviennent de la loi physique; ici les faits sont considérés comme véritables parce qu'ils correspondent à la fois à la loi de la perspective et à la loi physique. De ces deux lois celle de la perspective n'étant pas inconnue aux astronomes, ils ont reconnu le mode de la production des détails de la Voie lactée. Quant à la loi physique plusieurs faits en étaient connus, mais elle-même était inconnue; on ignorait l'origine du mouvement et les deux facteurs dont résulte l'affinité.

D. Exposition de l'ensemble des détails de la Voie lactée.

§ 414. Ce monument grandiose de la Cosmogonie conduit l'homme à connaître la majesté de l'Action Suprême; tout ce qui arrive à l'intelligence par la voie des organes de sensations est réel; pour cette raison est également réelle la loi qui régit la production des faits, dont les uns sont de courte durée et d'une rare violence, tandis que les autres sont d'une lenteur excessive et d'une durée très-longue. Les expulsions des jets de masse empyrée sont d'une courte durée et se présentent aux apparitions des étoiles nouvelles; les déplacements de molécules de cette masse s'opèrent avec une lenteur de mouvemement imperceptible, parce qu'ils ont pour cause : 1° la rupture d'équilibre qui résulte de la très-grande densité de ces molécules expulsées de l'Hélioagète, et 2° la pesanteur; celle-ci se manifeste de deux manières : 1° elle exerce une poussée des corps périphériques et de leurs molécules vers le corps central, et 2° elle exerce une poussée des molécules de chaque corps pour les faire se rapprocher les unes des autres; c'est cette poussée centripète qui doit se mettre en équilibre avec la poussée répulsive centrifuge provenant de la très-grande densité des molécules.

Dans la Voie lactée les composants ne sont pas des groupes d'étoiles comme l'admet Démocrite qui ignorait l'existence des nébuleuses; l'état réel de la position des nébuleuses n'est pas celui de leur apparition.

1° *Nébuleuses composant la Voie lactée.*

§ 415. D'abord, Lambert admit le système planétaire comme modèle du système solaire; cependant il n'est pas allé plus loin et n'a pas exposé en quoi consistent les différences physiques et les différences perspectives : 1° On ne connaissait pas alors l'Hélìougète correspondant au Soleil; 2° on ignorait que dans les espaces annulaires inférieurs A', A'', A''' circulent des étoiles avec les vitesses V, **v**, *v*; 3° on ne savait pas davantage que ce sont des nébuleuses qui circulent dans les cinq espaces annulaires supérieurs; 4° on ignorait que dans le quatrième espace annulaire A^{IV} circule le Soleil avec des millions d'autres et avec un nombre médiocre de nébuleuses solifères. Maedler était en train de compléter ce système, en admettant comme concentriques les espaces annulaires dans lesquels circulent les étoiles et les nébuleuses, et en cherchant à exposer la position des anneaux suivant la loi de la Perspective; cependant, au lieu de compléter le système de Lambert, Maedler le réfuta. En soutenant l'idée de Lambert et rectifiant l'erreur de Maedler sur la loi de la Perspective, j'exposai la charpente du système du Monde (fig. 58). Si je répète l'exposition des détails de la Voie lactée, je le fais sachant de quelle grande importance est la connaissance de cet objet qui échappe à tous les astronomes.

I. Dans le 5ᵉ espace annulaire A^{V} placé perspectivement du côté austral de la Voie lactée circulent les six grandes nébuleuses exotiques avec plusieurs autres de dimensions apparentes médiocres. Ces nébuleuses exotiques se distinguent des indigènes par leur irrésolubilité en point lumineux, et par leur résolubilité en d'autres nébuleuses de dimensions moindres irrégulièrement disposées. La limite de largeur des nébuleuses du 5ᵉ espace annulaire se voit dans le Grand Nuage de Magellan ; cette largeur est de plus du double de celle de la Diogalaxie, car l'éloignement du Grand Nuage est de $2^4\Delta$ et celui de la Diogalaxie de $3\times 2^4\Delta$.

II. Dans le 6ᵉ espace annulaire A^{VI} placé perspectivement entre le 5ᵉ A^{V} et le 7ᵉ A^{VII} circule le grand nombre 8^5 de nébuleuses, lesquelles suffisent à occuper presque toute l'étendue de cet espace annulaire A^{VI}, et cela surtout à cause de leur longueur excessive, parce que ces 8^5 nébuleuses ne circulent que sur 2^4 couples d'orbites ayant 2^4 diamètres différents et occupant 2^4 longitudes différentes. C'est l'ensemble de ces 8^5 nébuleuses qui compose la *Diogalaxie*, de distance $3\times 2^4\Delta$ du Soleil du côté voisin et de $(3+2^2)2^4\Delta$ du côté éloigné.

III. Dans le 7ᵉ espace annulaire A^{VII} placé perspectivement entre la Diogalaxie et les nébuleuses du 8ᵉ espace annulaire A^{VIII} circulent 8^4 nébuleuses sur 2^3 couples d'orbites ayant 2^3 rayons différents et occupant 2^3 longitudes différentes. La largeur réelle l des nébuleuses de chaque espace annulaire diminue perspectivement avec les distances : elle est $3l$ dans le Grand Nuage, l dans la Diogalaxie, $\frac{3}{7}l$ dans les nébuleuses de l'espace A^{VII}.

IV. Dans le 8ᵉ espace annulaire A^{VIII} placé perspectivement entre les nébuleuses des espaces A^{VII} et A^{IX} circulent 8^3

nébuleuses sur 2^3 couples d'orbites ayant 2^3 rayons différents et occupant quatre longitudes différentes ; la largeur apparente des nébuleuses est de $\frac{3}{24}l$.

V. Dans le 9ᵉ espace annulaire placé perspectivement au bord boréal des nébuleuses du 8ᵉ espace annulaire A^{VIII} circulent seulement 8^2 nébuleuses sur deux couples d'orbites ayant quatre rayons différents et occupant quatre longitudes. La largeur apparente des nébuleuses est de $\frac{3}{31}l$.

VI. Dans le jet B^{IX} de masse empyrée du 9ᵉ espace annulaire a dû se trouver l'appendice nommé bras poseidonien, qui ne manque jamais dans les nébuleuses planétaires qui ne sont pas trop avancées en âge. Les nébuleuses produites de la masse empyrée la plus éloignée se voient du côté boréal de celles qui circulent dans le 9ᵉ espace annulaire A^{IX}. L'ensemble des nébuleuses du bras poseidonien avec celles des trois espaces annulaires composent un anneau lumineux qui est la *Chronogalaxie*. Les nébuleuses du bras poseidonien occupent une étendue très-grande dans le Navire et une autre étendue moins grande dans le Scorpion. C'est le bras poseidonien qui rend asymétriques les deux moitiés de la Voie lactée, de même qu'il rend asymétriques les deux moitiés des nébuleuses planétaires qui sont encore loin de leur fin ; son rayon est $\frac{3}{2} \times 2^8\Delta$ et non $2^9\Delta$.

2° *Détails perspectifs de la Voie lactée.*

Humboldt donna la description de la Voie lactée présentée à l'œil nu ; Herschel exposa le nombre de nébuleuses composant cette Voie ; Maedler voulut montrer la liaison entre l'état réel des anneaux lumineux et leur état apparent. Ces trois opérations se trouvent complétées ici.

I. Ni Humboldt ni aucun autre astronome ne remarqua dans la constellation de la Licorne que l'éclat au cou affecte la forme d'un sommet d'ellipse, de même que celui de la tête du Grand Chien. Entre ces deux sommets, dans une étendue d'environ 24 degrés, il ne se voit aucune interruption; les bords des deux côtés sont parfaitement unis, et au delà des points des deux sommets de l'ellipse l'éclat est blanchâtre, sans la moindre trace de teinte rougeâtre, comme elle paraît sur la partie de la Licorne, mais à un degré excessivement faible.

II. L'Hélioagète *nn'* (fig. 58) fait écran aux nébuleuses circulant dans la partie LL' des espaces annulaires qu'Herschel ne voyait pas; de même dans le nombre de nébuleuses qu'il observa n'entraient pas celles invisibles en Europe, se trouvant autour du pôle austral. Les météores étant visibles sous forme de points lumineux, ont été nommés *étoiles* par Herschel; ainsi on a été ramené à l'hypothèse de Démocrite, qui ignorait l'existence des nébuleuses.

III. La *Diogalaxie* compose le côté austral de la Voie lactée; elle est un anneau uni ayant dans le Navire une petite interruption à cause du manque de nébuleuses en cette région. La *Chronogalaxie* compose la partie du côté boréal de la Voie lactée; elle est aussi un anneau, mais un anneau asymétrique à cause des nébuleuses du bras poseidonien, dont une partie se trouve dans une région du Navire, et une autre partie inférieure se trouve dans la région du Scorpion; ce sont donc ces nébuleuses qui font augmenter la largeur au milieu du Navire pour faire apparaître quatre bandes, occupant une largeur quatre fois supérieure. Parmi ces détails tout particuliers doit être comptée la position du 5e espace annulaire dans lequel circulent les six grandes nébuleuses exotiques.

V. DES ESPACES OBSCURS ET DE LEUR DISTRIBUTION DU COTÉ BORÉAL DE LA VOIE LACTÉE.

Les étoiles et les nébuleuses se projettent sur la voûte céleste; ainsi, pour qu'il se montre des espaces sans nébuleuses et des espaces sans étoiles, il faut qu'il y ait un manque réel; on trouve des espaces pareils dans les deux Anses, une partie du corps du Scorpion, de la tête du Taureau, et quelques autres points toujours dans le voisinage de la Voie lactée. Herschel trouvait un indice d'éloignement des étoiles précédentes dans les espaces restés ravagés; il remarqua que ces espaces précèdent ou suivent les nébuleuses; il n'observa pas leur rapport avec le bord boréal de la Voie lactée, qui est limité perspectivement par le prolongement du plan équatorial de l'Hélioagète.

Dans l'Astrogonie, il a été prouvé que c'est la masse empyrée de chaque jet qui a été subdivisée en portions circulant sur des orbites également éloignés du plan des anneaux pour laisser vide l'espace ambiant de ce plan, sur lequel ne se trouvent que les nœuds des orbites. Si nous trouvons quelque part dans la Voie lactée une multiplication de la densité des étoiles indigènes, il faut y reconnaître l'existence des quadratures des orbites. Argelander trouva un éclat supérieur et un maximum de densité d'étoiles dans le Cygne; Humboldt, John Herschel et d'autres astronomes trouvèrent au Compas et dans la Croix Australe un éclat supérieur, sans y avoir compté les étoiles. Ces deux régions sont aux deux quadratures des étoiles indigènes vues du Soleil S (fig. 58). Telle densité d'étoiles manque dans les Anses où deviennent invisibles celles des orbites de rayons $\rho + \beta$.

Le manque de nébuleuses dans ces deux Anses a déjà trouvé son explication dans la loi de la Perspective; la rareté d'étoiles indigènes conduit à connaître qu'il y a manque de nœuds. Ce cas singulier sert comme exemple du mode indiqué de la production des étoiles par la subdivision de la masse B^{IV} empyrée, suivant la loi astrogonique; car c'est ainsi que les orbites des portions contenues dans les étoiles conservèrent les mêmes nœuds qu'avaient les orbites des portions primitives éloignées du plan de l'anneau.

VI. — DE LA LIAISON ENTRE L'ASTROGONIE, L'ASPECT DE LA VOIE LACTÉE ET DE LA VOUTE ÉTOILÉE.

De même que les mathématiciens après avoir exposé les quatre règles en font l'application à un certain nombre de quantités quelconques, et mettent ainsi les lecteurs en état d'opérer sur toute autre quantité; de même j'ai exposé les lois physiques et perspectives avec le mode de la production des faits obtenus par les observations; ensuite j'ai pris de ces faits un nombre quelconque de chaque genre pour montrer le mode de leur production suivant les lois connues et constantes. Ces exemples sont nécessaires pour que le lecteur puisse se convaincre que la production de chaque fait n'est pas accidentelle, mais qu'elle est régie par une loi qu'on doit connaître d'abord.

Comme exemple je cite Arago, qui découvrit la permanence de l'éclat des objets indépendamment de leur distance, pourvu que leur étendue soit suffisante pour occuper tout le champ de la lunette. La réalité de ce fait résulte de la loi physico-physiologique, loi peu connue par les autres astronomes, occupés exclusivement des observations; pour cette raison il fallait des exemples pour leur faire comprendre le mode de la production des faits. A défaut d'exemples, Arago employa des raisonnements justes basés sur la géométrie, raisonnements incompréhensibles pour des lecteurs peu versés dans la physique et encore moins dans la physiologie; Arago, de son côté, par un oubli sans doute, n'a pas fait la distinction entre les sentiments des degrés des éclats et ceux des détails des objets dont les premiers persistent, tandis que les détails s'évanouissent.

Si cette loi physico-physiologique m'eût été inconnue, je ne serais pas en état de prouver comment l'éclat de la Chronogalaxie n'est pas plus faible quand elle est à une distance beaucoup plus grande que celle de la Diogalaxie. Si

Arago eût connu ce fait, il l'aurait employé comme exemple, de plus il aurait démontré la différence des distances par l'égalité apparente de la largeur des deux branches de la Voie lactée dont la boréale étant composée des nébuleuses des trois anneaux, a en réalité une largeur trois fois plus grande, mais à cause des distances $3\times 2^4\Delta$, $7\times 2^4\Delta$, $15\times 2^4\Delta$, $22\times 2^4\Delta$ (1).

L'Astrogonie est basée sur la loi physique; elle régit la production des soleils et celle des nébuleuses. Ainsi il m'a fallu avoir pour exemples des étoiles et des nébuleuses: 1° dans celles-ci je trouvai des détails que j'arrangeai pour faire, d'après la loi de la perspective, ressortir la Voie lactée telle qu'elle apparaît; 2° dans les étoiles je découvris les *indigènes* et les *exotiques*. Les détails des unes et des autres s'arrangèrent, 1° pour séparer les étoiles exotiques en trois classes basées sur l'existence d'étoiles des trois vitesses différentes; 2° pour distinguer leur mouvement réel du mouvement apparent des étoiles indigènes; 3° pour rectifier l'erreur d'Herschel et de ses successeurs sur la direction du mouvement du Soleil, et 4° pour exposer les détails de la distribution des étoiles indigènes et des étoiles exotiques dans toutes les directions de la superficie de la voûte céleste.

Guidé par l'Astrogonie, j'arrangeai les âges des étoiles claires et les positions des plans de leurs orbites pour rendre évidente la laison entre les éclats et les vitesses apparentes des étoiles indigènes. En un mot de même que le mathématicien sachant les quatre règles les applique sur toute quantité, de même les physiciens apprenant la loi physique l'appliquent sur le mode de la production de chaque fait terrestre ou céleste.

(1) De même que dans le système planétaire Neptune est en distance de $30r$ au lieu de $40r$, de même sont les nébuleuses du 9° espace annulaire en une distance de $\frac{3}{7}\times 2^8\Delta$, et il est la somme $(\frac{3}{7}+\frac{3}{15}+\frac{3}{22})l$ de trois largeurs apparentes un peu moins grande que celle l de la Diogalaxie.

TROISIÈME SECTION.

LA PLACE VISIBLE DU SOLEIL CENTRAL.

§ 416. Jusqu'ici je n'ai jamais manqué de montrer en chaque cas qui se présentait que le soleil central se voit dans la constellation de la Licorne; pour en donner des preuves mathématiques, je n'ai eu qu'à classer les densités des étoiles mobiles et des étoiles immobiles obtenues par les observations. J'expose d'abord la cause qui empêcha jusqu'à présent les astronomes de coordonner les densités des étoiles pour en obtenir des preuves directes du mode de leur distribution et apercevoir comme moi la place bien visible occupée par le corps central nommé Hélioagète (ἥλιος, soleil; ἀγέτης, conducteur).

I. HISTORIQUE DE LA DÉCOUVERTE DU MOUVEMENT DES ÉTOILES ET DU SOLEIL.

§ 417. Halley est le premier qui soupçonna en 1718 le mouvement propre d'Aldébaran, de Sirius et d'Arcturus. Les latitudes des étoiles observées par Aristille, Timocharis, Hipparque et Ptolémée n'étant pas très-exactes n'ont pas empêché Halley de reconnaître un déplacement réel de ces étoiles comparativement à leurs places anciennes et à celles qu'elles occupaient en 1718 et indiquées dans le nouveau Catalogue de Flamsteed.

Cette grande découverte a été vérifiée par les résultats obtenus au moyen des télescopes : J. Cassini trouva qu'en 152 ans la latitude d'Arcturus avait changé de 5 minutes, tandis que γ du Bouvier n'avait pas bougé, de sorte qu'on ne pouvait plus révoquer en doute un déplacement réel chez quelques étoiles et une immobilité ou au moins un déplacement imperceptible des autres. Cassini ajouta l'étude des variations des étoiles en longitude à celle des variations en latitude, la seule dont Halley ait parlé; les mouvements propres ne semblent pas moins évidents dans cette direction que dans l'autre.

Il y a une étoile dans l'Aigle (α), disait Fontenelle, qui, si toutes choses continuent leur cours, aura à son occident, après un grand nombre de siècles, une autre étoile qu'elle a présentement à son orient.

Tobie Mayer publia en 1756 un mémoire contenant une série de 80 étoiles mobiles dont les déplacements ont été observés par lui-même.

Opinion des astronomes sur le mouvement des étoiles. D'après les mouvements apparents des planètes les astronomes conçurent l'idée de l'existence d'un *système solaire* composé de soleils, comme notre système est composé de planètes. Les soleils doivent circuler autour d'un corps central placé au centre de leurs orbites, de même que les planètes circulent autour du Soleil. Dans ses Lettres cosmologiques, publiées en 1761, Lambert admettait que les étoiles avaient des mouvements généraux de circulation dans des orbites immenses autour de centres inconnus.

C'est à ce degré de vague et d'incertitudes que se trouvaient des astronomes, lorsqu'en 1783 Herschel déduisit du nombre très-restreint des mouvements propres connus à cette époque, la position du point du ciel vers lequel se dirige l'ensemble de ces mouvements. Ce point indiqué par le signe de O est en λ d'Hercule, ou plus exactement

Herschel le trouva en 1783 situé par 257° d'ascension droite et par 25° de déclinaison boréale.

Erreur d'Herschel empêchant les progrès dans l'Astronomie. Au lieu de se borner au résultat indiquant le rapport entre l'ensemble des mouvements et sa direction constante vers le point O, Herschel crut avoir découvert en ce point la direction du mouvement du Soleil. Cet astronome et ses partisans virent dans cette découverte un premier pas conduisant vers d'autres nouvelles pour connaître les détails du système du Monde; cette espérance devait être trompée. Jusqu'aujourd'hui, malgré la grande multiplication des faits découverts au moyen des instruments perfectionnés, l'Astronomie n'a fait aucun progrès. Herschel commit une grave erreur en nommant la direction de l'ensemble des mouvements, direction du mouvement du Soleil.

En vain Biot, Lindenau et le grand astronome Bessel protestèrent contre la déclaration d'Herschel soutenue par ses partisans; ils prouvèrent l'inconséquence entre la direction de l'ensemble des mouvements de quelques étoiles et le résultat qui proviendrait du mouvement réel du Soleil. Au lieu de répondre à cette objection, les partisans d'Herschel présentèrent de nouveaux résultats obtenus par l'ensemble des mouvements d'étoiles non-seulement de l'hémisphère boréal mais aussi de celle de l'hémisphère austral. Argelander prit l'ensemble des mouvements de vitesse séculaire, 1° de 20″ à 50″; 2° de 50″ à 100″ et 3° de vitesse supérieure, et trouva les trois points de directions suivants :

1°.	264° 11′,7;	+ 30° 58′,1
2°.	255° 9′,7;	+ 38° 34′,3
2°.	256° 25′,1;	+ 38° 37′,3

§ 418. **Distinction entre les mouvements des étoiles faite par Bradley.** Faisant la comparaison entre les mouvements des autres étoiles et ceux des Pléiades, ce grand astronome aperçut des vitesses médiocres et des directions concordantes de 15 étoiles, de même que 21 autres étoiles mobiles des Hyades se présentent en directions plus divergentes, mais cependant en tel accord qu'il en résulte évidemment qu'Aldébaran n'en fait pas partie. En quoi consiste donc cette différence du mouvement d'Aldébaran : on n'en pouvait donner d'autre explication que celle qu'il appartiendrait à un autre système.

Les astronomes ne soupçonnèrent jamais que parmi les mouvements observés, il n'y a de comparable à ceux des planètes que les mouvements des étoiles des Pléiades et des Hyades. Ils verront ici, 1° l'origine de la direction de l'ensemble des mouvements vers le point O, et 2° la nature différente des mouvements dont le milieu ne donne pas cette direction constante vers le point O.

Les uns et les autres de ces mouvements sont orbiculaires; leur différence ne résulte que de la position du Soleil qui circule dans un même espace annulaire avec les étoiles nommées *indigènes*, tandis que les étoiles *exotiques* circulent dans trois espaces annulaires correspondants aux orbites des planètes inférieures. Je m'occuperai de prouver le mode de la production des mouvements apparents des étoiles indigènes.

II. — DES MOUVEMENTS DES ÉTOILES INDIGÈNES ET DE L'ORIGINE DE LA DIRECTION CONSTANTE DE LEUR ENSEMBLE.

§ 419. S'il m'eût fallu employer des raisonnements logiques pour rectifier ceux des astronomes, je sais bien que j'aurais encore moins réussi que Bessel, et qu'en cet état, le présent ouvrage serait inutile. Rien n'est plus vrai que la direction constante de l'ensemble des mouvements vers le point O; Bessel voyait bien l'inconséquence entre ce résultat singulier et l'effet qui résulterait du mouvement du Soleil, et il lui était cependant impossible de prouver comment il se fait que la direction reste la même lorsqu'on opère sur des étoiles différentes, fait qui ne se rencontre pas dans l'ensemble des mouvements des planètes ou des planétoïdes.

Conformément avec les autres astronomes, Maedler expose le résultat obtenu par le calcul de la manière suivante. Un observateur placé sur un bateau immobile au milieu d'une flotte nombreuse, verrait les mouvements réels des autres bateaux allant en chaque direction avec différentes vitesses; d'autres bateaux qui restent en repos paraîtraient immobiles. De même que parmi les étoiles les unes se voient immobiles et un grand nombre d'autres se présentent animées d'un mouvement dans toute direction et avec toute vitesse.

Au lieu d'être en repos, supposons le bateau de l'observateur en mouvement; Maedler assurait en 1858 (et non pas en 1861) que dans ce cas l'observateur verrait les autres bateaux flottant vers un point, de même que le point O obtenu par le calcul appliqué aux mouvements des étoiles.

Laissant à d'autres le soin d'appliquer la loi de la Perspective pour en déduire le résultat qu'obtiendrait l'observateur flottant de Maedler, je me borne à remarquer que l'apparition des étoiles correspond à celle des bâtiments, lorsqu'est en repos le bateau de l'observateur, cas qui ne correspond pas à celui auquel se trouve l'observateur des étoiles, parce que le Soleil est admis en mouvement. Ainsi, il paraît qu'en 1861 Maedler reconnut son erreur de 1858.

Si la direction constante du milieu des mouvements est admise comme celle du Soleil considéré comme corps périphérique d'un gros corps ou d'un ensemble de corps C, le rayon vecteur ρ du Soleil doit être perpendiculaire à la direction observée et le point O doit être de 90° loin à l'ouest du Soleil.

Pour éviter cette difficulté en admettant dans Alcyon un centre de gravitation virtuel, Maedler crut avoir trouvé que l'orbite du Soleil est une ellipse très-allongée parce qu'au lieu de 90°, la distance directe entre le point O et Alcyon est de 111°. Le véritable et incontestable mérite de cet astronome, qui resta inconnu aux autres et à lui-même, consiste dans la distinction des mouvements des étoiles des Pléiades et des étoiles des Hyades de ceux des autres étoiles comme l'avait fait Bradley.

Maedler fit la comparaison indiquée avec une flotte. Cependant le lecteur trouvera, pensons-nous, plus exacte la comparaison entre l'apparition des étoiles à l'observateur terrestre et l'apparition des planétoïdes à un observateur qui se trouverait sur un de ceux-ci, Uranie, par exemple, qui est moins éloignée de la limite inférieure λ de l'espace annulaire, dans lequel circulent les planétoïdes, que de la limite supérieure *l*. Un tel observateur obtiendrait, en une durée de quelques heures, sur les mouvements des planétoïdes, des résultats correspondants à ceux que les habitants terrestres observant les mouvements des étoiles n'obtiennent qu'en un grand nombre de siècles. L'observateur en question verrait des planétoïdes immobiles et des planétoïdes mobiles en toute direction et de toute vitesse, de même que les étoiles se présentent à nous, soit à l'état immobile, soit animées de vitesses de 0″,7 et de 700″.

Les mouvements des planètes inférieures paraîtraient différents des mouvements des planétoïdes; leurs directions offriraient de faibles divergences; le milieu de ces mouvements ne donnerait pas une direction d'accord avec celle obtenue des mouvements des planétoïdes. Cette comparaison des détails sert à rendre plus évidente la position de l'observateur terrestre par rapport aux étoiles.

§ 420. Cause de l'apparition d'étoiles ou de pla-

nétoïdes immobiles. Admettons le plan de l'orbite du Soleil ou de celui d'Uranie coïncidant avec ceux des étoiles e ou des planétoïdes p; admettons-en aussi une grande quantité circulant sur des orbites d'une inclinaison médiocre. ρ étant le rayon vecteur du Soleil ou d'Uranie, $\rho - \alpha$ ou $\rho + \beta$ seront les rayons des étoiles ou planétoïdes inférieures ou supérieures, elles paraîtront immobiles, parce que la durée de la révolution étant τ pour Uranie et T pour le Soleil de distance r ou ρ de leur corps central, elles diffèrent peu des durées de révolution τ' des autres planétoïdes et des durées de révolution T' des autres soleils.

La plus longue durée de révolution de 2018 jours est celle d'Eurosyne et la plus courte de 1108 jours celle d'Ariadne. La durée de la révolution du Soleil est de plus de 20 millions d'ans; il en résulte que de même que le déplacement des planétoïdes durant quelques heures serait imperceptible pour un observateur placé sur Uranie, de même sont imperceptibles les déplacements des étoiles qui ont lieu durant un certain nombre de siècles.

Cause de l'apparition des étoiles ou des planétoïdes mobiles. La condition pour que les étoiles paraissent immobiles consiste en une coïncidence ou une petite inclinaison de l'orbite de l'étoile ou du planétoïde observé. Admettons à côté d'une étoile de tel orbite une autre sur un orbite d'une inclinaison considérable; en réalité les arcs a parcourus en une durée τ ou T seront égaux, et cependant il se montrera une séparation entre les deux étoiles sans que l'on sache laquelle est celle qui se déplace; mais si l'on prend la position d'un plus grand nombre d'étoiles, on sait alors quelle est celle qui se déplace (§ 103).

Soit à côté de l'étoile immobile e''' (fig. 60) une autre e' circulant sur une orbite de rayon $\rho - \alpha$ ou $\rho + \beta$ dont le plan coupe ceux des orbites coïncidants du Soleil et de l'étoile e''' et en forme l'angle i d'inclinaison. Après une durée τ le Soleil avancera de s' à s et l'étoile immobile e''' se trouvera en *d* sur la ligne *e'd* parallèle à *s's*; l'autre étoile *e'* s'avancera sur son orbite *e'*☊ et arrivera à *e*, pour être vue de *s* formant l'angle *esd* avec l'étoile *e'''*. D'abord on ne saura pas si cet éloignement angulaire de *esd* résulte d'un déplacement de l'étoile *e* ou de l'étoile *e'''* ou de toutes les deux à la fois; mais prenant en considération quelques autres étoiles immobiles, on reconnaît la véritable étoile mobile *e'*.

Fig. 61. Fig. 60.

De même, une autre étoile *e'* (fig. 61) se trouve à côté d'une étoile immobile *d* qui est vue du Soleil dans la direction *s'd*; après une durée τ le Soleil s'avance de *s'* à *s* et l'étoile immobile de *d* à *e'''* parallèlement à l'avancement *s's* du Soleil; l'étoile *e'* paraît déplacée dans la direction *sd* pour arriver à *e'''* où elle se voit déplacée de *e'* ayant parcouru la distance angulaire *ds'*☊ — *e's'*☊; il est *ds'*☊ = *e'''s*☊.

III. DU MODE DE LA PRODUCTION DE LA DIRECTION CONSTANTE VERS LE POINT O.

§ 421. Soit *sn* (fig. 60) le plan de l'orbite du Soleil; quoique différant les directions réelles de l'étoile *e'* vers *e* et la direction de l'étoile *e* (fig. 61) vers *e'*, on voit cependant que l'ensemble des deux mouvements est en une direction parallèle à *sn* (fig. 60). Pour rendre constante la direction de l'ensemble des mouvements vers le point O, il faut toujours introduire dans le calcul les étoiles mobiles voisines de toutes les directions, comme le fit Herschel et comme font actuellement Argelander, Maedler, Galloway, etc. ; car on sait bien qu'en opérant comme Maskelyne, qui a choisi des étoiles de certaines directions, l'ensemble du mouvement n'a pas une direction vers le point O, mais une autre peu éloignée, et cependant suffisante pour prouver l'existence de la liaison des mouvements particuliers. L'ensemble des mouvements qui donne une direction constante est l'ensemble des mouvements tels qu'ils se présentent aux observateurs.

De même que Maskelyne obtint un point O′ de direction par l'ensemble de certains mouvements, de même Argelander obtint des points différents de directions en introduisant dans les calculs des étoiles des vitesses différentes (§ 417). Il serait trop long d'exposer en détails la direction résultant de l'ensemble des mouvements des planétoïdes; cela n'est d'ailleurs d'aucune utilité, parce que la disposition des plans orbiculaires de ces étoiles autour de l'écliptique n'est pas nécessairement la même que celle des plans des orbites des étoiles autour de celui de l'orbite du Soleil.

Pour que la direction de l'ensemble des mouvements reste constante, il ne faut pas que les inclinaisons orientales des orbites des étoiles diffèrent trop des inclinaisons occidentales des orbites des autres étoiles. Ainsi le résultat qu'obtint Herschel en 1783 fit connaître, non pas la direction du mouvement du Soleil, mais la disposition des plans orbiculaires des étoiles également inclinée sur le plan de la Voie lactée, une moitié du côté de l'hémisphère boréal où se trouve la partie de l'orbite occupée du Soleil et l'autre moitié du côté de l'hémisphère austral.

En opérant sur des étoiles de vitesses différentes, Argelander obtint les points de directions de l'ensemble des mouvements 1° correspondant aux étoiles circulant sur des orbites de grandes inclinaisons pour apparaître avec de grandes vitesses, et 2° correspondant aux étoiles circulant sur des orbites des inclinaisons médiocres pour apparaître avec des petites vitesses.

Si Bessel avait exposé de cette manière l'origine de la direction constante de l'ensemble des mouvements obtenue par Herschel, tous les astronomes n'auraient pas manqué d'y reconnaître une direction moyenne indiquant une égalité d'inclinaisons des orbites des étoiles sur le plan de la Voie lactée; égalité qui se trouverait d'accord avec la diminution symétrique des densités des étoiles de la Voie lactée vers ses deux pôles.

Les partisans d'Herschel, voyant ces détails, auraient abandonné leur hypothèse fatale sur la direction du mouvement du Soleil; ils auraient reconnu depuis longtemps que par le point O ou dans son voisinage passe le rayon vecteur venant de la constellation de la Licorne dans laquelle doit être placé le Soleil central.

Les mêmes astronomes auraient également reconnu dans la disposition symétrique des densités des étoiles des deux hémisphéries de la Voie lactée (fig. 62) une symétrie de couples d'orbites également inclinés sur son plan. Dans les planétoïdes on ne trouve pas cette symétrie des inclinaisons des orbites sur l'ecliptique; pour remonter à l'origine de cette différence il m'a fallu chercher le mode d'action ayant pour effet cette distribution symétrique des étoiles et pour cause une répétition de rupture d'équilibre dans la masse empyrée d'un jet B' expulsé du soleil central, au lieu d'un tel jet, il s'en est trouvé neuf correspondant aux corps circulant dans neuf espaces annulaires autour de notre Soleil.

C'est dans la grande densité de la masse empyrée qu'a été trouvée (§ 341) l'origine d'une rupture d'équilibre qui se manifeste comme poussée expansive sur les molécules matérielles desquelles éprouvent de la pesanteur deux poussées, 1° l'une *universelle* vers le corps central en raison inverse des carrés des distances, et 2° l'autre *locale* des molécules les unes vers les autres.

§ 422. **Subdivision symétrique de la masse em-**

pyrée dense des jets B^{IV}. Un jet de masse empyrée se trouvant précédemment renfermé dans l'enveloppe du soleil central, il avait des molécules en une grande densité; ces molécules expulsées dans l'espace, commencèrent à se dilater lentement; c'est ainsi que l'on reconnut l'état pâteux et visqueux de la masse empyrée et en même temps le mode de sa subdivision suivant la loi astrogonique.

Le quatrième jet B^{IV} étant en A (fig. 62), il s'allongea vers le soleil central en formant un gros filet d'une longueur presque égale à celle qui indique la distance α entre les deux limites $l\,\lambda$ de l'espace annulaire dans lequel circulent les étoiles indigènes. Après la rupture du filet $l\,\lambda$, la pesanteur locale fit s'accumuler les molécules pour apparaître deux corps A et A′ séparés par une distance $\lambda\,l$ laquelle n'est franchie par la lumière qu'en 120 ans environ.

Fig. 62.

Chacune de ces masses A A′ s'allongea sur son orbite coïncidant AB. L'allongement parallèle de A′ n'est pas indiqué dans la figure, le filet AB se coupe et les molécules s'accumulent pour résulter les portions A B de masse empyrée.

Chacun de ces corps s'allongea transversalement où la résistance est égale et inférieure aux deux directions, la verticale et la longitudinale suivant lesquelles ont eu lieu les allongements précédents. Ainsi resta vide l'espace du plan de l'orbite du jet principal B^{IV}, plan coïncidant avec celui de l'équateur du soleil central. La masse empyrée se trouva dans la couche supérieure subdivisée en quatre portions C, D, E, F; quatre autres pareilles ont été produites dans une autre couche inférieure de distance $\lambda l = \alpha$ en une direction verticale vers le soleil central H. Cette couche δ' a été produite de la subdivision de la masse A'. Ainsi se termina la première période astrogonique pendant laquelle d'un seul jet B^{IV} résultèrent huit portions occupant deux strates et circulant sur des orbites de rayons de deux longueurs ρ et $\rho + \lambda l$.

Pendant la durée T' de la deuxième période astrogonique résultèrent, d'après la même loi astrogonique, de chacune des huit portions, huit autres, qui devinrent 8^2 à la fin de la durée T', car la masse empyrée s'éloigna des espaces C, D, E, F, et fut transférée 1° une moitié de C en H et L et l'autre moitié de C en C' et de C' en T et V; 2° de D se sépara d'abord la portion D', puis de la subdivision transversale de la portion D' résultèrent les portions **MN** et de la portion D les deux autres **X**, **Z**; 3° de même de la portion E résultèrent les quatre autres R, S, R''', S'''; et 4° de la portion F résultèrent les portions F, F', par subdivision longitudinale, puis résultèrent enfin de chacune d'elles deux portions transversales **P**, **Q** et **P'''**, **Q'''**. Ainsi se termina la deuxième période astrogonique; 7 ou 8 périodes astrogoniques au moins ont dû précéder, 1° pour que les étoiles se trouvent actuellement distribuées symétriquement des deux côtés de la Voie lactée, 2° pour que le point O de la direction de l'ensemble des mouvements soit constant, 3° pour que les portions finales ne diffèrent pas trop les unes des autres; il n'existe nulle part d'étoile composée d'une masse trois fois supérieure à celle du Soleil; les étoiles composées d'une masse égale à celle du Soleil ou de masses inférieures, sont à peine visibles.

§ 423. **Sens de la direction de l'ensemble des mouvements.** Dans les deux cas précédents (fig. 59 et 61), le nœud se trouve entre le Soleil et l'étoile mobile, mais il y a des cas où ces deux corps sont du même côté du nœud en s'avançant vers lui ou en s'en éloignant.

Soit, à côté de l'étoile immobile c' (fig. 63), une autre e' circulant sur l'orbite incliné ☊ $c'e'$, lesquelles sont observées dans une même direction $e'c's'$ par un observateur placé sur le soleil s'. Après une durée T l'étoile immobile c' parcourt l'arc $c'c$ égal à l'arc $s's$ parcouru parallèlement par le Soleil, de même l'étoile mobile e' avançant vers le nœud ☊ parcourt un arc égal $e'e$, mais sur son orbite incliné de $i = e$☊s sur l'orbite s☊ du Soleil.

Fig. 63. Fig. 64.

L'étoile e observée du Soleil ne se présente plus dans la direction de l'étoile c', elle paraît s'en être éloignée pour passer de c en b.

Soit l'étoile immobile c', l'étoile mobile e' et le Soleil s' (fig. 64) en même direction s'éloignant du nœud ☊; après une durée T, le Soleil se trouve avancé de s' à s, l'étoile immobile s'avance de c' à c parallèlement à $s's$ et l'étoile e' se trouve avoir parcouru sur son orbite l'arc $e'e = s's = c'c$; elle n'apparaît plus dans la direction sc, mais dans celle scb, comme si elle avait éprouvé un avancement de cb vers le nœud ☊; tandis que dans le cas précédent se présente l'étoile mobile c (fig. 63) s'éloignant de cb du nœud.

Position du point O. Le sens des directions dépend donc des positions des étoiles par rapport au nœud formé de leur orbite avec celui du Soleil, lequel est incliné sur le plan de la Voie lactée. La direction de l'ensemble des mouvements étant parallèle à celle de l'orbite solaire se trouve comme celui-ci incliné sur le plan dela Voie lactée. Le point O, correspondant au point S' (fig. 58) de la place occupée par le Soleil, n'indique que la position de l'orbite solaire par rapport à la Voie lactée ; ce point est ainsi en opposition par rapport à la place occupée dans la Licorne par le soleil central H.

IV. DOUBLE SUBDIVISION DE LA VOUTE CÉLESTE PAR RAPPORT AU SOLEIL CENTRAL.

Après avoir déterminé la position de l'orbite du Soleil par la position du point O, se trouve fixé le point H (fig. 58) diamétralement opposé au point qui se projette en H' sur la Voie lactée laquelle paraît sur la voûte céleste qui se présente formant le globe FgF'H autour du Soleil et de la Terre.

I. Un plan passant par le rayon vecteur ρ parallèlement à la Voie lactée divise la voûte céleste en deux hémisphères inégaux dont 1° l'un, le moins grand, contient le pôle sud géocentrique et se nomme *hémisphère céleste austral*; 2° l'autre, le plus étendu, contient le pôle nord géocentrique et se nomme *hémisphère céleste boréal*. Dans cet hémisphère le Soleil se trouve à petite distance du plan de la Voie lactée, de même que le point O se trouve d'opposition indiquée par la direction de l'ensemble des mouvements des étoiles, direction parallèle à l'orbite du Soleil. Les détails de la distribution des étoiles dans chacun de ces hémisphères sont exposés plus bas.

II. Un plan ss' (fig. 58) passant par le Soleil verticalement au rayon vecteur SH divise la voûte céleste en deux hémisphères, dont 1° l'un SHS' contient l'Hélioagèle H où le soleil central dans son pôle; il est nommé *hémisphère céleste inférieur;* 2° l'autre sO''s' contient le point O d'opposition déterminé par son pôle O'', il est nommé *hémisphère céleste supérieur.*

Fig. 95.

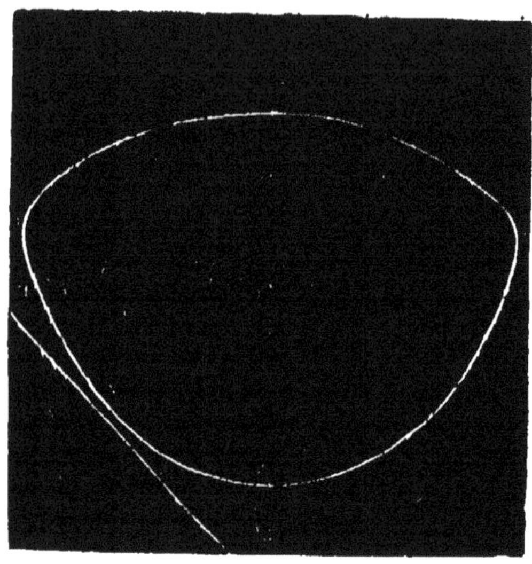

Pour rendre ce mode de division de la voûte céleste perspectivement plus évident, on peut admettre un des planétoïdes, Uranie, correspondant au Soleil: 1° le plan qui passe par son rayon vecteur parallèlement à l'écliptique divise la voûte céleste en deux hémisphères, le boréal et l'austral; 2° un autre plan qui passe par le même planétoïde verticalement sur son rayon vecteur divise la voûte céleste en deux hémisphères dont l'*inférieur* contiendrait perspectivement dans son pôle le Soleil et les planètes inférieures, et le supérieur contiendrait dans son pôle le point O' de la direction de l'ensemble des mouvements, direction parallèle à l'orbite d'Uranie.

§ 424. **Rapport entre l'apparition de la Voie**

lactée et sa position réelle. De neuf jets de masse empyrée expulsés du soleil central, quatre ont déjà terminé leur subdivision et chaque portion de cette masse deux à trois fois plus grande que celle du Soleil, est déjà une étoile; la masse de chacun des cinq autres jets se trouve encore en subdivision dans les cinq espaces annulaires supérieurs concentriques A^{V}, A^{VI}, A^{VII}, A^{VIII}, A^{IX}.

Ces nébuleuses étant vues obliquement du Soleil se présentent, 1° comme un anneau composé de l'ensemble des nébuleuses de trois anneaux éloignés A^{IX}, A^{VIII}, A^{VII}, et 2° comme un autre anneau composé des nébuleuses de l'espace A^{VI} lesquels se projettent dans l'hémisphère austral pour apparaître comme une partie australe de la Voie lactée dans la position BZB'Z'.

LZL' est la branche australe de la Voie lactée.

LCL' est la branche boréale qui est la position du plan du prolongement de l'équateur du soleil central.

LZL'C est la tranche elliptique de la voûte céleste comprise perspectivement entre les deux branches de la Voie lactée; ainsi que la région de la branche australe, cette surface elliptique fait de même partie de l'hémisphère austral.

Les Anses LBM et L'B'M' sont deux espaces elliptiques nommés *Sacs-de-Charbon* qui font partie de l'hémisphère boréal, parce que ces Anses résultent de l'avancement perspectif d'une partie de l'anneau inférieur de l'hémisphère austral vers l'hémisphère boréal.

Les étoiles indigènes et les étoiles exotiques des espaces annulaires A^{IV} et A', A'', A''' se projettent sur les deux hémisphères de la voûte céleste sur lesquels se projettent les nébuleuses de cinq espaces annulaires supérieurs. Comme plan de la Voie lactée on considère seulement celui du bord boréal de la branche boréale coupée par l'australe dans les deux Anses LM, L'M'; la longueur de chaque branche est de 120°.

CHAPITRE PREMIER.

LA PLACE DU SOLEIL CENTRAL DÉTERMINÉE PAR LA DISTRIBUTION DES ÉTOILES.

§ 425. Les catalogues des étoiles des siècles précédents indiquaient la place de chaque étoile visible à l'œil nu; maintenant il y a des catalogues qui indiquent la place, non pas de toutes les étoiles télescopiques, mais seulement de celles d'éclat supérieur. Argelander composa un catalogue où est indiquée la place des étoiles de l'espace céleste visible en Europe, espace qui s'étend jusqu'à la latitude de 30° sud; la grandeur des étoiles ne va que jusqu'à la 9ᵉ. Le nombre des étoiles de 1ʳᵉ à 9ᵉ grandeur s'élève à 324198.

Une quantité presque égale d'étoiles perceptibles fut trouvée par Herschel sur une largeur de 5° entre α et γ du Cygne; cette densité exceptionnelle des étoiles n'est visible nulle autre part, car même les étoiles jusqu'à la 9ᵉ grandeur y atteignent un maximum de densité de 41,41 sur la branche boréale, car c'est elle qui indique le prolongement du plan équatorial du soleil central. J'expose séparément la distribution des étoiles autour de ce plan et leur distribution dans chacun des deux hémisphères austral et boréal, et le lecteur verra comment on connaît par là la place occupée du soleil central et celle de la quadrature Q.

I. DISTRIBUTION DES ÉTOILES SUR LA ZONE RÉELLE DE LA VOIE LACTÉE.

Dans le tableau suivant A sont indiquées les quantités et les grandeurs des étoiles télescopiques et des étoiles claires avec leur densité en chaque région de la Voie lactée réelle sans y comprendre la branche australe ni l'espace renfermé entre les deux branches.

A. — *Tableau de la distribution des densités des étoiles dans l'étendue réelle de la Voie lactée visible en Europe.*

ASCENSIONS.	DÉCLINAISONS.	GRANDEUR 9e.	GRANDEUR 8e.	GRANDEUR 7e.	CLAIRES.	SOMME.	SURFACE.	DENSITÉ.
17h 51m	+ 2°,5	430	50	9	10	499	24,97	19,99
17 56	7 ,5	490	24	15	3	532	24,78	21,47
18 30	12 ,5	519	47	18	4	588	24,40	24,10
18 50	17 ,5	578	66	12	9	665	23,74	27,89
19 10	22 ,5	441	62	12	9	524	23,09	22,69
19 20	27 ,5	536	49	19	8	612	22,18	27,60
19 36	32 ,5	619	80	24	7	790	21,08	37,49
19 58	37 ,5	712	77	25	7	821	19,83	41,41
20 8	42 ,5	692	74	30	5	710	18,43	38,04
21 2	47 ,5	475	66	19	8	568	6,88	33,64
21 22	47 ,5	496	83	19	12	610	16,88	36,13
23 55	56 ,5	260	54	13	7	334	13,79	24,21
0 15	56 ,5	200	51	20	1	362	13,79	26,24
0 35	56 ,5	289	45	9	5	348	13,79	25,23
0 55	56 ,5	298	38	14	6	356	13,79	25,81
1 15	56 ,5	348	36	8	3	396	13,79	28,04
1 35	56 ,5	367	31	17	5	420	13,79	30,45
1 55	56 ,5	400	49	9	2	469	13,79	34,00
2 52	50 ,5	266	39	9	9	323	15,90	20,31
3 36	45 ,5	252	39	13	6	310	17,52	17,69
4 20	40 ,5	301	38	10	5	354	19,00	18,63
4 57	35 ,5	340	32	13	12	397	20,35	19,51
5 28	30 ,5	482	51	16	5	554	21,53	25,74
5 44	25 ,5	615	64	14	6	699	22,56	30,99
5 52	20 ,5	642	67	12	6	717	23,41	30,64
6 4	15 ,5	607	57	11	11	686	24,08	28,40
6 16	10 ,5	631	57	11	4	701	24,57	28,52
6 28	5 ,5	697	71	16	3	787	24,88	31,60
6 36	0 ,5	790	54	7	4	855	24,99	34,20

§ 426. **Discussion des règles de la distribution des étoiles.** Pour s'orienter il faut chercher l'indice de la place du soleil central; un pareil indice se présente ici sous forme d'un maximum de densité de 34,20 dans l'ascension de $6^h 36^m = 99°$. Précisément à cette distance de 99°, de l'autre côté du point 0^h d'ascension, se trouve le point O qui ressort du calcul d'Argelander dans l'ascension $261° = 360° - 99°$; ce point O se présente ici comme point d'opposition du soleil central doit l'être en réalité, parce qu'il n'est déterminé que par la direction de l'ensemble des mouvements; une coïncidence pareille ne peut être considérée comme un cas accidentel, car c'est d'après la loi de l'Astrogonie que je l'ai trouvée en distance de 99° de O^h.

Nous avons pour donnée 1° la direction de la place du soleil central et 2° le point O qui font connaître: 1° que les étoiles des orbites de rayons $\rho + \beta$ doivent être en quadrature Q supérieure, et 2° que les étoiles des orbites de rayons $\rho - \alpha$ doivent être en quadrature inférieure q.

1° A la quadrature supérieure Q correspond le maximum de densité 41,41 par 19h 58m ascension droite et par déclinaison 37°,5; 2° à la quadrature inférieure q correspond le maximum 34,00 de densité qui est par ascension droite 1h 55m et par déclinaison +56°,5.

Entre le point O d'opposition et la quadrature supérieure Q la distance est de 39°, c'est-à-dire inférieure à 90°, tandis qu'on trouve 119° pour la distance entre l'opposition O et la quadrature q inférieure. Pour voir paraître la quadrature réelle de 90° de distance de l'opposition, il faut que l'observateur se trouve au soleil central.

Ce sont les étoiles filantes qui se voient provenant de la région de la quadrature inférieure; ces météores très-nombreux circulent avec le Soleil autour de l'Hélioagète de même que les étoiles, mais ils sont à des distances médiocres du Soleil, tandis que les étoiles en sont très-éloignées; les rayons des orbites des météores ou des étoiles filantes ne diffèrent pas de celui ρ du Soleil.

§ 427. **Densité des étoiles de la région du soleil central.** En cette direction SH (fig. 65) se voient: 1° les étoiles indigènes inférieures ε^{IV}, et 2° les étoiles exotiques ε', ε'', ε''' circulant dans les trois espaces annulaires inférieurs A', A'', A'''. 1° En s'éloignant de la direction SH jusqu'à la limite des étoiles ε' de l'espace annulaire A', la densité de 34,20 passe subitement à 31,60, laquelle est composée d'étoiles indigènes ε^{IV} et d'étoiles exotiques ε'', ε'''.

2° En s'éloignant davantage jusqu'à $6^h 16^m$ la densité de 31,60 passe subitement à 28,52, parce qu'il y a l'intervalle entre les limites des étoiles ε'' des espaces annulaires A'' et A'''. En cette densité n'entrent que des étoiles indigènes ε^{IV} et des étoiles exotiques ε'', ε''' des 3° et 2° espaces annulaires A''', A''.

3° En s'éloignant davantage encore jusqu'à $5^h 52^m$ et à $5^h 44^m$, la densité s'élève à 30,99 pour indiquer que par cette région passe le 3° espace annulaire dans lequel circulent les étoiles exotiques ε'''; c'est donc de ces étoiles et des étoiles indigènes ε^{IV} qu'est composée la densité de 30,99.

4° En s'éloignant pour passer de $5^h 44^m$ à $5^h 28^m$ la densité diminue rapidement, cependant étant de 25,74, elle est encore composée d'une quantité d'étoiles exotiques ε''' mêlées avec les indigènes.

5° C'est en $4^h 52^m$ que disparaissent tout à fait les étoiles exotiques et les densités 19,51; 18,63; 17,69 ne sont composées que d'étoiles indigènes ε^{V}. Le petit décroissement de ces densités indique les éloignements des régions dans lesquelles se trouvent ces étoiles.

6° Nulle autre part ne se présente une élévation et un abaissement de densité si rapide, si ce n'est dans la région de $19^h 56^m$ du Cygne où le maximum est de 41,41 indiquant la quadrature supérieure comprenant des étoiles des orbites de rayons $\rho + \beta$. Telle est également la preuve que dans la région de densité 34,00 se trouve la quadrature inférieure q contenant les étoiles des orbites de rayons $\rho - \alpha$.

7° Entre les deux quadratures, l'une de densité 34,00 et l'autre de densité 41,41, se trouve la diminution de la densité jusqu'à 24,21.

8° Des deux côtés de la région du maximum de 41,41 il n'y a pas de décroissement graduel, mais il s'y présente des changements subits et des intervalles indiquant dans les étoiles indigènes une distribution analogue à celle des étoiles exotiques qui circulent dans des espaces séparés par des espaces vides. De même donc que les orbites des étoiles sont tellement inclinés des deux côtés sur celui du Soleil qu'ils ont les quadratures en des régions voisines, de même les rayons $\rho+\beta$ et $\rho-\alpha$ de ces orbites ne sont pas de toute grandeur, mais affectent entre eux un certain rapport, de même qu'on le voit pour les rayons 2Δ, $2^2\Delta$, $2^3\Delta$, $2^4\Delta$ des espaces annulaires dans lesquels circulent les étoiles indigènes et les étoiles exotiques. Il résulte également de l'Astrogonie que les étoiles indigènes sont distribuées dans des espaces orbiculaires pour former des strates parallèles. Ces strates sont composées d'étoiles dont les inclinaisons des orbites diffèrent et les rayons de ces orbites diffèrent également (§ 434).

II. DISTRIBUTION DES ÉTOILES ENTRE LA ZONE RÉELLE DE LA VOIE LACTÉE ET SES PÔLES.

§ 428. De même que les planétoïdes, les étoiles indigènes et les étoiles exotiques circulent dans des espaces annulaires. Les limites de l'espace annulaire des planétoïdes vont jusqu'à 34° pour les planétoïdes des deux côtés de l'écliptique. Un observateur placé sur Pallas au moment où elle est sur le nœud de son orbite verrait les autres planétoïdes se projeter sur les régions polaires lorsqu'elles sont éloignées de leurs nœuds, si leur inclinaison est considérable. Lorsque Pallas sera éloignée de 90° de ses nœuds, l'observateur verra les planétoïdes d'un seul côté, et il n'en existerait pas du côté du pôle voisin.

Si l'observateur se trouve placé sur celui des planétoïdes qui est le plus près du Soleil ou le plus éloigné, lorsqu'il est de 90° éloigné de ses nœuds, il verrait : 1° dans un cas les autres planétoïdes occuper l'hémisphère supérieur de la voûte céleste, et 2° dans l'autre cas il verra ces étoiles occuper l'hémisphère inférieur.

Si l'observateur se trouve sur un planétoïde comme

Uranie dont la distance $d = 2,36$ du Soleil est peu supérieure aux distances d inférieures qui vont jusqu'à 2,20 et beaucoup inférieure aux distances D supérieures qui vont jusqu'à 3,16, il verra quelques-uns des autres planétoïdes se projeter jusqu'aux régions polaires; il remarquera une densité de planétoïdes inférieure dans l'hémisphère où est le Soleil, et une densité plus grande dans l'hémisphère céleste supérieur.

Si Uranie se trouve au nord de l'écliptique, l'observateur verra un plus grand nombre de planétoïdes du côté sud et un plus petit nombre du côté nord.

Dans l'espace annulaire A^{IV} circule notre Soleil ensemble avec millions d'autres; l'inclinaison de son orbite sur le plan de la Voie lactée n'est ni très-grande ni très-petite.

I. Étant du côté boréal de la Voie lactée, nous voyons un plus grand nombre d'étoiles de son côté austral que de son côté boréal.

II. Dans l'hémisphère boréal se voient les étoiles des orbites d'inclinaisons $\gamma + \gamma'$ plus grandes que celle γ de l'orbite du Soleil: 1° dans la surface de la Voie lactée se voient les étoiles d'inclinaisons $\gamma - \lambda$ de l'hémisphère boréal, et 2° dans l'hémisphère austral se voient toutes les étoiles de la Voie lactée et celles de l'hémisphère austral.

III. Dans les régions polaires se voient les étoiles des orbites de grandes inclinaisons $\gamma + \gamma' + \gamma''$ et de grands rayons $\rho + \beta$.

IV. Dans l'hémisphère inférieur, du côté de la Licorne, se voit un petit nombre d'étoiles indigènes; nulle part la zone de la Voie lactée ne contient si peu d'étoiles claires que dans cette région où l'on trouve le maximum de densité de 34,20 des étoiles de 7°, 8°, 9° grandeur. On voit par là que le nombre n des étoiles des orbites de rayons $\rho - \alpha$ est petit par rapport à celui N des étoiles des orbites de rayon $\rho + \beta$ qui se voient dans les autres parties de la zone de la Voie lactée.

De même que ce mode de distribution apparente des étoiles est réel, de même est également réelle leur distribution obtenue par l'observation. C'est donc comme exemples que je rapporte un certain nombre des résultats obtenus par Argelander. Dans l'avenir on donnera aux étoiles des catalogues un arrangement correspondant à leur distribution réelle, de même que depuis Copernic on donne aux planètes un arrangement qui n'est pas celui de Ptolemée; pour cette raison se trouve ici changé l'arrangement donné par Argelander.

A. DISTRIBUTION DES ÉTOILES ENTRE LE BORD BORÉAL DE LA VOIE LACTÉE ET SON PÔLE BORÉAL.

Dans cet hémisphère boréal de la voûte céleste se trouve le Soleil et le point O de la direction de l'ensemble des mouvements; ce point est dans une extrémité de l'hémisphère et le soleil central est dans son autre extrémité opposée.

B. — *Tableau de la distribution des étoiles entre la Voie lactée et son pôle boréal.*

ASCENSION.	DÉCLINAISON.	NOMBRE.	DENSITÉ.	ASCENSION.	DÉCLINAISON.	NOMBRE.	DENSITÉ.
17^{h} 1^{m}	+ 0°,5	202	11,68	6^{h} 27	+46°,5	284	16,21
15 25	75 ,5	50	9,43	7 00	30 ,5	395	18,34
16 7	70 ,5	76	9,11	7 31	15 ,5	431	17,90
16 27	65 ,5	111	10,71	8 6	0 ,5	492	19,69
16 41	55 ,5	149	10,53	9 41	75 ,5	57	9,11
16 40	45 ,5	207	11,82	8 59	20 ,5	78	9,35
16 27	30 ,5	267	12,40	8 30	65 ,5	106	10,23
16 3	15 ,5	298	12,37	8 25	55 ,5	141	9,96
15 23	0 ,5	205	8,20	8 26	45 ,5	195	11,13
14 30	50 ,5	144	9,08	8 30	30 ,5	264	12,26
14 52	40 ,5	169	8,89	9 3	15 ,5	323	13,41
14 52	30 ,5	193	8,96	9 43	0 ,5	239	9,56
14 39	20 ,5	230	10,21	10 36	50 ,5	133	8,37
14 11	10 ,5	234	9,52	10 14	40 ,5	182	9,58
12 50	0 ,5	200	8,36	10 14	30 ,5	242	11,35
13 10	13 ,5	174	7,16	10 27	20 ,5	109	8,50
17 35	15 ,5	437	18,15	10 55	10 ,5	213	8,67
18 6	30 ,5	125	19,74	12 10	0 ,5	210	8,40
18 39	45 ,5	365	20,84	11 42	37 ,5	133	6,71
19 6	55 ,5	273	19,29	11 58	21 ,5	161	6,92
19 46	65 ,5	194	18,72	12 2	12 ,5	180	7,38
20 19	70 ,5	89	10,68	Pôle.			
21 17	75 ,5	71	11,35	12 33	30 ,0	185	8,55

§ 429. **Discussion de la distribution des étoiles indiquée dans le tableau.** Les régions placées entre le pôle et le bord boréal de la Voie lactée contiennent des étoiles indigènes du côté de l'opposition O, tandis que du côté du soleil central elles contiennent un nombre inférieur d'étoiles indigènes et un grand nombre d'étoiles exotiques, lesquelles disparaissent aux limites des trois espaces annulaires A', A'', A''' dans lesquels elles circulent.

I. *Région des étoiles exotiques.* Ce sont les densités qui s'élèvent jusqu'à 19,69 qui indiquent la région dans laquelle circulent les étoiles exotiques. La disparition de ces étoiles n'est pas graduelle ; elle se présente aux limites de l'espace annulaire A''', car immédiatement se présente la densité de 9,11 composée d'étoiles indigènes, densité qui diffère peu de celles des autres régions situées à égale distance de la Voie lactée.

II. *Régions des deux quadratures boréales.* Il y a de deux côtés du pôle de la Voie lactée deux maxima de densité dont chacun correspond à une quadrature, celui de la supérieure Q', de densité 12,40 à 12,37, est composé d'étoiles d'orbites de rayon $\rho + \beta$, et celui de l'inférieure q', de densité supérieure 13,41, est composé des étoiles d'orbites de rayons $\rho + \beta$ et d'étoiles d'orbites de rayons $\rho - \alpha$. Des méridiens qui passent par ces maxima, 1° l'un coupe la Voie lactée dans la Croix australe où est un maximum de densité, et 2° l'autre la coupe en un point diamétralement opposé.

III. *Régions entre les quadratures et la Voie lactée.* 1° La quadrature boréale q' de $9^h 3^m$ et $+ 15°,5$ correspond à la quadrature australe trouvée dans Cassiopée ; les densités décroissent graduellement jusqu'à 9,11, parce qu'elles ne sont composées que d'étoiles des orbites de rayons $\rho - \alpha$.

2° La quadrature boréale supérieure Q' de $16^h 27^m$ et $+ 30,5$, correspond à celle du Cygne ; les densités décroissent graduellement jusqu'à 9,43. Comparativement aux densités composées d'étoiles d'orbites de rayon $\rho - \alpha$

sont supérieures et les densités composées des étoiles d'orbites de rayon $\rho+\beta$.

IV. *Régions entre les quadratures et le pôle.* Les décroissements des densités se succèdent en indiquant l'existence d'intervalles entre les espaces annulaires dans lesquels circulent des étoiles indigènes de divers ordres astrogoniques. De même que les étoiles exotiques circulent dans plusieurs espaces annulaires, de même circulent les étoiles indigènes dans un nombre d'espaces orbiculaires, lesquels sont tous compris dans l'espace annulaire A^{IV}.

V. *Régions polaires.* Les plus faibles densités ne sont pas au pôle, mais entre lui et la quadrature inférieure, car ce sont les étoiles des orbites de rayon $\rho+\beta$ et de grande inclinaison qui se projettent sur le pôle de la Voie lactée.

Les minima de densité 6,92 et 6,71 se trouvent entre le pôle et la quadrature inférieure q'; la densité de 8,55 du pôle est comparable à celles des régions beaucoup moins éloignées de la Voie lactée; elle est composée d'étoiles indigènes des orbites de rayons $\rho+\beta$ ayant la plus grande inclinaison Γ sur le plan de la Voie lactée.

VI. *Régions des amas stellaires.* De même que résultent des diminutions de densités dans les régions indiquant les intervalles entre les espaces annulaires occupés par des étoiles exotiques, de même résultent des amas stellaires dans les régions de superpositions perspectives de quelques parties de ces espaces annulaires et de leurs étoiles qui y circulent.

Autour du soleil central se forment les amas d'étoiles des superpositions perspectives des étoiles exotiques circulant dans les espaces annulaires A', A'', A'''.

Autour des pôles de la Voie lactée se forment les amas d'étoiles de superpositions perspectives des étoiles indigènes circulant dans un grand nombre d'espaces orbiculaires ayant leurs plans différemment inclinés sur la Voie lactée. Ces détails servent comme exemples de la loi astrogonique, restée tout à fait inconnue jusqu'à présent.

Herschel nomme *étoiles* les points lumineux des météores; de même donc que les nébuleuses réelles sont composées de points lumineux nommés *étoiles*, de même se présentent des amas d'étoiles auxquelles cet astronome donna le nom de *nébuleuses*. John Herschel étendit le nombre des nébuleuses résolubles, en comptant comme telles chaque superposition des espaces annulaires, superposition qui amène celle des étoiles qui y circulent. Ici sont indiquées les régions de telles superpositions; par les observations les étoiles sont trouvées distribuées tout à fait différemment que les points lumineux. L'ensemble de ceux-ci fait apparaître un corps composé de masse empyrée, tandis qu'un tel aspect ne se présente jamais dans les amas des étoiles réelles.

B. DISTRIBUTION DES ÉTOILES ENTRE LE BORD AUSTRAL DE LA VOIE LACTÉE RÉELLE ET SON PÔLE AUSTRAL.

§ 430. La distribution des étoiles est parfaitement égale des deux côtés du plan de la Voie lactée réelle composée de la branche boréale et des prolongements de ses extrémités dans la partie non séparée; car la branche australe n'est qu'une projection de l'anneau moins éloigné composé de nébuleuses, lequel étant à une distance SA^{VII} (fig. 66) inférieure à celle SC, se déplace perspectivement pour apparaître en LZL'.

Les étoiles indigènes des orbites de rayons $\rho + \beta$ et des inclinaisons $\gamma - \lambda$, $0°$, $-\gamma$, $-\gamma'$ se voient projetées dans l'intervalle LZL'g, d'autres se voient sur la branche LZL australe et d'autres se voient plus loin entre cette branche et le pôle austral de la Voie lactée. Ainsi un nombre d'étoiles de l'hémisphère boréal se voit dans l'hémisphère austral.

Les étoiles du plan de la Voie lactée observée du Soleil se voient du côté de son bord austral; mais cela va en diminuant et disparaît à la région de la quadrature Q dans la direction Ss (fig. 68) qui est entre γ et β du Cygne pour les étoiles des orbites de rayon $\rho + \beta$; car pour les étoiles des orbites de rayons $\rho - \alpha$ la quadrature q' se trouve dans la direction 9*b* qui est en Cassiopée.

Le pôle austral n'étant pas visible en Europe, la moitié de cet hémisphère environ est visible; de même que l'hémisphère boréal, l'hémisphère austral a le soleil central dans l'une de ses extrémités, et diamétralement à l'opposé est le point g (fig. 65) du milieu de la branche boréale. Tous les astronomes virent en ce point g un indice d'opposition de la place occupée par le corps central; il paraîtrait tout à fait singulier que Maedler fût le seul qui, cherchant dans l'espace le corps central, ne vit pas que le milieu de la branche boréale est en g dans le Serpent austral et cela parce que ce point n'est pas diamétralement opposé à Alcyon, dans laquelle il trouvait la place d'un centre de gravitation indiqué par le mouvement tout particulier de 15 étoiles des Pléiades et des 21 étoiles des Hyades. Les autres astronomes, entraînés par l'hypothèse que vers le point O est dirigé le mouvement du Soleil, étaient empêchés de chercher la place du soleil central dans la direction de la Licorne.

C. — *Tableau des densités des étoiles de la branche australe et de l'intervalle entre les deux branches.*

DENSITÉ DES ÉTOILES DANS L'INTERVALLE.				DENSITÉ DES ÉTOILES DANS LA BRANCHE AUSTRALE.			
Ascension.	Déclinaison.	Nombre.	Densité.	Ascension.	Déclinaison.	Nombre.	Densité.
18h 20m	0°,5	353	14,3	18h 58m	+ 0°,5	611	20,67
18 30	5 ,5	733	20,40	19 14	5 ,5	666	24,30
19 2	10 ,5	507	23,07	19 32	10 ,5	724	29,40
19 10	15 ,5	605	25,12	19 52	15 ,5	660	27,40
19 30	20 ,5	665	28,41	20 2	20 ,5	602	28,28
19 40	25 ,5	651	28,86	20 10	25 ,5	626	27,75
20 2	30 ,5	725	38,07	20 37	30 ,5	672	31,21
20 28	35 ,5	694	34,11	20 57	35 ,5	698	34,35
20 42	40 ,5	603	31,73	21 17	40 ,5	650	34,20
21 52	56 ,5	311	22,55				

§ 131. **Discussion de la distribution des étoiles du tableau** C. Faisant la comparaison entre les densités des étoiles de chaque côté des bords de la branche boréale, on voit un nombre presque double d'étoiles du côté du bord austral; ce rapport se soutient aussi pour les bords de la partie non séparée de la Voie lactée. On connaît ainsi la loi suivant laquelle changent les densités dans chaque distance du bord austral de la Galaxie jusqu'à γ du Cygne où est la quadrature Q supérieure. Entre cette quadrature et l'inférieure q, il y a diminution des densités. On discutera ici séparément : 1° la distribution des étoiles sur la branche orientale avec celle de l'intervalle entre les deux branches, et 2° la distribution des parties ultérieures entre cette branche et le pôle austral de la Voie lactée.

Dans la quadrature supérieure Q, se projette toute la quantité N d'étoiles occupant l'espace voisin du plan de la Voie lactée, et circulant sur des orbites de petite inclinaison. Entre cette quadrature et le point O d'opposition, les étoiles se projettent perspectivement de plus en plus loin de la branche boréale, et passent sous cette branche les étoiles qui, en réalité, sont du côté de son bord boréal.

I. *Densités des régions du côté austral de la quadrature supérieure.* Ce sont les maxima de 34,35 de la partie voisine de l'intervalle et de 34,35 de la partie voisine de la branche australe qui correspondent au maximum de 41,41 de la quadrature. Les différences d'ascension s'évanouissent dans les méridiens qui, venant du pôle austral de la Voie lactée, passent par la quadrature Q; sous ces méridiens se trouvent exactement les deux maxima ci-dessus indiqués.

II. *Densités des régions entre la quadrature* Q *et le point d'opposition* O. Les décroissements asymétriques des densités s'opèrent de la quadrature vers l'opposition d'après le même ordre dans les deux branches et dans l'intervalle; c'est ainsi que devient évidente la distribution des étoiles dans plusieurs espaces orbiculaires concentriques.

Du côté boréal de l'opposition, entre $17^h 35^m$ et $18^h 6^m$, se voit la densité 19,74 égale à celle de 19,99 de la branche boréale, densité inférieure à celle de 20,57 des régions voisines de l'intervalle et de la branche australe.

En $19^h 32^m$ de la branche australe et en $19^h 2^m$ de l'intervalle se voient les densités égales de 29,46 qui correspondent à la densité inférieure de 27,60 de la branche australe.

III. *Densités des régions entre les deux quadratures.* La quadrature inférieure q en Cassiopée est au delà de l'extrémité de la branche australe, laquelle n'offre aucun rapport avec les règles de la distribution des étoiles. Ainsi, du côté austral, $2^h 23^m$ et 48°,5, se trouve la densité de 20,84 correspondant à celle de 34,00 de la quadrature q.

IV. *Rapport entre les densités de l'intervalle et de la branche australe.* De même que la branche australe étant dans le plan de la Voie lactée comme y est la branche boréale, se projette dans l'hémisphère austral pour apparaître comme un arc unissant le point d'opposition Z (fig. 65), le plus éloigné de la branche boréale, avec la quadrature Q placée en L, de même les orbites des strates stellaires placés dans l'espace annulaire A^{IV} du plan de la Voie lactée se projettent en forme d'arcs pareils à celui ZL de la branche australe. Les distances entre les deux arcs sont donc en raison inverse avec les densités des étoiles, densités qui atteignent leur maximum dans γ du Cygne où disparaît l'intervalle non pas entre les deux branches, mais l'intervalle entre la branche boréale de la Voie lactée et la branche du 4e espace annulaire A^{IV} dans lequel les étoiles circulent sur des orbites ayant pour rayons $\rho + \beta$, ρ étant le rayon de l'orbite du Soleil. Tous ces détails se trouvent fidèlement représentés dans la distribution des densités des étoiles entre la branche boréale et le pôle austral de la Voie lactée, lorsqu'on suit les régions de ses méridiens et non pas les déclinaisons déterminées par l'équateur terrestre.

§ 427. **Discussion des détails de la distribution des étoiles du tableau** D. De même que dans l'hémisphère boréal, de même dans l'hémisphère austral les étoiles exotiques ne se trouvent qu'autour du soleil central jusqu'à une distance limitée indiquée par la disparition subite de ces étoiles, d'où résulte une diminution correspondante de densité, et en même temps se présente un manque d'amas d'étoiles au delà des limites des trois espaces annulaires A′, A″, A‴.

I. *Régions d'étoiles exotiques et de l'hémisphère inférieur.* Ainsi que se projette la branche australe dans l'hémisphère austral, de même se projettent perspectivement dans cet hémisphère les trois espaces annulaires A′, A″, A‴ avec leurs étoiles ϵ', ϵ'', ϵ'''. Il reste un intervalle 1° entre les étoiles ϵ'' de l'espace annulaire A″ de ces étoiles, qui passe par les Hyades et 2° les étoiles ϵ''' de l'espace annulaire A‴, qui passe par les Pléiades. Dans cet intervalle manquent entièrement les étoiles exotiques et ne se trouvent que des étoiles indigènes des orbites de rayons $\rho - \alpha$. C'est la région $4^h 26^m$ et $+27°,5$ qui présente au ciel la plus grande raréfaction d'étoiles; la densité y est de 5,91. Cette région se trouve dans la tête du Taureau ayant d'un coté les Hyades et de l'autre les Pléiades : dans celles-ci Maedler trouvait une densité d'étoiles composant un centre virtuel de gravitation.

Les étoiles exotiques ne s'étendent pas au delà des Pléiades; la densité est de 11,88 dans les régions voisines de la Galaxie; elle diminue et devient de 8 à 9 dans les régions les plus éloignées.

En s'approchant de la quadrature inférieure q de Cassiopée, la densité croît; elle s'élève subitement à 20,84 et puis à 24,50, de même que dans la région des étoiles exotiques.

II. *Régions de l'hémisphère supérieur.* Entre le méridien du point d'opposition et le méridien qui passe par 0^h, se trouvent les régions du méridien qui passe par la quadrature supérieure Q; c'est donc en ce méridien que se voit le maximum de densité de 25,25. Les décroissements s'opèrent par des soubresauts, de même que partout ailleurs; de sorte que l'on connaît par là le mode de la distribution des espaces annulaires concentriques dans lesquels circulent séparément des myriades d'étoiles, se présentant en forme de strates superposées et contenues toutes dans l'espace annulaire A^{IV}.

D. — *Tableau de la distribution des étoiles entre la Voie lactée et son pôle austral.*

RÉGIONS DE L'HÉMISPHÈRE INFÉRIEUR.				RÉGIONS DE L'HÉMISPHÈRE SUPÉRIEUR.			
Ascension.	Déclinaison.	Nombre.	Densité.	Ascension.	Déclinaison.	Nombre.	Densité.
5h 22m	0°,5	547	24,73	19h 44	0°,5	474	18,07
4 50	10 ,5	365	16,77	20 10	10 ,5	581	23,04
4 26	27 ,5	131	5,91	20 43	20 ,5	601	25,25
3 24	20 ,5	235	11,88	21 27	30 ,5	440	22,29
3 39	30 ,5	210	11,58	21 58	35 ,5	386	18,92
3 8	35 ,5	201	10,51	22 43	40 ,5	422	22,21
2 23	40 ,5	821	20,84	21 20	0 ,5	257	10,28
3 46	0 ,5	178	9,16	21 38	5 ,5	307	12,34
3 28	5 ,5	205	9,81	21 58	10 ,5	351	14,28
3 8	10 ,5	161	8,26	22 25	15 ,5	340	14,12
2 41	15 ,5	250	12,29	23 5	20 ,5	247	10,55
2 1	20 ,5	184	9,44	22 44	0 ,5	211	8,44
2 22	0 ,5	220	10,80	23 16	5 ,5	213	8,50
1 58	5 ,5	199	9,20				
0 33	45 ,0	433	24,50				
0 33	10 ,0	234	9,51				

III. DISTRIBUTION DES ÉTOILES D'APRÈS LEUR ASCENSION DROITE.

§ 432. Connaissant déjà : 1° que les étoiles sont symétriquement distribuées des deux côtés du plan de la Voie lactée, 2° que le Soleil se trouve du côté boréal de ce plan, et 3° que les étoiles se projettent perspectivement sur l'hémisphère austral de la voûte céleste, je voulus savoir approximativement la différence qui en résulte dans la densité des étoiles.

Du tableau E obtenu par Argelander, je séparai les étoiles de l'hémisphère qui est du côté boréal de la Voie lactée commençant à partir de la place occupée par le soleil central pour finir au point O d'opposition. Une partie des étoiles de cet hémisphère entre dans les étoiles de l'hémisphère austral dont une grande partie est invisible. Ainsi ont été trouvées les densités moyennes 11,14 pour l'hémisphère boréal et 17,78 pour l'hémisphère austral. Cette densité est supérieure perspectivement et non pas en réalité.

Les étoiles circulant sur des orbites d'inclinaisons $\gamma - \gamma'$ du côté boréal de la Voie lactée se projettent sur son plan et les étoiles du plan de Voie lactée se projettent dans l'hémisphère austral. Ces projections perspectives peuvent être considérées comme une espèce de projection des ombres dont l'étendue et la densité nous indiquent la position véritable des corps; de même que dans la Lune sont employées les ombres pour évaluer les hauteurs des montagnes.

De même que moi, si Argelander avait arrangé la distribution des étoiles dans tous leurs détails des deux côtés de la branche boréale et des prolongements de ses deux extrémités, il aurait obtenu une espèce de *sciographie* des étoiles indigènes circulant dans l'espace annulaire A^{iv} étant en réalité symétriquement distribuées des deux côtés de son plan; cette symétrie fut trouvée par Herschel dans la quadrature supérieure Q entre β et γ du Cygne dans une largeur de 5°; cet astronome ignorait que parmi ces étoiles manquent celles des orbites de rayons $\rho - \alpha$, car ce sont ces dernières qui se voient dans la quadrature q inférieure en Cassiopée.

E. — *Tableau de la distribution des étoiles d'après leur ascension droite.*

DENSITÉS DES ÉTOILES du côté de l'hémisphère austral.						DENSITÉS DES ÉTOILES du côté de l'hémisphère boréal.					
Ascension.	Nombre.	Densité.	Ascension.	Nombre.	Densité.	Ascension.	Nombre.	Densité.	Ascension.	Nombre.	Densité.
17h 20m	4732	16,0	0h 0m	4707	15,9	17h 0m	3946	13,3	12h 0m	2495	8,4
40	5148	17,4	20	4718	15,9	16 40	3832	12,9	11 40	2451	8,3
18 0	6027	20,3	40	4653	15,7	20	3543	12,0	20	2608	8,8
20	6390	21,6	1 0	4542	15,3	0	3474	11,7	0	2521	8,5
40	6798	22,9	20	4709	15,9	15 40	3158	10,7	10 40	2715	9,2
19 0	6980	23,5	40	4580	15,5	20	2965	10,0	20	2670	9,0
20	7896	26,6	2 0	4495	15,2	0	2832	9,6	0	2873	9,7
40	8165	27,5	20	4361	14,7	14 40	2836	9,6	9 40	3002	10,1
20 0	7653	25,8	40	3941	13,3	20	2782	9,4	20	3082	10,4
20	7037	23,7	3 0	3994	13,5	0	2781	9,4	0	3321	11,2
40	6528	22,0	20	3973	13,4	13 40	2630	8,9	8 40	3623	12,2
21 0	6114	20,6	40	3889	13,1	20	2627	8,9	20	3917	13,2
20	5866	19,8	4 0	3772	12,7	0	2527	8,5	0	4256	14,4
40	5542	18,7	20	3824	12,9	12 40	2565	8,7	7 40	4634	15,6
22 0	5551	18,7	40	4845	16,3	20	2600	8,8	20	4973	16,8
20	5408	18,2	5 0	5530	18,7	0	2495	8,4	0	5603	18,9
30	5106	17,4	20	6242	21,1				6 40	6535	22,0
23 0	4775	16,1	40	6407	21,6						
20	4783	16,1	6 0	6717	22,6						
40	4585	15,5	20	6761	22,8						
			40	6535	22,0						
Moyenne.					17,78	Moyenne.					11,14

IV. DISTRIBUTION DES ÉTOILES D'APRÈS LEURS DÉCLINAISONS.

§ 433. N'étant orienté sur aucune loi, Argelander tâtonnait en cherchant cette distribution dans des arrangements basés sur la position du prolongement de l'équateur terrestre qui n'est en aucun rapport réel avec la distribution réelle des étoiles. Je répète ces arrangements empiriques pour indiquer que la distribution réelle ne manque pas de se manifester dans les densités supérieures des quadratures et des régions dans lesquelles se voient les étoiles exotiques. Au lieu d'isoler les densités de chaque partie de la voûte céleste pour en chercher la loi, Argelander croyait la trouver dans des moyennes qui résultent des arrangements basés sur le plan équatorial terrestre.

§ 434. **Discussion des densités des étoiles du tableau F.** Les étoiles exotiques se voient jusqu'à la déclinaison des Pléiades, déclinaison peu inférieure à celle de la quadrature supérieure. En ce cas se présente l'influence des étendues occupées par les étoiles exotiques par rapport à celles occupées par les étoiles indigènes.

I. *Densités des étoiles indigènes mêlées avec les exotiques.* Les étoiles exotiques ne s'étendent que jusqu'à la déclinaison de 24° : c'est à 20° que se voit une densité de 16, laquelle résulte de la supériorité des étoiles exotiques; telle est aussi la densité de 15,6 en 25°, car elle est suivie d'autres inérieures.

II. *Densités des étoiles aes quadratures.* Le maximum de densité de 19,1 se présente dans la déclinaison de γ du Cygne où est la quadrature Q; elle diminue un peu dans l'intervalle qui sépare les deux quadratures Q et q et s'élève jusqu'à 18,6 dans la quadrature inférieure q de déclinaison 50° dans Cassiopée.

III. *Densités des étoiles des orbites de déclinaison boréale* $\gamma + \gamma'$. La projection des étoiles sur la voûte céleste n'est verticale que pour les étoiles des orbites de même inclinaison γ que celle de l'orbite du Soleil; ainsi donc sont projetées dans l'hémisphère boréal les étoiles des orbites d'inclinaison $\gamma + \gamma'$ supérieure à celle γ de l'orbite du Soleil. Le minimum de 10,1 de la déclinaison 75° indique donc la région dans laquelle circulent les étoiles sur des orbites d'inclinaison γ. Au delà de ce minimum la densité croît pour atteindre un maximum de 16,6 provenant des étoiles circulant sur des orbites d'inclinaison $\gamma + \gamma'$.

Au delà de cette région se voient les étoiles qui circulent sur des orbites d'inclinaisons supérieures $\gamma + \gamma' + \gamma''$ dont le nombre réel est inférieur. C'est ce décroissement qui s'étend jusqu'au delà du pôle boréal de la Voie lactée où la densité atteint un minimum de 6,71 et un autre de 6,92 aux régions $11^h 42^m$; $+37°,5$ et $11^h 58^m$; $+21°,5$ éloignées du pôle $12^h 33^m$; $+30°$ où la densité est de 8,55 plus grande.

F. — *Tableau de la distribution des étoiles d'après les déclinaisons.*

Déclinaison.	Densité.	Déclinaison.	Densité.	Déclinaison.	Densité.	Déclinaison.	Densité.	Déclinaison.	Densité.	Déclinaison.	Densité.
− 1°	12,6	16°	14,6	31°	16,4	46°	17,2	61°	15,1	76°	11,3
− 0	12,8	17	14,7	32	16,1	47	18,0	62	14,[illegible]	77	12,0
+ 0	14,1	18	15,4	33	16,1	48	17,8	63	13,[illegible]	78	11,9
1	13,4	19	15,4	34	17,1	49	18,6	64	12,[illegible]	79	12,2
2	13,2	20	16,1	35	17,7	50	18,5	65	13,4	80	13,3
3	13,7	21	15,0	36	17,8	51	16,9	66	11,7	81	15,9
4	14,2	22	14,9	37	17,3	52	16,4	67	11,6	82	16,0
5	14,7	23	14,6	38	18,2	53	15,4	68	10,8	83	16,6
6	14,7	24	14,9	39	18,8	54	14,9	69	11,0	84	[illegible],8
7	14,4	25	15,6	40	19,1	55	15,2	70	11,9	85	14,6
8	14,5	26	14,7	41	18,3	56	15,8	71	11,3	86	15,[illegible]
9	15,0	27	14,7	42	18,2	57	14,8	72	10,5	87	14,0
10	14,2	28	14,9	43	17,8	58	14,4	73	10,5	88	15,2
11	14,4	29	16,2	44	17,7	59	15,5	74	11,0	89	17,[illegible]
12	14,4	30	16,4	45	17,5	60	15,1	75	10,1		
13	14,9										
14	14,6										
15	14,2										

V. COMPARAISON ENTRE LA DISTRIBUTION DES ÉTOILES JUSQU'A LA 7e ET JUSQU'A LA 9e GRANDEUR.

§ 435. Sous le nombre rond de 14000, Struve a exposé les étoiles jusqu'à la 7e grandeur; Swinck n'en trouva que 12148; la différence ne doit pas être attribuée à des erreurs mais aux limites de 7e à 8e grandeur.

La distribution des étoiles jusqu'à la 9e grandeur et celle des étoiles jusqu'à la 7e servent à la découverte des faits qui ont rapport avec la clarté des étoiles, clarté qui est elle-même en rapport avec les étoiles mobiles. Dans le tableau H sont contenus les nombres obtenus par les observations de Schwinck et d'Argelander.

H. — *Tableau de la distribution des étoiles jusqu'à la 7ᵉ et à la 9ᵉ grandeur.*

ASCENSIONS.	ÉTOILES jusqu'à 7ᵉ grandeur.	ÉTOILES jusqu'à 9ᵉ grandeur.
de 0^h à 5^h	2858	83198
6 à 11	3011	72263
12 à 17	2088	67473
18 à 23	3591	111264
0 à 11	5869	155461
12 à 23	6279	168737
18 à 5	6449	194462
6 à 17	5699	129736
Total.	12148	324198

Distinction des faits de l'Astrogonie et des faits de la Perspective. La distribution réelle des étoiles est symétrique des deux côtés de la Voie lactée, et cela a lieu pour les étoiles de toute grandeur, de sorte qu'un observateur placé sur le plan de la Voie lactée verrait les deux hémisphères de la voûte céleste dans une symétrie parfaite.

Nous savons que le Soleil circule sur un orbite incliné au plan de la Voie lactée; il se trouvera sur ce plan lorsqu'il arrivera à son nœud; l'inclinaison réelle de l'orbite du Soleil est la distance Γ entre le point O et le bord boréal de la branche voisine; tandis que la distance $\gamma = 3°\frac{1}{2}$ entre le Soleil et le plan de la Voie lactée a été déterminée par l'étendue de l'hémisphère boréal de la voûte céleste qui est 9, tandis que l'étendue de l'hémisphère austral est 8. Si la vitesse du Soleil sur son orbite était plus grande, nous verrions changer ce rapport entre les étendues des deux hémisphères de la voûte céleste. Si ce rapport devenait de 10:9, il en résulterait la preuve d'un avancement du Soleil vers le nœud; au contraire, si le rapport augmentait pour devenir de 8:7, on connaîtrait l'éloignement du Soleil de son nœud.

En réalité, parmi les étoiles $n=12148$ jusqu'à la 7ᵉ grandeur, 6024 sont d'un côté du plan de la Galaxie, et 6024 de son autre côté. De même, parmi les $N=324198$ étoiles jusqu'à la 9ᵉ grandeur, 162099 sont d'un côté du plan de la Voie lactée et 162099 de son autre côté. On a le rapport de $N:n=26{,}6$.

§ 436. **Différences entre les distributions des étoiles d'après les grandeurs.** Dans le tableau sont contenues les étoiles : I. des deux hémisphères, 1° le supérieur de 12^h à 23^h, et 2° l'inférieur de 0^h à 11^h; et II. des deux hémisphères, 1° le boréal de 6^h à 17^h et 2° l'austral de 18^h à 5^h.

Le rapport $A:a$ entre les étoiles 155461 et les étoiles 5869 de l'hémisphère inférieur ne diffère pas sensiblement du rapport $N-A:n-a$ entre les étoiles 168737 et les étoiles 6279 de l'hémisphère supérieur.

$$5869\times 26{,}6=156115 \text{ au lieu de } 155461,$$
$$6279\times 26{,}6=167021 \text{ au lieu de } 168737.$$

C'est une preuve ou mieux c'est un exemple de l'égalité des déplacement des étoiles dans l'hémisphère supérieur et dans l'hémisphère inférieur de la voûte céleste.

Le rapport $B:b$ entre les étoiles 194462 et les étoiles 6449 de l'hémisphère austral est supérieur à celui de $N-B:n-b$ entre les étoiles 129736 et les étoiles 5699 de l'hémisphère boréal. Ces rapports sont :

$$B:b=\frac{194462}{6449}=30 \quad \text{et} \quad N-B:n-b=\frac{129736}{5699}=21.$$

C'est une preuve ou un exemple 1° qu'il y a un excédant d'étoiles télescopiques de 8ᵉ et 9ᵉ grandeur dans l'hémisphère austral, et 2° qu'il y a un excédant d'étoiles claires dans l'hémisphère boréal.

On sait que le Soleil est de $3°\frac{1}{4}$ du côté boréal du plan de la Voie lactée, d'après la loi de la Perspective ne peuvent être projetées de l'hémisphère boréal vers l'austral que les étoiles moins éloignées du plan de la Voie lactée que de $3°\frac{1}{2}$; d'après les résultats obtenus des observations se trouve projetée une quantité supérieure d'étoiles de 8° et 9° grandeur et une quantité inférieure d'étoiles claires jusqu'à la 7° grandeur. Connaissant la place des étoiles qui se projettent vers l'hémisphère austral : 1° on trouve que du côté boréal de la Voie lactée jusqu'à la distance de $3°\frac{1}{2}$, il y a une plus grande quantité d'étoiles de 8° et 9° grandeur que dans les distances supérieures à celle de $3°\frac{1}{2}$; 2° on trouve également que, de ce même côté, dans les distances de la Voie lactée supérieures à celle de $3°\frac{1}{2}$, il y a une plus grande quantité d'étoiles claires.

Pour qu'il y ait une telle différence entre les quantités $N - B$ et $n - b$ des étoiles jusqu'à la 9° et la 7° grandeur, il est absolument nécessaire que les inclinaisons des orbites des étoiles de 8° et 9° grandeur soient inférieures, et que celles des orbites des étoiles claires soient supérieures. En s'approchant de leur nœud, toutes les étoiles sont peu éloignées du plan de la Galaxie : de ces étoiles il ne se projette dans l'hémisphère austral que celles qui manquent dans le boréal; car, en réalité, des deux côtés de la Galaxie le nombre des étoiles de toute grandeur est égal.

Donc, au lieu de $162099 = \frac{1}{2}N$ étoiles du côté boréal, nous ne voyons que $129736 = N - B$, parce que la différence $\frac{1}{2}N - (N - B) = 32363$ indique le nombre des étoiles projetées jusqu'à la 9° grandeur; la différence est $\frac{1}{2}n - (n - b) = 375$, et elle indique le nombre des étoiles projetées jusqu'à la 7° grandeur. Il y a donc le rapport $\frac{32363}{375} = 86$ entre les étoiles de 8° et 9° grandeur et les étoiles jusqu'à la 7° grandeur qui se trouvent du côté boréal de la Galaxie à une distance inférieure à $3°\frac{1}{2}$.

Ainsi est obtenu, au moyen des observations, un résultat

correspondant aux degrés des clartés des étoiles en même temps qu'aux inclinaisons des plans de leurs orbites sur celui de la Voie lactée.

Les orbites des étoiles de toute grandeur forment des couples par rapport à la Galaxie, mais nous voyons plus claires les étoiles de ces couples, lesquelles étant à une petite distance du côté boréal de la Galaxie, se projettent vers son côté austral, de sorte que Sirius aurait son couple en Rigel, et c'est ainsi que résulte une diminution d'étoiles claires observées dans les régions du pôle austral de la Voie lactée. Ce fait, fourni par les observations, paraissait jusqu'à présent de nature inexplicable.

Au bord boréal de la Voie lactée ne peuvent apparaître les étoiles qui se trouvent sur le plan qui passe par le Soleil parallèlement au plan de la Voie lactée; car une très-petite distance contient les étoiles qui se projettent au bord boréal de la Voie lactée, ce nombre croît pour les distances suivantes inférieures à 3°$\frac{1}{2}$, et c'est ainsi que résulte la distribution apparente des étoiles dont le nombre ou la densité est supérieure sur la zone de la Voie lactée et autour de son bord austral; au contraire cette densité est inférieure autour de son bord boréal. De même sont visibles des espaces noirs autour de ce bord, espaces comparables à ceux entourés par les Anses et nommés *Sacs de charbon;* de pareils espaces noirs manquent du côté du bord austral de la Voie lactée.

Lorsqu'on ignorait cette cause de la distribution des espaces noirs et de la distribution perspective des étoiles et des nébuleuses, Herschel crut y avoir découvert une preuve que les étoiles et les nébuleuses obéissent à une certaine puissance de condensation; de sorte que les nébuleuses se sont formées par le travail incessant d'un grand nombre de siècles aux dépens des étoiles dispersées qui primitivement occupaient les régions environnantes. Il y a eu donc en premier lieu attraction partielle pour produire les étoiles, et puis attraction plus étendue pour produire les nébuleuses globulaires. Les étoiles nébuleuses résultèrent de la condensation centrale de la matière de l'espace; la matière la plus éloignée doit s'y précipiter pour en résulter des étoiles parfaites.

Les adversaires d'Herschel ne surent comment réfuter ces hypothèses incompatibles avec l'attraction des molécules d'une matière de forme gazeuse, car ces molécules ne peuvent s'arranger que de manière à produire un globe creux. Laplace et Kant connaissaient peu la physique; John Herschel montre sur ce point des connaissances supérieures en admettant des globes creux; on savait déjà que les comètes sont des cônes creux; l'origine de ces corps était jusqu'à présent tout à fait inconnue aux astronomes; plus inconnue encore était l'Astrogonie; celle-ci a été exposée. Dans le volume suivant il sera traité des comètes.

CHAPITRE II.

DE LA PLACE DU SOLEIL CENTRAL DÉTERMINÉE PAR LES MOUVEMENTS DES ÉTOILES.

§ 437. La direction de l'ensemble des mouvements des étoiles passe par un point indiqué par le signe O; il se trouve dans la constellation d'Hercule par 262° et + 31°. Cette direction, trouvée en 1783 par Herschel, a été considérée comme celle du mouvement orbiculaire du Soleil, et par suite comme celle de la position de son orbite. Cette même hypothèse est suivie par les astronomes actuels, qui n'ont pu comprendre d'où il provient : 1° que l'ensemble des mouvements des 15 étoiles mobiles des Pléiades donne une direction dont le prolongement en arrière passe à 9°,96 plus loin du point O, et 2° que l'ensemble des mouvements des 21 étoiles mobiles des Hyades passe à 44°,9 plus loin de ce même point. Cette différence des directions est reconnue comme résultant de la position des plans orbiculaires 1° du Soleil, indiquée par φ; 2° des Pléiades, indiquée par ψ, et 3° des Hyades, indiquée par θ.

D'après l'idée d'Herschel que la direction vers le point O est celle du mouvement du Soleil, il a été établi que cette même direction détermine la position φ du plan de l'orbite du Soleil, qui est en effet sa position véritable, et cependant il n'en résulte pas que le milieu des mouvements soit celui du mouvement du Soleil.

Soit φ l'inclinaison du plan de l'orbite du Soleil sur celui de la Voie lactée, $\varphi - \psi$ est l'inclinaison du plan de l'ensemble des orbites des 15 étoiles des Pléiades sur celui φ et $\varphi - \theta$ est l'inclinaison du plan de l'ensemble des orbites des 21 étoiles des Hyades sur le même plan φ de l'orbite du Soleil. Ainsi est établie une double différence entre les autres étoiles et les étoiles des Pléiades et des Hyades.

I. L'ensemble de ces mouvements est une direction qui doit être prolongée en arrière pour s'approcher du point O, tandis que l'ensemble des autres étoiles voisines donne une direction qui s'avance vers ce point.

II. L'ensemble des autres étoiles donne une direction qui est celle φ du plan de l'orbite du Soleil, tandis que l'ensemble des mouvements des Pléiades ou des Hyades donne des directions qui en dévient de 9°,96 et de 14°,9. Pour fixer les idées, il faut considérer les étoiles des Pléiades et des Hyades comme étant des planètes inférieures qui, en s'éloignant de la conjonction inférieure A'A''A''' (fig. 58), paraissent s'éloigner du point M' ou O'' de l'opposition vers lequel paraissent s'avancer les étoiles qui circulent avec le Soleil dans le 4e espace annulaire A'' venant des régions ambiantes. Il y a à rectifier les erreurs suivantes :

I. La direction de l'ensemble des mouvements passant par le point O est celle de la position φ du plan de l'orbite du Soleil, mais il n'en résulte pas que cet ensemble des mouvements soit le mouvement du Soleil ; on a exposé le mode de production de la direction de ces mouvements (§ 420 et 423).

II. Le point O de l'orbite du Soleil est en opposition avec la place occupée par le soleil central ; le rayon vecteur qui unit ce corps avec le point O passe par le Soleil dont le mouvement orbiculaire est perpendiculaire à ce rayon ; ce mouvement a lieu dans le même sens que les mouvements des étoiles qui s'avancent vers le point O ou qui s'en éloignent.

III. Les vitesses des étoiles indigènes ne résultent que des inclinaisons de leurs plans orbiculaires sur celui de l'orbite du Soleil, car la durée de la révolution du Soleil étant environ de 25 millions d'années, celle des autres soleils qui circulent dans le même espace annulaire A^{IV} n'est plus longue ou plus courte que de quelques millions d'années. C'est par un oubli que Maedler n'a pas pris en considération ce cas d'où résulte l'impossibilité d'attribuer les vitesses observées des Pléïades au mouvement réflexe du Soleil.

IV. Les vitesses observées chez les étoiles exotiques sont les différences $V - \mu$, $\mathbf{v} - \mu$, $v - \mu$ entre les vitesses réelles V, $\mathbf{v}$, v de ces étoiles et la vitesse μ du Soleil, parce que le Soleil et les étoiles exotiques circulent autour du soleil central avec des vitesses angulaires en raison inverse des distances réelles.

1. DES MOUVEMENTS DES ÉTOILES EXOTIQUES.

§ 438. A cause de leurs particularités exceptionnelles les étoiles des Pléiades et des Hyades ont été observées tout spécialement par les astronomes modernes. Au lieu d'y voir un état comparable à celui des planètes inférieures pour corriger l'erreur d'Herschel et des autres astronomes, Maedler en commit une autre en voulant la conserver en plaçant dans le groupe des Pléiades, non pas un soleil central, mais un centre virtuel de gravitation ; une troisième erreur était inévitable celle provenant de la distance angulaire 111° entre les Pléiades et le point O, erreur qui fit croire à Maedler que l'orbite du Soleil est une ellipse très-allongée.

En admettant un centre de gravitation dans Alcyon, Maedler considère son mouvement apparent comme réflexe du mouvement réel du Soleil, car Alcyon était considéré comme un corps fixe ou d'un mouvement imperceptible. Les mouvements des étoiles ambiantes doivent croître, d'après Maedler, avec les distances d'Alcyon ; ainsi, pour chaque fait, il fallait une hypothèse logique, car nulle part ne s'y présente une série des causes et des effets liés entre eux par une loi connue. Les quatre preuves suivantes devaient répandre la plus grande clarté sur ce système considéré comme incontestable et qui cependant fit peu de prosélytes : on peut voir par là que ces preuves n'ont pas la valeur que leur auteur leur attribuait.

Première preuve. φ étant la direction du mouvement du Soleil vers le point O opéré autour du point central C, admis en Alcyon, un observateur placé sur le Soleil croirait être en repos et croirait voir ce point C ou l'étoile Alcyon s'éloigner du point O avec une vitesse v égale à celle du Soleil.

Deuxième preuve. Les étoiles ambiantes autour du point central C doivent apparaître au moins jusqu'à la distance de 60° en mouvement avec une vitesse régulièrement croissante. Au delà de 90°, un accroissement pareil deviendrait imperceptible.

Troisième preuve. La direction du mouvement apparent du point C central coïnciderait avec celle φ du mouvement du Soleil; les déviations des directions des mouvements des étoiles éloignées du centre C doivent croître avec les distances de ce point. ψ étant l'inclinaison du plan de l'orbite d'une étoile circulant autour du point C, $\varphi - \psi$ est l'inclinaison de l'orbite de cette étoile sur le plan de l'orbite du Soleil.

Quatrième preuve. De même que les vitesses, les déviations ou les éloignements $\varphi - \psi$ des plans des orbites doivent croître avec les distances entre les étoiles et le point C central, dans lequel est impossible l'apparition d'une déviation $\varphi - \psi$, car les plans orbiculaires doivent s'y présenter comme coïncidants.

Observations sur les preuves indiquées. La direction du milieu des mouvements vers le point O est ici 1° une fois admise comme position φ du plan de l'orbite du Soleil vers lequel sont inclinés les plans des orbites des étoiles déterminés par les directions des mouvements de ses étoiles; 2° une autre fois la même direction est considérée comme mouvement réel orbiculaire du Soleil déduit de l'ensemble des mouvements mobiles, lesquels ne sont qu'un millième des étoiles jusqu'à la 9ᵉ grandeur. Chacune de ces étoiles a une direction et une vitesse propre et très-différente des autres. Toutes les quatre preuves rapportées sont logiques, et cependant il n'existe aucun centre virtuel de gravitation dans les Pléiades; donc les preuves elles-mêmes n'étant pas en même temps logiques et physiques, détruisent l'existence réelle du système basé surlesquatre preuves rapportées.

I. Il est une loi générale de la Perspective par laquelle on se croit au repos tandis que l'on attribue aux corps ambiants le mouvement du corps qui nous porte; nous croyons voir circuler le Soleil autour de la Terre quoique nous sachions que c'est la Terre qui circule autour du Soleil. Il n'est ni la direction de l'ensemble des mouvements des Pléiades ni exactement celle d'Alcyon dont le prolongement en arrière passe par le point O; même en l'admettant passant par ce point, on ne peut en déduire que la position du plan des orbites des étoiles des Pléiades, orbites qui passent par le point O. Si la direction de l'ensemble des étoiles passe à 9°,95 loin du point O, c'est une preuve que les inclinaisons des orbites forment un angle de $\varphi - \psi$, φ et ψ étant leur inclinaison sur le plan de la Voie lactée.

II. On ne peut contester l'inégalité des vitesses des Pléiades et des Hyades; toutefois après avoir reconnu qu'Aldébaran, à cause de son mouvement, ne fait pas partie du groupe des Hyades, Maedler cherche une preuve dans la vitesse de l'ensemble du mouvement en y introduisant des étoiles d'une vitesse exceptionnelle, et il considère les résultats ainsi obtenus comme preuve directe de la place du centre de la gravitation.

III. Après avoir choisi parmi les 15 directions des plans orbiculaires des Pléiades celle d'Alcyone, parce qu'elle est moins éloignée du point O, Maedler considère ce cas comme une conséquence et comme une preuve de la place du centre de la gravitation. On est surpris de voir cet astronome introduire séparément dans les calculs des déviations les 15 étoiles des Pléiades et les 21 des Hyades, tandis que dans le calcul des vitesses (tableau O) il introduit les nombres 45, 100, 189 d'étoiles, bien qu'il sache que, sauf les 36 étoiles des deux groupes, le milieu de tous les autres mouvements, parmi lesquels il faut compter celui d'Aldébaran, se trouve en une seule et même direction du point O.

Il y a plus de vingt ans que le système de Maedler fit son apparition; quelques astronomes firent plusieurs observations sur la clarté de la Voie lactée qui, selon Maedler, devait être faible au Persée du côté des Pléiades et grande dans la direction du Scorpion; de Humboldt et d'autres observateurs, au contraire, virent un accroissement subit d'éclat dans le cou de la Licorne, région voisine des Pléiades.

Tous les astronomes trouvent que la longueur des deux branches de la Voie lactée est de 120°. Maedler en compte 144; il obtient ce résultat en comprenant l'Anse occidentale et en négligeant l'Anse orientale, et cela pour placer le milieu de ces branches diamétralement opposé aux Pléiades, en passant sous silence le maximum de distances entre les branches qui est dans le Serpent austral diamétralement opposé à la Licorne, place dans laquelle John Herschel cherchait le soleil central. Cependant, cet astronome voulant, comme Maedler, conserver l'hypothèse de son père sur le mouvement orbiculaire du Soleil, ne pouvait ni admettre le système de Maedler ni le réfuter.

Bradley montra la différence entre la nature du mouvement des étoiles exotiques des Pléiades et des Hyades et la nature du mouvement des étoiles indigènes qui se présentent dans toutes les directions de la voûte céleste. Toutefois, ni cet astronome ni aucun autre ne comprit en quoi consiste cette différence. Maedler en a voulu tirer parti pour trouver un centre de gravitation universel.

Au lieu de suivre les hypothèses admises, il suffirait, en combinant les faits apparents avec la loi de la Perspective, de se convaincre que la place du Soleil central ne peut être que diamétralement opposée au Serpent austral. Tous les astronomes se soulèveraient sans doute contre un système pareil; pour les apaiser, il faudrait leur montrer 1° que la direction O indique, non pas le mouvement du Soleil sur son orbite, mais simplement la position du plan de cet orbite; 2° que les vitesses apparentes résultent des inclinaisons des orbites des étoiles mobiles sur celles du Soleil, et 3° que les étoiles exotiques sont les seules dont le mouvement soit comparable à celui des planètes inférieures, parce que ce sont les seules qui circulent sur leurs orbites avec les V, v, υ en raison inverse des distances 2Δ, $2^2\Delta$, $2^3\Delta$ qui les séparent du soleil central.

Maedler attribuait au Soleil une vitesse séculaire de $4'',7$ égale à celle de l'étoile Alcyone; cette valeur serait peu éloignée de celle μ qui résulte de la distance $2^4\Delta$ entre notre Soleil et le soleil central qui est double de la distance $2^3\Delta$ entre ce soleil central et Alcyone; car ce doit être $\mu=\frac{1}{2}\upsilon$, et $\upsilon-\mu=4,7$; ainsi $2\mu-\mu=4'',7$ est la différence entre la vitesse observée de l'Alcyone et du Soleil.

II. DE LA DISTRIBUTION DES ÉTOILES MOBILES AUTOUR DE LA PLACE DU SOLEIL CENTRAL.

§ 439. Les étoiles mobiles sont claires, et l'on a trouvé (§ 332) que les étoiles claires circulent sur des orbites de grandes inclinaisons sur le plan de l'orbite du Soleil. C'est ainsi que s'établit le rapport entre les vitesses des étoiles et les inclinaisons de leurs orbites. Cependant, ce rapport n'a lieu que pour les étoiles indigènes qui circulent avec le

Soleil sur des orbites de rayons $\rho-\alpha$ ou $\rho+\beta$; ρ étant le rayon de l'orbite du Soleil.

4″,7 étant la vitesse séculaire de notre Soleil dans la distance $2^4\Delta$ du soleil central, et 9″,4 celle d'Alcyone dans la distance $2^3\Delta$ du soleil central, la vitesse des étoiles des orbites de rayons $\rho-\alpha$ ne peut être supérieure à 5″,7, et la vitesse des étoiles des orbites de rayons $\rho+\beta$ ne peut être inférieure à 3″,7. De même que les rayons $R+b$ des orbites des planétoïdes les plus éloignés ne diffèrent des rayons R des orbites les moins éloignés du Soleil, que de r environ qui est la distance entre la Terre et le Soleil; de même la plus longue durée de révolution est de 2047 jours de Mnémosyne et la plus courte de 1198 jours d'Ariadne, ce qui fait une différence de 849 jours. Les vitesses m, M étant en raison inverse des durées de révolutions, on aura $m=\frac{1}{2047}$ et $M=\frac{1}{1198}$ ou $m:M=\frac{1}{2047}:\frac{1}{1198}=1198:2047$.

Entre notre Soleil et le soleil central se trouvent les étoiles indigènes de rayons $\rho-\alpha$. Nous ne connaissons que la distance de 4δ entre le Soleil et Sirius, distance presque égale à celle qui est entre le Soleil et Procyon. Parmi les étoiles des orbites de rayons $\rho+\beta$, nous connaissons λ et τ d'Ophiuchus, distants de 21δ du Soleil en indiquant par δ la distance entre le Soleil et α du Centaure, que la lumière ne parcourt que dans l'espace de 5 ans. La lumière met donc au moins 125 ans à parcourir la hauteur de l'espace annulaire d'une limite à l'autre. On peut comparer cette hauteur à la distance $2^3\Delta$ qui est le rayon du 2e espace orbiculaire A″, de même que r est la hauteur de l'espace annulaire dans lequel circulent les planétoïdes.

Nous sommes ainsi conduits à savoir qu'il faut à la lumière au moins 600 ans pour arriver du soleil central à la Terre; la distance entre le Soleil et Alcyone étant moitié moins grande, il en résulte qu'Alcyone est éloignée de nous 60 fois autant que α du Centaure, de sorte que la parallaxe d'Alcyone serait de 0″,01425 au lieu de 0″,05685.

Maedler exposa les distributions des étoiles mobiles de trois manières différentes : 1° les étoiles exotiques des Pléiades et des Hyades; 2° les étoiles exotiques et indigènes des deux côtés de l'équateur terrestre jusqu'à 30° de latitude; 3° les étoiles de la voûte céleste visible en Europe.

A. MOUVEMENTS, DIRECTIONS ET VITESSES DES ÉTOILES EXOTIQUES.

§ 440. Bradley reconnut le premier qu'il y avait une différence réelle entre les mouvements des étoiles des Pléiades et des Hyades et ceux des autres étoiles; les astronomes qui vinrent après Bradley trouvèrent aussi cette différence, mais ils ne firent que l'annoncer après lui. Au lieu de considérer les mouvements observés comme une différence de la vitesse μ du Soleil et de celles V, **v**, v des étoiles de trois espaces annulaires inférieurs A', A″, A‴, Maedler croyait que les mouvements observés dans les 15 étoiles des Pléiades sont presque tous le réflexe du mouvement du Soleil, comme on le voit dans la 6° colonne du tableau suivant.

I. — *Tableau des étoiles exotiques des Pléiades d'après Bradley.*

NOMS.	POSITION POUR 1840.		MOUVEMENT.		RÉFLEXE du mouvement du Soleil.	DÉVIATION.
	Ascension.	Déclinaison.	Secondes.	Direction.		
Celeno	54° 58′	23° 41′	7″,2	152°,7	156°,9	— 4°,2
Electra.	53 59	23 38	4 ,9	160 ,8	150 ,9	3 ,9
m.	54 3	24 22	5 ,6	174 ,9	152 ,0	17 ,0
Taygeta.	54 4	24 0	4 ,6	172 ,4	157 ,0	15 ,4
Maja	54 13	23 54	4 ,9	158 ,2	157 ,1	1 ,1
Asterope	54 14	24 6	6 ,7	142 ,7	157 ,1	14 ,4
l.	54 16	24 3	3 ,9	196 ,5	157 ,2	39 ,3
Mérope.	54 21	23 29	5 ,5	167 ,3	157 ,1	10 ,2
p.	54 36	23 20	4 ,5	135 ,9	157 ,3	—21 ,5
Alcyon	54 38	23 38	4 ,7	160 ,2	152 ,4	2 ,8
(522).	54 52	22 57	6 ,4	189 ,6	152 ,5	32 ,1
(523).	54 52	23 53	9 ,7	182 ,9	157 ,6	25 ,3
26 du Taureau.	55 0	23 24	6 ,1	153 ,4	157 ,6	— 4 ,2
Atlas.	55 3	23 35	5 ,9	185 ,8	157 ,7	28 ,1
Plejone.	55 0	23 40	7 ,5	176 ,2	157 ,7	18 ,5
Moyenne de 15 étoiles.			5″,82	167°,23	157°,27	+ 9°,96

E. — *Tableau des étoiles exotiques des Hyades.*

NOMS.	POSITION POUR 1840.		MOUVEMENT.		RÉFLEXE du mouvement du Soleil.	DÉVIATION φ—ψ.
	Ascension.	Déclinaison.	Secondes.	Direction.		
δ' du Taureau.	63° 20'	+17° 10	12",6	105°,1	102°,7	— 57°,1
63.	63 34	16 24	8 ,0	208 ,3	102 ,7	»
δ¹.	63 43	17 4	11 ,4	110 ,0	103 ,0	— 58 ,0
δ².	63 4	17 23	15 ,0	105 ,4	103 ,4	— 58 ,0
70.	64 7	15 34	5 ,2	90 ,0	103 ,1	— 73 ,1
71.	64 19	15 15	9 ,9	103 ,5	103 ,2	— 60 ,1
—.	64 49	18 49	10 ,5	100 ,5	104 ,3	— 63 ,8
76.	64 40	16 0	4 ,3	203 ,0	103 ,8	+129 ,2
70.	64 50	14 23	13 ,0	97 ,8	103 ,5	— 65 ,7
θ'.	64 52	15 36	3 ,3	132 ,5	103 ,7	»
θ''.	64 53	15 31	11 ,0	92 ,7	103 ,7	— 71 ,0
79.	64 58	12 41	15 ,0	112 ,3	103 ,2	— 50 ,9
80.	65 15	15 17	8 ,4	100 ,2	104 ,0	— 63 ,8
81.	65 23	15 20	13 ,9	94 ,1	104 ,2	— 70 ,1
83.	65 24	13 22	6 ,5	112 ,6	103 ,8	— 51 ,3
84.	65 31	14 45	3 ,2	158 ,2	104 ,4	»
85.	65 41	15 30	5 ,6	127 ,9	104 ,5	— 31 ,6
ρ.	66 12	14 30	13 ,0	108 ,9	104 ,7	— 55 ,8
89.	67 15	16 42	9 ,9	94 ,6	165 ,9	— 71 ,4
σ'.	67 20	15 29	6 ,1	169 ,6	166 ,0	+ 3 ,6
σ''.	67 32	15 30	3 ,3	118 ,2	166 ,2	»
Moyenne.			8",20			— 44°,1

§ 441. **Observations sur les mouvements des Pléiades.** Parmi des centaines d'étoiles microscopiques, il n'y en a que 15 qui présentent une vitesse séculaire supérieure à 3". Ces étoiles mobiles exotiques se distinguent des étoiles mobiles indigènes :

I. Par la direction de leur mouvement, qui n'est pas positif comme celui des étoiles indigènes ambiantes, car la direction de l'ensemble des mouvements ne se trouve pas sur le plan de l'orbite du Soleil qui passe par le point O, mais à une distance de 9",96 de ce plan ;

II. Par les vitesses qui varient entre 4" et 7",5, sauf une seule étoile (523) d'une vitesse de 9",9 ;

III. Par la clarté qui est faible aux étoiles mobiles exotiques, car huit seulement vont jusqu'à la 7ᵉ grandeur, et les sept autres sont de grandeurs plus faibles ;

IV. Par la région dans laquelle on les voit, car de même que les planètes inférieures sont dans le voisinage du Soleil, de même les étoiles exotiques sont dans le voisinage de la place occupée par le soleil central.

Observations sur le mouvement des Hyades. Entre les Pléiades et la place du soleil central, sont les Hyades. Le groupe des Pléiades est composé des étoiles du 3ᵉ espace annulaire A''' ayant la vitesse la plus faible qui est entre $4''$ et $7'',5$; car l'étoile (523) ayant une vitesse de $9'',9$, circule dans le 2ᵉ espace annulaire A''. Le groupe des Hyades, au contraire, est composé des étoiles circulant avec les vitesses V, $\mathbf{v}$, v, dans les trois espaces annulaires A''', A'', A' qui ont pour rayon $2^3\Delta$, $2^2\Delta$, 2Δ, de même que la Terre, Vénus et Mercure circulent avec des vitesses V', $\mathbf{v}'$, v', sur des orbites de rayons 1 ; 0,7 et 0,4.

De même que la hauteur H du 4ᵉ espace annulaire A^{iv} est de 255, de même les trois espaces annulaires A''', A'', A' sont de hauteurs proportionnelles, et les vitesses orbiculaires des étoiles ε''', ε'', ε' sont en raison inverse des distances $2^3\Delta \pm d'''$, $2^2\Delta \pm d''$, $2\Delta \pm d'$ qui les séparent du soleil central. C'est donc au moyen des vitesses qu'on a reconnu que les étoiles des Hyades circulent dans trois espaces annulaires, et c'est ainsi que se présente la direction de 44°,9 de l'ensemble des mouvements.

I. Dans l'espace annulaire A''' de rayon moyen $2^3\Delta$, les étoiles circulent sur des orbites de rayons $2^3\Delta \pm d'''$ avec des vitesses séculaires entre $3''$ et $6'',5$, auxquelles il faut ajouter celle μ du Soleil pour en obtenir les vitesses réelles ; étant environ $\mu = 4$, ces vitesses sont $7''$ et $10'',5$.

II. Dans le 2ᵉ espace annulaire de rayon moyen $2^2\Delta$, les étoiles circulent sur des orbites de rayons $2^2\Delta \pm d''$ avec des vitesses apparentes entre $8'',4$ et $11'',4$, les vitesses réelles étant entre $12'',4$ et $15'',4$.

III. Dans le 1ᵉʳ espace annulaire de rayon moyen 2Δ, les étoiles circulent sur des orbites de rayons $2\Delta \pm d$ avec des vitesses apparentes entre 12″,6 et 15″, les vitesses réelles étant entre 16″,6 et 19″.

Toutes les étoiles exotiques, de même que le Soleil et les étoiles indigènes, circulent autour du soleil central dans le même sens. Tant que les astronomes, d'après Herschel, admirent pour le Soleil un mouvement vers le point O, il leur fut absolument impossible de reconnaître le sens commun de tous les mouvements orbiculaires qui sert à déterminer directement la place du soleil central.

Toutes les vitesses observées des étoiles exotiques sont la différence V—μ, v—μ, υ—μ entre les vitesses réelles V, v, υ, et la vitesse μ du Soleil, vitesse comparable à la plus faible vitesse observée dans les étoiles exotiques circulant dans le troisième espace annulaire A‴. En prenant la moyenne 4″,75 de 3″ et 6″,5 des vitesses inférieures des Hyades, on trouve une valeur qui diffère peu de la vitesse d'Alcyone admise par Maedler comme représentant la vitesse du Soleil. Cet astronome y est arrivé par une voie tout à fait différente. En admettant, d'après la loi de Képler, que les carrés des vitesses sont en rapport direct avec les cubes des distances, je trouvai pour le Soleil une vitesse séculaire de 2″ environ. Nous donnons ici tous les détails propres à déduire approximativement la vitesse séculaire du Soleil, laquelle ne surpasse pas 5″.

Aldebaran fait partie du groupe des Hyades de même qu'Alcyone fait partie de celui des Pléiades; cependant Alcyone se présente par son mouvement comme une étoile homogène avec les 14 autres étoiles mobiles, tandis que cette homogénéité n'est pas reconnue pour Aldebaran, et cela à cause de son mouvement, 1° se présentant en une direction inverse, 2° ayant une vitesse supérieure, et 3° s'arrangeant avec les autres mouvements pour faire naître de leur ensemble la direction du plan de l'orbite du Soleil.

§ 412. **Groupes des étoiles exotiques considérées comme nébuleuses.** Dans chacun des trois espaces annulaires circulent un grand nombre d'étoiles qui se présentent comme immobiles à cause de leurs positions en quadrature, car celles qui sont invisibles sont en opposition. Les amas d'étoiles sont admis par les astronomes d'après Herschel comme amas de points lumineux ou de météores composant des nébuleuses solifères. Nulle part dans la voûte céleste on ne trouve des amas d'étoiles comme on en voit autour de la place du soleil central, les Pléiades, les Hyades, le Præcepe ou Crèche du cancer et l'amas du Navire. Ces deux derniers amas sont du côté boréal du bord de la Galaxie et les deux précédents sont du côté du bord austral. On voit des amas d'étoiles dans les régions polaires de la Voie lactée comme celui de la chevelure de Bérénice; ils sont également produits par des superpositions des étoiles. Cependant les densités observées dans les susdits groupes surpassent toutes les autres ; les clartés des étoiles vont en s'affaiblissant pour dépasser toutes les limites des télescopes les plus puissants. C'est dans ces amas d'étoiles exotiques que l'abîme stellaire se présenta à Herschel ainsi qu'à lord Rosse, armés de leurs plus puissants télescopes.

On apprit ainsi que de même que dans le système planétaire circulent un grand nombre de planétoïdes dans un même espace annulaire placé entre l'orbite de Mars et celui de Jupiter, de même dans le système stellaire circulent les étoiles dans quatre espaces annulaires correspondant aux orbites de quatre planètes intérieures. Le Soleil circule avec des millions d'autres dans le 4e espace annulaire, et les étoiles exotiques circulent dans trois espaces annulaires inférieurs ; c'est pourquoi on ne les voit que du côté du soleil central, de même que les planètes intérieures ne se voient que du côté de la place occupée par le Soleil. De sorte que comme le système de Ptolémé se trouva simplifié par le remplacement des distributions apparentes, par les distributions réelles de planètes, de même se trouve ici simplifié le système stellaire par le remplacement des distributions apparentes des étoiles par leur distribution réelle.

III. DE LA DISTRIBUTION DES ÉTOILES MOBILES PAR RAPPORT A L'ÉQUATEUR TERRESTRE.

§ 443. Les détails exposés au § 432 sur les rapports entre les étoiles claires jusqu'à la 7e grandeur et les étoiles jusqu'à la 9e grandeur, s'appliquent aussi aux étoiles mobiles et aux étoiles jusqu'à la 9e grandeur, et cela parce que les étoiles mobiles sont claires. En parlant des mouvements des étoiles exotiques par rapport au plan de la Voie lactée, il n'était pas nécessaire de déterminer la position de ce plan sur celui de l'équateur terrestre. Il en est tout autrement ici, parce que les distributions apparentes des étoiles sont déterminées par rapport à l'équateur terrestre, tandis que leurs distributions réelles sont symétriques des deux côtés du plan de la Voie lactée. Ce plan est incliné de 84° sur l'écliptique, sur laquelle l'équateur terrestre est incliné de $23°\frac{1}{2}$. Il en résulte que l'équateur terrestre forme avec le plan de la Voie lactée

l'angle $\Gamma = 84° + 23°\frac{1}{2} = 107°\frac{1}{2}$ d'un côté,
et l'angle $\Gamma' = 180° - 107°\frac{1}{2} = 72°\frac{1}{2}$ de l'autre côté.

Le Soleil se trouve du côté boréal du plan de la Voie lactée; ainsi le plan de son orbite étant éloigné de $3°\frac{1}{2}$ de celui de la Voie lactée, il formera avec l'équateur terrestre

l'angle $A = 107°\frac{1}{2} - 3°\frac{1}{2} = 104°$ d'un côté,
et l'angle $A' = 72°\frac{1}{2} + 3°\frac{1}{2} = 76°$ de l'autre.

§ 444. **Rapport entre les angles A′ A et les nombres des étoiles mobiles.** Au nombre total 3047 d'étoiles mobiles, y compris les étoiles exotiques, il y en a 1236 au nord de l'équateur jusqu'à la latitude de 30°, et 903 au sud de l'équateur jusqu'à l'égale latitude de 30°. Cette distribution apparente des étoiles est déterminée perspectivement par les distances angulaires 104° et 76° entre l'équateur et l'orbite du Soleil. C'est pour cette raison que, guidé par les lois de la Perspective, j'ai trouvé exact le rapport suivant :

$$76° : 104° = 903 : X = \frac{104 \times 903}{76} = 1235 \text{ au lieu de } 1230.$$

Chacun pouvait arriver par hasard à ce résultat très-frappant sans en connaître l'origine, tandis qu'ici c'est la loi de l'Astrogonie et la loi de la Perspective qui conduisent à ce résultat ; car à l'aide de ces lois on connaît la distribution symétrique des étoiles des deux côtés du plan de la Voie lactée. Cette distribution réelle déjà reconnue par Argelander et d'autres astronomes au moyen des lois de la Perspective, rend manifeste la distribution apparente des étoiles ; la distribution réelle des corps célestes et leur distribution apparente sont exposées dans les tables I et II.

De même que les distributions des étoiles jusqu'à la 7ᵉ et la 9ᵉ grandeur sont symétriques des deux côtés du plan de la Voie lactée, de même la distribution des étoiles mobiles est également symétrique ; car celles-ci ne se présentent comme telles qu'à cause des inclinaisons des plans de leurs orbites sur celui de l'orbite du Soleil : autrement elles paraîtraient immobiles comme des millions d'autres étoiles indigènes. Ce sont donc les degrés de ces inclinaisons qui sont indiquées par les différentes vitesses observées dans les étoiles (§§ 420 et 423).

A. DE LA DISTRIBUTION DES ÉTOILES MOBILES.

§ 445. Nous avons exposé dans le tableau H les distributions des étoiles jusqu'à la 7ᵉ et la 9ᵉ grandeur ; nous donnons dans le tableau M ci-dessous la distribution des étoiles mobiles. Il y a correspondance entre toutes ces distributions parce que c'est la loi de la Perspective qui fait résulter ces distributions apparentes de la distribution réelle.

M. — *Tableau de la distribution des étoiles mobiles des deux côtés de l'équateur.*

ASCENSION.	AU NORD.	AU SUD.	ASCENSION.	AU NORD.	AU SUD.
0^h	59	23	12^h	54	21
1	56	30	13	25	40
2	63	39	14	25	43
3	57	28	15	43	53
4	84	32	16	51	37
5	73	52	17	35	37
6	62	34	18	32	56
7	63	29	19	74	41
8	65	16	20	49	51
9	50	25	21	38	63
10	53	35	22	86	70
11	30	24	23	51	36

Liaisons entre les ascensions et les densités des étoiles mobiles. De même qu'il y a un rapport direct entre les inclinaisons de 104° et 76° avec les nombres 1236 et 903 des étoiles mobiles, de même il y a des rapports pareils entre les ascensions boréales et les nombres des étoiles.

Du côté de l'hémisphère austral, le maximum de distance entre l'équateur et l'orbite du Soleil est de 76° et la distance entre l'équateur et l'extrême limite boréale de la Voie lactée de l'ascension de 23^h est de 76 — 3° 1/2 (planche I).

Du côté de l'hémisphère boréal, le maximum de distance entre l'équateur et l'orbite du Soleil est de 104° et la distance entre l'équateur et la même extrême limite boréale de la Voie lactée est de 104° + 3° 1/2; cette limite se trouve sur le diamètre unissant les ascensions de 23^h et de 11^h.

§ 446. I. **Distribution des étoiles dans les deux hémisphères inférieur et supérieur.** Au nord de l'équateur, dans l'hémisphère inférieur, la densité des étoiles est partout supérieure à celle des étoiles au sud de l'équateur.

On ne trouve pas cette régularité dans l'hémisphère supérieur ; les étoiles y sont en densités supérieures du côté sud de l'équateur et en densités inférieures du côté nord, sauf les régions des deux quadratures de 15^h et de 19^h, dans lesquelles se voient les densités supérieures du côte nord.

Au milieu ou au pôle de l'hémisphère inférieur, en 5^h les nombres 73 et 52 diffèrent, tandis qu'ils sont presque égaux (35 et 37) en 17^h au pôle de l'hémisphère supérieur diamétralement opposé. La différence de $21 = 73 - 52$, résulte d'un nombre d'étoiles exotiques qui n'existent ni du côté sud de l'équateur en 5^h ni au pôle de l'hémisphère supérieur en 17^h.

Il n'y a que de légères différences entre les trois rapports des densités du sud et du nord de l'équateur, des ascensions 22^h, 21^h, 20^h et des trois rapports correspondants des ascensions 13^h, 14^h, 15^h; ces rapports sont $\frac{70}{35}$, $\frac{68}{38}$, $\frac{51}{49}$ d'un côté, et $\frac{46}{25}$, $\frac{43}{25}$, $\frac{53}{43}$ de l'autre.

Les maxima $\frac{59}{33}$ et $\frac{54}{31}$ des rapports entre les étoiles des deux côtes de l'équateur, sont égaux et sont placés aux limites des deux hémisphères.

§ 447. II. **Distribution des étoiles dans les deux hémisphères austral et boréal.** Au nord de l'équateur, dans l'hémisphère austral, le nombre des étoiles est de $392 + 279 = 671$, et au sud de $194 + 316 = 510$.

Dans l'hémisphère boréal, le nombre des étoiles est de $332 + 233 = 565$ au nord de l'équateur, et au sud de $166 + 257 = 403$.

Il y a donc une symétrie de distribution qui se manifeste dans l'égalité entre les rapports de $\frac{671}{510}$ et $\frac{565}{403}$ qui expriment une relation presque égale entre la distribution des étoiles mobiles dans les deux hémisphères relativement au plan de la Voie lactée du côté austral et du côté boréal.

Le nombre de 1286 étoiles au nord de l'équateur est donc en réalité du côté boréal de la Voie lactée ou du côté de l'orbite du Soleil, et celui de 913 étoiles au sud de l'équateur est en réalité du côté austral de la Voie lactée. C'est un résultat contraire à la distribution des étoiles télescopiques par rapport au plan de la Voie lactée, parce que les mouvements ou leurs vitesses ne sont que des indices des inclinaisons des orbites des étoiles sur l'orbite du Soleil. Ces inclinaisons en degrés sont donc du côté de la Voie lactée le plus éloigné de l'équateur du côté boréal, supérieures au côté austral de l'orbite du Soleil le moins éloigné de cet équateur terrestre.

Cette différence n'existerait pas si le Soleil se trouvait sur le plan de la Voie lactée sur lequel sont inclinés les couples des orbites des deux côtés de la Voie lactée. Maintenant, du côté boréal de la Voie lactée où est le Soleil, se projettent dans l'hémisphère austral les étoiles d'orbites d'inclinaisons égales à celles des orbites des étoiles de l'hémisphère boréal qui, se déplaçant perspectivement moins, se présentent avec une quantité de mouvements qui diffèrent très-peu de la quantité des mouvements des étoiles de l'autre hémisphère. N, n étant les nombres des étoiles des deux côtés de l'équateur v, V sont les vitesses ou les mouvements qui sont les produits $N \times (v \rightleftarrows v \times v + q)$; car dans le nombre N des étoiles, il entre une quantité q' d'étoiles exotiques.

B. DE L'ÉGALITÉ DES MOUVEMENTS APPARENTS DES DEUX CÔTÉS DE L'ORBITE DU SOLEIL.

§ 448. Nous avons déterminé par les observations les plus exactes les vitesses séculaires des étoiles contenues dans le tableau N. La découverte d'Herschel sur la direction vers le point O de l'ensemble des mouvements trouve ici son application comme pour la direction de chaque ensemble particulier des mouvements. Il n'y a à cette règle générale d'autre exception que celle des étoiles exotiques.

N. — *Tableau des vitesses et des directions des étoiles des deux côtés de l'équateur.*

ASCENSION.	AU NORD.	AU SUD.	ASCENSION.	AU NORD.	AU SUD.
0^h	+ 1″,75	+ 3″,74	12^h	— 8″,05	— 9″,35
1	+ 2 ,17	— 1 ,00	13	— 12 ,91	— 8 ,23
2	+ 4 ,23	+ 3 ,44	14	— 6 ,18	— 3 ,32
3	+ 2 ,44	1 ,01	15	+ 0 ,61	+ 0 ,29
4	+ 1 ,27	— 4 ,03	16	— 4 ,18	+ 1 ,06
5	+ 3 ,02	— 2 ,56	17	+ 0 ,48	— 1 ,78
6	+ 0 ,83	+ 1 ,76	18	+ 1 ,04	+ 1 ,27
7	— 2 ,86	+ 0 ,38	19	+ 4 ,08	+ 3 ,53
8	— 4 ,07	— 0 ,27	20	+ 2 ,07	+ 3 ,05
9	— 6 ,92	— 0 ,34	21	+ 5 ,46	+ 4 ,89
10	— 5 ,01	— 5 ,53	22	+ 9 ,46	+ 3 ,70
11	— 3 ,78	— 4 ,63	23	+ 6 ,06	+ 5 ,16

Moyenne des vitesses des milieux des mouvements positifs de 1236 étoiles du nord + 0″,1566.

Moyenne des vitesses des milieux des mouvements négatifs de 903 étoiles du sud — 0″,2170.

§ 449. **Discussion de la direction de l'ensemble des mouvements.** La quantité moyenne de l'ensemble des mouvements des 1236 étoiles situées au nord de l'équateur est de + 0″,1566. Parmi ces étoiles, on compte un nombre q' d'étoiles mobiles exotiques, trouvées dans la distance entre l'équateur et la latitude nord de 30° autour de la place du Soleil central; de sorte que le nombre véritable des étoiles indigènes au nord de l'équateur est $1236 - q'$; la quantité totale des mouvements est de

$$0'',1566 \times 1236.$$

On a trouvé que la quantité moyenne de l'ensemble des mouvements des 903 étoiles au sud de l'équateur était de — 0″,2170. Il n'y a parmi ces étoiles aucune étoile exotique; la quantité totale des mouvements est donc de

$$-0'',2171 \times 903.$$

Pour trouver la direction passant par le point O, direction qui n'est autre que celle de la position du plan de l'orbite du Soleil, il faut qu'il y ait égalité de mouvements des deux côtés ou

$$(1236 - g) \times 0'',1566 - 0'',2171 \times 903 = 0;\ \text{c'est donc}\ g' = 16.$$

Au nord de l'équateur, la direction des étoiles indigènes est positive dans les régions des étoiles exotiques; elle n'arrive à être négative qu'en 7^h, et se maintient en cet état jusqu'à 16^h. La vitesse atteint deux maxima aux deux limites des changements des signes, limites diamétralement opposées. Entre ces limites, du côté de l'hémisphère austral, sont les directions positives.

C'est au sud de l'équateur que se présente plus fréquemment la direction négative, et cela dans les régions de l'hémisphère inférieur les plus éloignées du point O, placé sur le plan de l'orbite du Soleil.

Régions des maxima de vitesse négative. Notre Soleil se trouve entre la place du Soleil central H (fig. 58) et le point O diamétralement opposé, par lequel passe le prolongement du plan de l'orbite du Soleil. Dans la direction du pôle de la Voie lactée, passe le méridien galaxiaque qui est celui de notre Soleil. Ce même méridien passe par les étoiles qui circulent sur des orbites inclinés des deux côtés sur celui du Soleil.

Les orbites des étoiles étant symétriquement inclinés des deux côtés de la Galaxie, arrivent à des inclinaisons inégales des deux côtés de l'orbite du Soleil : ce sont les inclinaisons qui se présentent comme vitesses des mouvements orbiculaires (§ 420). Dans la latitude boréale galaxiaque se rencontre dans la région polaire, de 13^h, un maximum absolu de $-12'',91$. Tout près de cette région, se trouve l'étoile télescopique du maximum absolu de vitesse séculaire de $701''$.

Pour arriver à l'autre pôle galaxiaque, le méridien passe

en 12^h au sud de l'équateur, et c'est dans cette région que se présente également un maximum de vitesse négative de — 9″,35. On trouve dans cette même direction un maximum de — 6″,18 en 14^h dans le voisinage du méridien.

Les maxima négatifs de — 6″,92; — 5″,01; — 4″,92 en 8^h, 9^h, 10^h, sont diamétralement opposés aux trois maxima positifs + 6″,60; + 9″,46; + 5″,46 en 21^h, 22^h, 23^h.

Positions des maxima de vitesse positive. Le pôle austral de la Voie lactée est dans l'Atelier du sculpteur. Pour arriver à ce pôle éloigné, le méridien galaxiaque du Soleil doit passer en 22^h là où se voit le maximum de 9″,46, maximum correspondant à la région dans laquelle se trouvent les étoiles circulant sur des orbites de grandes inclinaisons sur celui du Soleil.

Positions des minima des vitesses ou des inclinaisons. Dans les deux extrémités du rayon vecteur, l'une au Soleil central en 6^h et l'autre au point O en 17^h, se trouvent les minima de 0″,83 et de 0″,48 indiquant les régions voisines du plan de la Voie lactée, régions dans lesquelles circulent les étoiles sur des orbites peu inclinés, sur ce plan et sur celui de l'orbite du Soleil.

Le minimum absolu de 0″,29 est précisément dans la quadrature Q, au sud de l'équateur; le minimum de 0″,81 est au nord. Les trois autres minima de + 0″,38; — 0″,27; — 0″,34 se voient en 7^h, 8^h, 9^h.

Deux causes font que les étoiles se présentent en repos ou en déplacements médiocres : 1° On voit en repos toutes les étoiles circulant sur des orbites peu inclinés, ou sur des orbites qui coïncident avec celui du Soleil, et sont de rayon $\rho - \alpha$ ou $\rho + \beta$. 2° On voit en repos les étoiles qui sont également peu rapprochées des deux nœuds comme le Soleil, sans que cette position ait la moindre influence sur l'inclinaison des orbites. Un plan perpendiculaire sur la Voie lactée passant par le rayon vecteur, par 6^h et 17^h, rencontre les étoiles qui circulent sur des orbites de chaque inclinaison; mais comme elles sont à des distances presque égales des deux nœuds, on les voit circuler parallèlement avec le Soleil, ainsi que le font les étoiles parcourant des orbites peu inclinés, qui se trouvent à chaque distance des nœuds. Prenons pour exemple deux Soleils circulant avec une égale vitesse, l'un sur l'équateur et l'autre sur l'écliptique, observés d'un point placé en dehors de leurs orbites.

Le jour de solstice, si l'observateur se trouvait sur le même méridien, il verrait les soleils en repos et sous le même méridien. Les soleils paraîtraient dans un repos semblable les jours de leurs superpositions perspectives, avant et après le solstice du Cancer, et les jours de leurs superpositions, avant ou après le solstice du Capricorne.

I. Ce sont donc les deux solstices qui correspondent aux points opposés, 1° en 6^h où est la place du Soleil central, et 2° en 17^h où est le point O de l'orbite du Soleil.

II. Ce sont les quatre superpositions qui correspondent aux quatre quadratures.

IV. DE LA DISTRIBUTION DES ÉTOILES MOBILES SUR LA VOUTE CÉLESTE.

§ 450. Après avoir répété les observations des mouvements des étoiles mobiles visibles en Europe, Maedler, en donnant la description de leur arrangement autour d'une ligne qui réunit le Soleil avec Alcyon, prétendit avoir donné, par cette description, des preuves directes de la place du centre de gravitation; il niait l'existence d'un soleil central, lequel serait un colosse. Il oubliait que ce colosse pouvait ne pas répandre une lumière proportionnelle à sa masse, à l'exemple de Bessel, qui prouva que Sirius, Procyon et l'Épi circulent autour de corps centraux plus volumineux qu'eux, et cependant invisibles.

La description de la distribution des étoiles mobiles étant

exacte, et le corps central n'étant pas dans les Pléiades, mais dans la constellation de la Licorne, cette description sert à prouver que ce sont les inclinaisons des orbites de ces étoiles qui se manifestent dans leurs déplacements apparents.

Soit SA‴ (fig. 66) qui unit le Soleil avec Alcyone; cette ligne prolongée aboutit à un point C du Scorpion. En admettant que le point S de cette ligne soit fixe, on peut promener ses deux extrémités A‴ et C sur les deux hémisphères de la voûte céleste, divisée par un plan horizontal passant par le Soleil perpendiculairement sur la ligne CA‴. A l'hémisphère inférieur, le pôle A‴ est dans les Pléiades, et à l'hémisphère supérieur, le pôle C est dans la constellation du Scorpion. En décrivant des périphéries autour de ces deux pôles à des intervalles de 10°, on divise la superficie de chaque hémisphère en un cercle polaire et en huit zones de 10° de largeur, puis en même temps on divise l'espace de chaque hémisphère en un cône polaire et en huit compartiments coniques, ayant tous leur sommet au Soleil et laissant se projeter sur la voûte céleste les étoiles qui se trouvent dans l'espace de chaque compartiment conique.

Fig. 66.

Si au lieu de la ligne CA‴ qui passe par le Scorpion et les Pléiades, on prend le rayon vecteur SH, qui passe par la place du Soleil central et par le Serpent austral, pour faire la subdivision indiquée de la voûte céleste, les compartiments seraient symétriques par rapport au plan de la Voie lactée. La ligne A‴C coupe ce plan formant un angle de 21°, égal à celui formé au Soleil par la rencontre de cette ligne avec le rayon vecteur.

Des deux espaces coniques, c'est l'espace inférieur qui passe par la Voie lactée et par les régions où sont les étoiles exotiques; l'espace supérieur passe par les régions où manquent les étoiles exotiques, et où se trouvent les étoiles circulant sur des orbites d'inclinaison supérieure.

Parmi les 16 compartiments coniques, il y en a 5 de visibles en Europe dans toute leur étendue; une partie des 11 autres est invisible, car plusieurs passent par des latitudes sud, supérieures à 30°. Dans le nombre de 3047 étoiles mobiles, y compris les étoiles exotiques, on en trouve 2139 dans la zone équatoriale, qui a 60° de largeur. Cette différence de 908 étoiles se rencontre entre le pôle et la latitude nord 30°; cependant on est conduit à admettre un nombre inégal d'étoiles mobiles dans la partie invisible de la voûte céleste, ainsi qu'un nombre inégal existe des deux côtés de l'équateur terrestre.

O. — *Tableau de la distribution des étoiles mobiles.*

DISTANCES angulaires.	AIRES.	ÉTOILES mobiles.	DENSITÉ.	VITESSE moyenne V.	VITESSE V maxima.	$\frac{nv - V}{n - 1}$	DÉVIATION.
Régions complètes de l'hémisphère inférieur.							
0° à 10°	πr^2	45	45	7",74	25",3	7",80	39°,98
10 à 20	$3\pi r^2$	100	33,3	8 ,20	53 ,6	7 ,74	46 ,43
20 à 30	$5\pi r^2$	189	37,8	9 ,78	110 ,0	9 ,20	55 ,45
30 à 40	$7\pi r^2$	204	29,0	9 ,70	409 ,1	8 ,35	56 ,80
40 à 50	$9\pi r^2$	269	29,9	10 ,41	383 ,3	8 ,64	61 ,22
50 à 60	$11\pi r^2$	275	25,0	11 ,97	208 ,8	11 ,25	62 ,59
Régions incomplètes.							
60 à 70	$13\pi r^2$	273	21,0	10 ,03	113 ,3	9 ,23	61 ,19
70 à 80	$15\pi r^2$	246	16,4	10 ,95	192 ,5	10 ,20	67 ,95
80 à 90	$17\pi r^2$	277	16,0	10 ,89	527 ,8	9 ,20	62 ,15
Hémisphère supérieur.							
90 à 80°	$17\pi r^2$	218	13,0	9 ,71	73 ,8	9 ,42	68 ,80
80 à 70	$15\pi r^2$	221	14,6	9 ,56	78 ,9	9 ,60	58 ,01
70 à 60	$13\pi r^2$	103	11,0	11 ,71	117 ,4	11 ,06	67 ,97
60 à 50	$11\pi r^2$	163	14,6	12 ,51	118 ,0	11 ,92	63 ,23
50 à 40	$9\pi r^2$	123	13,7	12 ,07	225 ,7	10 ,32	61 ,90
40 à 30	$7\pi r^2$	92	13,1	10 ,01	131 ,6	8 ,67	58 ,92
30 à 20	$5\pi r^2$	87	17,4	13 ,33	113 ,2	12 ,17	61 ,21
20 à 10	$3\pi r^2$	58	19,3	9 ,16	59 ,8	8 ,27	54 ,41
10 à 0	πr^2	44	44	7 ,30	72 ,0	3 ,94	47 ,27

§ 451. **Remarques.** Les 9 aires de chacun des deux hémisphères suivent la progression arithmétique suivante :

$$\frac{1}{2}\pi r^2 . 3\pi r^2 . 5\pi r^2 . 7\pi r^2 . 9\pi r^2 . 11\pi r^2 . 13\pi r^2 . 15\pi r^2 . 17\pi r^2 .$$

Les étoiles mobiles sont distribuées dans toutes les régions de la voûte céleste, en densités supérieures, autour de la Voie lactée, où les densités des étoiles immobiles sont supérieures.

Densités. Dans les sept compartiments complets, les deux maxima 45 et 44 se voient dans les deux cercles polaires; cependant parmi les 45 étoiles du cercle inférieur, se trouvent les 15 étoiles exotiques des Pléiades, et la densité des autres étoiles est ainsi réduite à 30; cette densité croît par les étoiles exotiques jusqu'à 37,8, chiffre qui est atteint dans le compartiment allant jusqu'à 30°.

Après la disparition des étoiles exotiques dans les compartiments entre 30° et 60°, la densité se soutient assez uniformément jusqu'à la limite des régions incomplètes. Dans ces régions, la densité diminue pour atteindre un minimum apparent de 11, correspondant au compartiment de 70° à 60° de l'hémisphère supérieur, dont la plus grande partie est invisible. La densité calculée augmente dans certains compartiments avec l'accroissement des parties visibles. On voit ainsi que la densité réelle des étoiles mobiles est de 30 environ en moyenne, en admettant que toute la voûte céleste soit visible.

Vitesses. Pour obtenir une valeur moyenne de vitesses plus rapprochée de la véritable, dans chaque compartiment je séparai de la somme des étoiles la seule étoile de vitesse exceptionnelle; par ce moyen, d'après la formule $\frac{nv - V}{n - 1}$, j'obtins les vitesses de la 7° colonne, dans lesquelles il y a symétrie entre les détails des vitesses des étoiles des deux hémisphères.

Les vitesses n'indiquent que les inclinaisons des orbites des étoiles mobiles, ces inclinaisons croissant aux orbites des étoiles de même latitude par rapport au Soleil central et aux longitudes différentes. C'est ainsi qu'on trouve le minimum 3″,94 de vitesse dans la constellation du Scorpion, qui est la moins éloignée de la longitude dans laquelle se trouve le Soleil.

Dans le cercle inférieur, autour des Pléiades, se rencontre également la vitesse 7″,30, inférieure à toutes les autres. On obtiendrait des étoiles de cette région une vitesse moins différente de celle 3″,94, si les étoiles exotiques des Pléiades et des Hyades en étaient séparées.

Les vitesses ne dépendent pas de ce que les compartiments sont complets ou incomplets; elles ne sont modifiées que par le mélange des étoiles exotiques, lesquelles ne se trouvent qu'autour de la place du Soleil central. Celles des Pléiades ont une vitesse moyenne de 5″,82, et celles des Hyades 8″,76.

§ 152. **Symétrie entre les vitesses des deux hémisphères.** Dans chacun des deux hémisphères, on voit deux maxima, ayant entre eux une distance de 30° de l'horizon et des régions polaires. Les maxima 11″,25 et 11″,06, éloignés de 30° des deux côtés du plan horizontal, sont presque égaux; les deux autres maxima de 9″,20 et 12″,17, équidistants des deux régions polaires placées, l'une dans les Pléiades et l'autre dans le Scorpion, diffèrent beaucoup entre eux.

Les étoiles exotiques s'étendent jusqu'à 30° autour d'Alcyon. Ces étoiles ont une faible vitesse; elles manquent dans l'hémisphère supérieur. Dans le cercle des Pléiades, les étoiles exotiques ont une vitesse de 5″,82, supérieure à celle 3″,94 qu'on trouverait si les étoiles exotiques manquaient. A la distance de 30°, au contraire, la vitesse provenant des inclinaisons est supérieure à celle des étoiles exotiques; celles-ci se trouvant jusqu'à la distance de 30°, c'est là qu'elles font diminuer la vitesse qui, au lieu d'être égale à 12″,17 n'est plus que de 9″,20.

En divisant la voûte céleste en deux hémisphères par un plan horizontal passant par le Soleil verticalement sur son rayon vecteur, les distances de 45° au-dessus et au-dessous de ce plan se trouveront, d'un côté à une distance de 45° — 21°, et de l'autre à une distance de 45°+21°. C'est ainsi qu'on voit que les quatre maxima du tableau résultent des deux maxima réels, qui se trouvent à une distance de 45°, 1° de la place du Soleil central, et 2° du point d'opposition O; c'est ainsi encore qu'il est démontré une fois de plus que ce sont les inclinaisons des orbites des étoiles qui sont indiquées par leur mouvement apparent. En combinant ce mouvement avec la position de chaque étoile, on cherchera à déterminer l'inclinaison du plan de son orbite sur celui de l'orbite de notre Soleil.

CHAPITRE III.

DE LA LIAISON PHYSIQUE DES CLARTÉS ET DES VITESSES DES ÉTOILES AVEC LES INCLINAISONS DE LEURS ORBITES.

§ 453. Depuis que Halley a découvert qu'il y a des étoiles fixes qui changent de place, les astronomes cherchent à découvrir des étoiles semblables et à en déterminer la vitesse. J'ai prouvé (§ 332) que les étoiles mobiles circulent sur des orbites dont les plans sont éloignés du plan de l'orbite de notre Soleil; j'ai montré aussi (§§ 420 et 423) comment apparaissent les déplacements des étoiles qui circulent autour du Soleil central, avec une égale vitesse, sur des orbites ayant une inclinaison différente sur l'orbite de notre Soleil. Cette découverte a changé l'aspect des corps célestes; on les a distingués en *étoiles exotiques* et en *étoiles indigènes*.

Toutes les étoiles indigènes terminent leur révolution autour du Soleil central en une durée peu différente de celle de notre Soleil, durée qui est de 25 millions d'années environ ; si donc les orbites de quelques étoiles n'étaient pas très-éloignés de celui de notre Soleil, ces étoiles seraient aussi immobiles que toutes les étoiles télescopiques. Avant que l'on connût le mode de production des mouvements, les astronomes cherchaient une liaison physique entre ces mouvements et les clartés. Quand il fut prouvé que les inclinaisons sont la cause des mouvements apparents, on fut conduit à montrer la liaison physique entre les clartés des étoiles et les éloignements de leurs orbites de celui du Soleil et du plan de la Voie lactée.

D'après l'Astrogonie, toutes les étoiles sont composées de la même matière empyrée que notre Soleil ; ce sont donc autant de soleils circulant autour du Soleil central. Chacun de ces soleils est d'abord *lipoplanète* : en cet état ils restent une durée T de temps, et n'obtiennent des planètes lumineuses qu'après l'expulsion des neufs jets de masse empyrée, séparés de la grande masse qui reste renfermée dans l'enveloppe de glace solide du Soleil.

Pour que ces soleils en vieillissant soient entourées de planètes lumineuses, il faut que l'expulsion dite des jets se fasse ; mais les mouvements font voir que ce sont les écartements des orbites qui causent des mouvements apparents. Ainsi donc les écartements des orbites et la vieillesse des étoiles qui circulent sur ces orbites proviennent d'une seule et même cause. Il y a deux états coexistants sans liaison entre eux de cause et d'effet.

Pour qu'un soleil soit plus vieux que les autres qui sont soumis à la même série de changements, il faut que ce soleil ait commencé sa vie stellaire avant ceux qui sont encore jeunes. De plus, puisqu'on voit par leur mouvement que les soleils déjà vieux circulent sur des orbites écartés de l'orbite du Soleil et du plan de la Voie lactée, on en peut induire que pendant la subdivision de la masse empyrée du jet B^{IV} ce sont les portions *a*, *d*, *e*, *h* (fig. 67) qui sont restées séparées des autres portions plus grosses, lesquelles devaient éprouver des subdivisions ultérieures symétriques des deux côtés de la Voie lactée, sans pour cela en éprouver par rapport à notre Soleil, placé du côté boréal de la Galaxie, sur un orbite peu éloigné du plan de la Voie lactée, orbite passant par exemple par le point *n*.

Il n'y a donc pas apparence de symétrie entre les soleils qui se voient dans l'hémisphère boréal en CC'F' et les soleils qui se voient du même point *n* dans l'hémisphère austral en DD'F'. Nous voyons de a la quantité Q des soleils dans l'hémisphère boréal, et la quantité Q + Q' dans l'hémisphère austral.

Fig. 87.

Place du soleil central.

De vieux soleils *a*, *i*, *s* se voient dans l'hémisphère boréal, ceux *d*, *d'*, *x*, *e*, *c*, *x''* et *h*, *r*, *s''*, se voient dans l'hémisphère austral à une distance inférieure à la Voie lactée. Ces soleils sont vieux parce qu'ils sont produits par des portions de masse empyrée circulant sur des orbites *a*, *s* et *h*, *s'* très-écartés, ou sur des orbites *d*, X et *e*, X'', très-rapprochés de la Voie lactée.

Parmi ces vieux soleils se présentent : 1° en mouvement rapide, ceux qui circulent sur des orbites écartés *a*, *s*, *h*, *s''*, et 2° en mouvement faible ou même imperceptible, ceux qui circulent sur des orbites *e*, X'' ou *d*, X, peu écartés de l'orbite du Soleil. Si donc il paraît y avoir manque de symétrie dans la distribution des étoiles, ce même manque de symétrie semble aussi exister dans les vitesses et les directions des mouvements de ces mêmes soleils.

Les soleils qui circulent sur des orbites C, L, M, D peu écartés de la Voie lactée, sont composés des portions de masse empyrée séparée plus tard; de sorte qu'en même temps qu'ils sont moins vieux, ils circulent sur des orbites peu écartés de la Voie lactée. Les soleils de ce genre, très-nombreux, sont jeunes ; c'est pourquoi ils ont une vitesse imperceptible. Ces soleils sont encore lipoplanètes; aussi ne jettent-ils qu'un faible éclat. Ils sont de la 7e grandeur, à la distance D, la plus minime, ils apparaissent de la 8e grandeur à la distance de $D + D'$; de la 9e à la distance $D + D' + D''$, et ainsi de suite.

Quand j'exposai d'une part les apparitions des étoiles nouvelles, les propriétés des étoiles variables, les détails des nébuleuses, et de l'autre les subdivisions de la masse empyrée du jet B^{IV}, pour faire voir les portions de cette masse contenue dans chaque soleil, quand, dis-je, je fis tout cela, le lecteur put croire que j'avais trouvé ces expositions dans des déductions logiques de mon intelligence. Maintenant l'ensemble de tous ces faits, de nature différente en apparence, se présente dans un ordre tel qu'aucun fait ne reste sans explication, bien que précédemment on n'ait pas cherché un ordre pareil. Par la suite, chacun verra dans la constellation de la Licorne la place du Soleil central nommé Hélioagète, occupant le centre de 9 espaces annulaires. 1° Dans les 3 inférieures, circulent les étoiles exotiques. 2° Dans le 4e circule le Soleil avec 16 millions d'autres. 3° Dans le 5e espace annulaire circulent les nébuleuses sporades. 4° Dans les quatre autres espaces annulaires circulent des nébuleuses solifères très-volumineuses et suffisantes pour occuper la plus grande partie de chacun de ces quatre espaces annulaires pour les faire apparaître comme quatre anneaux lumineux, en partie séparés et en plus grande partie, non pas coïncidant, mais les bords des uns touchant ceux des autres.

Dans les deux tables I et II, on voit toute la voûte

céleste divisée par la Voie lactée en deux hémisphères. 1° Les quatre anneaux composés chacun d'un nombre différent de nébuleuses se voient dans le Navire vide des nébuleuses; des deux côtés de cet espace, les nébuleuses de chacun des espaces annulaires se présentent séparées. 2° La branche australe de la Voie lactée est composée de nébuleuses qui circulent dans le 6ᵉ espace annulaire, et la branche boréale est composée de nébuleuses qui circulent dans les trois espaces annulaires 7ᵉ, 8ᵉ et 9ᵉ. 3° On voit ces séparations dans les deux Anses; mais ce n'est que dans le Navire qu'on voit des deux côtés les quatre espaces contenant les nébuleuses séparées.

Ici se présente un ordre universel réel au delà du désordre apparent. Ptolémée et tous les astronomes qui ont précédé Copernic ont trouvé un désordre universel dans les mouvements des planètes ; de même les astronomes actuels ont trouvé les mouvements les plus irréguliers aux étoiles claires. Ptolémée attribuait le mouvement au Soleil; les astronomes de nos jours commettent la même erreur en considérant comme mouvement orbiculaire du Soleil l'ensemble des mouvements apparents des étoiles.

Si depuis trois siècles on a reconnu un ordre parfait dans le système planétaire, dans les siècles postérieurs on reconnaîtra dans le système stellaire un ordre correspondant à celui du système planétaire, mais sur une échelle de millions de fois supérieure. De même que les anciens astronomes passaient leur vie dans l'étude des mouvements des planètes, de même la vie des astronomes actuels n'est employée qu'à observer une petite partie de la voûte céleste. Après nous, il y aura un plus grand nombre d'astronomes, parce qu'ils pourront apprendre en peu de temps tous les détails du système stellaire.

Ce que l'homme ignorait complétement, c'était l'état physique des corps célestes; Newton seul se montra supérieur aux autres en invoquant l'action suprême pour xercer le choc tangentiel aux corps célestes au moment le leur apparition dans l'espace. La Physique céleste est ine science tout à fait inconnue jusqu'à présent; elle conient l'ensemble des lois de la production des faits, découverts par les astronomes au moyen d'observations trèsxactes. Ces faits peuvent être donnés ici comme exemples, t servent à faire connaître les lois indiquant le mode de eur production.

I. DE L'ÉTENDUE DES LIMITES DE L'ESPACE STELLAIRE.

§ 454. Herschel voulut savoir à quelle distance se rouvent les étoiles dans l'espace limité par la zone de la Voie lactée : 1° en admettant pour les étoiles le même éclat, e qui a lieu en effet pour les soleils lipoplanètes; 2° en dmettant l'espace occupé par la même densité d'étoiles, ypothèse qui n'est pas véritable, parce qu'en allant jusqu'à a 9° grandeur, Argelander trouva dans le cou du Cygne une lensité de 41,41, entre les cornes du Taureau 5,91, et lans le milieu de la branche boréale 19,99.

D'après l'Astrogonie, on a prouvé que les étoiles indigènes circulent sur des couples d'orbites symétriquement listribués des deux côtés du plan de la Voie lactée, en ormant des groupes qui ne sont pas équidistants, lesquels groupes correspondent aux nébuleuses de la Voie lactée lont sont composés les quatre espaces annulaires qui se voient comme une zone blanchâtre. Les régions où manquent les groupes des nébuleuses laissent apparaître seuement les étoiles indigènes. Des deux côtés de l'espace vide on voit les nébuleuses séparées de chacun des quatre espaces annulaires; nulle part les nébuleuses ne manquent les quatre anneaux, comme ils le sont dans le Navire.

Dans son télescope de 6 mètres de longueur et de 15′ d'ouverture, Herschel vit différents nombres n, n', n'', n''' d'étoiles

dans les différentes régions de la Voie lactée. On a considéré les racines cubiques de ces nombres comme la dernière limite de l'espace stellaire.

Nombres des étoiles.	Distances des dernières limites.	Nombres des étoiles.	Distances des dernières limites.
1	58	200	347
10	127	300	397
20	160	400	437
50	218	500	471
100	275	600	500

Après avoir dirigé vers les mêmes régions un télescope de 12 mètres, Herschel vit une multitude infinie d'étoiles se présenter dans les régions de la Licorne; il vit aussi dans la garde de l'épée de Persée, où l'œil ne distingue rien, même à l'aide des télescopes de plus en plus puissants, se multiplier proportionnellement le nombre des étoiles, lesquelles ayant le même éclat et étant à des distances différentes Sp, Sg, Sf (fig. 68) devenaient visibles avec des télescopes correspondant à ces distances. Dans la direction du cou du Cygne, il en vit 331 000 bien distinctement, et dans la direction du Serpent austral, au milieu de la branche boréale, les mêmes télescopes faisaient paraître de pareilles multiplications jusqu'à une limite qui n'était pas indéfinie.

Pour obtenir, non des résultats vagues comme ceux d'Herschel, mais des résultats réels, je pris sur la direction du rayon vecteur ρ les distances $\rho - 6\delta$, $\rho - 4\delta$, $\rho + 4\delta$, $\rho + 21\delta$ entre le soleil central et les étoiles Castor, Sirius et Procyon, p d'Ophiucus, τ et λ d'Ophiuchus; la différence $\rho + 21\,\delta - (\rho - 6\delta) = 27\delta$ me donne la hauteur H de l'espace annulaire A^{IV} dans lequel circulent les étoiles indigènes et notre Soleil avec la Terre; hauteur qui ne peut être obtenue en aucune autre direction, et bien limitée par des étoiles claires.

§ 455. **Rapports entre la hauteur H et le rayon vecteur ρ.** De même que les étoiles indigènes circulent avec notre Soleil dans le 4e espace annulaire, de même circulent les planétoïdes dans le 5ᵉ espace annulaire planétaire. La hauteur de cet espace est la différence $d = 3,156 - 2,200 = 0,955$ presque égale à la distance 1 entre la Terre et le Soleil.

Fig. 68.

Je considérai la hauteur H de l'espace annulaire A^{IV} comme ayant un rapport égal avec la distance $2^4\Delta$ qui est le rayon du 2ᵉ espace annulaire A''', lequel est $\rho = 2^4\Delta = 2^2 \times 2^2\Delta = 4 \times 27\delta$. J'indiquai par δ la distance qui sépare la Terre de l'étoile la moins éloignée, distance parcourue par la lumière en cinq ans et non en quatre; de sorte que la lumière du Soleil central arrive chez nous en $4 \times 27 \times 5 = 540$ ans, et d'Alcyon en 270 ans, et non en 573 ans, comme le prétendait Maedler en y admettant le centre de la gravitation.

En limitant la vitesse séculaire maxima du Soleil à 5″, il doit terminer sa révolution en 259200 siècles ou 26 millions d'années; il parcourt donc en $\frac{28}{6} = 4,44$ millions d'années la même distance que parcourt la lumière en 540 ans, avec une vitesse de 77000 lieues par seconde. Il en résulte que la longueur parcourue par 1″ ou la vitesse $= \frac{1034,5}{111} =$ 9,3 lieues.

La vitesse séculaire du Soleil diffère peu de 4″, car elle est peu supérieure à la plus petite 3″,9 et inférieure à la plus grande 5″,5 observées dans les Pléiades; elle est aussi peu supérieure à la vitesse 3″ observée dans les Hyades.

En admettant 4″ comme vitesse séculaire du Soleil, on trouve que la durée de sa révolution est de 324000 siècles et que le temps qu'il met à parcourir une distance égale à celle parcourue par la lumière en 540 ans avec une vitesse de 77000 par seconde est de $\frac{32400000}{6} = 5600000$ ans. En divisant le nombre des lieues 540×77000 par le nombre 5600000, on obtient la distance parcourue par le Soleil en 1″. Sa vitesse $= \frac{540 \times 77000}{5600000} = 7$ lieues 4 dixièmes.

Cette vitesse diffère peu de celle de la Terre, qui parcourt en 1″ dans son orbite 7 lieues 6 dixièmes. Je donne ces résultats numériques comme exemples; ils serviront à prouver aussi bien l'application exacte de la loi physique aux faits observés que l'exactitude des résultats des observations.

§ 456. **Explication des résultats obtenus par les observations des étoiles.** Les astronomes n'admettent pas le Soleil dans le plan de la Galaxie, mais bien de son côté boréal, ce qui indique la séparation perspective de la branche australe de la Galaxie; car on savait que les anneaux sont concentriques. Cette disposition des anneaux et la densité supérieure des étoiles dans la Voie lactée m'ont conduit à connaître l'existence d'un espace annulaire concentrique dans lequel circulent les autres soleils ainsi que le nôtre, de même que les planètoïdes circulent dans un large espace annulaire concentrique, 1° avec les orbites des planètes supérieures correspondant aux anneaux lumineux de la Voie lactée, et 2° avec les orbites des planètes inférieures correspondant aux espaces annulaires dans lesquels circulent les étoiles exotiques.

L'arrangement des étoiles doit se présenter à l'observateur terrestre dans le même ordre que se présenterait l'arrangement des planétoïdes à un observateur placé sur l'un d'eux, sur Uranie par exemple, qui n'est pas la plus inférieure. Dans le prolongent de son rayon vecteur r, l'observateur, 1° verrait du côté inférieur les planétoïdes correspondant à Castor, à Sirius, à Procyon, et 2° il verrait du côté supérieur les étoiles correspondant à p, τ, λ d'Ophiuchus.

Au delà de Castor il verrait les planètes inférieures correspondant aux étoiles exotiques et le Soleil correspondant au Soleil central dont la place est bien visible dans la Licorne et indiquée dans les planches I et II. Le maximum de densité se présenterait dans chacune des quadratures. Pour qu'il parût y avoir des quantités égales d'étoiles des deux côtés de l'écliptique, il aurait fallu que les orbites des planétoïdes fussent symétriquement distribués par rapport au plan de l'écliptique.

Tous les résultats obtenus par les observations des étoiles s'accordent très-exatement pour rendre incontestable la position véritable entre les corps célestes et les observateurs terrestres ; de sorte qu'on ne pourra plus désormais s'empêcher de reconnaître le véritable système du Monde exposé avec la plus grande évidence sous tous ses aspects.

II. DU NOMBRE DES ÉTOILES INDIGÈNES.

§ 457. Lorsqu'on ignorait qu'il n'existe qu'un seul système stellaire dans l'univers et un seul corps central, l'Hélioagète correspondant au Soleil du système planétaire, qui n'est qu'un modèle en miniature du système stellaire, Lampert et après lui les astronomes actuels, admettaient plusieurs centres de gravitation ; car on ne savait pas distinguer les étoiles exotiques des étoiles indigènes. Ainsi, au lieu de les reconnaître comme étoiles circulant autour du Soleil central dans des espaces annulaires inférieurs, les astronomes les considéraient comme des étoiles composant des systèmes intermédiaires entre ceux des planètes et le système universel stellaire. C'est ici que pour la première fois on fait connaître l'absence de systèmes intermédiaires et l'existence d'un seul système universel.

Herschel ignorait : 1° l'existence d'étoiles claires composées de planètes et d'étoiles plus claires composées des systèmes de satellites, et 2° l'existence des soleils d'éclat égal. Il croyait que de même que l'éclat des soleils décroît d'après les carrés des distances, de même les étoiles claires arrivent à un éclat différent par les décroissements des distances admises des milliers de fois inférieures aux distances des étoiles télescopiques.

Struve et les astronomes actuels surent qu'il y a une différence réelle entre les éclats des étoiles, et ils attribuèrent ces différences d'éclat à toutes les étoiles. Nous établissons ici la différence, 1° entre les étoiles composées d'éclats différents, et 2° entre les soleils d'égal éclat, mais de distances différentes. J'indique le nombre des étoiles qui résulte, 1° des observations d'Herschel, de celles d'Argelander, 2° des calculs de Struve, de celui d'Arago, et 3° de la loi de l'Astrogonie.

§ 458. **Nombre des étoiles indigènes déduit des observations d'Herschel.** Faisant la comparaison entre les étoiles de 1re grandeur et celles de 6e, l'éclat est réduit à $\frac{1}{100}$ correspondant à une distance de 10*d*. Pour les étoiles de la 7e grandeur, la distance est de 14*d*. Pour obtenir graduellement les distances des soleils admis d'un éclat réel comme les étoiles composées, Herschel employa des télescopes de puissances croissantes; il trouvait des étoiles de distances plus grandes et dont le nombre croissait presque proportionnellement avec le volume de l'espace dans lequel les étoiles deviennent perceptibles.

En admettant la distance ∂ parcourue par la lumière en 3 ans comme étant celle qui sépare la Terre de l'étoile de 1re grandeur la moins éloignée, Herschel trouva par le calcul et par l'observation qu'il doit y avoir eu une distance 12∂ 12 fois plus grande pour que la lumière en arrive en 36 ans et que la clarté $12^2 = 144$ fois s'affaiblisse par rapport à celle des étoiles de la 1re grandeur.

§ 459. **Distinction des étoiles.** Les étoiles composées se distinguent des soleils simples non-seulement par leur éclat, mais encore par leurs déplacements. Ces déplacements n'ont pas lieu aux soleils ou étoiles solaires, mais ils se font en petit nombre aux étoiles de la 7e grandeur, car on en a trouvé 921. Cela fit connaître que de 14000 étoiles de 7e grandeur de l'hémisphère boréal, 1° une quantité q est composée d'étoiles claires, mais éloignées d'environ 24∂ et le reste $14000 - q$ est composé de soleils d'éclat faible, mais beaucoup moins éloignées. Ainsi 1° les soleils de 7e grandeur sont à une distance de 3∂, distance dans laquelle sont les étoiles composées de la 3e grandeur; et 2° les soleils de 12e à 13e grandeur sont à une distance de 24∂, où se trouvent les étoiles composées mobiles et apparentes de 7e grandeur.

1° En distance de 24∂ nous voyons de la 7e grandeur 7000 étoiles composées trouvées par le calcul de Struve et 2° en distance de 3∂, nous voyons 7000 soleils touvés également par l'observation du même astronome et considérés comme un excédant dont il ne pouvait connaître la cause; c'est pourquoi il s'abstint de continuer le calcul en se basant sur l'égalité des clartés.

De son côté Herschel, en attribuant aux distances les

carrés des décroissements des éclats de la 1re jusqu'à la 7e et de la 7e jusqu'à la 13e grandeur, trouva pour dernière limite la distance parcourue par la lumière en 2700 ans ou 900 fois la distance δ. Ce résultat correspond au calcul, mais ce calcul est basé sur l'hypothèse que toutes les étoiles ont une égale clarté. Arago, qui connaissait bien l'existence d'étoiles d'éclats différents, n'a pas désaprouvé les jauges d'Herschel, qui, si elles sont en défaut par rapport aux distances, ne le sont pas par rapport au nombre des soleils; car il suffit de reconnaître l'apparition des soleils en 7e grandeur à la distance de 3δ pour en obtenir les mêmes résultats.

I. **Nombre des étoiles. Résultats des observations d'Herschel.** Cet astronome compta 331 000 étoiles jusqu'à la 13e grandeur sur une superficie de 90° carrés pris entre β et γ du Cygne sur une largeur de 5°. On voit une moitié de ces étoiles de 125000 d'un côté du plan de la Galaxie, et l'autre moitié de l'autre côté : cas tout particulier, dont l'équivalent se trouve entre β du Centaure et β de la Croix, sans cependant qu'on l'ait encore observé.

Argelander observa les étoiles jusqu'à la 9e grandeur et il trouva dans la même région le maximum de densité s'élevant à 41,41 par degré carré ; de sorte que la même superficie de 90° carrés contient 331000 étoiles jusqu'à la 13e grandeur et 3727 étoiles jusqu'à la 9e.

Cause de la division des étoiles observées dans leur maximum de densité. Nous ne pouvons voir les étoiles dans leur position réelle par rapport au plan de la Galaxie que dans les deux quadratures *s*, *s'* (fig. 68); nous y voyons une symétrie parfaite des deux côtés du plan de la Galaxie, parce que sur ce même plan on ne voit que les étoiles qui sont à leur nœud. La distance entre les deux quadratures *s*, *s'* est de 120° ; elle serait de 180° si nous étions sur le Soleil central. Les quadratures des planétoïdes éloignées du point de leur périgée se présentent de même, à la distance de 180 — a et du côté du point de leur apogée à une distance de 180 + a.

En admettant que les planétoïdes soient également distribuées dans leur espace annulaire, leur densité paraîtra d du côté du périgée et D du côté de l'apogée, où se voient aussi les planètes inférieures. De même les étoiles indigènes étant également distribuées dans leur espace annulaire A^{IV} se présentent en densité médiocre dans la direction du milieu de la branche boréale. Cette densité croît des deux côtés le long de la branche boréale pour atteindre son maximum aux deux quadratures. Dans ces régions, s, s' est la limite extérieure de l'espace annulaire A^{IV} à une distance d'environ 30δ, qui fait apparaître comme étoiles de 13e grandeur les soleils les plus éloignés.

L'espace A^{IV} annulaire s'éloigne au delà des quadratures. En $b, q, f, q'f', q'$, les étoiles claires restent visibles à toutes les distances comme étoiles télescopiques correspondant aux valeurs des distances trouvées par les jauges; les soleils y deviennent invisibles. C'est pour cette raison qu'on trouve une diminution de la densité des étoiles entre les quadratures et les régions des étoiles exotiques, lesquelles produisent un accroissement subit de la densité observée.

Dans l'hémipériphérie sCs' de 180°, on voit de la Galaxie un arc de 120°; de même dans l'arc $\beta\gamma$ de 18°, on ne voit de la Galaxie que l'arc de 12°; il faut donc prendre 30 fois le nombre 331000 pour trouver un minimum approximatif de 9930000 étoiles pour toute l'étendue de la zone de la Voie lactée observée, non pas obliquement, mais d'un point de son plan. Les étoiles qui circulent sur des orbites plus éloignés sont des deux côtés de cette Voie.

§ 460. II. **Nombre des étoiles d'après le résultat du calcul de Struve et d'Arago.** En coordonnant le nombre des étoiles claires de chaque grandeur, Struve trouva que les termes de la progression suivante correspondent aux nombres de chaque grandeur de la 1re jusqu'à la 6e :

$$\div\!\div\, 18 : 18\times 3 : 18\times 3^2 : 18\times 3^3 : 18\times 3^4 : 18\times 3^5.$$

D'après ce calcul, le nombre des étoiles de la 7e grandeur serait de 7000 dans l'hémisphère boréal ; Struve en trouva le double, c'est-à-dire 14000. C'est pourquoi il s'abstint d'aller plus loin, ignorant la cause de ce changement.

C'est Arago qui prolongea la progression jusqu'au 14e terme pour calculer les nombres qui en résultent.

La somme des 14 termes de la série produit le nombre 43047000 d'étoiles de la 1re à la 14e grandeur, nombre qui parut exagéré.

La somme des 13 premiers termes de la série donne le nombre de 14349000 d'étoiles de la 1re à la 13e grandeur ; c'est ce nombre qui approche davantage de celui qui résulte des observations d'Herschel.

Struve compta les étoiles dans toutes les directions, et il en fixa le nombre à 20400000 en y comprenant les étoiles exotiques qu'il ne connaissait pas.

Pour évaluer la dernière limite de l'espace énastre et le nombre des étoiles les plus faibles de 13e grandeur, Herschel et Struve employèrent des télescopes de portées croissantes en progression arithmétique $\div$ 1. 2. 3. 4. 5. 6. Cette progression produisit une série dont les termes indiquent les volumes des troncs coniques contenant les étoiles des distances correspondantes. Cette série est :

$$(\alpha)\quad \div\!\div\, v : (2^3-1)v : (3^3-2^3)v : (4^3-3^3)v : (5^3-4^3)v : (6^3-5^3)v : (7^3-6^3)v,$$

en indiquant par v le volume du cône qui a 1 pour hauteur et contient 28000 étoiles de 7e grandeur de toute la voûte céleste. Ces étoiles sont en très-grande partie des soleils ; elles se trouvent à une distance de 3∂ égale à celle des étoiles composées de la 3e grandeur. Les étoiles de la 8e grandeur sont à une distance comparable à celle de 6∂

des étoiles de la 4ᵉ grandeur ; leur nombre est $7 \times 28000 = (\frac{2}{3} - 1)\,v$.

Le nombre total des étoiles de la 9ᵉ grandeur est $19 \times 28000 = 532000 = (3^3 - 3^2)\,v$. Argelander trouva le nombre 321098 pour *toutes les étoiles jusqu'à la* 9ᵉ grandeur visibles en Europe jusqu'à la déclinaison 30° australe ; de sorte qu'il en résulte $532000 - 321098 = 220902$, différence indiquant les étoiles entre le pôle austral et la déclinaison de 30°. On ne peut donc s'empêcher de reconnaître que c'est dans le même espace que sont contenues : 1° les étoiles composées des éclats différents de la 1ʳᵉ à la 7ᵉ grandeur, et 2° les soleils d'égal éclat et apparaissant de grandeur correspondante à des distances croissantes pour que leur carré soit en rapport inverse avec les éclats de ces soleils lipoplanètes d'égal éclat réel.

§ 461. III. **Nombre des étoiles indigènes déterminé par l'Astrogonie.** Nous avons établi comment les étoiles provenaient des portions de masse empyrée produites par les divisions et les subdivisions de la masse du jet B^{IV} d'où résultèrent 8 portions pendant une durée T′ qui est celle de la 1ʳᵉ période astrogonique.

Pendant la durée T″ chaque portion de la 1ʳᵉ période engendra 8 portions ; c'est ainsi qu'à la fin de la 2ᵉ période se trouvèrent produites 8^2 portions.

Chacune de ces portions en engendra 8 autres par sa subdivision ; les portions étaient donc 8^3 à la fin de la 3ᵉ période.

Sachant que le nombre des dernières portions de masse empyrée produisit les soleils dont chacun est composé d'une semblable portion, on peut déterminer à l'aide de l'équation $8^a = N$ le nombre *a* des périodes, lorsqu'on connaît approximativement par les observations le nombre N des étoiles. Ainsi l'on trouve :

$$8^7 = 2097000 ; \quad 8^8 = 16780000 ; \quad 8^9 = 134200000.$$

Le nombre 7 des périodes donne un nombre trop petit

comparativement aux nombres trouvés directement par les observations. Le nombre 9 de périodes donne pour les étoiles un nombre exagéré. 8 est donc le nombre des périodes astrogoniques. *a* étant un nombre intègre et non pas clasmatique, il n'est pas permis d'admettre d'autres nombres intermédiaires pour les étoiles indigènes.

Quant au nombre des étoiles exotiques, nous savons aussi qu'il diffère peu du nombre 3×8^8; il est tout à fait impossible d'en tirer par l'observation un résultat même très-peu approximatif.

Résumé. Les nombres des étoiles indiqués ne diffèrent pas trop; et cependant on les obtient par des voies très-différentes dont la plus exacte est celle de la loi astrogonique, qui donne pour les étoiles indigènes le nombre $8^8 = 16780000$ et pas plus de 3×8^8 pour les étoiles exotiques, en considérant comme une seule étoile chaque soleil avec son cortége. Tous ces soleils sont appelés *étoiles composées*, pour les distinguer des *soleils lipoplanètes* qui n'ont pas encore expulsé des jets de masse empyrée pour engendrer des planètes, puis des satellites. Donc 4×8^8 étant le nombre des soleils, il sera $4 \times 8 \times 8^8$ le nombre des planètes ; le nombre des satellites deviendra au moins de $4 \times 8^8 \times 29$, le nombre des planétoïdes sera $4 \times 8^8 \times 80$.

III. DIFFÉRENCE ENTRE LES SOLEILS ET LES ÉTOILES COMPOSÉES DE PLANÈTES OU DE SATELLITES.

§ 462. A la même distance, tous les soleils lipoplanètes ont un éclat égal, tandis que la clarté des étoiles composées dépend : 1° du nombre des planètes devenues lumineuses, ou 2° du nombre des systèmes des satellites lumineux.

A une distance double, il n'arrive chez nous que le quart des atomes de lumière, et l'éclat s'affaiblit pour laisser apparaître les soleils et les étoiles composées moins claires.

Il serait impossible de distinguer les étoiles composées apparentes de 7ᵉ grandeur à la distance de 36∂ des soleils lipoplanètes également de 7ᵉ grandeur à la distance de 3∂, si toutes les étoiles composées comme le sont les soleils lipoplanètes restaient également immobiles.

Grâce à la mobilité des étoiles composées, elles se distinguent des soleils dans le cas où ceux-ci sont à un minimum de distance de 3∂, tandis que les étoiles composées de la même direction sont à une distance 12 fois plus grande; mais nous les distinguons des soleils lipoplanètes par leurs déplacements qui manquent chez ceux-ci.

Tant qu'on crut que les déplacements apparents des étoiles indigènes étaient comparables à ceux des planètes, on ne put nullement se rendre compte de la mobilité des étoiles claires et de l'immobilité des étoiles télescopiques. Cet obstacle s'évanouit avec la découverte du mode de production des mouvements des étoiles indigènes circulant sur des orbites éloignés de l'orbite de notre Soleil. Cela a donné lieu au problème suivant.

§ 463. **Problème.** Pourquoi les étoiles circulant sur des orbites éloignés de l'orbite de notre Soleil sont-elles claires?

Réponse. On ne put obtenir la solution de ce problème par l'observation directe des faits de l'état actuel. De même que Newton invoqua l'action suprême pour donner le choc tangentiel aux corps venant dans l'espace céleste, de même les astronomes actuels seraient forcés d'invoquer la même action pour faire circuler les étoiles claires sur des orbites éloignés de l'orbite de notre Soleil.

De cette manière, les auteurs peuvent se mettre à l'abri des objections; mais alors la science ne ferait aucun progrès. Guidé, au contraire, par la loi physique, l'homme découvre la série des actions qui ont dû avoir eu lieu pour produire les faits observés. Sachant qu'il y a parmi les étoiles de la 7ᵉ grandeur un grand nombre d'étoiles mobiles, je comparai la distribution des 12148 étoiles jusqu'à la 7e grandeur et la distribution des 324198 étoiles jusqu'à la 9e grandeur, et cette comparaison m'amena à découvrir une distribution symétrique des étoiles par rapport à la Voie lactée, ainsi qu'Argelander la reconnut; mais cet astronome ignorait la différence entre la distribution des étoiles jusqu'à la 7e grandeur et la distribution des étoiles jusqu'à la 9e grandeur, différence démontrée ci-dessous.

Pour parvenir à l'origine des étoiles composées, il a fallu remonter à la production des planètes par l'expulsion des jets de masse empyrée des soleils circulant sur des orbites éloignés du plan de la Voie lactée. Ce cas particulier se relia avec la distribution symétrique des étoiles des deux côtés de la Galaxie et fit connaître qu'avant les autres portions de masse empyrée il y eut séparation, 1° de celles de *d*, *n*, *x* et *e*, *o*, x'' (fig. 62) les moins éloignées de la Voie lactée, et 2° de celles *a*, *i*, s'' et *h*, *r*, *s* les plus éloignées de la Voie lactée.

Dans les nébuleuses très-volumineuses composant les 5 anneaux lumineux, se présentent les états dans lesquels, à différentes époques doit se trouver la masse empyrée de chacun des gros jets expulsés tous ensemble du Soleil central. 1° L'intensité des transformations étant en raison inverse des carrés des distances, mit fin à la subdivision de la masse empyrée des quatre jets inférieurs, et il en résulta des soleils comme le nôtre qui circulent dans quatre espaces annulaires. 2° Cette intensité étant de degrés inférieurs aux masses empyrées des cinq jets les plus éloignés, n'a pas encore mis fin à leur subdivision en petites portions pour produire des soleils. On voit de grosses portions formant d'énormes groupes, qui firent naître l'hypothèse de l'existence des système d'étoiles entre le système stellaire universel et les systèmes planétaires

IV. DISTRIBUTION DIFFÉRENTE DES ÉTOILES JUSQU'A LA 7e ET JUSQU'A LA 9e GRANDEUR.

§ 464. Les faits optiques se reproduisent dans le même ordre dans les observations des étoiles et dans celles des planétoïdes ; je citerai comme exemples les apparitions des planétoïdes pour en déterminer la distribution réelle, et faire ainsi connaître au lecteur la distribution réelle des étoiles par leur distribution apparente.

Les deux jours des équinoxes, nous voyons une moitié du nombre total P de planétoïdes presque d'un côté de l'écliptique, et l'autre de l'autre côté.

Le jour du solstice du Cancer, nous voyons dans l'hémisphère sud le nombre $\frac{1}{2}P + a$ de planétoïdes et dans l'hémisphère nord le nombre $\frac{1}{2}$ D $-a$. Le contraire a lieu le jour du solstice du Capricorne.

De même, une moitié du nombre $N = 324198$ étoiles jusqu'à la 9e grandeur paraîtrait d'un côté de la Galaxie et l'autre moitié de l'autre côté si le Soleil était dans le nœud de son orbite. Dans ce cas, une moitié du nombre $n = 12148$ d'étoiles jusqu'à la 7e grandeur paraîtrait d'un côté de la Galaxie, et l'autre moitié de l'autre côté.

Le Soleil n'est pas actuellement dans le nœud de son orbite, mais à 3° $\frac{1}{2}$ du côté boréal du plan de la Galaxie, position comparable à celle de la Terre dans son solstice du Cancer, époque où l'on voit les planétoïdes des deux hémisphères séparés seulement dans les deux quadratures, tandis que ceux qui sont au périgée et ceux qui sont à l'apogée se projettent perspectivement en grande partie dans l'hémisphère sud.

1° On voit $\frac{1}{2}N + q = 162099 + 32419$ de N étoiles dans l'hémisphère austral et $\frac{1}{2}N - q = 162099 - 32419$ dans l'hémisphère boréal.

2° On voit $\frac{1}{2}n + a = 6074 + 375$ de n étoiles dans l'hémisphère austral et $\frac{1}{2}n-a=6074-375$ dans l'hémisphère boréal.

3° On voit 165000 de 331000 étoiles jusqu'à la 13° grandeur d'un côté, et les 165000 de l'autre côté de la Galaxie dans la *quadrature orientale* entre γ et β du Cygne. On trouvera un nombre égal d'étoiles et également distribuées sur une même étendue entre β du Centaure et β de la Croix où est la *quadrature occidentale*.

L'inégalité apparente entre les étoiles des deux hémisphères séparés par la Galaxie disparaît presque entre les étoiles des deux hémisphères, l'hémisphère supérieur et l'hémisphère inférieur, séparés par le plan s' s' (fig. 68) passent par le Soleil verticalement sur son rayon vecteur SH.

1° On voit $\frac{1}{2}N+q'=162099-6638$ de N étoiles dans l'hémisphère supérieur et $\frac{1}{2}N-q'=162099-6638$ dans l'hémisphère inférieur.

2° On voit $\frac{1}{2}n+a'=6074+205$ de n étoiles dans l'hémisphère supérieur et $\frac{1}{2}n-a'=6074-205$ dans l'hémisphère inférieur.

Pour se convaincre que ces différences résultent des distances inférieures des étoiles de l'hémisphère supérieur, on compare les nombres N, n et les nombres excédants q', a' et l'on y voit l'égalité des rapports $\frac{N}{n}=\frac{q'}{a'}$.

Opérant de la même manière avec les nombres N, n et les excédants q, a, on trouve le rapport $q:a=32419:375$ qui diffère beaucoup de celui $N:n$; c'est ainsi qu'on apprend que les étoiles de 7° à 9° grandeur sont en plus grande quantité entre le Soleil et la Galaxie et que les étoiles de la 1re à la 7° grandeur circulent sur des orbites plus éloignés du plan de la Voie lactée que le plan de l'orbite de notre Soleil.

Ces rapports nous fournissent ainsi un nouvel exemple, 1° des éloignements plus grands des orbites des étoiles jusqu'à la 7ᵉ grandeur par rapport à la Galaxie, et 2ᵉ des éloignements plus petits des orbites des étoiles télescopiques.

Les éloignements des orbites de la Galaxie causent l'apparition des déplacements médiocres des étoiles jusqu'à la 7ᵉ grandeur; ils produisent aussi une projection asymétre des étoiles claires dans l'hémisphère austral par rapport aux soleils qui sont des étoiles télescopiques. On voit ainsi qu'il y a une liaison entre les soleils lipoplanètes télescopiques et les étoiles composées et claires. Cette liaison consiste en ce que :

I. Les soleils lipoplanètes circulent sur des orbites qui ne s'éloignent pas de la Galaxie au delà d'une limite γ; ces orbites coupent la Galaxie, de sorte qu'on ne trouve ces soleils que dans une zone de 2γ de largeur divisée par le plan de la Voie lactée. Les rayons des orbites des soleils sont $\beta - \alpha$ et $\rho + \beta$.

II. Les étoiles composées circulent sur des orbites qui s'éloignent de chaque côté de la Galaxie jusqu'à $\Gamma + \gamma$; elles passent par leurs nœuds et se trouvent ainsi mêlées avec les soleils. Ainsi les étoiles composées se trouvent dans une zone de $2\Gamma + 2\gamma$ de largeur divisée par le plan de la Galaxie en deux moitiés égales et symétriques composées jusqu'aux distances γ de soleils télescopiques et d'étoiles claires. Au delà de ces distances γ jusqu'aux limites de $\gamma + \Gamma$ il n'y a que des étoiles claires composées; les soleils qu'on y voit circulent sur des orbites de rayon $\rho + \beta$ inférieurs à ceux $\rho + \beta + \beta'$ des orbites des étoiles composées et claires.

Dans l'hémisphère inférieur, on voit les soleils et les étoiles claires également mêlées parce que celles-ci circulent sur des orbites de rayons $\rho - \alpha - \alpha'$, tandis que les soleils ne circulent que sur des orbites de rayons $\rho - \alpha$.

De même donc que les soleils sont limités sur des orbites des distances γ des deux côtés de la Galaxie, de même les orbites des soleils sont limités par rapport au Soleil central dans l'espace $\alpha + \beta$ compris entre les rayons $\rho + \beta$ et les

rayons $\rho - \alpha$, car on a $\alpha + \beta = \rho + \beta - (\rho - \alpha.)$

Les étoiles composées des déviations $\Gamma + \gamma$ passent par le plan de la Galaxie duquel s'approche notre Soleil; mais les autres étoiles composées circulant sur des orbites de rayons $\rho - \alpha - \alpha$; ou $\rho + \beta + \beta$; restent toujours en dehors de l'espace occupé par les soleils lipoplanètes.

On voit les étoiles composées des orbites de rayons $\rho - \alpha - \alpha'$ dans la direction du Soleil central comme on voit Castor, Sirius et Procipion à des distances de 6∂ et de 4∂. Les soleils qui se trouvent à la distance $\rho - \alpha$ de l'Hélioagèle sont à une distance de la Terre inférieure à celle de 6∂ car Castor n'est pas à une distance plus grande que 6∂.

De même les étoiles composées des orbites de rayons $\rho + \beta + \beta'$ dans la direction d'Ophiuchus, qui est le prolongement du rayon vecteur ρ, sont à une distance de 21∂ supérieure à celle de $\rho + \beta$ des orbites sur lesquels circulent les soleils. Dans cette direction les soleils lipoplanètes sont mêlés avec les étoiles composées.

§ 465. **Rapports entre les soleils et les étoiles composées.** Après avoir établi la distribution des étoiles composées autour de l'espace occupé par les orbites des soleils, j'en ai trouvé des exemples dans le catalogue d'Argelander. En 17^h les étoiles composées se trouvent en plus grande densité par rapport aux soleils et en plus grande densité encore à l'occident du pôle de la Galaxie. Le minimum des étoiles composées se trouve dans les quadratures, précisément dans les régions où est le maximum des densités des soleils qui y font augmenter l'éclat de la Voie lactée.

En général, le nombre N de soleils de la 9e grandeur est 8^2 fois plus grand que celui n des soleils de la 8e grandeur. Ce rapport diminue beaucoup dans les régions polaires et dans celle de 17^h; d'où l'on peut conclure que les soleils circulent sur des orbites rapprochés entre eux en deux espaces annulaires des deux côtés de la Galaxie.

Les Perses nommaient *gardiens* les quatre étoiles de

première grandeur, savoir : 1° Aldebaran qui se trouvait alors dans l'équinoxe de printemps ; 2° Antarès dans l'équinoxe d'automne ; 3° Régulus, dans le solstice presque d'été, et 4° Fomalhaut, dans le solstice d'hiver. Il est ici prouvé que les étoiles de la 1re jusqu'à la 7e grandeur circulent sur des orbites qui embrassent l'espace des orbites sur lesquels circulent les soleils visibles dans cet espace comme étoiles de la 7e à la 13e grandeur du côté de leur *périhélie*. Pour ne pas avoir à inventer un nouveau nom j'appelai *gardiens* les étoiles de la 1re jusqu'à la 7e grandeur, afin de montrer que les limites extrêmes de leurs orbites se bornent de tous les côtés au delà des limites des soleils télescopiques lipoplanètes.

Il me reste à faire connaître la cause de cet arrangement singulier entre les orbites des soleils et ceux des *gardiens* qui sont composés de planètes lumineuses ou de systèmes de satellites lumineux.

V. DE L'ORIGINE DU RAPPORT ENTRE LES CLARTÉS DES ÉTOILES ET LEURS VITESSES.

§ 466. Les anciens attribuaient aux étoiles, de même qu'aux planètes, des grandeurs réelles différentes ; les télescopes ont fait voir qu'il existe des étoiles d'éclat faible invisibles à l'œil nu. Depuis 1718, époque où Halley découvrit l'exitence des étoiles mobiles, les observations nous ont conduit à connaître le rapport qui se trouve entre les éclats des étoiles et leur vitesse. En 1783, Herschel trouva que l'ensemble des mouvements des étoiles donne une direction vers un point O constant ; cette direction a été admise comme étant celle du mouvement orbiculaire du Soleil. En attribuant aux étoiles une grandeur égale, Herschel chercha l'affaiblissement des éclats dans les distances croissantes ; c'est ainsi qu'il a été conduit à connaître : 1° qu'une étoile étant de 1re grandeur à une distance d, paraît de 2e grandeur; si elle est transportée à la distance de deux d, 2° que cette étoile transportée à distance de $4d$, serait de 4e grandeur, et 3° qu'à une distance de $8d$, elle deviendrait de la 5e à la 6e grandeur.

Pour déterminer les distances des étoiles les plus faibles, Herschel prépara une série de lunettes de chaque portée et les dirigea sur la tache blanchâtre située dans la garde de l'épée de Persée. Chacune de ces lunettes faisait voir les étoiles à sa portée, et cela fut prouvé par la multiplication successive du nombre des étoiles.

Cette hypothèse d'Herschel n'est vraie qu'en partie, et voici pourquoi: 1° Les soleils lipoplanètes sont toujours télescopiques, d'égal éclat et de distances différentes. Dans la région indiquée, Herschel observa des soleils lipoplanètes de distances différentes et de nombres croissant avec la portée des téléoscopes. 2° Les étoiles composées contiennent des nombres différents de planètes lumineuses ou de systèmes de satellites lumineux; elles ont des éclats correspondant aux éléments composant chaque étoile.

Cette différence entre les éclats réels a été reconnue depuis la découverte des distances de plusieurs étoiles de grandeurs différentes, de sorte que les grandeurs apparentes des étoiles semblables dépendent: 1° du nombre de ses éléments, et 2° des distances qui les séparent de nous, tandis que les grandeurs des soleils lipoplanètes ne dépendent que de leurs distances. Ces distances sont inférieures à celles dans lesquelles se trouvent les étoiles composées visibles à l'œil nu. Castor et Sirius, par exemple, sont plus éloignés que plusieurs soleils lipoplanètes.

J'ai montré (§§ 420 et 423) que les étoiles composées et visibles à l'œil nu circulent sur des orbites éloignés du plan de la Voie lactée et de celui de l'orbite de notre Soleil. Les distances entre les plans de ces orbites sont donc indiquées par les vitesses observées des étoiles. De sorte que les mêmes étoiles sont claires et circulent sur des orbites éloignés sans que pour cela ces deux états soient liés entre eux comme cause et effet; car nous allons faire voir qu'ils sont l'un et l'autre produits par la même cause.

La différence entre les soleils lipoplanètes d'éclat faible et entre les étoiles composées est comparable à celle des distances de leurs orbites de la Voie lactée. Ces distances étant minimes rendent imperceptibles les déplacements des soleils ; les distances des orbites doivent donc être grandes pour que les étoiles soient composées de planètes et de satellites qui circulent autour de leur soleil invisible correspondant aux soleils lipoplanètes. Ces distances montrent en même temps que les soleils autrefois lipoplanètes comme le sont des millions d'autres ont expulsé depuis des longs jets de masse empyrée dont ont été formées des planètes lumineuses, qui font augmenter leur éclat.

A différentes époques de semblables expulsions de jets de masse empyrée s'opèrent (§ 176); ces jets se voient subitement au ciel comme des étoiles nouvelles. C'est à une époque très reculée que notre Soleil expulsa neuf jets de masse empyrée lesquels ont engendré les planètes; celles-ci, à leur tour, ont expulsé des jets de masse empyrée. Ces jets ont donné naissance aux satellites.

Il ne faut que coordonner les écartements des orbites avec les expulsions des jets de masse empyrée pour en faire sortir les étoiles lumineuses; au reste, c'est dans l'Astrogonie qu'il faut chercher la cause, 1° de la précédente séparation des portions de masse empyrée les plus éloignées; 2° des subdivisions ultérieures des portions les plus grosses qui plus tard en produisirent de plus petites, lesquelles donnèrent naissance aux soleils lipoplanètes circulant sur des orbites peu écartés, comme nous le révèle l'absence d'un mouvement perceptible.

A. ÉTOILES CLAIRES, LEURS VITESSES PROVENANT DES ÉLOIGNEMENTS DE LEURS ORBITES.

§ 467. Nous allons exposer la liaison entre les éclats des étoiles et leur vitesse obtenue par les observations, liaison qui se réduit au rapport entre les éclats et les éloignements des plans des orbites de ces étoiles de la Voie lactée; toutefois, nous montrerons en même temps que ces deux genres de faits coexistent, parce qu'ils proviennent d'une cause commune, et non pas parce qu'ils sont liés entre eux comme causes et effets, car il n'existe pas de rapport constant entre les vitesses et les éclats, comme le montrent les exemples suivants :

Grandeur.	Vitesse séculaire.	Nombre.
1re et 2e.	22″,22	65
3e.	16″,33	154
4e.	13″,73	312
5e.	11″,09	690
6e.	9″,05	994
7e.	8″,65	921

Parmi ces étoiles il y en a 22 dont la vitesse séculaire est supérieure à 100″. Cette grande vitesse se manifeste dans les étoiles de grandeurs suivantes :

1re et 2e grandeur.	3 étoiles.
3e.	2
4e.	4
5e.	7
6e.	5
7e.	1

Il existe aussi des étoiles de chaque grandeur dont la vitesse est faible.

1re grandeur. . . .	β d'Orion.	3″,7 vitesse.
2e.	α du Cygne.	0″,7
3e.	β de Persée.	0″,6

Maxima des vitesses. Comme dans les cas précédents,

il n'y a pas de rapport entre les clartés des étoiles et leurs vitesses dans les cas suivants :

1° La plus grande vitesse de 701″ s'observe sur une étoile télescopique (1831) du catalogue de Grombridge ;

2° 61 du cygne 6° grandeur de 522″,1 ;

3° d'étoile télescopique (21185) du catalogue de Lalande 473″,4 ;

4° 0² L'Éridan de 5° grandeur de 409″,1 ;

5° ε de l'Indien de 451″.

6° α du Centaure de 1re grandeur de 367″,4.

§ 468. **Observations des faits exposés.** On ne peut contester l'existence d'étoiles claires de mouvement faible ou même de mouvement imperceptible pas plus que celle des soleils lipoplanètes, qui sont à la fois télescopiques et immobiles. Indépendamment des deux étoiles télescopiques de vitesse extraordinaire, il peut s'en trouver encore quelques autres, mais jamais leur nombre ne sera considérable.

L'éclat de ces étoiles ne diffère ni de celui des soleils lipoplanètes ni de celui de notre Soleil, lequel n'est pas lipoplanète ; mais il leur manque la clarté qui provenait autrefois des planètes quand elles n'étaient pas encore éteintes. Ainsi, la vitesse de deux étoiles fait voir qu'elles ne sont pas des soleils lipoplanètes, mais qu'elles sont entourées de planètes éteintes qui leur donnent l'apparence d'étoiles mobiles télescopiques. Dans les siècles précédents, elles avaient une clarté qui les rendait visibles à l'œil nu. Quand leurs planètes furent éteintes comme celles de notre système, elles perdirent leur clarté, et il leur resta la vitesse qui est invariable.

Dans les siècles postérieurs, à différentes époques et graduellement, les éclats des étoiles changèrent comme ils ont changé depuis vingt siècles : 1° Les étoiles composées d'un petit nombre de planètes lumineuses ont maintenant une faible clarté ; dans la suite des temps elles auront un plus grand nombre de planètes lumineuses, planètes qui ne leur manquent pas actuellement, mais qui sont encore entourées de météores qui les rendent invisibles. 2° Les étoiles composées de systèmes de satellites lumineux de 1re et de 2e grandeur perdront graduellement leur chaleur lumineuse; elles arriveront à des éclats toujours plus faibles pour devenir de 3e, 4e, 5e, 6e, 7e, 8e grandeur en conservant leur vitesse quand elles auront atteint un éclat égal à celui qu'elles avaient à une époque très-reculée lorsqu'elles étaient lipoplanètes.

B. LIAISON ENTRE LES AGES DES SOLEILS ET LES ÉLOIGNEMENTS DE LEURS ORBITES.

§ 469. Les vitesses médiocres ou imperceptibles des étoiles claires prouvent que leurs éclats ne sont pas un effet des écartements des plans des orbites, mais de l'âge des soleils, car des soleils les plus vieux, 1° les uns circulent sur des orbites très-éloignés de la Voie lactée; 2° les autres en sont très-rapprochées, de sorte que la coïncidence des éclats avec les écartements des orbites n'a lieu que pour une partie des étoiles claires. La vétusté des soleils a une liaison physique avec les éclats et un rapport constant comme celui de causes et d'effets.

Nous avons montré (§ 453) que les portions extrêmes de masse empyrée les plus voisines de la Voie lactée d, n, x; e, o, x', et les plus éloignées a, i, s, h', r, s''' (fig. 67) se sont séparées avant toutes les autres; il en a été de même des portions les plus éloignées dont les orbites ont les rayons $\rho + \beta + \beta'$ et des portions les moins éloignées des orbites de rayons $\rho - \alpha - \alpha'$.

§ 470. **Biographie des soleils.** La naissance d'un soleil date du moment de la séparation de la portion de leur masse empyrée pour s'éloigner des portions supérieures; ces portions ont dû éprouver des subdivisions ultérieures et engendrer plus tard de nouvelles portions, lesquelles sont nécessairement restées comprises entre les limites occupées par les orbites des soleils formés des portions précédentes. Les soleils issus de ces portions se trouvent vieux quand s'opère la naissance des soleils composés de portions égales de la masse empyrée, mais circulant sur des orbites peu éloignés de la Voie lactée et pour cette raison apparaissant immobiles pour se distinguer des gardiens.

Les âges des soleils, de même que ceux des corps organisés, correspondent aux durées écoulées depuis leur naissance. L'ordre de la succession des âges est invariable; c'est donc cet ordre que les naturalistes ont employé pour composer en peu de temps la biographie des arbres séculaires d'une forêt qu'ils parcourent. Les astronomes en agissent de même ils observent : 1° les soleils visibles sur les nébuleuses solifères; 2° les millions de soleils télescopiques immobiles; 3° l'apparition subite d'étoiles nouvelles; 4° la disparition de chaque trace dans l'espace où elles apparurent; 5° l'existence de nébuleuses planétaires; 6° l'apparition des étoiles périodiques; 7° l'accroissement de l'éclat de plusieurs étoiles; 8° l'apparition d'étoiles d'éclats supérieurs et de périodes plus courtes que celles d'éclats plus faibles; 9° l'affaiblissement des éclats; 10° enfin l'apparition de l'éclat primitif des soleils lipoplanètes avec la conservation d'une grande vitesse.

Quand on a bien saisi cet ordre de suite des âges, il est facile de dresser la biographie de chaque soleil ainsi que celle du nôtre, bien qu'il se soit écoulé un temps très-long depuis la naissance de chaque soleil par la séparation de la portion de sa masse empyrée d'avec celle des portions supérieures jusqu'à leur extrême vieillesse, lorsque chaque soleil doit se trouver, comme le nôtre, entouré de planètes et de satellites éteints.

§ 471. **Subdivision des soleils basée sur leur âge.** Maintenant on trouve dans le quatrième espace annulaire A^{IV} : 1° des soleils entourés comme le nôtre de planètes et de satellites éteints; leur éclat est faible comme celui des soleils lipoplanètes. Nous ne connaissons que ceux qui circulent sur des orbites éloignés de la Galaxie; car c'est cet éloignement qui fait paraître mobiles de pareils soleils, tandis que les autres soleils de même âge, ayant un mouvement imperceptible, ne peuvent pas être distingués parmi les soleils lipoplanètes.

2° Il y a d'un autre côté un nombre médiocre de nébuleuses solifères, contenant de grosses portions de masse empyrée allongées longitudinalement et transversalement. Ces grosses portions subdivisées en produiront d'autres comparables à celle dont est composé notre Soleil, et ces portions séparées donneront naissance aux nouveaux soleils lipoplanètes.

3° Le nombre N de ces soleils, 1° d'une part croît au moyen de ceux qui proviennent des nébuleuses solifères; 2° d'autre part, il décroît au moyen de ceux qui expulsent des jets de masse empyrée. L'action de pareilles expulsions se présente sous forme d'une clarté exceptionnelle connue sous le nom d'*étoile nouvelle*. Depuis vingt siècles il est apparu environ quinze étoiles nouvelles, moins d'une par siècle. Pendant ce temps il y a eu environ un nombre égal de soleils qui se sont séparés de leur nébuleuse solifère et sont devenus des soleils isolés lipoplanètes. Ainsi le nombre total N de soleils lipoplanètes n'éprouve maintenant aucun changement.

4° Soit n le nombre des étoiles claires visibles à l'œil nu, 1° D'une part, chaque siècle des planètes lumineuses proviennent des nébuleuses planétaires; elles engendrent une étoile faible qui reste visible; 2° d'autre part, chaque siècle environ, l'éclat d'une étoile *s'affaiblit*, parce que les satellites et les planètes s'éteignent et leur soleil reste entouré de corps qui ne sont plus clairs. Ainsi les étoiles et leurs composés de planètes cessent d'être visibles à l'œil nu et leur soleil devient télescopique comme il l'était il y a des millions de siècles. Le nombre n des étoiles claires n'éprouve donc aucun changement; plusieurs étoiles autrefois faibles sont devenues plus claires, de même que d'autres étoiles autrefois claires sont devenues faibles.

5° Il y a un accroissement réel du nombre a d'étoiles mobiles télescopiques, et un décroissement réel du nombre α des nébuleuses solifères; ainsi à une époque postérieure e il n'y aura plus de nébuleuses solifères. C'est après cette époque que commencera à diminuer le nombre N de 16 millions de soleils lipoplanètes, parce que chaque siècle l'un d'eux expulsera des jets de la masse empyrée, ainsi que cela a lieu depuis vingt siècles, et ces soleils ne seront plus remplacés par d'autres après la disparition des nébuleuses solifères.

6° Quand 16 millions de siècles se seront écoulés, arrivera l'époque e' lorsqu'il n'y aura plus de soleils lipoplanètes. A compter de cette époque, le nombre n des étoiles claires commencera à diminuer; le nombre des soleils entourés de planètes éteintes augmentera et deviendra $a + N$ en une époque e''.

7° A compter de l'époque e' jusqu'à l'époque e'' il s'écoulera un laps de temps suffisant pour que tous les soleils se trouvent entourés de planètes éteintes; alors le nombre sera pour toujours $N + n + a + \alpha + \alpha'$.

§ 472. **Changements opérés aux soleils.** A sa naissance, chaque soleil est composé d'une masse pâteuse M d'hydrogène et d'oxygène imbibée jusqu'à saturation d'une masse dense μ d'électricité neutre ou d'équivalents posit.fs 3 A $\bar{E}$ et d'équivalents négatifs 3 A $\bar{E}$.

Dans sa vieillesse chaque soleil se trouve entouré de planètes et de satellites éteints; ces corps sont composés d'une masse m séparée de celle M de leur soleil, lequel contient la quantité $M - m$ en état empyré mille fois plus grande à la masse m. Ainsi, depuis sa naissance jusqu'à sa vieillesse, chaque soleil ne perd rien de sa masse, parce que ses corps périphériques avec leur masse *m* ne sont que des parties intégrantes de la masse M — *m* contenues à l'état empyré dans l'enveloppe solide de leur soleil. Il n'a perdu que de son électricité neutre, électricité qui se détache de la matière pondérable sous forme d'atomes de lumière $\dot{E}^2 \bar{E}$ et de chaleur $\dot{E}\,\bar{E}^2$ dont le volume croît indéfiniment en avançant vers l'espace céleste indéfini.

Résumé. Dans les deux volumes qui suivront, je rapporterai avec détails les changements opérés dans les planètes et dans la Terre; quant à présent, je me bornerai à exposer : 1° le mode de subdivision de la masse empyrée du jet B^{IV} du 4ᵉ espace annulaire en 8^8 portions presque égales dont chacune a donné naissance à un soleil ; 2° les âges des soleils, âges qui concordent, d'une part avec les éclats des étoiles, de l'autre avec les éloignements très-grands ou très-petits des plans de leurs orbites du plan de la Voie lactée ; car ce sont les grands éloignements des orbites qui font paraître les étoiles en mouvement de vitesse proportionnelle.

La dispersion des équivalents 3 A $\bar{E}$ $\bar{E}$ d'électricité neutre est sollicitée par la subdivision de la masse *m* expulsée en un grand nombre de portions. Si une portion de la masse *m* met au moins un million d'années à se refroidir, le refroidissement de toute la masse empyrée M d'un soleil ne s'effectuera qu'en un grand nombre de millions de siècles. On voit par là que les corps invisibles autour desquels circulent Sirius, Procyon et l'Épi ne sont pas des soleils éteints, mais des soleils entourés de météores qui les rendent invisibles pendant un certain laps de temps. Après la séparation de ces météores, les planètes se trouvent éteintes, et les soleils se présentent avec leur éclat réel, qui est celui des soleils lipoplanètes.

V. DE L'ISOLEMENT DE NOTRE SOLEIL DE TOUTES LES AUTRES ÉTOILES.

§ 173. Après avoir trouvé la hauteur $H = 27d$ de l'espace A^{IV} annulaire et sa largeur peu différente, on trouverait un certain rapport entre les distances et le nombre N total des étoiles indigènes. En admettant que les 16 millions de soleils circulent sur le même orbite que le nôtre et soient distribués également, ils devaient être éloignés l'un de l'autre par un intervalle λ', intervalle qui serait parcouru dans l'espace de deux ans à raison de 7 lieues 4 dixièmes par 1″. En multipliant les orbites pour les faire devenir A, sans changer le nombre N des étoiles, les intervalles λ deviendront A fois plus grandes.

Pour que les étoiles soient à la distance de d, il faut, de chaque côté du plan de la Voie lactée, trouver place pour 2×27^2 orbites symétriquement distribués pour y placer les orbites de $2^2 \times 27^2$ soleils de même longitude séparés par des intervalles de d. Nous avons trouvé la longueur du rayon vecteur ρ du soleil de $108d$; il en résulte que la longueur de la périphérie de l'espace annulaire est de $648d$; il y aura donc place pour $2^2 \times 27^2 \times 648$ soleils équidistants séparés entre eux par une distance d. Ainsi, pour placer dans l'espace annulaire A^{IV} 16 millions de soleils, il faut prendre une densité supérieure, dont l'intervalle ne doit être qu'environ celui de d qui est parcouru par la lumière en cinq ans.

On voit ainsi que les soleils lipoplanètes qui ont l'apparence d'étoiles télescopiques sont au moins cinq fois plus serrés que ne l'est notre Soleil avec ceux qui sont le moins éloignés. La distinction entre notre Soleil et les autres ne consiste qu'en ce qu'il est entouré de planètes éteintes, tandis que les autres sont lipoplanètes et immobiles. Il n'y a d'analogues à notre Soleil que les deux étoiles télescopiques de très-grande vitesse, laquelle indique le grand éloignement des plans de leurs orbites de celui de la Voie lactée et de celui de l'orbite de notre Soleil.

La vieillesse des deux étoiles télescopiques mobiles correspond à celle de notre Soleil. Pour qu'un Soleil soit parvenu à la vieillesse, il faut qu'il ait commencé à exister avant ceux qui sont plus jeunes. Cette vétusté n'a d'autre cause que les précédentes séparations de portions de masse empyrée, séparations qui nécessairement se trouvèrent : 1° dans les deux extrémités $\rho + \beta + \beta'$ et $\rho - \alpha - \alpha'$ de la hauteur H, ou 2° dans les deux extrémités $\gamma + \gamma' + \Gamma$, $-\gamma - \gamma' - \Gamma$ et γ ou $-\gamma$ de la largeur L par rapport au plan de la Voie lactée, en indiquant par γ, γ', Γ les éloignements $\gamma + \gamma' + \Gamma$ ou $-\gamma - \gamma' - \Gamma$ les plus grands et les éloignements γ ou $-\gamma$ les plus petits. Par exemple, les portions a, s', d, x', e, x'', h, s'' (fig. 66) ont été d'abord séparées, et notre Soleil a été formé d'une portion n.

Des portions de masse empyrée ont été produites dans les deux strates extrêmes de rayons $\rho - \alpha - \alpha'$ et $\rho + \beta + \beta'$ comme dans la strate indiquée dans la figure. Notre Soleil ne fait partie ni de la strate de rayons $\rho - \alpha - \alpha'$ ni de celle de rayons $\rho + \beta + \beta'$. Ayant été produit par une portion n, son couple extrême est i, qui est actuellement un soleil aussi vieux et se voit comme une étoile télescopique dans la direction des Lévriers. Il se distingue des soleils lipoplanètes par un maximum de vitesse de 701''.

L'étoile α du Centaure la moins éloignée et après elle celle 61 du Cygne se trouvent à des longitudes peu différentes de la longitude de notre Soleil ; elles sont plus jeunes et circulent sur des orbites dont l'orbite de 61 du Cygne est plus éloigné que celui de α du Centaure. Ainsi, les distances en ce sens ne sont symétriques ni entre elles ni avec celles dans le sens des prolongements du rayon vecteur. Les distances dans le sens des éloignements des orbites diffèrent aussi, parce que le Soleil étant du côté de l'hémisphère boréal de la Galaxie est moins éloigné des étoiles de cet hémisphère que de celles de l'hémisphère austral.

Les distances de 21*d* et de 4*d* des τ, λ, ρ d'Ophiuchus et celles de 4*d* et de 6*d* de Sirius et de Castor indiquent les intervalles entre les strates; elles ne laissent séjourner dans ces directions aucun soleil lipoplanète télescopique, éloigné du Soleil d'une distance supérieure, sans cependant empêcher qu'il s'y trouve des soleils entourés de planètes éteintes.

Les distances 6*d* de ξ de la grande Ourse et la distance de 24*d* de l'étoile (3210) du catalogue de Bradley circulent sur des orbites éloignés de l'orbite de notre Soleil; les distances des étoiles correspondent à celles de leurs orbites dont les rayons ont des longueurs très-peu différentes. La largeur L de l'espace annulaire A^{v} est ainsi trouvée d'au moins $6d + 24d$.

Si l'on compare les distances 4*d* presque égales qui séparent la Terre de Sirius et de Procyon et la distance δ (qui sépare ces deux étoiles), on trouve celle-ci d'environ $\frac{1}{2}d$. Cela nous fait voir que notre Soleil et les deux étoiles télescopiques mobiles se trouvent plus éloignés des autres étoiles que les étoiles actuellement claires et beaucoup plus jeunes, ce qui tient à la vitesse inférieure des étoiles claires, vitesse qui indique un éloignement de leurs orbites, inférieur à celui de l'orbite de l'étoile de vitesse 701″.

L'existence des mouvements de vitesse à peine perceptible chez les étoiles télescopiques conduisit à considérer plusieurs de ces étoiles comme doubles ou comme des systèmes composés de planètes lumineuses. Une pareille hypothèse s'évanouit ici, puisque nous prouvons qu'une étoile claire, composée de planètes, est absolument indécomposable lorsqu'elle se trouve à une distance supérieure à 24*d*. Cette distance est indispensable pour qu'une étoile composée de planètes lumineuses, étoile qui est de 5ᵉ ou de 6ᵉ grandeur, apparaisse télescopique.

§ 174. **Distances ultérieures entre le Soleil et les**

étoiles. Après avoir indiqué les limites des étoiles claires les moins éloignées du Soleil, il nous reste à faire connaître les limites extrêmes des étoiles indigènes : 1° Les soleils lipoplanètes de ces étoiles ont un égal éclat, et leur grandeur, qui va de la 7ᵉ à la 13ᵉ, correspond aux distances *d*, 2*d*, 4*d*... 12*d*. 2° Les étoiles composées ont des éclats différents et, par conséquent, sont visibles de la 13ᵉ grandeur à de très-grandes distances, comme cela résulte des observations d'Herschel, qui trouva pour les étoiles de la 1ʳᵉ grandeur d'une distance de *d* un éloignement de la distance de 12*d* pour qu'elles devinssent des étoiles de la 6ᵉ grandeur. En continuant le même calcul, on a trouvé que, pour que les étoiles de la 1ʳᵉ grandeur apparussent de la 13ᵉ, il faut qu'elles se trouvent à une distance telle que leur lumière n'arriverait chez nous qu'en 2700 ans.

Ces résultats, bien que peu exacts, suffisent cependant à faire voir que la lumière mettant 270 ans pour arriver d'Alcyone, l'éclat réel de cette étoile n'est pas celui de α du Centaure, mais celui de Sirius ; la lumière arrive de celui-ci en 20 ans ; elle met donc 13 fois autant de temps. Si l'éclat d'Alcyone était réellement égal à celui de Procyon, elle serait de la 6ᵉ grandeur ; donc pour qu'elle soit de la 3ᵉ grandeur, il faut que sa clarté réelle soit comparable à celle de Sirius.

Ces étoiles restent visibles à l'œil nu à une plus grande distance encore, et elles sont toujours à la portée des puissants télescopes ; car elles restent dans la périphérie de l'espace annulaire A^{IV}. Leur maximum de distance serait 2ρ ou le diamètre de cet espace. Il faudra 1080 ans pour que leur lumière nous arrive.

Les soleils lipoplanètes, étant de la 7ᵉ grandeur à la distance de 4*d*, resteraient visibles de la 13ᵉ grandeur jusqu'à une distance de 48*d*, distance qui surpasse celle des étoiles γ et β, où Herschel compta les 331000 étoiles à raison de 165000 étoiles de chaque côté du plan de la Galaxie.

QUATRIÈME SECTION.

DES PROPRIÉTÉS DE LA LUMIÈRE ET DE LEUR APPLICATION AUX OBSERVATIONS ASTRONOMIQUES.

§ 475. Il y a trois moyens de trouver dans la lumière trois propriétés différentes : 1° Par les sentiments nous distinguons les intensités de la lumière homogène venant de corps différents ou de parties différentes du même corps ; cette faculté se nomme la *photométrie physiologique ;* 2° par les durées τ, τ', τ'' de l'exposition des plaques photographiques pour obtenir d'égales images de la lumière de corps différents, nous trouvons les rapports entre les intensités de l'éclat de blancheur de corps différents, éclats que nous ne pouvons pas évaluer directement au même degré par les sentiments que ces corps produisent en nous : *telle est la photométrie chimique ;* 3° à l'aide des détails des spectres obtenus par la lumière des corps lumineux, nous parvenons à distinguer ces corps en corps ayant de la ressemblance avec le Soleil et en corps n'en ayant pas : telle est la *photométrie physique.*

Sauf les intensités, nous sentons trois espèces de lumière : la lumière incolore, la lumière blanche et la lumière d'une des sept couleurs du spectre solaire. On a souvent confondu la lumière incolore du soleil qui se voit dans l'eau, dans la glace, dans le verre avec la couleur blanche des nuées, de l'écume, de l'ensemble des sept couleurs du spectre. Cela arrivait quand on ne connaissait pas le mode de production

du blanc dans les corps incolores. Par exemple : 1° Le verre incolore transparent et les grains fins de sulfate de chaux également transparents produisent un corps blanc; 2° l'albumine transparent transformé en vésicule offre un corps blanc; 3° des vésicules transparentes gelées engendrent la neige; 4° par de semblables vésicules à des densités différentes, l'air transparent prend un aspect blanc dont le maximum d'éclat correspond à une certaine densité des vésicules de vapeur, densité qui rend presque imperceptible le bleu du ciel. Ce maximum d'éclat diminue autant par l'accroissement de densité des vésicules de vapeur, que par le décroissement de cette densité.

On a plusieurs fois employé les ballons en verre blanc pour remplacer les carreaux transparents des lanternes d'éclairage des villes, et plusieurs fois aussi onles a abandonnés, sans qu'on pût s'expliquer la cause de ces changements.

§ 476. **Comparaison du blanc avec le bruit.** De même que l'ensemble des sept couleurs du spectre produit le sentiment du *blanc*, de même l'ensemble des sept sons produit le *bruit*. Une octave commençant d'un son quelconque est comparable à une couleur lavée provenant de son mélange avec le blanc, lequel peut augmenter jusqu'au point de rendre la couleur insensible. Cependant si l'on décompose la lumière semblable avec les prismes, on en obtient des spectres indiquant les espèces de couleurs mêlées avec la lumière incolore ou avec la lumière blanche. De même un grand bruit rend imperceptible le son d'une octave; pour le sentir, il faut en séparer une partie des gammes qui donnent le bruit.

Mode d'accroissement de l'éclat et du bruit de la source constante. Le ciel arrive à des éclats différents par les densités différentes des vésicules, mais il en est une qui produit un maximum pour la lumière du Soleil, car pour celle de la Lune il faut des vésicules d'une densité inférieure. Un corps médiocre sonore est à peine entendu en plein air, mais dans une enceinte les sons se multiplient. Artificiellement, on peut obtenir la réflexion des sons pour se concentrer en un point comme la lumière.

I. En pareil cas on n'obtient pas une quantité de lumière ou de sons supérieure à celle qui est produite ; c'est au moyen des échos que la quantité des ondes sonores se multiplie réellement. Le pavillon de l'oreille n'a une structure propre à concentrer les sons dans un foyer, mais cette structure sert à produire un grand nombre d'échos arrangés d'une façon telle qu'ils arrivent au tympan tous à la fois, de sorte qu'au lieu d'une fois, les mêmes ondes sonores arrivent simultanément *n* fois au tympan.

II. L'accroissement de l'éclat s'opère 1° physiologiquement par le mouvement rapide des corps lumineux par rapport à l'observateur ; 2° par la dispersion des atomes de lumière. Dans ces deux cas, la source de lumière n'éprouve aucun changement ; seulement un grand nombre d'atomes de lumière nous en arrivent à la fois.

I. ACCROISSEMENT PHYSIOLOGIQUE DE L'ÉCLAT.

I. Un corps lumineux terrestre ou céleste fait arriver à notre œil une quantité constante de lumière dans le cas où nous et le corps sommes au repos ou tous les deux en mouvement parallèle. Si le corps est en mouvement pour s'approcher de nous en ligne droite en parcourant 72,000 lieues par seconde, nous recevrons en une fois l'énorme quantité d'atomes de lumière. Si le corps parcourt 7,7 lieues par seconde, nous en recevrons une quantité de lumière 10,000 fois moindre. Au lieu d'avancer vers nous, le corps lumineux peut être une planète circulant autour de son soleil ou un satellite circulant autour de sa planète, laquelle circule autour de son soleil ; de sorte qu'il y a une plus grande multiplication de lumière aux satellites qu'aux planètes.

II. Dans les cas où entre le corps lumineux et nous se trouve un amas de vésicules dont les enveloppes dispersent les atomes de lumière et les empêchent de se propager en direction rectiligne conduisant au corps lumineux, ce corps devient invisible et les atomes de lumière arrivent à nous de millions de vésicules, non successivement, comme ils arriveraient directement, mais un grand nombre à la fois. Ce cas correspond aux échos, dont chacun séparément est plus faible que le son direct; mais tous ensemble produisent un sentiment pour lequel il aurait fallu un grand nombre de corps sonores.

Les nébuleuses sont composées d'une masse empyrée comparable à la flamme d'un feu. Cette masse se trouve entourée de vésicules gelées formant une espèce de ballon dont le diamètre est comparable à celui des orbites des planètes les plus éloignées de leur soleil. Ce sont donc ces ballons qui font arriver à nous une grande quantité d'atomes de lumière, quantité suffisante pour rendre visible l'espace occupé par eux. C'est la couleur blanche des nébuleuses qui fait voir d'une manière incontestable qu'elles sont composées d'une masse empyrée entourée d'un grand ballon formé par les amas des vésicules gelées qui dispersent les atomes de lumière provenant de la masse empyrée, de même que les nuées dispersent la lumière du Soleil et font apparaître blanc l'espace qu'elles occupent.

Les soleils, les planètes lumineuses et les satellites lumineux sont aussi composés de masse empyrée, mais cette masse se trouve renfermée dans une enveloppe solide de glace incolore transparente; elle livre passage aux rayons, lesquels pénètrent dans l'espace vide après avoir éprouvé dans l'enveloppe de forme ovalaire une réfraction pour produire les couleurs du spectre.

La masse empyrée contenue dans les nébuleuses et dans

les étoiles est donc la même. Cette masse est la seule source de lumière; celle-ci étant incolore, 1° elle devient blanche par la dispersion qu'elle éprouve dans les amas de vésicules; 2° elle devient colorée par la réfraction qu'elle éprouve dans l'enveloppe glaciale de forme ovalaire.

La Voie lactée est composée de nébuleuses dont les dimensions sont comparables aux distances qui séparent la Terre des étoiles. Sans les amas énormes de vésicules qui causent la multiplication des atomes de lumière, il serait absolument impossible de voir l'espace éloigné dans lequel se trouvent les grosses portions de masse empyrée.

II. BLANCHEUR DE L'ATMOSPHÈRE ET DEGRÉS DE SON ÉCLAT.

§ 477. Pour expliquer le mode de production du crépuscule, les astronomes admirent que l'air avait une transparence imparfaite; pour expliquer l'état du ciel couvert, ils admirent que les vésicules de vapeur avaient aussi une transparence imparfaite. Et cependant aucun des observateurs ni des physiciens ne put prouver que ces deux états existassent directement dans l'air sec ou dans la vapeur isolée d'air. Ils ne purent arriver aux résultats cherchés par une raison bien simple, c'est qu'ils cherchaient des choses qui n'existent pas. 1° L'air seul est parfaitement transparent; 2° les vésicules de vapeur seules sont aussi parfaitement transparentes. Tout le monde connaît ces deux faits; mais les astronomes avaient besoin des propriétés qu'ils voulaient imposer à l'air et à la vapeur.

La *transparence* d'un espace vide ou occupé est l'état de la propagation rectiligne des atomes de lumière en direction centrifuge par rapport au corps lumineux. Chaque espace occupé par l'air seul ou par des vésicules de vapeur seules est transparent; il est absolument impossible d'y découvrir la moindre opacité ou quelque trace de manque de transparence.

§ 478. **Blancheur produite dans le mélange de l'air avec les vésicules.** Les mélanges de gaz avec des gaz ou des vapeurs d'un liquide avec celles d'un autre sont transparents; la blancheur n'est produite que dans le mélange des gaz avec les vésicules. La propagation de la lumière en direction rectiligne en pareil cas ne peut pas s'opérer, à cause de l'inégale résistance exercée de la part des enveloppes des vésicules et de la part des molécules d'air logées dans les intervalles. Ceux-ci sont parcourus en directions rectilignes, mais les enveloppes font prendre aux atomes de lumière incidente toutes les directions divergentes, pour les faire marcher latéralement aux vésicules ambiantes, qui exercent la même dispersion sur les atomes de lumière.

Dans l'atmosphère, la quantité d'air ne varie que très-peu, comme on le voit dans la hauteur du baromètre; tous les changements dans son aspect ont pour cause la multiplication ou la diminution des vésicules. L'espace de l'atmosphère occupé par l'air pur et sec est parfaitement transparent ; il prend une opacité perceptible lorsqu'il s'y introduit une quantité v de vésicules suffisante pour disperser une quantité φ d'atomes de lumière et pour les faire arriver à l'œil ensemble avec les atomes Φ qui n'ont éprouvé aucune déviation. Ainsi, en voyant le corps lumineux, nous voyons en même temps l'espace blanc par les atomes φ de lumière dispersée par les vésicules.

Lorsque les vésicules se multiplient pour devenir $\mathbf{v}$ dans le même espace e occupé par l'air, elles dispersent les atomes $\varphi + \varphi'$ de lumière, lesquels atomes arrivent de l'espace e qui est entre le corps lumineux et l'œil. Dans ce cas, l'œil reçoit la lumière $\varphi + \varphi'$ des vésicules $\mathbf{v}$ de cet espace e et la lumière $\Phi - \Phi'$, qui y passe en venant du corps lumineux. 1° Si donc la lumière $\varphi + \varphi'$ est inférieure à celle

$\Phi - \Phi'$, nous distinguons le corps lumineux. 2° Si la lumière $\varphi - \varphi'$ est faible, mais supérieure à $\Phi - \Phi'$, il y a suppression d'une grande quantité de lumière qui rend invisible le corps lumineux et en même temps elle obscurcit l'espace $é$. 3° Si la lumière $\varphi + \varphi'$ et $\Phi - \Phi$ est presque égale, il arrive à l'œil un maximum d'atomes de lumière qui fait paraître l'espace $é$ d'une blancheur au maximum d'éclat, sans que le corps lumineux ni le bleu du ciel en soient plus visibles.

III. DE L'ATMOAÉROSPHÈRE CONTENUE DANS L'AÉROSPHÈRE.

§ 179. L'atmosphère n'est pas entièrement occupée par une égale densité de vésicules; celles-ci varient continuellement, et ces variations sont indiquées par l'état hygrométrique de l'air et par les divers aspects du ciel. On observe de pareils changements jusqu'à la hauteur des nuages qui ne dépassent pas 3,000 mètres. La raréfaction des vésicules fait diminuer la blancheur du ciel et apparaître un bleu sombre, couleur qui se présente à ceux qui montent au sommet des montagnes, et notamment aux aéronautes, puisqu'ils traversent fréquemment les nuages. Dans cette position la partie blanche du ciel se trouve au-dessous d'eux et ils voient le bleu sombre à une grande hauteur, ce qui leur fait paraître le soleil comme une grande étoile dans un ciel de nuit.

Les variations de l'hygromètre indiquent la multiplication des vésicules ou leur diminution, qui s'opèrent dans la faible hauteur des 3,000 mètres sans rien changer à l'air pur de la couche supérieure, qui est une *aérosphère*. Elle embrasse la couche composée d'air et de vapeur nommée *atmoaérosphère*.

Par oubli, Képler n'a pas attribué le crépuscule aux dispersions exercées par les vésicules sur les atomes de lumière pour leur faire décrire des arcs autour de la Terre, mais il en a cherché la cause dans une réflexion exercée par l'extrémité de l'air de l'atmosphère. Depuis, les voyages et les observations postérieures nous ont appris que la durée du crépuscule n'est que de quelques minutes à Chili, à Cumana, à Sennaar, tandis que la hauteur du baromètre indique une pression qui ne diffère pas de celle des autres pays où la durée du crépuscule est d'une heure ou même d'une heure et demie.

Les durées du crépuscule sont donc en rapport direct avec l'épaisseur h de la couche d'air mêlée aux vésicules de vapeur que, pour cette raison, on a nommé *atmoaérosphère*. Cependant il n'est pas nécessaire que cette épaisseur h soit égale à la hauteur H de l'aérosphère, parce que c'est la dispersion qui se répète dans chaque vésicule. L'hypothèse même de Képler de l'existence d'une réflexion de la lumière incidente sur les molécules de l'air ne permettrait pas de la considérer comme une propagation rectiligne dans le milieu de l'air, lorsque cette lumière a éprouvé une réflexion dans les molécules homoïdes de l'air. Comme il n'y a aucune différence entre les molécules de l'air, chacune d'elles produirait des réflexions égales, d'où résulte l'effet d'une dispersion en direction courbe pareille à celle qui s'opère dans la faible épaisseur h de l'atmoaérosphère.

Cette épaisseur h ne cesse pas d'être en rapport direct avec les durées $\tau, \tau + \tau$, du crépuscule ; au moyen de ces durées, nous parvenons donc à connaître que l'épaisseur h varie du soir au matin, l'été et l'hiver, aux petites et grandes latitudes, la veille d'un orage et après l'orage. L'épaisseur h est en rapport direct avec l'état hygrométrique de l'atmosphère. Cet état est à un degré plus élevé le soir que le matin avant le lever du soleil ; il est également plus élevé l'hiver que l'été ; de même il est supérieur aux grandes latitudes et inférieur aux petites.

IV. INVESTIGATION DES FORMES DE LA LUNE ET DE SATURNE PAR LES QUANTITÉS DE LUMIÈRE.

§ 480. La Lune, comme les planètes et leurs satellites, est éclairée par le Soleil. Son disque disperse la lumière incidente; de même les vésicules de l'atmoaérosphère dispersent une partie de la lumière incidente en l'empêchant de s'avancer jusqu'à la planète. Il faut donc distinguer : 1° les corps dont la surface disperse la lumière incidente, tels que la Lune et les satellites, et 2° les corps qui dispersent de la lumière incidente Φ une partie φ par leur surface et une autre partie φ' par les vésicules contenues dans leur atmoaérosphère : telles sont les planètes entourées d'aérosphère épaisse transparente et d'atmoaérosphère peu épaisse non parfaitement transparente, comme celle de la Terre, et 3° les corps qui dispersent toute la lumière incidente par leurs vésicules seules ou mêlées avec l'air; ces corps sont les planétoïdes et les comètes.

§ 481. **Forme ovalaire de la Lune.** Si la Lune était une sphère de diamètre égal à celui de son disque, elle serait plus lumineuse au milieu qu'au bord; c'est le contraire que nous observons; de la pleine Lune la clarté de son bord est supérieure, et c'est précisément dans son milieu que la clarté est plus faible. Cette distribution de clarté observée ne correspond aucunement à une forme sphérique; mais avant que l'on connût la forme véritable, les astronomes, pour pallier leur première erreur, durent en commettre plusieurs autres. Ainsi, ils ont attribué aux distributions des montagnes la distribution de lumière observée. 1° Pour obtenir au milieu du disque une clarté médiocre, il fallait y établir les montagnes les plus élevées. 2° Pour obtenir au bord du disque une clarté supérieure, il fallait également admettre une chaîne périphérique de montagnes. Toutefois les observations donnent des résultats diamétralement opposés; les montagnes manquent autant du milieu du disque de la Lune que de son bord, et elles occupent la zone entre le centre et le bord du disque. Tous ces détails font voir avec la dernière évidence que la forme réelle de la Lune n'est pas sphérique, mais ovalaire.

§ 482. **Sillon équatorial de Saturne**. Cette forme singulière déduite de l'âge de la planète résulte aussi des observations photométriques suivantes. La clarté des deux hémisphères de la planète ne se présente égale que dans un seul cas, c'est lorsque le Soleil et la Terre se trouvent sur le prolongement du plan équatorial de la planète; cela arrive tous les quatorze ans, car tous les quatorze ans le Soleil se trouve sur le prolongement du plan équatorial pendant que la Terre passe du sud au nord et du nord au sud de ce plan équatorial.

1° *Le Soleil et la Terre sur le plan équatorial de Saturne.* Les deux hémisphères sont également éclairés; il n'y a pas apparition d'anneau.

2° *Le Soleil d'un côté de l'Équateur et la Terre de l'autre.* Pendant que le Soleil s'éloigne lentement de l'équateur de Saturne, il s'écoule environ six mois. Dans cet espace de temps, nous voyons l'hémisphère sud plus éclairé si le Soleil et la Terre sont au nord de l'équateur; il y a donc apparition d'anneau.

3° *Le Soleil et la Terre peu éloignés de l'équateur de Saturne.* Au bout de quelques mois, la Terre revient au plan équatorial, alors les deux hémisphères se présentent également éclairés; il n'y a pas apparition d'anneau.

4° *Le Soleil éloigné du plan équatorial.* Si le Soleil est au sud de l'équateur de Saturne, l'hémisphère nord de celui-ci paraît plus lumineux que son hémisphère sud. Le contraire a lieu lorsque le Soleil est au nord de l'équateur de la planète.

L'ensemble de ces résultats phométriques conduit à reconnaître l'existence d'un large sillon dont le fond est sur l'équateur et le bord de ses deux versants dans les environs des tropiques. Lors donc que le Soleil est sur l'équateur de la planète, les deux versants sont également éclairés ; à cette époque, tant que la Terre est sur cet équateur, les anneaux manquent. Quand la Terre a passé six mois d'un côté de l'équateur, l'anneau apparaît de l'autre ; quand elle revient au lieu susdit, l'anneau disparaît parce que les deux versants apparaissent également éclairés. Nous donnons plus bas les détails de ces faits.

V. INVESTIGATION DES ATMOAÉROSPHÈRES DES PLANÈTES ET DES COMÈTES.

§ 483. De la lumière incolore du Soleil est dispersée une partie Φ de l'atmoaérosphère et une autre partie en est dispersée retournant de la Terre pour arriver aux autres planètes ; la lumière Φ de l'atmoaérosphère et la lumière φ de la surface de chacune de ces planètes nous arrive de la même manière.

De même arrive de la Lune la lumière φ de sa surface et celle φ'' de son atmoaérosphère.

Il n'arrive des comètes que la lumière φ, parce qu'elles ne sont que des atmoaérosphères isolées des planètes.

Il n'arrive également des planétoïdes que la lumière blanche φ, parce que ces corps sont composés d'amas de vésicules gelées et ne diffèrent pas de ceux qui composent les nébuleuses de la Voie lactée et toutes les autres nébuleuses indigènes et exotiques. Les bolides et les étoiles filantes sont composés de ces amas de vésicules gelées.

Si l'on expose des plaques photographiques à la lumière $\varphi + \varphi'$ de Jupiter et à celle $\varphi + \varphi''$ de la Lune, on obtient l'image en une durée τ de la lumière de Jupiter et en une durée de 9τ de la lumière de la Lune. Cela nous fournit un exemple propre à rendre plus évidente la grande quantité de lumière blanche produite dans les vésicules qui, par la dispersion, ne font que multiplier les ondes de lumière pour en faire arriver à l'œil une plus grande quantité, de même que les échos multiplient les ondes sonores.

VI. INVESTIGATION DES FORMES OVALAIRES DES ÉTOILES CLAIRES.

§ 484. La forme primitive de tous les corps périphériques est ovalaire, mais le rapport entre les deux diamètres diffère : il est grand aux satellites et petit aux soleils, qui paraissent presque sphériques. Toutes les étoiles sont de masse empyrée pâteuse renfermée dans une enveloppe de glace transparente, qui livre passage aux rayons en exerçant une réfraction correspondante à l'obliquité de la partie de l'enveloppe ovalaire.

La lumière émerge des enveloppes composées : 1° des atomes incolores Φ qui n'ont éprouvé aucune réfraction ; 2° des atomes Φ' qui ont éprouvé des réfractions et se sont décomposés pour produire des spectres, et 3° des atomes Φ'' de lumière blanche produite par le mélange des spectres. A l'aide des télescopes ou même à l'œil nu, on voit les étoiles incolores blanchâtres et les étoiles blanches ou colorées de chaque nuance plus ou moins perceptible, sans qu'il soit possible de découvrir les quantités de leurs différentes couleurs.

C'est au moyen des spectres obtenus par la lumière de chaque étoile que nous parvenons à faire voir que cette lumière diffère de celle de notre Soleil, car les raies claires et les raies sombres sont distribuées différemment aux spectres solaires, aux spectres planétaires, aux spectres stellaires, aux spectres des nébuleuses planétaires et des nébuleuses solifères.

§ 485. **Résumé.** I. Au moyen des sentiments, nous obtenons les rapports entre les intensités de la lumière incolore ou la lumière colorée des corps différents, ou ceux des intensités de la lumière des différentes parties du même corps; de sorte que nous parvenons à en déterminer la forme. Ces faits, révélés par les observations, servent ici d'exemples pour faire mieux ressortir le mode de production des corps célestes exposé dans le mode de la production des corps périphériques de leur corps central.

II. C'est au moyen de la photographie que l'on détermine l'intensité de la lumière blanche produite par les dispersions de la lumière incolore opérées dans les vésicules des atmoaérosphères ou dans celles des nébuleuses, des planétaires.

III. Les raies du spectre ne diffèrent pas lorsque la lumière est incolore comme celle de tous les soleils, que l'on voit comme des étoiles télescopiques, parce que leur masse empyrée s'est séparée d'après la loi astragonique de la masse du gros jet. Les étoiles claires visibles à l'œil nu sont toutes composées de planètes ou de satellites lumineux; elles contiennent la lumière incolore, la lumière blanche et la lumière colorée. Chaque étoile répand donc une lumière dans laquelle entrent les trois espèces avec des rapports différents. Les résultats obtenus dans les spectres de la lumière de chaque étoile servent à prouver que cette lumière est composée de trois espèces semblables, chacune de quantités différentes.

VII. DES DEGRÉS DES ÉCLATS DE BLANCHEUR DES CORPS TERRESTRES.

§ 486. Les corps également éclairés dispersent des quantités de lumière correspondant aux quantités des dispersions que ces atomes ont éprouvées dans les molécules superficielles de chaque corps. On peut sentir les intensités différentes de la lumière homoïde. C'est Bouguer qui découvrit dans les corps différents des degrés de décroissement de l'éclat, qui varient lorsque les obliquités croissent également.

Soit L (fig. 69) un corps lumineux qui éclaircit les deux moitiés A et B d'un corps ; de ces moitiés, 1° l'une est verticale sur la ligne L B perpendiculaire sur la surface lumineuse L ou L'; 2° l'autre moitié A est tenue dans une position oblique sur la ligne L A pour former l'angle d'incidence L A N = *e* avec la normale A N.

Fig. 69.

Pour faire arriver à l'œil O une égale lumière des deux corps égaux différemment éclairés, on éloigne l'un B pour en faire diminuer l'éclat par l'accroissement de la distance autant que la position oblique le fait diminuer dans le corps A. En opérant de cette manière sur le papier blanc, le gypse et l'argent, Bouguer vit que le rapport LB : cos *e* ne reste pas le même pour les trois corps observés lorsqu'on varie les incidences. C'est ainsi qu'il a obtenu les résultats suivants :

ANGLES *e* d'incidence.	COSINUS des angles *e*.	ÉCLAT DU BLANC DES CORPS OBSERVÉS.		
		Argent mat.	Gypse.	Papier.
0	1000	1000	1000	1000
15	966	802	762	971
30	866	640	640	743
45	707	455	529	507
60	500	319	352	332
65	250	209	194	203

Observations. De ces trois corps, 1° le gypse a une structure régulière cristalline ; 2° la structure du papier n'est pas parfaitement irrégulière, parceque quand il sèche la vapeur entraine les filaments vers la surface en quantité considérable, 3° la structure cristalline ou régulière est à un très-faible degré dans l'argent.

Lorsqu'on obtient l'éclat de 1000, chacun des trois corps se trouve placé dans la position la plus favorable pour disperser les atomes de lumière et en faire résulter cet éclat de 1000. En changeant cette position, c'est le gypse qui doit éprouver le dérangement au plus haut degré et l'argent au degré le plus faible.

Avant cette observation, Lamport avait trouvé que les éclats sont proportionnels aux $\cos^2 e$; plus tard on révoqua en doute ce rapport, sans cependant connaître la cause des susdits faits obtenus par l'observation. Ces résultats nous serviront ici à rectifier les résultats discordants sur les dimensions des planétoïdes; dimensions trop petites obtenues par le calcul basé sur l'éclat de leur blancheur, déduit de l'éclat des planètes.

J'ai prouvé que la lumière φ des planètes arrive de leur atmoaérosphère et que c'est la lumière φ' qui arrive de leur surface. Il n'arrive des planétoïdes que la lumière φ', parce que comme la neige, ils ne sont composés que de vésicules gelées. Comme dans la neige il y a aussi multiplication de l'éclat de blancheur dans les planétoïdes. Le ciel couvert qui éclaircit la neige a un éclat inférieur à l'éclat de celle-ci; c'est pour cette raison que l'éclat des planétoïdes est supérieur à celui des planètes. Les résultats suivants du calcul et des observations en apparence discordants trouvent ici leur explication.

§ 487. Dimensions discordantes des planétoïdes obtenues par les calculs et par les observations. Les éclats des corps homoïdes sont en rapport direct avec leurs dimensions et en rapport inverse des carrés de leurs distances. Les observations ont démontré que si nous recevons la lumière φ d'un corps se trouvant à la distance 1, nous en recevrons la moitié $\frac{1}{2}\varphi$ de lumière si le même corps est transféré à la distance 1,6. Ainsi, si l'étoile dans la distance 1 était de la 7ᵉ grandeur, elle deviendrait de la 8ᵉ à la distance de 1,6.

D'une part, le rapport φ:D entre les éclats et les diamètres étant connu pour les planètes Saturne, Jupiter, Vénus et Minerve ; d'autre part, l'éclat φ de chaque planètoïde par l'observation, étant également connu, Argelander en admettant le même rapport $\varphi:D = \varphi':d$, obtint par le calcul les dimensions de tous les planétoïdes. Toutefois il a eu tort d'introduire l'égalité de ces rapports, parceque l'éclat φ' des planétoïdes étant supérieur à celui φ des planètes, les résultats d pour les diamètres des planétoïdes se sont trouvés trop petits par rapport à ceux d' trouvés par l'observation. Par exemple, le diamètre de Pallas est, d'après Lamont, de 243 lieues, tandisqu'Argelander n'a trouvé par le calcul que 52 lieues,sans pour cela que ni l'observation de Lamont ni le calcul d'Argelander fussent en défaut. Il ne faut que changer l'égalité des rapports φ:D et $\varphi':d$ faire le calcul sur le rapport de $\varphi: 4d = \varphi':X$,

Ainsi les diamètres réels des planétoïdes sont 4 fois plus grands que ceux obtenus par le calcul, de même que le sont les nombres 243 et 57.

§ 488. **Transformation de la lumière incolore en lumière blanche.** La lumière incolore n'est pas plus sensible à l'œil que la chaleur n'est sensible à l'oreille. En brûlant l'hydrogène la lumière est à peine perceptible. Pour la rendre visible il faut la convertir en lumière blanche, en la projetant sur la chaux ; c'est ainsi qu'on obtient le maximum de densité de lumière des corps terrestres. Dans le tome IV de la *Physique*, il est traité de la transformation de la chaleur en sons.

CHAPITRE PREMIER.

DES RAPPORTS ENTRE LES OBSERVATIONS ASTRONOMIQUES ET LA PÉRIODICITÉ DE L'ÉTAT HYGROMÉTRIQUE DE L'AIR.

§ 489. Les observations astronomiques ne s'opèrent que les jours sereins, lorsque le ciel est clair ; alors l'état hygrométrique de l'air présente deux périodes qui sont en rapport direct avec le mouvement du Soleil. C'est le soir, après le coucher de cet astre, que l'hygromètre présente un maximum; le matin, après le lever du soleil, il y a un autre maximum hygrométrique supérieur.

Après avoir prouvé que c'est l'augmentation de la quantité de vésicules dans l'air qui cause la diminution de sa transparence et l'accroissement de sa blancheur, il devient très-important d'étudier le mode de production de la vapeur. Avant de m'en occuper, j'exposerai plus clairement l'opinion de Képler sur la production du crépuscule, car un grand nombre d'astronomes rapportent cette opinion sans la réfuter ou l'approuver. Maedler n'est pas de ceux-là ; il approuve l'opinion de Képler dans toute son étendue, et cela sans s'apercevoir du résultat contradictoire, résultat qui l'amène à connaître que l'air étant parfaitement transparent ne réfléchit point la lumière. Cet astronome s'exprime ainsi (*Astronomie populaire*, 5ᵉ édit., p. 40) :

« Si l'air était parfaitement transparent, après leur ré- « fraction, les rayons se seraient propagés sans être aper- « çus; mais *les molécules de l'air ont encore la propriété de* « *réfléchir une partie de la lumière incidente*; de sorte qu'il

« nous arrive une partie de la lumière du corps lumineux, « même lorsque déjà il est au-dessous de l'horizon.

« Soit BA (fig. 70) une partie de la surface de la Terre; « un rayon SA touche la terre en A et se propage avec les « autres voisins en *c* par le milieu des molécules d'air qui « dispersent des quantités décroissantes d'atomes de lu- « mière. En tirant de ce point *c* une tangente *c*B sur la « Terre, on détermine pour l'observateur placé en B la dis- « tance *c*C', qui est la hauteur H cherchée de l'atmosphère. »

Fig. 70.

§ 490. **Exposition de la double erreur dans cette explication du crépuscule.** On sait qu'une erreur ne peut conduire à un résultat réel qu'accompagnée d'une ou de plusieurs autres. Si dans un calcul, on a fait une erreur et qu'on parvienne cependant à trouver un résultat juste, on peut être sûr qu'il y a dans les détails du calcul une ou plusieurs autres erreurs. Ici le résultat juste est la durée τ du crépuscule parce qu'elle est obtenue par l'observation; il faut donc au moins deux erreurs pour obtenir le même résultat par les hypothèses : 1° l'air étant parfaitement transparent est supposé réfléchir une partie de la lumière incidente. 2° La hauteur véritable de l'atmosphère n'est pas celle H' trouvée de la manière indiquée; cette hauteur n'est pas d'accord avec celle H trouvée au moyen du baromètre.

Les raisonnements exposés ne sont pas même logiques. L'observateur en B reçoit la lumière réfléchie des molécules *c*, où elle arrive de S; cependant il doit aussi recevoir la lumière qui éprouve des réflexions en s'avançant de A vers *c*, réflexions qui la sollicitent de s'approcher de C' arrivant d'une direction h. De cette manière, le Soleil S peut se trouver à 15° ou même davantage au-dessous de l'horizon et sa lumière n'arrive pas à B par une seule réflexion opérée en c, parce que ce que les molécules produisent en c, elles ne cessent pas de le produire à la lumière qui s'avance de S vers hC' encore à la lumière qui s'avance de C' vers fB.

Soit NDM la limite supérieure de l'atmosphère où n'arrivent jamais des vésicules; celles-ci ne s'élèvent que jusqu'à une hauteur tqr d'environ 3,000 mètres sans que pour cela il manque quelques régions intertropicales où les vésicules ne s'élèvent que jusqu'à la hauteur hcf. On a nommé *aérosphère* la couche d'air pur et sec qui commence de la limite MDN et se contient pour descendre jusqu'à la limite tqr ou hcf d'où commence l'atmoaérosphère composée d'un mélange d'air et de vésicules ayant une hauteur qui ne dépasse pas les 3000 mètres, mais diminue pour devenir de 1000 mètres et même de 500.

I. DE LA PÉRIODICITÉ DE LA HAUTEUR DE L'ATMOAÉROSPHÈRE INDIQUÉE PAR LE CRÉPUSCULE.

§ 491. Soit T (fig. 71), la Terre entourée immédiatement de l'atmoaérosphère dont la hauteur diffère pour chaque pays et varie beaucoup du matin au soir dans chaque pays. Cette atmoaérosphère se trouve dans l'aérosphère $Qr'YZ$. La pression barométrique correspond à la hauteur $TV = H$ de l'aérosphère, et c'est l'hygromètre qui indique les hauteurs s, g, r, m', n'... de l'atmoaérosphère, hauteurs qui varient du soir après le coucher du soleil jusqu'au matin avant son lever. Ces variations de l'hygromètre sont indiquées exactement par les durées du crépuscule de chaque pays.

S'il y a des pays où la durée du crépuscule est courte, c'est que la hauteur de l'atmoaérosphère de ces pays est très-médiocre. Le Chili, Cumana, Sennaar sont des pays où les pluies sont rares, et cependant c'est le vent de la mer qui y domine. En admettant l'éloignement de l'eau de la mer sous forme de vapeur, on serait conduit à croire que cette vapeur doit se trouver dans l'atmosphère. En examinant sur toutes les côtes, en été, l'état hygrométrique de l'air, on le trouve toujours très-sec, surtout pendant les heures les plus chaudes de la journée ; il n'y a d'humide que l'air du vent de la nuit dirigé vers le mer.

Fig. 71.

Les jours sereins, le ciel présente au zénith un bleu sombre qui s'étend jusqu'à une distance de 60° environ, où commence la couleur blanche, couleur qui croît vers l'horizon pour y atteindre son maximum. On attribue cet accroissement de la couleur blanche à celui de la vapeur de la couche inférieure de l'atmosphère ; en d'autres termes, on reconnaît l'existence de l'atmoaérosphère, dont 1° la tranche *fch* (fig. 70) a son maximum de hauteur ou d'épaisseur dans la direction zénithale C'*c*, et 2° son maximum d'étendue est dans la direction horizontale C'*h* C'*f*.

Sur les côtes, les nuits sereines, l'horizon se présente clair presqu'à la surface de la mer, tandis que du côté du continent on le voit blanc comme à l'ordinaire. Ce fait paraît être en contradiction avec l'explication dans laquelle on admet l'origine de la vapeur dans l'évaporation de l'eau, laquelle doit être en plus grande activité sur la mer que sur les continents.

§ 492. **Rapport entre l'hygromètre et le baromètre.** Les jours sereins et pendant plusieurs mois on observe une périodicité double du baromètre et de l'hygromètre.

1° De 2 à 3 heures du soir, les deux instruments indiquent un minimum absolu, minimum qui est mieux prononcé sur la mer que sur les continents.

3° Après le coucher du Soleil, les deux instruments atteignent un premier maximum qui se soutient tant que le crépuscule dure.

3° Avant l'apparition du crépuscule du matin, les deux instruments se trouvent baissés sans cependant atteindre le minimum du soir de la veille.

4° Au lever du soleil, l'hygromètre atteint un maximum qui dépasse celui du soir ; alors le baromètre s'élève encore pour atteindre son maximum vers 9 heures, lorsque l'hygromètre baisse déjà. Les deux instruments continuent ensuite à baisser pour atteindre le minimum absolu précisément à l'heure où le thermomètre est à son maximum. (*Physique*, t. III, p. 839.)

A Athènes, pour le mois de juin, Schmidt trouve la hauteur du baromètre de 2^{mm}44 inférieure à celle du mois de janvier. Le crépuscule disparaît en été dans un abaissement du Soleil de 15°50 environ, tandis qu'en hiver le Soleil doit s'abaisser jusqu'à 18°05. Ce résultat isolé des variations annuelles du crépuscule se trouve d'accord avec celui obtenu par les variations diverses du baromètre et du crépuscule; c'est le soir que le baromètre est plus élevé, pendant la plus longue durée du crépuscule; dans son apparition du matin, le baromètre est plus bas pendant la durée du crépuscule la moins longue. Lorsqu'on croyait que le crépuscule a des durées correspondantes aux hauteurs de l'atmosphère, ce rapport paraissait en être une preuve. Toutefois Schmidt s'aperçut qu'il n'y a pas une relation entre l'abaissement du baromètre de 2^{mm},44 et celui du Soleil de 3° environ, ce qui est $\frac{1}{6}$ de son abaissement total de 18° au-dessous de l'horizon pour que le crépuscule disparaisse.

Cette hauteur barométrique ne laisse aucun doute sur l'égalité de la pression atmosphérique et sur l'identité de la hauteur H de l'atmosphère. Si les durées du crépuscule sont courtes, la cause n'en peut être attribuée ni à une propriété différente de l'air ni à une hauteur inférieure de l'atmosphère, mais bien à un état hygrométrique différent indiqué par l'hygromètre et prouvé directement par les analyses de l'air.

Le crépuscule est en effet la lumière du Soleil; cependant ses rayons après avoir éprouvé une réfraction dans l'air, se propagent sans être aperçus, parce que l'air n'a pas la propriété de réfléchir la lumière; aussi il est d'une transparence aussi parfaite autour de la Terre qu'autour des planètes. La lumière du crépuscule est réfléchie ou dispersée, non par des molécules de l'air, mais par des vésicules de vapeur contenues flottantes dans l'air.

La durée du crépuscule n'indique pas la hauteur de l'atmosphère, mais elle est en rapport direct de l'atmoaérosphère. C'est dans la hauteur du baromètre qu'on doit chercher l'existence d'une pression atmosphérique; la durée du crépuscule n'a aucun rapport avec cette pression; cette durée est une espèce d'hygromètre indiquant les hauteurs de l'atmoaérosphère de chaque jour et de chaque pays.

Il y a un rapport direct entre la hauteur h de l'atmoaérosphère et la durée τ du crépuscule, parce que la dispersion des rayons dure davantage et va plus loin lorsque la hauteur h est plus élevée. La longue durée des dispersions cause, d'une part, une diminution de la quantité des atomes de lumière; mais d'autre part, cette dispersion produit un accroissement d'éclat par la multiplication de la lumière affluante d'un grand nombre de vésicules; de sorte qu'il n'y a pas diminution d'éclat à cause de l'accroissement des durées.

Nous avons à prouver: 1° le mode de production des vésicules dans l'atmosphère, et 2° le rapport direct entre la hauteur h de l'atmosphère et la durée τ du crépuscule. Tous ces états se produisent les jours sereins et très-régulièrement dans un climat comme dans celui d'Athènes, où les perturbations de l'atmosphère sont rares.

II. DU MODE DE PRODUCTION DES VÉSICULES PAR LES ÉLÉMENTS DE L'AIR.

§ 493. Il est incontestable que l'eau se transforme en vapeur composée de vésicules dont les diamètres varient; en hiver, on les trouve plus grands de $0^{mm},035$, et en été plus petits de $0^{mm},015$. Leur enveloppe transparente est liquide en été, mais devient solide et prend la forme d'un ballon lorsque la température de l'air est au dessous de zéro. C'est par le déchirement de milliers d'enveloppes liquides qu'est produite une gouttelette d'eau; c'est par l'adhésion de milliers de petits ballons qu'est produit un flocon de neige. L'arrangement de ces ballons est déterminé par l'état hétéro-électrique des points opposés de leur surface.

Les gouttes de pluie sont incolores, la lumière en les pénétrant fait éprouver à leur surface des réfractions et des réflexions qui ont été bien déterminées dans l'explication du mode de production de l'arc-en-ciel (Phys., t. II, p. 658). Les enveloppes des vésicules à l'état liquide ou à l'état solide ne permettent pas à la lumière de faire pénétrer de l'air dans leur intérieur; elles la dispersent et la rejettent dans toutes les directions. Ainsi cette lumière dispersée arrive aux enveloppes ambiantes de tous les côtés, tandis que la lumière incidente n'y arrive que sous une seule direction conduisant aux corps lumineux.

La lumière des gouttelettes est incolore, tandis que les flocons de neige ont une blancheur d'un très-grand éclat. De même l'espace occupé par les vésicules de vapeur parait blanc. Nous avons prouvé que cette blancheur résulte de l'accroissement de la quantité des rayons de lumière on peut donc connaître le degré de densité des vésicules par celui de l'éclat de blancheur de l'atmosphère, degré correspondant à la durée τ du crépuscule, et à l'extinction des étoiles.

Jusqu'à présent on ne connaissait la production de la vapeur que par l'eau seule; c'est pourquoi les météorologistes s'efforçaient de faire arriver l'eau des mers chaudes sous la forme de vapeur jusqu'aux sommets des montagnes afin que cette eau alimentât les sources abondantes qui se trouvent à leur pied; cela doit s'opérer ainsi même en hiver pendant le grand froid. Dans le volume suivant, j'exposerai les détails de l'atmosphère avec leurs preuves; je me bornerai ici à en donner un résumé très abrégé pour mettre le lecteur à même de bien connaître la liaison qui existe entre la durée du crépuscule et l'état hygrométrique de l'air ambiant composant l'atmoaérosphère dont la hauteur varie avec celle de l'hygromètre.

A. De l'exhydatose de l'air et de la production de vapeur des jours sereins.

§ 494. Les physiciens et les météorologistes savent bien qu'aucun changement de l'atmosphère n'est un fait spontané; ils ont bien établi que la cause immédiate de chaque changement de beau temps en mauvais est occasionnée par le contact ou par la rencontre des masses d'air chaud avec des masses d'air froid. Sans sortir cependant de cette donnée, j'exposerai la série suivante des faits qui en résultent, faits tous liés entre eux comme cause et effets.

Indices du thermomètre. Lorsqu'il y a rencontre d'air chaud et d'air froid, si un observateur se trouve du côté où afflue l'air chaud, il verra son thermomètre s'élever, tandis qu'un autre observateur placé du côté où afflue l'air froid verra baisser le sien.

Indices de l'électromètre. Chaque fois qu'il y a contact de corps d'inégale température Θ et θ, il est observé un courant électrique de force *f* correspondant à la différence Θ — θ entre les températures Θ et θ des deux corps en contact. Melloni a construit un appareil pour mesurer la force *f* indiquant la différence Θ — θ, différence également donnée par celle H — *h* entre les hauteurs H et *h* des thermomètres changées pendant une minute ou une heure. (Voir *Physique*, t. III.)

§ 495. **Périodes diurnes des jours sereins produites par le soleil.** A midi, le sol atteint un maximum Θ de température s'il est noir; s'il est blanc, sa température ne s'élève pas autant et encore s'y élève-t-elle moins si le sol est couvert de neige. Le thermomètre à une distance de 4 à 10 mètres du sol, atteint son maximum après deux ou trois heures, temps que met la chaleur rampante pour se propager à la hauteur indiquée. Le thermomètre commence à baisser d'abord lentement, et il obtient un maximum de vitesse de courte durée au coucher du soleil, quand paraît le crépuscule. La vitesse diminue pour atteindre un minimum à minuit, et c'est avant le lever du soleil que le thermomètre commence à monter pour atteindre un 2e maximum de vitesse vers 9 heures du matin.

C'est par les mouvements du mercure et de ses deux vitesses que nous connaissons que le soir nous nous trouvons dans l'air chaud et le matin dans l'air froid; c'est au coucher du soleil et vers 9 heures du matin qu'il y a deux maxima de différences de température Θ — θ, auxquels correspondent deux maxima de courants électriques. Ainsi de la seule période diurne du soleil résultent : 1° deux périodes de vitesses thermométriques et 2° deux périodes de force de courants thermométriques. Il n'y a d'autre différence que celle du sens des mouvements du mercure.

§ 496. **Périodes diurnes doubles produites par les courants électriques les jours sereins.** Les maxima hygrométriques et barométriques correspondent aux deux époques de maxima des vitesses thermométriques et des maxima de force des courants électriques. Des durées inégales T τ du crépuscule du soir et du matin, celle du soir coïncide avec le maximum de l'hygromètre et avec celui du baromètre, tandis que pour le crépuscule du matin cela n'a pas lieu, parce qu'on l'observe à une époque où la vitesse du thermomètre est à son minimum, de même que la force des courants électriques, l'hygromètre est bas et le baromètre l'est aussi.

Les observations nombreuses faites à Athènes par M. Schmidt sur les durées du crépuscule et les hauteurs correspondantes du baromètre, ont prouvé leur liaison; cependant jusqu'à présent on n'a pas connu la loi physique, laquelle unit les faits astronomiques et les faits atmosphériques. Ces faits ont pour cause commune la rotation de la Terre pour que les parties de sa surface soient périodiquement exposées aux rayons du Soleil, dont la densité n'atteint qu'un seul maximum à midi. Mais pendant leur croissement et pendant leur décroissement ils produisent deux maxima de vitesse au mercure du thermomètre; 1° l'un le matin à 9 heures, lorsqu'ils montent, et 2° l'autre au coucher du Soleil, lorsqu'ils descendent. C'est donc ainsi que se produisent la double périodicité de l'électromètre, de l'hygromètre et en même temps celle du baromètre et celle de l'anémomètre des jours sereins. Les amplitudes de toutes ces espèces des périodes sont grandes dans les pays chauds et médiocres dans les pays moins chauds.

B. EXHYDATOSE DE L'AIR ET EXAÉROSE DE L'EAU PAR LES COURANTS THERMOÉLECTRIQUES.

§ 497. C'est du côté de l'air froid que les équivalents positifs Ē s'écoulent pour venir en rencontre avec les équivalents négatifs $\bar{E}$ qui viennent de l'air chaud. L'air est un mélange d'un atome d'oxygène avec un atome double d'azote. Le gaz d'oxygène est un combiné d'un atome matériel négatif et d'un équivalent électrique positif; le gaz d'azote est un combiné d'un atome matériel positif double et des deux équivalents électro-négatifs.

Oxygène $= \bar{O}\dot{E}$.

Azote $= \overset{+}{A}z\bar{E}^2 = \overline{OH\theta}^3 \dot{H}\bar{E}^2 = 4HO\theta - O\dot{E} = 3HO\theta + \dot{H}\bar{E}^2$.

Le courant d'électricité positive entraîne dans l'air les atomes d'oxygène $\bar{O}\dot{E}$;

Le courant d'électricité négative entraîne dans l'air les atomes doubles d'azote $\overset{+}{A}z\bar{E}^2$.

Exhydatose de l'air. Dans les rencontres, il y a production des enveloppes liquides de vésicules contenant à l'état latent les équivalents électriques hétéronymes: 1° Les équivalents positifs $\dot{E}$ occupent la surface intérieure des enveloppes. 2° Les équivalents négatifs $\bar{E}^2$ occupent leur surface extérieure; ils sont logés dans les intervalles, entre les enveloppes repoussées les unes des autres.

Exaérose de l'eau. L'exaérose de l'eau a pour cause la chaleur lumineuse du Soleil arrivant aux mers; la température de l'eau baisse peu pendant la nuit sur la mer, mais la chaleur lumineuse avance de plus aux profondeurs supérieures jusqu'à midi, à l'instant où s'opère un rapprochement de la couche chaude et de la couche froide du fond de l'eau de la mer. A cette époque, le courant positif remontant, il suffit de séparer un atome d'oxygène $O\dot{E}$ de 4 atomes d'eau $4HO\theta$ pour en faire sortir, non pas un combiné, mais un reste qui, par cette raison, est indécomposable et se présente comme un atome double d'azote.

$$4HO\dot{E}\bar{E}^2 = 4 \text{ atomes d'eau} = 4HO\theta = O\dot{E} + \overline{HO\theta}^3 H\bar{E}^3 = O + 2Az = \text{air}.$$

On a attribué la diminution de l'eau des mers à une transformation de l'eau en vapeur; nous montrons l'absurdité de cette hypothèse, réfutée par un grand nombre de faits prouvant que toutes les masses d'eau qui entrent dans les mers ne sortent que des mers chaudes, toujours à l'état d'air et non à l'état de vapeur.

On sait qu'il y a circulation de l'eau dans la Terre ; pour arriver à ce résultat, non par l'unique cas physique, mais par des hypothèses, on ne peut se dispenser de commettre au moins deux erreurs, et cela tout en n'admettant que des hypothèses logiques.

Première erreur. 1° Au lieu de reconnaître la signification physique des mots ἐξαέρωσις ὕδατος, *changement de l'eau en air*, les physiciens modernes ont admis une évaporation de l'eau des mers.

Deuxième erreur. 2° Au lieu de reconnaître la signification des mots ἀέρος ἐξυδάτωσις, *changement de l'air en eau*, les mêmes physiciens ont admis une condensation des vapeurs contenues dans l'atmosphère pour produire l'eau des pluies, des sources et cela même en hiver, quand le sol est gelé.

Après avoir rectifié la première erreur, on s'explique la sécheresse de l'air, qui s'éloigne de la mer précisément pendant les heures les plus chaudes des journées sereines.

Quand on a rectifié la seconde, on comprend comment, au milieu du ciel serein, il se forme un nuage d'où se précipitent des torrents d'eau, ou comment les fleuves de la Sibérie produisent en hiver des masses d'eau d'autant plus abondantes que le froid augmente et que la température de l'air devient plus basse. (Voir *Physique*, t. III.)

III. LIAISON PHYSIQUE ENTRE LES PÉRIODES DES APPAREILS MÉTÉOROLOGIQUES.

§ 498. Après avoir démontré que c'est 1° la vitesse de l'élévation du mercure du thermomètre et 2° de celle de son abaissement que résultent deux périodes de faits météorologiques de la seule période diurne du Soleil, il nous reste à prouver :

1° Le mode de production de la double périodicité électrométrique des deux vitesses thermométriques;

2° Le mode de production des deux périodes de l'hygromètre par les deux périodes des courants électriques;

3° Les deux périodes du baromètre correspondant à l'exhydatose de l'air;

4° L'intensité du vent de la mer du jour correspondant à l'exaérose de l'eau et le vent faible vers la mer correspondant à l'exhydatose de son air.

Si je faisais comme les physiciens pour donner des explications logiques de ces quatre espèces de périodes, il me faudrait commettre huit erreurs au moins. Je m'en dispense en suivant la loi physique. Comme je connais bien le mode de leur production, je puis les exposer de manière à faire connaître au lecteur comment par la loi physique les faits d'un genre se relient à ceux d'un autre genre.

A. Périodes doubles du baromètre et des autres appareils météorologiques.

§ 499. Les jours sereins, le baromètre se trouve à un maximum d'élévation le matin à l'époque e, quand le Soleil est au milieu de l'espace entre l'orient et le méridien du pays, époque où va commencer en mer l'exaérose de l'eau et apparaître la brise. (Voir *Physique*, t. I.)

I. En partant de cette époque e, qui, en été, est vers 9 heures du matin, on voit baisser le baromètre et augmenter l'intensité de la brise. La chaleur lumineuse produit dans toutes les mers l'exaérose de leur eau ; des masses d'air d'une humidité à peine perceptible vont remplacer celles qui s'élèvent, sollicitées par une rupture d'équilibre occasionnée par l'exhydatose de l'air de la couche entre l'atmoaérosphère et l'aérosphère. Cette exhydatose de l'air produit un courant ascendant qui a sa source dans la mer; il passe par les côtes en s'affaiblissant vers les continents. L'abaissement du baromètre est un effet de la diminution de la pression déterminée par le courant ascendant dirigé vers les espaces raréfiés.

Pendant cette durée, l'hygromètre fait voir qu'il n'y a pas de vapeur dans l'air de la mer, précisément à l'instant où la chaleur lumineuse très-dense exerce l'exaérose de l'eau avec une activité correspondant à la température au soleil. La consommation d'une partie de chaleur, non par l'exaérose de l'eau, mais par l'accroissement du volume, empêche la température de s'élever sur mer autant que cela a lieu sur les continents.

La vitesse du thermomètre est faible sur la terre, mais elle est grande dans la couche, entre l'aérosphère et l'atmoaérosphère; de même les courants électriques produisant l'exhydatose de l'air par la combinaison des atomes doubles d'azote Az^2 avec les atomes simples O d'oxygène y sont forts.

II. A compter de trois heures du soir, la chaleur lumineuse du Soleil diminue, l'exaérose de l'eau devient moins active, le vent de la mer s'affaiblit, le courant ascendant est à peine senti, il ne produit plus une aussi grande diminution de la pression. Cette pression commence à se manifester dans l'élévation du baromètre; sa hauteur croît en indiquant l'affaiblissement du vent de la mer jusqu'au point de n'être plus sensible.

Le thermomètre baisse lentement, puis rapidement, et cela après le coucher du Soleil, pour une heure environ.

L'hygromètre indique une augmentation de vapeur sur la surface du sol refroidi.

C'est après la disparition du crépuscule que le baromètre atteint un maximum indiquant un affaiblissement du courant ascendant, pendant que l'exhydatose de l'air s'opère autour du sol, comme nous l'avons bien démontré dans le mode de production de la rosée. (*Phys.*, t. III, p. 843.)

III. A l'extrémité de l'atmoaérosphère, l'exhydatose de l'air ne s'interrompt pas pendant la nuit, quand elle diminue à la surface du sol ; elle n'apparaît pas sur la mer parce que sa surface n'éprouve aucun refroidissement après le coucher du Soleil. Ce fait, inexplicable pour les physiciens, sert ici à rendre plus évident le mode de sa production de même que celle d'un autre de l'atmosphère indiqué plus bas.

C'est donc l'affaiblissement de l'exhydatose de l'air sur la terre qui, en même temps, y fait baisser le baromètre. Après minuit, avant l'apparition du crépuscule, le baromètre baisse pour atteindre un minimum qui, cependant, n'arrive pas au degré de celui de l'après-midi. C'est ainsi qu'on apprend que l'exhydatose de l'air est devenu moins actif dans la limite *c* ou *fch* (fig. 69) de l'atmoaérosphère. Cette limite est moins élevée le matin que le soir lorsqu'elle est en *rqt*, et cela dans le rapport de $6 : 5 = C'q : C'c$, qui indique la durée T du crépuscule d'une heure et demie le soir et celle T d'une heure un quart le matin.

Sur mer, pendant la nuit, l'exhydatose de l'air continue dans la couche *fch*, l'air consumé n'étant pas restitué en même temps par de nouvelles masses produites par l'exaérose de l'eau, il y a sur les côtes le vent nocturne du continent qui conduit vers la mer une quantité d'air humide bien inférieure à celle qui s'en éloigne pendant le jour.

La quantité de vapeur produite dans la limite de l'atmoaérosphère s'affaisse pendant l'affaiblissement de l'exhydatose de l'air, de sorte que l'hygromètre sur la surface de la Terre atteint son maximum au lever du Soleil ou peu après.

IV. Le courant ascendant n'atteint son minimum qu'à l'époque *e*, où le Soleil est assez élevé pour faire commencer 1° l'exaérose de l'eau dans la mer, et 2° l'exhydatose de l'air dans l'atmoaérosphère. Ainsi apparaîtront : 1° le vent de la mer; 2° le courant ascendant; 3° l'abaissement du baromètre et toute la série des faits de la veille.

B. Du rapport entre les états de l'atmosphère et les observations astronomiques.

§ 500. L'atmosphère est composé d'une *aérosphère* dont la hauteur n'est 1° ni celle de 12 lieues déterminée par le baromètre, 2° ni celle de 15 à 18 lieues déterminée par les durées du crépuscule en Europe et en de plus grandes parties de la terre, 3° ni celle de 5 à 3 lieues déterminée par le crépuscule du Chili, de Cumana, de Sennaar.

Qr'VZ (fig. 71) étant la limite extérieure de l'aérosphère, il y a entre elle et la surface de la terre une couche d'air *shn'* contenant une quantité de vapeur et nommée pour cela *atmoaérosphère*. Cette vapeur est produite à une hauteur qui ne s'élève pas au delà de celle des nuages d'environ 3,000 mètres. L'air seul et la vapeur seule sont des corps transparents, mais le mélange de l'air et la vapeur est un corps qui n'est pas transparent, parce que les enveloppes des vésicules étant séparées par les molécules d'air ne livrent pas passage aux rayons de lumière venant de l'air, mais les dispersent et les empêchent de se propager en direction rectiligne.

Au lieu donc de recevoir les rayons isolés venant des corps célestes, nous recevons avec eux une quantité φ de lumière analogue à la quantité v de vésicules contenues dans l'espace e entre l'œil et le corps lumineux. Cet espace e est d'une épaisseur dont le minimum $C'q$ (fig. 70) correspond aux corps qui passent par le zénith D du pays C'.

L'épaisseur de l'espace e de l'atmoaérosphère croît pour les distances zénithales $Z = DC'N = DC'M$, et atteint un maximum absolu dans les directions horizontales $C'h$, $C'f$. Pour fixer les idées, je donnerai pour exemple les effets différents exercés par l'atmoaérosphère sur les étoiles d'éclats différents comme le sont ceux de Jupiter et d'Arcturus, lorsque l'éclat de Jupiter étant exprimé par 50,2 et celui d'Arcturus du zénith par 41 persiste jusqu'aux distances Z, Z′ obtenues par l'observation.

Extinction de la lumière aux distances zénithales Z.

JUPITER.		ARCTURUS.	
Distance.	Éclat.	Distance.	Éclat.
Z = 0°,00	45,2	Z = 0°,00	36,1
Z = 86 ,07	38,7	Z = 82 ,30	35,5
Z = 87 ,15	35,5	Z = 86 ,79	29,0
Z = 88 ,43	29,0	Z = 87 ,47	25,8
Z = 88 ,67	25,8	Z = 87 ,82	22,6
Z = 89 ,08	22,6	Z = 88 ,40	19,4
Z = 89 ,22	19,4	Z = 88 ,80	12,9
Z = 89 ,65	12,9		
Z = 89 ,985	6,4		

§ 501. **Observation.** Deux faits à remarquer : 1° Pour les éclats supérieurs, l'extinction commence à des distances plus grandes; 2° l'avancement de l'extinction correspond à l'accroissement dans l'atmosphère de l'espace *e* qui varie du minimum $C'c$ du zénith au maximum $C'h$ de l'horizon.

I. La quantité *v* de vapeur disperse la lumière φ de 5 degrés. Par exemple, Φ ou 50,2 étant l'éclat de Jupiter, il en reste 45,2 ; Φ' ou 41 étant l'éclat d'Arcturus, il en reste 36,1. Aux distances zénithales croît l'épaisseur de l'espace *e* de l'atmoaérosphère de même que la lumière φ dispersée qui devient $\varphi+\varphi'$. En déduisant cette lumière de celles Φ, Φ', la différence $\Phi' - (\varphi' + \varphi)$ d'Arcturus devient sensible, tandis que $\Phi - (\varphi + \varphi')$ de Jupiter est encore trop petite pour être sentie.

II. L'épaisseur C'C (fig. 70) de l'atmoaérosphère croît très-lentement lorsqu'on s'éloigne du zénith C'D; elle décroît très-rapidement lorsqu'on s'éloigne de l'horizon *h* pour avancer vers le zénith C'D. En combinant les décroissements des éclats du tableau, j'en déduis l'épaisseur médiocre zénithale de l'atmoaérosphère.

Production inégale de vapeur le soir sur mer et sur terre. Pendant le jour, on voit la couleur blanche dans l'horizon de la mer de même que dans celui du continent; le soir sur les côtes, du côté du continent, la couleur blanche se montre plus claire; du côté de la mer, au contraire, on voit le bleu du zénith s'étendre presque jusqu'à l'horizon. Les astronomes, qui, comme les physiciens, ont cru que l'eau s'éloignait de la mer sous forme de vapeur, n'ont pu aucunement comprendre la cause de la différence observée, pour se former une conviction à cet égard, ils ont consulté l'hygromètre, cet instrument leur a fait voir en effet plus d'humidité sur le continent que sur la mer.

Nous montrons ici que la vapeur se multiplie le soir sur le continent par l'abaissement rapide du thermomètre indiquant l'approche de l'air chaud et de l'air moins chaud pour produire l'exhydatose d'une partie d'air d'où résultent les vésicules de vapeur qui se déposent comme rosée. Il n'y a pas sur la mer un pareil contact d'air froid et d'air chaud, car sa surface ne se refroidit pas comme celle du continent; ainsi il y manque la rosée.

C. MODE DE LA CIRCULATION DE L'EAU.

§ 502. La chaleur lumineuse exaérose l'eau de la mer. Les molécules d'air ont la même vitesse de rotation que l'eau; ne pouvant donc s'éloigner de l'axe terrestre, elles sont forcées de s'éloigner de l'équateur pour céder leur place à celles qui sont formées par l'eau et la chaleur lumineuse. Il y a donc une poussée exercée de la surface des mers chaudes vers l'atmosphère au moyen de la production continuelle d'air, opérée pendant le jour.

En même temps, les courants thermoélectriques entre l'atmoaérosphère chaude et l'aérosphère moins chaude exhydatorent l'air et font apparaître des espaces raréfiés et une rupture d'équilibre, laquelle sollicite l'air sec et froid à rabaisser et à venir en contact avec l'air humide et chaud qui éprouve une poussée constante de la part de l'air contenu dans la couche superficielle de l'eau de la mer.

I. Il y a donc dans l'atmosphère *ventilation*, 1° par pression exercée de bas en haut de la surface des mers, et 2° par aspiration occasionnée par les espaces raréfiés produits par l'exhydatose de l'air dans la limite de l'atmoaérosphère.

II. Il y a dans la terre circulation de l'eau : 1° L'eau provenant de l'exhydatose de l'air alimente les sources (*Phys.*, t. III, et texte de l'*Atlas météorologique*) et se précipite sous forme de pluie pour être conduite par les fleuves dans toutes les mers. 2° Il ne s'exaérose que l'eau de la surface des mers chaudes ; cette quantité d'eau est continuellement restituée par une autre d'eau froide qui arrive au fond venant des mers froides qui reçoivent 1° l'eau d'un grand nombre de fleuves, et 2° une médiocre quantité de chaleur lumineuse.

Vents. L'air exhydatosé dans l'atmoaérosphère est restitué par celui produit sur les mers par l'eau exaérosée. Les écoulements d'air ayant pour cause cette double rupture de l'équilibre aérostatique sont nommés *vents*.

Fleuves et courants maritimes. — Le niveau des mers chaudes ne baisse pas par l'exaérose de l'eau de la surface; le niveau des mers froides ne s'élève pas par l'affluence d'un grand nombre de fleuves; ce sont donc les courants sous-marins froids qui s'écoulent des mers froides dans le fond des mers chaudes (*Phys.*, t. III), et qui ne laissent ni trop s'élever le niveau des mers froides ni trop se baisser celui des mers chaudes.

CHAPITRE II.

DE DEUX MODES DE MULTIPLICATION DES ONDES LUMINEUSES ET DES ONDES SONORES.

§ 503. I. A mesure qu'un train de chemin de fer de grande vitesse approche de son but, le degré du bruit ne correspond pas simplement à la diminution de la distance, mais ce bruit se multiplie en raison des durées des sentiments, des ondes sonores arrivées précédemment. Si les corps sonores sont à une distance invariable de 660 mètres, par exemple, nous en recevons les ondes sonores après une durée de 2″; mais si le corps sonore s'approche en parcourant 330 mètres par 1″, nous en recevons des ondes sonores en quantités croissantes.

La lumière parcourt 77,000 lieues par 1″, tandis que les corps célestes dans leurs mouvements orbiculairess ne parcourent qu'une distance d'environ 7 à 10 lieues parce qu'ils ont une vitesse 10,000 fois moindre. Ayant trouvé pour notre Soleil et pour les autres une vitesse pareille, il en résulte que la Terre et toutes les planètes de systèmes planétaires ont une vitesse **v** bien supérieure à celle v de leur soleil; car chaque soleil termine sa révolution autour du Soleil central en 30 millions d'années environ, qui sont autant de révolutions de la Terre autour du Soleil. Ainsi la vitesse de la lumière est de quelques mille fois celle des planètes qui parcourent par 1″ n fois 7 à 10 lieues.

Les satellites les moins éloignés de Jupiter et des autres planètes accomplissent des milliers de révolutions autour de leurs planètes pendant que celle-ci en accomplit une autour du Soleil; de même, les satellites lumineux comme Algol, accomplissent des milliers de révolutions pendant que leur planète invisible en accomplit une autour de son Soleil également invisible. Tout cela s'opère avec une vitesse V qui est des centaines de fois inférieure à celle de la lumière.

Tout ce qui a lieu dans la multiplication des ondes sonores par la vitesse des trains de chemins de fer trouve son application dans la multiplication des ondes lumineuses par les vitesses v, V des planètes et des satellites lumineux. Cette multiplication des ondes lumineuses n'a pas lieu pour les soleils qui circulent comme le nôtre avec une vitesse v d'environ 8 lieues par 1″. 2° Elle n'a pas lieu non plus pour la Lune et les Planètes de notre système qui circulent avec la Terre autour de notre Soleil. Ce ne sont que les satellites des planètes extérieures qui produisent par leur mouvement orbiculaire la multiplication des ondes lumineuses. Ces mêmes satellites produisent par leur forme ovalaire des multiplications d'ondes lumineuses qui sont périodiques.

II. Les corps sonores étant en plein air, nous n'en recevons que les ondes sonores qu'ils produisent. Si les mêmes corps se trouvent dans une enceinte, les ondes sonores réfléchies arrivent presque en même temps que les ondes directes et il en résulte une multiplication de sons; l'enceinte, dans ce cas, correspond au pavillon de l'oreille, qui fait éprouver plusieurs réflexions aux ondes sonores sans néanmoins trop tarder à arriver au tympan séparément des autres.

Dans les cas où le nombre des échos est très-grand, on ne distingue plus les sons, on n'entend plus que le *bruit* : celui-ci correspond au *blanc*, qui a pour éléments les sept couleurs; mais par leur mélange chacune d'elles devient imperceptible, et nous en obtenons des sentiments dans lesquels on peut distinguer les degrés des densités du blanc, degrés qui correspondent à son éclat et qui ont pour mesures les durées T, T', T'' des expositions des plaques photographiques pour obtenir des images complètes; car ces durées sont en rapport inverse avec les degrés des densités des ondes lumineuses du blanc.

Ainsi s'établit la double multiplication de la lumière; dans l'une, les couleurs et les formes des corps lumineux restent conservées; dans l'autre, les couleurs disparaissent et il ne reste que le blanc à des degrés différents. Le mélange des couleurs différentes fait paraître dans le champ du spectre des lignes claires et des lignes sombres occupant des régions correspondantes, tandis que les degrés des éclats du blanc sont déterminées : 1° dans les durées de l'exposition des plaques photographiques et 2° pour évaluer les degrés des éclats, nous faisons la comparaison entre eux au moyen des sensations.

I. MODE DE MULTIPLICATION DE LA LUMIÈRE PAR LE MOUVEMENT.

§ 504. On considère comme un jeu d'enfant l'apparition d'un arc lumineux produit par l'agitation rapide d'un charbon et de chaque autre corps lumineux. La largeur de cet arc lumineux reste égale au diamètre du corps lumineux agité; l'éclat du corps en repos est le même que celui de l'axe, de sorte qu'on ne peut pas y admettre une raréfaction de la lumière du corps lumineux pour en faire ressortir un arc d'une superficie supérieure et d'un éclat inférieur. Le résultat suivant est différent de celui-ci.

Quand on fait tourner un disque devant une flamme ou un charbon, si le disque est percé près de sa circonférence on voit la flamme à chaque tour du disque. Tant que la vitesse est minime, il y a des éclipses de la flamme; mais quand on fait tourner le disque plusieurs fois par 1'', la flamme persiste à être visible comme si le disque manquait de tout. On a trouvé (*Physique*, t. II, p. 533), qu'il faut passer la lumière de la flamme au moins par les intervalles de 0",84 pour arriver à l'œil afin de ne pas avoir d'éclipses. Il est ainsi prouvé qu'il faut 0"84 de temps pour la production des sentiments complets de la vision.

Il est donc égal l'effet pour les faits physiologiques 1° que toute la lumière de la flamme arrive à l'œil ou 2° qu'elle y arrive à des intervalles de 0",84. Jusqu'à présent on n'a pas employé cette méthode optique dans les observations astronomiques pour en tirer un régulateur des durées de la production des sentiments, durées dont les différences sont bien reconnues, et cependant tout moyen manquait pour éviter ces différences.

Au lieu de faire tourner le disque sans que la flamme soit éclipsée, on peut faire tourner celle-ci pour passer devant le disque percé deux fois par seconde. Il est ainsi prouvé qu'il y a multiplication de lumière par le mouvement des corps lumineux, de même qu'il y a multiplication des sons par le mouvement des corps sonores. Cependant il reste toujours établi que ces multiplications ont leur cause, non pas dans les corps mêmes, mais dans les durées de la production des sentiments, de sorte que cette cause toute physiologique n'est ni physique ni réelle.

A. Accroissement de l'éclat par le mouvement des satellites de notre système planétaire.

§ 505. Si d'après le système de Ptolémée les corps célestes circulaient autour de la Terre en amenant chacun son cortége, comme ils le font, autour du Soleil central, il faudrait qu'il y eût production d'éclat correspondant aux vitesses des mouvements. Au temps de Copernic, on ne connaissait pas ce mode de multiplication physiologique de la lumière; c'est pourquoi il n'a pas été employé comme preuve du mouvement de la Terre.

Parmi les corps du système planétaire, il n'y a que les satellites dont les mouvements orbiculaires puissent être comparés à celui du charbon agité, parce que les planètes circulent parallèlement avec la Terre autour du Soleil. Ce sont les satellites qui décrivent des circonférences qui ne sont pas en rapport avec le mouvement orbiculaire de la Terre; de sorte qu'avant que la production d'un sentiment de la lumière venant d'un point de l'orbite, soit terminée, un autre produit par la lumière venant d'un autre point commence.

Ce fait physiologique n'échappa pas à Herschel. Tous les astronomes observent aux clartés des satellites des particularités inexplicables; ils ne sont pas même capables de les arranger pour distinguer : 1° la série des faits permanents qui ont pour cause le mouvement orbiculaire, et 2° la série des faits qui ont pour cause la forme ovalaire des satellites.

§ 506. I. **Faits produits par le mouvement.** De tous les systèmes de satellites c'est le premier qui termine sa révolution en un espace de temps plus court que les autres; ainsi les accroissements de l'éclat diffèrent dans chaque satellite à cause des durées différentes de leurs révolutions. C'est cet éclat qui fit croire à Herschel que les satellites renvoient vers la Terre des quantités de lumière trop grandes pour être proportionnelles à celles qu'envoie leur planète.

Herschel n'ignorait pas le mode de la multiplication de la lumière par l'agitation des corps lumineux, et l'on ne peut attribuer qu'à un oubli qu'il n'en ait pas fait mention pour donner la véritable explication des faits observés; il ne se borna pas non plus à la simple description de ces faits, il déclara que les satellites possèdent une lumière propre, qu'ils renvoient à la Terre, en même temps que la lumière, qu'ils reçoivent du Soleil en quantité correspondant à leur étendue.

Ainsi, après avoir oublié d'indiquer l'origine véritable de la lumière φ, Herschel l'attribua aux satellites eux-mêmes. C'est cette hypothèse qu'Arago réfuta en prouvant le manque total de lumière propre lorsque, dans les éclipses de la Lune, on la voit quelquefois rouge et que souvent elle devient tout à fait invisible. La lumière rouge est celle des rayons solaires réfractés dans l'atmosphère pendant leur émergence quand ils se trouvent du côté de l'axe de l'ombre; si donc la Lune n'est pas ainsi éclairée, elle reste invisible à cause du manque de lumière propre, d'où Arago déduisit le manque de lumière propre de tous les satellites.

La lumière φ des satellites manque aux planètes, comme Herschel l'a reconnu; cette lumière φ n'est pas propre à la Lune, elle ne l'est pas non plus aux satellites, comme Arago l'a démontré, et cependant son existence est incontestable. On s'étonne de la quantité de lumière des satellites des milliers de fois plus faible que celle de leur planète, et cependant leur éclat se présente à un aussi haut degré comme s'il avait éprouvé une multiplication. Tant que le mode de cette multiplication fut inconnu, on se borna, comme Herschel, à en faire mention sans s'occuper de son explication et sans désapprouver la réfutation d'Arago.

C'est ici qu'on apprend à connaître la cause physiologique qui fait voir dans les satellites un éclat supérieur comparativement à celui des planètes, de même que le charbon agité paraît plus lumineux qu'une torche dix fois plus grande, mais restant en place.

Les éclats périodiques proviennent des quantités différentes de lumière réfléchies des versants de l'hémisphère soulevé quand la direction des rayons qui y arrivent du Soleil et de ceux qui en partent pour arriver à la Terre est verticale. Au contraire, les rayons qui arrivent du Soleil sur l'hémisphère déprimé sont réfléchis vers l'axe de l'ovalaire et ils ne viennent pas à la Terre; la surface des satellites devient invisible lorsqu'ils passent devant leur planète : alors on voit cette surface aussi noire que son ombre.

Dans le volume suivant, nous traitons ce sujet à fond et dans tous ses détails.

B. ACCROISSEMENT DE L'ÉCLAT PAR LE MOUVEMENT DES PLANÈTES LUMINEUSES ET DE LEURS SATELLITES.

§ 507. J'ai déjà eu plusieurs occasions de prouver, par les durées des périodes des étoiles variables, que les unes sont des planètes et les autres des satellites. Les étoiles d'une seule planète Hermès ou Mercure ne deviennent pas visibles à l'œil nu, même lorsqu'elles sont à leur maximum d'éclat; elles restent télescopiques ainsi que les soleils lipoplanètes qui sont des milliers de fois plus gros qu'elles, mais elles ont le même mouvement orbiculaire que notre soleil avec son cortége. Ainsi, au moyen de leur mouvement, les planètes lumineuses atteignent un éclat comparable à celui de leur soleil, de même que dans le système planétaire, au moyen de leur mouvement, les satellites parviennent à un éclat comparable à celui de leur planète.

L'étoile o de la Baleine est une diplanète, une hermaphrodite. A son maximum elle atteint la 2ᵉ grandeur et diminue souvent jusqu'à disparition complète. Algol, au contraire, qui est un satellite de dimensions analogues à celles des premiers satellites de Jupiter, Saturne, Uranus, se présente d'un éclat qui varie de la 2ᵉ jusqu'à la 4ᵉ grandeur, parce qu'il a un mouvement orbiculaire dont la vitesse V est aussi supérieure à celle **v** de la planète que cette vitesse v l'est à celle v du soleil autour duquel circule cette planète.

Herschel, de même que les astronomes anciens, admettait que chaque étoile irrésoluble est un corps massif. Depuis la découverte de la circulation de quelques étoiles autour d'une autre, les astronomes considèrent l'ensemble des quatre planètes inférieures comme un corps spécial et l'étoile périphérique comme une planète lumineuse. Ils admirent, comme Herschel, que toutes les étoiles ont un égal éclat et sont à des distances dont les carrés sont en raison inverse des clartés. Cette hypothèse n'était fausse que pour les étoiles claires visibles à l'œil nu, car les étoiles télescopiques de 16 millions ont un éclat égal, et leurs grandeurs apparentes dépendent de leurs distances différentes.

Depuis la découverte des étoiles doubles, les astronomes sont parvenus à résoudre un nombre d'étoiles visibles à l'œil nu, mais cela ne fut possible que pour les distances de 1″ au moins. Herschel trouva pour le diamètre de Wega 0″,36 et pour celui d'Arcturus 0″,20, oubliant que, quand ils se trouvent à de telles distances, les éléments des couples doivent être irresolubles. Au lieu de suppléer à l'oubli d'Herschel, Arago revoqua en doute les résultats obtenus par l'observation ; il admit l'existence des corps ayant des diamètres comparables à ceux des orbites des planètes, et attribuant à ces corps une densité comparable à celle du Soleil, cet astronome leur fit produire une force attractive capable de se faire sentir dans les mouvements de notre Soleil et de ses planètes.

Ces raisonnements, logiques pour la plupart, ne concordent pas avec ce que dit Herschel, qui s'abstient de proclamer les deux étoiles des corps massifs. Malgré les objections faites par Arago, Engelmann, astronome de Leipzig, ne manqua pas de prouver qu'en effet il y a un grand nombre d'étoiles claires ayant un diamètre perceptible à toutes les dimensions inférieures à 1″ ; cependant il n'alla pas jusqu'à déclarer toutes les étoiles claires comme telles où l'on peut découvrir une certaine dimension. Dans ce cas il eût été dans l'erreur, parce que les satellites comme Algol étant des étoiles claires n'ont pas un diamètre perceptible.

L'éclat de Sirius étant 12, celui de Wega est 1. Ce rapport entre les éclats a conduit à reconnaître, d'après l'hypothèse d'Herschel, un diamètre très-perceptible de Sirius ; toutefois cet astronome s'en est abstenu, et a prouvé par là qu'il préférait exposer les faits observés quand même ils étaient en contradiction avec ses hypothèses.

Sans l'avoir cherché, Goldschmidt a vu Sirius composé de sept corps. Si cet observateur *oxyderque* ne s'était pas distingué de tous les autres par les nombreuses découvertes des planétoïdes, il se trouverait certainement quelqu'un pour révoquer en doute cette grande découverte, surtout quand cet observateur avoue lui-même son impuissance à revoir ces sept composants de l'astre.

II. DE LA MULTIPLICATION DE LA LUMIÈRE PAR LES RÉFLEXIONS.

§ 508. Au moyen du mouvement, la multiplication de la lumière n'est pas réelle, mais physiologique; c'est la reflexion seule qui fait parvenir à l'œil de plusieurs points la lumière provenant d'un corps lumineux quand même sa dimension est imperceptible. Cette multiplication reelle des ondes lumineuses ne diffère point de celle des ondes sonores opérée au moyen des échos.

La lumière incolore ou la lumière des couleurs du spectre persiste pendant l'accroissement physiologique de leur éclat, de même que persistent et croissent les sons à l'approche de nombreux instruments de musique. La multiplication des sons musicaux due à une multitude d'échos convertit ces sons en *bruit*. Une multiplication de réflexions de lumière incolore ou colorée convertit aussi cette espèce de lumière en lumière blanche.

Pour obtenir une multiplication de lumière, on sait déjà que celle gagnée Φ est toujours blanche, et que la lumière employée est incolore ou qu'elle peut avoir quelqu'une des sept couleurs du spectre. Pour convertir la lumière incolore en lumière blanche, il faut qu'elle éprouve un nombre n de réflexions. Pour obtenir d'une lumière φ incolore d'hydrogène une quantité Φ de lumière blanche, on projette cette lumière, à peine perceptible, sur la chaux pour en être réfléchie.

Si l'on fait augmenter le nombre *n* des réflexions, l'éclat de la lumière blanche diminue et l'obscurcissement commence ; si, au contraire, le nombre *n* des réflexions diminue, la lumière blanche diminue et le corps qui répand la lumière incolore ou colorée apparaît sans qu'il y ait d'obscurcissement. Si le bruit commence à s'affaiblir dans une enceinte trop vaste pour les sons produits, lorsque l'enceinte est petite, le bruit s'affaiblit également ; alors les sons musicaux deviennent perceptibles.

On nomme corps *blancs* ceux qui convertissent la lumière incolore en lumière blanche ; peu importe que ces corps soient éclaircis du côté où on les observe ou que la lumière arrive d'un côté et émerge de l'autre. Dans ce dernier cas, 1° les corps sont appelés *translucides* lorsqu'il pénètre une quantité de lumière en direction rectiligne pour rendre visible la forme du corps lumineux ; 2° les corps sont nommés *opaques* lorsque la lumière émergente est entièrement produite par des réflexions sans qu'il s'en trouve une quantité qui conduise directement au corps lumineux. Ces corps restent blancs lors même qu'ils sont éclairés du côté où on les observe.

A. MODE DE TRANSFORMATION DES CORPS TRANSPARENTS EN CORPS BLANCS.

§ 509. L'eau, l'albumine, le savon le verre, les grains fins de sulfate de chaux, l'air, les vésicules de vapeur sont incolores et transparents. Pour obtenir de ces corps incolores des corps blancs, il faut les mettre en état de s'opposer à ce que la lumière s'écoule en les traversant en ligne droite ; alors elle doit éprouver un nombre de reflexions à chaque direction, de sorte qu'en émergeant les directions doivent conduire vers chaque point du corps, et c'est cette espèce de sensation qu'on attribue aux corps blancs.

J'ai fait voir dans la *Physique* (t. II) qu'il y a dans les corps une lumière à l'état stationnaire et que les corps dont la lumière cède sa place à la lumière incidente sont transparents. Cette lumière incidente exerce une poussée, et ainsi que les liquides et les gaz, les atomes de lumière, à cause de la poussée qu'ils éprouvent de la part du corps lumineux, se propagent par le milieu des corps. Il y a donc correspondance, 1° entre la résistance *r* exercée sur les atomes de lumière par les molécules *m* du corps, et 2° entre la poussée *p* qu'éprouvent les atomes de lumière de la part du corps lumineux. La poussée *p* restant la même, la résistance *r*, *r'*, *r''*, diffère dans chaque corps transparent. Ainsi les molecules *m*, *m'*, *m''* livrent passage aux atomes de lumière lorsqu'elles sont de la même espèce, tandis que dans les cas où elles se trouvent mêlées avec des molécules transparentes, mais de structure différente, les atomes de lumière rencontrent des résistaness *r r'* différentes. En se propageant d'après la direction de la résistance inférieure *r* ils sont réfléchis en cédant à la résistance *r'*. Les ondes de la lumière incolore se transforment en ondes de lumière composée de l'ensemble des sept couleurs; ces ondes produisent la sensation du blanc. C'est ainsi que sont produits les corps blancs suivants:

Vapeur et écume. L'eau et le savon, agités, deviennent des enveloppes de vésicules remplies d'air; ces enveloppes sont aussi transparentes que l'air, mais l'écume est blanche quoique la lumière soit incolore. L'éclat de la blancheur croît par la diminution des vésicules de l'écume et la multiplication de la lumière incolore incidente.

On obtient également une écume blanche en transformant l'albumine en vésicules remplies d'air.

Les vésicules de la vapeur des liquides diffèrent de celles de l'écume en ce qu'elles ne contiennent pas d'air dans leur intérieur; car ce sont les éléments des atomes $\bar{E}\bar{E}^2$ de chaleur qui sont contenus à l'état latent par ces enveloppes. L'équivalent simple positif $\bar{E}$ est dans la face intérieure et les deux équivalents $\bar{E}^2$ négatifs sont dans la surface extérieure. Ces éléments $\bar{E}$ et $\bar{E}^2$ contenus à l'état d'électricité latente sont la *chaleur latente* de la vapeur. Pour obtenir l'eau et faire apparaître la chaleur latente, on déchire les vésicules de la vapeur. Si l'on déchire les vésicules de l'écume, on n'obtient pas de chaleur, mais de l'air et de l'eau. Dans l'atmosphère l'air est mêlé avec des vésicules de vapeur, mais non avec des vésicules d'écume.

Neige. Les enveloppes des vésicules de l'albumine se solidifient par la chaleur et deviennent des ballons contenant de l'air : les enveloppes des vésicules de vapeur se solidifient à une température au-dessous de zéro par l'éloignement des éléments Ė et Ė² des atomes de chaleur, éloignement qui s'opère de manière à faciliter l'arrangement des petits ballons qui produisent des flocons dont la blancheur résulte des réflexions multiples de la lumière incolore. Ces réflexions ont lieu sur la surface des ballons dont les diamètres sont inférieurs à $0^{mm},03$.

Il n'y a plus de chaleur latente dans les ballons composant les flocons de neige ; c'est pourquoi si l'on brise ces ballons on n'obtient aucune chaleur, de même qu'on n'en obtient pas en déchirant les vésicules de l'écume.

Verre blanc. Les grains très-fins impalpables de sulfate de chaux sont transparents comme le verre, mais leur structure diffère. En introduisant dans des portions égales de verre des quantités différentes $q, q+q', q+q'+q''$ de sulfate de chaux, on en obtient des ballons d'opacité et de blancheur différentes, quand on les emploie pour des lanternes ayant une flamme égale. Si l'on fait croître la flamme proportionnellement aux quantités $q, q+q', q+q'+q''$ de sulfate de chaux, on trouvera un accroissement de l'éclat de blancheur; il y a, au contraire, une perte d'éclat lorsqu'on s'éloigne de ces rapports. La même flamme qui produit un maximum d'éclat avec le ballon b' contenant $q+q'$ de sulfate de chaux s'obscurcit si l'on remplace ce ballon par un autre b'' contenant la quantité $q+q'+q''$ de sulfate de chaux : l'éclat de blancheur s'affaiblit et la lumière incolore apparaît lorsque le ballon b' est remplacé par un autre b contenant la quantité q de sulfate de chaux.

Éclat des corps blancs et des corps gris. La neige, le papier, le gypse, l'argent, l'argile, le grès, etc., éclairés également, présentent des degrés d'éclat correspondant aux quantités des réflexions exercées sur les atomes de la lumière incolore par les globules composant chacun de ces corps. Il y a donc multiplication de lumière réfléchie proportionnelle à la densité des globules qui produisent les réflexions. L'éclat supérieur des flocons de neige nous fait voir que la plus grande densité des globules ayant des diamètres inférieurs à ceux des vésicules, ne surpasse pas la dimension de 0^{mm},03. Les autres corps ayant une blancheur d'éclat inférieur, doivent être composés de globules de dimensions supérieures, et si les corps sont composés de vésicules, ces vésicules doivent avoir de l'air logé dans leur intérieur : dans tous ces cas, l'air est logé dans les intervalles des globules et des vésicules.

Au moyen des sentiments obtenus par les corps blancs ou par les corps incolores, Zoellner compara les degrés de leur éclat et trouva les rapports suivants.

Substances.	Degrés d'éclat.	Substances.	Degrés d'éclat.
Neige fraîche	0,783	Mercure	0,648
Papier blanc	0,700	Métal de miroir	0,535
Grès blanc	0,237	Verre	0,040
Argile blanche	0,156	Obsidienne	0 032
Quartz blanc	0,108	Eau	0,021

Observations. Dans l'eau pure à l'état liquide la blancheur se présente à son minimum d'éclat ; dans l'eau convertie en vésicules, puis en ballons très petits composant les flocons de neige, l'éclat de blancheur se présente à son maximum. L'éclat du papier est produit par les globules très-petits formés par les filaments fins ; c'est de tels globules qu'est composé le mercure dont l'éclat de blancheur diffère peu de celui du papier. La couleur blanche manque tout à fait dans l'eau pure ainsi que dans tous les corps transparents, tels que l'obsidienne, le verre, l'air, la vapeur; celle qu'on y observe résulte de la petite quantité de lumière réfléchie par une mince couche de vésicules produites par l'eau et flottant dans l'air, ou de la petite quantité de grains de corps hétérogènes qui se trouvent dans l'obsidienne ou dans le verre et dans l'eau pure.

B. De la blancheur de l'atmosphère.

§ 510. Les mélanges des gaz sont aussi transparents que les mélanges des vapeurs des liquides différents, et cela parce qu'ils n'ont pas une structure différente, comme celles des molécules des gaz par rapport aux vésicules de vapeur d'eau. La couleur blanche de l'atmosphère résulte du mélange d'une quantité Q constante d'air avec des quantités variables q, $q + q'$, $q + q' + q''$... de vesicules de vapeur. La couche produite autour de la Terre par le mélange de l'air et de la vapeur est nommée *atmoaérosphère*. L'épaisseur de cette couche ne surpasse pas la hauteur h des nuages qui est de 3,000 mètres environ; entre cette élévation et la surface de la Terre, la limite supérieure de l'atmoaérosphère s'abaisse pour en faire diminuer l'épaisseur h les jours sereins.

La lumière qui arrive à la Terre des corps célestes ne varie pas; l'épaisseur H de la couche d'air nommée *aérosphère* ne varie pas non plus. Il n'y a que les quantités de vésicules de vapeur qui, dans chaque pays, varient périodiquement les jours sereins, et qui varient irrégulièrement les jours où le temps est inconstant.

Les vésicules ne peuvent pas manquer entièrement; même aux plus basses températures, il y a une quantité de vésicules autour de la glace. S'il était possible de faire disparaître toute la vapeur pour qu'il ne restât que l'air pur, le Soleil aurait l'apparence d'un grand astre, et toutes les étoiles seraient visibles en plein jour, parce que le ciel serait constamment noir.

Les vésicules de vapeur réfléchissent la lumière incolore en quantités proportionnelles; ainsi les degrés des éclats de blancheur du ciel déterminent les quantités de vésicules contenues dans la hauteur h de l'atmoaérosphère. Pendant le jour, l'éclat de blancheur du ciel atteint un maximum quand les vésicules de vapeur se multiplient pour disperser une si grande quantité de lumière Φ du Soleil, de sorte que celle φ qui arrive en direction rectiligne n'est plus suffisante pour produire des sensations. Ainsi disparaît le disque du Soleil, alors toute la voûte céleste, d'une superficie environ un million de fois plus grande que celle du Soleil, obtient un maximum d'éclat de blancheur.

Si le ciel va en s'obscurcissant, on sait qu'il y a multiplication de vapeurs; leur diminution, au contraire, rend le disque du Soleil visible, elle fait augmenter l'éclat autour de ce disque, et le fait s'affaiblir dans les régions éloignées. Ainsi, les jours sereins, où il y a une blancheur éclatante autour du disque du Soleil, celle de l'horizon est minime. La plus faible est celle du zénith.

Le clair de Lune produit aussi de la lumière blanche à des degrés proportionnels; en l'absence de la Lune, ce sont les étoiles qui produisent cette lumière d. Il y a accroissement de blancheur lorsque la même quantité de vésicules est exposée à une lumière d'une densité supérieure, comme on le voit dans le grand éclat de blancheur autour du disque du Soleil. C'est pour cela que, pendant le jour, la blancheur du ciel est d'un éclat suffisamment grand pour cacher les étoiles.

Les anciens ont découvert que, du fond des puits, les étoiles sont visibles en plein jour. Maintenant, au lieu de descendre au fond des puits, on peut faire cette observation à travers les hautes cheminées; car il suffit de faire diminuer la quantité de lumière φ qui arrive à l'œil des vésicules ambiantes pour la réduire à $\varphi - \varphi'$ et la rendre ainsi plus faible que celle φ'' qui arrive d'une étoile de 1re ou de 2e grandeur.

Crépuscule. Les vésicules de l'atmoaérosphère réfléchissent la lumière du Soleil pour la faire se propager jusqu'à un arc de 15° à 18° ou même à 20° d'après la hauteur de l'atmoaérosphère. Ainsi, quand le Soleil se trouve de 15° ou de 18° au-dessous de l'horizon, sa lumière est transmise jusqu'à l'horizon par une série de réflexions opérées dans les vésicules de l'atmosphère. Dans les pays où l'épaisseur de cette atmoaérosphère est petite, la transmission de la lumière solaire ne va que jusqu'à 3° ou 5°; dans ces pays, le crépuscule disparaît peu après le coucher du Soleil.

C. Des degrés de l'éclat de blancheur des corps célestes.

§ 511. Pour comparer la lumière incolore du Soleil à celle de la Lune et des étoiles, on convertit chaque lumière en lumière blanche. La lumière du Soleil réfléchie de la Lune et des planètes est d'une blancheur dont l'éclat a des degrés différents, de même que la blancheur de l'atmosphère est à des degrés différents lorsqu'il y a des quantités différentes de vésicules.

Sachant que l'éclat de blancheur n'est pas le même dans la Lune et dans chaque planète, il est facile d'en déduire que leurs atmoaérosphères ont des épaisseurs inégales, et que l'épaisseur de chacune d'elles reste invariable. Zoellner a trouvé les quantités suivantes de blancheur dans la Lune et dans les planètes :

Lune	0,1736 ± 0,0035
Mars	0,2672 ± 0,0155
Jupiter	0,6238 ± 0,0355
Saturne	0,4981 ± 0,0249
Uranus	0,6406 ± 0,0544
Neptune	0,4648 ± 0,0372

Observation. Les degrés de l'éclat de blancheur indiquent les différentes épaisseurs des atmoaérosphères; l'éclat de la Lune indiqué dans le tableau s'obtient par le calcul, car par l'observation on n'en trouve que 0,1195. On voit ainsi que la Lune est entourée d'une très-mince atmoaérosphère. La couleur rouge produite par la déviation de la lumière indique pour Mars une aérosphère de grande épaisseur, tandis que le degré modique de l'éclat de sa blancheur indique que la hauteur de son atmoaérosphère est petite. Nous montrerons ci-dessous comment il se fait que l'atmoaérosphère de Saturne est inférieure à celle de Jupiter et à celle d'Uranus.

Planétoïdes. Ces corps n'ont pas d'atmoaérosphère, car ce sont des amas de vesicules gelées et transformées en ballons qui réfléchissent la lumière incolore et la transforment en lumière blanche. J'ai prouvé que l'éclat de blancheur des planétoïdes est quatre fois plus grand que celui de Saturne.

De même que les planétoïdes, les nébuleuses sont des amas de ballons ; la lumière réfléchie des ballons des planétoïdes arrive du Soleil comme la lumière réfléchie des flocons de neige. La lumière réfléchie des amas de ballons des nébuleuses arrive de la masse empyrée qu'entourent ces ballons, de même que la lumière du Soleil est réfléchie des vésicules de l'atmoaérosphère.

De même qu'une couche médiocre de nuages rend à toute la voûte de l'atmosphère un éclat de blancheur d'un haut degré, de même une couche d'amas de ballons fait accroître la lumière blanche de la masse empyrée. L'espace occupé par le disque solaire est un million de fois inférieur à l'hémisphère celeste éclairé; de même l'espace occupé par la masse empyrée est des millions de fois inférieure à celui occupé par les amas de ballons que la lumière réflechie a éclaircis et rend visible l'espace qu'ils occupent.

On peut comparer les nébuleuses aux lanternes à ballons qui convertissent la lumière incolore de la flamme du bec en lumière blanche en produisant un grand nombre de réflexions pour faire arriver à l'œil les rayons d'un espace des millions de fois plus grand que celui occupé par le corps lumineux.

1° Les dimensions des masses empyrées sont comparables à une ou à plusieurs, comme celles de notre Soleil, et 2° les dimensions des nébuleuses sont comparables à celles d'un ou de plusieurs systèmes planétaires pareils au nôtre.

D. LONGUEUR DU DIAMÈTRE DU SOLEIL CENTRAL.

Les 12° que ce corps occupe dans la périphérie de la Voie lactée et sa distance $2^4\Delta$ de nous, font connaître que la lumière met 150 ans à parcourir le diamètre de la nébuleuse produite par une partie des molécules de la masse empyrée du 5ᵉ jet $B^{v'}$. A une époque antérieure, notre Soleil n'a pas manqué de se trouver dans un état semblable à celui du Soleil central. Le diamètre de la nébuleuse composée de météores était égal à celui de l'orbite de Vénus; ses molécules ont été séparées de celles de la masse empyrée *m* du 5ᵉ jet entre Mars et Jupiter, qui rebroussa chemin et se déposa sur notre Soleil.

Lorsque l'équilibre s'établit entre cette masse *m* mêlée avec celle M du Soleil, la couche superficielle gela et il en résulta la *zone royale;* tandis que l'anneau composé de météores, en conservant son mouvement rotatoire, produit la lumière zodicale, car il persiste en conservant sa dimension primitive. Le diamètre *d* de l'orbite de Vénus est avec celui δ du Soleil dans le rapport $d:\delta = 150:1$.

Le diamètre D de la nébuleuse du Soleil central étant avec le diamètre **d** de ce corps dans le même rapport de 150:1 donne $D:d = 150:1$, d'où l'on voit qu'il faut un an à la lumière pour parcourir le diamètre du corps central. Il en est traité dans l'explication de la lumière zodiacale.

CHAPITRE III.

DU MODE DE DÉTERMINER LA FORME ET L'ÉTAT PHYSIQUE DES CORPS CÉLESTES PAR LEUR LUMIÈRE.

§ 512. Sans la lumière, l'existence des corps célestes nous serait tout aussi inconnue qu'elle l'est aux aveugles. C'est par l'explication de la multiplication de la lumière, 1° par le *mouvement des corps lumineux*, et 2° par la réflexion des enveloppes liquides ou solides des vésicules, que l'on arrive à acquérir des connaissances positives sur la forme et l'état physique des corps de notre système planétaire, ainsi que sur les corps du système stellaire. De ces corps, les uns se présentent comme étoiles et les autres comme des nuées. On les appelle *nébuleuses*.

I. Chaque corps lumineux, en conservant les degrés de son éclat, présente un grand éclat à l'œil par un mouvement rapide.

II. Chaque corps lumineux étant séparé de l'œil par une couche de vésicules, éclaircit l'espace occupé par les vésicules; cet espace est des millions de fois plus grand que le corps lumineux. Au lieu de recevoir les ondes lumineuses dans la direction de ce corps lumineux, nous les recevons dans les directions des vésicules qui reflechissent ces ondes et qui en produisent la multiplication comme les échos produisent la multiplication des ondes sonores.

III. Pour obtenir les rapports entre les quantités des vésicules ou des globules, multipliant les ondes lumineuses par la réflexion pour en faire ressortir la blancheur, Lambert opéra de la manière suivante :

Soit P (fig. 72) la flamme constante d'une bougie; le corps blanc à observer ab en est éclairé verticalement. Pour qu'une partie de la lumière incolore incidente devienne blanche, il faut qu'elle éprouve une multitude de réflexions dans les globules imperceptibles. Le corps ab reçoit la lumière incolore Φ et il renvoie $\Phi - \Phi'$ à l'état de lumière incolore mêlée avec une quantité φ de lumière blanche.

Fig. 72.

Dans l'écran AB, la lumière de la bougie arrive directement pour éclairer l'espace S'; du corps blanc ab arrive aussi la lumière qui éclaircit l'espace S après avoir été concentrée au moyen d'une lentille L. En déplaçant la bougie, on parvient à obtenir un éclat égal en S et en S'.

En indiquant par r le rayon de la lentille et par k la quantité de lumière qu'elle disperse, on a $r \times k$, produit indiquant que les deux quantités sont en raison inverse. De même ces deux facteurs r et k sont en raison inverse avec la distance $CS = D'$, et il en résulte le produit $r \times k \times D'$.

Les distances $CP = D$ et $CS = d$ sont également en rapport inverse ; elles donnent le produit $d \times D$, lequel produit est en raison directe avec le précédent rkD'. Si ces produits étaient égaux, les clartés S, S' seraient inégales ; lorsque celles-ci sont égales, les produits doivent être inégaux; ils doivent être entre eux dans le rapport

$$(2) \qquad \mu = \left(\frac{dD}{rD'}\right)^2 \times \frac{1}{k}.$$

Bond, en Amérique, obtint des rapports presque identiques entre les quantités de lumière blanche par les degrés de ses effets chimiques; il crut que pour obtenir des images photographiques parfaites des deux corps C, C′ qui renvoient les rayons φ, φ' aux plaques P, P′, les durées T, T′ d'exposition sont en raison inverse avec les rayons φ, φ' pour avoir $T : T' = \varphi' : \varphi$.

Pour connaître s'il y a de la lumière colorée mêlée avec la lumière blanche ou avec la lumière incolore, on observe la distribution des traits clairs et des traits sombres sur le champ du spectre. En obtenant de chaque étoile différentes distributions de ces traits, on sut qu'il y avait une différence de lumière, sans cependant pousser l'expérience plus loin pour trouver en quoi consistait cette différence; on fut encore moins en état de connaître comment s'opère cette modification dans la lumière incolore comme celle du Soleil.

I. INVESTIGATION DE LA FORME ET DE L'ÉTAT PHYSIQUE DES CORPS DE NOTRE SYSTÈME PLANÉTAIRE PAR LEUR LUMIÈRE.

§ 513. En mesurant la quantité de lumière que nous recevons de chaque partie, 1° du disque dont provient la lumière comme celle du Soleil, ou 2° de celui de la Lune et des planètes éclaircies, nous déterminons la forme de la partie d'où cette lumière arrive. Si les corps sont éclairés du dehors, la quantité de lumière correspond à l'étendue de la surface verticale aux rayons indiquée par $\cos^2 \gamma$, en indiquant par γ l'inclinaison de la surface réelle.

A. FORME SPHÉRIQUE DE LA MASSE EMPYRÉE DU SOLEIL.

§ 514. Une quantité de lumière de 48φ nous arrive du centre du disque du Soleil, tandis que nous ne recevons que la lumière de 36φ des parties éloignées de $\frac{3}{4}$ entre le centre et le bord. Nous trouvons ainsi un fait qui nous indique, 1° qu'il y a une plus grande quantité de masse empyrée dans la direction centrale du disque, et 2° qu'il y en a une quantité inférieure dans les parties éloignées du centre.

Ceux qui adoptèrent l'hypothèse d'Herschel admirent une photosphère; ainsi ils s'attendirent à trouver au bord du disque plus de lumière qu'au centre. J'ai démontré dans la *Physique* que c'est par un oubli qu'Arago approuva cette hypothèse en se basant sur le manque de lumière polarisée dans la lumière solaire, car il n'ignorait pas que ce manque de polarisation existe toujours lorsque la lumière provient verticalement des corps solides.

Le Soleil est composé d'une quantité de masse empyrée pâteuse renfermée dans une enveloppe de glace transparente. La plus grande épaisseur de cette masse est dans la direction centrale; c'est pourquoi nous en recevons la lumière 48φ, laquelle diminue et devient 35φ à une distance de 3/4 du centre. La lumière émerge verticalement de l'enveloppe glaciale, aussi est-elle incolore et non polarisée.

B. Forme ovalaire de la Lune.

§ 515. La Lune répand de chaque partie de sa surface une quantité de lumière qui correspond à $\cos^2\gamma$. Il nous arrive de son milieu une quantité φ inférieure à celle de son bord, d'où arrive la lumière $\varphi + \varphi'$: φ étant 1, c'est $\varphi + \varphi' = 1,63$. Ce rapport indique que la pente Tc' qui donne $\cos^2(\gamma + \alpha) = \varphi$ (fig. 73) est plus rapide, et c'est la pente Fe' moins rapide qui donne $\cos^2\gamma = \varphi + \varphi'$.

Malgré ces résultats incontestables, les astronomes ne voulurent pas abandonner l'hypothèse de la forme sphérique de la Lune qu'ils admirent pareille à celle du Soleil; ainsi au lieu de reconnaître à la Lune une forme ovalaire DT, on admit la forme sphérique DA' ayant pour diamètre celui de son disque. Pour rectifier cette erreur il fallut en commettre une seconde, à laquelle on arrive par des hypothèses, 1° qu'il y a des sommets élevés de montagnes au milieu du disque, et 2° qu'il y a des chaînes autour du disque. D'autres vont plus loin, ils déclarent inapplicable la loi photométrique sur la lumière de la Lune.

Fig. 73.

Les faits produits par la forme ovalaire étant de nature à former plusieurs séries, je les exposerai dans le volume suivant de façon à rendre tout doute absolument impossible sur la forme réelle de ce corps si voisin de la Terre. Je citerai seulement ici succinctement quelques faits servant à montrer la forme véritable de la Lune.

§ 516. **Accroissement et décroissement de l'éclat de la Lune.** Les degrés de clarté depuis la nouvelle jusqu'à la pleine Lune sont indiqués dans les deux courbes AB (fig. 74) obtenues, la ponctuée par Zoellner et la pleine la plus exagérée par John Herschel. Cette ligne ne diffère pas de l'autre BC indiquant le décroissement de l'éclat. Il est évident que depuis la veille de la pleine Lune jusqu'au jour de son arrivée l'accroissement de l'éclat est dans son maximum, de même que son décroissement du jour de la pleine Lune jusqu'au lendemain. Le minimum d'accroissement ou de décroissement a lieu au commencement et à la fin de chaque lunaison.

Si l'on tire une tangente BD du sommet B à la pleine ligne BA, on obtient un triangle BDM qui donne un cône ayant une hauteur 2 ou 3 fois plus grande à sa base. Ce rapport sert à indiquer que telle est la forme de l'ovalaire dont les courbes indiquent les éclats des pentes différentes ; de sorte qu'il est facile, à l'aide des courbes, de déterminer la surface réelle de la Lune.

Fig. 74.

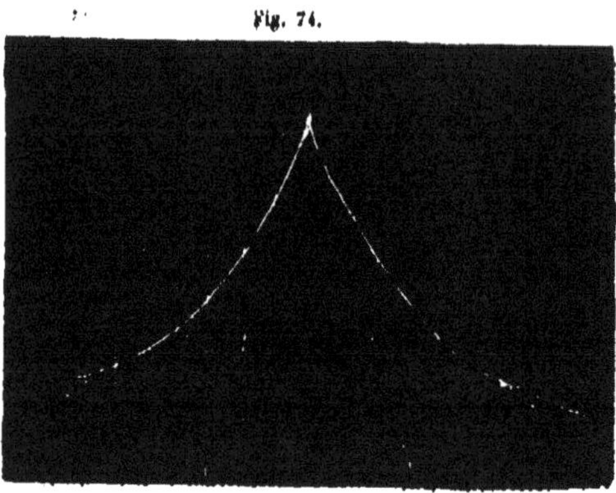

Montagnes de la Lune. Béer et Maedler ont trouvé pour les montagnes de la Lune des hauteurs une dizaine de fois supérieures à celles trouvées par W. Herschel. La différence n'indique pas que parmi les résultats obtenus les uns soient justes et les autres faux, mais que les uns et les autres sont également faux, car les mesures étaient basées sur l'existence d'une forme sphérique de la Lune.

Soit R (fig. 73) le sommet d'une montagne de la Lune éclairé par le Soleil S. Pour que le pied réel H ou *g* de cette montagne soit éclairé, le Soleil doit arriver à S′ après avoir décrit l'arc de l'angle $SLS' = \gamma$. Connaissant cet angle γ du triangle rectangle RHL et la distance KF, on trouve la hauteur réelle $h =$ RH.

Lorsqu'on commettait une première erreur en attribuant à la Lune une forme sphérique, la seconde était le résultat faux qu'on obtenait en attendant que le Soleil s'avançât jusqu'à S″ pour que le rayon S″A devînt tangent en F de la surface sphérique D*e*C*e*′. La trop longue durée T écoulée pour que le Soleil s'avançât de S à S″ servait donc à déterminer l'angle $\Gamma = S''LS$ qui donnait pour la montagne observée une hauteur H une dizaine de fois supérieure à la hauteur réelle $h = qR$.

Après avoir découvert la source des erreurs de la sélénométrie, je ferai voir dans le volume suivant que de telles erreurs ne peuvent avoir lieu que dans certaines parties de l'ovalaire ; c'est pourquoi il n'y a pas de trop hautes montagnes aux parties de la Lune qui ne permettent pas de pareilles erreurs.

§ 517. **Couleur de la Lune**. C'est à la blancheur de la Lune que l'on reconnaît l'existence d'une couche de vésicules qui ne manquent jamais dans le vide qui se fait autour de la glace même dans les plus grands froids. La blancheur de la Lune est la plus faible par rapport à celle de cinq planètes (§ 511); on la trouve encore plus faible par la voie chimique, car pour la lumière totale de la Lune, les durées d'exposition des plaques sont 9 fois plus longues que pour la lumière de Jupiter.

Si l'on opère avec la lumière du milieu du disque de la Lune, on y trouve une durée 27 fois plus longue que celle de la lumière des parties claires de Jupiter.

Issue de la forme ovalaire de la Lune c'est celle de la couche de vésicules que doivent traverser les rayons venant de la surface de la Lune. Ces rayons éprouvent une réfraction convergente vers le grand diamètre DT (fig. 73) de la Lune; ainsi ils produisent un spectre ayant les couleurs sombres du côté de l'axe et les couleurs claires du côté extérieur. 1° Si la distance était inférieure, la Lune paraîtrait verdâtre. 2° Si la distance augmentait, la Lune paraîtrait orangée ou rouge, comme elle l'est (par le spectre de l'atmosphère terrestre) dans quelques-unes de ses éclipses.

La couleur jaune de la Lune sert à déterminer sa forme ovalaire, 1° par la distance de la Terre, et 2° par la position du spectre produit par la courbure de sa surface pour que la terre soit dans le jaune.

Le jaune du spectre n'a aucun rapport avec l'épaisseur de la couche des vapeurs; c'est pourquoi il est égal à la Lune et à Jupiter, tandis que l'éclat de blancheur de cette planète surpasse de beaucoup celui de la Lune.

C. Forme ovalaire des satellites.

§ 518. La différence entre l'apparition de la Lune et des satellites a une origine physiologique qui se manifeste de la manière suivante : 1° La Lune circule autour de la Terre avec une vitesse qui diffère peu de celle des satellites les plus éloignées de leur planète ; mais le mouvement de la Lune est parallèle à celui de la Terre, tandis que, 2° celui des satellites ne l'est pas ; par leur mouvement, ceux-ci présentent à l'œil des effets analogues à ceux que produit un charbon agité.

Satellites de Jupiter. Ainsi que la Lune, les satellites sont des corps de glace de forme ovalaire ayant leurs deux diamètres D, *d* en rapport inverse des distances qui les séparent de leur planète ; ainsi le rapport D : *d* est plus grand pour le 1er satellite et moins grand pour le 4e, son atmoaérosphère est proportionnelle à la forme de chaque satellite ; de sorte qu'il en résulte deux faits différents : 1° La position de chaque satellite détermine la quantité de lumière reçue du Soleil et celle renvoyée vers la terre. 2° Le rapport D : *d* détermine la place que doit occuper dans l'espace le champ du spectre produit par la réfraction de la lumière émergente.

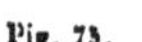

Fig. 75.

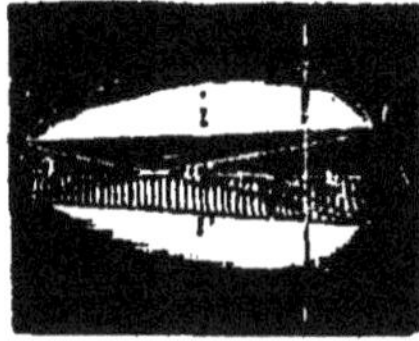

On ne voit de la Lune que l'hémisphère soulevé *hBh'* (fig. 75), tandis que l'on voit aussi l'hémisphère déprimé *b'ae''* des satellites quand ils passent sur le disque de leur planète. On reconnaît l'existence d'une atmoaérosphère par celle de la couleur ; son épaisseur ne peut être déterminée, comme celle de l'atmoaérosphère de la Lune, par la photographie qui indique le degré de l'éclat de blancheur. Chacun des quatre satellites présente des périodicités d'éclat correspondant à l'hémisphère soulevé ou à l'hémisphère déprimé que nous voyons pendant leurs révolutions.

§ 519. **Dépression de l'hémisphère postérieur des satellites.** Le 28 janvier 1848, Bond vit en Amérique le 1er et le 3e satellite passer devant Jupiter; entre les deux ombres on voyait projeté l'hémisphère postérieur du 3e satellite; cet hémisphère paraissait aussi noir que les deux ombres dont l'une était la sienne; le diamètre de cette dernière n'était pas égal à celui du satellite qui la produisait; il lui était supérieur presque dans le rapport de 5 : 3.

En dehors du disque de Jupiter, on voit souvent le 3e satellite d'une clarté égale à celle de la planète; cette clarté s'affaiblit pour devenir inférieure à celle de la planète, mais jamais le satellite ne disparaît pour devenir obscur comme Bond l'a observé dans la position indiquée. On voit encore moins l'ombre d'un satellite d'une dimension supérieure à celle du satellite qui la produit. Toutefois les faits observés sont réels et cette découverte sert ici à montrer l'égalité de forme entre les satellites éteints de notre système et les satellites lumineux des systèmes des planètes lumineuses. Par exemple, la courte durée de quatre heures de la 4e grandeur d'Algol est un effet de son hémisphère aussi déprimé que le petit diamètre du 3e satellite observé dans son passage devant Jupiter. Chacornac a obtenu des résultats analogues sur les satellites de Saturne.

Couleur bleue du 4e satellite. A l'aide du rapport inverse entre le rapport D : d des deux diamètres des satellites et les distances qui les séparent de leur planète, on arrive à connaître l'allongement inférieur du 4e satellite; ainsi la couche de vapeur qui l'entoure produit un spectre dont le champ se trouve à une distance supérieure à celle des spectres de trois satellites inférieurs, et par conséquent plus allongés.

A la distance δ où se trouve le jaune des spectres des trois autres satellites se trouve donc le bleu du spectre du 4e satellite, et la Terre passe aussi bien par cette distance δ lorsqu'elle est entre le Soleil et Jupiter que lorsqu'elle a ces deux corps d'un côté.

Tant qu'on ignora que la réfraction est toujours la cause de la production des spectres, les astronomes ne purent utiliser les couleurs pour déterminer le champ des spectres et les formes ovalaires des corps lumineux ou les formes des atmoaérosphères des corps obscurs. Les faits nombreux que nous exposons sont plus que suffisants pour montrer l'origine des couleurs devant servir à l'investigation des détails des corps célestes dont l'état physique était complétement inconnu, de même que la succession des changements opérée dans le même ordre dans chaque système, comme cela a lieu pour la succession des âges des corps organisés.

D. Planètes.

§ 520. De même que la Terre, les planètes sont entourées d'une aérosphère et d'une atmoaérosphère, et ne diffèrent pas des satellites par rapport à leur forme qui est également ovalaire, mais en diffèrent par rapport à leur mouvement rotatoire, parce que les satellites, de même que les planétoïdes, n'ont que le mouvement orbiculaire. C'est donc à cause de leur rotation que les planètes ne présentent pas de périodes d'éclats correspondantes aux durées de leur révolution. Au contraire, chacune des planètes diffère des autres par son âge. L'eau n'existe plus dans les deux planètes inférieures; elle va disparaître de la Terre, et plus tard de Mars. Cette disparition de l'eau se manifeste dans l'accroissement du poids spécifique qui est encore de beaucoup inférieur aux quatre planètes extérieures.

Il y a donc des résultats photométriques de trois genres dans les planètes; cependant il y a des différences qui correspondent à l'âge de chaque planète. On doit reconnaître cet âge dans leur biographie que j'ai mentionnée brièvement dans l'introduction, et que j'exposerai en détail dans le volume suivant.

A cause du manque d'eau, il n'apparaît aucune espèce de tache aux deux planètes inférieures, comme on en voit dans les planètes Mars, Jupiter et Saturne. Ces taches ou bandes parallèles à l'équateur sont des flores qui, comme sur la Terre, varient avec les saisons dont les durées diffèrent pour chaque planète.

Ce sont les épaisseurs des atmoaérosphères qui font apparaître un degré d'éclat de blancheur correspondant; c'est la forme conique des aérosphères qui produit les couleurs par la réfraction des rayons émergents. De chaque spectre, une de sept couleurs passe par la Terre, et c'est ainsi que chaque planète apparaît colorée; mais cette lumière colorée est toujours mêlée avec une quantité considérable de lumière blanche et d'une petite partie de lumière incolore.

1° *Vénus.*

§ 521. La forme ovalaire se présente très-bien dans les phases qui ne correspondent pas à celles de la Lune. Toutes les anomalies de la forme des phases de Vénus servent à déterminer le rapport $D : d$ entre ses deux diamètres D et d. Depuis plus d'un siècle, à l'aide des mesures géodésiques, les astronomes s'efforcent de déterminer ce rapport sur la Terre, et cependant aucun résultat réel n'est encore venu faire connaître la forme véritable de la Terre. Aucun résultat géodésique ne prouve l'existence d'un aplatissement; néanmoins les astronomes sont tellement influencés par les préjugés, que jusqu'à présent nul mathématicien n'a encore tenté de résoudre le problème ayant pour but l'arrangement des longueurs des degrés des méridiens indiquant la forme ovalaire de la Terre. Comme exemple de cette forme, nous donnons dans le volume suivant les phases de Vénus provenant de sa forme, qui n'est ni aplatie ni sphérique, mais ovalaire.

Le bord convexe de la phase est du côté du Soleil et du côté de l'hémisphère éclairé, tandis que son bord concave est du côté de la pente de l'hémisphère obscur. Si la forme était sphérique, le bord concave serait un arc régulier; mais la forme étant ovalaire, on la voit dans les inégalités de l'arc du bord concave. C'est la déviation de la lumière de l'hémisphère éclairé par le bord convexe vers la phase qui y produit un accroissement d'éclat, accroissement d'autant mieux prononcé que la phase est moins large, comme on le voit bien dans la conjonction inférieure.

Couleur. Les rayons éprouvent une médiocre réfraction dans leur émergence de l'atmoaérosphère, dont la forme ovalaire s'allonge fort peu, comme l'est celle de la Terre.

Le jaune est en très-petite quantité dans la lumière de Vénus; la lumière incolore du Soleil y est peu augmentée par une transformation en lumière blanche. Dans le spectre de la lumière de Vénus, le mélange de la faible portion de jaune qui est reconnu par les sentiments est imperceptible.

I. Les investigations de la forme s'opèrent au moyen des inégalités du bord concave des phases et au moyen des inégalités des cornes.

II. Les investigations de l'épaisseur médiocre de l'atmoaérosphère s'opèrent, 1° au moyen de l'éclat superieur du bord convexe des phases, et 2° au moyen du teint jaune de la planète.

III. L'éclat de blancheur est imperceptible, non pas tant à cause de sa trop petite quantité qu'à cause de la très-grande quantité de lumière incolore du Soleil.

2° *Mars.*

§ 522. L'aérosphère de Mars forme deux aérocônes qui ont leur sommet dans les deux prolongements de son axe et leur base sur le plan équatorial. La lumière y éprouve une réfraction en émergeant de la surface de la planète; elle éprouve des dispersions dans l'atmoaérosphère et l'on obtient une blancheur d'éclat médiocre correspondant à l'épaisseur e de cette atmoaérosphère. A cette même épaisseur e correspond le décroissement rapide de la clarté lorsque la planète s'éloigne de son opposition, ou l'accroissement rapide de cette clarté lorsqu'elle s'avance vers son opposition.

Couleur rouge et couleur blanche. La lumière dispersée de la surface et de l'atmoaérosphère émerge des deux aérocônes en formant du côté de l'équateur un angle $90° + \gamma$ et du côté des deux prolongements de l'axe l'angle aigu $90° - \gamma$; de sorte que les déviations s'opèrent en directions divergentes par rapport au plan équatorial; donc, du côté de celui-ci, les rayons rouges qui arrivent mêlés avec une grande quantité de lumière incolore restent isolés. Nous recevons ces rayons mêlés lorsque la Terre est assez loin du prolongement du plan équatorial de la planète.

§ 523. **Investigation des détails de l'état physique de Mars.** 1° La forme ovalaire de la planète s'obtient par les résultats micrométriques les plus grands D et les plus petits d du diamètre équatorial; la dimension D est l'axe de l'ovalaire.

2° Le mélange du rouge avec la lumière incolore dont manquent les six couleurs complémentaires se présente dans le spectre comme lignes obscures aux régions qui devaient être occupées par la lumière des couleurs sombres dont les réfractions sont supérieures.

3° Le degré de l'éclat de blancheur correspond à l'épaisseur médiocre de son atmoaérosphère; cet éclat est inférieur à l'éclat des autres planètes et il est supérieur à celui de la Lune. De même que dans celle-ci le bord est plus clair que le milieu, de même en son opposition Mars a le bord plus clair que son milieu. Ce fait a des causes différentes dans les deux corps; il est produit dans la planète Mars par la dispersion médiocre de la lumière dans son atmoaérosphère et par sa grande déviation résultant de son aérosphère.

4° La réfraction de la lumière émergente correspond à l'inclinaison de l'aérosphère composée des deux aérocônes. La lumière rouge mêlée avec le jaune reste isolée de deux côtes de l'équateur; nous la recevons lorsque la Terre n'est pas très-éloignée du prolongement du plan équatorial de Mars. En avançant vers l'un des pôles, la Terre commence à en recevoir directement la lumière blanche qui est le mélange de toutes les couleurs. Ainsi la région polaire visible se présente *blanche* et la partie équatoriale *rouge*.

5° La végétation se soutient dans la zone torride; les régions occupées par les flores changent d'aspect avec les saisons.

6° Malgré l'existence d'une atmosphère très-épaisse, les pluies manquent encore dans la planète Mars, et cependant il y a des plantes et des animaux. Nous y voyons l'état dans lequel se trouvait la Terre lorsque, d'après l'Écriture (§ 205), « Dieu fit toutes les plantes *des champs*, avant qu'il y en eût « dans la terre et toutes les herbes des champs avant qu'elles « eussent poussé. Car l'éternel Dieu ne faisait point pleuvoir « sur la Terre, et il n'y avait point d'hommes pour cultiver « la terre, et aucune vapeur ne montait de la Terre, qui « arrosât toute la surface de la Terre. »

Ce passage peut servir, non de preuve, mais d'exemple, pour faire mieux comprendre au lecteur l'état physique actuel de Mars.

3° *Jupiter.*

§ 524. Le grand éclat de blancheur de Jupiter et sa couleur jaune font connaître : 1° que l'épaisseur de son atmoaérosphère est grande, et 2° que son aérosphère est composé de deux aérocônes. On trouve la forme ovalaire par les dimensions différentes de l'équateur qui ne sont pas fausses mais très-réelles. 1° La plus grande indique le grand diamètre de l'ovalaire, et 2° la petite indique le petit diamètre du même corps.

I. Au moyen des sentiments produits, on obtient une si grande quantité de blancheur qu'elle ne diffère pas de celle répandue par les nuages légers. La lumière de Jupiter est la somme $\varphi + \Phi' + \Phi''$; la lumière incolore contenant une partie de jaune est $\Phi' + \varphi$. Cette lumière est réfléchie du corps sans éprouver aucune altération ; elle fait apparaître les détails de la surface de la planète. La lumière Φ'' blanche est produite dans l'atmoaérosphère par les réflexions en chaque direction.

II. Au moyen des durées de l'exposition des plaques photographiques, Bond a trouvé que cette durée est moitié moins grande que celle nécessaire pour obtenir la même image par l'exposition au papier blanc; de sorte que la densité de la lumière blanche de Jupiter est comparable à celle de la neige.

En exposant les plaques à la lumière de Jupiter et à celle de la Lune et en tenant compte des distances qui séparent ces corps de la Terre, Bond a trouvé l'éclat de blancheur de la pleine Lune 9 fois moindre que celui de Jupiter. Lorsqu'il a comparé la lumière du milieu du disque de la pleine Lune avec celle qui vient des parties claires de Jupiter et non des bandes, Bond a trouvé l'éclat de la Lune 27 fois moindre que celui de Jupiter. Tels sont les résultats photométriques correspondant aux quantités de la lumière blanche multipliée par les réflexions des vésicules de l'atmoaérosphère.

III. Dans le spectre de la lumière de Jupiter une ligne très-prononcée, composée de plusieurs autres, se présente au rouge déjà affaibli. Ces lignes beaucoup plus faibles se trouvent dans la lumière de notre atmosphère et manquent dans celle de la Lune. Il y a aussi des lignes propres du spectre de Jupiter qui se voient dans l'orangé et qui manquent dans le spectre de notre atmosphère ; ce sont donc ces lignes qui indiquent l'existence du jaune produit par la réfraction qu'éprouve la lumière émergeant de l'aérosphère de la forme des deux aérocônes, et non de forme sphérique comme celle de la Terre.

A l'œil nu la couleur de Mars serait jaune, comme il se présente dans le télescope, si l'éclat de sa blancheur était d'un degré supérieur comme l'est celui de Jupiter.

§ 525. **Végétation de Jupiter.** De même que dans la planète Mars, les pluies manquent dans celle de Jupiter, sans néanmoins que la végétation manque. On voit déjà les continents dans la planète Mars; ils manquent encore dans celle de Jupiter. Les changements observés sur les bandes correspondent aux saisons. Je parlerai avec détails de cet objet dans le volume suivant; quant à présent je me bornerai à faire voir que de même que le rouge manque dans les régions polaires de Mars, de même le jaune manque dans les régions polaires de Jupiter; la cause en est la même.

Rapport entre la végétation et les éclats. 1° Dans la planète Mars, la végétation est sur la zone torride. 2° Dans celle de Jupiter, elle part des deux extrémités de cette zone et se propage vers les pôles; dans celle de Saturne, la végétation commence du milieu de ses deux zones tempérées et manque dans les latitudes inférieures.

Ces limites de la végétation sont en rapport direct avec les hauteurs des bases des aérocônes : 1° Dans la planète Mars, la hauteur de l'atmosphère s'élève beaucoup sur la zone torride, et c'est cette élévation qui fait apparaître son bord en opposition beaucoup plus clair que son milieu. 2° A la planète Jupiter l'atmosphère s'élève peu sur la zone torride où manque la végétation; c'est pourquoi son bord est moins clair que son milieu. 3° A la planète Saturne, l'atmosphère s'élève moins sur la zone torride; ce qui fait que son bord est aussi moins clair que son milieu.

4° *Saturne.*

§ 520. Je démontrerai dans le volume suivant que Saturne est un corps ovalaire de glace dont une faible partie de la zone torride se combinant avec les éléments de la chaleur s'est transformée en air d'un volume mille fois plus grand. Cet air ne peut pas rester sur la zone torride par suite de manque de mouvement de rotation de vitesse supérieur; ne pouvant donc s'éloigner de l'axe de la planète, l'air s'éloigne de la zone torride et va s'accumuler dans les latitudes supérieures pour les protéger contre le froid de l'espace, faire fondre la glace et produire la végétation aquatique.

Telle est l'origine d'un sillon équatorial d'une largeur qui atteint 60° à 70°; sa profondeur a été déterminée par Herschel. Cet astronome a trouvé que le diamètre D équatorial est plus grand que l'axe $D-\alpha$ qui passe par les pôles et plus petit que le diamètre $D+\beta$ qui passe par les deux tropiques ou par les sommets des versants du sillon. Cette structure de la planète, déduite de son âge, fut retrouvée directement par les investigations photométriques; de sorte qu'il fut possible de démontrer de deux manières différentes le mode de production de l'illusion d'optique qui fait apparaître un ou deux anneaux d'un diamètre double de celui de la planète.

L'éloignement des éléments de la glace sous forme d'air et l'accroissement de la profondeur du sillon persiste; les effets optiques qui en sont résultés depuis un siècle ont été bien déterminés par Otto Struve. Jusqu'à présent on a complétement méconnu la portée de cette observation. (*Mémoires de Polcova* (vol I, p. 347), *sur les dimensions des anneaux de Saturne*, 1853.)

« Nos connaissances actuelles des changements qui se « passent dans le système des anneaux de Saturne se résu- « ment dans les trois points suivants :

« 1° Le bord intérieur des anneaux s'approche conti-
« nuellement du globe de la planète.

« 2° Le rapprochement du bord intérieur est combiné
« avec un accroissement de la largeur totale des anneaux.

« 3° Dans l'intervalle entre les observations de J. S Cassini et W. Herschel, la largeur λ de l'anneau intérieur B a « augmenté en plus forte raison et devint $l+\frac{1}{\alpha}$ L que celle L « de l'anneau extérieur, laquelle devint $L+\frac{1}{\alpha}l$. »

Les investigations photométriques ont été faites de manière à rendre évident l'état physique de cette planète; plus les détails sont nombreux, mieux on reconnaît son état réel, et tout cela sans qu'il soit besoin d'admettre aucune hypothèse.

I. L'éclat de blancheur 0,498 de Saturne est supérieur à l'éclat de Mars et de la Lune, mais il est inférieur à celui de Jupiter et d'Uranus; c'est là une preuve manifeste que l'épaisseur est inférieure dans l'atmoaérosphère de la zone torride, d'où résulte une multiplication inférieure des ondes lumineuses.

II. Les durées des expositions des plaques photographiques diffèrent peu de celles de Jupiter. Il en résulte qu'il y a dans la planète Saturne des régions qui, occupées par une atmoaérosphère épaisse, multiplient par leur vésicule les ondes lumineuses, ondes dont la densité se manifeste dans les courtes durées de l'exposition des plaques photographiques pour obtenir des images complètes.

III. La couleur rougeâtre de Saturne est bien prononcée, elle est même comparable à celle d'Arcturus, mais elle est plus lavée par le mélange de la lumière blanche. De même que dans la planète Mars et dans la planète Jupiter, la couleur de Saturne est produite par la réfraction qu'éprouve la lumière émergeant des aérocônes. Dans le spectre de la lumière de Saturne, on voit les mêmes lignes qu'on a trouvées dans le spectre de la lumière de Jupiter.

§ 527. **Existence d'un sillon.** Aux autres planètes, les deux hémisphères du globe restent toujours également lumineux. Cela n'a lieu pour Saturne qu'aux époques où la Terre se trouve dans le prolongement de son plan équatorial, lorsqu'en même temps le Soleil est sur le même plan ou peu éloigné. 1° Si le Soleil est sur ce plan et que la Terre s'en éloigne au sud, l'hémisphère nord est plus clair que l'hémisphère sud. 2° C'est le contraire qui a lieu quand le Soleil restant sur le même plan la Terre en occupe le nord.

La révolution de Saturne autour du Soleil se termine en 29 ans ; ainsi, celui-ci est 14 ans au sud et 14 ans au nord du prolongement du plan équatorial de la planète. Chaque année la Terre reste environ 6 mois au sud de ce plan et 6 mois à son côté nord. 1° Pendant les 6 mois où la Terre est du même côté que le Soleil, l'autre hémisphère est plus éclairé. 2° La différence persiste, mais à un degré inférieur, pendant les 6 mois où la Terre est d'un côté du plan équatorial et le Soleil de l'autre. 3° Quand la Terre passe par le prolongement de ce plan, il n'y a pas disparition de l'éclat de l'hémisphère opposé au Soleil.

§ 528. **Mode de la production des faits photométriques par les versants du sillon.** Je donnerai sommairement la série des faits pour qu'il ne reste aucun doute sur l'existence d'un sillon équatorial ayant deux versants de glace qui font arriver à la Terre une quantité de lumière $\varphi \pm \alpha$.

1° Lorsque la Terre et le Soleil sont sur le prolongement du plan équatorial de Saturne, il est $\alpha = o$, et il arrive une égale quantité de lumière de chaque hémisphère.

2° Si la Terre et le Soleil se trouvent du même côté de l'équateur, 1° la lumière $\varphi - \alpha$ de l'hémisphère rapproché et 2° la lumière $\varphi + \alpha$ de l'hémisphère opposé arrivent à la Terre.

3° Lorsque la Terre est sur le prolongement du plan

équatorial, elle jouit de la lumière $\varphi + \alpha'$ de l'hémisphère éloigné du Soleil et de la lumière $\varphi - \alpha$ de l'hémisphère du même côté que le Soleil.

4° Pendant que la Terre se trouve d'un côté du plan équatorial et le Soleil de l'autre, on voit arriver à la Terre, 1° la lumière φ' de l'hémisphère h tourné vers la Terre, 2° la lumière φ'' du versant de l'hémisphère h' opposé, et 3° la lumière φ''' de cet hémisphère h' opposé.

De ces trois quantités de lumière, celle φ' qui arrive de l'hémisphère h du côté de la Terre est plus faible, et celle φ'' qui arrive du versant de l'hémisphère opposé est plus claire. En admettant l'existence des anneaux, les astronomes ont exposé ces détails de la manière suivante ; ils ont dit :

« L'ombre de l'anneau sur le globe est toujours plus « claire en répandant sa lumière φ'' que l'ombre du globe « sur l'anneau répandant la lumière $\varphi' = \varphi'' - \alpha$. »

La photométrie de Lambert conduit mathématiquement à la découverte de la forme véritable de Saturne. On ne peut réfuter son application que par des erreurs. C'est ce qui est arrivé. 1° A la place d'un sillon large, on a admis un anneau. 2° Ne pouvant faire accorder cette forme avec la loi de la photométrie, on a déclaré cette loi inapplicable dans l'investigation de la forme réelle de Saturne.

Mode de la production du grand diamètre optique de l'anneau. L'étendue des versants du sillon étant très-grande, l'ombre du bord du calot s'y projette en en occupant une petite partie; après l'intervalle entre cette ombre et le bord du calot opposé que l'on voit à l'extrémité du versant, on peut voir des deux côtés de grandes étendues divergentes du versant que nous croyons en dehors du globe, ayant pour hémisphères les deux calots que nous croyons être le globe de la planète. La partie du versant séparant les bords des deux calots se présente comme un corps plat passant par le plan équatorial de la planète.

Lorsque la Terre venant du côté du Soleil arrive sur le

prolongement du plan équatorial de la planète, l'éclat du versant le mieux éclairé persiste encore. Ne sachant que dire, on fut forcé d'admettre l'anneau incliné sur le plan équatorial vers l'hémisphère opposé. Je montre que le fait se présente en sens inverse lorsque le Soleil se trouve de l'autre côté de l'équateur de Saturne; de sorte qu'on se trouverait forcé d'admettre des déviations du plan de l'anneau, déviations dépendant de la position de la Terre.

Tous les faits optiques observés sur Saturne à différentes époques, pendant la durée de ses révolutions, peuvent être déterminés *à priori* d'après la loi de la Perspective par l'existence d'un sillon large et peu profond, ayant son fond dans le plan équatorial. Au contraire, aucun fait n'est expliqué par l'existence d'un anneau mince opaque se tenant suspendu sur le prolongement du plan équatorial de la planète et croissant en largeur pour se rapprocher de la planète.

C. Planétoïdes.

§ 529. Les détails de la forme de ces corps télescopiques ne peuvent être déterminés; chaque trace de pesanteur y fait défaut et encore plus des traces d'atmosphère. Cependant j'ai prouvé que l'état de leur blancheur surpasse de beaucoup celui des planètes qui ont une atmosphère dans laquelle s'opère la multiplication des ondes lumineuses de la manière indiquée.

Comme les vésicules d'enveloppe liquide, les ballons d'enveloppe gelée ou ceux de l'albumine d'enveloppe solidifiée par la chaleur multiplient les ondes lumineuses. Ainsi, par la réflexion de la lumière incolore, il se produit un accroissement de lumière blanche. Tous ces faits servent à montrer que le grand nombre de planétoïdes sont des amas de vésicules dont les molécules matérielles se séparèrent d'un corps ayant le même mouvement orbiculaire que les planétoïdes ont actuellement.

Ces petits corps ne sont pas des fragments massifs d'une planète, car si une planète était même inférieure à Mars, sa pesanteur ne manquerait pas de se manifester sur le mouvement de Mars. Ce sont des météores semblables à ceux qui se présentent comme bolides ou comme étoiles filantes, et le grand éclat de leur blancheur est comparable à celui de la neige.

Dans le volume suivant, nous parlerons avec détails de l'origine des météores du système planétaire.

D. Comètes.

§ 530. Ces corps volumineux, faciles à observer, sont composés d'une matière toute particulière. Ce qui paraîtra très-surprenant, c'est que la difficulté de leur explication gît précisément dans la facilité de leur observation, facilité qui ne permet pas d'admettre des hypothèses puisées dans l'intelligence. Les comètes ne sont pas des *parvenus*, comme on les a qualifiées, ce ne sont que des atmosphères engendrées dans les quatre planètes intérieures par leurs deux éléments d'eau combiné avec les éléments des rayons du soleil qui sont les deux électricités.

Toutes les comètes sont des aérosphères transparentes et invisibles dans l'air; de ces aérosphères, les vésicules de vapeur flottent comme dans l'atmosphère. Nous avons indiqué le mode de production de l'air par l'eau, ainsi que le mode de production des vésicules par l'air. L'exhydatose de l'air fait apparaître les vésicules que l'on voit dans la chevelure et dans la queue et dont les vésicules déchirées produisent le noyau où l'eau dégèle à une température peu supérieure à celle de —160° de l'espace. Nous en avons fait connaître la cause dans la *Physique*, t. III.

L'exaérose de l'eau fait disparaître le noyau et les vésicules et se transforme en une masse d'air transparent et invisible qui parcourt l'espace planétaire sous forme de vent sec et s'y rencontre, non avec les molécules d'un fluide nommé *éther* qui n'existe nulle part, mais avec, 1° les météores *doryphoriques* qui circulent avec les satellites autour de leurs planètes, 2° les météores *planétaires* qui circulent avec les planètes autour du Soleil, et 3° les météores *héliaques* qui circulent avec le Soleil autour du Soleil central.

De telles rencontres entre les météores et les aérosphères ou les comètes occasionnent un raccourcissement de leur orbite et de la durée de leur révolution. Plus les durées de révolution sont courtes et moins les plans orbiculaires de comètes sont éloignés de l'écliptique, plus les raccourcissements des orbites sont prononcés sans être égaux pour chaque révolution. Ce court aperçu suffira pour faire comprendre au lecteur les changements opérés dans la Terre et les trois autres planètes intérieures qui se lient avec le nombre *n* des comètes produites par chacune de ces planètes. Ce nombre est indiqué par celui des périhélies des orbites des comètes qui se trouvent dans le voisinage de chaque planète du côté du Soleil.

II. DE LA LUMIÈRE DES ÉTOILES ET DE LA LUMIÈRE DES NÉBULEUSES DU SYSTÈME STELLAIRE.

§ 531. Dans le système planétaire, le Soleil seul est composé d'une quantité de masse empyrée pâteuse renfermée dans une enveloppe solide de glace qui livre passage aux rayons émergeant en direction verticale sur l'enveloppe sphérique.

Dans le système stellaire, ces corps lumineux sont : 1° les soleils lipoplanètes que l'on voit comme des étoiles télescopiques incolores et immobiles ; 2° les étoiles visibles à l'œil nu, composées d'un nombre de planètes correspondant à leur clarté ; 3° les étoiles de 1re et de 2e grandeur, composées d'un nombre de systèmes de satellites.

Les météores du système planétaire se trouvent séparés

de la masse empyrée qui a été refroidie; ils sont restés sans en être plus éclairés. Ces météores séparés ne manquent pas de circuler avec les planètes lumineuses autour de leur soleil, et avec satellites lumineux autour de leur planète. Il y a aussi des météores qui enveloppent 1° les jets composés de masse empyrée expulsés des soleils pour devenir des planètes, ou 2° les jets expulsés des planètes pour devenir des satellites.

Ces amas de météores sont des espèces de nuées très-volumineuses dont les vésicules dispensent la lumière incolore. En la multipliant, ils la transforment en lumière blanche et produisent ainsi une augmentation des ondes lumineuses dont l'éclat devient des millions de fois supérieur à celui provenant directement de la masse empyrée à travers l'enveloppe solide. C'est ainsi que d'un ciel pur arrive du Soleil une lumière incolore de beaucoup inférieure à celle qui arrive d'un ciel légèrement couvert.

A. De la lumière des étoiles.

§ 532. Chaque soleil est un corps d'abord isolé composé d'une masse empyrée renfermée dans une enveloppe de glace. Cet état n'est pas le résultat d'un équilibre pouvant se conserver éternellement. Il y a un accroissement de température au-dessous de l'enveloppe de glace, parce que la chaleur Θ qui s'éloigne est inférieure à celle $\Theta + \theta$ qui arrive des couches inférieures de la masse pâteuse. Cet accroissement de rupture d'équilibre aboutit à une éruption qui fait expulser neufs jets de la masse empyrée. Le cinquième jet rebrousse chemin, et les huit autres engendrent huit planètes analogues à celles de notre système.

L'état des planètes lumineuses n'est pas un état d'équilibre, parce que la chaleur θ qui s'éloigne est inférieure à celle $\theta + \theta'$ qui arrive des couches inférieures; il y a donc un accroissement de température, lequel arrive à un degré suffisant pour expulser un nombre de jets de masse empyrée d'où résultent des systèmes de satellites.

Sauf les soleils lipoplanètes, les autres étoiles sont donc des systèmes composés d'un nombre de planètes ou d'un nombre de systèmes de satellites. S'il y avait absence de mouvements orbiculaires des planètes et des satellites et si les masses empyrées expulsées continuaient comme précédemment à circuler autour du Soleil central, il n'y aurait pas accroissement physiologique d'éclat.

C'est le mouvement orbiculaire des planètes qui fait augmenter l'éclat; la vitesse supérieure du mouvement des satellites produit un plus grand accroissement de l'éclat. La lumière des étoiles comme celle des planètes peut donc se comparer à celle de la pleine Lune, dont on compare la lumière à celle du Soleil.

Au moyen des spectres de la lumière des étoiles, nous découvrons des lignes indiquant l'existence d'un mélange de lumière incolore avec la lumière colorée, comme cela a lieu pour les spectres de la lumière des planètes. Dans la production des couleurs, la réfraction de la lumière est indispensable; pour les planètes, cette réfraction s'opère dans les aérocônes. Il n'y a pas d'atmosphère dans les étoiles composées de planètes ou de satellites, mais leurs enveloppes glaciales sont de forme ovalaire. Ainsi les rayons éprouvent des réfractions correspondant aux inclinaisons des régions différentes; de sorte que, en général, la lumière des étoiles est composée : 1° de lumière φ incolore, 2° de lumière φ' blanche, et 3° de lumière φ'' colorée d'une ou de plusieurs espèces de couleurs.

Au moyen de la comparaison de la clarté des étoiles, nous trouvons ses variations provenant de la surface soulevée et de la surface déprimée des hémisphères des planètes et des satellites de forme ovalaire. Les quantités de lumière ne restent jamais exactement les mêmes; elles ont des variations continuelles dont nous ne pouvons connaître que les amplitudes les plus grandes.

Au moyen des spectres, nous découvrons l'existence de lumière colorée φ'' mêlée avec la somme $\varphi + \varphi'$ de lumière incolore et de lumière blanche. Nous ne pouvons sentir les couleurs que lorsque la lumière φ'' n'est pas trop minime par rapport à la somme $\varphi + \varphi'$ de lumière blanche et de lumière incolore. Dans le spectre, les dispositions des lignes claires et des lignes sombres changent lorsque la lumière colorée φ'' change d'espèce ou de quantité.

La lumière colorée étant produite par des métaux, on trouve dans les spectres des raies indiquant la lumière colorée et non les corps qui ont agi dans la production de la couleur. Pour s'en convaincre, on mêle la lumière incolore φ du Soleil avec une lumière du spectre, et l'on obtient ainsi sept spectres différents correspondant aux sept espèces de lumière colorée mêlée avec la lumière incolore φ.

C'est ainsi que l'on peut savoir lesquelles des raies claires et sombres correspondent à chaque espèce de lumière colorée. La lumière des étoiles étant mêlée de plusieurs espèces de lumière colorée et non d'une seule, produit des spectres dont les raies indiquent le mélange, sans cependant qu'il soit encore possible de connaître les espèces de lumière colorée qui entrent dans ce mélange. De même que les couleurs des combinés diffèrent de celles de leurs éléments, de même aussi leurs spectres diffèrent.

§ 533. **Forme sphérique des soleils.** Les étoiles télescopiques indigènes de 16 millions environ sont des soleils comme le nôtre. Ils ont été produits, non par des jets expulsés du Soleil central en nombre égal, comme cela a lieu pour les planètes et pour les satellites, mais les 16 millions de soleils ont tous été produits par la division et la subdivision de la masse empyrée d'un seul jet B^{iv}; car cette masse se trouva avoir dans l'espace la même densité D que lorsqu'elle était renfermée dans l'enveloppe du Soleil central.

Arrivée à une distance 2°Δ de ce corps, la masse empyrée du jet B'' se trouva en équilibre rompu par rapport à sa densité. Cette rupture d'équilibre et ses rapports avec la pesanteur vers le Soleil central et vers le mouvement orbiculaire sont donc l'origine de l'Astrogonie, laquelle consiste en division et subdivision des portions de la masse pâteuse empyrée pour engendrer des portions analogues à celles de notre Soleil. La subdivision ultérieure est interceptée par l'établissement d'un équilibre, 1° entre la poussée P centrifuge provenant de la densité **D** affaiblie, et 2° entre la poussée centripète provenant de la poussée P′ de la pesanteur locale produite par la poussée de la part du barogène affluant.

Dès que cet équilibre est obtenu, la portion finale acquiert une enveloppe solide de glace, laquelle livre passage aux rayons en directions verticales, parce que la forme n'est pas ovalaire, mais sphérique, tels sont les soleils lipoplanètes.

Il y a des centaines de grosses portions de masse empyrée dans lesquelles l'équilibre n'est pas encore établi; leurs molécules sont comprises dans de continuels déplacements. Celles qui arrivent à la surface donnent naissance à des vésicules volumineuses qui gèlent et deviennent des ballons, dont les amas dispersent la lumière provenant de la masse empyrée et la transforment en lumière blanche. Cette lumière rend visible l'espace occupé par les amas de ballons, de même que l'espace de l'atmosphère devient visible au moyen de la lumière blanche provenant de la lumière incolore du Soleil, laquelle éprouve une dispersion de la partie des vésicules flottant dans l'air.

L'espace blanc dans l'atmosphère se nomme *nuage*, et l'espace blanc très-éloigné se nomme *nébuleux;* ces espaces ne diffèrent par rapport à la lumière qu'ils renvoient à l'œil que par les distances qui les séparent de nous.

B. Des nébuleuses planétaires et des nébuleuses solifères.

§ 534. Toutes les nébuleuses sont composées de masse empyrée ayant ses molécules en équilibre rompu et en déplacements continuels. Les molécules superficielles se convertissent en grosses vésicules d'abord d'enveloppe liquide qui repoussent les précédentes et les font s'éloigner pour occuper un espace plus grand et moins chaud suffisant à les faire geler pour les convertir en ballons.

La masse empyrée de molécules en équilibre rompu est autant celle des gros jets expulsés du soleil central que celle des jets expulsés de soleils pour devenir planètes ou expulsés de planètes pour devenir des satellites. C'est donc d'après la destination de la masse empyrée que les nébuleuses se distinguent en deux classes, *solifères* et *planétaires*.

Notre Soleil se trouve dans le quatrième espace annulaire avec 16 millions d'autres, avec des centaines de nébuleuses solifères et des milliers de nebuleuses planétaires. La masse empyrée des nébuleuses solifères circule comme celle de notre Soleil autour du Soleil central ; la masse empyrée des nébuleuses planétaires circule autour de son soleil dont elle a été expulsée.

La lumière acquiert la couleur blanche par les amas des vésicules ; elle nous arrive seule ou mêlée avec la lumière incolore qui pénètre la couche des ballons sans avoir éprouvé aucune réflexion. Pour connaître cette différence, nous observons donc les spectres de la lumière venant des nébuleuses des deux classes.

1° *Spectres des nébuleuses planétaires.*

§ 535. Pour obtenir des spectres de la lumière des nébuleuses, il a fallu la concentrer au moyen d'un immense réfracteur construit à Cambridge (Amérique). Les huit nébuleuses suivantes observées sont indiquées par les numéros du catalogue de J. Herschel :

(4373).	$17^h\ 58^m$,	$+ 66°\ 38'$.
(4390).	$18^h\ 5^m$,	$+ 6°\ 49'$.
(4514).	$19^h\ 41^m$,	$+ 50°\ 10'$.
(4510).	$19^h\ 38^m$,	$- 14°\ 20'$.
(4628).	$20^h\ 56^m$,	$- 11°\ 55'$.
(4447).	$18^h\ 45^m$,	$+ 32°\ 51'$.
(4964).	$23^h\ 19^m$,	$+ 41°\ 46'$.
(4532).	$19^h\ 53^m$,	$+ 32°\ 20'$.

A l'aide des sept spectres observés, on sut que la lumière ne présente aucune différence ; elle s'accumule pour former un trait clair dans l'étendue du spectre.

En faisant apparaître l'arc voltaïque dans un récipient d'azote, on obtient un spectre de cette lumière avec plusieurs autres traits parmi lesquelles on voit celui des nébuleuses planétaires.

Outre cette ligne claire, on en aperçoit deux autres très-faibles ; la plus faible occupe dans le champ du spectre l'endroit où l'on voit une ligne claire lorsqu'on opère avec la lumière d'un arc voltaïque obtenu dans un récipient d'hydrogène.

En mêlant la lumière incolore avec les couleurs obtenues de 30 substances différentes, on n'a trouvé sur le champ de leur spectre aucune ligne claire occupant la place de la ligne obtenue par la lumière de sept nébuleuses ; ce n'est que dans l'azote qu'on la voit lorsque l'arc voltaïque s'y trouve. Du reste, A. Mitscherlich a démontré que les métaux, pris séparément, donnent des spectres occupés par des lignes distribuées d'une manière toute différente de celles observées dans les spectres obtenus des combinés de ces métaux. Le mode de production du spectre n'est pas celui que Newton admettait au moyen de la décomposition de la lumière solaire en ses sept éléments.

Pour obtenir les sept éléments de la lumière du spectre solaire, Newton croyait qu'il ne fallait qu'un élément de lumière incolore, de même qu'avec un atome d'eau décomposée on en obtient les éléments. En composant les sept couleurs du spectre, si la lumière est projetée sur un papier à côté d'une égale quantité de lumière qui n'a pas subi de décomposition, on voit qu'il y a disparition d'une grande partie de lumière. D'après le calcul, j'ai trouvé que les six parties doivent disparaître et qu'il n'en doit rester qu'une seule (*Physique*, t. II).

2° *Spectres des nébuleuses solifères.*

§ 536. Les nébuleuses solifères sont composées de mêmes éléments que les nébuleuses planétaires ; la seule différence consiste, 1° en un mouvement planétaire de ces dernières qui manque aux nébuleuses solifères, et 2° en une distribution de la masse empyrée qui diffère dans les deux classes de nébuleuses. Les observations ont été faites sur la lumière des cinq nébuleuses suivantes, dont les numéros sont ceux du catalogue de J. Herschel :

(4294).	17h 13m,	+ 43° 47′.
(116).	0h 35m,	+ 40° 30′.
(117).	0h 35m,	+ 40° 6′.
(128).	1h 41m,	+ 40° 2′.
(826).	4h 8m,	— 13° 6′.

Avec toutes ces nébuleuses, la lumière produisit des spectres qui, en général, ne diffèrent pas de ceux obtenus par la lumière des étoiles fixes. C'est d'après la clarté supérieure ou inférieure des objets qu'on a pu distinguer le plus ou moins grand nombre de lignes obscures. Il n'y avait au contraire aucune trace de la ligne claire observée dans le spectre de la lumière des nébuleuses planétaires.

Ces résultats inattendus ont produit un bouleversement total de tous les systèmes basés sur des hypothèses.

Je cite ici ces exemples pour faire mieux comprendre au lecteur la différence physique qui existe entre les deux classes de nébuleuses. Les nébuleuses planétaires ne répandent que de la lumière blanche dont l'intensité est multipliée par leur mouvement planétaire. Les nébuleuses solaires ayant des dimensions des dizaines et des centaines de fois supérieures se présentent avec un éclat qui ne correspond pas à leur dimension, parce qu'elles n'ont que le mouvement orbiculaire autour du soleil central.

Dans les nébuleuses solifères, il y a des portions de masse empyrée déjà isolées qui répandent une lumière incolore mêlée avec la lumière blanche. Les spectres obtenus par cette lumière diffèrent de ceux produits par la lumière blanche des nébuleuses planétaires. S'il était possible d'avoir des spectres plus clairs, on leur trouverait de la ressemblance avec le spectre de l'atmosphère.

La ligne claire de la lumière électrique se trouve non isolée dans la même région du champ du spectre que la seule ligne des nébuleuses planétaires, mais elle est accompagnée de plusieurs autres. Cela prouve que dans la lumière électrique se trouve une lumière blanche pareille à celle des nébuleuses planétaires, mais elle est mêlée avec d'autres espèces de lumières.

FIN DE LA PREMIÈRE PARTIE.

TABLE DES MATIÈRES.

SYSTÈME DU MONDE.

INTRODUCTION.

Paris. — Imprimé par E. Thunot et Cie, 26, rue Racine.

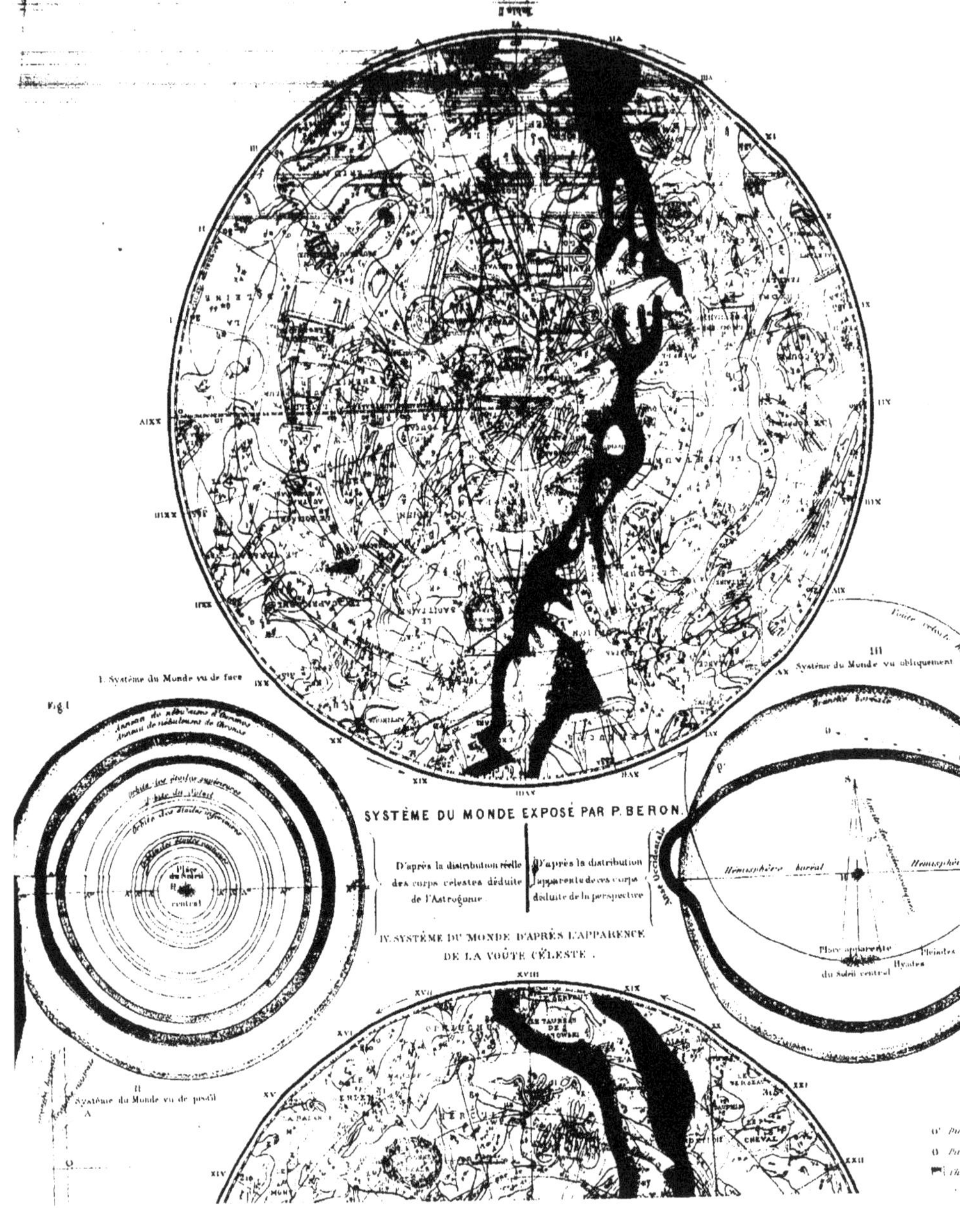

SYSTÈME DU MONDE EXPOSÉ PAR P. BERON.
D'après la distribution réelle des corps celestes déduite de l'Astrogonie
D'après la distribution apparente de ces corps déduite de la perspective
IV. SYSTÈME DU MONDE D'APRÈS L'APPARENCE DE LA VOÛTE CÉLESTE.
I. Système du Monde vu de face
II Système du Monde vu de profil
III Système du Monde vu obliquement
Fig. I
Hémisphère boréal
Hémisphère
Place apparente du Soleil central
Pleiades
Hyades
Place du Soleil central

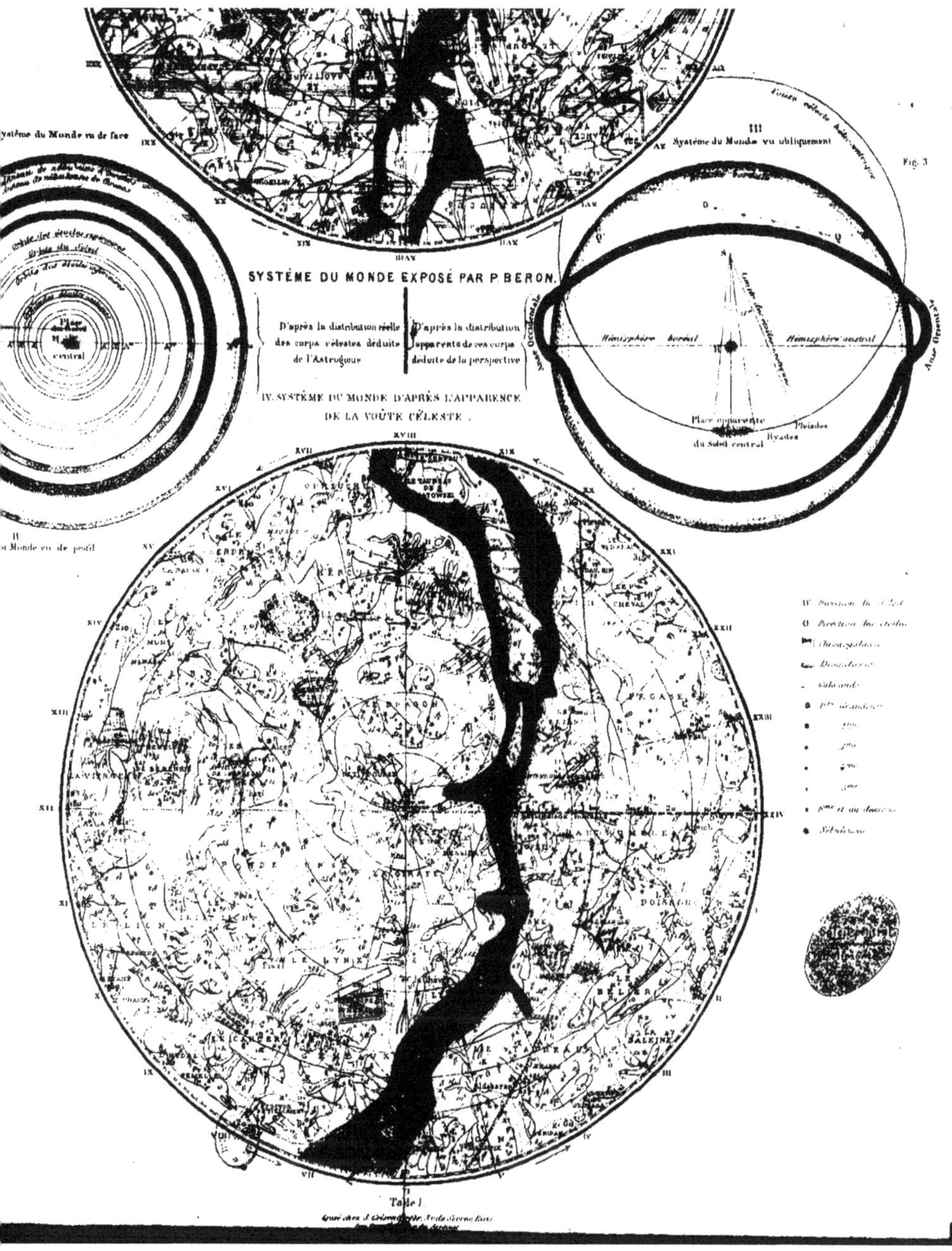
SYSTÈME DU MONDE EXPOSÉ PAR P. BERON.
D'après la distribution réelle des corps célestes déduite de l'Astrogonie
D'après la distribution apparente de ces corps déduite de la perspective
IV. SYSTÈME DU MONDE D'APRÈS L'APPARENCE DE LA VOÛTE CÉLESTE.
III Système du Monde vu obliquement
Fig. 3
Hémisphère boréal
Hémisphère austral
Place apparente du Soleil central
Pleiades
Hyades
Anse Orientale
Table I.

www.ingramcontent.com/pod-product-compliance
Ingram Content Group UK Ltd.
Pitfield, Milton Keynes, MK11 3LW, UK
UKHW020252230726
13925UKWH00001B/11